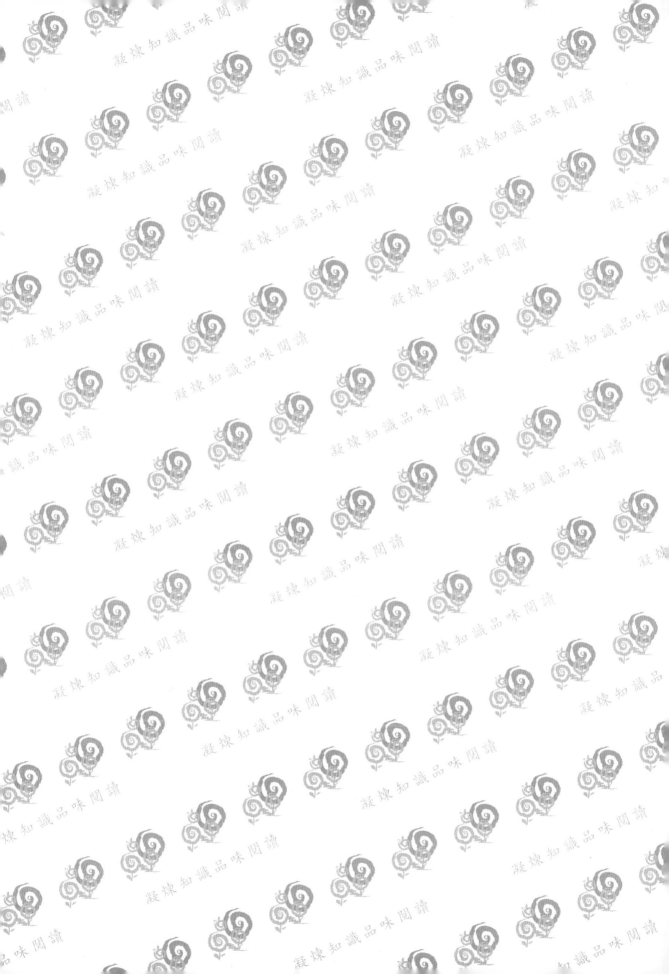

五南出版

無機合成與製備化學

Inorganic Synthesis and Preparative Inorganic Chemistry

徐如人 龐文琴 編著　魏明通 校訂

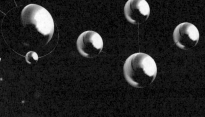

Inorganic Synthesis and
Preparative Inorganic Chemistry

五南圖書出版公司 印行

前　言

　　至 20 世紀末，在廣大合成與製備研究工作者的推動下，人們已創造出了 2000 多萬種新化合物與 100 多萬種新材料。最近 10 年，新物種的創造速率每年已超過 60 萬種。從學科發展的角度來看，合成與製備也逐漸由「Art Crystallize into Science」。從現代無機合成與製備的研究來看，具有特殊結構無機物的合成與製備，具有特種聚集態與功能的無機物和材料的製備，以及無機功能材料的複合、組裝與混成問題是當前發展的前瞻領域。無機合成與有機合成相比較，後者注重分子水準上的加工，而前者更重視在固體或其它凝聚態結構上的精雕細刻，因而無機製備應該是現代無機合成化學中的一大塊重要內容。在這種思想指導下，我與龐文琴教授在徵求有關專家意見與總結實際經驗的基礎上，擬定了這本專著的編寫提綱，且冠以《無機合成與製備化學》之名。

　　本書的內容分為三個部分：第一部分是第 2 章至第 10 章，以特種條件下的無機合成反應為綱來展開，討論了在高溫、低溫與真空，水熱與溶劑熱，高壓與超高壓，光、電、微波與電漿等條件下的無機合成與製備化學，並詳細介紹了上述條件下無機合成與製備的實驗技術與設備。第二部分自第 11 章至第 14 章，系統地介紹了重要性大、覆蓋面廣，其合成化學已成體系且具特色的四大類化合物：配位化合物、簇合物、金屬有機化合物與非化學計量比化合物的合成化學。第三部分自第 15 章至第 20 章，選擇了六類重要的無機材料：多孔、陶瓷、非晶態、奈米、無機膜與晶體材料作為代表，討論了它們的製備化學問題。

　　為了使本書既可用來作為大學高年級及研究生的教材或教學參考書，又可作為在有關領域從事研究和技術工作人員的專業參考書。為此邀請了一批專家來分擔撰寫與修改有關章節，他們中有蔣民華院士（第 20 章），郭景坤院士（第 16 章），胡壯驥院士（第 17 章）和徐如人院士（第 1 章與第 7 章）與下列十多位指導博士研究生的教授：吉林大學龐文琴（第 2 章和第 4 章），馮守華（第 5 章），蘇文輝（第 6 章），徐文國（第 10 章），徐吉慶（第 12 章）；南京大學忻新泉（第 3 章），孟慶金（第 11 章）；復旦大學王季陶（第 9 章）；中科院長春應化所唐定驤（第 7 章），陳文啟（第 13 章），洪廣言（第 14 章和第 18 章）；中國科技大學孟廣耀與彭定坤教授（第 19 章）；現在旅居美國的兩位中年科學家劉新生博士（第 8 章）與霍啟升博士（第 15 章）也應邀參加了撰寫工作。由於長期的工作經

驗與高深的學術造詣，他們介紹給讀者的是該合成與製備化學領域中核心而又比較系統和深入的內容、研究前瞻與發展方向。作為本書的主編，我對他們的貢獻是十分感謝的。在本書編寫過程中，吉林大學現代無機合成研究中心徐娓同仁對文字潤飾做出過貢獻，在此一併致謝。

由於本書所涉及的面廣，參加撰寫的老師又較多，內容的重疊與交叉，雖盡量想處理得恰當些，然而尚存在若干重複與不盡理想之處。其次，由於所涉及的內容進展日新月異，按我們的初衷，介紹給讀者的應是比較成熟的內容，然而可能忽略與遺漏了某些新生長點與新方向。由於能力所限，必然還存在其它一些不當甚至錯誤之處，希望讀者批評與指正。

徐如人

於長春吉林大學化學系

目　錄

第 5 章　水熱與溶劑熱合成 ───────── 177

第 6 章　無機材料的高壓合成與製備 —————— 229

第 7 章　電解合成 —————————— 257

第 14 章　非化學計量比化合物的合成化學

543

第 15 章　多孔材料的合成化學 ——————— *573*

第 16 章　先進陶瓷材料的製備化學 ——————— *635*

第 17 章　非晶態材料及其製備化學 ────── 673

緒　　論

1

　　現代人類的衣、食、住、行，生存環境的保護和改善，以至國防的現代化等，無不與化學工業和材料工業的發展密切相關，其中尤以合成化學為技術基礎的化學品與各類材料的製造與開發更是起著最為關鍵的作用。從科學發展的角度來看，美國著名化學家 Stephen J Lippard，1998 年在探討化學的未來 25 年（C & EN 1998.1.12）時有一段精彩的講話：「化學最重要的是製造新物質。化學不但研究自然界的本質，而且創造出新分子、新催化劑以及具有特殊反應性的新化合物。化學學科藉由合成優美而對稱的分子，賦予人們創造的藝術；化學以新方式重排原子的能力，賦予我們從事創造性勞動的機會，而這正是其它學科所不能媲美的。」合成化學是化學學科當之無愧的核心，是化學家為改造世界創造社會未來最有力的手段。化學家不僅發現和合成了眾多天然存在的化合物，同時也人工創造了大量非天然的化合物、物相與物態，使得人類社會擁有的化合物品種已達二千萬種之多，其中不少已成為人們生產、生活所必不可少。隨著 21 世紀的到來和社會高科技的迅猛發展，越來越要求合成化學家能夠更多地提供新型結構和新型功能的化合物和材料；同時，為了能更定向、高效和經濟地合成得到十分有用的化學品與材料，其相應的研究課題，如綠色合成路線與工藝、仿生合成與分子工程等的進一步深入研究也已提到日程上來，這些都是新世紀持續迅速發展的重要條件。

　　合成化學帶動產業革命的例子比比皆是，如 19 世紀合成化學帶動染料工業的開創；20 世紀中葉高分子的合成，成功推動了非金屬合成材料工業的建立；20 世紀 50 年代初無機固體造孔合成技術的進步，促使一系列分子篩催化材料的開發，使石油加工與石化工業得到了革命性的進步；近期來奈米態以及團簇的合成與組裝技術的開創將大大促進高新技術材料與產業的發展，等等。

　　發展合成化學，不斷地創造與開發新的物種，將為研究結構、性能（或功能）與反應以及它們間的關係，揭示新規律與原理提供基礎，是推動化學學科與相鄰學科發展的主要動力。近期的一些例子，如奈米製備與合成技術的發展，為建立奈米物理與奈米化學提供了基礎；C_{60} 及複合氧化物型超導體的合成，成功推動了團簇化學與物理的建立和超導科學的發展等。

　　作為合成化學中極其重要的一部分——現代無機合成，不僅已成為無機化學的重要分支之一，且其內涵也大大的擴充了，它已不僅只侷限於昔日傳統的合成，且包括了製備與組裝科學。目前，國際上每年幾乎都有大量的新無機化合物和新物相被合成與製備出來，無機合成已迅速地成為推動無機化學及有關學科發展的重要基礎。其次，隨著新興學科和高技術的蓬勃發展，對無機材料提出了各種各樣的要求，新型無機材料已廣泛應用於各個工業和科學領域，上至宇航空間，下至與國民經濟緊密相聯的如耐高溫、高壓、低溫、光學、電學、磁性、超導、貯能與能量轉換材料等等，以及決定石油加工與

化學工業發展的催化材料。從發展來看，更是遠景無限。

　　無機合成的內容，隨著合成化學、特種合成實驗技術和結構化學、理論化學等等的發展，以及相鄰學科如生命、材料、電腦等的交叉、滲透與實際應用上的不斷需求，已從常規經典合成進入到大量特種實驗技術與方法下的合成，以至發展到開始研究特定結構和性能無機材料的定向設計合成與仿生合成等。因而它所涉及的面很廣，而且與其它學科領域的關係也日益密切。

1.1　無機合成（製備）的幾個基本問題

1.1.1　無機合成（製備）化學與反應規律問題

　　具有一定結構、性能的新型無機化合物或無機材料合成路線的設計和選擇，化合物或材料合成途徑和方法的改進及創新是無機合成研究的主要對象。為了開展深入研究，必須具備堅實、廣闊的合成化學基礎，其中包括化合物的物理和化學性能、反應性、反應規律和特點，它們與結構化學間的關係，以及熱力學、動力學等基本化學原理和規律的運用等等。無機合成從常規合成到特殊實驗技術條件下的合成，以至正在興起的定向設計合成的整個發展過程就是隨著人們對上述合成化學與反應規律認識的不斷加深而發展起來的。下面舉一個具體例子來進行說明。

　　已為大家所熟知的，具有一定孔道結構的無機化合物，例如矽鋁酸鹽（一般稱沸石分子篩）晶體，已被廣泛應用在催化領域。因為催化材料不僅與活性組分的結構及其物化特性有關，而且往往與其表面性能有關，因而需要合成出具有特定孔道結構的晶體，以滿足分子的吸附、解吸、內擴散，反應物、產物與中間體分子結構和反應性能等方面的要求。晶態矽鋁酸鹽催化材料的發展，開始於無定形矽鋁膠，它是一類具有多孔性、內表面大的非晶態固體，不足之處是其孔徑和孔道結構不規整。所以當時放在無機合成工作者面前的問題是如何合成出具有規整孔道結構的晶體來。由於當時已發現自然界中存在著天然沸石（特定孔道結構的矽鋁酸鹽晶體礦物），因而人們就開始探索和總結自然界中天然沸石生成的機構和規律，在當時認識的基礎上設計出了鹼性介質（如 NaOH）中矽酸鹽與鋁酸鹽的聚合成膠、水熱晶化的合成路線，並合成出了一系列具有不同孔道結構的沸石分子篩，如 A 型、X 與 Y 型、絲光沸石等（圖 1-1）。接著對合成化學工作者來說，首先必須大量總結合成規律與生成產物結構之間的關係。在當時就發現了在含 Na^+ 的鹼性介質中合成時，易於生成由 β 籠〔圖 1-2(a)〕、D6R 籠〔圖 1-2(b)

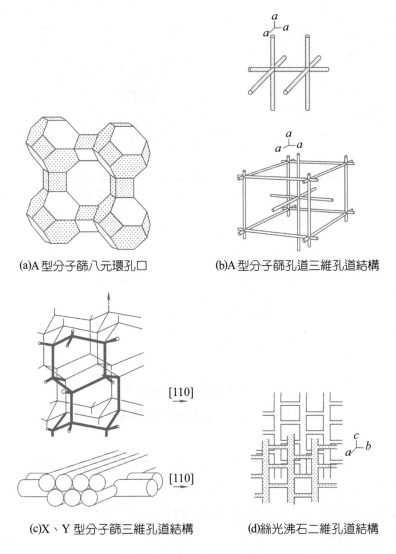

(a)A型分子篩八元環孔口   (b)A型分子篩孔道三維孔道結構

[110]

[110]

(c)X、Y型分子篩三維孔道結構   (d)絲光沸石二維孔道結構

圖 1-1 沸石分子篩結構

(2)〕等次級結構單元堆積成的具有中孔或大孔（～8Å）三維骨架結構的晶體。在含 K^+ 的鹼性介質中合成時，則易於生成由 β 籠〔圖 1-2(c)(1)〕等次級結構單元堆積成的具有中孔的二維孔道或一維大孔骨架結構的晶態矽鋁酸鹽。其次是盡力探索這類多孔結構晶態矽鋁酸鹽的生成機構，以了解究竟哪些反應和因素在影響著晶格中孔道結構的生成。

　　根據當時已合成出來的幾十種沸石分子篩來看，其生成機構的基本模式為：

$$Si_nO_m^{(2m+4n)^-} + Al(OH)_4^- + 客體分子或離子 \xrightarrow{T_1} 矽鋁膠 \xrightarrow{T_2}$$

$$沸石分子篩晶核 \xrightarrow{T_3} 晶體（介穩態）\xrightarrow{T_3} \cdots \longrightarrow 晶體（穩定態）$$

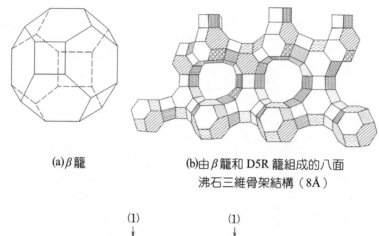

(a)β籠　　　　　(b)由 β 籠和 D5R 籠組成的八面
　　　　　　　　　　沸石三維骨架結構（8Å）

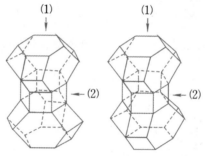

(c)鈣霞石籠(1)和 D6R 籠(2)

圖 1-2　多孔晶態矽鋁酸鹽

　　而且發現除合成時的晶化溫度：T_1、T_2、T_3，水熱反應的壓力和各組分濃度對合成反應和產物有較大影響外，下面一些反應規律嚴重控制著合成產物的結構和性能，如

　　①液相中多矽酸根離子的存在狀態與 Al（OH）$_4^-$ 的聚合；

　　②矽鋁凝膠的晶化；

　　③晶化過程體系中加入的客體分子（如各種有機分子或離子，一般稱為結構導向劑）對成孔的影響與導向模板機構；

　　④介穩態晶體間的轉型。

　　隨著對上述生成機構和反應規律認識的逐步加深，又逐步開拓了不少用於合成具有新型組成和結構的沸石分子篩的合成路線。在具有一定空間結構的有機分子或離子，如 $C_1 \sim C_4$ 季銨鹽或鹼（ sp^3 四面體結構）的存在下，可以合成出具有良好擇形催化性能的二維垂直中孔（～5Å）的 ZSM 系列分子篩，甚至可合成出不含鋁的純矽沸石（silicalite），實質上就是具有一定孔道結構的 SiO_2 晶體。1980 年美國化學家又將上述水熱晶化合成路線推廣到鋁－磷體系，合成出了一系列 $AlPO_4-n$，$SiAlPO_4-n$，$MeAlPO_4-n$ 等新型微孔無機晶體，近年來又開發出了一系列新的 $GaPO_4-n$，二價、三價過渡元素

磷酸鹽，$AlAsO_4-n$，$GaAsO_4-n$，硼酸鹽，鈦酸鹽，以及氧化物與硫化物型微孔晶體，這樣就把具有一定孔道結構的無機化合物的合成推廣到了一個更大更新的領域。接著又有一些更新的合成方向和課題提出來了，例如，能否合成出來孔徑更大而孔道結構更能適應催化反應所要求的新型分子篩無機化合物呢？果然，在 1988 年後開拓出了一系列具有超大孔道的（extra-large micropore）的微孔晶體如 VPI-5 型、JDF-20 型與 Cloverite 等，以及在表面活性劑存在下合成，開發出了具有介孔（mesopore）結構的分子篩（孔道在 20～200Å 間）等，詳見第 15 章。其次，目前國際上已開始根據結構化學（結構拓撲學）、晶體能量、計算化學等用電腦模擬研究千千萬萬種孔道結構堆積模型存在的可能性，以及研究各類「理想」結構分子篩與合成路線、技術與反應條件間的關係，即開始了「定向設計合成」的研究。再如，能否將矽鋁酸鹽的造孔合成反應推廣到其它更多的元素，或其它類型的化合物中去等等，使得化合物的造孔合成化學有了非常廣闊的前景。

　　從這個具體例子中可以看出，無機合成的發展主要決定於人們對其合成化學和反應規律認識的深化。因此，對於一個經常從事無機合成的工作者來說，熟練而深入地掌握無機合成化學的反應規律、特點及其原理是非常必要的。至少對一些主要類型的無機化合物或材料，例如合金，金屬陶瓷型二元化合物（如 C、N、B、Si 化合物），酸、鹼和鹽類，配位化合物，金屬有機化合物，團簇與原子簇化合物，多聚酸和多聚鹼及其鹽類，無機膠態物質，中間價態或低價化合物，非化學計量比化合物，無機高聚物以及標記化合物等等的一般合成規律和合成路線的基本模式有所基本了解，並且能查閱相關的文獻資料。這樣有利於你對合成路線的理解與設計，使你減少選擇中的盲目性。為了製備某一化合物，根據某些反應的特殊性，設計巧妙或利用特定的合成路線、方法，當然是很好的。不過，必須要合乎其反應規律，即使是特殊反應。

1.1.2　無機合成（製備）中的實驗技術和方法問題

　　隨著實際應用的需要，在無機合成中，愈來愈廣泛地應用各種特殊實驗技術和方法來合成特殊結構、聚集態（如膜、超微粒、非晶態……）以及具有特殊性能的無機化合物和無機材料。即很大部分特種結構和特種性能的無機物材料以及某些反應路線的合成只能在特殊實驗技術條件下才能完成。例如大量由固相反應或界面反應合成的無機材料，其反應只能在高溫或高溫、高壓下進行；具有特種結構和性能的表面或界面的製備，例如新型無機半導體超薄膜，具有特種表面結構的固體催化材料和電極材料需要在超高真空下合成；大量低價態化合物和錯合物只能在無氧無水的實驗條件下合成；晶態

物質的「造孔」反應需要在中壓水熱合成條件下完成；大量非金屬間化合物的合成和提純需要在低溫真空下進行等等。另一方面由於特種合成技術和操作的應用，使大量新的合成路線和方法應運而起。例如由於高溫合成技術的應用使得以高溫固相和界面反應，高溫相變、高溫熔煉和晶體生長，高溫下的化學轉移反應，熔鹽電解甚至電漿電弧、雷射等條件下的超高溫合成非熱力學穩定態化合物等為基礎的各種合成反應大量的發展起來。因而，就今後的無機合成來說，對特種合成技術和方法以及相關的反應規律和原理的了解與掌握變得愈來愈重要了。例如，高溫和低溫合成，水熱與溶劑熱合成，高壓和超高壓合成，放電和光化學合成，電氧化還原合成，無氧無水實驗技術，各類 CVD 技術，溶膠—凝膠技術，單晶的合成和晶體生長，放射性同位素的合成和製備，以及各類重要的分離技術等等。再一方面，目前為了開拓邊緣學科的發展，需要研究與合成各種各樣的新型無機物和物相，特別是對大量與生物等有關的特殊錯合物和金屬有機物。由於起始物料的稀缺和昂貴，因而無機合成中的半微量甚至微量合成技術問題，也愈來愈提到日程上來了。這方面的合成技術，有些可借鑑有機合成。然而首要的是應該使讀者意識到，半微量操作是基於常量合成操作的基礎，是以常量操作的原理和常量操作的條件為依據來進行半微量合成途徑和方法的選擇、操作條件和技術設備的設計。

1.1.3　無機合成（製備）中的分離問題

合成和分離是兩個緊密相連的問題。解決不好分離問題就無法獲得滿意的合成結果。總的來說在任何合成問題中均包含各種各樣的分離問題。我們認為，在無機合成中這個問題更為突出。因為無機材料既對組成（包括微量摻雜）又對結構有特定要求，因而使用的分離方法會更多更複雜一些。為此在無機合成中一方面要特別注重反應的定向性與反應原子的經濟性，盡力減少副產物與廢料，使反應產物的組成、結構符合合成的要求；另一方面要充分重視分離方法和技術的改進和建立，所以除去傳統的常規分離方法，如再結晶、分結晶和分澱、昇華、分餾、離子交換和層析分離、萃取分離等之外，尚需採用一系列特種的分離方法，如低溫分餾、低溫分級蒸發冷凝、低溫吸附分離、高溫區域熔融、晶體生長中的分離技術、特殊的色譜分離、電化學分離、滲析、擴散分離等，以及利用性質的差異充分運用化學分離方法等等。遇到特殊的分離問題時必須特殊設計方法。

1.1.4　無機合成（製備）中的結構鑑定和表徵問題

　　由於無機材料和化合物的合成對組成和結構有嚴格的要求，因而結構的鑑定和表徵在無機合成中是具有指導作用的。它既包括對合成產物的結構確證，又包括特殊材料結構中非主要組分的結構狀態和物化性能的測定，為了進一步指導合成反應的定向性和選擇性，還需對合成反應過程中間產物的結構進行檢測，由於無機反應的特殊性，使這類問題的解決往往相當困難。例如上面討論過的關於晶態矽鋁酸鹽的造孔合成反應，產物孔道結構的生成往往與中間生成的矽鋁凝膠的結構以及液相中種類繁多的不同聚合態多矽酸根離子的結構、矽鋁配合離子或次級結構單元的結構存在著緊密的關係。然而這些在反應過程中生成的化學個體的結構表徵與檢測問題卻是至今尚未完全解決的難題。因此，為了完成上述這些結構的表徵與檢測工作，要使用的結構分析儀器和實驗技術面往往很廣。除去常規的組成分析，X 射線繞射，各類光譜如可見、紫外、紅外、拉曼、順磁、核磁等，以及針對不同材料的要求，檢測其相應的性能指標外，往往還需應用一些特種的近代檢測方法。例如，當製備一定結構性能的固體表面或界面材料（如電極材料、特種催化材料、半導體材料等）。為了檢測其表面結構，包括其中化學個體的電子狀態以及在表面進行反應時的結構，需要應用 LEED（低能電子繞射）、AES（俄歇電子能譜）、ESS（低速離子散射光譜），而且測定需要在超高真空下進行。再如 HREMS（高分辨電子顯微鏡）和 MAS-NMR（固體魔角自旋核磁共振儀）、EXFAS 以及晶體粉末的 XRD 結構分析等近期發展起來的實驗技術，已開始大量應用於結構的精細分析上，而且獲得了很好的效果。總之，設計合適和巧妙的結構表徵和研究方法，對於近代無機合成已是一個很重要的方面。

　　綜上所述，可以看到近代無機合成所涉及的面是很廣的。在這本篇幅有限的書中，我們將以介紹特殊條件下的合成與製備反應，重要類型的無機化合物與材料的合成與製備化學為主要內容來展開的。從內容來說既希望反映一些近代無機合成方面的進展，又盡量照顧到廣大讀者的實用性。關於各類無機化合物和材料的具體合成方法，由於國內外已有一些相當詳細的無機合成手冊型的專著，如 Brauer G 的《製備無機化學手冊》，McGraw-Hill 圖書公司出版美國化學會「無機合成」編委會編輯的《無機合成》叢書，甚至像 Gmelin 的《無機化學手冊》那樣的大型專著存在，因而在本書中就沒有必要再作詳細介紹了。然而，鑑於部分讀者對此類專著和有關資料文獻可能不太熟悉，在下一節將再對與無機合成有關的主要書籍、期刊和文獻以及查閱方法作些簡單的介紹，以補充這方面的不足。關於分離方法和技術問題、結構鑑定和表徵問題，其內容將適當穿插在相關的章節中。

1.2 無機合成與製備化學有關的專著和文獻

在合成工作開始進行以前，查閱和分析有關的文獻資料是必要的。事先查閱的範圍和深度，決定於從事工作的要求。如果預備對某一類型的化合物或無機材料進行系統的合成或開拓新領域的合成以至新合成方法的系統研究，則文獻工作應盡量作得充分些。同時，即使需要合成的是一個已知化合物，也須細緻地研究有關的相應文獻，在反應條件、試劑用量等方面加以適當的調整或改變。在本節中我們僅僅對一般查閱文獻的程序以及有關主要的專著和文獻作一簡略介紹。

如果你對想合成的化合物或有關材料的性能、合成途徑和方法均不太了解的話，那麼作為第一步，你應當系統地閱讀一些有關它們化學方面的書籍或文獻資料，使你在進一步查閱有關專門文獻時，對文獻中提出的合成方法和條件以及應用的儀器設備等等的理解，有較多的知識準備，而且對以後工作中遇到問題的分析和解決會有所幫助。我們認為這步工作一般是不應省略的。在表 1-1 中列出了一些主要的無機化學大型叢書與介紹前瞻進展的重要書籍，以及一些近期無機化學分支的有關專著，供讀者查閱時參考。

表 1-1 主要無機化學大型叢書及有關專著

1. Dictionary of Inorganic and Organometallic Compounds. MacDonald F(Editor). Chapman and Hall, 1996.
2. Gmelin Handbook of Inorganic Chemistry. Dahleburg L and Winter M(Editor). Springer-verlag.
3. Handbook of Inorganic Compounds. Dale L Perry and Sidney L. Phillips(Editor). 1995 CRC Pr.
4. Inorganic Chemicals Handbook.John J Mcketta(Editor). 1993.
5. Advances in Inorganic Chemistry Vol 1~46. Sykes A G(Editor) and others, Academic Pr, 1998.
6. Progress in Inorganic Chemistry Vol 1~47. Kenneth D Karlin(Editor), Stephen J Lippard(Editor) and others. John Wiley and Sons, 1997.
7. Inorganic Reactions and Methods. Zuckerman J J(Editor). VCH Pub, 1994.
8. Comprehensive Inorganic Chemistry Vol 1~5. Bailar Jr, J C. Pergamon Press Ltd. 1973.
9. Inorganic Chemistry. Shriver D F, Atkins P W and Langford C H. 2nd ed. Oxford University Press, 1994.
10. Basic Inorganic Chemistry. Cotton F A, Wilkinson G and Gaus Paul L. 3rd Ed. John Wiley and Sons, 1995.
11. Advanced Inorganic Chemistry. Cotton F A. John Wiley and Sons, 1998.
12. Structural Inorganic Chemistry. 5th Edition. Oxford Univ Press, 1984.
13. Coordination Chemistry. Banerjea D New Delhi; Tokyo: Tata McGraw-Hill, 1993.
14. 戴安邦等。無機化學叢書　第 12 卷：配位化學。北京：科學出版社，1987。
15. The Organometallic Chemistry of the Transition Metals. Robert H Crab tree. 2nd Ed. New York: John Wiley and Sons, 1994.
16. Organometallic Chemistry. Gary O Spessard, Gary L Miessler, Upper Saddle River N J. Prentice-Hall, 1997.
17. Inorganic Biochemistry: an Introduction. Cowan J A.2nd Ed. New York: Wiley-VCH, 1997.
18. Bioinorganic Chemistry: Transition Metals in Biology and Their Coordination Chemistry, Deutsche Forschungsgemeinschaft; edited by Alfred X, Trautwein Weinheim; New York: Wiley-VCH, 1997.

表 1-1 主要無機化學大型叢書及有關專著（續）

19. Solid State Chemistry: an Introduction.Lesley smart and Elaine Moore.2nd Ed.London; Tokyo: Chapman & Hall, 1995.
20. Rao C N R and Gopalakrishnan J. New Directions in Solid State Chemistry. 2nd ed. Cambridge: Cambridge University Press, 1997.
21. Mark T Weller. Inorganic Materials Chemistry. Oxford: Oxford University press, 1994.
22. The Inorganic Chemistry of Materials: How to Make Things out of Elements. Paul J van der put. New York: Plenum Press, 1998.
23. Cluster Materials, Editor: Michael A Duncan, Stamford Conn.: JAI Press, 1998.
24. Cluster Assembled Materials, Editor: Klaus Sattler. Zuerich-Uetickon,Switzerland: Trans Tech Publications, 1996.

　　進一步要向讀者推薦幾本主要的有關具體化合物合成方法方面手冊型的專著（見表 1-2 所列，特別是前面七本），從這些專著裡或者從其所引的原始文獻中，你可查到具體的合成方法、技術和實驗條件以及一些討論等等。如果查不到，你至少可從其中所列類似化合物的合成規律中得到啟示，或從所列文獻中長期從事這方面研究工作的作者的近期工作中進一步來查閱有關近期的文獻資料。熟悉應用這些專著，對於一個合成化學工作者，或者是在無機化學領域從事研究、教學以及相關科學技術工作的讀者來說，都是非常必要的。如果合成的化合物或無機材料屬於近期發展起來的或很新的，那麼只能建議讀者查閱近期的美國化學文摘（ＣＡ），或甚至更新的無機化學有關期刊了，在下面列出了一些主要的專著和期刊（表 1-3）供你查閱時參考。

表 1-2 合成專著

1. Inorganic Synthesis Vol 1～32(1998), McGraw-Hill Book Co, ACS. Inorganic Synthesis Commission. Marcetta York Darensbourg(Editor), A H Cowley.
2. Inorganic Synthesis Collective Index for Volumes 1～30(special collective index) Thomas E. Sloan(Editor). John-wiley and Sons, 1996.
3. Handbook of Preparative Inorganic Chemistry (Handbuch der Anorganischen Chemie). 2nd Ed. Vol 1～2. New York: Academic Press Inc, 1963. Brauer G.
4. Preparative Inorganic Reactions, Interscience Publishers. Vol 1～7.
5. Handbuch der Preparative Chemie(zwei band) 3 auflag, Edwards Brothers Inc, ANN ARBOR, Michigen, 1943.
6. 日本化學會編；曹惠民，包文漵，無機化合物合成手冊，第二版，安家駒譯，中譯本 1～3 卷，北京：化學工業出版社，1989。
7. Synthetic Methods of Organometallic and Inorganic chemistry Vol 1～3. Herrmann W A (Editor), Thieme Medical Pub, 1996.
8. Inoganic Experiments.Derek Woolins(Editor) J.Weinheinm; Tokyo: VCH, 1995.
9. Experimental Method Inorganic chemistry. John Tanaka, Steven L Suib. Prentice Hall, College Div, 1998.
10. Synthesis and Technique in Inorganic Chemistry. Robert J, Angelici, GS, Girolami T B.Rauchfuss, University Science Books, 1999.

表 1-2　合成專著（續）

---

11. Anorganische Synthesechemie. Heyn B and Hipler G. Berlin: Heidelberg(USW), Springer-Verlag, 1986.

12. Microscale Inorganic Chemistry: A Comprehensive Laboratory Experience. Zvi Szafran et al. John-Wiley and Sons, 1991.

13. Preparative Methods in Solid State Chemistry. Hagenmuller P Academic Press, 1972.

14. Purification of Laboratory Chemicals. 4th Ed. Armarego W L F, Perrin D R. Butterworth-Heineman, 1997.

15. Chemical Approaches to the Synthesis of Inorganic Materials. Rao C N R John Wiley and Sons, 1995.

16. Preparation and Characterization of Materials. Honig J M and Rao C N R. Academic Press, 1981.

17. Electrochemical Synthesis of Inorganic Compounds: A Bibliograph. Zoltan Nagy. Plenum Press, 1985.

表 1-3　無機化學重要期刊

---

1. Synthesis and Reactivity in Inorganic and Metalorganic Chemistry（美）

2. Annual Reports on the Progress of Chemistry, Section A-Inorganic Chemistry（英）

3. Inorganic Chemistry（美）

4. Inorganic Chim Acta（意大利）

5. Journal of Chemical Society(London) Dalton Trans; Chemical Communications（英）

6. Polyhedron（The International Journal for Inorganic and OrganometallicChemistry（英））

7. Inorganic Chemistry Communication(Elsevier)

8. Journal of Coordination Chemistry（英）

9. Coordination Chemistry Reviews(Elsevier)

10. Angewandte Chemie（國際版）（德）

11. Zeitschrift Fur Anorganische und Allgemeine Chemie（德）

12. Journal of Organometallic Chemistry（美）

13. Journal of Solid State Chemistry（美）

14. Chemistry of Materials（美）

15. Journal of Materials Chemistry（英）

16. Journal of Inorganic Biochemistry(Elsevier)

17. 無機化學學報（中國）

1.3　無機合成與製備化學中若干前瞻課題

1.3.1　新合成（製備）反應、路線與技術的開發以及相關基礎理論的研究

現代無機合成與製備往往以下列三類作為研究對象：

1. 特殊結構的無機化合物和材料

隨著高科技的發展與實際應用的需求，特定結構的無機化合物或無機材料的製備、合成，以及相關技術路線與規律的研究，日益顯示其重要性。所有具有特定性能的無機化合物都有其本身特點的結構與組成。以缺陷為例，由於物質的很多性質與晶體內的有關缺陷存在相關聯，如各種類型的複合氧化物之所以成為具有廣泛功能材料的基體，除其具有多種可供調變的組分元素外，可形成多種類型的結構缺陷實屬重要原因。因而各類結構缺陷的製備，以及相關製備規律與測定方法的研究，便成為目前無機合成化學家特別應給予關心的一個前瞻課題。此外，具有特定結構與化學屬性的表面與界面的製備，層狀化合物與其特定的多型體（polytrpes），各類層間嵌插（intercalation）結構與特定低維結構無機化合物的製備，混價無機化合物和配合物，低維固體與其它特定結構的配合物或簇合物，以及近期蓬勃發展的分子基材料和具有特種孔道結構的微孔晶體、介孔或多孔材料的合成與製備等，也是重要的研究課題。上述個別具體物質的製備和合成雖時見報導，但只是引用了某些反應的特殊性或特種技術巧妙製備而得到的。然而，真正值得我們注意的是，必須研究其合成製備規律以及相關的合成技術，這對發展材料產業與材料科學來說是非常重要的。

2. 特殊聚集態的無機化合物和材料

值得注意的另一個重要的研究對象是特殊聚集態化合物或材料，如超微粒、奈米態、微乳與膠束、團簇、無機膜、非晶態、玻璃態、陶瓷、單晶，以及具有不同晶貌的物質如晶鬚、纖維等等。由於物質聚集態的不同，往往導致新性質與新功能的出現，因而對目前的科學與材料的發展均具有非常重要的意義。

3. 無機功能材料的複合、組裝與混成

近年來，下列方向深受人們注意：①材料的多相複合。主要包括纖維（或晶鬚）增強或補強材料的複合、第二相顆粒彌散材料的複合、兩（多）相材料的複合、無機物和有機物材料的複合、無機物與金屬材料的複合、梯度功能材料的複合以及奈米材料的複合等。②材料組裝中的宿—客體化學（host-guest chemistry）。這是既令人嚮往又很複雜的研究領域，如在微孔（microporous）或介孔（mesoporous）骨架宿體中進行不同類型化學個體的組裝，如能生成量子點或超晶格的半導體團簇，非線性光學分子，由線性導電高分子形成的分子導體，以及在微孔晶體孔道內自組裝生成電子傳遞鏈與 D-A 傳遞對等。所用的組裝路線主要透過離子交換、各類 CVD、「瓶中造船」、微波分散等

技術。③無機—有機奈米混成。無機—有機混成體系的研究是近年來迅速發展的新興邊緣研究領域，它將無機與高分子學科中的加聚、縮聚等化學反應，無機化學中的溶膠—凝膠過程巧妙地配合研製出的新型混成材料。這些材料具備單純有機物和無機物所不具備的性質，是一類完全新型的材料，將在纖維光學、波導、非線性材料等方面具有廣泛的應用前景。1996 年，Judeinstein P 以 "Hybrid Organic-Inorganic Materials：A Land of multidisciplinarity" 為題，展望了此類材料的發展前景（J Materials Chemistry, 1996, 6(4): 511～525）。

從上述研究對象來看，無機合成與製備和有機合成不同，後者主要是圍繞分子加工，而前者更看重晶體或其它凝聚態結構上的精雕細琢。圍繞開發新合成反應、製備路線與技術，把這類材料精雕細琢成具有特定結構與聚集態的無機物或其相關材料，是我們合成與製備工作者的一個重要任務。從以往的經驗來看，開發出一條新合成路線或技術，往往能帶動一大片新物質或新材料的出現。如溶膠—凝膠合成路線的出現，為奈米態與奈米複合材料，玻璃態與玻璃複合材料，陶瓷與陶瓷基複合材料，纖維及其複合材料，無機膜與複合膜，溶膠與超細微粒，微晶，表面、摻雜以及混成材料等的開發與新物種的出現，起了極其重要的作用。

由於這條合成路線的中心化學問題是反應物分子（或離子）母體在水溶液中進行水解和聚合，即由分子態→聚合體→溶膠→凝膠→晶態（或非晶態），所以這條合成線路可藉由對過程化學上的了解和有效的控制來合成一些特定結構和聚集態的固體化合物或材料。遺憾的是，由於無機分子縮聚反應問題的複雜性（包括理論與實驗），使人們對 sol-gel process 的認識還有待於提高。這類基礎理論問題的研究，更是我們從事合成與製備的無機化學工作者義不容辭的任務。

1.3.2 極端條件下的合成路線、反應方法與製備技術的基礎性研究

在現代合成中，愈來愈廣泛地應用極端條件下（如超高壓、超高溫、超高真空、超低溫、強磁場與電場、雷射、電漿等）的合成方法與技術來實現通常條件下無法進行的合成，並在這些極端條件下開拓出多種多樣在一般條件下無法得到的新化合物、新物相與新物態及新合成路線與方法。例如，在模擬宇宙空間的高真空、無重力的情況下，可能合成出沒有位錯的高純度晶體；在超高壓下，許多物質的禁帶寬度及內外層軌域的距離均會發生變化，從而使元素的穩定價態與通常條件下有所差別，因而有人認為在超高壓下，整個元素週期表要進行改寫；再如，在中溫中壓水熱條件下，可以晶化出具有特定價態、特殊組態與晶貌的晶體，以代替與彌補目前大量無機功能材料的高溫固相反應

合成路線的不足。

　　由於中國以往在極端條件下的無機合成基礎相當薄弱，因而亟須有重點的選擇若干領域，組織力量深入研究其合成與製備化學的基本規律，開發新合成與製備路線，新合成反應與技術。

1.3.3　仿生合成與無機合成中生物技術的應用

　　仿生合成將成為 21 世紀合成化學中的前瞻領域。一般用常規方法進行的非常複雜的合成過程，若利用仿生合成則將變為高效、有序、自動進行的合成。例如，生物體對血紅素的合成可以從最簡單的甘胺酸經過一系列酶的作用，很容易合成出結構極為複雜的血紅素；許多生物體的硬組織如烏賊魚骨是一種目前尚不能用人工合成製得的具有均勻孔度的多孔晶體；又如動物的牙齒，一種極其精密結構的陶瓷等。因而，仿生合成無論從理論及應用來看都將具有非常誘人的前景。精密、複雜無機材料的仿生合成，實質上是模擬生物礦化（biomineralization）。所謂生物礦化是指在生物體內形成礦物質（無機生物礦物）的過程。生物礦化區別於一般礦化的顯著特徵是，它藉由有機大分子和無機物離子在界面處的相互作用，從分子水準控制無機礦物相的析出，從而使生物礦物具有特殊的多級結構和組裝方式。生物礦化中，由細胞分泌的有機物對無機物的形成起模板作用，使無機礦物具有一定的形狀、尺寸、取向和結構。生物礦化一般認為分為 4 個階段：①有機大分子預組織。在礦物沈積前構造一個有組織的反應環境，該環境決定了無機物成核的位置。但在實際生物體內礦化中有機基質是處於動態的。②界面分子識別。在已形成的有機大分子組裝體的控制下，無機物從溶液中在有機／無機界面處成核。分子識別表現為有機大分子在界面處藉由晶格幾何特徵、靜電位相互作用、極性、立體化學因素、空間對稱性和基質形貌等方面影響與控制無機物成核的部位、結晶物質的選擇、晶型、取向及形貌。③生長調製。無機相藉由晶體生長進行組裝得到亞單元，同時形態、大小、取向以及結構受到有機分子組裝體的控制。④細胞加工。在細胞參與下亞單元組裝成高級的結構。這個階段是造成天然生物礦化材料與人工材料差別的主要原因。

　　上述 4 個方面帶給無機複合材料的合成下列重要的啟示：先形成有機物的自組裝體，無機先質在自組裝聚集體與溶液相的界面處發生化學反應，在自組裝體的模板作用下，形成無機／有機複合體，將有機模板去除後即得到有組織的具有一定形狀的無機材料。由於表面活性劑在溶液中可以形成膠束、微乳、液晶、囊泡等自組裝體，因此用作模板的有機物往往為表面活性劑。還有利用生物大分子和生物中的有機質作模板。例如

利用儲鐵蛋白（ferritin）的奈米級空腔製備奈米 Fe_3O_4 和 CdS 微粒，利用細菌和紅鮑魚作為完整的生物系統合成高度有序的複合體。將惰性基底（玻璃、雲母或 MoS_2）插入紅鮑魚的套膜和貝殼之間，在紅鮑魚中有機質控制下，就可以在基體上生長具有天然生物礦物特點的有序方解石層和文石／蛋白質複合層。

這種模仿生物礦化中無機物在有機物調製下形成過程的無機材料合成，稱為仿生合成（biominetic synthesis），也稱有機模板法（organic template approach）。近幾年無機材料的仿生合成已成為材料化學的研究前瞻和熱點。Nature、Science、Advanced Materials 和 Chemistry of Materials 等著名期刊對此進行了大量報導。在此基礎上已形成一門新的分支學科——仿生材料化學（biominetic materials chemistry）。目前已經利用仿生合成方法製備了奈米微粒、薄膜、塗層、多孔材料和具有與天然生物礦物相似的複雜形貌的無機材料。

近年來，被譽為合成技術中的重要突破是出現了組合合成（combinatorial synthesis）技術，例如將不同胺基酸組成的多酶，按組合排列的方法可在很短時間內合成出驚人數目的新化合物，從而使新醫藥及新農藥的篩選過程大大縮短。目前組合合成已發展成組合化學，且大量應用於無機材料的製備與合成領域，如螢光材料、分子篩與催化材料等。

1.3.4 綠色（節能、潔淨、經濟）合成反應與工藝的基礎性研究

現有的合成反應，尤其是當今精細化工和醫藥工業中的合成反應，經常會產生幾十倍乃至上百倍的副產品，這給環境帶來極大的威脅。為此，研究充分利用原料和試劑中所有的原子，減少以至完全排除污染環境的副產品的合成反應，已成為追求的目標。這對科學技術必然提出新的要求，對化學，尤其是合成化學更是提出了挑戰，同時也提供了學科發展的機會。近年來，綠色化學、環境溫和化學、潔淨技術、環境友好過程等已成為眾多化學家關心的研究領域。而綠色合成的目標——理想合成已成為廣大合成化學家所追求的目標，美國 Wender 教授在 Chem Rev 1996，9(1)中對理想的合成作了完整的定義：一種理想的（最終是實效的）合成是指用簡單的、安全的、環境友好的、資源有效的操作，快速、定量地把價廉、易得的起始原料轉化為天然或設計的目標分子。這些標準的提出實際上已在大方向上指出實現綠色合成的主要途徑。下列一些有關的基礎性研究方向已引起了眾多合成化學家與材料製備化學家的充分重視：如環境友好催化反應與催化劑的開發研究，電化學合成與其它軟化學合成反應的開發，經濟、無毒、不危害環境反應介質的研究與開發，以及從理論上研究「理想合成」與高選擇性定向合成反

應的實現等等，都已成為合成化學家們關心與研究的方向。

隨著學科交叉滲透的加強以及人類對生存環境的要求日益嚴格，以上兩點已成為極其重要的前瞻研究領域。

1.3.5 特種結構無機物或特種功能材料的分子設計、裁剪及分子（晶體）工程學

(1)近年來，分子設計和分子工程已不乏成功的事例，它們在化學、材料科學和生命科學中已越來越受到重視，並寄以厚望。應用傳統的化學工作方法來開發具有特定結構與優異性能的化合物，它依靠的是從成千上萬種化合物中去篩選，因而，自然而然地會把發展重心放在合成與製備和發現新化合物上。從1950年到現在，已知化合物已從200萬種增到2000萬種。化學必須珍視這個傳統特色，而且，化學在這方面享有極大優勢，因為它擁有一個龐大無比的化合物庫，並能越來越有效地擴大這個儲備。當然，篩選工作也正在結構化學、理論化學以及生命科學或材料科學等的配合下不斷減少其盲目性。

但分子工程學作為化學的一個新分支或發展中的一個新階段，做法很不一樣。它是逆向而行的，是根據所需性能對結構進行設計和施工。分子工程學對化學學科最有益的衝擊，還在於促使它對性能、結構和製備三個方面的視野大為開闊，更多地注意生物或材料技術性能與結構的關係，更好地認識到分子結構以外的結構類型和層次，而不會把製備工作過多地侷限在單個化合物的合成上。就開展這一領域的中、近期任務來看，應選取一些人們對其性質—結構—合成與製備三元關係認識較深，且符合需要的功能體系來進行啟動，以此為突破口，總結經驗，揭示規律與原理，逐步推廣開展。下面以微孔晶體功能體系的分子設計與定向合成為例來加以闡述。

(2)具有特定結構的微孔晶體及其相關的功能體系的分子設計與定向合成 微孔晶體具有特定規整的孔道結構。由於客體分子在孔道中與骨架結構之間的化學作用遠大於一般的多孔材料，故其孔道結構特徵與性質，如孔道的大小（3～20Å）、形狀、維數、走向、孔壁的性能，以及孔道中腔、籠和缺陷等，將影響孔道中分子的擴散、吸附與脫附、分子間反應的選擇性、中間態的生成，等等。因而微孔晶體是最具特色的，並且從目前發展水準來看又是應用特別廣泛的一大類催化材料與吸附材料。近年來，在大量與高技術有關的新型材料開發應用中，微孔晶體顯示出廣泛的潛力。目前人工合成微孔晶體（如矽酸鹽型、磷酸鋁型等）的骨架結構已有100多種，人們對其結構特點，骨架結構對其中分子運動與反應的影響，造孔合成反應規律，晶化成孔機構與晶化技術，以及孔道、窗口與內表面的修飾等方面的研究，已有相當基礎。因而從性能與反應的要求出

發，進行微孔晶體特定孔道結構的設計與定向合成，既有實用意義又有可能以此作突破口，為進一步發展其它複雜體系的分子工程提供經驗和基礎。然而直到目前，在國際上尚未見到一個比較成功的實例。

微孔晶體的設計與定向合成，首先要根據性能的要求，在電腦輔助下，設計出晶體的孔道模型，然後藉由結構數據庫的幫助來選擇與制定理想模型及其穩定存在的條件，最後再藉由合成反應數據庫的指導，選擇合成方案和修飾途徑。為此，目前亟須開展以下工作：

①完善結構數據庫。開拓新的生長微孔晶體單晶的技術路線，培養可供結構分析的微孔晶體單晶，以發現全新的骨架拓撲結構與新型的一級、二級結構單元。建立比較完整的骨架拓撲結構與相應的理論 XRD 譜圖的數據以及它們的能量數據庫，這對大量粉末微孔晶體新相的結構識別以及判別結構存在的穩定性有指導意義。

②建立與完善造孔合成反應數據庫。總結已知的合成反應與晶化產物結構的關係與規律，開展以矽鋁分子篩為對象的成孔機制的研究。例如深入研究矽酸鹽與鋁酸鹽在溶液中的聚合狀態及其分佈；矽酸鹽與鋁酸鹽間的縮聚反應規律；中間態凝膠的結構以及造孔中的模板效應、成核規律、晶體生長與轉晶等，以使我們能從分子水準上認識與總結造孔反應的規律與細微的控制因素。同時，不斷開拓的新造孔合成反應及研製大量新型微孔晶體，從中總結成孔合成規律。目前中國已開發了一系列新型微孔晶體，其中包括微孔磷酸鎵、磷酸鈹、砷酸鹽、硼酸鹽、鈦酸鹽、氧化鍺與鍺酸鹽等系列，將微孔晶體的成孔元素由傳統的 Si，Al，P 推廣到 Ga，B，In，Ge，As 與 Be，以及第一系列的過渡元素等 20 多種；將微孔化合物類型推廣到了新型 M（Ⅲ）X（Ⅴ）O_4 型、氧化物與硫化物型、硼酸鹽以及鈦酸鹽型等，並開闢了大量在有機體系中的造孔合成反應。這些結果與規律大大豐富了造孔合成反應數據庫的建立，並且對結構數據庫的完善也提供了基礎。

③根據煉油工業、石化工業與精細化工的實際需要，以及相關的催化反應對微孔晶體催化材料結構的要求為導向，在電腦輔助下進行理想結構模型的設計工作。目前國際上對微孔晶體功能材料的分子設計、裁剪與施工的研究正處於蓬勃開展的時期。從 20 世紀 80 年代中期起，幾位著名的分子篩結構化學家如美國的 Smith J V，Kokotailo J T 和瑞典的 Meier W M 等人，對微孔晶體的假想骨架結構（hypothetical channel framework structure）的設計研究已有比較系統的報導。我們也曾試探性地以微孔晶體中目前已知的次級結構單元按其對稱特徵作用於相關的空間群，設計了一系列具有 18 元環特大孔和中孔的混合孔道結構與具有 24 元環特大孔結構的理想結構模型及其相應的理論 XRD 圖譜；同時，根據自己在電腦輔助下設計的合成方案在非水體系中合成出了目前國際上

具有最大環數孔道結構的磷酸鋁（JDF-20）晶體。這些結果將為進一步設計合成具有特大孔道結構的矽鋁酸鹽分子篩催化材料提供有益的基礎。

④根據性能或功能的要求進行微孔結構的修飾。精細地調變微孔孔口和孔道表面的化學屬性，並將特定的活性物質（包括離子、金屬顆粒、氧化物或鹽類、錯離子、團簇等）按一定方式組裝到（修飾）孔道中或（修飾）表面上。

高溫合成

2

2.1　高溫的獲得和測量[1]

高溫是無機合成的一個重要手段，為了進行高溫無機合成，就需要一些符合不同要求的產生高溫的設備和手段。這些手段和它們所能達到的溫度，見表 2-1。

表 2-1　獲得高溫的各種方法和達到的溫度[1]

獲得高溫的方法	溫度（K）
各種高溫電阻爐	1273～3273
聚焦爐	4000～6000
閃光放電	>4273
電漿電弧	20000
雷射	$10^5 \sim 10^6$
原子核的分裂和熔合	$10^6 \sim 10^9$
高溫粒子	$10^{10} \sim 10^{14}$

下面僅就實驗室中常用的幾種獲得高溫的方法，作一簡單的介紹。

2.1.1　電阻爐

電阻爐是實驗室和工業中最常用的加熱爐，它的優點是設備簡單，使用方便，溫度可精確地控制在很窄的範圍內。應用不同的電阻發熱材料可以達到不同的高溫限度。現將不同電阻材料的最高工作溫度列於表 2-2 中，爐內工作室的溫度將稍低於這個溫度。應該注意的是一般使用溫度應低於電阻材料最高工作溫度，這樣就可延長電阻材料的使用壽命。

表 2-2　電阻發熱材料的最高工作溫度

名　稱	最高工作溫度（℃）	備　註
鎳鉻絲	1060	
矽碳棒	1400	
鉑　絲	1400	
鉑 90%銠 10%合金絲	1540	
鉬　絲	1650	真　空
矽化鉬棒	1700	
鎢　絲	1700	真　空
ThO_2 85%，CeO_2 15%	1850	
ThO_2 95%，La_2O_3 5%	1950	
鉭　絲	2000	

表 2-2　電阻發熱材料的最高工作溫度（續）

名　稱	最高工作溫度（℃）	備　註
ZrO_2	2400	真　空
石墨棒	2500	
鎢　管	3000	真　空
碳　管	2500	真　空

1.幾類重要的電阻發熱材料

　　(1)石墨發熱體　用石墨作為電阻發熱材料，在真空下可以達到相當高的溫度，但須注意使用的條件，如在氧化或還原的氣氛下，則很難去除石墨上吸附的氣體，而使真空度不易提高，並且石墨常能與周圍的氣體結合形成揮發性的物質，使需要加熱的物質污染，而石墨本身也在使用中逐漸損耗。

　　(2)金屬發熱體　在高真空和還原氣氛下，金屬發熱材料如鉭、鎢、鉬等，已被證明是適用於產生高溫的。通常都採用在高真空和還原氣氛的條件下進行加熱。如果採用惰性氣氛，則必須使惰性氣氛預先經過高度純化。有些惰性氣氛在高溫下也能與物料反應，如氮氣在高溫能與很多物質反應而形成氮化物。在合成純化合物時，這些影響純度的因素都應注意。

　　用具有剖縫的鎢管作為加熱體，由鉬、鉭反射器加以輔助，在惰性氣氛下，它的工作溫度可達 3200℃，適用於高溫相平衡的研究。

　　(3)氧化物發熱體　在氧化氣氛中，氧化物電阻發熱體是最為理想的加熱材料。高溫發熱體通常存在一個不易解決的困難，就是發熱體和通電導線如何連接的問題。在連接點上常由於接觸不良產生電弧而致使導線被燒斷，或是由於發熱體的溫度超過導線的熔點而使之熔斷。接觸體解決了這一問題，並可得到均勻的電導率。常用的接觸體的組成往往為氧化物型，如高純度的 95% ThO_2 和 5% La_2O_3（或 Y_2O_3），其工作溫度可達 1950℃，此外接觸體的組成也可以是 85% ZrO_2 和 15% La_2O_3（或 Y_2O_3）。接觸體的用法是：把 60%Pt 和 40%Rh 組成的導線鑲入還未完全燒結的接觸體中，在繼續加熱的過程中，接觸體收縮，從而和導線形成良好的接觸。接觸體的電導率比電阻體高，而且截面積也大，因而接觸體中每單位質量的發熱量就比電阻體低。適當的選擇接觸體的長度和導線鑲入的深度，可以在電阻體和導線間得到一個合適的溫度梯度。這個梯度可以使電阻體的溫度大大超過導線的熔點而不導致導線的燒斷。

　　將加熱體垂直使用，可以巧妙而又簡單地解決接觸體和電阻體的連接問題。由於電流密度小，並且在高溫時產生大量的自由電子，因此接觸體和電阻體界面的接觸不需要

很好，不必用特殊的夾子把接觸體和電阻體夾在一起，垂直放置時，由部件本身的質量就足以使它們密切接觸而不致產生有害的電弧。

在實際使用時，可以根據不同的需要來選擇發熱體（如棒、絲、管等）的數目設計電阻爐。但是應該注意氧化物發熱體的電阻溫度係數是負的。如果將各電阻發熱體並聯使用時，當某一發熱體較其它發熱體的電阻稍低，則這個發熱體的溫度就會稍高，而它的相對電阻將進一步降低，從而產生更多的熱量。因此，它的溫度就越來越高，在短時間內就會燒毀，所以每一個發熱體應盡量分開控制。

2.高溫箱型電阻爐

這種電阻爐的外殼由鋼板焊接而成，爐膛由高鋁磚砌成長方形，在爐膛與爐體外殼之間砌築輕質黏土磚和充填保溫材料。矽碳棒發熱元件安裝於爐膛頂部。為了操作安全，在爐門上裝有行程開關，當爐門打開時，電爐自動斷電，因此只有在爐門關閉時才能加熱。箱型電阻爐見圖 2-1。

為了適應電爐發熱元件在不同溫度下功率的變化和便於控制溫度，電爐配有控制器。控制器內裝有溫度指示儀、電流表、電壓表以及自耦式抽頭變壓器，以適應發熱元件在不同溫度下功率的變化和達到的指標，以達到調節和控制電爐溫度之目的。

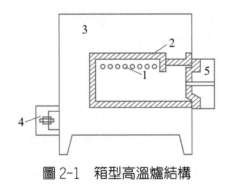

圖 2-1　箱型高溫爐結構

1-矽碳棒；2-爐膛；3-爐體；4-接溫度控制；5-爐門

3.碳化矽電爐

用碳化矽作發熱元件的加熱爐其結構示意圖如圖 2-2。這類爐子的發熱體是矽碳棒或矽碳管。這種管可加熱到 1350℃，也可以短時間加熱到 1500℃。碳化矽發熱元件兩端須有良好的接觸體。此外，由於它是一種非金屬的導體，它的電阻在熱時比在冷時小些，因此應用調壓變壓器與電流表將爐子慢慢加熱，當溫度升高到需要值時應立即降低電壓，以免電流超過容許值。最好是在電路中串接一個自動保險裝置。

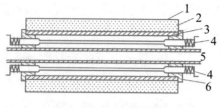

圖 2-2　碳化矽電爐

1-外殼（金屬板製）；2-絕熱材料（碎粒水泥，MgO，矽藻土）；3-套管（火泥製）；4-矽碳棒；5-爐心管；6-面板

4.碳管爐

這種爐用碳製的管作為發熱元件。因為它們的電阻很小，所以也稱為「短路電爐」。這種爐最貴的部分是它的變壓器。爐子加熱所需的電壓約為 10V，所需電流可以從幾百到一千安培。在高溫時，碳管的使用壽命不很長，構造方便的爐可以迅速地換裝碳管。用這種爐可以很容易地達到 2000℃的高溫。爐管裡面應總保持還原氣氛，否則應用襯管套在碳管裡面（2000℃以內可以用剛玉管，2000℃以上可以用熔結的 BeO 或 ThO_2）。

還有一種割成裂隙的石墨管。石墨比碳耐氧化，它的缺點是電阻小。可以把石墨管割出許多縱的裂隙，使電流通過的路徑成往復曲折而被加長，這樣可以補救其缺點。這種發熱元件也可以在真空或惰性氣氛中使用。

5.鎢管爐

用鎢管爐可以達到 3000℃的最高溫度。由於鎢易被氧化，同時也為了保溫良好起見，鎢管爐都是在真空中使用，必要時也可在惰性氣氛或氫氣氛中使用。圖 2-3 是一個鎢管爐的結構示意圖。在一塊厚的黃銅底盤上裝有兩根粗的黃銅支柱，其中一根與底板絕緣。在黃銅支柱上有用鉬做襯裡的堅固鉗口，鎢管固定在鉗口中，外面圍著一個銅板製的罩子，罩子外面密密地焊著蛇形冷卻管。黃銅底盤上罩著一個大的玻璃鐘罩。由底盤通進兩根粗導管，藉以與真空計和真空泵相連接。抽氣管的直徑必須足夠大。這個爐在 $1.3 \times 10^{-3} \sim 1.3 \times 10^{-4}$ Pa 的真空下操作，如電壓為 10V，電流約為 1000A，則溫度可達到 3000℃。

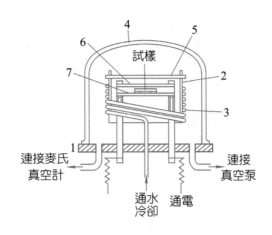

圖 2-3　鎢管爐

1−黃銅底盤；2−銅罩；3−銅製蛇形管；4−玻璃鐘罩；5−可卸下的蓋；6−鎢管；7−鎢片

2.1.2　感應爐

　　感應爐的主要部件就是一個載有交流電的螺旋形線圈，它就像一個變壓器的初級線圈，放在線圈內的被加熱的導體就像變壓器的次級線圈，它們之間沒有電路連接。當線圈上通有交流電時，在被加熱體內會產生閉合的感應電流，稱為渦流。由於導體電阻小，所以渦流很大；又由於交流的線圈產生的磁力線不斷改變方向。因此，感應的渦流也不斷改變方向，新感應的渦流受到反向渦流的阻滯，就導致電能轉換為熱能，使被加熱物很快發熱並達到高溫。這個加熱效應主要發生在被加熱物體的表面層內，交流電的頻率越高，則磁場的穿透深度越低，而被加熱體受熱部分的深度也越低。

　　實驗室用的感應爐操作起來很方便並且十分清潔，可以將坩堝封閉在一根冷卻的石英管中，透過感應使之加熱，石英管內可以保持高真空或惰性氣氛。這種爐可以很快地（例如幾秒鐘之內）加熱到 3000℃的高溫。感應加熱主要用於粉末熱壓燒結和真空熔煉等。

2.1.3　電弧爐

　　電弧爐常用於熔煉金屬，如鈦、鋯等，也可用於製備高熔點化合物，如碳化物、硼化物以及低價的氧化物等。電流由直流發電機或整流器供應。起弧熔煉之前，先將系統抽至真空，然後通入惰性氣體，以免空氣滲入爐內，正壓也不宜過高，以減少損失。

　　在熔化過程中，只要注意調節電極的下降速度和電流、電壓等，就可使待熔的金屬

全部熔化而得均勻無孔的金屬錠。盡可能使電極底部和金屬錠的上部保持較短的距離，以減少熱量的損失，但電弧需要維持一定的長度，以免電極與金屬錠之間發生短路。

2.1.4 測溫儀表的主要類型

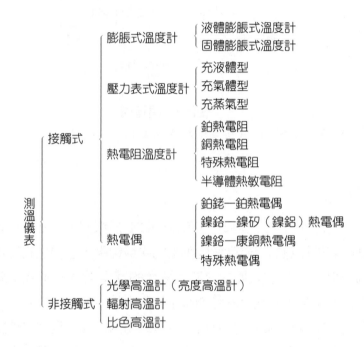

| 膨脹式溫度計 | 液體膨脹式溫度計 |
| 固體膨脹式溫度計 |

壓力表式溫度計
- 充液體型
- 充氣體型
- 充蒸氣型

熱電阻溫度計
- 鉑熱電阻
- 銅熱電阻
- 特殊熱電阻
- 半導體熱敏電阻

熱電偶
- 鉑銠—鉑熱電偶
- 鎳鉻—鎳矽（鎳鋁）熱電偶
- 鎳鉻—康銅熱電偶
- 特殊熱電偶

非接觸式
- 光學高溫計（亮度高溫計）
- 輻射高溫計
- 比色高溫計

2.1.5 熱電偶高溫計

熱電偶高溫計具有下列優點：

①體積小，重量輕，結構簡單，易於裝配維護，使用方便。

②主要作用點是由兩根線連成的很小的熱接點，兩根線較細，所以熱惰性很小，有良好的熱感度。

③能直接與被測物體相接觸，不受環境介質如煙霧、塵埃、二氧化碳、水蒸氣等影響而引起誤差，具有較高的準確度，可保證在預期的誤差以內。

④測溫範圍較廣，一般可在室溫至 2000℃ 左右之間應用，某些情況甚至可達 3000℃。

⑤測量訊號可遠距離傳送，並由儀表迅速顯示或自動記錄，便於集中管理。

由上述可知，熱電偶高溫計被廣泛應用於高溫的精密測量中，但是熱電偶在使用中，還須注意避免受到侵蝕、污染和電磁的干擾，同時要求有一個不影響其熱穩定性的

環境。例如有些熱電偶不宜於氧化氣氛，但有些又應避免還原氣氛。在不合適的氣氛環境中，應以耐熱材料套管將其密封，並用惰性氣體加以保護，但這樣就會多少影響它的靈敏度，當溫度變動較快時，隔著套管的熱電偶就顯得有些熱感滯後。

　　熱電偶材料有純金屬、合金和非金屬半導體等。純金屬的均質性、穩定性和加工性一般均較優，但熱電位並不太大；用作熱電偶的某些特殊合金熱電位較大，具有適於特定溫度範圍的測量，但均質性、穩定性通常都次於純金屬。非金屬半導體材料一般熱電位都大得多，但製成材料較為困難，因而用途有限。純金屬和合金的高溫熱電偶一般可應用於室溫至 2000℃ 左右的高溫，某些合金的應用範圍甚至高達 3000℃，常用的高溫熱電偶材料為 Pt，Rh，Ir，W 等純金屬和含 Rh 較高的 Pt−Rh 合金、Ir−Rh 合金和 W−Re 合金。某些高溫熱電偶的熱電位值和使用溫度列於表 2-3 和表 2-4 中。

　　這些電位值和分度表都是選 0℃ 為冷端溫度作為基準的。當熱電偶冷端固定於 0℃ 測得熱電位值後，即可在這些熱電位分度表中查得熱端的溫度值，如果測定熱電位冷端不是 0℃ 而是 t_1，測得的熱電位值 $V(t, t_1)$ 需按下式加以冷端溫度補償值 $V(t_1, t_e)$：

$$V(t_1, t_0) = V(t, t_1) + V(t_1, t_e)$$

然後才能由上述的分度表查得熱端的真空溫度。

表 2-3　鉑銠—鉑熱電偶電位分度表（單位：mV）

（熱偶型號：WRLB　分度號：LB-3）

熱端溫度（℃）	0	10	20	30	40	50	60	70	80	90
0	0.000	0.056	0.113	0.173	0.235	0.299	0.364	0.431	0.500	0.571
100	0.643	0.717	0.792	0.869	0.946	1.025	1.106	1.187	1.269	1.352
200	1.436	1.521	1.607	1.693	1.780	1.867	1.955	2.044	2.134	2.224
300	2.315	2.407	2.498	2.591	2.684	2.777	2.871	2.965	3.060	3.155
400	3.250	3.346	3.441	3.538	3.634	3.731	3.828	3.925	4.023	4.121
500	4.220	4.318	4.418	4.517	4.617	4.717	4.817	4.918	5.019	5.121
600	5.222	5.324	5.427	5.530	5.633	5.735	5.839	5.943	6.046	6.151
700	6.256	6.361	6.466	6.572	6.677	6.784	6.891	6.999	7.105	7.213
800	7.322	7.430	7.539	7.648	7.757	7.867	7.978	8.088	8.190	8.310
900	8.421	8.534	8.846	8.533	8.871	8.985	9.098	9.212	9.326	9.441
1000	9.556	9.671	9.787	9.902	10.019	10.136	10.252	10.370	10.488	10.605
1100	10.723	10.842	10.961	10.080	11.198	11.317	11.437	11.556	11.676	11.795
1200	11.915	12.035	12.155	12.275	12.395	12.515	12.636	12.756	12.875	12.996
1300	13.116	13.236	13.356	13.475	13.595	13.715	13.885	13.955	14.074	14.193
1400	14.313	14.433	14.552	14.671	14.790	14.910	15.029	15.148	15.266	15.385
1500	15.504	15.623	15.742	15.860	15.979	16.097	16.216	16.334	16.451	16.569
1600	16.688									

表註：冷端溫度 0℃，短時使用溫限 1600℃，長時使用溫限 1350℃。

一般與熱電偶配用的顯示儀表或記錄儀表中標明具有冷端溫度自動補償裝置者，則冷端溫度在 0～50℃ 的範圍內變動時，其熱電位差值都可由儀表內的熱敏電阻自動補償調整。因此，可使冷端處在室溫下進行測量，而不必保持 0℃ 恆溫，也不需要按上式加以校正。

表 2-4　鎳鉻—鎳矽（鎳鉻—鎳鋁）熱電偶電位分度表（單位：mV）

（熱偶型號：WREU　分度號：EU-2）

熱端溫度（℃）	0	10	20	30	40	50	60	70	80	90
—	−0.00	−0.39	−0.77	−1.14	−1.50	−1.86				
0	0.00	0.40	0.80	1.20	1.61	2.02	2.43	2.85	3.26	3.68
100	4.10	4.51	4.92	5.33	5.73	6.13	6.53	6.95	7.33	7.73
200	8.13	8.53	8.93	9.34	9.74	10.15	10.50	10.97	11.38	11.80
300	12.21	12.62	13.04	13.45	13.87	14.30	14.72	15.14	15.56	15.92
400	16.40	16.83	17.25	17.67	18.09	18.51	18.94	19.37	19.79	20.22
500	20.65	21.08	21.50	21.93	22.35	22.78	23.21	23.63	24.05	24.48
600	24.90	25.32	25.75	26.18	26.60	27.03	27.45	27.87	28.29	28.71
700	29.13	29.55	29.97	30.39	30.81	31.22	31.64	32.06	32.46	32.87
800	33.29	33.69	34.10	34.51	34.91	35.32	35.72	36.13	36.53	36.93
900	37.33	37.73	38.13	38.58	38.93	39.32	39.72	40.10	40.49	40.88
1000	41.27	41.66	42.04	42.43	42.83	43.21	43.59	43.97	44.34	44.72
1100	45.10	45.48	45.85	46.23	46.60	46.97	47.34	47.71	48.08	48.44
1200	48.81	49.17	49.53	49.89	50.25	50.69	50.98	51.32	51.67	52.02
1300	52.37									

表註：冷端溫度 0℃，短時間使用溫限 1300℃，長時間使用溫限 900℃。

熱偶成分：鎳鉻——Cr 9%～10%，SiO_2 6%，Co 0.4%～0.7%，Mn 0.3%，Ni 餘量。

　　　　鎳矽——Si 2%～3%，Mn 0.6%，Co 0.4%～0.7%，Ni 餘量。

　　　　鎳鉻——Ni 90%，Cr 10%。

　　　　鎳鋁——Ni 95%，Al，Mg，Si 5%。

2.1.6　光學高溫計

光學高溫計是利用受熱物體的單波輻射強度（即物體的單色亮度）隨溫度升高而增加的原理來進行高溫測量的。原理與具體使用方法可參閱有關專著。

使用熱電偶測量溫度雖然簡便可靠，但也存在一些限制，例如，熱電偶必須與測量的介質接觸，熱電偶的熱電性質和保護管的耐熱程度等使熱電偶不能用於長時間較高溫度的測量，在這方面光學高溫計具有顯著的優勢。

①不需要同被測物質接觸，同時也不影響被測物質的溫度場。

②測量溫度較高，範圍較大，可測量 700～6000℃。

③精確度較高，在正確使用的情況下，誤差可小到±10℃，且使用簡便、測量迅速。

2.2　高溫合成反應類型

很多合成反應需要在高溫條件進行。主要的合成反應如下：

①高溫下的固相合成反應。C，N，B，Si 等二元金屬陶瓷化合物，多種類型的複合氧化物，陶瓷與玻璃態物質等均是藉高溫下組分間的固相反應來實現的。

②高溫下的固—氣合成反應。如金屬化合物藉 H_2、CO，甚至鹼金屬蒸氣在高溫下的還原反應，金屬或非金屬的高溫氧化、氯化反應等等。

③高溫下的化學轉移反應（chemical transport reaction）。

④高溫熔煉和合金製備。

⑤高溫下的相變合成。

⑥高溫熔鹽電解。

⑦電漿雷射、聚焦等作用下的超高溫合成。

⑧高溫下的單晶生長和區域熔融提純。

除上述由於內容特殊將分別在以後的章節中作專門介紹外，本章將就其它各幾種合成反應作比較詳細的討論。由於高溫合成反應與化學熱力學特別是高溫下的熱力學和反應動力學及反應機構關係緊密，因而在討論下列合成反應時，將適當介紹上述原理的應用和有關數據。

2.3　高溫還原反應[2]

這是一類極具實際應用價值的合成反應。幾乎所有金屬以及部分非金屬均是藉高溫下熱還原反應來製備的。無論透過何種途徑，例如在高溫下藉金屬的氧化物、硫化物或其它化合物與金屬以及其它還原劑相互作用以製備金屬等等。還原反應能否進行，反應進行的程度和反應的特點等均與反應物和生成物的熱力學性質以及高溫下熱反應的 ΔH_f、ΔG_f 等關係緊密。為此在本節的開頭將比較詳細地介紹一些有關化合物如氧化物的 $\Delta G_f^\ominus - T$ 圖及應用。

2.3.1 氧化物高溫還原反應的 $\Delta G_f^\ominus - T$ 圖及其應用

氧化物還原反應需要在高溫下進行，此時應計算在反應溫度下的 ΔG_f 值。通常的方法是利用標準狀況下的生成自由能與 T 的關係以求得任意溫度下 ΔG_f 值。這樣比較麻煩。現用收集有關 $\Delta G_f^\ominus - T$ 圖資料，總結某些規律與特點介紹如下。

$\Delta G_f^\ominus - T$ 值是隨溫度變化的，並且在一定範圍內基本上是溫度的線性函數。現在看一下有關 $\Delta G_f^\ominus - T$ 關係圖的一些特點。以氧化物為例：

$$金屬（s）+O_2（g）\rightleftharpoons 氧化物（s）$$

各種金屬氧化物的 $\Delta G_f^\ominus - T$ 關係是許多直線，見圖 2-4。

從圖中可以看出：

①這些直線具有近似相等的斜率。因為在所有情況下，由金屬和氧氣變為氧化物的熵變是相近的。

②這些直線的斜率為正。金屬和氧氣生成固體氧化物的反應導致總熵減小。隨著溫度的升高，從圖中可明顯看出 $\Delta G_f^\ominus$ 值增加，必然使氧化物穩定性減小。

當 $\Delta G_f^\ominus > 0$ 時，氧化物不能穩定存在。

③有相變時，直線斜率改變。原因是相變引起熵變，熵變使斜率改變。

④在標準狀況下，凡在 $\Delta G_f^\ominus$ 為負值區域內的所有金屬都能自動被氧化，在 $\Delta G_f^\ominus$ 為正值的區域內，生成的氧化物是不穩定的。例如 Ag_2O 和 HgO 只需稍許加熱就可分解為金屬。

⑤在圖中直線位置越低，則其 $\Delta G_f^\ominus$ 值愈小（負值的絕對值愈大）。說明該金屬對氧的親和力愈大，其氧化物愈穩定。因此，在圖中位置越低的金屬，可將位置較高的金屬氧化物還原。例如 1000K 時，NiO 能夠被 C 還原：

$$C（s）+NiO（s）=Ni（s）+CO（g）$$

Cu，Fe，Ni 金屬的氧化物能被 H_2 還原。從圖中還可以看到，Ca 是最強的還原劑，其次是 Mg、Al 等。

⑥各種金屬的 $\Delta G_f^\ominus - T$ 線斜率不同，因此在不同溫度條件下，它們對氧的親和力次序有時會發生變化。例如 TiO_2 與 CO 線在 1600K 左右相交，

$$2C（s）+TiO_2（s）\underset{低溫}{\overset{高溫}{\rightleftharpoons}}Ti（s）+2CO（g）$$

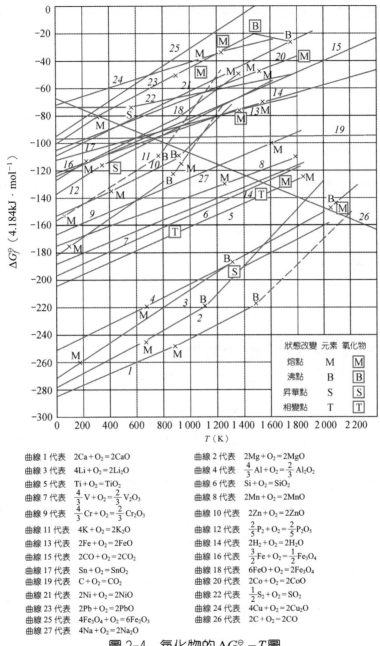

曲線 1 代表	$2Ca+O_2=2CaO$	曲線 2 代表	$2Mg+O_2=2MgO$
曲線 3 代表	$4Li+O_2=2Li_2O$	曲線 4 代表	$\frac{4}{3}Al+O_2=\frac{2}{3}Al_2O_2$
曲線 5 代表	$Ti+O_2=TiO_2$	曲線 6 代表	$Si+O_2=SiO_2$
曲線 7 代表	$\frac{4}{3}V+O_2=\frac{2}{3}V_2O_3$	曲線 8 代表	$2Mn+O_2=2MnO$
曲線 9 代表	$\frac{4}{3}Cr+O_2=\frac{2}{3}Cr_2O_3$	曲線 10 代表	$2Zn+O_2=2ZnO$
曲線 11 代表	$4K+O_2=2K_2O$	曲線 12 代表	$\frac{2}{5}P_2+O_2=\frac{2}{5}P_2O_5$
曲線 13 代表	$2Fe+O_2=2FeO$	曲線 14 代表	$2H_2+O_2=2H_2O$
曲線 15 代表	$2CO+O_2=2CO_2$	曲線 16 代表	$\frac{3}{2}Fe+O_2=\frac{1}{2}Fe_3O_4$
曲線 17 代表	$Sn+O_2=SnO_2$	曲線 18 代表	$6FeO+O_2=2Fe_3O_4$
曲線 19 代表	$C+O_2=CO_2$	曲線 20 代表	$2Co+O_2=2CoO$
曲線 21 代表	$2Ni+O_2=2NiO$	曲線 22 代表	$\frac{1}{2}S_2+O_2=SO_2$
曲線 23 代表	$2Pb+O_2=2PbO$	曲線 24 代表	$4Cu+O_2=2Cu_2O$
曲線 25 代表	$4Fe_3O_4+O_2=6Fe_2O_3$	曲線 26 代表	$2C+O_2=2CO$
曲線 27 代表	$4Na+O_2=2Na_2O$		

圖 2-4　氧化物的 $\Delta G_f^\ominus - T$ 圖

在溫度低於 1600K 時，TiO_2 的 $\Delta G_f^\ominus$ 值較 CO 的為小，即 TiO_2 較 CO 穩定。反應將向生成 TiO_2 的方向進行。而高於 1600K 時，則向生成金屬鈦的方向進行。

⑦生成 CO 的直線，升溫時 $\Delta G_f^\ominus$ 值逐漸變小。這對火法冶金有重大意義，它使得幾乎所有的金屬氧化物直線在高溫下都能與 CO 直線相遇，這意味著許多金屬氧化物在高溫下能夠被碳還原。例如釩、鈮、鉭等非常穩定的氧化物均可被碳還原成金屬。其它

諸如氯化物、氟化物、硫化物、硫酸鹽、碳酸鹽和矽酸鹽的有關數據與反應規律可參閱文獻[2]。

2.3.2 氫還原法

1.氫還原法的基本原理

少數非揮發性金屬的製備，可用氫還原其氧化物的方法。其反應如下：

$$\frac{1}{y} M_x O_y \ (s) + H_2 \ (g) \Longrightarrow \frac{x}{y} M \ (s) + H_2 O \ (g)$$

此反應的平衡常數：

$$K = \frac{p_{H_2O}}{p_{H_2}} \qquad\qquad (2\text{-}1)$$

平衡時，該反應可認為是兩個平衡反應的結合，氧化物的解離平衡和水蒸氣的解離平衡。如果不考慮金屬離子的價數的話，這兩個平衡為

$$2MO \ (s) \Longrightarrow 2M \ (s) + O_2 \ (g) \qquad K_{MO} = p_{O_2}$$

$$2H_2O \ (g) \Longrightarrow 2H_2 \ (g) + O_2 \ (g) \qquad K_{H_2O} = \frac{p_{H_2}^2 \cdot p_{O_2}}{p_{H_2O}^2}$$

當反應平衡後，氧化物解離出的氧壓強應等於水蒸氣所解離出的氧壓強。

$$p_{O_2} = K_{H_2O} \frac{p_{H_2O}^2}{p_{H_2}^2} \qquad\qquad (2\text{-}2)$$

因此，還原反應的平衡常數為

$$K = \frac{p_{H_2O}}{p_{H_2}} = \sqrt{p_{O_2} \Big/ K_{H_2O}} \qquad\qquad (2\text{-}3)$$

式（2-3）對所有非揮發性金屬的氧化物還原反應都適用。p_{O_2} 值的大小取決於溫度和氧化物的狀態，它可透過金屬氧化物的解離得到，也可從分步的式子算出。式中的 K_{H_2O} 值可按以下公式計算：

$$\log K_{H_2O} = \log \frac{p_{H_2}^2 \cdot p_{O_2}}{p_{H_2O}^2} = \frac{-26.232}{T} + 608 \qquad\qquad (2\text{-}4)$$

此處分壓以標準氣壓表示。在式（2-4）中，不同溫度下的 K_{H_2O} 值都很小，這就說明了

氫與氧之間有穩定的化學鍵。

　　用氫還原氧化物的特點是，還原劑利用率不可能為百分之百。進行還原反應時，氫中混有氣相反應產物──水蒸氣。只要 H_2 和 H_2O 與氧化物和金屬處於平衡時反應便停止，雖然體系中此時仍有游離氫分子存在。用純氫還原氧化物時，氫的最高利用率 y 為

$$y = \frac{p_{H_2O}}{p_{H_2O} + p_{H_2}} = \frac{K}{1+K} 100\% \qquad (2\text{-}5)$$

p_{H_2} 和 p_{H_2O} 分別表示平衡體系中 H_2 和 H_2O 的分壓，K 為還原反應的平衡常數。常數愈小 H_2 的利用率愈低。若 $K=1$ 時，利用率不超過 50%；$K=0.01$ 時，H_2 的利用率小於 1%。

　　還原金屬高價氧化物時會得到一系列含氧較少的低價金屬氧化物。如還原氧化鐵時，可以連續得到 Fe_3O_4、FeO 和 Fe。氧化物中金屬的化合價降低時，氧化物的穩定性增大，不容易還原。例如從五氧化二釩（V_2O_5）還原出釩時，依次生成了氧化物 V_2O_4，V_2O_3，VO。在這個過程中四價氧化物的還原非常容易，所以很難分離出純的 V_2O_4，但要還原到 VO 必須在 1700℃ 才行，而要製備金屬釩則要更高的溫度。

　　例如用 H_2 還原 Nb_2O_5 製備金屬 Nb，在不同溫度下可以得到各種價態的氧化物

$$(1) Nb_2O_5 + H_2 \xrightleftharpoons{860℃} 2NbO_2 + H_2O$$
$$(2) 2NbO_2 + H_2 \xrightleftharpoons{1250℃} Nb_2O_3 + H_2O$$
$$(3) Nb_2O_3 + H_2 \xrightleftharpoons{1350℃} 2NbO + H_2O$$
$$(4) 2NbO + H_2 \xrightleftharpoons{1350℃} Nb_2O + H_2O$$
$$(5) Nb_2O + H_2 \xrightleftharpoons{>1350℃} 2Nb + H_2O$$

　　反應式(5)是一種推測，就是說如果在更高的溫度下，長時間與大量的 H_2 相作用，也是可以進行的。如果 Nb_2O_5 與鎳粉相混合，Nb_2O_5 可以比較容易地被還原成為金屬而得到 Ni－Nb 合金。

　　製得的金屬的物理性質和化學性質決定於還原溫度。在低溫下，製得的金屬具有大的表面積和強的反應能力。

　　升高還原溫度會使金屬的顆粒聚結起來而減少了它們的表面積，金屬顆粒的內部結構變得整齊和更穩定，結果使金屬的化學活性降低。

　　用氫還原氧化物所得的粉狀金屬在空氣中放置以後，要加熱到略高於熔點的溫度才能熔化，這是由於在各個顆粒的表面上形成了氧化膜之故。

2.氫還原法製鎢

用氫氣還原三氧化鎢，大致可分三個階段進行：

$$(1)2WO_3 + H_2 \Longrightarrow W_2O_5 + H_2O$$
$$(2)W_2O_5 + H_2 \Longrightarrow 2WO_2 + H_2O$$
$$(3)WO_2 + 2H_2 \Longrightarrow W + 2H_2O$$

還原所得到的產品性質和成分決定於溫度，在溫度為 700℃ 左右時，三氧化鎢便可完全還原成金屬鎢。不同還原溫度下所得的產品性質及大致成分見表 2-5。

表 2-5　用氫還原三氧化鎢所得產品的性質與溫度的關係

溫度（℃）	外形特徵	大致成分
400	藍綠色	$WO_3 + W_2O_5$
500	深藍色	$WO_3 + W_2O_5$
550	紫色	W_2O_5
575	醬褐色	$W_2O_5 + WO_2$
600	巧克力褐色	WO_2
650	暗褐色	$WO_2 + W$
700	深灰色	W
800	灰色	W
900	金屬灰色	W

這些反應的平衡常數正如前面所討論的那樣可用水蒸氣和氫氣的 $K = \dfrac{p_{H_2O}}{p_{H_2}}$ 分壓表示，對反應式(1)、(2)、(3)有人提出了平衡常數與溫度的關係式為

$$\log K_1 = -\frac{(2462)}{T} + 3.5$$
$$\log K_2 = -\frac{(817)}{T} + 0.88$$
$$\log K_3 = -\frac{(1111)}{T} + 0.845$$

實際上用氫氣還原 WO_3 並不能得到純的 W_2O_5，因為在 W_2O_5 中總溶有一些 WO_3。因此，有人用下面的反應來表示用氫還原 WO_3 的第一階段，在此反應中以中間氧化物 W_4O_{11} 代替了 W_2O_5：

$$4WO_3 + H_2 \Longrightarrow W_4O_{11} + H_2O$$

實際上 W_4O_{11} 就是 WO_3 在 W_2O_5 中的固溶體。

但是寫成 W_2O_5 或寫成 W_4O_{11} 實際上很少改變用氫還原三氧化鎢反應的氣相總平衡組成，這一點從表 2-6 中的數據可以看出（一欄是假定有 W_2O_5 存在，而另一欄是假定有 W_4O_{11} 時計算的）。

表 2-6　用氫還原 WO_3 時水蒸氣在氣相中的平均含量

溫度（℃）	氣相中水蒸氣含量（%） （按 W_4O_{11}）	氣相中水蒸氣含量（%） （按 W_2O_5）
650	45.4	47.6
750	49.3	53.2
850	52.3	57.8
950	55.2	61.5
1050	57.2	64.2

圖 2-5 是 $\log K - \dfrac{1}{T}$ 圖。從直線的斜率可以看出，曲線 1 與曲線 2 應於較低的溫度區域內相交，曲線 2 與曲線 3 則應於高溫區域內相交。這就是說在低溫下 WO_3 可直接還原為 WO_2，而不經過生成中間氧化物階段：

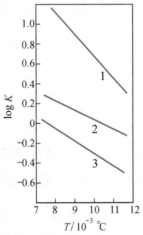

圖 2-5　用氫氣還原 WO_3 時反應的平衡常數與溫度的關係

曲線 1 代表 $W_2O_5 + H_2O \rightleftharpoons 2WO_3 + H_2$
曲線 2 代表 $2WO_2 + H_2O \rightleftharpoons 2W_2O_5 + H_2$
曲線 3 代表 $W + 2H_2O \rightleftharpoons WO_2 + 2H_2$

$$W_2O_5 + H_2 \rightleftharpoons 2WO_2 + H_2O$$

從平衡常數與溫度的關係可以看出，氫氣中含水分愈少，則還原開始的溫度愈低。

圖 2-6 說明鎢的氧化物和金屬鎢的穩定區域與溫度及氣相組成的關係。在 700℃時，鎢在含有 75%～100% H_2 和少於 25% 水蒸氣的混合氣體中不被氧化，在 900℃時，鎢在含有 60%～100% H_2 和少於 40% 水蒸氣的混合氣體中亦不被氧化。

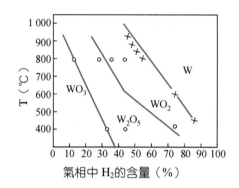

圖 2-6　在 $H_2 + H_2O$ 的混合氣體中鎢的氧化物在各種溫度下的穩定性

需要指出的是，當溫度低於 1100～1200℃時，上述諸方程式是正確的。在更高的溫度下，必須注意到氣相中會含有鎢的氧化物。例如反應：

$$WO_2（g）+ 2H_2 \Longrightarrow W + 2H_2O$$

在溫度高於 1200℃時該反應的平衡常數可用下式表示：

$$K = \frac{p_{H_2O}^2}{p_{H_2}^2 \cdot p_{WO_2}}$$

式中：p_{WO_2} 為 WO_2 蒸氣的分壓。

固體 WO_2 的生成熱為 547.6kJ・mol^{-1}．WO_2 蒸氣的生成熱（包括 WO_2 的蒸發熱 202.3kJ・mol^{-1}）為 345.3kJ・mol^{-1}。因此，還原反應的熱效應是不同的。

$$WO_2（s）+ 2H_2 \Longrightarrow W + 2H_2O \qquad - 66.0\ kJ \cdot mol^{-1}$$
$$WO_2（g）+ 2H_2 \Longrightarrow W + 2H_2O \qquad + 137.9\ kJ \cdot mol^{-1}$$

第一個反應在溫度低於 1200℃時是吸熱的，當溫度升高時平衡向還原方向進行。當溫度高於 1200℃時，WO_2 顯著地蒸發，是放熱反應。溫度升高時，反應向氧化方向進行。因此，當溫度低於 1000～1200℃時，甚至可以用濕水蒸氣來還原 WO_2。但在 1200～2700℃左右的高溫下，氣體中含有極少的水分就會導致鎢的氧化。當鎢製品在高溫下於氫氣中退火時便可以看到這種現象。

在管式爐中進行用氫氣還原三氧化鎢的反應，如圖 2-7 所示。

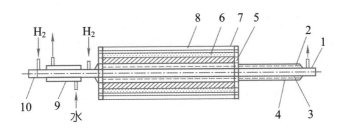

圖 2-7　用氫還原 WO_3 的管式爐

1−鐵管；2−塗有耐熱的石棉層；3−鎳鉻電熱絲線圈；4−鎳鉻電熱線圈四周塗的石棉與耐熱混合塗料；5−異形耐熱磚；6−熟耐熱粒熱絕緣層；7−鐵殼；8−石棉熱絕緣層；9−冷卻器；10−塞子

　　此爐加熱區長 1.5～2m，通過設計加熱線圈使管內溫度沿管均勻地上升至 800～900℃，管的一端裝有冷卻器。

　　將 WO_3 以薄薄的一層撒入鎳舟中，逆著氫氣流逐漸移動鎳舟使之通過管子，在通過高溫區後落入冷卻器中。

　　送入爐內的氫氣必須預先很好地除去水分，並清除其中的氧氣、碳的氧化物和碳氫化合物等雜質。為了生產純的鎢粉，最好是採用以電解法製得的氫氣，因為在這種氫氣中實際上不含有含碳氣體。採用這種氫氣時，只需除去其中的 O_2 和水蒸氣即可。氫氣以每小時 800～2000L 的速度通入還原爐。這個數量已超過還原鎢需用量的很多倍。

　　當選擇以氫氣還原三氧化鎢的工作條件時，不僅要考慮到使氧化鎢達到完全還原，同時也要考慮到所得鎢粉合適的粒度。

　　製造鎢絲時需要平均粒度為 2～3μm，顆粒組成為 0.5～6μm 的深灰色細鎢粉。

　　還原溫度對粒度的大小有極大的影響。此外，被還原的三氧化鎢顆粒的大小，還原延續的時間，氫氣的通入速度以及加在所需還原的物料中的添加劑的性質皆對產物粒度具有一定的影響。

　　在管式爐中用氫氣還原 WO_3，通常分為兩個階段進行，第一階段是使 WO_3 在 720℃ 時，還原成褐色的 WO_2。然後將獲得的 WO_2 與等量的 WO_3 混合，並將此混合物在 800～860℃ 的溫度下還原為金屬鎢。

　　事實證明，分兩階段進行還原能更好地保證鎢粉具有所要求的顆粒組成；其次，若先將 WO_3 還原成 WO_2 而不直接還原為金屬鎢可以提高還原爐的生產率，因為 WO_2 比 WO_3 的堆積密度大。因此，在第二階段時能更有效地利用鎳舟的容積。

　　在還原的第一階段爐溫沿著管子的加熱部分從 520℃ 逐漸地升高到 720℃。在還原的第二階段，爐溫則從 650℃ 逐漸升高到 860℃。在每一隻鎳舟中所盛 WO_3 的質量因所採用的爐子的大小不同而為 50～180g。

　　根據實驗，當在還原的第一階段中盛 180gWO₃時，鎳舟通過爐管的速度為112cm/h，在高溫區停留的時間為 1.5h，氫氣通過爐子的速度為 600～700L/h。在還原的第二階段，鎳舟移動的速度為 50cm/h。在高溫區停留時間為 3.5h，氫氣通過爐子的速度為 800～2000L/h。在製取極細的鎢粉時，鎳舟的移動和氫氣的供應都以高速進行。

2.3.3　金屬還原法

　　金屬還原法也叫金屬熱還原法。就是用一種金屬還原金屬化合物（氧化物、鹵化物）的方法。還原的條件就是這種金屬對非金屬的親和力要比被還原的金屬大。某些易成碳化物的金屬用金屬熱還原的方法製備是有很大實際意義的，因為生產精密合金必須有這種含碳量極少的元素。

　　用作還原劑的金屬主要有：Ca，Mg，Al，Na 和 K 等。

　　用此法可製得的金屬有：Li，Rb，Cs，Na，K，Be，Mg，Ca，Sr，Ba，B，Al，In，Tl，稀土元素，Ge，Ti，Zr，Hf，Th，V，Nb，Ta，Cr，U，Mn，Fe，Co，Ni 等金屬。

1.還原劑的選擇

　　根據什麼原則來選擇還原用的金屬？由前面高溫合成的原理可知，比較生成自由能的大小可以作為選擇還原用金屬的依據，但是當可以用兩種以上的金屬作為還原劑時，怎樣來選擇呢？這時一般考慮以下幾點：

　　①還原力強。

　　②容易處理。

　　③不能和生成的金屬生成合金。

　　④可以製得高純度的金屬。

　　⑤副產物容易和生成金屬分離。

　　⑥成本盡可能低。

　　通常用做還原劑的有鈉、鈣、鋇、鎂、鋁等，這些金屬的還原能力的強弱順序會根據被還原物質的種類（氯化物、氟化物、氧化物）而改變。如原料為氯化物時，鈉、鈣、鋇的還原強度大致相同，但鎂、鋁則稍差。在前三者的選擇中，根據具體情況稍有不同，但鈉不易與產品生成合金，只要稍加注意，處理也比較簡單，因此用得最為普遍。通常氯化物的熔點和沸點都低，因此還原反應在用熔點低的鈉時，要比用鋇和鈣時進行得更順利。該反應通常用鋼彈並在防止生成物氧化的條件下進行。此外為了使反應

能在較低溫度下進行，也可用氯酸鉀等氧化劑作為助燃劑。還原氯化物時所生成的金屬通常要比還原其它鹵化物時的顆粒大。

還原氟化物時，鈣、鋇的還原能力最強，鈉、鎂次之，鋁更差。氟化物是比氯化物難於還原的。通常採用氟鈦酸鉀、氟鈹酸鈉等複鹽為原料，但還原氟化物時，由於複鹽的分解為吸熱反應，因此使所得的金屬粉末在洗滌提純時容易被氧化。在製備熱分解法的細粉金屬時，多以鈉來還原氟化物。

考慮到易於分離的問題，還原金屬氟化物時，由於鈣、鎂、鋁、鋇等的氟化物都難溶於水或弱酸，因此採用鈉作為還原劑比較合適，但它的發熱量少，對實驗室規模較為合適。對大規模生產來說，儘管生成的爐渣是難熔性的，仍以用發熱量大的鈣還原有利。因為還原的金屬熔融後，沈在下層，而氟化鈣的爐渣浮在上層。因此，反應後用機械方法就足以使兩層分離。

還原氧化物時，鈉的還原能力是不夠的，而其它四種金屬的還原能力又幾乎相同。因此，一般採用廉價的鋁作為還原劑。鋁在高溫下也不易揮發，是一種優良的還原劑。它的缺點是容易和許多金屬生成合金。一般可採用調節反應物質混合比的方法，盡量使鋁不殘留在生成金屬中，但使殘留量降到 0.5% 以下是很困難的。鈣、鎂不與各種金屬生成合金，因此可用做鈦、鋯、鉿、釩、鈮、鉭、鈾等氧化物的還原劑。此時可單獨使用，也可與鈉以及氯化鈣、氯化鋇、氯化鈉等混合使用。鈉和鈣、鎂生成熔點低的合金有利於氧化物和還原劑充分接觸。另外氯化物能促進氧化物的熔融，使還原反應容易進行。用鈣、鎂為還原劑時多半在密閉容器中進行。鋇和鈣的情況差不多。矽亦可作還原劑用，它的還原能力位於鋁和鈉之間，缺點是容易生成合金。然而矽的揮發性小，因此可用於能用蒸餾法或昇華法提純的金屬的還原上。

2.還原金屬的提純

金屬還原劑中的雜質能玷污所生成的金屬，因此必須盡可能用純度高的金屬，必要時須經過提純。用真空蒸餾法或真空昇華法可將鈉、鈣、鎂之中的絕大部分的鐵、鋁、矽、氮、鹵素等雜質除去。

鎂在鐵甑中，在一定的真空下，加熱至 600℃，將產生的蒸氣在 400℃ 下令其冷卻凝固。鈣在真空中加熱到 1000℃ 左右，將所生成的蒸氣冷至 850～900℃ 使其凝固，即可得到容易搗碎的純淨金屬。鎂透過昇華可以得到 99.99% 的純品。鈣在昇華後和昇華前的雜質含量變化如表 2-7。

表 2-7　昇華後鈣中雜質的減少量（%）

	Si	Al	Fe	Mg	CaCl$_2$	Ca$_3$N$_2$	雜質總量
昇華前	0.25	0.26	0.54	0.23	0.64	3.30	5.20
昇華後	0.12	0.00	0.29	0.02	0.14	0.45	0.99

　　表 2-8 列出了還原所用的金屬的熔點、沸點、蒸氣壓。經蒸餾或昇華的金屬在冷卻後，以乾淨的工具將其由冷凝器表面剝下。鈉、鈣浸在石油醚中或乾淨的煤油中蓋嚴保存。鎂可直接密封保存。

表 2-8　還原用的金屬的熔點、沸點、蒸氣壓表

金　　屬	熔點（℃）	沸點（℃）	溫度和蒸氣壓的關係			
			1.3 kPa	13.3 kPa	26.7 kPa	53.3 kPa
Na	97.9	880	500*	1100	—	—
Mg	650	1156	—	1012	1050	1100
Ca	800	1240	980	1090	1100	—
Al	659	1800	1030	1475	1560	1675

*溫度（℃）

　　鋁、鉍很難提純，應購買最純的市售品。

　　其次，在用這些還原劑時，大多數情況下為粉末或粒狀金屬。鈉可用小刀切成細片，也可在長頸的完全乾燥的燒瓶中，把小塊鈉和甲苯等有機溶劑共熱，熔融後一面振盪，一面攪拌，冷卻時，就可得到由小豆到米粒大小的「鈉砂」。有時，與空氣接觸的鈉往往被氧化而引起溶劑的燃燒。為了安全起見，可以往振盪的燒瓶中通入乾燥的二氧化碳。所得的顆粒鈉用石油醚反覆洗滌，經真空乾燥後使用，但難於長期保存。

　　結晶狀的鈣、鎂可浸在石油醚或煤油中，以防止表面氧化，它們可用研鉢或球磨粉碎。經熔融的鈣棒或鈣塊，應一面往上滴石油醚，一面用切削機切成適當厚度的片，保存在油中。使用時，將其放在研鉢中，壓碎便可得到直徑 1mm、長 3～5mm 的碎條，用石油醚洗淨，經真空乾燥後使用。

　　市場上有各種粒度的鋁粒，其中以芝麻粒到米粒大小的使用效果最好。它的製法是用切削機將棒切成塊，再壓成碎條。大量需要時，可用鐵鍋熔融後，以鐵棒用力攪拌，用時令其冷卻，就可以得到直徑 2～15mm 的粒狀鋁，將它過篩，選取其中粒度適宜的使用。此時，表面的局部氧化是難免的，用熔劑來防止氧化的方法並不好，因為冷卻後會發生吸濕現象。

3. 熔劑

　　還原金屬時加入熔劑有兩個目的，一是改變反應熱，二是使熔渣易於分離。若熔渣的黏度太大而缺乏流動性時，生成的金屬多呈小球狀分散在熔渣中。製備高熔點金屬時不易完全熔融，如果生成金屬的小粒能部分地凝集燒結，也就應該認為令人滿意了。不論哪種情況下，都應力求熔渣的流動性良好。

　　特別是當用鈣、鎂、鋁還原氧化物時，由於生成的氧化鈣（mp2570℃）、氧化鎂（mp2800℃）、氧化鋁（mp2050℃）等是高熔點化合物的熔渣，因此，單靠反應熱是不能熔融的。而當到能使其熔融的高溫時，坩堝材料也要隨之而熔融。在這種情況下，向反應體系中加入別種氟化物、氯化物或氧化物可使熔體的熔點降低，並使金屬易於凝集。這種加入料即為助熔劑。

　　助熔劑主要是在還原氧化物、氟化物時使用，而氯化物的熔點低，一般是不需要助熔劑的。

表 2-9　熔劑化合物的二元共熔點

物質	熔點	物質	熔點	物質	含量（%）	物質	含量（%）	共熔點
NaCl	801	KCl	790	NaCl	50	KCl	50	664
NaCl	801	NaF	1040	NaCl	65	NaF	35	675
KCl	790	KF	885	KCl	57	KF	43	605
NaF	1040	KF	885	NaF	40	KF	60	700
$CaCl_2$	774	NaCl	801	$CaCl_2$	53	NaCl	47	500
$CaCl_2$	774	KCl	790	$CaCl_2$	26	KCl	74	597
$BaCl_2$	1280	NaCl	801	$BaCl_2$	39	NaCl	61	654
$BaCl_2$	1280	KCl	790	$BaCl_2$	33	KCl	67	650
$MgCl_2$	718	NaCl	801	$MgCl_2$	50	NaCl	50	430
$MgCl_2$	718	KCl	790	$MgCl_2$	33	KCl	67	426
$CaCl_2$	774	$MgCl_2$	718	$CaCl_2$	39	$MgCl_2$	61	621
$CaCl_2$	774	CaF_2	1300	$CaCl_2$	80	CaF_2	20	644
CaF_2	1300	NaF	1040	CaF_2	32.5	NaF	67.5	810
CaF_2	1300	MgF_2	1200	CaF_2	43	MgF_2	57	945
MgF_2	1200	NaF	1040	MgF_2	30	NaF	70	815
CaO	1275	MgO	2800	CaO	67	MgO	33	1300
AlF_3	—	NaF	1040	AlF_3	45～50	NaF	55～50	680
AlF_3	—	CaF_2	1300	AlF_3	37.5	CaF_2	62.5	820
Al_2O_3	2050	CaO	2572	Al_2O_3	28	CaO	62	1400
Al_2O_3	2050	CaF_2	1300	Al_2O_3	22	CaF_2	78	1270
Al_2O_3	2050	MgO	2800	Al_2O_3	35	MgO	65	990

表 2-9 為二元混合物共熔體的組成和共熔溫度。應注意的是：表中所列的共熔點為最低熔點，實際上加助熔劑降低熔點時，並不需要降低到最低溫度。一般助熔劑為吸熱體，由於它能吸收反應熱而使反應速率降低，因而助熔劑不能用得太多。例如向氧化鋁熔渣中加入相當於全量 10%的氧化鈣和氟化鈣的混合物，就能使流動性良好，金屬的凝結也會顯著好轉。另一方面還可以緩和反應的激烈程度。助熔劑的用量取決於實驗的規模和物質的種類，因此只能透過實驗來確定。

4.反應生成物的處理

如果還原反應進行得順利，生成的金屬熔融體凝集在底部並和上部的熔渣分離為二相時，則分離出金屬並不是很麻煩的。但在生成難熔合金的反應時，生成金屬往往為分散的細小顆粒。將金屬與熔渣的混合物取出搗碎，根據生成金屬和熔渣的不同化學性質，用乙醇、水、酸或鹼加以處理，以使熔渣與金屬分離。例如用鈉還原氟鈦酸鉀時，反應生成物為氯化鈉、氟化鉀、氟化鈉、金屬鈦、鉀—鈉合金、未反應的氟鈦酸鉀等，這些物質是混合在一起的，因此可首先用乙醇將鈉—鉀合金溶出，其次用水反覆溶出氟化鈉、氟化鉀、氟鈦酸鉀等，最後剩下的是金屬鈦的粉末。將其進行低溫乾燥。氧化物藉鈣還原，若產物用弱酸處理，則氧化鈣被溶出，剩下的是金屬和未反應的氧化物，然後利用相對密度之差進行淘選就可使它們進一步分離。也有使用重液的分離方法。所謂重液分離方法就是利用大相對密度的液體將產物和副產物分離。例如常用大相對密度的液體有：

	相對密度	稀釋液
溴仿	2.90	揮發油
次甲基碘	3.30	揮發油
硼鎢酸鎘溶液	3.36	水

一般金屬粉末表面容易被氧化，將此燒結或熔融後所得的金屬多數是純度不夠高的。因此要想得到純金屬，必須以淘選法或傾析法收集粉末中較大顆粒。

將金屬粉末製成金屬塊的方法有：熔融法或加壓成型後進行燒結等方法。

5.金屬還原法的概況

現以表 2-10 列出採用金屬還原法生產金屬的情況。

表 2-10　用還原法生產金屬

金屬	化合物	還原劑	金屬	化合物	還原劑
Li	LiCl	Ca，Mg	Na	NaCl	Mg（H$_2$）
	LiOH	Mg		NaOH	Fe
	Li$_2$O	Ca，Mg		Na$_2$CO$_3$	Fe
Rb	Rb$_2$CO$_3$	Mg		Na$_2$CO$_3$	Al
	RbOH	Mg（H$_2$）	K	KOH	Fe
	RbCl	Ca		KF	Mg
Cs	Cs$_2$SO$_4$	Zr		K$_2$CO$_3$	Mg
	Cs$_2$CrO$_4$	Zr		KCl	Ca
	Cs$_2$Cr$_2$O$_7$	Zr		K$_2$CrO$_4$	Zr
	Cs$_2$CO$_3$	Mg		K$_2$MoO$_4$	Zr
	CsCl	Ca	Be	BeCl$_2$	Na
Na	NaCl	Ca		BeCl$_2$	Mg
	K$_2$BeF$_4$	Na	Hf	HfCl$_4$	Na
Mg	MgCl$_2$	Na		K$_2$HfF$_6$	Na
	MgO	Na		HfO$_2$	Ca+Na，Mg+Na
Ca	CaO	Al，Mg，Si	Th	ThCl$_4$	Na，K，Ca
Sr	SrO	Al		K$_2$ThF$_6$	Na
Ba	BaO	Al		ThO$_2$	Na，Ca，Ca+Na Mg
B	B$_2$O$_3$	Al	V	V$_2$O$_1$，V$_2$O$_5$	Ca（CaCl$_2$）
	B$_2$O$_3$	Mg		V$_2$O$_3$	Al
	KBF$_4$	Na		V$_2$O$_5$	Al，Li，Ca，Ca+Al
Al	AlCl$_3$，3NaCl	Na		VCl$_3$	Na
	AlF$_3$	Na		VCl$_4$	Na（H$_2$），Mg（H$_2$）
In	In$_2$O$_3$	Na（NaCl）	Nb	Nb$_2$O$_5$	Ca，（NaCl−CaCl$_2$），Al
Tl	TlCl	Na，K		K$_2$NbF$_7$	Na，Al
稀	CeCl$_3$	Na，K	Ta	Ta$_2$O$_5$	Na，Ca（CaCl$_2$−NaCl）Al
土	CeCl$_3$	Na，K，Rb，Cs		TaCl$_5$	Na，K
元	（La，Ce，Pr，Nd）Cl$_3$	Na，K		K$_2$TaF$_7$	Na
素	CeCl$_2$	Ca（CaCl$_2$）	Cr	CrCl$_3$	Na，Ca
	CeCl$_3$	Na−汞齊		Cr$_2$O$_3$	Ca，CaCl$_2$，BaCl$_2$
	（La，Ce，Pr，Nd）Cl$_3$	Ca（S，I）			CaH$_2$，Na
	CeO$_2$	Ca，Mg，Zr	U	UCl$_4$	Na（NaCl），
	混合氟化物	Ca，Al			Na+Mg（Ca Cl$_2$），Ca
Ge	（Ce，Nd，Gd）Cl$_3$	Mg		Na$_2$UCl$_4$	Na
	GeO$_2$	Al	U	UF$_3$	Ca
	K$_2$GeF$_6$	Na		UF$_4$	Mg
Ti	TiCl$_4$	Na，Mg		UO$_2$	Ca
	Na$_2$TiF$_6$	Na，Na+Ca		U$_3$O$_6$	CaH$_2$，Ca，Mg+Na（CaCl$_2$）
	TiO$_2$	Na，Mg（H$_2$），Al	Mn	MnO	Al
Zr	ZrCl$_4$	Na，Mg，Ca		MnCl$_2$，MnF$_2$	Na，Ca
	K$_2$ZrF$_6$	Na，K，Al	Fe 族	Fe$_2$O$_3$，Co$_3$O$_4$，	
	ZrO$_2$	Ca+Na，Ca，Na，K		NiO	Al

2.4　化學轉移反應[3, 4]

2.4.1　概述

　　所謂化學轉移反應是一種固體或液體物質 A 在一定的溫度下與一種氣體 B 反應，形成氣相產物，這個氣相反應產物在體系的不同溫度部分又發生逆反應，結果重新得到 A。

$$iA（s，1）+kB（g）+\cdots=jC（g）+\cdots$$

　　這個過程似乎像一個昇華或者蒸餾過程。但是在這樣一個溫度下，物質 A 並沒有經過一個它應該有的蒸氣相，所以稱化學轉移。

　　化學轉移反應有著廣泛的應用，例如可以用來合成新化合物、分離提純物質、生長大而完美的單晶以及測定一些熱力學數據等等。

　　有關化學轉移反應的一些理論、設備裝置以及具體應用的實例，在 Harald Schafer 所著的《化學轉移反應》一書裡有詳細的介紹。這裡僅就幾個具體的應用做些簡單的討論。

2.4.2　化學轉移反應的裝置

　　用於化學轉移反應的裝置樣式很多，它們將根據具體的反應條件設計。對於固體物在一個溫度梯度下的轉移反應，可用圖 2-8 所示的裝置來表示。這是一種理想化的流動裝置。A 是固態物質，氣體 B 藉由與 A 進行反應，生成氣態物質 C，C 和 B 擴散到管子的另一個溫度（T_2）區經分解後，固體物質 A 又沈積下來。

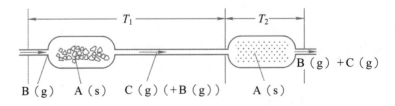

圖 2-8　在溫度梯度下，固體物質轉移的理想化流動裝置

　　這類反應往往需在真空條件下完成，因為作為轉移反應中的傳輸劑氣體在與原料反

應之後生成的是氣體化合物，並要滿足一定的蒸氣壓使之向生長端轉移，而且傳輸劑要在封閉的管子中往返轉移，因此真空條件是必不可少的。此外，適當的真空條件還有利於獲得高純度的晶體。下面以 Fe_3O_4 單晶的製備為例，對此類反應作一些說明。

化學轉移反應在 20 世紀 60 年代就曾用於製備四氧化三鐵（磁性氧化物）和其它鐵酸鹽的單晶。粉末狀的原料（Fe_3O_4）同傳輸劑（HCl）反應生成一種較易揮發的化合物（$FeCl_3$），這種化合物的蒸氣沿著管子擴散到溫度較低的區域，在這裡一部分蒸氣進行逆向反應，再生成起始化合物並放出傳輸劑。然後傳輸劑又擴散到管子的熱端與原料反應。在適宜的條件下處於低溫區的化合物可生長為大晶體。

用 HCl 作傳輸劑，透過下述反應而發生 Fe_3O_4 的轉移作用：

$$Fe_3O_4 + 8HCl \underset{\text{低溫}}{\overset{\text{高溫}}{\rightleftharpoons}} FeCl_2 + 2FeCl_3 + 4H_2O$$

用這種轉移方法可製備其它鐵酸鹽如 $NiFe_2O_4$ 晶體等。

傳輸管是用一段 25cm 長的石英管做成的，管子的一端封閉，另一端接真空系統。當系統中的壓強降低到低於 $10^{-1}Pa$ 時，將樣品加熱到約 300℃進行脫氣。並向系統充入適量 HCl 氣體至一定壓強，並把兩者之間的接口拆開；用氫氧焰把傳輸管在長度為 20cm 處熔斷。然後把這支管子放在傳輸電爐的中心部位上，在它的兩端放上控溫裝置。接著將生長區的溫度升到 1000℃，同時讓管子裝有粉末的一端保持室溫。令這個逆向轉移反應持續 24h，然後把生長區溫度降到 750℃，並把裝料區的溫度升到 1000℃。令這個轉移反應進行 10 天，然後，將裝料區的溫度降到 750℃（約 1h），當重新建立平衡時，停止加熱，冷卻後取出傳輸管。用化學轉移法生長的 Fe_3O_4 晶體為完整的八面體單晶。

2.4.3　透過形成中間價態化合物的轉移

有些金屬的轉移是透過形成它的中間價態化合物而進行的。例如鋁可以透過形成低價鹵化物而轉移。在一個密封的石英管中，當氣態 $AlXO_3$ 通過熾熱 Al 時，將發生如下的轉移反應：

$$Al + 0.5\,AlX_3\,(g) \xrightarrow[600℃]{1000℃} 1.5\,AlX\,(g)\text{，}X = F，Cl，Br，I$$

類似的反應還有：

$$Al + 0.25\,Al_2S_3\,(g) \xrightarrow[1000℃]{1300℃} 0.75\,Al_2S\,(g)$$

$$Si + SiX_4 \text{（g）} \underset{900℃}{\overset{1100℃}{\rightleftharpoons}} 2SiX_2 \text{（g）} \quad , X = F，Cl，Br，I$$

$$Ti + 2TiCl_3 \text{（g）} \underset{1000℃}{\overset{1200℃}{\rightleftharpoons}} 3TiCl_2 \text{（g）}$$

2.4.4 利用氯化氫或易揮發性氯化物的金屬轉移

利用氯化氫進行的金屬轉移反應有：

$$Fe + 2HCl \underset{800℃}{\overset{1000℃}{\rightleftharpoons}} FeCl_2 \text{（g）} + H_2$$

$$Co + 2HCl \underset{600℃}{\overset{900℃}{\rightleftharpoons}} CoCl_2 \text{（g）} + H_2$$

$$Ni + 2HCl \underset{700℃}{\overset{1000℃}{\rightleftharpoons}} NiCl_2 \text{（g）} + H_2$$

$$Cu + HCl \underset{500℃}{\overset{600℃}{\rightleftharpoons}} \frac{1}{3} \text{（CuCl）}_3 \text{（g）} + \frac{1}{2} H_2$$

利用揮發性氯化物進行的轉移反應有：

$$Be + 2NaCl \text{（g）} \rightleftharpoons BeCl_2 \text{（g）} + 2Na \text{（g）}$$

$$Si + AlCl_3 \text{（g）} \rightleftharpoons SiCl_2 \text{（g）} + AlCl \text{（g）}$$

$$Si + 2AlCl_3 \text{（g）} \rightleftharpoons SiCl_4 \text{（g）} + 2AlCl \text{（g）}$$

其它化學轉移反應還有：

$$Ni + 4CO \rightleftharpoons Ni \text{（CO）}_2 \text{（g）} \qquad 80 \sim 200℃$$

$$Zr + 2I_2 \rightleftharpoons ZrI_4 \text{（g）} \qquad 280 \sim 1450℃$$

$$Ir + \frac{3}{2}O_2 \rightleftharpoons IrO_3 \text{（g）} \qquad 1325 \sim 1130℃$$

$$Au + \frac{1}{2}Cl_2 \rightleftharpoons \frac{1}{2}Au_2Cl_2 \text{（g）} \qquad 1000 \sim 700℃$$

$$Fe_2O_3 + 6HCl \rightleftharpoons Fe_2Cl_6 \text{（g）} + 3H_2O \qquad 1000 \sim 750℃$$

$$NbCl_3 + NbCl_5 \rightleftharpoons 2NbCl_4 \text{（g）} \qquad 390 \sim 355℃$$

$$FeS + I_2 \rightleftharpoons FeI_2 \text{（g）} + \frac{1}{2}S_2 \qquad 900 \sim 700℃$$

透過對轉移反應過程中的溫度等條件的控制，可以製得某些具有特種組成和結構的中間價態化合物，見上述相關例子。

轉移試劑（傳輸劑）在轉移反應中具有非常重要的作用，它的使用和選擇是轉移反應能否進行以及控制產物質量的關鍵。例如透過下面的反應，可以得到完美的鎢酸鐵晶體：

$$FeO + WO_3 \rightleftharpoons FeWO_4$$

這個反應必須用 HCl 做轉移試劑。如果沒有 HCl，由於 FeO 和 WO_3 都不易揮發，所以這個反應並不發生。當有 HCl 時，由於生成 $FeCl_2$、$WOCl_4$ 和 H_2O 這些揮發性強的化合物，因此反應能夠進行，而且可以得到完美的鎢酸鐵晶體。

再如，合成 Nb_5Si_3 的反應如下：

$$11Nb + 3SiO_2 == Nb_5Si_3 + 6NbO$$

這個反應如果在一個真空系統中並不發生，但是有少量的氫氣存在時，則可以進行得很完全。氫氣在這裡的作用是透過下述過程把矽活化並轉移到鈮上：

$$SiO_2 + H_2 (g) == SiO (g) + H_2O (g)$$

2.4.5　利用化學轉移反應提純金屬鈦

化學轉移反應提純金屬鈦：用 I_2 做轉移試劑，利用揮發性金屬碘化物（TiI_4）的蒸氣發生熱分解，從而在氣相中析出金屬鈦。適合這種方法製備的金屬必須熔點高，在高溫下難以揮發，而且它能在低溫形成碘化物，在高溫又容易分解。碘和鈦在低溫下形成 TiI_4，在高溫下使 TiI_4 蒸氣分解析出金屬鈦，從而達到提純鈦的目的。

鈦和碘在不同溫度時能發生下列反應：

$$Ti + 2I_2 \underset{>1100℃}{\overset{160\sim200℃}{\rightleftharpoons}} TiI_4 \tag{2-6}$$

$$TiI_4 + Ti \overset{250℃}{\rightleftharpoons} 2TiI_2 \tag{2-7}$$

$$TiI_4 + TiI_2 \overset{350℃}{\rightleftharpoons} 2TiI_3 \tag{2-8}$$

TiI_4 是黑色晶體，熔點 150℃，沸點 377℃，在空氣中不穩定，很容易吸收空氣中的水分而分解。因此，上述提純實驗必須在真空環境中進行。首先，使鈦與碘反應生成 TiI_4，在一定溫度下，TiI_4 形成蒸氣，遇到熱絲則發生熱分解而生成鈦和碘。鈦在熱絲上沈積出來，碘可以循環與粗鈦反應。

TiI_4 的蒸氣壓與溫度的關係為：

$$\log p = \frac{-3054}{T} + 7.5773 \tag{2-9}$$

式中 p 的單位為 133.3Pa，從式（2-9）可知，TiI_4 在 180℃時能迅速地蒸發變成蒸氣。

轉移反應可在如圖 2-9 所示的反應器中進行。碘的引入是使用玻璃封焊的鐵珠擊破碘安瓿的方法。反應側管接（$10^{-4}\sim10^{-6}$）× 133.3Pa 的高真空系統。

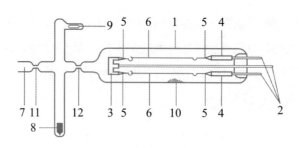

圖 2-9　反應器的結構

1－硬質玻璃反應器壁；2－鎢（或鉬）電極；3，4－鎳製的卡子；5－鎢鉤；6－熱鎢絲；7－接高真空；8－碘安瓿；
9－玻璃封焊的鐵珠；10－粗鈦粉；11，12－便於燒封的細頸

　　熱絲的溫度、反應容器內的溫度、碘的用量和原料的純度等均影響轉移反應的速率、金屬鈦的量、狀態和純度。其它如容器的形狀、熱絲的長度、密度等也對產物有一定的影響。

1. 熱絲溫度

　　鈦的沈積速度隨熱絲溫度的升高而增大，這可能是由於高溫時 TiI_4 與熱絲相碰概率增加而導致分解概率增大的緣故。但在 1500℃ 以上反而下降（Ti 蒸發）。當 TiI_4 壓力為 799.8Pa 時，熱絲溫度與鈦沈積速度的關係見圖 2-10。

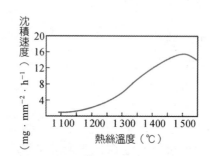

圖 2-10　熱絲溫度與鈦沈積速度的關係

　　通常熱絲溫度較高時，析出物較為平滑，低溫時則得到由排列不整齊的結晶所形成的凹凸不平析出物。

2. 容器的溫度

　　隨著反應容器內的溫度不同，鈦與碘反應會生成不同價態的碘化物。當溫度在 250℃ 以上時，反應按式（2-7）和式（2-8）進行，生成難揮發的二碘化鈦和三碘化鈦，氣相中的 TiI_4 量相應減少；達到 400℃ 時，氣相中幾乎沒有 TiI_4，所以熱絲上沒有沈

積；達到 500℃ 時，由於低價的碘化鈦不穩定，而且它們的蒸氣壓在該溫度下也較大，因此在熱絲上又開始沈積鈦。熱絲上鈦的沈積量與容器溫度的關係如圖 2-11 所示。

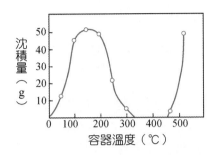

圖 2-11　鈦沈積量與溫度的關係

反應條件為：熱絲溫度 1300℃，I_2 用量 25g，粗 Ti 80g

由式（2-9）可知，反應容器的溫度與 TiI_4 的蒸氣壓有關，溫度越高，TiI_4 的蒸氣壓越大。TiI_4 的蒸氣壓與 Ti 析出速度的關係，如圖 2-12 所示。當 TiI_4 的蒸氣壓達到 3332.5Pa 以上時，Ti 的析出速度便急劇降低。因而控制反應容器的溫度在 200℃ 左右是適宜的〔此時 TiI_4 蒸氣壓為（6～15）×133.3Pa〕。

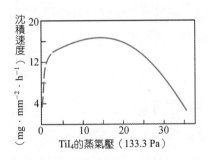

圖 2-12　TiI_4 的蒸氣壓對鈦沈積速度的影響

3.碘用量

在一定範圍內，碘量增加則鈦的沈積速度增大，超出此範圍（>10g）時，沈積速度反而變小。碘的用量直接與碘蒸氣的分壓有關，碘蒸氣的蒸氣壓與 TiI_4 的生成速率在一定範圍內成線性關係。因此在一定的碘量範圍內，碘量增加使鈦的析出速度增大。圖 2-13 是碘用量與鈦沈積速度的關係。

此外，原料鈦的純度對沈積鈦的純度有很大影響，粗鈦中的氧氮等氣體雜質和金屬雜質的一部分有可能轉移到沈積鈦中。

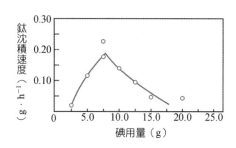

圖 2-13　碘用量與沈積速度的關係

熱絲溫度 980℃，容器溫度 400℃

2.5　高溫下的固相反應[3, 5, 6, 7]

　　這是一類很重要的高溫合成反應。一大批具有特種性能的無機功能材料和化合物，如為數眾多的各類複合氧化物、含氧酸鹽類、二元或多元金屬陶瓷化合物（碳、硼、矽、磷、硫族等化合物）等等，都是藉由高溫下（一般 1000～1500℃）反應物固相間的直接合成而得到的。因而這類合成反應不僅有其重要的實際應用背景，且從反應來看有明顯特點。下面舉一實例：$MgO（s）+ Al_2O_3（s）\rightarrow MgAl_2O_4（s）$（尖晶石型）來比較詳細地說明此類高溫下發生的固相反應的機制和特點，以及作為合成反應時的有關問題，使讀者對這方面有個初步的認識。

2.5.1　固相反應的機制和特點

　　從熱力學上講，$MgO（s）+ Al_2O_3（s）= MgAl_2O_4（s）$完全可以進行。然而實際上在 1200℃下反應幾乎不能進行，1500℃下反應也需數天才能完成。為什麼這類反應對溫度的要求如此高？這可從下面的簡單圖示中得到初步說明。

　　在一定的高溫條件下，MgO 與 Al_2O_3 的晶粒界面間將產生反應而生成產物尖晶石型 $Mg Al_2O_3$ 層。這種反應的第一階段將是在晶粒界面上或界面鄰近的反應物晶格中生成 $Mg Al_2O_3$ 晶核，實現這步是相當困難的，因為生成的晶核與反應物的結構不同。因此，成核反應需要透過反應物界面結構的重新排列，其中包括結構中陰、陽離子鍵的斷裂和重新結合，MgO 和 Al_2O_3 晶格中 Ma^{2+} 和 Al^{3+} 離子的脫出、擴散和進入缺位。高溫下有利於這些過程的進行，有利於晶核的生成。同樣，進一步實現在晶核上的晶體生長也有相當的困難。因為對原料中的 Ma^{2+} 和 Al^{3+} 來講，則需要橫跨兩個界面〔見圖 2-14(b)〕的擴散才有可能在核上發生晶體生長反應，並使原料界面間的產物層加厚。因

此很明顯地可以看到，決定此反應的控制步驟應該是晶格中 Ma^{2+} 和 Al^{3+} 離子的擴散，而升高溫度是有利於晶格中離子擴散的，因而明顯有利於促進反應。另一方面，隨著反應物層厚度的增加，反應速率是會隨之而減慢的。曾經有人詳細地研究過另一種尖晶石型 $NiAl_2O_4$ 的固相反應動力學關係，也發現陽離子 Ni^{2+}、Al^{3+} 通過 $NiAl_2O_4$ 產物層的內擴散是反應的控制步驟。按一般的規律，它應服從於下列關係：

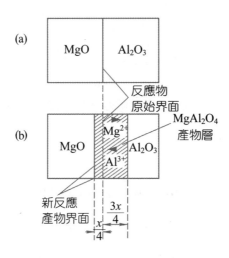

圖 2-14　反應機制示意圖

$$\frac{dx}{dt} = kx^{-1} \tag{2-10}$$

$$x = (k't)^{1/2} \tag{2-11}$$

式中 x 為 $NiAl_2O_4$ 產物層的厚度，t 為反應時間，k、k' 為反應速率常數。

　　實驗驗證 $NiAl_2O_4$ 的生成反應的確符合上述關係。同樣，從實驗結果來看 $MgAl_2O_4$ 的生長速率（x）與時間（t）的關係也符合上述規律。圖 2-15 示出了 x^2 與 t 的線性關係。速率常數 k 可從直線的斜率求得，反應活化能可從 $\log k' - T^{-1}$ 作圖而測得。

　　根據上述的分析和實驗的驗證，$MgAl_2O_4$ 生成反應的機制應該可由下列(a)、(b)二式表出：〔相應於圖 2-14(b)〕

　　(a) MgO ／ $MgAl_2O_4$ 界面

$$2Al^{3+} - 3Mg^{2+} + 4MgO \Longrightarrow MgAl_2O_4$$

　　(b) $MgAl_2O_4$ ／ Al_2O_3 界面

$$3Mg^{2+} - 2Al^{3+} + 4Al_2O_3 \Longrightarrow 3MgAl_2O_4$$

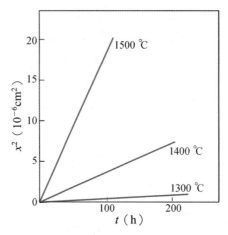

圖 2-15　MgAl$_2$O$_4$ 在不同溫度下的反應動力學 x^2-t 關係

總反應為

$$MgO + Al_2O_3 \Longrightarrow MgAl_2O_4$$

　　從上列界面反應可看出，由反應(b)生成的產物將是由反應(a)生成的三倍。這即如圖 2-14(b)所表出的那樣，產物層右方界面的增長（或移動）速度將為左面的三倍，這點已為實驗結果所證明。

　　綜上所述，可以得出影響這類固相反應速率的主要應有下列三個因素：(a)反應物固體的表面積和反應物間的接觸面積；(b)生成物相的成核速度；(c)相界面間特別是通過生成物相層的離子擴散速度。

　　對此類固相反應規律和特點的認識，將有利於我們對高溫固相合成反應的控制和新反應的開發。下面將作進一步的說明。

2.5.2　固相反應合成中的幾個問題

1.關於反應物固體的表面積和接觸面積

　　透過充分破碎和研磨，或藉由各種化學途徑製備粒度細、比表面大、表面活性高的反應物原料。藉由加壓成片，甚至熱壓成型使反應物顆粒充分均勻接觸或透過化學方法使反應物組分事先共沈澱或透過化學反應製成反應物先質（precursor）。這些方法將是非常有利於進一步固相合成反應的。舉例如下：

　　例一　尖晶石型 ZnFe$_2$O$_4$ 的固相反應「先質」的製備。以 Fe$_2$[（COO）$_2$]$_3$ 和

$Zn_2 (COO)_2$ 為原料，按 1：1 溶於水中充分攪拌混勻，加熱並蒸去混合溶液的水分。$Fe_2 [(COO)_2]_3$ 和 $Zn_2 (COO)_2$ 逐漸共沈澱下來，產物幾乎為 Fe^{3+} 與 Zn^{2+} 均勻分佈的固溶體型草酸鹽混合物。產物沈澱經過過濾、灼燒即成很好的固相反應原料「先質」的製備。用此原料進行 $ZnFe_2O_4$ 的合成，反應溫度可比常規的大為降低（約 1000℃），其總反應如下：

$$Fe_2 [(COO)_2]_3 + Zn_2 (COO)_2 = ZnFe_2O_4 + 4CO\uparrow + 4CO_2\uparrow$$

　　例二　尖晶石型 MCr_2O_4（M＝Mg，Ni，Mn，Co，Cu，Zn，Fe）的固相反應原料「先質」的製備。如 MCr_2O_4 可用沈澱法製得的 $MCr_2O_7 \cdot 4C_5H_5N$ 作為「先質」在 1100℃ 下灼燒而製得，同時可保證全部 Mn 以 2+氧化態存在。方法如下：當 1100℃ 高溫下灼燒時，$Cr_2O_7^{2-}$ 中的 $Cr^{6+} \rightarrow Cr^{3+}$。最後將混合物在 H_2 氣氛中 1100℃ 下灼燒以保證 Mn^{2+} 的生成。下面將化學計量合成尖晶石型鉻酸鹽的先質和其灼燒條件列表如下。

表 2-11　計量鉻酸鹽 MCr_2O_4 的合成

鉻酸鹽	先質	灼燒溫度（℃）
$MnCr_2O_4$	$(NH_4)_2Mg (CrO_4)_2 \cdot 6H_2O$	1100～1200
$NiCr_2O_4$	$(NH_4)_2Ni (CrO_4)_2 \cdot 6H_2O$	1100
$MnCr_2O_4$	$MnCr_2O_7 \cdot 4C_5H_5N$	1100
$CoCr_2O_4$	$CoCr_2O_7 \cdot 4C_5H_5N$	1200
$CuCr_2O_4$	$(NH_4)_2Cu (CrO_4)_2 \cdot 2NH_3$	700～800
$ZnCr_2O_4$	$(NH_4)_2Zn (CrO_4)_2 \cdot 2NH_3$	1400
$FeCr_2O_4$	$NH_4Fe (CrO_4)_2$	1150

2.關於固體原料的反應性（reactivity）

　　如原料固體結構與生成物結構相似，則結構重排較方便，成核較易。如上述反應中由於 MgO 和尖晶石型 $MgAl_2O_4$ 結構中氧離子排列結構相似，因此易在 MgO 界面上或界面鄰近的格內透過局部規正反應（topotactic reaction）或取向規正反應（epitactic reaction）生成 $MgAl_2O_4$ 晶核或進一步晶體生長。其次反應物的反應性還與反應物的來源和製備條件、存在狀態特別是其表面的結構情況有密切關係。反應物一般均為多晶粉末，由於晶體的不完整，如 MgO 理想晶體屬 NaCl 型立方格子，[100] 晶面中 Mg^{2+}、O^{2-} 交替排列。當多晶不完整時，如下列晶形，則晶粒表面同時出現 [100] 和 [111] 晶面。[111] 面既可全部由 Mg^{2+} 也可全部由 O^{2-} 組成，如圖 2-17 所示。從上可明顯看出晶體不同部分的表面具有不同的結構，因此具有不同的反應性。其次，固體的反應性和晶

體中缺陷的存在也有相當大的關係，限於篇幅，在此不作詳細介紹了。有興趣的讀者可參閱 Anthony R West. Solid State Chemistry and Its Applications. John Willy & Sons，1984. chapter 9。從製備方法、反應條件和反應物來源的選取等方面應著眼於原料反應性的提高，對促進固相反應的進行是非常有作用的。例如在固相反應以前製取具有高反應性的原料如粒度細、高比表面的、非晶態或介穩相；新沈澱、新分解、新氧化還原或新相變的新生態反應原料，這些反應物往往由於結構的不穩定性而呈現很高的反應活性。如上述生成 $MgAl_2O_4$ 的固相反應中以 $MgCO_3$ 代替 MgO，以 Al（OH）$_3$（新沈澱）代替 $\alpha-Al_2O_3$ 為原料，在固相反應的進行過程中（600～900℃）使其分解而生成新生相 MgO 和 Al_2O_3，則可促進 $MgAl_2O_4$ 生成的固相反應。

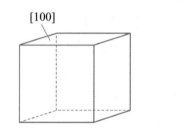

圖 2-16　MgO 理想晶胞結構與[100]面 Mg^+，O^{2-} 離子排列

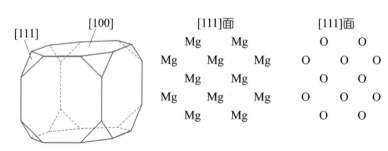

圖 2-17　MgO[111]晶面結構

3.關於固相反應產物的性質

　　由於固相反應是複相反應，反應主要在界面間進行，反應的控制步驟——離子的相間擴散——又受到不少未定因素的制約，因而此類反應生成物的組成和結構往往呈現非計量性（non-stoichiometric）和非均勻性（compositional inhomogeneity）。再以 $MgO-Al_2O_3$ 體系為例來說明，在～1500℃下反應產物是組成為 $MgAl_2O_4-Mg_{0.75}Al_{2.18}O_4$ 的固溶體，或者至少可以說在該溫度下在固相反應的初級階段生成的產物尖晶石 $MgAl_2O_4$ 的組成在一定範圍是可變的。在 MgO ／ $MgAl_2O_4$ 界面旁生成的尖晶石富鎂——

$MgAl_2O_4$，反之在 $MgAl_2O_4$／Al_2O_3 界面旁生成的尖晶石相缺鎂——$Mg_{0.75}Al_{2.18}O_4$。這造成了組成和結構的非均勻性。如繼續進行反應，即使持續很長時間也難於使其組成趨向計量的 1：3。這種現象幾乎普遍的存在於高溫固相反應的產物中。

在上述討論中，曾多次提到在晶格中和相間的離子擴散是影響固相反應的一個重要因素。有時甚至提為是這類反應的控制步驟。然而透過上述說明可以看到在固相反應中由於反應物結構（一般用不穩定結構或介穩態的多晶或非晶態物種）和生成物結構的特點，要進一步細緻研究其中離子的擴散規律是極其困難的。因而在這方面尚有很多工作要做。

2.6 稀土複合氧化物固體材料的高溫合成

由於材料、資訊、能源和航空等科學技術的迅速發展與經濟及國防建設的急需，要求製備具有各種功能的稀土固體材料。由於中國稀土資源豐富，因而稀土固體材料的開發與應用，特別是製備問題，越來越受到人們的重視。

在稀土固體材料的製備方法中，最常用的方法是高溫固相反應法，也就是把合成所需的固體原料混合、研磨，然後放入坩堝內，置於爐中加熱灼燒（必要時按一定的加熱和冷卻程序進行熱處理，或通入不同的氣體，或抽真空）。灼燒前也可將粉料加壓成型後放入坩堝內，再置於爐內加熱灼燒，這樣既可使固體原料緊密接觸加速反應，又可減少粉料在坩堝內所占的體積以增加坩堝的加料量。加熱灼燒一定時間後，把坩堝自爐內取出冷卻（或熱取或冷取），取樣經 X 射線繞射分析檢查，如已獲得預期的物相，則完成了整個製備過程，否則再重複上述的研磨—加壓成型—加熱灼燒等步驟，直至獲得預期的物相為止。

2.6.1 含氧稀土化合物的合成

利用高溫固相反應法製備某些稀土固體材料如矽酸鹽、鋁酸鹽等時，合成溫度常需高於 1500℃，已不能使用電熱絲爐和矽碳棒（管）爐。在空氣中加熱時需使用加熱元件為二矽化鉬或鉻酸鑭的高溫爐；在還原氣氛中加熱時需使用石墨電阻爐或鉬絲爐和鎢絲爐，但設備昂貴且耗能高。近年發展了一些軟化學法如溶膠—凝膠法、助熔劑法、水熱法、燃燒法等，可在較低溫度下製備。例如，以溶膠—凝膠法合成稀土矽酸鹽時，以組分的硝酸鹽溶液作為原料，加入正矽酸乙酯，以乙酸和乙醇混合液調成均相（保持 pH 為 1～3），在 70℃ 水浴回流數小時，生成透明的凝膠，120℃ 烘乾後在

1000～1350℃灼燒，即可製得稀土的矽酸鹽，如稀土的矽氧灰石 $M_4RE_6(SiO_4)_6O$ 和氧正矽酸釔 Y_2SiO_5，反應溫度可比直接高溫固相反應法低 150～250℃[21]。這對於製備在高溫時易於揮發或分解的化合物尤為重要，例如，利用高溫固相反應法需在 1350℃ 才能製得摻鉛的螢光粉 $Ca_4Y_6(SiO_4)_6O:Pb^{2+}$，但發光效率很差，因加入的 PbO 熔點和沸點很低，分別為 890℃ 和 1473℃。在 1350℃ 合成時已有一部分損失。但用溶膠—凝膠法製備時只需 1100℃，PbO 損失減少，從而可獲得上述的紫外螢光粉和發白光的螢光粉 $Ca_2Gd_8(SiO_4)_6O_2:Pb^{2+}$，$Dy^{3+}$。

燃燒法所需的爐溫更低，只需 600℃ 即可製得發藍光的鋁酸鹽 $BaMgAl_{10}O_{17}:Eu^{2+}$ 和發綠光的 $Ce_{0.67}Tb_{0.33}MgAl_{12}O_{20.5}$ 螢光粉。燃燒法是將製備所需的原料溶於硝酸中，在蒸乾過程中同時加入尿素，至約 600℃ 時發生燃燒而產生瞬時高溫，同時有大量氣體放出，生成疏鬆的泡沫狀產物，整個燃燒過程在 5min 內完成。這種方法的優點是反應時間很短，產生的氣體可保護 Ce^{3+} 和 Eu^{2+} 不被空氣氧化，從而不需還原性氣體。

2.6.2 不含氧稀土化合物的合成

為了製備不含氧的稀土化合物，必須在製備時防止氧的入侵。例如，為了製備高純稀土金屬，必須製備氧含量很低的稀土無水氟化物。可採用兩步合成法：第一步是將無水的 HF＋Ar（60%）通入 RE_2O_3 中並於 700℃ 加熱 16h。為防止所得氟化物被玷污，可把氧化物放在鉑舟內，並使用內襯鉑的鉻鎳鐵合金爐管。第一步所得的氟化物含氧量約為 300μg/g。第二步是將盛有這種氟化物的鉑坩堝放在具有石墨電阻加熱器的石墨池內，於 HF＋Ar（60%）的氣氛下加熱至高於氟化物熔點約 50℃。20g 氟化物約需加熱 1h，所得熔體的透明程度標誌著氟化物中氧的含量。如為高度透明，則氟化物中氧的含量少於 10 μg/g；如為乳濁，則氧含量 > 20μg/g[8]。

無水稀土鹵化物的用途極廣，例如，無水氟化物 REF_3 既是製備稀土金屬的原料，又是光致發光、電致發光、上轉換發光的材料；又可製成氟玻璃、光纖、弧光碳電極、氟離子選擇電極和快離子導體等。無水氯化物則是製備稀土金屬和金屬有機化合物的原料。

利用無水稀土氟化物和氯化物製備金屬的方法有熔鹽電解法、金屬熱還原法、真空蒸餾法、區熔法和固態電解法等。隨著稀土金屬間化合物在永磁材料（$SmCo_5$，Sm_2Co_{17}，$Nd_2Fe_{14}B$，$Sm_2Fe_{17}N_{3-\delta}$）、儲氫材料、鎳氫電池的陰極材料（$LaNi_5$）和磁致伸縮材料〔$(Tb,Dy)Fe_2$〕等方面的應用，將需求大量的稀土金屬。稀土金屬間化合物將成為 21 世紀的一類重要的新材料。

　　稀土硫屬化合物也是一類重要的材料，它具有透過紅外光的性能。例如，硫化鑭與硫化鎵在 Ga ／（Ga＋La）＝0.5~0.8 的範圍內均可形成玻璃態，可透過 0.5~10μm 的光。其製備方法是將盛有原料的石墨坩堝放入石英管內，抽真空至 133.3×10^{-5}Pa 後密封，加熱至 1200℃，2h 後在水中淬火。以硫化鎵為基的稀土硫化物玻璃具有很好的穩定性。$CaLa_2S_4$ 是一種硫化物光學陶瓷，可透過 0.5~14μm 的光，是一種遠紅外窗口。適用於探測室溫，又是一種有可能用作目標攔截和武器瞄準器件、監視和警戒器件的重要材料。其製備方法是在原料的硝酸溶液中加入碳酸銨，所得的碳酸鹽在 40℃ 乾燥 48h 後在 101.3kPa 壓力的 H_2S 下於 1000℃ 硫化 20h，獲得淺黃色的 $CaLa_2S_4$ 粉末，加入一些黏結劑如聚乙烯吡咯酮後經噴霧乾燥和等靜壓成型，再在流動的 H_2S 下，於 1050~1150℃ 預燒結 10h，在氬氣保護下加熱等靜壓成型，便可獲得接近理論密度的光學陶瓷。

2.6.3　稀土固體材料製備中的離子取代

　　常使用離子取代的方法來製備各種各樣的稀土固體材料。根據結晶化學的規則，離子半徑（r）相近的離子易於相互取代。離子取代可分為等價離子取代和不等價離子取代。當使用等價取代時，不需電荷補償。當使用不等價取代時，將產生空位等缺陷，或加入電荷補償劑進行電荷補償，或由於化合物中的某一可變價組分發生價態的改變而達到電荷補償。離子半徑的大小與配位數（CN）及價態有關，配位數越大，離子半徑越大；還原成低價時，離子半徑也變大。

1.等價離子取代

　　由於三價稀土離子的半徑相近，易於相互取代，故常利用這種方式來製備各種摻雜的稀土固體材料如稀土發光材料和雷射材料。例如，用於彩色電視的紅色螢光粉 $Y_2O_2S：Eu^{3+}$ 和發射紅外雷射的摻釹的釔鋁石榴石雷射晶體 $Y_3Al_5O_{12}：Nd^{3+}$ 都是三價稀土等價取代三價稀土。

　　在三價稀土離子中，Sm，Eu，Tm，Yb 等可被還原成二價 Sm^{2+}，Eu^{2+}，Tm^{2+}，Yb^{2+}，在配位數為 7 時，它們的離子半徑分別為 122pm，120 pm，199 pm 和 108 pm，類似於二價鹼土離子 Ca^{2+}，Sr^{2+}，Ba^{2+} 的離子半徑（在配位數為 7 時分別為 106 pm、121 pm 和 138 pm），因此，這些二價稀土離子可與二價的鹼土離子發生等價的相互取代，生成一些新的稀土固體材料，例如，用於 X 射線增感屏的 $BaFCl：Eu^{2+}$ 等。

2.不等價離子取代

近年來利用不等價離子取代，特別是利用三價稀土離子 A 與二價鹼土離子 M 的相互取代，產生了很多具有特異電、磁性能的稀土固體材料。其中研究最多的是稀土 A 與可變價的過渡金屬離子 B（如 Mn，Fe，Co，Ni，Cu 等）形成的鈣鈦礦型化合物 ABO_3 和層狀化合物 A_2BO_4。例如，在固體氧化物燃料電池中作為連接材料的摻鹼土 M 的鉻酸鑭 $La_{1-x}M_xCrO_3$，作為陰極材料的摻鹼土的錳酸鑭 $La_{1-x}M_xMnO_3$，後者也是巨磁阻材料，作為催化劑的 $La_{1-x}M_xCrO_3$，作為超導材料的 $La_{1-x}M_xMnCuO_4$ 和（AM_2）$Cu_3O_{7-x}\square_{2+x}$ 都屬於這類不等價離子取代的化合物。可見不等價離子取代在製備稀土固體材料上的重要性。

在進行上述的不等價離子取代時，可使 B 過渡金屬離子發生價態和自旋狀態的改變，或生成氧的空位$\square$等缺陷。再如以三價的稀土離子 RE^{3+} 部分地取代化合物中二價的鹼土離子M^{2+}時，三價稀土離子將取代鹼土離子的格位並產生帶電子的鹼土離子空位 $V_{M''}$，此電子將可使一些可還原的三價稀土離子還原為二價，如 $Sr_{1-x}Ln_xB_4O_7$（Ln＝Eu，Sm，Yb，Ym）[9]。SrB_4O_7是一種含有四面體硼酸根的具有三維網絡結構的鹼土硼酸鹽。當以三價的稀土離子如 Eu^{3+} 或 Sm^{3+} 部分地取代二價的鹼土離子 Sr^{2+} 時，稀土離子取代鹼土離子的格位，並產生帶電子的鹼土離子空位 $V_{Sr''}$，此電子將可使摻入的 Eu^{3+} 或 Sm^{3+} 還原為二價 Eu^{3+} 或 Sm^{2+}，即使在空氣下合成，也可製得發射紫外光的摻二價銪的發光材料 SrB_4O_7：Eu^{2+}（發射峰在 367nm）和在 684.5nm 出現一根$^5D_0 \rightarrow {}^7F_0$窄譜線的 SrB_4O_7：Sm^{2+}，在2×10^7 kPa 的壓力範圍內，此譜線隨壓力改變斜率為 $0.0255nm/10^5kPa$，因此它可作為準確測量高壓用的光學傳感器。過去，這些材料都是在氫氣等還原氣氛下製得的。蘇鏘等利用不等價的離子取代，提出了一個簡便、安全和經濟的新方法，可在空氣下合成這些材料。其必要條件是：①基質中不含氧化性的離子；②摻入的三價稀土離子必須取代基質中不等價的陽離子，例如，取代二價的鹼土離子，由此產生帶電子的二價陽離子空位，有利於電子從空位缺陷轉移給三價稀土而使之還原為二價；③被取代的陽離子必須有適當格位，並具有與二價稀土離子類似的離子半徑。例如，Eu^{2+} 的離子半徑為 117pm，被取代的Sr^{2+}的離子半徑為 118pm；④基質化合物的組分中不含三價稀土陽離子，否則摻入的稀土將取代基質組分中的三價稀土陽離子而不取代二價的鹼土陽離子；⑤基質化合物必須具有合適的結構，對於鹼土硼酸鹽，必須含有四面體的硼酸根。目前已進一步證實，遵循蘇鏘等提出的這些條件，可在空氣下製備出更多的摻 Eu^{2+}、Sm^{2+} 等二價離子的鹼土硼酸鹽發光材料，如 SrB_6O_{10} 和 BaB_8O_{12}，它們都是含有四面體硼酸根的鹼土硼酸鹽。

2.6.4　異常價態稀土化合物的合成[10]

　　稀土元素絕大多數是以正三價（+3）存在於固體化合物中，但在一定條件下也有變價行為。可以低於正三價（稱低價為+2 或 3-δ）或高於正三價（稱高價為+4 或 3+δ）存在。這類化合物的製備方法大約可按下列途徑在高溫下進行。①低價稀土化合物一般用高溫還原法，在氫氣流中，在一定比例的 H_2／N_2 氣流中，在 NH_3 氣流或 CO 氣流中高溫灼燒，在活性炭存在下或以金屬作還原劑，在真空或惰性氣流中進行高溫還原。②高價稀土化合物的主要製備方法有臭氧氧化、光氧化與高溫條件下的氧化等。

2.7　溶膠—凝膠合成法[15, 16]

2.7.1　概論

　　溶膠—凝膠（sol-gel）合成是一種近期發展起來的能代替高溫固相合成反應製備陶瓷、玻璃和許多固體材料的新方法。與傳統的高溫固相粉末合成方法相比，這種技術有以下幾個優點：

　　①藉由各種反應物溶液的混合，很容易獲得需要的均相多組分體系；

　　②對材料製備所需溫度可大幅度降低，從而能在較溫和條件下合成出陶瓷、玻璃、奈米複合材料等功能材料；

　　③由於溶膠的先驅體可以提純而且溶膠—凝膠過程能在低溫下可控制的進行，因而可製備高純或超純物質，且可避免在高溫下對反應容器的污染等問題；

　　④溶膠或凝膠的流變性質有利於透過某種技術，如噴射、旋塗、浸拉、浸漬等製備各種膜、纖維或沈積材料。

　　由於上述特點，一些必須在特殊條件下製備的特種聚集態，如膜等就可以用此法獲得了。下面以 $YBa_2Cu_3O_{7-\delta}$ 超導氧化物膜的製備為例來進行說明。超導氧化物可從多種合成路線製備，如傳統的高溫固相反應、共沈澱技術、電子束沈積、濺射和雷射蒸發等。如用高溫合成則為了使產品均勻須將半成品經多次反覆的研磨和燒結，而用其它方法時則又須在特種合成條件下進行。與上述方法相比溶膠—凝膠法不僅方法簡單而且相對花費低。此外利用該方法的流變特性可將產品製成性能良好的膜等。應用溶膠—凝膠法製備 $YBa_2Cu_3O_{7-\delta}$；超導氧化物膜可以採用兩條不同的原料路線：一條是以化學計量比相關的硝酸鹽 Y（NO_3）$_3$·$5H_2O$，Ba（NO_3）$_2$ 和 Cu（NO_3）$_2$·H_2O 作起始原料溶於乙二醇中生成均勻的混合溶液，然後在一定的溫度下（如 130～180℃）回流，並蒸

發出溶劑，生成的凝膠在高溫（950℃）氧氣氛下進行灼燒即可獲純相正交型 YBa_2Cu_3 $O_{7-\delta}$；另一條路線是以計量比的金屬有機化合物為起始原料：$Y（OC_3H_7）_3$，$Cu（O_2CCH_3）_2 \cdot H_2O$ 和 $Ba（OH）_2$，將其溶於乙二醇中加熱同時猛烈攪拌，蒸後將得到的凝膠塗在一定的載體如藍寶石（sappire）的[110]面上、$SrTiO_3$ 單晶的[100]面上或 ZrO_2 單晶的[001]面上（用細刷子）。然後，①在氧氣氛中，用程序升溫法升溫至400℃（2℃/min），然後繼續升溫至950℃（5℃/min），再用程序降溫法（3℃/min）冷卻至室溫。將上述步驟重複 2～3 次。最後將膜在 800℃氧氣氛下退火 12h 並在氧氣氛下以 3℃/min 速度冷卻至室溫。②將塗好的膜在空氣中 950℃下灼燒 10min，再塗再灼燒重複數次，最後在 550～950℃下氧氣氛中退火 5～12h。上述方法均可製得 10～100μm 厚度的均勻 $YBa_2Cu_3O_{7-\delta}$ 超導薄膜，且具有良好的超導性能。當然，應用溶膠—凝膠技術來製備各類功能無機膜的問題將在第 18、19 章中作詳細討論。

2.7.2 溶膠—凝膠合成方法中的主要化學問題

近年來已用溶膠—凝膠技術製備出了大量具有不同特性的氧化物型薄膜如 V_2O_5，TiO_2，MoO_3，WO_3，ZrO_2，Nb_2O_5 等等。

溶膠—凝膠合成方法除具有上述特點外，由於這條合成路線的中心化學問題是反應物分子（或離子）在水（醇）溶液中進行水解（醇解）和聚合，即由分子態→聚合體→溶膠→凝膠→晶態（或非晶態），所以這條合成路線不僅具有上面提出的四個優點（或特點），而且可以透過對其過程化學上的了解和有效的控制來合成一些特定結構和聚集態的固體化合物或材料。由於用溶膠—凝膠法合成的起始反應物的先質（precusor）往往為金屬鹽類的水溶液或金屬有機化合物的水溶液，因而在下面將對這兩類體系的水解—聚合反應作一些說明。

1.無機鹽的水解—聚合反應

當陽離子 M^{z+} 溶解在純水中則發生如下溶劑合反應：

$$M^{z+} + :O\!\!\begin{array}{c} ^H \\ _H \end{array} \longrightarrow \left[M \leftarrow O\!\!\begin{array}{c} ^H \\ _H \end{array} \right]^{z+}$$

在許多場合（如對過渡金屬離子而言）這種溶劑合作用導致部分共價鍵的形成。由於在水分子 $3\alpha_1$ 滿價鍵軌域和過渡金屬空 d 軌域間發生部分電荷遷移，所以水分子變得更為酸性。按電荷遷移大小，溶劑合分子發生如下變化：

$$[M-OH_2]^{z+} \Longrightarrow [M-OH_2]^{(z-1)+}+H^+ \Longrightarrow [M=O]^{(z-2)+}+2H^+$$

在通常的水溶液中，金屬離子可能有三種配體，即水（OH_2），羥基（OH）和氧基（$=O$）。若 N 為以共價鍵方式與陽離子 M^{z+} 鍵合的水分子數目（配位數），則其粗略分子式可記為：$[MO_N H_{2N-h}]^{(z-h)+}$，式中 h 定義為水解莫耳比。當 $h=0$ 時，母體是水合離子 $[M(OH_2)_N]^{z+}$，$h=2N$ 時，母體為氧合離子 $[MO_N]^{(2N-z)-}$，如果 $0<h<2N$，那麼這時母體可以是氧—羥基配合物 $[MO_x(OH)_{N-x}]^{(N+x-x)-}$（$h>N$），羥基—水配合物 $[M(OH)_h·(OH_2)_{N-h}]^{(z-h)+}$（$h<N$），或者是羥基配合物 $[M(OH)]^{(N-z)-}$（$h=N$）。金屬離子的水解產物（母體）一般可藉「電荷—pH 圖」進行粗略判斷。

在不同條件下，這些錯合物可藉由不同方式聚合形成二聚體或多聚體，有些可聚合進一步形成骨架結構。如按親核取代方式（S_N1）形成羥橋 $M-OH-M$，羥基—水母體錯合物 $[M(OH)_x·(OH_2)_{N-x}]^{(z-x)+}$（$x<N$）之間的反應可按 S_N1 機構進行。帶電荷的母體（$z-h≥1$）不能無限止地聚合形成固體，這主要是由於在縮合期間羥基的親核強度（部分電荷 $δ$）是變化的。如 $Cr(III)$ 的二聚反應：

$$2[Cr(OH)(OH_2)_5]^{2+} \Longrightarrow \left[(H_2O)_4Cr \begin{smallmatrix}H\\O\\ \\O\\H\end{smallmatrix} Cr(OH_2)_4\right]^{4+}+2H_2O$$

這是因為在單聚體中 OH 基上的部分電荷是負的（$δ(OH)=-0.02$），而在二聚體中 $δ(OH)=+0.01$，這意味著二聚體中的 OH 已經失去了再聚合的能力。零電荷母體（$h=z$）可透過羥基無限縮聚形成固體，最終產物為氫氧化物 $M(OH)_z$。

從水羥基配位的無機母體來製備凝膠時，取決於諸多因素，如 pH 梯度、濃度、加料方式、控制的成膠速度、溫度等。因為成核和生長主要是羥橋聚合反應，而且是擴散控制過程，所以需要對所有因素加以考慮。有些金屬可形成穩定的羥橋，進而生成一種很好並具有確定結構的 $M(OH)_z$，而有些金屬不能形成穩定的羥橋，因而當加入鹼時只能生成水合的無定形凝膠沈澱 $MO_{x/2}(OH)_{z-x}·yH_2O$。這類無確定結構的沈澱當連續失水時，透過氧聚合最後形成 $MO_{z/2}$。對形成穩定的羥橋，進而生成一種很好並具有確定結構的 $M(OH)_z$，而有些金屬則不能形成穩定的羥橋，因而當加入鹼時只能生成水合的無定形凝膠沈澱 $MO_{x/2}(OH)_{z-x}·yH_2O$。這類無確定結構的沈澱連續失水時，透過氧聚合最後形成 $MO_{z/2}$。對多價態元素如 Mn、Fe 和 Co，情況更複雜一些，因為電子轉移可發生在溶液固相中，甚至在氧化物和水的界面上。

聚合反應的另一種方式是氧基聚合，形成氧橋 $M-O-M$。這種聚合過程要求在金

屬的配位層中沒有水配體，即如氧—羥基母體 $[M(OH)_x \cdot (OH_2)_{N-x}]^{(N+x-z)-}$，$x < N$。如 $[MO_3(OH)]$ 單體（M＝W、Mo）按親核加成機構（A_N）形成四聚體 $[M_4O_{12}(OH)_4]^{4-}$，反應中形成邊橋氧（$_2(O)_2$）或面橋氧（$_2(O)_3$）。再如按加成消去機構（$A_N\beta$，E_2 和 $A_N\beta E_2$）聚合的反應如 Cr（VI）的二聚反應（$h＝7$）：

$$[HCrO_4]^- + [HCrO_4]^- \rightleftharpoons [Cr_2O_7]^{2-} + H_2O$$

又如釩酸鹽的聚合反應：

$$[VO_3(OH)]^{2-} + [VO_2(OH)_2]^- \rightleftharpoons [V_2O_6(OH)]^{3-} + H_2O$$

$$[VO_3(OH)]^{2-} + [V_2O_4(OH)_3]^- \rightleftharpoons [V_3O_9]^{3-} + 2H_2O$$

2.金屬有機分子的水解－聚合反應

金屬烷氧基化合物（$M(OR)_n$ Alkoxide）是金屬氧化物的溶膠—凝膠合成中常用的反應物分子母體，幾乎所有金屬（包括鑭系金屬）均可形成這類化合物。$M(OR)_n$ 與水充分反應可形成氫氧化物或水合氧化物：

$$M(OR)_n + nH_2O \longrightarrow M(OH)_n + nROH$$

實際上，反應中伴隨的水解和聚合反應是十分複雜的。水解一般在水或水和醇的溶劑中進行並生成活性的 M—OH。反應可分為三步：

$$H-O \; +M-OR \longrightarrow \begin{matrix} H \\ O: \rightarrow M-OR \\ H \end{matrix} \longrightarrow HO-M \leftarrow O\begin{matrix} R \\ \\ H \end{matrix}$$

$$\longrightarrow M-OH + ROH$$

隨著羥基的生成，進一步發生聚合作用。隨實驗條件的不同，可按照三種聚合方式進行：

⑴烷氧基化作用

$$M-O \; +M-OR \longrightarrow M-O: \rightarrow M-OR \longrightarrow M-O-M \leftarrow O\begin{matrix} R \\ \\ H \end{matrix}$$

$$\longrightarrow M-O-M + ROH$$

(2)氧橋合作用

$$M{-}O + M{-}OH \longrightarrow M{-}O{:} \rightarrow M{-}OH \longrightarrow M{-}O{-}M \leftarrow O \genfrac{}{}{0pt}{}{H}{H}$$

$$\longrightarrow M{-}O{-}M + H_2O$$

(3)羥橋合作用

$$M{-}OH + M{\leftarrow}O \genfrac{}{}{0pt}{}{R}{H} \longrightarrow M{-}O{-}M + ROH$$

$$M{-}OH + M{\leftarrow}O \genfrac{}{}{0pt}{}{H}{H} \longrightarrow M{-}O{-}M + H_2O$$

此外，金屬有機分子母體也可以是烷氧基氯化物、乙酸鹽等。

3.溶膠一凝膠法合成特定結構化合物的實例

(1)$V_2O_5 \cdot 1.6H_2O$纖維　五氧化二釩纖維是一種質子和電子混合導體材料。它可以透過不少方法進行製備：如$NaVO_3$溶液的酸化（HCl、HNO_3或通過H^+－型強酸型陽離子交換樹脂），直接將 V_2O_5 熔體注入冷水中以及在過量水存在下 $VO(OR)_3$ 的水解（$R=Et$，Pr^i，Pr，Bu，Am^t等）。

在pH=2時，釩酸鹽酸化形成$h=5$的母體$[VO(OH)_3]^0$，在此單聚體中釩是正四面體配位，並具有高親電性（$\delta(V)=+0.62$）。加入任何一種親核試劑將發生從四面體到八面體的轉變。另外$h=5$的母體是酸性的：

$$[VO(OH)_3]^0 \Longleftrightarrow [VO_2(OH)_2]^- + H^+$$
$$\delta(O)=-0.35 \qquad \delta(O)=-0.44$$

進一步加成和聚合形成十釩酸鹽（$x\geq 4$）。

$$(10-x)[VO(OH)_3]^0 + x[VO_2(OH)_2]^- \Longleftrightarrow$$
$$[H_{6-x}V_{10}O_{28}]^{x-} + 12H_2O$$

當加入親核試劑水（$\delta(O)=-0.40$）時可生成 V_2O_5纖維。反應過程如圖 2-18 所示。首先引入兩個水分子，使其配位數由 4 增加至 6。進一步羥橋合作用形成鏈 $[VO(OH)_3(OH)_2]_n^0$。鏈一旦形成，則在鏈之間發生氧橋合作用，以完成不穩定的$_2(OH)_1$橋向穩定的$_3(OH)_1$橋的轉變，在這些雙鏈之間進一步縮聚形成了纖維狀結構。

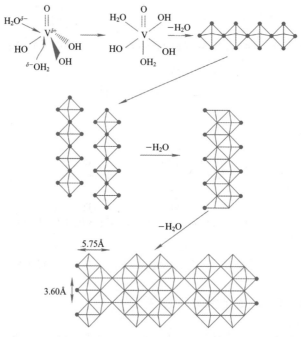

圖 2-18　從單聚母體（$h=5$）出發透過 S_N 與 $A_N\beta E$ 兩個過程聚合生成纖維 V_2O_5 的機制

(2) $MO_3 \cdot H_2O$ 層狀化合物（$M=Mo$，W）　與釩相似，在 pH$=2$ 時，形成 $h=6$ 的母體 $[WO_2(OH)_2]^0$。當加入親核試劑時，則發生從四配位向六配位的轉變（$\delta(W)=+0.64$）。$h=6$ 時，母體是酸性的：

$$[MO_2(OH)_2]^0 \Longrightarrow [MO_3(OH)]^- + H^+$$
$$\delta(O)=-0.31 \qquad \delta(O)=-0.42$$

這些四面體母體的加成和聚合生成同多陰離子，如

$$(10-x)[WO_2(OH)_2]^0 + x[WO_3(OH)]^-$$
$$\Longrightarrow [H_{4-x}W_{10}O_{32}]^{x-} + 8H_2O$$
$$(6-x)[MO_2(OH)_2]^0 + x[MO_3(OH)]^-$$
$$\Longrightarrow [H_{2-x}M_6O_{19}]^{x-} + 5H_2O$$
$$M=Mo，W$$

如果 $x=0$，則水分子能夠進入配位層。因為 $h=6$ 時，母體有兩個氧配體，所以兩個水分子可以對位方式配位。在這種場合，因為這種母體的官能度 $f=2$，所以僅發生氧橋聚合作用形成線形或環形聚體：

$$n[MO_2(OH)_2(OH_2)_2]^0 \Longrightarrow [MO_3(OH_2)_2]_n$$
$$+nH_2O \ (M=Mo,W)$$

對 W 來說，由於其中一個水分子發生解離作用，因此形成 $n=6$ 的母體 $[WO_4(OH_2)_2]^0$，這些母體以羥橋方式聚合成層結構，這些層之間形成氫鍵而產生層狀化合物 $WO_3 \cdot 2H_2O$ 和 $WO_3 \cdot H_2O$。反應過程如圖 2-19 所示。對 Mo 來說，其水的解離反應較慢，但加熱時可加速，從而生成與 W 同構的 $MoO_3 \cdot 2H_2O$ 和 $MoO_3 \cdot H_2O$ 等。

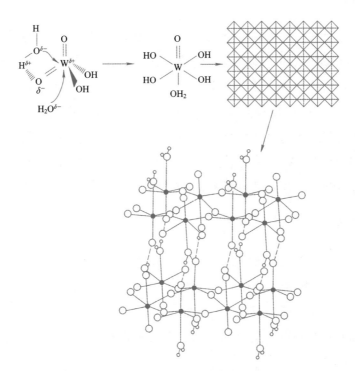

圖 2-19　$WO_3 \cdot H_2O$ 層形成的機制

2.7.3　溶膠—凝膠合成方法應用的近期進展

20 世紀 80 年代國際上掀起溶膠—凝膠製備玻璃態和陶瓷等無機材料的熱潮，以代替傳統的高溫合成路線。溶膠—凝膠法製備無機材料具有均勻性高、合成溫度低等特點，同時可以合成其它方法無法合成的玻璃、陶瓷等，在溶膠—凝膠法被大量應用於無機材料製備的同時，目前國際上一方面發展溶膠—凝膠過程理論，同時進一步開拓擴展溶膠—凝膠製備新材料的應用，以有效控制溶膠—凝膠過程，製備高質量材料。主要在下列應用方面得到進一步發展。

1.複合材料的製備

特別是奈米複合材料的製備[14]。諸如：①不同組分（compositionally different phases）之間的奈米複合材料；②不同結構之間的奈米複合材料（structural different phases）；③由組成和結構均不同的組分所製備的奈米複合材料；④凝膠與其中沈積相組成的複合材料；⑤乾凝膠與金屬相之間的奈米複合材料；⑥無機─有機奈米（混成）複合材料等均有了很大進展，且是一個非常重要的研究領域。

2.薄膜材料的製備

諸如：①保護增強膜，如在金屬表面製備一層對金屬表面有良好保護作用的 SiO_2 膜或 $SiO_2-Al_2O_3$ 複合薄膜[15~17]；②分離過渡膜，如 Galan M 等人（J Noncryst Solids.1992, 147：518）研製成功的 SiO_2、$SiO_2 \cdot TiO_2$、$SiO_2-Al_2O_3$ 和 TiO_2 系統的分離膜，採用這些無機膜可以從 CO_2、N_2 和 O_2 的混合氣體中分離出 CO_2 等；③ 光學效應膜，如著色膜、減反射、高反射膜、電致變色膜；④ 功能膜（如鐵電、壓電膜，導電與超導膜，資訊存貯介質材料膜和氣體、濕度敏感膜等），都獲得了很好的成果，且顯示出具有眾多優點，然而還需進行大量基礎研究和規律的探索工作。

3.陶瓷材料的製備

20 世紀 80 年代溶膠─凝膠技術在新型功能陶瓷、結構陶瓷及陶瓷基複合材料的製備科學中的應用也倍受重視，且得到長足進步。如應用於粉體的製備、陶瓷薄膜與纖維的製備、陶瓷材料的凝膠鑄成型技術（gelcasting）等等。

上述進展的詳細內容將在第 16 章、第 17 章、第 18 章與第 19 章的有關部分作進一步介紹。

2.8 低溫化學（cryochemistry）合成中金屬蒸氣和活性分子的高溫製備[17~19]

2.8.1 概論

隨著金屬有機化合物的發展，人們開發出了一條很有特色的合成路線──低溫實驗法（cryogenic method）〔或稱基體分離（matrix-isolation）〕。由於和其有關的合成化

學日益豐富，多年前就已發展成名之為低溫化學（cryochemistry）的一個合成領域。這條合成路線的主要內容是將在高溫（包括電子轟擊、雷射等）下生成的單質（主要是金屬）蒸氣或活性分子態物種〔總稱為高溫物種（High Temperature Specis, H T Species）〕，在低溫下（液氮或更低溫度）與其它氣體分子自發而又單一的產生一系列特殊的合成反應，生成很多其它合成途徑無法獲得或難於合成、分離的新化合物。現舉一些典型的例子如下：

$$Li（g）+C_3（g）\xrightarrow{77K}
\begin{array}{c}
Li \\
Li
\end{array}C=C=C
\begin{array}{c}
Li \\
Li
\end{array}$$

$$C（g）+B_2Cl_4（g）\xrightarrow{77K}
Cl_2B\begin{array}{c}BCl_2\\ \big| \\ C \\ BCl_2\end{array}BCl_2$$

$$SiF_2（g）+HC\equiv CH（g）\xrightarrow{77K}
\begin{array}{ccc}
CH_2 & - & SiF_2 \\
\big| & & \big| \\
CH_2 & - & SiF_2
\end{array}$$

$$Cu（g）+Cu（g）\xrightarrow{\text{液 Ar}}Cu_2（g）$$

$$Ni(g)+\begin{array}{c}Cl\end{array}（g）\xrightarrow{77K}\left\langle Ni\begin{array}{c}Cl\\ \\Cl\end{array}Ni\right\rangle$$

$$Pd(g)+O_2(g)+N_2(g)\xrightarrow{\text{液 Ar}}\begin{array}{c}O\\ \\O\end{array}Pd-N\equiv N$$

$$Mo(g)+\diagdown\diagup（g）\xrightarrow{77K}\left(\bigcirc\right)_3 Mo$$

$$Fe(g)+C_8H_{12}(g)\xrightarrow{77K}\quad Fe$$

　　從上述反應中可以看出這類反應的關鍵一步是利用高溫技術產生金屬或其它單質的蒸氣原子或其它活性分子。目前常用來製備此類高溫物種的有以下幾種高溫化學反應：

1.固體或液體的蒸發

$$CaF_2（s）\xrightarrow[\sim 1Pa]{1300℃}CaF_2（g）$$
$$C（s）\xrightarrow[\sim 1Pa]{2500℃}C_1（g）+C_2（g）+C_3（g）$$

2.固─固反應或固─液反應

$$Si（s）+SiO_2（s）\xrightarrow[\sim1Pa]{1350℃}2SiO（g）$$

$$2B（s）+2B_2O_3（l）\xrightarrow[\sim1Pa]{1300℃}3（O=B=B=O）$$

3.氣─固反應

$$2B（s）+BF_3（g）\xrightarrow[\sim10^2Pa]{2000℃}3BF（g）$$

$$2B（s）+2H_2S（g）\xrightarrow[\sim10^2Pa]{1200℃}2HBS（g）+H_2（g）$$

4.氣體的分解

$$P_2F_4（g）\xrightarrow[\sim0.1Pa]{900℃}2PF_2（g）$$

$$S_8（g）\xrightarrow[\sim1Pa]{1000℃}4S_2（g）$$

上述這些高溫物種大都是很不穩定的，如幾乎所有的金屬或非金屬的蒸氣原子或分子（C_2，C_3，C_4，P_2，As_2，Sb_2，S_2，Se_2等）、低價鹵化物〔如 BX，CX_2，SiX_2（X＝F，Cl，Br）與 PI，PI_2，AlF，SCF，$LaCl$ 等〕，以及低價氧化物、硫化物、氮化物、碳化物（如B_2O_3，CS，PN，BC_2等），有的呈激發態或自由基。這為進一步在低溫下發生低溫實驗法合成反應（將在第 4 章中作比較細緻的討論）提供了最必要的基礎。上述這些製備高溫物種的高溫反應一般是透過下列途徑來實現的。

2.8.2 金屬蒸氣的獲得技術

1.電阻高溫蒸發

將待蒸發或昇華的金屬置於用電阻絲加熱的難熔氧化物坩堝中或直接置於電熱絲上，在高真空或惰性氣氛下蒸發或昇華。常用的坩堝為氧化鋁坩堝，如圖 2-20 所示。

用 Mo、W 等電阻絲發熱元件加熱，一般可到 1800℃。因此蒸發或昇華 Cr，Mn，Fe，Co，Ni，Pd，Cu，Ag，Au，In 和 Sn 等均可用此法，蒸發速率一般為（10～50）g／h，適用於實驗室規模合成。一些特殊金屬須用特種氧化物坩堝，如 Ti 用 ThO_2坩堝，Si 用 BeO 坩堝等等。為了提高效率與減少污染，不少金屬是在 Mo、W 等難熔金屬絲上，或由其製成籃、舟上進行蒸發或昇華的，如 Ca，Mg，R E，Si，U，V，Ti 等，其簡單裝置如圖 2-21 和 2-22 所示。

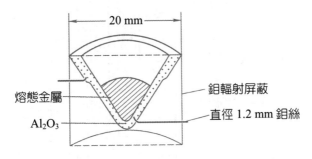

圖 2-20　Al₂O₃坩堝蒸發金屬

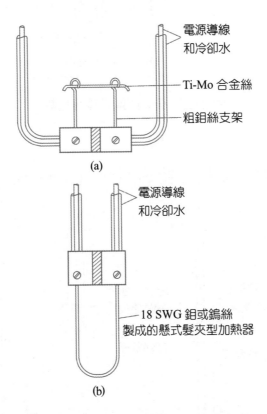

圖 2-21　在加熱的電阻絲上蒸發金屬

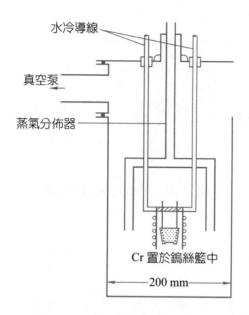

圖 2-22　在 W 絲籃中蒸發金屬

2. 電弧蒸發

電弧蒸發高效且可產生激發態金屬原子以利於進一步反應。實驗裝置如圖 2-23。

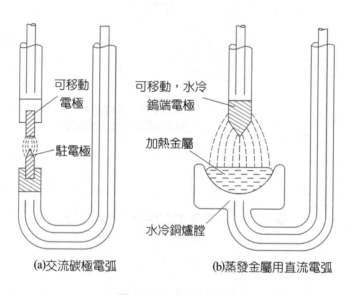

(a)交流碳極電弧　　　(b)蒸發金屬用直流電弧

圖 2-23　電弧蒸發

3.電子轟擊法

電子束經靜電或磁場聚焦後，一般易於達到 10 W/mm^2 級能量密度，這足使任何物質快速蒸發或昇華。典型的靜電聚焦式裝置如圖 2-24 所示。然而將此法應用於低溫化學合成時有兩個問題是值得注意的，其一是被加熱金屬折射出來的若干漫射電子有可能會與其它反應物中的氣體發生副反應；其二是此法對反應器中的壓力要求很嚴，當 $p > 0.1$ Pa 時，發生放電，將影響金屬的蒸發，不過這些問題是可以改進的，增加附設裝置如圖 2-24 中的 W 絲等可逐步克服這些問題。一般難於蒸發或昇華的金屬如 RE，Mo，Nb，Ta，Ru，Ti，Zr，Hf 等均可用此法。

4.雷射束蒸發

小型蒸發器如～200 W 的摻釹釔鋁石榴石雷射器，如圖 2-25 所示。由於經聚焦後的雷射束能量很高，因此不僅易於使金屬蒸發，而且易使原子成激發態原子，使合成反應更易於進行。

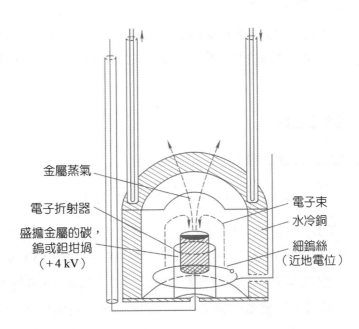

圖 2-24　電子束蒸發器──靜電聚焦式金屬蒸發器

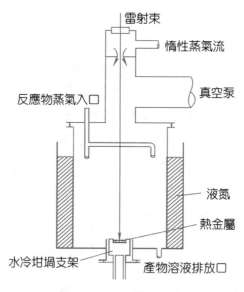

圖 2-25　雷射蒸發器

2.8.3　高溫物種的獲得實例

　　至於其它高溫下的分子態物種（molecular species），往往也是藉助與上述相似的高溫途徑透過氣—固反應、蒸氣的熱解（thermolysis）、放電反應等方法而獲得的。下面舉三個實例說明如下。

1. BF 的氣—固反應高溫合成

　　BF 是透過下列反應而獲得的：

$$2B（s）+BF_3（g）\xrightarrow[\text{真空}]{1800℃} 3BF（g）$$

　　其合成裝置見圖 2-26。將 4～10 目大小的硼粒置於感應線圈中的石墨坩堝中，由高頻電流加熱至 1600～ 1800℃，然後與導入的低壓 BF_3（～10^2 Pa）相作用而得 BF，其產率可達 95%。此套高溫氣—固反應裝置還適用於很多低價 B、Si 等鹵化物的合成。製得的 BF 可在下面的液氮反應器中發生一系列的低溫化學合成反應，如

$$BF（g）+HC \equiv CH（g）\xrightarrow{77K} \begin{matrix} F \\ B \\ \| \\ B \\ F \end{matrix}$$

$$BF\,(g) + B_2F_4\,(g) \xrightarrow{77K} \begin{matrix} F_2 & F_2 & F_2 \\ B & B & B \\ & B & B \\ B & B & B \\ F_2 & F_2 & F_2 \end{matrix}$$

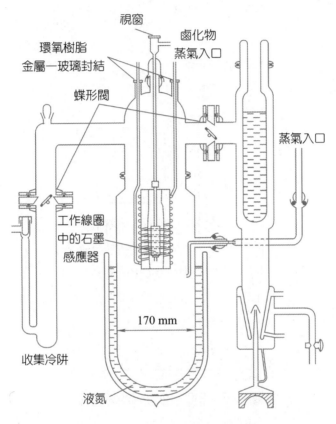

圖 2-26　高溫氣一固反應裝置

2. B₂Cl₄的急驟熱解（flash thermolysis）製備 BC1

B₂Cl₄的熱解一般有兩種方式：

$$B_2Cl_4\,(g) \begin{cases} B\,(s) + BCl_3\,(g) & (1) \\ BCl\,(g) + BCl_3\,(g) & (2) \end{cases}$$

為了使反應按(2)進行，必須使熱裂解快速發生。圖 2-27 所示的反應裝置即為一套急驟熱解的反應裝置。反應時讓低壓的 B_2Cl_4 氣體（進料壓力約為 $8 \times 10^2\,Pa$）以 $1 \sim 1.5$ mmol/min 速度進入一長 20 mm、內徑為 1 mm 的石英管加熱裂解區（T = 1100℃），此

熱解區由 Mo 絲加熱。熱解產物膨脹進入液氮低溫化學合成反應區域內進行下一段合成反應，如

$$BCl（g）+HC\equiv CH \xrightarrow{77K} ClB\text{⬡}BCl$$

$$BCl（g）+C_3H_6 \xrightarrow{77K} ClB\text{⬡}BCl$$

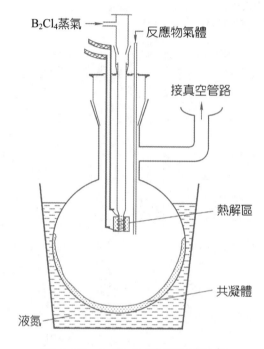

圖 2-27　B_2Cl_4 的急驟熱解裝置

3. CS 的放電合成

CS 是在如圖 2-28 所示的放電裝置上通過下列反應而得到的：

$$CS_2（g）\xrightarrow{交流放電} CS（g）+S_8（s）$$

裝置中的主要部件為一長 400 mm 直徑 18 mm 的 Pyrex 放電管，電極焊封於管中，CS_2 蒸氣通過放電管的速度為 40～150 mmol/h，最大壓力為 10^2Pa，放電條件：12 kV，10～30 mA。反應產率為 25%。反應所得的 CS 可在液氮條件下與 HCl、HBr 等反應生成一系列特殊化合物，如

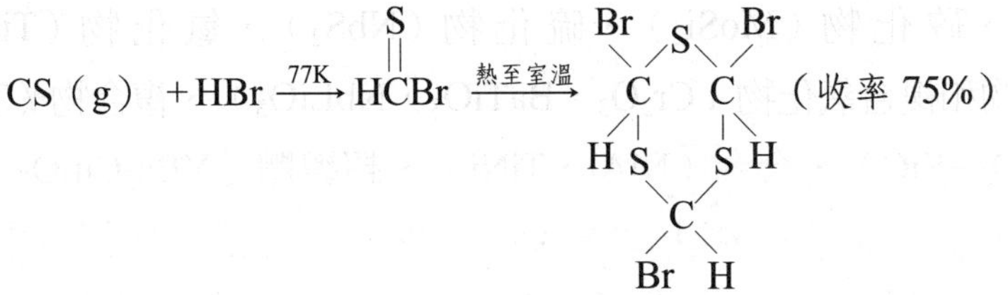

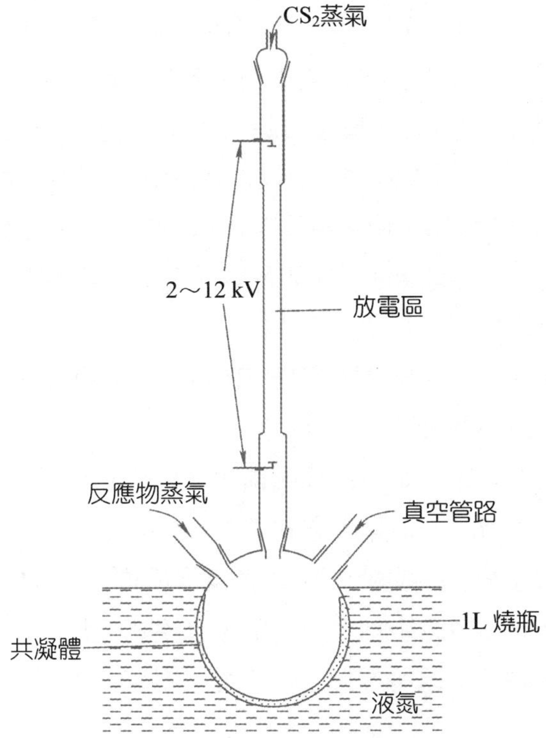

$$CS\,(g) + HBr \xrightarrow{77K} HCBr \xrightarrow{熱至室溫} \text{（收率 75%）}$$

圖 2-28　CS 放電合成裝置

2.9　自蔓延高溫合成（Self-Propagating High Temperature Synthesis（SHS））

　　所謂自蔓延高溫合成材料製備是指利用原料本身的熱能來製備材料。

　　德國冶金學家 Goldschmidt 在 1885 年發現很多金屬氧化物，當把它們與鋁混合加熱時都可以被還原，並得到金屬或合金。在他工作的基礎上，鋁熱反應冶金技術終於出現了。這是最早期 SHS 在材料製備上的貢獻。幾十年來，SHS 技術以其獨特的優越性已越來越引起材料科學家的興趣，並取得令人矚目的成就。合成了包括碳化物（TiC，BC_4，Cr_3C_2，WC）、氮 化 物（AlN，Si_3N_4，BN，VN，Sialon，TiCN）、硼 化 物

（ZrB_2，TiB_2）、矽化物（$MoSi_2$）、硫化物（NbS_2）、氫化物（TiH_2）、磷化物（AlP）、氧化物和複合氧化物（Cr_2O_3，$BaTiO_3$，$NbLiO_3$）、複合物（$TiC-TiN$，$TiC-TiB_2$，$TiC-Al_2O_3-SiC$）、合金（$NiAl$，$TiNi$）、超導體〔$YBa_2Cu_3O_{7-x}$、鐵合金、有機物（$C_7H_{14}N_2O_4$）〕等 500 多種物質。且在許多迄今為止難以製備的物質如梯度功能材料（FGM）、特種複合材料等也被合成出來，由於 SHS 技術的改進與發展，也能合成如超細粉末和奈米粉末[26]等特殊材料，使 SHS 技術又煥發出新的活力。

SHS 方法的優點[22~27],[31~38]主要有能量利用充分；產品純度高（因為 SHS 能產生 1500～4000℃ 高溫使其中大量雜質蒸發而除去）；產量高（因為反應傳播速度可達 0.1～15 cm/s，大大高於常規合成方法）；以及在反應過程中，材料經歷了很大的溫度變化，非常高的加熱和冷卻速率，使生成物中缺陷和非平衡相比較集中，因此某些產物比用傳統方法製造的產物更具有活性，例如更容易燒結；可以製造某些非化學計量比的產品、中間產物以及介穩相等。

一個 SHS 反應要能進行，引燃是關鍵，SHS 反應的引燃需要高能量。概括起來，SHS 反應的引燃技術有以下幾種[39~42]，如：

燃燒波點火：採用點火劑，如用鎢絲或鎳鉻合金線圈點燃。這是 SHS 發明者首先建議的，也是目前應用最廣的一種點火方式。

輻射流點火：用氙燈等作為輻射源，採用輻射脈衝的方式點火。其它諸如雷射點火法、火花點火、電熱爆炸、微波能點火、化學（自燃式）點火及線性加熱等等。

迄今，在SHS的基礎上，已發展形成了多種材料製備的[27~36]SHS技術，其中最主要的為：

SHS 製粉技術　這是 SHS 最簡單的技術，根據粉末製備的化學過程，SHS 製粉工藝可分為兩類：① 化合法：氣體合成化合物或複合化合物粉末的製備；② 還原化合法（帶還原反應的 SHS）：由氧化物或礦物原料、還原劑（鎂等）和元素粉末（或氣體），經還原過程製備成高質量的 SHS 粉末，可用於陶瓷及金屬陶瓷製品的原料。

其次如熱爆技術：熱爆技術是指在加熱鐘罩內對反應物進行加熱，達到一定溫度後，整個試樣將同時出現燃燒反應，合成可在瞬間完成。通常用來合成金屬間化合物。「化學爐」技術，採用具有強放熱反應潛能的物料作為覆蓋層，該覆蓋層在燃燒反應時提供強熱，使其中難以引發的或反應較弱的體系發生燃燒，從而進行合成反應。

還有材料製備中的 SHS 燒結技術、緻密化技術、SHS 熔鑄、SHS 焊結技術與 SHS 塗層技術等等。這些技術的發展使 SHS 方法在材料製備中越來越體現其特色。以陶瓷材料為例，SHS緻密技術能將製粉、成型與燒結三步合一，成為一個嶄新的製備路線。且在非平衡材料、非傳統性粉末的製備方面等，顯示出了前景。

參考文獻

1. Margrave John L and Hauge Robert. High Temperature Technique, In Techniques of Chemistry. Edited by Bryaut W Rossiter Vol Ⅸ (Chemical Experimentation under Extreme Conditions). John Wiley & Sons, 1980.

2. 徐如人主編。無機合成化學。北京：高等教育出版社，1991。

3. 日本化學會編。無機固相反應。董萬堂，董紹俊譯。北京：科學出版社，1985。

4. Schafer, Harald. Chemical Transport Reaction, Verlag Chemie GmbH. Weinhein Bergstr, 1964.

5. Hagenmuller P. Preparative Methods in Solid State Chemistry. Academic Press, 1972.

6. Honig J M and Rao C N R. Preparation and Characterization of Materials. Academy Press, 1981.

7. West Anthony R. Solid State Chemistry and Application. John Wiley and Sons Inc, 1992.

8. 蘇鏘。稀土化學。鄭州：河南科學技術出版社，1993。

9. Wei P Z, Su Qiang, Zhang J Y. J Alloys and Compounds. 1993, 51:198.

10. 韓萬書主編。中國固體無機化學十年進展。北京：高等教育出版社，1998。

11. Livage J, Henry M and Sanchez C. Sol-Gel Chemistry of Transition Metal Oxide, Prog Solid State, Chem Vol 18. 1988. PP 259~341.

12. Magano M and Greenblatt M. High Temperature Superconducting Films by Sol-Preparation, Solid State Communications Vol 67 No 6. 1988. PP 595~602.

13. Nazeri A, Bescher E and Mackenzie J D. Ceram Eng Sci Proc, 1993 (1)：14.

14. Komanen S. J Materials Chem, 1992 (2)：1219.

15. Chiahon Chen. J Am Ceram Soc, 1989 (72)：1495.

16. Desanctis O. J Non-cryst Solids, 1990 (120)：338.

17. 李澄，黃明珠，楊海平。薄膜科學與技術，1995，8 卷 1 期：51。

18. Moskovits Martin and Ozen Geoffrey A. Cryochemistry. John Wiley and Sons Inc, 1976.

19. Ozen Geoffrey A and Voet A V. Cryogenic Inorganic Chemistry-Progress in Inorganic Chemistry Vol 19. John Wiley and Sons Inc, 1976.

20. Timms P L. Advances in Inorganic Chemistry and Radiochemistry Vol 14. Academy Press, 1972.

21. Jun L, Su Qiang. J Materials Chem, 1995, (4)：603.

22. McCauley J W. Ceram Eng Sci Proc, 1990, 11（9~10）：1137~1181.

23. Crider J F. Ceram Eng Sci Proc, 1982, 3（9~10）：519~528.

24. Hlavacek V. Ceram Bull, 1991, 70 (2)：240~243.

25. Merzhanov A G. Ceram Trans, 1995, 56：3~25.

26. Merzhanov A G. Ceramic International, 1995, 21 (6)：371～379.

27. Merzhanov A G. In Proceedings of the International Symposium on Combustion and Plasma Synthesis of High-Temperature Materials. 1988, 6 (2)：109～116.

28. Munir Z A；張樹格譯。粉末冶金技術，1988，6 (2)：109～116。

29. Munir Z A. Ceram Bull, 1988, 67 (2). 342～349.

30. Munir Z A. Anselmi-Tamburini U, Materials Science Reports 3, 1989, Elsevier Science Publishers B V（North-Holland Physics Publishing Division），277～365.

31.梁叔全，鄭了樵。矽酸鹽學報，1993，21 (3)：261～270。

32.曹雯，陳祖熊。上海矽酸鹽，1994 (3)：130～133。

33.嚴新炎，孫國雄，張樹格。材料科學與工程，1994，12 (4)：11～14。

34. Subrahmanyam J, Vijayakumar M. J Mater Sci, 1992, 27 (23)：6249～6273.

35. Yi H C, Moore J J. J Mater Sci, 1990, 25（3B）：1159～1168.

36. Wang L L. J Mater Sci, 1993, 28 (14)：3693～3708.

37. Lakshmikantha M G, Bhattacharya A, Sekhar J A. Metal Trans A, 1992, 23A：23～34.

38. Shon I J, Munir Z A. J Am Ceram Soc, 1996, 79 (7)：1875～1880.

39. Hoke D A, Kim D K, LaSalvia J C, Marc A, Meyers M A. J Am Ceram Soc, 1996, 79 (1)：177～182.

40. Pityulin A N, Bogatov Y V, Rogachev A S. Inter J SHS, 1992, 1I (1)：111～118.

41. Miyamoto Y. Ceram Bull, 1990, 69 (4)：686～690.

42. Merzhanov A G. Self-Propagating High-Temperature Synthesis and Powder Metallurgy: Unity of Goals and Competition of Principles,Advances in Powder Metallurgy & Particulate Materials-1992, Metal Powder Industries Federation Princeton N J, 1992 (9)：341～365.

低熱固相合成化學

3

3.1　引　言

　　合成化學始終是化學研究的熱門領域，它提供的上千萬種化合物，對現代的人們從日常生活到尖端高科技都產生了不可抗拒的影響。傳統的化學合成往往是在溶液或氣相中進行，由於受到能耗高、時間長、環境污染嚴重以及工藝複雜等的限制而越來越受到排斥。雖然也有一些對該合成技術的改進，甚至有些是卓有成效的，但總體上只是一種「局部優化」戰術，沒有從整體戰略上給予徹底的變革[1a]。身處世紀之交的人們在飽受了環境污染帶來的疾病折磨，以及因破壞自然生態平衡而遭到大自然的懲罰之後，正在積極反思，對跨入 21 世紀進行戰略規劃，清潔化生產、綠色食品、返璞歸真等要求已深入人心。面對傳統合成方法受到的嚴峻挑戰，化學家們正致力於合成手段的戰略革新，越來越多的化學家將目光投向被人類最早利用的化學過程之一——固相化學反應，將「固體物質的合成有一個戰略上的變革」的希望寄予固相化學。那麼，固相化學能否不負眾望？我們只要了解一下固相化學便可找到答案。

3.1.1　傳統的固相化學

　　固相化學反應是人類最早使用的化學反應之一，我們的祖先早就掌握了製陶工藝，將製得的陶器用作生活日用品，如陶罐用作集水、儲糧等，將精美的瓷器作為裝飾品等。但固相化學作為一門學科被確認卻是在 20 世紀初[2]，原因自然是多方面的，除了科學技術不發達的限制外，更重要的原因是人們長期的思想束縛。自亞里士多德時起，直至距今 80 多年前，人們廣泛相信「不存在液體就不發生固體間的化學反應」。直到 1912 年，年輕的 Hedvall 在 Berichte 雜誌上發表了「關於林曼綠」（CoO 和 ZnO 的粉末固體反應）為題的論文，有關固相化學的歷史才正式拉開序幕[3a]。

　　固相化學反應研究固體物質的製備、結構、性質及應用[4a]。自 20 世紀初被確定為一門學科以來，它一直與固體材料科學有著不解之緣，已為人類提供了大量推動技術革命的新型功能材料：20 世紀 50 年代高純單晶半導體的固相成功製備，引發了電子工業的徹底革命；所有石油裂化都使用以矽鋁酸鹽分子篩作基礎的催化劑，其中對催化領域有很大影響的 ZSM-5 分子篩在自然界中尚未找到，只得靠人工水熱合成；如今的新型高溫陶瓷超導材料以及新型光、電、磁材料的固相成功合成，有望引發一場有關通信、運輸、電腦、化學製造業等相關領域的技術革命[5]。

　　固相反應不使用溶劑，具有高選擇性、高產率、工藝過程簡單等優點，已成為人們製備新型固體材料的主要手段之一。但長期以來，由於傳統的材料主要涉及一些高熔點

的無機固體,如矽酸鹽、氧化物、金屬合金等,這些材料一般都具有三維網絡結構、原子間隙小和牢固的化學鍵等特徵,通常合成反應多在高溫下進行,因而在人們的觀念中室溫或近室溫下的低熱固相反應幾乎很難進行。正如英國化學家 West 在其《固體化學及其應用》一書中所寫,「在室溫下經歷一段合理時間,固體間一般並不能相互反應。欲使反應以顯著速率發生,必須將它們加熱至甚高溫度,通常是 $1000 \sim 1500℃$」[4b]。1993 年,美國化學家 Arthur Bellis 等人編寫的「Teaching General Chemistry, A Materials Science Companion」中也指出,「很多固體合成是基於加熱固體混合物試圖獲得具有一定計量比、顆粒度和理化性質均一的純樣品,這些反應依賴於原子或離子在固體內或顆粒間的擴散速率。固相中擴散比氣、液相中擴散慢幾個數量級,因此,要在合理的時間內完成反應,必須在高溫下進行」[6]。可見,「固相化學反應只能在高溫下發生」這一認識在許多化學家的頭腦中已根深蒂固。

事實上,許多固相反應在低溫條件下便可發生。早在 1904 年,Pfeifer 等發現加熱 $[Cr(en)_3]Cl_3$ 或 $[Cr(en)_3](SCN)_3$ 分別生成 *cis*-$[Cr(en)_2Cl_2]Cl$ 和 *trans*-$[Cr(en)_2(SCN)_2]SCN$[7];1963 年,Tscherniajew 等首先用 $K_2[PtI_6]$ 與 KCN 固—固反應,製取了穩定產物 $K_2[Pt(CN)_6]$[8]。雖然這些早期的工作已發現了低溫下的固相化學反應,但由於受到傳統固相反應觀念的束縛,人們對它的研究沒有像對待高溫固相反應那樣引起足夠的重視,更未能在合成化學領域中得到廣泛應用。

然而,研究低溫固相反應並開發其合成應用價值的意義是不言而喻的,正如 1993 年 Mallouk 教授在 Science 上的評述中指出的:傳統固相化學反應合成所得到的是熱力學穩定的產物,而那些介穩中間物或動力學控制的化合物往往只能在較低溫度下存在,它們在高溫時分解或重組成熱力學穩定產物。為了得到介穩態固相反應產物,擴大材料的選擇範圍,有必要降低固相反應溫度[5]。可見,降低反應溫度不僅可獲得更新的化合物,為人類創造出更加豐富的物質財富,而且可最直接地提供人們了解固相反應機構所需的實驗佐證,為人類盡早地實現能動、合理地利用固相化學反應進行定向合成和分子組裝,最大限度地發掘固相反應的內在潛力創造了條件。

3.1.2 固體的結構和固相化學反應

固相化學反應能否進行,取決於固體反應物的結構和熱力學函數。所有固相化學反應和溶液中的化學反應一樣,必須遵守熱力學的限制,即整個反應的吉布士函數改變小於零。在滿足熱力學條件下,反應物的結構成了反應速率的決定性因素。

晶體結構的研究表明,固體中原子或分子的排列方式是有限的。根據固體中連續的

化學鍵作用的分佈範圍，可將固體分為延伸固體和分子固體兩類[9]。所謂延伸固體是指化學鍵作用無間斷地貫穿整個晶格的固體物質。一般地，原子晶體、金屬晶體和大多數離子晶體中的化學鍵（即共價鍵、金屬鍵、離子鍵）連續貫穿整個晶格，屬於延伸固體。分子晶體中物質的分子靠比化學鍵弱得多的分子間力結合而成，化學鍵作用只在局部範圍內（分子範圍內）是連續的，絕大多數固體有機化合物、無機分子形成的固體物質以及許多固體配合物均屬於分子固體。在有大陰離子存在的錯合物中，由於電荷被分散且被配體分開，因此離子之間的相互作用大大削弱，從而削弱了離子鍵，導致其性質表現得如同分子晶體一樣，故也把它歸類於分子固體。

　　延伸固體按連續的化學鍵作用的空間分佈可分為一維、二維和三維固體。一維和二維固體合稱為低維固體。分子固體中，由於化學鍵只在分子內部是連續的，固體中分子間只靠弱得多的分子間力聯繫，故可看作零維晶體。以碳元素的幾種單質和化合物的結構為例：金剛石是由共價鍵將各碳原子連接成具有三維空間無限延伸的網狀結構的物質，每個碳原子與相鄰的四個碳原子相連，因而它屬三維晶體；石墨中每個碳原子則與同一平面上的另外三個碳原子以共價鍵相連，形成二維無限延伸的片，片與片之間以凡得瓦力結合形成一種層狀結構，故為二維晶體；聚乙炔中，每個CH單元與同在一條直線上的另外兩個CH單元以共價鍵結合形成一維無限延伸的鏈，鏈與鏈之間靠凡得瓦力連接形成晶格，此為一維晶體；C_{60}的結構與上述所有結構都不同，其中每60個碳原子首先連接形成一個「巴克球」，爾後這些球體靠凡得瓦力結合形成面心立方晶格[10]，這是零維晶體。

　　固體在結構上的此種差異對其化學性質產生了巨大的影響。由於三維固體具有緻密的結構，所有的原子被強烈的化學鍵緊緊地束縛，導致晶格組分很難移動，外界物質也很難擴散進去，所以它們的反應性最弱；低維固體中，層間或鏈間靠較化學鍵弱得多的分子間力（凡得瓦力）相連，晶格容易變形，這使一些分子很容易地嵌入層間或鏈間[11]，因此，與三維固體相比，低維固體的反應性要強得多；分子固體比所有延伸固體中的作用都弱，分子的可移動性很強，這在其物理性質上表現為低熔點和低硬度，它們的化學反應性最強。

　　我們仍然以碳元素組成的四種骨架結構為例來說明固體結構與反應性的關係。金剛石屬於三維晶體，它在一定的溫度範圍內幾乎對所有試劑都是穩定的；石墨具有層狀結構，在室溫到450℃的溫度範圍內很容易與其它物質發生嵌入反應，生成層狀嵌入化合物，當然這種反應是可逆的[4c]：

$$石墨 \xrightarrow{HF\diagup F_2 \text{，} 25℃} 石墨氟化物（黑色），C_{3.6}F \sim C_{4.0}F$$

$$石墨 \xrightarrow{\text{HF}／\text{F}_2，450℃} 石墨氟化物（白色），CF_{0.68}\sim CF$$

$$石墨 + FeCl_3 \longrightarrow 石墨／FeCl_3 嵌入化合物$$

聚乙炔是一維的，很容易被摻雜（類似於嵌入反應）而具有良好的導電性[12]，例如：

$$\text{+CH+}_n + \frac{x}{2} I_2 \longrightarrow \text{+CH+}_n \cdot I_x$$

在室溫時，聚乙炔非常容易吸收空氣中的氧，首先生成嵌入化合物，爾後氧攻擊聚乙炔鏈使之降解[13]，這是限制聚乙炔獲得廣泛應用的主要原因。聚乙炔在 300℃ 即分解，主要產物為苯[14]。

C_{60} 是分子固體，其化學反應性是近幾年廣泛研究的課題。在固相中，它也和碘發生反應，生成加和物。其固體的電化學性質也是近年來研究的一個熱點。

比較這四種同樣以碳元素組成的四種骨架結構的單質或化合物的反應性，我們可以看出：零維結構＞一維結構＞二維結構＞三維結構，即分子固體具有最強的反應性。

固體的結構對其固相化學反應性的影響也可以從發生反應所需溫度的高低看出。這是因為固體要發生反應，反應物的分子必須能長程移動而相互碰撞，因此，固體中束縛力越弱，固體的反應溫度越低。

固體的熔點實際上體現了固體成分擺脫晶格束縛的能力，因此，固體中的束縛力的大小可以從固體的熔點看出。早期的固相化學反應研究表明，固體成分在低於熔點的溫度下就有了一定的長程遷移（即擴散）能力，其中發生在固體表面的擴散要比發生在體相中的擴散容易。以 Ag 晶體中的各類擴散的擴散係數為例[3b]：1000 K 時，Ag 的體擴散係數約為 10^{-9}，活化能為 192.3 kJ·mol^{-1}；晶界擴散係數在 800 K 時為 10^{-7}，活化能為 84.4 kJ·mol^{-1}；而表面擴散係數在 500 K 時就為 10^{-5}，活化能僅為 43.1 kJ·mol^{-1}。因此，固體表面擴散在比熔點低得多的溫度下就有了顯著的速率。

一般認為，固相反應能夠進行的溫度是由反應物中的 Tammann 溫度較低者決定的。Tammann 溫度是指固體中自擴散變得顯著時的溫度[15]。Tammann 等首先指出，該溫度與固體的熔點 T_m（以熱力學溫標表示）有關：金屬是 0.3 T_m；無機物為 0.5 T_m；有機物為 0.9 T_m[16]。實際上，為了使反應有較快的速率，通常使用較高的反應溫度，例如，對無機物的反應溫度常為 $\frac{2}{3} T_m$。因此，熔點通常在 2000 K 以上的無機氧化物之間的反應一般在 1300 K 以上的溫度才能較快進行，而熔點不高於 300 K 的分子固體之間的反應一般在室溫附近就可進行。實驗正說明了這一點，表 3-1 給出了若干代表性反應的反應溫度和其反應物的熔點[18]。對於其中的固相配位化學反應，由於配位化合物比較容

易分解，所以即使反應中不存在低熔點的有機固體，反應同樣也能在室溫附近進行，這是因為在固體相變溫度（包括固體的分解溫度）附近，固體組分通常容易移動，故反應容易進行，此即所謂 Hedvall 效應[19]。

表 3-1　幾個代表性的固相反應的反應溫度

反　　應	反應溫度（K）	反應物熔點（K）
$Ge + 2MoO_3 \longrightarrow GeO_2 + 2MoO_2$	$733 \sim 893$	Ge 937.4　MoO_3 795
$NiO + Cr_2O_3 \longrightarrow NiCr_2O_4$	$1273 \sim 1773$	NiO 2163　Cr_2O_3 2708
$2KCl + SrCl_2 \longrightarrow K_2SrCl_4$	803	KCl 1043　$SrCl_2$ 1148
$R_1COR_2 \xrightarrow{NaBH_4} R_1CH(OH)R_2$	300	$R_1COR_2 < 573$
$CuCl_2 \cdot 2H_2O + 8-HQ \longrightarrow$ $Cu(HQ)Cl_2 + 2H_2O$	298	$8-HQ$ 348

事實上，由於固相化學反應的特殊性，人們為了使之在盡量低的溫度下發生，已經做了大量的工作。例如，在反應前盡量研磨混勻反應物以改善反應物的接觸狀況及增加有利於反應的缺陷濃度；用微波或各種波長的光等預處理反應物以活化反應物等，從而發展了各種降低固相反應溫度的方法。已見文獻報導的有如下十一種方法：① 前體法（Precursor）；② 置換法（Metathesis）；③ 共沈澱法（Coprecipitation）；④ 熔化法（Flux）；⑤ 水熱法（Hydrothermal Method）；⑥ 微波法（Microwave）；⑦ 氣相輸運法（Gas Phase Transportation）；⑧ 軟化學法（Chimie Douce, Soft Chemistry）；⑨ 自蔓延法（Self-Propagation High-Speed Synthesis）；⑩ 力化學法（Mechanochemistry）；⑪分子固體反應法（也稱固相配位化學法）（Reactions of Molecular Solids）。

我們根據固相化學反應發生的溫度將固相化學反應分為三類，即反應溫度低於100℃的低熱固相反應，反應溫度介於 100～600℃之間的中熱固相反應，以及反應溫度高於 600℃的高熱固相反應。雖然這僅是一種人為的劃分，但每一類固相反應的特徵各有所別，不可替代，在合成化學中必將充分發揮各自的優勢。

高熱固相反應已經在材料合成領域中建立了主導地位，雖然還沒能實現完全按照人們的願望進行目標合成，在預測反應產物的結構方面還處於經驗勝過科學的狀況[5]，但人們一直致力於它的研究，積累了豐富的實踐經驗，相信隨著研究的不斷深入，定會在合成化學中再創輝煌。中熱固相反應雖然起步較晚，但由於可以提供重要的機構資訊，並可獲得動力學控制的、只能在較低溫度下穩定存在而在高溫下分解的介穩化合物，甚至在中熱固相反應中可使產物保留反應物的結構特徵，由此而發展起來的前體合成法

[4d]、熔化合成法[4e]、水熱合成法[4f]的研究特別活躍，對指導人們按照所需設計並實現反應意義重大。例如，人們利用前體合成法製備了 TiO_2 的一種新的同質異形體[20]，即高溫下 KNO_3 和 TiO_2 固相反應得層狀結構前體 $K_2Ti_4O_9$，然後用酸性水溶液進行離子交換得 $H_2Ti_4O_9 \cdot H_2O$。緩緩地加熱除去其中的 H_2O 而將 $H_2Ti_44O_9 \cdot H_2O$ 的層狀結構保留至最終所得的 TiO_2 固體中，這種介穩晶體在高溫下變成常見的金紅石結構。

相對於前兩者而言，低熱固相反應的研究一直未受到重視，幾乎處在剛起步的階段[21,22]，許多工作有待進一步開展。Toda 等的研究表明，能在室溫或近室溫下進行的固相有機反應絕大多數高產率、高選擇性地進行[21]；忻新泉及其小組近十年來對室溫或近室溫下的固相配位化學反應進行了較系統的探索，探討了低熱溫度固─固反應的機構，提出並用實驗證實了固相反應經歷四個階段，即擴散─反應─成核─生長，每步都有可能是反應速率的決定步驟；總結了固相反應遵循的特有規律；利用固相化學反應原理，合成了一系列具有優越的三階非線性光學性質的 Mo（W）─Cu（Ag）─S 原子簇化合物；合成了一類用其它方法不能得到的介穩化合物──固配化合物；合成了一些有特殊用途的材料，如奈米材料等。下面重點討論低熱固相化學反應及其在化學合成中的應用。

3.2　低熱固相化學反應

一個室溫固─固反應的實例：固體 4-甲基苯胺與固體 $CoCl_2 \cdot 6H_2O$ 按 2：1 莫耳比在室溫（20℃）下混合，一旦接觸，界面即刻變藍，稍加研磨反應完全，該反應甚至在 0℃同樣瞬間變色[23]。但在 $CoCl_2$ 的水溶液中加入 4-甲基苯胺（莫耳比同上），無論是加熱煮沸還是研磨、攪拌都不能使白色的 4-甲基苯胺表面變藍，即使在飽和的 $CoCl_2$ 水溶液中也是如此。這表明雖然使用同樣的起始反應物、同樣的莫耳比，由於反應微環境的不同使固、液反應有明顯的差別，有的甚至如上一樣，換一種狀態進行，反應根本不發生；有的固、液反應的產物不同，所有這些現象正是我們合成化學家所孜孜以求的。

3.2.1　固相反應機構

與液相反應一樣，固相反應的發生起始於兩個反應物分子的擴散接觸，接著發生化學作用，生成產物分子。此時生成的產物分子分散在母體反應物中，只能當作一種雜質或缺陷的分散存在，只有當產物分子集積到一定大小，才能出現產物的晶核，從而完成

成核過程。隨著晶核的長大，達到一定的大小後出現產物的獨立晶相。可見，固相反應經歷四個階段，即擴散—反應—成核—生長，但由於各階段進行的速率在不同的反應體系或同一反應體系不同的反應條件下不盡相同，使得各個階段的特徵並非清晰可辨，總反應特徵只表現為反應的決速步的特徵。長期以來，一直認為高溫固相反應的決速步是擴散和成核生長，原因就是在很高的反應溫度下化學反應這一步速率極快，無法成為整個固相反應的決速步。在低熱條件下，化學反應這一步也可能是速率的控制步[24]。下面我們列舉四個代表性反應體系的 XRD 繞射圖與反應時間的關係，說明固相反應不同速控步的特徵。

1.產物晶體成核速率為速控步的實例：Co（acac）$_2$（bipy）與 8-HQ 的反應體系[25]

　　將兩反應物按化學反應計量比混合研磨後，測量反應體系隨時間變化的 XRD 譜，比較分析，有如下結果：

　　(1)兩反應物室溫混合研磨，8-HQ 的特徵繞射峰迅速減弱，半小時後完全消失；而 Co（acac）$_2$（bipy）的特徵繞射峰依然存在，只是繞射強度下降。表明這一階段 8-HQ 向 Co（acac）$_2$（bipy）中擴散是一快過程。

　　(2) 65℃加熱 2 h 後，體系的 XRD 譜中無繞射峰，也無鼓包，表明兩反應物相晶形不再存在，產物相晶形尚未形成，此時為非晶態。

　　(3) 65℃加熱 12 h，出現產物相特徵繞射峰。

　　(4) 65℃加熱 72 h，產物相特徵峰加強，相對強度不變。

　　根據上述實驗結果，可以推測整個固相反應的速控步是產物成核速率。

2.產物晶核生長速率為速控步的實例：Zn（acac）Q 與 o-Phen 的反應體系[26]

　　按類似於上例的操作，所得結果與上例相似，只是反應過程中未出現非晶態，而代之以一個無定形物相的出現：

　　(1)兩反應物室溫研磨混合後，o-Phen 的特徵繞射峰首先消失。

　　(2) 55℃加熱 10 h，顯示兩個鼓包，這兩個鼓包分別在 2θ 值為 10°～14°和 20°～25°之間，與反應產物的兩個強峰相對應，意味著此時產物短程有序，為局部有序的無定形物相。

　　(3) 55℃加熱 6 d 後顯示產物相的特徵繞射峰。

　　根據這些實驗結果，可以推測產物晶核生長速率為固相反應速控步。

3.化學反應速率為速控步的實例：Mn（OAc）$_2$・4H$_2$O 與 H$_2$C$_2$O$_4$ 的反應體系[27]

反應體系的 XRD 結果為：

(1)兩反應物室溫研磨混合後，H$_2$C$_2$O$_4$ 特徵繞射峰消失，Mn（OAc）$_2$・4H$_2$O 的層狀結構保持，層間距為 9.7 Å。

(2) 60℃ 加熱 30 min，在 2θ 值為 7.82°處出現繞射峰，表明由於 H$_2$C$_2$O$_4$ 嵌入 Mn（OAc）$_2$・4H$_2$O 的層中形成新層，但仍保留 Mn（OAc）$_2$・4H$_2$O 的主要繞射峰，說明舊的層狀結構未被破壞，只是使層間距增大，生成穩定的具層狀結構的中間態物相，新層間距為 11.4 Å。

(3) 60℃加熱 60 min，新層狀結構繼續保持，但反映 Mn（OAc）$_2$・4H$_2$O 的特徵繞射峰全部消失，出現產物相的繞射峰。

(4) 60℃加熱 120 min 後，層狀結構瓦解，產物相特徵峰加強，相對強度不變。

從上述實驗結果可以看出，生成的中間態物相能穩定存在一段時間，說明擴散至相互接觸的反應物並沒有因後續的反應立即消耗掉，固相反應速率的決速步是嵌入的 H$_2$C$_2$O$_4$ 與層間 Mn（OAc）$_2$・4H$_2$O 的化學反應。

4.反應物的擴散速率為速控步的實例：4−氯苯胺與 4−羥基苯甲醛的反應體系[28]

該反應體系的 XRD 譜隨時間的變化具有如下特徵：

(1)兩反應物室溫研磨混合後，各自的特徵繞射峰均存在，相對強度也保持不變。

(2) 50℃加熱 30 min 出現產物繞射峰，同時兩反應物的繞射峰相對強度下降。隨著反應的進行，產物峰逐漸增長，而兩反應物峰相應地逐漸降低。

(3) 50℃加熱 8 h，反應物的繞射峰全部消失，產物的特徵繞射峰穩定出現。

上述的實驗結果顯示，該固相反應體系的反應、成核、生長均是較快的階段，反應物間的擴散是整個固相反應速率的決速步。

以上四個固相反應體系分別代表了固相反應的每個階段成為整個反應的速控步的典型範例。當然，在具體的固相反應體系中，這四個階段是相互牽連、連續進行的，不可能有清晰的階段可分，尤其是成核、生長兩階段更難區分。

3.2.2 低熱固相化學反應的特有規律

固相化學反應與溶液反應一樣，種類繁多，按照參加反應的物種數可將固相反應體系分為單組分固相反應和多組分固相反應。到目前為止，已經研究的多組分固相反應有

如下十五類：①中和反應[29]；②氧化還原反應[21,29]；③配位反應[29]；④分解反應[21,29]；
⑤離子交換反應[29]；⑥成簇反應[29]；⑦嵌入反應[29]；⑧催化反應[21,29]；⑨取代反應[29]；
⑩加成反應[21,29]；⑪異構化反應[21]；⑫有機重排反應[21]；⑬偶聯反應[21]；⑭縮合或聚
合反應[21,29]；⑮主客體包合反應[30]。從上述各類反應的研究中，可以發現低熱固相化
學與溶液化學有許多不同，遵循其獨有的規律。

1.潛伏期[31]

多組分固相化學反應開始於兩相的接觸部分，反應產物層一旦生成，為了使反應繼
續進行，反應物以擴散方式通過生成物進行物質輸運，而這種擴散對大多數固體是較慢
的。同時，反應物只有集積到一定大小時才能成核，而成核需要一定溫度，低於某一溫
度 T_n，反應則不能發生，只有高於 T_n 時反應才能進行。這種固體反應物間的擴散及產
物成核過程便構成了固相反應特有的潛伏期。這兩種過程均受溫度的顯著影響，溫度越
高，擴散越快，產物成核越快，反應的潛伏期就越短；反之，則潛伏期就越長。當低於
成核溫度 T_n 時，固相反應就不能發生。

2.無化學平衡[29]

根據熱力學知識，若反應 $0 = \sum\limits_{B=1}^{N} \nu_B B$ 發生微小變化 $\mathrm{d}\xi$，則引起反應體系吉布士函數
改變為：$\mathrm{d}G = -S\mathrm{d}T + V\mathrm{d}p + \left(\sum\limits_{B=1}^{N} \nu_B \mu_B \right)\mathrm{d}\xi$。若反應是在等溫等壓下進行的，則 $\mathrm{d}G = \left(\sum\limits_{B=1}^{N} \nu_B \mu_B \right)\mathrm{d}\xi$，從而得該反應的莫耳吉布士函數改變為 $\Delta_r G_m = \left(\dfrac{\partial G}{\partial \xi} \right)_{T,p} = \sum\limits_{B=1}^{N} \nu_B \mu_B$，它是反
應進行的推動力的源泉。

設參加反應的 N 種物質中有 n 種是氣體，其餘的是純凝聚相（純固體或純液體），
且氣體的壓力不大，視為理想氣體，則將上式中的氣體物質與凝聚相分開書寫，有

$$\begin{aligned}
\Delta_r G_m &= \sum_{B=1}^{N} \nu_B \mu_B = \sum_{B=1}^{n} \nu_B \mu_B + \sum_{B=n+1}^{N} \nu_B \mu_B \\
&= \sum_{B=1}^{n} \nu_B \left(\mu_B^\ominus + RT \ln \frac{p_B}{p^\ominus} \right) + \sum_{B=n+1}^{N} \nu_B \mu_B^\ominus \\
&= \sum_{B=1}^{N} \nu_B \mu_B^\ominus + RT \ln \left[\prod_{B=1}^{n} \left(\frac{p_B}{p^\ominus} \right)^{\nu_B} \right]
\end{aligned}$$

很顯然，當反應中有氣態物質參與時，確實對 $\Delta_r G_m$ 有影響。如果這些氣體組分作為產
物的話，隨著氣體的逸出，毫無疑問，這些氣體組分的分壓較小，因而反應一旦能開始
（即 $\Delta_r G_m$），則 $\Delta_r G_m < 0$ 便可一直維持到所有反應物全部消耗掉，亦即反應進行到底；

若這些氣體組分都作為反應物的話，只要它們有一定的分壓，而且在反應開始之後仍能維持，同樣道理 $\Delta_r G_m < 0$ 也可一直維持到反應進行到底，使所有反應物全部轉化為產物；若這些氣體組分有的作為反應物，有的作為產物的話，則只要維持氣體反應物組分一定分壓，氣體產物組分及時逸出反應體系，則同樣可使一旦反應便能進行到底。因此，固相反應一旦發生即可進行完全，不存在化學平衡。當然，若反應中的凝聚相是以固熔體或溶液形式存在，則又當別論。不過，這樣的體系僅具理論意義，實際上由於產物以固熔體形式存在或溶解在液體中而增加了分離的負擔，這不是我們所希望的。

3. 拓撲化學控制原理[21, 32]

我們知道，溶液中反應物分子處於溶劑的包圍中，分子碰撞機會各向均等，因而反應主要由反應物的分子結構決定。但在固相反應中，各固體反應物的晶格是高度有序排列的，因而晶格分子的移動較困難，只有合適取向的晶面上的分子足夠地靠近，才能提供合適的反應中心，使固相反應得以進行，這就是固相反應特有的拓撲化學控制原理。它賦予了固相反應以其它方法無法比擬的優越性，提供了合成新化合物的獨特途徑。例如，Sukenik 等研究對二甲胺基苯磺酸甲酯（mp 95℃）的熱重排反應，發現在室溫下即可發生甲基的遷移，生成重排反應產物（內鹽）[33]：

$$(CH_3)_2N-\!\!\langle\bigcirc\rangle\!\!-SO_2-O-CH_3 \longrightarrow (CH_3)_3N^+-\!\!\langle\bigcirc\rangle\!\!-SO_3^-$$

該反應隨著溫度的升高，速率加快。然而，在熔融狀態下，反應速率減慢。在溶液中反應不發生。該重排反應是分子間的甲基遷移過程。晶體結構表明甲基C與另一分子N之間的距離（CN）為 0.354 nm，與凡得瓦半徑和（0.355 nm）相近，這種結構是該固相反應得以發生的關鍵。

我們在研究中發現，當使用 MoS_4^{2-} 與 Cu^+ 反應時，在溶液中往往得到對稱性高的平面型原子簇化合物，而固相反應時則往往優先生成類立方烷結構的原子簇化合物[34]，這可能與晶格表面的 MoS_4^{2-} 總有一個 S 原子深埋晶格下層有關。顯然，這也是拓撲化學控制的體現。

4. 分步反應[18e, 35~37]

溶液中配位化合物存在逐級平衡，各種配位比的化合物平衡共存，如金屬離子 M 與配體 L 有下列平衡（略去可能有的電荷）：

$$M+L \Longrightarrow ML \overset{L}{\Longrightarrow} ML_2 \overset{L}{\Longrightarrow} ML_3 \overset{L}{\Longrightarrow} ML_4 \overset{L}{\Longrightarrow} \cdots$$

各種型體的濃度與配體濃度、溶液 pH 值等有關。由於固相化學反應一般不存在化學平衡，因此可以透過精確控制反應物的配比等條件，實現分步反應，得到所需的目標化合物。

5.嵌入反應[4c, 11]

具有層狀或夾層狀結構的固體，如石墨、MoS_2、TiS_2 等都可以發生嵌入反應，生成嵌入化合物。這是因為層與層之間具有足以讓其它原子或分子嵌入的距離，容易形成嵌入化合物。$Mn (OAc)_2$ 與草酸的反應就是首先發生嵌入反應，形成的中間態嵌入化合物進一步反應便生成最終產物[27]。固體的層狀結構只有在固體存在時才擁有，一旦固體溶解在溶劑中，層狀結構不復存在，因而溶液化學中不存在嵌入反應。

3.2.3　固相反應與液相反應的差別

固相化學反應與液相反應相比，儘管絕大多數得到相同的產物，但也有很多例外。即雖然使用同樣莫耳比的反應物，但產物卻不同，其原因當然是兩種情況下反應的微環境的差異造成的。具體地，可將原因歸納為以下幾點：

(1)反應物溶解度的影響　若反應物在溶液中不溶解，則在溶液中不能發生化學反應，如 4−甲基苯胺與 $CoCl_2 \cdot 6H_2O$ 在水溶液中不反應，原因就是 4−甲基苯胺不溶於水中，而在乙醇或乙醚中兩者便可發生反應[38]。Cu_2S 與 $(NH_4)_2MoS_4$，$n−Bu_4NBr$ 在 CH_2Cl_2 中反應產物是 $(n−Bu_4N)_2MoS_4$，而得不到固相中合成的 $(n−Bu_4N)_4[Mo_8Cu_{12}S_{32}]$[35]，原因是 Cu_2S 在 CH_2Cl_2 中不溶解。

(2)產物溶解度的影響　$NiCl_2$ 與 $(CH_3)_4NCl$ 在溶液中反應，生成難溶的長鏈一取代產物 $[(CH_3)_4N]NiCl_3$，而以固相反應，則可以生成一取代的 $[(CH_3)_4N]NiCl_3$ 和二取代的 $[(CH_3)_4N]_2NiCl_4$ 分子化合物[39]。

(3)熱力學狀態函數的差別　$K_3[Fe(CN)_6]$ 與 KI 在溶液中不反應，但固相中反應可以生成 $K_4[Fe(CN)_6]$ 和 I_2[40]，原因是各物質尤其是 I_2 處於固態和溶液中的熱力學函數不同，加上 $I_2(s)$ 的易昇華揮發性，從而導致反應方向上的截然不同。

(4)控制反應的因素不同　溶液反應受熱力學控制，而低熱固相反應往往受動力學和拓撲化學原理控制，因此，固相反應很容易得到動力學控制的中間態化合物[5,41]；利用固相反應的拓撲化學控制原理，透過與光學活性的主體化合物形成包結物控制反應物分子組態，實現對應選擇性的固態不對稱合成[42]。

(5)溶液反應體系受到化學平衡的制約，而固相反應中在不生成固熔體的情形下，反

應完全進行，因此固相反應的產率往往都很高。

3.3　低熱固相反應在合成化學中的應用

低熱固相反應由於其獨有的特點，在合成化學中已經得到許多成功的應用，獲得了許多新化合物，有的已經或即將步入工業化的行列，顯示出它應有的生機和活力。隨著人們的不斷深入研究，低熱固相反應作為合成化學領域中的重要分支之一，成為綠色生產的首選方法已是人們的共識和企盼[1]。

3.3.1　合成原子簇化合物

原子簇化合物是無機化學的邊緣領域，它在理論和應用方面都處於化學學科的前瞻。Mo（W，V）–Cu（Ag）–S（Se）簇合物由於其結構的多樣性以及具有良好的催化性能、生物活性和非線性光學性等重要應用前景而格外引人注目。傳統的Mo（W，V）–Cu（Ag）–S（Se）簇合物的合成都是在溶液中進行的[34,43]。低熱固相反應合成方法利用較高溫度有利於簇合物的生成，而低沸點溶劑（如CH_2Cl_2）有利於晶體生長的特點，開闢了合成原子簇化合物的新途徑。已有兩百多個簇合物直接或間接用此方法合成出來，其中 70 餘個確定了晶體結構，發現了一些由液相合成方法不易得到的新型結構簇合物，如二十核籠狀結構的（n–Bu_4N）$_4$[$Mo_8Cu_{12}S_{32}$][35]，鳥巢狀結構的[$MoOS_3Cu_3$（py）$_5$X]（X=Br，I）[44]，雙鳥巢狀結構的（Et_4N）$_2$[$Mo_2Cu_6S_6O_2Br_2I_4$][45]，同時含有Ph_3P和吡啶配體的蝶形結構$MoOS_3Cu_2$（PPh_3）$_2$（py）$_2$[46]以及半開口的類立方烷結構的（Et_4N）$_3$[$MoOS_3Cu_3Br_3$（μ–Br）]$_2$·$2H_2O$[47]等等。

該法典型的合成路線如下：將四硫代鉬酸銨（或四硫代鎢酸銨等）與其它化學試劑（如 CuCl，AgCl，n–Bu_4NBr 或 PPh_3 等）以一定的莫耳比混合研細，移入一反應管中油浴加熱（一般控制溫度低於 100 ℃），N_2 保護下反應數小時，然後以適當的溶劑萃取固相產物，過濾，在濾液中加入適當的擴散劑，放置數日，即得到簇合物的晶體，這是直接的低熱固相反應合成原子簇化合物。還有一種間接的低熱固相反應合成法，即將上述固相反應生成的一種簇合物，再與另一配體進行取代反應，獲得一種新的簇合物。

到目前為止，已合成並解析晶體結構的 Mo（W，V）–Cu（Ag）–S（Se）簇合物有 190 餘個，分屬 23 種骨架類型，其中液相合成的有 120 餘個，分屬 20 種骨架結構；透過固相合成的有 70 餘個，從中發現了 3 種新的骨架結構[34]。迄今已解結構的 190 餘個Mo（W，V）–Cu（Ag）–S（Se）簇合物中最大的二十核簇合物（n–Bu_4N）$_4$[M_8Cu_{12}

S_{32}〕（$M=Mo$，W）[35]，就是固相合成的，其結構中 20 個金屬原子組成立方金屬籠，8 個 Mo 原子（或 W 原子）位於立方體的 8 個頂點，12 個 Cu 原子位於各邊的中點。

3.3.2　合成新的多酸化合物

多酸化合物因具有抗病毒、抗癌和抗愛滋病等生物活性作用以及作為多種反應的催化劑而引起了人們的廣泛興趣。這類化合物通常由溶液反應製得。目前，利用低熱固相反應方法，已製備出多個具有特色的新的多酸化合物。例如，湯卡羅等用固相反應方法合成了結構獨特的多酸化合物（$n-Bu_4N$）$_2$〔Mo_2O_2（OH）$_2Cl_4$（C_2O_4）〕[48] 以及（$n-Bu_4N$）$_6$（H_3O）$_2$〔$Mo_{13}O_{40}$〕〔$Mo_{13}O_{40}$〕[49]，並測定了它們的晶體結構，後者結構中含有兩個組成相同而對稱性不同的簇陰離子〔$Mo_{13}O_{40}$〕$^{4-}$，且都具有 Keggin 型結構，由中心微微扭曲的 MoO_4 四面體和外圍 12 個 MoO_6 八面體連接而成。此外，Xin 等以（NH_4）$_2MS_4$（$M=Mo$，W）為原料合成了同時含有簇陽離子和多酸陰離子的化合物〔WS_4Cu_4（$\gamma-$Mepy）$_8$〕〔W_6O_{19}〕[50] 以及含兩種陰離子的多酸化合物（$n-Bu_4N$）$_4$〔Ag_2I_4〕〔M_6O_{19}〕（$M=Mo$，W）[51]；還合成了含砷的矽鎢酸化合物（$n-Bu_4N$）$_3$〔As（$SiW_{11}O_{39}$）〕等。

3.3.3　合成新的配合物

應用低熱固相反應方法可以方便地合成單核和多核配合物〔C_5H_4N（$C_{16}H_{33}$）〕$_4$〔Cu_4Br_8〕[52]，〔$Cu_{0.84}Au_{0.16}$（SC（Ph）$NHPh$）（Ph_3P）$_2Cl$〕[53]，〔Cu_2（PPh_3）$_4$（NCS）$_2$〕[53]，〔Cu（SC（Ph）$NHPh$）（PPh_3）$_2X$〕（$X=Cl$，Br，I）[54a]，〔Cu（$HOC_6H_4CHNNHCSNH_2$）（PPh_3）$_2X$〕（$X=Br$，I）[54b] 等，並測定了它們的晶體結構；Liu 等合成了鑭系金屬與乙醯丙酮和卟啉大環配體的混配化合物[55]；Yao 等獲得了鑭系金屬與乙醯丙酮和冠醚大環配體的混配化合物[56]；王曼芳等合成了烷基二硫代胺基甲酸銅的配合物[57]；從二價金屬的苯磺酸合成聚胺酯高分子聚合物更是固相反應的一個很有意義的應用領域[58]。

3.3.4　合成固配化合物

應用低熱固相配位化學反應中生成的有些配合物只能穩定地存在於固相中，遇到溶劑後不能穩定存在而轉變為其它產物，無法得到它們的晶體，因此表徵這些物質的存在主要依據譜學手段推測，這也是這類化合物迄今未被化學家接受的主要原因。我們將這一類化合物稱為固配化合物。

例如，$CuCl_2 \cdot 2H_2O$ 與 α—胺基嘧啶（AP）在溶液中反應只能得到莫耳比為 1：1 的產物 $Cu（AP）Cl_2$。利用固相反應可以得到 1：2 的反應產物 $Cu（AP）_2Cl_2$[59]。分析測試表明，$Cu（AP）_2Cl_2$ 不是 $Cu（AP）Cl_2$ 與 AP 的簡單混合物，而是一種穩定的新固相化合物，它對於溶劑的洗滌均是不穩定的。類似地，$CuCl_2 \cdot 2H_2O$ 與 8–羥基喹啉（HQ）在溶液中反應只能得到 1：2 的產物 $Cu（HQ）_2Cl_2$，而固相反應則還可以得到液相反應中無法得到的新化合物 $Cu（HQ）Cl_2$[36]。

某些有機配體（例如醛），它們的配位能力很弱，並且容易在金屬離子的催化下發生轉化[60]。已知的醛的配合物主要是一些重過渡金屬與螯合配體（如水楊醛及其繞生物）的配合物，而過渡金屬鹵化物與簡單醛的配合物數目很少，且製備均是在嚴格的無水條件下利用液相反應進行的。用低熱固相反應的方法可以方便地合成 $CoCl_2$，$NiCl_2$，$CuCl_2$，$MnCl_2$ 等過渡金屬鹵化物與芳香醛的配合物，如對二甲胺基苯甲醛（p–DMABA）和 $CoCl_2 \cdot 6H_2O$ 藉由固相反應可以得到暗紅色配合物 $Co（p\text{-}DMABA）_2Cl_2 \cdot 2H_2O$[61]，測試表明配體是以醛的羰基與金屬配位的，這個化合物對溶劑不穩定，用水或有機溶劑都會使其分解為原來的原料。

具層狀結構的固體參加固相反應時，可得到溶液中無法生成的嵌入化合物[27, 62]。如 $Mn（OAc）_2 \cdot 4H_2O$ 的晶體為層狀結構，層間距為 9.7Å。當 $Mn（OAc）_2 \cdot 4H_2O$ 與 $H_2C_2O_4$ 以 2：1 莫耳比發生固相反應時，$H_2C_2O_4$ 先進入 $Mn（OAc）_2 \cdot 4H_2O$ 的層間，取代部分 H_2O 分子而形成層狀嵌入化合物，在溫度不高時，它具有一定的穩定性。XRD 譜顯示它有層狀結構特徵，新層間距為 11.4Å；紅外譜表明該化合物中既存在 OAc^-，又存在 $H_2C_2O_4$。但當用乙醇、乙醚等溶劑洗滌後，XRD 譜和紅外譜都發生明顯變化，層間距又縮小到 9.7Å，表明嵌入於 $Mn（OAc）_2 \cdot 4H_2O$ 層間的 $H_2C_2O_4$ 已被洗脫出去。由於 $Mn（OAc）_2 \cdot 4H_2O$ 的層狀結構只存在於固態中，因此，同樣莫耳比的液相反應無法得到嵌入化合物。

利用低熱固相反應分步進行和無化學平衡的特點，可以透過控制固相反應發生的條件而進行目標合成或實現分子組裝，這是化學家夢寐以求的目標，也是低熱固相化學的魅力所在。如 $CuCl_2 \cdot 2H_2O$ 與 8–羥基喹啉以 1：1 莫耳比固相反應，可得到穩定的中間產物 $Cu（HQ）Cl_2$，以 1：2 莫耳比固相反應則得到液相中以任意莫耳比反應所得的穩定產物 $Cu（HQ）_2Cl_2$[36]；$AgNO_3$ 與 2，2'–聯吡啶（bpy）以 1：1 莫耳比於 60℃ 固相反應時可得到淺棕色的中間配錯合物 $Ag（bpy）NO_3$，它可以與 bpy 進一步固相反應生成黃色產物 $Ag（bpy）_2NO_3$[63]。

利用低熱固相配位反應中所得到的中間產物作為前體，使之在第二或第三配體的環境下繼續發生固相反應，從而合成所需的混配化合物[64]，成功實現分子組裝。例如，將

$Co（bpy）Cl_2$ 和 phen·H_2O 以 1：1 或 1：2 莫耳比混合研磨後分別獲得了 $Co（bpy）$（phen）Cl_2 和 $Co（bpy）$（phen）$_2Cl_2$；將 $Co（phen）Cl_2$ 和 bpy 按 1：2 莫耳比反應得到 $Co（bpy）_2$（phen）Cl_2[65]。

　　總之，低熱固相反應可以獲得高溫固相反應及液相反應無法合成的固配化合物，但這類新穎的錯合物的純化、表徵及其性質、應用研究均需要更多化學家的重視和投入。

3.3.5　合成功能材料

1.非線性光學材料的製備

　　非線性光學材料的研究是目前材料科學中的熱門課題[66]。近十多年來，人們對三階非線性光學材料的研究主要集中在半導體和有機聚合物上。最近，對 C_{60} 和酞菁化合物的研究受到重視[67]，而對金屬簇合物的非線性的研究則開展很少[34]。忻新泉及其小組在低熱固相反應合成了大量簇合物的基礎上，在這方面開展了探索研究，發現 $Mo（W，V）$ $-Cu（Ag）-S（Se）$ 簇合物有比目前已知的六類非線性光學材料，即無機氧化物及含氧酸鹽、半導體、有機化合物、有機聚合物、金屬有機化合物、配位化合物，有更優越的三階非線性光限制效應、非線性光吸收和非線性繞射等性能[45,47,68~80]，是一類很有應用潛力的非線性光學材料。

　　$Mo（W，V）-Cu（Ag）-S（Se）$ 簇合物之所以具有優異的非線性光學性質，是因為這類化合物有比半導體、C_{60} 及其它非線性光學材料更優越的結構特點[76]：①這類簇合物的組成元素通常是重原子，且其變化範圍很廣，與同數量的碳原子相比，重原子間的相互作用可產生更多的次級能態，這樣可有更多自旋允許的激—激躍遷產生；②骨架中的重原子可透過旋—軌偶合使分子在單重態（S）和三重態（T）之間順利轉換。正如酞菁體系中的情形一樣，如果期望的非線性吸收與分子的三重態（T）有關，大的旋—軌偶合常數顯然是有利的；③骨架配位模式和結構類型豐富，加上外圍配體的可置換性，可依據宇稱和能量的需要而進行分子設計，也可以透過提高或降低骨架的振動頻率來達到改變非線性光學性的目的；④與那些單靠金屬—金屬鍵結合的簇合物相比，$Mo（W，V）-Cu（Ag）-S（Se）$ 簇合物體系的骨架金屬很多都是靠三齒硫配體橋連的，μ_3 配位模式提供了最穩定的骨架結構，這可以抵消那些由於電子從骨架成鍵軌域到反鍵軌域的躍遷而誘導的光致降解。

　　實驗發現，一些具有代表性骨架的簇合物所表現的非線性光學性規律如下[81]：①類立方烷結構，具有強非線性吸收，弱自聚焦；②半開口類立方烷結構，具

有強非線性吸收，強自聚焦或自散焦；③鳥巢狀結構，具有較強非線性吸收，弱自聚焦或強自散焦；④蝶狀，弱非線性吸收，弱自聚焦；⑤雙鳥巢狀，較強非線性吸收，弱自散焦；⑥六方稜柱狀，強非線性吸收，弱自聚焦。簇合物骨架從立方烷到蝶狀少了一個金屬原子和一個非金屬原子，而從立方烷閉合結構到半開口再到鳥巢狀，則對應於一個 μ_3-X 配體變換成一個 μ_2-X 直至最後去掉這個 X 配體，這些變化是這類簇合物非線性光學性變化的關鍵。

總結已有的實驗結果，可得出如下結論[81]：①簇合物骨架趨於複雜，重原子增多，非線性吸收效應增強；②隨著簇合物骨架的改變，非線性折射的自聚焦和自散焦效應關係更加複雜化。經驗告訴我們，透過骨架元素的微小調整，可實現從自聚焦到自散焦轉換的控制；③外圍配體的置換只對非線性光學性質產生微小的影響。在三階非線性光學性能應用方面，一般說，大的非線性吸收和折射的物質適合於製成光限制材料，而小的吸收和大的折射的物質可製成光信號加工和處理裝置。

2.奈米材料的製備

奈米材料由於尺寸量子效應而具有不同於晶態體材料和單個分子的固有特性，顯示出一些不同於晶態體材料的特殊電學、磁學、光學及催化性質，因此被公認為一種有開發應用前景的新型材料[82]，是當前固體物理、材料化學中的活躍領域之一。製備奈米材料的方法總體上可分為物理方法和化學方法兩大類。物理方法包括熔融驟冷、氣相沈積、濺射沈積、重離子轟擊和機械合金化等，該法可製得粒徑易控的奈米粒子，但因所需的設備昂貴而限制了它的廣泛使用；化學方法主要有熱分解法、微乳法、溶膠—凝膠法、LB 膜法等，雖然這些化學製備方法成本低，條件簡單，適於大批量合成，易於成型，表面氧化物少，可以透過改變成核速率調變粒子大小[83]，但其適用範圍較窄，可調變的範圍也有一定的限制，而且原料利用率不高，並造成環境污染。

低熱或室溫固相反應法可製備奈米材料[84]，它不僅使合成工藝大為簡化，降低成本，而且減少由中間步驟及高溫固相反應引起的諸如產物不純、粒子團聚、回收困難等缺點，為奈米材料的製備提供了一種價廉而又簡易的全新方法，亦為低熱固相反應在材料化學中找到了極有價值的應用。例如，汪信、李丹等用低熱固相反應的前體分解法製備了奈米六角晶系鐵氧體和奈米氧化鐵[85]，即將一定比例的反應物混合發生低熱固相反應，生成配合物後，在較高溫度下熱分解可以得到顆粒直徑為 100 nm 的奈米粉體。賈殿贈等用直接低熱固相反應法一步合成了粒徑為 20 nm 左右的 CuO 奈米粉[86]、粒徑為 10 nm 左右的 ZnO 奈米粉[84]、粒徑為 30 nm 的 $CoC_2O_4 \cdot 4H_2O$ 奈米粒子[84]，以及粒徑為 30 nm 的 CdS、ZnS、PbS 的奈米粉[87]。

　　陳懿、胡徵等將 $FeCl_3$ 與 KBH_4 在無水無氧條件下發生低熱固相反應，成功地製得了硼含量高達 50%（原子分率）的 FeB 奈米非晶合金微粒[88]，這是以往的快速急冷法（含 B＜30%）及液相化學法（含 B＜40%）所無法製備的。同樣還製備了 CoB、NiB 體系的奈米非晶粒子，含 B 量高達 33% 以上[88]。因此，這種方法已成為一種製備奈米非晶合金的重要方法。

3. T－$AlPO_4$ 的製備

　　$AlPO_4$ 具有多種結構，T－$AlPO_4$ 是其中的一種。過去，人們是透過 $AlCl_3 \cdot 6H_2O$ 與 $NH_4H_2PO_4$ 在水溶液中於 950℃ 下反應 20 d 得到的[89]，產率極低，且至今尚未有它的完整的晶體繞射數據。在固相中，$AlCl_3 \cdot 6H_2O$ 和 $NH_4H_2PO_4$ 或 $AlCl_3 \cdot 6H_2O$ 與 $NaH_2PO_4 \cdot H_2O$ 在 150℃ 下反應 2 h 即可得到 T－$AlPO_4$[63]。顯然，由於反應溫度的大大降低，使介穩產物 T－$AlPO_4$ 能穩定存在，產率很高。

　　當採用 $Al(OH)_3 \cdot 6H_2O$ 與 $NH_4H_2PO_4$ 加熱到 300℃ 仍不反應，這是因為 $Al(OH)_3$ 具有較緻密的層狀結構，並且 Al^{3+} 和 OH^- 之間的結合力很強，固相反應難於發生；而 $AlCl_3 \cdot 6H_2O$ 具有非常鬆散的鏈狀結構，Al^{3+} 沒有直接與 Cl^- 形成離子鍵，而是和水分子上的氧相連，結合力弱，因此易於發生固相反應[90]。

4. 其它材料的製備

　　鄧建成等用 $CoCl_2 \cdot 6H_2O$ 與六亞甲基四胺室溫固相反應，直接製備 Co（Ⅱ）－六亞甲基四胺配合物，由於該配合物具有較好的可逆熱致變色性質而成功地用作化學防偽材料[91]。

　　李海鵬等用一系列羧酸與含 Zn（Ⅱ）化合物室溫固相化學反應合成羧酸鋅，這些化合物有的在食品、醫藥保健、農藥和輕工等方面有重要作用而得到廣泛應用[92]。

　　利用固相反應的簡單易行性，人們還陸續合成了其它一些化合物。例如，Zheng、Huang[93] 等人在室溫下用 $Na_4P_2S_6 \cdot 6H_2O$ 與 $SnCl_2$、$NiCl_2$ 等發生固相反應，方便地合成了具單斜三維結構且具有二階鐵電—反鐵電轉變性的 $Sn_2P_2S_6$ 和具層狀結構的 $Ni_2P_2S_6$；周志華等人[94] 在室溫下用 Pb（Ⅱ）化合物與 NaOH 按不同比例固相研磨反應，生成鉛紅和鉛黃的混合物，並發現當 $Pb(OAc)_2 \cdot 3H_2O$ 與 NaOH 按 1：1 固相混合時發生分步反應，最終產物為白色的 $3Pb(OAc)_2 \cdot PbO \cdot H_2O$。這些都與溶液中反應明顯不同。溶液中 Pb（Ⅱ）化合物與 NaOH 反應只得到 $Pb(OH)_2$ 白色沈澱，當 NaOH 過量時，白色沈澱消失，得澄清的 Na_2PbO_2 溶液。

　　此外，用固相反應方法還成功地合成了幾種螢光材料，並用於織物的仿偽技術。

3.3.6 合成有機化合物

眾所周知，加熱氰酸銨可製得尿素（Wöhler 反應），這是一個典型的固相反應，可恰恰又是有機化學誕生的標誌性反應。然而，在有機化學的發展史上扮演過如此重要角色的固相反應本身卻被有機化學家們遺忘殆盡，即使在找不到任何理由的情況下，亦總是習慣地將有機反應在溶液相中發生，這幾乎已成了思維定勢[21]。

不過，也有一些例外。1968 年 Merrifield 創立並發展了固相多肽合成的方法[95]，對化學、生化、醫藥、免疫及分子生物學領域都起了巨大的推動作用。該法的核心是將胺基酸的羧基鍵聯在一個完全不溶的樹脂上，然後在另一端形成並生長肽鏈，從而形成了一種由液相的可溶試劑與連接於不溶的固體物質上的肽鏈之間的多相反應。很明顯，固相多肽合成反應是在固體表面上進行的。該法自創立至今雖僅短短的三十幾年，但已可以半自動甚至全自動地快速合成多肽、寡核苷酸和寡糖[96]，成為合成各類生物大分子（如蛋白質、核酸、多醣）的不可或缺的手段。Merrifield 因此獲得了 1984 年的 Nobel 化學獎。此外，固相光化學反應的研究一直受到注意。固相化學反應中的拓撲化學控制原理就是源於固相光化學反應的廣泛研究，它揭示了晶體原料中分子的堆積方式是固相反應的重要決定因素，只有相鄰分子的合適反應中心靠得足夠近，且晶面取向合適方可發生固相反應。例如，固相光聚合反應是透過烯基 C=C 加成到一起而發生的。人們發現，為使在固態中發生聚合作用，烯基的雙鍵應該是大致平行的，且相距不超過~4Å，兩個烯基加成到一起產生了一個環丁烷連接單位[4g]。藉助於光的輻射而發生的光固相化學反應既不同於溶液中反應，也不同於熱固相反應，正如下例所示，同樣是固相反應，γ 射線照射時生成三聚物[97]，而加熱則生成二聚物[98]：

可見兩者機構是不同的。有關固相光化學的詳細內容，可參考有關文獻[99]，這裡我們不作討論。

近年來的研究發現，一些有機合成反應若在低熱固相下能夠進行的話，多數較溶液中表現出高的反應效率和選擇性[21]，因此低熱固相反應在有機合成中不僅有重要的理論意義，也具有廣泛的應用前景[100a, 101]。

1. 氧化還原反應

Baeyer-Villiger 氧化反應：在固體狀態下，一些酮與間氯過氧苯甲酸的 Baeyer-Villiger 氧化反應比在氯仿溶液中反應快，產率高[102]，反應式為：

$$R_1COR_2 \xrightarrow{m-ClC_6H_4CO_3H} R_1CO_2R_2$$

硼氫化還原反應：將固態酮與 10 倍莫耳量的 $NaBH_4$ 研磨，發生固相還原反應，高產率地得到相應的醇。此外，該反應還具有液相反應所不存在的立體專一性[103]。

酚的氧化及醌的還原反應：將等物質的量的氫醌及硝酸鈰（IV）銨混合後，共同研磨 5～10 min，然後室溫放置 2 d，高產率地得到氧化產物醌。若在超聲輻射下 2 h 即完成反應，且產率又有所增加[104]。若將醌與過量的連二亞硫酸鈉共同研磨，醌被還原，得到相應的氫[104]。

Cannizzaro 反應：在固體狀態下，一些無 α-氫原子的芳香醛在 KOH 的作用下發生分子內的氧化還原反應（歧化反應，即 Cannizzaro 反應），高產率地得到歧化產物[105]。例如：

$$p-Cl-Ph-CHO \xrightarrow{KOH,25℃,1d} p-Cl-Ph-CH_2OH + p-Cl-Ph-COOH$$

2. 重排反應

Pinacol 重排反應：Pinacol 重排反應一般在稀硫酸中加熱進行。而在固體狀態下進行時，若使用固態或氣態酸，則反應速率更快，反應選擇性比溶液中更高，同時，重排反應中遷移的基團與所用的酸有關[106]。

Meyer-Schuster 重排反應：在固體狀態下，將等物質的量的炔丙基醇和對甲基苯磺酸（TsOH）粉末混合物在 50℃ 下放置 2～3 h，可發生 TsOH 催化的 Meyer-Schuster 重排反應，得到重排產物醛[107]，反應式為

甲基遷移重排反應：這類反應已在 4.2.2 中介紹過。

3.偶聯反應

酚的氧化偶聯通常是將酚溶解後加入至少等物質的量的 Fe（Ⅲ）鹽進行反應，但經常由於副產物酚的形成而使產率較低。但該反應固相進行時，反應速率和產率等均有增加，輔以超音輻射，效果更好。甚至催化劑量的 Fe（Ⅲ）鹽便可使反應完成[108]。反應式如下：

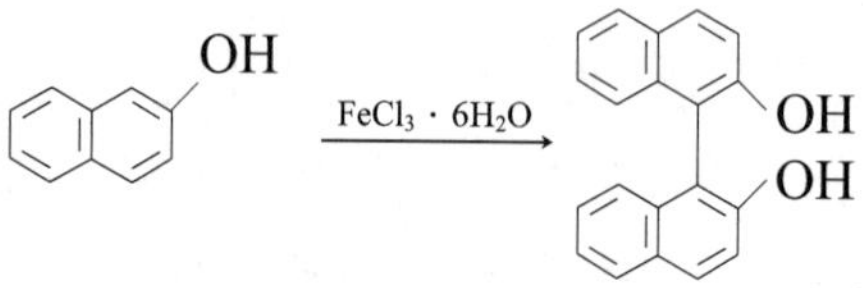

芳香醛與 Zn–ZnCl₂ 的固態還原偶聯反應也能有效地進行。該固相反應中除還原產物外，偶聯產物 α–二醇的產率比在溶液（50%THF）中有明顯提高，而且表現出立體選擇性[109]。反應式為

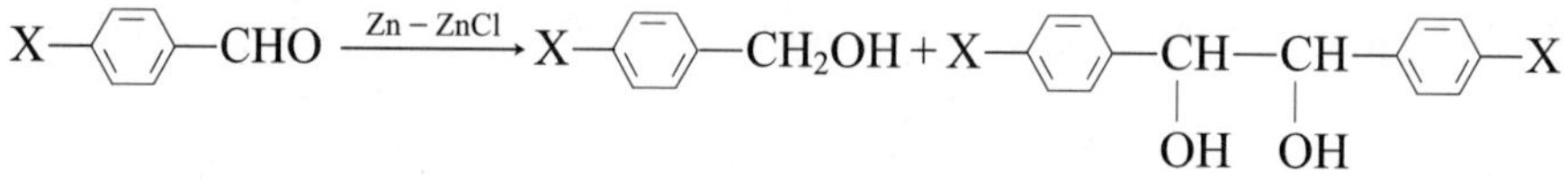

對於芳香酮，反應的選擇性更高，只生成偶聯產物。顯然，這種與 Zn–ZnCl₂ 固態偶聯反應是製備 α–二醇類化合物的簡便且有效的方法。

4.縮合反應

將等物質的量的芳香醛與芳香胺固態研磨混合，在室溫或低熱溫度下反應可以高產率地得到相應的 Schiff 鹼，酸可以催化該固相縮合反應[110]。反應式如下：

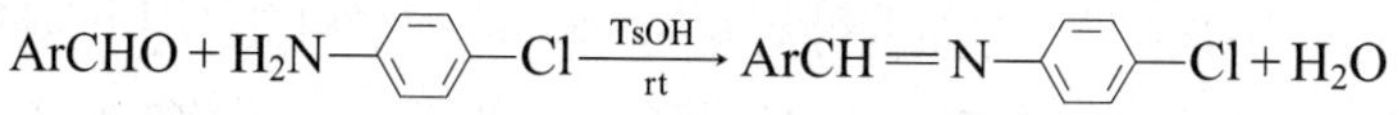

在室溫下研磨苯乙酮、對甲基苯甲醛和 NaOH 糊狀物 5 min，變成淺黃色固體，純化後得 4–甲基查爾酮[111]。反應式為

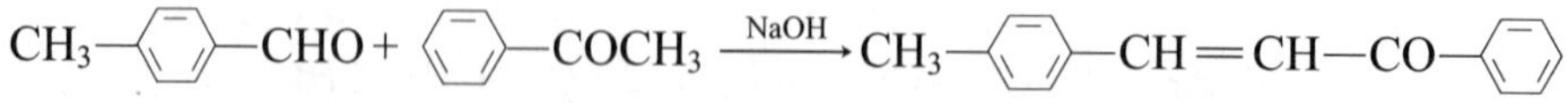

芳香醛與乙醯基二（環戊二烯）亞鐵（FcCOMe）也易發生上述的固態縮合，得到相應的查爾酮[109]：

$$ArCHO + FcCOCH_3 \xrightarrow{NaOH} FcCCH=CHAr \quad (Fc = Fe \text{ 二茂鐵基})$$

含活潑 CH 的氮雜環化合物如吡唑啉酮、吲哚等，也可與羰基化合物如芳香醛、芳香酮、菲醌類化合物發生固態縮合反應[112]，反應選擇性很高。該反應活性受反應條件、羰基化合物的結構及取代基性質的影響。超音波對該縮合反應有明顯的促進作用，而且反應選擇性增加[113]。

5. Michael 加成反應

吡唑啉酮、吲哚等含活潑 CH 的氮雜環化合物也可與 $\alpha, \beta-$不飽和化合物發生固態 Michael 加成反應。反應選擇性高，是一種製備同碳上含多個雜環基團的有效方法[114]。

Toda 等報導了對映選擇性的固態 Michael 加成反應[115]。

6. 醇的脫水或成醚反應

醇的酸催化脫水反應在固態下進行更加有效[107]。室溫下，將醇（Ⅰ）在 HCl 氣氛中保持 5.5 h 或用 Cl_3CCOOH 處理 5 min，可高產率地得到分子內脫水產物：

$$PhArC(OH)CH_2R \longrightarrow PhArC=CHR$$
$$(Ⅰ)$$

將等物質的量的 TsOH 和醇（Ⅱ）固態混勻，則發生分子間脫水反應，得到醚類化合物：

$$PhArCH(OH) \xrightarrow{TsOH} PhArCH-O-CHArPh$$
$$(Ⅱ)$$

而同樣的反應在苯中進行時，產率則較低[107]。

在 TsOH 的作用下，醇（Ⅲ）可發生分子內的固態脫水反應，生成環狀化合物[116]：

$$\underset{\quad\; |\qquad\qquad\qquad\;\; |}{\underset{OH\qquad\qquad\qquad OH}{Ph_2C-CH_2CH_2-CPh_2}} \xrightarrow{TsOH} \underset{Ph\;\;O\;\;Ph}{Ph\boxed{}Ph}$$
$$(Ⅲ)$$

7. 主客體包合反應

Toda 等將手性主體與外消旋的客體固相混合，利用固相主客體包合反應的分子識別效應，使主體與客體的一種對映體固相反應生成包合配合物。加熱此時的固態混合物，則未能與主體發生包合反應的另一種對映體可在較低的溫度下被蒸餾出來，而與主體包合的對映體則在較高的溫度下蒸餾出來，這樣非常有效地分離了客體分子的對映異構體[30, 117]。此外，Toda 等還利用主客體包合反應選擇反應物的光學組態，從而實現了對映選擇性的固態不對稱合成[42]。

3.4 低熱固相化學反應在生產中的應用

20 世紀初，人們就希望固相反應能廣泛應用於工業化生產，然而，由於一直缺乏必要的理論指導，這一過早的期盼至今仍未能完全如願以償。如今，我們雖然逐漸懂得了固體的反應性，掌握了控制固相反應的基本方法，但整體上仍沒有較好的系統理論，因而發展固相反應的工業化過程成了耗時費力的總結經驗，尚未形成一門科學。儘管如此，人們對固相反應的期盼仍一如既往，因為它是工業上綠色生產的一條理想通道。

3.4.1 固相熱分解反應在印刷線路板製造工業中的應用

工業上，傳統的製造印刷線路板的方法是在 20 世紀 50 年代提出的，其基本過程包括絕緣板在一系列水溶液中的連續處理，即①在 $SnCl_2$ 水溶液中的敏化和沈積鈀微粒的表面活化階段；②化學鍍銅階段，即沈積有鈀微粒的絕緣板在甲醛的存在下表面沈積銅；③電鍍銅階段。這些階段中交替地用水洗滌，廢水和廢液中的重金屬離子如 Cu^{2+}、Sn^{2+}、Pd^{2+} 等嚴重地污染了環境[118]。雖然電鍍階段的廢液中的銅可以回收，但化學鍍銅階段留在廢液中的銅卻無法回收，因為該廢液中的銅是以配合物形式存在，且濃度很稀，幾乎沒有既經濟又實用的回收技術。此外，板的刻蝕、敏化、化學鍍銅、電鍍後洗滌板的廢水也產生了污染。製作 1 m^2 的線路板，因洗滌會損失 > 0.1 g 的鈀，它雖未嚴重污染環境，但卻使生產極不經濟。雖然採用了特殊的收集裝置回收鈀，但仍有 30% 的鈀隨洗滌的水而流失。從生態環境角度看，該製造工藝中主要的污染倒不是鈀而是銅離子，因為銅離子在人體內會累積，導致誘發病變的中毒，而製作 1 m^2 的線路板可產生 18 g 的銅污染物，考慮工業規模生產的話，該工藝過程造成的環境污染是多麼可怕！

最近，Lomovsky 等提出一種製造印刷線路板的全新工藝[119]，該新工藝大大減少了傳統工藝的濕法步驟，根本不需貴金屬鈀，降低了廢水污染。其核心步驟是一個固相反應，即次磷酸銅的熱分解反應，此步產生的活潑銅沈積在絕緣板上，然後便可電鍍銅，因而廢除了傳統工藝中的 SnCl₂ 溶液的預處理、鈀鹽溶液中的表面活化和洗滌以及化學鍍銅等一半多的濕法步驟，不僅大大減少了對環境的污染，而且也更經濟，平均每塊板子比原來便宜了兩倍。可以預料，透過對熱分解反應機構的研究，人們有可能設法控制工藝過程的速度及分解產物的催化、導電等性質，最終實現整個過程的全自動化。

3.4.2　固相熱分解反應在工業催化劑製備中的應用——前體分解法

固相反應的特徵之一——拓撲控制原理——有著非常好的應用前景，因為產物的結構中哪怕是最小限度地保持反應物的特徵亦會節省大量能源，而且可以透過選擇生成不同的前體而達到對最終產物進行分子設計，實現目標合成，這已在一些重要的工業催化劑的製備中得以體現。例如，Oswald 等利用配合物作前體來合成具有獨特結構和性質的氧化物催化劑——無定形 V_2O_5[120]。我們知道，無定形 V_2O_5 在工業上廣泛用作 SO_2 氧化為 SO_3 的催化劑。傳統的製備是透過 NH_4VO_4 的熱分解，而 NH_4VO_3 結構中 VO_3 四面體形成長鏈，因而其熱分解所得產物 V_2O_5 結構中保留了該長鏈，且呈晶態結構，因此還需採用其它方法將 V_2O_5 從晶態變成無定形。無定形 V_2O_5 中的 VO_3 四面體是互相隔開的，沒有形成長鏈結構，Oswald 等人選擇符合該結構特徵的配合物前體——（$NH_3—CH_2—CH_2—CH_2—NH_3$）$_2^{2+}$（V_2O_7）$^{4-}$·$3H_2O$——進行熱分解，一步即得粒子平均大小為 100 nm 的高活性準無定形 V_2O_5，因為在該配合物的結構中，陰離子（V_2O_7）$^{4-}$ 是被較大的（$NH_3—CH_2—CH_2—CH_2—NH_3$）$_2^{2+}$ 陽離子隔開的，在它的熱分解過程中該特徵保留在產物結構中。

3.4.3　低熱固相反應在顏料製造業中的應用

通常，鎘黃顏料的工業生產有兩種方法：一種方法將均勻混合的鎘和硫裝入封管中於 500～600℃高溫下反應而得，該法中產生了大量污染環境的副產物——揮發性的硫化物。第二種方法是在中性的鎘鹽溶液中加入鹼金屬硫化物沈澱出硫化鎘，然後經洗滌、80℃乾燥及 400℃晶化獲得穩定產品。在這些過程中要消耗大量的水，且產生大量污染環境的廢水。此外，還需專門的過濾及乾燥裝置，長時間的高溫（400℃）晶化更

使該法不受人們歡迎。作為上述兩法的替代方法，Pajakoff 將鎘鹽（如碳酸鎘）和硫化鈉的固態混合物在球磨機中球磨 2～4 h（若加入 1%的（NH_4）$_2$S，則球磨反應時間可更短），所得產品性能可與傳統方法的產品相媲美[121]。

類似地，鎘紅顏料也可採用該法合成：將碳酸鎘、硫化鈉和金屬硒化物的固態混合物在球磨機中球磨即可得高質量產品，並且改變硒化物的含量可以將顏料的顏色從橘黃色調節到深紅色。該法優於傳統製法之處是無需升溫加熱，因此徹底消除了 SO_2、SeO_2 等有毒氣體對環境的污染。

3.4.4 低熱固相反應在製藥中的應用

苯甲酸鈉在製藥業中是一種重要的產品。傳統的製法是用 NaOH 來中和苯甲酸的水溶液，一個標準的生產工序由六步構成，生產週期為 60 h，每生產 500 kg 的苯甲酸鈉需 3000 L 的水。然而改用低熱固相法，將苯甲酸和 NaOH 固體均勻混合反應，生產同樣 500 kg 的產品只需 5～8 h，根本不需要消耗大量的水，消除了大量污水造成的環境污染，同時大大縮短了生產週期[1b]。

另一個類似的實例是水楊酸鈉的工業製備。傳統的生產過程需六道工序，生產週期為 70 h，生產 500 kg 的水楊酸鈉需消耗 500 L 的水和 100 L 的乙醇。而換以低熱固相反應法，將固體反應物均勻混合反應，同樣生產 500 kg 的產品僅需 7 h，完全不用溶劑，其優點顯而易見。

水楊酸是合成 Aspirin 的重要原料之一，其合成採用低熱固相法早為人們熟知[100b]。這是一個典型的氣—固反應，即在一定溫度（120～130℃）和一定壓力（7×10^5 Pa）下，固體苯酚鈉和氣體 CO_2 應生成鄰羥基苯甲酸鈉，再用酸中和便可得水楊酸。雖然該反應的機構仍不清楚[122]，但工業上卻一直在大規模地使用該合成反應[100b]。

低熱固相反應用於工業中，其引入之處不僅在於縮短生產週期、無需使用溶劑及減少對環境的污染，而且還在於反應選擇性高、副反應少、產品的純度高，使最後的產品分離、純化操作大大簡化。例如，傳統製藥業中生產鄰苯二甲酸噻唑（phthalozole，Ⅲ）是加熱鄰苯二甲酸或鄰苯二甲酸酐與磺胺噻唑的乙醇（或水—乙醇）溶液，反應如下圖所示。

可見，除了主產品（Ⅲ）之外，難以避免地還有副反應產物（Ⅳ）和（Ⅴ）的生成，必須進行後期分離才得產品（Ⅲ）[123]。而直接固相反應法可得無雜質的純品（Ⅲ），不需要分離[124]。

3.4.5　在工業中的其它應用

工業上採用加熱苯胺磺酸鹽（或鄰位，間位的C–烷基取代苯胺磺酸鹽）製備對胺基苯磺酸（或相應的取代苯磺酸）[1c]；採用固相反應製備比色指數為甕黑 25 的染料[1c]；利用 CO_2 與尿素在高壓容器內發生固相反應高效製備三聚氰胺[1c]，此合成方法實際上在二次世界大戰前德國已工業化生產；使偶氮吡啶–β–萘酚固相季銨化也已工業化[1c]。還有一些新的固相反應如今已在工業規模上使用，其詳細內容在有關的專利中有介紹，如美國專利 2760961、3418321，歐洲專利 2741395 等。

將低熱固相反應原理應用於工業生產中，已有蛋白素、高氏淨水劑、高氏凝絮劑、MUST–4B 配位催化劑、金屬保護劑等低熱固相反應產品問世。Borman 等提出了利用室溫固相反應方法在球磨機中用生石灰銷毀多氯聯苯和 DDT 等有毒化學品，其銷毀率可達 99.9996%[125]。

結　　語

低熱固相反應作為一個發展中的研究方向，需要解決的問題還很多，但其發展前景是誘人的，尤其是在跨入 21 世紀的今天，具有「減污、節能、高效」特徵的低熱固相反應符合時代發展的要求，必然更加受到人們的關注，並在更多的領域中生根、發芽、開花、結果。

不過，萬物都是矛盾的統一體。毫不例外地，我們在熱切期盼低熱固相合成法能給我們帶來更加豐富的物質的同時，千萬不要忘記考慮合成反應的安全性，因為隨意將過氯酸鹽或含硝基化合物尤其是硝基苯酚等與其它物質研磨時，是可能會出現意外的。

參考文獻

1. Boldyrev V V(Ed). Reactivity of Solids: Past, Present and Future. Blackwell Science Ltd, 1996. (a) p269, (b) p279, (c) p233.

2. Bernard J. Pure & Appl Chem, 1984, 56:1659.

3. 日本化學會編。無機固態反應。董萬堂，董紹俊譯。北京：科學出版社，1985. (a)pi, (b) p39.

4. West A R(Ed). Solid State Chemistry and its Applications. John Wiley & Sons, 1984. (a) p1, (b) p5, (c) p25, (d) p16, (e) p18, (f) p41, (g) p667.

5. Stein A, Keller S W, Mallouk T E. Science, 1993, 259: 1558.

6. Arthur Bellis(Ed). Teaching General Chemistry, A Materials Science Companion. American Chemical Society, 1993.

7. Pfeifer P. Ber, 1904, 37: 4255.

8. Tscherniajew J J, Bobkow A W. Doklady Akad Nenk, SSSR, 1963, 152: 882.

9. DiSalvo F J. Science, 1990, 247: 649.

10. Ibers J A. Science, 1991, 254: 408.

11.(a) Day P. Chem Brit, 1983, 19: 306.

(b) Schollhorm R. Pure & Appl Chem, 1984, 56: 1739.

(c) Jacobson A J. in "Solid State Chemistry, Compounds". Ed by Cheetham A K and Day P. Oxford: Clarendon Press, 1992. 182~233.

12. Mark H F, Bikales N M, et al. Encyclopedia of Polymer Science and Engineering. 2nd Ed. John Wiley & Sons, 1985, 1: 87.

13. Will F G. J Polym Sci, Polym Chem Ed, 1983, 21: 3479.

14. Chien C W, Uden P C, Fan J L. J Polym Sci, Polym Chem Ed, 1982, 20: 2159.

15. Tammann G. Z Anorg Chem, 1925, 149: 21.

16. Tammann G, Mansuri Q A. Z Anorg Chem, 1923, 126: 119.

17. Schafer H. Angew Chem Int Ed Engl, 1971, 10: 43.

18.(a) Schwab G M, Gerlach J. Z Phys Chem, 1967, NF56: 121.

(b) Schmalzried H. Z Phys Chem, 1962, NF33: 129.

(c) Lindner R, Akerstrom A. Z Phys Chem, 1956, NF6: 162.

(d) Toda F, et al. Angew Chem Int Ed Engl, 1989, 28 (3): 320.

(e) Lei L X, Xin X Q. Thermochimica Acta, 1996, 273: 61.

19. Rao C N R and Gopalakrishnan J 著。固態化學新方向——結構、合成、反應性及材料設計。劉新生譯。長春：吉林大學出版社，1990.432。

20. Marchand R, Brohan L, Tournoux M. Mater Res Bull, 1980, 15: 1129.

21. Toda F. Acc Chem Res, 1995, 28 ⑿: 480 and references cited therein.

22. Xin X Q, Dai A B. Pure & Appl Chem, 1988, 8: 1217.

23. Chen T N, Liang B, Xin X Q. J Solid State Chem, 1997, 132: 291.

*24.*景蘇，忻新泉。化學學報，1995, 53: 26。

*25.*賴芝，忻新泉，周衡南。無機化學學報，1997, 13 ⑶: 330。

*26.*賴芝。南京大學碩士論文。南京，1997。

*27.*景蘇。南京大學碩士論文，南京，1995。

*28.*周益明等。高等學校化學學報，1999, 20 ⑶: 361。

29. Xin X Q, Zheng L M. J Solid State Chem, 1993, 106: 451.

30. Toda F, Tanaka K, Sekikawa A. J Chem Soc, Chem Commun, 1987: 279.

*31.*繆強，忻新泉，胡澄。化學物理學報，1994, 7 ⑵: 118。

32.(a) Cohn M D, Schimdt G M J. J Chem Soc, 1964: 1996.

  (b) Cohn M D, Schimdt G M J, Sonntag F I. J Chem Soc, 1964:2000.

  (c) Schimdt G M J. J Chem Soc, 1964: 2014.

33. Sukenik C N, Bonapace J A P, Mandel N S, Lau P Y, Wood G, Bergman R G. J Am Chem Soc, 1977, 99: 851.

34. Hou H-W, Xin X Q, Shi S. Coord Chem Rev, 1996, 153: 25.

35. Li J G, Xin X Q, Zhou Z Y, et al. J Chem Soc, Chem Commun, 1991: 249.

36.(a) Lei L X, Xin X Q. Thermochimica Acta, 1996, 273: 61.

  (b) Lei L X, Wang Z X, Xin X Q. Thermochimica Acta, 1997, 297: 193.

*37.*林建軍，鄭麗敏，忻新泉。無機化學學報，1995, 11 ⑴: 106。

38. Ahuja I S, Brown D H, Nuttall R H and Sharp D, W A. J Inorg Nucl Chem, 1965, 27: 1625.

*39.*陳章榮。南京大學碩士論文，南京，1994。

*40.*袁進華，王曉平，忻新泉，戴安邦等。無機化學學報，1991, 7 ⑶: 281。

41. Lei L X, Xin X Q. J Solid State Chem, 1995, 119: 299.

42.(a) Toda F. J Inclusion Phenomena Mol Recognition in Chem, 1989, 7: 247.

  (b) Toda F, Mori K. J Chem Soc, Chem Commun, 1989: 1245.

43.(a) 忻新泉，郎建平等。無機化學學報，1992, 8 ⑷: 472。

  (b) Lang J P, Xin X Q, et al. J Solid State Chem, 1994, 108: 118.

44. Hou H W, Xin X Q, Lu S F, Huang X Y, Wu Q J. J Coord Chem, 1995, 35: 299.

45. Hou H W, Xin X Q, Liu J, Chen M Q, Shi S. J Chem Soc, Dalton Trans, 1994: 3211.

46. Hou H W, Xin X Q, Huang X Y, Cai J H, Kang B S. Chin Chem Lett, 1995, 6: 91.

47. Shi S, Chen Z R, Hou H W, Xin X Q, Yu K B. Chem Mater, 1995, 7: 1519.

48. 湯卡羅，倪海洪，金祥林等.結構化學，1994, 13 (4): 300。

49. Jin X L, Tang K L, Ni H H, et al. Polyhedron, 1994, 13(15/16): 2439.

50. Pope M T, Lang J P, Xin X Q, et al. Chin J Chem, 1995, 13 (1): 40.

51. (a) Hou H W, Ye X R, Xin X Q, et al. Acta Cryst, 1995, C51: 2013.

　　(b) Hou H W, Xin X Q, Yu K B, et al. Chin J Chem, 1996, 14 (2): 123.

52. 郎建平，朱慧珍，忻新泉等。高等學校化學學報，1992, 13: 18。

53. Bao S A, Lang J P, Xin X Q, et al. Chin Chem Lett, 1992, 3 (12): 1027.

54. (a) 郎建平，鮑時安，忻新泉等。高等學校化學學報，1993, 14 (6): 750.

　　(b) Zheng H G, Zeng D X, Xin X Q, Wong W T. Polyhedron, 1997, 16 (20): 3499.

55. Li G F, Shi T S. Chin Chem Lett, 1994, 5 (5): 403.

56. Yao K M, Wang X L. Chin J Chem, 1992, 10 (6): 492.

57. 王曼芳，黃幼青。廈門大學學報（自然科學版），1994, 33 (1): 34。

58. (a) Qiu W L, Zeng W X, Zhang X X, et al. J Appl Polym Sci, 1993, 49: 405.

　　(b) 仇武林，曾文翔，鄧利君等。無機化學學報，1993, 9 (3): 297。

59. Yao X B, Zheng L M, Xin X Q. J Solid State Chem, 1995, 117: 333.

60. Barton D, Ollis W D, Stoddart J F. Comprehensive Organic Chemistry Vol 1. Pergamon, Oxford. 1979.

61. Liang B, Dai Q P, Xin X Q. Synth React Inorg Met-Org Chem, 1998, 28 (2): 165.

62. 景蘇。南京大學碩士論文，南京，1995。

63. 梁斌。南京大學博士論文，南京，1997。

64. (a) 張蔚玲，鄭麗敏，雷立旭，忻新泉。高等學校化學學報，1994, 15 (10): 1443。

　　(b) 李昌雄，雷立旭，忻新泉。科學通報，1993, 38 (23): 2207; Chin Sci Bull, 1994, 39 (4): 349，

65. 雷立旭。南京大學博士論文，南京，1995。

66. (a) Long N J.Angew Chem Int Ed Engl, 1995, 34: 21.

　　(b) Burland D M. Chem Rev, 1994, 94: 1.

　　(c) 生瑜，章文貢。功能材料，1995, 26: 1。

67. Wei T H, Hagan D J, Sence M J, Van Stryland E W, et al. Appl Phys, B, 1992, 54: 46.

68. Shi S, Ji W, Tang S H, Lang J P, Xin X Q. J Am Chem Soc, 1994, 116: 3615.

69. Shi S, Lang J P, Xin X Q. J Phys Chem, 1994, 98: 3570.

70. Hou H W, Ye X R, Xin X Q, Liu J, Chen M Q, Shi S. Chem Mater, 1995, 7: 472.

71. Shi S, Hou H W, Xin X Q. J Phys Chem, 1995, 99: 4053.

72. Chen Z R, Hou H W, Xin X Q, Yu K B, Shi S. J Phys Chem, 1995, 99: 8717.

73. Shi S, Ji W, Xie W, Hong T C, Zeng H C, Lang J P, Xin X Q. Mater Chem Phys, 1995, 39: 298.

74. Sankane G, Shibahara T, Hou H W, Xin X Q, Shi S. Inorg Chem, 1995, 34: 4785.

75. Shi S, Ji W, Xin X Q. J Phys Chem, 1995, 99: 894.

76.(a) Ji W, Shi W, Du H J, Ge P, Tang S H, Xin X Q. J Phys Chem, 1995, 99: 17297.

  (b) Ji W, Du H J, Tang S H, Shi S, Lang J P, Xin X Q. Sing J Phys, 1995, 11 (1): 55.

77. Hoggerd P E, Hou H W, Xin X Q, et al. Chem Mater, 1996, 8: 2218.

*78.*龍德良，施舒，梅毓華，忻新泉。科學通報，1997, 42 (11): 1175; Chin Sci Bull, 1997, 42 (14): 1184。

79. Zheng H G, Ji W, Low M L K, Sakane G, Shibahara T, Xin X Q. J Chem Soc, Dalton Trans, 1997, 13: 2357.

80. Ge P, Tang S H, Ji W, Shi S, Hou H W, Long D L, Xin X Q, Lu S F, Wu Q J. J Phys Chem B, 1997, 101 (1): 27.

*81.*龍德良，施舒，侯紅衛，陶榮達，忻新泉。無機化學學報，1996, 12 (3): 225。

*82.*張立德，牟季美，奈米材料科學。沈陽：遼寧科學技術出版社，1994。

*83.*郭貽誠，王震西主編。非晶態物理學。北京：科學出版社，1984。

*84.*賈殿贈，俞建群，忻新泉。一種固相化學反應製備奈米材料的方法。中國專利申請號：98111231.5。

*85.*李丹。南京理工大學碩士論文，南京，1995。

*86.*賈殿贈，俞建群，夏熙。科學通報，1998, 43 (2): 172。

*87.*俞建群，賈殿贈，張慧，周蓉，夏熙。化學通報，1998, 2: 35。

88.(a) Hu Z, Fan Y, Chen Y. Mater Sci and Engineer, 1994, B25: 193.

  (b) Hu Z, Fan Y, Chen F, Chen Y. J Chem Soc, Chem Commun, 1995: 247.

89. Floke O W. Zeitschrift for Kristallographie, 1967, 125: 134.

90. Wells A F. Structural Inorganic Chemistry. 5th Ed. Clarendon Press, Oxford, 1984.

*91.*鄧建成，鍾超凡，吳恆。精細化工，1996, 13 (6): 27。

*92.*李海鵬，鄭文傑，黃寧光。廣州化工，1996, 1: 19。

93. Huang Z L, Zhao J T, Zheng L S. Book of Abstracts. The 2nd. World-wide Symposium on Inorganic Chemistry for Chinese Scientists (WSICS-2), Nanjing China: Nanjing University, August 11-14, 1998: 136.

*94.*杜江燕等。無機化學學報，1999, 15 (3): 383。

95.(a) Merrifield R B. J Am Chem Soc, 1963, 85: 2149; 1964, 86: 304.

(b) Merrifield R B. Angew Chem Int Ed Engl, 1985, 24: 799.

96.(a) 廖文勝，陸德培.有機化學，1994, 14: 571。

(b) 許家喜。有機化學，1998, 18: 1。

97. Diaz de Delgado G C, Wheeler A K, Snider B B and Foxman B M. Angew Chem Int EdEngl, 1991, 30: 420.

98. Naruchi K and Miura M. J Chem Soc, Perkin Trans 2, 1987: 113.

99.(a) Schmidt G M J. Pure & Appl Chem, 1971, 27: 647.

(b) Thomas J M, Moresi S E and Desvergne J P. Adv Phys Org Chem, 1977, 15: 64.

(c) Ramamurthy V(ed). Photochemistry in Organised and Constrained Media. New York: VCH, 1991.

(d) Singh N B, Singh R J and Singh N P. Tetrahedron, 1994, 50 ⑫: 6441.

100. Desiraju G R(ed). Organic Solid State Chemistry. Elsevier, 1987. (a) p179, (b) p321.

101.(a) 王蘭明。化學通報，1992, 6: 14。

(b) 李曉陸，王永梅，孟繼本。有機化學，1998, 18⑴: 20。

102. Toda F, et al. J Chem Soc, Chem Commun, 1988: 958.

103. Toda F, Kiyoshige K, Yagi M. Angew Chem Int Ed Engl, 1989, 28: 320.

104.(a) Morey J, Frontera A. J Chem Ed, 1995, 72: 6.

(b) Morey J, Saa J M. Tetrahedron, 1993, 49: 105.

*105.*周益明。南京大學博士論文，南京，1999。

106. Toda F, Shigemase T. J Chem Soc, Perkin Trans 1, 1989: 209.

107. Toda F, Takumi H, Akehi M. J Chem Soc, Chem Commun, 1990: 1270.

108. Toda F, Tanaka K, Iwata S. J Org Chem, 1989, 54: 3007.

109. Meng J B, Ma H, Wang Y M. Chin Chem Lett, 1993, 4⑹: 475.

*110.*周益明，葉向榮，忻新泉。無溶劑合成席夫鹼的方法。中國專利申請號：97107243.4。

111. Toda F, Tanaka K, Hamai K. J Chem Soc, Perkin Trans 1, 1990: 3207.

112.(a) 李曉陸，麻洪，王永梅，孟繼本。高等學校化學學報，1993, 16: 1903。

(b) Du D M, Meng S M, Wang Y M, Meng J B, Zhou X Z. Chin J Chem, 1995, 13: 520.

(c) Meng J B, Du D M, Wang Y M, Wang R J, Wang H G. Chin Chem Lett, 1992, 3: 247.

(d) Meng J B, Wen Z, Wang Y M, Wang H G. Chin Chem Lett, 1995, 4: 865.

113. Villemin D, Labiad B. Synth Commun, 1990, 20: 3213.

114. Li X L, Wang Y M, Tan B, Meng J B. Chin J Chem, 1996, 14: 421.

115. Toda F, Tanaka K, Sato J. Tetrahedron Asymmetry, 1993, 4: 1771.

116. Toda F. Japan 06, 172, 244, 1994 (CA 1994, 121: 255630q).

117.(a) Kaftory M, Tanaka K, Toda F. J Org Chem, 1985, 50: 2154.

(b) Toda F, Mori K, Akai H.J Chem Soc, Chem Commun, 1990: 1591.

(c) Toda F, Tohi Y. J Chem Soc, Chem Commun, 1993: 1238.

118. Lemovsky O I, Revzin G E, Boldyrev V V. Zhurn Vsesoyznogo Khimicheskogo Obshestva Mendeleeva, 1991, 3: 340.

119.(a) Lemovsky O I, Boldyrev V V. Russ J Appl Chem, 1989, 11; 2444.

(b) Lemovsky O I, Boldyrev V V. J Mat Synth.Process, 1994, 4: 199.

120. Oswald H R, Reller A.Pure & Appl Chem, 1989, 61 (8): 1323.

121. Pajakoff S. Osterreich Chem Zeitsch, 1985, March: 48.

122. March J. Advanced Organic Chemistry. 3rd Ed. New York; Wiley 1985. p491.

123. Chiang S-C, Juan C J, Chang C-F, Sen M J. Acta Chimica Pharm, 1957, 5 (4): 351.

124. Chuev V P, Lyagina L A, Ivanov E Y, Boldyrev V V. Dokl Akad Nauk SSSR, 1989, 307 (6): 1429.

125. Borman S. Chem Engeneer News, 1993, 71 (41): 5.

低溫合成和分離

4

4.1　低溫的獲得、測量和控制[1, 2, 7, 6, 8, 9]

4.1.1　低溫的獲得

通常獲得低溫的途徑有相變致冷、熱電致冷、等焓與等熵絕熱膨脹等，用絕熱去磁等可獲得極低溫的狀態。表 4-1 列出了一些主要的致冷方法。

1. 獲得低溫的主要方法

表 4-1　獲得低溫的一些主要方法[7, 8]

方法名稱	可達溫度（K）	方法名稱	可達溫度（K）
一般半導體致冷	～150	氣體部分絕熱膨脹二級沙爾凡製冷機	12
三級級聯半導體致冷	77	氣體部分絕熱膨脹三級 G-M 製冷機	6.5
氣體節流	～4.2	氣體部分製冷絕熱膨脹西蒙氦液化器	～4.2
一般氣體做外功的絕熱膨脹	～10	液體減壓蒸發逐級冷凍	～63
帶氦兩相膨脹機氣體做外功的絕熱膨脹	～4.2	液體減壓蒸發（^{4}He）	4.2～0.7
二級菲利浦製冷機	12	液體減壓蒸發（^{3}He）	3.2～0.3
三級菲利浦製冷機	7.8	氦渦流製冷	1.3～0.6
氣體部分絕熱膨脹的三級脈管製冷機	80.0	^{3}He 絕熱壓縮相變製冷	0.002
氣體部分絕熱膨脹的六級脈管製冷機	20.0	^{3}He－^{4}He 稀釋致冷	1～0.001
		絕熱去磁	1～10^{-6}

2. 低溫源

(1) 製冷浴

冰鹽共熔體系：

將冰塊和鹽盡量弄細並充分混合（通常用冰磨將其磨細）可以達到比較低的溫度，例如下面一些冰鹽混合物可達到不同的溫度：

　　　3 份冰＋1 份 NaCl　　　　　−21℃

　　　3 份冰＋3 份 CaCl$_2$　　　　　−40℃

2 份冰+1 份濃 HNO_3　　　$-56℃$

乾冰浴：

這也是經常用的一種低溫浴，它的昇華溫度$-78.3℃$，用時常加一些惰性溶劑，如丙酮、醇、氯仿等，以使它的導熱更好一些。

液氮：

N_2氣液化的溫度是$-195.8℃$，它是在合成反應與物化性能試驗中經常用的一種低溫浴，當用於冷浴時，使用溫度最低可達$-205℃$（減壓過冷液氮浴）。

(2)相變致冷浴

這種低溫浴可以恆定溫度。如CS_2可達$-111.6℃$，這個溫度是標準氣壓下二硫化碳的固液平衡點。經常用的固定相變冷浴見表 4-2。

除此之外液氨也是一種經常用的冷浴，它的正常沸點是$-33.4℃$，一般說來它可使用的溫度遠低於它的沸點，用到$-45℃$時沒有問題。需要注意的是它必須在一個具有良好通風設備的房間或裝置下使用。

表 4-2　一些常用低溫浴的相變溫度[2]

低溫浴	溫度（℃）
冰+水	0
CCl_4	-22.8
液氨	-33 到 -45
氯苯	-45.2
氯仿	-63.5
乾冰	-78.5
乙酸乙酯	-83.6
甲苯	-95
CS_2	-111.6
甲基環己烷	-126.3
正戊烷	-130
異戊烷	-160.5
液氧	-183
液氮	-196

4.1.2　液化氣體的貯存和轉移

實驗室經常使用少量的液氫、液氮、液氨、液氧和其它液化氣體。因此，有必要對它們的貯存和汽化的設備作一簡單的介紹。

　　貯存液化氣體的容器，根據體積的大小和用途的不同，一般有低溫容器（杜而瓶）、液化氣體的貯槽等。

　　液化氣體貯槽由貯存液化氣體的內容器、外殼體、絕熱結構以及連接內、外殼體的機械構件組成。除此之外，貯槽上通常還設有測量壓力、溫度、液面的儀表，液、氣排注和回收系統，以及安全設施等。

1.液氧、液氮和液氫的小型容器

　　由於液氧、液氮和液氫的沸點比較接近，因此，用於貯存它們的貯槽基本相同。通常用杜而容器，簡稱杜而瓶。

　　小型容器由雙層紫銅球構成，其結構說明如下（見圖 4-1）：

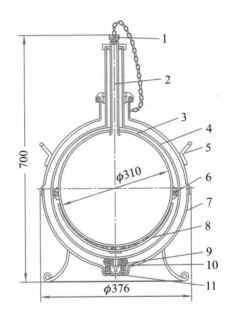

圖 4-1[7]　15 L 杜而容器

1-管塞；2-內頸管；3-內容器；4-外殼體；5-拉手；6-支承墊；7-鋁殼；8-吸附盤；9-彈簧；10-抽氣嘴；11-抽氣管護罩

　　內銅球 3 與導熱係數小的德銀合金管 2 焊接，再與外銅球 4 相連。內外銅球之間抽成 0.0013 Pa 的真空，真空夾層表面經過拋光以建立最小的熱傳導、對流和輻射。通過由軟鉛製成的抽氣嘴 10，進行抽真空，抽空完畢後，夾緊封焊，並用套 11 保護。

　　為防止內外球體可能相互接觸，在內球體的適當部位放置有導熱係數小的羊毛氈或塑料製成的墊塊 6。

在真空夾層的下部，放置有少量吸附劑 8，吸附劑是活性炭（液氧容器例外）、矽膠和分子篩等材料，其作用是吸收滲入真空夾層內的微量氣體保證真空夾層內的氣壓降到 $10^{-3}\sim10^{-5}$ Pa。從而進一步改善真空絕熱的效能。

內外銅球放置在鋁製外殼 7 保護中，下部裝有彈簧 9 以減小容器的振動。5 為提手，1 為管塞子。

2.液氫、液氦的貯存容器

由於液氫、液氦的沸點極低，汽化熱很小，貯存極為困難，這裡只簡單介紹一下小型貯存容器。液氫、液氦的小型貯存容器分為液氮屏容器和氣體屏容器兩類。

液氮屏容器是指具有液氮保護屏和真空絕熱的小型容器。液氮瓶焊接在內容器頸管的中部並延伸到整個絕熱空間將內容器包圍，從而能使傳向低溫液化氣體的輻射熱減小到原來的 $1/100\sim1/200$。

液氮瓶貯存液氫時，日蒸發率為 0.2%～0.5%。

氣體屏容器是指利用液化氣體容器中蒸發出來的氣體潛熱，來冷卻裝於絕熱層中的金屬傳導屏的小型容器。它有兩種結構型式：一種是在外殼體和內容器之間裝置了一個氣體屏，蒸發氣體通過焊於屏外壁上的蛇形管進行冷卻。這種結構包括氦容器與氣體屏之間的高真空絕熱和屏與外殼體之間的真空多層絕熱兩個絕熱系統。另外一種是氣體直接通過裝有多個金屬傳導屏的頸部，兩個屏之間均裝有多層絕熱物。通過絕熱材料的部分徑向熱流為金屬屏所阻斷，而通過兩個屏的縱向熱流則傳到頸管上，被逸出的氣體帶走。

近年來，出現了一種具有 20 多個屏的液氦容器，容器的絕熱是透過包紮 20 多層鋁箔直接用機械方法包紮在容器的頸管上，從冷端開始呈均勻分佈，用以吸收從頸管中排出的氣體冷量。這樣，具有鋁箔的絕熱層既是真空多層絕熱材料又是氣體冷卻傳導屏。這種容器具有質量輕、成本低、抽空容易、熱容小、蒸發率低等優點。圖 4-2[7] 就是一個 22 L 的多屏液氦容器。

3.液態氣體的轉移

從液態氣體裝置裡向外取液態氣體時，可以有各種方法。例如從液態空氣罐中取出液態空氣時，可用傾倒的方法（用傾瓶器）或更好一些可用一個小的虹吸管見圖 4-3[6]。這種虹吸管很容易製作。取較大量的液態空氣時，可用一個小橡皮球打氣將液態空氣壓出。裝液態空氣用的杜而瓶原則上最好是選用耶拿玻璃製的而不是普通熱水瓶，因為耶拿玻璃製的杜而瓶比較經久耐用，不像普通熱水瓶那樣易壞，所以用這種杜而瓶比較合

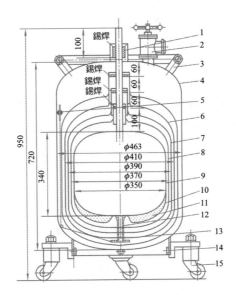

圖 4-2[7]　22 L 多屏液氦容器

1－頸部支承；2－真空閥；3－平把；4－外殼體；5－調節螺釘；6－第三屏；7－第二屏；8－第一屏；9－內容器；10－吸附盤；11－活性炭；12－支承管；13－懸絲；14－底座；15－走輪

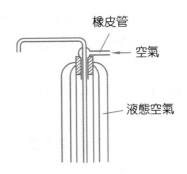

圖 4-3　從裝運液態空氣的罐中取出液態空氣的用具

算。使用較大量的和用普通玻璃製的杜而瓶時，液態空氣切不可直接從瓶中傾倒出來，而是用銅摍來取。銅摍是用直徑 40 mm、高 60 mm 的黃銅杯焊在一根粗約 3 mm、長 40 cm 的黃銅絲上製成。比較小的杜而瓶可以直接傾倒，但傾倒時應將一片濕的濾紙貼在瓶口裡面，把液態空氣從濾紙上面很快地倒出（此時濾紙立即變硬）。如果是用耶拿玻璃製的杜而瓶就不一定這樣小心，可以直接倒出，不過傾倒時應慢慢地轉動它，使瓶口四周能均勻冷卻。傾倒液態空氣時應盡可能迅速。做完實驗之後，應將所有容器中的液態空氣倒回原來裝液態空氣的罐中（金屬製的杜而瓶），傾倒時可用塑料或白鐵做的漏斗。玻璃漏斗（如果不是耶拿玻璃製的）大都會炸裂，故不可用。

4.1.3 低溫的測量和控制[8, 9]

1.低溫的測量

低溫的溫度測量有其特殊測量方法。不僅所選用的溫度計與測量常溫時的有所不同，而且在不同低溫溫區也有相對應的測溫溫度計。這些低溫溫度計的測溫原理是根據物質的物理參量與溫度之間存在的一定關係，透過測定這些物質的某些物理參量就可以得到欲知的溫度值。

常用的低溫溫度計有：

(1)低溫熱電偶　熱電偶中熱電位與溫度之間的關係如下：

$$V = KT$$

其中 K 是常數，稱溫度係數。

通常在 73 K < T < 273 K 之間，可以透過三個固定溫度點來標定熱電偶。這裡：

$$V = at + bt^2 + ct^3 \tag{4-1}$$

這三個固定溫度點可以選用冰點（0℃）、固態二氧化碳的昇華點（-78℃）及液氮正常沸點（77K）。透過這三定點測得的電位值及固定點溫度值，可以定出 a、b、c 值。這樣就可得到熱電偶的溫度分度依據公式，再透過插入法作出溫度分度表。

熱電偶的測溫範圍為 2～300 K。表 4-3 示出了各種熱電偶的測溫範圍。

表 4-3　熱電偶

名　　稱	測溫範圍（K）
銅—康銅（60 Cuc + 40 Ni）	75～300
鎳鉻—康銅	20～300
鎳鉻（9：10）—金鐵（金 + 0.03%或 0.07%原子鐵）	2～300
鎳鉻—銅鐵（銅 + 0.02%或 0.5%原子鐵）	2～300

此外，1972 年發現銅—銅鐵熱電偶可在 4.2～77 K 溫區工作；1976 年又發現了鈀鉻釕熱電偶也可用於 2～300 K 溫區測定溫度，其優點是性能穩定。

低溫熱電偶與高溫熱電偶除了在選材方面不相同外，在使用時還應考慮選擇絲徑更細的線材，以滿足低溫下漏熱少的要求。另外熱電偶接點的焊接方法也不相同，這裡要求焊接點能承受低溫而不易脫離。例如，銅—康銅熱電偶可採用電弧碰焊，金鐵—鎳鉻熱電偶可採用銦焊。

(2)電阻溫度計[8]　電阻溫度計是利用感溫元件的電阻與溫度之間存在一定的關係而製成的。其關係如下：

$$R_t = R_0 \left(1 + \alpha t + \beta t^2 + \gamma t^3 \right) \qquad (4\text{-}2)$$

式中 R_t、R_0 是溫度 t 及 0℃時的電阻值；α、β、γ 是常數。

製作電阻溫度計時，應選用電阻比較大、性能穩定、物理及金屬複製性能好的材料，最好選用電阻與溫度間具有線性關係的材料。常用的有鉑電阻溫度計、鍺電阻溫度計、碳電阻溫度計、鉍鐵電阻溫度計等。

用低溫熱電偶與電阻溫度計測量中的主要要求是精度、可靠性、再現性和實際溫度標定。溫度標定使用的熱力學溫標是 1989 國際溫標。

表 4-4　低溫範圍的原始定點溫度

熱力學平衡態時的定點	溫度（K）	誤差（K）
氫的三相點	13.81	0.01
飽和氫	17.042	0.01
氫的正常沸騰點	20.82	0.01
氖的正常沸騰點	27.102	0.01
氧的三相點	54.361	0.01
氧的正常沸騰點	90.188	0.01
水的三相點	273.16	準確

選擇溫度計時應考慮測溫範圍、要求精度、穩定性、熱循環的再現性和對磁場的敏感性，同時還要考慮到布線和讀出設備等的費用，最好是用某種溫度計測量它本身的最佳適用溫度。由於幾乎所有的溫度計都必須提供一個恆定的電流，這就需要考慮寄生熱負載的影響（如沿著導線的熱傳遞和在讀出期間的焦耳熱）。充分考慮這些影響後選擇的溫度計，就應是很好的低溫溫度計了。表 4-5 列出了一些低溫溫度計的特性。

表 4-5　一些低溫溫度計的特性

溫度計類型	測量範圍（K）	精度	穩定性	熱循環	磁場的影響
E-熱電偶	30～300	1.0～3.0	<0.5	<1.0	—
鉑電阻	20～30	0.2～0.5	<0.1	<0.4	—
CLTS	2.4～270	1.0～3.0	<0.1	<0.5<	—
碳玻璃電阻	1.5～300	<0.02*	<1.0	<5	小
碳電阻	1.5～30	<0.05*	<1.0	大	小
鍺電阻	4.0～100	<0.01*	<0.5	<1.0	大

*是指測量溫度為 4.2K 時的值。

(3)蒸氣壓溫度計　液體的蒸氣壓隨溫度的變化而變化，因此，透過測量蒸氣壓可以知道其溫度。

理論上液體的蒸氣壓可以從克勞休—克來匹隆方程積分得出：

$$\frac{\mathrm{d}p}{\mathrm{d}T} = \frac{\Delta S}{\Delta V} = \frac{L}{T\Delta V} \tag{4-3}$$

此處 ΔV 是蒸發時體積的變化，L 為汽化熱，一般 L 可以看作常數，因為是氣液平衡，液體的體積 V_1 和氣體的體積 V_g 相比可以忽略不計，再假定蒸氣是理想氣體，則（4-3）可進一步簡化

$$\frac{\mathrm{d}p}{\mathrm{d}T} = \frac{L}{T\,(V_g - V_1)} = \frac{L}{TV} = \frac{L}{T\dfrac{RT}{p}} = \frac{L}{RT^2} \cdot p$$

移項得

$$\frac{\mathrm{d}\ln p}{\mathrm{d}T} = \frac{L}{RT^2}$$

積分

$$\int \mathrm{d}\ln p = \int \frac{L}{RT^2}\mathrm{d}T$$

$$\ln p = -\frac{L}{RT} + c'$$

或寫作

$$\log p = \frac{L}{2.303RT} + c \tag{4-4}$$

式（4-4）最初是經驗公式，這裡已得到了理論證明。這個方程式與蒸氣壓的實驗數據很接近。但更方便的還是將 p 和 T 列成對照表，用這種表可以從蒸氣壓的測量值直接得出 T。表 4-6 列出了一些氣體的蒸氣壓—溫度數據。

表 4-6　蒸氣壓―溫度數據[2]

t（℃）	p（SO_2）（kPa）	t（℃）	p（SO_2）（kPa）	t（℃）	p（SO_2）（kPa）
−10	101.3	−19	66.74	−28	42.36
−11	96.87	−20	63.55	−29	40.18
−12	92.61	−21	60.51	−30	38.10
−13	88.47	−22	57.61	−31	36.10
−14	84.51	−23	54.82	−32	34.20
−15	80.70	−24	52.12	−33	32.37
−16	77.02	−25	49.50	−34	30.65
−17	73.46	−26	47.01	−35	28.92
−18	70.03	−27	44.62	−36	27.34
t（℃）	p（NH_3）（kPa）	t（℃）	p（NH_3）（kPa）	t（℃）	p（NH_3）（kPa）
−33	103.2	−48	46.02	−63	17.79
−34	98.12	−49	43.42	−64	16.79
−35	93.27	−50	40.94	−65	15.67
−36	88.61	−51	38.58	−66	14.60
−37	84.13	−52	36.33	−67	13.60
−38	79.85	−53	34.20	−68	12.67
−39	75.75	−54	32.17	−69	11.79
−40	71.82	−55	30.24	−70	11.00
−41	68.06	−56	28.40	−71	10.17
−42	64.46	−57	26.65	−72	9.44
−43	61.02	−58	25.00	−73	8.75
−44	57.76	−59	23.44	−74	8.09
−45	54.62	−60	21.96	−75	7.49
−46	51.62	−61	20.56	−76	6.93
−47	48.76	−62	19.23	−77	6.40
t（℃）	p（CO_2）（kPa）	t（℃）	p（CO_2）（kPa）	t（℃）	p（CO_2）（kPa）
−77	114.7	−88	44.77	−99	15.51
−78	105.7	−89	40.86	−100	13.99
−79	97.39	−90	37.25	−101	12.60
−80	89.67	−91	33.93	−102	11.33
−81	82.49	−92	30.89	−103	10.17
−82	75.78	−93	28.09	−104	9.12
−83	69.55	−94	25.52	−105	8.17
−84	63.81	−95	23.16	−106	7.31
−85	58.48	−96	20.98	−107	6.53
−86	53.54	−97	19.00	−108	5.83
−87	48.98	−98	17.17		

表 4-6　蒸氣壓—溫度數據[*][2]（續）

t（℃）	p（C₂H₄）（kPa）	t（℃）	p（CH₄）（kPa）	t（℃）	p（C₂H₄）（kPa）
−109	73.70	−124	25.65	−139	6.72
−110	69.17	−125	23.70	−140	6.01
−111	64.83	−126	21.88	−141	5.49
−112	60.71	−127	20.16	−142	4.95
−113	56.80	−128	18.55	−143	4.44
−114	53.09	−129	17.04	−144	3.99
−115	49.58	−130	15.63	−145	3.56
−116	46.34	−131	14.31	−146	3.19
−117	43.13	−132	13.08	−147	2.84
−118	40.17	−133	11.95	−148	2.53
−119	37.37	−134	10.89	−149	2.25
−120	34.73	−135	9.92	−150	1.99
−121	32.25	−136	9.03	−151	
−122	29.92	−137	8.20		
−123	27.72	−138	7.43		

t（℃）	p（CH₄）（kPa）	t（℃）	p（CH₄）（kPa）	t（℃）	p（CH₄）（kPa）
−152	201.3	−163	88.50	−174	31.48
−153	188.3	−164	81.27	−175	28.28
−154	175.7	−165	74.57	−176	25.33
−155	163.9	−166	68.29	−177	22.61
−156	152.7	−167	62.42	−178	20.14
−157	141.9	−168	56.96	−179	17.92
−158	131.7	−169	51.84	−180	15.85
−159	122.1	−170	47.09	−181	14.01
−160	113.1	−171	42.72	−182	12.35
−161	104.4	−172	38.66	−183	10.81
−162	96.31	−173	34.93	−184	9.47

t（℃）	p（O₂）（kPa）	t（℃）	p（O₂）（kPa）	t（℃）	p（O₂）（kPa）
−183	100.95	−189	51.40	195	23.25
−184	90.85	−190	45.42	−196	20.12
−185	81.54	−191	40.02	−197	17.32
−186	72.98	−192	35.14	−198	14.84
−187	65.13	−193	30.74	−199	12.67
−188	57.94	−194	26.78	−200	10.76

*氦、氫、氮、氧蒸氣壓溫度計可測量更低溫：He（1～4.2）K，H₂（14～20）K，N₂（55～77）K，O₂（54～90）K。

　　測定正常的壓強可用水銀柱或精確的指針壓強計，測低壓強可用油壓強計或麥克勞斯壓強計、熱絲壓強計。圖 4-4[2] 中就是一個蒸氣壓溫度計的設計方法。它的製法是這樣的：在溫度計中的水銀先在真空中加熱以除去一些揮發性雜質，然後讓其冷凝在溫度計的末端，最後把兩末端封死並在 U 形管之間配上標尺以供讀數之用。

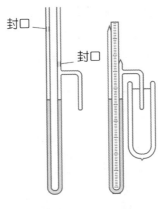

封口

封口

圖 4-4[2]　蒸氣壓溫度計

2.低溫的控制

　　低溫的控制，簡單說來有兩種，一種是恆溫冷浴，二是低溫恆溫器。前者往往用相變致冷來實現，表 4-2 列出了一些常用的恆溫冷浴的溫度。

　　除了冰水浴外，其它泥浴（相變致冷浴）的製備都是在通風櫥裡慢慢地加液氮到杜而瓶裡，杜而瓶內預先放上裝有調製泥浴的某種液體的容器並攪拌，當泥浴液相成一種稠的牛奶狀時，就表明已成了液—固平衡物了。注意不要加過量的液氮。乾冰浴也是經常使用的恆溫冷浴。

　　低溫恆溫器通常是指這樣的實驗裝置，它利用低溫流體或其它方法，使試樣處在恆定的或按所需方式變化的低溫溫度下，並且能對試樣進行某種化學反應或某種物理量的測量。

　　大多數低溫實驗工作是在盛有低溫液體的實驗杜而容器中進行的。低溫恆溫器是實驗杜瓦容器和容器內部裝置的總稱。

　　低溫恆溫器[8,9]大體可以分成兩大類：第一類是所需溫度範圍可用浸泡試樣或使實驗裝置在低溫液體中的方法來實現，改變液體上方蒸氣的壓強即可以改變溫度，如用減壓降溫恆溫器；第二類是所需溫度包括液體正常沸點以上的溫度範圍，例如4.2～77 K、77～300 K等，一般稱做中間溫度。可以用兩種辦法獲得中間溫度：一種是使試樣或裝置與液池完全絕熱或部分絕熱，然後用電加熱來升高溫度；另一種是用冷氣流、製冷機或其它製冷方法（例如活性炭退吸附等）控制供冷速率，以得到所需的溫度。

　　實驗工作中，經常要使試樣或實驗裝置在所要求的溫度上穩定一定的時間，進行工作後再改變到另一溫度。在減壓降溫恆溫器中，要用恆壓的方法穩定溫度；在連續流恆溫器中，則要用調節冷劑的流量來穩定溫度。

最簡單的一種液體浴低溫恆溫器如圖 4-5[2] 所示，它可以用於保持−70℃以下的溫度。它的製冷是透過一根銅棒來進行的，銅棒作為冷源，它的一端與液氮接觸，可藉銅棒浸入液氮的深度來調節溫度，目的是使冷浴溫度比我們所要求的溫度低 5℃左右，另外有一個控制加熱器的開關，經冷熱調節可使溫度保持在恆定溫度（±0.1℃）。

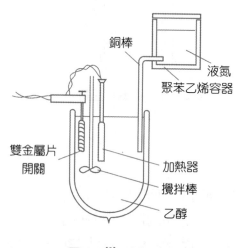

圖 4-5[2] 低溫恆溫器

由於大量氣態、揮發性或對水、氧、熱等敏感的無機化合物（包括金屬有機化合物與配合物、簇合物等）的合成、分離與提純以及相關的反應往往在低溫條件下進行，而且經常輔之以真空甚至於高真空條件，因而在介紹了有關的低溫技術後，在本章中還將比較系統地介紹有關的真空技術。掌握和應用真空技術對無機合成工作者來說是必不可少的。

4.2 真空的獲得、測量與實驗室常用的真空裝置

真空狀態下氣體的稀薄程度通常以壓強值（單位為 Pa）表示，習慣上稱作真空度。根據目前國際上推薦的國際單位製（SI），Torr 與國際單位 Pa 的換算關係為：1Torr ＝1mmHg＝133.322Pa。

為實用上便利起見，人們把氣體空間的物理特性、常用真空泵和真空規的有效使用範圍和真空技術應用特點這三方面比較相近的真空度，定性地劃分為幾個區段：

粗真空　　　　　　$10^5 \sim 10^3$ Pa

低真空　　　　　　$10^3 \sim 10^{-1}$ Pa

高真空　　　　　$10^{-1} \sim 10^{-6}\,\text{Pa}$

超高真空　　　　$10^{-6} \sim 10^{-12}\,\text{Pa}$

極高真空　　　　$< 10^{-12}\,\text{Pa}$

4.2.1　真空的獲得[10~12]

　　產生真空的過程稱為抽真空。用於產生真空的裝置稱為真空泵,如水泵、機械泵、擴散泵、冷凝泵、吸氣劑離子泵和渦輪分子泵等。由於真空包括 $10^5 \sim 10^{-12}\,\text{Pa}$ 共 17 個數量級的壓強範圍,通常不能僅用一種泵來獲得,而是由多種泵的組合得到。一般實驗室常用的是機械泵、擴散泵和各種冷凝泵。表 4-7 列出了各種獲得真空方法的適用壓強範圍。

表 4-7　各種獲得真空方法的適用壓強範圍

真空區間(Pa)	主要真空泵
$10^5 \sim 10^3$	水泵,機械泵,各種粗真空泵
$10^3 \sim 10^{-1}$	機械泵,油或機械增壓泵,冷凝泵
$10^{-1} \sim 10^{-6}$	擴散泵,吸氣劑離子泵
$10^{-6} \sim 10^{-12}$	擴散泵加阱,渦輪分子泵,吸氣劑離子泵
$< 10^{-12}$	深冷泵,擴散泵加冷凍昇華阱

　　通常用四個參量來表徵真空泵的工作特性:①起始壓強,真空泵開始工作的壓強;②臨界反壓強,真空泵排氣口一邊所能達到的最大反壓強;③極限壓強,又稱極限真空,指在真空系統不漏氣和不放氣的情況下,長時間抽真空後,給定真空泵所能達到的最小壓強;④抽氣速率,在一定的壓強和溫度下,單位時間泵從容器中抽除氣體的體積。了解這四個參量是重要的,如機械泵的起始壓強為 101.3 MPa,極限壓強一般為 0.1 Pa,而擴散泵的起始壓強為 10 Pa。因此,在使用擴散泵之前應先用機械泵將被抽容器的壓強抽至 10 Pa 以下。由此我們常把機械泵稱為前級泵,而將擴散泵稱為次級泵。

1.旋片式機械泵

　　旋片式機械泵主要由泵腔、轉子、旋片、排氣閥和進氣口等幾個部件構成。這些部件全部浸在泵殼所盛的機械油中。機械泵的抽氣原理是基於變容作用。單級旋片式機械泵的工作原理如圖 4-6 所示。兩個旋片小翼 S 和 S' 模嵌在轉子圓柱體的直徑上,被夾在它們中間的一根彈簧所壓緊。S 和 S' 將轉子和定子之間的空間分隔成三部分。在圖 4-6(a)

的位置時，空氣由待抽空的容器經過管子 C 進入空間 A；當 S 隨轉子轉動離開的時候 (b)，區域 A 增大，氣體經過 C 而被吸入；當轉子繼續運動時 (c)，S' 將空間 A 與管 C 隔斷；此後 S' 又開始將空間 A 內的氣體經過活門口而向外排出 (d)。轉子的不斷轉動使這些過程不斷重複，從而達到抽氣的目的。

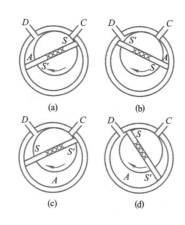

圖 4-6　旋片式機械泵的工作原理

　　一般單級泵的極限真空為 1 Pa 左右，而將兩個單級泵串聯為雙級泵，其極限真空可達 10^{-2} Pa。若要抽走水氣或其它可凝性蒸氣，則需使用氣鎮式真空泵。氣鎮式真空泵是在普通機械泵的定子上適當的地方開一個小孔，目的是使大氣在轉子轉動至某個位置時抽入部分空氣，使空氣和蒸氣的壓縮比率變成 10：1 以下。這樣就使大部分蒸氣不凝結而被驅出。

2.油擴散泵

　　油擴散泵是獲得高真空的主要工具，其工作原理是基於被抽氣體分子向定向蒸氣氣流中的擴散。圖 4-7 是金屬三級油擴散泵示意圖。擴散泵的工作介質通常用具有低蒸氣壓的油類。

　　在前級泵不斷抽氣的情況下，油被加熱蒸發，沿導管上升至噴嘴處；由於噴嘴處的環形截面突然變小而受到壓縮形成密集的蒸氣流並以接近音速的速度（200～300 m/s）從噴嘴向下噴出。在蒸氣流上部空間被抽氣體的壓強大於蒸氣流中該氣體的分壓強，氣體分子便迅速向蒸氣流中擴散；由於蒸氣相對分子質量為 450～550，比空氣相對分子質量大 15～18 倍，故動能較大，與氣體分子碰撞時，本身的運動方向基本不受影響，氣體分子則被約束於蒸氣射流內，而且速度越來越高地順蒸氣流噴射方向飛行。這樣，

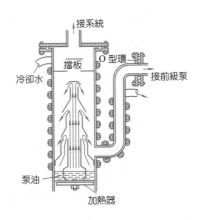

接系統

擋板

O 型環

冷卻水

接前級泵

泵油

加熱器

圖 4-7　金屬三級油擴散泵

被抽氣體分子就被蒸氣流不斷壓縮至擴散泵出氣口，密度變大，壓強變高，而噴嘴上部空間即擴散泵進氣口的被抽氣體壓強則不斷降低。但擴散泵本身並不能將堆集在出氣口附近的氣體分子排除泵外，因而必須藉助於前級機械泵將它們抽走。完成傳輸任務的蒸氣分子受到泵壁的冷卻，又重新凝為液體返回蒸發器中。如此循環不已，由於擴散作用一直存在，故被抽容器真空度得以不斷提高。

除金屬油擴散泵外實驗室中常用的還有玻璃油擴散泵，它們的抽空原理是相同的。一般擴散泵的臨界反壓強為 10 Pa 左右，因此需要與機械泵配合使用。擴散泵的極限真空由於使用不同的擴散泵油和擴散泵自身的容積不同而稍有差別，一般可達 10^{-5} Pa。較好的工作壓強範圍為 $10^{-2} \sim 10^{-4}$ Pa。

3. 無油真空泵

要獲得超高真空須使用那些工作介質不是油的真空泵。這類泵包括按照機械運動、蒸氣流和吸附作用的抽真空方式而分的三種類型。

(1)分子泵　分子泵是透過機械高速旋轉（～60,000 轉／分），以很高的抽速達到 10^{-6} Pa 的超高真空設備。其極限真空在 $10^{-7} \sim 10^{-9}$ Pa。它的定子和轉子都是裝有多層帶斜槽的渦輪葉片型結構，轉片和定片槽的方向相反，每一個轉片處於兩個定片之間。分子泵工作時以高速旋轉，給氣體分子以定向動量和壓縮，迫使氣體分子通過斜槽從泵的中央流向兩端，從而產生抽氣作用。泵兩端氣體被前級泵抽走。目前發展的複合分子泵可不用前級泵而直接將系統抽至超高真空。

(2)分子篩吸附泵　利用分子篩物理吸附氣體的可逆性質，可製成分子篩吸附泵。通常多把分子篩吸附泵與鈦泵組成排氣系統，用它作前級泵構成無油系統。吸附泵須在預

冷條件下使用，通常用液氮冷卻。吸附泵的極限真空主要取決於系統中惰性氣體的含量，一般可達 10^{-7} Pa。使用的分子篩類型有 3A，5A，10X，13X 等，多用 5A 和 13X 型分子篩。

(3)鈦昇華泵　鈦昇華泵是一種吸氣劑泵。其工作過程是將鈦加熱到足夠高的溫度，鈦不斷昇華而沈積在泵壁上，形成一層層新鮮鈦膜。氣體分子與新鮮鈦膜相碰而化合成固相化合物，即相當於氣體被抽走。泵中必須要有一個鈦昇華器來連續昇華鈦。根據不同的昇華方式而要求不同的昇華電源。為了降低吸氣泵壁的溫度，往往要在泵壁上附有水冷裝置。鈦昇華泵具有理想的抽氣速度，極限真空可達 10^{-10} Pa。但由於不能吸收惰性氣體，因此常與低溫吸附泵聯用。此外，濺射離子泵、彈道式鈦泵等均可用於無油系統產生超高真空。

4.2.2　真空的測量[1~4]

測量真空度的量具稱為真空計或真空規。真空規分絕對規和相對規兩類，前者可直接測量壓強，後者是測量與壓強有關的物理量，它的壓強刻度需要用絕對真空規進行校正。表 4-8 列出了一些常用的真空規和應用範圍。

表 4-8　常用的真空規和應用範圍

應用壓強範圍（Pa）	主要真空規
$10^5 \sim 10^3$	U 型壓力計，薄膜壓力計，火花檢漏器
$10^3 \sim 10$	壓縮式真空計，熱傳導真空規
$10 \sim 10^{-6}$	熱陰極游離規，冷陰極游離規
$10^{-6} \sim 10^{-12}$	各種改進型的熱陰極游離規，磁控規
$< 10^{-12}$	冷陰極或熱陰極磁控規

1.麥氏真空規（Mcleod gauge）

在絕對真空規中，麥氏真空規是應用最廣泛的一種壓縮真空計。它既能測量低真空又能測量高真空。麥氏真空規的構造如圖 4-8 所示。麥氏規透過旋塞 1 和真空系統相連。玻璃球 7 上端接有內徑均勻的封口毛細管 3（稱為測量毛細管），自 6 處以上，球 7 的容積（包括毛細管 3）經準確測定為 V，4 為比較毛細管且和 3 管平行，內徑也相等，用以消除毛細作用影響，減少汞面讀數誤差。2 是三通旋塞，可控制汞面的升降。測量系統的真空度時，利用旋塞 2 使汞面降至 6 點以下，使 7 球與系統相通；壓強達平

衡後，再通過 2 緩慢地使汞面上升。當汞面升到 6 位置時，水銀將球 7 與系統剛好隔開，7 球內氣體體積為 V，壓強為 p（即系統的真空度）。使汞面繼續上升，汞將進入測量毛細管和比較毛細管。7 球內氣體被壓縮到 3 管中，其體積 $V' = \frac{1}{4}\pi d^2 h$（$d$ 為 3 管內徑，已準確測定）。3，4 兩管中氣體壓強不同，因而產生汞面高度差為（$h - h'$），見圖 4-8 (b)和(c)。根據波以耳定律，

$$pV = (h - h') V' \tag{4-5}$$

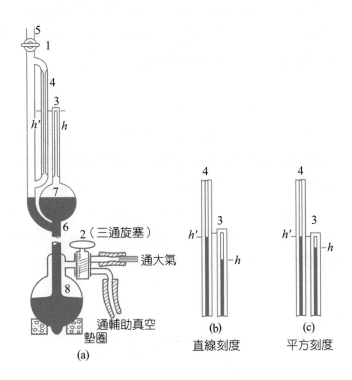

圖 4-8　麥氏真空規

即

$$p = \frac{V'}{V} (h - h')$$

由於 V'、V 已知，h、h' 可測出，根據式（4-5）可算出體系真空度 p。

如果在測量時，每次都使測量毛細管中的水銀面停留在一個固定位置 h 處〔見圖 4-8(b)〕，則

$$p = \frac{\pi d^2}{4V} h (h - h') = c (h - h') \tag{4-6}$$

c 為常數，按 p 與（$h-h'$）成直線關係來刻度的，稱直線刻度法。如果測量時，每次都使比較毛細管中水銀面上升到與測量毛細管頂端一樣高〔見圖 4-8(c)〕，即 $h'=0$

則

$$p=\frac{\pi d^2}{4V}h \cdot h = c'h^2 \tag{4-7}$$

c' 為常數，按壓強 p 與 h^2 成正比來刻度的稱為平方刻度法。

　　理論上講，只要改變 7 球的體積和毛細管的直徑，就可以製成具有不同壓強測量範圍的麥氏真空規。但實際上，當 $d<0.08$ mm 時，水銀柱升降會出現中斷，因汞相對密度大，7 球又不能做得過大，否則玻璃球易破裂。因此，麥氏真空規的測量範圍一般為 $10\sim10^{-4}$ Pa。另外，麥氏規不能測量經壓縮發生凝結的氣體。

2.熱偶真空規

　　熱偶真空規是熱傳導真空規的一種，是測量低真空（$100\sim10^{-2}$ Pa）的常用工具。它是利用低壓強下氣體的熱傳導與壓強有關的特性來間接測量壓強的。

　　熱偶規管由加熱絲和熱偶組成（見圖 4-9）。熱電偶絲的熱電位由加熱絲的溫度決定。熱偶規管和真空系統相聯，如果維持加熱絲電流恆定，則熱偶絲的熱電位將由其周圍的氣體壓強決定。這是因為當壓強降低時，氣體的導熱率減少，而當壓強低於某一定值時，氣體導熱係數與壓強成正比。從而，可以找出熱電位和壓強的關係，直接讀出真空度值。

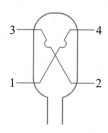

圖 4-9　熱偶真空規管

1，2-加熱絲；3，4-熱電偶絲

3.熱陰極游離真空規

　　熱陰極游離真空規是測量 $10^{-1}\sim10^{-5}$ Pa 壓強的另一種相對規，通常簡稱游離規。

普通游離規管的結構如圖 4-10 所示。它是一支三極管，其收集極相對於陰極為負 30 V，而柵極上具有正電位 220 V。如果設法使陰極發射的電流和柵壓穩定，陰極發射的電子在柵極作用下，以高速運動與氣體分子碰撞，使氣體分子游離成離子。正離子將被帶負電位的收集極吸收而形成離子流。所形成的離子流與游離規管中氣體分子的濃度成正比：

$$I_+ = kpI_e \tag{4-8}$$

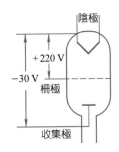

圖 4-10　熱陰極游離真空規管

式中 I_+ 為離子流強度（單位為 A）；I_e 為規管工作時的發射電流；p 為規管內空氣壓強（單位為 Pa）；k 為規管靈敏度，它與規管幾何尺寸及各電極的工作電壓有關，在一定壓強範圍內可視為常數。因此，從離子電流大小，即可知相應的氣體壓強。

熱偶規和游離規要配合使用。在 $10 \sim 10^{-1}$ Pa 時用熱偶規，系統壓強小於 10^{-1} Pa 時才能使用游離規，否則游離規管將被燒毀。此外，壓強的刻度均是按乾燥空氣為標準的，如測量其它氣體，讀數須修正。

校準真空計常用動態比較法。其原理是使用滲漏法將真空系統控制在恆定壓強下，把待校真空計與麥氏規進行比較，繪出校正曲線。

4.冷陰極磁控規

在超高真空領域，冷陰極磁控規是測量小於 10^{-9} Pa 的儀器。其原理是利用氣體在強磁場和高電場下在冷陰極放電的游離作用，使冷陰極游離規管具有極高的靈敏度，避免了一般熱游離式超高真空規管因軟 X 射線的影響而限制其對更高真空度的測量。其結構包括冷陰極磁控式游離規管、磁鋼（1500 Gs）和晶體管測量儀表三部分。測量範圍在 $10^{-3} \sim 10^{-12}$ Pa。一種冷陰極磁控規的原理圖如圖 4-11 所示。

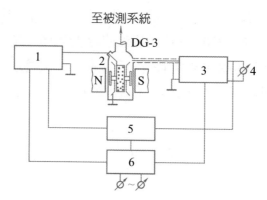

圖 4-11　SD-6902 型真空規原理圖

1-5kV 直流高壓穩壓電源；2-磁鋼；3-微電流放大器；4-指示儀表；5-過載保護裝置；6-工作電源

4.2.3　實驗室常用的真空裝置和操作單元[6, 10, 12]

　　一套實驗室中使用的真空裝置包括三個部分：真空泵、真空測量裝置和按照具體實驗的要求而設計的管路或儀器。

　　真空裝置中的閥門（或旋塞）是必不可少的，它的選擇和配置對系統真空度有直接的影響。真空閥門是真空系統中用以調節氣體流量和切斷氣流通路的元件。目前已有許多種不同材料、不同結構和不同用途的閥門。真空系統中常裝有阱，作用是減少油蒸氣、水蒸氣、汞蒸氣及其它腐蝕性氣體對系統的影響，有時也用於物質的分離或提高系統的真空度。

　　特殊的真空管路或儀器主要是為了操作那些易揮發或與空氣或水氣易起反應的物質用的。這類物質在無機合成中是很常見的，如某些金屬鹵化物、配合物、中間價態或低價態化合物和某些有機試劑等。

1.閥

　　玻璃閥（玻璃旋塞）是最早使用和最方便的閥門，它具有易清洗、易製造、化學穩定、絕緣性好和便於檢漏等優點。圖 4-12 是幾種玻璃二通和三通旋塞的結構。使用這類磨口旋塞時，要在旋塞的表面（注意不要在孔處）塗一薄層真空封脂，然後來迴轉動旋塞使封脂完全分佈均勻並不再有空氣泡存在時，再整圈地轉動。開閉玻璃真空旋塞時應輕輕地轉動它，防止油膜出現撕開的情況而漏氣。真空封脂是密封和潤滑用的。常用的真空封脂的飽和蒸氣壓均低於 10^{-4} Pa，使用溫度依照型號不同而不同，一般有在常溫至 130℃ 下使用的各種型號的封脂，特殊的封脂可在-40～200℃ 之間使用。因此，在實驗中我們可根據需要選擇適合的真空封脂。

圖 4-12　幾種玻璃旋塞

　　圖 4-13 是一種玻璃針形閥。由線圈控制的針桿可在毛細管內徑中移動。毛細管和玻璃針的直徑將取決於通過氣體的體積和需要控制的程度。除此之外，根據需要也可做成球磨電磁閥、無油玻璃活栓等超高真空玻璃活栓，它們多用磁鐵提升開或閉。通常無油類型的玻璃活栓有兩種：一種是以磨口密封的，在真空狀態下進行活塞開閉；另一種用低熔點的鎵銦合金在室溫下保持液態的性質來截斷氣流的通路。圖 4-14 是兩種無油活栓的結構。也可用金屬錫製作液體金屬閥門。錫的熔點是 $232℃$，在 $450℃$ 下的蒸氣壓為 $10^{-11}Pa$，只要加溫，用旋轉螺旋的方法升降閥帽。由於結構簡單易製作，這類閥門一直受到重視。

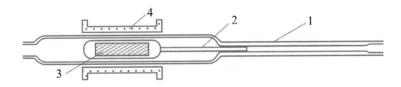

圖 4-13　玻璃針形閥

1—毛細管；2—玻璃針；3—針桿；4—線圈

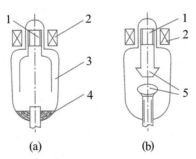

(a)　　　　　　(b)

(a)金屬鎵銦合金無油活栓
(b)磨口型無油玻璃活栓

圖 4-14　兩種無油活栓

1—鐵芯；2—線圈（或磁鐵）；3—玻璃罩；4—液體金屬；5—磨口

　　在化學製備工作中，如果某一連接處只需要打開或關閉一次，在這種場合下常可以用一個熔封處（關閉）與一個擊破活門（打開）聯合起來使用。

　　因為直徑較大的管子在抽成真空時對其直接熔封很困難，所以應把那些預備熔封的地點先縮細同時熔厚：將管燒軟時，先稍稍向一起推，然後再拉開些即成。要熔封時，可將此處均勻地加熱，沿著管子軸心的方向拉開，也可用一根玻璃棒向旁邊拉，就可以在真空下將管封住。

　　用擊破活門的方法（圖 4-15）可以將一個管道的連接處打開。這種活門是將一根玻璃管端頭拉成細尖並彎向一旁或將尖端吹成很薄的小球，然後將這根管熔封在一根較粗的玻璃管中製成的。錘的製法是將一段鐵絲封在一段玻璃管中。將擊破活門安裝在直立位置；用一個強的電磁鐵把錘滑進管中，輕輕地放在小球或細尖上。將活門的兩端與儀器的其它部分的連接管熔接起來。以後要打開活門時，可用電磁鐵將錘舉起約幾釐米高，然後讓它落在小球或細尖上，小球或細尖就被擊而破裂，讓氣體通過。還有許多種類型的擊破活門，都是利用打破一根細管或小球的原理製成的。用這種方法可向真空系統中一次性引入氣體、液體或固體試劑。

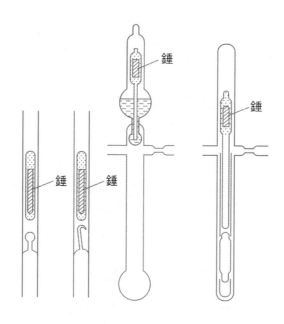

圖 4-15　擊破活門

　　金屬閥門的種類也很多。圖 4-16 是一種氣動金屬閘閥，這種閥是靠氣缸開閉的。氣缸 1 左端推動活塞 2，此時閥桿 6 帶動橫桿 12 和閥蓋 10 在軌域 8 上往右移動，當橫

桿 12 遇到定位鎖 11 時，閥蓋 10 就不再移動；閥桿再往右移動時，就推動連桿 7，使閥蓋 10 垂直往下運動，直至關閉閥為止。打開閥門時，則與上述動作相反。圖中其它零件是活塞密封圈 3，氣缸座 4，閥體 5，閥口膠圈 9 等。

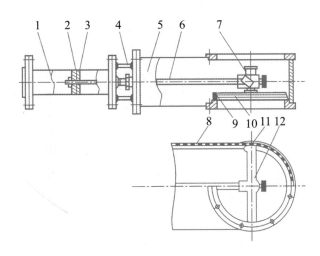

圖 4-16　金屬氣動閘閥

2.阱

阱的主要類型有機械阱，冷凝阱、熱電阱、離子阱和吸附阱等。機械阱加冷凝裝置後用來阻止擴散泵油蒸氣的返流並阻止油蒸氣進入前級泵。通常擴散泵油在冰點溫度的蒸氣壓約為 10^{-6} Pa。因此，有必要用阱消除油蒸氣以獲得 10^{-8} Pa 的真空度。冷凝阱常用液氮作冷凝劑獲得 $-196℃$ 的低溫，因而可使系統內各種有害雜質的蒸氣壓大為降低，從而獲得較高的極限真空。根據實驗要求冷凝劑還可用自來水、低溫鹽水、乾冰、氟氯烷和液氨等。圖 4-17 是一些冷阱的結構示意圖。

一種熱阱是利用碳氫化合物在加熱板上分解出氣體（氫氣，一氧化碳等）和固態碳，用碳吸收蒸氣。把它放置在擴散泵與機械泵之間，可防止機械泵低沸點油氣的返流。利用多孔性吸附材料可製成各類吸附阱。這類阱對一般冷阱不能消除的惰性氣體特別有效，它們既可清潔系統又可降低系統的分壓強。如分子篩阱、活性氧化鋁阱和活性炭阱等，它們可用來獲得超高真空。圖 4-18 是兩種含有折疊銅箔的冷吸附阱，用它們可獲得 10^{-8} Pa 的超高真空。阱在超高真空管路中的配置如框圖 4-19 所示。

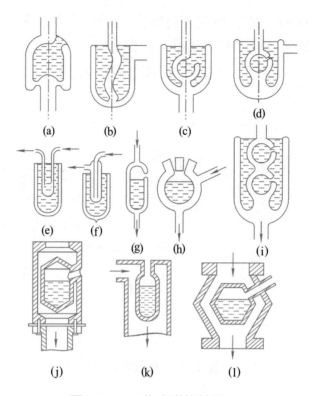

圖 4-17　一些冷阱的結構

(a)～(i)—玻璃冷阱；(j)～(l)—金屬型冷阱

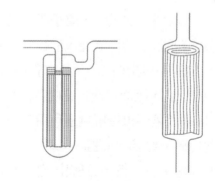

圖 4-18　兩種含有折疊銅箔的冷吸附阱

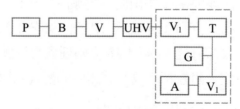

圖 4-19　超高真空裝置框圖

P－真空泵；B－冷阱；V－閥；UHV－超高真空泵；V_1－超高真空閥；T－吸附阱；G－真空規；A－主容器；畫虛線部分在 400～450℃下烘烤脫氣

在真空條件下的合成實驗中，常用阱（通常是冷阱）來貯存常溫下易揮發物料或使揮發組分冷凝在反應器中，同時用於揮發性化合物的分離，如分凝等。

3. 沈澱、純化和分離不穩定物質的真空裝置

圖 4-20 是一套適用於在完全隔絕空氣條件下從水溶液中沈澱、純化和分離極不穩定物質的真空裝置。首先將高純氮氣由 mk 處充入裝置中，將 *h* 和 *f* 關閉，由 *e* 處抽真空。然後關閉 *g*，讓空氣由 *f* 進入，並在磨口 2 處使 *H* 與裝置脫離。

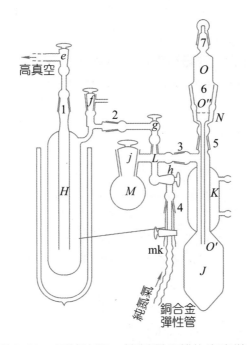

圖 4-20　用於沈澱、純製和分離的真空裝置

H－冷阱；*J*－反應瓶；*K*－冷凝器；*M*－P_2O_5 乾燥瓶；*O*－過濾管，有伸長部分 *O'* 和燒結濾板 *O''*；1～7－磨口接頭；*e*～*j*－旋塞；mk－金屬活門

將 N_2 由 mk 處充入 *J*，在氮氣流中將套蓋 7 取下。將溶液由 7 經過熔砂玻璃板裝入 *J* 中，此時固體顆粒留在濾板上。將 *R* 關閉後，可將蒸餾水洗瓶（圖 4-21）安裝在套頭上，把 *R* 和 *U* 稍鬆開使 *S* 和 *T* 中充滿不含空氣的蒸餾水。然後將過濾部分取掉，在氮氣流下，將磨口套筒 5 裝上，如圖 4-22 所示。

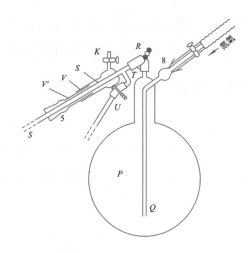

圖 4-21　沈澱和洗滌（用傾析法）用的貯水瓶

Q－氣體導入管；S－與沈澱瓶接管，有磨口接頭；5－平行磨口 VV'；T－廢水排口；$R，U$－有彈簧夾的壓力橡皮管

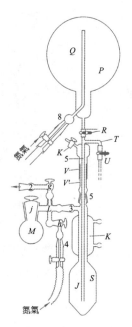

圖 4-22　沈澱和洗滌時水瓶的位置

　　讓水進入 J 中，於是在 J 處的溶液中析出沈澱。待沈澱降下後，藉平行磨口 VV' 將 S 管下滑至液面，用氮氣將溶液從 T 處壓出。可用上述方法對沈澱洗滌多次。最後把大冷阱 H（液氮或乾冰）再裝上並抽真空。大部分水氣將被冷凝在阱中並得到乾燥試樣。此時可打開旋塞 j，以便將試樣最後乾燥。再通入氮氣，並將圖 4-23 上部的附件裝上。將裝置翻轉時，試樣粉末即落入 W 中。把通氮的設備在 m 處與裝置連接後，即可將 J 取掉，裝上真空旋塞 X，抽空之後即可將試樣移入 Y 中。最後可將盛有試樣的 Y 瓶熔封。

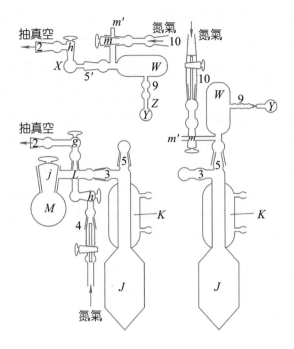

圖 4-23　表示乾燥和將沈澱裝瓶時的位置

W－移取沈澱用的容器，有接往真空裝置的旋塞；X，Y－試樣瓶，有熔封處 Z；$2\sim10$－磨口；$g\sim m$－旋塞

4.真空系統中反應試劑的引入

　　一種將確定量的液體加入到氣相體系中的簡單方法如圖 4-24 所示。液體的流速由毛細管的直徑和液柱的高度來控制。液滴將在加熱管 A 中被汽化。一種更精心的設計是，貯液瓶是密封的，流速透過改變進入貯液瓶的空氣的速度來控制。也可用含有待加入液體的注射器操作。

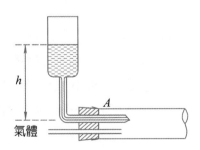

圖 4-24　液體向氣流中引入的裝置

氣體或強揮發性液體若需以均勻的速度加入到體系中時，可透過一支精細的毛細管來實現，用針形閥並配有流體壓力計控制可獲得均勻的添加速度。氣體進入質譜儀的進口系統即是使用可控制的毛細管滲漏方法。調整流速的一種改進方法是透過使用鎳鉻電阻絲加熱毛細管。如果氣體的壓強保持不變，那麼溫度升高將使氣體的流速減小。通常也可使用金屬和矽玻璃、陶瓷或其它多孔物質控制滲漏量將氣體加入到流動體系中。

低揮發性物質的引入常使用「攜帶」技術，即使用載氣通過液體或固體的表面。這種技術要求使用的載氣在低揮發性物質中不能存在有意義的溶解。可以使用甲苯作載氣攜帶在甲苯溶液中的一種過氧化物的蒸氣。隨著這種兩組分液體的蒸發，將在氣相中明顯地產生連續可變化的濃度。圖4-25示出了一種改進的甲苯攜帶技術的標準蒸發方法。雙阱汽化技術避免了在任何特殊溫度下的不完全汽化。載氣通過在第一個阱中的反應器，此時載氣可能沒有被完全飽和，但在第二個阱中，此阱的溫度維持在低於第一個阱15℃左右，則發生縮聚，並且載氣流攜帶在該溫度下液體的飽和蒸氣通過第二個阱。

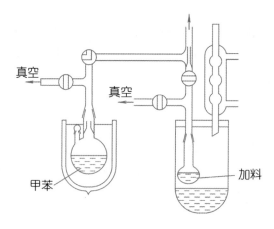

圖 4-25　攜帶汽化技術裝置

圖4-26是一種允許迅速抽空的實驗裝置。反應器將保持在與恆熱器中燒杯的相同或稍低溫度下，並將其套在系統的進口處。通過旋轉燒杯磨口連接處即可進行抽空。氣體進入體系的流量可用一支配有電磁操作閥的汞接觸壓力計來控制。當氣體與汞有反應或避免汞蒸氣進入體系時，可用配有反射光—光電池敏感元件的玻璃薄膜壓力計。

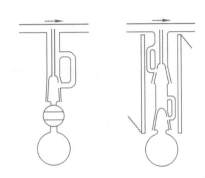

圖 4-26　允許抽空的反應物引入裝置

5.處置對空氣和水氣敏感物料的真空管路

　　圖 4-27 是處置對空氣和水氣敏感物料的標準真空管路，它包括三個部分：液體物料或溶劑貯存部分、反應器部分和分離系統。整個真空管路事先透過細心的抽空以脫除水氣。圖中 A 和 B 是兩支貯存管，C 是反應燒瓶，D 是固體物料進料口，其餘是兩套過濾器。

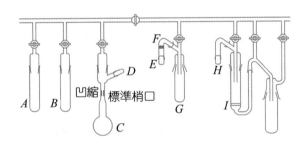

圖 4-27　處置對空氣和水氣敏感物料的標準真空管路

　　首先將液體物料或溶劑置於貯存管 A 和 B 中。固體物料事先貯存在帶磨口的充氮氣的管子中，通過接口 D 在逆流的氮氣下將固體物料裝入反應燒瓶 C 中。然後把儀器抽空。從液體物料貯存管向反應燒瓶中蒸餾進去液體物料或溶劑，此時將反應燒瓶用液氮或乾冰－丙酮冷凍劑冷凍以收集蒸餾物。待反應物料和溶劑全部進入反應燒瓶後，將燒瓶熔封並從真空管路上取下。然後將燒瓶和內容物升溫，並在一定溫度下充分地搖盪使之反應。反應完成後，通常在冷卻條件下並在氮氣氛下把燒瓶打開。若產物為液相，可在氮氣流下把燒瓶在接口 E 處連接到真空管路的過濾段上。將儀器抽空後，將溶液通過濾板 F 過濾到捕集器 G 中，從濾液中蒸除溶劑即得到需要的產物。若產物是固體，則在

接口 *H* 處將燒瓶與真空管路的過濾段相接，將產物過濾到濾板 *I* 上。產物可用溶劑洗滌，最後用真空泵連續抽空以除去痕量溶劑。

金屬鹵化物同適宜的烷基腈反應合成 $MX_4 \cdot RCN$ 的實驗可在上述真空管路中進行。許多配合物的合成，如六氯合鈦（IV）酸二乙胺（$[(C_2H_5)_2NH_2]_2TiCl_6$，用 $TiCl_4 \cdot 2C_2H_5CN$ 和氯化二乙胺作原料，氯仿作溶劑），均可利用上述操作進行。

6.處置揮發性氫化物的真空管路

圖 4-28 是用於製備揮發性氫化物的一套儀器。這些氫化物可以是鍺、錫、砷或銻的氫化物。

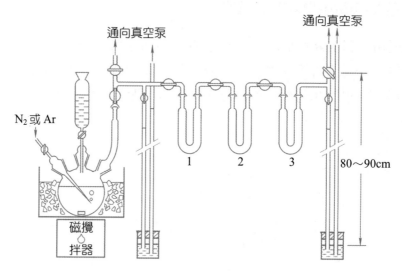

圖 4-28 製備揮發性氫化物的儀器

將酸的水溶液放在一只備有電磁攪拌器的 5000 ml 三頸圓底燒瓶中，瓶上連有通入氮氣或氬氣的進氣管（插入溶液中），一支 100 ml 滴液漏斗和一支連向真空管路的出氣管。這個燒瓶是部分地浸沒在冰浴中的，在每次操作中，使氮氣或氬氣連續通入於電磁攪拌著的酸溶液中，並通入到順聯著的三個捕集器（1，2，3）中。在真空管路的右端連向真空泵，控制與真空泵相連的旋塞，將系統中的氣壓保持在約 10^4 Pa 的低真空下。三個捕集器的溫度根據具體實驗要求而定。

合成鍺烷和二鍺烷的典型實驗操作為：在反應瓶（不用冰浴）中裝入 120 ml 冰乙酸並通入氮氣沖洗。在 25 ml 水中依次溶解 2 g 粒狀氫氧化鉀、1 g 二氧化鍺和 1.5 g 硼氫化鉀，使 BH_4^- / Ge（IV）比值為 2.9。在 10 min 內，將這種溶液加入到冰乙酸中。繼續通入惰氣 5 min，然後將連通反應瓶和真空管路的旋塞關閉。最後將真空管路徹底

抽空。

在第一個液氮捕集器中的物質是鍺烷、二鍺烷、痕量的三鍺烷、水、乙酸和二氧化碳。將這種物料蒸餾通過一個氯仿泥浴阱（−63.5℃）以除去三鍺烷、水和二氧化碳。令氣體通過連續的裝有燒鹼石棉和過氯酸鎂的捕集管，可以很容易地除去二氧化碳。最後將氣體蒸餾通過一個二硫化碳泥浴阱（−111.6℃）以分離二鍺烷，就可以得到鍺烷和二鍺烷試樣了。

4.3 低溫下氣體的分離[2, 5]

非金屬化合物的反應一般說來不可能很完全，並且副反應較多。它們的分離主要靠低溫。分離的方法有五種：

①低溫下的分級冷凝；②低溫下的分級減壓蒸發；③低溫吸附分離；④低溫分餾；⑤低溫化學分離。

4.3.1 低溫下的分級冷凝

1.方法概述

所謂低溫下的分級冷凝是讓一個氣體混合物通過不同低溫的冷阱，由於氣體的沸點不同，就分別冷凝在不同低溫的冷阱內，從而達到其分離目的。

但有一個問題必須弄清，這就是當氣體通過冷阱後，其蒸氣壓為多大時才算冷凝徹底了呢？在什麼情況下又是不能冷凝呢？通常認為當有一種氣體通過冷阱後其蒸氣壓小於 1.3 Pa 時就認為是定量地捕集在冷阱中，是冷凝徹底了；而蒸氣壓大於 133.3Pa 的氣體將穿過冷阱，就認為不能冷凝。

關於壓強在 1.3 Pa 左右的溫度—蒸氣壓數據往往對一些重要的化合物來說是沒有的，或者不能很快的被計算出來，而對我們選擇冷阱造成困難，但是對要分離的兩種化合物來說，我們可以根據它們的沸點或 0.1 MPa 下的昇華點來選擇一個合適的溫度，在某些情況下也可以用圖 4-29[2]。

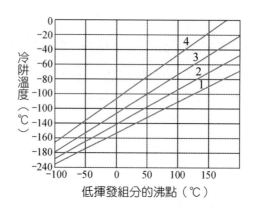

圖 4-29 分離揮發性多元混合物時建議的冷阱

1－當 Δbp＞120℃ 時能很好地冷卻捕集；
2－當 Δbp＞90℃ 時能較好地冷卻捕集；
3－當 Δbp＞60℃ 時基本冷卻捕集；
4－當 Δbp＞40℃ 時冷卻不好，捕集較差。

　　例如，假設我們想分離乙醚（bp＝34.6℃）和銻化氫（bp＝－18.4℃），就可找一個冷阱使乙醚定量冷凝，而讓銻化氫通過。選擇什麼樣的冷阱才能達到這個目的呢？我們可以從圖的橫坐標上找到，乙醚的沸點 34.6℃，再沿著這點向上找到「3」線上（因為乙醚和銻化氫的沸點之差為 53℃），發現冷凝乙醚的冷阱接近－100℃。從表 4-2 中可以看出甲苯泥浴（－95℃）非常合適。如果選用 CS_2 浴有可能會冷凝一些銻化氫。因此只有在蒸餾進行得很慢時，才可以使用。

　　有一點要注意，就是混合氣體通過冷阱時的速度不能太快，不然分離效率要受影響，這是因為：

　　(1)低揮發性組分在冷阱裡不可能徹底冷凝下來，有可能被高揮發性組分帶走。因此，高揮發性組分中就含有一部分低揮發性組分。

　　(2)由於系統中的壓力相當高，高揮發性組分可能部分地被冷凝到冷阱中。因此，低揮發性組分中可能含有高揮發性組分。

　　當然混合物也不能通過得太慢，如果太慢的話，冷阱中部分低揮發性組分的冷凝物要蒸發（即使在這種低溫下低揮發性組分也具有一定的蒸氣壓）。因此，易揮發性組分中可能含有低揮發性組分。

　　究竟混合氣體以什麼樣的速度通過冷阱才算合適呢？一般來說，當混合氣體以 1 mmol/min 時分離效果最好。

　　還有一點，一個混合物當其組分沸點之差小於 40℃ 時，透過分級冷凝達不到定量的分離。但是可以透過重複的分級冷凝來實現分離。一般說來這樣做的回收率較低。

2.應用實例

在標準狀況下，將 83.3 ml $B_3N_3H_6$ 和 23.8 ml BCl_3 混合並在室溫下反應 116 h，可以得到一種混合物：$B_3N_3H_4Cl_2$，$B_3N_3H_5Cl$，$B_3N_3H_6$，B_2H_6，H_2。其反應式如下：

$$B_3N_3H_6 + BCl_3 \xrightarrow[\text{116h}]{\text{室溫}} \begin{cases} B_3N_3H_4Cl_2 & (\text{bp} \quad 151.9℃) \\ B_3N_3H_5Cl & (\text{bp} \quad 109.5℃) \\ B_3N_3H_6 & (\text{bp} \quad 50.6℃) \\ B_2H_6 & (\text{bp} \quad -86℃) \\ H_2 & (\text{bp} \quad -253℃) \end{cases}$$

（反應物和產物的混合物）

得到的這一混合物如何分離呢？我們可以用下面的圖示來說明。

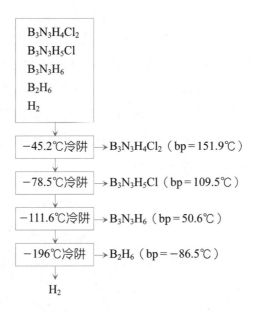

圖 4-30　低溫分級冷凝分離

首先選擇合適的冷阱，第一個冷阱可選氯苯；第二個選乾冰；第三個選二硫化碳；第四選液氮。當混合物通過第一個冷阱時，$B_3N_3H_4Cl_2$ 進行冷卻下來，它的蒸氣壓和溫度的關係如下：

$$\log p_1 = \frac{-1994}{T} + 7.572$$

當 $T = -45.2℃$（即 227.8 K）代入之後得 $p_1 = 8.8 \, \text{Pa}$，由此可見 $B_3N_3H_4Cl_2$ 基本上冷凝下來了。而 $B_3N_3H_5Cl$ 的蒸氣壓與溫度的關係是：

$$\log p_2 = -1846/T + 7.703$$

將 $T = 227.8$ K 代入後得 $p_2 = 53$Pa，說明 $B_3N_3H_5Cl$ 基本上跑掉了。由此可將 $B_3N_3H_4Cl_2$ 與其它混合物分離開來。這樣依次類推，最後便可達到全部分離。

4.3.2 低溫下的分級真空蒸發

這種分離方法是分離兩種揮發性物質最簡單的方法。這個方法是建立在當用泵把最易揮發的物質抽走之後，混合物中難揮發的物質基本上不蒸發這樣一個假設上，從而可以達到分離的目的。

這種方法的有效範圍是要分離的兩種物質的沸點之差大於 80℃。一般用乾冰作製冷浴，也可用液 N_2。

圖 4-31(a)就是這一方法的一套裝置：將欲分離的混合物裝在下面的玻璃泡中，這個泡浸在液氮中，然後讓冷的氮氣流平穩地通過真空夾套之間的空間，氮氣流的速度要仔細地調整使真空夾套之間的溫度保持在大約－130℃左右。讓混合物升溫並回流，然後透過小心地減少冷氮氣流，使夾套之間的溫度升高，直到最容易揮發的組分被泵抽走。隨著不斷增加夾套的溫度，其它一些組分也可以收集到，從而達到分離的目的。

類似的裝置還有圖 4-31(b)和圖 4-31(c)。

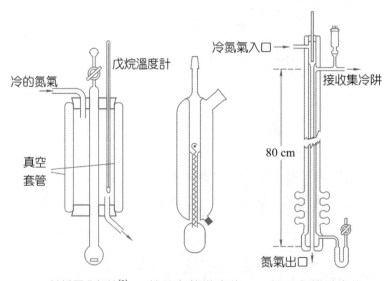

(a)低壓分餾柱[2]；　(b)具有熱梯度的　　(c)具有熱梯度的
　　　　　　　　　　低壓分餾柱[2]；　　　低壓分餾柱[2]

圖 4-31

4.3.3　低溫吸附分離

在物理吸附過程中，吸附是放熱的。因此，吸附量隨溫度的升高而降低，這是熱力學的必然結果。但當氣體吸附質分子（如 N_2，Ar，CO 等）的大小與吸附劑的孔徑接近時，溫度對吸附量的影響就會出現特殊的情況，如圖 4-32，這是 O_2，N_2，Ar，CO 等氣體在 4 A 型沸石上的吸附等壓線，其中對於 O_2 的吸附量是隨溫度的下降而增加，在 0℃時只有微量的吸附，而在 −196℃時吸附量可達 130 ml/g（18.6%），對於 N_2，Ar，CO 等氣體在 0～−80℃之間吸附量隨溫度的降低而增加，而在 −80～−196℃的範圍內吸附量隨溫度的降低而減小。也就是說，吸附量在 −80℃左右有一個極大值。這是由於 N_2，Ar，CO 等氣體分子和 4 A 型沸石的孔徑很接近，在很低的溫度下，它們的活化能很低，而且沸石的孔徑發生收縮，從而增加了這些分子在晶孔中擴散的困難。因此，溫度降低反而使吸附量下降。由此我們可以選擇一個較低的溫度使 O_2 同其它氣體分離。

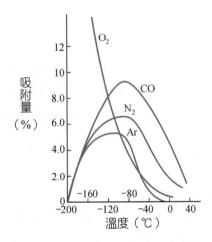

圖 4-32　4 A 型沸石上的吸附等壓線[5]

再如在低溫下分離氦和氖，這兩種氣體在 5 A 型和 13 X 型分子型分子篩上的吸附等溫線（−196℃）見圖 4-33。

如果選用 13 X 型分子篩作吸附劑，當吸附溫度在 −196℃時，其分離係數 $\alpha = 5.3$，而且氖的等溫線呈線性。在適當壓力下進行吸附分離可以得到純度為 99.5% 的氖，回收率大於 98%。

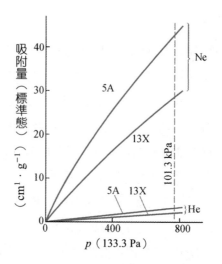

圖 4-33　氖和氦在 5 A 和 13 X 型分子篩上吸附等溫線（－196℃）^[5]

圖 4-33　氖和氦在 5 A 和 13 X 型分子篩上吸附等溫線（－196℃）[5]

4.3.4　低溫下的化學分離

　　有時候兩種化合物透過它們的揮發性的差別來進行分離是不太容易的，這時可以加上過量的第三種化合物，它能與其中一種形成不揮發性的化合物，這樣把揮發性的組分除去之後，再向不揮發性這一產物中加上過量的第四種化合物。這第四種化合物可以從不揮發性化合物中把原來的組分置換出來，與加上去的第三種化合物形成不揮發性的化合物，現舉例說明並參考圖 4-34。

　　由圖 4-34 中可知四氟化硫中含有雜質 SF_6、SOF_2，向其中加入過量的第三種化合物 BF_3，則 BF_3 只與 SF_4 形成低揮發性的錯合物 $SF_4 \cdot BF_3$，這時將整個體系降溫至－78℃並用泵抽，易揮發性組分 BF_3、SF_6、SOF_2 都被泵抽掉，只剩下不易揮發的錯合物 $SF_4 \cdot BF_3$。再向這個錯合物加入第四種過量的化合物 Et_2O，由於 Et_2O 與 BF_3 的錯合能力大於 SF_4 與 BF_3 的錯合能力，因此就形成了 $Et_2O \cdot BF_3$，它具有低的揮發性，在－112℃進行泵抽時只把 SF_4 抽走，剩下的是 $Et_2O \cdot BF_3$。

　　再如圖 4-35，由圖中可知，向待分離的 GeH_4 和 PH_3 中，加入過量的第三種化合物 HCl，則 PH_3 與 HCl 形成低揮發化合物 PH_4Cl；GeH_4 不反應，然後在－112℃時進行泵抽，抽走 GeH_4，剩下 PH_4Cl，然後分別用 KOH 處理就可得到純 PH_3 和 GeH_4。

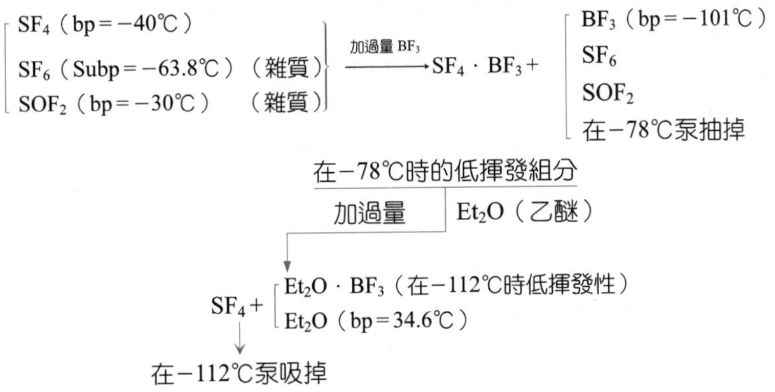

$$
\begin{bmatrix}
SF_4（bp=-40℃） \\
SF_6（Subp=-63.8℃）（雜質） \\
SOF_2（bp=-30℃）（雜質）
\end{bmatrix}
\xrightarrow{\text{加過量 } BF_3}
SF_4 \cdot BF_3 +
\begin{bmatrix}
BF_3（bp=-101℃） \\
SF_6 \\
SOF_2 \\
在-78℃泵抽掉
\end{bmatrix}
$$

在-78℃時的低揮發組分

加過量　Et$_2$O（乙醚）

$$
SF_4 +
\begin{bmatrix}
Et_2O \cdot BF_3（在-112℃時低揮發性） \\
Et_2O（bp=34.6℃）
\end{bmatrix}
$$

在-112℃泵吸掉

圖 4-34　SF$_4$的低溫純化

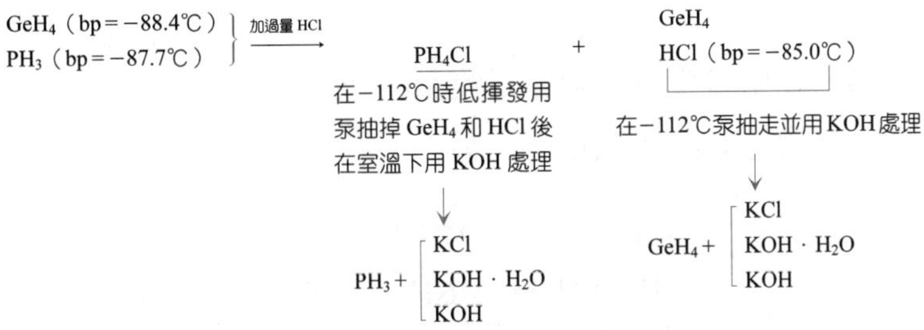

$$
\begin{bmatrix}
GeH_4（bp=-88.4℃） \\
PH_3（bp=-87.7℃）
\end{bmatrix}
\xrightarrow{\text{加過量 HCl}}
\underline{PH_4Cl} +
\begin{bmatrix}
GeH_4 \\
HCl（bp=-85.0℃）
\end{bmatrix}
$$

在-112℃時低揮發用
泵抽掉 GeH$_4$ 和 HCl 後
在室溫下用 KOH 處理

在-112℃泵抽走並用 KOH 處理

$$
PH_3 +
\begin{bmatrix}
KCl \\
KOH \cdot H_2O \\
KOH
\end{bmatrix}
\qquad
GeH_4 +
\begin{bmatrix}
KCl \\
KOH \cdot H_2O \\
KOH
\end{bmatrix}
$$

圖 4-35　低溫分離 GeH$_4$ 和 PH$_3$

4.4　液氨中合成[2, 3]

4.4.1　金屬與液氨的反應

　　氨的熔點是-77.70℃，沸點是-33.35℃，所以金屬與液氨的反應屬於低溫反應，值得重視的是近年來這方面的研究工作很多，一些主要的反應歸納如下：

1. 液氨與鹼金屬及其化合物的反應

　　鹼金屬在液氨中的溶液是亞穩態的。一般條件下反應較慢（見表 4-9），但在催化劑存在時能迅速地反應形成金屬氨化物並放出氫 H$_2$：

$$
M+NH_3（1）\Longrightarrow MNH_2+\frac{1}{2}H_2\uparrow
$$

表 4-9　某些鹼金屬在液氨中的溶解度和反應時間[3]

鹼金屬	溫度（℃）	溶解度 [mol·(100gNH₃)⁻¹]	反應時間
Li	−63.5 −33.2 0	15.4 15.66 16.31	很　長
Na	−70 −33.5 0	11.29 10.93 10.00	10 d
K	−50 −33.2 0	12.3 11.86 12.4	1 h
Rb			30 min
Cs	−50	2.34	5 min

這個反應隨著溫度的升高和鹼金屬相對原子質量的增加而加快。

　　某些鹼金屬的化合物也能與液氨進行反應：

$$MH + NH_3 = MNH_2 + H_2$$
$$M_2O + NH_3 = MNH_2 + MOH$$

這裡需要說明的是 $NaNH_2$ 也可以在高溫下進行製備：

$$Na(l) + NH_3(g) = NaNH_2 + \frac{1}{2}H_2 \uparrow$$

但由於這個反應是氣─液反應，屬界面反應，所以反應不可能很完全。在低溫下，鈉在液氨中形成真溶液，在催化劑存在下（如 Fe^{3+}）反應得很完全。

2.鹼土金屬和液氨的反應

　　鈹和鎂不溶於液氨也不與液氨反應，但是有少量的銨離子存在時，鎂能與液氨反應並形成不溶性的氨化物，銨離子起催化劑的作用。其反應為：

$$Mg + 2NH_4^+ = Mg^{2+} + 2NH_3 + H_2$$
$$Mg^{2+} + 4NH_3 = Mg(NH_2)_2 + 2NH_4^+$$

　　其它鹼土金屬像鹼金屬一樣，在液氨中也能溶解，形成的溶液能夠慢慢地分解並形成金屬的氨化物。

　　鹼土金屬的鹽也能與液氨反應形成相應的氨化物。

4.4.2　化合物在液氨中的反應

很多化合物在液氨中能夠氨解得到相應的化合物，例如：

$$BCl_3 + 6NH_3 = B(NH_2)_3 + 3NH_4Cl$$

如果將氨化物 $B(NH_2)_3$ 加熱至 0℃ 以上，它分解並得到亞胺化合物：

$$2B(NH_2)_3 = B_2(NH)_3 + 3NH_3$$

研究表明，三碘化硼在 −33℃ 的液氨中可直接生成亞胺化合物：

$$2BI_3 + 9NH_3 = B_2(NH)_3 + 6NH_4I$$

再如 P_4S_3，這個化合物也可以與液氨進行反應：

$$P_4S_3 \xrightarrow[-33℃]{NH_3} (NH_4)[P_4S_3(NH_2)_2] \xrightarrow{20℃} (NH_4)[P_4S_3(NH)]$$
$$\downarrow 100℃$$
$$(NH_4)[P_4S_3(NH_2)]$$
$$\downarrow 150℃$$
$$P_4S_3$$

As_4S_6 在 −33℃ 的液氨中，可以得到一種亮黃色的銨鹽，而將這種亮黃色的銨鹽加熱到 0℃ 時，又得到了深橘紅色砷的亞胺化合物。

$$3As_4S_6 + 7NH_3 \xrightarrow{-33℃} (NH_4)_2[As_4S_5(NH_2)_4] \text{亮黃色}$$
$$\downarrow 0℃$$
$$As_4S_5(NH) + 5NH_3$$
$$\text{深橘紅色}$$

除此之外，一些錯合物在液氨中可以發生取代反應：

$$[Co(H_2O)_6]^{2+} + 6NH_3 = [Co(NH_3)_6]^{2+} + 6H_2O$$
$$(\eta^5-C_5H_5)_2TiCl + 4NH_3 \xrightarrow{-36℃} (\eta^5-C_5H_5)TiCl(NH_2) \cdot 3NH_3 + C_5H_6$$
$$(\eta^5-C_5H_5)TiCl(NH_2) \cdot 3NH_3 \xrightarrow{20℃} (\eta^5-C_5H_5)TiCl(NH_2) + 3NH_3$$

4.4.3 非金屬與液氨的反應

　　硫是非金屬中最易溶於液氨的，溶解後得到一種綠色的溶液，當這種綠色的溶液冷卻到$-84.6℃$時，又變成了紅色。這種現象的本質目前尚不清楚。這種溶液與銀鹽反應可以得到 Ag_2S 沈澱。如果將這種溶液蒸發可以得到 S_4N_4，因此在溶液中發生的反應可能是：

$$10S + 4NH_3 \Longrightarrow S_4N_4 + 6H_2S$$

但是光譜數據的證據並不支持這種看法。所以有待進一步研究。

　　臭氧在$-78℃$與液氨反應可以得到硝酸銨，其反應為：

$$2NH_3 + 4O_3 \Longrightarrow NH_4NO_3 + H_2O + 4O_2$$
$$2NH_3 + 3O_3 \Longrightarrow NH_4NO_2 + H_2O + 3O_2$$

硝酸銨的產率為 98%，而亞硝酸銨的產率為 2%。

4.4.4 合成實例——NaNH₂ 的製備

$$Na + NH_3 \Longrightarrow NaNH_2 + \frac{1}{2}H_2$$

所需試劑：150 ml 液氨，10 gNa 塊
所需儀器：見圖 4-36
操作步驟：

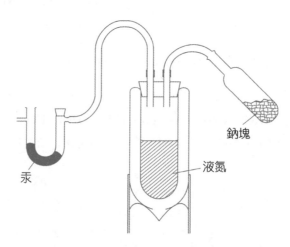

鈉塊

液氮

汞

圖 4-36　製備 NaNH₂ 的裝置[2]

在惰性氣體箱或惰性氣體袋裡，用刀刮去鈉塊上的油和氧化物。然後切 5g 鈉成豌豆大小的塊放入盛鈉的支管中，在這管上接一段直徑較粗的橡皮管並用夾子擰緊以免使它接觸空氣，然後從惰氣箱中取出。

讓液氨鋼瓶的一個開口通過杜而瓶頂部的大口，開啟鋼瓶閥使新鮮的氨氣通過杜而瓶幾分鐘，由於杜而瓶沒有用棉紗蓋住，所以要特別小心，不然的話萬一杜而瓶爆炸時，人會被破碎的玻璃傷著。然後把鋼瓶閥進一步放大使杜而瓶收集 150 ml 左右的液氨，關上鋼瓶閥，並從鋼瓶旁拿走杜而瓶，然後把杜而瓶放在一通風櫃裡，加入少量的（像米粒大小）Fe（NO$_3$）$_3$·9H$_2$O 晶體到液氨中。在杜而瓶頂部連接好支管並使其通過橡皮管接上一個 U 形汞鼓泡管，它主要作液氨蒸發的出口，並且當所有的液 NH$_3$ 蒸發掉後，阻止空氣進入杜而瓶中。整個裝置的連接都是不允許漏氣的。加鈉的速度要使氨溶液保持緩和的沸騰。加完所有的鈉，大約需要半小時，此時溶液的藍色應該消失。然後搬掉這一套管子，用一個橡皮塞塞住杜而瓶的瓶口，接著放置這套裝置 1 至 2 d，以便讓氨蒸發掉，再把這套裝置轉移到惰性氣體箱或惰性氣體袋中，用長把刮刀將胺基鈉從杜而瓶裡轉移到一個有嚴密塞子的瓶子裡。

最重要的是不要讓空氣接觸胺基鈉，因為氧能與它反應並形成一種黃色的含各種氧化物的表面覆蓋層，這種被氧化的物質是易爆炸的，並且由於摩擦或加熱就可起爆。

4.5　低溫下稀有氣體化合物的合成[4]

稀有氣體是氦、氖、氬、氪、氙和氡等六種元素，舊稱「惰性元素」。自從 1962 年首次合成了氙的化合物後，所謂的惰性元素已經不「惰」了。並且陸續合成了許多新的稀有氣體化合物。

稀有氣體本身就是在低溫下進行分離、純化的（此處不詳述了），它的一些化合物有一些也是在低溫下合成的，現歸納如下。

4.5.1　低溫下的放電合成

1933 年 Yost 等人曾用放電法製備氟化氙，但未成功。1963 年 Kirschenbaum 等人用放電法製備 XeF$_4$ 獲得成功。反應器的直徑為 6.5 cm，電極表面的直徑為 2 cm，相距 7.5 cm，將反應器浸入 −78℃ 的冷卻槽中，然後將 1 體積的氙和 2 體積的氟在常溫常壓下以 136 cm^3/h 的速度通入反應器，放電條件為 1100 V，31 mA 至 2800 V，12 mA。歷時 3 h，耗 14.20 mmol 氟和 7.1 mmol 氙，生成了 7.07 mmol（1.465 g）的氟化氙。說

明此反應為定量反應。為了測定產物的組成，用過量的汞和產物反應，生成 Hg_2F_2 並放出氙，證明產物是 XeF_4。反應按下式進行：

$$XeF_4 + 4Hg = Xe + 2Hg_2F_2$$

在低溫下 XeF_4 與過量的 O_2F_2 反應時，則可被氧化成 XeF_6，其反應為

$$XeF_4 + O_2F_2 \xrightarrow{140\sim195K} XeF_6 + O_2$$

低溫放電合成的另一個例子是二氯化氙（$XeCl_2$）的製備。在 $-80\,^{\circ}\!C$ 下對氙、氟、$SiCl_4$（或 CCl_4）的混合物進行高頻放電，得到白色晶體。此白色晶體較穩定，可長期貯放在密封的玻璃容器中。在室溫下進行減壓昇華可使之純化。但在高度真空下，或加熱至 $80\,^{\circ}\!C$，結晶即分解。質譜分析時觀察到 $XeCl^-$ 離子，推測此白色晶體是 $XeCl_2$，但未能進行化學分析。這個結果現在仍有爭議。也有人在氙、氯混合物中進行微波放電，將產物收集在 20 K 的冷阱中，隨即對產物做紅外吸收光譜測定，在 $313\ cm^{-1}$ 處顯示一吸收峰。若假定 $XeCl_2$ 分子的幾何組態是線形對稱的，則計算出來的紅外吸收光譜與實驗所得值接近（計算值 $314.1\ cm^{-1}$）。說明此吸收峰相應於線形分子 $XeCl_2$ 的 v_3 振動，從而證實微波放電後的產物確是 $XeCl_2$。

4.5.2　低溫水解合成

迄今為止，氙的氧化物尚不能由單質的氙和氧直接化合而成，只能由氟化氙轉化而來，氙的氟氧化合物也是靠氟化氙轉化而獲得。如 XeO_3、$XeOF_4$、XeO_2F_2 是由 XeF_6 轉化而來，XeO_4 和 XeO_3F_2 則由 XeF_4 或 XeF_6 水解生成高氙酸再轉化而成。

最初製成 XeF_4 時，就發現它的水解過程比較複雜。經過仔細研究，證明水解的最終產物不是 Xe（Ⅳ）化合物，而是 Xe（Ⅵ）化合物。其反應機構為 XeF_4 水解時發生歧化反應，Xe（Ⅳ）一部分被氧化成 Xe（Ⅵ），一部分被還原為單質氙。

$$3XeF_4 + 6H_2O = XeO_3 + 2Xe + \frac{3}{2}O_2 + 12HF$$

水解的最終產物經 X 射線分析，確證為 XeO_3。

XeF_6 的水解機構比較簡單，無歧化反應產生：

$$XeF_6 + 3H_2O = XeO_3 + 6HF$$

此外 $XeOF_4$ 水解也可生成 XeO_3：

$$XeOF_4 + 2H_2O \Longrightarrow XeO_3 + 4HF$$

對比 XeF_4 和 XeF_6 的水解結果可以看出，XeF_6 水解時 Xe（Ⅵ）全部變成 XeO_3，轉化率最高；XeF_4 由於歧化反應，Xe（Ⅳ）只有三分之一轉化為 XeO_3，故製備 XeO_3 以 XeF_6 水解為宜。

XeF_4 和 XeF_6 的水解反應極為劇烈，易引起爆炸。為了減慢和便於控制反應速率，可先用液氮冷卻氟化氙，然後加入水，這時便形成了凝固狀態，逐漸加熱使反應緩緩進行，直至加熱至室溫。水解完畢後，小心地蒸發掉氟化氫和過量的水，便可得到潮解狀的白色 XeO_3 固體。

XeO_4 的製備也需要低溫。將高氙酸鹽放入帶支管的玻璃儀器中，在室溫下緩慢滴入 $-5℃$ 的濃硫酸，生成 XeO_4 氣體。將此氣體收集：液氮冷凝器中，呈黃色固體。然後進行真空昇華，即得到純的四氧化氙，儲於 $-78℃$ 的冷凝容器中。高氙酸鹽與濃硫酸的反應如下：

$$Na_4XeO_6 + 2H_2SO_4 \Longrightarrow XeO_4 + 2Na_2SO_4 + 2H_2O$$
$$Ba_2XeO_6 + 2H_2SO_4 \Longrightarrow XeO_4 + 2BaSO_4\downarrow + 2H_2O$$

需要特別指出的是 XeO_4 固體極不穩定，甚至在 $-40℃$ 也發生爆炸，故其反應式為

$$XeO_4 \Longrightarrow Xe + 2O_2$$

因此需要在 $-78℃$ 下保存。

4.5.3　低溫光化學合成

1962 年 Weeks 等在 $-60℃$ 下，用紫外線照射氪、氟混合物，沒有得到氟化氪。1966 年 Streng 將氪和氟（或 F_2O）按 1：1 裝入硬質玻璃容器中，在常溫常壓下，用日光照射五個星期，據說製得了 KrF_2，但此實驗未能被重複，趨向於被否定。因此，光化學合成法製備 KrF_2 就擱置下來，至 1975 年 Slivnik 降低反應溫度至 $-196℃$，在 100 ml 的硬質玻璃反應器內，用紫外線照射氪、氟混合液體 48 h，確證獲得了 4.7 g KrF_2。實驗證明溫度對反應的影響很顯著，溫度稍高就不能合成 KrF_2。例如在 $-78℃$ 時，氪、氟混合物在紫外線（$2000 \sim 4700Å$）照射下，不能生成氟化氪，這也就解釋了早期用光化學法合成氟化氪失敗的原因。因為早期合成時的溫度（$-60℃$ 和室溫）都高於 $-78℃$，故不生成二氟化氪。

光化學合成 KrF_2 的機構：首先是分子氟受激分解為原子氟，原子氟與氪生成 KrF．

自由基，然後 KrF·和 KrF·或 F 原子碰撞生成 KrF$_2$，故光源的波長對量子產率（KrF$_2$ 的產量／W·h）有很大的影響。例如波長 3100Å 時的量子產率最大，這是因為氟分子的吸收帶恰好在 2500～3000Å 區間，有利於氟受激分解為原子氟。體系中的雜質對量子產率的影響也很大。例如 Kr（s）－F$_2$（g）體系中，如含氧 10%～15%，則量子產率降低 1～2 倍。氙的影響更大，當體系中含氙 5%時，實際上不生成 KrF$_2$，主要生成 XeF$_2$。加入 BF$_3$ 可使量子產率增加一倍，這可能是 BF$_3$ 與 KrF·自由基反應，生成的 KrBF$_4$，有利於 KrF$_2$ 的穩定和不致分解；另一方面，BF$_3$ 與生成的 KrF$_2$ 結合為 KrF$_2$·BF$_3$，可免於 KrF$_2$ 的光解。

二氟化氙的合成：

當用氟吸收光譜區 2300～3500Å 的紫外光照射氙和氟的混合物時，氙和氟即反應生成一種晶狀固體二氟化氙。如果對產物在−78℃下連續捕集，則可以得到純淨的二氟化氙。

反應裝置如圖 4-37 所示。首先將裝置抽空，將氙通入反應池直到壓強至 $6.5×10^4$ Pa。用液氮將氙冷凝，然後從真空管路中將計算量的氟充入反應池，以便在升溫至室溫時有壓強約 $6.5×10^4$ Pa 的氟通入反應池中。然後將反應池在閥 6 處關閉。

當放置在−78℃冷浴和給電熱絲通電時，開始進行照射。隨氟的消耗，壓強下降的速度減慢，說明被氟吸收的光也減小了。然後將反應池與鎳真空系統連通，抽除未反應

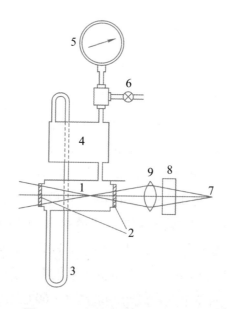

圖 4-37　光化學製備 XeF$_2$ 的儀器

1－反應室，內裝鎳和蒙銅合金製造的反應池；2－真空密封的藍寶石窗口；3－U 形管；4－圓柱形平衡容器；5－蒙銅合金壓力表；6－蒙銅閥門，接一套鎳真空系統；7－高壓汞燈；8－濾光器；9－石英透鏡

的 Xe 和 F$_2$，XeF$_2$ 則保留在 −78℃的 U 形管中。

由於處理氙的氟化物時，有時可能產生易爆炸性物質三氧化氙。因此，實驗中應嚴格地隔絕濕氣，所用儀器、管路也應是防爆的，並用鎳和蒙銅製品，以防禦氟化物對其侵蝕。

4.6　低溫下揮發性化合物的合成示例[6]

揮發性化合物由於其熔點、沸點較低，而且合成時副反應較多。因此，它的合成和純化都需要在低溫下進行。

4.6.1　二氧化三碳的合成

二氧化三碳，相對分子質量 68.03，是無色的，折光能力很強的液體或無色氣體，有毒，有窒息性臭味，熔點 −112.5℃，沸點 6.7℃。在 0℃時的蒸氣壓 75.51 kPa。此氣體在不超過 13.3 kPa 的條件下貯存，即使這樣它也常常會起聚合反應，生成紅色的水溶性產物。在較大壓力下或在液態時，它肯定會起聚合反應。P$_2$O$_5$ 能促使它聚合。它與水反應在 1 h 之內定量地分解為丙二酸。與氨生成丙二醯胺。$d_4^0 = 1.114$，生成熱 47.4 kJ/mol。

製備方法：製備裝置如圖 4-38 所示。

在圖 4-38 的反應瓶 1 中放上 20 g 丙二酸，40 g 灼燒過的沙子和 200 g 新鮮的未結成塊的 P$_2$O$_5$，徹底混合均勻。將裝置抽真空至 13.3 Pa，關閉旋塞 2，將整個裝置放置

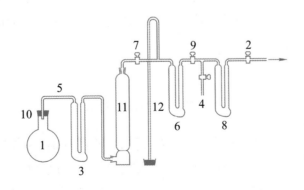

圖 4-38　由丙二酸製取 C$_3$O$_2$ 的裝置

1−反應瓶；2、7、9−旋塞；3、6、8−冷阱；5−連接管（直徑 10 mm）；10−稍微塗了油的橡皮塞；11−乾燥塔，內裝豌豆大小的新灼燒過的 CaO；12−800 mm 長的壓力計

幾小時，一方面為了使它完全乾燥，同時也可以檢查一下是否漏氣。將真空泵開動之後，再將旋塞 2 打開，用液態空氣將 3 冷卻，並將 1 在油浴上加熱到 140℃。在丙二酸此溫度下約 1 h 內分解完畢，C_3O_2 與雜質一起冷凝在 3 中。把油浴撤走，將 2 關閉，把泵停止，讓乾燥空氣由 4 通入；把 1 去掉並在 5 處熔封，重新抽真空之後把 2 關閉，讓 3 中物質慢慢地蒸餾到用液態空氣冷卻的容器 6 中；此時應注意勿使 6 堵塞。產物中所含的醋酸和其它雜質在氧化鈣吸收塔中被吸收。將旋塞 7 關閉後在真空中分餾，此時應將 6 放在一個−110〜−115℃的酒精浴中，用液化空氣將 6 冷卻；關閉旋塞 9，並將 6 的溫度升高使其中冷凝產物熔融。然後把 6 再放入酒精浴中，打開旋塞 9，一方面觀察壓力計，一方面將產物餾入 8 中。等到壓力計上的壓力只還剩下幾十帕時，即可在 0℃時測量其蒸氣壓（純氣體為 76.4 kPa）。要把 C_3O_2 與 CO_2 的混合物分餾是困難的（CO_2 是由副反應 $C_3H_4O_4 \Longrightarrow CH_3COOH + CO_2$ 生成的）。因此，在固相（CO_2）消失之後，最好把冷浴的溫度降到−125〜−130℃使分離完全，分餾約需 15 h。

製備方法的反應方程式：

$$C_3H_4O_4 \Longrightarrow C_3O_2 + 2H_2O$$

二氧化三碳也可以用其它方法製備，如可由二乙醯酒石酸酐熱分解製取，此法的收率較高，但製得的 C_3O_2 中含有烯酮，很難完全除去。

4.6.2 氯化氰的合成

氯化氰分子式為 CNCl，無色液體，或無色的、使人流淚的氣體。熔點−6.5℃，沸點 13℃，相對密度為 1.218（4℃），蒸氣壓（0℃）59.3 kPa。在 20℃時，CNCl 的溶解度為 2.5 L 溶於 100 ml 水；10 L 溶於 100 ml 酒精；5 L 溶於 100 ml 乙醚。

合成方法：

反應式：

$$NaCN + Cl_2 \Longrightarrow NaCl + CNCl$$

一個 500 ml 的三口燒瓶（圖 4-39）上裝有汞封的攪拌器、氣體導入管和導出管；將 45 g 乾燥並粉碎的 NaCN 和 170 ml CCl_4 加入瓶中，用冰鹽冷劑冷卻至−5〜−10℃。由導入管通氮氣將燒瓶中的空氣逐出。加 2 ml 冰醋酸於反應混合物，開動攪拌器並開始通氯氣，調節氯氣的流速使氯能全部被吸收，而在裝置末端所連接的洗滌瓶中沒有氣泡冒出。必須很小心保持溫度在−5℃或更低，否則 CNCl 會與 NaCN 反應成為 $(CN)_x$，

在約 4.5 h 之後反應完畢。接著用乾冰、丙酮冷劑將接收管冷卻至−40℃，將旋管冷凝器圍以冰鹽冷劑，關閉氯氣流，再使緩慢的氮氣流過裝置。在 1～1.5 h 之內讓三口燒瓶的溫度升至 60～65℃，將CNCl全部蒸餾出來。欲除去CNCl中所溶解的氯，可將盛著餾出物的錐形燒瓶上面裝一個圍以−25℃的冷浴的分餾柱，讓CNCl回流而氯成氣體逸出；也可以使反應產物在真空中於−79℃下除去其中的氯，隨後將它分餾。收率44～47 g（72%～74%）。

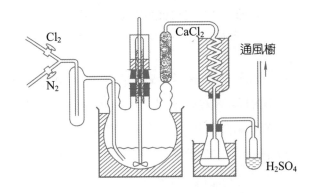

圖 4-39　製備氯化氰的裝置

4.6.3　磷化氫的合成

　　磷化氫也叫膦，是一種很毒的無色氣體。有特異的、像電石氣一樣的臭味〔普通的乙炔（電石氣）就是因為其中含少量的PH₃〕。在約 150℃時特別在很乾燥的狀態下，它在空氣中發生燃燒。在常溫下，只有當其中雜質有 P₂H₄（在製備時所產生的）時才發生自燃現象。

　　磷化氫的熔點−132.5℃，沸點−87.4℃。微溶於水，在常溫時，1 體積的水只吸收 0.112 體積的 PH₃。

　　磷化氫的貯存：可用煮沸過的 NaCl 溶液作分隔液體，用一個貼著深顏色玻璃紙的氣櫃來貯存，或用有汞封保險閥的燒瓶。

　　其製備方法：一個 3 L 的圓底燒瓶 1（圖 4-40），上有一 4 孔的橡皮塞，在這些孔中裝著氫氣導入管；加 KOH 溶液用的滴液漏斗；一個附有小的回流冷凝器的氣體導出管，和溫度計（圖中未畫出）。在導出管後面依次連著一個用冰冷卻的冷阱 2，兩臂裝著固體 KOH 的乾燥管 3，4 個氣體阱 4～7，兩個用來將液化氣體分餾的阱 8。每個阱裝有一個縮短了的壓力計（圖中未畫出），藉以控制分餾過程。

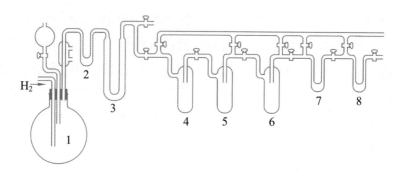

圖 4-40　製備磷化氫的裝置

1－發生瓶；2 和 4～8－阱；3－乾燥管

　　把電解氫經過冷卻至$-180℃$的裝有活性碳的阱之後，再通過載鉑石棉以除去氧。

　　燒瓶 1 中裝有白磷和 KOH 稀溶液至半滿。用氫將裝置中的空氣驅淨後，將它加熱至$60℃$。產生的氣體中含有大量的水分。當氫氣的流速很大時，氣體經過回流冷凝器、阱 2、乾燥管 3 後可將絕大部分的水分除去，殘餘的水蒸氣只有用低溫分餾的方法才能除去。這些氣體阱應冷卻到下述的溫度，4 為$-90℃$，5 為$-100℃$，6 和 7 為$-180℃$。在 4 和 5 凝集的主要是P_2H_4，而PH_3則冷凝在 6 與 7 中。把PH_3由這兩個阱中再小心地分餾一次，只取其最低沸點的餾分。

　　實驗結束時，一面不斷地使氫氣通過燒瓶，一面讓燒瓶中的物質冷卻，直到磷完全凝固。只有在用氫氣裝置中的各部分中的 PH_3 完全驅淨之後，方可將裝置的部分拆卸下來。實驗完畢之後應用水將磷洗到完全不含鹼，以免它繼續產生 PH_3。

4.6.4　雙氰的合成

　　雙氰的分子式$(CN)_2$，相對分子質量 52.04。為無色有毒的氣體，有使人流淚的刺激臭。熔點$-27.83℃$，沸點$-21.15℃$，臨界溫度 $218.30℃$，臨界壓力 6.05 MPa。溶於水、酒精和乙醚，但溶液不久即分解。受日光作用或加熱時，即聚合成棕黑色固體的聚氰。與水反應生成 HCN 和 HNCO。在沸點時，相對密度為 0.954。生成熱 259.2 kJ/mol。燃燒時呈桃紅色火焰，火焰邊緣微帶藍色。含氧 14%（體積分率）的混合氣體有爆炸性。

　　合成方法 1

　　反應式：

$$2CuSO_4 + 4KCN = 2CuCN + 2K_2SO_4 + (CN)_2$$

一個 2 L 的圓底燒瓶上有雙孔塞，塞中插著滴液漏斗和氣體導出管。將 500 g 研至極細的 $CuSO_4 \cdot 5H_2O$ 裝在燒瓶中，將氰化鉀溶液滴入，滴的速度由氣體發生的快慢而定。當 $(CN)_2$ 的發生變弱時，可在水浴上加熱。使 $(CN)_2$ 通過一個用冰冷卻的空的洗滌瓶和一個 $CaCl_2$ 乾燥管後冷凝在一個保持 $-55℃$ 的接受器中。

欲使生成的 CuCN 再生，可在氣體停止發生後，將液體傾出與沈澱分離，將約 1.2 L $FeCl_3$ 溶液（相對密度 1.26）加入潮濕的氰化物中，此時即又發生 $(CN)_2$。

欲提純時，可使 $(CN)_2$ 在真空中通過一根裝有 P_2O_5 的管（300 mm 長，直徑 30 mm），並用液態空氣冷凝。可將冷凝產物在高度真空中分餾。

合成方法 2

該方法分兩步，先由 $AgNO_3$ 和 KCN 製備 AgCN，其反應式：

$$AgNO_3 + KCN = AgCN \downarrow + KNO_3$$

第二步是 AgCN 熱分解，其反應式：

$$2AgCN = (CN)_2 + 2Ag$$

把在冷時飽和的 $AgNO_3$ 溶液用計算量的 78%KCN 溶液沈澱，迅速過濾並立即與氨水（相對密度 0.88）共熱。把冷卻後沈澱出來的 AgCN 再按同樣的方法由氨水再結晶兩次，然後在 140℃ 乾燥 4 d 除去氨和水分。AgCN 為淡棕色粉末，對光線的作用不靈敏，難溶於酸。

將粉末狀的 AgCN 裝在一根高熔點玻璃製的管中，其一端與高真空裝置連接。先在高度真空中將它加熱到 280～330℃ 排氣，然後加熱到 330～380℃，它就分解放出 $(CN)_2$。使氣體通過 P_2O_5 乾燥管之後，用液態空氣將它冷凝，所得的產物已經相當純，可在高真空中進一步分餾之。

4.6.5　氰酸的合成

氰酸，分子式 HNCO，相對分子質量 43.03。無色液體有刺激臭。沸點 23.5℃，在 0℃ 時蒸氣壓為 36.1 kPa。相對密度（$-20℃$）1.156，生成熱 -152.7 kJ/mol。溶於水，同時分解。在 150℃ 以下聚合成三聚氰酸 $(HNCO)_3$，在 150℃ 以上聚合成氰尿酸；在 0℃ 時液態的氰酸在 1 h 之內聚合成這兩種物質的混合物。氰酸在乙醚、苯和甲苯中的稀溶液可以保持穩定幾星期。

將尿素加熱可獲得氰尿酸，乾餾後即得氰酸。具體方法是：將尿素加熱，把所得的

粗製產物用熱水再結晶兩次；在第一次過濾後，向每一升溶液加 10 ml 濃鹽酸，市售的氰尿酸同樣也可以用再結晶的方法純製。如果不能將它純製，則無法由它製得可用的氰酸。因為這樣的氰酸在蒸餾時於−30℃即已發生聚合反應而爆炸。

在一根 Supremax 玻璃管（1000 mm 長，內徑 25 mm）中裝著脫了水的氰尿酸，裝約 700 mm 長的一段，留出一條狹窄的通道，讓管的一端通入乾燥氮氣。管的另一端與一個浸在水浴（乾冰乙醚）中的雙口接受器（容量 200 mm³）連接。開通氮氣流之後，用一個 250 mm 長的電熱管式爐將反應管的空的部分加熱到紅熱程度，然後才將爐的端頭移到裝著氰尿酸的開始處，此後即視氰尿酸的分解情況繼續把爐移動。把凝聚在接受器中的反應產物用油泵在−80℃抽真空數小時，在−20℃與 P_2O_5 一同振盪，然後蒸餾到一個冷卻至−80℃的接受器中。最後的這步純製操作應在高度真空中進行。

反應器與接收器之間須用粗的連接管相連，否則它會堵塞。不要將管內形成的昇華物質加熱，因為加熱時它會發生大量 HCN，很難除去。

在用 P_2O_5 處理之前，將反應物與少量 Ag_2O 一同振盪數小時，然後加 P_2O_5 將它蒸餾出來。如有必要可重複此操作。

4.7 低溫化學中的低溫合成[13, 14, 15]

這類反應的一些典型實例及其高溫物種（H T Species）的一般製備方法已在第 2 章第 8 節中作了比較詳細的介紹。在本節中將專門對其低溫合成反應與相關的合成技術作較細緻的說明。

4.7.1 合成反應類型

此類低溫合成反應一般在真空下，液氮或液氫等更低溫度時進行共縮合（cocondensation），或者分共縮合與回熱（warmup）二階段反應進行為

$$BF \xrightarrow{-196℃} BF_2BFBF_2 \xrightarrow{-50℃} B_8F_{12}$$

從反應類型看，目前可分為下列三種類型：

①金屬蒸氣原子與無機或有機分子間的反應往往稱為金屬蒸氣合成（MVS）。

②碳蒸氣原子（包括基態和激發態）與無機或有機分子間的反應。

③非金屬高溫物種分子或自由基與無機或有機分子間的反應。

上列三類反應在極低溫度下，可生成一系列特殊結構和性能的化合物，特別是金屬

有機化合物。上列三類反應的典型實例分別列於表 4-10～4-13 中。

表 4-10　金屬原子與無機、有機分子的共縮合回熱反應[13,15]

配　體	金　屬	產　物
PF_3	Cr，Pd，Ni	$Cr(PF_3)_6$，$Pd(PF_3)_4$，$Ni(PF_3)_4$
	Fe	$Fe(PF_3)_5$，$(PF_3)_3Fe\overset{PF_2}{\underset{PF_2}{\diagup\diagdown}}Fe(PF_3)_3$
	Co	$Co_2(PF_3)_3$
$PF_3／PH_3$	Ni	$Ni(PF_3)_3(PH_3)$，$Ni(PF_3)_2(PH_3)_2$
PF_2Cl	Ni	$Ni(PF_2Cl)_4$
$NO／BF_3／PF_3$	Mn	$Mn(PF_3)(NO)_3$
C_6H_6	Cr	$Cr(C_6H_6)_2$
C_5H_5	Cr，Fe	$Cr(C_5H_5)_2$，$Fe(C_5H_5)_2$
	Co，Mo	$(C_5H_6)Co(C_5H_5)$，$(C_5H_5)_2MoH_2$
	Ti，V	$(C_5H_5)_2Ti$，$(C_5H_5)_2V$
	Ni	$(C_5H_7)Ni(C_5H_5)$，$(C_5H_5)_2Ni$
$1，3-C_4H_6／L$ $(L=CO，PF_3)$	Fe	$Fe(1，3-C_4H_6)LFe(1,3-C_4H_6)_2$
	Cr	$Cr(1，3-C_4H_6)(CO)_4$
C_6H_6	Fe	C_6H_{10}，C_6H_6和$Fe(C_6H_6)(C_6H_2)$
甲苯／PF_3	Fe	Fe 甲苯$(PF_3)_2$
甲苯／$1，3-C_4H_6$	Fe，Co，Ni，Cr	M 甲苯$(1，3-C_4H_6)$
BCl_3	Cu	$CuCl$，B_2Cl_4
PCl_3	Cu，Ag	$CuCl(PCl)_x$，P_2Cl_4
H_2O，HBr，NH_3	Mg	H_3
RX（鹵代烷烴）	Mg	RMgX 當預熱時，非溶劑化的格氏試劑生成
	Ni	$(CH_2\!=\!CH\!-\!CH_2NiBr)_2$
	Pt	$[PtCl(C_3H_5)]_4$

表 4-11　高溫製得的 Si，SiO，B 和 BF 與無機、有機基體分子的合成反應[15]

基　體	活性物種	產　物
B_2F_4	$BF \xrightarrow{-196℃}$	$BF_2BFBF_2 \xrightarrow{-50℃} B_3F_{12}$
$CH_3C{\equiv}CCH_3$	BF	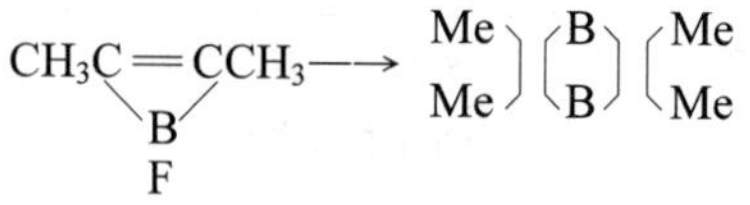 $CH_3C{=}CCH_3 \longrightarrow$ （見圖）
$CH{\equiv}CH$	BF	$FB\begin{cases} CH{=}CH\,(BF_2) \\ CH{=}CH\,(BF_2) \end{cases}$
HCl	B	H_2，Cl_2，$HBCl_2$，BCl_3
$(H_3)_3SiH$	Si	$(CH_3)_3Si{-}SiH + Me_3SiH$ $\rightarrow (CH_3)_3SiSiH_2Si\,(CH_3)_3$
烯烴 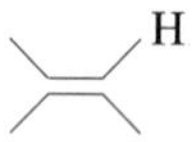	SiO	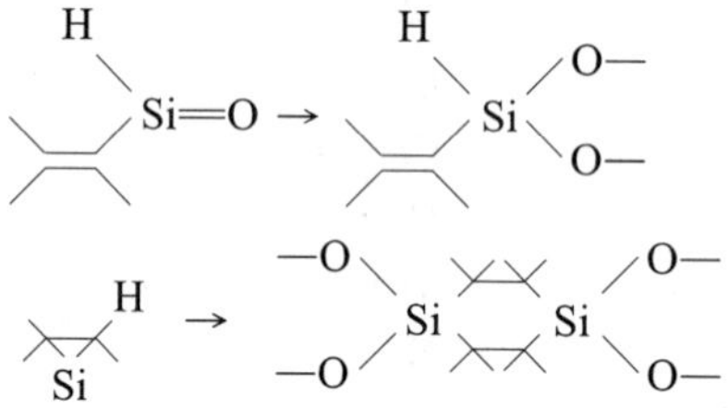 （見圖結構）$Si{=}O \rightarrow Si$

4.7.2　合成反應的基本裝置

　　圖 4-41 中列出了低溫化學合成中高溫物種與反應物（蒸氣或溶液）進行液氮下共縮合（cocondensation）反應的六種基本裝置(a)～(f)。

　　對於反應裝置(a)和(b)，一般已不太適用了，主要原因在於其冷凝面積較小。而對於其它反應裝置的選擇，主要視高溫物種的特點和反應的要求而定。值得提出的是(d)和(f)兩種裝置，由於置於液氮中的反應器是轉動的，而金屬或其它高溫物種蒸氣又是藉噴射而與反應物相混，因此無論高溫物種與氣態反應物或反應物溶液是否相作用，均能使反應物間混合接觸均勻，受冷凝面積又擴大，使合成反應進行良好。圖 4-42 列出了這類反應器的比較詳細裝置。

表 4-12　二鹵化矽自由基的反應[15]

基體中反應的研究

$SiF_2 + BF_3 = Si_2BF_5^a$

$SiF_2 + CO = SiF_2CO$

$SiF_2 + NO = N_2O + F_2Si \overset{O}{\triangle} N-N=O$

合成反應：

$SiF_2 / BF_3 = SiF_2BF_3$

$SiF_2 / BF_3 = Si_2BF_7，Si_3BF_9，Si_4BF_{11}$

$SiF_2 / BCl_3 = Si_nF_{2n+1-z}Cl_zBF_{2-x}Cl_x （x=2，1，0；z=3，2，1，0）$

$SiF_2 / C_2H_2 = HC \equiv C （SiF_2）_2CH = CH_2$

$SiF_2 / C_2H_4 =$

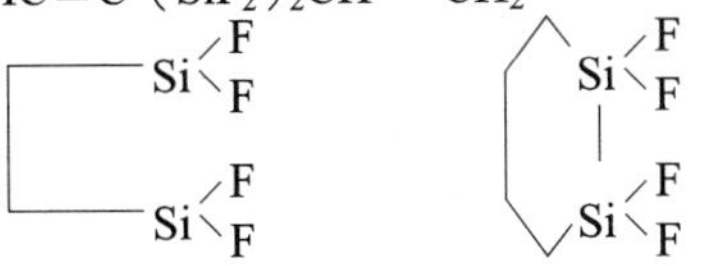

$SiF_2 / 苯 =$ 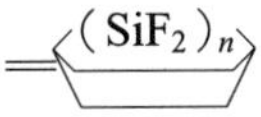 $（n=2，3）$

$SiF_2 / RC \equiv CR'$

2：1

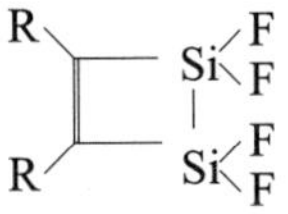

2：2　　　$RC = CR' - （SiF_2）_2 - R' = CR^b$

$SiCl_2 / C_3H_6 =$

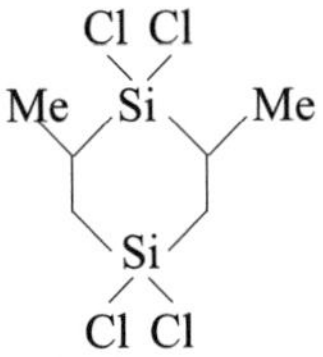

$SiCl_2 / PCl_3 = SiCl_3PCl_2$

$SiCl_2 / BCl_3 = SiCl_3BCl_2$

$SiCl_2 / B_2Cl_4 = SiCl_3BCl_2$

$SiCl_2 / SiCl_4 = Si_2Cl_6^c$

$SiBr_2 / SiBr_4 = Si_2Br_6$

*a.*從 ESR 研究結果來看，自由基 SiF_2 在此反應中呈雙聚自由基 Si_2F_4 的形式。

*b.*可能封環或自 R 向 R' 的 H 轉移。

c.SiF_2 / SiF_4 不能反應生成 Si_2F_6。

表 4-13 碳蒸氣與有機基質的共縮合和回熱反應[15]

(C₁ 基態³P 和亞穩¹D，¹S 態)

C_1（^3P）

　　$+PCl_3 \longrightarrow PCl_2-\dot{C}-Cl \longrightarrow PCl_2-CCl_3$

　　$+GeCl_4 \longrightarrow GeCl_3-\dot{C}-Cl \longrightarrow GeCl_3-CCl_3$

　　$+-C-H \longrightarrow -C-\dot{C}-H$ 隨之發生 H 的除去

C_1（^1S，^1D）

嵌入雙鍵

　　　　　$\longrightarrow$ 雙烯類

$+ \triangle \longrightarrow HC\equiv CH$，$C_2H_4$

$+ \overset{\frown}{NH} \longrightarrow HCN$，$C_2H_4$

$+CCl_4 \longrightarrow Cl_2-C-\ddot{C}-Cl \longrightarrow Cl_2C=CCl_2$，$Cl_3C-CCl_2-CCl_3$

$+CO$

$+CO$

$+CO$

$+RCH_2OH$　　（RCH_2O）$_2CH_2OH$ 嵌入

　　　　　　RCH_2CH_2OH　$R-O$ 嵌入

　　　　　　$RCH-CH \longrightarrow RC=CH_2$，$R-C-CH_3$　$C-H$ 嵌入

　　　　　　　$|$　　　　　　　$|$　　　　$||$

　　　　　　　OH　　　　　OH　　　O

$+Cl_2C=O \longrightarrow :CCl_2+CO \xrightarrow{}$

$+$（CH_3）$_3SiH \longrightarrow$（CH_3）$_3Si-CH_2-Si$（CH_3）$_3$，（CH_3）$_2SiH-CH=CH_2$

$+$（C_2H_5）$_2S \longrightarrow CS$，C_2H_4，C_2H_6，C_4H_{10}

$+PCl_3 \longrightarrow PCl_2-\ddot{C}-Cl \longrightarrow PCl_2CCl_2PCl_2$

$+GeCl_4 \longrightarrow GeCl_3-C-Cl \longrightarrow GeCl_3-CCl_2GeCl_3$

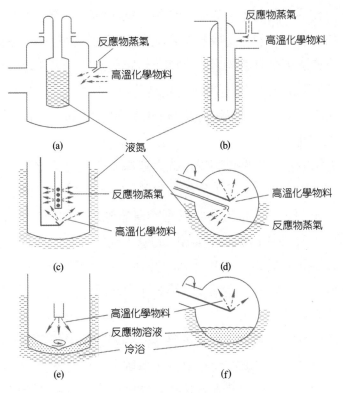

圖 4-41　共縮合反應的六種基本裝置[8, 9]

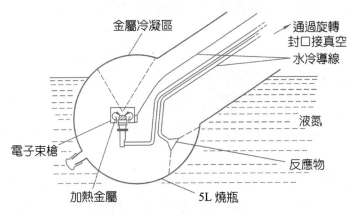

圖 4-42　電子束槍式氣—液共縮合反應裝置[9, 8]

4.7.3　金屬蒸氣合成：金屬與不飽和烴的反應[16]

挴發的金屬蒸氣原子與有機不飽和烴反應，可形成各種金屬有機化合物，這類反應稱為金屬蒸氣合成（MVS），是低溫實驗合成方法中的重要一類。

　　蒸氣金屬原子可在沒有動力學位能障的條件下與不飽和烴配位加成，因此無論從動力學角度，還是從熱力學角度看，金屬蒸氣合成反應相對於固態金屬參加的反應都是有利的。應用這種合成方法可得到新的金屬有機化合物，或者較方便地獲得已知化合物，同時還可以對合成的不穩定化合物進行現場光譜分析。例如，氣態的 Cr 或 Ti 原子與苯反應形成二苯基鉻和二苯基鈦，二者的產率分別為 60% 和 40%。而採用通常的固態金屬來合成則得不到上述化合物。

　　金屬蒸氣合成方法的基本條件是將獲得的金屬原子帶到反應位置，在該位置與共縮合反應物分子（如有機不飽和烴分子）反應，然後取走產物並加以鑑定。因此，在這種合成方法中，金屬原子源、反應位置和共反應物單體源是三個重要方面。

　　金屬原子源由真空系統中金屬蒸發容器內的爐子提供。當加熱盛有金屬的爐子至需要的蒸發溫度時，在壓強低於 $10^{-1} \sim 10^{-2}$ Pa 的條件下，金屬原子將按照無碰撞路程從爐子擴散到反應位置。主要爐型已在第 2 章第 8 節中作過介紹，如電阻爐、電子束槍、雷射爐、熱絲爐、電弧爐等。

　　反應位置通常就是真空系統中的金屬蒸發容器的器壁。由於反應位置的溫度遠較爐子的溫度要低，所以金屬原子可能在反應位置（器壁上）自身聚合成金屬晶格。為了盡可能抑制金屬原子間的作用，就需要大過量的共縮合反應物分子與反應位置上的金屬原子接觸混合，使金屬原子處於共縮合反應物分子的包圍之中。通常共縮合反應物分子需過量 $10 \sim 100$ 倍。為了維持產生金屬原子的低壓條件，在理想狀態下共縮合反應物分子的蒸氣壓必須小於 10^{-2} Pa。對於大多數共縮合反應物來說，要達到這種蒸氣壓所需要的溫度區間為 -78℃（固態 CO_2）~ -196℃（液態 N_2）。因此，反應位置，即容器壁需要冷卻，這就是低溫實驗合成中的核心問題。但對於一些有利的合成反應，則不需要很低的溫度，有時甚至室溫也是合適的。如金屬原子 Ni 可以凝聚在 0℃ 矽油冷卻條件下的 PPh_3 溶液中形成 $Ni(PPh_3)_3$，然而，如果產物是對熱不穩定的 $Ni(PH_3)_2(PF_3)_2$，就需要低溫條件。

　　共縮合反應物單體源原則上是以大過量的分子與金屬原子混合以創造有利的反應條件。較常用的技術是將共縮合反應物以蒸氣束方式通過噴嘴連續地引入到反應位置。透過反應容器的旋轉以提供作為反應位置的較大表面也是一種有效的方法。對於非揮發性共反應物，可將金屬原子束直接凝聚到攪拌下的冷溶液中，最好的方法是應用噴霧的方法使非揮發性共反應物與金屬原子反應。

　　用於金屬蒸氣合成的真空系統示意圖如圖 4-43 所示。圖 4-44 是一種簡單的金屬蒸發裝置示意圖。金屬蒸發合成實驗的成功與否關鍵在於含有高溫蒸發爐的真空系統的高真空的維持（$10^{-2} \sim 10^{-3}$ Pa）。失去真空會停止蒸發過程，那麼通常將終止實驗。抽氣

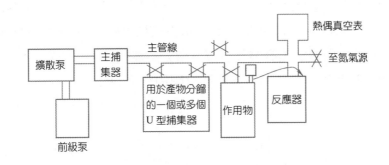

圖 4-43　用於金屬蒸氣合成的真空系統示意圖

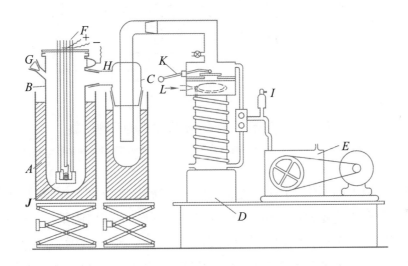

圖 4-44　一種簡單的金屬蒸發裝置示意圖

A－冷浴；B－蒸發器，5～10L；C－冷阱；D－擴散泵；E－機械泵；F－熱源和共反應物進口；G－氫氣（或氮氣）進口和產物提取口；H－游離真空計；I－皮拉尼真空計；J－坩堝和水冷輻射屏；K－蝶形閥；L－冷卻水

系統包括三段：首先是初級機械泵，然後是油擴散泵，最後是低溫泵（冷阱）。使用泵的大小主要取決於真空容器的大小和工作條件。

　　金屬蒸發容器的大小應按照泵的抽空效率並考慮到平均自由路程（MFP）來設計。MFP 應大於或等於加熱源與器壁之間的距離，以便盡可能達到給定熔體在單位凝結面積上的金屬原子分散度，以及獲得最大的冷卻凝結效率。給定共縮合反應物的蒸氣壓取決於冷浴的溫度和冷浴與容器間的接觸程度。共縮合反應物的凝結速率和來自蒸發源的輻射能吸收速率決定了凝結表面與冷浴間的溫度梯度。因此，薄層玻璃或鋼製真空蒸發器對蒸發源具有較好的屏蔽作用。冷卻通常用液氮。

在無氧條件下提取產品是金屬蒸氣合成的一個重要方面。通常在金屬基質熔化開始時移去冷浴之後（−160～0℃）提取產品。被提取物經迅速過濾除去金屬聚集物，然後用備好的真空管直接與金屬蒸發裝置連接以便分離產物並加以鑑定。

圖 4-45 是一種動態的金屬蒸氣與液態反應物反應的裝置。

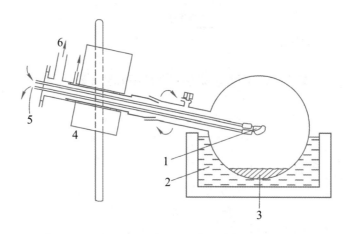

圖 4-45　金屬原子與冷浴液反應的旋轉裝置

1−蒸發的金屬；2−冷浴；3−共反應物溶液；4−旋轉啟動機械；5−水和電源；6−高真空

大多數金屬原子與不飽和烴類反應的第一步屬於加成反應，配體與金屬原子的一側透過電子重排而形成授受配鍵。在加成反應之後，可能形成自由基，發生嵌入反應，或者發生電子轉移反應。形成的配合物又可能進一步發生與配合物特性相關的其它反應，如配體轉移等。由於金屬原子的高活性或由於形成的金屬有機化合物的活化作用，在某些反應中發生重排、加氫、異構化等不飽和烴類的催化反應。

金屬原子可與多種單烯烴作用。在 10～12K 溫度下，金屬原子與純乙烯試劑或由介質稀釋的乙烯溶液反應形成多種金屬與乙烯的配合物，如

$M + (1-3) CH_2CH_2 \rightarrow M (C_2H_4)_{1-3}$，M＝Co，Rh，Ni，Cu，其次還可以形成 $Pd (C_2H_4)_{1-2}$，$Pt (C_2H_4)_{2-3}$，$Ag (C_2H_4)$ 和 $Au (C_2H_4)$ 等。

金屬原子與多烯烴作用，在 77K 溫度下，金屬原子 Mo 或 W 與丁二烯發生共縮合反應，然後回熱至室溫生成 $Mo (C_4H_6)_3$ 或 $W (C_4H_6)_3$，其產率為 50%～60%。

$$M + 3CH_2 = CHCH = CH_2 \longrightarrow$$
$$M (CH_2 = CHCH = CH_2)_3，M = Mo，W$$

金屬原子 Cr 在 77K 溫度下與丁二烯聚合，在相同溫度下通入 CO，然後加熱至 −20℃，可生成產率為 4% 的 $(C_4H_6) Cr (CO)_4$。此外，眾多的金屬原子如 Ti，V，Cr，

Mn，Fe，Co，Ni，Zr，Nb，Mo 在 Et₂AlCl 和苯存在下與丁二烯作用，可發生多種丁二烯的轉化反應。

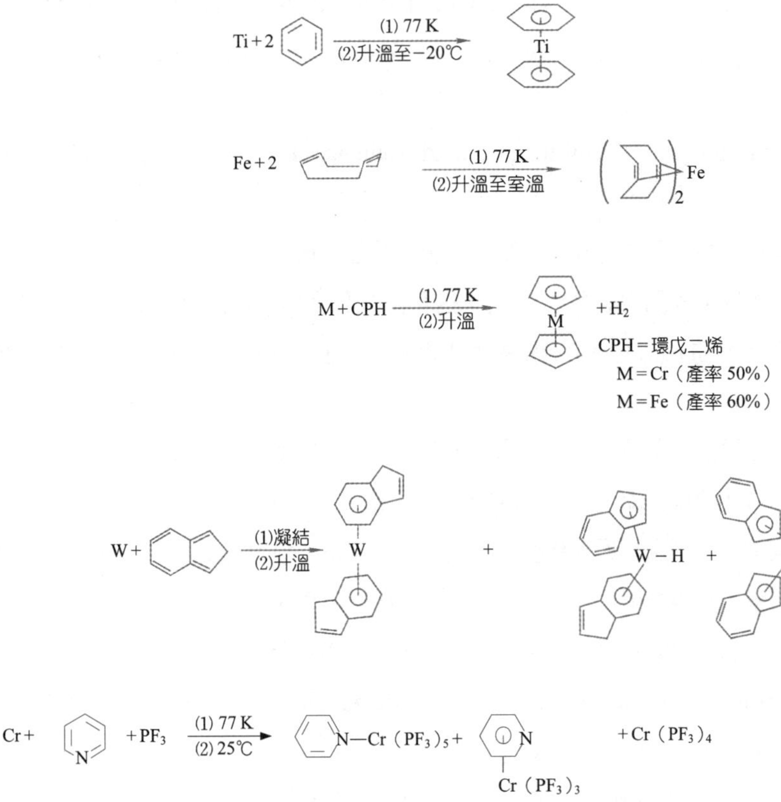

圖 4-46　金屬原子與烯烴類化合物的反應

　　金屬原子與芳香族烯烴和雜環烯烴作用，生成各種金屬有機化合物。

　　利用金屬蒸氣合成方法不但可以製備金屬原子與有機不飽和烴形成的各種各樣的化合物，而且可以製備金屬原子與缺電子無機分子形成的多種化合物。如蒸氣 Cu 原子與三氯化硼反應，生成四氯代乙硼烷。金屬原子還與 NO_2、CO_2、惰氣和鹵素氣體反應。由於催化反應的發生或由於金屬原子具有的高活性，在發生有利反應的同時也可能發生眾多副反應，這樣產物的分離和提高反應的選擇性是金屬蒸氣合成中亟待解決的問題。金屬蒸氣合成方法在技術方面不斷發展，特別是對難熔金屬如 W，Nb，Ti，Zr 和 Hf 的蒸發技術，同時產物的現場分析方法也在不斷完善。

參考文獻

1. White C K.Experimental Techniques in Low-Temperature Physics. Clarendon Press, Oxford, 1979.

2. Jolly W L. The Synthesis and Characterization of Inorganic Compounds. PrenticeHall, INC Englewood cliffs, N J 1970.

3. Nichols, David. Inorganic Chemistry in Liquid Ammonia. Elsevier Scientific Publishing Company, 1979.

*4.*馮光熙、黃祥玉。稀有氣體化學。北京：科學出版社，1978。

*5.*中科院大連化物所分子篩組編著。沸石分子篩。北京：科學出版社，1978。

6.〔西德〕〔喬治‧勃勞爾主編。無機制備化學手冊　上冊。何澤人譯。北京：燃料化學工業出版社，1972。

*7.*化學工業部第四設計院主編。深冷手冊　下冊。北京：化學工業出版社，1979。

*8.*張寶鳳編著。近代低溫技術。上海：同濟大學出版社，1989。

*9.*閻守勝，陸果編著。低溫物理實驗的原理與方法。北京：科學出版社，1985。

*10.*駱定祚編著。實用真空技術。長沙：湖南科學出版社，1980。

*11.*高本輝，崔素言著。真空物理。北京：科學出版社，1983 年。

12. Melville, Harry and Gowenlock B G. Experimental Methods in Gas Reactions. Second Ed. London Macmillan and Co Ltd. New York: ST Martin's Press, 1964.

13. Moskovits Martin and Geoffrey A Ozin. Cryochemistry. John Wiley & Sons Inc, 1976.

14. Timms P L. Low Temperature Condensation of High Temp Species as a Synthetic Method, Advances in Inorganic Chemistry and radiochemistry Vol 14. 1972. p121～171, Academie press, 1972.

15. Geoffrey A Ozin and Voet A V. Cryogenic Inorganic Chemistry, Progress in Inorganic Chemistry Vol 19. 1976. p105～172, John Wiley & Sons Inc, 1976.

16. Blackborow J R et al. (EDS). Metal Vapour Synthesis in Organometallic Chemistry. Berlin, 1979.

5

水熱與溶劑熱合成

　　水熱與溶劑熱合成是無機合成化學的一個重要分支[1]。水熱合成研究最初從模擬地礦生成開始到沸石分子篩和其它晶體材料的合成已經歷了一百多年的歷史[2]。由於本書已另章討論沸石分子篩專題，因此本章將主要討論除沸石分子篩以外的水熱與溶劑熱合成問題。[3,4] 在國際上，以水熱反應和溶劑熱反應（Hydrothermal Reactions and Solvothermal Reactions）為專題，自 1982 年 4 月在日本橫濱召開第一屆國際水熱反應專題討論會以來，到 2000 年 7 月已經召開了六次國際水熱反應研討會和四次國際溶劑熱反應研討會。無機晶體材料的溶劑熱合成研究是近二十年發展起來的，主要指在非水有機溶劑熱條件下的合成，用於區別水熱合成。水熱與溶劑熱合成研究工作近百年經久不衰並逐步衍化出新的研究課題，如水熱條件下的生命起源問題[5,6]以及與環境友好的超臨界氧化過程[7,8]。在基礎理論研究方面，從整個領域來看，其研究重點仍然是新化合物的合成、新合成方法的開拓和新合成理論的建立。人們開始注意到水熱與溶劑熱非平衡條件下的機構問題以及對於高溫高壓條件下合成反應機構的研究。由於水熱與溶劑熱合成化學對技術材料領域的廣泛應用，特別是高溫高壓水熱與溶劑熱合成化學的重要性，世界各國都越來越重視這一領域的研究。

5.1　水熱與溶劑熱合成基礎

5.1.1　合成化學與技術

　　水熱與溶劑熱合成化學與技術是應工業生產的要求而誕生，隨著水熱與溶劑熱合成化學與技術自身的發展又促進其它學科和工業技術的進步。水熱與溶劑熱合成化學與溶液化學不同，它是研究物質在高溫和密閉或高壓條件下溶液中的化學行為與規律的化學分支。因為合成反應在高溫和高壓下進行，所以產生對水熱與溶劑熱合成化學反應體系的特殊技術要求，如耐高溫高壓與化學腐蝕的反應釜等。水熱與溶劑熱合成是指在一定溫度（100～1000℃）和壓強（1～100 MPa）條件下利用溶液中物質化學反應所進行的合成。水熱合成化學側重於研究水熱合成條件下物質的反應性、合成規律以及合成產物的結構與性質。

　　水熱與溶劑熱合成與固相合成研究的差別在於「反應性」不同。這種「反應性」不同主要反映在反應機構上，固相反應的機構主要以界面擴散為其特點，而水熱與溶劑熱反應主要以液相反應為其特點。顯然，不同的反應機構首先可能導致不同結構的生成，此外即使生成相同的結構也有可能由於最初的生成機構的差異而為合成材料引入不同的

「基因」，如液相條件生成完美晶體等。我們已經知道材料的微結構和性能與材料的來源有關，因此不同的合成體系和方法可能為最終材料引入不同的「基因」。水熱與溶劑熱化學側重於溶劑熱條件下特殊化合物與材料的製備、合成和組裝。重要的是，透過水熱與溶劑熱反應可以製得固相反應無法製得的物相或物種，或者使反應在相對溫和的溶劑熱條件下進行。

5.1.2 合成的特點

水熱與溶劑熱合成研究特點之一是由於研究體系一般處於非理想、非平衡狀態，因此應用非平衡熱力學研究合成化學問題。在高溫高壓條件下，水或其它溶劑處於臨界或超臨界狀態，反應活性提高。物質在溶劑中的物性和化學反應性能均有很大改變，因此溶劑熱化學反應大異於常態。一系列中、高溫高壓水熱反應的開拓及其在此基礎上開發出來的水熱合成，已成為目前多數無機功能材料、特種組成與結構的無機化合物以及特種凝聚態材料，如超微粒、溶膠與凝膠、非晶態、無機膜、單晶等合成的越來越重要的途徑。

水熱與溶劑熱合成研究的另一個特點是由於水熱與溶劑熱化學的可操作性和可調變性，因此將成為銜接合成化學和合成材料的物理性質之間的橋樑。隨著水熱與溶劑熱合成化學研究的深入，開發的水熱與溶劑熱合成反應已有多種類型。基於這些反應而發展的水熱與溶劑熱合成方法與技術具有其它合成方法無法替代的特點。應用水熱與溶劑熱合成方法可以製備大多數技術領域的材料和晶體，而且製備的材料和晶體的物理與化學性質也具有其本身的特異性和優良性，因此已顯示出廣闊的發展前景。

水熱與溶劑熱合成化學可總結有如下特點：

①由於在水熱與溶劑熱條件下反應物反應性能的改變、活性的提高，水熱與溶劑熱合成方法有可能代替固相反應以及難於進行的合成反應，並產生一系列新的合成方法。

②由於在水熱與溶劑熱條件下中間態、介穩態以及特殊物相易於生成，因此能合成與開發一系列特種介穩結構、特種凝聚態的新合成產物。

③能夠使低熔點化合物、高蒸氣壓且不能在融體中生成的物質、高溫分解相在水熱與溶劑熱低溫條件下晶化生成。

④水熱與溶劑熱的低溫、等壓、溶液條件，有利於生長極少缺陷、取向好、完美的晶體，且合成產物結晶度高以及易於控制產物晶體的粒度。

⑤由於易於調節水熱與溶劑熱條件下的環境氣氛，因而有利於低價態、中間價態與特殊價態化合物的生成，並能均勻地進行摻雜。

5.1.3　反應的基本類型[9~13]

　　與高溫高壓水溶液或其它有機溶劑有關的反應稱為水熱反應或溶劑熱反應。水熱與溶劑熱反應的基本類型總結如下：

　　(1)合成反應　透過數種組分在水熱或溶劑熱條件下直接化合或經中間態發生化合反應。利用此類反應可合成各種多晶或單晶材料。例如：

$$Nd_2O_3 + H_3PO_4 \longrightarrow NdP_5O_{14}$$
$$CaO \cdot nAl_2O_3 + H_3PO_4 \longrightarrow Ca_5(PO_4)_3OH + AlPO_4$$
$$La_2O_3 + Fe_2O_3 + SrCl_2 \longrightarrow (La,Sr)FeO_3$$
$$FeTiO_3 + KOH \longrightarrow K_2O \cdot nTiO_2 \qquad n = 4,6$$

　　(2)熱處理反應　利用水熱與溶劑熱條件處理一般晶體而得到具有特定性能晶體的反應。例如：人工氟石棉 $\longrightarrow$ 人工氟雲母。

　　(3)轉晶反應　利用水熱與溶劑熱條件下物質熱力學和動力學穩定性差異進行的反應。例如：長石 $\longrightarrow$ 高嶺石；橄欖石 $\longrightarrow$ 蛇紋石；NaA 沸石 $\longrightarrow$ NaS 沸石。

　　(4)離子交換反應　沸石陽離子交換；硬水的軟化、長石中的離子交換；高嶺石、白雲母、溫石棉的 OH^- 交換為 F^-。

　　(5)單晶培育　在高溫高壓水熱與溶劑熱條件下，從籽晶培養大單晶。例如 SiO_2 單晶的生長，反應條件為 $0.5\,mol/L-NaOH$，溫度梯度 $410\sim300℃$，壓力 $120\,MPa$，生長速率 $1\sim2\,mm/d$；若在反應介質 $0.25\,mol/L-Na_2CO_3$ 中，則溫度梯度為 $400\sim370℃$，裝滿度為 $70\,\%$，生長速率 $1\sim2.5\,mm/d$。

　　(6)脫水反應　在一定溫度一定壓力下物質脫水結晶的反應。例如：

$$Mg(OH)_2 + SiO_2 \xrightarrow[8\sim23MPa]{350\sim370℃} 溫石棉$$

　　(7)分解反應　在水熱與溶劑熱條件下分解化合物得到結晶的反應。例如：

$$FeTiO_3 \longrightarrow FeO + TiO_2$$
$$ZrSiO_4 + NaOH \longrightarrow ZrO_2 + Na_2SiO_3$$
$$FeTiO_3 + K_2O \longrightarrow K_2O \cdot nTiO_2 (n = 4,6) + FeO$$

　　(8)提取反應　在水熱與溶劑熱條件下從化合物（或礦物）中提取金屬的反應。例如：鉀礦石中鉀的水熱提取，重灰石中鎢的水熱提取。

　　(9)氧化反應　金屬和高溫高壓的純水、水溶液、有機溶劑得到新氧化物、配合物、金屬有機化合物的反應。超臨界有機物種的全氧化反應。例如：

$$Cr + H_2O \longrightarrow Cr_2O_3 + H_2$$

$$Zr + H_2O \longrightarrow ZrO_2 + H_2$$

$$Me + nL \longrightarrow MeL_n \,（Me＝金屬離子，L＝有機配體）$$

⑽沈澱反應　水熱與溶劑熱條件下生成沈澱得到新化合物的反應。例如：

$$KF + MnCl_2 \longrightarrow KMnF_3$$

$$KF + CoCl_2 \longrightarrow KCoF_3$$

⑾晶化反應　在水熱與溶劑熱條件下，使溶膠、凝膠（sol、gel）等非晶態物質晶化的反應。例如：

$$CeO_2 \cdot xH_2O \longrightarrow CeO_2$$

$$ZrO_2 \cdot H_2O \longrightarrow M - ZrO_2 + T - ZrO_2$$

$$矽鋁酸鹽凝膠 \longrightarrow 沸石$$

⑿水解反應　在水熱與溶劑熱條件下，進行加水分解的反應。例如：醇鹽水解等。

⒀燒結反應　在水熱與溶劑熱條件下，實現燒結的反應。例如：製備含有 OH^-、F^-、S^{2-} 等揮發性物質的陶瓷材料。

⒁反應燒結　在水熱與溶劑熱條件下同時進行化學反應和燒結反應。例如：氧化鉻、單斜氧化鋯、氧化鋁—氧化鋯複合體的製備。

⒂水熱熱壓反應　在水熱熱壓條件下，材料固化與複合材料的生成反應。例如：放射性廢料處理、特殊材料的固化成型、特種複合材料的製備。

　　水熱與溶劑熱反應按反應溫度進行分類，則可分為亞臨界和超臨界合成反應。如多數沸石分子篩晶體的水熱合成即為典型的亞臨界合成反應。這類亞臨界反應溫度範圍是在 $100 \sim 240℃$ 之間適於工業或實驗室操作。高溫高壓水熱合成實驗溫度已高達 $1000℃$，壓強高達 $0.3GPa$。它利用作為反應介質的水在超臨界狀態下的性質和反應物質在高溫高壓水熱條件下的特殊性質進行合成反應。高溫高壓水熱合成，開始製備無機物的單晶，透過這種方法得到了許多無機物的單晶。值得指出的是，有的單晶是無法用其它晶體製備方法得到的。例如，CrO_2 的水熱合成是一明顯的實例。隨著研究工作的深入，水熱合成方法也開始用於複雜的無機化合物的合成。高溫高壓水熱合成和生長的 $NaZr_2P_3O_{12}$ 和 $AlPO_4$ 等都是應用廣泛的非線性光學材料；此外，聲光晶體鋁酸鋅鋰、雷射晶體和多功能的 $LiNbO_3$ 和 $LiTaO_3$ 等都能透過這種方法來製備。某些具有特殊功能的氧化物晶體如 ZnO_2、ZrO_2、GeO_2、CrO_2 要透過高溫高壓水熱方法來合成。高溫高壓水熱合成方法適用於製備許多鐵電、磁電、光電固體材料 $[$如 $LaFeO_3$、$LiH_3 (SeO_2)_2]$。

日本曾報導，在高溫高壓水熱條件下製備出超導固體薄膜 $BaPb_{1-x}BiO_3$。現代許多人工寶石材料，也都是在高溫高壓水熱條件下製備的。1965 年美國 Linde 公司首次在水熱條件下合成出 17 g 重的祖母綠寶石 $[BeAl_2(SiO_2)_6]$。此外，在水熱條件下生長的彩色水晶也是重要的裝飾材料。

5.1.4　反應介質的性質

1.作為溶劑時水的性質

高溫加壓下水熱反應具有三個特徵：第一是使重要離子間的反應加速；第二是使水解反應加劇；第三是使其氧化還原電位發生明顯變化。在高溫高壓水熱體系中，水的性質將產生下列變化：①蒸氣壓變高，②密度變低，③表面張力變低，④黏度變低，⑤離子積變高。一般化學反應可區分為離子反應和自由基反應兩大類。從無機化合物複分解反應，那樣在常溫下即能瞬間完成的離子反應，到有機化合物爆炸反應那樣的典型自由基反應為兩個極端。其它任何反應均可具有其間的某一性質。在有機反應中，正如電子理論說明的，具有極性鍵的有機化合物，其反應往往也具有某種程度的離子性。水是離子反應的主要介質。以水為介質，在密閉加壓條件下加熱到沸點以上時，離子反應的速率自然會增大，即按 Arrhenius 方程式：$\mathrm{d}\ln k \,/\, \mathrm{d}T = E \,/\, RT^2$，反應速率常數 k 隨溫度的增加呈指數函數。因此，在加壓高溫水熱反應條件下，即使是在常溫下不溶於水的礦物或其它有機物的反應，也能誘發離子反應或促進反應。水熱反應加劇的主要原因是水的游離常數隨水熱反應溫度的上升而增加。

水的 pVT 圖在溫度高達 1000℃、壓強為 1GPa 的範圍內已測得相當準確，其測定誤差在 1%以內。圖 5-1 是水的溫度—密度圖。在所研究的範圍內，水的離子積隨 p 和 T 的增加迅速增大。例如，1000℃、1GPa 條件下 $-\log k_w = 7.85 \pm 0.3$，又如在 1000℃、15～20GPa 條件下，水的密度 $\approx 1.7～1.9$ g/cm^3，如完全解離成 H_3O^+ 和 OH^-，則當時的 H_2O 幾乎類同於熔融鹽。

水的黏度隨溫度升高而下降。當 500℃、0.1GPa，水的黏度僅為平常條件下的10%。因此，在超臨界區域內分子和離子的活動性大為增加。

以水為溶劑時，介電常數是一個十分重要的性質。它隨溫度升高而下降，隨壓力增加而升高。圖 5-2 為介電常數隨溫度和壓力變化關係圖，前者的影響是主要的。根據 Franck 的工作，在超臨界區域內介電常數在 10 和 20～30 之間。通常情況下，電解質在水溶液中完全離解，然而隨著溫度的上升電解質趨向於重新結合。對於大多數物質，

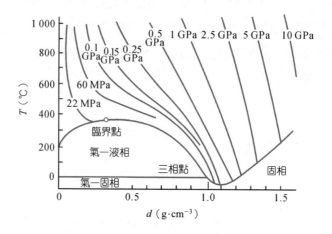

圖 5-1　水的溫度─密度圖

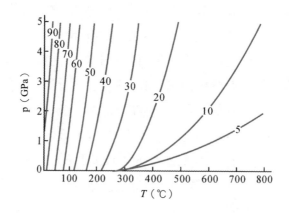

圖 5-2　介電常數隨溫度和壓力變化關係圖

這種轉變常常在 200～500℃ 之間發生。

　　圖 5-3 是 NaBr 的解離常數 K 與溫度的關係圖（在恆定密度和壓強下）。圖 5-4 是不同填充度下水的壓強─溫度圖（$FC-p-T$ 圖）。

　　因此，在此範圍內水的離子積急劇增高，這有利於水解反應。例如，於 500℃、0.2GPa 下，其平衡常數大約比標準狀態下大 9 個數量級。

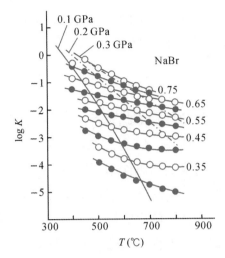

圖 5-3　NaBr 的解離常數 K 與溫度的關係圖
（在恆定密度和壓強下）

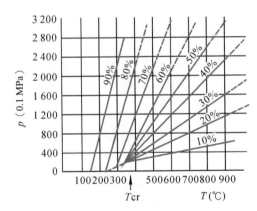

圖 5-4　不同填充度下水的
壓強—溫度圖（*FC-p-T* 圖）

對於水熱合成實驗，水的 $p-T$ 圖是很重要的。在工作條件下，壓強大於依賴於反應容器中原始溶劑的填充度。填充度通常在 50%～80%為宜。壓強則是在：0.02～0.3 GPa。

高溫高壓水熱密閉條件下，物質的化學行為與該條件下水的物化性質有密切關係，因此有關水的物化性質的基礎數據的累積是十分必要的，以便了解高溫高壓水及與水共存的氣相的性質，確定高溫高壓水熱條件下各相（氧化物、氫氧化物、流體）間相的穩定範圍、固溶體等的相關系，尋找並確定合成單晶體的最佳條件，明確水熱條件下合成產物的諸性質，以及測定固相在水熱條件下的溶解度及穩定性等。

高溫高壓水的作用可歸納如下：①有時作為化學組分起化學反應；②反應和重排的

促進劑；③起壓力傳遞介質的作用；④起溶劑作用；⑤起低熔點物質的作用；⑥提高物質的溶解度；⑦有時與容器反應；⑧無毒。

2.有機溶劑的性質標度

在有機溶劑中進行合成，溶劑種類如此繁多，性質差異很大，為合成提供了更多的選擇機會。如與水性質最接近的醇類，作為合成溶劑的也有幾十種，可供選擇的餘地也是很大的。因此，我們有必要考慮到溶劑作用，最後進行溶劑的選擇。溶劑不僅為反應提供一個場所，而且會使反應物溶解或部分溶解，生成溶劑合物，這個溶劑合過程會影響化學反應速率。在合成體系中會影響反應物活性物種在液相中的濃度、解離程度，以及聚合態分佈等，從而或改變反應過程。根據溶劑性質對溶劑進行分類有許多方式，根據巨觀和微觀分子常數以及經驗溶劑極性參數〔如相對分子質量（M_r），密度（d），冰點（mp），沸點（bp），分子體積，蒸發熱，介電常數（ε），偶極矩（μ），溶劑極性（E_T）等〕。反應溶劑的溶劑合性質的最主要參數為溶劑極性，其定義為所有與溶劑－溶質相互作用有關的分子性質的總和（如：庫侖力，誘導力，色散力，氫鍵和電荷遷移力）。本章使用數據較全表觀經驗溶劑極性參數E_N^T。

表 5-1 給出了一些溶劑的主要常數。具體的溶劑選擇和應用將在第 3 節中討論。

表 5-1　溶劑的主要物理常數（單位略）

溶　劑	M_r	d	mp	bp	ε	μ	E_N^T
十四醇（tetradecanol）	214.39	0.823	39	289			
2－甲基－2－己醇（2-methyl-2-hexanol）	116.20	0.000					
2－甲基－2－丁醇（2-methyl-2-butanol）	88.15	0.805	−12	102	7.0	1.70	0.321
2－甲基－2－丁醇（2-methyl-2-butanol）	74.12	0.786	25	83			0.389
2－戊醇（2-pentanol）	88.15	0.809		120	13.8	1.66	0.488
環己醇（cyclohexanol）	100.16	0.963	21	160	15.0	1.90	0.500
2－丁醇（2-butanol）	74.12	0.807	−115	98	15.8		0.506
2－丙醇（2-propanol）	60.10	0.785	−90	82	18.3	1.66	0.546
1－庚醇（1-heptanol）	116.20	0.822	−36	176	12.1		0.549
2－甲基－1－丙醇（2-methyl-1-propanol）	74.12	0.802	−10	108	17.7	1.64	0.552
己醇（hexyl alcohol）	102.18	0.814	−52	157	13.3		0.559
3－甲基－1－丁醇（3-methyl-1-butanol）	88.15	0.809	−11	130	14.7	1.82	0.565
戊醇（pentanol）	88.15	0.811	−78	137	13.9	1.80	0.568
丁醇（butanol）	74.12	0.810	−90	118	17.1	1.66	0.602
苯甲醇（benzyl alcohol）	108.14	1.045	−15	205	13.1	1.70	0.608
丙醇（propanol）	60.10	0.804	−127	97	20.1	1.66	0.602
乙醇（ethyl alcohol）	46.07	0.785	−130	78	24.3	1.69	0.654

表 5-1　溶劑的主要物理常數（單位略）（續）

溶　劑	M_r	d	mp	bp	ε	μ	E_N^T
四乙二醇（teraethylene glycol）	194.23	1.125	−6	314			0.664
1，3−丁二醇（1，3-butanediol）	90.12	1.004	−50	207			0.682
三乙二醇（triethyene glycol）	150.18	1.123	−7	287	23.7	5.58	0.704
1，4−丁二醇（1，4-butanediol）	90.12	1.017	16	230	31.1	2.40	0.704
二乙二醇（diethylene glycol）	106.12	1.118	−10	245			0.713
1，2−丙二醇（1，2-propanediol）	76.10	1.036	−60	187	32.0	2.25	0.722
1，3−丙二醇（1，3-propanediol）	76.10	1.053	−27	214	35.0	2.50	0.747
甲醇（methyl alcohol）	32.04	0.791	−98	65	32.6	1.70	0.762
二甘油（diglycerol）	166.18	1.300					
乙二醇（ethylene glycol）	62.07	1.109	−11	199	37.7	2.28	0.790
丙三醇（glycerol）	92.09	1.261	20	180	42.5		0.812
水（water）	18.01	1.000	0	100	80.4	1.94	1.000

5.2　水熱與溶劑熱體系的成核與晶體生長[2, 14]

5.2.1　成核

　　水熱與溶劑熱體系的化學研究大多針對無機晶體。本節透過對水熱與溶劑熱體系中無機晶體的成核與晶體生長的一般性描述，來了解水熱與溶劑熱體系中晶化理論問題。在水熱與溶劑熱條件下形成無機晶體的步驟與沸石晶體的生成是非常相似的，即在液相或液固界面上少量的反應試劑產生微小的不穩定的核，更多的物質自發地沈積在這些核上而生成微晶。因為水熱與溶劑熱生長的晶體不完全是離子的（如 $BaSO_4$ 或 $AgCl$ 等），它藉由部分共價鍵的三維縮聚作用而形成，所以一般說來水熱與溶劑熱體系中生成的 $BaSO_4$ 或 $AgCl$ 比從過飽和溶液中沈積出來更緩慢。許多因素影響晶化動力學。

　　成核的一般特性為：

　　①成核速率隨著過冷程度即亞穩性的增加而增加。然而，黏性也隨溫度降低而快速增大。因此，過冷程度與黏性在影響成核速率方面具有相反的作用。這些速率隨溫度降低有一個極大值。

　　②存在一個誘導期，在此期間不能檢測出成核。即使在過飽和的籽晶溶液中也形成亞穩態區域，在此區域裡仍不能檢測出成核。一些研究發現成核發生在溶液與某種組分的界面上。因此，在適當條件下，成核速率隨溶液過飽和程度增加得非常快。

　　③組成的微小變化可引起誘導期的顯著變化。

④成核反應的發生與體系的早期狀態有關。

可生長核即晶體生長自發進行的核的出現，是溶液或混合溶液波動的結果。這些波動導致「胚核」的出現和消失。胚核中的一些可生長達到進一步自發生長所需要的晶核大小。它們是反應物化學聚合和解聚的結果。在任一溶液中，可能有各種化學特性的「胚核」共存，一種以上的核達到晶核大小，從而產生多種共結晶的產物。

胚核在進一步自發生長之前必須達到臨界值的原因可作如下考慮。在液相或在凝膠中核與其周圍的介質間存在一種界面自由能 Δg_a。當核在緻密的凝膠、玻璃或晶體基質上生長時，存在一種張力自由能 Δg_s，這是由於核和周圍介質的不匹配而產生的。某物種凝膠的 Δg_s 是很小的。Δg_a 和 Δg_s 的符號都是正的，它們導致核的不穩定。當 Δg_s 和 Δg_s 可忽略不計時則僅有負的生成自由能 Δg，即表示存在著潛在可生長的由某物種酸根與相關陽離子單元 j 組成的核。該核的淨生成自由能 Δg_j 表示為：

$$\Delta g_j = \Delta g + \Delta g_a + \Delta g_s \tag{5-1}$$

Δg 與 $-j$，$\Delta g_s + j$ 和 Δg_a，核的表面積成正比，也將正比於 $+j^{2/3}$，即

$$\Delta g_j = -Aj + Bj^{2/3} + Cj \tag{5-2}$$

式中 A、B、C 為係數。因為 $Bj^{2/3} + Cj > Aj$，當 j 值很小時，Δg_j 的符號是正的。首先，Δg_j 隨 j 增加，胚核是熱力學不穩定的，然而（$A-C$）j 項中由於 $A > C$，所以隨 j 增加較隨 $Bj^{2/3}$ 增加得更快。因此 Δg_j 在通過極大值後隨 j 增加而減少。任何核達到極大值時有相等的機會增加或減少，單元生長為進一步的先質。在極大值右邊，一個核隨自由能的減少而生長，反之隨自由能的增加而失去一些單元。一旦大量胚核超過極大值，核的生長自發進行。

當 d（Δg_j）／dj = 0 時，Δg_j 達到極大值。此時，

$$j = 8 \big/ 27B^3 \big/ （A-C）^3 \tag{5-3}$$

如預期的一樣，在誘導期每單位時間內可生長核的數目相對於時間作圖可得一條上升的曲線。然而，成核和晶體生長彼此競爭需求反應物，因此伴隨晶體生長可預料到新核形成所需的反應物比例越來越少。成核反應速率通過極大值後開始下降。

已提出成核速率的各種表示式來描述不同的情況，如下列關係式（N 為時間 t 時核的數目）：

$$\mathrm{d}N \big/ \mathrm{d}t = A\exp（-k_1 t） \qquad （指數減少） \tag{5-4}$$

$$\mathrm{d}N \big/ \mathrm{d}t = K_1 \qquad （常數速率） \tag{5-5}$$

$$N = 常數 \qquad\qquad （瞬時成核反應） \qquad\qquad (5\text{-}6)$$

$$\mathrm{d}N / \mathrm{d}t = At^n \qquad\qquad （指數律） \qquad\qquad (5\text{-}7)$$

$$\mathrm{d}N / \mathrm{d}t = A[\exp（Et）-1] \qquad （指數增加） \qquad (5\text{-}8)$$

可以看到在上述表達式中成核速率沒有一個具有極大值，但下面的表達式：

$$\mathrm{d}N / \mathrm{d}t = At^n \exp（-tp） \qquad\qquad (5\text{-}9)$$

卻有此特性，n 和 p 代表指數，At^n 部分為指數律成核速率。指數項表示的拐點指出晶體對反應先驅個體競爭的增加。

已做大量的嘗試來計算在 $\Delta g_j - j$ 曲線中胚核通過極大值的流量，計算依照物理狀態的不同而變化。假設當 $j = k$ 時，胚核在極大值處具有臨界大小，而且一旦晶核生成即從體系中除去，那麼在穩定狀態下核流量 $\mathrm{d}N / \mathrm{d}t$ 可被表示為：

$$\mathrm{d}N / \mathrm{d}t = B\exp（-E / RT） \exp（-N_A \Delta g_k / RT） \qquad\qquad (5\text{-}10)$$

式中 $\Delta g_k = \Delta g + \Delta g_a + \Delta g_s$（方程 5-1）代表從 k 種反應物中形成臨界核的生成自由能（等式），E 是活化能，如有關反應物在成核中心的傳輸和引入的活化能。N_A 是 Avogadro 常數，B 為係數，B 的理論解釋是非常不確定的。表達式表明成核反應具有一個非常大的溫度係數，遠不是一個指數項所能包含的。

5.2.2　非自發成核體系晶化動力學

假定有一個適合特定物種生長的良好條件，那麼在該物種籽晶上的沈積生長是最有效的。晶體生長通常具有如下特點：

(1)在籽晶或穩定的核上的沈積速率隨著過飽和或過冷的程度而增加，攪拌常會加速沈積。不易形成大的單晶，除非在非常小的過飽和或過冷條件下進行。

(2)在同樣條件下，晶體的各個面常常以不同速率生長，高指數表面生長更快並傾向於消失。晶體的習性依賴這種效應並為被優先吸附在確定晶面上的雜質如染料所影響，從而減低了這些面上的生長速率。

(3)由於晶化反應速率整體上是增加的，在各面上的不同增長速率傾向於消失。

(4)缺陷表面的生長比無缺陷的光滑平面快。

(5)在特定表面上無缺陷生長的最大速率隨著表面積的增加而降低，此種性質對在適當的時間內無缺陷單晶的生長大小提出了限制。

如前所述，晶體生長所需的反應物種類將限制此反應物有效地生成新核，進而新核

提供的表面積與相對大的籽晶所提供的表面積相比是小的。籽晶為線性生長速率的測定提供適當的條件。在籽晶存在下，晶化過程沒有誘導期，在籽晶上的沈積速率隨著有效沈積表面增加而增加。為了減少或消除誘導期進而縮短整個反應所需時間，在混合液中加入籽晶是熟知的手段。

5.2.3 自發成核體系晶化動力學

缺少籽晶條件下，晶體生長必定經歷成核。晶體產生與時間的關係曲線是典型的 S 形。此方法利用實驗測試最終晶體大小分佈以及最大晶體的線性增長速率來說明 S 形曲線。設 n_i 表示在第 I 組樣品中晶體的數目（即具有半徑大小在 d_i 到 $d_i + \Delta d_i$ 之間的一組樣品，平均半徑為 $-d_i$），晶體在這組樣品中全部數目為 N，那麼總的晶體的分數為 $\alpha_i = n_i / N$。

在時間 t 時 Z_t 與 Z_f 產物的質量之比 Z_t / Z_f 也是相應的體積比 V_t / V_f，可表示為：

$$Z_t / Z_f = V_t / V_f = \Sigma \alpha_i [-d_i(t)]^3 / \Sigma \alpha_i [-d_i]^3 \tag{5-11}$$

$d_i(t)$ 是線性生長速率曲線上時間 t 時第 I 組樣品的晶體的直徑。晶體生長與時間的關係曲線由基本式得出：

$$Z_t / Z_f = 1 - \exp(-k_1 t^n) \tag{5-12}$$

某物種從相關的過飽和溶液中成核和生長相對於時間的 S 曲線，在理論和實驗上是基本吻合的，說明了水熱與溶劑熱體系成核與晶體生長的液相機構。水熱與溶劑熱體系的晶化動力學研究工作較多，分別從經典熱力學和動力學以及電腦模擬幾個研究方向開展研究工作。關於高溫高壓水熱條件下石英的生長過程具體在第 3 節中討論。

5.3 功能材料的水熱與溶劑熱合成

5.3.1 介穩材料的合成[15~19]

沸石分子篩是一類典型的介穩微孔晶體材料，這類材料具有分子尺寸、週期性排布的孔道結構，其孔道大小、形狀、走向、維數及孔壁性質等多種因素為它們提供了各種可能的功能。沸石分子篩微孔晶體的應用從催化、吸附以及離子交換等領域，逐漸向量

子電子學、非線性光學、化學選擇傳感、資訊儲存與處理、能量儲存與轉換、環境保護及生命科學等領域擴展。水熱合成是沸石分子篩經典和適宜的方法之一（另章討論），而溶劑熱合成沸石分子篩是從 1985 年 Bibby 和 Dale 在乙二醇（EG）和丙醇體系中合成全矽方鈉石開始的。之後，Sugimoto 等人報導了在水和有機物如甲醇、丙醇和乙醇胺的混合物中合成了 ISI 系列高矽沸石。1987 年，van Erp W A 等人也報導了非水體系中沸石的合成，所使用的溶劑有乙二醇、甘油、DMSO、環丁碸、$C_5 \sim C_7$ 醇、乙醇和吡啶。

　　1987 年，吉林大學徐如人院士及其研究團隊對 $NaOH-SiO_2-EG$ 體系進行了深入的研究，改進了晶化條件，獲得了全矽方鈉石單晶、Silicalite-I，ZSM-39 和 ZSM-48，並進行了單晶 X 射線結構分析，同時詳細地研究了全矽方鈉石的晶化機構。他們在新型微孔晶體的非水合成方面作了大量的研究工作，於 1992 年報導了國際最大微孔（20 元環）晶體 JDF-20 的溶劑熱合成工作。

5.3.2　人工水晶的合成

　　石英（水晶）有許多重要性質，它廣泛地應用於國防、電子、通訊、冶金、化學等部門。石英有正、逆壓電效應。壓電石英大量用來製造各種諧振器、濾波器、超音波產生器等。石英諧振器是無線電子設備中非常關鍵的一個元件，它具有高度的穩定性（即受溫度、時間和其它外界因素的影響極小），敏銳的選擇性（即從許多信號與干擾中把有用的信號選出來的能力很強），靈敏性（即對微弱信號響應能力強），相當寬的頻率範圍（從幾百赫到幾兆頻），人造地球衛星、導彈、飛機、電子電腦等均需石英諧振器才能正常工作。石英濾波器比一般電感電容做的濾波器具體積小、成本低、品質好等特點。在有線電通訊中用石英濾波器安裝各種載波裝置，在載波多路通訊裝置（載波電話、載波電視等）的一根導線上可以同時使用幾對、幾百對，甚至幾千對電話互不干擾。利用石英透過紅外線、紫外線和具有旋光性等的特點，在化學儀器上可做各種光學鏡頭、光譜儀稜鏡等。除石英外，許多工業上重要的晶體都可以透過水熱法生長（見表 5-2）。

表 5-2 水熱法生長的幾種單晶

材　料	溫度（℃）	壓強（GPa）	礦化劑
Al_2O_3	450	0.2	Na_2CO_3
Al_2O_3	500	0.4	K_2CO_3
ZrO_2	600～650	0.17	KF
TiO_2	600	0.2	NH_4F
GeO_2	500	0.4	
CdS	500	0.13	

1. 石英的晶體結構和壓電性質

石英的化學成分為 SiO_2，屬於六方晶系，空間群 $P2_2^4-P3_12_1$。在 α－石英的結構中，$[SiO_4]^{4-}$ 四面體在 c 軸方向上作螺旋形排列，好似圍繞螺旋軸旋轉，Si—O—Si 夾角為 144°，Si—O 鍵長為 1.597 Å 和 1.617 Å，O—O 鍵長為 2.640 Å 和 2.640 Å。$[SiO_4]^{4-}$ 四面體彼此以頂角相連。沿螺旋軸 3_2 或 3_1 作順時針或逆時針旋轉而分左形和右形。

圖 5-5 是 α－石英（$P3_22_1$ 結構左旋）晶體結構。β－石英、α－石英和柯石英的三相點溫度在 1300 ℃，壓強為 3.4 GPa。圖 5-6 給出了石英在不同壓強、溫度下穩定的範圍。通常，具有壓電效應的石英為 α－石英。

石英的一個重要特點是具有壓電效應。所謂壓電效應就是當某些電介晶體在外力作用下發生形變時，它的某些表面上會出現電荷積累。

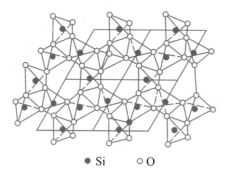

● Si　○ O

圖 5-5 α－石英（$P3_22_1$ 結構左旋）晶體結構

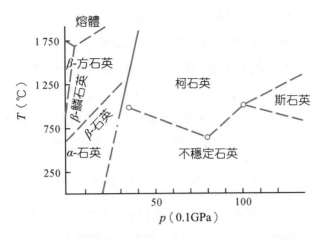

圖 5-6　石英在不同壓強、溫度下穩定的範圍

　　石英晶體的壓電效應可作如下說明：從 α－石英晶體在 [0001] 面上的投影可以看出，其電荷分佈如圖 5-7(a)所示。正電荷指 Si^{4+}，負電荷指 O^{2-}。加壓時，原子的形變如圖 5-7(b)所示。因此在上下表面有電荷積累。可見，壓電效應是由於晶體在外力作用下發生形變，電荷重心產生相對位移，從而使晶體總電矩發生改變造成的。

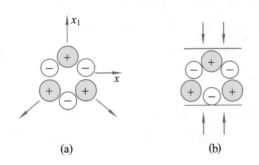

圖 5-7　石英中產生壓電效應示意圖

(a)質點的正負電荷分佈情況；(b)在 x_1 方向上加壓

2.石英的生長機制

　　高溫高壓下，石英的生長過程為：培養基石英的溶解，以及溶解的 SiO_2 向籽晶上生長兩個過程。石英的溶解與溫度關係密切，符合 Arrhenius 方程。

$$\log S = -\Delta H \,/\, 2.303\, RT$$

式中，S——溶解度；ΔH——溶解熱；T——熱力學溫度；R——莫耳氣體常數，負號表示過程為吸熱反應。由於石英的溶解，溶液的電導率下降很大，表明溶液中 OH^- 離子和 Na^+ 離子明顯減少。這就說明，OH^- 離子和 Na^+ 離子參與了石英溶解反應。有人認為，石英在 NaOH 溶液中化學反應生成物 $Si_3O_7^{2-}$ 為主要形式，而在 Na_2CO_3 溶液中則以 SiO_3^{2-} 為主要形式。它是氫氧離子和鹼金屬與石英表面沒有補償電荷的矽離子和氧離子起化學反應的結果。石英在 NaOH 溶液中溶解反應可用下式表示：

$$SiO_2（石英）+（2x-4）NaOH \rightleftharpoons Na（2x-4）SiO_x+（x-2）H_2O$$

式中 $x \geq 2$。在接近培育石英的條件下，測得的 x 值約在 7/3 和 5/2 之間，這意味著反應產物應當是 $Na_2Si_2O_5$、$Na_2Si_3O_7$，以及它們的游離和水解產物。$Na_2Si_2O_5$ 和 $Na_2Si_3O_7$ 經游離和水解，在溶液中產生大量的 $NaSi_2O_5^-$ 和 $NaSi_3O_7^-$。因此，石英的人工合成含下述兩個過程：

①溶質離子的活化

$$NaSi_3O_7^- + H_2O \rightleftharpoons Si_3O_6^- + Na^+ + 2OH^-$$
$$NaSi_3O_5^- + H_2O \rightleftharpoons Si_2O_4^- + Na^+ + 2OH^-$$

②活化了的離子受生長體表面活性中心的吸引（靜電引力、化學引力和凡得瓦引力），穿過生長表面的擴散層而沈降到石英體表面。

關於水晶晶面的活化有不同的觀點，有人以為是由於晶面的羥基所致，所以產生如下反應，形成新的晶胞層：

$$Si-OH +（Si-O）^- \longrightarrow Si-O-Si + OH^-$$
$$\text{羥基化的石英表面} \qquad \text{石英表面的化學吸附}$$

放入溶液中，有人認為 OH^- 及 Na^+ 參與了晶面的活化作用，還有人認為 Si-ONa 起了作用。

3.影響石英晶體生長的因素

溫度、溫差、溶液過飽和度等對晶體生長速率的影響較大。在一定溫差條件下，晶體的生長速率（mm/d 為單位）的對數與生長區的溫度倒數呈線性關係。符合下面的經驗公式：

$$dln（v）／dT = c／RT^2$$

式中：v 代表生長速率；c 為常數；R 為莫耳氣體常數。按照波茲曼統計，具有活化能 U 的粒子數 R 應與 $e^{-U/kT}$ 成正比，其中 k 為波茲曼常數，T 為熱力學溫度。因此，生長速率（v）亦可以認為與 $e^{-U/kT}$ 有正比關係，即 $v \propto e^{-U/kT}$。取對數為 $\ln v \propto U / kT$。所以活化能 U 可表示成：

$$U \propto -kT \ln v$$

因此，作圖可以計算出活化能大約為 $80 \pm 1\text{kJ/mol}$。另外，對於一定的生長溫度下，溶解區與生長區的溫差越大，晶體生長得越快，基本呈線性關係。但在實際晶體生長過程中，晶體生長不能太快，否則晶體質量會明顯下降。

　　壓強是高壓釜內的原始填充度、溫度和溫差的函數。提高壓強會提高生長速率，這實際上是透過其它參數（溶解度和質量交換等情況）來體現的。關於填充度與晶體生長的關係，已經有了較為詳細的研究。在溫度較低時，填充度與生長速率呈線性關係，在溫度較高時，線性關係破壞。

　　生長速率與溶液過飽和度的關係可用下式表示：

$$v = k_v \alpha \Delta S$$

其中 k_v 為速率常數，α 為換算因數，ΔS 為溶液絕對過飽和度。前面已經提到，溫差與生長速率在一定條件下呈線性關係。因此，絕對過飽和度亦與溫度呈線性關係。這樣，藉助上面的速率方程與速率（溫差）、溶解度數據可以求出速率常數與溫度的關係。結果證明與上式是一致的。

　　概括來說，在高溫下，相應地提高填充度和溶液鹼濃度可以提高晶體的完整性。

4. 水熱法合成石英的裝置

　　水熱法合成石英的裝置如圖 5-8 所示。培養石英的原料放在高壓釜較熱的底部，籽晶懸掛在溫度較低的上部，高壓釜內填裝一定程度的溶劑介質。結晶區溫度為 330～350℃；溶解區溫度為 360～380℃；壓強為 0.1～0.16 GPa；礦化劑為 1.0～1.2 mol/L 濃度的 NaOH，添加劑為 LiF、LiNO$_3$ 或者 Li$_2$CO$_3$。高壓釜的密封結構採用「自緊式」裝置如圖 5-9 所示。

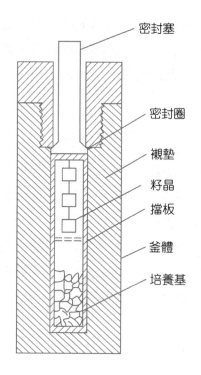

圖 5-8　水熱法合成石英的裝置

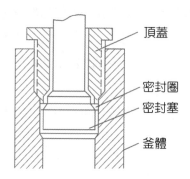

圖 5-9　「自緊式」高壓釜的密封結構

5.3.3　特殊結構、凝聚態與聚集態的製備[20~24]

在水熱與溶劑熱條件下的合成比較容易控制反應的化學環境和實施化學操作。又水熱與溶劑熱條件下中間態、介穩態以及特殊物相易於生成，因此能合成與開發特種介穩結構、特種凝聚態和聚集態的新合成產物，如特殊價態化合物、金剛石和奈米晶等。

1996 年吉林大學龐文琴教授等人成功地在水熱體系中合成了特種五配位鈦催化劑 JDF−L1（JDF−L1, Jilin−Davy−Faraday, Layered solid no. 1; $Na_4Ti_2Si_8O_{22} \cdot 4H_2O$ ）。

JDF-L1 是目前唯一人工合成的含五配位鈦化合物，研究發現該化合物具有良好的氧化催化性能，可望成為新一代催化材料。另外的例子是具有特殊四配位質子結構的鍺矽酸鹽的水熱合成以及美國學者在水熱體系中金剛石的合成。

　　中國科技大學錢逸泰院士及其研究團隊在非水合成研究方面獲得了重要的研究成果。他們成功地在非水介質中合成出氮化鎵、金剛石以及系列硫屬化物奈米晶。這類特殊結構、凝聚態與聚集態的水熱與溶劑熱製備工作是目前的前瞻研究領域，大量的基礎和技術研究已經開展起來。

5.3.4　複合氧化物與複合氟化物的合成[25~30]

　　複合氧化物與複合氟化物陶瓷粉末的水熱或溶劑熱合成，作為一種比高溫固相反應溫和的低溫合成路線，十分引人注目。因為溶劑、溫度和壓力對離子反應平衡的總效果可以穩定產物，同時抑制雜質生成，所以水熱或溶劑熱合成以單一步驟製備無水陶瓷粉末，而不要求精密複雜裝置和貴重的試劑。與高溫固態反應相比，水熱合成氧化物粉末陶瓷具有以下優勢：①明顯地降低反應溫度和壓力（水熱反應通常在 $100 \sim 200°C$ 下進行）；②能夠以單一反應步驟完成（不需研磨和焙燒步驟）；③很好地控制產物的理想配比及結構形態；④製備純相陶瓷（氧化物）材料；以及⑤可以大批量生產。

　　熱力學模型提供了一個計算每一個體系的平衡濃度的工具，該平衡濃度是溫度、壓力、溶液的 pH 值及投料試劑濃度的函數。模型要求：確立所有可能存在於溶液裡或以固體沈澱的化學個體；系統內所有化學個體的標準態性質，包括形成的焓 $\Delta H_f^\ominus$ 和標準吉布士能 $\Delta G_f^\ominus$，某一參照溫度下的熵 $S^\ominus$（通常在 T = 289.15 K），以及作為溫度函數的分莫耳體積 $V^\ominus$ 及定壓熱容 $C_p^\ominus$；解釋溶液非理想性的水合化學個體活性係數。Riman 等人提出一個基於電解質溶液的熱力學模型，該方法被用於構造系統中主要化學個體的相穩定圖。相穩定圖用以預計水熱合成陶瓷材料的最佳懸浮液合成條件（即原料組分、pH 值和溫度），從而減小對試探實驗盲目性。透過討論 $BaTiO_3$（s）、$PbTiO_3$（s）和 $SrTiO_3$（s）陶瓷粉末的穩定性圖和水熱合成氧化物陶瓷粉末來進一步了解相關水熱化學。為計算在感興趣的溫度和壓力下每個個體形成的標準吉布士能，要求知道形成的焓值 $\Delta H_f^\ominus$ 和標準吉布士能值 $\Delta G_f^\ominus$，參考溫度處（通常在 298.15 K 處）的熵 $S^\ominus$，以及作為溫度函數的分莫耳體積 $V^\ominus$ 及定壓熱容 $C_p^\ominus$。接下來，採用標準熱動力學關係計算 $G_f(T, p)$。在多種情況下，從目前的熱化學數據庫可以得到這些數據。只要可能，數據將取自精確且一致的來源。通常，一個數據組的一致性可以通過檢驗 G，H，S，C_p，V 等實驗值之間的關係與熱動力學的一般關係的一致性得到驗證。也就是說，對於一給

定物質，熱化學數據的一致性可以透過計算基於幾個反應的數據來考察。

將 $BaTiO_3$（s）的水熱合成作為一個例子是因為在實驗上已經確定了合成條件，另外已知合成中所用試劑的標準態熱力學性質。對於 $BaTiO_3$ 合成的計算結果可以透過與實驗確定的條件相比較而得到驗證。正如 $BaTiO_3$（s）的情況，選用可靠的標準態熱動力學數據是計算的關鍵。對每種情況，仔細估算數據十分必要。結果表明：溶液的非理想性對於水熱反應有很大影響。對於鈣鈦礦材料的合成，pH 值是一個重要的熱力學變量。$BaTiO_3$（s）和 $PbTiO_3$（s）生成較強地依賴溶液 pH 值和 Ba（m_{BaT}）或 Pb（m_{PbT}）化學個體的總濃度。另外，必須加以控制 pH 值和 Ba 與 Pb 的總濃度以避免產生氫氧化物雜相的沈澱。為使 pH 值和 m_{BaT} 匹配，應加入 NaOH 礦化劑並保持 Ba／Ti 比大於 1。相反地，對於 Pb 體系，Pb／Ti 比應小於 1，而且溫度必須保持在 ≤ 348K。最後，對於 $BaTiO_3$（s），應避免曝露於 CO_2，因為它會導致 $BaCO_3$（s）雜質相的生成。

應用分子個體先質製備無機材料的研究十分活躍。水熱金屬有機先質合成化學將有可能取代傳統的熱處理成為頗具前景的研究方向。所用的合成技術包括化學氣相沈積、溶膠－凝膠過程、金屬有機分解、分子束外延和金屬有機先質法等。其中，金屬有機先質法水熱化學致力於在分子水準上構築材料，希望先質分子的化學屬性與反應方式能影響構築材料的物理性能，從而實現反應性—結構—性能三維研究的分子工程學，是值得重視的研究課題。

當兩種等化學計量比的金屬有機試劑（如 AX_n 和 BY_m，A 和 B 分別代表不同金屬原子，X 和 Y 分別是金屬 A 和 B 的有機配體，n 和 m 分別是有機配體 X 和 Y 的計量數）加入一溶劑中時，可能發生下述情況：①不反應；②發生反應，特別是與水反應，形成一種單一的分子個體如 ABX_pY_q；或③形成具有不同金屬原子計量比的分子個體的混合物。從分子水準上看，①和②能達到均勻的溶液，而③雖然總的化學計量比不變但不是均勻的。當然，三種情況透過後期處理如熱處理都可能生成相應的 ABO_x 相，但問題是三種合成路線對最終產物性質的影響可能不同。顯然我們期望發生第②種情況。在分子水準上控制均勻性和計量比是材料定向與設計合成的關鍵一環。分子水準上均勻和等計量的先質的形成減少了物質擴散控制晶化過程，從而降低晶化溫度，直接影響到生成怎樣的多型體（同組成不同金屬離子配位數或配位幾何），如透過控制先質化學來選擇某種多型體。因此，將合成控制與產物性質相關聯，如先質中金屬原子的配位環境可能影響最終產物的結構。

例如，鈮酸鋰的製備是透過鈮和鋰的乙氧基（酯）化合物在乙醇中首先形成 $LiNb(OEt)_6$，然後經水熱處理。ABO_3 及其摻雜的 $AB_3B'_{1-x}O_3$ 型複合氧化物的製備描述如下：

$$A（CO_3）+2HO_2CCR_2OH \xrightarrow{H_2O} A（O_2CCR_2OH）_2+H_2O+CO_2$$

$$A（O_2CCR_2OH）_2+B（OR'）_2 \longrightarrow A（O_2CCR_2O）_2B（OR'）_2+2HOR'$$

$$A（O_2CCR_2O）_2B（OR'）_2 \longrightarrow ABO_3$$

$$xA（O_2CCR_2O）_2B（OR'）_2+（1-x）A（O_2CCR_2O）_2B'（OR'）_2 \longrightarrow AB_3B'_{1-x}O_3$$

$$A=Ca，Sr，Ba，Pb；B=Ti，Zr，Sn；R=H，Me；R'=i-Pr。$$

　　吉林大學馮守華教授及其研究小組應用溫和水熱合成路線合成了系列複合氧化物和複合氟化物。溫和水熱合成技術應用變化繁多的合成方法和技巧，已經獲得幾乎所有重要的光、電、磁功能複合氧化物和複合氟化物。水熱條件下的一次性合成大大降低了以往高溫固相反應的苛刻合成條件。水熱合成的產物有 $BaTiO_3$，$SrTiO_3$，$KSbO_3$，$SrTi_{1-x}Sn_xO_3$（$x=0.1\sim0.5$），$NaCeTi_2O_6$，$NaNdTi_2O_6$，$MMoO_4$，MWO_4，$M=Ca$，Sr，Ba，$Na_xLa_{2/3-x/3}TiO_3$，$Na_xAg_yLa_{2/3-(x+y)/3}TiO_3$，$Na_xLi_yLa_{2/3-(x+y)/3}TiO_3$。應用水熱氧化還原反應製備混合價態複合氧化物 $Ce（IV）_{1-x}Ce（III）_xO_{2-x/2}$，$H_xV_2Zr_2O_9H_2O$（$x=0.43$），雙摻雜二氧化鈰 $MO／Bi_2O_3／CeO_2$，巨磁阻材料 $M_xLa_{1-x}MnO_3$（$M=Ca$，Sr，Ba），以及 $Na（K）-Pb-Bi$ 系超導材料。功能複合氟化物 ABF_3 與 ABF_4，$A=$ 鹼金屬，$B=$ 鹼土金屬或稀土，如 $KMgF_3$，$LiBaF_3$，$LiYF_4$，$NaYF_4$，KYF_4，$BaBeF_4$ 等，並實現了稀土離子 Ce^{3+}，Sm^{3+}，Eu^{3+} 和 Tb^{3+} 等的水熱摻雜。發現水熱反應的價態穩定化作用與非氧嵌入特徵，開發出一條反應溫和、易控、節能和少污染的氟化物或複合氟化物功能材料的新合成路線。複合氟化物以往的合成採用氟化或惰性氣體保護的高溫固相合成技術，該技術對反應條件要求苛刻，反應不易控制。表 5-3 列出了水熱合成的功能複合氧化物和複合氟化物及其生成條件。

表 5-3　水熱合成的功能複合氧化物和複合氟化物及其生成條件

化合物	水熱反應條件	
	反應溫度（℃）	反應時間（d）
$Na_xLa_{2/3-x/3}TiO_3$	240	7
$Na_xAg_yLa_{2/3-(x+y)/3}TiO_3$	240	7
$Na_xLi_yLa_{2/3-(x+y)/3}TiO_3$	240	7
$La_{1-x}Ca_xMnO_3$	240	3
$La_{1-x}Sr_xMnO_3$	240	6
$La_{1-x}Ba_xMnO_3$	240	3
$NaNdTi_2O_6$	240	3
$NaCeTi_2O_6$	240	3
$CaMo（W）O_4$	240	3
$SrMo（W）O_4$	240	3
$BaMo（W）O_4$	240	3

表 5-3　水熱合成的功能複合氧化物和複合氟化物及其生成條件（續）

化合物	水熱反應條件	
	反應溫度（℃）	反應時間（d）
$LiBaF_3$	140	5
$KMgF_3$	120	8
$LiYF_4$	220	3
KYF_4	220	3
$BaBeF_4$	220	3
BaY_2F_8	240	3
$LiYF_4 : Re^{3+}$	240	3
$BaY_2F_8 : Re^{3+}$	240	3

5.3.5　低維化合物的合成[31~35]

　　吉林大學徐如人院士領導的研究團隊在電腦輔助下的層孔磷酸鋁的分子設計與定向合成方面已取得重要成果。低維固體磷酸鋁易從醇體系中得到，對於在性質上顯示特殊各向異性的低維固體，人們的興趣正在增加。在醇體系中合成那些有應用價值的鏈狀和層狀的低維固體是一個方向。醇體系可能比水更合適做為合成某些低維化合物的介質，如砷酸鹽、鍺酸鹽、硒酸鹽、銻酸鹽、磷酸鋅、磷酸鈹、磷酸鉬、硫化物等，它們在醇中的溶解度不是很小，且由於在醇介質中氧化還原性質發生了變化，不會發生明顯水解反應等原因，醇是合成這些化合物的合適介質，是水所不可比擬的。人們使用百餘種有機胺作為模板劑，合成了幾十種磷酸鋁分子篩及包合物。在醇介質中合成磷酸鋁時，有機胺模板劑起著非常重要的作用。

　　表 5-4 給出 $Al_2O_3-P_2O_5-Et_3N-R$（R 為醇）體系的合成結果。為描述溶劑的影響，我們選擇了以三乙胺為模板劑的磷酸鋁合成體系作為研究對象，結果表明產物結構與 E_N^T 值有很好的對應關係。強極性溶劑中生成 APO-5，中強極性溶劑中生成 JDF-20，中弱極性溶劑中產生鏈狀磷酸鋁APO-1，弱極性溶劑中產生 $APO_4-Tridymite$ 或得不到晶體產物。由此看出，溶劑極性對結果影響極大，而溶劑的其它性質（如黏度等）則只能影響晶化的溫度及時間等。

　　他們建立了晶體結構與合成反應兩個數據庫，並以具有特定結構的磷酸鋁為研究對象，開拓出分子設計與定向合成路線。他們創造與開發了二維網狀中具有 $Al_3P_4O_{16}^{3-}$ 計量比磷酸鋁的結構設計與構築的計算方法，在程序中巧妙地運用了分而治之算法和遺傳算法，總結出結構構築的特點及規律。設計並定向合成出一系列以 $AlP_2O_8^{3-}$，$Al_3P_4O_{16}^{3-}$，$Al_2P_3O_{12}^{3-}$，$Al_4P_5O_{20}^{3-}$ 和 $Al_5P_6O_{24}^{3-}$ 等為結構單元的一維鏈狀、二維層狀和三維骨架結構，總結出有機胺模板分子在結構中與主體骨架的氫鍵作用規律，用分子動力學的方法闡明

了有機胺的結構導向作用。其中具有 $Al_3P_4O_{16}^{3-}$ 計量比的二維磷酸鋁層孔結構的設計與合成研究的規律對在溶劑熱體系中開展分子片建設很有啟迪。這些結構包括一系列具有四元環、六元環、八元環或十二元環的層或網狀結構（4.6−，4.6.8−，4.6.8.12−及 4.8−nets），如具有 4.6−net 的 $[Al_3P_4O_{16}]$ $[C_5N_2H_9]_2[NH_4]$，具有 4.6.8−net 的 $[Al_3P_4O_{16}]$ $[C_6H_{21}N_4]$ 以及具有 4.8−net 的 $[Al_3P_4O_{16}][CH_3NH_3]$。其它具有混合價鍵結構及具有 Al/P 比為非 1 的磷酸鋁化合物的合成與結構研究工作也獲得突破性結果。合成出的一維鏈、二維層及三維微孔磷酸鋁晶體，其 Al/P 比小於 1，如 1/2，2/3，3/4，4/5 和 5/6 等，其無機部分的組成可寫為 $Al_nP_{n+1}O_{4(n+1)}^{3-}$。表 5-5 總結了所合成層孔磷酸鋁的結構特徵。

表 5-4　不同溶劑中合成的結果 （1.0 Al_2O_3：1.8P_2O_5：4.7Et_3N）

溶　劑	E_T^N	溫度（℃）	產物
十四醇（tetradecanol）		180	Am
1−甲基−2−己醇（methyl-2-hexanol）		180	Am
2−甲基−2−丁醇（2-methyl-2-butanol）	0.321	180	$AlPO_4-T$
甲基−2−丙醇（2-methyl-2-propanol）	0.389	180	$AlPO_4-T$
戊醇（pentanol）	0.488	180	$APO-1+AlPO_4-T$
環己醇（cyclohexanol）	0.500	180	$APO-1$
丙醇（propanol）	0.506	180	$APO-1$
3−甲基−1−丙醇（2-methyl-1-propanol）	0.546	180	$APO-1$
己醇（hexyl alcohol）	0.559	180	$APO-1$
戊醇（pentanol）	0.568	180	$APO-1$
丁醇（butanol）	0.602	180	$APO-1$
苯甲醇（benzyl alcohol）	0.608	180	$APO-1$
丙醇（propanol）	0.617	180	$APO-+APO-5$
乙醇（ethyl alcohol）	0.654	180	$APO-5$
乙醇（ethyl alcohol）	0.654	160	$JDF-20$
四乙二醇（tetraethylene glycol）	0.664	180	$JDF-20$
1，3−丁二醇（1，3-butanediol）	0.682	180	$JDF-20$
三乙二醇（triethyene glycol）	0.704	180	$JDF-20$
三乙二醇（triethyene glycol）	0.704	600	$APO-5$
1，4−丁二醇（1，4-butanediol）	0.704	180	$JDF-20$
二乙二醇（diethylene glycol）	0.713	180	$JDF-20$
1，2−丙二醇（1，2-propanediol）	0.722	180	$APO-5$
1，3−丙二醇（1，3-propanediol）	0.747	180	$APO-5$
甲醇（methyl alcohol）	0.762	160	$APO-5$
二甘油（diglycerol）		180	$APO-5$
乙二醇（ethylene glycol）	0.790	180	$APO-5$
乙二醇（ethylene glycol）	0.790	160	$APO-5$
丙三醇（glycerol）	0.812	180	$APO-5$
水（water）	1.000	180	$APO-5$

$AlPO_4-T=AlPO_4-Tridymite$ Am＝amorphous

表 5-5 　合成層孔磷酸鋁的結構特徵

化合物分子式	組成 Al/P 比	維數	初級結構單元
$[AlP_2O_8H_2][Et_3NH]$	1/2	1D	AlO_4，PO_2（$=O$）（OH）
$[AlP_2O_8H][H_3NCH_2CH_2NH_3]$	1/2	1D	AlO_4，PO_3（$=O$），PO（$=O$）$_2$（OH）
$[Al_3P_5O_{20}H]:5[C_5H_9NH_3]$	3/5	1D	AlO_4，PO_3（$=O$），PO_2（$=O$）$_2$，PO（$=O$）$_2$（OH）
$[AlP_2O_8H_2(OH_2)_2][N_2C_3H_5]$	1/2	2D	AlO_4（OH）$_2$，PO_2（$=O$）
$[Al_2P_3O_{10}(OH)_2][C_6NH_8]$	2/3	2D	AlO_4，AlO_5，PO_4，PO_3（OH），PO_2（$=O$）（OH）
$[Al_3P_4O_{16}][NH_3CH_2CH_2NH_3]$ $[OH_2(CH_2)_2OH][OH(CH_2)_2OH]$	3/4	2D	AlO_4，PO_3（$=O$）
$[Al_3P_4O_{16}]:3[CH_3CH_2CH_2NH_3]$	3/4	2D	AlO_4，PO_3（$=O$）
$[Al_3P_4O_{16}]:1.5[NH_3(CH_2)_4NH_3]$	3/4	2D	AlO_4，PO_3（$=O$）
$[Al_3P_4O_{16}]:3[CH_3(CH_2)_3NH_3]$	3/4	2D	AlO_4，PO_3（$=O$）
$[Al_3P_4O_{16}]:1.5[NH_3CHCH_3CH_2NH_3]1/2H_2O$	3/4	2D	AlO_4，PO_3（$=O$）
$[Al_3P_4O_{16}]:2[C_5N_2H_9][NH_4]$	3/4	2D	AlO_4，AlO_5，PO_4，PO_3（$=O$），PO（$=O$）$_2$（OH）
$[Al_8P_{10}O_{40}H_2]:4[(C_2H_5)_2NH_2]2.5H_2O$	4/5	2D	AlO_4，AlO_5，PO_4，PO_3（$=O$），PO（$=O$）$_2$（OH）
$[Al_2P_3O_{12}][C_4N_3H_{16}]$	2/3	3D	AlO_4，PO_3（$=O$），PO_2（$=O$）$_2$
$[Al_{16}P_{20}O_{80}]:4[C_6H_{18}N_2]$	4/5	3D	AlO_4，AlO_5，PO_4，PO（$=O$）$_2$（OH）
$[Al_5P_6O_{24}H]:2[Et_3NH]$	5/6	3D	AlO_4, PO_4, PO_3（$=O$），PO_3（OH）

5.3.6 　無機／有機混成料的合成[36~39]

　　近年來，無機／有機奈米複合材料、固體混成材料以及金屬配位聚合物的合成已經引起化學家和材料學家們的廣泛關注。這類材料構成了一類具有生物催化、生物製藥、主─客體化學及潛在的光電磁性能材料。利用多齒有機分子配體與金屬陽離子透過配位鍵相互作用，形成多維的無機／有機固體混成材料。目前人們對這類多齒配位子研究較多，它們中有些是剛性配體，有些是柔性配體，這些配體本身的多種特性極大的豐富了人們的研究領域。採取水熱法和溶劑熱法等在該領域已取得了較好的研究成果。另一個研究領域是氧簇─金屬配合物混成結構的構建。在水熱或溶劑熱反應條件下，利用過渡金屬有機配合物離子與無機過渡金屬─氧化物反應，形成結構新穎的一維、二維、三維網絡結構。這類材料中配位錯離子透過共價鍵與無機層作用得到不同形狀的孔道結構，而且其具有很好的容納「客體」分子的特性，極大地豐富了主─客化學研究。

　　中外學者的研究工作很多。透過水熱反應製備無機／有機固體混成材料顯示出諸多優越性。吉林大學馮守華教授及其研究小組從簡單的無機原料及有機胺出發，於160℃水熱條件下合成出三維網絡結構化合物$Cd(C_3N_2H_{11})_2V_8O_{20}$。該化合物是由無機層$\{V_8O_{20}\}^{4-}$與過渡金屬錯離子$[Cd(C_3N_2H_{11})_2]^{4+}$構成。$\{V_8O_{20}\}^{4-}$無機層由相同數目的$VO_4$四面體、$VO_5$四角錐以共頂點和共邊方式相互連接形成二維層狀結構。$[Cd(C_3N_2H_{11})_2]^{4+}$

錯離子以共價鍵形式支撐於無機層間，形成敞開的三維網絡結構，並在 c 軸方向由 V、Cd 等原子形成了 10−元環的一維無限孔道結構。圖 5-10 為 Cd（$C_3N_2H_{11}$）$_2V_8O_{20}$ 的晶體結構。

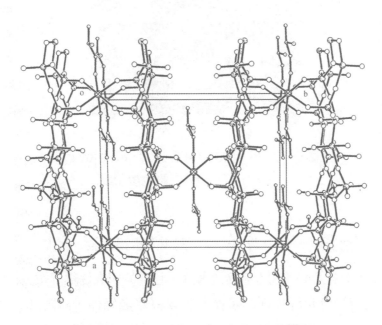

圖 5-10　Cd（$C_3N_2H_{11}$）$_2V_8O_{20}$ 的晶體結構

　　他們在水熱條件下利用簡單的反應原料 V_2O_5、H_3PO_4、4，4'−聯吡啶及 $NiCl_2$、$CoCl_2$，得到兩種含有無機螺旋鏈新穎的化合物：$M_{0.5}$（VO）（HPO_4）（4，4'-bipy）（M＝Ni，Co）。X 射線單晶結構分析表明：該化合物是一種具有左、右兩種螺旋鏈的無機層與 4，4'−聯吡啶構築的有機—無機混成材料。在該結構中，PO_4 四面體與 VO_4N 三角雙錐透過共頂點連接形成一維螺旋鏈。左手螺旋鏈與右手螺旋鏈交替排列。在每條鏈中臨近的 VO_4N 與 PO_4 各提供一個頂點氧原子與過渡金屬離子 Ni、Co 鉗合，形成三元環，Ni 原子又透過另外的一個三元環把臨近的相反螺旋鏈連接起來，形成了—Ni—O—V—O—P—無機層。且在此層中形成較大的 10−元環。結構中 4，4'−聯吡啶一端與 Ni 配位，另一端與另一層中的 V 配位，將 V—P—Ni 層支撐為三維網絡，並具有一維無限孔道結構。圖 5-11 為 $M_{0.5}$（VO）（HPO_4）（4，4'-bipy）（M＝Ni，Co）V—P—O 螺旋鏈的結構。

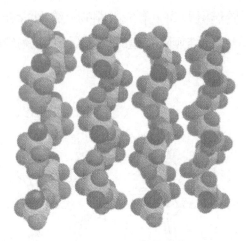

圖 5-11　M$_{0.5}$(VO)(HPO$_4$)(4,4'-bipy)
(M=Ni,Co) 無機螺旋鏈結構

5.4　水熱條件下的海底：生命的搖籃？[40~44]

　　水熱條件下生命起源的問題受到廣泛關注，目前的研究提供了微生物學、地質學、分子系統樹以及海洋考察等方面的證據，如模擬水熱條件，有關 H$_2$、NH$_3$、CH$_4$、CH$_3$COOH、胞嘧啶、尿嘧啶及肽的非生物合成以及電腦模擬計算胺基酸合成的熱力學及在沸石分子篩上胺基酸成肽的分子模擬研究。德國學者 Wächtershäuster G 關於在 Fe−S 礦表面進行的化學自養進化過程、細胞化進程理論和以 C—S 鍵為基礎的進化生物學研究較為深入。

5.4.1　溫暖的池塘──水熱海底

　　1952 年，芝加哥大學的米勒（Stanley Miller）根據奧巴林的早期地球還原性大氣圈假設，由 CH$_4$、NH$_3$、H$_2$、H$_2$O 在放電情況下合成了多種胺基酸等有機物。隨後有的學者用 HCN 合成了 5 種鹼基，用甲醛合成了多種醣和胺基酸，還進行了核苷酸的無酶聚合實驗。「溫暖的池塘」──水熱海底的化學進化模型應運而生，即生命起源於地表，光和閃電供能，使無機水分子反應，得到有機小分子，有機小分子在地表水中富集，隨著水的蒸發，有機小分子濃度升高，進一步反應生成大分子，大分子自組織，最後演變為有複製功能、有膜的細胞形式。20 世紀 70 年代，美國伍茲霍海洋研究所阿爾文等海洋考察潛艇發現了太平洋東部洋嶺上的「硫化物煙囪」的特殊生態系統，（20～30MPa，最高水溫 350℃），John Corliss 等基於上述事實，首先提出了生命的水

熱起源模式，這個理論由於地質證據、同源性分析、實地考察而逐步完善。大致模型如下：生命起始初期，地球處於強還原性環境，在板塊構造活動帶上有許多水熱系統，海水與水熱活動噴出物之間存在物質與能量交換，形成 350℃～0℃的溫床梯度和化學梯度，靠還原性物質的氧化供能，驅使無機小分子向有機分子的非生物合成，從而逐步衍化為生命形式，最初的生命形式過著厭氧的化學自養生活，之後又向厭氧異養生活進化，生命之輪慢慢前進。

　　兩種觀點在驅使進化的能量來源上存在著根本性分歧，一種觀點是太陽能，另一種是地熱和化學能。越來越多的證據支持後一種觀點，如宇宙學、地質學證據、分子系統樹、化學進化的模擬。然而，由 CO、H_2 合成有機化合物的 Fischer-Tropsch 反應在溶液狀態下未獲得成功，並且水熱條件下濃度較高的 H_2S 會使催化劑中毒；250℃以上，許多胺基酸的消旋化速率甚至大於分解速率，大量水的存在不利於成肽，即使成肽了，肽的分解也相當快。RNA 在 pH＝7 的 350℃水中半衰期為 4 s，高能磷酸鍵在 250℃以上會很快破壞，醣基也會迅速分解。當然，這僅僅是孤立的討論有機物的熱穩定性，沒有考慮鹽效應、高壓影響、礦物對有機物的穩定化作用等。實際上，有機物自身也有熱穩定機構。有些嗜熱菌的蛋白質由於在亞基間有離子對作用，有相對少的曝露給溶劑的面積及強的核心憎水性等而穩定。對 DNA 的研究揭示超螺旋的穩定化作用。在 113℃嗜熱菌（Pfu）的生存證明有機分子的熱穩定機構有待闡明。

5.4.2　分子生物學與進化樹

　　只有在分子水準上才可以真正認識進化。分子序列在揭示進化關聯上，比經典的形態標準，分子功能更能反映實質。核醣體是生命體的蛋白質加工廠，處於核心的地位，由於核醣體 RNA 的普遍存在，且功能穩定，順序變化相對緩慢，易於分離而受到人們重視。現在一般以核醣體小亞基（16SrRNA）來對生物分類，透過考察其保守序列和差異程度，做出分子系統樹。Illinois 大學 Carl R Woese 做出的分子進化樹（見圖 5-12），把生物分為三大類：真菌、古細菌和真核生物。其中古細菌更靠近根部，而嗜熱菌、極端嗜熱菌位於古細菌更早的分支。故有人提出生命起源於高溫。透過比較 rRNA 順序，得到分枝次序、物種親緣關係。巴黎大學的分子生物學家 Patrick Forterre 試圖繪出嗜熱菌（pyrococcas abysii）和另一種在 37℃生活的古細菌（methanococcus maripaludis）的基因圖譜，認為嗜熱菌是由於熱適應而來。他研究了逆旋轉酶（reverse grase），逆旋轉酶只在嗜熱菌中發現過，嗜熱菌 DNA 在逆旋轉酶的作用下獲得超螺旋而在高溫下穩定。如果生命起源於高溫水熱，那麼逆旋轉酶的基因應相對簡單，但 Forterre 發現

它的基因是基因複合的產物。另外，高 G＋C 含量可能更有利於穩定嗜熱菌 DNA。有人認為以小亞基 rRNA 為分類標準不合適，那麼，即使用蛋白質樹序列分析，不但與 rRNA 樹矛盾，還自身存在矛盾。Forterre 認為，分類的前提不一樣會得到不同的分子進化樹。

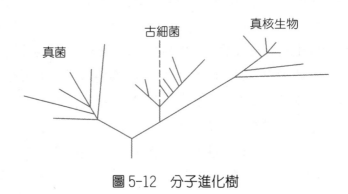

圖 5-12　分子進化樹

　　針對這些矛盾與困惑，Carl Woese 又提出了基於基因橫向轉移的新的原始共同祖先的概念。他認為原始共同祖先不是一個實體，它為一大類原胞，富含小基因，基因的橫向轉移加速了進化，在環境的作用下，衍化成真菌、古細菌、真核生物的形式。

5.4.3　時間的證明與水熱條件

　　人們研究地球早期的地理、化學條件，發現地球起始於 46 億年前左右。原始地球溫度很高，直到 38 億年前還不斷受到外行星、彗星等猛烈撞擊，火熱的地球上千瘡百痍，地球經脫氣形成大氣層。那時地表溫度為 85℃，直到 20 億年前突然形成氧氣。Kelvin A Maher 透過天文學計算，認為海底水熱系統在 40～42 億年前就可以開始生命的前化學合成，而地表上只能在 37～40 億年前發生。確鑿的證據表明 35 億年前就存在光合作用細菌，更有學者透過 ^{13}C 同位素分析，認為 38.5 億年前就存在生命。綜合分析看，要想在還原性氣氛不強（富含 CO_2、N_2），炙熱的不斷受行星撞擊的地表開始生命前化學合成無疑是相當困難的。而海底則可以提供生命起源的溫床。1977 年，深海探測船 Alvin 號考察了東赤道太平洋 2.5 km 深的海底水熱活動，發現了大量化學自氧細菌等生物，細菌濃度達 10^8～10^9 個/ml。1991 年，Alvin 號考察了東太平洋洋嶺深 2500 m 處的火山活動，觀察到了溫度高於 360℃ 的噴出流（含過飽和的還原性氣體和金屬）與低溫擴散流（＜30℃），還有厚達 5 cm 的絮狀「雪暴」——有機物殘渣。1992 年 3 月，Alvin 號故地重遊，這次發現了噴口處的細菌菌落，更發現了管蟲（tube worm：

tevnia jerichonann），長達 30 cm。1993 年 12 月，Alvin 號再次造訪該地，這一次發現了長達 1.5 m 長的管蟲。這表明水熱條件下生物生長非常快。生命在水熱海底的存在已是不爭的事實。

對海底水熱噴口的地球化學研究表明，海底噴口溫度最高達 380℃，壓力為 20～30 MPa 左右，富含還原性氣體，尤其是 H_2S 含量非常高，礦物的還原性也很強。在西南太平洋一水熱噴口，噴口處 350℃ 水各組分組成（$\mu mol / kg$）：

$$\Sigma H_2S：7450；\quad H_2：380；\quad CH_4：53；\quad CO：0.67；\quad NH_3：<10；\quad NO_2^-：0.06，$$
$$Fe^{2+}：750；Mn^{2+}：699；\Sigma CO_2：5720；O_2：0；SO_4^{2-}：0。$$

水熱噴口高達 350℃ 的水與周圍海水、礦物進行熱交換，形成一個 350℃～0℃ 之間的溫度梯度，同時有豐富的化學反應發生。

5.4.4　化學的階梯：合成與進化

正是這些無機化合物間的反應，為有機化合物的生成創造了條件。它不但提供了物質基礎，還提供了能量來源。地熱能和還原性化合物的化學能，驅使化學反應進行。許多礦物提供了微環境。無機小分子在某種礦物上相遇，透過礦物催化，形成有機小分子，透過礦物的保護及富集作用，有機小分子聚合成大分子，再以這些礦物為特殊微環境，進一步組裝，具有膜，再經漫長衍化，具備複製功能。從而化學自養的生命的原始形成誕生了。經過突變、共生、氧的介入、環境變化，生命從海底過渡到陸地，生命大踏步進化。

1.無機物

還原性很強的無機物，透過它的氧化，起著驅動生命之輪的能源動力作用。海底水熱噴口處高濃度的 H_2S 使人們探索其作用。

Drobner E 等人在無氧條件下，在 100℃ 密閉體系中由 FeS 製得 FeS_2——水熱下極穩定的硫化物，可能歷程如下：此反應中產生了 H_2，FeS 是重要的起始物，FeS_2 是通常的產物，中間體 HS 根是活潑的反應基團。

$$FeS + H_2S \longrightarrow Fe(HS)_2$$
$$Fe(HS)_2 \longrightarrow FeS_2 + H_2$$

有人模擬地幔環境，由 N_2 出發，在 $300\sim800℃$ 高溫，$10.1\sim40TPa$ 的水溶液中，製得了 NH_3。

$$3\,(1-x)\,Fe+N_2+3H_2O\longrightarrow3Fe_{(1-x)}\,O+2NH_3$$

也有人透過 FeS、H_2S 和 NO_3^- 反應，在 $pH=4$ 和 $100℃$ 下製得了少量 NH_3。NH_3 是非常重要的 N 源，有了它，胺基酸和鹼基才有可能合成，生命才有了堅實的物質基礎。從現存微組織分析可知，生命體內的有機分子中 N 來源於 NH_4^+（NH_3），骨架 C 來源於 TCA 循環及其它代謝途徑的中間體，而它們又與 CO_2 的固定相聯繫。在水熱條件下，由 CO_2，NH_3，H_2，H^+ 開始，在 FeS 及其它礦物作用下，拉開了從無機分子到有機分子進化的序幕。

2.有機小分子合成

(1) CH_4 的形成　在實驗室中，在約 $<400℃$，$<100MPa$ 下，HCO_3^- 與 H_2 在 $Ni-Fe$ 合金催化下轉變為 CH_4：

$$HCO_3^-+4H_2\longrightarrow CH_4+OH^-+2H_2$$

(2) CH_3COOH 的形成　由於水熱活動處有大量 H_2S、CO_2，還有 CO，痕量 CH_3SH，有可能在含有 NiS、FeS 沈澱表面，透過 CH_3SH 與 CO 反應，實現碳的固定。Wächtershäuster G 發現在 $pH=6.5$ 和 $100℃$ 下，可得較好產率。透過各種對比實驗，表明機構可能如圖 5-13 所示。在現存生物體內，乙酸的衍生物乙醯輔酶 A 具有舉足輕重的地位。乙酸的合成對碳的固定具有重大意義。

(3)鹼基的合成　Stanley L Miller 在 $100℃$ 水熱下，用 $HO—CH=CH—CN$ 和濃尿素合成了胞嘧啶（C）和尿嘧啶（U）。

(4)胺基酸合成的電腦模擬　到目前為止，在水熱條件下，在生命體裡占據重要地位的 $\alpha-$ 胺基酸還未成功地合成出來，有的學者建立了胺基酸合成的熱力學模型，並用電腦軟體對吉布士自由能變化 ΔG_r 進行了計算。由生物學證據，認為 N 來源於 NH_4^+，C 來源於 CO_2。CO_2，NH_4^+，H_2，H_2S 濃度透過綜合海底噴口溶液和表面海水濃度而得，用 SVPCRT92 套裝軟體模擬計算，溫度從 $0\sim150℃$。以谷胺酸（Glu）為例：

$$5CO_2\,(aq)+NH_4^++9H_2\,(aq)\longrightarrow Glu^-+2H^++7H_2O$$

計算結果表明，在 $100℃$、2 MPa 水熱條件下，有 11 種胺基酸的合成是放熱的，胺基酸中 C 氧化態越低，放熱越多。這就證明還原性物質的化學能驅使化合反應進行，

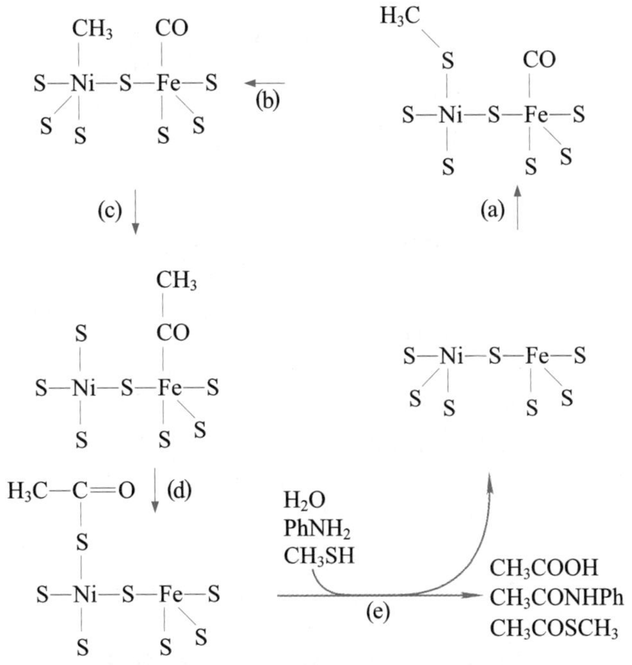

圖 5-13　可能的乙酸形成機構（$CH_3SH + CO + H_2O \longrightarrow CH_3COOH + H_2S$）

(a)Fe 中心附著 CO，Ni 中心附著 CH_3SH；(b)形成 Ni—CH_3 鍵；(c)甲基遷移；(d)羰基遷移；(e)水解成乙酸。在(e)中，加入 $PhNH_2$ 和 CH_3SH 分別得 $CH_3CONHPh$ 和 CH_3COSCH_3，驗證此機構。

有 11 種胺基酸的合成放能，故能使其餘 9 種胺基酸的合成得以實現。同時胺基酸合成的放能與多肽形成耗能偶聯，使得多肽形成有了動力，多肽乃至蛋白質的生成在能量上是有利的。

3.大分子形成

由於高溫對肽的生成有利，那麼假設在高溫下肽生成，然後馬上由於水流運動進入低溫區而得以穩定，這種冷熱交替循環可以使肽鏈加長，按這一設想，Ei-ichi Imai 等人設計了一套高壓的熱冷水交替循環裝置，在 200～250℃、24 MPa 下，用純 Gly 稀溶液得到了二肽、三肽；當加入 $CuCl_2$，pH 調到 2.5 時，還得到（Gly）$_4$、（Gly）$_6$。此實驗結果表明，由於水熱噴口冷熱流體對流及其溫度梯度的存在，生物大分子有可能合成。以共沈澱的（Fe，Ni）S 為催化劑，有 CO 參與，H_2S 或 CH_3SH 存在時，100℃ 下無氧和 pH＝7～10，可由胺基酸生成二肽，機構如圖 5-14。實驗過程中確實檢測到了 HCOOH 的存在。但此實驗還有許多問題，主要是胺基酸消旋化，如由 L-Phe 出發，得到了 L-Phe-L-Phe, D-Phe-D-Phe，L-Phe-D-Phe 和 D-Phe-L-Phe 四種二肽。

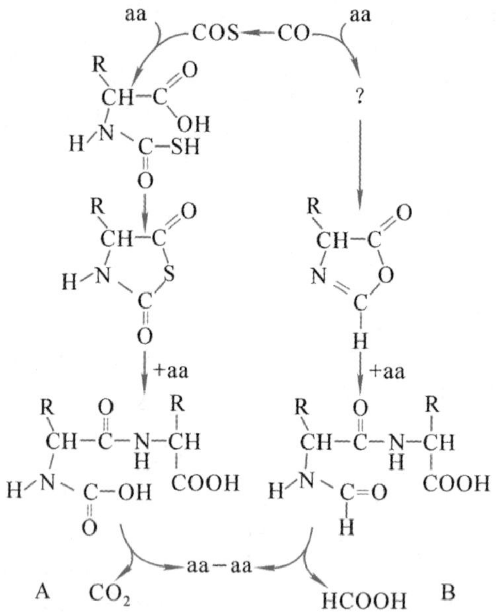

圖 5-14　由胺基酸生成二肽的機構

aa 代表胺基酸，aa–aa 代表二肽；？表示未知中間體；A, B 表示兩種可能的機構。

肽與蛋白質結構的重要特點是手性專一。如果肽確實在如上述實驗設定的水熱條件下進行，那麼選擇和富集手性專一肽的原因在哪裡，是否有周圍無機礦物微環境的作用？

4. 神奇的礦物

在海底，有機小分子如何聚合，大分子又如何組裝？由誰來提供這些反應的微環境？海底礦物是個合適的候選者。自然界裡有水熱條件下形成的沸石，其特定孔道或許為有機反應的發生提供了溫床。芝加哥大學的 Smith J V 等人做了在 ZSM–5 分子篩裡的電腦分子模擬。模擬結果表明，甘胺酸（Gly）分子在沸石的 10 元環孔道內登陸後，頭尾相連，準備成肽了！因此他們認為原始細胞壁就是礦物的內表面。

5. 超越化學——Fe-S 礦世界

德國學者 Wächtershäuster G 提出了由生成 FeS_2 帶動的在 Fe–S 礦表面進行的化學進化理論。1992 年，他描繪了以 Fe–S 化合物為中心，化學自養的生命起源與進化的「清明上河圖」，認為由 FeS 氧化生成 FeS_2 提供了能量，驅使在 Fe–S 礦表面上的 CO_2 與 N_2 的還原和固定。他闡述了 C—S 鍵的化學，如圖 5-15(a)，透過豐富的 C—S 鍵的化學，經過加成、取代、消除，產生了複雜的生物有機分子。如他提出了一套固定 CO_2

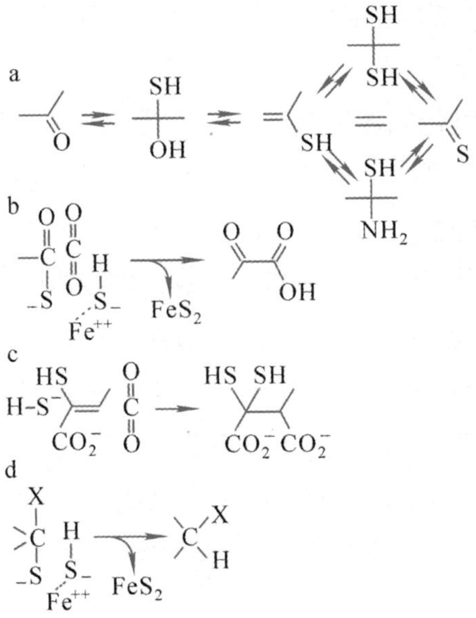

(a)

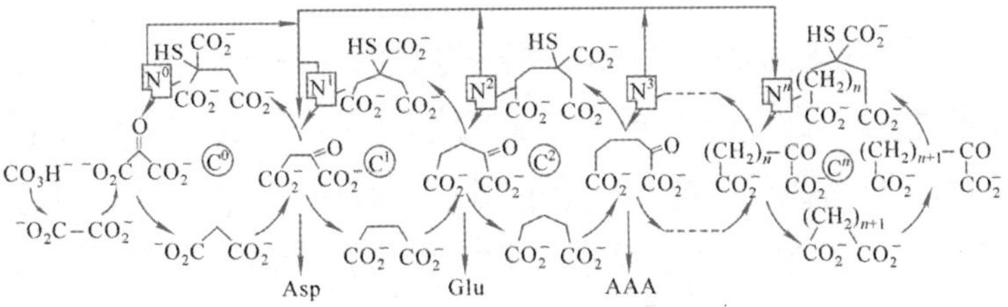

(b)

圖 5-15

(a)C—S 鍵的化學

a：羰基化合物與—HS 基反應，引發一系列關於 C—S 鍵的化學反應；

b：由生成 FeS_2 帶動的 CO_2 的固定；

c：在 HS^- 存在下，β位羧基化；

d：脫 S 還原

(b)與還原性檸檬酸循環類似的一系列循環反應

C^0，C^1，$C^2 \cdots C^n$ 表示循環；N^0，N^1，$N^2 \cdots N^n$ 代表脫硫脫羧。由這一系列循環反應，可預期生成 Asp 等胺基酸以及脂肪酸。

的還原性檸檬酸循環。圖 5-15(b)顯示了可能的胺基酸和脂肪酸的合成路線。對於嘌呤、嘧啶、糖類、各種輔酶，他也設想了合成路線。由於 Fe—S 礦表面帶正電荷，在 Fe—S 礦上生成的有機分子的帶負電荷基團（如羧基）吸附在其上，以進一步發生縮聚，這些二維反應不同於溶液中的三維反應，不需要官能團活化，高溫高壓對縮聚反應有利。他認為：肽的形成開始不需要翻譯、轉運等機制，核酸是合成代謝的後來物，先有結構，

再具功能，複製是後來衍化的。嘌呤先於嘧啶產生，DNA 可以先於 RNA 產生，RNA 並不具有起源上的優勢。

細胞膜的形成，即細胞化的進程指出，脂的帶負電極性端吸附於帶正電荷的 Fe−S 礦表面，繼而發生 2D 相分離，形成膜結構，脂層越來越擁擠，H^+加在界面脂的負極頭，部分脂脫離 Fe−S 礦表面，在膜層與 Fe−S 礦之間形成含有機物的水溶液——細胞質的雛形。最後 Fe−S 礦與膜層完全分開，成為包在膜內的組織，Fe−S 礦由微環境衍化成組織。在這一進化歷程中，其它的生化機制也逐步形成，最後細胞完全拋棄了 Fe−S 礦以及依靠它的化學自養機制，形成了不含 Fe−S 礦的細胞，此細胞可以以有機化合物為原料生存，由於細胞融合、共生，從自養到異養，生命大踏步進化。他認為細胞化的進程不是一個隨機的自組裝過程，而是微環境與主體辯證相互作用過程。這必將對生物礦化、超分子化學，乃至細胞膜的生物化學產生革命性的影響。

5.4.5 展望

通過近 30 年的研究，人們對生命的水熱起源可能性有了相當深的認識，水熱的海底可能孕育最原始生命的研究會繼續下去。在沒有陽光，沒有氧氣，高溫高壓的還原性的水熱條件下，從無機物到有機物的反應確實可以發生，生物可以生長繁殖。地熱和化學能提供了能量，最初的生命是化學自養的。探索生命的水熱起源，對於尋找外星生命，從而擴展人類的生存空間無疑具有重大意義。在水熱起源理論下，實現水熱條件下 CO_2 的固定，對於研究溫室效應、開發新能源也是有益的探索。

5.5 超臨界水——新型的反應體系[7, 8, 45]

超臨界水（SCW）具有完全不同於標準狀態下水的性質，它是一種非協同、非極性溶劑，可溶解許多有機物，且可氧化處理有機廢物，已廣泛應用於工業、軍事、生活等方面。超臨界水由於其特殊的物理性質可以溶解許多有機物，且在 O_2 與其它氧化劑，如 H_2O_2、硝酸鹽、亞硝酸鹽等存在下有機物幾乎被完全轉化，例如在 500～650℃下 1～100 s 內可轉化 99%～99.99%，形成單體或其它小分子，從而消除其危險性。因而超臨界水是一個非常有潛力的體系，它可與有機廢物形成單相——消除反應間物質轉移的限制，用以氧化破壞；也能沈積無機物用以隨後的濃縮與處理。超臨界水氧化在有效處理、銷毀水體系與土壤中的危險廢物中顯示出巨大的應用前景。各種工業、軍事、生活方面產生的有毒物，包括水中含量較高的、多相的、有機—無機—放射性混合的廢物

都可以用超臨界水氧化法進行淨化。超臨界水氧化是在密閉體系下進行的，它對於環境調節與公眾有特殊的吸引力。本節從超臨界水性質研究入手，著重討論了近幾年來超臨界水在化學反應與技術應用方面的重要發展。

5.5.1　超臨界水的性質

在超臨界條件（即在臨界溫度 374℃，臨界壓力 22.1 MPa 以上條件）時，水具有完全不同於標準狀態（STP）下值得注意的性質：例如，在 550℃、25 MPa 下水的密度、靜介電常數、游離常數和黏度分別為 $0.15g/cm^3$、2、10^{-23}（$kmol/kg$）^{2} 和 0.03 cp，而在標準狀態下則分別為 $1.0\ g/cm^3$、80、10^{-14}（$kmol/kg$）^{2} 和 1 cp。因而，超臨界水是非協同、非極性溶劑。超臨界流體及其溶液的重要性質決定了它們將在工業上有廣泛的用途。如聚氯化聯苯（PCBs）這樣的非極性有機物完全溶解於稠密的超臨界水中，在氧化劑存在下可反應，主要生成 CO_2、H_2O 與其它小分子。對於某些危險廢物破壞的實驗與工藝而言，最佳的反應條件介於典型的固相與氣相之間，可由超臨界流體獲得。雖然許多物質被用作或考慮用作超臨界流體，但 CO_2 是應用最廣泛的，它的臨界參數（T_c 為 31℃，p_c 為 7.4 MPa）容易達到而且價廉、無毒，易從產品中除掉。同樣水也便宜、無毒，易與許多產品分離。而且水是一種常用的溶劑，由於待加工的材料通常是在水體系下，有時不必將水從最終產物中分離。水是一種極性溶劑，它的極化度可透過溫度與壓力來控制，這就使得它優越於不能溶解非極性物的 CO_2。基於上述原因，在超臨界水中可進行的反應將更多。但由於水的臨界 T_c 為 374℃，p_c 為 22.1 MPa，遠高於 CO_2。在這樣的操作條件下，超臨界水及其溶解成分會腐蝕反應器。

超臨界水的密度可透過變化溫度與壓力使其控制在氣相值與液相值之間。像黏度、介電常數（溶劑極化度）與各種材料的溶解度等性質都隨密度的增加而增加，而擴散係數則隨密度增加而減少。溶解度，許多過程的重要參數，既與水中溶質的溶解有關——與水的密度相關，也要考慮溶劑的黏度——主要受溫度控制。超臨界水或其它流體的絕大多數性質，如熱容、熱導、擴散、偏莫耳體積等在接近臨界點的時候會有很大變化。熱容在臨界點達到無窮大，甚至在比臨界點高 25℃ 且壓力為 30 MPa，熱容至少比高壓、低壓下 $4kJ \cdot (kg \cdot ℃)^{-1}$ 的漸近線值高一個數量級。

超臨界流體現在主要應用在以下幾個方面：提取、色譜與氧化處理廢物。超臨界流體進行提取的最著名的例子是用 CO_2 除去綠色咖啡豆的咖啡因。用 CO_2 與氮的氧化物作流動相的超臨界流體色譜從分離到操作都已得到了迅速的發展。在超臨界流體色譜中，溶質可以有比液相色譜中更快的擴散率，峰更窄，在給定的時間內會獲得比液相色

譜更好的分離效果，而且超臨界流體的溶解能力可以使得那些在氣相色譜中難揮發或不穩定的樣品得以分析。

5.5.2 超臨界水溶液

鹽與其它電解質在水溶液中會游離形成電導體；像糖類等極性有機物極易溶於水；一些很重要的氣體溶質的溶解度卻很小。這些性質主要與水的密度有關。由於超臨界水的密度足夠高，離子型的溶質不溶，而烷烴類的非極性物質則完全溶解，超臨界水表現為「非水性」流體。地質學家花費了大量時間測量超臨界水溶液的密度以推斷岩石的形成過程，地殼深層的條件是超臨界的。測定的超臨界二氧化碳體系中，萘的溶解度曲線已作為校訂溶解度裝置的標準。

加州大學的 George C Kennedy 繪製了水一氯化鹽體系的溫度、壓力、組分三維相圖。由於相圖可以確定組分存在的形式──它們是在單相還是多相中，這對於理解反應機構有著重要意義。Thomas B Brill 用拉曼光譜研究了硝酸鹽水溶液在不同溫度壓力下（包含溶液的臨界點）溶劑合離子對與緊密離子對的關係。

1.共存溶劑影響

當溶質不純時發現其在超臨界體系中溶解度有較大變化，於是進行了大量有關混合溶質的研究。透過對單溶質、雙溶質與簡單超臨界流體的三元體系的研究，我們發現一些體系中各個溶質的溶解度要高於純溶質與簡單超臨界流體構成的二元體系中的實驗值；有時如有第三種組分存在時，每一種溶質的溶解度都降低。Bamberger 等在對三元體系 CO_2 一固體甘油三酸酯混合物的研究中發現其實際的組成變化並不影響溶質的溶解度與選擇性。為了對三元體系的特性有更基本的了解，Macnaughton 使用一種新型研究溶解性的技術：將兩個平衡槽串聯起來，兩槽內分別充入不同的溶質。超臨界 CO_2 通過第一個槽時，被溶質 1 飽和，然後再通過另一個槽。第二個槽中的溶質將充分與 CO_2 和第一個槽中溶質形成的共存溶劑混合物接觸。

2.共存溶質影響

為提高溶質溶解度和選擇性，縮減連續抽提工序的操作費用，加入少量的助溶劑可以改變初始超臨界流體的極性與溶劑合作用。用作助溶劑的通常是極性或非極性的有機物。目前，超臨界條件下有關雙溶劑混合物內固體溶質的溶解度數據有限，而且絕大多數超臨界流體共溶劑混合物中，單一或混合溶質的溶解度數據都是在低於臨界溫度的實

驗條件下獲得的。助溶劑可使超臨界流體中固體的溶解度增加幾個數量級。Neil Foster 與 Johnston 的研究小組都發現如果溶劑分子之間有較強的氫鍵作用或路以士酸鹼作用，溶質的溶解度可增加 10～100 倍。該現象對於設計超臨界流體的流程有著實際的意義，助溶劑的應用可使操作條件的苛刻得到滿意的改觀。另外，共存溶劑的純度對溶質的溶解度也有類似共存溶質的影響。

5.5.3　超臨界體系中的反應特點及表徵

如前文所述，超臨界水的性質具有下述特點：①完全溶解有機物；②完全溶解空氣或氧氣；③完全溶解氣相反應的產物和④對無機物溶解度不高。因而，O_2、CO_2、甲烷與其它烷烴可完全溶解於超臨界水中，燃燒在這種流動相中會發生，這是許多科學家始料未及的。Karlsruhe 大學的研究人員製作了一個帶有藍寶石視窗的圓柱形反應釜，在 450℃ 和不同高壓下內充 70% 水與 30% 甲烷構成的均相混合物。當從下面以每秒鐘幾毫升的速度注入氧氣，會自發的出現穩定的燃燒著的大面積火焰。在一定的氧氣流入速度下，火焰的高度隨壓力而增加。當用乙烷或其它更大的烷烴替代甲烷，空氣代替氧氣時也可觀察到該現象。當水中包含氫氣或氦氣，類似的現象也會發生，這說明流體狀態主要提供一密閉環境。

Hawail 大學 Michael Antal 研究小組研究了超臨界水對化學反應的影響。發現超臨界水中不溶的微量酸可以催化醇脫水生成烯烴的過程。在 34.5 MPa、385℃ 下 0.02 mol/L 的 H_2SO_4 溶液可將 46% 的乙醇轉化成乙烯，產率為 94%。他們還研究了在混有少量 H_2SO_4 的超臨界水中丙烯酸從初始的乳酸形成的過程。對於該反應的動力學研究表明存在著互相競爭的三種反應途徑，每一種途徑都傾向於不同的溫度壓力條件：酸催化去羧基、自由基去羧基和分子間脫水。第三種途徑產生了大量的丙烯酸，這表明超臨界水中的化學反應可能具有某種潛在的選擇性合成特點。

Sandia 國家實驗室的 Carl F Melius 研究小組透過定量化學計算指出，超臨界水藉由與反應物形成某種結構降低了斷鍵與成鍵的活化能，從而開闢了一種新的反應路線。他們進行了水、氣轉移反應的計算。圖 5-16 是 CO 與 H_2O 反應的能量交換圖。

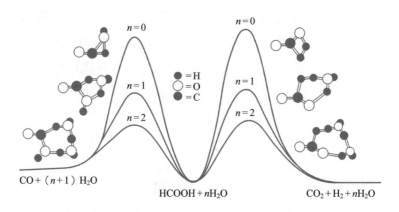

圖 5-16 CO 與 H_2O 反應的能量交換圖

$$CO + (n+1)\, H_2O\ (第一步) \longrightarrow HCOOH + nH_2O\ (第二步)$$
$$\longrightarrow CO_2 + H_2 + nH_2O$$

如果沒有額外的水分子參加反應（$n=0$），第一步反應的活化能為 257.9 kJ/mol，第二步為 271.3 kJ/mol。

　　有一個額外的水分子參與了第一步反應（$n=1$），這個水分子就會與CO形成環狀的過渡態結構。這樣的結構會使活化能降低近一半，變成 148.8 kJ/mol，這有利於反應。如果有兩個額外水分子參與了反應（$n=2$），活化能更小；第一步為 80.6 kJ/mol，第二步為 89.8 kJ/mol。如果有三個或更多個額外水分子參與每一步反應，預計活化能會更低。在這裡，水作為反應催化劑降低了活化能。這些具有催化性質的水分子如果是在超臨界水中將會更加容易參與反應，因為超臨界水的高壓縮性會形成溶質—溶劑團簇。

1.均相催化

　　超臨界流體對於均相催化是一個很有前景的體系。Poliakoff、Howalle 等人用鈷金屬混合物作催化劑對金屬有機反應進行基礎性研究。Rathke 等人報導了在超臨界 CO_2 體系中鈷的羰基化合物可催化烷烴與CO、H_2 的加氫甲醯化成醛過程。Noyori 與其合作者也報導了超臨界 CO_2 中溶劑合均相催化的實例。研究表明在超臨界條件下，在某種釕—磷化氫複雜催化劑存在下 CO_2 的氫化作用產生了甲酸，它的初始速率遠高於傳統的液體有機溶劑，大約是水中類似合成速率的 5 倍。

2.多相催化

　　Tiltscher在對液相、氣相、超臨界條件下 1－己烯的異構化催化與 1，4－二異丙基苯

的不對稱氫原子轉移的對比研究中發現超臨界流體體系可提高相對靈敏度。Collins 報導了在臨界點附近使用沸石催化可提高甲苯不對稱氫原子轉移為間位二甲苯的選擇性。

3. 相轉移催化

Liotta、Eckert 等人首次報導使用超臨界流體進行相轉移催化作用。在四庚基胺基溴存在下，氯苯可被溴離子親核取代。該研究也對超臨界 CO_2 中銨鹽與 18－冠（醚）－6 在有或無各種助溶劑時的溶解度定量測定。該研究開拓了超臨界流體體系中對於化學轉移的許多新的可行性領域。

4. 多相催化劑再生

在設計和操作多相催化反應裝置中，催化劑再生具有重大的商業意義。Tiltscher 與 Hofman 探討了採用超臨界流體體系催化劑就地再生的可觀優勢，列舉了幾個預計可以阻止或延緩催化劑因碳化、污染、中毒而失活的超臨界流體。通常，超臨界流體可溶解失活物質，可提高催化劑孔道的質量傳輸，這些都顯示出其在改善催化劑活性或就地再生失活催化劑方面的應用前景。Ginosar 與 Subramaniam 發現超臨界區域存在最佳的條件，此時孔型催化劑的失活率最低。

5. 選擇性催化

在氣相、液相反應中反應常常是非均相催化，而且大多轉化率低，選擇性差，質量傳輸受限制。而在超臨界流體中非均相反應質量傳輸的限制相對於液相銳減，且由於溶質是金屬有機而可能發生均相催化。Dooley 和 Knopf 列舉了一個超臨界流體體系中部分氧化的反應實例：超臨界 CO_2 體系中在氧化鈷催化下甲苯部分氧化成苯甲酸、苯甲醇、甲酚同分異構體。另外，甲烷在有催化劑或無催化劑條件下均可部分氧化成甲醇。

6. 對映異構體選擇性合成

非對稱合成在化學合成，特別是製藥行業顯得越來越重要。Burke、Tumas 及其合作者已成功地在超臨界 CO_2 體系下的加氫作用裡實現對映異構體選擇性催化。這又為具有立體選擇性的生物活性物質的合成打開了激動人心的嶄新一頁。

7. 酶反應

超臨界反應的另一個重要領域就是酶催化反應。Russel 等人的研究表明酶在放入超臨界 CO_2 後仍然保留其活性。超臨界流體除了上面所提到的一般性質，酶催化反應在

重要的化學選擇性、局部選擇性、立體選擇性方面都顯示出潛在的優勢。該領域的研究目前主要都集中在超臨界CO_2（也有其它非水溶劑）中酯酶催化的酯化作用。手性藥物的對映異構體選擇性合成也有報導。因而超臨界流體體系中酶催化反應為傳統的水體系路線提供了另一個方案。相信酶催化將會在工業化中受到更廣泛的注目。超臨界流體體系在環加成、離子化反應、聚合過程中也都有積極作用。

5.5.4 超臨界水氧化與其實際應用

儘管超臨界水在合成方面有許多應用，但它作為化學反應環境最具發展前景的是利用超臨界水氧化破壞危險性有機物。像廢棄的爆炸物這樣的危險廢物，在常溫常壓下不溶於水，很難處理，但在超臨界水中有氧化劑O_2或過氧化氫存在時，它們能迅速的反應生成最基本的水與CO_2。雖然從理論上說超臨界水不能溶解非極性有機物，如PCB，但是在足夠高的壓力下，超臨界水可以溶解所有的有機物及氧氣。因而在超臨界水中有機物可被均相氧化，且透過注入壓力或降溫可選擇性除去溶液中物質。僅在幾分鐘內，超臨界水中的危險廢物就被氧化，解毒率達99.9%以上。而且超臨界水可以處理的廢物範圍很廣，從廢水污泥到紙漿廠的廢物均可。由於主要產物是水、二氧化碳，對於鹵化的有機物還有簡單的酸，最終的水系混合物無毒，不必進一步處理。如果進一步處理，也就是把最後的產物中和，透過蒸餾或蒸發從水系混合物中提純。與煅燒不同，超臨界水的反應裝置是密閉的，不能向大氣層擴散。如果出現故障，它能相對容易的切斷反應。一些典型的超臨界系統其操作溫度在 500～600℃，遠低於煅燒的 2000～3000℃。相對較低的操作溫度表明反應不可能生成氮的氧化物。

一些實驗室正從事各種不同類型化合物破壞時的反應途徑研究。Klein 等人研究了幾種含有雜原子的環系有機物在超臨界水中的分解情況，發現它們遵循相似的水解、熱解途徑。例如超臨界水的密度影響二苯甲醚分解反應的速率常數。水解成苯乙醇的速率和速率常數 k_1 與二苯甲醚和水的濃度相關。熱解成甲苯和苯甲醛的速率和速率常數 k_2 與二苯甲醚的濃度有關。觀察到 k_1 隨著超臨界水的密度增加而減少，這意味著水除了做溶劑，也參與了反應。

Klein 小組還考察了其它幾個用來模擬碳化學的化合物在超臨界水中的水解與熱解情況。發生水解的反應物含有雜原子，而雜原子又與一個飽和碳相連，該部分在反應中斷裂。他們認為水中的氧對這個飽和碳進行了親核進攻，產生極化過渡態。通常，超臨界水氧化的特點是速率常數與氧的濃度無關（甲烷氧化除外，其速率常數與氧濃度的2/3 次方成正比）。然而在某些反應中，氧的存在使得直接氧化更容易。Carl F、Nina E

與 Shepherd J 對平衡態與超臨界水影響其熱力學的模擬反應途徑進行了定量計算，他們認為水解過程是超臨界水分子透過與溶質分子形成環狀過渡態結構參與了斷鍵與成鍵過程，這種環狀過渡態結構大大降低了反應活化能。

由於氧化反應中所有反應物都溶解於超臨界水，超臨界水氧化過程可以用下圖來描述。

$$\begin{array}{c} \text{廢物} \\ C，H，N，P，S，Cl \longrightarrow p > 22.1\ MPa \\ \text{水　氧} \qquad\qquad T > 374℃ \end{array}$$

$$\overset{\text{反應器}}{\longrightarrow} \overset{\text{反應產物}}{H_2O，CO_2，N_2，H_3PO_4，HCl，H_2SO_4}$$

含有 C，H，O，N，P，S，Cl 等元素的廢物在氧與水存在下，在 374℃、22.1 MPa 以上時會被氧化成水、二氧化碳、氮氣、磷酸、硫酸與鹽酸。以六六六為例說明其分解過程如下：水解過程在臨界或亞臨界條件下進行。在溫度接近 300℃ 時最多有 50% 有機鍵合的氯轉化成氯化物；在亞臨界條件下烴的結構並未被破壞；從大約 350℃ 到水的臨界點，轉化率提高到 97%；烴結構的破壞發生在超臨界範圍內。產生的氣態反應產物為氫氣、二氧化碳與甲烷。加入氧化劑後，完全斷鍵生成二氧化碳、水與氯化物是可能的。轉化率升高到 99%。氯氣、氯化氫與二氧化物在熱解過程中觀察不到。

只有經由縮聚或加聚合成的聚合物才能斷裂成最初的小分子，如聚醯胺、聚酯、聚碳酸酯、聚胺酯等。經過水分子對原料化學鍵的進攻，它可能又回到起始材料，如聚酯變成二元醇與二元酸，聚胺酯變成二元胺與二元醇。在亞臨界鹼性條件下聚胺酯水解脫去羧基，形成異氰酸鹽。只有在超臨界條件下像聚氯乙烯這樣的聚合物經由鹼性水解可分解。考察聚氯乙烯的破壞過程，在 150℃ 只有不到 1% 的有機鍵合的氯斷鍵。當在超臨界範圍內，例如 500℃，會發生鹼性水解，水相中有超過 93% 的有機鍵合的氯。在該過程中聚合物主鏈也分解了。主要產物是 CO_2 與 H_2，副產物是甲烷與二碳烴。在超臨界水氧化條件下，完全斷鍵時氯的轉化率為 99%。

在超臨界水中添加劑也能轉變成環境友好的物質。像四溴雙酚在超臨界水中會形成 CO_2、H_2 與溴化物。在 500℃ 以上，有 90% 多的有機鍵合的溴轉變成溴化物。加入氧化劑後可能完全斷鍵生成 CO_2 和水。在超臨界水氧化條件下水相中有 99% 多的有機鍵合的溴。在熱解過程中也觀察不到 Br_2、HBr 與二氧化物。

5.5.5 展望

目前，超臨界水氧化技術面臨著儀器腐蝕與裝置放大問題。超臨界水氧化反應器、預熱裝置、產物分離裝置以及換熱器都是在高溫（200～650℃）、高壓（25～30 MPa）條件下運作的，有時還是在具有化學腐蝕性的（如有氯化物離子）環境中進行，因此，這些裝置必須能承受持續的或瞬間的熱應力與機械應力，耐各種形式的腐蝕作用。從小試到中試再到最後的大規模工業生產，還有很長的路要走，實驗條件在每一步都需要不斷摸索，從經濟上考慮設計出最合理的裝置。另外，在超臨界水中無機物的低溶解度使得其在超臨界水氧化過程中形成鹽粒而沈積下來。鹽粒常常很黏，且由於熱力學與混合現象，常凝聚或附著在容器壁上，最後阻塞導管與容器，妨礙表面的熱傳遞，最後終止工序的進行。為避免超臨界水氧化過程中鹽狀物問題的發生，有必要更好地了解鹽的溶解度、相間關係、沈澱速率、粒子尺度、形態與超臨界水的溫度、壓力、密度以及鹽狀物與其它化合物濃度的關係。另外，超臨界反應的機制還不甚清楚，許多理論都有待進一步驗證。相信在對材料的腐蝕、鹽的分離、廢物破壞率、超臨界水氧化反應器的模擬方法以及工藝流程有新的了解與推測後，超臨界水氧化技術的所有可觀價值將會在實際中得到充分展現。

5.6 水熱與溶劑熱合成技術

高壓容器是進行高溫高壓水熱實驗的基本設備。研究的內容和水準在很大程度上取決於高壓設備的性能和效果。在高壓容器的材料選擇上，要求機械強度大、耐高溫、耐腐蝕和易加工。在高壓容器的設計上，要求結構簡單，便於開裝和清洗、密封嚴密、安全可靠。

5.6.1 反應釜（Autoclaves）

高壓容器的分類至今仍不統一，由於分類標準不同，故一種容器可能有幾種不同的名稱。下面介紹幾種分類情況：

⑴按密封方式分類：①自緊式高壓釜；②外緊式高壓釜。

⑵按密封的機械結構分類：①法蘭盤式；②內螺塞式；③大螺帽式；④槓桿壓機式。

⑶按壓強產生分類：⑴內壓釜：靠釜內介質加溫形成壓強，根據介質填充計算壓強；②外壓釜：壓強由釜外加入並控制。

(4)按設計人名分類：如 Morey 釜（彈）；Smith 釜；Tuttle 釜（也叫冷封試管高壓釜）；Barnes 搖動反應器等。

(5)按加熱條件分類：①外熱高壓釜：在釜體外部加熱；②內熱高壓釜：在釜體內部安裝加熱電爐。

(6)按實驗體系分類：①高壓釜：用於封閉系統的實驗；②流動反應器和擴散反應器：用於開放系統的實驗。能在高溫高壓下，使溶液緩慢地連續通過反應器。可隨時提取反應液。

1. 等靜壓外熱內壓容器

最早由 Morey（1917 年）設計，也稱莫里釜（彈）。最先是內壓墊圈密封，後來改進為自緊式密封和外壓墊圈式、自緊式密封。容器和塞頭都由工具鋼製成，在長時間內，工作溫度為 600℃，壓力為 0.04 GPa。若在短時間，溫度可達 700℃，壓強達 0.07 GPa。由於為墊圈密封，故壓強太大，易發生漏氣，並且開釜困難。後來改進為自緊式密封，長時間工作溫度為 600℃，壓強為 0.2 GPa。溫度為 500℃時，壓強為 0.3 GPa。

莫里高壓釜，整體都放入大加熱爐中，此種高壓釜由於容量大，對大試樣的實驗是很有用的，被廣泛用於測定固體在高壓蒸氣相中的溶解度。目前實驗室用自製反應釜都屬於改進後的莫里釜。

2. 等靜壓冷封自緊式高壓容器

這種類型與莫里容器不同之處有兩點，一為自緊式密封；二為容器的塞頭以上部分是露在加熱電爐外部。

3. 等靜壓錐封內壓容器

這種容器只是密封形式不同，所採用的是錐封形式。容器也是塞頭以上部分露在加熱電爐的外部。

4. 等靜壓外熱外壓容器

這種類型高壓容器，最先由塔特爾（Tuttle, 1948 年）設計，故取名為塔特爾釜，也稱冷封反應器或試管反應器。改進後，壓強為 1.2 GPa，溫度為 750℃。在超過 0.7GPa 的所有實驗，用氫氣做壓強介質是因為水在室溫條件下，在壓強為 0.7GPa 時便凍結，而失去做傳送壓強介質的能力。由於塔特爾容器結構簡單、操作方便、造價低廉而被廣泛應用。目前此種類型的外壓外熱容器，在許多國家可以製造。中國上海大隆機器廠，

已經在 1985 年試生產這種類型的高壓容器。

5. 等靜壓外熱外壓搖動反應器

這種反應器是由巴恩斯（Barens, 1963 年）設計，也稱巴恩斯反應器（巴恩斯搖擺釜）。反應器是由墊圈密封，它的特點是在實驗過程中，容器是處在機械搖動狀態，以加速反應的平衡。

這種裝置用以衡定 $p-V-T$ 關係和礦物的溶解度研究。工作條件，在 250℃ 可達 0.05 GPa；400℃ 時可達 0.03 GPa。

反應器由不銹鋼製成，容器內層表面鍍鉻，容積為 1100 mL。可有三個加熱電爐。固體、液體（水）和氣體可按設計量裝入反應腔中。在裝樣前抽真空可避免空氣的污染。全部閥門和爐子沿著水平軸成 30 度的弧，以每分鐘 36 次的速率搖動。因此，連接反應器的管道是由柔性毛細管做成。少量的液體或氣體試樣，可透過一系列操作從中提取並送分析。

6. 等靜壓內加熱高壓容器

內熱外壓式容器，是將加熱電爐和試樣都裝在高壓容器之內，同時由外部高壓系統向容器腔內供給流體壓強。這種容器的特點是：內腔較大，實驗的溫度和壓強較外熱壓力容器更高一些。最早的內熱壓強容器裝置於 1923 年由亞當斯設計的（Smith and Adans），戈朗松（Goranson）1931 年加以修改，並用它進行矽酸鹽溶解度的實驗。這種裝置傳遞壓強的流體必須不造成電爐的爐絲短路，因此水熱實驗須進行焊封金管技術。用氫氣做壓強是因為：①氫不與釜體金屬形成化合物；②它對金屬礦物擴散很小；③它比其它可使用的氣體壓縮性小；④純態氣體使用很方便；⑤使用氫氣較之使用別的氣體（如 CO_2、N_2）爐絲較少脆斷。高壓容器除放進試樣管和熱電偶外，空著的地方要用葉臘石填滿以減少由於高溫梯度所造成的熱對流。這種裝置因為笨重、操作困難而限制了它的使用。

7. 幾種內熱外壓容器

(1)約德反應器　1950 年約德（Yoder）製成的內熱外壓裝置，工作條件壓強達到 1GPa，溫度為 1400℃，比較實用，因此人們稱之為「約德型容器」。容器用一種以氫作為壓強介質的二級液壓帶動的氣體增壓器獲得壓強。在內熱壓強容器中常常使用氫，是因為它不與容器的金屬反應，通過容器的擴散非常緩慢，具有低壓縮性，並且可以獲得高純度，在大於 1.2 GPa 的壓強下，氫在室溫固化，因而要在所有壓強管線上安裝加

熱螺旋管。氦也偶然使用，但適用性較小。

　　(2)戈爾德斯密特和亥爾德的內熱壓強容器　戈爾德斯密特和亥爾德 1961 年介紹的一種內熱壓力容器。它具有一種整體增壓系統，工作條件達 1GPa，1200℃。這種設計有兩個特點：一是尺寸小，壓強容器和附件可以放在 0.8 m×1.2 m 的面積內；二是換試樣、加壓和加熱方法快速。

　　(3)伯納姆、霍洛維和戴維斯的內熱壓力容器　伯納姆（1969）等人介紹了一種內熱高壓容器。工作在 1500℃。

　　(4)哈伍德工程公司製的內熱壓力容器　美國哈伍德工程公司所設計的容器，可以作為大容量內熱壓力容器的一個實例，它具有一種分離泵系統，可用於 0.5～1GPa 範圍。將容器裝在耳軸上，以便於能在直立的或水平的位置進行操作；直立位置對於減少因氣體對流引起的熱梯度最好。容器兩端開口，而塞頭是布里奇曼非支撐面式密封。通過一個塞頭加壓，而電源和熱電偶導線通過另一個塞頭。把電源和熱電偶導線穿到芯上並連接陶瓷插座、爐子、試樣管和絕緣體都裝在一個鋼套中，並插入這個插座內。

8. 水熱熱壓技術原理及應用

　　水熱熱壓技術是由日本高知大學理學部水熱化學研究所在 20 世紀 70 年代開始開發的一種新穎的低溫燒結成型方法。這種方法是用人工手段，使無機化合物粉末固結成具有高機械強度固化體的製作技術。水熱熱壓技術的原理是模仿地質學中堆積岩的生成過程，屬於礦物學、地質學和水熱化學的交叉學科範疇。自然界中堆積岩是這樣形成的：地表層面的岩石被風化分解，再經過自然的移動進行堆積。由於這種堆積作用不斷持續，早期堆積物被深深埋入地下。由於壓力和溫度的上升，便發生了各種各樣的變化，這就是所謂的續成作用。當堆積物在堆積初期時，固體粒子的間隙被壓縮，作為填充物受到地下壓力和溫度作用，堆積粒子的間隙被壓縮，作為填充物的水被擠出而產生緻密化。同時，由既存礦物在水中的溶解析出現象以及從外部提供的新物質而生成新的沈澱物，又使粒子間相互固結成為堆積岩。在自然界堆積岩的形成需要非常漫長的歲月，其主要原因是粒子作為填充物在水中的溶解度非常小。因此可以想像如果提高粒子的溶解速率，將可以縮短硬化過程。在水熱條件下，大多數無機化合物的溶解度和溶解速率增加，這種物質在發生溶解析出的同時，還會與其它離子作用提高溶解度和溶解速率，利用水熱條件下水的特性，在短時間內，人為地再現這種生成過程，這就是水熱熱固化技術的實質。水熱熱壓技術主要應用於 ①放射性廢物處理；②重金屬的固定化；③地質學上續成作用的研究；④多孔燒結體的預成型；⑤機能陶瓷材料的低溫燒結；⑥無機膜材料的製備和⑦催化材料的製備等。

5.6.2 反應控制系統

水熱或溶劑熱反應控制系統對安全實驗特別重要，因而應引起高度重視。通常有三個方面的控制系統，即溫度控制、壓力控制和封閉系統控制。因此，水熱或溶劑熱合成又是一類特殊的合成技術，只有掌握這項技術，才能獲得滿意的實驗結果。

5.6.3 水熱與溶劑熱合成程序

水熱與溶劑熱合成技術是在不斷發展的。中溫中壓（100～240℃，1～20 MPa）水熱合成化學中最為成功的實例是沸石分子篩以及相關微孔和中孔晶體的合成。高溫高壓（>240℃，>20 MPa）水熱合成研究早期主要集中在模擬地質條件下的礦物合成、石英晶體生長和濕法冶金。近年來，水熱合成已擴展到功能氧化物或複合氧化物陶瓷、電子和離子導體材料以及特殊無機錯合物和原子簇化合物等無機合成領域。

1.裝滿度

裝滿度（*FC*）是指反應混合物占密閉反應釜空間的體積分率。它之所以在水熱和溶劑熱合成實驗中極為重要，是由於直接涉及到實驗安全以及合成實驗的成敗。實驗中我們即要保持反應物處於液相傳質的反應狀態，又要防止由於過大的裝滿度而導致的過高壓力。實驗上，為安全起見，裝滿度一般控制在 60%～80% 之間，80% 以上的裝滿度，在 240℃ 下壓力有突變。

壓力的作用是藉由增加分子間碰撞的機會而加快反應。正如氣、固相高壓反應一樣，高壓在熱力學狀態關係中起改變反應平衡方向的作用。如高壓對原子外層電子具有解離作用，因此固相高壓合成促進體系的氧化。類似的現象是微波合成中液相極性分子間的規則取向問題，與壓力對液相的作用是相似的。在水熱反應中，壓力在晶相轉變中的作用是眾所周知的。壓力如何影響一個具體產物晶核的形成，目前仍有待研究。在 ABO_3（如 $BaTiO_3$）的立方與四方相轉變中，我們看到高溫低壓和高壓低溫有利於四方相的生成（水熱條件），$BaTiO_3$ 立方到四方相轉變的居里溫度為 131℃。從上述例子中看到壓力會影響產物的形成。

2.壓力在實驗中的技術要求

在高溫高壓反應中，提高壓力往往是由外界提供的，如日機裝公司 HTHP−100 型和 Leco 公司的 HTHP 反應系統都是由內外壓力平衡原則進行水熱反應的。內壓是指反應試管（如金、銀、石英質）內的壓力。封管技術為冰凍法，即在裝有溶液的一端用冰

浴，同時在管的上端快速點封，防止由於溶液蒸發至管口使得不易封管。內壓可由溶液的 $pV=nRT$ 關係估算；外壓則根據內壓通過反應系統人為設置。實際上對水溶液體系外壓的設置往往參考 $FC-p-C$ 圖。反應過程中，隨溫度增加，要隨時調節外壓，使之與該溫度下的內壓相近，特別是在恆溫期間，更應精細調節外壓，否則造成內外壓力差別過大而使反應試管破裂。

3.合成程序

　　一個好的水熱或溶劑熱合成實驗程序是在反應機制了解和化學經驗的累積基礎上建立的。水熱和溶劑熱合成實驗的程序主要決定於研究目的，這裡是指一般的水熱合成實驗程序：

　　⑴選擇反應物料；

　　⑵確定合成物料的配方；

　　⑶配料序摸索，混料攪拌；

　　⑷裝釜，封釜；

　　⑸確定反應溫度、時間、狀態（靜止與動態晶化）；

　　⑹取釜，冷卻（空氣冷、水冷）；

　　⑺開釜取樣；

　　⑻過濾，乾燥；

　　⑼光學顯微鏡觀察晶貌與粒度分佈；

　　⑽粉末 X 射線繞射（XRD）物相分析。

5.6.4　合成與現場表徵技術

　　傳統的水熱或溶劑熱反應的表徵方法是在快速中止反應後，應用光學和 X 射線等物理手段測試體系或產物的變化和結構。如在超臨界體系中用高壓液相色譜法、氣相色譜法或氣相色譜法—質譜法分析產物。雖然該法非常普遍，但它有一個不容忽視的缺點，即反應的中間過程只能推測不能觀察。而更直接的方法是使用光譜。最早應用的是紫外—可見光譜，振動光譜對於確定主要的中間產物類型、最終產物和反應速率有重要意義。由於要進行即時在線觀測，視窗材料必須耐腐蝕，能透過入射光。單晶藍寶石視窗用於中紅外；II 型金剛石則用於拉曼與紅外區域。由於腐蝕與臨界點附近密度波動大的影響，產生的臨界乳白光會削弱散射光測量的靈敏度。為解決此問題，於是使用傅立葉變換—拉曼光譜。目前，已經應用雷射光譜觀察亞奈秒範圍內超臨界水反應，也有應用組合技術開發新的合成與現場表徵聯合技術。

參考文獻

1. 龐文琴。水熱合成.見：徐如人主編.無機合成化學。北京：高等教育出版社，1991.217～249。

2. Barrer R M. Hydrothermal chemistry of zeolites. London: Academic Press, 1982.132～151.

3. 馮守華，徐如人。水熱無機合成。見：周光召主編。當代化學前瞻。北京：中國致公出版社，1997.6～7。

4. 馮守華。無機水熱合成基礎研究進展。中國科學基金，1998，12：22～26。

5. Lozcano A. Biogenesis: Some like it hot. Science, 1993, 260: 1154～1155.

6. Balter M. Did life begin in hot water? Science, 1998, 280: 31.

7. Taro O and Akira S. Supercritical water reactor for decomposition of organic material in water by using sub-or supercritical water. Jpn Kokai: Tokkyo Koho JP10 314, 765 [1998, 314, 765].

8. Noriyuki Y, Akira S Osamu T, et al. Apparatus and method for supercritical water oxidation. Jpn. Kokai: Tokkyo Koho JP10 314, 770 [1998, 314, 770].

9. Feng S, Tsai M and Greenblatt M.Preparation, ionic conductivity and humidity sensing property of novel microporous crystalline germanates, $Na_3HGe_7O_{16} \cdot xH_2O, x = 0.6$, I. Chem Mater, 1992, 4 (2): 388.

10. Feng S and Greenblatt M. Galvanic type humidity sensor with protonic NASICON-based material operative at high temperature. Chem. Mater, 1992, 4 (6): 1257.

11. Feng S, Xu X, Yang G, et al. Hydrothermal synthesis and characterization of a mixed octahedral-tetrahedral microporous gallophosphate, $Ga_8P_8O_{32}(OH)_4(NH_4)_4 \cdot 4H_2O$ 0.64 PrOH. J Chem Soc, Dolton Trans, 1995, 13: 2147.

12. Zhao C, Feng S, et al. Hydrothermal synthesis of the complex fluorides $LiBaF_3$ and $KMgF_3$ with perovskite structures uncer mild conditions. Chem Commun, 1996, 1641.

13. An Y, Feng S, Xu Y and Xu R. Hydrothermal synthesis and characterization of a new potassium phosphatoantimonate, $K_8Sb_8P_2O_{29} \cdot 8H_2O$. Chem Mater, 1996, 8: 356.

14. 馮守華，李守貴，徐如人，費浦生。沸石分子篩的生成機構與晶體生長（XIII），M—Si—ZSM—5型沸石分子篩自發成核體系晶化動力學模型。高等學校化學學報，1985, 6 (10): 855。

15. Yang G Feng S and Xu R. Crystal structure of the gallophosphate framework: X-ray characterization of $Ga_9P_9O_{36}(OH)$ $HNEt_3$. J Chem Soc, Chem Commun, 1987, 1254.

16. Huo Q, Feng S and Xu R. First synthesis of pentasil-type silica zeolite in nonaqueous systems. J Chem Soc, Chem Commun, 1988, 1486.

17. Wang J, Feng S, and Xu R. The synthesis and characterization of a novel microporous alumino-borate.

J Chem Soc, Chem Commun, 1989, 256.

18. 霍啟升，馮守華，徐如人。非水體系中全矽沸石分子篩合成的研究──全矽方鈉石與 ZSM-39 的晶化。化學學報，1989, 48: 639。

19. Jones R, Thomas J M, Chen J, Xu R, et al. Structure of an unusual aluminium phophate ($[Al_5P_6O_{24}H]_2$ $-2[N(C_2H_5)_3H]+2H_2O$)JDF$-$20 with large elliptical apertues. J Solid State Chem, 1993, 102: 204~208.

20. Roberts M A, Sankar G, Thomas J M, Jones R H, Du H, Chen J, Pang W and Xu R. Synthesis and structure of a layered titanosilicate catalyst with five-coordinate titanium. Nature, 1996, 381: 401.

21. Zhao X, Roy R, Cherian K and Badzian A. Hydrothermol growth of diamond in metal ─C─H_2O systems. Nature, 1997, 385: 513~515.

22. Xie Y, Qian Y, Wang W, Zhang S, Zhang Y. A benzene-thermal synthetic route to nanocrystalline GaN. Science, 1996, 272: 1926~1927.

23. Feng S and Greenblatt M. Preparation, characterization and ionic conductivity of novel crystalline microporous germanates, $M_3HGe_7O_{16} \cdot xH_2O$, M = Li, NH_4, K, Rb and Cs, Ⅱ. Chem Mater, 1992, 4(2): 462.

24. Feng S and Greenblatt M. Preparation,characterization and ionic conductivity of novel crystalline microporous silico-germanates, $M_3HGe_{7-m}Si_mO_{16} \cdot xH_2O$, M = K, Rb and Cs, m = 0−3, Ⅲ. Chem Mater, 1992, 4(2): 468.

25. Lencka M M and Riman R E. Thermodynamic modeling of hydrothermal synthesis of ceramic powders. Chem Mater, 1993, 5 ⑾: 61~70.

26. Zhao C, Feng S, et al. Hydrothermal synthesis and Rare Eeath Element Doping of complex fluorides Be-BaF_4, $LiYF_4$ and KYF_4 uncer mild conditions.Chem Commun, 1997, 945.

27. Li G, Feng S, Li, X, et al. Mild hydrothermal syntheses and thermal properties of hydrogarnets, Sr_3M_2 $(OH)_{12}$, M = Cr, Fe, and Al. Chem Mater, 1997, 9(12): 2894~2901.

28. Pang G, Feng S, Tang Y, et al. Hydrothermal synthesis, characterization, and ionic conductivity of vanadium-stabilized $Bi_{17}V_3O_{33}$ with fluorite−related superlattice structure. Chem Mater, 1998, 10 (9), 2446~2449.

29. Li G, Li L, Feng S, et al. An effect synthetic route for the novel electrolyte: nanocrystalline solid solutions of $(CeO_2)_{1-x}(BiO_{1.5})_x$. Adv Mater,1999, 11 (2): 146~149.

30. Zhao H and Feng S. Hydrothermal synthesis and oxygen ionic conductivity of co-doped nanocrystalline $Ce_{1-x}MBi_{0.4}O_{2.6-x}$, M = Ca, Sr, Ba. Chem Mater, 1999, 11 (4): 958~964.

31. Yu J, Sugiyama K, Hiraga K, et al. Synthesis and characterization of a new two-dimensional aluminophosphate layer and structural diversity in anionic aluminophosphates with $Al_2P_3O_{12}^{3-}$ stoichiometry. Chem Mater, 1998, 10 ⑾: 3636~3642.

32. Yu J, Sugiyama K, Zheng S, et al. $Al_{16}P_{20}O_{80}H_4 : 4C_6H_{18}N_2$: a new microporous aluminophosphate containning intersecting 12-and 8-membered ring channels.Chem Mater, 1998, 10 (5): 1208~1211.

33. Li J, Yu J, Yan W, Xu R, et al. Structures and templating effect in the formation of 2D layered aluminophosphtes with $Al_3P_4O_{16}^{3-}$ stoichiometry. Chem Mater, 1999, 11: 2600~2606.

34. Zhou B, Yu J, Li J, Xu R, et al. Rational design of two-dimensional layered aluminophosphates with $[Al_3P_4O_{16}]^{3-}$ stoichiometry. Chem Mater, 1999, 11: 1094~1099.

35. Yu J, Li J, Sugiyama K, Xu R, et. al. Formation of a new layered aluminophosphate $[Al_3P_4O_{16}][C_5N_2H_9]_2[NH_4]$. Chem Mater, 1999, 11: 1727~1732.

36. Zhang L, Shi Z, Feng S, et al. Hydrothermal synthesis and X-ray crystal structure of $[Zn(en)_2][(VO)_{12}O_6B_{18}O_{39}(OH)_3] \cdot 13H_2O$. J Solid State Chem, 1999, 148 (2): 450~454.

37. Zhang L, Shi Z, Feng S, et al. Hydrothermal synthesis and crystal structure of a layered vanadium oxides with interlayer metal coordination complex: $Cd[C_3N_2H_{11}]_2V_8O_{20}$. J Chem Soc, Dalton Trans, 2000, 18 (3): 275.

38. Shi Z, Zhang L, Zhu G, Yang G, Hua J, Ding H and Feng, S. Inorganic/organic materials：layered vanadium oxides with interlayer metal coordination complexe. Chem Mater, 1999, 11 (12): 3565~3570.

39. Shi Z, Feng S, Zhang L, Gao S, Yang G, Hua J. Inorganic-organic hybrid materials constructed from $[(VO_2)(HPO_4)]_∞$ helical chains and $[M(4,4'-bipy)_2]^{2+}$ (M＝Co,Ni) fragments. Angew. Chem Int Ed, 2000 39 (13): 2325-2327.

40. Baross J A and Deming J W. Growth of black smoker' bacteria at temperatures of at least 250℃. Nature, 1983, 303: 423~426.

41. White R H. Hydrolytic stability of biomolecules at high temperatures and its implication for life at 250℃. Nature, 1984, 310: 430~432.

42. Grassle J F. Hydrothermal vent animals [distribution and biology. Science, 1985, 229: 713~717.

43. Jannasch H W, Mottle M J. Geomicrobiology of deep-sea hydrothermal vents. Science, 1985, 229: 717~725.

44. Drobner E, Huber H, Wächtershäuster G, et al. Pyrite formation linked with hydrogen evolution under anaerobic conditions. Nature, 1990, 346: 742~744.

45. Gopalan S Foster N R. Phenol Oxidation in Supercritical Water in MRS. Washengton D C; ACS Press, 1995.

無機材料的高壓合成與製備

6

6.1　引　言

高溫高壓作為一種特殊的研究手段，在物理、化學及材料合成方面具有特殊的重要性。這是因為高壓作為一種典型的極端物理條件能夠有效地改變物質的原子間距和原子殼層狀態，因而經常被用作一種原子間距調製、資訊探針和其它特殊的應用手段，幾乎滲透到絕大多數的前瞻課題的研究中。利用高壓手段不僅可以幫助人們從更深的層次去了解常壓條件下的物理現象和性質，而且可以發現常規條件下難以產生而只在高壓環境才能出現的新現象、新規律、新物質、新性能、新材料[1,2]。

高壓合成，就是利用外加的高壓力，使物質產生多型相轉變或發生不同物質間的化合，而得到新相、新化合物或新材料。眾所周知，由於施加在物質上的高壓卸掉以後，大多數物質的結構和行為產生可逆的變化，失去高壓狀態的結構和性質。因此，通常的高壓合成都採用高壓和高溫兩種條件交加的高壓高溫合成法，目的是尋求經卸壓降溫以後的高壓高溫合成產物能夠在常壓常溫下保持其高壓高溫狀態的特殊結構和性能的新材料[1,2]。

Bridgman P W 以畢生的精力發展了高壓技術，開創了高壓下物質的相變和物理性質的研究領域。1946 年，當他獲得諾貝爾獎以後，引起了人們對高壓合成新物質、新材料的關注。然而直到 1955 年，Bundy F P 等人[3]首次利用高壓手段人工地合成出只有地球內部條件下才能形成的、具有重大應用價值的金剛石以後，新物質的高壓合成工作才發展成研究熱潮。接著，Wentorf Jr R H 藉助高壓方法又合成出自然界中未曾發現的、與碳具有等電子結構的、硬度僅次於金剛石的立方氮化硼[4]。高壓合成，從此引起了人們的格外重視。

通常，需要高壓手段進行合成的有以下幾種情況：

①在大氣壓（0.1 MPa）條件下不能生長出滿意的晶體；②要求有特殊的晶型結構；③晶體生長需要有高的蒸氣壓；④生長或合成的物質在大氣壓下或在熔點以下會發生分解；⑤在常壓條件下不能發生化學反應而只有在高壓條件下才能發生化學反應；⑥要求有某些高壓條件下才能出現的高價態（或低價態）以及其它的特殊的電子態；⑦要求某些高壓條件下才能出現的特殊性能等情況。針對不同的情況可以採用不同的壓力範圍進行合成。目前通常所採用的高壓固態反應合成範圍一般從 1～10 MPa 的低壓力合成到幾十個 GPa（1 GPa ≈ 1 萬大氣壓）的高壓力合成。本文所指的高壓合成為 1GPa 以上的合成。

6.2　高壓高溫的產生和測量

6.2.1　高壓的產生

1.靜高壓

利用外界機械加載方式，透過緩慢逐漸施加負荷擠壓所研究的物體或試樣，當其體積縮小時，就在物體或試樣內部產生高壓強。由於外界施加載荷的速度緩慢（通常不會伴隨著物體的升溫），所產生的高壓力稱為靜態高壓。

常見的靜高壓產生裝置有兩類[5,6,7]。一是利用油壓機作為動力，推動高壓裝置中的高壓構件，擠壓試樣，產生高壓。這類高壓裝置，最常見的有六面頂（高壓構件由六個頂錘組成）高壓裝置和年輪式兩面頂（高壓構件由一對頂錘和一個壓缸組成）高壓裝置。年輪式兩面頂高壓構件如圖 6-1 所示。二是利用天然金剛石作頂錘（壓砧），製成的微型金剛石對頂砧高壓裝置（diamond anvil cell，簡稱DAC）。這種裝置可以產生幾十 GPa 到三百多 GPa 的高壓，還可以與同步輻射光源、X 射線繞射、Raman 散射等測試設備聯用[8]，開展高壓條件下的物質相變、高壓合成的原位測試。但是若以合成材料作為研究目的，微型金剛石對頂砧的腔體太小（約$10^{-3}mm^3$），難於取出試樣來進行產物的各種表徵及作其它性能的測試。通常，以產物合成為研究目的的高壓裝置都採用具有大腔體（$10^{-1}cm^3$，甚至數百cm^3）的大型高壓裝置（如兩面頂和六面頂壓機等）。其中還有一種壓腔較小（但比金剛石對頂砧大很多）的裝置，壓強可達 30 GPa，它也可以和同步輻射及其它測試裝置聯用，進行一些原位測試。進行工業生產使用的工業裝置，壓腔一般比較大，壓強可以達到 8 GPa。

2.動高壓

利用爆炸（核爆炸、火藥爆炸等）、強放電等產生的衝擊波，在μs～ps 的瞬間以很高的速度作用到物體上，可使物體內部壓力達到幾十 GPa 以上，甚至上千 GPa，同時伴隨著驟然升溫。這種高壓力，就稱為動態高壓[6,9]。它也可用來開展新材料的合成研究，但因受條件的限制，動高壓材料合成的研究工作開展得還不多。

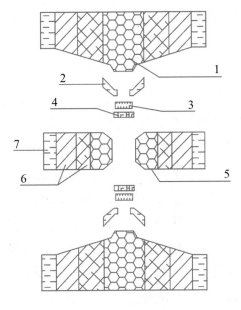

圖 6-1　兩面頂高壓構件

1-頂錘；2-葉臘石密封墊；3-鋼柱塞；4-導電圈；5-壓缸；6-箍環；7-安全環

6.2.2　高溫的產生

1.直接加熱

　　利用大電流直接通過試樣，可以在試樣中產生高達二千多開（K）的高溫。利用雷射直接加熱試樣，可產生（2~5）×10^3K 的高溫。衝擊波的作用，可在產生高壓的同時產生高溫。

2.間接加熱

　　通常可在高壓腔內，試樣室外放置一個加熱管（如石墨管，耐高溫金屬管，如 Pt、Ta、Mo 管等），使外加的大電流通過加熱管，產生焦耳熱，使試樣升溫[6]，一般可達 2×10^3K。這種加熱法，稱為內加熱法。還可以採用在高壓腔外部進行加熱的外加熱法。根據情況需要，有時還可內、外加熱法兼用。

6.2.3 高壓和高溫的測量

1.高壓的測量

高壓合成要測量的物理量首先是作用在試樣單位面積上的壓力，也就是壓強。在高壓研究的文獻中，一般都習慣地把壓強稱為壓力，它不等於外加的負載。在實驗室和工業生產中，經常採用物質相變點定標測壓法[5,6]。利用國際公認的某些物質的相變壓力作為定標點，把一些定標點和與之對應的外加負荷聯繫起來，給出壓力定標曲線，就可以對高壓腔內試樣所受到的壓力進行定標。現在通用的是利用純金屬 Bi（I→II）（2.5 GPa）、Tl（I→II）（3.67 GPa）、Cs（II→III）（4.2 GPa）、Ba（I→II）（5.3 GPa）、Bi（III→IV）（7.4 GPa）等相變時電阻發生躍變的壓力值作為定標點。我們有時也試用一維有機金屬錯合物 Pt（DMG）$_2$（6.9GPa）（崔碩景等人）和聚苯胺有機高分子 PAn−H$^+$（3.5GPa）材料的電阻—壓力極小值作為定標（許大鵬、王佛松等人），效果也不錯，詳見文獻[5]。

對於微型金剛石對頂砧高壓裝置，常採用紅寶石的螢光 R 線隨壓力紅移的效應進行定標測壓，也有利用 NaCl 的晶格常數隨壓力變化來定標的。詳情可參見有關書籍[5]。有關動高壓的測量，可參看有關專著[6,9]，這裡不作介紹。

2.高溫的測量

在靜高壓裝置高壓腔內試樣溫度的測量中，最常用的方法，是熱電偶直接測量法[5,6]。因為是在高壓作用下的熱電偶高溫測量，技術上有較大的難度，如果累積一定的經驗，可以獲得較高的測試成功率和精確度。常用的熱電偶有 Pt30%Rh−Pt6%Rh、Pt−Pt10%Rh，以及鎳鉻—鎳鋁熱電偶。其中雙鉑銠熱電偶的熱和化學穩定性很好，對周圍有很強的抗污染能力，其熱電動勢對壓力的修正值很小，可適用於 2000K 範圍的高壓下的高溫測量。

對動高壓加載過程中的高壓和高溫測量，情況比較複雜，很難採取直接測量法，需用一些特殊的專門測算方法，有興趣的讀者，可參看有關專著[9]。

6.3 高壓高溫合成方法

從高壓高溫合成產物的狀態變化看，合成產物有兩類。一是某種物質經過高壓高溫作用後，其產物的組成（成分）保持不變，但發生了晶體結構的多型相轉變，形成新相物質。二是某種物質體系，經過高壓高溫作用後，發生了元素間或不同物質間的化合，

形成新化合物、新物質。人們可以利用多種高壓高溫合成方法來獲得新相物質、新化合物和新材料。

　　高壓高溫合成，根據高壓高溫的不同產生方式和使用設備的不同可以劃分成許多合成方法。

6.3.1　動態高壓合成法

　　利用爆炸等方法產生的衝擊波，在物質中引起瞬間的高壓高溫來合成新材料的動態高壓合成法，也稱為衝擊波合成法或爆炸合成法。至今，利用這種方法，已合成出人造金剛石和閃鋅礦型氮化硼（c−BN）以及纖鋅礦型氮化硼（w−BN）微粉，還有一些其它的新相、新化合物。

6.3.2　靜高壓高溫合成法

1. 超高壓雷射加熱合成法

　　利用微型金剛石對頂砧高壓裝置，配合雷射直接加熱方法，壓力可達 100 GPa 以上，溫度可達 $(2\sim5)\times10^3$K 以上。合成溫度和壓力範圍很寬，加上 DAC 可同時與多種測試裝置聯用，進行原位測試，對新物質合成的研究和探索有重要的作用，值得重視。

2. 靜高壓高溫（大腔體）合成法

　　實驗室和工業生產中常用的靜高壓高溫合成，是利用具有較大尺寸的高壓腔體和試樣的兩面頂和六面頂高壓設備來進行的。按照合成路線和合成組裝的不同，這類方法還可細分成許多種。如靜高壓高溫直接轉變合成法，在合成中，除了所需的合成起始材料外，不加其它催化劑，而讓起始材料在高壓高溫作用下直接轉變（或化合）成新物質。靜高壓高溫催化劑合成法，在起始材料中加入催化劑，這樣，由於催化劑的作用，可以大大降低合成的壓力、溫度和縮短合成時間。非晶晶化合成法，以非晶材料為起始材料，在高壓高溫作用下，使之晶化成結晶良好的新材料。與此相反，也可將結晶良好的起始材料，經高壓高溫作用，壓致轉變成為非晶材料。先質高壓轉變合成法，對一些不易轉變或不適於轉變成所需的合成物質，可以透過其它方法，將起始材料預先製成先質，然後進行高壓高溫合成，這種方法十分有效。與此類似，經常看到，將起始材料進行預處理，如常壓高溫處理，其它的極端條件處理，包括高壓條件，然後再進行高壓高

溫合成的混合型合成法。高壓熔態淬火方法，將起始材料施加高壓，然後加高溫，直至全部熔化，保溫保壓，最後在固定壓力下，實行淬火，迅速凍結高壓高溫狀態的結構。這種方法，可以獲得準晶、非晶、奈米晶，特別是可以截獲各種中間亞穩相，是研究和獲取中間亞穩相的行之有效的方法。

為了實際應用，有時經常需把粉末狀物質壓製成具有一定機械強度和不同形狀的大尺寸塊狀材料，這時也利用高壓高溫手段，進行粉末材料的高壓高溫成型製備。

6.4 無機化合物的高壓合成

現就利用大壓機的靜高壓高溫方法合成的無機化合物，舉例進行介紹。

6.4.1 金剛石和立方氮化硼的合成

1962 年，人們將具有六角晶體結構的質地柔軟的層狀石墨作起始材料，不加催化劑，在約 12.5 GPa、3000 K 的高壓高溫條件下，使石墨直接轉變成具有立方結構的金剛石。金剛石是至今自然界已知的最硬的材料。由於石墨和金剛石都是由碳元素構成的，高壓高溫作用使它發生了同素異型相轉變，金剛石是石墨的高壓高溫新相物質。合成時沒有外加催化劑的參與，這是一種靜高壓高溫直接合成法。

如果起始石墨材料添加金屬催化劑，則在較低的壓力（5～6GPa）和溫度（1300～2000K）條件下，就可以實現由石墨到金剛石的轉變[3]。這是靜高壓高溫催化劑合成法成功的一個典型例子。

1957 年，Wentorf Jr 等人將類似於石墨結構的六角氮化硼作起始材料，添加金屬催化劑（Mg 等）在 6.2 GPa 和 1650 K 的高壓高溫條件下，合成出與碳具有等電子結構的立方氮化硼[4]。它是一種由靜高壓高溫催化劑合成法合成出來的與金剛石有相同結構的新相物質。不用催化劑的直接轉變，需 11.5 GPa、2000 K 的條件。

6.4.2 柯石英和斯石英的合成

另一個典型的高壓高溫多型相轉變的例子，是 1953 年 Coes L 以 $\alpha-SiO_2$ 為原料在礦化劑的參與下，利用 3.5 GPa 和 2050 K 15 h 的高壓高溫條件，使它轉變成具有更高密度的柯石英（Coesite）[10]。以後 Stishov 等人[見文獻 11]又使柯石英在 16.0 GPa 和 1500～1700 K 的條件下轉變成密度更高的斯石英（Stishovite）。

6.4.3　複合雙稀土氧化物的合成

　　以兩種倍半稀土氧化物混合料為起始材料，不加催化劑，高壓腔高壓組裝件如圖 6-2 所示，在 $2.0 \sim 6.0\,GPa$、$1100 \sim 1750\,K$ 溫壓條件下，可直接合成出高壓高溫複合雙稀土氧化物 $LnLn'O_3$（$Ln = RE$）新相物質。

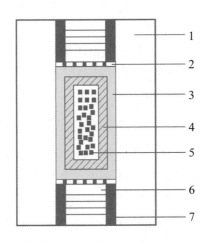

圖 6-2　高壓腔高壓組裝件

1－葉臘石柱；2－鉬片；3－石墨坩堝；4－氮化硼坩堝；5－試樣；6－葉臘石；7－鋼圈

　　對於 $La_2O_3 + Er_2O_3$ 系統，在常壓、1550K 下保溫 192h 後，主要獲得的仍是 C－$(La, Er)O_{1.5}$ 固溶體，只含有少量的 $LaErO_3$[12]；而在 $2.9\,GPa$、小於 1550K 條件下，僅需 30 min 就可獲得純的 $LaErO_3$[13]。有的在常壓高溫（1950 K）下，經上百小時加熱也不反應，但在高壓高溫條件下可迅速合成，如 $NdYbO_3$[14]。對於 $La_2O_3 + Lu_2O_3$，在高壓高溫下，甚至只需 $5 \sim 10\,min$ 即可合成[13]。高壓高溫條件，可使常壓高溫條件難合成的雙稀土氧化物變成容易合成的氧化物。高壓高溫合成還發現和獲得常壓高溫等常規條件未能合成的、自然界尚未發現的新物質，如 $EuTbO_3$[15]，$PrTbO_3$[16]，$PrTmO_3$[14] 等；還可以合成出 $LnEuO_3$（$Ln = $ 輕稀土）、$EuLnO_3$（$Ln = $ 重稀土）的系列單相產物[17]。

6.4.4　高價態和低價態氧化物的合成

　　高壓高溫合成中，在試樣室周圍造成高氧壓環境，則可使產物變成高價態的化合物。$CuO + La_2O_3$ 在常壓高溫（1300K）先合成 La_2CuO_4，然後再將它和 CuO 混合作起始材料，周圍放置氧化劑 CrO_3，中間用氧化鋯片隔開，整體裝入 Cu 鍋中，加壓加溫（1200 K），可造成約 $5.0 \sim 6.0\,GPa$ 的高氧壓，合成後可得具有高價態 Cu^{3+} 的 $LaCuO_3$

化合物[18,19a,c]。同樣地，以 $La_{2-x}Sr_xCuO_4$ 為起始材料，放置氧化劑，造成 $2.0\sim3.0\,GPa$ 高氧壓和高溫（$1100\sim1200\,K$）環境中，可合成出具有部分高價態 Cu^{3+} 的產物[18,20]。 Koijumi M 等人[21]利用高氧壓（$2.0\,GPa$，$1300\,K$）獲得了具有高價 Fe^{4+} 和其它高價金屬 M^{4+} 的 $Ca^{2+}Fe^{4+}O_3$，$BaM^{4+}O_3$（$M=Mn$，Co，Ni）。從總的趨勢看，高壓可使物質（包括惰性氣體、絕緣體化合物，半導體化合物等）趨於金屬化，在極高壓力的作用下，物質中的元素可處於高度離化態中。

　　然而，世界的事物是複雜的。如果採用如圖 6-2 的高壓組裝，試樣周圍被 h−BN 所包圍，在高壓密封的情況下，卻可使試樣處於還原環境中，在一定的條件下，高壓可以具有還原作用，從而可合成出低價態的稀土氧化物（合成過程中無需添加還原劑）。在 $C-Eu_2O_3 + F-Tb_4O_7$ 組成的體系中，Tb 含有 Tb^{4+} 和 Tb^{3+}，在 $2.6\,GPa$ 和 $1590\,K$ 左右的條件作用下，$C-Eu_2O_3$ 轉變成 $B-Eu_2O_3$，而 $F-Tb_4O_7$ 逐漸轉變成 $B-Tb_2O_3$，中間 $B-Eu_2O_3 + B-Tb_2O_3$ 逐漸固溶合成 $B-EuTbO_3$[15]，這些是由 Tb^{4+} 逐步轉變成 Tb^{3+} 而實現的。高壓高溫合成過程中，有 Tb 的變價（轉變成低價態）最後導致新物質的形成。對於 $F-CeO_2 + F-Tb_4O_7$ 體系，在高壓（$0.5\sim4.0\,GPa$）高溫（$900\sim1300\,K$）作用下，可合成出仍為螢石結構的 $F-CeTbO_3$ 高壓高溫新相物質，推測它是透過 Tb^{4+} 轉變為 Tb^{3+} 形成的[22]。在文獻[23]中，證實了這種推斷，同時進一步證明是在高壓高溫的還原作用下，使 Tb^{4+} 轉變成 Tb^{3+}，由此產生的氧缺位，促使本來比較穩定的 Ce^{4+} 部分轉變成 Ce^{3+}，從而形成由具有混合價態的 $Ce^{4,3+}$ 和 Tb^{3+} 構成的 $F-CeTbO_{3+\delta}$。

　　文獻[24a，25]在鈣鈦礦氧化物（Sr，Ba）$_{1-x}Eu_xTiO_3$ 中觀察到壓致稀土元素從 Eu^{3+} 到 Eu^{2+} 的變價和混合價的存在。對於較難變價的 Ti，也在 $Sr_{1-x}La_xTiO_3$ 和 $La_{1-x}Na_xTiO_3$[24c,25] 化合物中發現了壓致過渡元素從 Ti^{4+} 到 Ti^{3+} 的變價[24b]，在 $Ba_{1-x}Eu_xTiO_3$ 和 $Eu_{0.56}K_{0.44}TiO_3$[25] 化合物中還觀察到 $Eu^{3+\rightarrow2+}$，$Ti^{4+\rightarrow3+}$ 稀土—過渡族元素價態混合共存的現象。EPR 研究表明，壓致還原 Ti^{4+} 形成的 Ti^{3+} 可與氧缺位形成 $Ti^{3+} - V_0$ 複合缺陷[25]。

6.4.5　高 T_c 稀土氧化物超導體的合成

　　有時所需的合成起始材料難於用常規條件合成，這時，可以先採用高壓方法製備出所需要的起始原料，然後再用高壓方法，進一步按設計方案進行二次高壓合成。通常要使 214 型互生層狀結構的含銅氧化物變成超導體的關鍵，在於透過 A 位元素的置換來調整 Cu—O 鍵長和氧配位。然而在無限層結構中可調範圍有限，如 $Ca_{0.86}Sr_{0.14}CuO_2$ 的晶格參數僅為 $0.3861\,nm$，不允許加入電子（n−型）。如能增加母體 $SrCuO_2$ 的晶格參數（從而增加 Cu−O 鍵長），則有希望獲得新超導體。利用高壓高溫技術，先合成晶

格參數大得多的 $SrCuO_2$（a＝0.3925nm）作母體，然後摻 Nd 或 Pr，實行硝化處理、分解後獲得不具有無限層結構的多相混合物，以此作起始材料，在高壓（2.5 GPa）高溫（1300 K，0.5 h）下合成，可得近單相的 $Sr_{0.86}Nd_{0.14}CuO_2$ 和 $Sr_{0.85}Pr_{0.15}CuO_2n$－型超導樣品，其 T_{conset} 分別為 40 K 和 39 K[26]。

　　用各種方法製備出所需的先質，利用它的介穩性或與所設計的產物的相似性等特點，和高壓高溫極端條件相結合，可以獲得許多有意義的新化合物。利用常規固態反應方法，製備出 Ba－Ca－Cu－O 先質，則在 5.0 GPa，1250 K 下，作用 1 h，可合成出 T_{conset}＝117K，T_{czero}＝107K 的 $CuBa_2Ca_{n-1}Cu_nO_{2n+2+\delta}$ 即 Cu－12（n－1）n：P（n＝3，4）的新超導體[27]。以 $Sr_2CuO_2Cl_2$、Ca_2CuO_3 等作先質，在 5.0 GPa，1300 K 左右保持 1 h，則可得到一種 T_c 為 80 K 的新的雙層式超導化合物（Sr，Ca）$_3Cu_2O_{4+\delta}Cl_{2-y}$[28]。

6.4.6　翡翠寶石的合成

　　以非晶物質作為起始材料，經高壓高溫作用，晶化成有用材料的高壓晶化法，也是常用的一種高壓合成法。以 Na_2CO_3、Al_2O_3、SiO_2 按一定比例混合均勻，在 1650～1850 K 灼燒後淬火，得到具有翡翠成分 $NaAlSi_2O_6$ 的透明非晶玻璃，以此作起始材料，經 2.0～4.5 GPa、1200～1750 K 下保溫 30 min 以上，可完成由非晶態到晶態的轉變，最後獲得具有良好編織結構的、尺寸達到 ϕ（6×3）～（12×5）mm 的寶石級翡翠寶石[29]。在非晶材料中摻入 Eu_2O_3、Dy_2O_3 和 CeO_2 後，經 3.5～5.5 GPa、1100～1600 K 晶化，首次獲得可分別發射紅、黃、紫可見螢光的寶石級翡翠寶石[30]。

　　與非晶態的高壓晶化過程相反，在常溫高壓作用下，許多物質可以出現壓致非晶化現象，這是目前國際上十分關心的一個新問題。冰－Ⅰ相，在 1.0 GPa、77 K 作用下[31]；SiO_2 在 25～35 GPa 下[32]，發生壓致非晶化現象。至今已發現 20 多種物質有此現象。對具有正交結構 SrB_2O_4：Eu^{2+} 晶體施加 3.0～7.0 GPa 高壓後，試樣可出現由 μm 級晶粒尺寸變成 10 nm 的壓致晶粒碎化和壓致非晶化兩種現象[33]。壓致非晶化來自 SrB_2O_4 的長程序的破壞，包括沿[001]的（BO_2）$_\infty$ 無窮鏈在壓力作用下受到的破壞。文獻[33，b]進一步肯定了這種壓致非晶化現象。

6.4.7　高硼氧化物 B_7O 的合成

　　以 ZnO 作為氧化劑和純硼混合作起始材料，在 3.0～3.5 GPa、1500 K 下合成 30 min，產物用鹽酸除去金屬 Zn 和過量氧化鋅後可得單相性很好的 B_7O[34]。初步表徵，

它是以由 12 個硼原子組成的正二十面體硼籠為基本結構單元，靠 O－B－O 鍵相連接構成的[35]。文獻[36]從實驗上在高壓合成 B_6O 中觀察到以正 20 面體硼籠基本結構單元為中心通過許多單元的「Mackay packing」構成一個外形為 20 面體的巨觀（$40\mu m$）粒子，但它不是準晶，而是由許多 20 面體單元孿晶構築起來的。

6.4.8 準晶等中間介穩相的高壓熔態淬火截獲

獲取準晶的最有代表性的方法，是將熔融樣品滴落到高速旋轉的飛輪上，樣品以 $10^{6\sim8}$K/s 的速度急冷，可獲得準晶，即所謂急冷甩帶法。1986 年初，蘇文輝研究組首先建立了一種靜高壓熔態淬火方法[37]，在 1.0～5.0 GPa 的高壓作用下，只需要 10^2K/s 的冷卻速度（比甩帶法的速度低 $10^{4\sim6}$K/s），就可以獲得甩帶法發現的準晶 I 相和 T 相[38]。如果將壓力提高到 7.0 GPa，溫度提高到 2000 K，對於摻有稀土元素 Tb 的 $Al_{70}Co_{15}Ni_{10}Tb_5$ 等合金，經高壓熔態淬火，發現了九種新的十次準晶相關相[39,40]。其中六種是其它合金系中未曾發現過的，其中兩種是目前已發現的相關相中具有最大晶胞參數的相關相。對其中的幾個，給出了二維點陣模型和原子結構模型，揭示了十次準晶與相關相之間的密切的結構聯繫[41]，討論了十次和五次準晶的 Penrose tiling 模型的關係[42]。此外，在其它合金中，也發現了十二次準晶[43]和其它介穩相、非晶、奈米晶等。

利用靜高壓熔態淬火方法的優點，以全矽 ZSM－5 為起始材料，還可使本來只有在高於 846K 以上才能穩定的 β－石英，在室溫下穩定存在[44]；使 Coesite 柯石英在 4.0 GPa 和 1600 K、20 min 條件下即可合成（一般需 3.5 GPa、2050 K、15 h 才能合成）[45]。文獻[46]利用高壓熔態淬火方法，獲得了 Cu－Ti 奈米晶合金，還獲得了塊狀奈米合金[47]。

6.4.9 FeMoSiB 的高壓晶化合成

利用非晶（$Fe_{0.99}$，$Mo_{0.01}$）$_{78}Si_9B_{13}$ 合金條帶作原料，在 600～900 K、1.0～7.0 GPa 溫度壓力範圍內，研究了非晶晶化現象[48]。結果表明與高溫晶化相比，高壓沒有改變晶化產物類型和轉化模式，但是對非晶晶化溫度，Fe_3B 的析出溫度及 Fe_3B 到 Fe_2B 的相轉變溫度有重要影響。給出不穩定 Fe_3B 向穩定 Fe_2B 轉變的 p－T 相圖[49]。

文獻[50，51]研究了有 Al 參與界面擴散反應的非晶 FeMoSiB 合金條帶的晶化壓力效應。

對於沒有 Al 參與反應的 FeMoSiB，在壓力作用下，晶化產物為 α－Fe（Si）固溶體、Fe_3B 或 Fe_2B。對於有 Al 參加擴散反應的非晶晶化產物，在 3～5 GPa 範圍，為 α－

Fe（Al）固溶體，而在 3～5 GPa 以外範圍為 α−Fe（Si）、Fe_3B 或 Fe_2B[51]。在 4 GPa、780～900 K 等溫退火 30 min，靠 Al 區域出現了一種晶格參數為 0.432 nm 的 AlFe（Mo，Si，B）的以 Fe−Al 為基的玻璃合金新相[51]。

6. 4. 10　若干材料的冷壓合成

冷壓，即只加壓不加溫（室溫下），也可進行材料的合成。如對 He−N_2 系統，利用 DAC，於 7.7 GPa、室溫下，可合成出固態的具有化學整數比的 van der Waals 化合物 He（N_2）$_{11}$[52]，但只有在高壓狀態下才能穩定，壓力卸去後，是可逆的。

另外，在一個具有比較複雜的全矽分子篩 ZSM−5 的系統中，利用大壓機，在 4.0 GPa、室溫下，可直接轉變成 ZSM−11 全矽分子篩，產物在常壓室溫下可穩定存在[45]。這裡提供了一個具有不可逆的、冷壓實現固相直接轉變的典型例子。

6. 4. 11　新材料的超高壓超高溫合成

碳和氮化硼的高壓高溫多形體立方相，是已知的僅次於金剛石和立方氮化硼的最硬固體。Knittle E 等人[53]利用 Nd：YAG 雷射直接加熱放置於 DAC 樣品室中的 C_x（BN）$_{1-x}$ 溫度達 1500～2000 K，壓力為 30～50 GPa，結果合成出立方閃鋅礦結構的 C_x（BN）$_{1-x}$ 固溶體。當 x=0.33 時，其體模量為 335（±19）GPa。Jeanloz R 等人[54]利用 DAC 和雷射加熱，於 30（±5）GPa、2000～2500 K 下，合成出一種新 C−N 晶體相，結構尚不清楚。

值得注意的是不用超高壓超高溫合成法，而採用高能球磨石墨和 h−BN 的方法，可以製備出非晶粉末的 BCN 化合物[55]。以非晶粉末 BCN 作原料，在真空（133.3×10^{-5} Pa）、高溫（1470 K）下燒結，可以獲得塊狀的非晶 BCN 化合物，在常壓和不同溫區範圍下具有半導體或半金屬性質[55]。在 4.0 GPa 下，經 880 K 以上保溫退火 1 h，可以獲得一新相，對 1170 K 退火的產物，晶格參數為 a=1.685 nm 和 c=0.537nm[56]，具有半金屬性。令人感興趣的是，在非晶 BCN 固體於常壓高溫（800～900K）下，等溫退火後，觀察到通常只有在 30 GPa，2000 K 極端條件才能得到的立方奈米固溶體 $C_{0.65}$（BN）$_{0.35}$，其晶格參數為 0.3587 nm，奈米粒子尺寸為 10～50 nm[57]。

6. 5　無機材料的高壓製備

通常由固態合成獲得的新材料，大都是粉末或細晶產物。為了拓寬在工業生產和其

它方面的實際應用，要求把粉末材料製備成具有各種外形和足夠大的機械強度的工具和器件。高壓成型為此提供了一種有效的製備途徑。

6.5.1 人造金剛石和立方氮化硼聚晶的製備

在中國，1973 年苟清泉從分析石墨、金剛石和催化劑物質三者的結構和原子間相互作用入手，提出了一種高壓高溫下石墨變金剛石的結構轉化機構[58,a]，具體提出石墨和催化劑的優選原則，進而提出含硼黑金剛石的結構與合成機構[58,b]，和人造金剛石的黏結機構[58,c]，大大活躍了中國人造金剛石研究的學術思想，促進了百家爭鳴，推動了合成機構的深入研究，以此為指導，解決了一些生產問題。吉林大學與中國許多單位合作，開展了許多研究工作。曾琴等人[59,a]、熊大和等人[59,b]、蘇文輝等人[59,c,d]對石墨、催化劑材料進行了研究，推動了人造金剛石專用石墨、專用催化劑牌號商品以及含硼石墨、含硼催化劑和含硼黑金剛石單晶新品種的出現。

利用 NiMnFe＋B 的含硼催化劑與石墨（或以含硼石墨與 NiMnFe 等催化劑）作起始材料，在 5.0～6.0 GPa、1800 K 左右保溫 5～8 min，可合成出含硼的體色是黑色的金剛石單晶。這種含硼黑金剛石單晶比不含硼的黃色金剛石單晶的磨耗比高，並有更好的耐熱性（約高 200～300K）和化學惰性。按上述工藝合成得到的大都是μm 級的單晶，應用受到限制。苟清泉、吳代鳴、於鴻昌等人[60,a]又利用含硼黑金剛石單晶為原料，添加 Ni、Si 等黏結劑，在 6.0～8.0 GPa、1600～1850K，保溫 30～60s，首次製備出 ϕ（6×6）mm 的含硼黑金剛石聚晶，並用來製作車刀和石油鑽頭[60,b]。

含硼黑金剛石聚晶必須以含硼黑金剛石單晶為原料，而後者又必須以人造金剛石專用的含硼催化劑或含硼石墨為原料再經高壓高溫合成才能得到的。原材料要求較高，所需工藝流程很長。蘇文輝、崔慧聰等人[61,62]利用普通工廠生產的、不含硼的黃金剛石單晶作原料，經表面加硼處理或在黏結劑中加入少量硼的作法，在六面頂高壓設備上，經 6.0～7.0 GPa、1600～1850 K 保溫 40s，成功合成出大顆粒硼皮金剛石聚晶。崔慧聰、吳代鳴、崔碩景等人用它製成石油取心鑽頭、車刀和鏜刀[63]。

文獻[64]的作者，在中國發表了第一篇有關 $Mg_3B_2N_4$ 和 $Ca_3B_2N_4$ 的立方氮化硼新催化劑工作，把中國長期落後的立方氮化硼生產和研究，推向國際先進水準，合成出優質產品。在此基礎上，也採用與合成人造金剛石聚晶相似的高壓製備方法和條件，製備出立方氮化硼聚晶，作成車刀等，應用於實際。

6.5.2　塊狀奈米固體的製備

當物質顆粒尺寸減小到奈米尺度時，其表面層原子數占總原子數的比例迅速增加，呈現出粒子內部和表面層的巨大結構差異，從而表現出許多奇異的物理化學性質。為了更廣泛地利用奈米微粒的奈米性質，通常採取加壓加溫的方法，把奈米微粒粉末壓製成具有各種外形和一定機械強度的三維塊狀奈米固體材料，同時要求保持原有的奈米結構和奈米性質。這種加壓成型，與通常的粉末材料不同的是，在加壓過程中，隨壓力的升高，奈米微粒的表面逐漸轉變成奈米微粒間的界面，伴隨著一系列的微結構和性質的變化。由於奈米微粒表面所占原子比例大，密度低，原子間距分佈廣，配位不全，能量狀態高，處於不穩定的狀態，對外界的壓力和溫度十分敏感。因此，為了製備出可利用的奈米固體，必須首先了解它們隨外界條件變化的規律性，掌握保持奈米結構和奈米性質的外加壓力和溫度的臨界條件。

近來，在 $0 \sim 6.0$ GPa 的冷壓條件下以及配合適當加溫條件下，首次製備出三種具有代表性的 $NiFe_2O_4$[65~68]、$La_{0.7}Sr_{0.3}Mn_{1-y}Fe_yO_3$（$y = 0$，$0.1$）[65,68,69,71] 和 $\beta - FeOOH$[65,70] 塊狀奈米固體材料，發現一些新現象、新規律，給出了一些臨界工藝參數。

利用高能球磨方法對 Fe 和作為固態氮源的 h−BN 混合原料進行球磨，可以製成 $\varepsilon - Fe_xN$ 磁性合金奈米微粒均勻分佈在非晶 BN 基體上的奈米複合材料[72,73]，具有較大的飽和磁化強度、矯頑力和電阻率，為了擴大其應用，在 $3.0 \sim 4.0$ GPa、$650 \sim 1200$ K 高溫高壓條件下，藉由奈米 Fe 和 BN 的固態反應，製備出塊狀 $\varepsilon - Fe_xN$／BN 奈米複合材料[74]。

6.5.3　動態高壓成型製備

利用爆炸等方式形成動態高壓，作為無機材料的爆炸成型製備方法，對複雜材料的成型，在工業中已有較多的應用。

6.6　高壓在合成中的作用，合成產物的結構性能及應用前景

在無機化合物的高壓高溫研究中，特別重視那些在常規條件下難合成的化合物，對揭示物理和化學反應機構有重要作用的化合物，以及有重要應用前景的新材料的合成研究。

6.6.1 高壓在合成中的作用

透過有關複合稀土氧化物及其它化合物的高壓合成研究，可以看到，與常壓高溫合成比較，高壓對合成具有重要的作用。

高壓可以提高反應速率和產物的轉化率，降低合成溫度，大大縮短合成時間[1,2,13,14等]。高壓可使容許因子偏小、而利用一般常壓高溫方法難於合成的化合物得以順利合成，如 $PrTmO_3$ 等[1,2,14等]。高壓有增加物質密度、對稱性、配位數的作用和縮短鍵長的傾向[2,15]。高壓合成較易獲得單相物質，可以提高結晶度[1,2,13,14,15,17a,b]。高壓高溫可以起到氧化作用，獲得高氧化態的化合物[18,19,21]，也可以起到還原作用[1,2,15,22,23等]。高壓的還原作用形式有三種：使高氧化態還原為低氧化態[1,2,15,22,23]；增加氧缺位[1,2,75]；使金屬氧化物中析出金屬[34,76,77]（高壓還原作用在合成中的作用機構可參見[15，23]）。在一定的條件下，高壓也可促進化合物的分解[78]。高壓可以抑制固體中原子的擴散[37,40]，在一定的條件下，也可促使原子的遷移。高壓既可以抑制非晶晶化過程[48,49]，也可以促進非晶晶化過程[48]。高壓還可以改變原子的自旋態，也可使某些元素在晶體中具有優選位置的作用等等。

6.6.2 高壓合成產物的一些規律性的認識和對若干物理機制的了解

利用高壓優點，使得可能合成出較為完整的$LnEuO_3$和$EuLn'O_3$（Ln＝輕稀土，Ln'＝重稀土）系列樣品[17a,17b]，為^{151}Eu Mossbauer 譜的系統測試提供了條件。$EuLn'O_3$產物全為單斜結構；$LnEuO_3$除了$LaEuO_3$（六角結構）、$CeEuO_{3.5}$（具有缺位的立方螢石結構）外，其它也同屬單斜結構。在這些結構中，稀土離子都處在電場梯度不對稱因子$\eta \neq 0$的非軸對稱狀態中。因此^{151}Eu核的電四極相互作用 Hamiltonian 是η的函數，沒有解析解形式。利用數值解，我們發展了一種用 12 條子譜解譜的方法，分析了所得的 Mossbauer譜。^{151}Eu在上述系列產物中均處三價態，除在$SmEuO_3$中有三種晶位外，其餘的都只有一種晶位。從同質異能移位發現，稀土元素在雙稀土ABO_3複合氧化物中也存在「鑭系收縮」規律，並給出了其微觀內容。

在文獻[18；19b,d；1]的工作中，利用高氧壓在 $La_2CuO_{4+\delta}$中引進過量的氧，使得原來因所含超導相（僅為 0.04%）太低無法確定產生超導性原因的樣品變為含量高達30%的優質樣品，發現了由超導四方相到不超導反鐵磁半導體的一級相變，與其轉變相聯繫的$\delta = 0.05 \pm 0.01$，進一步預言了過量氧是以間隙形式存在（以後得到了證實），由過量氧引起 $Cu^{2+} \rightarrow Cu^{(2+2\delta)+}$的變化可能是引起超導性的原因。排除了當時流行的認為是超氧化物引起超導電性的看法，對超導機制的研究起到促進作用。在$La_{2-x}Sr_xCuO_4$的

高氧壓研究工作中[18,20]也給出了有益的結果。

在準晶相關相的高壓截獲研究中[39~42]，發現了九種十次準晶的相關相，增強了對靜高壓熔態淬火方法截獲介穩相的潛力的認識。透過對準晶相關相的分析看到，九種新相關相中有五種屬簡單正交、四種屬底心正交結構。底心正交與簡單正交彼此互相共存，它們也與十次準晶相共存。從高分辨像的二維點陣模型可以看到它們之間的密切聯繫。從十次準晶，透過疇結構過渡，可轉變成底心相關相；也看到有從十次準晶，透過疇結構過渡，轉變成底心相關相，然後再變成簡單正交相的情況。其中還可以觀察到其它許多的中間過渡態。從八個相關相的分析中，可以看到十次準晶實際上是無限大晶胞相關相的晶體極限。這些使我們加深了對準晶結構和狀態的認識。

文獻[48]從形核熱力學位能障和原子擴散活性能兩方面考察了高壓對 FeMoSiB 非晶晶化的影響，結果發現，當非晶 FeMoSiB 壓致晶化成 α-Fe（Mo，Si）無序固溶體和 Fe_3B 介穩相時，不需 Fe、Si 原子的長程擴散而只需 B 原子的短程擴散重組，因此，高壓促進非晶 FeMoSiB 的晶化，壓力降低非晶晶化溫度。進一步，當介穩相 Fe_3B 轉變成 α-Fe 和 Fe_2B 時，需要 Fe 和 B 原子的長程擴散，因此，Fe_3B 向 Fe_2B+α-Fe 轉變時，Fe_2B 的析出溫度隨壓力增加而增加，即高壓抑制 Fe_3B 的相變。

我們利用中子徑跡顯微術等方法[79]，對高壓高溫合成出的硼皮金剛石聚晶[61,62]，進行了硼原子作用機制的研究。以醋酸纖維薄膜作固體徑跡探測器，覆蓋在聚晶磨片表面，當中子穿過薄膜（不會留下痕跡）與聚晶中的^{10}B 發生^{10}B $(n，\alpha)$$^7Li$ 反應，放出 α粒子打破薄膜留下痕跡時，就可顯示出一般難於檢測的超輕硼元素原子在聚晶中分佈的微結構。實驗表明，硼原子分佈在聚晶中金剛石單晶的表層及其內部的缺陷中。根據粗略估計，如添加的硼原子數等於聚晶中單晶表面的懸鍵數和內部缺陷的表面類懸鍵數的總和，預期可最大地提高聚晶的耐熱性。由此可以解釋實驗中發現的聚晶耐熱性與硼含量存在一極值的關係曲線。

文獻[65，66，68]關於 $NiFe_2O_4$ 奈米固體的研究，在 $0\sim6.0\,GPa$ 作用下，發現晶體結構沒有變化，但是其電子順磁共振線寬和 g 因子與外加壓力之間，存在一特殊關係：隨壓力的升高，首先逐漸增加，達到極值後逐漸減小。這種變化主要是在壓力作用下，由奈米固體內奈米粒子間磁偶矩的相互作用變化以及界面區內離子間距減小和粒子位置重新調整引起的超交換相互作用變化兩因素決定的。從變化中可以看到，$4.5\,GPa$ 以前，奈米固體中的奈米粒子可以保持其奈米結構和奈米性質，進一步利用 Mossbauer 譜[67]和正電子湮沒[68]研究，揭示了 $NiFe_2O_4$ 奈米固體界面形成機制和缺陷狀態的重要作用規律，也提供了許多重要的微觀資訊。在有關 $La_{0.7}Sr_{0.3}Mn_{1-y}Fe_yO_3$ 奈米固體研究中[65,68,69,71]，發現了壓致奈米晶粒碎化現象，而對於 $NiFe_2O_4$，不發生壓致奈米晶碎化現

象。由此引起奈米晶界數量的顯著增加，大大改變了界面的微結構，劇烈引起了電磁性質、內部缺陷和原子相互作用等的變化。經研究，壓致奈米晶粒碎化與內部存在氧缺位有關[71]。壓致奈米晶粒碎化，可以產生清潔的奈米界面，可為奈米材料製備科學提供一條新的奈米材料製備方法。壓致奈米晶粒碎化，也可能有助於了解地球岩石中產生的缺陷及其影響高壓狀態方程的現象。錳酸鍶鑭奈米固體因壓力導致的進一步奈米化，也可能有利於在固體稀土氧化物電解質燃料電池發電設備的應用。

由於石墨和 h−BN 的化學穩定性好，通常只有用高溫高壓合成法，才能合成出非晶 BC_2N 化合物，然而文獻[55]在常壓氬氣條件下，利用高能機械球磨方法，就可獲得非晶 BCN 化合物粉末，將之再在常壓高溫下退火，甚至可以獲得少量的、通常只有在 30 GPa 和 2000 K 條件下才能得出的立方固溶體 $C_{0.65}（BN）_{0.35}$[57]。經研究表明，經高能球磨使得 h−BN 和石墨都變成奈米顆粒，處於具有大量的未飽和懸掛鍵的高能狀態，從而具有高度的化學反應活性，正是這個原因使得合成出與高壓合成產物相同的物質成為可能。

機械高能球磨的機制和非晶 BC_2N 化合物以及立方固溶體 $C_{0.65}（BN）_{0.35}$ 的形成條件在文獻[72，73，74，56]的研究中有了進一步的認識。以 Fe 作原料，與傳統的用含氮氣體作氮源不同，利用穩定性好的 h−BN 材料作為固態氮源，採用高能機械球磨，導致 α−Fe 晶粒細化，h−BN 轉化成非晶態 a−BN，繼而轉化成非晶 Fe−N 合金和 a−BN，最後形成由微細的單晶 ε−Fe_xN 顆粒埋在均勻的奈米非晶 BN 背底上的複合材料。對球磨得到的非晶 Fe−N 合金，分別作 773 K、1 h 高溫處理，4.0 GPa 和 750 K、1 h 等壓熱處理，以及繼續球磨三種處理，結果分別獲得 γ''−Fe_4N、ε−Fe_xN 和 ε−Fe_xN 產物。由此可見，高能機械球磨晶化產物與高壓晶化相同，而與高溫晶化不同，其機制亦不同，ε−Fe_xN 實際上是高壓高溫相。由此可以估算出高能機械球磨可以造成約 3～4 GPa，690～800 K 的局域高壓和高溫條件。

由此容易理解高能機械球磨可以合成非晶 BC_2N 和立方 $C_{0.65}（BN）_{0.35}$ 固溶體的事實，也為當前流行的機械高能球磨機制的爭論提供一個可能的新機制。

利用高壓製備塊狀 ε−Fe_xN ／ BN 奈米複合材料以及塊狀非晶 BC_2N 超硬材料，也是值得開發研究的有應用前景的課題。

6.6.3　已經應用於實際的高壓合成和製備的無機材料

由人造金剛石和立方氮化硼聚晶製成的刀具、鑽頭等工具，已經形成商品。研製成功的含硼黑金剛石聚晶車刀[60]，經鑑定，不僅可以加工 YG20 硬質合金，而且在不

加冷卻液情況下，還可加工 HRc＝59.5 的淬火工具鋼，不黏刀，不形成切削瘤，不燒傷工件表面，切削正常，品質好。所製成的含硼黑金剛石聚晶石油鑽頭，1977 年經四川 4000 m 井段隱晶白雲岩中現場鑽探，進尺 87.87 m，超過同一地區一些進口的和國產天然金剛石鑽頭的進尺指標，創造了記錄。

我們研製成功的硼皮金剛石聚晶車刀、鏜刀[63]，經鑑定，可以順利加工稀土高矽鋁等的坦克發動機活塞合金，可在生產流水線上應用，解決了一個技術關鍵，提高了發動機的壽命。利用這種車刀，也可滿意地加工含銅玻璃鋼。所製成的石油取心鑽頭，1977 年經四川遂川 31# 井 2000 m 深層砂岩夾頁岩中取心進尺實驗，進尺 32.87 m，平均鑽速 0.51 m/h，創造了該地區該地層人造金剛石聚晶石油取心鑽頭的進尺和平均鑽速的最高記錄。

6.6.4　若干可能有應用前景的高壓合成無機材料

NdSrCuO n－型超導體（ $T_{\mathrm{conset}} \approx 40\,\mathrm{K}$ ）高氧壓合成的成功[26]可為其它方法製備 n－型超導體提供借鑑。如果利用高氧壓方法，繼續提高 T_c，使之可與其它的高 T_c p－型超導體匹配形成器件，將有巨大的應用前景。

B_7O 的高壓合成產物[34]有較高的超硬性，可以像金剛石玻璃刀一樣切割玻璃，其硬度較大，難於測出其硬度值。因為是氧化物，也有較高的耐熱性。如能繼續研究，有望成為繼金剛石和立方氮化硼之後的新一類耐高溫的硼氧化合物超硬材料。

繼續研究寶石級翡翠寶石的合成工藝和合成機制，提高翡翠寶石的穩定性。穩定可發射可見螢光的稀土夜明翡翠寶石的生產工藝，有開發成為商品的希望。

利用高壓製備出塊狀 $\varepsilon-Fe_xN$ ／ BN 奈米複合磁性材料，以及塊狀的非晶 BC_2N 超硬材料，也是值得開發研究的有應用前景的課題。

高壓奈米固體是一類很有應用前途的高壓合成材料。壓致奈米晶粒碎化現象，有可能被利用來製備具有清潔界面的奈米固體的方法。

Machida K 等人[80]發現了 SrB_2O_4 : Eu^{2+} 在 2.0 GPa、1000 K 附近有一個由常壓高溫合成的正交相轉變成高壓高溫立方相的相變點，後者的發光量子效率提高到 80～100 倍。我們[81]發現了該高壓高溫立方相有一較寬的穩定區，以後觀察到摻 Cl 可使高壓產物發光量子效率提高到 80～130 倍[82]。以 Cl^- 部分代替 O^{2-} 進一步調整工藝，在 3.05 GPa、1100 K 下，合成出 $SrB_2O_{4-y}X_y$: Eu^{2+}（X＝Cl，F）高壓高溫立方相[83]的量子發光效率，是不摻 Cl 的高壓立方相的二倍，是不摻 Cl 的常壓正交相的 200 倍。壓致結構相變，導致了發光中心配位環境由鏈狀（ BO_2 ）$_\infty$ 開放型轉變成完全被 BO_4 網狀封閉的

結構，從而增強了發光效率。摻 Cl 進一步調整了配位環境的電子分佈，使量子發光效率進一步提高。深入開展摻 Cl 高壓立方相的發光機制和工藝的研究，有助於新的高效發光材料的尋找。

6.7　無機材料高壓合成的研究方向與展望

多年來，我們合成出的高壓高溫新相物質有 90 種[1,2,等]。迄今人們已合成出千餘種高壓高溫新相新物質。然而，和已有的各類人工合成物質相比，猶如滄海一粟。現有通用的 1.0～8.0 GPa、2000 K 的高壓合成設備的潛力，還沒有充分發揮。今後的高壓高溫合成研究有很多工作等待去做。

1. 充分發揮 1.0～8.0 GPa、2000 K 的溫壓段的合成潛力，積極發展大腔體（小於大壓機腔體，大於微型金剛石對頂砧高壓裝置的腔體。合成產物易於取出進行表徵測試）的高壓高溫合成技術，把合成壓力溫度推向 30 GPa、2600 K 範圍。注意開展 DAC 和雷射直接加熱的超高壓高溫合成研究及有關高壓高溫合成的原位（in situ）測試研究。

2. 開展高壓高溫無機化合物的反應和化合機制的研究，總結合成規律，合成出有助於加深新現象、新規律認識和有重要應用前景的化合物。

3. 進行各種先質、奈米原料以及合成產物（如層狀結構等）的原子分子水準設計，開展高壓高溫合成。重視稀土變價化合物和具有硼籠結構的高硼化合物的高壓高溫合成研究。

4. 特別注意開展奈米固體的奈米界面區中的化學反應和難合成化合物的高壓高溫合成研究。

5. 積極進行高壓高溫單晶體的合成和機制研究。

6. 重視亞穩中間物質的截獲，開展動力學理論研究，控制條件，尋找具有新結構、新性能、新應用的中間準穩物質。

7. 已有高壓高溫合成物質的應用可能性的研究。

8. 積極開展新化合物新物質（包括生物物質）的結構、行為的高壓飛秒觀測研究。

參考文獻

1. 蘇文輝，劉宏建，李莉萍等。高溫高壓極端條件下的稀土固體物理學研究。吉林大學自然科學學報，1992（特刊，物理）：188～201。

2. 蘇文輝，許大鵬，劉宏建等。凝聚態物理學中若干前瞻問題的高壓研究。吉林大學自然科學學報，1992（特刊，物理）：170～187。

3. Bundy F P, Hall H T, Strong H M and Wentorf Jr R H. Man-made diamond. Nature, 1955(176): 51～55.

4. Wentorf Jr R H. Cubic form of boron nitride. J Chem Phys, 1957 (26): 956～956.

5. 蘇文輝，董維義。固體物理的高壓研究方法。見：王華馥，吳自勤主編。固體物理實驗方法。北京：高等教育出版社，1990. 400～436。

6. 吉林大學固體物理教研室編。人造金剛石。北京：科學出版社，1975。

7. Spain L and Poauwe J. High Pressure Technology. New York: Dekker, 1977.

8. Jayaraman A. Diamond anvil cell and high-pressure physical investigations. Rev of Modern Physics, 1983 (55): 65～108.

9. 經福謙等著。實驗物態方程導引。北京：科學出版社，1986。

10. Coes L Jr. A new dense crystalline silica. Science, 1953(118): 131～132.

11. Chao E C T, Fahey J J, Littler J et al. Stishovite, SiO_2, a very high pressure new mineral from Meteor Crater, Arizona. J Geophys Res, 1962, 67 (1): 419～421.

12. Berndt U J. A^{III}B^{III}O$_3$ interlanthanide perovskite compound. Solid State Chem, 1975 (13): 131～135.

13. Su Wenhui, Wu Daiming, Ma Xianfeng et al. An investigation of the effect of high pressure on the synthesis of $LaLnO_3$ compounds. Physica, 1986, 139 & 140B: 661～663.

14. Su Wenhui, Wu Daiming, Li Xiaoyuan et al. An investigation using high-pressure synthesis of double-rareearth oxides of ABO_3 compounds.Physica, 1986, 139 & 140 B: 658～660.

15. Su Wenhui and Zhou Jianshi. in Proceedings of the 11st AIRAPT International Conf on High Pressure Science and Technology. Kiev, USSR,1987, July 12～17, edit by Novikov N V et al. Kiev, Naukova Dumka, 1989 (1): 303～310；中國稀土學報，1988, 6 (2): 57～62.

16. 李強民，蘇文輝，龍驤等。某些稀土氧化物的高溫高壓合成及其結構穩定性研究.高壓物理學報，1989, 3 (1): 42～50。

17. (a) Su Wenhui, Liu Xiaoxiang, Jin Mingzhi et al. Mossbauer effect used to study rare-earth oxides synthesized by a high-pressure method. Phys Rev B, 1988, 37 (1): 35～37；(b)Su Wenhui, Xu Weiming, Zhao Xin et al.^{151}Eu Mossbauer effect in light rare-earth oxides. Phys Rev B, 1989, 40 (1): 102～105.

*18.*周建十。氧化物中高溫超導電性的研究。吉林大學博士學位論文，長春，1990。

*19.*周建十，(a)金屬性氧化物 $LaCuO_3$的高壓合成及 Cu^{3+}的 XPS 研究.高壓物理學報，1992，6：7～14；(b)高氧壓合成產物 $La_2CuO_{4+\delta}$的相變研究.高壓物理學報，1992 (6)：169～174；(c)X－ray photo-emission spectroscopy study of $LaCuO_3$. Phys Rev B,1990 (41)：11572～11575；(d) Comment on Identification of a Superoxide in Superconducting $La_2CuO_{4+\delta}$ by X－ray photoelectron spectroscopy. Phys Rev B,1989 (39)：12331～12334.

*20.*周建十，$La_{2-x}Sr_xCuO_4$的高氧壓處理與 XPS 研究。低溫物理學報，1992, 14 (6): 403～409。

21. Koi jumi M. An interim Report of Research Activities. Osaka University, 1983, Nov.

*22.*劉宏建，蘇文輝，千正男等。高溫高壓下 $CeTbO_3$合成過程中電阻的動態測試研究。高壓物理學報，1988, 2 (2): 146～152。

23. Li Liping,Wei Quan, Liu Hongjian et al. XPS study of $CeTbO_{3+\delta}$ synthesized by high pressure and temperature method. Z Phys B, 1995, 96 (4): 451～454.

24.(a)李莉萍，魏詮，任孝林等。$(Sr,Ba)_{1-x}Eu_xTiO_3$的高溫高壓合成及 XPS 研究。高等學校化學學報，1994, 15 (8): 1195～1198；(b)路大勇，李莉萍，苗繼鵬等。$Sr_{1-x}La_xTiO_3$的高溫高壓合成及 XPS 研究。高壓物理學報，1998, 12 (2): 115～119；(c)Lu Dayong, Li Liping, Miao Jipeng et al. Raman and XPS studies for $Ba_{1-x}Eu_xTiO_3$ synthesized by high pressure and high temperature. The Review of High Pressure Science and Technology, 1998 (7): 1031～1033；(d)Miao Jipeng, Li Liping, Liu Hongjian et al. High-pressure and-tepmerature synthesis and its XPS study of $La_{1-x}Na_xTiO_3$. The Review of High Pressure Science and Technology, 1998 (7): 1028～1030.

25. Su Wenhui,Li Liping, Miao Jipeng et al. Pressure-induced valence change of rare-earth and transition elements in perovskite oxides. in Proceedings of the Third China-Japan High Pressure Seminar, April 5-9, 1998, Chengdu, China, Topical Committee of High Pressure Physics, Chinese Physics Society, p73～77.

26. Smith M G, Zhou Jian-shi, Goodenough J B. Electron-doped superconductivity at 40 K in the infinite-layer compound $Sr_{1-y}Nd_yCuO_2$. Nature, 1991(351): 549～551.

27. Jin C-Q（靳常青），Adachi S, Wu X-J et al. 117 K Superconductivity in the Ba-Ca-Cu-O system. Nature, 1995(375): 301～303.

28. Jin C-Q, Wu X-J, Laffez P, et al. Superconductivity at 80 K in $(Sr,Ca)_3Cu_2O_{4+\delta}Cl_{2-y}$ induced by apical oxygen doping. Physica C, 1994(223): 238～242.

29.(a)閻學偉，馬賢鋒，千正男等。翡翠寶石的高溫高壓合成。高等學校化學學報，1986, 7 (7): 569～570；(b)閻學偉，馬賢鋒，倪加纘等。高溫高壓下翡翠寶石的人工合成。高壓物理學報，1987(1): 76～80。

*30.*蘇文輝，陳久華，千正男等.稀土離子摻雜對人工翡翠寶石螢光性質的影響。中國稀土學報，1989,

7 (2): 59～62；(b)Su Wenhui, Chen Jiuhua, Qian Zhengnan et al. High pressure synthesis of new jadeites with fluorescent emission. High Pressure Research, 1990 (5): 660～662.

31. Mishima O. 'Melting ice' I at 77 K and 10 K bar: a new method of making amorphous solids. Nature, 1984(310): 393～395.

32. Hemley R J, Mao H K. Pressure-induced amorphization of crystalline silica. Nature, 1988(334): 52～54.

33.(a)Liu Weina, Liu Hongjian, Sun Shulan et al. in Proceedings of the 13rd AIRAPT International Conference on High Pressure and Technology, 7～11, Oct, 1991, ed. by Singh A K, Oxford & IBH, New Delhi, India, 1992. 175～177; in Proceedings of the 14th AIRAPT International Conference on High Pressure and Technology, 28 June-2 July, 1993, ed. by Schmidt et al. AIP Press, New York, USA, AIP Conference Proceedings, 1994 (309): 437～440；(b)Liu Xiaoyang, Su Wenhui, Onodera A. Japan J High Pressure Science and Technology, 1996, 4 (4): 68.

34. Liu Xiaoyang, Zhao Xudong, Hou Weimin et al. A new route for the synthesis of boron suboxide B_7O under high pressure and high temperature. J Alloys and Compounds, 1995(223): L7～L9.

*35.*劉曉陽，趙旭東，侯為民等。高溫高壓條件下富硼固體B_7O的合成與表徵。高壓物理學報，1995，9 (2): 89～95。

36. Hubert H, Garvie L A J, Devouard B et al. Icosahedral paking of B_{12} icosahedra in boron suboxide (B_6O). Nature, 1998(391): 376～378.

37.(a)Su Wenhui and Zhang Qiang. A method of quenching from fusing state under high static pressure used to study quasicrystals. High Pressure Research, 1991 (4): 432～434；(b)張強，蘇文輝.靜高壓下 Al-Mn 準晶形成及其結構穩定性的研究.高壓物理學報，1988, 2 (1): 58～66。

38.(a)Zhang Qiang, Yao Bin, Su Wenhui et al. A study on the formation and stability of quasicrystal in Al_4Mn and Al_6Cr. High Pressure Research,1990 (4): 435～437；(b)Xu Dapeng, Chu Shucheng, Su Wenhui et al. Formation and stability of quasicrystal in $Al_{80}Mn_{14}Si_6$ under high static pressure. High Pressure Research, 1990, (4):438～440；(c)楚樹成，許大鵬，蘇文輝等。靜高壓下$Al_{80}Mn_{14}Si_6$合金準晶相形成的研究。高壓物理學報，1990, 4 (2): 137～142；(d)姚斌，張強，蘇文輝等。靜高壓下Al_4Mn準晶態的形成及其熱穩定性的研究。高壓物理學報，1990, 4 (1): 50～56；(e)許大鵬，宿新堂，禹日成等。高壓下 $Al_{0.77}Mn_{0.19}Yb_{0.04}$合金準晶T相的形成與結構。高壓物理學報，1993, 7 (2): 132～137；(f)禹日成，許大鵬，蘇文輝等。高壓下 $Al_{65}Co_{20}Mn_{15}$合金準晶相的截獲及其穩定性的研究。高壓物理學報，1993, 7 (1): 37～41。

39.(a)Yu R C, Li X Z, Xu D P et al. New orthorhombic approximants of the $Al_{70}Co_{15}Tb_5Ni_{10}$ decagonal quasicrystal. Phil Mag Lett, 1993, 67 (4): 287～292；(b)禹日成，許大鵬，蘇文輝等。$Al_{70}Co_{15}Tb_5Ni_{10}$合金中準晶相關相的高壓研究。高壓物理學報，1993, 7 (3): 208～213。

40.(a)Su Wenhui, Yu Richeng, Xu Dapeng et al. Formation of six new orthorhombic approximants of decagonal quasicrystal in $Al_{70}Co_{15}Ni_{10}Tb_5$ alloy by quenching under high static pressure. ibid. [33, a] ed by Schmidt et al. 1994(309): 481～484；(b)許大鵬，龐艷新，蘇文輝。Al_6FeYb 合金中十次準晶相關晶體相的高壓形成.高壓物理學報，1996, 10 (4): 280～283。

41.(a)Yu R C, Xu D P and Su W H. Study on the decagonal quasicrystal and an approximant crystalline phase in $Al_{70}Co_{15}Ni_{10}Tb_5$ obtained by quenching under high static pressure.Physica B, 1995(212): 415～419；(b)禹日成，許大鵬，蘇文輝。高壓截獲十次準晶相關晶體相和奈米級超微粒。高壓物理學報，1995, 9 (4): 257～263。

42.(a)Yu R C, Xu D P and Su W H. Two dimensional pentagon quasicrystal in Al-Co-Ni-Tb alloy obtained by quenching under high static pressure. J Mat Sci, 1996 (31): 607～610；(b)禹日成，許大鵬，蘇文輝等。$Al_{70}Co_{15}Tb_5Ni_{10}$合金中準晶 T 相和相關相的形成.高壓物理學報，1994, 8 (2): 141～145。

*43.*許大鵬，宋彥彬，蘇文輝等。靜高壓對合金液一固轉變中間相形成的影響及準晶相的截獲。高壓物理學報，1994, 8 (1): 60～64。

44. Liu Xiaoyang, Su Wenhui, Wang Yifeng et al. Stabilization of β-quartz at room temperature and normal pressure. Mat Lett, 1994 (18): 234～235.

45. Liu Xiaoyang, Zhao Xudong, Hou Weimin et al. Transformation of ZSM-5 zeolite under high pressure and high temperature. Science in China (Ser B), 1994, 37 (9): 1054～1062.

46. Li D J, Wang A M, Yao B et al. Formation of Cu-Ti nanocrystalline alloy by melt-quenching under high pressure. J Mater Res, 1996, 11 (11): 2685～2689.

47. Li D J, Ding B Z, Yao B et al. Preparation of bulk nanocrystalline Cu-Ti alloy by quenching the melt under high pressure. Nanostructured Mater, 1993, 40 (3): 323～328.

48. Yao Bin, Li F S, Li X M et al. High Pressure crystallization of amorphous $(Fe_{0.99}, Mo_{0.01})_{78}Si_9B_{13}$Alloy. J Noncryst Solids, 1997(217): 317～322.

49. Yao B, Liu L, Su W H et al. Transformation from Fe_3B to Fe_2B under high pressure. J Physics D, 1998 (31): 790～793.

50. Yao B, Ding B Z, Wang A M et al. Effect of pressure on the crystallization of amorphous Fe-Mo-Si-B alloy with diffusion reaction at its surface. Appl Phys Lett, 1995, 67 (16): 2290～2292.

51. Yao Bin Li F S, Li X M, et al. Formation of a glassy Al-Fe based alloy by solid state reaction between a Fe-Mo-Si-B alloy under high pressure. Physica B, 1997(233): 111～118.

52. Vos W L, Finger L W, Hemley R J et al. A high-pressure Van der Waals compound in solid nitrogen-helium mixtures. Nature, 1992(358): 46～48.

53. Knittle E, Kaner R B, Jeanloz R et al. High-pressure synthesis, characterization and equation of state of cubic C-BN solid solutions. Phys Rev B, 1995- ‖ (51): 12149～12156.

54. Nguyen J H, Jeanloz R. Initial describtion of a new carbon-nitride phase synthesized at high pressure and temperature. Mater Sci & Eng A, 1996(209): 23～25.

55. Yao B, Chen W J, Liu L et al. C-B-N amorphous semiconductor. J Appl Phys, 1998, 84 (3): 1412～1415.

*56.*姚斌。非晶和奈米材料形成、相變及性能。博士後科學研究報告，吉林大學，長春，1998。

57. Yao B, Liu L, Su W H. Formation of cubic C-B-N by crystallization of nano-amorphous solid at atmosphere. J Mater Res, 1998, 13 (7): 1753～1756.

*58.*苟清泉。(a)高溫高壓下石墨變金剛石的結構轉化機構。吉林大學自然科學學報，1974 (2)：52～63；(b)含硼黑金剛石的結構與合成機構及其特殊性能的探討。人造金剛石，1977 (2)：26～36；(c)人造金剛石聚晶的黏結機構。人造金剛石與砂輪，1979 (1)：1～7。

*59.*吉林大學物理系固體物理教研室，北京 152 廠，沈陽 814 廠，吉林碳素廠等。(a)高溫高壓下石墨變金剛石晶粒對應關係和提高金剛石粒度與強度一個途徑.吉林大學自然科學學報，1974 (1)：47～56；(b)關於金剛石用的石墨材料的實驗研究.同上，1975(1～2)：82～86；(c)含有微量元素的觸媒合金對高溫高壓合成影響的研究。同上，1980 (4)　79～86；(d)「單含硼」和「雙含硼」黑金剛石合成的比較。同上， 1979 (1)：82～86。

*60.*吉林大學物理系固體物理教研室，鄭州三磨所，天津砂輪廠等合作組。(a)含硼黑金剛石聚晶的研製及其性質的測試。吉林大學自然科學學報。1978 (2)：27～31；(b)第一只人造黑金剛石聚晶鑽頭試驗總結。同上，1978 (2)：32～34。

*61.*崔慧聰，李延臣，蘇文輝等。大顆粒硼皮金剛石聚晶的研製。吉林大學自然科學學報，1979 (1)：77～81。

*62.*蘇文輝，吳代鳴，千正男等。中國發明專利，No.87107715.9；證書號：No.8106.

*63.*硼皮金剛石聚晶車刀、鏜刀加工稀土過共晶 Si-Al 合金與玻璃鋼的研究。成都鑑定書，1980 年 7 月。

*64.*馬賢鋒，閻學偉，倪加瓚等。高壓合成立方氮化硼用新觸媒材料的研究。高壓物理學報，1988，2 (3)：264～269。

65. Su Wenhui, Sui Yu, Xu Dapeng et al. High pressure research on nanocrystalline solid materials, in High Pressure Science and Technology, Proceedings of 15th AIRAPT International Conference, (eds W A Trzeciakowski), (World Scientific Publishing Co. Pte Ltd, Singapore, 1996) p 203～207.

66. Sui Yu, Xu Dapeng, Zheng Fanlei et al. Electron spin resonance study of $NiFe_2O_4$ nanosolids compacted under high pressure. J Appl Phys,1996, 80 (2): 719～723.

*67.*隋鬱，蘇文輝，鄭凡磊等。$NiFe_2O_4$奈米固體的莫士包爾譜研究.物理學報，1997，46 (12)：2441～2452。

*68.*隋鬱，鄭凡磊，許大鵬等。高壓對複合氧化物奈米固體內部缺陷結構的影響。高壓物理學報，

1997，11 (4)：245～249。

69. Zheng Fanlei, Sui Yu, Xu Dapeng et al. Study of pressure-induced grain breaking in $La_{0.7}Sr_{0.3}MnO_3$ nano-solids. Japan-China Science and Technology Symposium and 2nd Japan-China High Pressure Seminar (eds and published by Japan-China Science and Technology Exchange Association and Chinese Academy of Sciences), 80～84(Tsukuba, Japan, Nov 5～12, 1995).

70.(a)Sui Yu, Xu D P and Su W H. Structural transformation of β- FeOOH nano-solids under high pressure. Mat Res Bull, 1996, 30 (12): 1553～1560. (b) Sui Yu, Xu D P and Su W H. Effect of forming pressure on structure of nano-solids FeOOH.Chinese Science Bulletin, 1995, 40 (24): 2031～2034.

71. Zheng Fanlei, Sui Yu, Xu Dapeng et al. Pressure-induced crystallite breaking in $La_{0.7}Sr_{0.3}Mn_{0.9}Fe_{0.1}O_3$ nanosolids.Chinese Sci Bull, 1998, 43 (6): 458～461.

72. Liu Li, Yao Bin, Wang Hongyan et al. Formation of ε-Fe_xN/BN magnetic nano-composite and its thermodynamic and kinetic analyses.Chinese Sci Bull, 1998, 43 (6): 467～469.

*73.*姚斌，蘇文輝。ε－Fe_xN奈米合金和ε－Fe_xN/BN奈米複合材料的製備方法。中國發明專利，申請號：98126248.1 申請日：1998 年 12 月 19 日。

*74.*姚斌，蘇文輝。塊狀ε－Fe_xN/BN奈米複合材料的製備方法。中國發明專利，申請號：98126243.0 申請日：1998 年 12 月 19 日。

*75.*張進龍，周建十，蘇文輝。$La_{1-x}Sr_xCoO_3$系列化合物的高壓合成與性質的研究。高壓物理學報，1988，2 (1)：67～72。

76. Wang Yifeng, Su Wenhui, Liu Hongjian et al. Influences of hot-and cool-pressure on phase transition of structure and superconductivity in $Y_1Ba_2Cu_3O_{7-\delta}$. ibid [33, a], ed by Singh A K. 1992: 422～424.

*77.*孫寶權，王一峰，劉宏建等。熱壓和冷壓對 $YBa_2Cu_3O_{7-\delta}$超導體性能影響的研究。高壓物理學報，1990，4 (4)：246～253。

*78.*王一峰，蘇文輝，千正男等。稀土焦綠石化合物 $R_2Fe_{4/3}W_{2/3}O_7$的高溫高壓穩定性研究和 X 射線相分析。高壓物理學報，1988，4：296～304。

79.(a)Su Wenhui, He Lanying and Zhang Shuqin. An investigation of the distribution of boron atoms in the aggregate crystals of diamond containing boron. Physica, 1986, 139 & 140 B: 654～657；(b)蘇文輝、何嵐鷹、張淑琴。硼皮金剛石聚晶中硼原子的分佈及對耐熱性的影響。吉林大學自然科學學報，1988 (1)：28～32；(c)何嵐鷹，蘇文輝，張淑琴。人造金剛石聚晶耐熱性的評定。人工晶體，1987，16 (4)：318～322。

80. Machida K, Adachi G, Shiokawa J. Luminescence of high-pressure phase of Eu^{2+} -activated SrB_2O_4. J Lumines, 1980 (21): 233～237.

*81.*劉偉，蘇文輝，崔碩景等。高壓合成的硼酸鍶摻 Eu^{2+}離子發光特性的研究。高壓物理學報，1988

(2)：237～247。

82. Liu Weina, Sun Shulan, Guan Zhongsu et al.The emission spectra of $SrB_2O_{4-y}X_y$：Eu^{2+} (X = F, Cl) synthesized under high pressure. in Recent Trends in High Pressure Research (eds Singh A K et al. Oxford, New Delhi), 1992: 383～385.

83. Liu Weina, Su Wenhui, Liu Hongjian et al. Quantum efficiency of luminescence in high-pressure cubic phase $SrB_2O_{4-y}X_y$：Eu^{2+} (X = F,Cl). Chinese Science Bulletin, 1995, 40 (6): 458～462.

電解合成

7

在水溶液、熔融鹽和非水溶劑〔如有機溶劑、液氨（$NH_3 \cdot H_2O$）等〕中，透過電氧化或電還原過程可以合成出多種類型與不同聚集狀態的化合物和材料，其主要的有下列方面：

1. 電解鹽的水溶液和熔融鹽以製備金屬、某些合金和鍍層。

2. 透過電化學氧化過程製備最高價和特殊高價的化合物。

3. 含中間價態或特殊低價元素化合物的合成。

4. C，B，Si，P，S，Se 等二元或多元金屬陶瓷型化合物的合成。

5. 非金屬元素間化合物的合成。

6. 混合價態化合物、簇合物、嵌插型化合物、非計量氧化物等難於用其它方法合成的化合物。

電解合成反應在無機合成中的作用和地位日益重要，究其原因，是因為電氧化還原過程與傳統的化學反應過程相比有下列一些優點：①在電解中能提供高電子轉移的功能，這種功能可以使之達到一般化學試劑所不具有的那種氧化還原能力。例如特種高氧化態和還原態的化合物可被電解合成出來。②合成反應體系及其產物不會被還原劑（或氧化劑）及其相應的氧化產物（或還原產物）所污染。③由於能方便的控制電極電位和電極的材質，因而可選擇性的進行氧化或還原，從而製備出許多特定價態的化合物，這是任何其它化學方法所不及的。④由於電氧化還原過程的特殊性，因而能製備出其它方法不能製備的許多物質和聚集態。近年來無機化合物的電解合成應用和開發的面愈來愈廣，發表的文章也日益增多。然而從整個領域來看，自 1930 年直至今日，還沒有一本系統總結和闡述「無機化合物的電化學合成」的專著。在此要感謝 NagyZol－tan，他於 1984 年出版了一本《Electrochemical Synthesis of Inorganic Compounds》，Bibliography A，收集並總結了 1983 年前 70 年間在此領域的文獻。這對我們學習和了解此領域研究工作的進展是十分有幫助的。

7.1　水溶液電解[1~5, 7]

7.1.1　幾個基本概念

1. 電解定律（一般稱作法拉第定律）

電解時，電極上發生變化的物質的質量與通過的電量成正比，並且每通過 1F 電量

（96500C 或 26.8A · h）可析出 1mol 任何物質。

法拉第定律的數學式可表示如下：

$$G = \frac{E}{96500} \cdot Q = \frac{E}{96500} \cdot It \qquad\qquad (7\text{-}1)$$

式中：G——析出物質的質量（單位 g）；E——析出物質的化學當量 $\left[= \frac{A（相對原子質量）}{Z（化合價）} \right]$[①]；$Q$——電量（單位為 C）；$I$——電流（單位為 A）；$t$——電流通過的時間（單位為 s）。

$\frac{E}{96500}$ 是每一庫侖電量能析出物質的質量，此值稱為物質的電化當量。表 7-1 列出一些元素的化學當量。

表 7-1 元素的化學當量

離 子	化學當量	沈澱量（mg）	離 子	化學當量	沈澱量（mg）
Au^{3+}	65.66	0.6808	Ni^{2+}	29.34	0.3039
Cu^{2+}	31.78	0.3293	Pb^{2+}	103.55	1.073
Fe^{2+}	27.92	0.2992	Sn^{2+}	59.4	0.6163
H^{+}	1.008	0.1044	Zn^{2+}	32.65	0.3386
Ag^{+}	107.88	1.1175	Co^{2+}	29.47	0.3054

2.電流效率

根據法拉第定律，沈積物質的當量與通過的電流量成正比。但在實際工作中我們並不能獲得理論量的沈積物質。例如，在電解硫酸銅的酸性溶液時，可能有極微量的氫在陰極上析出，使通入的電流不能全部用來析出銅，再加上析出的銅又能與硫酸和氧起反應而重新溶解一部分，故實際析出的銅要比理論值少一些。實際析出的金屬量與法拉第定律計算出來的理論量之比，稱為電流效率

$$\eta = \frac{電流有效部分}{總電量} = \frac{G_{實}}{G_{理}}$$

式中：η——電流效率；$G_{實}$——實際析出的金屬量；$G_{理}$——按法拉第定律計算應析出

---

①此式適用於析出物為單質，對於化合物可分別用 M_r（析出物相對分子質量）和 n（電解時每個分子得失電子數）代替 A 和 Z。

的金屬量。

3.電流密度

每單位電極面積上所通過的電流稱為電流密度。通常以每平方米電極面積所通過的電流（單位為安培）來表示，如某電解槽內懸掛陽極板 21 塊，陰極板 20 塊，陰極板長 1m，寬為 0.7m，每槽通過的電流為 6160A，則陰極電流密度即為

$$\frac{6160\text{A}}{1\text{m} \times 0.7\text{m} \times 2 \times 20} = 220 \text{ A/m}^2$$

4.電極電位和標準電位

在任一電解質溶液中浸入同一金屬的電極，在金屬和溶液間即產生電位差，稱為電極電位。不同的金屬有不同的電極電位值，而且與溶液的濃度有關，這可以由能士特（Nernst）公式計算：

$$E = E^{\ominus} + \frac{2.3RT}{nF}\log c$$

式中：R——8.3J/（mol·K）（莫耳氣體常數）；F——96500C/mol（法拉第常數）；n——離子的價數；c——溶液濃度。

$E^{\ominus}$稱為標準電極電位，在一定的溫度下它是一個常數，等於溶液中離子活度為 1 時的電極電位。對於任意氧化還原反應 Nernst 公式可表示為

$$E = E^{\ominus} + \frac{2.3RT}{nF}\log\frac{a_{氧化態}}{a_{還原態}} \quad （a表示活度）$$

把金屬（包括氫）按照它們的標準電極電位數值的大小排列起來就得到了金屬的電位序。見表 7-2。

這個電位序有著較大的實用意義：①從電位序表可知，在標準情況下氫前面的都是容易氧化的金屬，而在氫後面的都是難氧化的金屬，前面的金屬能把次序表中排在後面的金屬從鹽溶液中置換出來。②可計算由任何兩金屬組成的電池的電動勢。

表 7-2　金屬的電位序

金　屬	溶液中正離子	$E^{\ominus}$（V）	金　屬	溶液中正離子	$E^{\ominus}$（V）
鋰	Li^+	−3.01	鎘	Cd^{2+}	−0.40
銣	Rb^+	−2.98	鉈	Tl^+	−0.34
鉀	K^+	−2.92	鈷	Co^{2+}	−0.27
鋇	Ba^{2+}	−2.92	鎳	Ni^{2+}	−0.23
鈣	Ca^{2+}	−2.84	錫	Sn^{2+}	−0.14
鍶	Sr^{2+}	−2.81	鉛	Pb^{2+}	−0.13
鈉	Na^+	−2.71	氫	H^+	±0.00
鎂	Mg^{2+}	−2.38	銻	Sb^{2+}	+0.2
鈹	Be^{2+}	−1.70	鉍	Bi^{3+}	+0.2
鋁	Al^{3+}	−1.66	砷	As^{3+}	+0.3
錳	Mn^{2+}	−1.05	銅	Cu^{2+}	+0.34
鋅	Zn^{2+}	−0.763	汞	Hg^{2+}	+0.798
鉻	Cr^{2+}	−0.71	銀	Ag^+	+0.799
鐵	Fe^{2+}	−0.44	金	Au^+	+1.7
釙	Po^{4+}	−0.40			

5.分解電壓和超電壓

　　進行電解過程必須在兩極上通電，即加一電壓到電解池的兩極。由於電解過程中，電解池的兩極組成新的原電池，所產生的電位方向與通入電解池的電流方向相反。例如，在氯化鎘溶液中浸入兩個鉑極，則電解池構成如下體系：

$$Pt^- | CdCl_2 | Pt^+$$

　　但在進行電解時，Cd 在負極析出，Cl_2 在正極析出，轉變為新的體系，由此產生反電壓。

$$（Pt）Cd^- | CdCl_2 | Cl_2（Pt）^+$$

這個反電壓等於原電池的電動勢 $E_{可逆}$。

$$E_{可逆} = \varphi_{Cl_2} - \varphi_{Cd} = \left(\varphi^{\ominus}_{Cl_2/Cl^-} + \frac{RT}{2F} \ln \frac{p_{Cl_2}}{a_{Cl^-}} \right)$$
$$- \left(\varphi^{\ominus}_{Cd^{2+}/Cd} + \frac{RT}{2F} \ln \frac{a_{Cd^{2+}}}{a_{Cd}} \right) \tag{7-2}$$

　　因此，在進行電解過程時，在電解池兩極上所加的電壓不得小於電解過程中自身產生的反電壓，否則電解過程就不能進行。引起電解質開始分解的電壓叫分解電壓。圖

7-1 中的 *a* 點即為分解電壓。理論上分解電壓只要比反電壓大一個無限小的數值，電解就可進行，從這個意義上來說，分解電壓在數值上等於反電壓。但實際上這兩個數值常常不相符合，我們把兩者的差稱為超電壓。令外加電動勢為$E_外$：

$$E_外 = E_{可逆} + \Delta E_{不可逆} + E_{電阻} \tag{7-3}$$

式中：$E_{可逆}$——電解過程中產生的原電池電動勢，$E_{電阻}$——電解池內溶液電阻產生的電壓降（IR），$\Delta E_{不可逆}$——超電壓部分（極化所致）。

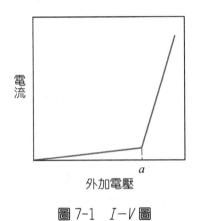

圖 7-1　*I* － *V* 圖

　　例如，電解 0.1mol/L NaOH 溶液，陰極上產生H_2，陽極上產生 O_2。由氫電極和氧電極組成新的原電池，計算得電動勢為 1.23V，而溶液的電解電壓為 1.70V，這之間相差 0.47V，這是由於電極上的超電壓所致。超電壓包括兩部分，即陰極上的超電壓U_c和陽極上的超電壓U_a，實驗指出 $|U_a| + |U_c|$ 隨電流密度增大而變大，如圖 7-2 所示，所以只有在確定的電流密度下超電壓才有確定的數值。

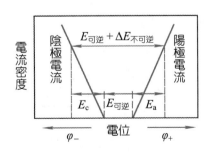

圖 7-2　電流密度與過電位關係

電極上產生超電壓的原因：

(1)濃差過電位　由於電解過程中在電極上發生了化學反應，使得電極附近的濃度和遠離電極的電解液的濃度（本體濃度）發生差別所造成。例如電解 $CuSO_4$ 溶液，在陰極上析出銅，使得陰極附近的 Cu^{2+} 濃度不斷降低，而電解液本體中的 Cu^{2+} 擴散到陰極補充的速率抵不上沈積的速率，這就使得陰極附近的 Cu^{2+} 濃度低於電解液中 Cu^{2+} 的本體濃度，由於這種濃度差別所引起的過電位稱為濃差過電位。

(2)電阻過電位　是由於電解過程中在電極表面形成一層氧化物的薄膜或其它物質，對電流的通過產生阻力而引起的過電位稱為電阻過電位。

(3)活化過電位　在電極上進行的電化學反應，它的速率往往不大，在這種情況下就出現了另一種極化，稱為電化學極化，由電化學極化引起的過電位稱為活化過電位。在電極上有氫或氧形成時，活化過電位更為顯著。

一般在電解時，所觀察到的過電位通常不是單純的某一種，可以是三種都出現，應根據具體反應和實際情況而定。

影響超電位的因素：

(1)電極材料　氫在各種電極上的超電壓，如圖 7-3 所示，在鍍鉑的鉑黑電極上氫的超電壓很小，氫在鉑黑電極上析出的電極電位在數值上接近於理論計算值。若以其它金屬作陰極，要析出氫必須使電極電位較理論值更負。

(2)析出物質的形態　一般說來金屬的超電壓較小，而氣體物質的超電壓比較大。

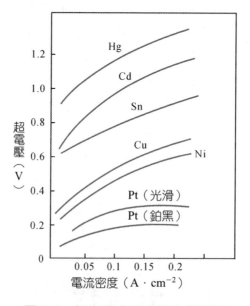

圖 7-3　氫在各金屬陰極上超電壓

(3)電流密度　一般規律是電流密度增大則超電壓也隨之增大，如表 7-3。

表 7-3　25℃時 H_2 在各種金屬上的超電壓（V）

電流密度（$A \cdot cm^{-2}$）	Ag	Cu	Hg	Cd	Zn	Sn	Pb	Bi	Ni	Pt
0.01	0.76	0.58	1.04	1.13	0.75	1.08	1.09	1.05	0.75	0.07
0.10	0.87	0.80	1.07	1.22	1.06	1.22	1.18	1.14	1.05	0.29
0.50	1.03	1.19	1.11	1.25	1.20	1.24	1.24	1.21	1.21	0.57
1.00	1.09	1.25	1.11	1.25	1.28	1.23	1.26	1.23	1.24	0.68

由於超電壓的發生，常使我們電解某些化合物時要消耗較多的電能。另一方面，超電壓在理論研究和實際生產中都具有重要的意義。如利用超電壓現象，建立汞陰極電解法等。Na^+ 的理論放電電位比 H^+ 高得多，當以鐵為陰極時，即便加上氫的過電位，Na^+ 的放電電位仍較 H^+ 為高。因此，在採用鐵為陰極時，氫總是先在電極上放電析出。但是如果採用汞為陰極，並且增高電流密度，由於 H_2 在汞上具有很高的過電位，因而能使 Na^+ 在汞陰極上先在電極上放電析出而變成鈉汞齊，利用汞電解槽製備金屬鈉及工業上生產高純燒鹼就是這個道理。

6.槽電壓

電解槽電壓由下述各種電壓組成：

(1)反抗電解質電阻所需之電壓　電解質像普通的導體一樣對電流通過有一種阻力，反抗這種阻力所需之電壓，可根據歐姆定律計算為 IR_1。

(2)完成電解反應所需之電壓　這種電壓是用來克服電解過程中所產生的原電池的電動勢而需之電壓，設為 $E_{可逆}$。

(3)電解過程的超電壓，已知上述設為 $\Delta E_{不可逆}$。

(4)反抗輸送電流金屬導體的電阻和反抗接觸電阻需要的電壓為 IR_2，所以槽電壓 $E_{槽}$ 應為：

$$E_{槽} = E_{可逆} + \Delta E_{不可逆} + IR_1 + IR_2$$

7.1.2　水溶液中金屬的電沈積[3~5]

在實驗室中用水溶液電解法提純或提取金屬往往是為了下列目的：①在市場上難以得到的特殊金屬；②比市售品更高純度的金屬；③粉狀和其它具有特別形狀和性能的金

屬；④由實驗室和其它廢物中回收金屬。當然更具重要意義的是為工業上的水法冶金進行重要的基礎研究實驗。

通過電解金屬鹽水溶液而在陰極沈積純金屬的方法其原料的供給有下列兩類：①用粗金屬為原料作陽極進行電解，在陰極獲得純金屬的電解提純法；②以金屬化合物為原料，以不溶性陽極進行電解的電解提取法。無論是前者或後者，電解液的組成（包括濃度）是決定金屬電沈積的主要因素。

1.電解液的組成

電解液必須合乎以下幾個要求：①含有一定濃度的欲得金屬的離子，並且性質穩定；②電導性能好；③具有適於在陰極析出金屬的pH值；④能出現金屬收率好的電沈積狀態；⑤盡可能少地產生有毒和有害氣體。為了滿足上述條件，一般認為硫酸鹽較好。氯化物也可以用。

近年來用磺酸鹽也得到良好結果。製取高純金屬時，電解液需用反覆提純的金屬化合物配置。提高欲得金屬離子濃度，可使陰極附近的濃度降得到及時補充，可抵消高電流密度造成的不良影響。表 7-4 中列出了一些常見金屬在一定的電解條件下，電解液的組成及其沈積金屬產物的狀態。從中可以看出，除電解液組成和濃度外，電流密度、溫度等均影響電沈積金屬的性質（如聚集態等），下面將作一些討論。

表 7-4　水溶液中金屬電沈積實例的電解條件[3]（以 1L 溶液為計）

電解金屬	電解液組成	溫度（℃）	陽極	陰極	陽極電流密度（A·dm⁻²）	沈積金屬狀態
Cu	40g CuSO₄·5H₂O+45g H₂SO₄+80g Na₂SO₄·10H₂O	54			15.3	粉末
Cd	100g CdCl₂·2.5H₂O+300g NaCl pH=6.5	20			0.5	沈澱
In	600ml 30%H₂SO₄溶解 200gIn₂O₃+250g 檸檬酸銨，並使水稀釋至 1L		Pt	Fe	2	沈澱
Pb	77.2g 鉛酸鈉+102gNaOH+120g Na₂CO₃	18～20	Pb	Fe	30～40	高分散粉末
Sb	10%NaOH+Sb₂S₃（Sb:20g）（陰極電解液）；飽和 Na₂CO₃（陽極液）	60～65	Pb	Fe	2～2.5	沈澱
Cr	250g CrO₃+3g Cr₂（SO₄）₃+H₂O	42	Pb	黃銅圓筒	10	沈澱
Mo	20g H₂MoO₄·H₂O+100ml 28%NH₃ 水+95ml 冰 HAc　pH=6.0	30～50	石墨或鉑	Fe，Cu或 Ni	80～300	細晶粒緻密沈積
Mn	70g MnSO₄·6H₂O+（150～200）g（NH₄）₂SO₄ pH=6.5～8	30	Pb	不銹鋼	2	沈澱
Fe	650g FeCl₂·4H₂O+2.7g FeCl₃·6H₂O	90	Fe	鍍鉻鐵	10～20	沈澱
Fe	30g FeCl₂·4H₂O+100g NH₄Cl／L 水	30	Fe	不銹鋼	10	粉末
Co	（190～480）g CoSO₄·7H₂O	60	Pb	不銹鋼	2.5～3	沈澱
Ni	20g NiSO₄·7H₂O+10g aNaCl+20g（NH₄）₂SO₄+1LH₂O　pH=4～4.5	30～35	Ni	鍍鎳鐵片	10	粉末

2.電流密度

當電流密度低時，有充分晶核生長的時間，而不去形成新核，特別當電解液濃度大、溫度高時，在這種情況下，能生成大的晶狀沈積物（沈澱）。而當電流密度較高時，促進核的生成，成核速率往往勝於晶體生長，從而生成了微晶，因此沈積物一般是十分細的晶粒或粉末狀。然而在電流密度很高時，晶體多半趨向於朝著金屬離子十分濃集的那邊生長，結果晶體長成樹狀或團粒狀。同時，高電流密度也能導致 H_2 的析出，結果在極板上生成斑點，並且由於 pH 值的局部增高而沈澱出一些氫氧化物或鹼式鹽。

3.溫度

對電解沈積物來講，溫度對它們的影響是不盡相同的，而且有時不易預計影響的結果。可能是由於在提高溫度時，產生對立的影響，如提高溫度有利於向陰極的擴散並使電沈積均勻，但同時也有利於加快成核速率反而使沈積粗糙。如果氫的超電壓降低，使得在提高溫度時 H_2 的逸出和由此帶來的影響也比較明顯。

除上述外，電解液中加入添加劑和錯合劑也將對金屬的電沈積產生影響。

4.添加劑

添加少量的有機物質如糖、樟腦、明膠等往往可使沈積物晶態由粗變細晶粒，同時使金屬表面光滑，這可能是由於添加劑被晶體表面吸附並覆蓋住晶核，抑止晶核生長而促進新晶核的生成，結果導致細晶粒沈積。

5.金屬離子的配位作用

通常，當簡單的金屬鹽溶液電解時，往往得不到理想的沈積物。如從 $AgNO_3$ 溶液電解 Ag 時，其沈積物由大晶體組成，經常黏附不住。當加入 CN^-，用 $Ag(CN)_2^-$ 電解時，則沈積物堅固、光滑。因此電解 Au，Cu，Zn，Cd 等時均用含氰電解液，其它金屬沈積時也往往使用加入錯合物的方法以改進沈積物狀態，如加 F^-、PO_4^{3-}、酒石酸、檸檬酸鹽等等。

除此之外，金屬箔的電沈積也是非常令人感興趣的。這方面往往採取下列主要措施：①在電解液中加入適當的配位基；②控制極低的電流密度。一些典型實例列於表 7-5 中。

表 7-5　金屬箔的電解條件

金屬箔	電解液體系	陰極電流密度 $（A \cdot dm^{-2}）$
Ni	$NiSO_4$－檸檬酸鈉	0.25
Co	$CoSO_4$－檸檬酸鈉	0.50
Cu	$K_4[Cu（CN）_6]$－$Na_2S_2O_5$－Na_2CO_3－Na_2SO_4	0.30
Ag	$AgNO_3$－KNO_5K－CN	1
Sn	$SnCl_2$－$Na_4P_2O_7$	0.5
Au	$AuCl_3$－KCN	0.05

　　根據大量的實驗結果，大致了解到上述討論的幾個方面：電解液組成、電流密度、電解溫度、金屬離子的配位作用和添加劑是支配金屬電沈積形態的主要因素，並且認為大體上有如表 7-6 中所列的傾向。

表 7-6　電解析出金屬形態的傾向[4]

電解液和電解條件		粗大結晶或針狀 ⟶ 緻密組織 ⟶ 海綿狀或粉末狀		
電解液	氯化物浴	○	×	○
	硫酸鹽浴	○	○	○
	硝酸鹽浴	○	×	○
	鹼性浴	×	○	○
錯合物或複鹽		×	○	×
加　膠　體		×	○	×
電解條件（溫度）		（低）	⟶	（高）
pH		（中性）	⟶	（酸性）
（酸性電解液時）電流密度		（低）	⟶	（高）
電　　壓		（低）	⟶	（高）

○—傾向大的；×—傾向小的。

7.1.3　電解裝置及其材料

1.陽極

　　電解提純時，陽極為提純金屬的粗製品。根據電解條件做成適當的大小和形狀。導線宜用同種金屬；難以用同種金屬時，應將陽極─導線接觸部分覆蓋上，不使其與電解液接觸。電解提取時的陽極必須在該環境下幾乎是不溶的（見表 7-7）。

表 7-7　不溶性陽極材料[4]

陽極材料	耐腐蝕環境	最大電流密度 （$A \cdot dm^{-2}$）	註
鉑	酸性，鹼性	100	直交流並用時被侵蝕
人造石墨	酸性，中性	10	能被 F^- 侵蝕
鉛	硫酸酸性，中性	5	多少能被侵蝕
鉛—銀合金	硫酸酸性，中性	8	比鉛的耐腐蝕性強
鎳	鹼　性	20	
鋼	鹼　性	10	比鎳差一些

2.陰極

只要能高效率地回收析出的金屬，無論金屬的種類、質量、形狀如何，都可以用作陰極。設計陰極時，一般要使其面積比陽極面積多一圈（10%～20%）。這是為了防止電流的分佈集中在電極邊緣和使陰極的電流分佈均衡。如果沈積金屬的狀態緻密，而且光滑，可用平板陰極，當其沈積到一定厚度後，將其剝下。一般在實驗室中自製純金屬板是很麻煩的。因此，可用粗製同種金屬板或用不銹鋼板、鋁板等為陰極，在其表面塗一層薄薄的生橡膠汽油溶液或石蠟、蟲膠等，使金屬在陰極上電積。剝下後，再用有機溶劑仔細地洗去。電積形態不同時，採取的方法也應有所不同。如為緻密光滑的沈積物時，可以用上述方法；如沈積物為粗糙狀、樹枝狀、針狀、粉狀或海綿狀時，可在電解過程中連續地或間歇地刮下（可用汽車的拭具），或連續的加以敲擊振動，使其沈積物落於下方。另外，使陰極面成為直徑 10～20cm 的圓筒狀曲面，用刮削器搜刮捕集金屬粉末也為有效的方法。由於氫的同時極化而使析出金屬粗糙時，可將陰極板圓筒曲面用刷子或摩擦布邊刷、磨，邊電解以防止生成粗糙的結晶，而得光滑的金屬。圖 7-4 所示的是電解鐵時採用的圓筒型陰極，如圖所示將其一部分曝露在空氣中並用布邊摩擦邊電解，可得緻密光滑的電積鐵。在同型的圓筒陰極面上附以刮削器來代替摩擦布，電解 $Ag(NH_3)_2NO_3$ 溶液時，就可收集到很好的銀粉。

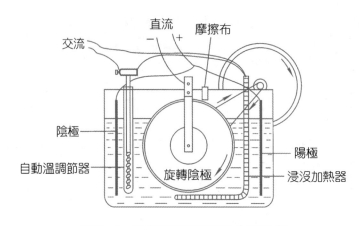

圖 7-4　圓筒型陰極旋轉式電解槽

3.隔膜

　　電解時，有時必須將陽極和陰極用隔膜隔開。例如用含有較多量硫化物的粗原料電解提純 Ni 時，為了使陽極順利溶解，陽極電解液應為酸性，而 Ni 的電極電位為負，為了盡可能使〔H^+〕減小，陰極液應保持在 pH＝6 左右。因此電解時陰、陽極溶液必須能分別地注入或排出。另外，當進行 Mn 的電解提取時，由於 Mn 在酸性溶液中不能電積，因此先將中性的浸出液送入陰極室使 Mn 電積後，電解液通過隔膜進入陽極室，在陽極室生成 H_2SO_4，由電解槽中排出。

　　適用於此類目的的隔膜應具備：①不被電解液所侵蝕；②有適當的孔隙度、厚度、透過係數、電阻以及 ζ 電位；③有適當的機械強度等性能。隔膜材料可舉出如表 7-8 所列的各種主要類型。

表 7-8　電解用隔膜材料

	石棉板	素陶板	聚苯乙烯 聚氯乙烯 聚丙烯腈	棉　布 （帆布）
耐腐蝕性環境	中　性 鹼　性	酸　性 中　性	酸　性 中　性 酸　性	中　性
有效度（％）	55～70	40～50	40～80	60～80

　　下面簡單介紹一下電解後，陰極電積物的處理。電解得到高純度的金屬並不是困難的，但產品中往往包藏有多量的 H_2，並夾有電解液及其中的浮游物，因此使電積金屬

性能硬而脆。所以，使用以前必須先充分洗淨，再熔融精煉（脫氣、除渣），最後退火。

綜上所述，用水溶液中電沈積的反應途徑獲得的金屬產品有下列優點：

(1)能獲得很純的金屬。

(2)自多種金屬鹽的混合物中能分離沈積出純的金屬。因此這一途徑尚可應用於金屬的提純、精煉，多金屬資源的綜合利用等等，也是濕法冶金中的一個重要方面。

(3)可控制電解條件以製得不同聚集狀態的金屬，如粉狀金屬、緻密的晶粒、海綿狀金屬沈積物、金屬箔等等以應付進一步處理和應用上的需要。

(4)用此合成途徑也可以製備金屬間的合金、金屬鍍層和膜。如 $NiSnF_x^{4-x}+4e^- \longrightarrow NiSn+xF^-$，再如 Al_3Ni，$AuSn$，$MnBi$，$PtBe$ 等等。

7.1.4　含最高價和特殊高價元素化合物的電氧化合成[1, 3, 5]

由於水溶液電解中能提供高電位，使之可以達到普通化學試劑無法具有的特強氧化能力，因而可以透過電氧化過程來合成。

(1)具極強氧化性的物質　如 O_3，OF_2 等。

(2)難於合成的最高價態化合物　如在 KOH 溶液中電氧化而製得 $M（Ⅲ）[IO_6]_2^{7-}$（$M=Ag$，Cu），在這類配位離子中 Ag、Cu 均被氧化而呈難得的 +3 最高價態。再如高電位下，$(ClO_4)_2S_2O_8$ 的電氧化合成；$H_2SO_4-HClO_4$ 混合液中低溫電氧化合成 $(ClO_4)_2SO_4$，以及 $NaCuO_2$、$NiCl_3$、NiF_3 的合成等等。

(3)特殊高價元素的化合物　除了早為人所熟知的過氧二硫酸路線（persulfate route）透過電氧化 HSO_4^- 以合成過氧二硫酸、過氧二硫酸鹽和 H_2O_2 外，其它不少元素的過氧化物或過氧酸均可透過電氧化來合成，如 H_3PO_4、HPO_4^{2-}、PO_4^{3-} 的電氧化；合成 PO_5^{3-}、$P_2O_3^{4-}$ 的 K^+、NH_4^+ 鹽；過硼酸及其鹽類 BO_3^- 的合成；$S_2O_6F_2$（perox disulfuryl difluoride）的合成等等。以及金屬特殊高價態化合物的合成，如 NiF_4，NbF_6，TaF_6，AgF_2，$CoCl_4$ 等等。

由於這類電氧化合成反應，其產物均為具很強氧化性的物質，有高的反應性且不穩定。因而往往對電解設備、材質和反應條件有特殊的要求。

7.1.5　含中間價態和特殊低價元素化合物的電還原合成[1, 6]

此類化合物藉一般的化學方法來合成是相當困難的。因為，無論是用化學試劑還是

用高溫下的控制還原來進行,都不如電還原反應的定向性,而且用前者時還會碰到副反應的控制和產物的分離問題。因而在開發出電解還原(有時也可用電氧化)的合成路線後,有一系列難於合成的含中間價態或特殊低價元素的化合物被有效的合成出來。

(1)含中間價態非金屬元素的酸或其鹽類　如 $HClO$,$HClO_2$,BrO^-,BrO_2^-,IO^-,$H_2S_2O_4$,H_2PO_3,$H_4P_2O_6$,H_3PO_2,$HCNO$,HNO_2,$H_2N_2O_2$ 等等,用一般化學方法來合成純淨的和較濃的溶液都是相當困難的。

(2)特殊低價元素的化合物　這類化合物由於其氧化態的特殊性,很難藉其它化學方法合成得到,下面舉一些典型實例:如Mo的化合物或簡單配合物很難用其它方法製得純淨的中間價態化合物,然而電氧化還原方法在此具有明顯優點。用它可以容易的從水溶液中製得 Mo^{2+}(如[$MoOCl_2$]$^{2-}$,K_3MoCl_5 等),Mo^{3+}(如 K_2[$MoCl_5H_2O$],K_3MoCl_6),Mo^{4+}[如 $Mo(OH)_4$,KOH 溶液中電解],Mo^{5+}(如鉬酸溶液還原以製得[$MoOCl_5$]$^{2-}$)。在其它過渡元素中也出現類似的情況。此外,一些不常見和很難合成的「特殊」低價化合物諸如 Ti^+[如 $TiCl$,$Ti(NH_3)_4Cl$],Ga^+(如 $GaCl$ 的簇合物),Ni^+,Co^+[如$K_2Ni(CN)_3$,$K_2Co(CN)_3$],Mn^+[如$K_3Mn(CN)_4Tl^{2+}$],Ag^{2+},Os^{3+}(如 K_3OsBr_6),W^{3+}(如 $K_3W_2Cl_9$)等等均可藉由特定條件下的電解方法合成而得到。

(3)非水溶劑中低價元素化合物的合成　由於在水溶液中無法合成或電解產物與水會發生化學反應,因此某些低價化合物只能在非水溶劑中(此處不包括熔鹽體系的電解合成)合成出來。如在 HF 溶劑中或與 KHF_2、SO_2 的混合溶劑中可以合成出 NF_2,NF_3,N_2F_2,SO_2F_2 等等,用液氨溶劑可以合成出難於製得的如 N_2H_2,N_2H_4,N_3H_3,N_4H_4,$NaNH_2$,$NaNO_2$,Na_2NO_2,$Na_2N_2O_2$ 等等,在乙醇溶劑中可獲得純淨的 VCl_2,VBr_2,VI_2,$VOCl_2$ 等。這為「特殊」低價或中間價態化合物的合成提供了一條很好的途徑。

(4)1998 年 George Marnellos 與 Michael Stonkides 在「Science 2oct.1998」上報導了一條在常壓與 570℃下藉電解法製NH$_3$的新合成路線。這條電解合成路線的基本原理是應用一種固態質子導體作陽極,將 H_2 氣通過此陽極時發生下列氧化反應

$$3H_2 \longrightarrow 6H^+ + 6e^-$$

生成的 H^+ 通過固體電解質傳輸到陰極與 N_2 發生下列合成反應

$$N_2 + 6H^+ + 6e^- \longrightarrow 2NH_3$$

這一電解合成反應是在圖 7-5 模型反應器中進行的。

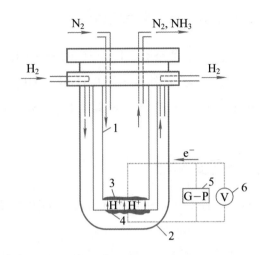

圖 7-5　電解池反應器

1－SCY 陶瓷管（H^+ 導體）；2－石英管；3－陰極（Pd）；4－陽極（Pd）；5－恆電流－電位器；6－伏特計

　　圖中 1 為一無孔封底 SCY 陶瓷管（$SrCe_{0.95}Yb_{0.05}O_3$）質子導體，此陶瓷管置於一石英管 2 內，3 與 4 為沈積於 SCY 內外管壁上的多孔多晶體 Pd 膜以作為陰極與陽極。整個電解合成反應可用下列電池形式表出

$$H_2，Pd \,|\, SCY \,|\, Pd，N_2，NH_3，He$$

　　令人感興趣的是，應用這條電解合成路線在常壓與 570℃ 條件下，78% 的 H_2 可轉化成 NH_3。

7.2　熔鹽電解和熔鹽技術

7.2.1　離子熔鹽種類

　　離子熔鹽通常是指由金屬陽離子和無機陰離子組成的熔融液體。據古川統計，構成熔鹽的陽離子有 80 種以上，陰離子有 30 多種，簡單組合就有 2400 多種單一熔鹽。其實熔鹽種類遠遠超過此數。其一，不少離子未被計入，其二，熔鹽與其它物質（含熔鹽、金屬、氣體、鹼、氧化物等）相互作用衍生出許多別的離子和非單一熔鹽。

1.科研和生產實際中大都採用二元和多元混合熔鹽

　　例如 LiCl−KCl（離子鹵化物混合鹽）、KCl−NaCl−AlCl$_3$（離子鹵化物混合鹽再與共價金屬鹵化物混合）和電解製鋁常用的 Al$_2$O$_3$−NaF−AlF$_3$−LiF−MgF$_2$（多種陽離子和陰離子組成的多元混合熔鹽，其中還有共價化合物 AlF$_3$）。顯然，混合熔鹽的數目大大多於單一熔鹽。

2.熔鹽中的金屬陽離子往往呈現多種價態

　　如鈦的離子有 Ti^{4+}，Ti^{3+}，Ti^{2+} 和原子簇離子 Ti$_m^{n+}$。產生的原因有：

(1)金屬與熔鹽作用　如 $Nd + 2NdCl_3 \longrightarrow 3NdCl_2$

(2)高價離子在陰極上還原為低價離子　如 $Sm^{3+} + e^- \longrightarrow Sm^{2+}$

(3)金屬、高價離子、低價離子互相作用形成原子簇離子　如

$$Nd + Nd^{3+} + Nd^{2+} \longrightarrow Nd_3^{5+}$$

近年合成出 Zr$_6$I$_{12}$、Nb$_6$Cl$_{14}$ 和 RE$_6$Cl$_{12}$、RE$_6$Cl$_8$ 等不少原子簇化合物。

3.在存有一定自由體積的混合熔鹽中常常呈現其固體所沒有的錯合陰離子

　　同一溶質在不同溶劑中可能出現不同價態的絡合陰離子，例如氯化釩在 CsAlCl$_4$ 中生成（VCl$_4$）$^-$，在 LiCl−KCl 中則形成（VCl$_4$）$^{2-}$、（VCl$_6$）$^{3-}$ 和（VCl$_6$）$^{4-}$。而同一溶質 Al$_2$O$_3$ 在同一熔劑 NaF−3AlF$_3$ 中隨著溶質含量變化而會生成不同形式的錯合陰離子，例如：在 0~2%Al$_2$O$_3$（質量分率）濃度範圍內，有 AlF$_6^{3-}$，AlF$_4^-$，Al$_2$OF$_{10}^{6-}$，Al$_2$OF$_8^{4-}$，Al$_2$OF$_6^{2-}$；在 2%~5%Al$_2$O$_3$時，有 AlF$_6^{3-}$，AlF$_4^-$，AlOF$_5^{4-}$ 和 Al$_2$OF$_5^-$；在 5%~11.5%（溶解度極限）時，則有 AlF$_6^{3-}$，AlF$_4^-$，AlOF$_2^-$ 和 Al$_2$O$_2$F$_4^{2-}$ 生成。

　　在這一熔鹽系中之所以能生成如此眾多的錯合陰離子，是因為氧和氟的離子半徑相近，彼此可能易位使然，即氧離子可以取代 AlF$_6^{3-}$ 或 AlF$_4^-$ 中一部分氟離子，也可能有一部分氟離子移植入氧化鋁中，二者都可能形成鋁氧氟型錯合離子。

　　綜上所述，組成熔鹽的離子，無論是陽離子或是陰離子種類均繁多；這多種多樣的鹽與其它物質（含電子）發生化學或電化學作用又將衍生出形形色色的各種離子，這非表 7-9 所能概括。

表 7-9　構成熔鹽的離子和由熔鹽衍生的離子

離子類型	元素所在族	構成熔鹽的離子	由熔鹽衍生的離子
陽離子	ⅠA	Li^+，Na^+，K^+，Rb^+，Cs^+，Fr^+	Li_2^+，Na_2^+，K_2^+，Rb_2^+，Cs_2^+，Li_m^{n+}
	ⅡA	$Be^{2+}Mg^{2+}Ca^{2+}Sr^{2+}Ba^{2+}Rh^{2+}$	Be_2^{2+}，Mg^+，Mg_2^{2+}，Ca^+，Ca_2^{2+}
	ⅢA	B^{3+}，Al^{3+}，Ga^{3+}，In^{3+}，Tl^{3+}	Al^{3+}
	ⅣA	Si^{4+}，Ge^{4+}，Sn^{4+}，Pb^{4+}	Sn^{2+}，Pb^{2+}
	ⅤA	As^{3+}，Sb^{3+}，Bi^{3+}	Bi^{2+}，Bi^{5+}，Bi_8^{2+}
	ⅠB	Cu^+，Cu^{2+}，Ag^+，Au^+	Cu^{3+}
	ⅡB	Zn^{2+}，Cd^{2+}，Hg^{2+}	Zn^+，Zn^{4+}，Cd_2^{2+}，Hg^+，Hg_2^{2+}，Hg_3^{2+}
	ⅢB	Sc^{3+}，Y^{3+}，La^{3+}系 15 個元素①，Ac^{3+}系元素	La^{2+}，Nd^{2+}，Nd_m^{n+}
	ⅣB	Ti^{4+}，Zr^{4+}，Hf^{4+}	Ti^+，Ti^{2+}，Zr^{2+}，Zr^+，Hf^{2+}，Hf^{3+}
	ⅤB	V^{3+}，V^{5+}，Nb^{5+}，Ta^{5+}	Nb^+，Nb^{3+}，Ta^{4+}，Ta^{3+}
	ⅥB	Cr^{2+}，Cr^{3+}，Cr^{4+}	
	ⅦB	Mn^{2+}，Mn^{3+}	
	Ⅷ	Fe^{2+}，Fe^{3+}，Co^{2+}，Co^{3+}，Ni^{2+}，Ni^{3+}，Pd^{3+}	
陰離子	ⅦA	F^-，Cl^-，Br^-，I^-，At^-	含 F、O 錯合陰離子不少，已就$(AlOF_x)^{n-}$ 範例在正文中說及
	ⅥA	O^{2-}，S^{2-}，Se^{2-}，Te^{2-}，OH^-	

陰離子			
$[NO_2]^-$，$[NO_3]^-$，$[SO_4]^{2-}$，$[CO_3]^{2-}$，$[ClO_3]^-$，$[PO_4]^{3-}$，$[P_xO_y]^{-2y+5x}$			
$[BO_3]^{3-}$，$[CN]^-$，$[SCN]^-$，$[CrO_4]^{2-}$，$[Cr_2O_7]^{2-}$，$[MoO_4]^{2-}$			
$[Mo_2O_7]^{2-}$，$[WO_4]^{2-}$，$[W_2O_7]^{2-}$，$[W_xO_y]^{2-}$，$[SiO_4]^{4-}$，$[SiO_3]^{2-}$			
$[Si_2O_5]^{2-}$，$[Si_xO_y]^{n-}$，$[CdCl_3]^-$，$[ZnCl_4]^{2-}$，$[Zn(OH_4)]^{2-}$，$[Zn(NO_3)_4]^{2-}$			
$[PbCl_3]^-$，$[PbCl_4]^{2-}$，$[PbCl_6]^{4-}$，$[MgCl_6]^{4-}$，$[MgCl_3]^-$，$[TiCl_6]^{3-}$			
$[VCl_4]^{3-}$，$[VCl_6]^{4-}$，$[VCl_4]^{2-}$，$[CrCl_6]^{3-}$，$[CrCl_4]^{2-}$			
$[ReCl_6]^{2-}[MnCl_4]^{2-}$，$[FeCl_4]^{2-}$，$[CoCl_4]^{2-}$，$[CoF_6]^{4-}$，$[PdCl_4]^{2-}$			
$[PtCl_4]^{2-}$，$[CuCl_4]^{2-}$			

①鑭系元素大多呈 Ln^{3+}，少數有變價：Sm^{3+}，Sm^{2+}，Eu^{2+}，Eu^{3+}，Yb^{2+}，Yb^{3+}，Ce^{3+}，Ce^{4+}，Pr_6O_{11}。

7.2.2　熔鹽特性

前已說及熔鹽種類浩繁，離子多樣，與水和有機物質這兩類多由共價鍵組成的常溫分子溶劑比較，作為離子化高溫特殊溶劑的熔鹽類具有下列特性：

(1)高溫離子熔鹽對其它物質具有非凡的溶解能力　例如用一般濕法不能進行化學反應的礦石、難熔氧化物和渣，以及超強超硬、高溫難熔物質，可望在高溫熔鹽中進行處

理。

(2)熔鹽中的離子濃度高、黏度低、擴散快和導電率大，從而使高溫化學反應過程中傳質、傳熱、傳能速率快、效率高。

(3)金屬／熔鹽離子　電極界面間的交換電流 i^o 特高，達 $1\sim10A/cm^2$（而金屬／水溶液離子電極界面間的 i^o 只有 $10^{-4}\sim10^{-1}A/cm^2$），使電解過程中的陽極氧化和陰極還原不僅可在高溫高速下進行，而且所需能耗低；動力學遲緩過程引起的活化過電位和擴散過程引起的濃差過電位都較低；熔鹽電解生產合金時往往伴隨去極化現象。

(4)常用熔鹽溶劑，如鹼（鹼土）金屬的氟（氯）化物的生成自由能負值很大，分解電壓高，組成熔鹽的陰陽離子在相當強的電場下比較穩定，這就使那些水溶液電解在陰極得不到金屬（氫先析出）和在陽極得不到元素氟（氧先析出）的許多過程，可以用熔鹽電解法來實現。

(5)不少熔鹽在一定溫度範圍內具有良好的熱穩定性　它可使用的溫度區間從 $100\sim1100℃$（有的更高），可根據需要進行選擇（見 7.2.4　2.）。

(6)熔鹽的熱容量大、貯熱和導熱性能好　在科研和工業上用作蓄熱劑、載熱劑和冷卻劑。

(7)某些熔鹽耐輻射　以鹼金屬和鹼土金屬氟化物及其混合熔鹽為代表，它們很少或幾乎不大受放射線輻射損傷，因而在核工業中受到很大重視和廣泛應用。

(8)熔鹽的腐蝕性較強　熔鹽能與許多物質互相作用、熔鹽噴濺和揮發將對人體和環境產生危害，這對使用熔鹽的材料選擇（如容器材料、電極材料、絕緣材料、工具材料等）和工藝技術操作帶來不少麻煩。

7.2.3　熔鹽的應用[12~19, 20]

具有特異性能、種類眾多的熔鹽，早已作為一門科學技術而在不少領域獲得應用。下面將以稀土熔鹽電解為例進行專題討論，這裡只將涉及的應用方面作一條目式簡介，旨在對熔鹽的主要應用領域有一概括了解。

熔鹽在無機合成中的應用

1.合成新材料

(1)熔鹽法或提拉法生長雷射晶體　如 YAG：Nd^{3+}（摻釹的釔鋁石榴石），YAP：Nd^{3+}（摻釹的鋁酸釔），GSGG：Nd^{3+}、Cr^{+3}（摻釹和鉻的釓鈧鎵石榴石），以及氟化

物雷射晶體基質材料等。

(2)單晶薄膜磁光材料的製備　如用稀土石榴石單晶在等溫熔鹽浸漬液相外推法生長製得。

(3)玻璃雷射材料的製取　目前輸出脈衝能量最大、輸出功率最高的固體雷射材料是稀土玻璃，其中有稀土矽酸鹽玻璃、磷酸鹽玻璃、氟磷酸鹽玻璃、氟鋯酸鹽玻璃和硼酸鹽玻璃等。

(4)稀土發光材料的製備　比如 Gd_2SiO_5：Ce 閃爍體就是用提拉法單晶生長工藝製備的；新的閃爍體 BaF_2：Ce、CeF_3 和 LaF_3：Ce 也是用提拉法或熔劑法生長出來的。

(5)陰極發射材料和超硬材料的製備　如 LaB_6 粉末可藉由熔鹽電解法製取，LaB_6 單晶也是藉熔劑生長法、熔鹽電解法或懸浮區域熔煉法獲得；通過含硼化物、碳化物或氮化物的熔鹽介質，可以分別合成硼化物、氮化物和碳化物超硬材料。

(6)合成超低損耗的氟化物玻璃光纖　它們是將無水氟化物按比例配好的原料，在 $800 \sim 1000$℃下熔化成混合熔鹽，而後澆注成型。已被應用的有氟鋯酸鹽玻璃（$57ZrF_4 \cdot 34BaF_2 \cdot 5LaF_3 \cdot 4AlF_3$）、氟鈹酸鹽玻璃以及由氟化釷和氟化稀土為基質組成的玻璃（$BaF_2 - ZnF_2 - YbF_3 - ThF_4$）。

2. 非金屬元素 F_2、B 和 Si 等的製取

比如工業生產氟氣就是透過中溫（$80 \sim 110$℃）電解 $KF \cdot 2HF$（低共熔點 68.3℃）或高溫（$250 \sim 260$℃）電解 $KF \cdot HF$（低共熔點 229.5℃）來實現的。

3. 在熔鹽中合成氟化物

如在上述製氟過程中對有機化合物如 $CH_3 \cdot (CH_2)_n \cdot SO_2Cl$ 進行電化學氟化反應，而生成所需氟化物 $CF_3 (CF_2)_n \cdot SO_2F$ 產品。

4. 合成非常規價態化合物

如低價、高價、原子簇化合物和複雜無機晶體都可望用熔鹽反應加以合成。

熔鹽在冶金中的應用

(1)作為熔鹽電解生產金屬、合金的電解質　金屬鋁、鎂、鋰、鈉、鈣、稀土以及它們的某些合金都是用熔鹽電解法製取的；該法也是提純某些金屬的一種有效方式，例如純度為 99.9% ～ 99.99% 的純鋁就是採用三層電解精煉法來實現的；一些粗金屬或其合金如釔、釓、鈦、鈾等用作可溶性陽極，透過熔鹽電解在陰極上獲得較純的金屬；也有

用這種方式從這些金屬的廢舊合金或其加工碎屑回收有價值元素的，如從鈦或鈦合金廢屑回收金屬鈦。

(2)在熱還原法生產金屬過程中，多以熔融鹵化物為原料，同時加入適量的熔鹽助熔劑，如中、重稀土金屬（含釔、鈧），錒系金屬和鈦、鋯、鉿等都是這樣來完成的。

(3)熔鹽電鍍、熔鹽電化學表面合金化、熔鹽熱處理、熔鹽或熔鹽電解滲碳（硼、氮、稀土及其共滲）以及熔鹽銲接，都離不開熔鹽。

(4)熔鹽脫水和熔鹽萃取及熔煉金屬、合金用的熔鹽精煉劑和熔鹽覆蓋劑，顧名思義，這些工藝技術中熔鹽都不可或缺。

熔鹽在能源中的應用

1.熔鹽用於金屬鈾、釷、鈽和其它錒系元素的生產

無論用金屬熱還原法，還是用熔鹽電解法生產金屬核燃料以及核分裂產物乾法後處理大多要用氟化物混合熔鹽。

(1)均相反應堆要用混合熔鹽作燃料溶劑，熔鹽增殖堆要用熔鹽作核燃料，如 $LiF-Na_2BF_5$（有的還含 ZrF_4）$-ThF_4-UF_4$ 熔鹽系。

(2)在核工業中用熔鹽作傳熱介質　比如 $LiF-BeF_2$ 或 $NaBF_4-NaF$ 混合熔鹽。

2.在電池中的應用

(1)用於熔鹽二次電池（即蓄電池）作電解質　如 LiAl ／ LiCl-KCl ／ FeS（或 FeS_2）電池。

(2)用作熔鹽燃料電池的電解質　如以天然氣或水煤氣為燃料的碳酸鹽燃料電池：

$$Ni ／ Li_2CO_3-K_2CO_3／銀（或鎳）$$
（多孔）　　　　　（多孔）

(3)用作熱電池的電解質　砲彈和導彈用的引信能源——熱電池，多用 LiCl-KCl 混合鹽為電解質，在貯存時它是固態，使用時加熱呈液態。常用 Ca 或 Mg 作為熱電池負極活性物質，用 $CaCrO_4$ 或 V_2O_5 作為正極活性物質。

3.熔鹽在太陽能中的應用

主要用熔鹽作光吸收劑、熱貯存和熱傳遞介質。

7.2.4　常見熔鹽的主要物化性質

1.鹽的熔點

(1)純鹽的熔點　常見純鹽的熔點列於表 7-10 中：

表 7-10　純鹽的熔點

鹽	熔點（℃）	鹽	熔點（℃）	鹽	熔點（℃）	鹽	熔點（℃）
LiF	845	$ZnCl_2$	275	$TeCl_2$	175	$Sr(NO_3)_2$	605
NaF	980	$CdCl_2$	568	$TeCl_4$	224	$Ba(NO_3)_2$	595
KF	856	$AlCl_3$	192	$MnCl_2$	650	Li_2CO_3	618
RbF	775	$GaCl_3$	77.6	$LiBr$	550	Na_2CO_3	854
CsF	681	$InCl$	225	$NaBr$	750	K_2CO_3	896
BeF_2	540	$InCl_3$	235	KBr	735	Rb_2CO_3	835
MgF_2	1263	UCl_4	570	$RbBr$	680	$LiClO_3$	127.8
CaF_2	1418	$TlCl$	429	$CsBr$	636	$LiClO_4$	236
SrF_2	1400	$ScCl_3$	960	LiI	449	$K_2Cr_2O_7$	398
BaF_2	1320	YCl_3	700	NaI	662	Li_2MoO_4	705
LaF_3	1427	$LaCl_3$	850	KI	685	Na_2MoO_4	687
CeF_4	1460	$CeCl_3$	802	RbI	640	K_2MoO_4	926
CeF_3	977	$PrCl_3$	776	CsI	621	Na_2WO_4	698
PrF_3	1370	$NdCl_3$	760	$LiNO_2$	220	K_2WO_4	930
NdF_3	1410	$SmCl_2$	740	$NaNO_2$	285	$LiPO_3$	675
SmF_2	1377	$SmCl_3$	678	KNO_2	419	$NaPO_3$	625
SmF_3	1397	$EuCl_2$	727	$RbNO_2$	418	$Na_2B_4O_7$	743
EuF_2	1377	$EuCl_2$	623	$CsNO_2$	406	Na_3AlF_6	1012
EuF_3	1387	$GdCl_3$	609	$Ba(NO_2)_2$	267	K_3AlF_6	1020
GdF_3	1377	$TbCl_3$	588	$TlNO_2$	186	$NaSCN$	310
TbF_3	1367	$DyCl_3$	654	$LiNO_2$	254	$KSCN$	172
DyF_3	1357	$HoCl_3$	718	$NaNO_3$	310	UO_2Cl_2	588
HoF_3	1357	$ErCl_3$	774	KNO_3	337	$NaOH$	318
ErF_3	1347	$TmCl_4$	770	$RbNO_3$	316	KOH	360
TuF_3	1337	$TmCl_3$	821	$CsNO_3$	414	LiH	688
YbF_3	1377	$YbCl_2$	854	$Ca(NO_3)_2$	551		
LuF_3	1317	$YbCl_3$	727				
ScF_3	1227	$LuCl_3$	892				
YF_3	1387	$SnCl_2$	245				
		$SnCl_4$	−33.3				
		$PbCl_2$	498				
		$TiCl_4$	−23				
		$SbCl_3$	73				
		$BiCl_3$	232				

(2)混合鹽的熔點　科研和實際生產中絕大部分都用混合鹽,擇其要者列於表7-11中。

表7-11　混合鹽的熔點

體　　系	熔點（℃）
KF · 2.5HF	64.3
KF · 2HF	71.7
KF · HF	239
$AlBr_3$（0.74）$-$KBr	88～91
$AlBr_3$（0.82）$-$NaBr	95
$AlCl_3$（0.60～0.62）$-$NaCl	108～115
$AlCl_3$（0.60）$-$LiCl	114
$AlCl_3$（0.67）$-$KCl	128
KNO_3（0.57～0.60）$-$LiNO_3	128～134
$AgNO_3$（0.62）$-$KNO_3	132
Ca（NO_3）$_2$（0.342～0.36）$-$LiNO_3	142～146
CuCl（0.65）$-$KCl	150
CuCl（0.34）$-$SnCl_2	172
$AgNO_3$（0.76）$-$LiNO_3	173
$AlCl_3$（0.817）$-$BaCl_2	180
$LiNO_3$（0.54）$-$NaNO_3	193
$BeCl_2$（0.55）$-$NaCl	210
Ca（NO_3）$_2$（0.310）$-$NaNO_3	214
KCl（0.51）$-$ZnCl_2	230
LiCl（0.125）$-$LiNO_3	244
Ba（NO_3）$_2$（0.026～0.028）$-$LiNO_3	251
LiBr（0.55）$-$LiOH	275
Be（NO_3）$_2$（0.124～0.133）$-$KNO_3	287
Ba（NO_3）$_2$（0.064）$-$NaNO_3	294～298
$BeCl_2$（0.48）$-$KCl	300
$CdBr_2$（0.37）$-$KBr	300±2
AgCl（0.60）$-$PbCl_2	314
LiCl（0.583～0.585）$-$RbCl	314～318
AgCl（0.70～0.75）$-$KCl	314～325
CsCl（0.405～0.415）$-$LiCl	332
KCl（0.40～0.43）$-$LiCl	353.5±5.5
KCl（0.54～0.55）$-$KF	605～606
$CdBr_2$（0.36～0.37）$-$NaBr	367
LiCl（0.342）$-$LiI	368
$BaCl_2$（0.13）$-$BeCl_2	372
$CdCl_2$（0.38）$-$KCl	388
LiCl（0.345～0.360）$-$PbCl_2	400～406
NaCl（0.30）$-$PbCl_2	411

表 7-11　混合鹽的熔點（續）

體　系	熔點（℃）
KCl（0.66～0.67）－MgCl$_2$	430～435
MgCl$_2$（0.438）－NaCl	442
BaCl$_2$（0.43）－CdCl$_2$	450
BaCl$_2$（0.44）－ZnCl$_2$	470
LiCl（0.645）－SrCl$_2$	474
CaCl$_2$（0.36）－LiCl	475～480
LiCl（0.695～0.70）－LiF	485～498
CaCl$_2$（0.525～0.55）－NaCl	498±8
CdCl$_2$（0.63～0.64）－LiCl	500～502
BaCl$_2$（0.30～0.33）－LiCl	10～514
LiBr（0.58～0.60）－LiCl	521～522
BaCl$_2$（0.276）－CsCl	534
LiCl（0.750～0.785）－NaCl	551～557
BaCl$_2$（0.360～0.370）－CaCl$_2$	592～597
CaCl$_2$（0.257～0.266）－KCl	594～600
CaCl$_2$（0.412）－MgCl$_2$	620±2
BaCl$_2$（0.429）－KCl	648
BaCl$_2$（0.39～0.40）－NaCl	650～656
AlF$_3$（0.610～0.625）－Na$_3$AlF$_6$	693±5
AlF$_3$（0.35）－LiF	708
KCl（0.80～0.81）－LiF	710～715
AlF$_3$（0.245）－NaCl	714
BaCl$_2$（0.77）－CaF$_2$	791
AlF$_3$（0.375）－CaF$_2$	828
BaCl$_2$（0.32）－SrCl$_2$	850
AlF$_3$（0.385）－BaCl$_2$	872
AlCl$_3$（0.635）－BaCl$_2$（0.025）－NaCl	50
AlCl$_3$（0.56）－KCl（0.07）－LiCl	84.5
AlCl$_3$（0.60～0.63）－KCl（0.13～0.16）－LiCl	88～94
CsNO$_3$（0.24）－KNO$_3$（0.39）－LiNO$_3$	97
AgNO$_3$（0.268）－Cd（NO$_3$）$_2$（0.502）－KNO$_3$	115
KNO$_3$（0.449）－LiNO$_3$（0.373）－NaNO$_3$	120
LiNO$_3$（0.285）－NaNO$_3$（0.200）－RbNO$_3$	130
CsNO$_3$（0.29）－KNO$_3$（0.33）－NaNO$_3$	140
Ba（NO$_3$）$_2$（0.333）－Ca（NO$_3$）$_2$（0.175）－KNO$_3$	158
Ca（NO$_3$）$_2$（0.18）－LiNO$_3$（0.45）－NaNO$_3$	165
LiCl（0.05）－LiNO$_3$（0.80）－NaNO$_3$	174
Ba（NO$_3$）$_2$（0.013）－LiNO$_3$（0.532）－NaNO$_3$	192
BeCl$_2$（0.46）－KCl（0.13）－NaCl	195
BaCl$_2$（0.065）－NaCl（0.325）－ZnCl$_2$	205
NaBr（0.11）－NaI（0.14）－NaOH	206
Ba（NO$_3$）$_2$（0.026）－KNO$_3$（0.513）－NaNO$_3$	214

表 7-11　混合鹽的熔點（續）

體　　系	熔點（℃）
CsCl（0.398）－LiCl（0.582）－SrCl$_2$	298
CsCl（0.340）－LiCl（0.595）－NaCl	299
BaCl$_2$（0.012）－LiCl（0.916）－RbCl	307
CdCl$_2$（0.425）－KCl（0.190）－PbCl$_2$	320
BaCl$_2$（0.06）－KCl（0.40）－LiCl	320
CdCl$_2$（0.36）－NaCl（0.18）－PbCl$_2$	323
KBr（0.350）－LiBr（0.575）－NaBr	324
CaCl$_2$（0.227）－KCl（0.466）－LiCl	324
KCl（0.400）－LiCl（0.519）－SrCl$_2$	328
CaCl$_2$（0.053～0.058）－KCl（0.433～0.442）－LiCl	332～340
KCl（0.36）－LiCl（0.55）－NaCl	346
KCl（0.405）－LiCl（0.560）－LiF	346
KCl（0.20～0.22）－MgCl$_2$（0.50～0.51）－NaCl	396
BaCl$_2$（0.171）－CaCl$_2$（0.288）－LiCl	406
BaCl$_2$（0.138）－MgCl$_2$（0.399）－NaCl	418
LiCl（0.484）－NaCl（0.226）－SrCl$_2$	424
LiBr（0.47）－LiCl（0.31）－LiF	430
BaCl$_2$（0.134）－CsCl（0.389）－NaCl	439
CaCl$_2$（0.342）－LiCl（0.523）－NaCl	440
BaCl$_2$（0.15～0.17）－CaCl$_2$（0.47）－NaCl	450～454
CaCl$_2$（0.50）－KCl（0.073）－NaCl	465
KCl（0.065）－KF（0.475）－LiF	468
BaF$_2$（0.03）－（0.47）－LiF	472
CsCl（0.455）－KCl（0.245）－NaCl	480
KF（0.465）－LiF（0.501）－SrF$_2$	483
KCl（0.33）－NaCl（0.31）－SrCl$_2$	500
BaCl$_2$（0.22）－NaCl（0.32）－RbCl	510
CaCl$_2$（0.10）－KCl（0.667）－SrCl$_2$	522
BaCl$_2$（0.140）－CaCl$_2$（0.281）－KCl	535
BaCl$_2$（0.340）－CaCl$_2$（0.625）－CaF$_2$	542
BaCl$_2$（0.28）－KCl（0.37～0.39）－NaCl	542
BaCl$_2$（0.26）－CaCl$_2$（0.63）－PbCl$_2$	560
BaCl$_2$（0.075）－NaCl（0.50）－SrCl$_2$	560
AlF$_3$（0.52）－LiF（0.28）－NaCl	570
LiF（0.40）－NaCl（0.24）－NaF	582
KCl（0.37）－LiF（0.13）－NaCl	604
CaF$_2$（0.111）－LiF（0.511）－NaF	607
AlF$_3$（0.293）－BaCl$_2$（0.366）－NaF	620
BaF$_2$（0.070）－LiF（0.545）－NaF	621
BaF$_2$（0.22）－LiF（0.52）－MgF$_2$	654
BaF$_2$（0.19）－KF（0.54）－NaF	658
CaF$_2$（0.12～0.13）－LiF（0.59～0.64）－MgF$_2$	672～676

表 7-11　混合鹽的熔點（續）

體　　　系	熔點（℃）
CaF_2（0.10）$-$ KF（0.62）$-$ NaF	676
AlF_3（0.373）$-$ Al_2O_3（0.032）$-$ Na_3AlF_6	684
BaF_2（0.031）$-$ KCl（0.753）$-$ LiF	690
KF（0.658）$-$ Na_3AlF_6（0.038）$-$ NaF	694
AlF_3（0.250）$-$ LiF（0.488）$-$ NaF	715
CaF_2（0.13）$-$ LiF（0.737）$-$ SrF_2	740
$BaCl_2$（0.760）$-$ BaF_2（0.065）$-$ CuF_2	776
BaF_2（0.21）$-$ NaF（0.61）$-$ SrF_2	804
AlF_3（0.131）$-$ Al_2O_3（0.011）$-$ NaF	881
NaCl（0.6mol）$-$ $CeCl_3$（0.4mol）	510
NaCl（0.53mol）$-$ $RECl_3$（0.47mol）	487
KCl（0.75mol）$-$ $LaCl_3$（0.25mol）	625
KCl（0.67mol）$-$ $LaCl_3$（0.33mol）	645
KCl（0.25mol）$-$ $LaCl_3$（0.75mol）	620
KCl（0.75mol）$-$ $CeCl_3$（0.25mol）	628
KCl（0.67mol）$-$ $CeCl_3$（0.33mol）	623
KCl（0.25mol）$-$ $CeCl_3$（0.75mol）	548
KCl（0.75mol）$-$ $PrCl_3$（0.25mol）	682
KCl（0.66mol）$-$ $PrCl_3$（0.33mol）	620
KCl（0.3mol）$-$ NaCl（0.19mol）$-$ $CeCl_3$（0.51mol）	543
LiF（0.35）$-$ CeF_3（0.65）	745
LiF（0.32）$-$ PrF_3（0.68）	733
LiF（0.35）$-$ LaF_3（0.65）	768
LiF（0.37）$-$ NdF_3（0.63）	721
LiF（0.20）$-$ BaF_2（0.35）$-$（PrNd）F_3（0.45）	715
LiF（0.345）$-$ REF_3（0.655）	735
LiF（0.27）$-$ SmF_3（0.73）	690
LiF（0.15）$-$ YF_3（0.85）	825
LiF（0.27）$-$ GdF_3（0.73）	625
LiF（0.11）$-$ DyF_3（0.89）	701
LiF（0.27）$-$ BaF_2（0.13）$-$ LaF_3（0.6）	750
LiF（0.25）$-$ RE（Y）F_3（0.75）	678

2.熔鹽的密度

　　熔鹽密度的數值不論在實用上還是在理論上都有很大的價值。在理論上，根據偏莫耳體積的變化，可以研究熔鹽的結構。

　　密度與溫度的關係：

$$\rho = a - b \times 10^{-3}T \qquad (7-4)$$

式中 T 為熱力學溫度，單位為 K；ρ 單位為 kg/m^3。

表 7-12 列出了熔融鹽密度公式中 a，b 數據。

表 7-12　熔融鹽密度公式係數表

鹽	a	b	鹽	a	b
LiF	2.3581	0.4902	NaCl	2.1393	0.5430
NaF	2.655	0.54	KCl	2.1359	0.5831
KF	2.6466	0.6515	RbCl	3.1210	0.8832
CsF	4.8985	1.2806	CsCl	3.7692	1.065
MgF$_2$	3.235	0.524	CuCl	4.226	0.76
CaF$_2$	3.179	0.391	AgCl	5.505	0.87
SrF$_2$	4.784	0.751	BeCl$_2$	2.276	1.10
BaF$_2$	5.775	0.999	MgCl$_2$	1.976	0.302
LaF$_3$	5.793	0.682	CaCl$_2$	2.5261	0.4225
CeF$_3$	6.253	0.936	SrCl$_2$	3.3896	0.5781
ThF$_4$	7.108	0.759	BaCl$_2$	4.0152	0.6813
UF$_4$	7.784	0.992	ZnCl$_2$	2.7831	0.448
LiCl	1.8842	0.4328	CdCl$_2$	4.078	0.82
CaCl$_2$	2.7841	2.0826	CsI	4.2410	1.1834
InCl	4.437	1.40	NaNO$_2$	2.226	0.746
InCl$_2$	3.86	1.60	KNO$_2$	2.167	0.66
InCl$_3$	3.94	2.10	Ba（NO$_3$）$_2$	3.639	0.70
TlCl	6.893	1.80	LiNO$_3$	2.068	0.546
YCl$_3$	3.007	0.50	NaNO$_3$	2.320	0.715
LaCl$_3$	4.0895	0.7774	KNO$_3$	2.315	0.729
CeCl$_3$	4.248	0.920	RbNO$_3$	3.049	0.972

3. 熔鹽的黏度

熔鹽黏度的大小，對於工業熔鹽電解及其它的金屬火法冶煉的操作都有很大的影響。流動性低、黏度大的熔鹽，金屬液滴不易從其中分離出來，就不能應用於金屬的電解和熔煉工業。

一般的熔鹽黏度在 $0.001 \sim 0.005$Ns/m^2 之間，矽酸鹽黏度則在 $0.01 \sim 10^4$Ns/m^2 之間。

實驗表明，可以用式（7-5）表明黏度與溫度的關係：

$$\log \eta = \log A + \frac{C}{T} \qquad (7\text{-}5)$$

式中，η 是黏度，A 和 C 是常數。該式對大多數熔鹽是足夠準確的，而對於會發生締合或錯合的熔鹽則不適用。

4. 熔鹽的蒸氣壓

熔鹽蒸氣壓的大小對於實際工業生產也有一定意義。若熔鹽蒸氣壓高，則易揮發，電解損失大，不利於生產。

實驗表明，各種鹽的蒸氣壓各不相同，具有離子鍵的鹽，常具有較低的蒸氣壓，沸點很高。而具有共價鍵的鹽的蒸氣壓常較高，沸點則較低。例如 $NaCl$，$FeCl_2$，$MgCl_2$ 等，800℃時才有顯著的蒸氣壓。而 $AlCl_3$，$TiCl_4$，$BeCl_2$ 等，在 50～300℃ 之間的蒸氣壓就達幾百帕。

5. 熔鹽的冰點下降

一種鹽含有其它鹽類時，凝固點常要下降，這種下降叫做冰點下降。熔鹽的冰點下降 ΔT_f 與溶質的質量莫耳濃度 m 之間呈下列關係

$$\Delta T_f = nK_f m \tag{7-6}$$

式中 n 相當於溶質溶解於溶劑時，引入的新型離子種數。例如，溶劑是 $NaCl$ 熔體，溶質是 KCl，則 $n=1$（只引入一種 K^+ 離子）；若溶質是 KBr，則 $n=2$。表 7-13 列出了一些熔鹽的 K_f 和 nK_f 值。

表 7-13　熔鹽冰點下降常數[8]

溶　劑	溶　質	K_f（計算）	nK_f（實驗）	n
NaCl	$SrCO_3$	18.7	36	2
NaCl	K_2SO_4	18.7	47	—
NaCl	K_2CO_3	18.7	42	—
KCl	Na_2SO_4	25.3	58	2
KCl	Na_2CO_3	25.3	52	2
NaCl	Na_2SO_4	18.7	24	—
NaCl	Na_2CO_3	18.7	18	1
NaCl	$CuCl$	18.7	20	1
KCl	$AgCl$	25.3	26	1
KCl	$CuCl$	25.3	29	—
KCl	K_2SO_4	25.3	25	1

6. 熔鹽的表面張力

液體表面層分子的受力情況與內部分子的受力情況不同，表面層具有較多的自由能，即所謂表面自由能。因此表面層與內部比較，在許多方面都呈現出不同的性質。表

面張力就是其中的一種，表面張力是生成單位表面積所需要的功，或表面上作用於單位長度上的力。符號為 σ，單位以 N/m 或 N/cm 表示。單一熔鹽表面張力一般都隨溫度上升而直線地下降，如圖 7-6。LiCl，NaCl，KCl，RbCl，CsCl 等熔鹽的表面張力隨陽離子半徑的增大而減小，這是因為離子半徑增大時，離子間的庫侖引力減小所致。而 $MgCl_2$，$CaCl_2$，$BaCl_2$，$SrCl_2$ 等熔鹽的表面張力則隨陽離子半徑的增大而增大，這是由於這些陽離子的氯化物熔體都只做部分解離，$MgCl_2$ 解離度最小，$BaCl_2$ 的解離度最大，於是出現了上面的情況。

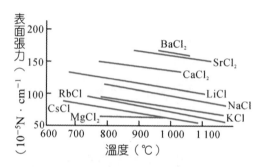

圖 7-6　熔鹽表面張力與溫度的關係[8]

7.2.5　熔鹽的電化次序

　　元素在熔鹽中的電化次序，可以根據其化合物的熱力學函數計算，或由電化學實驗直接測量其分解電位。表 7-14 列出了用熱力學函數計算求出的各種鹽類和氧化物的分解電位。

表 7-14　由計算求出的各種鹽類和氧化物的分解電位[8]

物　質	溫度（℃）	分解電位（Ｖ）
NaF	1000	4.667
NaF	1027	3.128
KF	1027	3.108
KCl	1027	3.376
NaCl	1027	3.146
$MgCl_2$	927	2.632
MgO	1027	2.433
Al_2O_3	1027	2.118
Al_2O_3	1000	2.148
Al_2O_3	1000	2.078
NaF	1000	4.900
AlF_3	1000	3.700

　　現在討論哪些因素影響分解電位。

　　首先，元素的基本化學性質使得在不同熔體中電化次序之間有一定的近似。這種近似的原因是由元素在週期表中的位置所決定。圖 7-7 示出了金屬在其熔融氯化物中的電極電位與原子序數的關係。

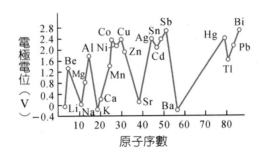

圖 7-7　金屬在其熔融氯化物中的電極電位[8]（$\varphi Na^+ ／ Na = 0$）與原子序數的關係

　　從圖中可見，Be，Al，Co，Ag，Sb，Hg，Bi 等在最高點。鹼金屬和鹼土金屬處在最低點，這可由它們的電子逸出功（第一游離能）的大小來加以解釋。從以上情況來看，電極電位首先是金屬的特性函數，它決定於金屬在元素週期表中的位置，即決定於相應的原子結構。

　　分解電位值與溫度的關係，可以由吉布士－亥姆霍茲方程得出，而單電極電位與溫度的關係由能士特公式求出：

$$E = E^{\ominus} + \frac{RT}{nF} \ln a \tag{7-7}$$

　　隨溫度升高，分解電位值減小，也就是說，溫度係數是負數，圖 7-8 示出了熔鹽分解電位與溫度的關係。由圖中可見，分解電位與溫度的關係，幾乎是直線，但是改變物態，總是看到與直線關係有偏差。同時也可看到由於溫度係數的不同，直線之間能彼此相交。

　　除此之外，陰離子的性質和鹽相中新的錯離子的形成，也對分解電位的數值產生一定的影響。

　　單一熔鹽的分解電位數值，可以從相應原電池中產生的電化學過程的自由能變化（ΔG）由理論上計算確定，即

$$V_{分解} = -\frac{\Delta G}{nF} \tag{7-8}$$

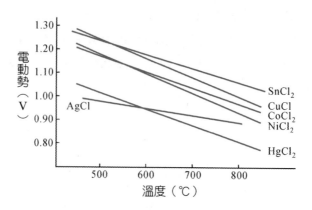

圖 7-8　分解電位與溫度關係[8]

式中：ΔG——自由能變化；n——價數；F——法拉第常數。

這樣就需要一系列的熱力學數據。也可以反過來，用電化學測量求得這些熱力學數據。

通常借助於 $I-V$ 曲線，用圖解法測定熔鹽分解電位繪製 $I-V$ 曲線，無論在單一熔鹽還是熔鹽混合物中的分解電位都可由實驗方法測量。

7.2.6　陽極效應[12, 13, 15]

在某些熔鹽電解過程中，有時在陽極上會出現陽極效應。發生陽極效應時，端電壓急劇升高，電流則強烈下降。同時，電解質與電極間呈現不良的潤濕現象，電解質好像被一層氣體膜隔開似的，電極周圍還出現細微火花放電的光圈。

陽極效應只有當電流密度超過一「臨界電流密度」後才能發生。各種熔鹽的臨界電流密度各不相同。臨界電流密度也隨電解條件（如溫度、電解質成分、陽極材料）而異。熔融氯化物的臨界電流密度比熔融氟化物的臨界電流密度大，鹼金屬氯化物的臨界電流密度比鹼土金屬的臨界電流密度大。

熔融 NaCl、KCl 和 $MgCl_2$ 的電解常在低於臨界電流密度之下進行，所以電解過程中，一般都看不到陽極效應。電解 $CaCl_2$ 製取 Ca 時，會較頻繁地發生陽極效應。電解 $Na_3AlF_6-Al_2O_3$ 熔體製鋁則是在接近於臨界電流密度下進行的，所以會週期地出現陽極效應。

對 $Na_3AlF_6-Al_2O_3$ 熔體電解的陽極效應已作了許多研究工作。研究指出，陽極效應有下列性質：

(1)陽極效應是在電解質中缺乏 Al_2O_3 時發生的，Na_3AlF_6 中 Al_2O_3 含量愈高則臨界電

流密度愈大。圖 7-9 示出在 1000℃ 電解 Na_3AlF_6-MeO 時氧化物含量對臨界電流密度的影響。

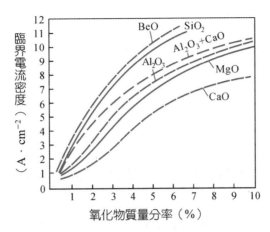

圖 7-9　1000℃ 電解 Na_3AlF_6-MeO 氧化物含量對臨界電流密度的影響[8]

(2)陽極效應是不可逆的現象，出現陽極效應時的 $I-V$ 曲線與陽極效應消失的 $I-V$ 曲線不一致。

(3)產生陽極效應的臨界電流密度與電解質的濕潤性有關。濕潤性大（即接觸角小）則臨界電流密度大。發生陽極效應時，電解質不能濕潤碳陽極。純冰晶石的接觸角很大（134°），電流密度 $J_臨$ 很小（$0.45A/cm^2$）。冰晶石中含有 BeO，CaO，MgO，Al_2O_3，SiO_2 等氧化物時，濕潤性變好，$J_臨$ 隨著這些氧化物含量的增加而增大。

(4)冰晶石熔體對鉑陽極的濕潤性很好，臨界電流密度很高，所以在一般情況下，不易看到陽極效應。

(5)陽極效應時，析出的陽極氣體的成分與正常電解時陽極氣體的成分不同，前者含有較多的 CO_2 和較少的 CO，而後者則相反，前者還有 CF_4 等氣體。

(6)電解 $Na_3AlF_6-Al_2O_3$ 的臨界電流密度數值與熔體組成有關。

(7)溫度升高，接觸角減小，臨界電流密度增大。

關於發生陽極效應的原因有多種的見解，一般認為電解質和陽極間界面張力的變化，使電解質對陽極停止濕潤是陽極效應的原因。冰晶石熔體中含有多量 Al_2O_3（O^{2-}、AlO^+ 和 AlO_2^- 離子）時，冰晶石與碳之間的界面張力低、濕潤性好。這時，陽極氣體容易以小氣泡形式從陽極表面逸出，如圖 7-10 所示，這時，電解質與電極的接觸良好，故電解正常進行。

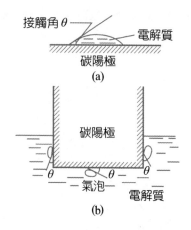

圖 7-10　(a)正常電解時，電解質能濕潤電極，(b)陽極氣泡細小[8]

冰晶石熔體中表面活性的 Al_2O_3 含量降低後，熔體對電極濕潤性變差，陽極氣體以大氣泡形式逸出，逸出後，並且在陽極表面留下一個凸透鏡形狀的氣泡核心。最後，氣泡把電解質從陽極大部分表面上排開，幾乎形成一片無隙的氣體薄膜，這樣就發生了陽極效應，如圖 7-11 所示。

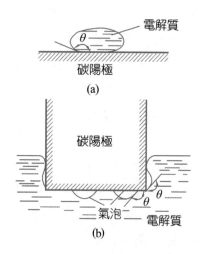

圖 7-11　(a)發生陽極效應時，電解質不濕潤電極，(b)陽極氣泡大[8]

7.2.7　熔鹽電解實例──稀土金屬的電解製備

1.概述

　　熔鹽電解製取稀土金屬的研究自 1875 年開始，1907 年有人從稀土氧化物溶於氟化物熔體製得了大塊混合稀土金屬，不久工業生產的混合稀土金屬開始用於發火合金。目前工業生產的規模越來越大。

　　熔鹽電解製取稀土的電解質體系有兩類：$RECl_3-KCl$ 和 $REF_3-LiF-RF_2O_3$。

　　製取熔點低於 1000℃的混合稀土和單一稀土金屬的電解，通常在高於該金屬的熔點下進行。金屬均呈液態，冷卻得塊狀產物。在熔鹽電解製取釔和重稀土的過程中，有的用低熔點金屬如鎂、鋅或鎘作液態陰極電解製成合金，然後蒸餾掉低熔點金屬而得稀土金屬；也有從氧化物－氟化物熔體直接製得液態金屬的。

2.熔鹽電解製取稀土金屬工藝的特點[10, 13, 16, 20]

　　就熔鹽電解製取金屬來說，由於稀土金屬的活性很強，在其熔鹽中的熔解度大，而且離子有多種價態等等，所以電解的工藝有其自己的特點，現歸納如下：

　　(1)熔鹽的導電率大，離子擴散速率和化學反應速率快，稀土離子與液態稀土金屬的界面間具有大的交換電流，所以電解稀土金屬的陰極電流密度可達 $4\sim10A/cm^2$（有的甚至達 $30\sim40A/cm^2$），這在電化學冶金中是罕見的；三價稀土陽離子在陰極上析出時沒有顯著的陰極極化，它的析出電位與其平衡電位（在相應的濃度和溫度下）相近。

　　(2)稀土金屬離子的析出電位較負，因此，在電解質中如有電位較正的陽離子雜質，則先於稀土析出。這就給原料帶來了苛刻的要求，同時也對電解質的選擇帶來了更多的限制。

　　(3)稀土金屬的活性很強，在高溫下幾乎能與所有元素及其化合物反應，電解產生的稀土金屬立即與接觸到的熔鹽、熔鹽中的雜質、電解槽上方氣氛中的成分以及電解槽的結構材料相作用，發生所謂「二次作用」。二次作用的產物往往是稀土氧鹵化物、氧化物、碳化物、氮化物等高熔點化合物，這些產物不溶於熔鹽而成渣泥，使陰極有效反應面積縮小，使熔鹽黏度變大、流動性下降，影響電解正常進行。因此，電解槽和電極材料的選擇受到很大的限制，稀土金屬和稀土熔鹽對結構材料的腐蝕情況列於表 7-15。尋找合適的結構材料、改進電解槽的設計，一直是熔鹽工作者的重要課題。

表 7-15　熔融稀土金屬及其鹵化物對耐火材料的作用[10]

耐火材料	應用範圍
氧化物 氧化鎂 氧化鈹	稀土金屬與所有氧化物耐火材料都有輕微作用，金屬鈰的作用比鑭、釹小些 是較好的耐火材料，可用到 1200℃，氯化物電解槽曾用做內襯 可用到 1250℃
氧化鋁，氧化鋯 氧化釷，氧化矽	高純氧化鋯是穩定的耐火材料，於 1700℃ 之前，在真空或惰性氣氛中，一般不 與稀土和鹵化物作用
稀土氧化物	與金屬有輕微作用，可用到 1200～1400℃
鉭、鉬	鉭和鉬是幾乎不與稀土金屬和鹵化物作用的良好材料。在真空或惰性氣氛中， 鉭可用到 1700℃，鉬可用到 1400℃
鎢	受熔融金屬侵蝕很小，不受熔融氯化物作用
鐵	電解所用溫度區間能以不同程度與熔融金屬作用。曾用生鐵製造工業電解槽
石墨和碳	緩慢地與熔融金屬起反應，不受熔融氯化物的作用
硫化鈰	用以熔化金屬鈰可達 1800℃，可在 1000℃ 時盛熔融鹵化物，過此溫度則侵蝕嚴 重
氮化鈦（70%）+ 氧化鈦（30%）	比硫化鈰更為穩定
瓷 螢石 氮化硼	可盛熔融氯化物，不耐熔融金屬長時間腐蝕，短時間可用以盛稀土金屬 鈰不與螢石坩堝作用，但氟化鈣溶解於電解質 可用來熔化金屬和氯化物

(4)某些稀土金屬，特別是釤、銪等在熔鹽電解過程中有很多種價態變化，發生不完全放電，使電解電流空耗。因此，氯化稀土中要盡量減小其含量；當其在電解質中積累到一定程度（包括其它雜質），產量和電流效率大大降低時，就必須調換電解質而補充新料。

(5)稀土金屬在其熔融氯化物中的溶解度比鎂要大數十倍。溶解生成低價物如 $RECl_2$，後者容易被陽極生成的氯氣和空氣中的氧所氧化，也容易在陽極上氧化成高價離子，之後又在陰極上還原。如此反覆，空耗電流。

3.稀土氯化物的電解過程

(1)陰極過程　在稀土氯化物和鹼金屬氯化物混合熔體的電解中，研究鉬陰極電流密度和電位（相對於氯參比電極）關係的極化曲線時，可以看出整個陰極過程大致分成如下三個階段：

①較稀土金屬平衡電位更正的區間，即陰極電位在 $-1.0 \sim -2.6V$ 之間，電位較正的雜質陽離子會在陰極上析出。變價稀土離子，如 Sm^{3+} 和 Eu^{3+} 等也會發生不完全放電反應：

$$RE^{3+} + e^- \longrightarrow RE^{2+}$$

②接近稀土金屬平衡電位區間，即陰極電位在 $-3.0V$ 左右，陰極電流密度從十分之一安／釐米^{2}到幾安／釐米^2（視電解質中$RECl_3$含量、溫度而定），稀土離子直接還原成金屬：

$$RE^{3+} + 3e^- \longrightarrow RE$$

實驗表明，稀土金屬的析出是在接近於它的平衡電位（相應的濃度和溫度）下進行，並沒有明顯的過電位。

前已指出，析出的稀土金屬又溶於氯化稀土：

$$RE + 2RECl_3 \rightleftharpoons 3RECl_2$$

或者又與鹼金屬氯化物發生置換反應：

$$RE + 2MCl \rightleftharpoons RECl_3 + 3M$$

電解溫度愈高，這些過程進行得愈劇烈，因此，電解溫度不宜過高。還應從電解質組成、槽型（比如減小稀土金屬與熔鹽接觸面積）和操作條件等去限制二次作用。

有的資料並指出，在上述的①和②電位區間還伴隨著鹼金屬離子還原為亞離子的反應：

$$2M^+ + e^- \longrightarrow M_2^+$$

而鹼金屬亞離子又將 RE^{3+} 還原成金屬微粒，分散或溶解於電解質中。

③較稀土平衡電位為負的區間，即陰極電位在$-3.3V$到$-3.5V$，發生鹼金屬離子的還原：

$$M^+ + e^- \longrightarrow M$$

這一反應是在下列條件下進行的：陰極附近的稀土離子濃度逐漸變小，當電流增加到它的極限擴散電流時，陰極極化電位迅速上升，達到了鹼金屬析出的電位值。因此，為避免這個過程，氯化稀土的含量必須足夠大，陰極電位和電流密度要控制在稀土金屬析出的範圍內。

(2)陽極過程　在正常電解過程中，石墨陽極上生成氯氣，它的主要過程是：

$$Cl^- - e^- \longrightarrow Cl$$
$$2Cl \longrightarrow Cl_2 \uparrow$$
（吸附）

4.電流效率

總的看來，稀土金屬熔鹽電解的電流效率比較低，這是因為稀土金屬在熔鹽中溶解等二次作用較顯著，其產物對電解有不良影響。

(1)稀土金屬在熔鹽中溶解作用　很早以前人們就知道，金屬和其自身熔鹽之間發生作用，過去把這種作用的產物，看成是膠體溶液，稱為「金屬霧」。近代人們認為：金屬溶於熔鹽中生成低價化合物，是真溶液。雖然以往對金屬在熔鹽中的溶解本性說法不一，但都認識到金屬和熔鹽作用這個客觀事實，是熔鹽電解製取液態活性金屬時所共有的現象（又是區別於水溶液電解的一個特徵），也是降低電流效率的一個極為重要的原因。稀土氯化物熔鹽的電解過程中，金屬在其自身熔融氯化物中的溶解度大到 $10\% \sim 30\%$（按金屬與熔鹽的莫耳比計）以上，這與鎘在氯化鎘中的溶解度（15.2%）和鉍在氯化鉍中的溶解度（47.5%）差不多，而比鎂、鋰在自身熔融氯化物中的溶解度要大 $1 \sim 2$ 個數量級。大家知道，在電解氯化鎘或氯化鉍時，前一段時間內並不能得到金屬。電解單一氯化鑭（不加鹼金屬或鹼土金屬氯化物）的情況也是一樣的。這種情況就是金屬在熔鹽中的溶解所造成的。

研究表明，各個單一輕稀土金屬在其熔融氯化物中的溶解度隨原子序數增加而增大。這和表 7-16 所示的各個單一輕稀土金屬的電流效率隨著原子序數遞增而降低恰成對應關係。

表 7-16　單一輕稀土金屬在其自身熔融氯化物中的溶解度和電流效率的關係[10]

金　屬	熔　鹽	溫度（℃）	金屬在熔鹽中的溶解度（mol 金屬／mol 熔鹽）	電流效率（%）	電解 1h 後的水不溶物（%）
La	$LaCl_3$	1000	12	80	5.6
Ce	$CeCl_3$	900	9	77	6.8
Pr	$PrCl_3$	927	22	60	
Nd	$NdCl_3$	900	31	<30	11.8
Sm	$SmCl_3$	>850	30		
Mg	$MgCl_2$	800	0.2～0.3	>80	
Li	LiCl	640	0.5±0.2		

　　稀土金屬在其熔融氯化物中的溶解度如此懸殊，可用「鑭系元素收縮」來說明：釹、釤的原子半徑比鑭、鈰小，前者較後者就易於進入熔鹽空洞，溶解損失就較多。

　　由於釹的溶解度比鑭和鈰大，因而在同樣電解時間內被溶解的釹受空氣作用而生成水不溶物就比鑭、鈰多。在 Nd−NdCl$_3$ 體系中，除了 NdCl$_2$ 外，還發現有 NdCl$_{2.27}$ 和 NdCl$_{2.37}$ 兩個化合物。

　　一方面是原子序較大的稀土金屬在熔鹽中的溶解度較大，二次作用損失較多；另一方面是它們又較易發生不完全放電反應（如 Sm^{3+} + e$^-$ ⟶ Sm^{2+}），電流空耗較多，這就是各個輕稀土金屬的電流效率隨原子序增大而降低的原因。

　　金屬在其自身鹽類中的溶解損失與許多因素有關。溫度升高時，一般說來，金屬的溶解損失增加。以 Ce 在 CeCl$_3$ 中溶解為例，其平衡反應：

$$2CeCl_3 + Ce \rightleftharpoons 3CeCl_2$$
（液）　（固或液）　（液）

其平衡常數和溫度關係如下：

$$\log K = \log \frac{(CeCl_2)^3}{(CeCl_3)^2} = 5.095 - \frac{5410}{T}$$

這個反應的自由能變化和溫度關係：

$$\Delta G = 24750 - 23.3\,T$$

　　從上式可以看出稀土金屬和其自身熔融氯化物的反應隨溫度的升高而增加。

　　為了減少金屬在熔鹽中的溶解損失，曾進行一些研究，結果表明，在熔體中添加含有電位較負的陽離子鹽類，就可以使金屬的溶解度降低。如圖 7-12 所示，KCl 添加的量越多，則鑭的損失率越小。業已證實，在熔體裡加 KCl，則價徑比 $\left(\frac{Z}{r}\right)$[②] 小的 K$^+$ 會取代價徑比大的 La^{3+}，促使下列平衡向左進行：

$$La + 2La^{3+}（熔體）\rightleftharpoons 3La^{2+}（熔體）$$

此外，KCl 與 LaCl$_3$（或 CeCl$_3$）反應可生成堆積密度大的化合物，KCl 的加入也強化了 La^{3+}−Cl$^-$ 鍵，所以使金屬鑭在其自身熔鹽中的溶解損失減小。

　　加入 NaCl 也能降低稀土金屬在其自身氯化物中的溶解損失，但效果比 KCl 差。

---

②式中 Z—原子殼層的有效電荷；r—原子殼層中心距價電子距離或陽離子半徑。

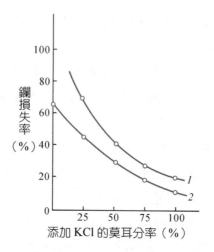

圖 7-12　KCl 添加量和鑭損失率[10]

1－980℃；2－950℃

　　(2)關於泥渣的影響　稀土熔鹽電解中，極易產生泥渣，這是二次作用產生的稀土氧化物、氯氧化物、氮化物、碳化物等：

$$2RECl_3 + RE = 3RECl_2$$

$$RECl_2 + O_2 + RE = 2REOCl$$

$$2RE + N_2 = 2REN$$

$$xRE + yC = RE_xC_y（如 RE_3C，RE_2C_3，REC_2 等）$$

$$2RECl_3 + 3H_2O = RE_2O_3 + 6HCl$$

$$RECl_3 + H_2O = REOCl + 2HCl$$

$$2CeCl_3 + O_2 + 2H_2O = CeO_2 + 4HCl + Cl_2$$

在敞口電解槽中，580～600℃時，$RECl_3-KCl$ 熔體變混濁，主要是生成了 RE_2OCl_4 的緣故：

$$4RECl_3 + O_2 = 2RE_2OCl_4 + 2Cl_2$$

RE_2OCl_4 遇到溶解的稀土和氣氛中的氧和水分，又進一步反應：

$$2RE_2OCl_4 + RE = 2REOCl + 3RECl_2$$

$$2RE_2OCl_4 + O_2 = 4REOCl + 2Cl_2$$

$$RE_2OCl_4 + H_2O = 2REOCl + 2HCl$$

這些產物多不溶於氯化物熔體，而成所謂泥渣。稀土氯氧化物（REOCl、RE_2OCl_4）雖能溶於氯化物體系，溶解度也較大，但受外界影響即發生變化而沈澱，最終也進入渣的

行列。與$RECl_3$不同，常溫下這些泥渣也不溶於水，所以可以方便地用水來檢驗，習慣上又稱這種泥渣為「水不溶物」。氯化物熔體中的水不溶物是稀土電解工業中一個比較麻煩的問題。一則因為它沈於槽底，覆蓋陰極表面，妨礙金屬匯集，影響電解正常進行；再則它又以細小顆粒形式分散於熔體，增大電解質黏度，促使陰極產物形成金屬霧而損失。泥渣的主要來源是由於水和氧引起的含氧稀土化合物。結晶料或結晶料脫水條件不適當（比如真空度低、NH_4Cl含量少、溫度太高）時，一部分氯化稀土產生下列水解反應：

$$RECl_3 \cdot H_2O = REOCl + 2HCl$$

一方面原料中常有水分，另一方面原料在粉碎和轉移過程中，由於沒有採取密閉措施，又會吸濕（特別是在南方多雨季節中），因此在加料以後的電解中，按上式造渣。

5.電解工藝

熔鹽電解製取混合稀土和單一稀土金屬的工藝流程示於圖 7-13 中。

實驗室規模的工藝條件已經累積了一些數據，而有關工業生產資料國外很少發表。國內外典型的電解工藝和生產結果列於表 7-17 和表 7-18。

表 7-17　電解工業生產混合稀土金屬的條件和結果[10]

槽　型	800A 石墨圓槽	3000A 陶瓷方槽	10000A 陶瓷橢圓槽	2300A 陶瓷圓槽
結構材料	石　墨	高鋁磚	高鋁磚	耐火磚和泥
陽　極	石墨槽	石　墨	石　墨	碳
陰　極	鉬	鉬	鉬	鐵
電解質組成	$RECl_3$–KCl	$RECl_3$–KCl	$RECl_3$–KCl	$RECl_3$–NaCl
$RECl_3$質量分數（%）	30～50	35～50	35～50	30～50
平均槽溫（℃）	870～880	850～870	850～890	850
極距（mm）	25～35	40～50（平行電極間）90～100（上下電極間）	40～50（平行電極間）120±20（上下電極間）	
電解槽氣氛	敞口	敞口	敞口	電解產生（包括揮發）的氣體和空氣
平均電流（A）	750	2500	9000 左右	2300*
平均電壓（V）	14～18	10～16	8～9	14

表 7-17　電解工業生產混合稀土金屬的條件和結果[10]（續）

陽極電流密度（A·cm⁻²）	0.95 ± 0.05	0.8 ± 0.05	0.45 ± 0.05	
體積電流密度（A·cm⁻³）	0.18 ± 0.02	0.08 ± 0.05	0.235	
陰極電流密度（A·cm⁻²）	5 左右	2.4 ± 0.5	2.4 ± 0.5	
直收率（%）	90 左右	85 左右	80～85	
電　耗（kWh／kg 金屬）	20～30	20～28	20～27	15.6
電流效率（%）	一般 50 左右	電解槽使用 3 個月，電效達 40	20～30（單槽試驗可達 35）	45
單　耗（kgRECl₃ 結晶料／kg 金屬）	2.8～2.9	3.1 左右	2.9～3.1	2.3**

*此為德國早期生產數據；**無水料。

表 7-18　工業電解生產富鑭混合稀土*、富鈰混合稀土*以及金屬鑭、鈰、鐠的電解條件和結果

稀土金屬	富鑭混合稀土	富鈰混合稀土	鑭	鈰	鐠
槽　型	石墨槽	陶瓷槽	石墨坩堝槽	陶瓷槽	石墨坩堝槽
結構材料	石　墨	高鋁磚	石　墨	高鋁磚	石　墨
金屬盛器	瓷坩堝	高鋁磚	瓷坩堝	高鋁磚砌陰極室	瓷坩堝
陽　極／陰　極	石墨槽／鉬	石　墨／鉬	石墨坩堝／鉬	石墨坩堝／鉬	石墨坩堝／鎢
電解質組成	RE（La）Cl₃−KCl	RE（Ce）Cl₃−KCl	LaCl₃−KCl	CeCl₃−KCl	PrCl₃−KCl
RECl₃質量分率（%）	35～50	35～50	25～40	30～45	25～40
電解溫度（℃）	930	870～910	900～930	870～910	910～950
極距（mm）	30～50	40～50，（平行電極間）90～110，（上下電極間）	30～50	40～50，（平行電極間）80～120，（上下電極間）	30～50
電解槽氣氛	敞口	敞口	敞口	敞口	敞口
平均電流（A）	800	2500	800	2500	800
平均電壓（V）	14～18	10～11	14～18	10～11	14～18
陽極電流密度（A·cm⁻²）	0.95 ± 0.05	0.8	0.95 ± 0.05	0.8 ± 0.05	0.8 ± 0.05

表 7-18　工業電解生產富鑭混合稀土*、富鈰混合稀土*以及金屬鑭、鈰、鐠
的電解條件和結果（續）

陰極電流密度 （A·cm^{-2}）	5 左右	2.3	4～7	2.5±0.5	4～7
體積電流密度 （A·cm^{-3}）	0.18±0.02	0.082	0.18±0.005	0.18±0.02	
直收率（%）	90	>85	90～95	90 左右	90 左右
電流效率（%）	50～60	45～50	70～75	63	60～65
電　耗 （kWh／kg 金屬）	20 左右	22 左右	17 左右	17 左右	17 左右
單　耗 （kg 結晶料／kg 金屬）	2.8～2.9	3～3.1	2.7～2.9	2.8～3.0	2.9～3.1

*氯化稀土原料中的 Sm、Eu、Gd 已被分離除去。

　　(1)電解槽槽型　中國自行設計的電解槽槽型見圖 7-14 和圖 7-15，國外已報導的電解槽選例繪於圖 7-16。

　　800A 槽的優點是電流效率高。原因如下：陰級電流密度大；電流分佈均勻；電解槽和電解質比較淺；電解質流動方向穩定而不紊亂；尤其是接受金屬的瓷坩堝，減少了金屬與泥渣電解質接觸面，進入坩堝中的一部分泥渣被不斷增長的金屬排出坩堝外或被翻滾的電解質攜走，因而金屬與泥渣得以很好分離，陰極表面乾淨；瓷坩堝起著隔板效能，減少了電解產物的二次作用；石墨槽作陽極，使落在槽底之渣能產生加碳氯化變為氯化稀土的作用；進料採取少量多次勤加，有利於熔鹽脫水，使電解質組成和爐溫波動小；出金屬時不需升溫攪動，對電解質和電解過程破壞性小。上述是 3000A 和 10000A 槽所不具備的有利條件。此外 800A 槽結構簡單，使用靈活，可直接用結晶料省去脫水工序，經濟效益較好。儘管這種工藝槽型存在著槽子壽命短（一般為 7～15d）、槽電壓高、電耗大、勞動生產率低等缺點，但因其工藝簡便，投資少，成本低，深受中國西北和西南地區電價和勞動力便宜的稀土金屬冶煉廠的青睞而被普遍採用。

　　3000A 槽在一定程度上克服了 800A 槽的缺點，槽壓低，電耗較小；槽子可用一年左右；勞動生產率較高。其主要問題是電效低；有「死角」，渣多，收率較低；產品出爐要升溫之後掏金屬，因而攪亂電解過程，極距不易調節。

　　在上述兩種槽型基礎上，中國又建造了 10000A 陶型槽。

　　工業上一般採用幾個電解槽串聯生產（串聯數視整流器輸出電壓大小而定），也有每個電解槽單用一個整流器的，前者設備投資少，後者操作方便，便於調節電解條件，尤其是爐溫。

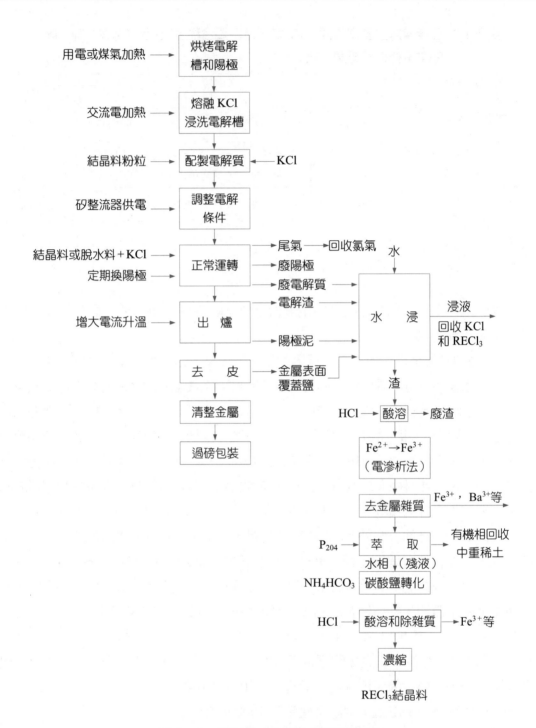

圖 7-13　氯化稀土熔鹽電解工藝流程

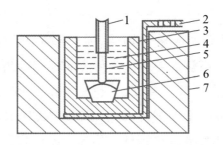

圖 7-14　800A 石墨坩堝電解槽示意圖[10]

1-瓷保護管；2-陽極導電板；3-石墨坩堝；4-電解質；5-鉬陰極；6-稀土金屬；7-耐火土

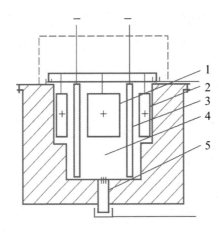

圖 7-15　3000A 陶瓷型電解槽示意圖[10]

1-大陽極；2-中陽極；3-輔助陰極；4-陰極室；5-陰極導電棒

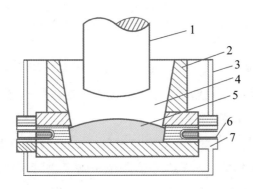

圖 7-16　特來巴希爾（Treibacher）化學工廠的電解槽

1-石墨陽極；2-耐火磚砌槽體；3-鐵外殼；4-電解質；5-混合稀土金屬；6-鐵陰極；7-絕熱材料

(2)電解工藝條件

①電解質組成：電解生產混合稀土或單一稀土金屬所用電解質，一般由氯化稀土與氯化鉀組成（實際生產用的電解質中往往含有 $CaCl_2$、$BaCl_2$、$NaCl$）。其中稀土氯化物含量（質量分率）一般採用 30%～50%，也有 20%～35%的。實驗室用的起始濃度（質量分率）常為40%～60%〔相當於莫耳比$RECl_3$：$KCl=1$：（2～3）〕。實踐表明，電解質中稀土氯化物起始濃度過高或過低，電流效率均降低。這是因為 $RECl_3$ 含量太低，K^+ 與 RE^{3+} 將會共同析出，如果 $RECl_3$ 含量太高，電解質容易與氧作用，變黏，電阻也變大，稀土金屬在鹽中的損失也會增加。

②電解溫度：這是重要的因素。在生產實踐中普遍採用的電解溫度範圍是：混合金屬820～900℃（870℃），鈰820～910℃（850～870℃），鑭850～960℃（920～930℃），鐠920～960℃（950℃）③。以鑭電解為例來說明電解溫度的影響（見圖 7-17）。

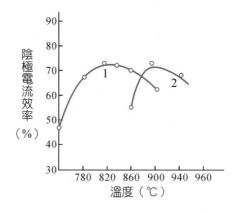

圖 7-17 電解溫度對電流效率的影響[10]

1-$CeCl_3$：$KCl=1$：3（分子比），電流密度$=2.6A \cdot cm^{-2}$；
2-$LaCl_3$：$KCl=1$：3（分子比），電流密度$=3.2A \cdot cm^{-2}$

溫度過低，金屬分散於熔體，不易凝聚；溫度過高，稀土金屬活性更強，金屬損失增加，鹽的損失也大，金屬與電解質、氣氛和結構材料等一系列相互作用更為激烈，電流效率、回收率和金屬質量都會降低。

③電流密度：陰極電流密度J一般為 3～6A · cm^{-2}（圖 7-18），800A 槽則為 5～6A · cm^{-2}，也有高達 10～40A · cm^{-2}的。這和稀土離子濃度、電解質循環情況以及電解溫度有關。適當提高電流密度，陰極電位變負，有利於稀土金屬的析出。因為電流密度支配著金屬的溶解速率和析出速率的相對比例，因而可以減少金屬的相對損失，提高電

③括弧內是最佳條件。

流效率。但電流密度過大時，鹼金屬離子被還原的概率增加，陰極區或甚至所有熔鹽都可能過熱。

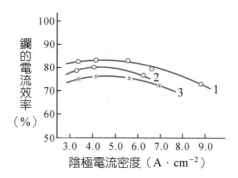

圖 7-18　陰極電流密度和陰極電流效率的關係[10]

1－電解溫度 920℃；2－電解溫度 970℃；3－電解溫度 890℃

　　石墨陽極的起始電流密度 J_A 一般為 0.6～1A・cm^{-2}。J_A 過小時，陽極體積大，電解槽容積勢必要增大；J_A 太大時，電解質循環加劇，二次作用增加，石墨機械損失也增多。隨著電解時間的延長，陶瓷型電解槽的陽極面積減小，可能出現 J_A 超過臨界值而發生陽極效應。

　　選擇體積電流密度 J_V 時，應考慮到電解質中金屬離子的擴散速率、電解槽容積、電解質循環以及保溫狀況等條件。800A 石墨槽為 0.17A・cm^{-3}，3000A 槽為 0.082 A・cm^{-3}，10000A 槽為 0.005A・cm^{-3}左右。實驗室電解槽常用 0.07～0.3A・cm^{-3}。

　　④極距：視電極形狀和配置方式、電解液循環情況、電流密度和電流分佈以及電解槽有無隔板等條件而定。極距過大，電解質容易過熱，因為電流通過電解質所放出的能量與極距即電解質電阻成正比。極距過小，則電解質循環急速，被溶解的稀土金屬和未完全放電的低價離子如 RE^{2+}，從陰極區擴散到陽極區更容易，在陽極上氧化或受氯氣作用而消耗的概率增加；與此同時，陽極產物（氯氣和高價離子）也被帶到陰極區而與金屬作用或在陰極上還原。這兩種作用的結果是電流空耗，電流效率降低。

　　工業電解槽的極距應是可變的，以便調節槽壓和槽溫，在無隔板電解槽中，平板電極的極距為 6～10cm，斜面電極的極距可以小得多。

　　⑤電解質中雜質對電解的影響

　　(a)非金屬雜質　電解質中，最有害的非金屬雜質是硫和磷。生產用原料規定 SO_4^{2-} ＜0.03%，PO_4^{3-} ＜0.005%；實驗室研究結果得出，如果 SO_4^{2-} ≥ 0.01%（如表 7-19 所示）就使電流效率大為降低，這是因為：

$$Ce(SO_4)_2 + Ce = 2CeO_2 + 2SO_2$$

稀土金屬又與 SO_2 進一步反應而生成高熔點硫化物，聚集在陰極上，或分散於電解質中，嚴重影響金屬聚集和電解過程，磷酸根的作用與此類似。

表 7-19 硫酸根和磷酸根對電解的影響[10]

電解質體系	$w(PO_4^{3-})$ (%)	電流效率 (%)	備 註	電解質體系	$w(SO_4^{2-})$ (%)	電流效率 (%)	備 註
$CeCl_3-KCl$	—	60	大塊金屬	$LaCl_3-KCl$	—	80	大塊金屬
加 PO_4^{3-}	0.5	58	大塊金屬	加 SO_4^{2-}	0.01	64	大塊金屬
	1.8	22	陰極上生泥		0.27	32	陰極周圍結出一簇發黑的物質
	2.7	18	金屬為分散小球		1.1		金屬瀰散於電解質中選不出來

碳粉也是一個很有害的雜質。當電解質中加入 0.4%的石墨粉，熔體就發黑，金屬分散，電流效率只有 6%；如石墨粉加到 0.75%就得不到金屬了。這是由於石墨粉和稀土金屬反應而生成高熔點化合物，妨礙金屬匯集，致使大量金屬霧被氧化而損失。所以，要避免石墨坩堝或電極在空氣中高溫下長時間空燒，防止石墨粉進入電解質中。

(b)金屬雜質　眾所周知，在電解質中與稀土金屬離子析出電位相近的，尤其電位更正的陽離子越少越好。要求工業原料中這類雜質的百分含量為：Th<0.03，Si<0.5，Fe ≥0.05，Pb<0.01，因為它們在電解質中儘管含量很少，也將優先或者和稀土離子同時析出。如表 7-21 所示，電位較正的雜質在稀土金屬鑭中的含量在大多數情況下都比氯化鑭中的增多了。在 800A 槽電解混合稀土金屬的情況也是這樣（見表 7-20）。

表 7-20 鐵錳雜質在混合稀土金屬電解中的變化[10]

	$w(Fe)$ (%)	$w(Mn)$ (%)
$RECl_3 \cdot nH_2O$ 中	<0.01	0.05
電解質中	0.025	0.01
金屬中	1.2	0.11

表 7-21 氯化鑭和金屬鑭中的金屬雜質的質量分率 (%) [10]

雜質元素	Mn	Fe	Cu	Al	Ca	Pb	Si	Mg
氯化鑭	0.003	0.005	0.003	0.002	0.15	<0.002	0.008	0.01
金屬鑭	0.006	0.012	0.003	0.02	<0.01	0.002	0.008	<0.01~0.14

雜質鐵還將反覆發生 $Fe^{3+} + e^- \rightleftharpoons Fe^{2+}$ 過程而消耗電流。曾經出現過這樣的情況，即採用處理稀土複合礦的方法不當，鐵含量較多，難於進行電解；經過進一步除鐵後，電解就正常了。

在電解質中，那些能與稀土金屬生成高熔點化合物的雜質，比如鋁、鉛，矽、鐵④等的含量也應盡量少。

NH_4Cl 中銨離子的作用與這些離子不同，因為 NH_4Cl 在受熱時分解為 HCl 和 NH_3，能抑制 $RECl_3 \cdot nH_2O$ 的水解和使水解產物轉化為 $RECl_3$，所以要求原料中 $NH_4Cl > 2\%$。

那些電位較負的雜質如 Ca^{2+}、Ba^{2+}，將隨著原料不斷補充而在電解質中逐漸積累。例如 $CaCl_2$、$SrCl_2$ 與 $BaCl_2$ 在 $RECl_3 \cdot nH_2O$ 中的質量分率分別為 3.23%，4.39% 和 10.0% 時，在 800A 槽電解 64h 後，電解質中的相應含量分別達：14.4%，25.5% 和 38.8%。原料中 $CaCl_2$ 和 $BaCl_2$ 含量為 2%～5%，在 10000A 槽電解 7d 後，電解質中則達 10%。

(c)釤、釹等對混合稀土電解的影響　從已有實驗結果可以看出：混合稀土氯化物電解的電流效率比單一稀土金屬鑭、鈰、鐠都低；而各個單一輕稀土氯化物電解的電流效率又隨著原子序數增加而降低；用固體陰極電解氯化物熔體，研究了釤和釹對電解混合稀土氯化物的影響。

圖 7-19 和表 7-22 都說明了釤是影響電流效率的一個重要因素。決定電解質中釤含量及其積累速率的是電解質中釤的起始濃度和原料中的釤含量。在三種不同的原料中，Sm_2O_3 含量分別為 < 0.3%，1.5%～2.2% 和 6%，在 3000A 槽中，各自電解 7d 所得到的平均電流效率相應為 48%，42%，28%。用同一種原料，而電解質中 Sm_2O_3 的起始濃度分別為 6.3% 和 11.8% 的兩次試驗，其電流效率相應為 55.6% 和 44.0%。

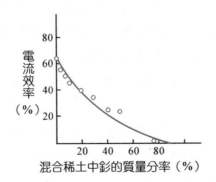

圖 7-19　混合稀土氯化物中釤含量對電流效率的影響[10]

電解質組成莫耳比 $RECl_3$: $KCl = 1 : 3$；溫度 850～870℃；陰極電流密度 6A · cm^{-2}

---

④ $SiCe_2$，La_2Al_3，Ce_2Pb，$REFe_3$ 等類型化合物的熔點都超過 1000℃。

表 7-22　電解質中釤的積累 $\left(\dfrac{Sm_2O_3}{RE_2O_3} \times 100\%\right)$ 和電流效率的關係[10]

原料中釤含量（%）	試驗次數		電解時間（d）									
			1	2	3	4	5	6	7	8	9	10
<0.3	1	釤含量（%）	4.9	6.6	6.4	6.8	5.8	5.8	11.4			
		電流效率（%）	48.0	45.9	50.8	51.2	48.3	49.4	47.9			
	2	釤含量（%）	3.0	4.1	4.1	3.9	3.8	3.8	3.3	3.0	2.7	2.9
		電流效率（%）	50.1	49.1	44.8	41.2	43.4	44.3	41.1	35.9	34.1	43.8
1.5～2.2	1	釤含量（%）	6.3	12.2	14.2	16.1	17.1	18.9	21.0			
		電流效率（%）	55.6	49.0	47.0	44.8	41.9	41.7	42.2			
	2	釤含量（%）	1.8	15.4	15.9	18.4	18.1	16.4	18.3	19.3	18.1	25.2
		電流效率（%）	44.0	46.8	42.8	42.6	40.1	41.5	35.2	38.6	39.7	39.0
	3*	釤含量（%）	11.8	15.6	16.4	16.5	18.4	19.2	16.8	18.4	16.9	19.4
		電流效率（%）	39.5	40.2	33.1	38.8	38.0	38.3	37.4	35.6	32.2	36.5
6	1	釤含量（%）	19.0	29.2	30.6	32.0	30.2	30.0	30.1			
		電流效率（%）	43.6	38.0	30.0	28.0	21.6	21.6	25.2			
	2	釤含量（%）	24.2	30.0	27.0	28.5	28.0	28.0	27.0	27.0		
		電流效率（%）	32.0	29.1	23.2	29.0	24.8	24.8	22.4	23.2		
*原料中含釤 1.5%～ 2.2%的第 3 次實驗作了 20d，第 11～20d 中的數據列在右邊		電解時間（d）	11	12	13	14	15	16	17	18	19	20
		釤含量（%）	20.4	—	—	17.0	19.0	—	—	17.6	23.6	22.4
		電流效率（%）	34.9	—	37.0	37.6	36.2	—	—	35.1	38.3	35.7

　　鑑於釹在 $NdCl_3$ 中的溶解度大，在熔鹽中又有多種價態，因此，在釹的熔點以上電解氯化物時的電流效率低。在實驗室的試驗中，曾發現混合稀土中釹的含量對電解有不良的影響，如組成為 La_2O_3：CeO_2：Pr_6O_{11}：$Nd_2O_3 = 25.2$：50：9.3：15.5 的一種試料，電流效率為 58%；另一不含 Nd_2O_3 的試料，其中 La_2O_3，CeO_2，Pr_6O_{11} 質量分率為 29.8%，59.5%，10.7%（LaO_3，CeO_2，Pr_6O_{11} 三者的相對比例與前一種試料同），在其它條件相同的情況下，電流效率為 77%，又用 Nd_2O_3 的質量分率分別為 9.2%，17.5%，29.1%的混合稀土氯化物，各自在 800A 槽電解 64h，電流效率相應為 68.2%，60.6%，53.4%。這都說明釹對混合稀土電解有明顯影響。

　　表 7-23 中的數據說明了鑭、鈰、鐠、釹、釤 5 個元素在原料、電解質、金屬、渣、泥、灰中的分佈各不相同。

　　鑭在電解質中的含量比原料增加了，金屬中的鑭含量比原料中略有降低。

　　鈰在金屬中的含量比原料有所增加，而電解質中的 CeO_2 比原料少約一半，說明鈰最易還原。

　　鐠在金屬中的含量比原料高約 1%左右，電解質中的 Pr_6O_{11} 卻比原料少約一半（總是維持在 3%～4%範圍內）。鐠在金屬、電解質、渣、泥中的含量基本上不隨時間變化。

表 7-23　鑭、鈰、鐠、釹、釤在電解過程中的分佈（氧化物%）*[10]

元素	鑭				鈰					鐠				
氧化物（%）＼類別 時間（d）	電解質	金屬	電解渣	陽極泥	電解質	金屬	電解渣	陽極泥	煙灰	電解質	金屬	電解渣	陽極泥	煙灰
1	49.0	20.2	33.4	61.1	17.3	50.8	35.4	8.2	25.8	3.1	8.3	5.4	4.4	5.9
3	40.2	20.3	33.4	51.4	20.9	50.5	37.7	12.5		3.5	7.8	5.6	4.7	5.7
5	41.6	22.2	31.8	47.9	28.9	48.2	35.9	8.7	26.7	3.1	8.3	4.3	4.6	5.1
7	41.2	21.3	34.0	48.9	18.5	51.6	33.7	6.5		3.1	7.1	4.4	4.3	4.7
9	40.9		32.3		18.0	51.9	31.0	9.7		3.2		4.8	4.4	

元素	釹					釤				
氧化物（%）＼類別 時間（d）	電解質	金屬	電解渣	陽極泥	煙灰	電解質	金屬	電解渣	陽極泥	煙灰
1	18.8	20.9	21.2	18.6	22.0	11.8	—	4.8	7.7	11.0
3	19.5	21.4	14.5	21.0	20.8	15.9	—	4.9	10.5	12.8
5	18.4	21.3	19.6	23.7	19.4	18.1	—	8.5	14.2	12.8
7	18.9	22.0	18.9	22.6	19.3	18.3	—	9.0	16.2	
9	19.8		31.8	23.6		18.1	—	10.5	17.1	13.6

* 原料組成：$RE_2O_3 = 40.53\%$，La_2O_3 ／ $RE_2O_3 = 21.9\%$，CeO_2 ／ $RE_2O_3 = 47.69\%$，$\dfrac{Pr_6O_{11}}{RE_2O_3} = 7\%$，$\dfrac{Nd_2O_3}{RE_2O_3} = 21.11\%$，$\dfrac{Sm_2O_3}{RE_2O_3} = 1.6\%$，$NH_4Cl = 5\%$，$NO_3^- = 0.01\%$，$SO_4^{2-} = 0.01\%$

釹在金屬、電解質、渣、泥和灰中的含量大體保持在原料中的含量附近，即 20% 左右。

釤在混合稀土金屬中含量（均在 X 光螢光分析下限），說明在固體陰極上 Sm^{3+} 是極難或不被電解還原為金屬的。一部分釤積累到電解質中，一部分進入渣泥，主要去向是煙灰。

釤對電流效率影響的機構，主要是：$Sm^{3+} + e^- \longrightarrow Sm^{2+}$，之後是：$Sm^{2+} - e^- \longrightarrow Sm^{3+}$，如此循環往復，空耗電流。在 $RECl_3$–KCl 體系的陰極化曲線上，在電位為 $-1.86V$ [5]（相對於氯參比電極）附近，有一轉折。在該體系中，加入 $SmCl_3$ 時，這一轉折更為明顯，而且 $SmCl_3$ 的加入量越多，波就越高。這說明在 800℃ 時 Sm^{3+} 在 $-1.86V$ 附近放電。用計時電位法測定 $LiCl$–KCl 體系，在 450℃ 時 Li^+ 的析出電位為 $-3.7V$；加入 $SmCl_3$ 後，在 $-2.0V$ 處就出現一個還原波，而在 450℃，Sm／Sm^{3+} 的電極電位為 $-3.075V$，因此在 $-2.0V$ 的波顯然不是 Sm^{3+} 還原成金屬釤。根據公式：

$$E = E_{\tau/4} + \frac{RT}{nF} \ln \frac{\tau^{1/2} - t^{1/2}}{t^{1/2}} \tag{7-9}$$

---

[5] $RE^{3+} + 3e^- \Longrightarrow RE$ 的電位為 $-2.9V$。

式中：E──測定的電極電位；$E_{\tau/4}$──在 $t=\tau/4$ 時的電位；τ──放游離子遷移時間；t──電解時間；F──法拉第常數；R──莫耳氣體常數；T──測定時的溫度；n──離子還原的電子數，計算出 n 為 1。

綜上所述，氯化物熔體中之 Sm^{3+} 的陰極過程，用下式表示：

$$Sm^{3+} + e^- \longrightarrow Sm^{2+}$$

變價元素銪、鐿在電解過程中的行為與釤相似，可以認為它們對混合稀土的電解也發生類似影響。

釹對混合稀土電解影響的機構不同於釤，因為在混合金屬中的釹含量與原料差不多；釹在電解質中，也不像釤那樣明顯積累。釹影響電流效率的原因，主要是金屬釹在稀土氯化物中的溶解度和溶解速率大造成的，即金屬釹析出後被迅速溶解成為低價離子如 $NdCl_2$ 和原子簇離子 Nd_m^{n+}，它們又被氯氣、空氣或在陽極氧化，如此循環而空耗電流。

(3)稀土金屬產品純度、直收率和電耗

①稀土金屬產品純度：如表 7-24 所示，工業電解生產混合稀土金屬的純度一般為 98%～99%，也可以獲得更純的金屬，比如在實驗室電解的條件下可製得稀土雜質在光譜靈敏度下限的鑭，其中非稀土金屬雜質的最大含量為 0.03%。電解製備純稀土金屬，除了要求原料純、材料品質（金屬盛器、石墨和套管等）好外；還應注意電解條件，比如電解溫度要盡量低，應在密閉系統中進行。

②直收率和單耗：由於原料、工藝過程和操作的差異，單耗也不一樣。一般生成 1kg 稀土金屬需要 $RECl_3 \cdot nH_2O$ 2.8～3.1kg。直收率也不等，有的可達 90%，有的只有 75%。一部分稀土成渣；大約 10% 的氯化稀土呈揮發物隨同空氣、陽極氣體從煙道逸出，有的採用布袋除塵等方式加以收集。直收率和單耗的大小與電解泥渣的數量以及電解質使用期限有密切關係，後二者主要決定於原料和工藝槽型條件。

③電耗和電解槽的電壓平衡和熱平衡：電解製取單一稀土金屬時，電費是總費用中一個相當大的部分。每生產 1kg 金屬的直流電能消耗（習慣稱電耗）依電解槽型、稀土金屬種類、原料質量、操作技術和管理制度的不同，介於 12～14kWh/kg 金屬之間。如在 3000A 槽中電解，金屬鈰的電耗為 12kWh/kg 金屬，只有混合稀土的二分之一，這是因為前者的電流效率比後者的高約一倍。而在生產混合金屬時[6]，800A 槽、3000A 槽、10000A 槽的電耗則分別為 20～30kWh/kg、20～28kWh/kg、20～27kWh/kg 金屬。前者

---

[6]使用的 $RECl_3 \cdot 6H_2O$ 中含有 Sm、Eu 等雜質，電流效率低，所以電耗高。

比後者多耗的電能都轉變為熱而散失了。因此，為了節約電能，除了力求提高電流效率，還要減少槽電壓和熱損失。

表 7-24　熔鹽電解製得的普通混合稀土金屬和金屬鑭、鈰、鐠、產品組成[10]

質量分率（%）　　　產品名稱 成分	混合稀土	一般鑭	純　鑭	鈰	鐠
RE	98.0～99.0				
La	20～29	99.6			—
Ce	48～54	0.09	—		—
Pr	6～8	0.05	—		
Nd	11～22	0.04	—*		—
Sm	<0.03	0.03	—		
Gd			—	0.08～0.7	—
Th	<0.05			痕	
Mn			0.0006		
K					0.003
Na					
Cd	0.005	0.001	<0.01	0.02	
Ba	微			痕	
Mg	0.05	0.10	<0.01～0.03	0.02	
Al		0.01	0.02	痕	
Si	<0.1	0.04	0.02	0.002～0.02	0.01～0.02
Co			0.08		
Pb			0.02	痕	
Sn			—		
Mo				0.01	
P				0.001	
C				0.033～0.05	<0.001

6.稀土氧化物在氟化物熔鹽體系中的電解

鑑於稀土氯化物熔鹽電解存在著下述問題：①稀土氯化物在空氣中吸潮、水解，貯運和使用困難；②稀土氯化物揮發性較大，稀土金屬在其自身氯化物中的溶解度高，導致生產稀土金屬及其合金的技術經濟指標低；③電解產生氯氣（含 HCl），回收處理費用多，因此，稀土氧化物—氟化物熔鹽電解製取稀土金屬和合金技術得到發展，成為熔融氯化稀土電解的競爭工藝，在國外受到更多的重視。由於氟化物的價格較高，腐蝕性更強，需用稀少而昂貴的鉬坩堝或鉬襯，所以該工藝的生產成本比氯化物電解要高，目

前在中國推廣應用較少，但已引起矚目，唯獨它是金屬釹現行普遍採用、大量生產的最佳方法，而金屬釹又是鑭、鈰、鐠、釹四個輕稀土中價值最高、市場最好的（作為金屬釹最大用戶的 NdFeB 永磁材料每年以 20%～30%的速度遞增），茲特著重介紹如下：

(1)方法原理　氧化釹在氟化物電解質中，首先熔解成液態，同時解離成陰離子和陽離子，在電場作用下，電解質中 Nd^{3+} 向陰極遷移，O^{2-} 則向陽極遷移。當陰極電位達到 Nd^{3+} 的析出電位時，它就在陰極上接受電子還原成金屬釹析出。在陽極電位達到 O^{2-} 析出電位時，O^{2-} 就在陽極放出電子氧化成氧原子，同時與陽極材料 C 發生化合反應，產生碳的氧化物逸出，電解槽中發生的基本反應為：

①在陰極：

$$Nd^{3+} + 3e^- \longrightarrow Nd \downarrow$$

②在陽極：

$$O^{2-} - 2e^- + C \longrightarrow CO \uparrow, \ 2O^{2-} - 4e^- + C \longrightarrow CO_2 \uparrow,$$
$$2O^{2-} - 4e^- \longrightarrow O_2 \uparrow$$
$$O_2 + C \longrightarrow CO_2 \uparrow, \ 2CO + O_2 \longrightarrow 2CO_2 \uparrow$$

綜上所述，可將 Nd_2O_3 在氟化物熔鹽中電解製取金屬的總反應寫為：

$$2Nd_2O_3 + 6C = 4Nd + 6CO^{⑦}$$

整個反應消耗的物質是 Nd_2O_3 和陽極碳（NdF_3 和 LiF 作為溶劑自然也要補充其損失）。從動力學上看，陽極過程控制著稀土電解槽中的反應速率和反應途徑。

(2)工藝流程　工藝流程示於圖 7-20。

(3)電解槽和電解設備系統　圖 7-21 為 3000A 電解槽槽體的剖面示意圖。槽體為直徑 500mm 的石墨坩堝，上部裝有一個筒狀石墨陽極，通過陽極圓筒中心垂直插入一根棒狀鎢或鉬陰極，槽底放置一個鉬質容器，用於收集從陰極滴落的液態金屬。石墨槽體周圍砌有絕熱材料和耐火磚。氧化釹粉料通過給料器連續定量地向槽內送入，它們撒落在陰極周圍。陽極產生的氣體從槽口被排氣裝置抽走，產生的金屬取出後澆錠。電解槽設備系統示於圖 7-22。

(4)原料和電解質　氧化釹原料為萃取分離產品，純度為 99%～99.9%，電解對氧化釹要求除純度及雜質含量以外，還應對氧化釹原料的物理特性有所要求，電解生產中發現不同顏色的氧化釹在電解質中的溶解速率不一樣，有的漂浮在電解質液面不溶，有的

---

⑦實際上氣體反應產物主要是 CO_2。

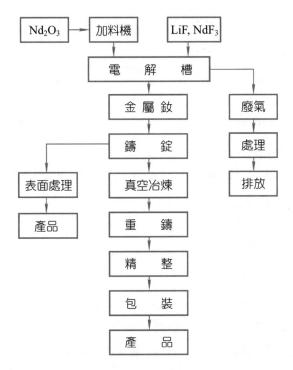

圖 7-20　金屬釹生產工藝流程圖

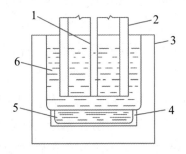

圖 7-21　3000A 電解槽槽體剖面圖

1-鎢或鉬陰極；2-石墨陽極；3-石墨槽體；4-鉬容器；5-金屬；6-電解質

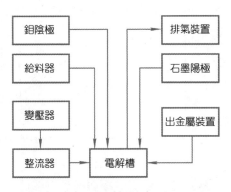

圖 7-22　電解設備系統示意圖

卻迅速沈入液內，生成沈澱。這大概和氧化釹的物理特性變化有關，比如在不同煅燒條件下產生的結晶形態、粒度大小和分佈等。

電解質（應稱溶劑）是由 NdF_3 和 LiF 組成的二元系，由於電解過程中有 Nd_2O_3 存在，實際熔體組成為 $NdF_3-LiF-Nd_2O_3$ 三元系。該體系中 LiF 的蒸氣壓較高，在高溫下長期連續進行電解時，LiF 會逐漸揮發，另外，加入槽內的 Nd_2O_3 量也不十分準確。因此，電解質組成實際上處於變化狀態，熔鹽無法保持最初的組成。其中 NdF_3 趨向增加，LiF 趨向減少。實際操作中電解質中 LiF 組成波動在 11%～17% 之間。因此在長時間連續進行電解過程中，需補加 LiF。

(5)生產過程和主要影響因素　用氧化釹作原料電解製備金屬釹是在安裝合格的電解槽中，通上電源進行烘爐，待電解槽烘到預定溫度後，加入按比例配製好的電解質（電解質成分為 NdF_3，LiF，Nd_2O_3）並升溫熔化。然後啟動整流器，接通直流電源，按要求調整好工藝參數轉入正常電解生產。電解過程中連續加入氧化釹，電解到一定時間後，取出金屬，進行鑄錠。對電解出的金屬錠的一部分，表面清理後，包裝入庫（抽真空充氫氣），直接作為產品銷售。另一部分金屬釹再經真空熔煉去除部分雜質作為更純的金屬出售。

影響氧化物電解生產金屬釹的主要操作因素是電解溫度、電流密度和加料速度。

①電解溫度：電解操作溫度取決於稀土金屬的熔點、電解質的性質、金屬與熔體分離的程度。掌握操作溫度的原則是盡量在較低溫度下操作，因為溫度越高，金屬的二次作用越劇，一方面引起金屬在電解質中的溶解度增大，導致電流效率降低，見圖 7-23。另一方面，加速腐蝕，加大了材質帶入雜質的污染。但溫度過低，將使稀土氧化物在電解質中的溶解度和溶解速率下降，影響電解正常進行，還可能出現造渣現象。因此控制槽溫是電解操作最重要的條件之一，要力求減少電解質溫度波動，維持操作平穩進行。

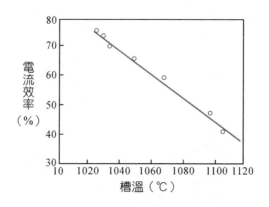

圖 7-23　電流效率與槽溫的關係

②電流密度：電解電流的大小依賴於電極表面積，特別是陽極表面積和陰極幾何形狀。陽極形狀的設計，要求在某一電流密度下產生的氧化碳氣體能迅速排出。另外，由於槽電壓和電流密度成正比，採用高電流密度則導致高槽壓操作，這就意味著電解能量消耗的增加。在稀土氧化物電解操作中要維持電解槽正常運轉和爭取最佳操作參數，起始陽極電流密度應不大於 $1A/cm^2$。

電解時，隨著陰極電流密度的增大，電流效率也相應提高。在實際操作中，通過電解槽的總電流通常是恆定的，固態陰極的插入深度基本固定，所以陰極電流密度也大體保持不變。但在長週期的連續電解中，陰極電流密度總是趨於升高。造成原因是由於陰極表面積不斷被熔體侵蝕而減小和電解質液面因蒸發而不斷下降，導致陰極插入深度變淺。陰極電流密度在電解過程中的逐漸升高會造成電解質過熱，電解質蒸發增多。氧化物電解釹選定的陰極電流密度都在 $7A/cm^2$ 以上。

③加料速度：加料速度的快慢除取決於電流強度以外，還取決於稀土氧化物在氟化物熔鹽中的溶解度。有人曾對氧化鑭和氧化釹在某些常用氟鹽中的溶解度做過研究，實驗結果列於表 7-25。

表 7-25　La_2O_3 和 Nd_2O_3 在熔融氟化物中的溶解度

熔　劑		LiF		NaF		KF	
	T（℃）	La_2O_3	Nd_2O_3	La_2O_3	Nd_2O_3	La_2O_3	Nd_2O_3
	1000	0.64	0.32			1.97	1.77
	1050	0.89	0.46				
溶解度（%）	1100	1.21	0.69	0.90	0.70	2.54	2.20
	1150	1.29	0.94	1.22	0.86	2.66	2.38
	1200	2.72			1.71	1.11	3.70

由表可以看出稀土氧化物在氟化合物熔體中的溶解度是很低的，而 Al_2O_3 在冰晶石中的溶解度高達 5%～10%。所以稀土電解槽的加料方式不能像鋁電解那樣，必須嚴格控制加料速度。理論上氧化物加入速度應與陽極反應相適應，但實際操作中只能根據電解電流的大小來掌握。若氧化物加入量過多或過速，未及時溶解的氧化物隨即沈降於槽底，並生成泥渣，增大槽底熔體黏度，不僅妨礙下降的金屬滴凝聚，造成金屬夾雜，並且降低氧化物利用率。若氧化物加入不足或過緩，造成電解質中氧化物濃度下降，氧離子供不上陽極反應的消耗，就容易引起陽極效應。

(6)工藝參數

直流電流（A）　　2200～2300

直流電壓（V）　9～11

陰極電流密度（A・cm^{-2}）　7～12

陽極電流密度（A・cm^{-2}）　～1

電解溫度（℃）　1030～1070

電解質組成（質量分率）　80%NdF$_3$，20%LiF

每爐電解時間（h）　20～22

單槽日產（kg）　52～60

(7)技術經濟指標

Nd$_2$O$_3$（不計 NdF$_3$ 中的 Nd）利用率≥95%

釹的實收率≥90%

電流效率　60%～80%

電解質單耗　0.2kg/kgNd

電耗（只計電解用電）　8.5～9kVA/kgNd

(8)產品質量　符合 GB9967−88 標準要求，如表 7-26 所示：

表 7-26　產品質量標準（%）

產　品 牌　號	總稀土金屬 含量	金屬釹相對 含量	雜質含量不大於					
			稀土雜質	非稀土雜質				
	不小於		$\dfrac{La+Ce+Pr+Sm}{RE}$	Fe	C	O	Si	Ca+Mg
Nd−4A	98.5	99.0	1.0	0.5	0.05	0.05	0.07	0.06
Nd−4B	98.5	99.0	1.0	0.5	0.10	0.05	0.07	0.06
Nd−4C	98.5	99.0	1.0	0.5	0.15			
Nd−8A	98.0	95.0	5.0	1.0	0.05	0.05		
Nd−8B	98.0	95.0	5.0	1.0	0.10	0.05		
Nd−8C	98.0	95.0	5.0	1.0	0.15			

註：相對純度——100%減去表列稀土雜質的總量之和。

　　高性能釹鐵硼永磁材料對金屬釹的質量要求更高，上述幾種標準已不能滿足要求，需要生產更純的金屬釹，其總稀土含量 ≥ 99.5%，金屬釹相對純度 ≥ 99.5%，碳含量 <0.04%。

7.2.8　稀土熔鹽電解的研究開發方向[14~19]

近幾年，隨著材料科學的發展，稀土金屬與合金除了傳統的用途外，稀土金屬與過渡金屬的金屬間化合物作為功能材料，如 NdFeB 永磁材料、LaNi$_5$ 儲氫材料已工業化生產，需求日益擴大；又如已在應用的DyTbFe型合金超磁致伸縮材料，其作為磁光材料正在開發之中，這些新材料對稀土金屬及其合金的性能、質量和成本都提出了新的要求。為滿足這些要求，稀土金屬熔鹽電解技術必須進一步完善、改進，同時要增加新的品種。

產品方面：

1.稀土金屬

金屬鑭、鈰、鐠和釹，現在和今後一段時間主要仍靠熔鹽電解法來生產，降低產品中雜質含量［如氧，碳，氮，氫，矽，鐵，鎂，鈣，鎢（鉬），鉭］和降低成本仍是努力方向。對中國來說，當前應重視更純的和高純稀土金屬的研製和分析。首先要滿足高性能 NdFeB（磁能積高於 42 MGs·Oe）對金屬釹的高質量要求（釹的純度達99.5%～99.9%）。

2.稀土合金

下述三類合金將會獲得進一步發展：

(1)混合稀土金屬多樣化　一般的富鈰混合稀土金屬[8]主要用於發火合金（打火石）和冶金及機械。近年來，由於鎳氫電池發展的需要，出現了濃化鑭$\left(\dfrac{La}{RE} > 40\%\right)$，濃化鑭釹$\left(\dfrac{La}{RE} > 40\%,\ \dfrac{Nd}{RE} 為 35\%～42\%\right)$和電池級濃化鈰混合稀土金屬（要求 Fe<0.3%，Si<0.2%，Mg<0.1%，Zn<0.05%～ 0.07%）。我們開發的電池級鑭鐠鈰（La～80%，Pr 9%～12%，Ce 5%～10%）和冶金機械用鑭鐠鈰（含La90%以）廉價新型混合稀土金屬在貯氫合金和有色鋼鐵中應用，前景看好。

(2)新材料用的稀土中間合金　已出現的稀土中間合金如表 7-27 所示。電解製取中間合金時要嚴格控制工藝條件，力求合金組成均勻、一致；要在感應爐中進行重熔。

---

[8]分包頭和四川兩種，包頭的 $\dfrac{Ce}{RE}$ 為 45%～50%，$\dfrac{La}{RE}$ 為 23%～25%，$\dfrac{Nd}{RE}$ 為 16%～17%，$\dfrac{Pr}{RE}$ 為 5%～7%。四川的 $\dfrac{Ce}{RE}$ 為 43%～46%，$\dfrac{La}{RE}$ 為 27%～32%，$\dfrac{Nd}{RE}$ 為 10%～12%，$\dfrac{Pr}{RE}$ 為 4%～7%。

表 7-27　用於新材料之稀土合金

應用領域	新材料	稀土中間合金
永磁材料	$Nd_2Fe_{14}B$，PrFeB （Pr，Nd）FeB，Ce–Co–Cu–Fe	NdFe[1]，DyFe[1] （Nd，Dy）Fe，（Pr，Nd）Fe，Ce–Co，Ce–Cu
磁致伸縮材料	TbDyFe（Terfenol–D） $Tb_xDy_1–xFe_y$	DyFe，TbFe
磁光材料	Gd–Co，Tb–Co，Tb–Fe， Tb–Fe–Co，Gd–Tb–Fe	Gd–Co，Gd–Fe，Tb–Fe
儲氫材料	$LaNi_5$型	LaNi[1]，富 LaN[1]
磁致冷材料	$PrNi_5$（$ErAl_2$）$_{0.312}$（$HoAl_2$）$_{0.198}$ （$Dy_{0.5}Al$）$_{0.490}$	PrNi，ErAl，HoAl，DyAl
磁蓄冷材料	（ErDy）Ni_2，Nd_3Ni， Er（NiCo）$_2$，GdErRh	ErNi，DyNi， NdNi，ErCo
高導電材料	Al–RE，Al–Zr–RE，Cu–RE	Al–La$_A$[1][2]，Al–Ce$_A$[1][2]，Cu–RE
高溫合金及 其塗層材料	M–Cr–Al–RE （M＝Fe，Co，Ni，RE＝Y，La）	YFe[1]，YNi[1]，Y_A[2]–Ni[1]， Al–Y[1]，Al–La[1]
耐蝕塗層材料	Zn–5Al–0.05%RE， Zn–（0.3～1）%Al–0.1%RE， Zn–Al–Mg–RE Al–RE	RE–Al[1]，RE–Zn[1] RE–Al–Zn
耐磨材料	Al–Cu–Mg–Zn–RE	Al–RE[1]
新型結構材料高 強鋁合金	Al–Zn–Mg–Cu–RE， Al–Zn–Mg–RE Al–5Fe–Ce，Al–8.7Fe–4.3Gd	Al–RE[1]，Al–Gd
高強鎂合金	Mg–Zn–Zr–Y（MB_{25}, MB_{26}）	MgY[1]，富 Y–Mg[1]
高強鋰鋁合金	Li–Al–Mg–Zn–Zr	LiAlRE

[1] 已經得到應用；

[2] La_A，Ce_A和 Y_A分別表示富 La 稀土、富 Ce 稀土和富 Y 稀土。

(3)表面稀土合金化　用活性強的稀土金屬或其合金（如稀土鋁合金、稀土鋁鈦合金）作陽極，活性差的鋼、鐵、銅、蒙乃爾合金作陰極，進行熔鹽電解。金屬或合金陽極被溶解後在陰極上析出，並向陰極基體內部擴散，形成金屬間化合物的表面合金層，使之具有優異的抗腐蝕、抗氧化或耐磨性能。在鋼鐵表面進行稀土合金化處理，已獲得應用。這是一個具有開發潛力的領域[16]。

(4)稀土在鋼鐵和有色金屬中的應用　在稀土—有色金屬方面中國已經走在世界前列，但還有許多工作可做：如應用品種和數量的增加，應用領域的擴大，添加稀土配製稀土合金工藝的改進，以廉價的鑭鐠鈰代替濃化鈰稀土金屬的應用推廣和稀土作用機構的深入研究等等。

稀土原料和熔鹽體系

1. 氯化物熔鹽系

我們從試驗研究和大量生產實踐得出：

(1)混合稀土原料中的 Sm，Eu，Yb，Fe，Pb 和 SO_4^{2-}，PO_4^{3-} 等雜質對電解產生嚴重影響，採用除去了這些雜質的分組料是合適的，某些仍然採用未經分離的初始氯化稀土作電解原料的做法應予摒棄。

(2)我們將混合稀土中鈰和釹分離後剩餘的大量鑭鐠鈰氯化稀土作為原料，生產出的新型混合稀土金屬已在貯氫合金和有色金屬中獲得應用。它有三個優勢：①使鈰和釹升值（把它們當作普通混合稀土出賣不合算），符合「資源優化配置」、「物盡其用」原則，②提鈰後的氯化稀土價格降低（每噸約 2000 元），氧化釹含量又相對提高（四川稀土由 10%～12%提到 17%～19%），用其作為分離提釹的原料比較經濟，③用提鈰提釹後的剩餘氯化稀土生產鑭鐠鈰混合稀土金屬的電效高約 10%以上，$RECl_3 \cdot 6H_2O$ 單耗／ kgRE 降低 0.2 kg。

(3)以氯化稀土結晶為電解原料，應要求其中 REO 不低於 46%，否則含水量太高，加以吸潮，必將影響正常電解。克服吸潮的簡便措施是在原料貯存和粉碎處設除濕裝置，使室內濕度不高於 45%。

2. $RE_2O_3 - REF_3$ 熔鹽系

對該熔鹽系的研究比對稀土氯化物熔鹽的研究遠為遜色，既不系統，又欠深入。比如含 REF_3 的多元相圖及其組成—性質等基本參數的數據不足。提供不含或少含 LiF 而又適於電解稀土金屬和合金的新熔鹽體系以降低成本，提供不含或少含 RE_2O_3 的氟化物混合鹽作電解質以減少產品中的氧和碳的含量。此外，還應探索提高 RE_2O_3 的活性，提高它在氟化物熔鹽中的溶解度和溶解速率，改善 REF_3（和 LiF）的生產工藝使其不含水和氧氟化物，研究電解 $RE_2O_3 - REF_3$ 造渣的成因和防止的技術措施。

電解槽型方面

用於氯化物熔鹽電解的電解槽應向大型（國外有 50000 A 規模）密閉、自動加料、虹吸出金屬（和合金）、回收利用氯氣（提高尾氣中氯的濃度，用以製備無水氯化稀土）等方向發展。800 A 石墨槽要嚴格控溫，降低熔鹽揮發，特別要降低電解電壓和熱損失，提高稀土收率和勞動生產率[16]。

　　$RE_2O_3 - REF_3$ 電解槽向大型化發展（國外已有 20000 A 電解槽），模擬鋁電解槽內壁熔鹽結殼，金屬產品匯聚其上，避免採用鎢、鉬等貴重材料作導體或接受器，延長電解槽壽命，使稀土金屬和合金的生產成本與氯化物電解相當。

　　像鋁電解槽中添加稀土化合物直接生產稀土鋁、稀土鋁矽、稀土鋁鎂矽、稀土鋁鎂鐵、稀土鋁錳等合金那樣，利用鎂電解槽添加 $MgCl_2 - RECl_3$，直接生產稀土鎂合金之類的新工藝，也是人們考慮的問題。

7.2.9　熔鹽電解在無機合成中的其它應用

1.熔鹽電解製備合金

　　除了上節詳細討論的熔鹽電解製取稀土金屬之外，中國一些研究單位還發展了稀土—有色金屬合金的電解製備[16~20]。目前已透過熔鹽電解生產了 RE-Al，RE-Mg，RE-Fe，RE-Sn 等二元合金，以及 RE-Al-Sn，RE-Al-Si 等三元合金。並且利用 RE-Al，RE-Mg 合金在富鋁、富鎂區合金化熱大的特點，用還原法在熔鹽中生產鋁基、鎂基稀土合金。該方法簡便易行，可以在工廠熔煉爐中進行，對降低稀土系列合金的生產成本有利。

2.金屬上的鍍層

　　利用難熔金屬與熔鹽的相互作用，在遠低於這些金屬熔點的溫度下，向另一金屬材料上鍍上這些難熔金屬。例如將鋼件與一小塊鈦（或一塊鉬、鉻等）投入 800℃的 KCl—NaF 熔鹽中，雖然鋼件與鈦塊不接觸，然而在一段時間以後，鋼表面上即鍍上一層鈦，鍍層與基底之間還有一層合金化層，所以鍍層不僅緻密，而且牢固。這是一種類似陽極腐蝕的現象。若將材料或器件與要鍍的難熔金屬分別連到陰極和陽極上，並通以直流電，即進行熔鹽電鍍，則可以人為控制鍍層的生長，使鍍層的性能和品質更好。

3.難熔金屬二元陶瓷型化合物的電解合成

　　目前已有不少難熔金屬的 C，B，Si，P，S，Se，Te 等二元化合物，藉熔鹽電解在陰極放電而合成。如 $MgO - MgF_2 - 2B_2O_3 - \frac{1}{2}TiO_2$ 體系，在 1000℃、20A、7V 下，可電解得 TiB_2；$Na_2O - NaF - 2B_2O_3 - \left(\frac{1}{3} \sim \frac{1}{9}\right)WO_3$ 體系，在 1000℃、20A、4V 下，可製得 WB。其它如 CaB_6，BaB_6，LaB_6，CeB_6，CeB_6，CrB，TiB_2，ZrB_2 均可藉此法製

得。Ca，Mo，Si，W，Fe，Nb，Ta 的碳化物，$CaSi_2$，Li_6Si_2；Fe，Ga，In，Mn，Mo，W 的磷化物，以及不少金屬的 S，Se，Te 化合物都可以藉由相應熔鹽體系中的電解而製得。

4. 中間價態化合物的合成

　　一些無法透過水溶液電解而獲得的中間價態化合物，往往可藉熔鹽中的電氧化還原來製取。如一系列難於製備的難熔金屬的中間價態化合物，如 Mo_2O_3，MoO_2，U_4O_9，VO，VO_2，NbO，TaO等等；中間價態氯化物如$ZrCl$，$ZrCl_3$，$HfCl_2$，$HfCl_3$等等。再如 20 世紀 80 年代初期前蘇聯學者 Kaliev K A 和 Baraboshkin A N 系統地報導了用熔鹽電解結晶出了V，Mo，W的青銅類（Bronze）化合物。其電解槽裝置如圖 7-24 所示。還得提出來的是，可透過熔鹽電解—陰極還原法來製取一系列具有 4d、5d 結構的低價原子簇鹵化物如 Sc，Y，RE，Nb，Ta，Mo，W 等。圖 7-25 所示的即為 Nb_3Cl_8−LiCl−KCl 在 700℃ 下電解合成$K_4Nb_6Cl_{18}$的裝置。若在此裝置中以 Gd 棒代替 Nb 棒作陽極，用鉭坩堝作陰極，在$GdCl_3$−LiCl−KCl 體系中製取 $GdCl$，Gd_2Cl_3（Gd_6 長鏈結構），$Gd_5Cl_9C_2$ 等原子簇化合物均取得其它方法不能代替的結果。

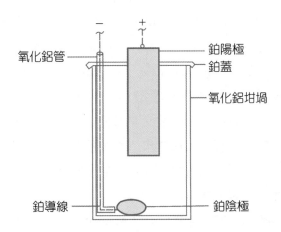

氧化鋁管　　　　　　　　　　　　　鉑陽極
　　　　　　　　　　　　　　　　　鉑蓋
　　　　　　　　　　　　　　　　　氧化鋁坩堝

鉑導線　　　　　　　　　　　　　　鉑陰極

圖 7-24　Na_2WO_4−WO_3 體系合成鎢青銅電解裝置

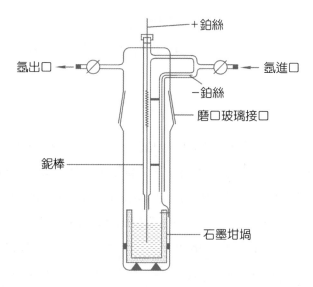

圖 7-25　Nb₃Cl₈—LiCl—KCl 體系合成 $K_4Nb_6Cl_{18}$ 電解裝置

7.3　非水溶劑中無機化合物的電解合成[11]

非水溶劑即包括多類有機溶劑，近年來應用於無機物電解合成較廣的有 AN（Acetonitrile 乙腈），DMF（Dimethylformamide，N，N—二甲基甲醯胺），DMSO（Dimethylsulfoxide，二甲亞碸），Glyme（1，2—dimethoxy-ethane，1，2—二甲氧基乙烷），Sulfolane（Tetrahydro—thiophenel—1，1—dioxide，四氫噻吩—1，1—二氧化物環丁碸）等。又包括一些熟知的無機溶劑如 NH_3，HF，$SOCl_2$ 等。由於電解質在非水溶劑中的性能大大異於水溶液中，因而促使其電極電位、電極反應等以至非水溶劑對電解產物的選擇性各具特點，因而可以藉非水溶劑中的電解反應合成出很多頗具特點的無機化合物來。在近 20 年來已經比較廣泛的應用在下列與無機合成有關的方面，其中包括：某些特種簡單鹽類的製備，低價化合物電解製備中的穩定化作用，金屬配位化合物與金屬有機化合物的製備，更值得注意的是不少非金屬化合物可從非水溶劑中電解合成出來，如含 B，N 與其它 VA 族元素的化合物，含 S 化合物，以及發生特種的電極氟化作用，如在 HF (l)／NaF 電解質中 Ni 陽極上氧化 SO_2 可得 62% 的 SO_2F_2，其它為 23% SOF_4，14% OF_2 等。在下列的表中（表 7-28，表 7-29）列出了一些具有代表性的透過非水溶劑中的電解氧化或電解還原反應並已分離出產物來的合成實例。

表 7-28　從電解氧化得到並已分離出來的無機化合物[11]

陽極／溶質	溶劑／添加電解質	產　物
Co，Ni，Zn，Cu／NO$_3$	AN／AgNO$_3$	M（NO$_3$）$_2$·xAN
Cu／LiAlCl$_4$	PC	CuCl
Cu／CuCl$_2$	甘油（glycerol）	CuCl
Sb，Bi，As／AgCN	Py（吡啶）	M（CN）$_3$，Sb（CN）$_2$
Ca，Mg／NaBH$_4$	NH$_3$(1)	M（BH$_4$）$_2$
Al／NaBH$_4$	NH$_3$(1)	Al（BH$_4$）$_3$·6NH$_3$
Pt／Pb（OAc）$_2$	HOAc／KOAc	Pb（OAc）$_4$
Al／R$_3$Al，H$_2$，α-烯烴（α-olefin）	乙醚（ether）	R$_3$Al
Al／AlI$_3$	MeI	MeAlI$_2$
Hg／Na$^+$Ph$_3$Ge$^-$	NH$_3$(1)	（Ph$_3$Ge）$_2$，Ph$_3$GeH
Sn／BuBr	BuOAc／ZnBr$_2$	Bu$_2$SnBr$_2$
Sn／BuBr	MeOH／ZnBr$_2$，Br$_2$	Bu$_3$SnBr
Pb／RMgX，RX	THF-DGDB	PbR$_4$
La，Tl，Bi／RMgX，RX	THF-DGDB	MR$_y$
Zn，Cd，Al／RMgX，RX	THF-DGDB	MR$_y$
Pb／RMgX，R'X	THF-DGDB	PbR$_y$R'$_z$
Pb／C$_2$H$_3$MgCl，R$_3$B	THF-DGDB	Pb（C$_2$H$_3$）$_y$R$_x$
Pb／RX	AN／R$_4$NX	PbR$_4$
Pb／RX	EtOH／NaOH	PbR$_4$
Pb／EtBr	PC／Et$_4$NBr	PbEt$_4$
Pb／Et$_2$Mg，H$_2$，C$_2$H$_4$	乙醚（ether）	PbEt$_4$
Pb／NaBR$_4$	二甘醇二甲醚（diglyme）	PbR$_4$
Pb，Sb，Sn，Hg／NaB（OR）$_y$R$_z$	THF	MR$_x$
Pb／NaAlMe$_4$	THF，AN	PbMe$_4$
Pb／AlEt$_3$	乙醚（ether）	PbEt$_4$
Pb／NaF·2AlEt$_3$	NaF，2AlEt$_3$	PbEt$_4$
Mn／NaCp^d	THF-DGDB	Mn（Cp）$_2$
Mn／NaCp，CO	THF-DGDB	MnCd（CO）$_3$
Fe／CpTl	DMF／KClO$_4$	Fe（Cp）$_2$
Cu／Cu（ClO$_4$）$_2$，C$_8$H$_{12}$	MeOH	Cu（C$_8$H$_{12}$）$_2$
Hg／Ru（Cp）$_2$	EtOH／Na$^+$，H$^-$，ClO$_4^-$	[（Cp）$_2$Ru]ClO$_4$
B／RMgX	乙醚（ether）	R$_3$B
Pt／NaBH$_4$	DMF	B$_2$H$_6$，H$_2$
Pt／NaBH$_4$	RNH$_2$	RNH$_2$·BH$_2$
Pt／（Me$_4$N）$_2^{2+}$B$_{10}$H$_{10}^{2-}$	AN／LiClO$_4$	（Me$_4$N）$_2$B$_{20}$H$_{19}$·0.5H$_2$O，（Me$_4$N）$_3^{3+}$B$_{20}$H$_{18}^{3-}$
C／Na$_2$B$_{12}$H$_{12}$	AN	（Et$_4$N）$_3$B$_{24}$H$_{23}$
Fe／NH$_3$(1)，NaNH$_2$	NH$_3$(1)／NaNH$_2$	N$_2$H$_4$
-／NH$_3$	DMF，DMSO	N$_2$H$_4$
C／P	ROH／HCl	（RO）$_3$PO

表 7-28　從電解氧化得到並已分離出來的無機化合物[11]（續）

陽極／溶質	溶劑／添加電解質	產　物
$-$／P，BuBr	DMF	Bu_3PO，Bu_2PH
Hg／Ph_2P（C_3H_4OH）	MeOH／LiCl	$\lvert[Ph_2P（C_3H_4OH）]_2Hg\rvert（ClO_4）_2$
Hg／Ph_3P，Ph_3As	AN／$LiClO_4$	$[（Ph_3M）_2Hg]（ClO_4）_2$
Hg／Et_4NBr	DMF／Et_4NBr	Et_4NHgBr_3
Pt／$AgNO_3$	AN／$AgNO_3$	N_2O_3，N_2O_5，O_2
Pt／$S_2O_3^{2-}$	EG／NaOAc，HOAc	$S_2O_4^{2-}$
Ni／H_2O	HF (1)／MF	OF_2
Ni／（NH_4）$_2SO_4$，（NH_4）$_2S_2O_8$	HF (1)	OF_2，NF_3，N_2，SO_2F_2
Ni／NH_4HF_2	HF (1)	NF_3
Ni／Urea（尿素）	HF (1)	NF_3，CF_4，N_2，F_2，N_2O
Ni／NH_4HF_2	HF (1)	$trans-N_2F_2$
Ni／$HOSO_2F$	HF (1)	SO_2F_2
Ni／SO_2	HF (1)	SO_2F_2
Ni／H_2S	HF (1)	SF_6
Ni／N_4S_4	HF (1)	SF_6
Ni／SF_4／HF	HF (1)	SF_6
Ni／S	HF (1)	SF_6
Ni／CS_2	HF (1)	SF_6，CF_4，CF_3SF_5
Ni／Me_2S	HF (1)	SF_6，CF_4，CF_3SF_5，（CF_3）$_2SF_4$
Ni／ClO_4^-	HF (1)	ClO_3F
Ni／Cl_2	HF (1)	ClF_5
Ni／ClF_3	HF (1)	ClF_5
Pt／（L）Ni（Ⅱ）	AN／TEAP	（L）Ni（Ⅲ）
Hg／Me_4Sn	MeOH／Na^+RCOO^-	$Me_3S_4^+RCOO$
Fe／CpTl	DMF	Cp_2Fe
Pt／NH_3	AN／$NaClO_4$	N_2，NH_4^+
Pt／NH_3	NH_3(1)／KNH_2	N_2H_4
$-$／O_2	HF (1)	OF_2
Ni／CO（NH_2）$_2$	HF (1)	NF_3，CF_4
C／CO	HFHF (1)／KF	COF_2
Ni／SO_2	HF (1)／NaF	SO_2F_2，SOF_4
Ni／S_2Cl_2	HF (1)／NaF	SF_6
Ni／ClF_3	HF (1)／NaF	ClF_5

表 7-29　從電解還原得到並已分離出來的無機化合物[11]

陰極／溶質	溶劑／添加電解質	產　物
Cu／$CuCl_2$，$ZnCl_2$	甘油（glycerol）	Cu，Zn，
Mg／$MgCl_2$	甘油酯（glycerates）	Mg
Pt／$TiCl_4$	CH_2Cl_2	$TiCl_3$
Hg／VX_3	$MeOH$／HX	$VX_2 \cdot 2$，$4MeOH$
Ni／V_2O_5	HF (1)	$V_2F_5 \cdot 7H_2O$
Cu／Et_2Be	吡啶（Py）	$pyBeEt$
$-$／Et_3Al	py／Na^+py^-	$(Py)_2AlEt_2$
$-$／$AlCl_3$	$py-THF$	$py(THF)AlCl_2$
$-$／$AlCl_3$	py	$(py)_3AlCl_2$
Al／AlI_3	MeI	$MeAlI_2$
$-$／Ph_3SnCl	$MeOH$	$(Ph_3Sn)_2$
C／$Cr(acac)_4$	py／Bu_4NBr	$Cr(CO)_6$
$V(acac)_2CO$		$pyCr(CO)_5^-$，$Cr(CO)_4^-$，$V(CO)_3^-$
C／$Mn(acac)_2$	py／Bu_4NBr	$Mn_2(CO)_{10}$
C／$Fe(acac)_2$，$Ni(acac)_2$	py／Bu_4NBr	$Fe(CO)_5$，$Ni(CO)_4$
Hg／$[CpFe(CO)_2]_2$	THF／$TBAP$，HCl	$CpFe(CO)_2H$
Hg／$CpMo(CO)_3I$	THF／$TBAP$，HCl	$CpMo(CO)_3H$
Hg／$Mn(CO)_5I$	THF／$TBAP$，HCl	$Mn(CO)_5H$
Mn／$Mn(II)$、HCp，$Fe(CO)_5$	DMF	$CpMn(CO)_3$
Cu／$Cu(ClO_4)_2$，C_8H_{12}	$MeOH$	$Cu(C_8H_{12})_2^+ ClO_4^-$
Hg／$RHgX$	甘醇二甲醚（glyme）／$TBAP$	R_2Hg
$-$／$(RHg)_2SO_4$		
Pt／$PhCH_2HgOAc$	CCl_4-MeOH	$(PhCH_2)_2Hg$，Hg
Hg／Me_4NBF_4	DMF	$12Hg \cdot Me_4N$
Hg／R_4P^+，R_4As^+	$EtOH$／Me_4NBr	R_3P，R_3As
Hg／$[Ph_3PCH_2CN]^+$	DMF／Bu_4NBr	Ph_3PO，AN
Hg／H_3PO_4，P_2O_3	環碸（sulfolane）	H_3PO_3
Pt／$POCl_3$	$POCl_3$／$Et_3N \cdot HCl$	Cl_2，$(PO)_x$
Hg／Ph_3P	DMF／Bu_4NI	Ph_2PO_2H，PhH
Hg／Ph_3P	DMF／Bu_4NI	Ph_2PO_2H，$PhPh$
Pt／$SOCl_2$	$SOCl_2$／$Et_3N \cdot HCl$	SO_2，S_2Cl_2
Al／$[Ph_2EtS]BF_4$	DMF	$EtSPh$，PhH
Al／$[Ph_3S]NO_3$	DMF	Ph_2S，PhH
Pt／O_2，K^+	DMF／$TBAP$	KO_2
Hg／O_2，$Zn(II)$，	$DMSO$／$TBAP$	$Zn(O_2)_2$，
$Sr(II)$，$Tl(I)$，		$Sr(O_2)_2$，
$Cd(II)$，$Y(III)$		TlO_2，CdO_2，$Y_3(O_2)_3$
Pt／O_2，Me_4NCl	$NH_3(1)$／Me_4NCl	Me_4NO_2
Au／CO_2	$DMSO$／$TEAP$	CO_3^{2-}，CO
Pt／$ClRh(PPh_3)_3$，	AN／$TEAP$	$Rh(PPh_3)_4$，$Rh(PMePh_2)_4$
$ClRh(PMePh_2)_3$		

表 7-29　從電解還原得到並已分離出來的無機化合物[11]（續）

陰極／溶質	溶劑／添加電解質	產　物
Pt/（L）Ni（Ⅱ）^{d}	AN／TEAP	（L）Ni（Ⅰ）
Pt／Et$_3$SiH	EtOH／（C$_{10}$H$_{21}$）$_4$NBr	Et$_3$SiOEt
Pb／MeBr	AN／Et$_4$NBr	Me$_4$Pb
Pb／EtBr	AN／Et$_4$NBr	Et$_4$Pb，Et$_3$Pb$_2$
Hg／（PhCH$_2$）$_2$PhPO	MeOH／Me$_4$NCl	（PhCH$_2$）$_2$C$_3$H$_3$PO， （PhCH$_2$）$_2$-P（O）OH
Nichrome／N$_2$， Ti（i-PrO）$_4$， naphthalene（萘）	glyme／Bu$_4$NCl， Al（i-PrO）$_3$	NH$_3$

參考文獻

1. Nagy Zoltan.Electrochemical Synthesis of Inorganic Compounds－A Bibliography. New York and London; Plenum Press, 1984.

2. Headrige J B. Electrochemical Techniques for Inorganic Chemists. New York; Academic Press, 1969.

3. 克留乞尼科夫 H L 著。無機合成手冊。北京：高等教育出版社，1953。

4. 日本化學會編。實驗化學講座 10 卷——稀有金屬的製造。丸善株式會社，1957。

5. Jolly W L. The Syntheses and Characterization of Inorganic Compounds. Prentice-Hall, Ine Englewood Cliffs N J. 1970.

6. 美國化學會無機合成編輯委員會主編。Inorganic Syntheses Vol Ⅴ, 1957. p. 139; Vol Ⅶ 1963. p. 95; Vol ⅩⅨ. 1979. p. 13; Vol ⅩⅩ. p. 153; Vol ⅩⅫ. p. 135, Mcgraw-Hill Book Company.

7. 博克里斯 J O'M 等著。電化學科學。夏熙譯。北京：人民教育出版社，1981。

8. 沈時英，胡方華編譯。熔鹽電化學理論基礎。北京：中國工業出版社，1965。

9. 別略耶夫 A Ⅱ 等著。熔鹽物理化學。胡方華譯。北京：中國工業出版社，1963。

10. 稀土編寫組編著。稀土　下冊。北京：冶金工業出版社，1978。

11. Laube L B and Schmulbach C D. Inorganic Electrosynthesis in Nonaqueous Solvents in Progress in Inorganic Chemistry Vol 14. 1971. p. 65～118.

12. 沈時英譯。離子熔體化學。北京：冶金工業出版社，1986。

13. 唐定驤。熔鹽電解冶金學。北京：北京鋼鐵學院印，1985。

14. 謝剛。熔融鹽理論與應用。北京：冶金工業出版社，1998。

15. 段淑貞，喬芝鬱主編。熔鹽化學——原理和應用。北京：冶金工業出版社，1990。

16. 唐定驤等。稀土　中冊。第二版。北京：冶金工業出版社，1995。

17. 唐定驤，陳念貽等。第三屆中日雙邊熔鹽和技術討論會論文集。北京：北京大學出版社，1990.1, 14, 82, 131。

18. 邱竹賢。熔鹽電化學——理論與應用。瀋陽：東北工學院出版社，1989。

19. 熔融鹽，熱技術研究會編著。熔融鹽，熱技術的基礎。東京。1993。

20. 徐如人主編。無機合成化學。北京：高等教育出版社，1991。

無機光化學合成

8

　　近年來隨著研究手段的發展，電子轉移理論的建立，人們對新型材料的追求，太陽能的利用，以及對光物理過程的深入理解，光化學研究又邁進了新的一步[1~6]。展現在人們面前的是研究領域的擴展以及新型分支學科的形成。光化學研究按照化合物的種類可分為無機分子光化學和有機分子光化學。按照分子的大小則可分為小分子光化學和較大分子的光化學以及聚合物的光化學。如果按照激發態分子的壽命，又可劃分為秒、毫秒、微秒和奈秒時間內的光化學。按照發光類型或躍遷機制則有螢光、磷光以及化學發光之分。配位化學、催化化學與光化學結合產生了有機金屬配合物光催化。表面化學與光化學結合產生了表面（界面）光化學。在這些光化學研究中，有的是側重於研究基元反應，諸如小分子光化學，使之對分子分裂成原子的過程以及電子轉移的機構有更深刻的認識。有的是研究光合作用或與之相關的現象，如能量轉移和電子轉移，使之對光合作用的本質有更深入的了解。在光催化中，催化活性中心的產生是光化學反應的直接結果。

　　光化學合成則是把光化學研究中得到的知識、成果加以利用，把光化學反應作為合成化合物的手段。與其它的合成方法相比，光化學合成的獨到之處在於此方法可以得到其它方法難以得到的新穎結構的化合物。眾多高應力的有機化合物的光化學合成以及某些生物活性分子的光化學合成等就是這方面的例子。本章著重介紹的是無機分子的光化學合成及其基本方法。

8.1　基本概念

8.1.1　電子激發態的光物理過程

　　光化學反應實質是光致電子激發態的化學反應。在光的作用下（通常條件下，是紫外光和可見光），電子從基態躍遷到激發態，此激發態再進行各種各樣的光物理和光化學過程。依據電子激發態中電子的自旋情況，激發態有單一態（自旋反平行）和三重線態（自旋平行）。這兩種狀態具有不同的物理性質和化學性質。能量上三重線態低於單一態。圖 8-1 示出了體系狀態改變時所包括的所有物理過程。

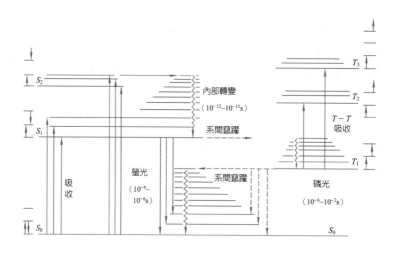

圖 8-1　光致電子躍遷和相關物理過程

　　在圖 8-1 中 S_0，S_1，S_2，…分別表示單一態基態，單一態激發態，雙線態激發態，……；T_1，T_2，…則表示第一三重線態激發態，第二三重線態激發態……。當電子從單一態基態躍遷到單一態第一激發態時，吸收光子，在吸收光譜中給出相應的吸收帶（$S_0 \rightarrow S_1$）。當電子從三重線態的第一激發態躍遷到第二激發態時，產生 $T_1 \rightarrow T_2$ 的吸收帶。但通常這種吸收是相當弱的，只有用靈敏度較高的儀器才能檢測出來。與之相反的過程，是發射光子的過程。電子從單一態激發態回到單一態基態而得到的發射光叫螢光（$S_1 \rightarrow S_o$）。而電子從第一三重線態激發態回到單一態基態所放出的光叫磷光。這兩種光在壽命上相差很大，落在不同的數量級範圍內，磷光的壽命長於螢光的壽命。單一態第二或更高的激發態返回到第一激發態的過程叫做內部轉變，此過程一般是相當快的，屬無輻射過程。從三重線態的第一激發態回到單一態的基態也可以透過叫做系間竄躍的無輻射過程實現。另外從單一態的激發態向三重線態的激發態的轉變也透過系間竄躍實現。在這一過程中實質上是電子的自旋狀態發生了改變。光化學反應涉及了以上描述的各種光物理過程，換句話說，以上的各種光物理過程對光化學反應都有直接的或間接的影響。

　　以上的光物理過程主要發生在有機分子光化學反應中。如果光化學反應涉及的不是有機分子，而是其它的無機分子或過渡金屬的配合物，或是無機固體諸如半導體，其光化學反應中所涉及的光物理過程會是完全不同的。以過渡金屬配合物為例，過渡金屬配合物是由過渡金屬和配體構成的。金屬可以是單核、雙核或多核。雙核或多核金屬又可以是同種或不同種原子。配體也可以是同種或不同種。在這樣的一個體系中，電子躍遷可以發生在中心離子上（d–d 或 f–f 躍遷），又可以發生在配體自身或配體之間，金

屬離子到配體或配體到金屬離子的電荷轉移是過渡金屬配合物參與的光化學反應中非常重要的光物理過程。在雙核或多核過渡金屬配合物中，金屬離子到金屬離子間的電荷轉移也是會發生的。對於這樣的一個體系，選擇不同波長的光可以選擇性地激發某一過程，從而改變此種過渡金屬配合物的光化學反應性，使反應朝著設計的方向進行。無機固體諸如半導體，由於其能帶結構，光物理過程涉及能帶之間的躍遷與電荷轉移。

8.1.2　光的吸收

　　前面說過，光化學反應是在光的作用下發生的。在這個過程中光被反應物分子、原子或固體吸收了，使其從基態變成了激發態。在這一光的吸收過程中，電子從某一能階受激躍遷到較高的能階而成為激發態。這些躍遷在有機化合物中最常見到的是 $n \rightarrow \pi^*$，$\pi \rightarrow \pi^*$，$n \rightarrow \sigma^*$ 和 $\sigma \rightarrow \sigma^*$ 幾種。這裡 n 表示非鍵結軌域，帶*表示反鍵軌域。這些躍遷在吸收光譜中是可以直接觀察到的。這些軌域間躍遷需要的能量隨具體的分子而異，依賴於各分子軌域能階的次序。一般而言，這些躍遷吸光係數較大，可以達 $10^5 \mathrm{L} \cdot \mathrm{mol}^{-1} \cdot \mathrm{cm}^{-1}$。

　　在過渡金屬配合物中，發生在中心離子上的 d–d 躍遷，由於（八面體）對稱性禁阻，其對光的吸收比較小，吸光係數一般只有 $10^1 \sim 10^2 \mathrm{L} \cdot \mathrm{mol}^{-1} \cdot \mathrm{cm}^{-1}$。這種躍遷發生在可見光範圍內。金屬離子到配體或配體到金屬離子的躍遷一般在紫外或靠近紫外的可見區域內，其吸光係數較大，可達 $10^4 \mathrm{L} \cdot \mathrm{mol}^{-1} \cdot \mathrm{cm}^{-1}$。有機配體間的躍遷或有機配體自身的光激發電子躍遷與有機化合物相似，具有較高的吸光係數。

　　無機固體諸如半導體的光吸收遵循不同的機制。首先這些化合物的能階是以能帶而不是像有機化合物分子那樣以分立的能階存在著。當測定這種化合物的吸收光譜時，只有在一定的臨界波長以上（朝高能量）發生光的吸收。臨界波長取決於此半導體材料的禁帶寬度。半導體材料的禁帶寬度受粒子大小影響。當粒子小到一定程度時，「量子大小效應」使禁帶寬度增加，吸收波長臨界值朝短波長（高能量）方向移動。

　　在正常情況下，化合物吸收光的特性符合 Beer–Lambert 定律，表示為

$$I = I_0 \mathrm{e}^{-\alpha c l}$$

這裡 I_0 為入射光強度，I 為透射光強度，c 為吸收光物質的濃度（$\mathrm{mol} \cdot \mathrm{L}^{-1}$），$l$ 為試樣的光程長度，即溶液的厚度（單位為 cm），α 為吸光係數。實際應用中常用的公式為

$$\log \left(I_0 \diagup I \right) = \varepsilon c l$$

這裡ε為吸光物質的莫耳消光係數（ε＝α／2.303）。Beer－Lambert 定律有一定的適用範圍和要求，滿足稀溶液、濃度均勻、光照下溶液不發生化學反應等條件才可應用。

對於固體化合物（粉末），由於粒子對光散射的存在，吸收光的測定不能用 Beer－Lambert 定律。在用漫反射測定物質吸收光的特性時，使用如下形式的 Kubelka－Munk 方程：

$$f(R_\infty) = \frac{(1-R_\infty)^2}{2R} = \frac{\kappa}{s}$$

這裡 R 是固體層的絕對反射性，s 是散射係數，κ 是莫耳吸收係數，∞ 表示固體層要足夠的厚。當 s 是常數時，Kubelka－Munk 方程可表示為

$$f(R_\infty) = \frac{(1-R_\infty)^2}{2R} = \frac{c}{k'}$$

這裡 c 是試樣的濃度，k' 與粒子大小及試樣的莫耳吸收性有關，$k'=s／2.303e$。此方程可以看作是漫反射條件下適用於固體粉末的 Beer－Lambert 定律。

8.1.3 Stark－Einstein 定律

Stark－Einstein 定律指出一個分子只有在吸收光能的一個量子以後，才能發生化學反應，這個規則對於反應初級過程無疑是適用的。但是在某些情況下，分子吸收一個光子後可以發生連鎖反應而生成更多的分子，或者連續吸收兩個光子才能產生一個分子，使 Stark－Einstein 定律不適用。為描述光化學中光子的利用率，人們引入了光化學反應產率——量子產率 ϕ 的概念，其定義為：

$$\phi = \frac{產生分子數或消失分子數}{吸收的光子數}$$

按照此式，只要知道生成（或消失）的分子數以及吸收的光子數，就能得到量子產率。知道了量子產率也就對光化學反應中光子的利用率有了較為明確的認識。因此，量子產率的概念在實際應用中比 Stark－Einstein 定律更有意義。

8.1.4 光化學能量

一般在光化學反應中所用的能量範圍處在 200～700nm 的波長範圍內。在吸收光的過程中，一個分子吸收光的能量與其波長成反比：

$$E = hv = \frac{hc}{\lambda}$$

式中 E 是能量（單位為 J），h 是 Planck 常數（6.62×10^{-34}J · s），v 是吸收光的頻率（s^{-1}），c 為真空中的光速（2.998×10^8m · s^{-1}），λ 是吸收光波長（單位為 nm）。

　　莫耳吸收能量的方程式為

$$E = N_A hv = \frac{N_A hc}{\lambda}$$

其中 N_A 為 Avogadro 常數（6.023×10^{23}mol^{-1}）。因此，物質吸收一莫耳光量子（6.023×10^{23} 光子或一個 Einstein）的能量為

$$E = \frac{6.62 \times 10^{-34} \times 2.998 \times 10^8 \times 6.023 \times 10^{23}}{10^{-9} \times \lambda \times 10^3}$$

$$= \frac{1.197 \times 10^5}{\lambda} \ (kJ \cdot mol^{-1})$$

　　由此公式，知道了波長就可以計算出相應的能量。例如，波長 500nm，相應的能量 E 為 239.4kJ · mol^{-1}。表 8-1 列出了波長和能量的關係數值。

表 8-1　波長與能量的關係

波長（nm）	波數（cm^{-1}）	能量（kJ · mol^{-1}）	能量（kcal · mol^{-1}）**	eV*
200	50000	598	142.9	6.20
400	25000	299	71.4	3.10
450	22222	266	63.5	2.76
500	20000	239	57.1	2.48
570	17544	209	49.9	2.16
590	16949	203	48.5	2.10
620	16129	92	45.9	2.00
750	13333	59	38.0	1.60

*LkJ · mol^{-1}＝1.036×10^{-2}eV；**按照國標該單位已廢除。

8.2　實驗方法[7，9～11]

　　現今用於光化學研究的實驗方法有二類：一類是用來說明光化學過程中詳細反應機構的儀器，一般要由單色光、濾光片和熱濾片、準光鏡和標定光強度的光學系統組成，以測定入射光和所研究分子的吸收光量；一類是由光化學方法進行新化合物和已知化合物合成的儀器。這類儀器一般指能夠提供由反應分子吸收的較寬波長範圍的高強度光

源。為實驗的目的，一般要求光源具有使用方便、照射範圍大等特點。下面我們就主要用於光化學合成的實驗儀器加以討論。

8.2.1 光源

目前用於光化學合成的光源主要是汞燈光源，因為這種光源使用極為方便，而且可提供從紫外到可見（200～750nm）範圍內的輻射光。依據汞燈中汞蒸氣的壓強來分類，汞燈有三種類型：低壓汞燈、中壓汞燈和高壓汞燈。其汞蒸氣壓範圍分別為 0.6665～13.33Pa、$1.013 \times 10^4 \sim 1.013 \times 10^5$Pa 和 2.026×10^7Pa。低壓汞燈在室溫下主要發射 253.7nm 和 184.9nm 的光，分別對應於

$$\text{Hg}\left(^3P_1\right) \rightarrow \text{Hg}\left(^1S_0\right) + hv$$

和
$$\text{Hg}\left(^1P_1\right) \rightarrow \text{Hg}\left(^1S_0\right) + hv' \text{躍遷}$$

184.9nm 波長的高能輻射一般強度很低，由於所用的玻璃材料，使此光不能透過。如果使用超純石英作為窗口材料，則此光可被利用。除這兩種主要的輻射光外，其它波長的光也有，但強度非常低。中壓汞燈要在相對高的溫度下使用，故需要幾分鐘預熱到操作溫度。從此種汞燈中發出的 265.4nm、310nm 和 365nm 的光具有相對高的強度。此燈的波長分佈範圍比較寬，對有機化合物的激發是很有用的。高壓汞燈與以上兩種汞燈相比有更多的譜線，甚至成為連續譜線。除這三種低、中、高壓汞燈以外，其它光源還有氙一汞燈以及塗磷光劑的燈等。

有時在光化學反應中需要單色光光源，在這種情況下，雷射光源有其獨到之處。如果需要幾種波長的單色光光源，可把兩種或兩種以上的雷射器按一定的配置組合起來，以滿足研究之用。在一種雷射器上，有時可以透過改變雷射器中氣體的種類以及氣體間的比而達到輸出不同波長的雷射。目前可調諧雷射器也已出現，使輻雷射波長可在一定的範圍內變化。

8.2.2 狹窄波長寬度光的獲得

在研究光化學反應的過程中，有時往往需要波長狹窄的光，甚至需要某一波長的單色光。這一方面是由於有時產物對用作激發光源中的某些光非常敏感，需要把這些波長的光除去，另一方面是由於有時人們想選擇性地激發分子中的某一基團使其發生反應。

　　獲得狹光的方法除了在選擇光源上有所考慮外,對一給定的光源就是利用濾光器。一類使用起來較方便的濾光器是玻璃濾光器,圖 8-2 中示出了幾種玻璃材料的透光率。另一類是溶液濾光器,利用溶液濾光器可以得到寬範圍的狹光。有時利用混合溶液或多個溶液濾光器組合則可以得到所需的狹光。表 8-2 和表 8-3 列出了某些溶液的透過波長範圍。

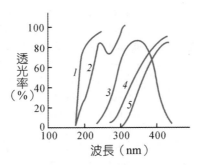

圖 8-2　幾種玻璃材料的透光率

1−Suprasil 玻璃厚 10mm;2−石英厚 10mm;3−Corning9863 玻璃 3mm;4−Pyrex 化學玻璃 2mm;5−窗玻璃 2mm

表 8-2　某些濾光器溶液的透過波長界限[9]

波長(nm)	化學組成
250 以下	Na_2WO_4
305 以下	$SnCl_2$ 的鹽酸溶液(濃度為0.1mol · L^{-1}的2:3HCl−H_2O 溶液)
330 以下	23mol · $L^{-1}Na_3VO_4$
355 以下	$BiCl_3$的 HCl 溶液
400 以下	酞酸氫鉀+KNO_2(乙二醇溶液,pH=11)
460 以下	0.05mol · $L^{-1}K_2Cr_2O_7$(在NH_4OH−NH_4Cl中 pH=10)
360 以上	0.5mol · $L^{-1}NiSO_4$+0.5mol · $L^{-1}CuSO_4$(5%H_2SO_4中)
450 以上	$CoSO_4$+$CuSO_4$

表 8-3　組合溶液濾光器的透過波長[9]

波長（nm）	溶液 1	溶液 2	溶液 3
232～268	1mol・L^{-1}NiSO$_4^b$	0.125mol・L^{-1}CoSO$_4^b$	9.0×10^{-3}mol・L^{-1}2,7—二甲基—3,6—二偶氮環庚—1,6—二烯高氯酸鹽^d
260～300	1mol・L^{-1}NiSO$_4^c$	0.4mol・L^{-1}CoSO$_4^c$	0.41×10^{-3}mol・L^{-1}BiCl$_3^e$
255～305	1mol・L^{-1}NiSO$_4^b$	1mol・L^{-1}CoSO$_4^b$	0.67×10^{-4}mol・L^{-1}BiCl$_3^e$
250～325	1mol・L^{-1}NiSO$_4^c$	0.4mol・L^{-1}CoSO$_4^c$	0.82×10^{-4}mol・L^{-1}BiCl$_3^e$
290～350	1mol・L^{-1}NiSO$_4^c$	0.4mol・L^{-1}CoSO$_4^c$	0.05mol・L^{-1}CuSO$_4^c$
282～356	1mol・L^{-1}NiSO$_4^c$	0.5mol・L^{-1}CoSO$_4^c$	0.05mol・L^{-1}CuSO$_4^c$
300～350	0.86mol・L^{-1}NiSO$_4^c$	0.5mol・L^{-1}CoSO$_4^b$	0.006mol・L^{-1}SnCl$_2^{c・f}$
310～355	0.25mol・L^{-1}NiSO$_4^c$	0.4mol・L^{-1}CoSO$_4^c$	1.1×10^{-2}mol・L^{-1}SnCl$_2^{c・f}$
310～375	0.25mol・L^{-1}NiSO$_4^c$	1mol・L^{-1}CoSO$_4^c$	0.5mo・L^{-1}CuSO$_4^c$
328～388	1mol・L^{-1}NiSO$_4^c$	0.5mol・L^{-1}CoSO$_4^b$	0.01mo・L^{-1}NaVO$_3^h$
330～440	0.7mol・L^{-1}NiSO$_4^b$	0.5mol・L^{-1}CoSO$_4^b$	0.17mol・L^{-1}SnCl$_2^{c・f}$
335～450	0.5mol・L^{-1}CoSO$_4^c$	0.01mol・L^{-1}CuSO$_4^c$	0.004mol・L^{-1}KVO$_3^h$
470～450	0.5mol・L^{-1}CoSO$_4^b$	0.5mol・L^{-1}CuSO$_4^c$	0.10mol・L^{-1}NaVO$_3^h$
375～470	0.8×10^{-3}mol・L^{-1}FeCl$_3^i$	0.1mol・L^{-1}CoSO$_4^b$	飽和（−0.63mol・L^{-1}）CuSO$_4^b$

b—10%H_2SO_4中；
c—5%H_2SO_4中；
d—這種溶液光照 3h 分解；
e—2:3HCl:H_2O溶液中；

f—與空氣接觸 24h 後，$SnCl_2$溶液分解；
g—1.5% H_2SO_4中；
h—0.1 mol・L^{-1}NaOH中；
i—10%HCl 中。

8.2.3　光化學研究裝置[7]

　　用於光化學合成的裝置有兩類：一類是反應溶液圍繞著光源的裝置；一類是光源圍繞著反應溶液的裝置。對於第一類反應裝置，光源燈被裝在雙壁的浸沒阱中。浸沒阱壁的材料的選擇決定了光透過的波長，如用 Pyrex 玻璃，只有＞300nm 波長的光透過，如用石英，＞200nm 的波長的光可以透過。這種裝置的示意圖見圖 8-3。而第二種裝置是光源圍繞著反應溶液的裝置。圖 8-4 示出了這種裝置。這種裝置中有多個光源燈圍繞著反應容器，用不同的燈可以得到不同的輻射波長。

8.2.4　光量計[7]

　　在量子產率的測定中，一般要知道吸收光子的數目，而光子數的測定常用光量計。光量計有兩種：一種是溶液光量計，另一種是電子光量計。在一般溶液光化學的波長範圍內（250～450nm），草酸鐵光量計是最重要的一種光量計[10]。這種光量計利用 3×10^{-3}mol・L^{-1} 濃度的草酸鐵溶液，在不需脫氣的條件下與光反應產生不吸收光的草酸亞鐵和CO_2，具體的反應過程如下：

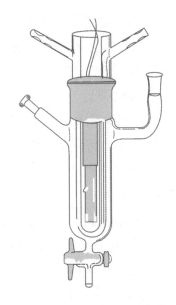

圖 8-3　浸沒式光化學反應裝置[7]

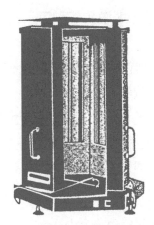

圖 8-4　多燈式光化學反應裝置[7]

$$[Fe^{III}(C_2O_4)_3]^{3-} \xrightarrow{h\nu} [Fe^{II}(C_2O_4)_2]^{2-} + \cdot\, C_2O_4^- \tag{1}$$

$$\cdot\, C_2O_4^- + [Fe^{III}(C_2O_4)_3]^{3-} \rightarrow C_2O_4^{2-} + \cdot\, [Fe^{III}(C_2O_4)_3]^{2-} \tag{2}$$

$$\cdot\, [Fe^{III}(C_2O_4)_3]^{2-} \rightarrow [Fe^{II}(C_2O_4)_2]^{2-} + 2CO_2 \tag{3}$$

由式(1)知道，僅吸收一個光子就產生一個草酸亞鐵陰離子。按式(2)和式(3)，不吸收光子
（透過暗反應）也有可能產生一個草酸亞鐵陰離子。因此，從式(1)到式(3)，可以看出，
每吸收一個光子，可能產生兩個草酸亞鐵離子。亞鐵離子的濃度可透過其與 1，10—菲
咯啉的錯合反應產生紅色錯合物，由比色法在 510nm 波長下測得。在較短的光波長範

圍內（254～360nm），Fe^{2+} 離子的形成量幾乎是不變的，量子產率的平均值為 1.24。知道了生成亞鐵離子的量子產率，又知道生成的 Fe^{2+} 離子濃度，就可以按量子產率的計算公式求出草酸鐵水溶液體系的吸收的光子數。這種光量計最近又得到了改進，光量計中利用了脫氧的 $0.08\,mol \cdot L^{-1}$ 草酸鐵鉀溶液。

　　另一種光量計是二苯甲酮——二苯基甲醇光量計。這種光量計是利用輻照真空脫氣的二苯甲酮和二苯基甲醇的苯溶液，二苯甲酮被二苯基甲醇光還原的反應。這種光量計有兩個優點：①它不吸收 390nm 以上的光；②量子產率每次被重新測定，結果消除了絕大多數的誤差。相應的反應方程式如下：[11]

$$Ph_2CO \xrightarrow{hv} [Ph_2CO]^{S_1} \longrightarrow [Ph_2CO]^{T_1}$$
$$Ph_2CO]^{T_1} + Ph_2COH \xrightarrow{k_r} 2Ph_2\overline{C}OH$$
$$[Ph_2CO]^{T_1} \xrightarrow{k_d} Ph_2CO$$
$$2Ph_2\dot{C}OH \xrightarrow{k_c} Ph_2C\underset{OH}{|}-\underset{OH}{|}CPh_2$$

方程式中 S_1，T_1 分別表示第一單一態激發態和第一三重線態激發態，k_r，k_d 和 k_c 分別表示相應反應的速率常數。

　　除上述兩種溶液光量計外，其它的溶液光量計還有戊苯酮光量計、十氟苯酮—異丙醇光量計以及 Aberchrome540 光量計。

　　電子光量計是利用矽光二極管或光電倍增管測定通過試樣的光並與由光束分離器反射的光比較的積分光量計系統。這種光量計雖然使用方便，但由於檢測器對不同波長光的敏感度或某些可能的誤差而需要進行校正。

8.3　光化學合成[6，8，12，13]

　　光化學合成的主要特點在於某些新穎結構化合物的合成以及開闢新的合成途徑。某些化合物在通常熱活化的條件下得不到或很難得到，而在光化學反應中則能夠得到或很容易得到。某些合成途徑在熱活化的反應過程中需要許多步驟，經過許多中間過程，而在光的作用下，反應可以全新的過程實現。這些方面我們將在下面的討論中看到。

　　理論上，一個光化學反應只要產率足夠的高就可以用作合成手段來製備化合物，但是在實際上，現在光化學合成主要是用來製備那些由其它的方法很難或不可能得到的某些化合物或具有特徵結構的化合物。光化學合成作為手段大量的研究工作集中在有機化合物的合成上面，而對無機光化學合成，相對來說研究得比較少，主要的工作集中在有

機金屬錯合物的光化學合成，無機化合物如金屬、半導體以及絕緣體等的雷射光助鍍膜，光催化分解水製取氫氣和氧氣，以及汞的光敏化製取矽烷、硼烷等化合物。

8.3.1　有機金屬配合物的光化學合成

按照反應類型，有機金屬配合物的光化學合成涉及如下一些反應：①光取代反應；②光異構化反應；③光敏金屬——金屬鍵斷裂反應；④光敏電子轉移反應；⑤光氧化還原反應。下面分別介紹這些反應及其特點，以及所給出的有機金屬錯合物產物。

1.光取代反應[8]

光取代反應的絕大多數研究集中在對熱不活潑的某些配合物上。這些配合物主要是 d^3、低自旋的 d^5 和 d^6 組態的金屬離子六配位配合物和 d^8 組態的平面配合物以及 Mo（Ⅳ）和 W（Ⅳ）的八氰配合物，其取代反應類型和取代程度依賴於以下幾個方面：①中心金屬離子和配位場的性質；②電子激發產生的激發態類型；③反應條件（溫度、壓強、溶劑以及其它作用物等）。由於這些配合物的對熱不活潑，因而得不到某些內配位層被取代的配位取代產物，但在光的作用下，通過配位場激發態則得到了這些取代產物。

許多光取代反應可表示為激發態的簡單一步反應：

$$[[ML_x]^{n+}]^* + S \rightarrow [ML_{x-1}S]^{n+} + L$$

這裡 L 表示配體，M 表示中心金屬離子，S 表示另一種取代基，*表示激發態。這樣的反應對 d^3 和 d^6 的過渡金屬配合物是較常見的。根據配合物的種類以及取代基的不同，光取代反應可分為如下幾類：

(1)光水合反應[8]　對過渡金屬 Cr（Ⅲ）離子配合物的光水合反應研究得較多，在光的作用下，反應按照完全不同於熱反應的方式發生對配體的取代反應：

$$[Cr（NH_3）_5Cl]^{2+} + H_2O \xrightarrow[365\sim506nm]{h\nu} [cis-Cr（NH_3）_4（H_2O）Cl]^{2+} + NH_3$$

在配位場帶受激發的情況下，水合反應主要是對 NH_3 基的取代，對 Cl^- 基的取代僅有 2%，而對 Cl^- 基的取代則是熱反應的主要產物。這裡反映出的不同取代其實質是基態反應與激發態反應的不同。

利用光水合反應還可製備多取代基配體的配合物，例如：

①$[Cr（en）_3]^{3+} + H_2O + H^+ \xrightarrow{h\nu} [Cr（en）_2（enH）（H_2O）]^{2+}$

②反式—$[Cr(en)_2F_2]^+ + H_2O + H^+ \xrightarrow{hv} [Cr(en)(enH)(H_2O)F_2]^{2+}$

③$[Cr(bipy)_3]^{3+} + H_2O + [OH^-] \xrightarrow{hv} [Cr(bipy)_2(H_2O)OH]^{2+} + bipy$

表 8-4 列出了某些過渡金屬配合物光水合反應的產物和量子產率。從表 8-4 可以看出，某些光水合反應的量子產率是很高的。

表 8-4　某些過渡金屬配合物的光水合反應和量子產率[3]

起始配合物	光化學產物	量子產率	備　註
$[Cr(NH_3)_5Cl]^{2+}$	$cis-[Cr(NH_3)_4(H_2O)Cl]^{2+}$	0.36	
	$[Cr(NH_3)_5H_2O]^{3+}$	0.005	
$[Cr(NH_3)_5NCS]^{2+}$	$cis-[Cr(NH_3)_4(H_2O)NCS]^{2+}$	0.48	
	$[Cr(NH_3)_5H_2O]^{3+}$	0.021	
$[Cr(NH_3)_5CN]^{2+}$	$cis-[Cr(NH_3)_4(H_2O)CN]^{2+}$	0.23	
	$trans-[Cr(NH_3)_4(H_2O)CN]^{2+}$	0.11	
$[Cr(CN_6)]^{3-}$	$[Cr(CN)_5H_2O]^{2-}$	0.12	
$[Cr(CN)_5H_2O]^{2-}$	$cis-[Cr(CN)_4(H_2O)_2]^-$	>0.5	
$trans-[Cr(NH_3)_4(CN)_2]^+$	$[Cr(NH_3)_3(H_2O)(CN)_2]^+$	0.24	
$trans-[Cr(NH_3)_4(NCO)Cl]^+$	$cis-[Cr(NH_3)_4(H_2O)Cl]^{2+}$	0.27	
	$cis-[Cr(NH_3)_4(H_2O)NCS]^{2+}$	0.14	
$[Cr(en)_3]^{3+}$	$[Cr(en)_2(enH)H_2O]^{4+}$	0.37	
$trans-[Cr(en)_2Cl_2]^+$	$cis-[Cr(en)_2(H_2O)Cl]^{2+}$	0.32	
$trans-[Cr(en)_2F_2]^+$	$[Cr(en)(enH)F_2]^{2+}$	0.46	
$[Cr(bipy)_3]^{3+}$	$[Cr(bipy)_2(H_2O)_2]^{3+}$	0.001（0.15）	括號內的值為 pH=9.6 時測得
$[Co(NH_3)_6]^{3+}$	$[Co(NH_3)_5(H_2O)]^{3+}$	0.0054	$\lambda_{ir}=365nm$
$[Co(CN_3)_6]^{3-}$	$[Co(CN)_5(H_2O)]^{2-}$	~0.31	$\lambda_{irr}=250\sim440nm$
$[Rh(NH_3)_6]^{3+}$	$[Rh(NH_3)_5(H_2O)]^{3+}$	0.07	$\lambda_{irr}=254\sim313nm$
$[Ir(NH_3)_6]^{3+}$	$[Ir(NH_3)_5(H_2O)]^{3+}$	0.08~0.09	$\lambda_{irr}=254\sim313nm$
$[Co(NH_3)_5Cl]^{2+}$	Co^{2+}	0.15	$\lambda_{irr}=254nm$
$[Co(NH_3)_5(CH_3CN)]^{3+}$	Co^{2+}	0.22	$\lambda_{irr}=254nm$
$[Co(NH_3)_5N_3]^{2+}$	$[Co(NH_3)_5H_2O]^{3+}$	0.10	$\lambda_{ir}=313nm$
	Co^{2+}	$0.2\rightarrow0.7$	$\lambda_{irr}=254nm$
$[Co(NH_3)_5N_3]^{2+}$	$[Co(NH_3)_4(H_2O)N_3]^{2+}$	0.25~0.35	$\lambda_{irr}=254nm$
$[Co(NH_3)_5N_3]^{2+}$	$[Co(NH_3)_4(H_2O)N_3]^{2+}$	0.2	$\lambda_{irr}=520nm$
$[Co(NH_3)_5NO_2]^{2+}$	$[Co(NH_3)_5ONO]^{2+}$	0.13	$\lambda_{irr}=254nm$
$[Co(CN)_5Cl]^{3-}$	$[Co(CN)_5H_2O]^{2-}$	0.25	$\lambda_{irr}=370nm$
$trans-[Co(CN)_4(SO_3)_2]^{5-}$	$[Co(CN)_4(SO_3)H_2O]^{3-}$	0.57	$\lambda_{irr}=366nm$
$cis-[Co(CN)_4(H_2O)_2]^-$	$trans-[Co(CN)_4(H_2O)_2]^-$	0.30	$\lambda_{irr}=313nm$
$[Rh(NH_3)_5Cl]^{2+}$	$[Rh(NH_3)_5H_2O]^{3+}$	0.11	$\lambda_{irr}=254nm$
		0.16	$\lambda_{irr}=350nm$
		0.18	$\lambda_{irr}=366nm$
$Rh(NH_3)_5I]^{2+}$	$trans-[Rh(NH_3)_4(H_2O)I]^{2+}$	0.43	$\lambda_{irr}=254nm$
		0.82	$\lambda_{irr}=385nm$
		0.85	$\lambda_{irr}=470nm$
$[Rh(NH_3)_5(CH_3CN)]^{3+}$	$[Rh(NH_3)_5H_2O]^{3+}$	0.47	$\lambda_{irr}=313nm$

表 8-4　某些過渡金屬配合物的光水合反應和量子產率[3]（續）

起始配合物	光化學產物	量子產率	備 註
$trans-[Rh(NH_3)_4Cl_2]^+$	$trans-[Rh(NH_3)_4(H_2O)Cl]^{2+}$	0.17	$\lambda_{irr}=358nm$
$cis-[Rh(NH_3)_4Cl_2]^+$	$trans-[Rh(NH_3)_4(H_2O)Cl]^{2+}$	0.34	$\lambda_{irr}=365nm$
$trans-[Rh(NH_3)_4(OH)Cl]^+$	$cis-[Rh(NH_3)_4(OH)_2]^+$	0.46	$\lambda_{irr}=365nm$
$[Rh(CN)_6]^{3-}$	$[Rh(CN)_5(H_2O)]^{2-}$	大約 0.2	$\lambda_{irr}=254nm$
$[Ir(NH_3)_5Cl]^{2+}$	$[Ir(NH_3)_5H_2O]^{3+}$	0.13	$\lambda_{irr}=254nm$
		0.15	$\lambda_{irr}=365nm$
	$[Ir(NH_3)_4(H_2O)Cl]^{2+}$	0.02	$\lambda_{irr}=254nm$
		0.02	$\lambda_{irr}=365nm$
$[Ir(NH_3)_5I]^{2+}$	$trans-[Ir(NH_3)_4(H_2OI)]^{2+}$	0.52	$\lambda_{irr}=254nm$
		0.55	$\lambda_{irr}=365nm$
$[Ir(NH_3)_5(CH_2CN)]^{3+}$	$[Ir(NH_3)_5H_2O]^{3+}$	0.28	$\lambda_{irr}=313nm$
$trans-[Ir(en)_2Cl_2]^+$	$trans-Ir[(en)_2(H_2O)Cl]^{2+}$	0.12	$\lambda_{irr}=313nm$
$cis-[Ir(en)_2Cl_2]^+$	$trans-[Ir(en)_2(H_2O)Cl]^{2+}$	0.01	$\lambda_{irr}=313nm$
$cis-[Ir(en)_2Cl_2]^+$	$cis-[Ir(en)_2(H_2O)Cl]^{2+}$	0.12	$\lambda_{irr}=313nm$

　　(2)單核金屬羰基配合物的取代反應　在單核金屬羰基配合物的光取代反應中，主要涉及的是配位基的解離失去。通式表示為：

$$M(CO)_nL_m \xrightarrow{h\nu} M(CO)_{n-1}L_m+CO$$
$$M(CO)_nL_m \xrightarrow{h\nu} M(CO)_nL_{m-1}+L$$

這兩種反應以哪種為主依賴於起始配合物的性質和輻照用的光的波長。這裡輻照光的能量決定了配合物激發態的結構。這樣產生的金屬羰基配合物是未飽和的，活潑的，極易與存在著的配位基團發生反應生成相應的取代配合物。眾多過渡金屬的羰基配合物都能發生上述的取代反應而形成具有多種取代基的過渡金屬配合物。這樣的反應在某些情況下也可以通過熱反應實現，如當 L＝PF$_3$ 時，反應

$$(\eta^5-C_5H_5)_2Hf(CO)_2+L \xrightarrow[庚烷]{h\nu} (\eta^5-C_5H_5)_2Hf(CO)L+CO$$

可以由受熱發生，但當 L＝P$(C_6H_5)_3$ 時，熱反應不能得到相應的取代產物。在這種情況下，光化學取代反應就成了重要的合成手段。

　　取代反應不僅僅對一個配位基團發生取代，有時，一種取代基可以取代兩個羰基產生新的配合物：

$$\eta^5-C_5H_5V(CO)_4+RC\equiv CH \xrightarrow[苯]{h\nu} \eta^5-C_5H_5V(CO)_2RC\equiv CH+2CO$$

這裡 R＝H，$n-C_3H_5$，$n-C_4H_9$，CMe$_3$。

　　在某些情況下，取代繼之以聚合成多核配合物的反應也能發生：

$$2\eta^5 - C_5H_5V(CO)_4 \xrightarrow[THF]{h\nu} (\eta^5 - C_5H_5)_2V_2(CO)_5 + 3CO$$

雙核產物的產率可達 90%。

以上我們討論的都是含有其它配位基的過渡金屬羰基錯合物。對於高對稱性的、惰性的 d^6 組態的第六副族過渡金屬的六羰基配合物，光取代反應的結果是失去CO，產生具有不同配位基的配合物，反應通式為

$$M(CO)_6 + L \xrightarrow{h\nu} M(CO)_5L + CO$$

對於第八副族的過渡金屬羰基配合物 $M(CO)_5$，類似的取代反應也發生。

(3)雙核金屬羰基配合物的取代反應[8]　雙核金屬配合物有的是存在著某種金屬——金屬鍵的，有的是靠配位基團成橋連接金屬雙核的。對於前者，光輻照的主要結果是金屬——金屬鍵龜裂而形成反應性的金屬羰基自由基，而後發生熱取代反應。如

$$[Mn(CO)_5]_2 + 2PPh_3 \xrightarrow{h\nu} [Mn(CO)_4(PPh_3)]_2 + 2CO$$

對於後者，光輻照的結果是失去 CO 形成金屬——金屬鍵，如

$$\eta^5 - C_5H_5(CO)_2Mn(AsMe_2)M(CO)_n \xrightarrow[THF]{h\nu}$$

$$\eta^5 - C_5H_5(CO)_2\overline{Mn(AsMe)_2M}(CO)_{n-1} + CO$$

這裡$M = Mn$，Re，$n = 5$；$M = Co$，$n = 4$。

(4)多核金屬羰基錯合物的取代反應　與雙核金屬羰基配合物類似，三核金屬羰基配合物的光反應的一般模式是金屬——金屬鍵的斷裂，其後斷鍵的中間物反應產生配合物的碎片或取代反應。例如：

$$Os_3(CO)_{12} + PPh_3 \xrightarrow[甲苯]{h\nu} Os_3(CO)_{11}PPh_3 + CO$$

$$Os_3(CO)_{11}PPh_3 + PPh_3 \xrightarrow[甲苯]{h\nu} Os_3(CO)_{10}(PPh_3)_2 + CO$$

$$Os_3(CO)_{11}(PPh_3)_2 + PPh_3 \xrightarrow[甲苯]{h\nu} Os_3(CO)_9(PPh_3)_3 + CO$$

進一步反應最終導致破碎。

雖然一些四核配合物的光解產物是配合物的破碎，但有些則不發生這樣的反應。反應的主要步驟是取代，產生取代的多核配合物，特別是對含有第 2 週期和第 3 週期過渡金屬四核羰基配合物，這種反應更是主要的。

(5)其它有機金屬配合物的取代反應　除前述的金屬羰基配合物的取代反應外，其它

配位基的有機金屬配合物，如含有金屬氫化物的有機金屬配合物、含有異氰化物的有機金屬配合物、含有烯烴的和芳烴以及烷基的金屬有機配合物等也可發生光取代反應產生相應的取代產物。下面分別列舉某些例子以表明這些有機金屬配合物的取代反應具有潛在的合成和應用前景。

①金屬氫化物配合物，當光解時主要產生脫氫產物，其在合成上是重要的，因為由此產生了在熱反應條件下所不能得到的具有反應活性的有機金屬配合物，透過此產物可以合成多種其它的有機金屬配合物。下面的一例可以說明此點：

$$(\eta^5 - C_5H_5)_2WH_2 \xrightarrow[-H_2]{hv} (\eta^5 - C_5H_5)_2W$$

$$\xrightarrow{\text{THF}} (\eta^5 - C_5H_5)_2WH(C_4H_7O - \eta)$$

$$\xrightarrow{1,3,5-\text{三甲基苯}} (\eta^5 - C_5H_5)_2W[CH_2 - 3,5 - C_6H_3(CH_3)_2]_2$$

$$\xrightarrow{C_6H_6} (\eta^5 - C_5H_5)_2WH(C_6H_5) \text{（產率 40\%～80\%）}$$

$$\xrightarrow{C_6H_5F} (\eta^5 - C_5H_5)_2WH(C_6H_4F)$$

$$\longrightarrow (\eta^5 - C_5H_5)_2WH(OCH_3) + (\eta^5 - C_5H_5)_2W(CH_3)(OCH_3)$$

②金屬異氰基配合物，光解時導致鈣位基的解離，因而具有取代反應發生的潛在力。Cr，MoW 的六芳基異氰基配合物在極純的吡啶中光解，產生吡啶對異氰基的取代產物：

$$M(CNR)_6 \xrightarrow[\text{py}]{hv} M(CNR)_5(py) + CNR$$

這些反應的量子產率列於表 8-5 中。

表 8-5　吡啶對 [M（CNR）$_6$] 中 CNR 光取代反應的量子產率[3]

配合物	激發波長	
	313nm	426nm
Cr（CNPh）$_6$	0.54	0.23
Mo（CNPh）$_6$	0.11	0.06
W（CNPh）$_6$	0.01	0.01
Cr[CN − 2,6 − (Pri)$_2$Ph]$_6$	0.55	0.23
Mo[CN − 2,6 − (Pri)$_2$Ph]$_5$	0.02	0.02
W[CN − 2,6 − (Pri)$_2$Ph]$_6$	$<1 \times 10^{-4}$	$<3 \times 10^{-4}$

③含有芳基的過渡金屬配合物，當光解時可發生部分或全部的取代而生成新的配合物，例如：

$$\eta^5 - C_5H_5 \ (CH_3 - \langle \rangle - CH_3 - \eta^6) \ Fe]^+ + L \xrightarrow{h\nu}$$

$$\eta^5 - C_5H_5FeL_3 + CH_3 - \langle \rangle - CH_3$$

上面反應中單配位基 $L = CNC_6H_4Me$，CO，$P \ (OPh)_3$；雙配位基 $L_3 = \eta^6 - C_6Me_6$ 和 $PhP \ (CH_2PPh_2)_2$。在 $L_3 = PhP \ (CH_2PPh_2)_2$ 的情況下，對二甲苯的光取代量子產率（436nm）是 0.57。

在某些情況下，溶劑分子對配位芳基的取代也可發生，如

$$(\eta^6 - 芳烴_1) \ RuCl_2 \ (PR_3) + arene_2 \xrightarrow{h\nu}$$

$$(\eta^6 - 芳烴_2) \ RuCl_2 \ (PR_3) + 芳烴_1$$

這種反應有時具有相當高的取代率，如在異丙醇苯的情況下，取代可達 100%。

2.光異構化反應

這裡的異構化反應指的是有機金屬配合物的立體異構化反應。這種光異構化反應研究的目的在於利用這種反應製備由其它方法難得到的立體異構體，或是在光的作用下，使反應比熱反應快得多的速率進行，縮短反應時間。許多光異構化反應是可逆的，反應朝哪個方面進行依賴於反應條件。

(1)可逆的順反異構化　二（雙吡啶）$Ru \ (\text{II})$ 配合物經歷光化學順反異構化反應：

$$cis - [Ru \ (bipy)_2 \ (H_2O)_2]^{2+} \xrightleftharpoons{h\nu} trans - [Ru \ (bipy)_2 \ (H_2O)_2]^{2+}$$

此反應是可逆的，但正方向的反應比逆方向的反應，具有較大的量子產率（0.043 比 0.025）。其它的 d^6 離子配合物，如 Co 的三合四胺配合物也發生類似的異構化反應。

反式（$n - Pr_3P$）$_2PdCl_2$ 配合物在三氯甲烷中紫外光照產生對光穩定的順式異構體：

$$trans - \ (n - Pr_3P)_2PdCl_2 \xrightleftharpoons{} cis - \ (n - Pr_3P)_2PdCl_2$$

由於此體系具較長的弛豫時間（10^3h），因此用光譜技術就可對其順式產物進行表徵。

對鉑的四方平面配合物的光順反異構化反應也是可逆進行的，順反異構體的相對濃度是隨溶劑而變的。反式二氯二（三乙基膦）鉑配合物的順反異構化反應，當配位場帶受輻照時（$\lambda > 300nm$）其量子產率約為 10^{-2}。

(2)有機金屬配合物中配體的異構化反應　某些有機金屬配合物中的配體當受光的照射時，會發生異構化作用產生具有不同配體異構配合物。例如固體反式 $[Ru \ (NH_3)_4 Cl \ (SO_2)]Cl$ 在 365nm 的低溫光解發生配位基 SO_2 的異構化：

$$Ru(II)-S\overset{O}{\underset{O}{\lessgtr}}O \xrightarrow{h\nu} Ru(II)\overset{O}{\underset{O}{\diagdown}}S=O$$

反應在室溫下是可逆的。同樣，Co 的錯合物也可發生這樣的反應：

$$[(en)_2Co\overset{S(=O)_2}{\underset{NH_2CH_2}{|\quad CH_2}}]^{2+} \xrightarrow{h\nu} [(en)_2Co\overset{O-S=O}{\underset{NH_2-CH_2}{|\quad CH_2}}]^{2+}$$

$$[(NH_3)_5CoNO_2]^{2+} \longrightarrow \begin{cases} [(NH_3)_5CoONO]^{2+} \\ Co^{2+}+5NH_3+NO_2 \end{cases}$$

$$[(NH_3)_5CoOOCH]^{2+} \xrightarrow{h\nu} [(NH_3)_5Co-C\overset{O}{\underset{OH}{\diagup}}]^{2+}$$

但以上三種異構化產物對熱是不穩定的，緩慢地變回到起始反應物或像在上面中間的那個反應中示出的那樣分解成 Co^{2+} 離子。

　　由於這樣的異構化產物的不穩定，長時間的光照可使配位子自身的異構化產物進一步發生反應，生成由溶劑或其它配體取代的產物：

$$[Pd(MeE+4dien)NO_2]^+ \xrightarrow{h\nu} [Pd(MeE+4dien)(ONO)]^+ \xrightarrow{h\nu}$$
$$[Pd(MeE+4dien)S]^{2+}+[NO_2]^-$$

這裡 S 表示溶劑分子，MeE＋4dien＝4－甲基－1，1，7，7—四乙基二乙撐三胺。

3. 光敏金屬─金屬鍵的斷裂反應[8]

　　光敏金屬─金屬鍵的斷裂反應是合成上具有重要意義的光化學反應之一。這裡所涉及的配合物都是雙核或多核的。這在前面光取代反應的討論中已列舉了某些例子。光敏金屬─金屬鍵的斷裂反應可以發生在同種金屬間的鍵上，也可發生在異種金屬間的鍵上。就其反應發生後的結果來說，反應可分為兩種類型：其一是破碎反應，通常這種反

應伴隨著金屬中心形式上的氧化或取代；其二是取代反應，這種反應保持了錯合物的金屬核心。

　　(1)雙核配合物中金屬—金屬鍵的斷裂反應　　在雙核金屬配合物的金屬—金屬鍵的斷裂反應中研究較多的是雙核金屬羰基配合物、$M_2 (CO)_{10}$ 及其衍生物（M 為第 VI 族，第 VII 族和第 VIII 族過渡金屬）。在這種斷裂反應中溶劑起了決定金屬—金屬鍵如何斷裂的作用：龜裂還是異裂，從而決定了最終的斷裂反應產物是取代還是插入。因此，為了合成之目的，選擇適當的溶劑是非常重要的。

　　金屬 Mo，W 的羰基配合物 $(\eta^5 - C_5H_5)_2 M_2 (CO)_6$ 在不同的鹵代烴存在下表現出不同的龜裂反應速率：

$$(\eta^5 - C_5H_5)_2 M_2 (CO)_6 + 鹵代烴 \xrightarrow[苯]{hv}$$
$$2\eta^5 - C_5H_5 M (CO)_3 Cl + PhCH_2CH_2Ph$$

反應性次序為 $CCl_4 > CHCl_3 > PhCH_2Cl > CH_2Cl_2$。

　　這些雙核配合物在具有單電子的分子存在下發生龜裂取代反應：

$$(\eta^5 - C_5H_5)_2 M_2 (CO)_6 + 2NO \xrightarrow[苯]{hv} 2\eta^5 - C_5H_5 M (CO)_2 NO + 2CO$$

　　在未飽和的有機化合物存在下，可發生龜裂後的配合物偶聯反應和插入反應，如 W 的雙核配合物和二甲基乙炔基二羰化物反應生成 55% 的 $(\eta^5 - C_5H_5)_2 W_2 (CO)_4$ 和 2% 的 $(\eta^5 - C_5H_5)_2 W_2 (CO)_4 (\mu - MeO_2C \cdot C_2CO_2Me)$。

　　在授體溶劑中，如二甲基亞碸（DMSO）、二甲基甲醯胺（DMF）和吡啶（py），異裂反應發生後產物中可觀察到負離子 $[\eta^5 - C_5H_5MC (CO)_3]^-$ 的存在。在丙酮和四氫呋喃（THF）中，有歧化反應發生：

$$(\eta^5 - C_5H_5)_2 Mo_2 (CO_6) + X^- \xrightarrow{hv} \eta^5 - C_5H_5Mo (CO)_3 X +$$
$$[\eta^5 - C_5H_5Mo (CO)_3]^-$$

這裡 X=Cl，Br，SCN。表 8-6 中列出了這些過渡金屬配合物進行光斷裂反應的某些例子。

表 8-6　某些過渡金屬雙核配合物的光斷裂反應[8]

初始雙聚物	加入試劑	產　物
$Mn_2(CO)_{10}$	$Fe(CO)_5$	$[Fe_2Mn(CO)_{12}]^-$
$Mn_2(CO)_9PPh_3$	CCl_4	$Mn(CO)_5Cl$
$Tc_2(CO)_{10}$	$Fe(CO)_5$	$[Fe_2Tc(CO)_{12}]^-$
$Re_2(CO)_5(1,10-phen)$	$CH_2Cl_2／CCl_4$	$Re(CO)_5Cl;Re(CO)_3Cl(10-phen)$
$(\eta^5-C_5H_5)_2M_2(CO)_4$	$CH_nCl_{4-n}, n=0,1,2$	$\eta^2-C_5H_5Fe(CO)_2Cl$
$(\eta^5-C_5H_5)_2M_2(CO)_4$	$PhCHO$	$\eta^2-C_5H_5Ru(CO)_2Cl$
$(\eta^5-C_5H_5)_2Ru(CO)_4$	CCl_4	$\eta^2-C_5H_5Ru(CO)_2Cl$
$(\eta^5-C_5H_5)_2Ru(CO)_4$	Se_2Ph_2	$\eta^2-C_5H_5Ru(CO)_2Seph$

(2)多核金屬配合物的金屬—金屬鍵的斷裂反應　多核金屬配合物的金屬—金屬鍵的斷裂反應的研究也主要集中在金屬羰基配合物及其衍生物上。$M_3(CO)_{12}$（M＝Fe，Ru，Os）錯合物主要進行光破碎反應。例如：

$$Ru_3(CO)_9(PPh_3)_3+3L \xrightarrow{h\nu} 3Ru(CO)_3PPh_3L$$

這裡L＝CO，PPh_3。

$$[Fe_3(CO)_{11}]^{2-}+4PPh_3 \xrightarrow{h\nu} 2Fe(CO)_3(PPh_3)_2+[Fe(CO)_4]^{2-}+CO$$

表 8-7 列出了一些多核羰基配合物的光敏金屬—金屬鍵的斷裂反應及其產物。

表 8-7　某些多核金屬羰基配合物的光敏金屬—金屬鍵的斷裂反應及其產物[3]

金屬羰基化合物	加入試劑	產　物
$Fe_3(CO)_{12}$	CO	$Fe(CO)_5$
	1-戊烯	$Fe(CO)_4(1-戊烯)$
	$HSiEt_3$	$cis-Fe(CO)_4(H)SiEt_3$
	PPh_3	$\begin{cases} Fe(CO)_4PPh_3 \\ Fe(CO)_3(PPh_3)_2 \end{cases}$
$Ru_3(CO)_{12}$	CO	$Ru(CO)_5$
	1-戊烯	$Ru(CO)_4(1-戊烯)$
	PPh_3	$\begin{cases} Ru(CO)_4PPh_3 \\ Ru(CO)_3(PPh_3)_2 \end{cases}$
	$P(OMe)_3$	$Ru[P(OMe)_3]_5$
	Si_2Me_3H	$[Ru(CO)_3SiMe_3]_2(\mu-SiMe_2)_2$
$Os_3(CO)_{12}$	CCl_4	$\begin{cases} Os_3(CO)_{12}Cl_2 \\ Os_2(CO)_4Cl_2 \end{cases}$
	1,3-環己二烯	$Os(CO)_3(二烯)$
	Si_2Me_3H	$[Os(CO)_3SiMe_3]_2(\mu-SiMe_2)_2$
	$HGeMe_3$	$\begin{cases} Os(CO)_4(GeMe_3)_2 \\ Os(CO)_4(H)(GeMe_3) \end{cases}$

4.光致電子轉移反應和氧化還原反應[6,8]

電子激發的最重要結果之一是增加了分子的電子親和力和降低了分子的游離能。這種具有足夠長壽命的電子激發態碰到其它分子時，就能很容易地發生分子間的電子轉移反應。早期無機光化學家的注意力主要集中在分子內的光氧化還原反應和配體的光取代反應上，近年來，大量的電子激發態的電子轉移反應研究轉向了有機化學領域。儘管如此，無機過程金屬離子配合物的光化學電子轉移反應始終還是十分活躍的領域，這是因為：①從太陽能到化學能的轉變為人們解決將來的能源危機開闢了新的廣闊前景；②合成具有不尋常氧化態、具有不尋常化學性質的配合物；③電子轉移反應理論研究的需要。

電子轉移反應中涉及的電子激發態是多種多樣的。圖 8-5 中給出了八面體配合物的分子軌域能階示意圖，並示出了各種可能的電子躍遷。根據電子躍遷中涉及的分子軌域，激發態可分成如下幾種：

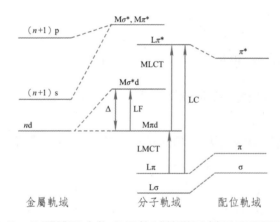

圖 8-5　八面體配合物分子軌域能階及其電子躍遷示意圖

LF－配體場電子躍遷；LC－配體中心的電子躍遷；MLCT－金屬到配體的電荷轉移躍遷；LMCT－配體到金屬的電荷轉移躍遷。虛線連接的軌域表示此軌域對分子軌域做出了最大的貢獻

(1)金屬為中心的（MC）或配位場（LF）激發態；

(2)配體內或配體為中心的（LC）的激發態；

(3)電子轉移（CT）激發態。這種電荷轉移可以從金屬到配體（MLCT）或從配體到金屬（LMCT）。另外還有電荷到溶劑的（CTTS）轉移以及發生在多核配合物中的金屬－金屬間的轉移。

需要指出的是以上各種激發態的指定多少是有些人為的，當所涉及的狀態不能用定域分子軌域組態描述時，這種指定就失去了意義。另外，軌域能階次序也是變化的，依

賴於配體的類型、金屬的性質和氧化態。例如，同種金屬離子的不同配合物$Ir(phen)Cl_4^-$，$Ir(phen)_2Cl_2^+$和$Ir(phen)_3^{3+}$的最低激發態分別是 MC，MLCT 和 LC。同種類型的不同金屬的配合物 $Rh-(bpy)_2Cl_2^+$ 和 $Ir(bpy)_2Cl_2^+$ 的最低激發態分別為 MC 和 MLCT。

透過光氧化還原反應，低價的過渡金屬配合物可得到製備。

$$Fe(n-C_5H_5)_2 \xrightarrow[CCl_4]{hv} [Fe(n-C_5H_5)_2]^+Cl^-$$

上面的第一個反應是光氧化反應產生一價鐵的配合物，後一個反應是光化學還原除 H_2反應。

某些四方平面 d^8 配合物也進行這樣的反應：

$$M(C_2O_4)L_2 \xrightarrow{hv} 2CO_2+ML_2$$

這裡 M＝Ni，Pd，Pt。今人感興趣的是，$16e^-$ 的四方平面合物經光照後產生了碳烯的無機類似物——$14e^-$ 的金屬配合物。由此方法，低價金屬如 Pt^0、Rh^+ 的配合物就可以製備出來。

8.3.2　光解水製備 H_2 和 O_2[5, 6]

光解水製備H_2和O_2是光致電子轉移和氧化還原反應研究相當多的領域。在光解水的氧化還原反應中，主要的步驟是光致強氧化劑、還原劑的生成和在催化劑存在下，這些光致生成的強氧化劑、還原劑對水的催化氧化還原分解。為防止光致產生的強氧化劑和還原劑之間發生反應回到原始狀態，控制和分離光致產生的氧化劑、還原劑就成為關鍵的步驟。為實現光致產物的分離或存留，有許多方法可以利用：

①利用其它的（第三組分）氧化劑或還原劑去防止光致產生的強氧化劑和還原劑反應，達到光致產物的分離或存留；②利用一定結構的分子聚集體實現光致電荷分離。這種方法的思想是利用反應物和產物親油性和親水性的固有差別，通過導入電界面，在微觀尺度上把它分開。③利用半導體懸散粒子體系和膠體作為光吸收體。利用半導體的好處在於光致的氧化還原反應常常是不可逆的。

光解水製取 H_2 和 O_2 的主要反應可描述為：

$$S+A \underset{}{\overset{hv}{\rightleftharpoons}} S^++A^-$$

$$4S^++2H_2O \xrightarrow{cat_1} 4S+4H^++O_2$$

$$2A^-+2H_2O \xrightarrow{cat_2} 2A+2OH+H_2$$

這裡 S 可以是配合物離子、金屬離子或半導體的光照產生的空穴；A^-可以是配合物離子或半導體的光照產生的電子。第一個反應主要是光致產生強氧化劑和還原劑的過程；第二、三個反應是其後的對水的氧化還原反應。在半導體粒子體系，發生的反應可以 TiO_2 為例描述為：

$$TiO_2 \xrightarrow{hv} TiO_2 (e_{cb}^-+h^*)$$

$$2e_{cb}^-+2H^+ \xrightarrow{pt} H_2$$

$$4h^++2H_2O \longrightarrow O_2+4H^+$$

這裡角標 cb 表示導帶。

表 8-8～表 8-10 中分別給出了各種製取 H_2 和 O_2 體系的反應物、條件和產率以及半導體粒子體系中所進行的各種反應等。

表 8-8　還原中間體的光致生成和水中 H_2 逸出的量子效率[4]

敏化劑	接受體	給予體	機構	ψ 籠	催化劑	ϕ_{H_2}
二溴螢光素	－	TEOA*	Red		Pt／TiO$_2$	0.1（pH12.5）
烷基胺－同多釩酸鹽	－	H$_2$O?	Red		－	0.002（pH9.5）
9－萘－COO$^-$	MV^{2+}	EDTA	Ox	0.91（385nm）	Pt－PVA	0.465（pH5.0）
9－萘－COO$^-$+Ru（bpy）$_3^{2+}$	MV^{2+}	EDTA	Ox		Pt－PVA	0.425（pH5.0）
Ru（bpy）$_3^{2+}$	MV^{2+}	EDTA	Ox	0.25	Pt－PVA	0.045
烷基胺－多鎢酸鹽	－	H$_2$O?	Red		－	0.05（pH7.0）
Ru（bpy）$_3^{2+}$	Co（dmgH）$_2$	TEOA／OMF	Red		－	0.13
Ru（bpy）$_3^{2+}$	Co（sepul）$^{3+}$	EDTA	Ox	0.05?	Pt－PVA	0.04（pH5）
Ru（bpy）$_3^{2+}$	Co（azacapten）$^{2+}$	EDTA	Ox	0.6		－
NaNO$_3$，VOCl$_3$	－	Alcohols	Red	0.068（iPrOH）	－	0.033（iPrOH）
				0.026（EtOH）		0.012（EtOH）
				0.08（MeOH）		0.111（MeOH）
				0.05（tBuOH）		
Ru（bpy）$_3^{2+}$	MV^{2+}	EDTA	Ox	0.8?	Pt	0.07
前黃素	MV^{2+}	EDTA	Red	0.9?	Pt	0.18
吖啶黃	MV^{2+}	EDTA	Red	0.9?	Pt	0.15

表 8-8　還原中間體的光致生成和水中 H_2 逸出的量子效率[4]（續）

敏化劑	接受體	給予體	機構	ψ籠	催化劑	ϕ_{H_2}
$Ru(bpy)_3^{2+}$	MV^{2+}和其它紫精	EDTA	Ox	0.13?		
十二鎢矽酸	—	CH_3OH	Red		Pt	0.1（340mm）
$Ru(bpy)_3^{2+}$	$Co(sepul)^{3+}$	EDTA	Ox	0.9?	Pt-聚乙二醇	
$Ru(bpy)_3^{2+}$	$Co(Me_2-bpy)_3^{3+}$	Asc**	Red	0.5	—	0.13（pH5）
$Ru(bpy)_3^{2+}$	聚合的	EDTA	Ox	0.12	Pt-PVA	0.05
$Ru(bpy)_3^{2+}$	Ti^{2+}	—	Ox		—	$<10^{-5}$
$Ru(bpy)_3^{2+}$	MV^{2+}	EDTA	Ox	0.22	Pt-PVA	$0.059\sim0.096$
$Ru(bpy)_3^{2+}$	MV^{2+}	EDTA	Ox	0.30	Pt-PVA	0.13
$ZnTMPyP^{4+}$	MV^{2+}	EDTA	Ox	0.75	Pt-PVA	0.30
$ZnTMPyP^{4+}$	—	EDTA	Red	0.08	Pt-PVA	0.015
$ZnTMPyP^{4+}$	—	EDTA	Red	0.08	Pt-聚乙二醇	0.035
$ZnT(C_{18})PyP$	—	EDTA	Red		Pt-聚乙二醇	0.002
$ZnT(C_{18})PyP$	MV^{2+}	EDTA	Ox		Pt-聚乙二醇	0.005
吖啶黃	MV^{2+}	EDTA	Red	0.56（MV）,	Pt，Pd	0.28
吖啶橙	MV^{2+}	EDTA	Red?	0.16		
$Ru(bpy)_3^{2+}$	MV^{2+}	EDTA	Ox	0.11?	Pt-PEG	0.059
$Ru(bpy)_3^{2+}$	$Ru(bpy)_3^{3+}$	TEOA	Ox	0.15	Pt	0.12
$Ru(bpy)_3^{2+}$	$Ru(bpy)_3^{3+}$	EDTA	Ox	0.15	Pt	0.04
$Ru(bpy)_3^{2+}$	$Ru(bpy)_3^{3+}$	Asc**	Red		—	0.02
$Ru(bpy)_3^{2+}$	$Co(Me_2-bpy)_3^{3+}$	Asc	Red		—	0.13
$ZnPcS$	MV^{2+}	EDTA	Ox		Pt	10^{-4}
$Ru(bpy)_3^{2+}$	MV^{2+}	TEOA	Ox	0.77		
$Ru(bpy)_3^{2+}$	Ti^{3+}	—	Ox		—	0.1?
金屬-硫鉬合物	—	H_2O?	Red		—	0.03（267nm）$<$ 10^{-5}（366nm）
$Cr(Me_2-bpy)_3^{3+}$	—	EDTA	Red		Pt	0.08（pH4.8）
$Cr(phen)_3^{3+}$	—	EDTA	Red		Pt	0.02（pH4.8）
$Cr(Me_3Phen)_3^{3+}$	—	EDTA	Red		Pt	0.08（pH4.8）
$MgPc/DMSO-H_2O$	MV^{2+}	EDTA	Red	0.47		
$ZnTMPyP^{4+}$	MV^{2+}	EDTA	Ox	0.9	Pt-PVA	0.06
$ZnTMPyP^{4+}$	MV^{2+}	EDTA	Ox		Pt-聚乙二醇	
$ZnTMPyP^{4+}$		EDTA	Red		Pt-聚乙二醇	
$ZnTPPS^{4+}$	MV^{2+}	EDTA	Ox	$<10^{-2}$	Pt-聚乙二醇	$<10^{-3}$

* TEOA-三乙醇胺；** Asc-Ascorbate，維生素 C。

表 8-9　氧化還原催化劑存在下用於從水中產生分子氧的氧化還原體系[1]

離子化劑（氧化劑）	催化劑	最佳條件		說明／結果
		pH	[O₂]（%）	
$Ru（bpy）_3^{3+}$	Co（II）	7.0	100	Co（II）為催化中間體
BrO_3^-	$RuO_2／TiO_2$	3.0	100	Br_2和O_2以計量產生
Ce^{4+}	$RuO_2 \cdot xH_2O／TiO_2$		70	最佳負載 7.5%RuO_2，100℃熱處理。水合離子是活性組分
$M（bpy）_3^{3+}$（M=Ru，Fe，Os）	"RuO_2"	6.0	70（Ru）	O_2的產量低
		6.0	25（Fe）	賴於 pH
		10.0	20（Os）	
$Fe（bpy）_3^{3+}$，PbO_2，BO_3^-	膠體的 $RuO_2／SOS$	9.0	100（Fe）	膠體的 $RuO_2／SDS$ 或 PVP
Suprox（perisophthalic acid）		7.0	100（Fe）	保持活性超過 6 個月
$M（bpy）_3^{3+}$（M=Ru，Fe）	尖晶石（Co_2O_4，$CoFe_2O_4$，$FeCr_2O_4$，$CoCr_2O_4$）和 $M（OH）_3$，M=Fe，Co，Cr，Al		0~70	
$Ru（bpy）_3^{3+}$	Co，Cu 和 Fe 與 bpy，en，$NH_3 \cdot$ EDTA 的配合物	10.0	10~70	
$Ru（bpy）_3^{3+}$	Cr，Mn，Fe，Co…磺酞菁	9~10	5~65	
$Ru（bpy）_3^{3+}$	Fe，Co 和 Ni 的氫氧化物	6~8	91（Fe）94（Co）49（Ni）	
$Ru（bpy）_3^{3+}$	$Coaq^{2+}$	7.0	100	$[Ru^{3+}]$=0.01~1.0mM* $[Co^{2+}]$~0.1$Ru^{3+}Co^{IV}$ 作為中間體
Co^{4+}	RuO_2	~0	100	

*根據原表數據，濃度仍用原單位。

　　最後需要指出的是以上各表所列的光解水製備 H_2 和 O_2 的體系是很不完善的，離大規模實際應用還有很大的距離。目前這方面的研究仍然相當活躍，尋找更有效的體系以及新型材料以期達到實用的目標。最近新發現的一些適合紫外光的多相光催化材料包括含有某些金屬或金屬氧化物 NbO_x，RuO_2，RhO_2 或 Pt 的鈦酸鹽和鈮酸鹽。具有銅鐵礦（delafossite）結構的 $CuFeO_2$ 材料被發現在可見光照射下可分解水產生氫氣和氧氣。從最近的發展看，新型光催化材料的發現與開發勢必將這方面的研究推向更新的階段。

表 8-10　半導體粒子體系中的光催化和光合反應[1]

1.「裸露的」半導體分散體上的反應
　　(1)氣體的光吸附和光脫附
　　(2) CO，H_2，N_2H_4 和 NH_3 的光催化氧化
　　(3)半導體表面上的同位素交換
　　(4) H_2O_2 的光產生及其分解
　　(5)無機物（CN，$S_2O_8^{2-}$，$Cr_2O_7^{2-}$,$SO_3^{2-}\cdots$）的光氧化和光還原
　　(6)金屬的光沈積
　　(7) CO_2 和 N_2 的光還原
　　(8)有機物（烷烴，烯烴，醇，芳香烴……）的光氧化
　　(9)光加氫反應和光脫氫反應
2.「負載催化劑的」半導體分散體的反應
　　(1)「金屬化的」半導體
　　①水的光分解
　　②鹵化物和氰化物的光氧化
　　③含碳物質的光氧化
　　④光—Kolbe 反應
　　⑤胺基酸的光合成
　　⑥光化學泥漿電極池
　　⑦光助水—氣移動反應
　　(2)金屬氧化物覆蓋的半導體
　　①水的光分解
　　② H_2S 的光分解

8.3.3　光敏化反應製取矽烷、硼烷等化合物

　　光敏化反應是在敏化劑存在下進行的光化學反應。這裡敏化劑的作用在於傳遞能量或自身參與光化學反應形成自由基，而後與反應物作用再還原成敏化劑。在眾多的無機光化學反應中，汞敏化的反應是比較多的。汞在光照下受激形成激發態汞，激發態汞和反應物分子碰撞把能量傳給反應物分子而發生反應。透過汞敏化反應，矽烷和硼烷等化合物可被製得。

1.氫化物的聚合

　　第IV主族 C，Si，Ge 和第 V 主族 P，As，Se 等的氫化物在汞存在下易進行氫化物的聚合反應。

$$2SiH_4+Hg（^3P_1）\rightarrow Si_22H_6+H_2$$
$$2GeH_4+Hg（^3P_1）\rightarrow Ge_2H_6+H_2$$

$$2PH_3+Hg\,(\,{}^3P_1\,) \rightarrow P_2H_6$$
$$2AsH_3+Hg\,(\,{}^3P_1\,) \rightarrow As_2H_6$$

這些反應之所以發生是因為這些氫化物的 M−H 鍵能都在 $294\sim378kJ\cdot mol^{-1}$ 範圍內，其吸收能量的範圍與激發態汞所能給出的能量相匹配。

矽氫化物和乙烯或乙炔聚合成矽碳烷化合物的反應也是透過汞敏化反應實現的，所以產物矽碳烷具有較高的純度並易於進行產物分離提純。其反應過程如下：

$$SiH_4+Hg\,(\,{}^3P_1\,) \rightarrow SiH_3+H+Hg\,(\,{}^1S_0\,)$$
$$SiH_3+C_2H_4 \rightarrow C_2H_4SiH_3$$
$$C_2H_4SiH_3+SiH_4 \rightarrow C_2H_5SiH_3+SiH_3$$

汞對上述反應的敏化作用可從對反應產率的影響看出：

產物	無 Hg 蒸氣的產率（mmol）	有 Hg 蒸氣的產率（mmol）
$H_3SiC_4H_5SiH_3$	0.09	0.47
$n-C_4H_9SiH_3$	0.15	0.71

利用汞的敏化反應還可製備環狀的 C_3F_6 化合物，反應機構如下：

$$N_2O+Hg\,(\,{}^3P_1\,) \rightarrow N_2+O+Hg\,(\,{}^1S_0\,)$$
$$O+C_2F_4 \xrightarrow{\text{分解}} CF_2O+CF_2$$
$$CF_2+C_2F_4 \xrightarrow{\text{聚合}} C_3F_6$$

2.硼烷的合成

許多非金屬氯化物的鍵能如 B−Cl，Si−Cl，C−Cl，As−Cl 等都在 $294\sim378$ $kJ\cdot mol^{-1}$範圍內，同樣可用汞敏化反應來合成，如

$$BCl_3+Hg\,(\,{}^3P_1\,) \rightarrow B_2H_4+Hg\,(\,{}^1S_0\,)$$
$$B_2H_6+Hg\,(\,{}^3P_1\,) \rightarrow B_4H_{10}+H_2+Hg\,(\,{}^1S_0\,)$$
$$(\,C_5H_5\,)_3B+Hg\,(\,{}^3P_1\,) \rightarrow (\,C_2H_5\,)_2B+C_2H_5+Hg\,(\,{}^1S_0\,) \quad (\,\phi\geq0.3\,)$$

除以上所提出的氫化物、矽烷、硼烷等合成例子外，汞敏化反應也可用於羰基配合物的合成，這也是由於過渡元素 Fe，Mo，W 和 Cr 與羰基（CO）所形成的鍵能與第Ⅳ、Ⅴ、Ⅵ主族元素的氫化物鍵能差不多。這種方法也是許多羰基配合物的主要合成

方法之一。如

$$2Fe（CO）_5 + Hg（{}^3P_1） \rightarrow Fe_2（CO）_9 + CO$$

$$Fe（CO）_5 + CH_3CN \xrightarrow{Hg（{}^3P_1）} Fe（CO）_4CH_3CN$$

$$Cr（CO）_6 + CH_3CN \xrightarrow{Hg（{}^3P_1）} Cr（CO）_5CH_3CN$$

$$Cr（CO）_6 + 2CH_3CN \xrightarrow{Hg（{}^3P_1）} Cr（CO）_4（CH_3CN）_2$$

除汞作為敏化劑外，其它一些原子也可以作為某些光化學反應的敏化劑。表 8-11 給出了幾種原子的敏化作用數據。

表 8-11　幾種原子的敏化作用數據

原子	激態原子	ΔE^*（eV）	壽命	吸收波長（nm）
Cd	Cd（$3P_1$）	3.80	2.5μs	326.1
Cd	Cd（$^1P_1$）	5.417	1.98ns	228.8
H	H（^2P）	10.2	1.60ns	121.6
Na	Na（$^2P_{3/2}$）	2.10	15.9ns	589.0
Na	Na（$^2P_{1/2}$）	2.10	15.9ns	589.0
Ar	Ar（$^3P_1$）	11.623	8.4ns	106.7
Ar	Ar（$^1P_1$）	11.827	2.0ns	104.8
Kr	Kr（$^3P_1$）	10.032	3.7ns	123.6
Kr	Kr（$^1P_1$）	10.643	3.2ns	116.5
Xe	Xe（$^3P_1$）	8.436	3.7ns	147.0

* ΔE 是激發態與基態的能量差值。

8.3.4　雷射光助鍍膜[13]

化學氣相沈積是人們熟悉的一種薄膜製作過程。雷射光助鍍膜是把雷射用於產生成膜所必需的先質，進而在基質上形成薄膜的過程。從產生先質的機制看，雷射光助鍍膜可以是一個熱解過程，與化學氣相沈積（CVD）相似。但從光化學合成的角度，雷射光助鍍膜所指的應是以光化學（光解）過程為主的過程。氣態或吸附在基質表面上的反應物吸收雷射後導致光離解，進而在基質表面上發生沈積成膜。如果基質吸收雷射，在表面產生電子－空穴對，進而與反應物反應發生沈積成膜，這種過程也是會發生的。這種過程是雷射蝕刻的主要反應過程。雷射光助鍍膜可用於金屬、半導體以及絕緣體薄膜的製作。與傳統的製膜工藝相比，雷射光助鍍膜提供了工藝上易於控制的優點。在某些情況下，傳統的方法無法實現的，用雷射光助鍍膜則能夠順利完成。

1. 雷射光助鍍膜需要考慮的因素

反應物：含有所需成膜的原子，其吸收光譜的特點、揮發性以及離解途徑。

基質：吸收光譜的性質及熱導性。

雷射：是否滿足對反應物激發離解的波長。

此外，所需沈積速率、雜質含量、結晶度以及形貌等也需考慮。

2. 雷射光助鍍膜所用雷射輻照的幾何形狀

在雷射光助鍍膜中，雷射輻照的幾何形狀可分為以下三種，如圖 8-6 所示。第一種形狀是聚焦形〔圖 8-6(a)〕。光束通過稜鏡聚焦到由反應物氣氛所充斥的基質上。這種類型的雷射過程也常稱做「雷射直寫」。靠近表面或吸附在表面上的分子光解後沈積到基質表面上。如果基質移動或不動，不同形狀的薄膜（點或線）可在基質上形成。用這種雷射幾何形狀，亞微米大小的沈積膜可在基質上形成。第二種輻照形狀是無聚焦或弱聚焦形〔圖 8-6(b)〕。這種輻射形狀要求高強度的脈衝雷射。用這種輻射形狀，很大面積的薄膜可以形成。這種輻射形狀的另一種形式是把雷射通過柱型稜鏡聚成線狀，並使

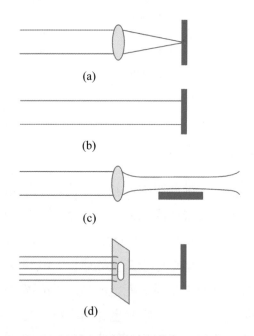

(a)

(b)

(c)

(d)

圖 8-6　雷射光助鍍膜中使用的雷射形式示意圖

(a)雷射直寫中聚焦成點的雷射形式，用於局部沈積鍍膜；(b)未聚焦或弱聚焦的光束直接照射到表面上的雷射形式，用於大面積沈積鍍膜；(c)用柱型稜鏡聚焦成線的雷射，在基質表面上方並平行於表面通過，用於大面積沈積鍍膜；(d)通過遮擋圖形的大面積不規則圖型沈積鍍膜中使用的雷射形式

其正好從基質上方通過〔圖 8-6(c)〕。在這種情況下，雷射在氣相中引發化學反應，而不是在基質表面上。這種方法避免了基質表面受雷射輻照變熱。第三種輻射形狀是投影印刷型〔圖 8-6(d)〕。這種形狀也是大面積輻照，但在光通過前面加上所需要的避光圖形。用這種方法可得到任何所需形狀的沈積薄膜。以上三種形狀可根據實際需要單獨使用，也可聯合使用。

3.雷射光助鍍膜光解沈積模型

為闡述和預示氣相和表面吸附的反應物局部光解成膜的生長速率，已提出了多種光解沈積模型。這些生長模型只考慮初始光解過程，而不考慮其後可能的光解產物的再複合等的化學反應。早期的簡單模型提出，如果氣相光解是主要過程，沈積中心處薄膜生長速率與 $1\diagup\omega$ 成正比。這裡 ω 是雷射光束半徑。如果表面光解是主要過程，沈積速率與 $1\diagup\omega_2$ 成正比。近期對具有高斯分佈形式的雷射氣相光致沈積較詳近的模型給出如下方程：

$$k_{光解} = \frac{fn\phi_t\sigma_d\,(\lambda)}{2[\pi\,(\omega^2+r^2)\,]^{1/2}}\frac{8\omega^4+r^4}{8\omega^4+\pi^{1/2}r^4}$$

這裡 n 是氣體密度；ϕ_t 是光通量；σ_d 是光解切面；r 是徑向座標；ω 是雷射在強度為 $1\diagup e$ 處的半寬度；$f=\alpha p\diagup 2$，αp 是表面沈積原子的黏貼係數。以上方程預示，對於 $r\diagup\omega\ll1$，生長速率隨 $1-(r\diagup\omega)^2\diagup 2$ 降低；對於 $r\diagup\omega\gg1$，生長速率隨 $1\diagup r$ 降低。因此，由於在 $r\diagup\omega$ 很大時生長速率降低較慢，可以預期光致沈積要比雷射的高斯分佈形式來得更散。

4.雷射光助鍍膜應用實例

通常用於雷射光助鍍膜的氣相反應物是含有金屬、半導體或絕緣體的氫化物、鹵化物、烷基化合物、羰基化合物以及乙醯丙酮化合物等。理想的先質應是在所輻照的雷射波長範圍內，較低強度的光即可把它們分解，形成無雜質的薄膜。這些化合物及其揮發性產物應是相對不活潑的，並且具有足夠大的蒸氣壓以有利於快速沈積到基質表面上。因此，選擇或發現一種理想的先質就決定了所形成薄膜的品質，以及是否能夠達到實際應用時所要求的指標。雷射光助鍍膜的研究主要集中在積體電路的製作、太陽能電池的生產、紅外檢測器的製作以及對其材料的需求等方面。近年來，固體表面調製的吸附分子光解反應的研究，也使得這個領域的發展變得更迅速和廣泛。下面分別介紹雷射光助金屬、半導體以及絕緣體薄膜的形成。

(1)金屬　　金屬如 Al，Zn，Cd，Hg 等的烷基化物；Cr，Mo，W，Fe，Ni 等的羰基化物等；Ti，W 等的鹵化物；Cu，Pd，Pb 以及 Au 的乙醯丙酮化物等用於相應金屬膜的製備。依賴於所用先質的種類，所用雷射的波長有 193nm（ArF 雷射）、248nm（KrF雷射）、257nm（倍頻 Ar^+ 離子雷射）以及 308nm（XeCl 雷射）等。這些雷射光源都在紫外範圍內是因為金屬到配體間的電子躍遷吸收發生在這個範圍內。由於金屬化合物雷射光解過程是金屬－配體鍵斷裂過程，雷射能量與鍵能的匹配是必要的。又由於金屬先質一般都含有多個配體，光解的過程一般都需要多個光子的吸收才能完成最後一個金屬－配體鍵的斷裂，或達到成膜物種的形成。具體的過程視具體的金屬化合物的種類、配體的多少而定。

由於所用的金屬先質都是有機金屬配合物，雷射光解成膜的過程最易發生的即是 C的污染。為了解決這一問題，兩種方法可以利用：①選擇含碳少的先質如氫化物、氟磷化物或選擇分解後有機物是較穩定的化合物作為先質；②控制體系的氣氛，添加某些有利於金屬原子形成的揮發性較好的化合物。

(2)半導體　　第Ⅳ主族元素半導體如 Si，Ge，Ge－Si 合金，C 及 SiC 等，第Ⅲ～Ⅴ族元素如 GaAs，InSb，InP 以及第Ⅱ～Ⅵ族元素構成的化合物半導體如 HgTe，HgCdTe，CdTe 等是研究得較多的體系，對於矽膜的形成研究較多的化合物是單矽烷和多矽矽烷。用氯矽烷的研究近年也有報導[13]。對於Ⅲ～Ⅴ族化合物半導體，利用Ⅲ和Ⅴ族元素的甲基或乙基化合物或氫化物，光解形成薄膜。對於Ⅱ～Ⅵ族化合物半導體薄膜的製備，由於它們的禁帶寬度小，關鍵問題是要使界面結構非常的分明。為達此目的，雷射光致成膜要在較低的溫度以防止原子擴散。在這種情況下，氣相中化合物的光解採用如圖 8-6(c)所示的雷射照射方式。

(3)絕緣體　　採用半導體或金屬先質，用 N_2O 為氧源，NH_3 為氮源，一些氧化物和氮化物絕緣體膜如 SiO_2，Si_3N_4，Al_2O_3，AlN，GeO_2－SiO_2 等已得到製備。除此之外，Cr_2O_3／CrO_2，TiC 等膜也有人進行了研究，在這些絕緣體的雷射光助成膜過程中，反應物之一吸光強烈，而另一種吸光較弱，吸光強的物質分解並控制整個反應過程。激發反應物的過程可以直接激發，也可以透過汞敏化的反應方式進行。以 SiO_2 膜形成為例：

$$N_2O + hv \xrightarrow{\lambda < 260nm} N_2 + O\ (^1D) \qquad\qquad 第一步，強吸收$$

$$O\ (^1D) \rightarrow O\ (^3P) \qquad\qquad 快過程$$

$$O\ (^3P)\ + SiH_4 \rightarrow SiH_3 + OH \qquad\qquad 與 SiH_4 反應$$

$$OH + SiH_4 \rightarrow H_2O + SiH_3 \qquad\qquad 產生的 OH 與 SiH_4 反應$$

$$SiH_3 + SiH_3 \rightarrow SiH_2 + SiH_4 \qquad\qquad SiH_3 歧化反應$$

$$SiH_2 + N_2O \rightarrow SiO_m H_n \qquad\qquad SiH_2 與 N_2O 反應生成產物$$

實際的過程要比這更複雜，更複雜的產物（SiO_xH_y）$_z$ 都可能形成，進而在加熱了的基質表面上分解沈積成膜。

應該指出的是，雖然金屬、半導體以及絕緣體薄膜的雷射光助製備已經研究得很多，而且這種方法製膜也顯現出易於控制的優點，但對於其反應機構仍然是不清楚的。反應的初始步驟涉及雷射光解，但到成膜的整個過程中涉及大量的中間物種，哪種物種是形成產物的物種？膜是在最終的原子狀態下形成還是在分子狀態下形成而後進一步分解？這些問題仍是不清楚的，有待於進一步研究。實際應用對薄膜材料的需求必將進一步推動薄膜形成機構的研究，使這方面的認識更加深入。

參考文獻

1. Schoonover J R and Strouse G F. Time-Resolved Vibrational Spectroscopy of Electronically Excited Inorganic Complexes in Solution, Chem Rev, 1998 (98): 1335~1356.

2. Adamson A W.Inorganic Photochemistry-Then and Now, Coord Chem.Rev.1993 (125): 1~12.

3. Marcus R A. Electron Transfer Reactions in Chemistry: Theory and Experiment (Nobel Lecture), Angew Chem Int Ed Engl, 1993(32): 1111~1121.

4. Henglein A. Small-Particle Research Physicochemical Properties of Extremely Small Colloidal Metal and Semiconductor Particles. Chem Rev, 1989(89): 1861~1873.

5. Takata T, Tanaka A, Hara M, Kondo J N and Domen K. Catal Today, 1998(44): 17~26.

6. Kalyanasundaram K, Gratzel M and Pelizzett E. Interfacial Electron Transfer in Colloidal Metal and Semiconductor Dispersions and Photodecomposition of Water, Coord Chem Rev, 1986 (69): 57~125.

7. Horspool W M Ed. Synthetic Organic Photochemistry. New York: Plenum Press, 1984.

8. Zuckerman J J. Inorganic Reactions and Methods Vol 15 VCH Publishers, Inc, Beerfield Beach, Florida, 1986.

9. Zimmerman H E. Apparatus for Quantitative and Preparative Photolysis. Mol Photochem, 1971 (3): 281~292.

10. Hatchard C G and Parker C A. A New Sensitive Chemical Actinometer Ⅱ, Potassium Ferrioxalate as a Standard Chemical Actinometer, Proc Roy Soc, London, 1956(1235): 518~536.

11. Moorre W M, Hammond G S and Foss R P. Mechanism of Photoreactions in Solutions 1. Reduction of Benzophenone by Benzhydrol, J Am Chem Soc, 1961(83): 2789~2794.

12. Wrighton M. The Photochemistry of Metal Carbonyls. Chem Rev, 1974(74): 401~430.

13. Herman I P. Laser-Assisted Deposition of Thin Film from Gas-Phase and Surface-Adsorbed Molecules. Chem Rev, 1989(89): 1323~1357.

CVD 在無機合成與材料製備中的應用與相關理論

9

9. 1　化學氣相沈積的簡短歷史回顧

化學氣相沈積是利用氣態或蒸氣態的物質在氣相或氣固界面上反應生成固態沈積物的技術。化學氣相沈積的英文詞原意是化學蒸氣沈積（Chemical Vapor Deposition，簡稱 CVD），因為很多反應物質在通常條件下是液態或固態，經過汽化成蒸氣再參與反應的。這一名稱是在 20 世紀 60 年代初期由美國 John M Blocher Jr 等人在《Vapor Deposition》一書中首先提出的。Blocher 還由於他對 CVD 國際學術交流的積極推動被尊稱為「CVD 先生（Sir CVD）」，在 20 世紀 60 年代前後對這一項技術還有另一名稱，即蒸氣鍍 Vapor Plating，而 Vapor Deposition 一詞後來被廣泛地接受。根據沈積過程中主要依靠物理過程或化學過程劃分為物理氣相沈積（Physical Vapor Deposition，簡稱 PVD）和化學氣相沈積兩大類。例如，通常把真空蒸發、濺射、離子鍍等歸屬於 PVD；而把直接依靠氣體反應或依靠電漿放電增強氣體反應的稱為 CVD 或電漿增強化學氣相沈積（Plasma Enhanced Chemical Vapor Deposition，簡稱 PECVD 或 PCVD）。實際上隨著科學技術的發展，也出現了不少交叉的現象。例如利用濺射或離子轟擊使金屬汽化再透過氣相反應生成氧化物或氮化物等就是物理過程和化學過程相結合的產物，相應地就稱之為反應濺射、反應離子鍍或化學離子鍍等。

化學氣相沈積的古老原始形態可以追溯到古人類在取暖或燒烤時薰在岩洞壁或岩石上的黑色碳層。它是木材或食物加熱時釋放出的有機氣體，經過燃燒、分解反應沈積生成岩石上的碳膜。因此考古學家發現的古人類燒烤遺址也是原始的化學氣相沈積最古老遺跡。但這是古人類無意識的遺留物，當時的目的只是為了取暖、防禦野獸或燒烤食物。隨著人類的進步，化學氣相沈積技術也曾得到有意識的發展。特別是在古代的中國，當時從事煉丹術的「術士」或「方士」為了尋找「成仙」和「長生不老」之藥，很普遍採用「升煉」的方法。實際上「升煉」技術中最主要的就是早期的化學氣相沈積技術。正如中國的著名學者陸學善在為《晶體生長》一書所寫的前言中所說：「關於銀朱的製造也值得我們的注意。銀朱就是人造辰砂，李時珍引胡演《丹藥秘訣》說：『升煉銀朱，用石亭脂二斤，新鍋內熔化。次下水銀一斤，炒作青砂頭，炒不見星，研末罐盛。石板蓋住，鐵線縛定，鹽泥固濟，大火鍛之，待冷取出。貼罐者為銀朱，貼口者為丹砂。』這裡的石亭脂就是硫磺。這裡所描寫的是汞和硫透過化學氣相沈積而形成辰砂的過程，這一過程古時候稱為『升煉』。在氣相沈積的輸運過程中，因沈積位置不同所形成的晶體顆粒有大小的不同，小的叫銀朱，大的叫丹砂。我們現在生長砷化鎵一類電光晶體，基本上用的就是『升煉』方法。這種方法中國在煉丹術時代已普遍使用了。」因此李時珍（1518—1593，中國明朝）引用胡演《丹藥秘訣》中從汞（即水銀）和硫作

用生成硫化汞的一段論述是人類歷史上對化學氣相沈積技術迄今發現的最古老的文字記載。針對這一點，Blocher 在 1989 年第 7 屆歐洲 CVD 學術會議開幕式上也曾向國際同行作了介紹。作為現代 CVD 技術發展的開始階段在 20 世紀 50 年代，主要著重於刀具塗層的應用。這方面的發展背景是由於當時歐洲的機械工業和機械加工業的強大需求。以碳化鎢作為基材的硬質合金刀具經過 CVDAl$_2$O$_3$、TiC 及 TiN 複合塗層處理後，切削性能明顯地提高，使用壽命也成倍地增加，取得非常顯著的經濟效益，因此得到推廣和實際應用。由於金黃色的 TiN 層常常是複合塗層的最外表一層，色澤金黃，因此複合塗層刀具又常被稱為「鍍黃刀具」。德國 Willy Ruppert 等是歐洲 CVD 領域的先驅研究工作者之一。從 20 世紀 60、70 年代以來，由於半導體和積體電路技術發展和生產的需要，CVD 技術得到了更迅速和更廣泛的發展。CVD 技術不僅成為半導體級超純矽原料——超純多晶矽生產的唯一方法，而且也是矽單晶外延、砷化鎵等Ⅲ～Ⅴ族半導體和Ⅱ～Ⅵ族半導體單晶外延的基本生產方法。在積體電路生產中更廣泛地使用 CVD 技術沈積各種摻雜的半導體單晶外延薄膜、多晶矽薄膜、半絕緣的摻氧多晶矽薄膜；絕緣的二氧化矽、氮化矽、磷矽玻璃、硼矽玻璃薄膜以及金屬鎢薄膜等。在製造各類特種半導體器件中，採用 CVD 技術生長發光器件中的磷砷化鎵、氮化鎵外延層等，矽鍺合金外延層及碳化矽外延層等也占有很重要的地位。在積體電路及半導體器件應用的 CVD 技術方面，美國和日本，特別是美國占有較大的優勢。日本在藍色發光器件中關鍵的氮化鎵外延生長方面取得突出的進展，已實現了批量生產。前蘇聯 Deryagin、Spitsyn 和 Fedoseev 等在 20 世紀 70 年代引入原子氫，開創了活性低壓 CVD 金剛石薄膜生長技術，80 年代在全世界形成了研究熱潮，也是 CVD 領域的一項重大突破。中國在 CVD 技術生長高溫超導體薄膜和 CVD 基礎理論等方面取得一些開創性成果。Blocher 在 1987 年稱讚中國的低壓 CVD（Low Pressare Chemical Vapor Deposition，簡稱 LPCVD）模擬模型的信中說：「這樣的理論模型研究不僅在科學意義上增進了對這項工藝技術的基礎性了解，而且引導在微電子矽片工藝應用中生產效率的顯著提高。」1990 年以來中國在活性低壓 CVD 金剛石生長熱力學方面，根據非平衡熱力學原理，開拓了非平衡定態相圖及其計算的新領域，第一次真正從理論和實驗對比上定量化地證實反自發方向的反應可以透過熱力學反應耦合依靠另一個自發反應提供的能量推動來完成。低壓下從石墨轉變生成金剛石是一個典型的反自發方向進行的反應，它是依靠自發的氫原子締合反應的推動來實現的。在生命體中確實存在著大量反自發方向進行的反應，據此可以把活性（即由外界輸入能量）條件下金剛石的低壓氣相生長和生命體中某些現象作類比討論。因此這是一項具有較深遠學術意義和應用前景的研究進展。

9.2　化學氣相沈積的技術原理

　　CVD技術是原料氣或蒸氣通過氣相反應沈積出固態物質，因此把CVD技術用於無機合成和材料製備時具有以下特點：①澱積反應如在氣固界面上發生，則澱積物將按照原有固態基底（又稱襯底）的形狀包覆一層薄膜。這一特點也決定了CVD技術在塗層刀具上的應用，而且更主要地決定了在積體電路和其它半導體器件製造中的應用。按照原有襯底形狀包覆薄膜的特性又稱為保形性。這一特性在超大規模積體電路製造工藝中特別重要，能否在 0.28 µm 線條寬度和 1～2 µm 左右的深度的圖形上得到令人滿意的保形特性，對積體電路產品特性有非常重要的影響。也正是由於CVD技術在保形性方面的優越性，因而比PVD技術更廣泛地用於積體電路製造中。從這個意義上來看，CVD技術是無機合成和材料製備中一項極為精細的工藝技術，它不僅要得到所希望的無機合成物質，而且要求得到無機材料按嚴格要求的幾何形貌來分佈。②採用CVD技術也可以得到單一的無機合成物質，並用以作為原材料製備。例如，氣相分解矽烷（四氫化矽 SiH_4）或者採用三氯矽烷（$SiHCl_3$）氫還原時都可以得到錠塊狀的半導體純度的超純多晶矽。這時通常採用和沈積物相同物質作為最初的基底材料，經過長時期的一再包覆在氣體中生長成粗大的錠條或錠塊。這樣得到的通常是多晶材料，提供進一步拉製單晶或直接作為多晶材料來使用。③如果採用某種基底材料，在沈積物達到一定厚度以後又容易與基底分離，這樣就可以得到各種特定形狀的游離沈積物器具。碳化矽器皿和金剛石膜部件均可以用這種方式製造。④在CVD技術中也可以沈積生成晶體或細粉狀物質，例如生成銀朱或丹砂；或者使沈積反應發生在氣相中而不是在基底的表面上，這樣得到的無機合成物質可以是很細的粉末，甚至是奈米尺度的微粒稱為奈米超細粉末。這也是一項新興的技術。奈米尺度的材料往往具有一些新的特性或優點，例如生成比表面極大的二氧化矽（俗稱白碳黑）用於作為矽橡膠的優質增強填料，或者生成比表面大、具有光催化特性的二氧化鈦超細粉末等。

　　為了適應CVD技術的需要，通常對原料、產物及反應類型等也有一定的要求：

⑴ 反應原料是氣態或易於揮發成蒸氣的液態或固態物質。

⑵ 反應易於生成所需要的沈積物而其它副產物保留在氣相排出或易於分離。

⑶整個操作較易於控制。

　　用於化學氣相沈積的反應類型大體如下所述。

9.2.1 簡單熱分解和熱分解反應沈積

通常IVB族ⅢB族和ⅡB族的一些低週期元素的氫化物如 CH_4，SiH_4，GeH_4，B_2H_6，PH_3，AsH_3 等都是氣態化合物，而且加熱後易分解出相應的元素，因此很適合用於CVD技術中作為原料氣。其中 CH_4，SiH_4 分解後直接沈積出固態的薄膜，GeH_4 也可以混合在 SiH_4 中，熱分解後直接得 Si－Ge 合金膜。例如：

$$CH_4 \xrightarrow{600\sim1000℃} C + 2H_2 \tag{9-1}$$

$$SiH_4 \xrightarrow{600\sim800℃} Si + 2H_2 \tag{9-2}$$

$$0.95SiH_4 + 0.05GeH_4 \xrightarrow{550\sim800℃} Ge_{0.05}Si_{0.95}（矽鍺合金）+ 2H_2 \tag{9-3}$$

也有一些有機烷氧基的元素化合物，在高溫時不穩定，熱分解生成該元素的氧化物，例如：

$$2Al（OC_3H_7）_3 \xrightarrow{\sim420℃} Al_2O_3 + 6C_3H_6 + 3H_2O \tag{9-4}$$

$$Si（OC_2H_5）_4 \xrightarrow{750\sim850℃} SiO_2 + 4C_2H_4 + 2H_2O \tag{9-5}$$

也可以利用氫化物或有機烷基化合物的不穩定性，經過熱分解後立即在氣相中和其它原料氣反應生成固態沈積物，例如：

$$Ga（CH_3）_3 + AsH_3 \xrightarrow{630\sim675℃} GaAs + 3CH_4 \tag{9-6}$$

$$Cd（CH_3）_2 + H_2S \xrightarrow{475℃} CdS + 2CH_4 \tag{9-7}$$

此外還有一些金屬的羰基化合物，本身是氣態或者很容易揮發成蒸氣，經過熱分解沈積出金屬薄膜並放出 CO 等適合 CVD 技術使用，例如：

$$Ni（CO）_4 \xrightarrow{140\sim240℃} Ni + 4CO \tag{9-8}$$

$$Pt（CO）_2Cl_2 \xrightarrow{600℃} Pt + 2CO + Cl_2 \tag{9-9}$$

值得注意的是通常金屬化合物往往是一些無機鹽類，揮發性很低，很難作為 CVD 技術的原料氣（有時又稱為先質 precursors），而有機烷基金屬則通常是氣體或易揮發的物質，因此製備金屬或金屬化合物薄膜時，常常採用這些有機烷基金屬為原料，相應地形成了一類金屬有機化學氣相沈積（Metal－Organic Chemical Vapor Deposition，簡稱為 MOCVD）技術。其它一些含金屬的有機化合物，例如三異丙醇鋁〔Al（OC_3H_7）_3〕以及一些 β－丙酮酸（或 β－二酮）的金屬錯合物等不包含C—M鍵（碳—金屬鍵），並不真正屬於金屬有機化合物，而是金屬的有機配合物或含金屬的有機化合物。這些化合

物也常常具有較大的揮發性，採用這些原料的 CVD 技術，有時也被包含在 MOCVD 技術之中。

9.2.2　氧化還原反應沈積

一些元素的氫化物或有機烷基化合物常常是氣態的或者是易於揮發的液體或固體，便於使用在 CVD 技術中。如果同時通入氧氣，在反應器中發生氧化反應時就沈積出相應於該元素的氧化物薄膜。例如：

$$SiH_4 + 2O_2 \xrightarrow{325\sim475℃} SiO_2 + 2H_2O \tag{9-10}$$

$$2SiH_4 + 2B_2H_6 + 15O_2 \xrightarrow{300\sim500℃} 2B_2O_3 \cdot SiO_2 + 10H_2O \tag{9-11}$$

$$Al_2(CH_3)_6 + 12O_2 \xrightarrow{450℃} Al_2O_3 + 9H_2O + 6CO_2 \tag{9-12}$$

鹵素通常是負一價，許多鹵化物是氣態或易揮發的物質，因此在 CVD 技術中廣泛地將之作為原料氣。要得到相應的該元素薄膜就常常需採用氫還原的方法。例如：

$$WF_6 + 3H_2 \xrightarrow{\sim300℃} W + 6HF \tag{9-13}$$

$$SiCl_4 + 2H_2 \xrightarrow{1150\sim1200℃} Si + 4HCl \tag{9-14}$$

還有三氯矽烷的氫還原反應是目前工業規模生產半導體級超純矽〔＞99.9999999%，簡稱九個 9 或九個 N（Nine）〕的基本方法。

$$SiHCl_3 + H_2 \xrightarrow{1100\sim1150℃} Si + 3HCl \tag{9-15}$$

9.2.3　其它合成反應沈積

在 CVD 技術中使用最多的反應類型是兩種或兩種以上的反應原料氣在沈積反應器中相互作用合成得到所需要的無機薄膜或其它材料形式。例如：

$$3SiH_4 + 4NH_3 \xrightarrow{750℃} Si_3N_4 + 12H_2 \tag{9-16}$$

$$3SiCl_4 + 4NH_3 \xrightarrow{850\sim900℃} Si_3N_4 + 12HCl \tag{9-17}$$

$$2TiCl_4 + N_2 + 4H_2 \xrightarrow{1200\sim1250℃} 2TiN + 8HCl \tag{9-18}$$

9.2.4 化學輸運反應沈積

有一些物質本身在高溫下會氣化分解，然後在沈積反應器稍冷的地方反應沈積生成薄膜、晶體或粉末等形式的產物。例如前面介紹的 HgS 就屬於這一類，具體的反應可以寫成：

$$2HgS（s）\xrightleftharpoons[T_1]{T_2} 2Hg（g）+S_2（g） \tag{9-19}$$

也有的時候原料物質本身不容易發生分解，而需添加另一物質（稱為輸運劑）來促進輸運中間氣態產物的生成。例如：

$$2ZnS（s）+2I_2（g）\xrightleftharpoons[T_1]{T_2} 2ZnI_2（g）+S_2（g） \tag{9-20}$$

這類輸運反應中通常是 $T_2 > T_1$，即生成氣態化合物的反應溫度 T_2 往往比重新反應沈積時的溫度 T_1 要高一些。但這不是固定不變的，有時候沈積反應反而發生在較高溫度的地方，例如碘鎢燈（或溴鎢燈）管工作時不斷發生的化學輸運過程就是由低溫向高溫方向進行的。為了使碘鎢燈（或溴鎢燈）燈光的光色接近於日光的光色就必須提高鎢絲的工作溫度。提高鎢絲的工作溫度（2800～3000℃）就大大加快了鎢絲的揮發，揮發出來的鎢冷凝在相對低溫（～1400℃）的石英管內壁上，使燈管發黑，也相應地縮短鎢絲和燈的壽命。如在燈管中封存著少量碘（或溴），燈管工作時氣態的碘（或溴）就會與揮發到石英燈管內壁的鎢反應生成四碘化鎢（或四溴化鎢）。四碘化鎢（或四溴化鎢）此時是氣體，就會在燈管內輸運或遷移，遇到高溫的鎢絲就熱分解把鎢沈積在因為揮發而變細的部分，使鎢絲恢復原來的粗細。四碘化鎢（或四溴化鎢）在鎢絲上熱分解沈積鎢的同時也釋放出碘（或溴），使碘（或溴）又可以不斷地循環工作。由於非常巧妙地利用了化學輸運反應沈積原理，碘鎢燈（或溴鎢燈）的鎢絲溫度得以顯著提高，而且壽命也大幅度地延長。

$$W（s）+3I_2（g）\xrightleftharpoons[\sim3000℃]{1400℃} WI_6（g） \tag{9-21}$$

9.2.5 電漿增強的反應沈積

在低真空條件下，利用直流電壓（DC）、交流電壓（AC）、射頻（RF）、微波（MW）或電子迴旋共振（ECR）等方法實現氣體輝光放電在沈積反應器中產生電漿。由於電漿中正離子、電子和中性反應分子相互碰撞，可以大大降低沈積溫度，例如矽烷和氨氣的反應在通常條件下，約在 850℃左右反應並沈積氮化矽，但是在電漿增強反應

的情況下，只需要 350℃ 左右就可以生成氮化矽。這樣就可以拓寬 CVD 技術的應用範圍，特別是在積體電路晶片的最後表面鈍化工藝中，800℃ 的高溫會使已經有電路的晶片損壞，而 350℃ 左右沈積氮化矽不僅不會損壞晶片並使晶片得到鈍化保護，提高了器件的穩定性。由於這些薄膜是低溫下沈積的，它們的分子式中原子比不是很確定，同時薄膜中也常含有一定量的氫，因此分子表達式常用 SiO_x（或 SiO_xH_y）來代表。一些常用的 PECVD 反應有：

$$SiH_4 + xN_2O \xrightarrow{\sim 350℃} SiO_x（或 SiO_xH_y）+ \cdots \qquad (9\text{-}22)$$

$$SiH_4 + xNH_3 \xrightarrow{\sim 350℃} SiN_x（或 SiN_xH_y）+ \cdots \qquad (9\text{-}23)$$

$$SiH_4 \xrightarrow{\sim 350℃} \alpha\text{-}Si（H）+ 2H_2 \qquad (9\text{-}24)$$

最後一個矽烷熱分解的反應式可以用來製造非晶矽太陽能電池等。

9.2.6　其它能源增強的反應沈積

隨著高新技術的發展，採用雷射來增強化學氣相沈積也是常用的一種方法，例如：

$$W（CO）_6 \xrightarrow{雷射束} W + 6CO \qquad (9\text{-}25)$$

通常這一反應發生在 300℃ 左右的襯底表面。採用雷射束平行於襯底表面，雷射束與襯底表面的距離約 1mm，結果處於室溫的襯底表面上就會沈積出一層光亮的鎢膜。

其它各種能源，例如利用火焰燃燒法或熱絲法都可以實現增強沈積反應的目的。不過，燃燒法主要不是降低溫度而是增強反應速率。利用外界能源輸入能量有時還可以改變沈積物的品種和晶體結構。例如，甲烷或有機碳氫化合物蒸氣在高溫下裂解生成碳黑，碳黑主要是由非晶碳和細小的石墨顆粒組成。

$$CH_4 \xrightarrow{800\sim 1000℃} C（碳黑）+ 2H_2 \qquad (9\text{-}26)$$

把用氫氣稀釋的 1% 甲烷在高溫低壓下裂解也會生成石墨和非晶碳，但是同時利用熱絲或電漿使氫分子解離生成氫原子，那麼就有可能在壓強 0.1MPa 左右或更低的壓強下沈積出金剛石而不是沈積出石墨來，

$$CH_4 \xrightarrow[800\sim 1000℃]{熱絲或電漿} C（金剛石）+ 2H_2 \qquad (9\text{-}27)$$

甚至在沈積金剛石的同時石墨被腐蝕掉，實現了過去認為似乎不可能實現在低壓下從石墨到金剛石的轉變。

$$C\text{（石墨）}+H_2 \underset{800\sim1000℃}{\overset{\text{電漿}}{\longleftarrow}} CH_4+C_2H_2+\cdots \underset{800\sim1000℃}{\overset{\text{電漿}}{\longrightarrow}} C\text{（金剛石）}+2H_2 \tag{9-28}$$

對此將在後面專門討論。

9.3 化學氣相沈積的裝置

　　CVD 裝置通常可以由①氣源控制部件、②沈積反應室、③沈積溫控部件、④真空排氣和壓強控制部件等部分組成。在電漿增強型或其它能源活性型 CVD 裝置中，還需要增加激勵能源控制部件。CVD 的沈積反應室內部結構及工作原理變化最大，常常根據不同的反應類型和不同的沈積物要求來專門設計，但大體上還是可以把不同的沈積反應裝置粗分為以下一些類型。

9.3.1 半導體超純多晶矽的沈積生產裝置

　　圖 9-1 中的沈積反應室是一個鐘罩式的常壓裝置，中間是由三段矽棒搭成的倒 U 型，從下部接通電源使矽棒保持在 1150℃左右，底部中央是一個進氣噴口，不斷噴入三氯矽烷和氫的混合氣，超純矽就會不斷被還原析出沈積在矽棒上，最後得到很粗的矽錠或矽塊，用於拉製半導體矽單晶。

$$SiHCl_3+H_2 \xrightarrow{1100\sim1150℃} Si+3HCl \tag{9-29}$$

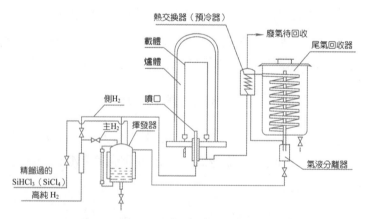

圖 9-1　三氯矽烷氫還原生產半導體超純矽的工業裝置示意圖

9.3.2　常壓單晶外延和多晶薄膜沈積裝置

圖 9-2 是一些常壓單晶外延和多晶薄膜沈積裝置示意圖。圖 9-2(a)是最簡單的臥式反應器、圖 9-2(b)是立式反應器和圖 9-2(c)是桶式反應器的示意圖。由於半導體器件製造時純度要求極高，所有這些反應器都是用高純石英作反應室的容器，用高純石墨作為基底，易於射頻感應加熱或紅外線加熱。這些裝置最主要用於 $SiCl_4$ 氫還原在單晶矽片襯底上生長的幾微米厚的矽外延層。所謂外延層就是指與襯底單晶的晶格相同排列方式增加了若干晶體排列層。也可以用晶格常數相近的其它襯底材料來生長矽外延層，例如在藍寶石（Al_2O_3）和尖晶石都可以生長矽的外延層，這樣的外延稱為異質外延，在半導體工業和其它行業都有應用。圖 9-2(a)、(b)和(c)的裝置不僅可以用於矽外延層生長，也較廣泛地用於 GaAs，GaPAs，GeSi 合金和 SiC 等其它外延層生長，還可以用於氧化矽、氮化矽、多晶矽及金屬等薄膜的沈積。這些都是一些較通用的常壓 CVD 裝置。由圖 9-2 裝置的變化也可以看出逐步增加每次操作的產量，圖 9-2(a)的裝置 3～4 片襯底，圖 9-2(b)的裝置中可以放 6～18 片／次。圖 9-2(c)的裝置可以放置 24～30 片／次。但是這樣的變化遠遠滿足不了積體電路迅速發展的需要，終於在 20 世紀 70 年代後期出現了密集裝片的熱壁低壓氣相沈積（Hot Wall Low Pressure Chemical Vapor Depostion，簡稱 LPCVD）裝置。

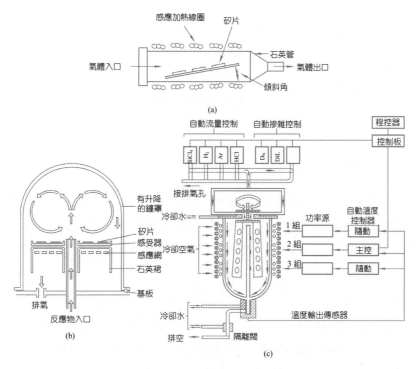

圖 9-2　常壓矽單晶外延和多晶薄膜沈積裝置

(a) 臥式反應器；(b) 立式反應器；(c) 桶式反應器

9.3.3 熱壁 LPCVD 裝置

圖 9-3 所示的熱壁 LPCVD 裝置及相應工藝技術的出現，在 20 世紀 70 年代末被譽為積體電路製造工藝中的一項重大突破性進展。與圖 9-2 的常壓法 CVD 工藝相比較，LPCVD 具有三大優點：①每次的裝矽片量從幾片或幾十片增加到 100～200 片，②薄膜的片內均勻性由厚度偏差±（10%～20%）改進到±（1%～3%）左右。③成本降低到常壓法工藝的十分之一左右。因此在當時被號稱為三個數量級的突破，即三個分別為十倍的改進。這種 LPCVD 裝置一直沿用至今，但是隨著矽片直徑愈來愈大（20 世紀 70 年代為 3 英寸矽片，目前為 6～8 英寸矽片，12 英寸矽片的生產線也在籌劃中），圖 9-3 中的爐體部分目前已旋轉了一個 90° 變成立式爐的裝置，其工作原理仍然相同。這一工藝中的一個關鍵因素是必須保證不同位置（即圖 9-3 中爐內的氣流前後位置）的襯底上都能得到很均勻厚度的沈積層。LPCVD 膜厚分佈模擬的理論模型是在 1980 年提出的，理論計算的結果與實驗事實相符，並能指導實驗或用於自動控制，將在後面的理論模型部分加以討論。

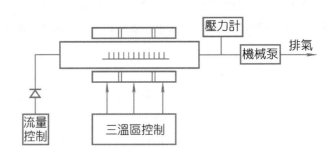

圖 9-3 熱壁 LPCVD 裝置示意圖

9.3.4 電漿增強 CVD 裝置（PECVD）

透過電漿增強使 CVD 技術的沈積溫度可以下降幾百度，甚至有時可以在室溫的襯底上得到 CVD 薄膜。圖 9-4 顯示了幾種 PECVD 裝置。圖 9-4(a)是一種最簡單的電感耦合產生電漿的 PECVD 裝置，可以在實驗室中使用。圖 9-4(b)它是一種平行板結構裝置。襯底放在具有溫控裝置的下面平板上，壓強通常保持在 133 Pa 左右，射頻電壓加在上下平行板之間，於是在上下平板間就會出現電容耦合式的氣體放電，並產生電漿。圖 9-4(c)是一種擴散爐內放置若干平行板、由電容式放電產生電漿的 PECVD 裝置。它的設計主要為了配合工廠生產的需要，增加爐產量。在 PECVD 工藝中由於電漿中高速運動的電子撞擊到中性的反應氣體分子，就會使中性反應氣體分子變成碎片或處於活性的

狀態容易發生反應。襯底溫度通常保持在 350℃ 左右就可以得到良好的 SiO_x 或 SiN_x 薄膜，可以作為積體電路最後的鈍化保護層，提高積體電路的可靠性。

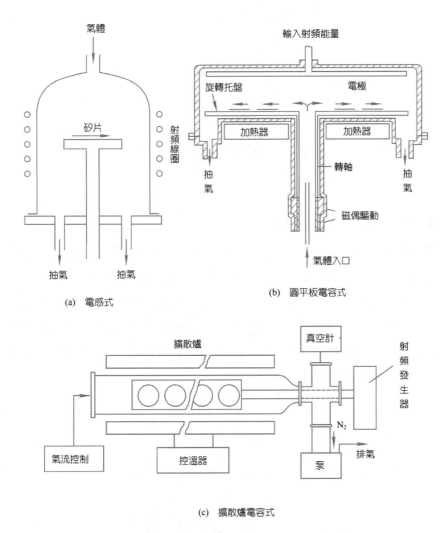

(a)　電感式

(b)　圓平板電容式

(c)　擴散爐電容式

圖 9-4　幾種電漿化學氣相沈積（PECVD）裝置

9.3.5　履帶式常壓 CVD 裝置

為了適應積體電路的規模化生產，同時利用矽烷（SiH_4）、磷烷（PH_3）和氧在 400℃ 時會很快反應生成磷矽玻璃（$SiO_2 \cdot xP_2O_5$ 複合物），就設計了如圖 9-5 所示的履帶式裝置，襯底矽片放在保持 400℃ 的履帶上，經過氣流下方時就被一層 CVD 薄膜所覆蓋。用這一裝置也可以生長低溫氧化矽薄膜等。

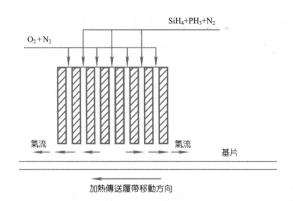

圖 9-5　履帶式常壓 CVD 裝置

9.3.6　模塊式多室 CVD 裝置

　　製造積體電路的矽片上往往需要沈積多層薄膜，例如沈積 Si_3N_4 和 SiO_2 兩層膜或沈積 TiN 和金屬鎢薄膜。這種模塊式的沈積反應可以拼裝組合，分別在不同的反應室中沈積不同的薄膜，見圖 9-6。各個反應器之間相互隔離，利用機器手在低壓或真空中傳遞襯底矽片，因此可以一次連續完成數種不同的薄膜沈積工作，可以把普通 CVD 和 PECVD 組合在一起，也可以把沈積和乾法刻蝕工藝組合在一起。這種裝置目前較廣泛地用於大直徑矽片的積體電路生產線上。

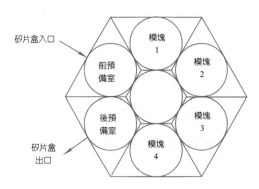

圖 9-6　模塊式多室 CVD 裝置

9.3.7　桶罐式 CVD 反應裝置

　　對於硬質合金刀具的表面塗層常採用這一類裝置，見圖 9-7。它的優點是與合金刀具襯底的形狀關係不大，各類刀具都可以同時沈積，而且容器很大，一次就可以裝上成千件的數量。

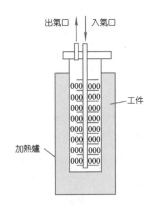

圖 9-7　桶罐式 CVD 裝置

9.3.8　砷化鎵（AsGa）外延生長裝置

　　從上面一些裝置中可以看出 CVD 裝置是多種多樣的，往往根據反應、工藝和產物的具體要求而變化。例如砷化鎵（GaAs）的 CVD 外延生長裝置就必須根據實際反應中既有氣體源又有固體源的情況專門設計，包括反應器各部分的溫度分佈都有嚴格的要求，見圖 9-8。反應的開始階段先由三氯化砷（AsCl$_3$）和液態的鎵作用，在液態鎵表面生成固體的 GaAs，再進一步在 AsCl$_3$、副產物 HCl 和其它反應中間物的作用下發生化學遷移和氣相沈積反應來實現 GaAs 的外延生長。整個裝置中的反應是很複雜的，以下列舉鎵源附近的一些反應。

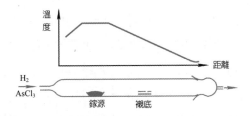

圖 9-8　砷化鎵（AsGa）外延生長裝置

$$4AsCl_3 + 6H_2 \rightleftharpoons As_4 + 12HCl \tag{9-30}$$

$$As_4 + 4Ga \rightleftharpoons 4AsGa（s） \tag{9-31}$$

$$4GaAs（s） + 4HCl \rightleftharpoons 4GaCl + 2H_2 + As_4 \tag{9-32}$$

$$As_4 \rightleftharpoons 2As_2 \tag{9-33}$$

$$GaCl + 2HCl \rightleftharpoons GaCl_3 + H_2 \tag{9-34}$$

其它 CVD 裝置還有很多種類，就不再進一步討論。

9.4 CVD 技術的一些理論模型

9.4.1 成核理論模型

大量事實表明，固體能在氣相中沈積或生長，除了生長溫度低於熔點、晶體不會熔化外，還必須滿足以下兩個條件：①氣相必須處於過飽和狀態。②如果沒有晶核，氣相過飽和程度必須足以克服成核位能障。

對氣相達到過飽和才能析出固體，通常都比較熟悉，在此不作討論，而晶核的形成可分為均勻成核和非均勻成核兩大類。一定條件下，在氣相中直接產生的晶核稱為均勻成核；在體系內，外來質點（如襯底、塵埃或其它固體表面）上成核為非均勻成核。

(1)均勻成核　在氣體中，分子是不停地運動的，但它們的運動速度與能量各不相同。由於能量漲落的原因，分子與分子之間可以相互連接起來形成大小不一的「小集團」，這些「小集團」可以繼續吸收新的分子而進一步長大成晶核，它們也可以重新拆散再形成單的蒸氣分子，通常稱這些「小集團」為晶胚。

如果氣相處於過飽和狀態，當晶胚形成後，一部分氣體分子變成晶胚的內部分子，同時在晶胚的微小體積內引起自由能的降低，ΔG_v 為負值，這部分體積自由能的降低是結晶的動力。另一方面，晶胚形成後出現了氣－胚界面，處於界面的分子和晶胚內部的分子能量是不同的。因為在晶胚內部，分子處在四周分子包圍之中，它在各個方向受力大小是相等的，彼此相互抵消。然而處在界面的分子則不同，晶胚內部分子密度大，鍵合力強，對它的吸力大，而氣體分子密度小，作用力弱，故對它的吸力小，若把一個分子從晶胚內部遷移到表面增大晶胚的表面積時，就需要克服吸力作功，這耗損的功就等於表面獲得了能量，這能量叫表面能。在等溫等壓條件下，增加單位面積的表面所需的自由能叫表面能，以 σ 表示，其單位是 $J \cdot m^{-2}$。因此，由於表面能的存在，當氣體分子成為晶胚表面的分子時，會在晶胚表面層引起自由能增高，ΔG_s 為正值，它成為結晶的阻力。這樣形成晶胚總的自由能變化為：

$$\Delta G = \Delta G_v + \Delta G_s \tag{9-35}$$

為簡化討論，假設晶胚是半徑為 r 的球形，則

$$\Delta G = \frac{4}{3}\pi r^3 \Delta g_v + 4\pi r^2 \sigma \tag{9-36}$$

由式（9-36）可見，體積自由能的降低與 r^3 成正比，而表面自由能的增高與 r^2 成正比，

圖 9-9 繪出了各項自由能隨晶胚半徑 r 變化的曲線。總的自由能變化ΔG 曲線是由ΔG_v 和ΔG_s 兩條曲線疊加而成的。由圖可以看出，ΔG 曲線上出現了一個極大值ΔG^*，與ΔG^* 相對應的晶胚半徑為 r^*，稱為臨界半徑。從熱力學觀點來看，$r < r^*$ 的晶胚還不能自發長大，因為它若長大，體系的自由能將增加。相反地，它只有重新變小、消失，才能使體系的自由能降低。對於 $r > r^*$ 的晶胚將可以自發長大，因為它隨著 r 的增加，體系總的自由能降低。這些能長大的晶胚稱為晶核。如晶胚的半徑 $r = r^*$，則它長大的概率與消失的概率正好相等，它們處於從晶胚到晶核的臨界狀態，這種晶胚叫臨界晶核。

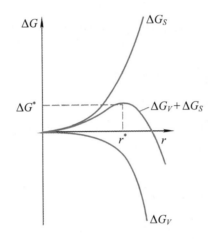

圖 9-9　ΔG 隨晶胚半徑 r 的變化關係

由於臨界半徑r^* 對應於自由能變化曲線的最大值ΔG^*，所以臨界晶核出現的條件是

$$\frac{\mathrm{d}\Delta G}{\mathrm{d}r} = 0 \tag{9-37}$$

微分式（9-36）得 $4\pi r^{*2}\Delta g_v + 8\pi r^* \sigma = 0$

$$r^* = -\frac{2\sigma}{\Delta g_v} \tag{9-38}$$

將式（9-38）代入式（9-36）可求得ΔG^*：

$$\Delta G^* = \frac{4}{3}\pi\left(-\frac{2\sigma}{\Delta g_V}\right)^3 \Delta g_V + 4\pi\left(-\frac{2\sigma}{\Delta g_V}\right)^2 \sigma = \frac{1}{3}4\pi r^* \sigma \tag{9-39}$$

由式（9-39）可見，ΔG^* 恰好等於臨界晶核表面能的 1/3。這表明形成臨界晶核時，體積自由能的降低只能補償 2/3 的表面自由能，還有 1/3 表面自由能必須由外界體供給，這部分能量稱為形核功。形核功是由氣相中的能量起伏提供的，也就是由其周圍分子的

無序熱運動而供給的。在微觀範圍內，由於分子的熱運動，各處的能量是不均一的，總是此起彼伏、時高時低地偏離能量的平均值，這種現象叫能量起伏。當氣相中某一微觀區域出現達到臨界形核功大小的能量起伏時，晶核就在那裡形成。

由式（9-38）和式（9-39）可知，r^*、ΔG^* 與 Δg_V 成反比，而 Δg_V 又與體系氣相的過飽和程度有關。氣相中過飽和程度越大，r^*、ΔG^* 值就越小，也就容易生成晶核。如果體系存在著許多結晶中心，就會形成很多細小晶體。因此為了獲得較大的晶粒，必須控制生長條件，使體系中只有較少的晶核。可以根據需要來控制調節。

(2)非均勻成核　以上討論的成核是在氣相十分純淨，直接在氣相內形成的。如果氣相中存在固體物（如襯底），則結晶時晶核將優先依附於襯底表面上形成。這種成核方式稱為非均勻成核。

圖 9-10 為 α 相（即氣相）中在襯底 S 表面上形成 β 核其半徑為 r 的球冠，θ 為晶核與襯底平面的接觸角，新核形成引起體系自由能的變化亦可從體積自由能和表面自由能變化這兩部分來分析。為了簡化也假定晶核是球冠形的。形成球冠後體積自由能變化為 $\Delta G_V = V \Delta g_V$，球冠的體積 V 為

$$V = \int_\theta^0 \pi \, (r\sin\theta)^2 r \mathrm{d}(\cos\theta) = \frac{\pi r^3}{3} \, (2 - 3\cos\theta + \cos^3\theta) \tag{9-40}$$

$$\Delta G_V = \frac{\pi r^3}{3} \, (2 - 3\cos\theta + \cos^3\theta) \Delta g_V \tag{9-41}$$

球冠的表面自由能由兩部分組成，一是球冠與 α 相（氣相）接觸的表面能：

$$\Delta G_{S_1} = \sigma_{\alpha\beta} \int_0^\theta 2\pi \, (r\sin\theta) \, r \mathrm{d}\theta = 2\pi r^2 \, (1 - \cos\theta) \, \sigma_{\alpha\beta} \tag{9-42}$$

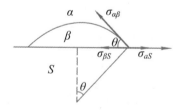

圖 9-10　在襯底表面上的成核

一是 β 相與襯底 S 接觸的界面能：

$$\Delta G_{S_2} = -\pi \, (r\sin\theta)^2 \, (\sigma_{\alpha S} - \sigma_{\beta S}) \tag{9-43}$$

$$\Delta G_S = \Delta G_{S_1} + \Delta G_{S_2} = 2\pi r^2 \, (1 - \cos\theta) \, \sigma_{\alpha\beta} - \pi \, (r\sin\theta)^2 \, (\sigma_{\alpha S} - \sigma_{\beta S}) \tag{9-44}$$

式中 σ_{ab}、σ_{aS}、σ_{bS} 分別為 $\alpha-\beta$、$\alpha-$ 襯底 S、$\beta-$ 襯底 S 之間的界面能。界面能與界面張力在數值上是相等的，在 α、β、S 三相交接點處，諸界面張力必須滿足力學平衡條件，此時有

$$\sigma_{aS} = \sigma_{\beta S} + \sigma_{a\beta} \cos\theta \tag{9-45}$$

形成球冠後整個體系自由能的變化為

$$\Delta G_{\text{non}} = \frac{\pi r^3}{3} (2 - 3\cos\theta + \cos^3\theta) \Delta g_V + 2\pi r^2 (1 - \cos\theta) \sigma_{a\beta}$$
$$- \pi (r\sin\theta)^2 (\sigma_{aS} - \sigma_{\beta S})$$
$$= \left(4\pi r^2 \sigma_{a\beta} + \frac{4\pi r^3}{3} \Delta g_V\right) \cdot f(\theta) \tag{9-46}$$
$$f(\theta) = \frac{(2 + \cos\theta)(1 - \cos\theta)^2}{4}$$

由 $\dfrac{\mathrm{d}\Delta G}{\mathrm{d}r} = 0$，可求得球冠晶胚的臨界曲率半徑為

$$r^* = -\frac{2\sigma_{a\beta}}{\Delta g_V} \tag{9-47}$$

臨界形核功為

$$\Delta G_{\text{non}}^* = \frac{16\pi\sigma_{a\beta}^3}{3\Delta g_V^2} \cdot f(\theta)^* = \Delta G^* \cdot f(\theta) \tag{9-48}$$

ΔG_{non}^* 表示非均勻成核的臨界形核功，而 ΔG^* 表示均勻成核的臨界形核功。因為接觸角 θ 的變化範圍是 $0 \le \theta \le 180°$，$f(\theta)$ 的變化範圍是 $0 \le f(\theta) \le 1$。因此在襯底上成核要比自由空間均勻成核容易得多。由式（9-45）可知，θ 角的大小與襯底、氣體和晶核間的界面能有關。圖 9-11 示出了 $f(\theta)$ 與 θ 的關係。由圖可以看出，當 $\theta = 0°$ 時，$f(\theta) = 0$，$\Delta G^* = 0$，這表明不需三維成核，在襯底上的流體可立即轉變成晶體，原來的襯底與沈積物質完全相同，如在矽上沈積矽或矽外延生長時才如此。當 $\theta = 180°$，$f(\theta) = 1$ 時，非均勻成核的形核功與均勻成核的形核功相等，固體物對成核沒有任何貢獻。非同質的絕大多數情況下，$0 < \theta < 180°$，$< f(\theta) < 1$。如果襯底表面是由兩種不同的物質構成一定的圖案時，由於 θ 不同，$f(\theta)$ 也不同，控制沈積條件使氣相分子熱運動的能量起伏介於兩種表面形核能之間，就可以實現選擇性沈積，這也是 CVD 技術中的一種很特殊情況，有一定的專門應用。選擇性沈積也可能是由於不同表面的化學性質引起的，不應一概而論。

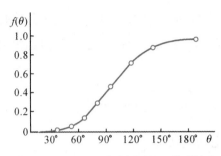

圖 9-11 $f(\theta)$ 與接觸角 θ 的關係

9.4.2 簡單氣相生長動力學模型

對矽外延生長和薄膜沈積的一般性動力學描述已有不少模型，在此僅介紹由Grove 提出的簡單動力學模型。它在解釋與質量輸運相關的一級表面反應時，簡明地闡述了控制外延沈積的質量輸運和化學過程兩者之間的關係，並與實驗規律近似相符，故常被人們所採用。

圖 9-12 給出了這個模型的示意圖，假設輸入氣流方向垂直於紙面，G_G 表示主氣流中 $SiCl_4$ 濃度，C_S 為生長表面上 $SiCl_4$ 濃度，J_1 表示從主氣流到生長表面的 $SiCl_4$ 遷移的粒子流密度，J_2 為外延生長或沈積消耗掉的 $SiCl_4$ 粒子流密度，其單位是（原子數‧$cm^{-2}\cdot s^{-1}$），於是可以用線性方程組近似地表示出 J_1 和 J_2：

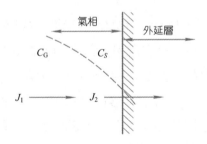

圖 9-12 化學氣相沈積的簡單動力學模型

$$J_1 = h_G\,(C_G - C_S) \tag{9-49}$$

式中 h_G 是 $SiCl_4$ 在氣相中的質量遷移係數（$cm\cdot s^{-1}$）。我們知道氣流中的固體表面上有一個近似不動的氣層，稱之為滯流層。假定滯流層的厚度為 δ 而滯流層兩邊的濃度差為（$C_G - C_S$），則滯流層中的濃度梯度可近似為（$C_G - C_S$）／δ。於是根據 Fick 定律，通過滯流層的 $SiCl_4$ 分子流密度為

$$J_1 = D_G \frac{(C_G - C_S)}{\delta} \tag{9-50}$$

式中 D_G 是 $SiCl_4$ 在 H_2 中的擴散係數（$cm^2 \cdot s^{-1}$），比較式（9-49）與式（9-50）可得

$$h_G = \frac{D_G}{\delta} \tag{9-51}$$

另一方面，由於 $SiCl_4$ 氫還原的外延生長通常可作為一級反應處理，故有

$$J_2 = k_r C_S \tag{9-52}$$

式中比例常數 k_r 稱為表面生長的反應速率常數（$cm \cdot s^{-1}$），化學反應速率與溫度 T 有密切關係，一般可表示為：反應速率正比於 $e^{-E/k_B T}$，此處 E 是分子發生化學反應的活化能，k_B 是波茲曼常數，由此可知 k_r 值將隨溫度 T 的下降而迅速降低。

在穩定生長中應滿足 $J_1 = J_2 = J$ 的關係，於是有 $h_G(C_G - C_S) = k_r C_S$，從而可得

$$C_S = \frac{h_G C_G}{k_r + h_G} \tag{9-53}$$

從式（9-53）中可知，當 $k_r \gg h_G$ 時，$C_S \approx 0$。即表面生長反應比 $SiCl_4$ 氣相質量遷移快得多時，$SiCl_4$ 表面濃度趨近於零，過程速率受「質量遷移控制」。當 $k_r \ll h_G$ 時，$C_S \approx C_G$，即當表面反應很慢時，$SiCl_4$ 在襯底表面濃度趨近於主氣流中濃度，過程速率受「表面反應控制」。

求出穩態生長的粒子流密度 J 後，便很容易求出外延生長或薄膜沈積速率 r，

即

$$r = \frac{J}{N} = \frac{k_r C_S}{N} = \frac{k_r \dfrac{h_G C_G}{h_G + k_r}}{N} \tag{9-54}$$

整理後有

$$r = \frac{k_r h_G}{k_r + h_G} \frac{C_S}{N} \tag{9-55}$$

式中 N 是矽晶體原子密度（5.02×10^{22} 原子 $\cdot cm^{-3}$）。設氣相中每立方釐米的分子總數為 C_T，$SiCl_4$ 的莫耳分數為 x，則有 $C_G = C_T x$，於是得

$$r = \frac{k_r h_G}{k_r + h_G} \frac{C_T}{N} x \tag{9-56}$$

由式（9-56）可得出如下一些結果：

(1)薄膜沈積或外延生長速率正比於輸入氣流中 $SiCl_4$ 莫耳分數，這與 $SiCl_4$ 濃度較低時所觀察到的實驗結果是一致的；

(2)在 $k_r \ll h_G$ 時，則有 $r = k_r \dfrac{C_T}{N} x$，而在考慮到前述的 k_r 與溫度 T 的關係時，便不難

得出結論，生長速率是與溫度的倒數成負指數關係的，即溫度升高時生長速率指數式加快，如圖 9-13 中的低溫區之實驗結果：

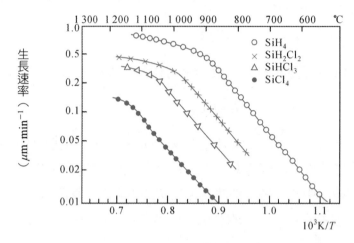

圖 9-13　矽外延或多晶矽薄膜沈積速率和溫度的關係

(3)當 $k_r \gg h_G$ 時，有 $r = h_G \dfrac{C_T}{N} x$，從氣體理論的分析知道，氣體分子轉移的快慢受溫度的影響不大，則外延生長或薄膜沈積速率在這種情況下隨溫度變化亦不明顯，這種情況相應於圖 9-13 中的高溫區的實驗規律。

雖然這一模型對反應生成物可能腐蝕襯底的事實未加考慮，也未顧及到氣流狀態對生長速率的影響，因而對實際反應體系中生長速率的變化不能精確地描述，但是它簡要地概括了氣相外延或薄膜沈積的一些動力學特徵，還是有可取之處。

9.4.3　LPCVD 工藝模擬模型

熱壁 LPCVD 技術很適合積體電路大批量生產的需要，每次裝片量達到 $100 \sim 200$ 片，生產效率大幅度提高，生產成本隨之下降，是積體電路製造工藝技術的一個重要進步。該技術在 20 世紀 70 年代後期由 Motorola 和 Fujisu 公司首先用於生產，很快就在其它工廠中得到推廣使用。在該工藝中每一矽片上的均勻性（即片內均勻性）很好，因此必須保證大批量生產中各片之間的均勻性（即片間均勻性）良好。在 1980 年王季陶提出的 LPCVD 工藝模擬理論模型就是首先解決片間均勻性問題。根據 LPCVD 工藝的實際操作，可用圖 9-14 作為數學處理的物理模型。j 是矽片位置的編號，矽片位置總數為 L，$\eta(j)$ 是 j 位置氣流中矽烷的轉化率，p 是反應管中氣體入口端壓力，Δp 是前後

的壓差。這一物理模型中實際上包含一個假定：即反應管中反應物徑向濃度梯度近乎零。由於LPCVD多晶矽薄膜的片內均勻性極為良好（厚度偏差~±1%），所以這一假定通常被認為是合理的。根據這一假定，反應管中矽烷轉化率 η 可以寫成只是氣流離沈積區入口端軸向距離 z 的一維函數，用 j 來表示矽片位置時，就得到 $\eta = \eta(j)$。

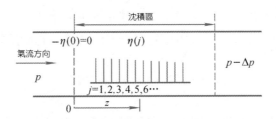

圖 9-14　LPCVD 多晶矽工藝模擬模型

為了簡化討論，先討論LPCVD多晶矽工藝過程。在壓力較低的條件下暫不考慮吸附等因素，矽烷熱分解反應可近似作為一級反應來處理，即多晶矽沈積速率 r 與矽烷的分壓一次方成正比。

$$r = k_r pC \tag{9-57}$$

k_r 是反應速率常數，C 是矽烷的濃度。

每一個矽烷分子熱分解時，生成兩個氣態氫分子

$$SiH_4 \xrightarrow{600\sim650℃} Si + 2H_2 \tag{9-58}$$

所以，C 與 η 之間不能直接用 $C_0(1-\eta)$ 來表示，必須引入氣體總物質的量變化的修正項，$1/(1+\eta C_0)$。

$$C = \frac{C_0(1-\eta)}{1+\eta C_0} \tag{9-59}$$

把式（9-59）代入式（9-57）中，並考慮到 r，k_r，p，η 都是軸向位置 j 的一維函數，因而可寫成

$$r(j) = k_r p(j)\, C_0[1-\eta(j)]\big/[1+\eta(j)\, C_0] \tag{9-60}$$

根據 Arrehnius 公式知道：

$$k_r(j) = Ae^{-E/RT(j)} \tag{9-61}$$

E是活化能，R是莫耳氣體常數，A是指數前因子，$T(j)$是j位置上的溫度。從圖 9-14 可知$p(j)$值：

$$p(j) = p - j\Delta p \,/\, L \qquad\qquad (9\text{-}62)$$

在 LPCVD 系統中，通常$\Delta p \ll p$，簡化計算可用p代替$p(j)$。

根據矽烷在沈積區的逐步消耗過程，可知當氣流到達$(j+1)$位置時，從 0 到j位置上都發生沈積反應而消耗矽烷，所以在$(j+1)$位置上的矽烷轉化率$\eta(j+1)$等於

$$\eta(j+1) = \sum_{i=0}^{j} [S(i)\,r(i)\,]\omega/FC_0 \qquad\qquad (9\text{-}63)$$

其中$\omega = d\widetilde{V}\,/\,N$。$r(0)$是從沈積區開始處到 1 號位置前的沈積表面積，$S(i)$是 1 號位置上矽片、管壁以及支架上沈積表面積之和，F是入口端氣體總流量，ω是消耗的矽烷氣體體積與生成薄膜固體體積的比值，d是矽的密度，$\widetilde{V}$是標準狀況下 1 mol 氣體的體積，N是 Si 的莫耳質量。

把式$r(j)$與式$\eta(j+1)$聯繫起來，再加上初始條件，入口端的矽烷轉化率為零，就得到一組 LPCVD 多晶矽沈積的理論模擬循環遞推式：

$$\eta(0) = 0$$
$$\cdots\cdots$$
$$r(j) = Ae^{-E/RT(j)}\,p(j)\,C_0[1-\eta(j)\,]/[1+\eta(j)\,C_0]$$
$$\eta(j+1) = \sum_{i=0}^{j} [S(i)\,r(i)\,]\omega \,/\, FC_0$$
$$\cdots\cdots \qquad\qquad (9\text{-}64)$$

這是一組循環遞推的代數式，可以方便地編製程序在電腦上加以計算。圖 9-15(a)和圖 9-15(b)就是理論曲線與文獻上的 LPCVD 多晶矽實驗數據點的對比圖。從對比圖進一步證實這一理論模型是符合實際的，能真實反映 LPCVD 工藝中的客觀規律。在上面理論推導中，把矽烷熱分解動力學表示式簡化為簡單的一級反應表示式。實際計算中，仍應該把吸附反應等因素考慮在內。

LPCVD 工藝模擬理論模型不僅可以適用於 LPCVD 多晶矽工藝，也可以適用於 LPCVD 氮化矽工藝。LPCVD 多晶矽工藝只需要矽烷一種原料氣體，而 LPCVD 氮化矽工藝中需要兩種反應原料氣體──二氯矽烷和氨。因此提供數學處理的工藝物理模型應該如圖 9-16 所示。

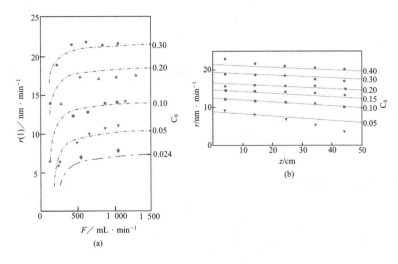

圖 9-15　LPCVD 多晶矽理論曲線和實驗數據點的對比圖

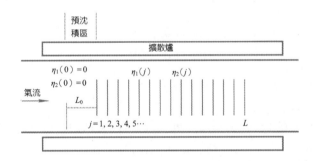

圖 9-16　LPCVD 氮化矽工藝模擬模型

LPCVD 氮化矽工藝中有兩個主要反應：

$$SiH_2Cl_2\ (g) + \frac{4}{3}NH_3\ (g) = \frac{1}{3}Si_3N_4\ (s) + 2HCl\ (g) + 2H_2\ (g) \tag{9-65}$$

$$NH_3\ (g) = \frac{1}{2}N_2\ (g) + \frac{3}{2}H_2\ (g) \tag{9-66}$$

其反應動力學方程分別是：

$$r_1 = K_s \cdot p_{SiH_2Cl_2} \cdot p_{NH_3} / [1 + K_1 \cdot P_{SiH_2Cl_2} + K_2 \cdot p_{NH_3}]$$
$$r_2 = K_d \cdot p_{NH_3} \tag{9-67}$$

r_1 和 r_2 分別是氮化矽沈積速率和氨的分解速率。K_s，K_1，K_2，K_d 都是動力學常數。p_i 是物種 i 的分壓。如果入口處的原料莫耳比（NH_3／SiH_2Cl_2）為 N，則 SiH_2Cl_2 和 NH_3 的初始濃度分別是：

$$C_1^0 = 1 \diagup (N+1)$$
$$C_2^0 = N \diagup (N+1) \qquad\qquad (9\text{-}68)$$

氮化矽沈積和氨分解時都增加氣體的總體積。體積增加率與 SiH_2Cl_2 和 NH_3 轉化率的關係式是：

$$V = 1 + \frac{1}{3}C_1^0 \cdot \eta_1 + C_2^0 \cdot \eta_2 \qquad\qquad (9\text{-}69)$$

所以 SiH_2Cl_2 和 NH_3 的濃度分別是：

$$C_1 = C_1^0 \cdot (1-\eta_1) \diagup V$$
$$C_2 = C_2^0 \cdot (1-\eta_2) \diagup V \qquad\qquad (9\text{-}70)$$

按多晶矽工藝模擬的類似數學處理就可以得到以下一組 LPCVD 氮化矽工藝模擬的循環遞推式：

$$\eta_1(0) = 0$$
$$\eta_2(0) = 0$$
$$\cdots\cdots$$
$$\cdots\cdots$$
$$r_1(j) = K_s \cdot C_1(j) \cdot C_2(j) \cdot p^2 \diagup [1 + K_1 \cdot C_1(j) \cdot p + K_2 \cdot C_2(j) \cdot p]$$
$$r_2(j) = K_d \cdot C_2(j) \cdot p$$
$$\eta_1(j+1) = \sum_{i=-L_0+1}^{j} [S(i) \cdot r_1(i) \cdot \omega'] \diagup F \cdot C_1^0$$
$$\eta_2(j+1) = \sum_{i=-L_0+1}^{j} [S(i) \cdot r_2(i) + \frac{4}{3}S(i) \cdot r_1(i) \cdot \omega'] \diagup F \cdot C_1^0$$
$$\cdots\cdots$$
$$\cdots\cdots \qquad\qquad (9\text{-}71)$$

其中 L_0 是預沈積區的長度（以片位數為單位），ω' 是固態沈積物與消耗 SiH_2Cl_2 氣體的體積比。氣體流量常以每分鐘標準狀況下氣體體積立方釐米數（sccm）表示。

　　從圖 9-17(a)～(e)就是上述模擬理論計算與實驗數據點的系列對比圖，由於 LPCVD 設備是工業規模的生產設備，數據的精度有一定的限制，兩者變化的規律符合情況仍然極為良好。有了符合實際的工藝模擬模型及相應的軟體程序就可以在電腦上進行大量虛擬實驗，對掌握 LPCVD 工藝規律和實現工藝生產的自動控制都很有用。實際上由於 LPCVD 工藝的裝片量很大，而且每一矽片都處於不同的溫度、壓強和濃度的條件，每一次實驗的數據包含著很大的資訊量，因此這些 LPCVD 的實驗結果還推動了有關

LPCVD 反應的動力學基礎研究。例如，透過上述 LPCVD 氮化矽工藝模擬還得到了表 9-1 的反應動力學數據。其實反應動力學方程式（9-67）也是透過模擬得到的。

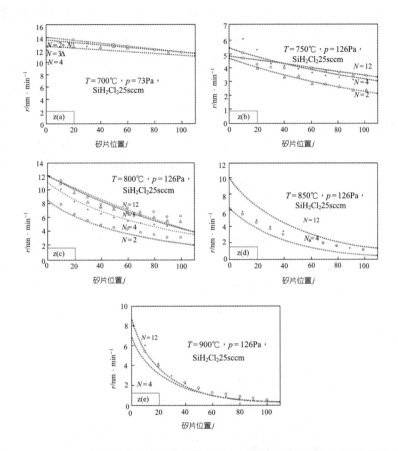

圖 9-17　LPCVD 氮化矽的理論模擬曲線（虛線）和實驗數據點的對比

表 9-1　表現動力學常數和 L_0 值

（圖 9-17 模擬計算的數值）

T （C）	K_S （nm·min^{-1}·Pa^{-1}）	K_1 （Pa^{-1}）	K_2 （Pa^{-1}）	K_d （sccm·Pa^{-1}·cm^{-2}）	L_0 （wafer position）
700	5.6×10^2	0.94	0.23	4.5×10^{-6}	5
750	6.8×10^2	0.75	0.026	1.5×10^{-5}	10
800	1.1×10^3	0.49	0.0045	3.8×10^{-5}	20
850	1.3×10^3	0.26	0.003	1.5×10^{-3}	40
900	2.3×10^3	0.19	0.00025	2.9×10^{-3}	40

9.4.4 活性低壓 CVD 金剛石的熱力學耦合模型

金剛石在所有已知物質中硬度最高，導熱性能比銀和銅還要好，光學上折射率高和透光性好，因此在工業上很有應用價值。金剛石在民間也一直被視為珍寶和財富的象徵。19 世紀和 20 世紀初就不斷有人聲稱得到了人造金剛石，但是結果都被證實是不真實或虛假的。20 世紀二三十年代從經典平衡熱力學的相圖計算中知道碳在低壓下的穩定相是石墨，而金剛石是亞穩相，因此預測必須在高於大氣壓強的 15,000 倍的條件下才可能實現從石墨到金剛石的轉變。經過不斷的努力，在 1954 年確實用高壓法從石墨製得人造金剛石。這在當時是很轟動的，並由此很普遍地以為：根據熱力學的預測，在低壓下是不可能得到人造金剛石的。在 1970 年前後，前蘇聯學者 Deryagin 和 Spitsyn 等在低壓條件下引入超過平衡濃度的氫原子（簡稱超平衡氫原子）從甲烷或從石墨經過氣相生長人造金剛石得到成功，1976 年還公開發表了在非金剛石襯底上生長的低壓人造金剛石晶體照片，見圖 9-18。但是當時多數學者都不相信這一成果。後來經過日本學者 Setaka 和美國學者 Roy 一再重複證實，到 1986 年才在全世界被廣泛接受並形成了一個研究熱潮。當時採用很多方法，如熱絲法、電漿法、火焰燃燒法等都得到成功，甚至直接從石墨出發經過氣相也能生長金剛石，見圖 9-19。從這些成功的方法中也可以看到都和激勵產生超平衡氫原子等有關。

圖 9-18　Deryagin 和 Spitsyn 等在 1976 年發表的氣相生長金剛石晶體照片

由於傳統的經典平衡熱力學結論的影響，先後曾經有七、八個理論模型試圖說明為什麼能夠在低壓下氣相生長金剛石，都沒有得到滿意的結果。例如 1989 年就有 Sommer 的準平衡模型、Yarbough 的表面反應模型和 Bar－Yam 的缺陷穩定化模型三個理論模型提出來。其中缺陷穩定化模型還發表在 Nature 雜誌上。1990 年 2 月在 Science 雜誌上發表了一篇「化學氣相沈積金剛石的現狀和問題」為題的評論說：「所有已經提出的各種理論模型都至少某些方面和實驗事實不符。」特別是在金剛石的低壓氣相生長和石墨腐蝕可以同時發生的現象，見圖 9-19，更使人困惑不解。因此甚至到 1996 年還有人

把低壓氣相生長金剛石，稱為是似乎「違反第二定律」的「熱力學悖論」。

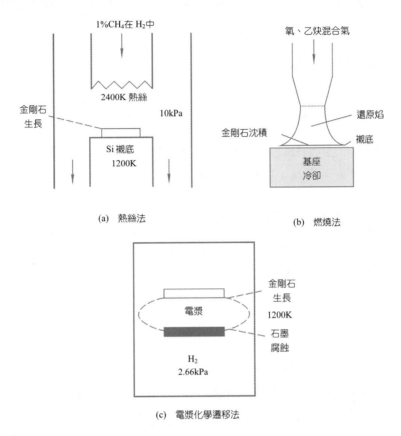

圖 9-19　活性低壓金剛石氣相生長裝置示意圖

　　1990 年 4 月，王季陶等在美國 San Diego 召開的第八屆國際薄膜會議上提出了「化學泵」理論模型，指出在超平衡氫原子存在的條件下低壓穩定生長人造金剛石是正常現象。只要藉由超平衡氫原子締合成氫分子形成「化學泵」的推動，就可以使碳原子從能量較低的石墨相轉移到金剛石相。這一思想正確地溶入了非平衡熱力學反應耦合的思想，即反自發方向的反應可以透過另一自發反應的推動來實現，但在定量計算方面當時還存在明顯的缺點。1994 年底，王季陶等定量化地推導得到超平衡原子氫和活性石墨的熱力學數據，把化學泵模型改進和完善成為活性低壓金剛石生長的非平衡熱力學反應耦合理論模型，並創建了非平衡定態相圖新概念，定量化地證明在超平衡氫原子存在的非平衡定態相圖中，金剛石可以比石墨更穩定。這一結論與傳統經典平衡熱力學的結論恰恰相反，顯然對平衡體系應該採用平衡熱力學，而對非平衡體系應該採用非平衡熱力學。因此在平衡條件下不可能在低壓下從石墨得到金剛石，以及非平衡條件下可以在低

壓下從石墨得到金剛石或者穩定地實現低壓金剛石氣相生長，都是符合熱力學基本定律的。文獻中大量活性低壓金剛石生長的實驗數據，與非平衡定態相圖理論計算的結果大程度相符。

1. 非平衡熱力學耦合模型的基本要點

$$C(gra) = C(dia)，\qquad \Delta G_1 > 0 \qquad (T，p \le 10^5 Pa) \qquad (9\text{-}72)$$

等溫低壓下吉布士自由能變化 $\Delta G_1 > 0$，表示由石墨生成金剛石的反應〔即反應（9-72）又稱反應 1，下標為 1〕不能自發進行。

$$H^* = 0.5H_2，\quad \Delta G_2 \ll 0 \quad (T_{激活} \gg T，p \le 10^5 Pa) \qquad (9\text{-}73)$$

$\Delta G_2 \ll 0$，表示超平衡原子氫 H^* 的締合〔即反應（9-73）又稱為反應 2，下標為 2〕會自發地進行，並釋放大量能量。

$(3) = (1) + \chi(2)$，

$$C(gra) + \chi H^* = 0.5\chi H_2 + C(dia)，\Delta G_3 = \Delta G_1 + \chi \Delta G_2 (T，p \le 10^5 Pa) \qquad (9\text{-}74)$$

只要耦合係數 $\chi = r_2 / r_1$（反應速率比）不是很小（$\chi > |\Delta G_1 / \Delta G_2|$，超平衡氫原子有足夠的濃度），必然是 $\Delta G_3 < 0$，表明在低壓下石墨與超平衡原子氫作用生成氫分子和金剛石〔即總反應（9-74）又稱反應 3，下標為 3〕在熱力學上是完全合理的。從理論計算知道 $|\Delta G_1 / \Delta G_2| \approx 0.05$。而熱絲法實驗中知道：$\chi = 0.28 \gg 0.05$，這樣就進一步證明總反應式（9-74）向右進行完全符合熱力學原理。該理論模型不僅說明了在活性低壓下得到人造金剛石是熱力學完全可能的，而且說明了超平衡濃度原子氫在低壓人造金剛石的氣相穩定持續生長中，起著極其重要的作用，與公認的實驗事實相符。

以上討論中嚴格按照熱力學基本原理沒有引入其它假定就得到似乎與傳統的經典平衡熱力學完全相反的結論：即在低壓下石墨有可能轉變生成金剛石。由此可見，平衡熱力學是有很大的侷限性的。它的結論只適用於平衡體系，而實際生產中遇到的幾乎都是非平衡體系。

2. 反應耦合的機構

在上一節引入非平衡因素的關鍵在於引入了由電漿或熱絲等活性產生的超平衡原子氫。如果反應（9-73）中的原子氫是平衡濃度的原子氫，那麼 ΔG_2 等於零，也就不存在非平衡熱力學耦合的因素和推動力，在低壓下也就無法實現金剛石的氣相穩定生長。此

外熱力學只提供反應發生可能性的資訊，能否實際發生還必須有合理的反應動力學機構和途徑。

　　在活性低壓條件下從甲烷等碳氫化合物和氫氣的混合氣中生長金剛石而不生長石墨，或者直接以石墨為原料經過氣相生長金剛石的微觀反應機構是很有趣的，可以用圖 9-20 來說明。圖 9-20 只是理想化的可能機構之一。實際上石墨表面上不一定只是六個碳原子的原子簇，通常應該是更多碳原子的原子簇。石墨表面上的原子簇在結構上是很類似於圖中左上角帶有不飽和 sp^2 組態 π 鍵的芳香環烴（例如苯）。在金剛石表面上的原子簇，從結構上是很類似於圖中右上角具有 sp^3 組態 σ 鍵的飽和脂環烴（例如環己烷）。在氣相中實際上更主要的是甲烷、乙炔等，而不是六個碳的苯或環己烷等。由於超平衡濃度的原子氫具有很大的反應活性，很容易與石墨表面層的碳原子簇發生加成分解反應，生成甲烷、乙炔、乙烯等氣相小分子的碳氫化合物。這些氣相的化合物又可以在金剛石表面上釋放氫分子而形成金剛石表面上的飽和原子簇，並逐漸長大。相反的過程是不易發生的，因為金剛石表面上的碳原子是飽和的 sp^3 組態，不容易與氫原子反應。同時在超平衡氫原子存在時，要形成不飽和 sp^2 組態的石墨晶核也是不太可能的。整個耦合過程是單向的。因此在超平衡原子氫存在時，從石墨經過氣相再生成金剛石，或者從甲烷等碳氫化合物分解只生成金剛石而不出現石墨，在動力學機構上都是很合理的。

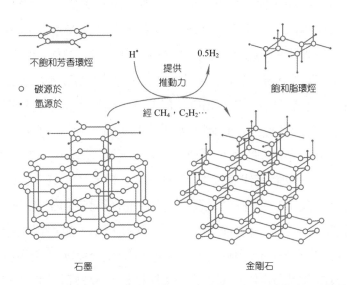

圖 9-20　人造金剛石低壓穩定氣相生長反應機構的示意圖

　　至此可以清楚地看到活性低壓氣相生長金剛石，或者金剛石生長和石墨腐蝕同時發生，在動力學和熱力學上都是合理的。動力學研究的缺點是往往只得到定性的說明，要

定量地計算溫度、壓強和金剛石氣體生長體系的組分相互關係等等則還是需要進一步開
展熱力學的深入研究和計算。

3.金剛石氣相生長的非平衡定態相圖

　　非平衡定態相圖在熱力學研究中都有非常明確的定義，因此對應於非平衡定態體系
的相圖就應該稱之為非平衡定態相圖。非平衡體系中有一種特殊的、不隨時間而變化的
狀態稱為非平衡定態或直接簡稱為定態。活性低壓金剛石氣相生長體系就是一種較理想
的代表，整個反應體系狀態除了很緩慢地生長金剛石薄膜以外，體系內狀態幾乎不變，
能維持數小時、數天或更長的時間。較嚴格地採用非平衡熱力學原則開展相圖研究確實
是一項創新的工作。根據總反應式（9-74）可以知道，在超平衡原子氫存在時金剛石比
石墨更穩定，非平衡定態相圖中必須能反映這一基本事實。在金剛石氣相生長實驗中知
道，石墨的腐蝕速率隨原子氫濃度的變化很明顯，而金剛石的腐蝕速率則幾乎沒有變
化。腐蝕速率也是穩定性的反映，所以可以把反應（9-74）改寫為

$$C(gra) + \chi(H^* - 0.5H_2) = C(dia) \quad , \Delta G_{3'} = \Delta G_3 \ (T，p \leq 10^5 Pa)$$

或
$$C(gra^*) = C(dia) \quad , \Delta G_{3'} = \Delta G_3 \ (T，p \leq 10^5 Pa) \tag{9-74'}$$

其中$C(gra^*) = [C(gra) + \chi(H^* - 0.5H_2)]$，並稱之為活性石墨。假定超平衡原子氫的
濃度是具有活性溫度時平衡濃度的原子氫，則所有超平衡原子氫的熱力學數據（如熵
S、焓 H 和質量定壓熱容 C_p）都可以按熱力學基本原理定量地計算得到。再把石墨以
及氫分子的熱力學數據一起代入活性石墨的表達式中，例如活性石墨的熵
$S_{gra}^* = S_{gra} + \chi(S_H^* - 0.5S_{H_2})$，這樣就可以得到活性石墨的全部熱力學數據。把活性石墨
數據替代通常的石墨數據，再按照通常的吉布士自由能最小化原理程序計算，就可以得
到新型的定態相圖。這一計算方法實際上體現了 Prigogine 在 1945 年提出的非平衡定態
的熵產生最小化原理。因此就保證了得到的是定態相圖並適用於非平衡定態體系。

　　圖 9-21～圖 9-25 是幾張有代表性的 C—H、C—O 和 C—H—O 體系的活性低壓金
剛石氣相生長相圖。它們的共同特點是存在一個金剛石穩定的相區，或稱為金剛石生長
區。在金剛石生長相區中可以只生長金剛石而不沉積石墨，也可以金剛石生長和石墨腐
蝕同時發生。與通常的相應平衡相圖比較，這些特徵充分反映了金剛石和石墨的物相穩
定性發生了變化。在平衡相圖中，低壓下石墨是穩相，金剛石是亞穩相；而在這些超平
衡原子氫存在的非平衡定態相圖中，金剛石可以成為穩相而石墨成為亞穩相。這些定態
相圖與文獻上大量報導的活性低壓金剛石氣相生長實驗數據相符，特別是從圖 9-25 可
以看到理論計算結果與 Marinelli 光譜法測定的精確實驗幾乎完全定量相符，進一步證

明非平衡熱力學耦合模型和定態相圖理論和方法的正確性。

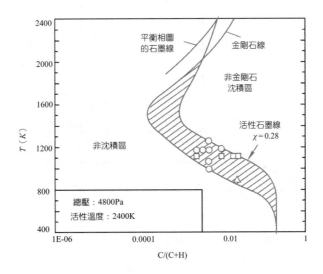

圖 9-21　C-H 體系的一個 T-X 定態相圖

斜線區是金剛石生長區，文獻上金剛石生長的實驗點（□、△和○）落在金剛石生長區中。
（橫坐標為體系的組成，以原子分數表示，以後各圖中類似情況不再說明。）

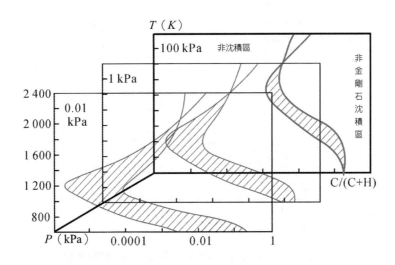

圖 9-22　C-H 體系的 T-p-X 定態相圖

（斜線區是金剛石生長區）

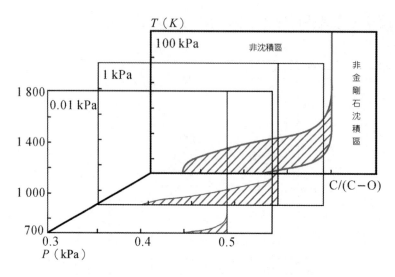

圖 9-23　C−O 體系的 T−p−X 定態相圖

（斜線區是金剛石生長區）

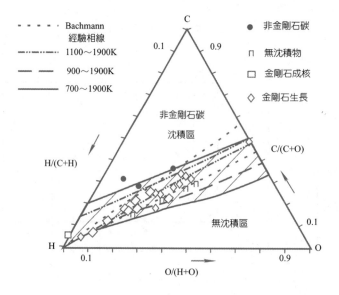

圖 9-24　C−H−O 三元體系的組分投影定態相圖

（0.01～100 kPa，斜線區是 700～1900 K 金剛石可生長區）

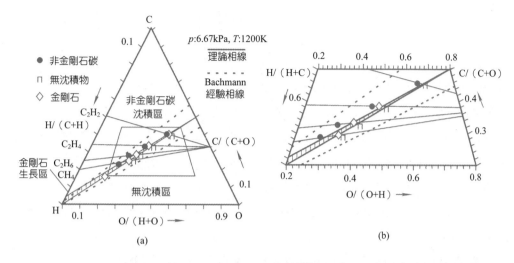

圖 9-25　固定溫度、壓強的三元組分定態相圖與 Marimelli 精確實驗的比較

(b)是圖(a)中的局部放大圖，斜線條區是金剛石生長區

　　化學反應之間的熱力學反應耦合（簡稱反應耦合）的概念在 1936 年前後就由 De Donder 提出，即同一體系中同時發生兩個反應 $\Delta G_1 > 0$，$\Delta G_2 < 0$，並且 $\Delta G_1 + \chi \Delta G_2 \leq 0$（$\chi = r_2 / r_1$）是可能的。利用反應耦合的概念可以解釋大量生命體系的現象和生命體系的反應過程。可是從未有人能提供定量的例證，特別在非生命的化學體系中一直沒有找到正確的實例，因此在以往的 60 多年中，對反應耦合在化學中的應用一直存在爭論。活性低壓金剛石氣相生長及其反應耦合理論的成功為反應耦合提供了最直接和定量化的證明。例如在活性低壓氣相生長金剛石的典型工作條件下（襯底溫度 $T = 1200\text{K}$，總壓 $p = 10^4\text{Pa}$ 和熱絲溫度 $T_{激活} = 2400\text{K}$），由石墨轉化生成金剛石的反應（9-72），$\Delta G_1 = 6.96\text{kJ}$，是不能單獨自發進行。超平衡原子氫的締合反應（9-73），$\Delta G_2 = -112.72\text{kJ}$，是一個自發反應。按耦合係數的實驗對比值 $\chi = 0.28$ 計算，總的耦合反應（9-74）$\Delta G_3 = 6.96 - 0.28 \times 112.72 = -24.60\text{kJ} < 0$，表示在低壓下石墨和超平衡原子氫作用生成金剛石和氫分子是完全符合熱力學第二定律的。這樣的定量證明不僅解決了近 30 年來低壓人造金剛石是否違反熱力學的懷疑，也排除了 60 多年化學領域中對反應耦合的爭議。這樣就為人們在 21 世紀中充分利用反應耦合原理開闢新的無機合成或製備新材料創造了很好的條件。事實上現在利用反應耦合原理已經先後開展了低壓氣相生長立方氮化硼及低壓氣相生長新材料 CN_x 等。進一步根據生命體系中存在大量耦合反應的啟示，開展嶄新類型或仿生的無機合成及新材料製備研究有廣闊的前景。

參考文獻

1. Blocher J M: Vapor-Deposited Materials, Chapter l in Vapor Deposition, 1961.

2. 陸學善。前言。見：張克叢，張樂惠。晶體生長。北京：科學出版社，1981。

3. Wang J-T, Proc. of 13th Int'l Conf. on Chem Vapor Deposition, los Angeles, May 5~10, 1996, eds T M. Besmann M D, Allendorf McD, Robinson et al. PV96-5, The Electroche Soc, Inc, p.651~655.

4. Schafer H. Chemical Transport Reactions. New York: Academic Press, 1964.

5. Kaldis E.in Crystal Growth——Theory and Techniques Vol 1.Ed C H L.Goodman, Plenum, New York, 1974. Chap 2, p.49.

6. 孟廣耀編著。化學氣相澱積與無機新材料。北京：科學出版社，1984。

7. 王季陶，劉明登主編。半導體材料。北京：高等教育出版社，1990。

8. 王季陶，半導體學報，1980(1): 6; its English translation: Wang J-T, Chinese Phys. (Published by Am Inst of Physics in U S), 1981(1): 46.

9. 王季陶，中國科學（A 輯），1983(1): 89；Wang J-T, Scientia Sinina (series A), Eng. ed., 1983(26): 273.

10. Wang J-T et al. Selected Works on CVD——part I, Computer Simulation of LPCVD. Eng ed Fudan Univ Press, Shanghai, 1985.

11. Wang J-T, Zhang S-L & Wang Y-F. Solid-State Electronics. 1986, 29(10): 999~1004.

12. Proc. 3rd Int'l Symp. on Process Physics and Modeling in Semiconductor Tech., Eds G R. Srinlvasan K, Tanniguchi & C S Murthy, 183rd Meeting, Honolulu, Hawaii, May 21-25, 1993, The Electrochem Soc, Inc, Pennington, PV93-6, 357~368.

13. Kaplan W, Zhang S-L and Wang J-T. in G W Cullen and K E Spear (eds), Proc 11 th Int Conf on Chemical Vapor Deposition, PV90-12, The Electrochem Soc Inc, Seattle, 1990. p.381.

14. Rosler R S. Solid State Technology, 1977, 20(4): 63.

15. Kuiper A E T, van den Brekel C H J, de Groot J and Veltkamp G W. J Electrochem Soc, 1982, 129: 2288.

16. Jensen K F and Graves D B. J Electrochem Soc, 1983, 130: 1950.

17. Roenigk K F & Jensen K F. Proc of 5th Euro Conf on CVD, Uppsala, Sweden, June 17-20, 1985. p.207.

18. Roenigk K F and Jensen K F. J Electrochem Soc, 1987, 134: 1777.

19. Joshi M G. J Electrochem Soc, 1987, 134: 3118.

20. Bundy F P, Hall H T, Strong H M, Wentorf R H. Nature, 1955, 176: 51~54.

21. Spitsyn B V, Deryagin B V, USSR Author's Certificate No 399 134, Appls 716358/23-26 and

964957/23-26. Filed July 10, 1956. Patent issued in 1980.

22. DeVries R C. Ann Rev Mater Sci, 1987, 17: 161~187.

23. Deryagin B V, Spitsyn B V, Builov B V et al. Dokl Akad Nauk, 1976, 231: 333.

24. Matsumoto S, Sato Y, Tsutsumi M, Setaka N. J Materials Sci, 1982, 17: 3106~3112.

25. Spear K E. Earth and Mineral Science, 1987, 56(4): 53~59.

26. Hwang N M, Yoon D Y.J Cryst Growth, 1996, 160: 87~97; 1996, 160: 98~103; 1996, 162: 55~68.

27. Sommer M, Mui K, Smith F W. Solod State Communication, 1989, 69(7): 775~778.

28. Yarbrough W A.MRS Fall Meeting, Boston, Nov 28, 1989, Paper F 1.3.

29. Bar-Yam Y, Moustakas T D. Nature, 1989, 342: 786.

30. Yarbrough W A and Messier R. Science, 1990, 247: 688.

31. Wang J T, Carlsson J-O. Surface and Coatings Technology, 1990, 43/44: 1~9; and at 8th Internat. Conf. on Thin Films, April 2~6, 1990, San Diego.

32. Wang J-T, Cao C-B, Zheng P-J. J Electrochem Soc, 1994, 141(1): 278~281.

33. 王季陶，鄭培菊。科學通報，1995，40(11): 1056；Wang Ji-Tao, Zheng Pei-Ju. Chinese Science Bulletin, Eng ed, 1995, 40(13): 1141~1143。

34. Wang J-T, Huang Z-Q, Wan Y-Z, Zhang D W, Jia H-Y. J of Materials Research, 1997, 12(6): 1530~1535.

35. Wang J-T, Wan Y-Z, Zhang D W, Liu Z-J, Huang Z-Q. J of Materials Research, 1997, 12(12): 3250~3253.

36. David W Zhang, Wan Y-Z, Wang J-T. J Crystal Growth, 1997, 177: 171~173.

37. Zhang D W, Wan Y-Z, Liu Z-J, Wang J-T. J Mater Sci Lett, 1997, 16: 1349~1351.

38. Zhang D W, Wan Y-Z, Wang J-T. 177(1/2), 171~173(1997).

39. Wang J-T, Wan Y-Z, Liu Z-J, Wang H, Zhang D W, Huang Z-Q. Mater Lett, 1998, 33(4): 311~314.

40. Zhang D W, Liu Z-J, Wan Y-Z, Wang J-T. Applied Physics A, 1998, 66(1): 49~51.

41. Wan Y-Z, Zhang D W, Liu Z-J and Wang J-T. Applied Physics A, 1998, 67(2): 225~231.

42. David W. Zhang, Wan Y-Z and Wang J-T. J of Materials Science Letters, 1997, 16: 1349~1351.

43. 王季陶，張衛，劉志傑。金剛石低壓氣相生長的熱力學耦合模型。北京：科學出版社，1998。

44. Prigogine I. Introduction to Thermodynmics of Irreversible Processes.3rd edn. New York: Intersscience, 1967. Ch apter Ⅲ.

45. Rysselberghe P Van. Bull Ac Roy Belg (Cl Sc), 1963, 22: 1330; 1937, 23: 416.

46. Prigogine I, Defay R. Chemical Thermodynamics. translated by Everett D H, London: Longmans Green and Co, Inc, 1954. p.42.

47. Li R-S. Acta Chimica Sinica, Eng Edn, 1989, No 4: 304~310.

48. Boudart M. J Phys Chem, 1983, 87: 2766~2789.

49. Levine I N, Physical Chemistry. 2nd edn. McGraw-Hill, Inc, 1983；中譯本，褚德瑩，李芝芬，張玉芬譯，韓德剛校，物理化學（上、下），北京：北京大學出版社，1987。p.203。

50. 王季陶。非平衡定態相圖──人造金剛石的低壓氣相生長熱力學。北京：科學出版社，2000。

微波與電漿下的無機合成

10

　　微波在整個電磁波譜中的位置如圖 10-1 所示，通常是指波長為 1m 到 0.1mm 範圍內的電磁波，其相應的頻率範圍是 300MHz～3000GHz。1～25cm 波長範圍用於雷達，其它的波長範圍用於無線電通訊，為了不干擾上述這些用途，國際無線電通訊協會（CCIP）規定家用或工業用微波加熱設備的微波頻率是 2450MHz（波長 12.2cm）和 915MHz（波長 32.8cm）。家用微波爐使用的頻率都是 2450MHz，915MHz 的頻率主要用於工業加熱。

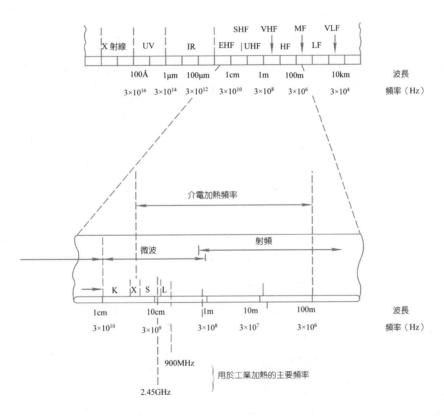

圖 10-1　微波在電磁波譜中的位置

　　目前人們在許多化學領域（如無機、有機、高分子、金屬有機、材料化學等）運用微波技術進行了很多的研究，取得了顯著的效果。微波作為一種能源，正以比人們預料要快得多的速度步入化工、新材料及其它高科技領域，如超導材料的合成，沸石分子篩的合成與離子交換，稀土發光材料的製備，超細粉製備，分子篩上金屬鹽的高度分散型催化劑製備，分析樣品的消解與熔解，蛋白質水解，各種類型的有機合成及聚合物合成，金剛石薄膜、太陽能電池、超導薄膜、導電膜的微波電漿化學氣相沈積，半導體晶

片的微波電漿注入和亞微級刻蝕，光導纖維的微波電漿快速製備，微波電漿作為一種強有力的光源在原子發射、原子吸收、原子螢光等光譜分析中的應用，並成功用於色譜用微波電漿離子化檢測器，精細陶瓷的快速高溫燒結和連接，微波電漿高效率雷射發強功率雷射等領域。這些很可能成為 20 世紀末到 21 世紀最有發展前途的領域。

10.1 微波輻射法在無機合成中的應用

自從 1986 年 Gedye 等人[1]首次把微波輻射技術用於有機合成以來，此種技術在化學的各個領域得到廣泛應用。1988 年，牛津大學的 Baghurst 和 Mingos[2，3]等人首次用微波法進行了一些無機化合物及超導陶瓷材料的合成，隨後又用於金屬有機化合物[4,5]、配合物[6，7]和嵌入化合物[8]的合成。Vartull 等人[9,10]和 Mingos 等人[11]報導了用微波輻射進行某些沸石分子篩的晶化方法。1992 年，Komarneni 等人[12]報導了 ABO_3 型複合氧化物的微波水熱合成方法，還有合成沸石分子篩與沸石分子篩的離子交換[13~15]、無機固相合成[15~17]、發光材料的製備[18~20]、在微孔材料上的某些鹽的高度分散[21]。為了加深對微波作用機構的理解，下面首先闡述微波加熱和加速反應機構，然後介紹有代表性的一些研究工作。

10.1.1 微波加熱和加速反應機構

微波與物質相互作用是一個很大的課題，涉及相當廣泛的內容，微波加熱只是微波與物質相互作用的一部分內容。限於篇幅，這裡也不能作全面的介紹，在本節只簡要介紹與本書內容有關的微波加熱理論及在化學上的重要意義。

實驗表明極性分子溶劑吸收微波能而被快速加熱，而非極性分子溶劑幾乎不吸收微波能，升溫很小，如表 10-1 所示。水、醇類、羧酸類等極性溶劑都在微波作用下被迅速加熱，有些已達到沸騰，而非極性溶劑（正己烷、正庚烷和CCl_4）幾乎不升溫。有些固體物質（如Co_2O_3，NiO，CuO，Fe_3O_4，PbO_2，V_2O_5，WO_3，碳黑等）能強烈吸收微波能而迅速被加熱升溫，而有些物質（如 CaO，CeO_2，Fe_2O_3，La_2O_3，TiO_2 等）幾乎不吸收微波能，升溫幅度很小，實驗結果如表 10-2 所示。微波加熱大體上可認為是介電加熱效應。

表 10-1　50mL 溶劑在 500W 微波功率，2450MHz 頻率下作用 1min 的升溫情況
（所有實驗在室溫下進行）

溶劑	升溫（℃）	bp（℃）	溶劑	升溫（℃）	bp（℃）
水	81	100	乙酸	110	119
甲醇	65	65	乙酸乙酯	73	77
乙醇	78	78	氯仿	49	61
正丙醇	97	97	丙酮	56	56
正丁醇	109	117	DMF	131	153
正戊醇	126	137	乙醚	32	35
正己醇	92	158	正己烷	25	68
1−氯丁烷	76	78	正庚烷	26	98
1−溴丁烷	95	101	CCl$_4$	28	77

　　極性分子具有永久偶極矩，但由於分子的熱運動，偶極矩指向各個方向的機會相同，所以偶極矩的統計值為零，若將極性分子置於外電場中，極性分子在電場作用下總是趨向電場方向排列，這時我們稱這些分子被極化，極化的程度可用偶極極化率衡量，$\alpha_d = \mu^2 / 3kT$，即 α_d 與偶極矩 μ^2 值成正比，與絕對溫度 T 成反比。在外場作用下，無論是極性分子或非極性分子都會發生電子相對於原子核移動和原子核之間的微小移動，產生變形極化，用電子極化率 α_e 和原子極化率 α_a 兩項來衡量。變形極化與溫度無關。再來就是對於非均相體系，外電場對相界面電荷極化，而產生的界面極化效應（即 Maxwell-Wagner 效應），用界面極化率 α_i 來衡量。所以總極化率 $\alpha = \alpha_e + \alpha_a + \alpha_d + \alpha_i$。

　　由於外電場是交變場，極性分子的極化情況則與交變場的頻率有關。偶極的鬆弛時間與微波頻率範圍下電場交變時間大致相同。如果電場的交變週期小於偶極的鬆弛時間，即交變場的頻率比微波頻率高（如紅外和可見紫外頻率），則極性分子的轉向運動跟不上電場的變化，即極性分子來不及沿電場定向，不能產生偶極極化，只能產生原子極化和電子極化。也就是說原子極化和電子極化對微波介電加熱貢獻很小。在微波介電加熱效應中，主要起作用的是偶極極化和界面極化。描述材料介電性質的兩個重要參數是介電常數 ε' 和介電損耗 ε''。ε' 用來描述分子被電場極化的能力，也可以認為是樣品阻止微波能通過能力的量度。ε'' 是電磁輻射轉變為熱量的效率的量度。介電損耗 ε' 和介電常數 ε' 的比值定義為介電損耗正切（也稱介電耗散因子），即 $\tan\delta = \varepsilon''/\varepsilon'$，它表示在給定頻率和溫度下，一種物質把電磁能轉變成熱能的能力。因此微波加熱機制部分地取決於樣品的介電耗散因子 $\tan\delta$ 大小。當微波能進入樣品時，樣品的耗散因子決定了樣品吸收能量的速率。可透射微波的材料（如玻璃、陶瓷、聚四氟乙烯等）或是非極性介質由於微波可完全透過，故材料不吸收微波能而發熱很少或不發熱，這是由於這些材料的分子較大，在交變微波場中不能旋轉所致。金屬材料可反射微波，其吸收的微波能為

零。吸收微波能的物質,其耗散因子是一個確定值。因為微波能通過樣品時很快被樣品吸收和耗散,樣品的耗散因子越大,給定頻率的微波能穿透越小。穿透深度定義為從樣品表面到內部功率衰減到一半的截面的距離,這個參數在設計微波實驗時是很重要的。超過此深度,透入的微波能量就很小,此時的加熱主要靠熱傳導。微波能在樣品中損失的主要機構是離子傳導和偶極子轉動。離子傳導是在所加電磁場中,被解離的離子的傳導遷移,這種離子遷移電流由於離子流電阻產生 I_2R 的損失而產生熱,溶液中所有離子對傳導都有貢獻。但是,不同組分離子的濃度和它在相應介質中的固有遷移率確定了組分離子產生的電流貢獻。所以,離子遷移產生的微波能損失與被解離的離子大小、電荷量和傳導性能有關,並受離子與溶劑分子之間相互作用的影響。

表 10-2　微波加熱固體物質產生的溫度變化情況

（所有實驗都是在室溫下進行的）

物　質	A 升溫（℃）	微波作用時間（min）	物　質	B 升溫（℃）	微波作用時間（min）
Al	577	6	CaO	83	30
C	1283	1	CeO_2	99	30
Co_2O_3	1290	3	CuO	701	0.5
CuCl	619	13	Fe_2O_3	88	30
$FeCl_3$	41	4	Fe_3O_4	510	2
$MnCl_2$	53	1.75	La_2O_3	107	30
NaCl	83	7	MnO_2	321	30
Ni	384	1	PbO_2	182	7
NiO	1305	6.25	Pb_3O_4	122	30
$SbCl_3$	224	1.75	SnO	102	30
$SnCl_2$	476	2	TiO_2	122	30
$SnCl_4$	49	8	V_2O_5	701	9
$ZnCl_2$	609	7	WO_3	532	0.5

註：A 列是在 1kW 微波爐（2450MHz）中,用 25g 樣品,並放入 1000ml 水以吸收過剩微波能。

　　B 列是在 500W 微波爐中,用 5～6g 樣品。

　　影響離子傳導的參數有離子濃度、離子遷移率和溶液溫度,每個離子溶液至少有二種離子組分（例如 Na^+ 和 Cl^- 離子）,每個離子組分根據自己的濃度和遷移率傳導電流。一般來說,隨離子濃度的增加,耗散因子增加。水中加入 NaCl 大大提高了耗散因子,因而也提高了離子傳導對微波加熱的貢獻。因為溫度影響離子的遷移率和離子濃度,所以離子溶液的耗散因子也隨溫度而變化。

　　在電場作用下,具有永久或誘導偶極矩的樣品中的分子可發生偶極子轉動、振動或

擺動。大多數民用微波爐的微波頻率為2450MHz，即電場方向每秒鐘變化2.45×10^9次，所以外加微波場引起分子轉動在一個方向上只平均停留非常短的時間，而後分子又轉向另一個方向，這樣由於受到分子熱運動及相鄰分子間相互作用的干擾和阻力，瞬時分子間發生類似摩擦作用而產生熱效應，再一由於偶極子轉動滯後於電場的改變，分子還會從電場吸收能量。偶極子轉動產生的熱效應與介質的弛豫時間τ有關。介質弛豫時間τ是樣品中的分子有63%達到無序狀態所需的時間。當樣品的$1/\tau$接近輸入微波功率時，樣品具有高的耗散因子，相反當樣品的$1/\tau$與微波頻率差別很大時，樣品的耗散因子低。介質弛豫時間與樣品的溫度和黏度有關，球形偶極子的$\tau = 4\pi r^3 \eta / kT$，其中$\eta$為介質的黏度，$r$為偶極分子的半徑。一般來說，樣品的溫度上升，其$1/\tau$也增加，與輸入微波頻率的差異變大導致耗散因子下降，樣品吸收微波能降低，然而，隨著溫度升高，離子傳導產生的介電損失增加。所以在很大程度上，溫度決定了二種能量轉化機構（偶極子轉動或離子傳導）的相對貢獻。樣品的黏度也影響樣品吸收微波能的能力（耗散因子），黏度低，耗散因子大，因為樣品的黏度影響分子的轉動。例如當水結冰時，水分子被鎖定在晶格中，這大大阻止了分子的遷移，使分子很難隨微波場定向。因而，冰的介電耗散因子低，在 2450MHz 時僅為2.7×10^{-4}，當水的溫度上升到27.2℃時，黏度降低，介電耗散因子大得多，達到 12.2。這種情形不要與介質弛豫時間的影響混淆。水的介質弛豫時間倒數$1/\tau$大於 2450MHz，升溫降低介電耗散因子，但降低黏度，介電耗散因子增大，因此要綜合看冰水黏度與介質弛豫時間對耗散因子哪個影響大。

　　儘管分子與微波輻射耦合的能力是分子極化度的函數（由 Debye 方程$P = \dfrac{\varepsilon - 1}{\varepsilon - 2} \cdot M / \rho$確定），但除了上面闡述之外，還有許多其它因素影響微波的加熱效率。首先由下列方程來確定升溫速率：

$$\frac{\delta T}{\delta t} = \frac{C\varepsilon'' f E_{\mathrm{rms}}^2}{\rho c_p} \qquad (10\text{-}1)$$

式中 C 是常數，ε''是介電損耗，f是微波頻率，E_{rms} 是平方根電場強度，ρ是密度，c_p是比定壓熱容。密度較大的樣品升溫速率通常比密度較小的樣品慢；樣品的熱容越大，升溫速率越慢。例如 1－丙醇的介電常數（在 25℃為 20.1）比水的介電常數（25℃為 78.54）要小得多，但前者比後者加熱速率快 1.7 倍[5]，這種現象的解釋是丙醇的比熱容（2.45J/g・K）比水的比熱容（4.18J/g・K）小造成的。其二是樣品量，在一定頻率下樣品的耗散因子越大，微波能在介質的穿透深度越小；在具有高耗散因子的大樣品中，超出微波能穿透深度的加熱通過分子碰撞的熱傳導達到，因此，樣品的表面或近表面溫度將更高一些。樣品量小，雖然微波能可以完全穿透樣品，但未被吸收（反射）的微波

能量增大，這樣可能引起對磁控管的損害，所以選擇適宜的樣品量是必要的。

局部過熱現象產生在加速化學反應機構方面也是很重要的。當用常規傳導加熱方式加熱時，所用容器常常是熱的不良導體，加熱容器把熱傳給溶液需要時間；還有，由於液體表面出現蒸發、對流，建立了熱梯度，只有少部分液體的溫度可達到容器外部的加熱溫度，當採用傳導加熱方式，只有少量液體在溶液的沸點溫度之上。而微波可穿透容器（即不加熱容器）同時加熱整個樣品液體，所以溶液很快達到沸點。但由於加熱速率太快，熱對流到上表面出現蒸發，但蒸發不能有效地彌散過剩能量，而出現過熱現象，例如微波加熱水可達 110℃[4]。如果反應體系是非均相的，在非混合液體和溶液之間的界面，可發生 Maxwell-Wagner 界面極化效應而產生局部過熱效應；再一如果反應體系中存在大量的可遷移的離子，產生傳導損耗也可能產生局部過熱效應；還有就是某些高分子化合物由於分子比較大，不能隨交變電場發生轉動，本來體系吸收微波能小，但由於分子中的存在某些微波敏感性集團，發生局部過熱現象，使體系仍然能夠升溫。由 Eyring 方程 $k = \dfrac{k_b T}{h} \cdot \exp\dfrac{\Delta S^{\neq}}{R} \cdot \exp\dfrac{-\Delta H^{\neq}}{RT}$，可知溫度對於反應速率的影響很大，對於吸熱反應體系，溫度升高可增加反應速率，所以局部過熱效應產生小的溫度增加都有可能顯著增加反應速率。另外，由於微波加熱比傳統加熱速率 $\dfrac{\Delta T}{\Delta t}$ 要快得多，在相同時間內，升溫幅度大，從而增加反應速率。

總之，微波介電加熱效應、微波離子傳導損耗及局部過熱效應等是加速化學反應的主要因素。微波這種原位（insitu）能量轉換加熱模式具有許多獨特之處，微波與分子的耦合能力依賴於分子的性質，這就有可能控制材料的性質和產生反應的選擇性，也就是說一種反應物或達到決定反應速率過渡態的過渡錯合物或中間體能有選擇地吸收微波能，從而引起大的速率增加。除了加熱效應之外，微波可能還使一些分子的空間結構發生變化，使一些化學鍵斷裂或使分子活化，而促進多種類型的化學反應。目前對於微波的非熱效應從理論上和實驗上解釋都還不完善，也許與耗散結構理論有關。關於微波促進化學反應的理論有待於進一步深入的研究。

10.1.2 沸石分子篩的合成

具有特定孔道結構的微孔材料，由於它們結構與性能上的特點，已被廣泛地應用在催化、吸附及離子交換等領域。一般的合成方法是水熱晶化法，此法耗能多，條件要求苛刻，週期相對比較長，釜垢浪費嚴重。而微波輻射晶化法是 1988 年才發展起來的新的合成技術，此法具有條件溫和、能耗低、反應速率快、粒度均一且小的特點。例如

NaA 沸石，在常壓下 5～10min 即可合成出結晶度較高的晶體。因此，這種新的合成方法預計能實現快速、節能和連續生產沸石分子篩的目標。本節主要介紹微波法合成 NaA，NaX，APO-5，APO-C 微孔晶體以及 Ce-β 沸石的離子交換反應。

1. NaA 沸石的合成

A 型沸石是目前應用很廣泛的吸附劑，用於脫水、脫氨等，而且可代替洗衣粉中的三聚磷酸鈉得到無磷洗衣粉而解決環境污染問題。基於微波輻射晶化法其獨特的優點，微波輻射法合成 NaA 沸石的結果總結如下：

微波頻率為 2450MHz，100%的微波功率為 650W，在 10%～50%微波檔下輻射 5～20min。實驗表明：①在如下原料配比範圍：1.5～5.0Na_2O：1.0Al_2O_3：0.5～1.7 SiO_2：40～120H_2O 能很好地得到 NaA 沸石晶體，掃描電鏡照片表明樣品粒度很小（～0.3μm）。H_2O／$Al_2O_3 \geq 150$，出現無定形、無 NaA 晶體，Na_2O／$Al_2O_3 \geq 8.0$ 則全部生成羥基方鈉石，SiO_2／$Al_2O_3 = 2.0$ 時，無NaA晶體生成。②當微波功率較大時，微波作用時間就短一些，反之亦然。綜合看20% 微波功率下作用 15～20min 容易控制，能得到較高結晶度的 NaA 沸石；功率較大（如50%）易在 NaA 中出現羥基方鈉石雜晶。③攪拌和陳化時間長短是合成 NaA 沸石的關鍵步驟。攪拌 45min，不陳化，產物是無定形；如果攪拌 45min 並靜置 12h，再微波作用得到的產物有一點 NaA 晶體；如果攪拌 12h 不陳化，可生成NaA晶體但結晶度不高；如果靜置陳化 7h，可生成NaA晶體，大約有 50% 的結晶度；如果靜置陳化 12h，NaA 晶體結晶度很高，可達95% 的結晶度，其 XRD 繞射圖與文獻完全一致。說明攪拌和陳化時間長一些有利於 NaA 晶體的生成。

2. NaX 沸石的微波合成

NaX 是低矽鋁比的八面沸石，一般在低溫水熱條件下合成。因反應混合物配比不同，以及採用的反應溫度不同，晶化時間為數小時至數十小時不等。

用微波輻射法合成出 NaX 沸石，是以工業水玻璃作矽源，以鋁酸鈉作鋁源，以氫氧化鈉調節反應混合物的鹼度，具體配比（物質的量的比）為 SiO_2／$Al_2O_3 = 2.3$，Na_2O／$SiO_2 = 1.4$，H_2O／$SiO_2 = 57$。

將反應物料攪拌均勻後，封在聚四氟乙烯反應釜中，將釜置於微波爐中接受輻射。微波爐功率 650W，微波頻率 2450MHz，在 1～3 檔下（相當於總功率的 10%～30%）使用。輻射約 30min 後，冷卻，過濾，洗滌，乾燥得 NaX 分子篩原粉，其 X 射線粉末繞射圖與文獻完全一致。用同樣配比的反應混合物，採用傳統的電烘箱加熱方法，在

100℃下晶化 17h，得 NaX 分子篩。比較反應的時間，可清楚地看出微波輻射方法的優越性。不僅節省了時間，更重要的是大幅度地降低了能耗。

3. APO-5 和 APO-C 的微波合成

磷酸鋁系列分子篩是 20 世紀 80 年代初由美國聯合碳化物公司（U. C. C.）的 Wilson 和 Flanigen 等人開發的一類新型分子篩，在它的骨架結構中，首次不出現矽氧四面體，從而打破了沸石型分子篩由矽氧四面體和鋁氧四面體組成的傳統觀念。這一成果引起了沸石化學家們的極大興趣，隨後，人們對此系列分子篩進行了大量的研究，其中研究最多的是 APO-5 分子篩。$AlPO_4$ 分子篩的合成一般採用水熱晶化法，以 H_3PO_4 作磷源、氫氧化鋁作鋁源，以氫氧四乙基銨（TEAOH）或三乙胺作模板劑，並以鹽酸或氨水調節反應混合物的酸鹼度。將一定計量反應物料攪拌均勻後，裝在封閉聚四氟乙烯反應罐中，以下操作步驟與合成 NaX 沸石類似，在 10%～40% 的微波功率下作用 7～25min，得 APO-5 原粉，其 X 射線粉末繞射圖（XRD）與文獻[27]完全一致。電鏡照片表明樣品粒度很小（50nm～0.3μm）且均勻，而用傳統烘箱加熱水熱晶化法，粒度常常大於 5μm。一般在 10%～40% 微波功率下，微波輻射時間為 7～25min 就能合成出 APO-5 分子篩，而傳統方法至少需要 5h。實驗還表明用微波法進行 APO-5 合成，反應混合物配比的範圍比傳統水熱法要拓寬一些。用微波法，在以下配比範圍：（0.7～0.9）（TEA）$_2$O：（0.3～1.0）Al_2O_3：$1.1P_2O_5$（45～50）H_2O 或（2.560～3.040）三乙胺：$1.0Al_2O_3$：1.260～1.326：P_2O_5：50～60H_2O 都能得到純 APO-5，而用傳統水熱法，在一些配比下不能得到純 APO-5。

在合成 APO-5 過程中，當模板劑量降低、微波功率降低、微波作用時間縮短時會生成 APO-C 分子篩。例如，反應混合物配比：（1.0～1.5）三乙胺：$1.0Al_2O_3$：（1.260～1.326）P_2O_5：（50～70）H_2O 或（0.36～0.65）（TEA）$_2$O：$1.0Al_2O_3$：$1.1P_2O_5$：（40～60）H_2O，在 10%～20% 微波功率檔作用 6～10min 就會生成 APO-C 分子篩。

總之，用微波輻射法合成沸石分子篩具有許多優點，如粒度小且均勻、合成的反應混合物配比範圍寬、重現性好、時間很短等，預計這種新的合成方法能在快速、節能和連續生產分子篩、超微粒分子篩，以及在用傳統方法合成不出的一些分子篩等方面會取得突破。

10.1.3　沸石分子篩的離子交換

將沸石分子篩與 0.05mol/L 的稀土離子溶液按 1／s＝25 配成漿液，盛於 50mL 的平

底長頸燒瓶中，燒瓶置於微波爐（功率為 650W，微波頻率為 2.45GHz）內的旋轉托盤上，以微波爐 20% 功率檔加熱一定時間，產物經洗滌、抽濾、烘乾後用於測試。

用微波加熱法進行了 Ce^{3+}，Eu^{3+}，Sm^{3+} 離子與 Beta 沸石的離子交換反應，製得了 Ce-Beta，Eu-Beta，Sm-Beta 稀土沸石樣品。

微波法製得的 Ce-Beta 沸石的激發和發射光譜與常規法相比，Ce^{3+} 離子的激發光譜變化不大，但發射光譜至少由三個譜帶構成，最強峰位於 400nm。在微波作用下，水分子和稀土離子運動速率比一般加熱要快得多，動能也大，稀土離子可進入到較難交換的 c 方向孔道中，使發射光譜能量分佈發生較大變化，這是微波加熱離子交換法的優點之一。

實驗考察了微波加熱時間和交換液中稀土離子濃度對沸石中稀土離子發光強度的影響，結果表明微波加熱法中鈰離子濃度需大一些，說明微波法進入的稀土量多些，交換度大些，這是微波法的又一優點。

固定交換液中稀土離子濃度和微波加熱功率，不同交換時間對樣品發光強度的影響也與常規法不同，達到 Ce^{3+} 發光濃度猝滅的時間，微波法為 8min，而常規法則需 8h，由此可見微波法進行離子交換的速率要快得多，這是第三個優點。

總之，微波加熱進行沸石離子交換是可行的。它具有方便、快速、交換度高，可交換常規方法不易進入位置的離子，尤其適用於實驗室製備小批量離子交換型沸石分子篩樣品。若能製造較大加熱室的微波爐並加裝回流冷凝裝置和連續加料—出料系統，也可用於製備較大批量的樣品。當然關於交換機構、熱力學、動力學和交換度、交換率以及與常規方法製備的樣品在離子占位、配位環境和理化性能等方面比較工作都有待於進一步的研究，僅就目前的結果看，微波加熱法是很有研究意義的課題，將會引起沸石分子篩化學界的研究興趣。

10.1.4　微波輻射法在無機固相反應中的應用

無機固體物質製備中，目前使用的方法有製陶法、高壓法、水熱法、溶膠—凝膠法、電弧法、熔渣法和化學氣相沈積法等。這些方法中，有的需要高溫或高壓；有的難以得到均勻的產物；有的製備裝置過於複雜、昂貴，反應條件苛刻，反應週期太長。微波輻射法不同於傳統的藉助熱量輻射、傳導加熱方法。由於微波能可直接穿透樣品，裡外同時加熱，不需傳熱過程，瞬時可達一定溫度。微波加熱的熱能利用率很高（能達 50%～70%），可大大節約能量，而且調節微波的輸出功率，可使樣品的加熱情況立即無惰性地改變，便於進行自動控制和連續操作。由於微波加熱在很短時間內就能將能量

轉移給樣品，使樣品本身發熱，而微波設備本身不輻射能量，因此可避免環境高溫，改善工作環境。此外微波除了熱效應外，還有非熱效應，可以有選擇地進行加熱。

1. Pb_3O_4 的製備

Pb_3O_4 屬於四方晶系，是二價、三價鉛的混合價氧化物，傳統製備方法是把 PbO 在 470℃下小心加熱 30h。而我們用微波輻射方法由 PbO_2 出發製備 Pb_3O_4，微波功率為 500W，只需 30min 就可定量地製備出 Pb_3O_4。粉末經 X 射線繞射的結果表明其 d 值與 JCPDS 卡片（8～19）d 值吻合得很好。重要的是 PbO_2 強烈地吸收微波，而 Pb_3O_4 不吸收微波，隨著產物的生成，體系溫度是下降，而不是升高，這樣就可有選擇地控制 PbO_2 的熱分解反應，只生成 Pb_3O_4，而不生成 PbO 和金屬鉛。

2. 鹼金屬偏釩酸鹽的製備

傳統製備鹼金屬偏釩酸鹽的方法是製陶法，反應式為 $X_2CO_3+V_2O_5 \rightarrow 2XVO_3 + CO_2\uparrow$（X＝Li，Na，K），在稱量前首先在 200℃預加熱鹼金屬碳酸鹽 2h，按計量稱取乾燥過的粉末與 V_2O_5 充分研磨混勻，混合物盛於鉑坩堝中，慢慢升溫到 700～950℃，熔融燒結 12～14h。

微波輻射法製備鹼金屬偏釩酸鹽的步驟是稱取 0.5～5.0g 的 V_2O_5，與按化學計量的鹼金屬碳酸鹽混合的瑪瑙研鉢中研磨均勻，放入剛玉坩堝中置於家用微波爐中，在 200～500W 微波功率下作用，製備出 $LiVO_3$ 只需 2min，製備出 $NaVO_3$ 只需 3.5min，製備出 KVO_3 只需 6.5min，樣品的 X 射線粉末圖與文獻完全一致。

3. $CuFe_2O_4$ 的製備

$CuFe_2O_4$ 屬於立方晶系，反應原料是 CuO 和 Fe_2O_3，傳統的方法製備出產物 $CuFe_2O_4$，需要 23h，用微波加熱方法，在微波功率為 350W 下，只需 20min。粉末經 X 射線繞射的結果表明其 d 值與 JCPDS 卡片（25～28）d 值吻合得很好。

4. Sb-P 系列快離子導體的合成

快離子導體中某些離子顯現異常快的傳輸特性，在某些情況下快離子導體（FIC）中快離子傳輸也伴隨著適當的電導性。在快離子導體工藝中，人們感興趣的主要是這些材料有可能作為化學能量轉換裝置中的電極或電解質材料。FIC 最有希望的應用是在固體電池中的應用。總之，快離子導體是一種很有價值的應用型材料，在各個領域內都能起到很重要的作用。能在很短的時間內合成這種物質無疑是很有價值的。

用微波輻射法對一些快離子導體進行了合成。在比傳統加熱方法短得多的時間內合成出了$K_5Sb_5P_2O_{20}$、$K_3Sb_3P_2O_{14}$、KSb_2PO_8，其中$K_3Sb_3P_2O_{14}$是二維離子導體，$K_5Sb_5P_2O_{20}$和KSb_2PO_8是三維離子導體。

按化學計量稱取KNO_3、Sb_2O_3和$NH_4H_2PO_4$混合研磨均勻，盛入一剛玉坩堝中，再把剛玉坩堝放入CuO浴或活性碳浴（CuO和活性碳能強烈吸收微波，瞬時能達很高溫度）中，將其置於微波爐中，在 50%～70% 功率檔下，作用 60～180min。產物顯示 X 射線粉末圖與文獻報導的是完全一致。

實驗發現，初始原料（KNO_3、Sb_2O_3和$NH_4H_2PO_4$）吸收微波不強烈，7 檔（70%）微波作用 150min，也無$K_5Sb_5P_2O_{20}$產物生成，由表 10-2 表明 CuO 和 C 能強烈吸收微波，5～6gCuO 樣品在 500W 功率下 0.5min 就能達到 701℃，25g C 在 1000W 功率下 1min 就能達到 1283℃。因此我們加 CuO 或活性碳浴輔助增益反應進程，在 60～180min 就能合成出結晶度很高的上述三種產物。而傳統方法首先在 300℃預燒 4h，分解$NH_4H_2PO_4$，並且在 1000℃燒結 24h 才能合成出上述三種產物。由此看出微波法比傳統固相反應法要快得多。一般固相反應是由粒子的表面擴散控制和溫度梯度影響著，然而在微波輻射固相反應中，可裡外同時加熱，溫度梯度可減少到一定程度，這是加快反應速率和較少雜質產生的原因之一。

實驗還發現，儘管初始原料吸收微波不強烈，但當有部分產物生成時，吸收微波增強，樣品升溫速率增快。這一現象說明產物本身吸收微波比原始原料強，在反應過程中，快速生成部分產物的任何措施都有助於加速反應進程。因此我們做了加入產物晶種和加CuO浴或活性碳浴與不加的對比實驗，證明加入晶種和CuO或活性碳浴對此類反應快速完成起到關鍵性作用。可以認為此類反應生成的部分產物存在一種自催化效應，這種效應在常規加熱處理方法中是不存在的。這是微波輻射法可加速固相反應的原因之二。

由前所述微波加熱機構基本上是介電加熱效應，可利用一些固體物質轉換電磁能量為熱量的能力而驅使化學反應，這種原位（insitu）能量轉換模式依賴於物質的性質，所以這種方法允許控制一些材料的性質和產生反應的選擇性。按照微波加熱理論，高頻電磁波能產生熱效應的原因主要是由於電場施加在帶電粒子上作用力大小。電導和介電極化是微波加熱的主要原因。我們在此研究的是 Sb-P 系列快離子導體化合物，離子本身就有傳輸特性，可牽動的 K 離子可以在結構中孔道中自由運動，進而產生電流，會產生大的電導損耗，加上電荷的分佈不均勻，也會產生介電損耗，兩者都會使溫度升高，導致固體電解質的快速形成，這是微波輻射法加速固相反應原因之三。另外，用微波固相法合成了 $Na_5YSi_4O_{12}$，$SrCeO_3$，LISICON 等材料。

總之，利用微波輻射法進行固相反應是一種新穎、快速的獨特合成方法，預計在材料科學及高科技領域會取得突破性進展，例如合成新型功能性材料、非整比化合物、精細陶瓷的燒結等方面。

10.1.5 在多孔晶體材料上無機鹽的高度分散

擔載的催化劑，通常是將活性組分分散到具有高比表面的擔體上而製成的，因而活性組分的分散度對於提高催化反應的活性和選擇性都具有十分重要的意義。通常是將樣品在某一溫度下加熱數小時或數十小時完成的。

最近，Iwamoto 等人報導了 Cu^{2+} 交換於 NaZSM-5 而製備的 CuZSM-5 對 NO 分解具有十分高的催化活性，Cu 的含量與催化活性和選擇性有很直接的關係。可是，由於離子交換方面的限制，很難製備出 Cu／Al 比值超過 1.0 的樣品來。另外，製備 REY（RE 為稀土離子）沸石通常需要進行數次離子交換和數次焙燒才能得到。

在本節，介紹一種在多孔晶體中分散無機鹽的新路線即微波分散法。作為一個實例，主要研究 $CuCl_2$ 在 NaZSM-5 沸石中的分散情況。

$CuCl_2$／NaZSM-5 和 $CuCl_2$／NaY 分別由 $CuCl_2 \cdot 2H_2O$ 和 NaZSM-5（Si／Al＝40，表面積 500m²/g）及 NaY（Si／Al＝2.75，表面積 750m²/g）製備。先將 NaZSM-5（或 NaY）2.0g 粉末樣品與一定量的 $CuCl_2 \cdot 2H_2O$ 研磨混勻後，再放進家用微波爐中。在反應 10～60min 後，樣品從微波爐中取出，並透過 X 光繞射儀分析。

透過大量實驗可以看出，在微波條件下製備 Cu／NaZSM-5 有如下顯著優點：① 可以製備高負載量的 $CuCl_2$ 樣品，可製備 $CuCl_2 \cdot 2H_2O$／NaZSM-5 為 0～0.50，Cu／Al 為 0～7.5 的 $CuCl_2$／NaZSM-5 樣品；②製備過程時間非常短，僅用 10～20min；③製備樣品過程中無需攪拌、乾燥和焙燒等步驟。

10.1.6 稀土磷酸鹽發光材料的微波合成

發光材料的研製和開發是材料科學的一項重要任務，它在充分利用能源方面起著促進科學進步的作用。中國的稀土蘊藏量居世界首位，稀土元素是良好的發光材料活性劑，已廣泛地用於彩色電視、照明或印刷光源、三基色節能用燈、螢光屏和航天儀表顯示、X 射線增感屏等方面。通常製備發光材料的方法都是用高溫固相反應方法，本節中，利用微波輻射這個新穎技術，合成以 Y^{3+}，La^{3+} 稀土離子的磷酸鹽為基質，以某些稀土元素（Gd^{3+}，Eu^{3+}，Dy^{3+}，Sm^{3+}，Tb^{3+}）和釩為活性劑，在 20%～70% 微波功率下

作用 7～10min，從溶液（或凝膠）一步法合成晶態、微晶態和玻璃態稀土磷酸鹽發光體，並探索它們的合成、組成、結構和發光特性及其規律。實驗表明，選擇不同的 RE_2O_3／P_2O_5 配比，可得到不同的晶態、玻璃態或微晶玻璃材料，反應體系加熱迅速，產物均勻。由 X 射線分析可知，當 RE_2O_3／P_2O_5 為 1：1 時產物為結晶度較高的稀土正磷酸鹽粉末；1：2 至 1：3 時得到微晶玻璃；1：5 時得到玻璃態產物。

10.2　微波電漿化學

　　稱為物質第四態的電漿，早就引起了科學家們的重視和研究，並已獲得了廣泛的應用。20 世紀 70 年代以來，透過大量實驗研究，人們發現用微波激發產生的電漿較之常規的直流和高頻電漿有許多獨特的優點：游離度高，電子濃度大；電子和氣體分子的溫度比 T_e／T_g 很高，即電子動能很大而氣體分子卻保持較低的溫度，這為實現低溫條件下化學氣相沈積提供了良好的條件；適應氣體壓強很寬；無極放電避免了電極污染；微波的產生、傳輸、控制技術已十分成熟，為電漿的控制提供了很有利的條件等。由於上述諸多特點，目前微波電漿光譜分析已成為原子光譜分析的一個重要領域，並發展起來微波電漿質譜、色譜用微波電漿離子化檢測器等一系列新型分析技術。微波電漿在金剛石薄膜、非晶矽太陽能電池薄膜以及 $YBa_2Cu_3O_{7-x}$ 超導薄膜和導電膜等的低溫化學氣相沈積（CVD），光導纖維的快速製備，晶片的亞微米級刻蝕，強功率雷射的高效激發，合成氮氧化物、氨等無機化合物，進行高分子材料的表面修飾和微電子材料的加工等方面也都獲得了許多令人注目的成就。一個嶄新的化學領域——微波電漿化學正在形成。許多文章稱這個領域將是 20 世紀末到 21 世紀最有發展前途的產業之一。

10.2.1　微波電漿及其特點

　　我們知道，一般氣體的各種物理行為可用一組特徵值（長度、速度和頻率）加以表徵。電漿的表徵則需用更多的特徵值，因為荷電粒子可與電場和磁場發生相互作用。例如，一般氣體的特徵長度是平均自由程 λ，它與反應器大小的比值決定了氣體的輸運性質，但電漿卻可有很多平均自由程，除了電子離子碰撞的平均自由程外，每類電子——中性重粒子碰撞也都有各自的平均自由程。維持巨觀電中性是電漿的基本特徵。描述電漿空間特性的一個重要參量是德拜長度，它由式（10-2）確定：

$$\lambda_D = \sqrt{\frac{\varepsilon_0 k T_e}{n_e e^2}} \tag{10-2}$$

式中 ε_0 為真空介電常數，n_e 為電子密度，T_e 為電子溫度。德拜長度是電漿電中性條件成立的最小空間尺度，只有電漿的空間長度 L 遠大於德拜長度（即 $L \gg \lambda_D$），一種電游離氣體才能稱得上是物質第四態的電漿，否則它就不成為電漿，而仍然屬於氣體。λ_D 值與各類平均自由程和反應器大小的比值決定了放電行為。描述電漿特性的另一個重要參量是電漿振盪頻率 ω_p（或振盪週期 τ_p），它由式（10-3）確定：

$$\omega_p = 8.9 \times 10^3 \sqrt{n_e} \, , \ \tau_p = \frac{1}{\omega_p} \qquad\qquad (10\text{-}3)$$

當 n_e 在 $10^9 \sim 10^{15}$ 範圍內，相應的電漿振盪頻率就落在微波頻段內，振盪週期是電漿電中性條件成立的最小時間尺度，只有電漿其存在時間 $\tau \gg \tau_p$（或 $\tau\omega_p \gg 1$）才能成為具備自己特有性質和行為的電漿，否則仍屬於氣體。所以，所謂電漿是滿足（$L \gg \lambda_p$，$\tau\omega_p \gg 1$）這些條件，在巨觀上呈電中性的游離氣體。若把微波加到氣態物質中，在一定條件下，形成的巨離氣體（例如游離度 $> 0.1\%$）稱為微波電漿。

電漿一般可分為兩種類型：熱電漿（或稱高溫電漿）和冷電漿（或稱低溫電漿）。

高溫電漿（如焊弧、電弧爐、電漿炬等）一般接近於局部熱力學平衡狀態，組成電漿的各種粒子（電子、離子、中性粒子）的速度或動能均服從 Maxwell 分佈。粒子的激發或游離主要藉由碰撞實現（當 $n_e \geq 10^{16} \mathrm{cm}^{-3}$ 時即可滿足這一要求），所以激發態的數目服從 Boltzman 分佈，而電子密度 n_e 則可用 Eggert-Saha 公式加以描述。另外，電漿性質的空間變化（梯度）也很小，所以各組分的 $\tau_{擴散} \gg \tau_{弛豫}$（$\tau_{擴散}$ 為粒子在電漿中給定兩點間的擴散時間；$\tau_{弛豫}$ 為相應激發態粒子的弛豫時間）。體系的動力學溫度、激發溫度和游離溫度都相等。

低溫電漿（如輝光放電和電漿刻蝕以及電漿輔助化學氣相沈積中所遇到的情況）中，離子和電子間的碰撞頻率要小得多，所以電子的能量（即溫度 T_e）比重粒子（包括離子和氣體分子）T_h 高得多（$T_e \gg T_h$）。微波電漿屬於低溫電漿，具有如前所述許多獨特的優點。

10.2.2 電漿中主要基元反應過程[22]

1.游離

由於微波電漿屬於低溫電漿，其重粒子溫度相當低，而電子溫度很高。高能電子與分子碰撞的結果將產生一系列活化組分，其中游離是形成電漿時必不可少的基元過程。主要的游離過程有：

(1)電子碰撞游離

$$A+e^- （高速） \longrightarrow A^++e^-+e^- （低速） \tag{10-4}$$

式中，A 代表氣態原子或氣態分子。作為入射粒子的自由電子經碰撞傳能後速度降低。為簡化起見，以下不再註明碰撞前後入射粒子的速度變化。電子碰撞游離是電漿中產生帶電粒子的主要源泉。

由於游離機制不同，又可將電子碰撞游離分為如下幾種：

①直接游離：實際上，式（10-4）所表示的是電子碰撞直接游離。直接游離乃是一種最普遍的游離方式，因而具有代表性。

②離解游離：多原子分子還可能發生離解游離。

$$AB+e^- \longrightarrow A^++B+e^-+e^- \tag{10-5}$$

③累積游離：如果一種分子先被激勵成激發態，再經電子碰撞而游離則稱為電子碰撞累積游離。

$$A+e^- \longrightarrow A^*+e^- \tag{10-6}$$

$$A^*+e^- \longrightarrow A^++e^-+e^- \tag{10-7}$$

式中，A^* 為激發態分子。但這種游離過程除非 A^* 是壽命長的亞穩態粒子外，並不怎麼重要。

(2)亞穩態粒子的作用及 Penning 游離　亞穩態原子和亞穩態分子對原子、分子的激發或游離都起著相當重要的作用。特別是高能態的亞穩態粒子顯得更為重要。亞穩態粒子的生成機構主要有以下幾種：

$$X+e^- \longrightarrow X^m+e^-$$

$$X^* \longrightarrow X^m+h\nu$$

$$X^*+e^- \longrightarrow X^m+e^-$$

式中，X，X^m，X^* 分別為某粒子的基態、亞穩態和激發態。在第二種情況下，激發能階顯然比亞穩能階高，屬於輻射躍遷。第三種情況也可認為激發態粒子處於更高能量狀態，但能階間的差值轉變成了電子的動能，屬於無輻射躍遷。

此外，分子還可藉下列過程形成亞穩態。

$$X^m+2X \longrightarrow X_2^m+X \tag{10-8}$$

有亞穩態粒子參與的游離過程也可依不同特點分為以下幾種：

①亞穩態粒子的累積游離：亞穩態粒子自身已具有相當大的內能，與電子碰撞又會進一步獲得能量，若累積的能量超過游離能時便發生累積游離。

$$X^m + e^- \longrightarrow X^+ + e^- + e^- \qquad (10\text{-}9)$$

這種累積作用在氣體放電中起著很重要的作用。因為對於輝光放電這樣的弱游離電漿來說，電子溫度只有數個電子伏特，能夠滿足累積游離的電子數要比能引起直接游離的電子數多得多，以至於有時累積游離甚至可超過直接游離。

② Penning 游離：如果亞穩態粒子 X^m 與中性原子或分子 Y 相碰撞，且前者的激發能 E_m 大於後者的游離能 E_i，即 $E_m > E_i$ 時，便可以使中性粒子 Y 游離。可記為

$$X^m + Y \longrightarrow X + Y^+ + e^- \qquad (10\text{-}10)$$

其中 X^m 的亞穩激發能與 Y 的游離能之差轉換成電子的動能。Penning 游離在氣體放電中起著很重要的作用。

③亞穩態粒子間的碰撞游離：實際上，式（10-10）中的 Y 粒子在碰撞前可以是基態的，也可以是激發態的，甚至在同類的兩個亞穩態粒子之間也可以發生如下所示的游離。

$$X^m + X^m \rightarrow X^+ + X + e^- \qquad (10\text{-}11)$$

這也可視為一種 Penning 過程，只不過能量條件是 $2E_m > E_i$。但在一般的輝光放電中亞穩態粒子的密度遠比中性粒子低，加上能量條件的限制，這一過程所起的作用並不重要。

(3)離子碰撞游離

$$B^+ + A \longrightarrow B^+ + A^+ + e^- \qquad (10\text{-}12)$$

在輝光放電電漿中這個過程所起作用也不重要。

(4)光游離　設某種粒子的游離能為 E_i，那麼只要光子能量滿足 $h\nu > E_i$，光游離便可以發生。

電漿中的光游離不僅可由外界的入射光作用產生，也可藉電漿輻射產生。

2.激發

在弱游離電漿中，中性粒子的激發主要是由電子碰撞引起的。基態原子藉由與自由電子的非彈性碰撞得到能量，而躍遷的過程又可分為兩種：一種是光學允許躍遷，另一種是光學禁阻躍遷。後者是由入射電子與原子外層電子的交換相互作用而引起的，其激

發態能階為亞穩能階，也叫做亞穩躍遷。

　　電子碰撞使分子激發的問題比原子激發複雜得多，這是因為分子激發不僅可產生分子的電子激發態，還可產生分子振動激發和轉動激發，其中電子激發和振動激發更為重要，因為分子的電子態和振動態的改變對分子化學活性有很大的影響。

3. 複合過程

　　複合是游離的逆過程。即由游離產生的正負荷電粒子重新結合成中性原子或分子的過程。主要的複合過程有如下幾種：

　　(1)三體碰撞複合

$$A^+ + e^- + e^- \longrightarrow A^* + e^- \tag{10-13}$$

複合過程總會釋放能量的，而且必須遵守能量守恆定律。在三體碰撞複合中，多餘的能量傳遞給了第三個粒子。式（10-13）表示的三體複合過程是這樣進行的：首先兩個電子在某個離子附近相互作用，其中一個電子把能量交給另一個電子後落入離子的靜電場中形成束縛電子，剛被束縛的電子一般總是處在高能階上，即原子處於高激發態A^*。然後A^*再藉由自發輻射（光學允許躍遷）或碰撞去激發（光學禁阻躍遷）返回基態。即

$$A^* \longrightarrow A + h\nu \tag{10-14}$$

$$A^* + e^- \longrightarrow A + e^- + h\nu \tag{10-15}$$

　　(2)輻射複合

$$e^- + A^+ \longrightarrow A + h\nu \tag{10-16}$$

複合過程中多餘的能量以光輻射形式釋放。

　　(3)正負離子碰撞複合　這是有負離子存在的電漿中最重要的複合過程，其主要機制有以下幾種：

①輻射複合	$X^+ + Y^- \longrightarrow XY + h\nu$	(10-17)
②電荷交換複合	$X^+ + Y^- \longrightarrow X^* + Y^*$	(10-18)
③三體複合	$X^+ + Y^- + M \longrightarrow XY + M + KE$	(10-19)

　　在離子複合過程中，放出的能量等於一個粒子的游離能和另一粒子的電子親和勢之差。放出能量的方式可以是光輻射，也可使粒子激發，或者轉變粒子的動能，式（10-19）中的 KE 即表示動能項。由於負離子半徑大，運動速率又比較緩慢，因而正

負離子的複合概率比電子複合大得多。相應的複合速率也比電子附著產生負離子的速率大得多。

4.附著和離脫

放電電漿中的荷電粒子，除了電子和正離子外，還會有負離子。原子或分子捕獲電子生成負離子的過程稱為附著。附著的逆過程則稱為離脫。附著的機制包括電子附著、輻射附著、三體附著和離解附著等，此處不擬詳述。

以上簡要地介紹了一些主要的基元反應過程。當然電漿中的基元反應遠不止這些（見圖 10-2），但這些無疑是最重要的。尚需說明的是，依電漿的發生條件不同，可能會有許多基元反應同時進行。究竟存在哪些基元反應，生成了什麼活性物種，哪個是主要的，則要靠「電漿診斷」來確定，以便控制適宜條件來獲得所需的電漿狀態。

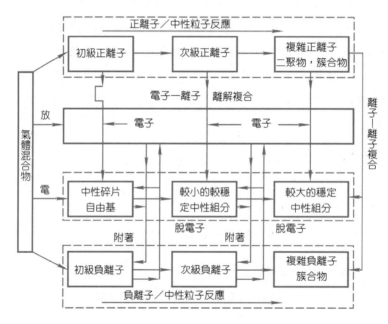

圖 10-2　電漿中可能存在的一些基元過程

從目前電漿化學發展水準看，比較有用的電漿反應主要有以下四類，即

①A（s）+B（g）→C（g）

②A（g）+B（g）→C（s）+D（g）

③A（s）+B（g）→C（s）

④A（g）+B（g）+M（s）→AB（g）+M（s）

就上述第①類反應而言，在工藝技術上若選擇合適的氣體經輝光放電後與固體材料A反應，使其全部或表面的一部分形成揮發性生成物除去，則為半導體積體電路工藝中的電漿刻蝕（PE）。同樣是這類反應，尚可利用氧氣放電，讓有機物質中的碳氫成分變成 CO_2 和 H_2O 等揮發掉，這在半導體乾法工藝中用於除去光刻膠，稱為電漿灰化（PlasmaAshing），而在分析化學領域，則採用此法對有機物樣品進行「低溫」灰化，以便對剩下的無機物成分進行所需分析。再者，如果能使反應中生成的氣態物質 $C（g）$ 在反應器的另一端發生逆反應，讓 $A（s）$ 重新析出，則為電漿化學氣相輸運（PCVT）。

第②類反應表示兩種以上氣體在電漿狀態下相互反應，新生成的固體物質通常是以薄膜形式沈澱在基片上，這是作為製膜技術廣泛應用的電漿化學氣相沈積（PCVD）。如果其中的反應物種之一是先供藉助荷能粒子從靶子上濺射下來的，然後再經反應生成薄膜，則屬於濺射製膜技術。在此類反應中，反應物也可以是有機單體發生的電漿，即電漿聚合。

第③類反應表示氣體放電電漿與固體表面反應並在表面上生成新的化合物。由此能使表面性質發生顯著變化，所以稱為表面改性或者叫表面處理。表面改性可以在金屬表面，也可以在高分子材料表面進行。前者如金屬的表面氧化和表面氮化等，後者即為高分子材料的表面改性。

第④類反應中，固體物質M的表面起催化作用，促進氣體分子的離解和複合等等。

這裡要著重指出的是：①所有這些反應都涉及一個共同的問題，即電漿與固體表面的相互作用問題。隨著電漿化學領域的迅速拓展，對表面過程重要性的認識越來越加深，迫切需要揭示電漿中的固體表面到底發生了一些什麼過程，過程速率和作用如何，輝光放電中的現象與表面過程之間有什麼聯繫等；②由於在電漿中存在著電子、離子、中性原子、分子等許多能量和性質都不相同的組分，實際發生的反應往往頗為複雜；既有形成欲得產物的正反應，又有使該產物破壞的負反應或逆反應，且往往兩者都有很高的反應速率。因此，有的反應雖然從熱力學角度看完全行得通，但是在實踐中卻往往很難加以利用，這也是電漿化學中需要重點加以研究解決的一個課題。目前採用的主要方法是淬滅法，即在反應產物形成後，讓電漿淬滅（如突然降溫、離心分離等等），使產物不致發生負反應或逆反應，而獲得所需的產物，但迄今為止只取得有限的成功。

10.2.3　獲得微波電漿的方法和裝置

獲得電漿的方法和途徑是多種多樣的，圖 10-3 為電漿的主要生成途徑[22]。除了宇

宙星球、星際空間及地球高空的游離層屬於自然界產生的電漿外，其它的都是人為產生的電漿。微波電漿是靠氣體放電的辦法獲得。

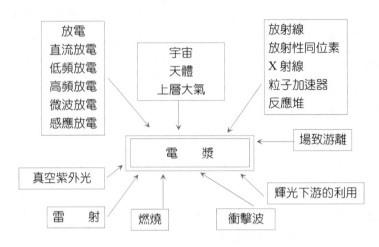

圖 10-3　電漿的主要形成途徑

　　氣體放電可分為直流放電、高頻放電和微波放電等多種類型。就電漿化學領域而言，直流（DC）放電因其簡單易行，特別是對工業裝置來說可以施加很大的功率，至今仍被採用。目前，在實驗裝置和工藝設備中用得最多的是高頻放電裝置，其常用頻率範圍為 $10\sim100MHz$，由於屬於無線電波頻譜範圍，故又稱為射頻放電（radio frequency discharge），最常用的頻率為 13.56MHz。當所用電場的頻率超過 0.3GHz 時，屬於微波放電（microwave discharge），最常用的微波放電頻率為 2450MHz 和 915MHz。與直流放電和高頻放電相比，微波電漿具有許多優點：

　　①微波放電和直流放電不一樣，是無電極放電（與高頻放電相似），免除了電極污染問題。

　　②游離度高，電子濃度大，電子和氣體的溫度比T_e/T_g很大，即電子動能很大而氣體分子卻保持在較低的溫度，電漿純淨，所以特別適合於需要利用非熱穩定物種的合成；還可以使一些通常需要在高溫、高壓下進行的反應在較溫和條件下就能進行，再一是適合於高溫物質的製備和處理，而工藝效率更高。

　　③微波電漿的發射光譜表明，比用其它方法對同種氣體放電時的譜帶更寬，因此微波更能增強氣體分子的激發、游離和離解過程。不僅在微波電漿中發現大量的長壽命自由基存在，甚至在輝光下游空間也存在著相當多的基態原子、振動激發態分子和電子激發態分子等化學活性物種，這顯然為許多獨特的化學反應提供了有利條件。

　　④利用微波電磁場的分佈特點，有可能把電漿封閉在特定的空間；也可以利用磁場來輸送電漿。這樣做的目的是讓工藝加工區域與放電空間分離，這樣一來既便於採取各

種相宜的工藝措施，又能避免電漿的輻射操作或消除可能產生的某些副反應。

　　⑤由於微波放電能導致電子迴旋共振，增加放電頻率，有利於提高工藝品質。

　　正是基於上述這些優點，近年來有關微波電漿化學反應的研究和應用呈明顯增加趨勢並且受到人們高度重視。

　　採用微波放電時，由微波電源發生的微波透過傳輸線傳輸到儲能元件，再以某種方式與放電管組合，藉電磁場將能量賦予當作負載的放電氣體，透過無極放電，產生電漿。圖 10-4 是產生微波電漿的裝置的基本框圖。

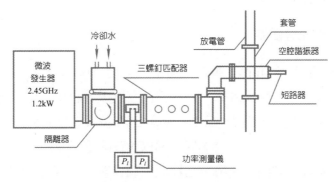

圖 10-4　產生微波電漿的裝置簡單框圖

　　圖 10-5 是一種微波電漿輔助 CVD 反應器[23]，利用此反應器成功地在非常低的基片溫度（約 100℃）下沈積出品質很好的氮化矽膜。稍加修改後，也可用於其它合成化學反應。

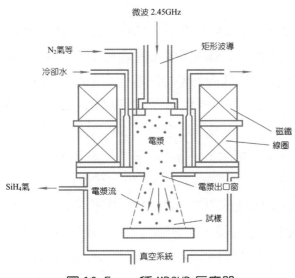

圖 10-5　一種 MPCVD 反應器

利用同軸諧振腔、圓柱型諧振腔、表面波裝置（Surfatron）等也可獲得各種氣體壓強下的微波電漿，並在電漿合成化學中加以利用。

10.2.4 微波電漿的應用

前面提到微波電漿有許多獨特的優點，在許多當今的高科技領域中，研究發展十分迅速，可以說是打開了微波能應用的又一新天地，許多文章稱這一領域將是 21 世紀最有發展前途的產業之一，下面分別簡述其發展概況[24]。

1.微波電漿快速製備光導纖維

1974 年荷蘭菲利浦（Philips）電氣公司率先利用 MPCVD 法代替傳統的高溫氫氧火焰加熱，成功地製成了光導纖維棒，至今它已發展成為世界上生產光纖的最大廠家，年產量達 20 萬公里，其它如美國、日本和西歐等許多國家也紛紛跟上，促使該技術已經成為一個較大的高科技產業。實踐證明：MPCVD法生產光纖，沈積溫度低、沈積速度快、效率高、質量好，製出的光纖，損耗低、頻帶寬、光學特性好，它必將以更快速度走向產業化。中國從 80 年代開始以武漢為基地，引進 Philips 的 MPCVD 技術，已能批量生產光纖。而且，武漢郵電科學院利用國營國光電子管微波能應用研究所的高穩定微波源，已成功研製出 MPCVD 光纖生產系統，能以 1g/min 的沈積速度製備 1.3μm 單模預製棒，每棒可拉製光纖超過 20 公里。

2.微波電漿做強功率雷射的高效激發泵源

微波電漿作為多種強功率雷射的泵源，其轉換效率高達20%～30%，超出常規方法數十倍，它的實現使強功率雷射器的體積和重量大大地減小，無論是在工業應用還是對國防建設都具有重大意義，現國內外都投以重金，進行重點開發和研究。

1978 年 Lionel Bertrand 等 [25] 採用慢波結構和 Surfatron 微波電漿發生器，在 SF_6、He、H_2 氣體中形成電漿，成功地產生了 5W 量級的雷射功率。1989 的 Andrews DA 和 KingTA 研究了微波激勵的氦—氖雷射器[26]，採用頻率 50～1000MHz，用條形線微波電路（橫向場激發）。前蘇聯自 20 世紀 70 年代開始，以超高頻電場激發電漿用於雷射器的研製，如 Mikhalevskii[27]和 Muller 的工作[28]。德國在 1991 年已研製成輸出功率為 8kW 的微波激勵CO_2雷射器，雷射輸出功率對微波輸入功率之比的效率達25% 以上，它是脊波導電漿發生器，屬橫向場。中國也有許多單位開始了這方面的研究工作。

從氣體雷射器的工作原理來看，低溫電漿作為產生雷射的活性介質，僅要求等離子

能量中，激發態能量占盡可能多的比例，即使能量大部分集中於粒子的能階躍遷，而不限電場能提供的方法。從理論上估計，微波比超高頻激勵、較低頻和直流激勵有較多的優越性，可歸納如下幾點：

(1)內部無電極，結構緊湊，縮小大功率雷射器的體積。微波結構和雷射腔可以兼容，也可各自獨立。雷射腔內無直流高電壓，簡化了雷射器的製造；另外由於無電極，降低了污染量，使雷射器的壽命更長。操作時，可縮短轉入正常工作的時間。

(2)可以消除沿著雷射腔的電泳現象，也是研製環形雷射器的有利因素。

(3)降低了放電噪音，給出了雷射器良好的工作氣氛。

(4)能夠快速的調製微波功率，因而可構成快速的調製雷射輸出功率。

(5)比直流激發可以給出更高的效率。由於電子質量很小，電子從場能轉化為動能，佔絕對優勢。其它粒子是和電子碰撞而接受能量，即間接的從場能獲得能量。由電子能量的 Maxwell 分佈，可以估計場能轉化為激發態能量效率。射頻和微波激勵增加了高能電子數，減少了低能電子。顯然低能電子僅能對分子或離子提供熱能；較少的低能電子數，可以減少熱能的損耗，提高效率。

(6)可以給出雷射器更高的增益，使光路系統更緊湊。

(7)超高頻與微波激勵可以比低頻段射頻激勵更容易做到使電磁場漏能符合國家衛生標準。因為低頻段射頻激勵一般採用集中參數電路，即電容耦合，此類設備電磁場漏能是一個難題。超高頻和微波激勵是採用分佈參數迴路，即封閉的導波系統或諧振系統，電磁場能量可被封閉。雷射管尺度的孔徑可按截止波導理論或高頻帶阻器理論，較容易控制電磁場洩漏，使達到或優於衛生安全標準。

3. MPCVD 製造太陽能電池薄膜

非晶矽是一種優良的半導體材料，用途極廣，可用於製作太陽能電池、電光攝影器件、光敏傳感器、熱電動勢傳感器及薄膜晶體管等，其中最重要的應用是太陽能電池。隨著現有能源的日趨衰竭，太陽能將是取之不盡的優良能源，據統計預測 20 世紀 90 年代太陽能電池的總產出量高達 500MW，到 21 世紀中期全世界消耗電力的 20%～30%，將由太陽能電池供給。近幾年的研究表明，利用低氣壓 MPCVD 獲得的非晶矽太陽能電池薄膜質量優良，能量轉換效率高（可達 16%），沈積速率快，是一種十分理想的方法。美國 RCA、日本三洋、夏普、住友等公司都用此法獲得了滿意結果，進一步的研製和推進產業化具有深遠的意義。

4. MPCVD 製備高 T_c 超導薄膜

高 T_c（臨界溫度）超導薄膜的製備將為微電子學超高速超導電腦的突破帶來福音，在現有許多方法中，MPCVD 的優點是成膜溫度低，在 400℃左右合成釔系超導薄膜的可行性已經得到證實，1989 年，日本一家公司用 MPCVD 法在單晶 MgO 底上成功獲得了 $YBa_2Cu_3O_7-x$ 超導薄膜，生長速率達 0.15μm/h，同年中國的中國科技大學也用此法獲得了初步實驗結果。

5. 微波電漿刻蝕技術

在近年發展起來的熱絲法、射頻法及微波電漿刻蝕技術中，尤以電子迴旋諧振（ECR）MP 刻蝕和低溫 MP 刻蝕最有發展前途。它們不需襯底加溫，能保證極高的各相異性，刻蝕速率高、精度高、選擇性好，將在光電器件、半導體晶片、超大規模積體電路等微電子學及生物材料表面改性等重要領域中發揮關鍵作用，如能結合 MPCVD 和MP 離子注入技術一起發展，將會有更重要的突破。

6. MPCVD 合成金剛石薄膜

自 20 世紀 60 年代初美國聯合碳化物公司的 EersoleWG 首先用低壓化學氣相沈積法合成了人造金剛石膜以來，低壓氣相合成金剛石法越來越引起人們的極大興趣，研究出許多種合成方法。主要有熱 CVD 法（鎢絲加熱法和間接加熱法）、離子束法、化學傳輸法、直流電漿法、高頻電漿法（電容耦合和電感耦合）、雷射蒸發法和將在下面著重介紹的很有發展前途的微波電漿法[29~35]。

1977 年，原蘇聯的 Deijaguin 第一次用 MPCVD 法成功合成了金剛石薄膜，並在1981 年發表後，日本國家材料研究部的科學家重複了蘇聯學者的工作，1984 年用改進的 MPCVD 法獲得了更好的結果。此後，美國賓州大學的 Roy 和 Messire 教授模仿日本的方法，藉助海軍實驗室的資助很快取得了成果。他們都是在一石英管中充以恰當比例的 CH_4 和 H_2（0.5%和 95%），在 13.33Pa 的低氣壓下，用 1kW 左右的微波功率激發產生電漿，數小時後便在一具有 900℃左右的基片上沈積形成了金剛石薄膜，方法簡便，重複性好，到了 80 年代末期，經過若干改進，沈積速率不斷提高，厚度增加。原蘇聯至今已可以 10μm/h 的速度沈積出 1mm 厚的金剛石薄膜，日本大阪大學用 MPCVD 法沈積出了 ϕ70～80mm 的大面積金剛石薄膜，美國的 Roy 等在 Si 片、MgO、石英玻璃片等多種基片上於低溫（365℃）、低氣壓（799.8Pa）條件下合成了光滑透明的金剛石薄膜，在沈積方法上相比較，MPCVD 法較之直流熱絲 PCVD、高頻 PCVD、離子束

法、噴射法等更能沈積出純淨的金剛石薄膜，而且沈積溫度低，適應壓強範圍寬，容易實現自動控制而廣泛被採用，近年出現的直流噴射 PCVD、微波噴射 PCVD 方法沈積速度很高，具有很大發展前途。

吉林大學從 1987 年開始這方面的研究，採用 Surfatron 表面波激發放電腔產生微波電漿合成了金剛石和金剛石膜[36~39]。用微波電漿法合成金剛石或金剛石膜具有設備簡單、操作方便、較容易控制反應條件、沈積速度快等特點，但是如何獲得附著力強、大面積平滑均勻的金剛石膜及降低基片溫度，仍是目前研究所面臨的一大問題。

7. 低功率微波電漿合成氨

在工業上，氨是利用 H_2 和 N_2 在高溫高壓和有催化劑存在的條件下合成的[40]。工業合成氨至今還面臨著轉化率低和高溫高壓帶來的高能耗等問題。所以，探索合成氨的新途徑有著很大的經濟意義。

最近幾年來，人們在低壓條件下進行氨的電漿合成方面做了一些工作。Botckway 等人[41,42]對在輝光放電電漿中由氮氣和氫氣反應合成氨進行了研究，他們認為氨是由輝光放電後形成的 NH_x ($x=1,2$) 游離基和氫原子在冷阱表面結合形成的。在金屬表面[43]和催化劑[44]上生成的 NH_x 可由 XPS 檢測出來，並且還用 IR 光譜和程序升溫脫附（TPD）技術研究了氨在分子篩上的吸附。Matsumoto[45~47] 等人在低壓下用射頻電漿和大功率微波電漿（後者用矩形波導作為電漿維持裝置）合成了氨。研究發現，用微波電漿合成氨與用射頻電漿合成氨相比，具有設備簡單、工作壓力範圍寬、微波放電安全性好等優點，並且發射光譜的 NH 帶和 H 原子線的強度在微波電漿中比射頻電漿中要大一個數量級。獲得微波電漿的裝置很多，目前人們認為根據表面波傳播原理製成的 Surfatron 裝置是比較好的[48]，該裝置結構簡單，易操作，電漿性能受放電條件和電漿參數改變的影響小，並且可以很好地預言電漿性質。用 Surfatron 電漿合成裝置，以氮氣和氫氣為原料氣體，用 13X 分子篩吸附合成的氨，轉化率可達 8%[49,50]。

8. 低功率微波電漿合成氮氧化物

用電漿合成氮氧化物，Taras 等[51]曾作過報導，但必須在減壓和大功率微波電源（8kW）條件下進行。利用低功率微波電源（小於 200W）和表面波激發器件，用氬氣維持微波電漿，在常壓下直接由空氣製備了氮氧化物[52]。

9.微波電漿合成與製備聚合物膜和無機膜

由於酞菁銅聚合物（PPCuPc）薄膜具有良好的光還原催化性能、光電變換以及 p 型半導體的整流特性等，在導電材料和特種器件塗層等高技術領域內有著廣泛的應用前景。

吉林大學利用自製的微波電漿聚合裝置，以酞菁銅為原料，在矽和石英基片上沈積出了酞菁銅聚合物薄膜，並對氫微波電漿合成 PPCuPc 的機構進行了探討[53,54]。另外，還製備了氧化鋅薄膜[55]和鈷薄膜[56]

總之，上述研究表明，微波電漿法為在溫和條件下合成與製備功能性材料提供了一個新途徑。

10.微波電漿應用的產業化發展趨勢和前景[24]

儘管上述內容只是微波電漿技術在實驗室中所取得的初步成果，但已充分地證明了微波電漿有許多獨特的優點，正在以比人們預料要快得多的速度步入化工、新材料及高科技領域，正在引起化學家們的高度重視，日益顯示出了它的巨大應用潛力。下面幾點資訊足以證明，它已開始從實驗室走向工業生產，走向商業市場。近幾年，美國、英國、德國、捷克、加拿大、法國和日本已經有幾家公司利用 MPCVD 原理，綜合微波、真空、氣體控制和微機控制技術，製成推出了整套自動加工裝置和設備，可供多種薄膜沈積、晶片刻蝕的研究和生產，儘管價格高達幾十萬美元一台，許多大型研究機構和公司仍爭相購買，典型的一例是美國「應用科學技術公司 ASTex」，1987 年組建以來，專門研製和生產這樣的高穩定微波源、系統和成套設備，已向 NASA、IBM、BECL、AT&T、VARIAN、CO、MIT 等 100 多家用戶出售了該公司的高科技產品。另外，近年來國外已有越來越多的研究室和公司將微波高技術應用頻率從短波段 2450MHz，移到長波段 915MHz，這意味著，在長波段可進行更大面積的薄膜沈積、刻蝕，以便適用於工業化生產的需要。

中國在這一領域的發展尚處於研究階段，但這幾年發展十分迅速，迄今，全國已有數十家高等院校和研究所從事這一領域的研究工作。

在結束本節之前，讓我們引證美國兩篇最新報告的簡要結論進一步說明微波電漿材料加工，特別是金剛石薄膜合成對未來高科技產業發展的重要意義。

第一篇名為「電漿材料加工——科學的機會和工藝技術的挑戰」是美國「國家科學學會 NAS」於 1990 年抽調各方著名專家數十人，專門成立了一個「電漿科學委員會 PLSC」，得到國家科學基金和「三軍」大批經費資助，花了一年多時間就近幾年美國

和世界幾個主要國家在電漿，特別是微波電漿，在新材料加工、微電子技術和空間工業等領域的發展動態、激烈的競爭、今後的廣闊前途和當今存在的主要問題進行了認真調研和討論之後向國會提交的一份科學發展評價報告，報告得出的結論是：低溫電漿科學在新材料加工中具有極其重要的作用，它的發展將對未來微電子工業、航空航天工業等高科技產業更新產生深遠影響，對刺激國家經濟增長、科技的革命具有非常重要的意義和巨大的潛在力量，此報告敦促美國國會，加強投資、調整重點、刺激發展才能應付面臨的嚴重技術挑戰。

第二篇是根據 1988 年美日簽訂的科學技術合作協定，於 1990 年美國組織了 12 名高級專家對日本的 21 個公司、大學和政府機構進行了為期近十天的專題訪問考察後寫出的一篇技術評估報告，題目是：「美國對日本新金剛石技術的評估」，報告給予 PCVD 沈積金剛石以極高的評價，肯定它是近十年來世界最重大的技術發展之一，其對科學和經濟的影響力超過高溫超導體，將比高 T_c 超導體更先進入實用市場，報告對日本的 PCVD 特別是 MPCVD 製作金剛石薄膜技術和應用已走在美國前面感到吃驚，大聲疾呼美國政府和科學工業界應全力以赴，盡快迎頭趕上。中國也要高度重視此領域的發展動向，以更快的速度跟上世界發展步伐。

參考文獻

1. Gedye R, Smith F, Westaway K, Ali H, Balderisa L, Laberge L and Rousell J. Tetrahedron Lett, 1986, 27: 279.

2. Baghurst D R, Chippindale A M and Mingos D M P. Nature, 1988, 332: 311.

3. Baghurst D R and Mingos D M P. J Chem Soc, Chem Commun, 1988, 829.

4. Baghurst D R, Mingos D M P and Watson M J. J Organomet Chem, 1989, 368, C43.

5. Baghurst D R and Mingos D M P. J Organomet Chem, 1990, 384, C57.

6. Baghurst D R, Cooper S R, Greene D L, Mingos D M P and Reynolds S M. Polyledron, 1990, 9: 893.

7. Greene D L and Mingos D M P. Transition Metal Chem, 1991, 16: 71.

8. Chatakondu K, Green H L H, Mingos D M P and Keynolds S M. Chem Commun, 1989, 1515.

9. Vartull V C, Chu P and Duyer F G. US Patent Application 4, 1988, 778; 666.

10. Chu P, Dwyer F G and Vartull V C. Eur. Patent Application, 1990, 358; 827.

11. Mingos D M P and Baghurst D R. Chem Soc Rev, 1991, 20: 1.

12. Komarneni S, Roy R and Li Q H. Mat Res Bull, 1992, 27: 1393.

13. (a) Meng X P, Xu W G, Tang S Q and Pang W Q. Chinese Chemical Lett, 1992, 3: 69;

　　(b) Hongbin Du, Min Fang, Wenguo Xu,Xianping Meng and Wenqin Pang. J Mater Chem,1999, 7(3): 551;

　　(c) Min Fang,Hongbin Du, Wenguo Xu,Xianping Meng and Wenqin Pang,Microporous Mater,1997, 9: 59.

*14.*宋天佑，徐家寧，徐文國，孟憲平，馮洪，劉喜生，周鳳歧，徐如人。高等學校化學學報，1992，13：1209。

*15.*徐文國，孟憲平等 . 第十二屆長春夏季化學研討會論文集，1993，15。

*16.*徐文國，於愛民，劉軍，王春麗，金勝昔。吉林大學自然科學學報，1991，2：123。

17.(a) Xu W G, Yu A M and J Liu. Chinese Chemical Lett, 1992, 3：109;

　　(b) 龐廣生，崔得良 ，徐文國，馮守華，徐如人。化學學報，1996，54：575 ;

　　(c) 徐秀廷，崔得良，馮守華，徐如人。高等學校化學學報，1996，17(10)：1519 ;

　　(d)傅戈研，催得良，龐廣生，徐秀廷，馮守華，徐如人。高等學校化學學報，1996，17(5)：672 ;

　　(e) 馮守華，龐廣生，徐如人。高等學校化學學報，1996，17(10)：1495。

*18.*田一光，徐文國，周鳳歧，劉海堂，龐文琴。第四屆無機化學討論會論文集，1992，91。

*19.*徐文國，田一光，孫書菊，方光華，龐文琴。第四屆無機化學討論會論文集，1992，92。

20.(a) 田一光，徐文國，孫書菊，劉海堂，龐文琴。第四屆無機化學討論會論文集，1992，92;

　　(b) 徐文國，田一光，劉淼，劉海堂，方光華，龐文琴。高等學校化學學報，1996，17（10）：

1513。

21.(a) Xiao F S, Xu W G, Qiu S L, Xu R R. J Mater Chem, 1994, 4(5): 735;

(b) Xiao F S, Xu W G, S L Qiu , Xu R R. J Mater Sci Lett, 1995, 14: 598;

(c) Xiao F S, Xu W G, Qiu S L, Xu R R. Catalysis Lett, 1994, 26: 209;

(d) Zhuo Q, Xu W G, Qiu S L, Pang W Q. Chinese Chem Lett, 1994, 5 (9): 811

22.(a) 趙化僑編著。電漿化學與工藝。合肥：中國科學技術大學出版社，1993。53～64；

(b) 野村興雄編著。ベスゲメ化學。日本工業新聞社，1984(12)；徐如人主編。無機合成化學。北京：高等教育出版社，1991. 353。

23. Matsuo S and Kiuchi M. Proc Symp on Very-large-scale integration Scienceand Technology, Derroit MI, 1982 Vol 7. Electrochemical Scoiety, Pennington, NJ, 1982(79).

24.季天仁，謝擴軍。92 國際電漿科學及其應用講習班報告。

25. Bertrand L. IEEE J Quantum Electronics, QE-14(1), 1978(8).

26. Adrews D A, King T A. J Phys D Appl Phys, 1989, 22: 1303, 1315.

27. Mikhalevskii V S. SOV J Quantum Electron, 1980, 10: 884.

28. Muller Y N. SOV J Quantum Electron, 1979, 9: 1302.

29.加茂睦和，松本精一郎，佐藤洋一郎。公開特許公報(A)昭 58-110494，1983。

30. Kamo M, Sato Y, Matsumoto S and Setaka N. J Crystal Growth, 1983, 62: 642.

31.加茂睦和，佐藤洋一郎，瀨高信雄。日本化學會志，1984，10: 1642～1647。

32.〔日〕皆川秀紀。表面化學，1986，8: 16。

33. Musil J.Vacuum, 1986, 36: 161.

34. Mitsuda Y, Kojima Y, Yoshida T and Akashi K. J Mater Sci, 1987, 22: 1557.

35. Mitsuda Y, Yoshida T and Akashi K. Rev Sci Instrum, 1989, 60(2): 249.

36.於愛民，金欽漢。真空，1987(2): 23。

37.徐文國，金欽漢。真空，1989(6): 54。

38.於愛民，徐文國等。真空，1991(2): 32。

39.於愛民，徐文國等。吉林大學自然科學學報，1991(4): 109。

40.安家駒，王伯英。實用精細化工辭典。北京：輕工業出版社，1988。668。

41. Botchway G Y, Venugopalan M Z. Phys Chem Neue Floge, 1980, 120: 103.

42. Yin K S, Venugopalan M. Plasma Chem. Plasma Process, 1983, 3: 343.

43. Matsumoto O, et al. J Less－Common Met, 1987, 84: 557.

44. Sugiyama K et al.Plasma Chem Plasma Process, 1986, 6: 179.

45. Uyama H and Matsumoto O. Chem Letters, 1987, 555.

46. Uyama H and Matsumoto O. Plasma Chem Plasma Process, 1989, 9: 421.

47. Moisan M et al. Plasma Chem. Plasma Process, 1986, 6: 79.

*48.*徐文國，於愛民，劉軍，金欽漢，張曉梅。吉林大學自然科學學報，1991，2: 121。

49. 徐文國，於愛民，劉軍，萬君，金欽漢。化學研究與應用，1992，4(2): 55。

50. Taras P et al. Acta Phys Slov, 1985, 35: 112.

*51.*於愛民，徐文國，楊文軍，金欽漢。吉林大學自然科學學報，1993(2): 113。

52. 於愛民，徐文國等。薄膜科學與技術，1992，5(2): 79。

*53.*於愛民，徐文國等。吉林大學自然科學學報，1993(1): 113。

*54.*楊文軍，於愛民，徐文國，李金忠，金欽漢。第六屆全國微波能應用學術會議論文集，哈爾濱，D1，1993。

*55.*於愛民，徐文國，李全忠，金欽漢。第六屆全國微波能應用學術會議論文集，哈爾濱，D8，1993。

配位化合物的合成化學

11

　　隨著配位化合物研究領域的延伸與發展，配位化合物除經典的偉爾納化合物以外，還包括許多新型配合物如金屬 π 配合物、夾心配合物、籠狀配合物、分子氮配合物、大環化合物、有機金屬配合物和簇合物。超分子化學的發展，透過弱相互作用形成的分子間化合物如第二圈配合物、含有過渡金屬的各種包結化合物及許多主客體化合物等也已成為研究熱點。

　　經典配合物主要是由溶液化學發展起來的，水溶液中以 NH_3，H_2O，OH^-，F^-，Cl^- 為配體的配合物研究得最早、最充分。但非水溶液中配合物合成目前應用很廣，固相配合物合成化學也取得迅速發展。本章將從直接合成法、組分交換法、氧化還原反應法、固相反應法、包結化合物合成和大環配體模板配合物合成等六個方面簡要介紹配合物的合成途徑和化學。

11. 1　直接法[42]

　　透過配體和金屬離子直接進行配位反應，從而合成配合物的方法，稱為直接法，包括溶液中的直接配位反應、金屬蒸氣法和基底分離等。

11. 1. 1　溶液中的直接配位作用[1~4]

　　在直接配位合成中，作為中心原子最常用的金屬化合物是無機鹽（如鹵化物、醋酸鹽、硫酸鹽等）、氧化物和氫氧化物等。選擇過渡金屬化合物時要兼顧易（與配體）發生反應和易與反應產物分離兩方面。

　　直接法合成配合物時，溶劑的選擇也是很重要的，一種良好的溶劑應該是反應物在其中有較大的溶解度而且不發生分解（水解、醇解等），並有利於產物的分離等特點。

　　水是重要的溶劑之一。乙醯丙酮、氨、氰和胺類的許多配合物的合成是在水溶液中進行的。例如由硫酸銅和草酸鉀直接合成二草酸合銅（II）酸鉀[4]就是在水溶液中進行的：

$$CuSO_4 + 2K_2C_2O_4 \longrightarrow [K_2Cu\,(C_2O_4)_2] + K_2SO_4$$

　　溶液的酸度對反應產率和產物分離有很大影響，控制溶液的 pH 值是合成某些配合物的關鍵。例如，由三氯化鉻與乙醯丙酮水溶液合成 $[Cr\,(C_5H_7O_2)_3]$ 時，由於反應物和產物都溶於水，使反應無法進行到底。所以在反應液中加入尿素，由尿素水解生成氨控制溶液的 pH 值，使產物很快地結晶出來[5]。

$$CO（NH_2）_2 + H_2O \longrightarrow 2NH_3 + CO_2$$
$$CrCl_3 + 3C_5H_8O_2 + 3NH_3 \longrightarrow [Cr（C_5H_7O_2）_3] + 3NH_4Cl$$

對於鹵素、砷、磷酸酯、膦、胺、β-二酮等配體的錯合物可在非水溶液中合成，常用的溶劑有醇、乙醚、苯、甲苯、丙酮、四氯化碳等。例如把二酮 $CF_3COCH_2COCF_3$ 直接加到 $ZrCl_4$ 的 CCl_4 懸濁液中，加熱回流混合物直至無 HCl 放出，可得到鋯的鉗合物[6]：

$$ZrCl_4 + 4CF_3COCH_2COCF_3 \xrightarrow[\text{回流}]{CCl_4} [Zr（CF_3COCHCOCF_3）_4] + 4HCl$$

有些配體（例如乙醛、吡啶、乙二胺等）本身就是良好的溶劑。例如反應：

$$Cu_2O + 2HPF_6 + 8CH_3CN \longrightarrow 2[Cu（CH_3CN）_4]PF_6 + H_2O$$

直接在乙腈溶液中進行。

混合溶劑在直接合成中也是經常用到的。

11.1.2 組分化合法合成新的配合物[1, 7, 8]

把配合物的各組分按適當的分量和次序混合，在一定反應條件下直接合成配合物，例如：

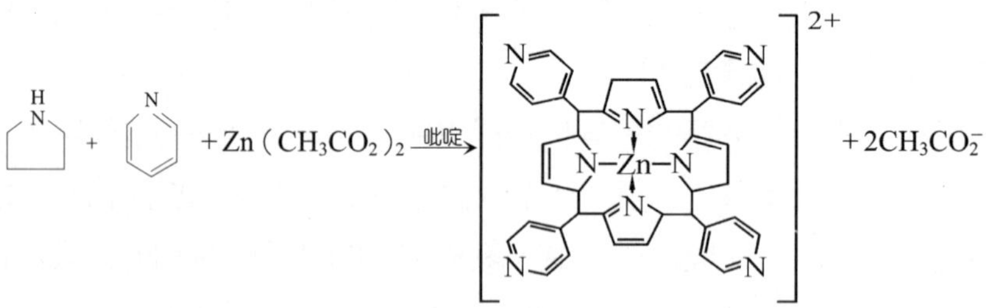

二水合醋酸鋅的吡啶飽和溶液經分子篩脫水，然後與吡咯、吡啶醛、分子篩一起裝入高壓瓶中，脫氣後，用油浴加熱到 130～150℃，保溫 48h，冷卻，過濾，用無水乙醇洗滌晶體，風乾，得到大環合鋅紫色晶體。

該方法特別用來製備不穩定的配合物，因為在合成過程中避免了製備、分離配體等步驟。

11.1.3　金屬蒸氣法和基底分離法[9, 10]

　　金屬蒸氣法簡稱 MVS 法，用於合成某些低價金屬的單核配合物、多核配合物、簇狀配合物和有機金屬配合物。金屬蒸氣法以及在其基礎上發展起來的基底分離法為合成化學開闢了一條很有希望、很有價值的新的配合物合成途徑。

　　MVS 法的反應裝置多種多樣。由於各種金屬的熔點不同，加熱條件下金屬的蒸氣壓不同，金屬存在的形式不同（粉末、絲狀或片狀等）以及化學性質不同，反應裝置因而也不相同。一般裝置是由金屬蒸發器、反應室和產物沈積壁等組成，整個體系要保持良好的真空度。反應物在蒸發器中經高溫蒸發生成活性很高的蒸氣。這些活潑的金屬原子和配體（分子或原子團）在低溫沈積壁上發生反應而得到產物。低溫下金屬原子和配體的沈積和反應避免了配合物分子的熱分解。

　　例如由鈷原子直接合成 $Co_2(PF_3)_8$ 的簡單裝置如圖 11-1 所示，先在氣體量管中充以 PF_3，金屬鈷置於氧化鋁坩堝中，將體系抽真空後把坩堝加熱到 1300℃，用液氦冷卻反應器，PF_3 以每分鐘 10mmol 的速度參加反應，繼續將坩堝升溫到 1600℃ 使金屬蒸發，反應器壁作為沈積壁用來沈積反應產物，待反應結束後，冷卻坩堝，反應器中充入氬氣，取出蒸發器並裝入盲板。然後將反應器加熱到室溫，使未反應的 PF_3 抽出，而產物 $Co_2(PF_3)_8$ 的揮發性小，留在反應器壁上，最後可得到產物。

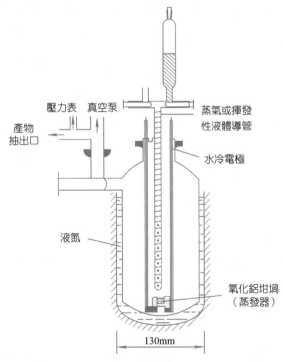

壓力表　真空泵　　　　　蒸氣或揮發
　　　　　　　　　　　　性液體導管

產物
抽出口

水冷電極

液氮

氧化鋁坩堝
（蒸發器）

130mm

圖 11-1　金屬蒸氣法製備 $Co_2(PF_3)_8$ 反應器

　　四（三甲基膦）合鐵也可用類似的裝置製備。用 MVS 法合成的配合物已經越來越多，例如：Ni（PF$_2$Cl）$_4$，Mn（PF$_3$）（NO）$_3$，Cr（PF$_3$）$_6$，Ni（PF$_3$）$_3$（PH$_3$）以及許多 Cr、Pd、Ni、Fe、Mn 過渡金屬與共軛有機配體的 π 配合物等等。

　　基底分離法[11]與 MVS 法相似。在 MVS 法中最低共沈積溫度是液氮溫度（77K），若要合成以克計的含 N$_2$，O$_2$，H$_2$，CO，NO 和 C$_2$H$_4$ 等配體的配合物是不可能的。因為在 77K 溫度下，這些配體不凝聚，另一方面金屬原子在這類揮發性配體中的擴散和凝聚過程遠超過金屬－配體間的配位反應，所以在反應器壁上得到的是膠態金屬。當體系溫度低於配體熔點的 1/3 時（Tamman），基底上金屬－配體的配位作用超過金屬的凝聚作用。例如 Ni 原子和 N$_2$ 的反應：

$$Ni + N_2 \begin{cases} \xrightarrow{77K} Ni_x(N_2)_{吸附} \\ \xrightarrow{12K} Ni(N_2)_4 \end{cases}$$

所以要實現配合物的合成必須在很低的溫度下進行。在具體的合成工作中，要針對反應體系選擇適當的溫度、沈積速率以及配體和金屬原子的濃度。

　　Ozin G A 的基底分離法合成裝置中包括由電子槍產生金屬（V，Cr，Mn，Fe 和 Ru 等）原子蒸氣，大容量閉合循環氦製冷器（反應室溫度可達 10K）作為反應室和用來沈積配合物的反應屏。例如，用此法合成過渡金屬的羰基配合物時，把 10～100mg 金屬蒸氣和 10～100g 一氧化碳，沈積到 10$^-$3Pa、30K 的銅質反應屏上，反應完成後，將深冷屏加熱除去未反應的一氧化碳，然後把產物溶於適當的溶劑中（如戊烷、甲苯等）將產物分離出來。

11.2　組分交換法[1, 2, 6]

11.2.1　金屬交換反應

　　金屬配合物和某種過渡金屬的鹽（或某種過渡金屬化合物）之間發生金屬離子的交換反應：

$$MCh_l + M'^{n+} \longrightarrow + M'Ch_k + M^{m+} + (l-k)Ch$$

M 可以是過渡金屬，也可以是氫，M' 是過渡金屬。反應結果，M'$^{n+}$ 置換了鉗合物中的

M'^{m+}，生成更穩定的鉗合物 $M'Ch_k$。例如：

$$2Ln（NO_3）_3 + 3Ba（tfacam）_2 \longrightarrow 2Ln（tfacam）_3 + 3Ba^{2+} + 6NO_3^-$$

$$\text{tfacamd－3－三氟乙醯樟腦}$$

金屬的置換有一定的規律性。對於不同的配體有不同的金屬置換序，例如：雙水楊亞乙二胺配合物的置換序（即生成配合物的穩定性次序）為 $Cu > Ni > Zn > Mg$。

　　該方法操作簡單，可以從一種金屬鉗合物出發，最後製得一系列不同過渡金屬的取代產物。

11.2.2　配體取代[1, 2, 13, 14]

　　在一定條件下，新配體可以置換原配合物中一個、幾個或全部配體，從而得到新配合物，反位效應順序可以作為合成新配合物的指導原則。控制反應條件是提高產率的關鍵。例如：

$$Ni（CO）_4 + 4PCl_3 \longrightarrow Ni（PCl_3）_4 + 4CO\uparrow$$

在 CO_2 氣氛中，無水條件下將三氯化磷加到羰基鎳中，迅速攪拌，待反應完全後過濾、乾燥得取代產物。

　　如果配體被部分取代，就得到混合配體的配合物，例如：

$$K_2PtCl_4 + 2（C_2H_5）_2S \longrightarrow cis-\{Pt[（C_2H_5）_2S]_2Cl_2\} + 2KCl$$

製備方法很簡單，將四氯合鉑（Ⅱ）酸鉀的水溶液和二乙基硫在帶玻璃塞的錐形瓶中混合，放置，蒸乾，苯萃取，冰浴冷卻，最後得黃色產物。

　　製備（NH_4）[$Pt（NH_3）Cl_3$] 時，用 $cis-[Pt（NH_3）_2Cl_2]$ 溶解在濃鹽酸中，然後用水稀釋，回流，待反應結束後，蒸去鹽酸，水中再結晶後得到產物。

11.2.3　配體上的反應與新配合物的生成[1, 15, 16]

　　西佛鹼、戊二酮、偶氮化合物配體和其活潑配體，配體上可發生化學反應，從而導致新配合物的生成。例如：

$$\underset{C}{\overset{\textstyle M}{\diagdown}}= NR\ +R'NH_2 \longrightarrow \underset{C}{\overset{\textstyle M}{\diagdown}} = NR'\ +RNH_2$$

是配體上胺對亞胺的置換反應。又例如在製備三（3-溴代-2，4-戊二酮）合鉻（Ⅲ）時，將 N-溴代丁二醯亞胺加到丙酮合鉻（Ⅲ）的氯仿溶液中，攪拌，加熱，除去溶劑，過濾，產物在苯-庚烷中再結晶即可。

$$[(CH_3CO)_2CH]_3Cr + 3C_4H_4O_2NBr$$
$$\longrightarrow [(CH_3CO)_2CBr]_3Cr + 3C_4H_5O_2N$$

11.3　氧化還原反應法[2]

11.3.1　由金屬單質氧化以製備配合物

金屬溶解在酸中製備某些金屬離子的水合物是最常見的水溶液反應的例子[17]。如金屬鎵和過量的過氯酸（72%）一起加熱至沸，待鎵全部溶解並冷至稍低於混合物沸點溫度時（200℃），就有 $[Ga(H_2O)_6](ClO_4)_3$ 晶體析出。

$$Ga + 3HClO_4 + 6H_2O \longrightarrow [Ga(H_2O)_6](ClO_4)_3 + \frac{3}{2}H_2 \uparrow 等$$

在非水溶液中也常用氧化金屬法來製備配合物。鐵和 H（fod）在乙醚中，氮氣保護下回流即可得到配合物 $Fe(fod)_3$[18]。

$$Fe + 3H(fod) \longrightarrow Fe(fod)_3 + \frac{3}{2}H_2 \uparrow$$
$$fod = CF_3CF_2CF_2C(OH) = CHCOC(CH_3)_3$$

11.3.2　由低氧化態金屬氧化製備高氧化態金屬配合物

過渡金屬的高氧化態配合物多可由相應的低氧化態化合物經氧化、配位製得。最常見的例子是由二價鈷化合物氧化製備三價鈷配合物[19]：

$$2CoCl_2 + 2NH_4Cl + 8NH_3 + H_2O_2 \longrightarrow 2[Co(NH_3)_5Cl]Cl_2 + 2H_2O$$

製備時，將 NH_4Cl 溶解在濃氨水中，加入 $CoCl_2 \cdot 6H_2O$，在攪拌下慢慢加入 30%的 H_2O_2，待溶液中無氣泡生成後，加入濃鹽酸即得到紅紫色晶體。

常用的氧化劑有 H_2O_2、空氣、鹵素、$KMnO_4$、PbO_2 和電化學方法等。例如氯氣可

把 Pt（Ⅱ）的配合物直接氧化成 Pt（Ⅳ）配合物：

$$cis-[Pt（NH_3）_2Cl_2]+Cl_2\longrightarrow cis-[Pt（NH_3）_2Cl_4]$$

硝酸鈰（Ⅲ）透過空氣氧化也可得到 Ce（Ⅳ）配合物。

11.3.3　還原高氧化態金屬以製備低氧化態金屬配合物

高氧化態金屬化合物經還原、配位過程可得低氧化態配合物。還原劑可以是 H_2、金屬鉀、鈉（或鉀、鈉汞齊）、鋅、肼，以及有機還原劑和電化學方法等。

例如將三苯基膦的無水乙醇溶液加入三水合氯化銠（Ⅲ）的無水乙醇溶液中，用甲醛作還原劑製備一氯一羰基雙（三苯基膦）合銠（Ⅰ）。

有些配體試劑本身就是還原劑，例如：

$$2Cu（NO_3）_2 \cdot 3H_2O+5P（C_6H_5）_3$$
$$\longrightarrow 2\{Cu[P（C_6H_5）_3]_2（NO_3）\}+OP（C_6H_5）_3+2HNO_3+5H_2O$$

11.3.4　由高氧化態金屬氧化低氧化態金屬以製備中間氧化態配合物

例如，在氮氣氛中把三苯基胂的甲醇溶液、硝酸銅和銅粉混合，然後加熱回流，過濾得白色晶體，即一硝酸根三（三苯基胂）合銅（Ⅰ）。

$$Cu（NO_3）_2 \cdot 3H_2O+Cu+6As（C_6H_5）_3$$
$$\longrightarrow 2\{Cu[As（C_6H_5）_3]_3（NO_3）\}+3H_2O$$

11.3.5　電化學法[20~24]

電化學法合成配合物時，不必另外加入氧化劑或還原劑。這是最直接、最簡單的氧化還原反應合成方法。可以在水溶液中進行，也可以在非水溶劑或混合溶劑中進行，可用惰性電極（如鉑電極），也可用參加反應的金屬作為電極。例如用電解法製備九氯合二鎢（Ⅲ）酸鉀的裝置如圖 11-2 所示。電解在三頸瓶中進行，先加入濃鹽酸並冷至 0℃，然後加入鎢酸鉀漿液。由管 1 通入氯化氫，從管 4 不斷往多孔杯 2 中加水。當陰極 3 周圍的溶液開始變紅時，將反應液加熱到 45℃，繼續電解到生成棕綠色沈澱為止。將沈澱分離出來後，再用最少量的水將沈澱溶解，過濾，濾液中加入 90%乙醇使產物

$K_3[W_2Cl_9]$ 沈澱出來。

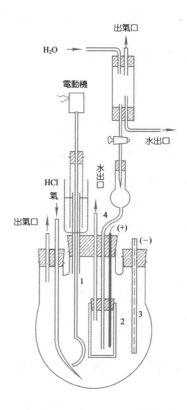

圖 11-2　製備九氯合二鎢（Ⅲ）酸鉀的裝置

　　電化學合成法目前用得較多的是有機弱酸和鹵化物反應體系。例如：在水和甲醇的混合液中，加入乙醯丙酮和氯化物，用鐵作電極（這裡電極就是參加反應的金屬），電解後得到淺棕色晶體——[Fe（$C_5H_7O_2$）$_2$]。電解結束後，在電解液中通入空氣或氧氣就得到[Fe（$C_5H_7O_2$）$_3$]（見圖 11-3）。

　　非水溶液的電化學合成體系應用很廣，特別是對一些易水解的配合物更是有效。例如用鉑絲作陰極，鈷作陽極，電解液是（Et_4N）$_2$[$CoBr_4$]等。

11.3.6　高壓氧化還原反應製備配合物

　　過渡金屬（Co，Ni，Fe，Mo，W等）羰基配合物是用一氧化碳作還原劑，在高壓下由過渡金屬氧化物直接製備。例如：

$$MoO_3 + 9CO \longrightarrow Mo（CO）_6 + 3CO_2$$

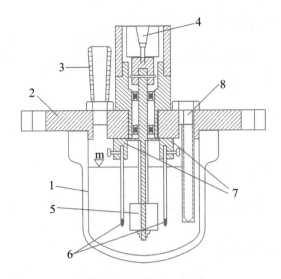

圖 11-3　電解裝置圖

1-容器；2-蓋子；3-接口；4，5-攪拌器；6-電極；7-電極架；8-熱電偶

11. 4　固相反應法

　　透過固相反應合成新配合物的方法可以由配合物和相應的金屬化合物反應來製得；也可以從已知配合物製備新的配合物。

11. 4. 1　配體與金屬化合物反應[25]

　　通常配體的熔點較低，在反應條件下配體呈熔融狀態，因此，配體與金屬化合物間的反應成為熔融配體與金屬之間的複相反應。例如將三苯基膦與二氯化鈀加熱，得黃色 $Pd[P(C_6H_5)_3]_2Cl_2$，過量的配體用萃取法除去。該法簡單，適用於製備 Co，Cu，Ni，Pd，Pt 等過渡金屬與膦、胂及其衍生物形成的配合物。

11. 4. 2　由已知配合物製備新的配合物

　　配合物固相反應是一類重要的化學反應，但大多數的研究工作停留在簡單的固相反應體系，用於配合物合成的固相反應研究更少。這是因為固相反應裝置，反應條件控制和產物跟蹤、檢測存在一些困難。固相反應氣相色譜聯用和一些近代分離分析手段的發展，較好地解決了上述困難。

　　由已知配合物透過固相反應製備新的配合物可分成以下幾個方面。

1.透過配合物離解製備新配合物[26,27]

將四（三乙基膦）合鉑在減壓情況下，加熱到 50～60℃，得到橘紅色黏稠油液為 Pt（PEt₃）₃。

$$Pt（PEt_3）_4 \xrightarrow[50\sim60℃]{真空} Pt（PEt_3）_3 + PEt_3$$

2.透過生成金屬－金屬鍵製備新配合物[28,29]

將 $[K_2[Ni（CN）_4]]$ 在氬氣氛中加熱，然後用 DMF 萃取產物得 $K_4[Ni_2（CN）_6]$。

3.透過配體取代製備新配合物[30]

將 $[Co（NH_3）_5（H_2O）]（ReO_4）_3 \cdot 2H_2O$ 在油浴上加熱到 50℃脫水 2h，然後升溫到 115～120℃，並保持恆溫 4～5h 得到 $[Co（NH_3）_5（OReO_3）（ReO_4）]_2$。

11.5　包結化合物的合成

11.5.1　層狀包合物的合成

層狀包合物（例如石墨層狀包合物、矽酸鹽層狀化合物等）也可以透過直接法、組分交換法、固相反應法等方法合成。一些有良好溶劑合性能的主體化合物可透過層狀剝離法，並經客體置換製成各種特殊物貌的層狀包合物。

四價金屬 Zr，Ti，Sn，Ce，Th 等和 XO_4 或 RXO_3 基團（X 為五價元素 P、As 等，R 為 $-H$，$-OH$，$-CH_3$，$-C_6H_5$ 等無機或有機基團），組裝成纖維狀、層狀或三維結構化合物。在它們形成層狀結構時〔例如 $R（XO_3）_2$ 的層狀化合物〕，R 作為基柱以共價鍵把層與層連接起來，客體進入層間腔中，在插入和嵌入化學上有重要應用價值。在電化學器件、儲存、電化學敏感元件、電致變色器件上有廣泛的應用潛力。已篩選到的一些[31,32]插入化合物穩定性好，在 150～250℃呈良好的質子傳導性，有望發展成為新型有效的固態質子導體。

當四價金屬周圍透過 RXO_3 的氧原子配位呈八面體組態時，得到的化合物被稱作 $\alpha-$型平面大分子，化學式為 $M（RXO_3）_2 \cdot nS$（其中 S 為插入層間的客體）。這類化合物中研究得較多的是 M=Zr，R=OH，X=P，$n=1$，S＝各種金屬離子、水和各種溶

劑等。

　　α-層狀插入型化合物，特別是含水的插入型化合物，例如 α-Zr（HPO$_4$）$_2$·H$_2$O（簡寫作 ZrP），在水溶液中可以進行有效的離子交換形成新的客體分子的插入化合物。

　　把磷酸鹽微晶和濃 Cs$^+$ 鹽水溶液放在一起後，在 ZrP 中發生 H$^+$／Cs$^+$ 交換。通常情況下在 α-層狀化合物中，由於層間基柱的約束，連接空腔的窗口通道很小，所以較大的客體離子 Cs$^+$ 不能進入層間區的腔中；由於 H$^+$ 體積較小，原貯存在層間的 H$^+$ 則可擴散出去。但是隨著擴散進行，來自於各層不平衡的固有負電荷產生相界面勢（杜南勢），使得真正達到外部溶液中的量是極少的，H$^+$／Cs$^+$ 交換僅僅限制在 ZrP 的表面上進行。但是當加入 CsOH 時，溶液中的 H$^+$ 的活度相對減小，而溶液和交換劑之間的電位差變得越來越大。隨著層間負電荷的增加，Cs$^+$ 離子進入層間區的趨向越來越強。這種趨勢增強到一定程度後，便提供出足夠大的能量，足以擴大層間距離，迫使一定量的 Cs$^+$ 進入靠近邊緣處的層間區，把 H$^+$ 置換出來，形成新的客體的包合物。由於 ZrP 層具有一定的柔韌性，Cs$^+$ 的進入使 Cs$^+$ 占有區增大了，但也只是部分客體被 Cs$^+$ 置換出來（見圖 11-4）[33,34]。

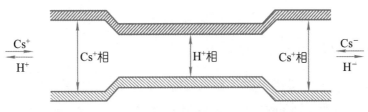

圖 11-4　H$^+$／Cs$^+$ 離子置換引起的層膨脹過程

　　仔細觀察相界面處 ZrP 腔的變化情況，發現這種變化使得 Cs$^+$ 在該腔裡進一步擴散的阻力減小，在靠近界面處的離子交換活化能降低，從而有利於新的客體分子的進入。相界面模型在許多大陽離子和有機分子插入化合物的研究中有越來越多的應用。這一模型還解釋了為什麼經過一定的誘導期之後客體分子相互的交換速率加快，新的客體分子的插入能力有較大的增加。

11.5.2　多核過渡金屬化合物和原子簇為主體的包合物合成

　　從配位化學基本原理出發，將奈米大小的粒子嵌入一定的配位的環境中[35]，利用包合作用和分子識別特性，有望製備出合乎各種要求的新型奈米化合物。某些多核過渡金屬化合物和原子簇嵌入一定的配位環境中，進而可製備出新型奈米化合物。

1. 超分子組裝[36]

透過分子識別把奈米晶粒結合在受體中形成單個粒子包合物,然後利用包合物受體之間的分子識別,透過氫鍵再組裝成有序的奈米材料。例如,四異丙氧基鈦經制動水解得到奈米 TiO_2,在十六烷基溴化銨和吡啶衍生物受體存在下生成包合物,不同包合物之間,由於弱相互作用形成奈米–奈米超分子組裝體,最後得到大小排列完全有序化的奈米體系。

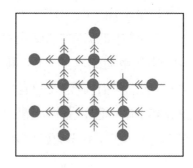

圖 11-5　從 TiO_2 和客體透過超分子組裝製備奈米材料

2. 奈米粒子的包合作用

以鐵磁體奈米材料的製備為例。首先製得超細的鐵磁性過渡金屬微粒如磁鐵礦微粒(直徑約 10nm),然後經油酸鈉包合,把包合以後的包合粒子在 He 中經電弧放電作用,放電過程中 He 原子被離子化,離子化的 He 原子把包合物的外殼碳化,最後得到穩定的包合的奈米粒子[37],其裝置如圖 11-6 所示,表面活性劑包合的粒子置於鎢棒下 3cm 處。

11.6　大環配體模板法[38~41]

在製備具有一定空間結構的大環、巨環配合物時,需加入適當半徑的金屬離子,始能與配體發生配位作用達到大環和巨環化合物的合成。這種模板作用近年來在配位化學的合成方面有重要的應用。

金屬離子與配體間有強的選擇性,鹼金屬、鹼土金屬、過渡金屬等可形成不同的巨型多環鉗,而且非常穩定。例如製備〔3,10–二溴–1,6,7,12–四氫–1,5,8,12–苯並四氮雜環–2–十四烯〕合銅(Ⅱ)時,將鄰苯二胺的無水乙醇溶液加熱到乙酸銅

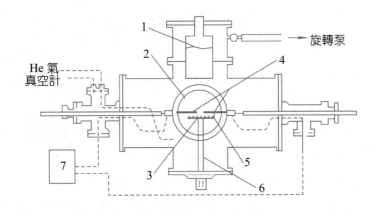

圖 11-6 粒子包合物製備裝置

1-阱；2-觀察窗；3-表面活性劑包合的磁鐵礦；4-鎢棒；5-樣品架；6-臺高調節器；7-電源

（Ⅱ）溶液中，過濾，沈澱用無水乙醇洗滌，然後用無水乙醇將沈澱物沖成懸浮液，在 10℃向此懸浮液中滴入乙二胺的無水乙醇溶液，並放置在暗處 24h，同時加以劇烈攪拌，將反應混合物冷至 2℃，加入溴代丙二醛的無水乙醇溶液，放置 7d 後，得到黑色懸浮固體即為所要合成的配合物。

$$[(CH_3COO)_2Cu(en)C_6H_4(NH_2)_2]+2BrCH(CHO)_2 \longrightarrow$$

$$2CH_3COOH+4H_2O+$$

上面分別介紹了最常用的合成方法，在實際工作中根據具體情況選擇一種或幾種方法的組合。由於配合物種類繁多，因此配合物的合成方法也是多種多樣的，這裡僅就主要幾種加以敘述。隨著原方法的完善和新方法的出現，更多的具體有特殊功能的配合物將要合成出來。

參考文獻

1. Jolly W L. Preparative Inorganic Reactions Vol l. Chapter 3 and Chapter 5. Interscience Publishers, John Wiley & Sons, Inc, 1964.

2. Fernelius W C and Bryant B E.中譯本。無機合成第五卷。北京：科學出版社，1972. 92。

3. Kauffman G B and Fang L Y.Inorganic SynthesisVol 22. 1983. 101。

4. Kirschner S. 中譯本。無機合成第六卷。北京：科學出版社，1972。

5. Fernelius W C and Blauch J E. 中譯本。無機合成第五卷。北京：科學出版社，1972.115。

6. Joshi K C and Pathak V N. Coord Chem Soc, 1962, 84: 901.

7. Hunez L J and Eichhorn G L. J Am Chem Soc, 1962, 84: 901.

8. Butcher H J and Fleischer E B. 中譯本。無機合成第十二卷。北京：科學出版社，1979. 228。

9. Moskovits M and Ozin G A. Cryochemistry. New York: Wiley, 1976.

*10.*藤太朗。化學の領域，1975，29(3)：211；1978，32(11)：796。

11. Godber J, Huber H K and Ozin G A. Inorganic Chemistry, 1986, 25: 2909.

12. Joishi K C and Pathak V N. Coord Chem Rev, 1977, 22: 37.

13. Petz W. Chem Rev, 1986, 1010.

14. Praganiac M and Rauchfuss T B. Angew Chem. Int Ed (Engl), 1985, 24: 742.

15. Takvorian K B and Barker R H。中譯本。無機合成第十二卷。北京：科學出版社，1979. 74。

16. Collman J P. 中譯本。無機合成第七卷。北京：科學出版社，1973. 108。

17. Foster L S. 中譯本。無機合成第一卷。北京：科學出版社，1959.23。

18. Sievers R E and Connolly L W. 中譯本。無機合成第十二卷。北京：科學出版社，1979.63。

19. Schiessinger G G. 中譯本。無機合成第九卷。北京：科學出版社，1977. 133。

20. Habeef J J and Tuck K G. J C S Chem Comm, 1975. 808。

21. Habeef J J, Neilson L and Tuck D G. Syn React Inorg Metal-org Chem, 1977, 55: 2631.

22. Lehmkuhland H, Eisenback W. Liebigs ann Chem, 1975. 672。

23. Duck D G. Pure and Appl Chem, 1979, 51: 2005.

24. Jonassen H B, Tarsey A R, Cantor S and Helfrich G F. 中譯本。無機合成第五卷。北京：科學出版社，1972.126。

25. Tayim H A, Vouldoukian A and A Wad F. J Inorg Nucl Chem, 1970, 32: 3799.

*26.*袁建華。配合物的氧化還原反應。見：南京大學博士論文，1980。

27. Yoshida T, Matsuda T and Orsuka S. 中譯本。無機合成第十九卷。北京：科學出版社，1987.122。

28. 謝玉明，黃生榮，忻新泉，戴安邦。南京大學學報，1989, 25(3): 68

29. Jin S Y, Grisweld E. Inorg Chem, 1965, 4: 365.

30. Leng E and Murmann R K. 中譯本。無機合成第十二卷。北京：科學出版社，1979.188。

31. Casciola M, Castantino U and Marmottini F. Solid State Ionics, 1989, 35: 67.

32. Alberiti G and Palombare R. Solid State Ionics, 1989, 35: 153.

33. Alberiti G, Bernasconi M G, Casciola M and Costantino U. J Inorg Nucl Chem, 1980, 42: 1631.

34. Abe M. Denki Kagaku, 1980, 48: 344.

35. Heath J R. Science, 1995, 270(24): 1315.

36. Feibush B, Fiueroa A, Charles R, Onan K, Feibush P, Karger B,Giese R. Journal of the American Chemical Society, 1994, 116: 10292.

37. Jeyadevan B, Sazuki Y, Tohji K and Mattsuoka I. Materials Science and Engineering, 1996, A 217/218: 54.

38. Honeybourne G L. 中譯本。無機合成第十八卷。北京：科學出版社，1983.61。

39. Dixon N E, Jacvson W G, Lawrance G A, Sargeson A M. Inorg. Synthesis Vol 22. 103.

40. Jackels S C and Harris L J. Inorganic Synthesis Vol 22. 107.

41. Tepoeney H B и Жовиер ФК. Журнаn Еарганиической Химин, 1981, 27(3)547.

42. Garnovskii A D and kharisov B I. Direct Synthesis of Coordination and Orgamometallic Compounds. Elsevier, 1999.

簇合物的合成化學

12

12.1　引　言

　　"Cluster Chemistry" 是 20 世紀 60 年代以來化學學科中快速發展起來的一個新的十分活躍的研究領域。英語 "Cluster" 一詞可譯為原子簇、團簇或簇。原子簇是由幾個至幾百個原子組成的相對穩定的聚集體，介於原子、分子和凝聚態之間。由於原子簇具有複雜多變的空間結構和電子結構，從而常常產生奇異的物理性質和化學性質以及多方面的應用前景，引起了人們的極大重視。1990 年在美國由著名化學家 Smalley 和 Cotton 等為編委的 Journal of Cluster Sciences（原子簇科學雜誌）的創刊，標識著原子簇科學這個新的分支，已開始走向成熟。原子簇的許多特殊性質是由於其尺寸介於巨觀和微觀之間造成的，例如，異常的化學活性和催化特性、量子尺寸效應和極大的比表面積等。由於這些基本特性，使得原子簇在光學、光電子學、磁學、化學和生物學等方面產生了許多新奇現象，而研究這些現象和規律，涉及到物理、化學、材料以及生物科學等多學科領域。因此，原子簇是當今多學科交叉領域研究熱點之一。

　　Cotton 把金屬原子簇化合物（簡稱金屬簇合物）定義為：「含有兩個或兩個以上金屬原子且有金屬—金屬鍵存在的化合物。」[1]徐光憲建議原子簇化合物定義為「以三個或三個以上的有限原子直接鍵合組成多面體或缺頂點多面體骨架為特徵的分子或離子。」[2]該定義顯然包括了硼烷、碳硼烷、金屬硼烷和金屬碳硼烷等。隨著大量新的具有不同結構的簇合物的出現，以及人們對各類簇合物的幾何結構與電子結構關係的系統研究和對其成鍵規律認識的不斷深入，簇合物所包含的化合物的範圍也日益擴大了。在不少文獻中，把沒有金屬—金屬鍵存在的多核配合物也稱為金屬簇合物。

　　近來，Pope 和 Müller 把多氧金屬鹽（即雜多和同多化合物）也列入金屬簇合物的範圍，稱其為「金屬—氧簇」。這樣做有兩個理由，一是多氧金屬鹽含有金屬中心，二是在被還原的多氧金屬鹽中存在著或強或弱的金屬—金屬間的相互作用[3]。

　　從上面所述可以看出，原子簇化合物的定義並不統一。幾種定義所包含的範圍也不同。但是，就金屬簇合物而言，有金屬—金屬鍵存在是其區別於其它類型化合物的根本特徵。

　　對於金屬—金屬間的鍵合，有兩條通則。第一，當金屬原子處於低氧化態時，金屬—金屬間容易成鍵。例如，在只含羰基配位子的金屬簇合物中，金屬的氧化數是零或者甚至是負值〔例如，在羰基簇合物陰離子 $[M_2(CO)_{10}]^{2-}$（$M=Cr$，Mo，W）中就是這種情況〕。還有低價態鹵化物原子簇，其中金屬的氧化數通常是 +2 到 +3。已經發現，金屬表觀氧化數高達 +4 的金屬原子之間，也有金屬—金屬鍵生成。例如，在許多穩定的三核 Mo（IV）和 W（IV）簇合物中就是這種情況。而表觀氧化數為 +5 或更高的金

屬原子之間卻很少發現有金屬－金屬鍵生成。高價態金屬之間所以不易成鍵，可能是由於高電荷引起軌域收縮，達到一定程度，便使得與另一組收縮的軌域重疊太小而不能有效成鍵。第二條通則是，元素週期表中任何一族給定的元素，重元素通常具有較大的成鍵傾向。需要引起注意的是，上述兩條通則也有不少例外情況。

迄今，絕大部分過渡金屬元素都合成出了簇合物，但簇合物的合成仍然往往憑機遇（多核簇合物尤其如此），即還遠遠未達到定向合成階段。簇合物合成中遇到的另一個問題是產率低。這個問題與合成反應中定向性差是相聯繫的。

在簇合物合成中，產物多為混合物。人們往往不詳細研究化學反應計量學，而只考察其中主要產物。

對於原子簇的分類，有各種不同方法，最基本的可分為金屬簇和非金屬簇兩大類。

金屬簇分為含有配體的金屬簇合物和不含配體的金屬「裸簇」（「naked」metal cluster）[4]，後者實際上就是人們所說的金屬團簇（或稱金屬超微粒）。金屬簇合物又有幾種不同分類方法：①按配位子類型分類，人們研究得比較多的有含羰基配體簇（通常稱為羰基簇合物）、含鹵素配體簇、含硫族配體簇等。②按同核（含同種金屬原子）和異核（含不同金屬原子）分類。③按核數（即金屬原子數）分類，如二核簇、三核簇等。迄今，已合成出為數不少的含數十核的簇合物，甚至含核數 100 以上的金屬簇合物也已經出現某些報導，如 $[Cu_{146}Se_{73}(PPh_3)_{30}]^5$、$[Mo_{154}(NO)_{14}O_{420}(OH)_{28}(H_2O)_{70}]^{(25\pm5)-[6,7]}$ 和 $[Ln_{16}As_{12}W_{148}O_{524}(H_2O)_{36}]^{76-}$（Ln＝La，Ce，Gd）等，甚至含 200 個以上 Mo 原子的簇合物也已經被合成出來[7]。含核數超過 100 的簇合物，稱為「巨簇」（giant cluster）。④按結構類型分類，可分為分立簇（discrete cluster）和擴展簇（extended cluster），後者又可分為三維、二維和一維無限結構。擴展簇實際上應屬於固體聚集態，只不過就其單元組成而言，已超出了經典意義上的聚集態的範圍。

就非金屬簇而言，有一些早已被人們熟知，如硼烷、碳硼烷及其衍生物等。20 世紀 80 年代中期高級碳簇（C_{60}，C_{70} 等）的發現，由於預料其可能具有特殊的[8]功能特性，從一開始就受到人們的極大重視。除碳、硼外，磷、硫、硒和碲等非金屬元素也能形成簇合物。

簇合物的組成和結構花樣繁多，由於篇幅所限，我們只能有代表性的介紹幾種類型簇合物的合成化學的發展概況。

12.2 　含羰基配位子簇合物的合成

含羰基配位子的金屬簇合物，是迄今數量最為龐大的一類簇合物，也是催化作用研

究得最深入和最有應用前途的簇合物。

　　總結迄今金屬羰基簇合物的合成反應，可將其歸納為以下幾種主要反應類型[9]。

12.2.1　配位子取代反應

　　在過渡金屬中心上的一個或一個以上的配位子被另一種金屬碎片取代，歸類於配位子取代反應。陰離子配位子（一般為鹵素離子）被陰離子金屬配合物取代，已經證明，對於金屬—金屬鍵合的配合物的合成是非常有用的。下面給出了利用這種方法製備簇合物的通式和具體例子[10]。

$$[ML_nX] + [M'L_m]^{g-} \longrightarrow [X^- + [MM'L_{n+m}]^{(g-1)-} \tag{12-1}$$

$$K[Co(CO)_4] + trans-RhCl(CO)(PEt_3)_2 \xrightarrow[\text{THF}]{50℃ , 24h} OC—\overset{\displaystyle PEt_3}{\underset{\displaystyle PEt_3}{Rh}}—Co(CO)_4 + KCl \tag{12-2}$$

$$trans-PtCl_2(py)_2 + [Co(CO)_3PPh_3]^- \xrightarrow[\substack{\text{THF} \\ -2Cl^-}]{\triangle , 3h} (PPh_3)(CO)_3 Co—\overset{\displaystyle Py}{\underset{\displaystyle Py}{Pt}}—Co(CO)_3(PPh_3) \quad \begin{matrix}(77\%)\ ①\end{matrix} \tag{12-3}$$

　　金屬配合物陰離子也可以置換一個中性配位子：

$$[ML_n] + [M'L_m]^{x-} \longrightarrow L + [MM'L_{n+m-1}]^{x-} \tag{12-4}$$

在大多數例子中，被置換的中性配體是CO，通常，反應是發生在羰基金屬陰離子和中性的羰基金屬配合物之間。這種類型的反應常常稱做「氧化還原縮合」，羰基金屬陰離子為還原劑。方程式（12-5）[11]和式（12-6）[12]給出了這種反應類型成功應用的例子。

$$[Mn(CO)_5]^- + Cr(CO)_6 \xrightarrow[\text{(CH}_2\text{OCH}_2\text{CH}_2)_2\text{O}]{170℃ , 2h} [(CO)_5Cr-Mn(CO)_5]^- + CO \tag{12-5}$$
$$(71\%)$$

---

① 反應方程式中，產物下面括號裡的百分數係指產率。

這種類型的反應對於製備雙核簇合物是很有用的。實際上，許多四核簇合物也是透過這種方法製備出來的[13~16]。

$$[Co(CO)_4]^- + Ru_3[CO]_{12} \xrightarrow{\triangle, 1h} (CO)_3 Ru \overset{\displaystyle \overset{O}{\overset{\|}{C}}}{\underset{\underset{\displaystyle (CO)_2}{Ru}}{\overset{OC-Co-CO}{\underset{}{\longleftarrow}}}} Ru(CO)_3 + 3CO \qquad (12\text{-}6)$$

12.2.2 加成反應

與上述緊密相關的一種合成方法是透過某些過程使一種金屬配合物加成到另一種金屬配合物上，在這個過程中，不引起從一種金屬試劑上失去配位子，這樣的反應屬於加成反應。雖然取代反應與加成反應在機構上具有相似性，但是在反應物與產物與關係上它們是不同的。

表示在反應式（12-7）中的反應屬於加成反應，因為在合成中無配位子失去[17]。

$$[Re(CO)_5]^- + Mn(CO)_5 CH_3 \longrightarrow \left[\begin{array}{c} (CO)_5 Re-Mn(CO)_4 \\ \overset{|}{C} \\ CH_3 \qquad O \end{array} \right]^- \qquad (12\text{-}7)$$

這個反應可能是透過 $[Re(CO)_5]^-$ 加成到配位不飽和的 Mn—醯基配合物上進行的。錳–基配合物是經由反應式（12-8）生成的：

$$(CO)_5 Mn-CH_3 \rightleftharpoons (CO)_4 Mn-C \overset{\displaystyle O}{\underset{\displaystyle CH_3}{\big\backslash}} \qquad (12\text{-}8)$$

金屬配合物切斷金屬—金屬鍵的加成是一種很有用和很合理的合成方法。這種方法是基於親核試劑對烯烴、金屬碳烯與金屬—金屬雙鍵加成之間的相似性和基於親核試劑對炔烴、金屬碳炔與金屬—金屬三重鍵加成之間的相似性（圖 12-1），這些相似性是由 Stone 首先描述的[18]。

與金屬碳烯和碳炔配合物的反應將在關於橋助反應一節中討論，因為有機配位子最終要作為橋連配位子。這裡所討論的方法涉及低價過渡金屬配合物（如$[Pt(PR_3)(C_2H_4)_2]$ 或 $[Rh(acac)(C_2H_4)_2]$）切斷金屬—金屬多重鍵的加成。加成到金屬—金屬多重鍵或金屬—碳鍵上的金屬配合物，一般至少有一個容易失去的配位子（例如C_2H_4），因此，

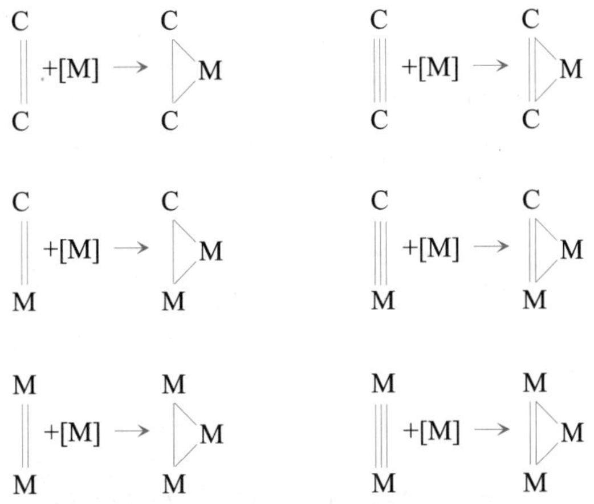

圖 12-1　金屬─金屬多重鍵的加成與碳─碳（或金屬─碳）多重鍵的加成的相似性

實際的加成試劑是一種配位不飽和的或溶劑合的金屬配合物（例如 $Pt(PPh_3)_2$）。反應式（12-9）給出了這類反應的一個例子[19]。

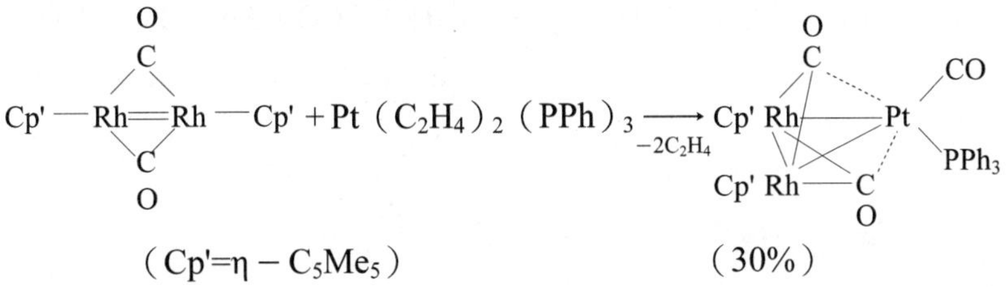

$$(12\text{-}9)$$

這些反應在相當溫和的條件下，一般都能獲得較高的產率，並且對於所生成的產物的類型大致是可預見的。這種方法的缺點在於它依賴於具有反應活性的多重金屬─金屬鍵鍵合的配合物作為原料。因為可利用的這類化合物比較少，所以這種方法的利用受到了一定的限制。

金屬碎片也可以切斷金屬─配位子鍵進行加成：

$$ML_n + M'L_mX \longrightarrow X - ML_n - M'L_m \tag{12-10}$$

這個反應類似於 X─Y 分子對不飽和金屬配合物的氧化加成，它可用於製備金屬─金屬鍵合的化合物。當 X 是鹵素元素時，這種合成技術是很吸引人的。因為產物中的鹵素配位子可用於進一步生成金屬─金屬鍵。反應式（12-11）給出了這種方法成功應用的例子之一[20]。

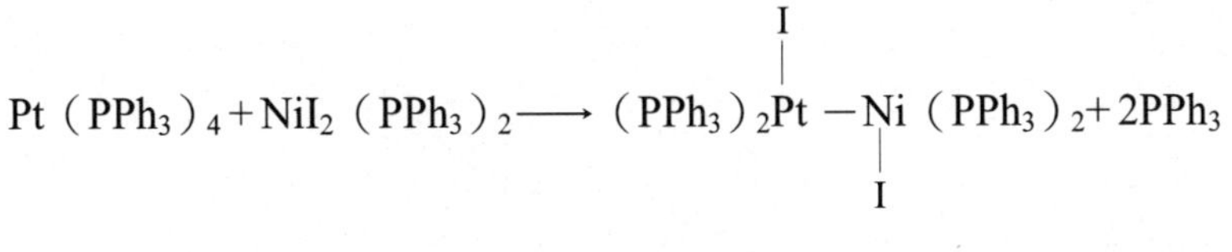

$$Pt(PPh_3)_4 + NiI_2(PPh_3)_2 \longrightarrow (PPh_3)_2Pt\overset{\displaystyle I}{\underset{\displaystyle I}{-}}Ni(PPh_3)_2 + 2PPh_3 \tag{12-11}$$

12.2.3 縮合反應

在縮合反應中，伴隨著金屬—金屬鍵生成的同時，有另外一種小分子產生。反應式（12-12）～式（12-16）給出了不同縮合反應的例子。

消除 H_2 的縮合反應[21]：

$$2HCo(CO)_4 \longrightarrow H_2 + Co_2(CO)_8 \tag{12-12}$$

消除烷烴的縮合反應[22]：

$$(CO)_3Os = \!\!=\!\! Os(CO)_3 + CH_3 - AuPPh_3 \longrightarrow CH_4 + (CO)_3Os = \!\!=\!\! Os(CO)_3 \tag{12-13}$$

消除烯烴的縮合反應[23]：

$$2(CO)_4FePPh_2H + [Pd(\mu-Cl)(\mu-C_3H_5)]_2 \xrightarrow{rt} 2C_3H_6 + (CO)_4Fe - Pd - Pd - Fe(CO)_4 \tag{12-14}$$

消除其它分子的縮合反應[24,25]：

$$(CO)_4Co - SnMe_3 + ClAuPPh_3 \longrightarrow Me_3SnCl + PPh_3Au - Co(CO)_4 \tag{12-15}$$

$$Cp(CO)_3Mo - H + Me_2N - Ti(OPr^i)_3 \longrightarrow HNMe_2 + Cp(CO)_3Mo - Ti(OPr^i)_3 \tag{12-16}$$

消除烷烴，特別是從 CH_3AuPPh_3 上消除烷烴，正日益引起人們的注意，它是一種很有用的合成方法。由於反應中生成的烷烴不接著進行加成和 C—H 鍵斷裂，因此反應是不可逆的。反應條件一般相當溫和，具有中等到較高的產率。反應式（12-15）和（12-16）分別舉例說明了 Me_3SnCl 和 $HNMe_2$ 的生成，兩種產物都是揮發性的，因而容易除去，並且也減少了逆反應。

縮合技術的主要長處在於當生成揮發性的縮合物時減少逆反應，且由於反應條件溫和，可減少所不希望的產物，產率一般比較高。在某些情況下，縮合方法可以避免其它方法所存在的問題。這種方法的困難在於許多所希望的原料不是很穩定的，特別是第一過渡系列的金屬烷基和金屬氫化配合物尤其如此。

12.2.4　金屬交換反應

這種方法就是把兩種多核金屬化合物混合在一起，然後用足夠的輻射能或熱能使金屬—金屬鍵龜裂，所產生的碎片可以重新組合，給出產物的平衡混合物：

$$M_2L_m + M_2'L_n \Longrightarrow 2MM'L_{\frac{n+m}{2}} \qquad (12\text{-}17)$$

反應式（12-18）和（12-19）[26]給出了這種方法應用的例子。

$$Re_2(CO)_{10} + Mn_2(CO)_{10} \underset{220℃,60h}{\Longleftrightarrow} 2(CO)_5Re-Mn(CO)_5 \qquad (12\text{-}18)$$

$$Ru_3(CO)_{12} + Os_3(CO)_{12} \Longrightarrow RuOs_2(CO)_{12} + Ru_2Os(CO)_{12} \qquad (12\text{-}19)$$

這種方法已經證明對於製備雙核簇合物是很有用的，當然也可以用來製備多核原子簇。當起始的兩種簇合物斷裂金屬—金屬鍵所需要的熱能大約相同時，獲得的產率最高。當斷裂一種簇合物的金屬—金屬鍵所需要的條件足以引起另一種簇合物分解時產率最低。這種方法對於製備異核簇合物是很成功的。

12.2.5　橋助反應

所謂橋助反應，就是用一個配位子把兩個金屬中心結合在一起，在最終產物中該配位子在金屬原子之間起橋聯作用。這種反應正在引起人們日益增長的興趣，這是由於橋聯配位子在阻止原子簇的碎裂中可能起著一定作用。在本節中不討論羰基橋，儘管它們在促進金屬—金屬鍵的生成中可能起著重要作用。在橋助反應中，橋助的取代、加成和縮合反應是最重要的。

經常參與橋助取代反應的配位子類型，是第ⅤA族和第ⅥA族元素的衍生物，尤其是 P、As 和 S。反應的例子給在方程式（12-20）和（12-21）[27]中。

$$TiCp_2(SPh)_2 + Mo(CO)_4(CH_3CN)_2 \xrightarrow{\text{甲苯}} (CO)_4Mo \overset{\overset{\displaystyle Ph}{|}\,\overset{\displaystyle S}{|}}{\underset{\underset{\displaystyle Ph}{|}\,\underset{\displaystyle S}{|}}{\diagup\!\!\!\diagdown}} TiCp_2 + 2CH_3CN$$

$$(12\text{-}20)$$

（70%）

$$(CO)_4Fe(PPh_2H) + BuLi \xrightarrow{-BuH} Li[(CO)_4Fe-PPh_2] \qquad (12\text{-}21)$$

$$\xrightarrow[-\text{LiCl}]{+trans-\text{RhCl}（\text{CO}）（\text{PEt}_3）_2}（\text{CO}）_3（\text{PEt}_3）\text{Fe}\overset{\overset{\displaystyle\text{Ph}\quad\text{Ph}}{\underset{\displaystyle\text{P}}{\diagup\!\diagdown}}}{——}\text{Rh}（\text{CO}）（\text{PEt}_3）$$
$$（77\%）$$

　　與一個單金屬中心鍵合的含硫族原子的配位子（如$-\text{OR}$，$-\text{SR}$）總是具有孤對電子可以用來給予另一種金屬。這些含金屬的配體可以置換在另一個金屬中心上的配位子，正如反應式（12-20）所描述的那樣。含第VA族元素的配體（如PR_3，AsR_3），一般只有一對孤對電子用於使配位子鍵合於第一個金屬中心上。藉由從配位的PR_2H或AsR_2H配體上除去H^+，可以產生用於金屬—配位子成鍵的第二對電子，正如反應式（12-21）所描述的那樣。

　　經由橋助加成反應也可以生成金屬—金屬鍵。配位不飽和的金屬中心切斷金屬—碳烯雙鍵和金屬—碳炔三重鍵〔反應式（12-22）和（12-23）〕的加成，產生碳烯和碳炔橋聯的產物，這種方法已成功地被Stone研究小組開發出來，用於製備許多新的異核簇合物[18]。

　　亞烷基簇合物的合成：

$$\text{M}=\text{CR}_2+\text{M}'\longrightarrow\text{M}\underset{\underset{\displaystyle\text{C}}{\diagup\!\diagdown}}{——}\text{M}'\qquad（12\text{-}22）$$

　　次烷基簇合物的合成：

$$\text{M}\equiv\text{CR}+\text{M}'\longrightarrow\text{M}\overset{\overset{\displaystyle\text{R}}{\underset{\displaystyle\text{C}}{\diagup\!\diagdown}}}{——}\text{M}'\xrightarrow{\text{M}''}\text{M}\underset{\underset{\displaystyle\text{M}'}{}}{\overset{\overset{\displaystyle\text{R}}{\displaystyle\text{C}}}{——}}\text{M}''\qquad（12\text{-}23）$$

　　一般說來，這些反應產率很高，並可用以指導具體的碳烯和碳炔衍生物的合成。透過完成表示在反應式（12-23）中的反應系列，人們可以製備幾乎任何含有所希望組分的異核μ_3−橋聯的三核原子簇。在反應式（12-24）[28]和（12-25）[29,30]中給出了這類方法的兩個例子。

$$（\text{CO}）_5\text{W}=\text{C}\overset{\displaystyle\text{OMe}}{\underset{\displaystyle\text{Me}}{\diagdown}}+\text{Pt}（\text{PMe}_3）_2（\text{C}_2\text{H}_4）\xrightarrow[-\text{C}_2\text{H}_4]{0℃\atop\text{石油醚}}（\text{CO}）_5\text{W}\underset{\underset{\displaystyle（72\%）}{}}{——}\text{Pt}（\text{PMe}_3）_2\qquad（12\text{-}24）$$

$$\text{Cp}(CO)_2W \equiv CR + Rh(CO)_2(\eta^5-C_9H_7) \longrightarrow Cp(CO)_2W \underset{\overset{|}{C}}{\overset{R}{\triangle}} Rh(CO)(\eta^5-C_9H_7)$$

$$(12\text{-}25)$$

$$\xrightarrow[\substack{\text{THF}\\ +Fe_2(CO)_9}]{25℃} Cp(CO)_2W \underset{\underset{(CO)_3}{Fe-CO}}{\overset{\overset{R}{\underset{|}{C}}}{\longrightarrow}} Rh(\eta^5-C_9H_7) + Fe(CO)_5$$

12.2.6　橋助縮合反應

橋助縮合反應已經用於製備金屬—金屬鍵合的產物。這種方法普遍用於膦橋聯的簇合物的合成。涉及 HCl 和丙烯消除的縮合反應分別表示於反應式（12-26）[29]和（12-27）[31]：

$$\text{Cp}(PPh_3)Ni-Cl + HPPh_2-Fe(CO)_4 \xrightarrow[Et_2NH]{25℃} HCl + CpNi \underset{\underset{Ph_2}{P}}{\overset{\overset{\overset{O}{\parallel}}{C}}{\longrightarrow}} Fe(CO)_3 \qquad (12\text{-}26)$$

$$(45\%)$$

$$(CO)_4Mn(\eta-C_3H_5) + HPPh_2Fe(CO)_4 \longrightarrow C_3H_6 + (CO)_4Fe \underset{}{\overset{\overset{Ph_2}{P}}{\longrightarrow}} Mn(CO)_4 \qquad (12\text{-}27)$$

$$(22\%)$$

在所有的橋助反應中，一個潛在的問題是：即使有一個橋聯配位子固定在兩個金屬原子之間，也不能保證金屬—金屬鍵一定生成。例如，反應式（12-28）不生成金屬—金屬鍵合的化合物，即使延長加熱時間也是如此[32]。

$$\text{Cp}(CO)_2Fe-Cl + Ni(CO)_3(PPh_2H) \xrightarrow[-HCl]{} (CO)_3Ni \overset{\overset{Ph_2}{P}}{\diagup\!\diagdown} FeCp(CO)_2 \qquad (12\text{-}28)$$

根據 18 電子規則推得的過渡金屬簇合物中，金屬原子間鍵的根數 $b = (18N-n)／2$（N 為簇合物中過渡金屬原子的數目，n 為簇合物的價電子的數目），反應式（12-26）和（12-27）中所生成的簇合物均為 $b=1$，即兩個金屬原子間有一根鍵。而反應式（12-28）中的產物，算得的結果為 $b=0$，即沒有金屬—金屬鍵存在，實際上金屬原子間是否有金屬鍵存在是由簇合物的價電子數決定的，而不取決於有否橋聯配體。

12.2.7 偶然發現的反應

有大量的多核簇合物是藉由非設計的反應製得的。這些偶然發現的幸運的合成，包括簡單地把試劑放在一起，應用加熱或輻射給予能量，研究反應混合物，看生成了什麼種類的化合物。反應式（12-29）[33]、（12-30）[34]和（12-31）給出了幾個實例。

$$Ru_3(CO)_{12}+Fe(CO)_5 \xrightarrow{110℃ \cdot 24h} FeRu_2(CO)_{12}+Fe_2Ru(CO)_{12}+H_2FeRu_3(CO)_{13}$$

$$（12\text{-}29）$$

$$[Co(CO)_4]^- + [IrI_5(CO)]^{2-} \xrightarrow[H_2O]{25℃} [Co_2Ir_2(CO)_{12}]$$
$$（70\%～80\%）\qquad\qquad（12\text{-}30）$$

$$Fe(CO)_5 + Co_2(CO)_8 \longrightarrow [FeCo_3(CO)_{12}]^- \qquad（12\text{-}31）$$

這種方法雖然不導致所設計的特定的原子簇的合成，但也是一種很重要的合成方法，很多有趣的化合物就是以這種方式製備出來的。例如，幾乎所有的高核數的同核簇合物（M_n，$n>4$）都是透過這種方法製備出來的。反應式（12-32）[35]和（12-33）給出了兩個例子：

$$Os_3(CO)_{11}(NC_5H_5) \xrightarrow{250℃ \cdot 24h} \cdots \longrightarrow [Bu_4N]_2[Os_{10}(CO)_{24}C] \qquad（12\text{-}32）$$

$$[Ni_6(CO)_{12}]^{2-} + K_2PtCl_4 \longrightarrow [Ni_{38}Pt_6(CO)_{48}H_{6-n}]^{n-} + 其它產物 \qquad（12\text{-}33）$$
$$（～80\%）$$
$$n = 3～6$$

12.3 金屬原子間具有多重鍵的簇合物的合成

12.3.1 含金屬間多重鍵的簇合物中的配位子

這些配位子可分為以下幾種主要類型：

(1)單牙配位子　主要是非強 π 酸型配位子陰離子，如 F^-，Cl^-，Br^-，I^- 和 SCN^-（它是透過 N 原子配位）和中性配位子，如吡啶、取代吡啶、胺和膦，烴類基團主要是甲基，其次是乙基和烯丙基，還有 Me_3SiCH_2—等物種。

(2)鉗合配位子　如乙二胺（$H_2NCH_2CH_2NH_2$）、1，2-二（二苯基膦）乙烷、（$Ph_2PCH_2CH_2PPh_2$）β-二酮酸根等。

(3)三原子橋聯配位子　對於金屬—金屬多重鍵體系，這是一類很重要的配位子。它可以概括地表達為：

X，Y 為非碳配位原子。

　　這當中又包括：

　　①中性配位子，如

①二價陰離子配位子，如SO_4^{2-}、HPO_4^{2-} 和 CO_3^{2-} 等。

③一價陰離子配位子，如羧酸根和類羧酸根等：

④含環體系三原子橋聯配位子：

12.3.2　具有金屬—金屬多重鍵的簇合物的合成

　　所謂金屬間的多重鍵，包括二重鍵、三重鍵和四重鍵，這裡主要介紹具有金屬間四重鍵的簇合物的合成。含金屬間四重鍵的簇合物均為二核簇合物。M—M 四重鍵的電子組態為 $\sigma^2\pi^4\delta^2$。迄今所合成出來的這類簇合物，主要是含第VIB 和第VIIB 族元素的簇合物。

1. 含 Re-Re 四重鍵的簇合物的合成

雖然在天然存在的元素中，錸是最後發現的一個元素（1925 年），但是過渡金屬原子間所有的多重鍵（二重鍵、三重鍵和四重鍵）的發現，都是錸的化合物提供了第一個例子。

(1)Re_2X_8（X=F，Cl，Br，I）的合成　合成 $[Re_2Cl_8]^{2-}$ 的主要方法有三種。第一種方法是$[ReO_4]^-$為原料，在鹽酸中與次磷酸反應[38]：

$$ReO_4^- + H_3PO_2 + HCl（aq）\longrightarrow [Re_2Cl_8]^{2-} + H_2O + 其它產物 \tag{12-34}$$

反應式（12-34）是製備 $[Re_2Cl_8]^{2-}$ 最方便的路線，其主要缺點是產率低，只有 40%。

第二種方法是以簇合物 Re_3Cl_9 為原料，將其與過量的熔融的（Et_2NH_2）Cl 反應，則三核簇被破壞，生成（Et_2NH_2）$_2Re_2Cl_8$[38]。然後將其溶解於 6mol · L^{-1} 鹽酸中，可以轉化成四正丁基銨鹽、四乙基銨鹽或銫鹽。產率可達 60%。這種方法已成為製備（Bu_4N）$_2Re_2Cl_8$ 快速而方便的方法。其缺點是必須有容易來源的 Re_3Cl_9。

第三種方法是用除了$[ReO_4]^-$以外的其它單核物種為原料，主要是透過以下反應製備[39,40]：

$$[ReH_8（PPh_3）]^- + HCl \xrightarrow{丙醇}（Ph_2PH_2）_2Re_2Cl_8 + H_2 \tag{12-35}$$

$$\beta - ReCl_4 + HCl（濃）\xrightarrow{M^+} M_2Re_2Cl_8 \tag{12-36}$$

$$（M=Bu_4N，pyH 或 Ph_4As）$$

$$\beta - ReCl_4 + py \longrightarrow（pyH）_2Re_2Cl_8 + cis - ReCl_4（py）_2 \tag{12-37}$$

$$ReCl_5 + PPh_3 \xrightarrow{丙酮}（DOTP）_2Re_2Cl_8 + 其它產物 \tag{12-38}$$

$$（DOTP = H_3C - \overset{\overset{O}{\|}}{C} - CH_2 - C（CH_3）_2 - PPh_3）$$

除氯以外，其它三種鹵素的八鹵二錸（Ⅲ）陰離子也都已經合成出來[41~43]。圖 12-2 給出了 $[Re_2Cl_8]^{2-}$ 的結構示意圖。

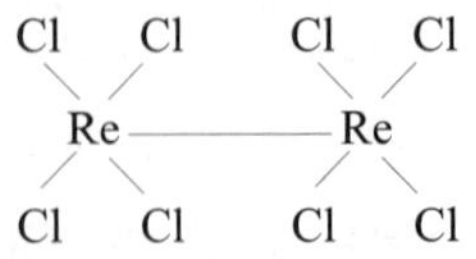

圖 12-2　$[Re_2Cl_8]^{2-}$ 的結構示意圖

(2) Re（Ⅲ）的羧酸鹽簇合物的合成　另一類重要的含 Re—Re 四重鍵的化合物是

含羧酸根配位子的簇合物。製備這種簇合物的第一種方法是 $[Re_2Cl_8]^{2-}$ 中的鹵素用羧酸根取代。將 $[Bu_4N]_2Re_2Cl_8$ 與羧酸和酸酐的混合物進行回流製得類型為 $Re_2(O_2CR)_4Cl_2$（$R=CH_3$，C_2H_5）的簇合物。用這條反應路線（要求無氧無水反應條件）使 $[Re_2Cl_8]^{2-}$ 轉化成烷基和芳基羧酸鹽簇，已經證明是製備這種類型簇合物最方便的方法。這種方法同樣可用於 $[Re_2Cl_8]^{2-}$ 和 $[Re_2I_8]^2$ 轉化[44]。對於芳基羧酸鹽簇，也可以用乙酸鹽透過羧酸基交換來製備：

$$Re_2(O_2CCH_3)_4X_2 + 4RCO_2H \longrightarrow Re_2(O_2CR)_4X_2 + 4CH_3CO_2H \qquad (12\text{-}39)$$

$Re_2(O_2CR)_4X$ 是 $[Re_2Cl_8]^{2-}$ 中的鹵素配位子最大限度地被取代所產生的簇合物。而中等程度的取代物 $Re_2(O_2CR)_2X_4$ 和 $Re_2(O_2CR)_3X_3$ 也已用取代方法製備出來[45]。

上面所討論的簇合物 $Re_2(O_2CR)_{4-n}X_{2+n}$ 的合成路線是用自身含有 Re–Re 四重鍵的 $[Re_2Cl_8]^{2-}$ 作為原料。而合成上述類型簇合物的第二種方法則是用不含錸－錸四重鍵的化合物為原料。例如，當在 β–$ReCl_4$ 的濃鹽酸溶液中加入乙酸，然後室溫下慢慢揮發時，得到了 $Re_2(O_2CCH_3)_2Cl_4 \cdot 2H_2O$[39]。

由於鎝與錸具有相似的電子結構，因此可以預料，含 Tc–Tc 多重鍵的化合物也會存在。事實上，已經合成出了一些含金屬間多重鍵的鎝的簇合物[36]。

2. 含 Mo–Mo 和 W–W 四重鍵的簇合物的合成

含金屬—金屬四重鍵的最大一類簇合物是鉬的化合物。在人們認識到 $[Re_2Cl_8]^{2-}$ 離子中存在四重鍵不久，Lawton 和 Mason 發表了 $Mo_2(O_2CCH_3)_4$ 的結構[46]。根據鉬原子間的距離（Mo–Mo=2.11Å），又考慮到 Mo（II）與 Re（III）是等電子結構，因此可以預料，$Mo_2(O_2CCH_3)_4$ 一定含有 Mo–Mo 四重鍵。

(1) Mo（II）的羧酸鹽簇合物的合成　$Mo_2(O_2CR)_4$ 是含鉬—鉬四重鍵的最重要的一類化合物，因為它們是合成幾乎所有其它含 Mo–Mo 四重鍵的衍生物的原料。這種類型簇合物的結構骨架與相應的錸的簇合物 $Re_2(O_2CR)_4Cl_2$ 的骨架是類似的，只要用 Mo 取代 Re，再去掉兩個配位的 Cl 原子就行了（見圖 12-3）。

以單核化合物 $Mo(CO)_6$ 為原料的合成路線[47]，是合成 $Mo_2(O_2CR)_4$ 簇合物的主要方法。將 $Mo(CO)_6$ 與羧酸一起加熱，或者在混合物中加入溶劑二甘醇二甲醚 $[O(CH_2CH_2OCH_3)_2]$ 後再加熱，便可得到二核鉬羧酸鹽簇合物[47~49]。加入溶劑往往能明顯提高產率。除二甘醇二甲醚外，還可用其它溶劑，如十氫化萘、1，2－二氯苯、甲苯等。就羧酸配位子的範圍而論，包括烷基羧酸、鹵代烷基羧酸和芳基羧酸，以及各種二羧酸。

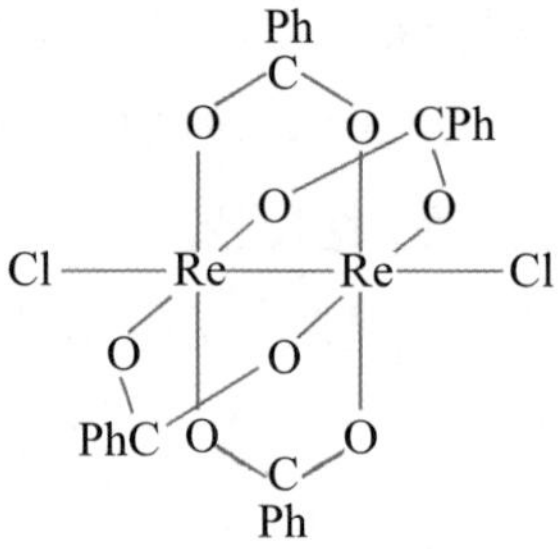

圖 12-3　$Re_2(O_2CPh)_4Cl_2$ 的結構示意圖

很有趣的是，轉化 $Mo(CO)_6$ 成 $Mo_2(O_2CCH_3)_4$ 的合成方法可應用於製備異核簇合物 $CrMo(O_2CCH_3)_4$ 和 $MoW(O_2CCMe_3)_4$，產率大約為 30%。製備步驟為：將 $Mo(CO)_6$ 溶解於乙酸、乙酐和二氯甲烷的混合物中；將 $Cr_2(O_2CCH_3)_4 \cdot 2H_2O$ 溶解於乙酸和乙酐的混合物中，將後者溶液回流一定時間，然後加入前者溶液中，便可製得黃色的 $CrMo(O_2CCH_3)_4$。

$MoW(O_2CCMe_3)_4$ 的製備方法如下：將 $Mo(CO)_6$ 與 $W(CO)_6$ 的 1：3 混合物與新戊酸一起在 1，2－二氯苯中回流，所獲得的黃色晶體為 70%$MoW(O_2CCMe_3)_4$ 和 30%的 $Mo_2(O_2CCMe_3)_4$（莫耳比）的混合物。將該混合物溶於苯中，並用碘處理，則只有混合金屬簇被氧化成灰色的不溶性的化合物 $[MoW(O_2CCMe_3)]_4I$。然後將含碘產物於 25℃溶解在乙腈中，用 Zn 粉還原，則得到純的 $MoW(O_2CCMe_3)_4$。

(2) W（Ⅱ）的羧酸鹽簇合物的合成　自從利用 $Mo(CO)_6$ 成功地製備出 $Mo_2(O_2CCH_3)_4$[47] 以來，人們就試圖用類似的方法製備 $W_2(O_2CR)_4$，但長時間未取得成功，直到 1981 年才合成出了三氟乙酸二核鎢簇合物 $W_2(O_2CCF_3)_4$[50]。其製備程序為：在－20℃，用鈉汞齊還原 $W_2Cl_6(THF)_4$ 的四氫呋喃溶液，接著加入 NaO_2CCF_3，於是便製得了黃色的 $W_2(O_2CCF_3)_4$。其反應方程式如下：

$$W_2Cl_6(THF)_4 + 2Na \diagup Hg + 4NaO_2CCF_3 \longrightarrow W_2(O_2CCF_3)_4 \qquad (12\text{-}40)$$

產物可以昇華，對空氣敏感。

製備 $W_2(O_2CCF_3)_4$ 的另一種方法，是在 0℃的 THF 中，用 Na／Hg 還原 WCl_4 和 NaO_2CCF_3 的混合物[51]。其它的二鎢烷基羧酸鹽簇合物和二鎢芳基羧酸鹽簇合物（$Ar=Ph$，$p-MeOC_6H_4$ 和 $C_6H_2-2，4，6-Me_3$）也可以用這種方法製備[52,53]。

合成二鎢烷基羧酸鹽簇合物的第三種方法，是在室溫下用 1，2－$W_2Et_2(NMe_2)_4$ 與酸酐 $(RCO)_2O$ 反應，其中 $R=Me$、Et 或 CMe_3。再結晶後的產物的產率為 40%～60%。反應方程式如下：

$$W_2Et_2（NMe_2）_4+4（RCO）_2O \longrightarrow W_2（O_2CR）_4+4RCONMe_2+C_2H_4+C_2H_6 \qquad （12\text{-}41）$$

還有許多種其它類型的含 M–M 四重鍵的二核鉬和二核鎢簇合物，如硫酸根橋聯的二核鉬簇合物〔$K_2Mo_2（SO_4）_4$ 等，無橋聯配位子的二核鉬和二核鎢簇合物（$K_4Mo_2Cl_8 \cdot 2H_2O$，$（NH_4）_4Mo_2Br_8$，$Mo_2（CH_3）_4（PMe_3）_4$，$Li_4W（CH_3）_8 \cdot 4Et_2O$ 等〕都已被合成出來。

除 Mo 和 W 外，還有許多種其它過渡金屬的含金屬間四重鍵的二核簇合物被製備出來，此處不再一一列舉。

迄今，除含M–M四重鍵的簇合物外，各種含M–M三重鍵和二重鍵的簇合物也已經被合成出來[36]。至於含M–M單鍵的簇合物，已經合成出來的種類更是繁多，數量龐大。

金屬間的四重鍵可以氧化或還原。因此，有兩類含金屬—金屬三重鍵的化合物，一類其電子組態為$\sigma^2\pi^4$，比四重鍵少兩個電子；另一類其電子組態為$\sigma^2\pi^4\delta^2\delta^{*2}$，比四重鍵多兩個電子。它們分別透過含四重鍵的簇合物進行二電子氧化和二電子還原而得到。含金屬間二重鍵的簇合物也有兩種情況，一類其電子組態為$\sigma^2\pi^2$，另一類其電子組態為$\sigma^2\pi^4\delta^2\delta^{*2}\pi^{*2}$。

關於含金屬間多重鍵的化合物的合成，可參考文獻[36]。

12.4　鐵硫和鉬（鎢）鐵硫簇合物的合成

12.4.1　生物體系中鐵硫和鉬鐵硫簇合物的概況

有些簇合物的產生和發展與化學仿生密切相關。例如，鐵硫和鉬鐵硫簇合物化學，就是在鐵氧還蛋白和固氮酶生物化學研究和化學模擬研究的推動下，近二十幾年來發展起來的。現在，人們已經知道，在某些蛋白和酶中，存在著含兩個以上金屬原子的原子簇，這些金屬原子被硫原子橋聯，並以端基方式連接著組成多鏈的胺基酸殘基。鐵氧還蛋白的 2Fe 輔基和 4Fe 輔基就是這種情況（見圖 12-4）。這些是被研究得最為徹底的生物原子簇。在這些原子簇中，鐵被四個硫原子構成四面體配位。在體外，當這些鐵硫原子簇處於各種氧化態時，Fe原子都是反鐵磁性自旋耦合的。在很簡單的製備體系中，Holm等已經製得了這些生物原子簇的精確模擬物（見圖12-5），並且深入研究了它們的結構、氧化還原性質和反應化學[54~58]。鐵硫原子簇化學在此基礎上發展了起來。

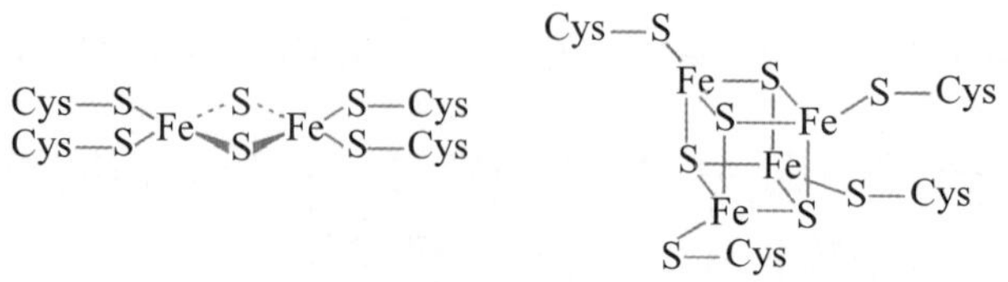

圖 12-4　鐵氧還蛋白的 2Fe 輔基和 4Fe 輔基

$(n=2-,3-)$

$(n=2-,3-)$

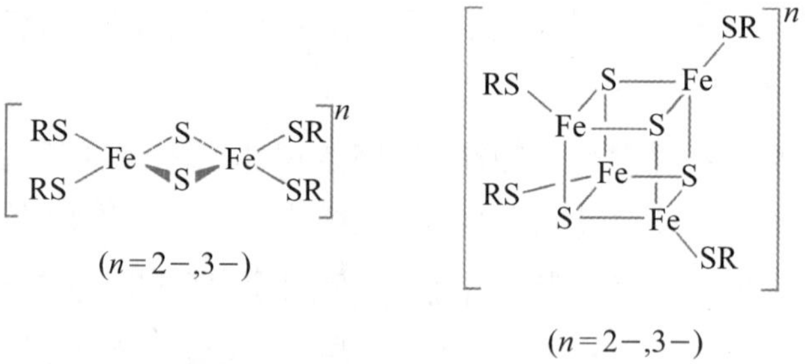

R=烷基或芳基

圖 12-5　2Fe 輔基和 4Fe 輔基模擬物

　　鉬鐵硫簇合物化學的發展則與化學模擬生物固氮的研究緊密相關。為了模擬固氮酶的功能，實現常溫常壓下固氮，20 世紀 60 年代人們就開始了固氮酶的生物化學研究。這可分為兩個重要發展階段，一是 1977 年，Shah 和 Brill 從相對分子質量 22 萬的 MoFe 蛋白中分離出了相對分子質量大約只有 1500 的鐵鉬輔基（簡稱 FeMo－co）[59]。Hodgson 等用外延 X 射線精細結構方法（extended X－ray absorption fine structure，簡稱 EXAFS）對其進行了結構研究，測定了鐵鉬輔基中鉬的微環境，第一次從實驗上證實了鐵鉬輔基是一種鉬鐵硫原子簇結構[60]。這是一種新類型的生物原子簇。大多數從事固氮研究的生物化學家認為它是固氮酶活性中心，至少是活性中心的重要組成部分。於是人們便開始了 Mo－Fe－S 原子簇—固氮酶活性中心模擬物的合成、結構和性質研究。鉬鐵硫簇合物化學就這樣出現和逐漸形成了。

　　固氮酶生物化學研究發展的第二個重要階段是 1992 年，Rees 等測定了棕色固氮菌的單晶結構[61]。測定結果表明，鐵鉬輔基（FeMo－co）是由 Fe_4S_3 和 $MoFe_3S_3$ 兩個亞原子簇透過兩個[61]或三個[62] S^{2-} 偶聯而成的（見圖 12-6），一個高檸檬酸根以雙牙配位的形式連接於 Mo 原子上。在此之前，已有研究結果表明[63]，Mo 原子上沒有高檸檬配體的變種 MoFe 蛋白（作為取代物，Mo 原子上可能含有檸檬酸根配體），不能還原 N_2 成 NH_3，而只能還原 C_2H_2 到 C_2H_4。正常的 MoFe 蛋白（Mo 原子上帶有高檸檬酸根配體），既能還原 C_2H_2 成 C_2H_4，又能還原 N_2 成 NH_3。由此可以看出，高檸檬酸根配體

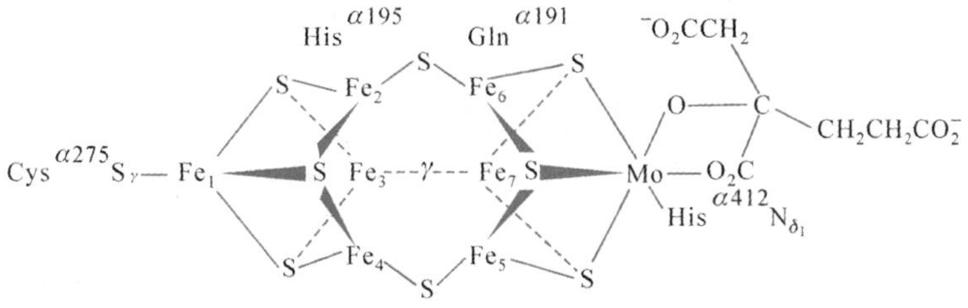

圖 12-6　鐵鉬輔基模型[61a]

在生物固氮中起著何等重要的作用。

12.4.2　鐵硫簇合物的合成

　　1972 年，Holm 等合成出第一個鐵硫蛋白活性中心模擬物 $[Fe_4S_4(SCH_2Ph)_4]^{2-}$。它是按照下述反應進行的：

$$4FeCl_3 + 6RS^- + 4HS^- + 4MeO^- \xrightarrow{MeOH} [Fe_4S_4(SR)_4]^{2-} + RSSR + 12Cl^- + 4MeOH \quad (12\text{-}42)$$

這裡，HS^- 是橋硫原子的來源。後來發現，上述合成路線對於 R 為各種取代烷基和取代芳基的情況都是適用的[64]，它可以提供類立方烷型鐵硫簇合物[54]。這些簇合物可以在室溫和無氧條件下從普通試劑製得，反應溶劑一般為甲醇，產率為 50%～80%。把用直接法合成的鐵硫原子簇，透過取代反應可以製得含不同配位子的新的鐵硫原子簇，見反應式（12-43）[65,66]。

$$[Fe_4S_4(SR)_4]^{2-} + nR'SH \longrightarrow [Fe_4S_4(SR)_{4-n}(SR')_n]^{2-} + nRSH \quad (12\text{-}43)$$

1979 年，Christou 和 Garner 提出了合成 $[Fe_4S_4(SR)_4]^{2-}$ 的另一條路線[67]並指出，在足量的硫醇鹽還原劑存在下，單質硫可以作為橋硫來源合成 $[Fe_4S_4(SR)_4]^{2-}$ 原子簇：

$$4FeCl_3 + 14RS^- + 4S \xrightarrow{MeOH} [Fe_4S_4(SR)_4]^{2-} + 5RSSR + 12Cl^- \quad (12\text{-}44)$$

$$4FeCl_2 + 10RS^- + 4S \xrightarrow{MeOH} [Fe_4S_4(SR)_4]^{2-} + 3RSSR + 8Cl^- \quad (12\text{-}45)$$

徐吉慶等發現，在適當條件下，MS_4^{2-}（M＝Mo 或 W）可以發生自身氧化還原，硫原子解離下來，作為 $[Fe_4S_4(SR)_4]^{2-}$ 中橋硫原子的來源[68,69]：

$$FeCl_2 + (NH_4)WS_4 + NaS_2CNEt_2 \xrightarrow[DMF]{MeOH} [Fe_4S_4(S_2CNEt_2)_4]^{2-} + 其它產物 \quad (12\text{-}46)$$

$$Fe + (NH_4)WS_4 + t\text{-}BuSH + MeONa \xrightarrow{MeOH} [Fe_4S_4(SBu\text{-}t)_4]^{2-} + 其它產物 \quad (12\text{-}47)$$

用不同的橋硫原子來源，$[Fe_2S_2(SR)_4]^{2-}$ 原子簇也已經合成出來[70,71]：

$$2FeCl_3+4RS^-+2HS^-+2MeO^- \xrightarrow{MeOH} [Fe_2S_2(SR)_4]^{2-}+6Cl^-+2MeOH \qquad (12\text{-}48)$$

$$2FeCl_3+8RS^-+4S \xrightarrow{MeOH} [Fe_2S_2(SR)_4]^{2-}+2RSSR+6Cl^- \qquad (12\text{-}49)$$

反應式（12-43）進行得很快，用常規的分光光度技術無法檢驗中間物的存在。Holm 等對用單質硫作為橋硫原子來源的反應體系，使用分光光度法和 ^{1}HNMR 譜，研究了 $[Fe_4S_4(SR)_4]^{2-}$ 的組裝過程[72]，因為在這樣的體系中反應速率比較慢。使用反應物莫耳比不同的體系，有兩種不同的組裝途徑。中間物種用 ^{1}HNMR 鑑定。在莫耳比 RS^-：Fe（Ⅲ）=3.5：1、甲醇為溶劑的反應體系中，生成了四核籠狀原子簇 $[Fe_4(SR)_{10}]^{2-}$ 〔反應式（12-50）〕。當加入單質硫時，則就定量生成 $[Fe_4(SR)_{10}]^{2-}$ 〔反應式（12-51）〕。反應式（12-50）+（12-51）=（12-52）。反應（12-51）在乙腈中也能進行。這個反應進行得很快，未能給出中間產物。該反應很有趣，因為反應中要斷裂 12 根骨架 Fe-SR 鍵。

$$4FeCl_3+14RS^- \longrightarrow [Fe_4(SR)_{10}]^{2-}+12Cl^-+2RSSR \qquad (12\text{-}50)$$

$$[Fe_4(SR)_{10}]^{2-}+4S \longrightarrow [Fe_4S_4(SR)_4]^{2-}+3RSSR \qquad (12\text{-}51)$$

$$FeCl_3+14RS^-+4S \longrightarrow [Fe_4S_4(SR)_4]^{2-}+12Cl^-+5RSSR \qquad (12\text{-}52)$$

當反應物的物質的量比 RS^-：Fe（Ⅲ）為 5：1 時，則反應式（12-53）發生。當再加入化學計量的硫時，則接著發生反應式（12-54）和（12-55）。反應式（12-53）和（12-54）可以單獨地在甲醇或乙腈中進行。而反應式（12-55）只能室溫下在質子溶劑中進行。

$$FeCl_3+5RS^- \longrightarrow [Fe(SR)_4]^{2-}+1/2RSSR+3Cl^- \qquad (12\text{-}53)$$

$$2[Fe(SR)_4]^{2-}+2S \longrightarrow [Fe_2S_2(SR)_4]^{2-}+RSSR+2RS^- \qquad (12\text{-}54)$$

$$2[Fe_2S_2(SR)_4]^{2-} \longrightarrow [Fe_4S_4(SR)_4]^{2-}+RSSR+2RS^- \qquad (12\text{-}55)$$

這個反應體系與前一個反應體系的關係為：4×（12-53）+2×（12-54）+（12-55）=（12-52）。用 $FeCl_2$ 代替 $FeCl_3$ 作為反應物，存在類似的反應序列，只是化學計量關係不同而已。圖 12-7 給出了兩種組裝體系的連續反應過程[72]。當 R=Ph 時，兩種組裝體系的中間物和最終產物都已經被分離出來，並且進行了結構測定。

此外，還合成出了多種多樣結構類型的非生物 Fe-S 原子簇，如 $[Fe_2(SCH_2CH_2S)_4]^{2-}$ [74]、$[Fe_6S_9(SCH_2CH_2OH)Cl]^{[75]}$ 和具有環形結構的 $[Na_2Fe_{18}O_{30}]^{8-}$ [76] 等。

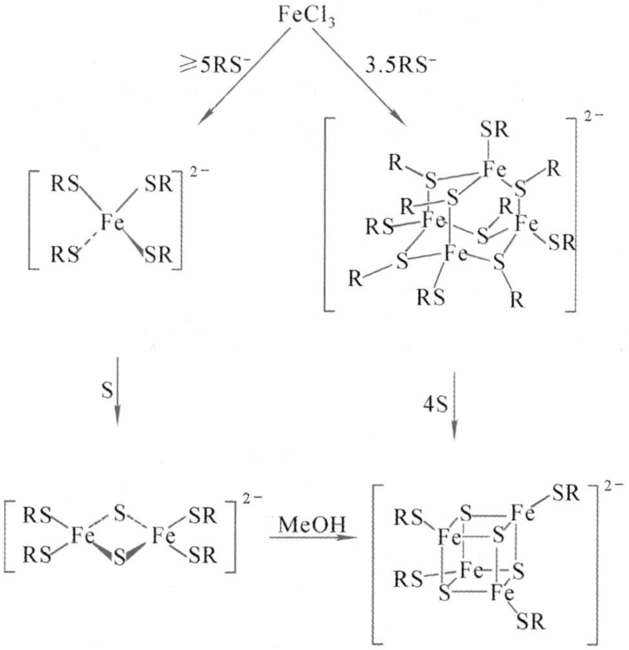

圖 12-7　$[Fe_4S_4(SR)_4]^{2-}$ 的兩種組裝過程

12.4.3　鉬（鎢）鐵硫簇合物的合成

迄今所合成出來的 Mo（W）−Fe−S 簇合物，基本上可分為兩大類[77~85]：類立方烷型（含有 $MoFe_3S_4$ 結構單元，包括雙立方烷型和單立方烷型）和線型（含有 MoS_2Fe 結構單元，包括雙核、三核和四核）。幾乎所有 Mo（W）−Fe−S 簇合物的合成都是以 MoS_4^{2-}、WS_4^{2-} 離子作為 Mo、W 的來源。這一方面是由於 Mller 等的研究結果表明[86]：MoS_4^{2-} 和 WS_4^{2-} 離子可以作為配位子，與許多金屬離子作用，生成原子簇化合物。另一方面，Zumft[87] 在酸性溶液中，將 MoFe 蛋白水解，用可見光譜檢測出了 MoS_4^{2-} 離子的存在。而在所採用的實驗條件下，不可能由其它反應生成 MoS_4^{2-}。由此，他認為，MoS_4^{2-} 很可能是固氮酶活性中心的組成部分。在 Mo（W）−Fe−S 簇合物合成中，關於 Fe 的來源，一般採用 Fe 的化合物，如：$FeCl_3$、$FeCl_2$ 等。在合成原料上也有例外，徐吉慶、劉喜生[88] 等用 $MoCl_4(CH_3CN)_2$ 作為 Mo 的來源，合成出了 Mo：Fe＝1：2 的鉬鐵硫簇合物。徐吉慶等還用單質鐵作為 Fe 的來源，合成出了第一個全硫配位的四核直線型鉬鐵硫簇合物 $[S_2MoS_2FeS_2FeS_2MoS]^{4-}$，並且進行了單晶結構測定[89]。

幾乎所有的 M−Fe−S 簇合物的合成過程，都是在絕氧和純淨的氮氣（或氫氣）保護下，在非水介質中，室溫或溫熱下進行的。溶劑使用前進行脫氧處理。

1.立方烷型 M–Fe–S（M=Mo、W）簇合物的合成

對於這種結構類型的鉬鐵硫簇合物，Holm 和 Garner 兩個實驗室研究得比較深入[78,80,90]，中國在這方面的研究也取得了顯著進展[91~96]，迄今已經合成出來的立方烷型 M–Fe–S 簇合物可達近百種，大部分均進行了單晶結構測定。

關於合成反應過程，Holm 認為，M–Fe–S 簇合物的製備，所進行的是一種「自兜」反應過程（Self Assembly Reaction），即適當的反應試劑加合在一起，在一定的條件下，就會自發地組合成原子簇化合物，他提出了如下方程式（M＝Mo，W；R＝Et，CH_2Ph）[98]：

$$MS_4^{2-} + 3\sim3.5FeCl_3 + 9\sim12NaSR \xrightarrow[\sim25℃]{MeOH（EtOH）} \begin{cases} [M_2Fe_6S_9（SEt）_8]^{3-} \\ [MO_2Fe_6S_8（SEt）_9]^{3-} \\ [MO_2Fe_7S_8（SEt）_{12}]^{3-} \\ [W_2Fe_7S_8（SEt）_{12}]^{4-} \\ [M_2Fe_7S_8（SCH_2Ph）_{12}]^{4-} \end{cases} \quad (12\text{-}56)$$

上述四種類型 M–Fe–S 簇合物，Holm 實驗室均已合成出來。Garner 提出了更詳細的反應圖解[90]：

$$6FeCl_3 + 24NaSR \xrightarrow{MeOH} 6Fe（SR）_3 + 6NaSR + 18NaCl$$
$$\downarrow 2（NH_4）_2MS_4（M=Mo 或 W）$$
$$（NH_4）_3[M_2Fe_6S_8（SR）_9] + 4RSSR + （NH_4）SR' \quad (12\text{-}57)$$
$$\downarrow （NR'_4）X（X=Br 或 I）$$
$$（NR'_4）_3[M_2Fe_6S_8（SR）_9]$$

徐吉慶在從事 Mo（W）–Fe–S 和 Fe–S 簇合物的合成研究中，發現存在下述反應：

$$MS_4^{2-} + Fe + RS^- \longrightarrow Fe\text{-}S 簇合物^{[69,99,100]} \quad (12\text{-}58)$$
$$MS_4^{2-} \longrightarrow MS_3^{2-} + S^{[68,69]} \quad (12\text{-}59)$$
$$FeS + RS^- \longrightarrow Fe\text{-}S 簇合物 \quad (12\text{-}60)$$
$$MoS_4^{2-} + Fe + RS^- \longrightarrow Mo\text{-}Fe\text{-}S 簇合物 \quad (12\text{-}61)$$

依據上述實驗事實，提出以（NH_4）$_2MoS_4$，$FeCl_3$，Fe 粉，S 粉，Et_4NBr，CH_3ONa 和 p–MePhSNa 為原料，雙立方烷型的 $[Et_4N]_3[Mo_2Fe_6S_8（OCH_3）_3Cl]_6$ 簇合物的生成過程如下[101]：

$$Fe + MoS_4^{2-} \longrightarrow FeS + MoS_3^{2-}$$

$$2Fe^{3+}+Fe\longrightarrow 3Fe^{2+}$$

$$Fe^{2+}+S+2p-MePhS^-\longrightarrow FeS+(p-MePhS)_2 \qquad (12-62)$$

$$Fe^{2+}+Fe^{3+}+FeS+3Cl^-+MoS_3^{2-}\longrightarrow [MoFe_3S_4Cl_3]$$

$$[MoFe_3S_4Cl_3]+3CH_3O^-\longrightarrow [Mo_2Fe_6S_8(OCH_3)_3Cl_6]^{3-}$$

1996 年，徐吉慶等報導了首例在兩個 $MoFe_3S_4$ 亞原子簇中 Fe 原子上含不同端基配體的雙立方型簇合物 $[NEt_4]_3[Mo_2Fe_6S_8(\mu-OMe)_3(SPh)_3Cl_3]^{[96]}$〔見圖 12-8(4)〕。在迄今所報導的其它雙立方烷型 M—Fe—S 簇合物中$^{[80\sim82,85,92,95,101]}$，兩個 MFe_3S_4 亞原子簇中的 Fe 原子均含有相同的端基配體〔見圖 12-8(1)～(3)，(5)，(6)〕。

非常有趣的是，在上述雙立方烷型 M—Fe—S 簇合物的製備過程中，除了 $[Mo_2Fe_6S_9(SEt)_8]^{3-}$ 保持著作為原料的 MS_4^{2-} 離子中的四個M—S鍵外，其餘都發生了 MS_4^{2-} 中一個 M—S 鍵斷裂。

Wolff$^{[102]}$ 等以化合物 $[Et_4N]_3[MoFe_7S_8(SEt)_{12}]$ 為原料與鄰苯二酚（catH₂，cat = catecholate）在室溫下反應（以CH_3CN 為溶劑），製得了一個含 $MoFe_3S_4$ 結構單元的準單立方烷型 Mo—Fe—S 簇合物 $[Et_4N]_3[MoFe_4S_4(SEt)_3(cat)_3]$，並且進行了 X 射線單晶結構測定。Armstrong 等用 $[Mo_2Fe_7S_8(p-SC_6H_4Cl)_{12}]^{3-}$ 與 3，6－雙取代鄰苯二酚（3，6－R'₂catH₂，R'＝n－Pr，CH₂CH—CH₂－）反應引起橋斷裂，生成雙橋雙立方烷簇合物 $[Mo_2Fe_6S_8(\mu-(p-SC_6H_4Cl))_2(p-SC_6H_4Cl)_4(R'_2cat)_2]^{4-}$，並由此進一步得到了具有 S＝3/2 基態的單立方烷簇合物 $[MoFe_3S_4(p-SC_6H_4Cl)_4((C_3H_5)_2cat)]^{3-}$。其晶體結構也已經被測定$^{[103]}$。

劉秋田等以 $FeCl_2$、（NH₄）MoS_4 和二乙胺基二硫代甲酸鈉一類化合物為原料，一步合成出了單立方烷鉬鐵硫簇合物 $[MoFe_3S_4(Et_2NCSS)_5]^{-[91a]}$、$MoFe_3S_4(C_5H_{10}NCSS)_5^{[91b]}$ 等。徐吉慶等$^{[93,94]}$ 以 $FeCl_3$、（NH₄）MoS_4 和 $Et_2NCSSNa$ 為原料，在甲醇存在下，在 DMF—CH_3OH 為溶劑的反應體系中，一步製得了簇合物 $Mo_2Fe_2S_4(Et_2NCSS)_5$。這些單立方烷簇合物的晶體結構均已被測定。

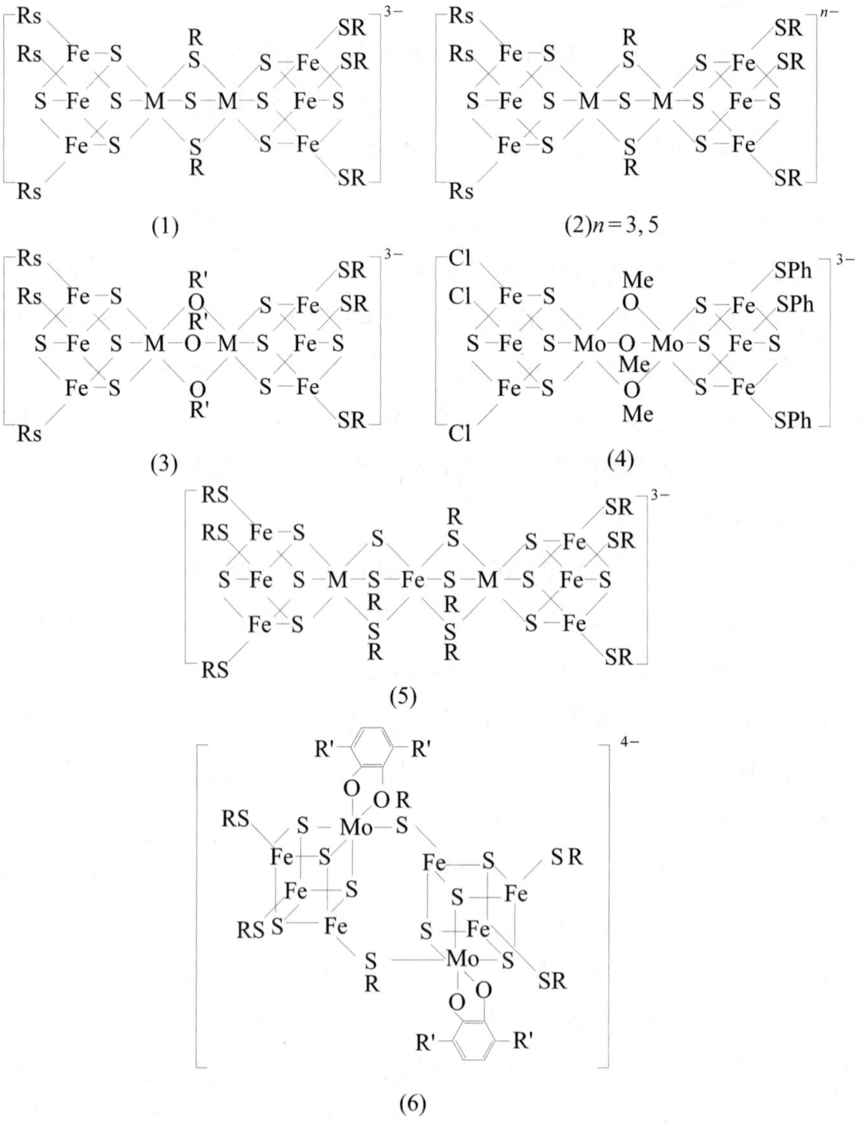

(1)

(2)$n = 3, 5$

(3)

(4)

(5)

(6)

圖 12-8　雙立方烷 Mo（W）–Fe–S 簇合物的主要結構類型

2.線型 M–Fe–S 簇合物的合成

　　所謂「線型」M–Fe–S 簇合物，係指含 FeS_2M 結構單元，而且金屬原子成近線型排佈的鉬（鎢）鐵硫簇合物。迄今已合成出數十個這種類型的化合物，其中包括二核、三核和四核簇合物[77~83,89]。

　　雙立方烷簇合物一般是用 $FeCl_3$ 與 MS_4^{2-}（M＝Mo 或 W）反應，在莫耳比為 Fe：M＝（3～4）：1 的情況下製得，而線型鉬（鎢）鐵硫簇合物則一般採用二價 Fe 的化合

物〔如$FeCl_2$，$[Et_4N]_2[Fe（SPh）_4]$，$[Et_4N]_2[Fe_2S_2（SPh）_2]$等〕與$MS_4^{2-}$反應，在Fe：Mo＝2：1的條件下製備[77]。但有很多例外情況。例如，線型簇合物$[Fe(S_4MoO)_2]^{3-[104,105]}$和$[S_2Mo（O）S_2FeS_2MoS_2]^{3-[104,106]}$是用$FeCl_3$與（$NH_4$）$_2MoS_4$反應在$CH_3ONa$參與下製得的。四核線型簇合物$[S_2MoS_2FeS_2FeS_2MoS_2]^{4-}$是以鐵粉為鐵源合成出來的[89]。劉秋田等在合成立方烷型 Mo−Fe−S 簇合物中，使用的是$FeCl_2$而並非$FeCl_3$[91]。

究竟什麼條件下能製得線型簇合物，什麼條件下能製得立方烷型簇合物，尚無規律可循，有待於在進一步深入研究的基礎上加以總結。

有些線型簇合物是用已製得的簇合物為原料合成的，下面舉出幾個例子[107~110]：

$$[（PhS）_2FeS_2MS_2]^{2-}+FeCl_3 \cdot 6H_2O \xrightarrow{DMF} [Cl_2FeS_2MS_2FeCl_2]^{2-} \tag{12-63}$$

$$[Fe（MS_4）_2]^{2-}+NO \xrightarrow{DMF} [（NO）_2FeS_2MS_2]^{2-} \tag{12-64}$$

$$[（PhS）_2FeS_2MS_2]^{2-}+（C_7H_7）SSS（C_7H_7）\xrightarrow{DMF} [（S_5）FeS_2MS_2]^{2-} \tag{12-65}$$

$$[Cl_2FeS_2MoS_2]^{2-}+PhONa \xrightarrow{CH_3CN} [（PhO）_2FeS_2MoS_2]^{2-} \tag{12-66}$$

$$[（S_2WS_2）_2Fe]^{2-}+2L \longrightarrow [（S_2WS_2）_2FeL_2]^{2-} \tag{12-67}$$

$$L = DMF，py，DMSO$$

$$[Cl_2Fe（WS_4）_2]^{2-}+NaHS \longrightarrow [S_2WS_2FeS_2FeS_2WS_2]^{4-} \tag{12-68}$$

除立方烷型和線型鉬（鎢）鐵硫簇合物外，也合成了一些其它結構類型的鉬（鎢）鐵硫簇合物，這裡不再贅述。

12.5　碳簇的合成

12.5.1　碳簇的發現

人們早已熟知，碳有兩種同素異形體——石墨和金剛石。1985 年 Kroto 等發現了碳元素的第三種同素異形體C_{60}——一種典型的碳原子簇[8]，這是當今科學界最重大的研究成果之一，Kroto 因此而榮獲 1996 年諾貝爾化學獎。

1984 年 Rohlfing 等在超音氦氣流中以雷射蒸發石墨，當用質譜儀對產物進行檢測時，發現碳可以形成 $n<200$ 的 C_n 原子簇，還發現，C_{60} 的質譜峰明顯高於其它碳原子簇的峰，表明 C_{60} 具有更高的穩定性，但對結構未作說明。1985 年，Kroto 等[8]用同樣儀器，在嚴格控制實驗條件下，獲得了以 C_{60} 為主的質譜圖。由於受建築學家 Buckminster Fuller 用五邊形和六邊形構成球型薄殼建築結構的啟發，Kroto 等提出 C_{60} 是由 60 個

碳原子構成球型 32 面體（見圖 12-9），即由 12 個五邊形和 20 個六邊形組成。其中五邊形彼此不相連接，只與六邊形相鄰。每個碳原子以 sp^2 混成軌域與相鄰的三個碳原子相連，剩餘的 p 軌域在 C_{60} 分子的外圍和內腔形成 π 鍵。並預言該分子具有芳香性。隨之，命名其為 Buckminsterfullerene。由於 C_{60} 分子很像足球，故又稱為足球烯（Footballene）。除了 C_{60} 外，具有封閉籠狀結構的碳簇可能還有 C_{28}，C_{32}，C_{50}，C_{70}，C_{76}，C_{84} 等等，它們形成封閉籠狀結構系列，統稱為富勒烯（Fullerenes）。

圖 12-9　C_{60} 的結構

12.5.2　碳簇的合成

由於 C_{60} 的獨特幾何結構和電子結構，可以預言，它可能具有獨特的物理和化學性質。然而，要開展這方面的研究，首先必須製得足夠量的 C_{60}。1990 年，Krätschmer 和 Haufler[112] 等用電子加熱石墨棒或用電弧法使石墨蒸發，成功地製備出了克量級的 C_{60}，為研究 C_{60} 的分子結構和物理化學性質打下了基礎。

電弧法製備 C_{60} 的具體做法是：用兩根光譜純石墨棒為電極，在氦氣氛中放電，電弧產生的碳煙沈積在水冷反應器的內壁上，然後將碳煙收集起來。碳煙中 C_{60}／C_{70} 混合物的含量隨實驗條件的不同可達 7%～15%。Parker 等[113] 在對文獻[112] 的實驗裝置做了幾項重要改進後，使得富勒烯的產率達到 44%。

Howard 提出了另外一種可以大量製備富勒烯的方法[114]：用苯火焰燃燒碳與含氬氣的氧混合物，結果，1000g 苯可製得 3g C_{60}／C_{70} 混合物。透過改變溫度、壓力、碳氧原子比例和在火焰上停留的時間，來控制產率和產物中 C_{70}／C_{60} 的比率（0.26～5.7）。

從碳煙中提取 C_{60} 和 C_{70} 可用兩種方法：萃取法和昇華法。萃取法是將碳煙放入索氏（Soxhlet）提取器中，用甲苯或苯提取，將溶劑蒸乾後得到棕黑色粉末，其主要成分是 C_{60} 和 C_{70} 以及少量的 C_{84} 和 C_{78}。實驗發現，用不同溶劑依次萃取碳煙，可得到不同碳原子數的富勒烯[113]。C_{60} 和 C_{70} 的分離可用液相色譜和高壓液相色譜（HPLC）法來實現[115]。

在中國，1991 年顧鎮南等用直流電弧法也成功合成了 C_{60}[116]。實驗條件是：電壓

20V，電流 100A，在靜態 1.33×10^4Pa 氦氣氛中蒸發光譜純石墨 ϕ 6mm。將得到的碳煙用甲苯提取，獲得 $C_{60}／C_{70}$ 混合物，其中 C_{60} 約占 80%，C_{70} 約占 20%。該提取物經高壓液相色譜分離，得純 C_{60}，^{13}CNMR 譜測定結果表明，只顯示一個峰：$\delta = 143.24$。

目前，富勒烯的製備主要是採用物理方法。隨著富勒烯化學的迅速發展，富勒烯的化學合成已成為備受人們矚目的研究領域。利用化學法合成富勒烯，具有可調控、方便、可大量獲得產物等優點。同時，合成這種球型分子將大大豐富有機化學的研究內容和有力地促進有機化學的研究和發展。富勒烯的化學合成難度很高，取得成功尚需一段時間。近來，人們已經開始了這方面的探索[118,119]。

12.5.3 富勒烯籠外配合物的合成

C_{60} 的結構（見圖 12-9）是由 60 個等同的碳原子組成的，但存在兩種不同類型的 C−C 鍵。六元環與六元環之間的 C−C 鍵（鍵長 1.38Å）短於六元環與五元環之間的 C−C 鍵（鍵長 1.45Å）[120]。六元環之間的鍵的性質類似於烯烴中的雙鍵，過渡金屬離子通常都是以 η^2- 方式配位於這種類型的 C−C 鍵上。產生富勒烯籠外配合物的反應主要有四種：①金屬加成到富勒烯的連接六元環的烯式 C−C 鍵上，形成 η^2- 配位配合物；②富勒烯還原生成富勒烯鹽；③配位基團加成到富勒烯上，使金屬中心藉由橋基與富勒烯相連；④富勒烯與金屬配合物共結晶，生成配合物固體。

幾乎週期表中所有的過渡金屬都能生成富勒烯籠外配合物。由於篇幅所限，我們只能透過舉例，簡要介紹已經被分離出來且已經被鑑定了的富勒烯籠外過渡金屬配合物的生成反應，詳細情況見文獻[120]。

(1)釩分族　C_{60} 與（$\eta^5-C_5H_5$）$_2$TaH$_3$ 在苯中反應得到棕色微晶（$\eta^5-C_5H_5$）$_2$TaH（η^2-C_{60}），並已經通過紅外光譜被鑑定，v（Ta−H）為 1791cm^{-1}，C_{60} 的特徵吸收帶為 518cm^{-1} 和 529cm^{-1}[121]。關於（$\eta^5-C_5H_5$）$_2$V（η^2-C_{60}）的合成也已有報導。

(2)鉻分族　許多穩定的鉬和鎢的 η^2-C_{60} 配合物已經被合成出來。W（CO）$_4$（Ph$_2$PCH$_2$CH$_2$PPh$_2$）與 C_{60} 在 1，2−二氯苯中光解，得到兩種產物：綠色的（η^2-C_{60}）W（CO）$_3$（Ph$_2$PCH$_2$CH$_2$PPh$_2$）和深綠色的（C_{60}）{W（CO）$_3$（Ph$_2$PCH$_2$CH$_2$PPh$_2$）$_5$}$_2$，前者產率為 80%，後者產率為 10%。

與上述情況相似，Mo（CO）$_4$（Ph$_2$PCH$_2$CH$_2$PPh$_2$）與 C_{60} 的 2：1 的混合物在氯苯中光解，產生鮮綠色的 mer−（η^2-C_{60}）Mo（CO）$_3$（Ph$_2$PCH$_2$CH$_2$PPh$_2$）（產率為 30%）、（C_{60}）{Mo（CO）$_3$（Ph$_2$PCH$_2$CH$_2$PPh$_2$）$_5$}$_2$ 的異構物（產率為 40%）和（C_{60}）{Mo（CO）$_3$（Ph$_2$PCH$_2$CH$_2$PPh$_2$）$_5$}$_3$（產率為 5%）。

在上述反應中，生成的都是 η^2- 類型的配合物。而 $Cr^{II}TPP$（TPP 代表四苯基卟啉）與 C_{60} 在四氫呋喃中發生電荷轉移反應：

$$Cr^{II}TPP + C_{60} \underset{\text{甲苯}}{\overset{\text{THF}}{\rightleftharpoons}} [Cr^{III}(TPP)]^+ (C_{60})^- \qquad (12\text{-}69)$$

產物是紫黑色的固體 $Cr(TPP)(C_{60})(THF)_3$，已經被分離出來。反應（12-69）是一個可逆反應。

(3)錳分族　由 C_{60} 與 $Li[BEt_3H]$ 反應所產生的 $C_{60}H^-$ 可與 $[(\eta^2-C_2H_4)Re(CO)_5]^+$ 反應：

$$C_{60}H^- + [(\eta^2-C_2H_4)Re(CO)_5]^+ \longrightarrow C_{60}H-CH_2CH_2Re(CO)_5 \qquad (12\text{-}70)$$

產物已經過譜學鑑定。產物中富勒烯藉由烴基與金屬相連。與此相似，$[\eta^6-C_6H_6Mn(CO)_3](PF_6)$ 與 $C_{60}H^-$ 發生加成反應，生成 $C_{60}H-(\eta^5-C_6H_6)Mn(CO)_3$。

(4)第Ⅷ族過渡金屬　在吡啶（py）存在下，C_{60} 與強氧化劑 OsO_4 反應可以產生單加成產物 $C_{60}O_2OsO_2(py)_2$ 和（或）由五種雙加成產物異構物 $C_{60}\{O_2OsO_2(py)_2\}_2$ 組成的混合物〔見反應（12-71）〕[115,122,123]。

$$OsO_4 + 2.2py + C_{60} \longrightarrow C_{60}O_2OsO_2(py)_2$$
$$\downarrow \begin{matrix} OsO_4 \\ py \end{matrix} \qquad\qquad (12\text{-}71)$$
$$OsO_4 + 5py + C_{60} \xrightarrow[20℃]{\text{甲苯}} [(py)_2O_2OsO_2]C_{60}[O_2OsO_2(py)_2]$$

Os、Ru 和 Fe 的低價化合物，特別是羰基化合物，也可以與 C_{60} 反應。例如，加熱 C_{60} 與 $Os_3(CO)_{11}(NCMe)$ 的甲苯溶液，可以發生下列反應[124,125]：

$$C_{60} + Os_3(CO)_{11}(NCMe) \longrightarrow (\eta^2-C_{60})Os_3(CO)_{11} \qquad (12\text{-}72)$$

產物 $(\eta^2-C_{60})Os_3(CO)_{11}$ 的晶體結構已被測定[125]。在上述反應中，也有少量的雙加成產物 $C_{60}\{Os_3(CO)_{11}\}_2$ 產生。

與鐵的化合物相反，$Ru_3(CO)_{12}$ 與 C_{60} 反應生成兩種明顯不同的產物：可溶性的 $Ru_3(CO)_9(\mu_3-\eta^2,\eta^2,\eta^2-C_{60})$[126] 和不溶性的「$Ru_3C_{60}$」。透過在回流的己烷中加熱 C_{60} 和 $Ru_3(CO)_{12}$ 兩天，接著用二硫化碳做洗脫劑，用矽膠薄層色譜法進行分離，可得到紅色結晶產物 $Ru_3(CO)_9(\mu_3-\eta^2,\eta^2,\eta^2-C_{60})$，產率可達 4%。結構測定結果表明，在該化合物中，C_{60} 是以六點錯合方式配位於三個 Ru 原子上。每個 Ru 原子都以 η^2- 的配位方式與 C_{60} 的一個連接六元環的烯式鍵相連。

C_{60} 與 $Fe_2(CO)_9$ 和 $Ru(CO)_5$ 反應，分別生成 $(\eta^2-C_{60})Fe(CO)_4$ 和 $(\eta^2-C_{60})Ru(CO)_4$，並已用 $^{13}CNMR$ 和 IR 譜進行了鑑定。

按照二（環戊二烯）亞鐵的氧化還原電位，它不能還原 C_{60} 或 C_{70} 成相應的負離子，但是當混合 C_{60} 或 C_{70} 與二（環戊二烯）亞鐵的溶液時，則導致固體加合物 $C_{60} \cdot 2\{(\eta^5 - (C_5H_5)_2Fe)\}$[127] 和 $C_{70} \cdot 2\{(\eta-C_5H_5)_2Fe\}$ 的晶化。兩種固體的結構都是由分立的分子組成的，C_{60} 與配合物彼此間靠凡得瓦力維繫在一起。兩個化合物的晶體結構已被測定。這是共結晶的兩個例子。

含銥的富勒烯籠外配合物報導很多，這裡略舉幾例。

$Ir (CO) Cl (PPh_3)_2$ 和相關的含膦配體的化合物在苯中與 C_{60} 可以按照反應式（12-73）進行反應。

$$Ir (CO) Cl (PR_3)_3 + C_{60} \Longrightarrow (\eta^2 - C_{60}) Ir (CO) Cl (PR_3)_2 \qquad (12\text{-}73)$$

$(\eta^2 - C_{60}) Ir (CO) Cl (PR_3)_2$ 的晶體結構已被測定。與此類似，在苯中 C_{70} 與 $Ir (CO) Cl (PPh_3)_2$ 反應生成了 $(\eta^2-C_{70}) Ir (CO) Cl (PPh_3)_2 \cdot 2.5C_6H_6$[128]。過量的 $Ir (CO) Cl (PPh_3)_2$ 加入到 C_{84} 的飽和苯溶液中，生成黑色的晶體產物 $(\eta^2-C_{84}) Ir (CO) Cl (PPh_3)_2 \cdot 4C_6H_6$[129]。這兩種高級碳簇的加成物的單晶結構均已被測定。

$RhH (CO) Cl (PPh_3)_3$ 是烯烴加氫的一種很有用的催化劑。人們試圖用它催化 C_{60} 加氫，沒有成功。但卻發現，它能與 C_{60} 反應，生成深綠色的配合物 $(\eta^2 - C_{60}) RhH (CO) (PPh_3)_2$〔見反應式（12-74）〕。其晶體結構已被測定。

$$RhH (CO) (PPh_3)_3 + C_{60} \longrightarrow \qquad +PPh_3 \qquad (12\text{-}74)$$

已有報導，在 CS_2 中，C_{60} 與過量的二茂鈷反應，生成黑色的晶體產物 $[(\eta^5-C_5H_5)_2 Co^+] (C_{60}^-) \cdot CS_2$，好不容易才得到了適合 X 射線繞射的單晶，並進行了結構測定。

C_{60}、C_{70} 和 $C_{60}O$ 在溶液中可以與八乙基卟啉鈷（II）（$Co^{II} (OEP)$）反應，分別生成共結晶產物 $C_{60} \cdot 2\{Co^{II} (OEP)\} \cdot CHCl_3$、$C_{70} \cdot Co^{II} (OEP) \cdot C_6H_6 \cdot CHCl_3$ 和 $C_{60}O \cdot 2\{Co^{II} (OEP)\} \cdot CHCl_3$。結構測定結果表明，在這些化合物中，鈷卟啉與富勒烯之間不存在共價連接，鈷卟啉也不與富勒烯的任何部分相配位。鈷卟啉與富勒烯靠凡得瓦力維繫在一起。

混合 C_{60} 與 $(Ph_3P)_2Pt (\eta^2 - C_2H_4)$ 的溶液，可以產生黑色的產物 $(\eta^2-C_{60}) Pt (PPh_3)_2$〔見反應式（12-75）〕[130~132]。

$$(R_3P)_2Pt(\eta^2-C_2H_4)+C_{60} \longrightarrow \text{[C}_{60}\text{]} Pt \begin{matrix} PR_3 \\ PR_3 \end{matrix} +C_2H_4 \tag{12-75}$$

在該反應中，C_2H_4 被 C_{60} 取代。從時間上來說，$(\eta^2-C_{60})Pt(PPh_3)_2$ 是第一個經單晶結構測定證實了的富勒烯以 η^2-配位方式配位於金屬原子的化合物。

鎳、鈀和鉑的相關化合物也可以透過 C_{60} 與 $M(PR_3)_4$ 反應，經（12-76）獲得[131~133]：

$$C_{60}+M(PR_3)_4 \longrightarrow (\eta^2-C_{60})M(PR_3)_2+2PR_3 \tag{12-76}$$
$$R=Et \text{ 或 } Ph \qquad\qquad M=Pt，Pd，Ni$$

透過 $M(PEt_3)_4$（M 代表 Pt 或 Pd）與 C_{60} 反應所進行的對 C_{60} 的多重加成也已經進行了研究〔見反應式（12-77）〕[134]。

$$C_{60}+6M(PEt_3)_4 \longrightarrow C_{60}\{M(PEt_3)_2\}_6+12PEt_3 \tag{12-77}$$

鉑加成物 $C_{60}\{Pt(PEt_3)_2\}_6$ 的單晶結構已被測定[134]。

從上述可以看出，人們對碳簇籠外過渡金屬配合物已進行了廣泛的研究，這種研究還在深入和繼續，並且往功能材料方面發展。

12.5.4　富勒烯籠內金屬包合物的合成[135~137]

由於富勒烯籠內包合物（endohedral metallofulerenes）具有新穎獨特的性質與結構，有可能在超導體、鐵磁材料、光學材料等方面有應用前景。因此，對富勒烯籠內金屬包合物的研究，一直是國際富勒烯研究的重大前瞻課題。

富勒烯籠內金屬包合物的存在，最初是在飛行時間質譜（TOF−MS）中得到證明的（為與籠外錯合物加以區別，用符號 $M_x@C_n$ 表示籠內金屬包合物，n 代表富勒烯的碳原子數，x 代表籠內金屬原子數）。但直到 1991 年，製備巨觀量富勒烯籠內金屬包合物的方法才出現。Chai 等人最先在充氮氣的高溫爐中，用雷射氣化石墨－金屬棒得到了 $La@C_{2n}$（2n＝60，70，74，82）樣品[136]，後來又用這種方法合成出了 $Y_2@C_{82}$、$U@C_{82}$、$U_2@C_{60}$ 和 $Ca@C_{60}$。現在製備富勒烯籠內金屬包合物，廣泛採用的是電弧技術或電阻加熱技術：把金屬或金屬氧化物、石墨粉、黏合劑（瀝青、糊精等）填塞到石

墨棒中，高溫處理後，在標準富勒烯反應器上作正極放電，可以得到巨觀量的多種富勒烯籠內金屬包合物[137]，包括鹼金屬、鹼土金屬以及稀土金屬等。

最近，美國科學家首次合成和分離出了第一個富勒烯籠內金屬包合物 $Sc_4@C_{82}$，使富勒烯籠內包合的金屬原子數擴大到了 4 個。這有可能實現金屬對碳籠的最大電荷轉移。

12.5.5　雜籠富勒烯的合成[138~144]

所謂雜籠富勒烯，係指富勒烯的籠骨架上存在骨架碳原子被非碳原子取代的富勒烯。Guo[139] 等用雷射蒸發摻有 BN 的石墨片，並且用飛行時間質譜進行檢測，發現了微觀量的骨架摻硼富勒烯，從 C_{60} 到 C_{70} 間的富勒烯都有一到多個 C 原子被 B 原子取代，生成具有強 Lewis 酸性的硼雜籠富勒烯 $C_{60-n}B_n$，它們能與 NH_3 反應，生成 $C_{59}B（NH_3）$、$C_{58}B_2（NH_3）_2$、$C_{57}B_3（NH_3）_3$ 及 $C_{56}B_4（NH_3）_4$ 等。Yu[140] 等用電弧法蒸發摻 BN 的石墨棒，將灰用甲苯提取，在飛行時間質譜中發現提取液中有 $C_{59}N$，並用光電子能譜證明了 N 原子的摻入。近來，Hummelen[141] 等不僅成功地製得了 $C_{59}N$，而且分離提純了其二聚體（$C_{59}N$）$_2$。最近，Piechota 等用電弧法蒸發摻 BN 的石墨，將灰用甲苯提取，透過對提取液的飛行時間質譜的分析及對混合固體產物的 ESR、IR 及 Raman 譜的分析，認為產物中有 $C_{60-x-y}B_xN_y$ 存在。

由於 B 元素缺電子，C 元素等電子，而 N 元素富電子，雜原子 B 及 N 對 C 原子的取代，必將對富勒烯的幾何特性及電子結構產生重要影響[142]。很有可能從中發現新的功能材料。硼雜及氮雜籠富勒烯的發現，給材料科學帶來了新的希望。

除了富勒烯籠外配合物、籠內金屬包合物及雜籠富勒烯外，還有關於富勒烯籠外連有機配體的衍生物的合成及其功能特性被大量報導[143,144]，這裡不再贅述。

參考文獻

1. Cotton F A and Wilkinson G. Advanced Inorganic Chemistry. Fifth edition. New York: John wileny and Sons, 1988.1052~1096.

2.徐光憲，王祥雲。物質結構。第二版。北京：高等教育出版社，1987: 226。

3. Pope M T and Müller A. Polyoxometalate chemistry: an old field with new dimesions in several disciplines.Angew Chem Int Ed Engl, 1991, 30: 34~48.

4. Ozin G A and Mitchell S A. Ligand-free metal cluster.Angew Chem Int Ed Engl, 1983, 22: 674~694.

5. Krautscheid H, Fenske D, Baum G and Semmelmann M. A new copper selenide cluster with PPh_3ligands: $[Cu_{146}Se_{73}(PPh_3)_{30}$. Angew Chem Int Ed Engl, 1993, 32: 1303~1305.

6. Müller A, Krickemeyer E, Meyer J, Bögge H, Peters F, Plass W, Diemann, E, Dillinger S, Nonnenbruch F, Randerath M and Manke C. "$Mo_{154}(NO)_{14}O)_{420}(OH)_{28}(H_2O)_{70}]^{(25\pm5)-}$: A Water-soluble big wheel with more than 700 atoms and relative molecular mass of about 2400". Angew Chem. Int Engl, 1995, 34: 2122~2124.

7. Müller A, Peters F, Pope M T and Gatteschi D. Polyoxometalatesvery large clusters-nonoscale magnets. Chem Rew, 1998, 98: 239~271.

8. Kroto H W, Heath J R, O'Brine S C and Smalley R E. C_{60} buckminsterfullerene. Nature, 1985, 318: 162~163.

9. Gates B C, Guczi L and Knözinger H (eds). Metal Clusters in Catalysis, Elesvier, Amsterdam, 1986.

10. Roberts D A, Mercer W C, Zahurak S M, Geoffroy G L, DeBrosse C W, Cass M E and Pierpont C G. preparation, structure, chracterization and reactivity of $(PEt_3)_2(CO)Rh-Co(CO)_4$, A quantitative study of the reversible heterolytic cleavage of the polar Rh-CO bond. J Am Chem Soc, 1982, 104: 910~913.

11. Anders U and Geaham W A G. Organometallic compounds with metal-metal bonds. Ⅵ. Preparation and infrared spectra of the carbonyl-metalate ions $[(OC)_9M-M'(CO)_5]^-$(M=Mn, Re, M'=Cr, Mo, W). J Am Chem Soc, 1967, 89: 539~541.

12. Steinhardt P C, Gladfelter W L, Harley A D, Fox J R and Geoffory G L. Synthesis of tetranuclear mixed-metal clusters via the reaction of $[Co(CO)_4]^-$with closed metal carbonyl trimers, crystal and molecular structure of $[(Ph_3P)_2N][CoRu_3(CO)_{13}]$. Inorg Chem, 1980, 19: 332~339.

13. Geoffroy G L. Synthesis, molecular dinamics, and reactivity of mixed-metal clusters. Accts Chem Res, 1980, 13: 469~476.

14. Knight J and Mays M J. New polynuclear carbonyl hydride complexes containing osmium with mangnese or rhenium. J Chem Soc, Chem Commun, 1971, 62.

15. Knight J and Mays M J. A study of the reaction of the series of neutral metal carbonylsM$_3$(CO)$_{12}$(M=Fe, Ru or Os) with the metal anions[M'(CO)$_5$]$^-$ (M'=Mn or Re). J Chem Soc, Dalton Trans, 1972: 1022~1029.

16. Geoffroy G L and Gladfelter W L. Synthesis of tetrahedral mixed-metal clusters of the iron triad. Preparation and characterization of H$_2$FeRu$_2$Os(CO)$_{13}$ and H$_2$FeRuOs$_2$(CO)$_{13}$. J Am Chem Soc, 1977, 99: 7565~7573.

17. Casey C P, Cyr C R, Anderson R L and Marten D F. Reactions of metal carbonyl anions with methyl organometallic compounds. J Am Chem Soc, 1975, 97: 3053~3059.

18. Ashworth T V, Howard J A K and Stone F G A.Addition of nucleophilic metal complexes to mononuclear transition metal carbyne compounds. X-ray crystal structure of [PtW($\mu-$CC$_6$H$_4-$p$-$Me)(PMe$_2$Ph)$_2$($\eta-$C$_5$H$_5$). J Chem Soc, Chem Commun, 1978: 260~262.

19. Green M, Mills R M, Pain G R, Stone F G A and Woodward P. Electrolic behavior of dicarbonylbis (pentamethylcyclopentadienyl)-dirhodium towards diazoalkanes and low-valent platinum compounds: X-ray crystal structure of [PtRh$_2$($\mu-$CO)$_2$(CO)(PPh$_3$)($\eta-$C$_5$Me$_5$)$_2$. J Chem Soc, Dalton Trans, 1982: 1309~1319.

20. Akhta M and Clark H C. Some platinum(II)-metal bonded complexes. J Organomet Chem, 1970, 22: 233~240.

21. Sternberg H W, Wender I, Friedel R A and Orchin M. The chemistry of metal carbonyls. II . Preparation and properties of cobalt hydrocarbonyl. J Am Chem Soc, 1953, 75: 2717~2720.

22. Farugia L J, Howard J A F, Mitrprachachon P, Spender J L, Stone F G A and Woodward P. J Chem Soc, Chem Commun, 1978: 260~262.

23. Censon B C, Jackson R, Joshi K K and Thompson D T. A new method for the preparation of mixed metal complexes. J Chem Soc, Chem Commun, 1968: 1506~1507.

24. Abel E W and Hotson G V. Halogen and halide fissions of trimethyltincobalttetracarbonyl and trimethyltinmanganesepentacarbonyl. J Inorg Nucl Chem, 1968, 30: 2339~2344.

25. Cardin O J and Lappert M F. Interaction of Amino-and hydrido-derivativesof metals and metalloids; a general synthesis of compounds having metal-metal bonds. J Chem Soc, Chem Commun, 1966: 506.

26. Johnson B F G, Lewis J and Matheson T V. Carbonyl site exchange in the mixed metal carbonyl RhCo$_3$(CO)$_{12}$. J Chem Soc, Chem Commun, 1974: 441~442.

27. Kopf H and Rathleinm K H. Titanium-molybdenum complexes with chalcogen bridging ligands. Angew Chem Int Ed Engl, 1969, 8: 980~981.

28. Ashworth T V, Howard J A K, Laguna M and Stone F G A. Chemistry of di-and tri-metal complexes with bridging carbene or carbyne ligandsPart II . Synthesis of platinum-chromium, -molybdenum, and -tungsten compounds; crystal structure of [(OC)$_5$W{μ-(COMe)}Pt(PMe$_3$)$_2$]$^+$. J Chem Soc, Dalton Trans, 1980:

1593~1600.

29. Chetcuti M J, Green M, Jeffrey J C, Stone F G A and Wilson A A. Tungsten complexes with bridging alkylidyne ligands: X-ray crystal structure of $[(\eta-Me_6C_6)(OC)_2Cr(\mu-CC_6H_4Me-4)W(CO)_2(\eta-C_5H_5)]$. CH_2Cl_2. J. Chem Soc, Chem. Commun, 1980: 948~949.

30. Green M, Jeffrey J C, Porter S J, Razay H and Stone F G A. Chemistry of di and tri-metal complexes with bridging carbene or carbyne ligands. Part14. Triangulo-metal complexes containing tungsten with iron, cobalt, rhodium or nickel and a capping tolylidyne ligand; Crystal structure of the complexes $[RhFeW(\mu_3-(C_6H_4Me-4)(\mu-CO)(CO)_5(\eta-C_5H_5)(\eta-C_9H_7)$. J Chem Soc, Dalton Trans, 1982: 2475~2483.

31. Yasufuku K and Yamazaki H. Preparation of tricarbonyliron-μ-carbonyl-μ-diphenylphosphido-π-cyclopentadienylnickel. Bull Chem Soc, Jap, 1970, 43: 1588~1591.

32. Yasufuku K and Yamazaki H. Chemistry of mixed transition-metal complexes. Ⅱ. Preparation of mixed transition-metal μ-diphenylphosphido complexes. J Organomet Chem, 1971, 28: 415~421.

33. Yawney D B W and Stone F G A. Chemistry of the metal carbonyls. Part LV. Synthesis of polynuclear carbonyl-(iron-ruthenium) complexes. J Chem Soc, 1969(A): 502~506.

34. Martinengo S, Chini P, Albano V G, Cariati F and Salvatoti T. New mixed tetranuclear metal carbonyl of group ⅧB. J Organomet Chem, 1973, 59: 379~394.

35. Jackson P F, Johnson B F G, Lewis J, Mcpartlin M and Nelson W J H. Synthesis of the carbido cluster $[Os_{10}(CO)_{24}C]^{2-}$ and the X-ray structure of $[Os_{10}(CO)_24C][Ph_3P_2N]$. J Chem Soc, Chem Commun, 1980: 224~226.

36. Cotton F A and Walton R A. Multiple bonds between metal atoms. New York: John Wiley and Sons, 1982.

37. Cotton F A and Pawell G L. A new cyclotetramolybdenum diyne, $Mo_4C_{18}[P(OCH_3)_3]_4$. Inorg Chem, 1983, 23: 871~878.

38. Bailey R A and McIntyre J A. Spectroscopic study of the behavior of rhenium (Ⅲ) chlorides in molten salts. Inorg Chem, 1966, 5: 1940~1946.

39. Cotton F A, Robinson W R and Walton R A. The slability and reactivity of a new form of rhenium (Ⅳ) chloride: Studies on its disproportionation in solution. Inorg. Chem, 1967, 6: 223~228.

40. Gehrke H, Jr and Eastland G. Chemistry of rhenium (Ⅴ) chloride. Inorg Chem, 1970, 9: 2722~2725.

41. Peters G and Preetz W. Synthesis und eigenschaften des oktafluorodirhenat (Ⅲ) anion, $[Re_2F_8]^{2-}$. Z Naturforsch, 1979, 346: 1767~1768.

42. Cotton F A, DeBoer B G and Jeremic M. Some reactions of the octahalodirhenate (Ⅲ) ions Ⅷ Definitive structural characterization of the octabromodirhenate (Ⅲ) ion. Inorg Chem, 1970, 9: 2143~2146.

43. Glicksman H D and Walton R A. Studies on metal carboxylates. 14. Reactions of molybdenum (II) and rhenium (III) carboxylates with the gaseous hydrogen halides in alcoholic media.Synthesis,characterization,and reactivity of the new haloanions of molybdenum and rhenium, $Mo_2Br_6^-$, $Mo_4I_{11}^{2-}$ and $Re_2I_8^{2-}$. Inorg Chem, 1978, 17: 3187~3195.

44. Cotton F A, Oldham C and Robinson W R. Some reactions of the octahalodirhenate (III) ions. II . Preparation and properties of tetracarboxylato compounds. InorgChem, 1966, 5: 1798~1803.

45. Cotton F A, Oldham C and Walton R A. Some reactions of the octahalodirhenate (III) ions. III . the stability of the rhenium-rhenium bond toward oxygen and sulfure donors. Inorg Chem, 1967, 6: 214~216.

46. Lawton D and Mason R. The molecular structure of molybdenum(II) acetate. J Am Chem Soc, 1965, 87: 921~922.

47. Stephenson T A, Bannister E and Wilkinson G. Molybdenum (II) carboxylates. J Chem Soc, 1964: 2538~2541.

48. Holste G. Darstellung und Eigenschaften von molybd n (II) -mono-, di-undtrichloroacetat. Z Anorg Allg Chem, 1975, 414: 81~90.

49. Hochberg E, Walks P and Abbott E H. Mass spectra and structural factors in the air stability of carboxylate complexes of $[Mo_2]^{4+}$. Inorg Chem, 1974, 13: 1824~1831.

50. Sattelberger A P, Mclaughlin K W and Huffman J C. Metal-metal bonded complexes of the early transition metals. 2. Synthesis of quadruply bonded tungsten (II) trifluoroacetate complexes. J Am Chem Soc,1981, 103: 2880~2884.

51. Santure D J, Mclaughlin K W, Huffman J C and Sattelberger A P. Metal-metal bonded complexes of the early transition metals. 7. The ditungsten tetracarboxylate story. Inorg Chem, 1983, 22: 1877~1884.

52. Cotton F A and Wang W. Preparation and structure of ditungsten tetrabenzoate bis (tetrahydrofuranate). Inorg Chem, 1982, 21: 3860.

53. Cotton F A and Wang W. Preparative, structural, and spectroscopic studiesof tetrakis (carboxylate) ditungsten (II) compounds with W-W quadruple bond. Inorg Chem, 1984, 21: 1604~1610.

54. Holm R H. Synthetic approaches to the active sites of iron-sulfur protein. Acc Chem Res, 1977, 10: 427~434.

55. Laskowski E J, Frankel R B, Gillium W O, Parpaefthymiou G C, Renaud J, Ibers J A and Holm R H. Synthetic analogues of the 4-Fe active sites of reduced ferredoxins.Electronic proporties of the tetranuclear trianions $[Fe_4S_4(SR)_4]^{3-}$ and the structure of $[(C_2H_5)_3(CH_3)N]_3[Fe_4S_4(SC_6H_5)_4]$. J Am Chem Soc, 1978, 100: 5322~5337.

56. Laskowski E J, Reynolds J G, Frankel R B, Foner S, Papaefthymiou G C and Holm R H.Demostration of the generality of the $[Fe_4S_4(SR)_4]^{2-}$(compressedD_{2d})/$[Fe_4S_4(SR)_4]^{3-}$ (elongatedD_{2d}) structural change in electron-transfer reactions of ferredoxin 4Fe site analogues. A model for unconstrained structural changes in ferredoxin proteines. J Am Chem Soc,1979, 101: 6562~6570.

57. Reynolds J G, Coyle C L and Holm R H.Electron exchange kinetics of $[Fe_4S_4(SR)_4]^{2-}$/$[Fe_4S_4(SR)_4]^{3-}$ and $[Fe_4Se_4(SR)_4]^{2-}$/$[Fe_4Se_4(SR)_4]^{3-}$ systems. Estimates of the intrinsic self-exchange rate constant of 4-Fe sites in oxidized and reduced ferredoxins. J Am Chem Soc, 1980, 102: 4350~4355.

58. Mascharak P K, Parpaefthymiou G C, Frankel R B and Holm R H. Evidence for the localized Fe (Ⅱ) oxidation state configuration as an intrinsic property of $[Fe_2S_2(SR)_4]^{3-}$ clusters. J Am Chem Soc, 1981, 103: 6110~6120.

59. Shah V K and Brill W J. Molybdenum confactors from molybdenum enzymes and in vitro reconstitution of nitrogenase and nitrate reductase. Proc Natl Acad Sci U S, 1977, 74: 5468~5471.

60. Cramer S P, Hodgson K O, Gillum W O and Mortenson L E. The molybdenum siteof nitrogenase. Preliminary structure evidence from X-ray absorption spectroscopy. J Am Chem Soc, 1978, 100: 3398~3407.

61.(a) Kim J and Ress D C. Structural models for the metal clusters in the nitrogenase molybdenum-iron protein. Science, 1992, 257: 1677~1682 (b) Chan M K, Kim J and Ress D C. The nitrogenase FeMo-cofactor and P-cluster pair: 2.2Å resolution structures. Science, 1993, 260: 792~794.

62. Bolin J T, Ronco A E, Morgan T V, Morntenson L E and Xuong N H.The unusal metal clusters of nitrogenase: Structural features revealed by X-ray anomalous diffraction studies of the MoFe protein from clostridium pasteurianum. Proc Natl Acad Sci USA, 1993, 90: 1078~1802.

63. Burgess B K. The Iron-Molybdenum cofactor of nitrogenase. Chem Rev, 1990, 90: 1377~1406.

64. Averill B A, Herskovite T, Holm R H and Ibers J A. Sythetic Analogs of the active sites of iron-sulfur protein. Ⅱ. Synthesis and structure of the tetra [mercapto-μ_3-sulfido-iron] clusters, $[Fe_4S_4(SR)_4]^{2-}$. J Am Chem Soc, 1973, 95: 3523~3534.

65. Que L Jr, Bobrik M A, Ibers J A and Holm R H. Synthetic Analogs of the active sites of iron-sulfur protein. Ⅶ. Ligand substitution reaction of the tetranuclear cluster $[Fe_4S_4(SR)_4]^{2-}$ and the structure of $[(CH_3)_4N]_2$ $[Fe_4S_4(SC_6H_5)_4]$. J Am Chem Soc, 1974, 96: 4168~4177.

66. Dukes G R and Holm R H. Synthetic Analogs of the active sites. X. Kinetics and michanism of the ligand substitution reactions of arylthiols with the tetranuclear clusters $[Fe_4S_4(SR)_4]^{2-}$. J Am Chem Soc, 97.528~533.

67. Christou G and Garner C D. A convenient synthesis of tetrakis [thiolato-μ_3-sulphido-iron]$^{2-}$ clusters. J Chem Soc, Dalton Trans,1979: 1093~1094.

68.(a)徐吉慶，千吉松，魏詮，郭純孝，楊光第。含全螯合配位子的類立方烷型簇合物［(C_2 H_5)_4 N]_2 ｛Fe_4 S_4 [S_2 CN (C_2 H_5)_2]_4｝的合成、結構、性質及量化計算。中國科學 B 輯，1989 (1): 8~15; Xu J Q, Qian

J S, Wei Q, Guo C X and Yang G D. Synthesis, structure, properties and quantum-chemical studies of cubane-like cluster compound with all-chelating ligands (C_2H_5)$_4$N]$_2${Fe$_4$S$_4$[S$_2$CN(C_2H_5)$_2$]$_4$}. Science in China (series B), 1989, 32: 927~936(b) 楊光第，孫宏林，徐吉慶，千吉松，魏詮。[(C_2H_5)$_4$N]$_2${Fe$_4$S$_4$[S$_2$CN(C_2H_5)$_2$]$_4$}的晶體與分子結構。化學學報，1989，47: 1~5。

69. Hu N H, Liu Y S, Xu J Q, Yan Y Z and Wei Q. Crystal structure of {Fe$_4$S$_4$[SC(CH$_3$)$_2$]$_4$][(C$_4$H$_9$)N]$_2$. JIEGOU HUAXUE (J Struct Chem), 1991, 10: 117~120.

70. Mayerle J J, Demark S E, DePamphilis B V, Ibers J A and Holm R H. Biscp-tolylthiolato-μ-sulfido-ferrate (Ⅲ) dianions. J Am Chem Soc, 1975, 97: 1032~1045.

71. Reynolds J G and Holm R H. Improved syntheses of the dimeric complexes [Fe$_2$X$_2$(SC$_6$H$_4$Y)$_4$]$^{2-}$ and [Fe$_2$X$_2$((SCH$_2$)$_2$C$_6$H$_4$)$_2$]$^{2-}$ (X=S, Se).Analogs of the 2-Fe sites of oxidized ferredoxin proteins.Inorg Chem, 1980, 19: 3257~3260.

72. Hagen K S, Reynolds J G and Holm R H. Definition of reaction sequences resulting in self-assembly of [Fe$_4$S$_4$(SR)$_4$]$^{2-}$ clusters from simple reactants. J Am Chem Soc, 1981, 103: 4054~4063.

73. Ogino H, Inomata S and Tobita H. A biological iron-sulfur clusters.Chem Rev, 1998, 98: 2093~2121.

*74.*徐吉慶，樊玉國。[(C$_2$H$_5$)$_4$N]$_2$[Fe(SCH$_2$CH$_2$S)$_4$]的合成及其晶體結構和分子結構。科學通報，1986(8): 584~587; Xu J Q and Fan Y G. Synthesis, crystal and molecular structure of the cluster compound [(C$_2$H$_5$)$_4$N]$_2$](Fe$_2$SCH$_2$CH$_2$S)$_4$].KEXUE TONGBAO, 1987, 32: 1176~1179.

*75.*樊玉國，郭純孝，張致貴，劉喜生。簇合物[Fe$_6$S$_9$(SCH$_2$CH$_2$OH)Cl]$^{4-}$的合成、結構和性質研究。中國科學，1987(6): 573~581。

76. You J F, Snyder B S, Papaefthymiou G C and Holm R H. On the molecular/solid state boundary. A cyclic iron-sulfur cluster of nuclearity eighteen: synthesis, structure and properities. J Am Chem Soc, 1990, 112: 1067~1076.

77. Coucouvanis D. Fe-Mo-S complexes derived from MS$_4^{2-}$ (M=Mo,W) and their possible relevance as analogues for structural feature in the Mo site. Acc Chem Res, 1981, 14: 201~209.

78. Holm R H. Metal clusters in biology quest for a synthetic representationof the catalytic site of nitrogenase. Chem Soc Rew, 1981, 10: 455~490.

79. Averill B A. Fe-S and Mo-Fe-S clusters as modles for the active site of nitrogenase. Struct. Bonding (Berlin), 1983, 53: 59~103.

80. Holm R H and Simhon E D. Molybdem/tungsten-iron-sulfur chemistry: current status and relevance to the native cluster of nitrogenase. in Molybdenum Enzyms. Spiro T G, Ed, New York: Wiley, 1985. 1~88.

*81.*徐吉慶。鉬鐵硫簇合物化學。化學通報，1986(10): 1~7。

*82.*徐吉慶。過渡金屬簇合物合成化學。應用化學，1989(6): 1~10。

*83.*徐吉慶，張致貴，牛淑雲，李淑芹。鉬鐵硫簇合物及其與生物相關性。吉林大學自然科學學報。1992，特刊，252~257。

84. Coucouvanis D.Use of Preassembled F/S and Fe/Mo/S clusters in the stepwise synthesis of potential analogues for the Fe/Mo/S site in nitrogenase. Acc Chem Res, 1991, 24: 1~8.

*85.*盧嘉錫。過渡金屬原子簇化學的新近展。福州：福建科學技術出版社，1997。

86. Diemann E and Müller A. Thio and selno compounds of transition metals with the d° conformation. Coord Chem Rev, 1973, 10: 79~122.

87. Zumft W G.Isolation of thiomolybdate compound from the molybdenum-iron of Clostridial nitrogenase. Eur J Biochem, 1978, 91: 345~350.

*88.*劉喜生，徐吉慶，李晶，牛淑雲，李淑芹，孫春亭，陳蔭遺，林永齊，楊世枕，趙瑩。固氮酶活性中心模型化合物的合成和性質研究——一種具有生物組合活性的原子簇化合物。高等學校化學學報，1982，3: 555~561。

89. Hu N H, Jin Z S, Liu Y S, Xu J Q, Yan Y Z and Wei Q. Crystal structure of a linear tetranuclear Mo-Fe-S cluster, $(Et_4N)_4[(MoS_4)_2Fe_2S_2] \cdot (CH_3OH)_2$. Jiegou Huaxue (J Struct Chem), 1991, 10: 36~39.

90. Cristou G and Garner C D. Synthesis and Proton magnetic resonance properties of Fe_3MSk_4 (M=Mo or W) cubane-like cluster dimers. J Chem Soc, Dalton Trans, 1980, 2354~2362.

91.(a)劉秋田，黃梁仁，康北笙，劉春萬，王玲玲，盧嘉錫。$MoFe_3S_4$ 單立方烷原子簇的研究。I.$(Et_4N)[MoFe_3S_4(Et_2NCSS)_5].CH_3CN$ 的自兜合成及結構。化學學報，1986，44: 343~349。

(b)劉秋田，黃梁仁，康北笙，楊瑜，盧嘉錫。$MoFe_3S_4$ 單立方烷原子簇的研究。Ⅱ.$MoFe_3S_4$ $(C_5H_{10}NCSS)_5$ 的合成及結構。化學學報，1987，45: 133~138。

(c)劉秋田，黃梁仁，楊瑜，盧嘉錫。$MoFe_3S_4$ 單立方烷原子簇的研究。Ⅲ.三核鏈狀簇合物向單立方烷簇合物的轉化及$MoFe_3S_4(Et_2NCS_2)_5] \cdot CH_3CN$ 的結構。化學學報，1988，46: 1~8。

92. Kang B S, Liu Q T and Lu J X. Chemical modelling of the active site of molybdenum-iron protein.Synergism of MoFeS cubane-like unit from physical and chemical evidence. in The Nitrogen Fixation and its Research in China, Hong, G F, Ed, Springer-Verlag and Shaghai Scientific and Technical Publishers, Berlin, 1992.151~174.

*93.*徐吉慶，千吉松，魏詮，胡寧海，金鐘聲，衛革成。含全雙硫螯合配體簇合物的研究。化學學報，1989，47: 853~860。

94. Xu J Q, Qian J S, Wei Q, Hu N H, Jin Z S and Wei G C. Synthesis and structure of a novel molybdenum-iron-sulfur cluster with $[Mo_2Fe_2$ core and all-disulfide chelate ligands, $[Mo_2Fe_2(\mu_3 - S)_4(S_2CNEt_2)_5] \cdot CH_3CN$. Inorg Chim Acta, 1989, 164: 55~58。

95. Xu J Q, Zhang Z G, Niu S Y and Tang A Q. Study on the chemistry of molybdenum-iron-sulfur clusters.

in The Nitrogen Fixation and ites Research in China. Hong G F, Ed, Springer-Verlag and Shanghai Scientific and Technical Publishers, Berlin, 1992. 63~86.

96. Xu J Q, Zhang X G, Cai H, Hu N H, Wei C P, Yang G Y and Wang T G. Synthesis and characterization of a new double-cubane Mo-Fe-S cluster compound, $[NEt_4]_3[Mo_2Fe_6S_8(\mu-OMe)_3(SPh)_3Cl_3]$. Chem Commun, 1996, 757~758.

97. Wolff T E, Berg J M, Power P P, Hodgson K O, Holm R H and Frankel R B. Self-assembly of molybdenum-iron-sulfur clusters as a synthetic approach to the molybdenum site in nitrogenase. Identification of the major products formed by thesystem $FeCl_3/MS^{2-}_4/C_2H_5SH(M=Mo, W)$. J Am Chem Soc, 1979, 101: 5454~5456.

98. Wolff T E, Power P P, Frankel R B and Holm R H.Synthesis and electronic and redox properties of "double-cubane" cluster complexes containingMoFe$_3$S$_4$cores. J Am Chem Soc, 1980, 102: 4694~4703.

99. 蔡輝，徐吉慶，南玉明，王鐵剛，金鐘聲，衛革成。Mo-Fe-S 簇合物合成新反應體系的研究Ⅵ. $[Fe_4S_4(SPh)_4][Bu_4N]_2$的合成、結構和性質。第三屆全國固體化學與合成化學學術會議論文集，1990，7: 15~18，哈爾濱，170~171。

100. Xu J Q. Study on new synthetic routes and catalytic activity of Mo-Fe-Scluster compounds. Abstract of Japan-China semina on metal cluster complexes, Okazaki, Japan, July 15~18, 1991, 21~24.

101. Xu J Q, Nan Y M, Cai H and Hu N H. Study on a series of double-cubane cluster compounds. Abstract of second China-Japan symposium on metal cluster compounds, Fuzhou, China, November 4~7, 1993, 13~16.

102. Wolff T E, Berg J M and Holm R H. Synthesis, structure, and properties of the cluster complex $[MoFe_4S_4(SC_2H_5)_3(C_6H_4O_2)_3]^{3-}$, containing a single cubane-type MoFe$_3$S$_4$ core. Inorg Chem, 1982, 20: 174~180.

103. Armstrong W H, Mascharak P K and Holm R H. Demonstration of the existence of single cubane-type MoFe$_3$S$_4$ clusters with S=3/2 ground states: Preparation, structure and properties. Inorg Chem, 1981, 21: 1699~1701.

*104.*徐吉慶，徐麗娟，劉喜生，張致貴，牛淑雲，李淑芹，樊玉國，王鳳山，呂品哲，唐敖慶。固氮酶活性中心的化學模擬，−Mo−Fe−S 原子簇化合物的合成、結構和性質研究。分子科學與化學研究。1983(4): 1~12。

105.(a) 徐吉慶，劉喜生，牛淑雲，李淑芹，樊玉國，王鳳山，呂品哲。原子簇配合物Mo$_2$FeS$_8$O$_2$][(C$_2$H$_5$)$_4$N]$_3$]的合成、結構和性質研究。科學通報，1983，28: 729~731。

(b) 王鳳山，樊玉國，呂品哲，徐吉慶，劉喜生。雙端氧配位的原子簇化合物，−[N(C$_2$H$_5$)$_4$]$_3$[Fe(MoS$_4$O)$_2$]的晶體結構和分子結構。中國科學，B 輯，1985(11): 983~989; Wang F S, Fan Y G, Lu P Z, Xu J Q and Liu X S. A cluster compound with di-end oxygen ligands. The crystal and molecular structure of

[Fe(MoS$_4$O)$_2$][N(C$_2$H$_5$)$_4$]$_3$. Scientia Sinica (seriesB), 1986, XXIX: 571~578。

(c)樊玉國，呂品哲，王鳳山，劉喜生，徐吉慶。[Mo$_2$FeS$_8$O$_2$][Et$_4$N]$_3$ · CH$_3$CN 原子簇化合物的晶體結構。化學學報，1983，41: 776~781。

(d)劉喜生，徐吉慶，樊玉國，呂品哲，王鳳山。Et$_4$N]$_3$[Mo$_2$FeS$_8$O$_2$] · CH$_3$CN 原子簇錯合物的合成、性質和結構。高等學校化學學報，1985，6: 258~261。

*106.*徐麗娟，王鳳山，呂品哲，樊玉國。[(MoS$_4$) Fe(MoOS$_4$)][(C$_4$H$_9$)N]$_3$ 原子簇化合物的合成、結構和性質研究。中國科學，B 輯，1984(4): 289~297。

107. Coucouvanis D, Baenziger N C, Simbon E D, Stremple P, Swenson D, Kostikas A, Simopoulos A, Pentroleas V and Papaefthymiou V. Hetero-dinuclear di-μ-sulfido bridged dimers containing iron and molybdenum or tungsten.Structure of k(Ph$_4$P)$_2$(FeMS$_9$) complexes (M=Mo,W). J Am Chem Soc, 1980, 102: 1730~1732.

108. Coucouvanis D, Simhon E D, Stremple P and Boenziger V C. Synthesis and structural characterization of [(NO)$_2$FeS$_2$MoS$_2$]$^{2-}$ and a dinitrosyl complex containing the FeS$_2$MoS$_2$ core. Inorg Chim Acta, 1981, 53: L135~137.

109. Stremple P, Baenziger N C and Coucouvanis D. Coordination unsaturation in the tetra-thiometalate complexes. Synthesis and structural characterization of the [Fe(WS$_4$)$_2$(HCON(CH$_3$)$_2$)$_2$]$^{2-}$ complexes anion. J Am Chem Soc, 1981, 103: 4601~4603.

110. Müller A, Helmann W, Romer C, Romer M，Bögge H, Jostes R and Schimanski U. New homo-and heteronuclear tetrathiometalato complexes, specific to theFe^{II}/WS$_4^{2-}$ system: The novel tetranuclear [S$_2$WS$_2$FeS$_2$Fe$_2$S$_2$WS$_2$]$^{4-}$ complex with linear metal atom array. Inorg Chim Acta,1984, 83: L75~L77.

*111.*顧鎮南，張澤瑩。固體碳的一種新形態——富勒烯。見：大學化學編委會。今日化學。北京：北京大學出版社，1995.55~60。

112. Haufler R E, Conceicao J, Chibante L P F, Chai Y, Byrne N E, Flanagan S, Haley M M, O'Brien S C, Pun C, Xiao Z, Billups W E, Ciufolini M A,Hauge R H, Margrave J L, Wilson L J, Cure R F and Smalley R E. Efficient Product of C$_{60}$ (Buckminsterfullerene), C$_{60}$H$_{36}$, and the solvated buckide. J Phys Chem, 1990, 94: 8634~8636.

113. Parker D H, Wurz P, Chatterjee K, Lykke K R, Hunt J E, Pellin M J, Hemminger J C, Gruen D M and Stock L M. High-yield synthesis, separation, and mass-spectrometric characterization of fullerenes C$_{60}$ to C$_{266}$. J Am Chem Soc, 1991, 113: 7499~7503.

114. Howard J B, McKinnon T, MaKarovsky Y, Lafleur A L and Johnson M E. Fuller. enes C$_{60}$ and C$_{70}$ in flams. Nature, 1991, 352: 139~141.

115.(a)Hawkins J M, Lewis T A, Loren S D, Meyer A, Heath J R, Shibato Y and Saykally R J. Organic Chemistry of C$_{60}$ (buckminsterfullerene): chromatography and osmylation. J Org Chem, 1990, 55: 6250~6252.

(b)Hawkins J M, Meyer A, Lewis T A, Loren S and Hollander F J. Crystal structure of osmylated C_{60} confirmation of the soccer ball framework.Science, 1991, 252: 312~313.

116.(a)顧鎮南。碳 60 材料和新型超導體K_3C_{60}最近研製成功。大學化學，1991，6 (4): 62。

(b)Gu Z, Qian J, Zhou X and Wu Y. Buckminsterfullerene C_{60} Synthesis, spectroscopic characterization and structure analysis. J Phys Chem, 1991, 95: 9615~9618.

117. Goroff N. Mechanism of fullerene formation. Acc Chem Res, 1996, 29: 77~83.

118. Rabideau P W and Sygula A. Buckybowls: polynuclear aromatic hydrocarbons related to the buckminsterfullerene surface. Acc Chem Res, 1996, 29: 235~242.

*119.*郭志新，李玉良，朱道本。富勒烯的化學研究進展。化學進展，1998，10: 1~15。

120. Balch A L and Olmstead M M. Reaction of transition metal complexes with fullerenes (C_{60}, C_{70},etc) and related materials. Chem Rev, 1998, 98: 2123~2165.

121. Douthwaite R E, Green M L H, Stephens A H H and Turner J F C. Transition metal-carbonyl, -hydrido and -η-cyclopentadienyl derivatives of the fullereneC_{60}. J Chem Soc, Chem Commune, 1993, 1522~1523.

122. Hawkins J M. Osmylation of C_{60} proof and characterization of the soccer-ball franework. Acc Chem Res, 1992, 25: 150~156.

123. Hawkins J M, Loren S, Meyer A and Nunlist R. 2D nuclear magnetic resonance analysis of osmylated C_{60}. J Am Chem Soc, 1991, 113: 7770~7771.

124. Park J T, Cho J-J and Song H. Triosmium cluster derivatives of [60] fullerene. J Chem Soc, Chem Commun, 1995, 15~16.

125. Park J T, Song H, Cho J-J, Chung M-K, Lee J-H and Shu I H. Synthesis andcharacterization of η^2-C_{60} and $\mu_3-\eta^2,\eta^2,\eta^2-C_{60}$ triosmium cluster complexes. Organometallics, 1998, 17: 227~236.

126. Hsu H-F and Shapley J R. $Ru_3(CO)_9(\mu_3-\eta^2,\eta^2,\eta^2\text{-}C_{60})$: a cluster face-capping, arene-like complex of C_{60}. J Am Chem Soc, 1996, 118: 9192~9193.

127. Crane J D, Hitchcock P B, Kroto H W, Talor R and Walton D R M. Preparation and characterization of C_{60} (ferrocene)$_2$. J Chem Soc, Chem Commun, 1992, 1764~1765.

128. Blach A L, Catalano W J, Lee J W, Olmsted M M and Parkin S R. (η^2-C_{70}) Ir(CO)Cl(PPh$_3$)$_2$: the synthesis and structure of an organometallic derivative of a higer fullerene. J Am Chem Soc, 1991, 113: 8953~8955.

129. Balch A L, Ginwalla A S, Noll B C and Olmstead M M. Partial separation and structural characterization of C_{84} isomers by crystallization of k(η^2-C_{84})Ir(CO)Cl(P(C_6H_5)$_3$)$_2$. J Am Chem Soc, 1994, 116: 2227~2228.

130. Fagan P J, Calabrese J C and Malone B. The chemical nature of Buckminsterfullerene (C_{60}) and the characterization of a platinum derivative. Science, 1991(252): 1160~1161.

131. Fagau P J, Calabrese J C and Malone B. Metal complexes of buckminsterfullerene (C_{60}). Acc Chem

Res, 1992, 25: 134~142.

132. Lerke S A, Parkinson B A, Evans D H and Fagan P J. Electrochemical studies on metal derivatives of buckminsterfullerene (C_{60}). J Am Chem Soc, 1992, 114: 7807~7813.

133. Bashilov V V, Petrovskii P V, Sokolov V I, Lindeman S V, Guzey I A and Struchkov Y J. Synthesis, crystal and molecula structure of the palladium (0)-fullerene derivative ($\eta^2 - C_{60}$)Pd(PPh$_3$)$_2$. Organometallics, 1993, 12: 991~992.

134. Fagan P J, Calabrese J C and Malone B. A multiply-substituted buckminsterfullerene (C_{60}) with an octahedral array of platinum atoms. J Am Chem Soc, 1991, 113: 9408~9409.

*135.*郝春雁，劉子陽，郭興華，劉淑瑩。籠內金屬富勒烯研究進展。化學通報，1997(6): 9~13。

136. Chai Y, Guo T, Jin C M, Haufler R E, Fellipe C L P, Fure J, Wang L H, Michael A J and Smalley R E. Fullerenes with metals inside. J Phys Chem, 1991, 95: 7564~7568.

137. Wang L S, Alford J M, Chai Y, Diener M, Zhang J, McClure S M, Guo T, Scuseria G E and Smalley R E. The electronic structure of Ca@ C_{60}.Chem Phys Lett, 1993, 207: 354~359.

*138.*曹保鵬，周錫煌，顧鎮南。全無機富勒烯及摻雜富勒烯的研究進展。化學通報，1997 (12): 1~5。

139. Guo T, Jin C and Smallerey R E. Doping bucky: fomation and properties of boron-doped buckminsterfullerene. J Phys Chem, 1991, 95: 4948~4950.

140. Yu R, Zhan M, Cheng D, Yang S, Liu Z and Zheng L. Simultaneous synthesis of carbon nanotubes and nitrogendoped fullerenes in nitrogen atmosphere. J Phys Chem, 1995, 99: 1818~1819.

141. Hummelen J C, Knight B, Pavlovich J, Gonzaez R and Wudl F. Isolation of the heterofullerene $C_5$9Nasitsdimer($C_5$9N)$_2$. Science, 1995, 269: 1554~1556.

142. MiYamoto Y, Hamada N, Oshiyama A and Satio S. Electronic structures of solid BC$_{59}$. Phys Rev, 1992, B46: 1749~1753.

143. Taylor R (ed). The chemistry of Fullerenes. World Scientific, Singapore, 1995.

144. Hirsch A. The chemistry of the Fullerenes. Thieme, Stuttgart, 1994.

金屬有機化合物的合成化學

13

　　金屬有機化學是一門無機化學和有機化學交叉學科，近年來取得了驚人的發展[1,2]。1760 年合成了第一個元素有機化合物（CH_3）$_4As_2$；1827 年合成了第一個烯烴金屬有機化合物 Zeise 鹽 Na[$PtCl_3C_2H_4$]，相繼合成了許多含有金屬碳鍵的金屬有機化合物，如 1849 年合成了（C_2H_5）$_2Zn$；1852 年合成了（CH_3）$_2Hg$，（C_2H_5）$_4Pb$，（C_2H_5）$_3Sb$ 和（C_2H_5）$_3Bi$；1859 年合成 R_2AlI 和 $RAlI_2$；1866 年合成（C_2H_5）$_2Mg$；1868 年合成第一個金屬羰基配合物[Pt（CO）Cl_2]；1938 年發現氫甲醯化反應；1951 年合成第一個夾心配合物二（環戊二烯）亞鐵（C_5H_5）$_2Fe$；1953 年發現 Wittig 反應 [（C_6H_5）$_3P$═CH_2 + ⟨◯⟩═O → （C_6H_5）$_3P$═O + ⟨◯⟩═CH_2]；1955 年合成（C_6H_6）$_2Cr$，同年發現 Ziegler-Natta 烯烴聚合催化劑（C_5H_5）$_2TiCl_2$／（C_2H_5）$_3Al$；1969 年合成第一個碳烯配合物（CO）$_5WC$（OME）Me；1973 年合成第一個碳炔配合物 I（CO）$_4Cr$（CR）；1980 年發現 Kaminsky 烯烴聚合高效催化劑（C_5H_5）$_2ZrCl_2$／MAO（MAO 為甲基鋁氧烷），1981 年發現無機和有機分子結構和反應性能等瓣相似理論。1983 年發現過渡金屬有機化合物與烷烴反應（C–H 鍵活化）。

　　由於金屬和元素有機化合物的合成和應用以及結構理論的提出，有下列金屬有機化學家獲諾貝爾獎：1963 年 Ziegler K（德國）和 Natta G（義大利）（Ziegler-Natta 催化劑發現人）；1973 年 Fischer E O（德國，Carbene 和 Carbyne 配合物的合成）；Wikinson G（英國，烯烴均相催化劑（PPh$_3$）$_3RhCl$ 的應用）；1976 年 Lipscomb W N（美國，硼烷結構與價鍵理論）；1979 年 Brown H C（美國，硼烷應用）和 Wittig G（德國，亞甲基膦的應用）；1981 年 Hoffmann R（美國，等瓣相似理論）和 Fukui K（日本）。

　　金屬有機化合物通常指含有金屬碳鍵（$M^{\delta+}$—$C^{\delta-}$）的化合物[3]，在許多方面 B，Si，P 和 As 元素有機化學類似於相關的金屬有機化學，因此元素有機化合物術語為包括上述非金屬和半金屬有機化合物而使用。金屬有機化合物可分為主族金屬有機化合物和過渡金屬有機化合物。金屬有機化合物的分類主要基於鍵的類型。依據週期表可分類，見表 13-1。

　　元素有機化合物和金屬有機化合物中的 σ 鍵，π 鍵，δ 鍵定義如下：

　　主族金屬有機化合物中金屬利用 ns 和 np 軌域形成中心原子八隅體電子組態，由於電負度或游離能不同，與週期兩端元素易形成離子鍵化合物，非金屬或類金屬則形成共價鍵化合物。多數的穩定的過渡金屬有機化合物中，金屬原子利用（n−1）d，ns，np 軌域與有機配體中電子結合成鍵滿足 16～18 電子規則。

表 13-1　元素週期表

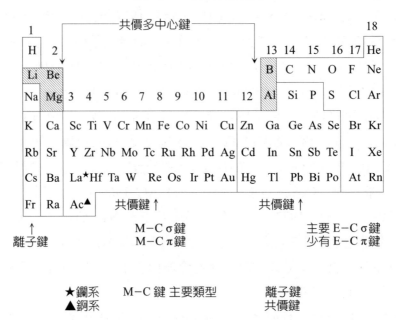

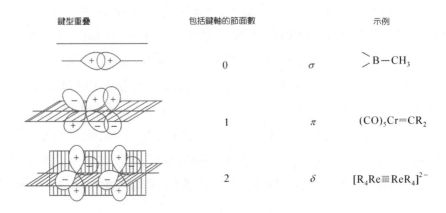

圖 13-1　元素和金屬有機化合物中鍵型

　　金屬有機化合物廣泛應用於有機和高分子合成，如均相催化、半導體、磁性體和超導體材料製備領域[4]。例如：在不對稱合成上應用手性金屬有機化合物作催化劑，在製備砷化鎵半導體材料中主族金屬有機化合物 Ga（CH₃）₃／（AsH₃），作為金屬有機化學氣相沈積（MOCVD）前體物加以應用，過渡金屬有機化合物（Cp₂ZrCl₂／MAO）用作烯烴聚合催化劑[5]，已實現工業化。

13.1　主族金屬有機化合物

13.1.1　主族金屬有機化合物的特性

(1)金屬碳鍵鍵長和計算的共價半徑（r）　$r=d-r_c=d-77$（pm）

來源：Comprehensive Organometallic Chemistry (COMC) 1 (1982) 10。

表 13-2　金屬碳鍵鍵長和共價半徑

2，12			13			14			15		
M	d	r	M	d	r	M	d	r	M	d	r
Be	179	102	B	156	79	C	154	77	N	147	70
Mg	219	142	Al	197	120	Si	188	111	P	187	110
Zn	196	119	Ga	198	121	Ge	195	118	As	196	119
Cd	211	134	In	223	146	Sn	217	140	Sb	212	135
Hg	210	133	T1	225	148	Pb	224	147	Bi	226	149

(2) M−C 鍵能

表 13-3　金屬碳鍵鍵能

化合物	$(CH_3)_3B$	$(CH_3)_3As$	$(CH_3)_3Bi$
E（M−C）（kJ · mol^{-1}）	365	229	141
鍵強	強	中	弱

(3)平均鍵能 E（M−C）隨原子序數增加而降低。

(4)具有離子鍵的化合物　$Na^+[C_5H_5]^-$，$K^+[CPh_3]^-$，$Na^+[C\equiv CR]^-$，$K_2[C_8H_8]^{2-}$。

(5)多中心鍵化合物（缺電子鍵）　$[Li（CH_3）]_4$，$[Be（CH_3）_2]_n$，$[Al（CH_3）_3]_2$，其金屬殼層電子不到半充滿，陽離子Mn^+具有大的電荷／半徑比，容易形成二聚體或多聚體。

(6)對空氣和水的穩定性

表 13-4　化合物對空氣和水的穩定性

化合物	空氣	水	相關因素
Me_3In	發火	水解	高鍵極性
Me_4Sn	惰性	惰性	低鍵極性
Me_3Sb	發火	惰性	Sb 上有自由電子對
Me_3B	發火	惰性	低鍵極性
Me_3Al	發火	水解	高鍵極性
SiH_4	發火	水解	O_2 親核進攻
$SiCl_4$	惰性	水解	Si–Cl 鍵極性高
$SiMe_4$	惰性	惰性	Si–C 鍵極性低

13.1.2　主族金屬有機化合物的合成方法

主族金屬和碳鍵的形成可大致分類為：氧化加成（1）、交換反應（2～7）、插入反應（8～10）、消除反應（11～12）。

⑴直接合成法（金屬＋有機鹵化物）

$$2M + nRX \rightarrow R_nM + MX_n（或 R_nMX_n）$$

例：
$$2Li + C_4H_9Br \rightarrow C_4H_9Li + LiBr$$
$$Mg + C_6H_5Br \rightarrow C_6H_5MgBr$$

MX_n 鹽的高生成焓使上述反應為放熱反應，但對高原子序的元素（Tl，Pb，Bi，Hg）不適用。因此應用混合金屬合成法

$$2Na + Hg + 2CH_3Br \rightarrow （CH_3）_2Hg + 2NaBr$$
$$4NaPb + 4C_2H_5Cl \rightarrow （C_2H_5）_4Pb + 3Pb + 4NaCl$$

⑵金屬轉移法（金屬＋金屬有機化合物）

$$M + RM' \rightarrow RM + M'$$
$$Zn + （CH_3）_2Hg \rightarrow （CH_3）_2Zn + Hg$$

這是一般方法可以應用到 M＝Li→Cs，Be→Ba，Al，Ga，Sn，Pb，Se，Te，Zn，Cd。RM'為弱發熱或吸熱反應。

⑶金屬交換反應（金屬有機化合物＋金屬有機化合物）

$$RM + R'M' \rightarrow R'M + RM'$$

$$4PhLi + (CH_2 = CH)_4Sn \rightarrow 4(CH_2 = CH)Li + Ph_4Sn$$

Ph_4Sn 沈澱使反應平衡移向右方，並得到（CH_2=CH）Li 的高收率，採用其它方法合成（CH_2=CH）Li 是困難的。

⑷複分解反應（金屬有機化合物＋金屬鹵化物）

$$RM + M'X \rightarrow RM' + MX$$
$$3CH_3Li + SbCl_3 \rightarrow (CH_3)_3Sb + 3LiCl$$

如果 M 比 M' 的正電性更大，平衡有利於生成產物，RM 為鹼金屬烷基，這一反應具有廣泛的應用性，因為 MX 的生成是對反應有推動作用的。

⑸金屬鹵化物交換（金屬有機化合物＋芳基鹵化物）

$$RM + R'X \rightarrow RX + R'M \quad M = Li$$
$$n-BuLi + PhX \rightarrow n-BuX + PhLi$$

如果 R' 比 R 更能穩定負電荷，平衡向右方移動，這一反應只對芳基鹵化物（X＝I，Br）是可行的，X＝Cl 是可行性小的，X＝F 是不可行的。C_6H_5F 中的 F 對 Li 不能交換，消除 LiF 生成芳炔，並且 Li 對—C≡C—三鍵加成給出偶聯產物 R'－R。

⑹金屬化（金屬有機化合物＋CH 酸）

$$RM + R'H \rightleftharpoons RH + R'M \quad M 為鹼金屬$$
$$PhNa + PhCH_3 \rightleftharpoons PhH + PhCH_2Na$$

金屬化（以 M 置換 H）是酸／鹼平衡：

$$R^- + R'H \rightleftharpoons RH + R'^-$$

R'H 酸性增加反應移向右邊。

高 CH 酸性（乙炔，環戊二烯）的底物可被鹼金屬在氧化還原作用中金屬化。

$$C_5H_6 + Na \xrightarrow{\text{THF}} C_5H_5Na + 1/2H_2$$

⑺汞金屬化（汞鹽＋CH 酸）

汞化也是金屬化，在非芳香底物情況下，只限制在高 CH 酸性的炔化物、羰基化物、硝化物、鹵化物、氰化物等。

$$Hg[N(SiMe_3)_2]_2 + CH_3COCH_3 \longrightarrow (CH_3COCH_2)_2Hg$$

$Hg（CH_3COO）_2$ 作為汞化試劑，需要強化反應條件進行芳香物的汞化：

$$Hg（CH_3COO）_2 + ArH \xrightarrow[\text{cat HClO}_4]{\text{MeOH}} ArHg（CH_3COO）+ CH_3COOH$$

這一反應是屬親電芳香取代反應。

(8)金屬氫化（金屬氫化物＋烯、炔烴）

$$M-H + \underset{}{\overset{}{C=C}} \longrightarrow M-\overset{|}{\underset{|}{C}}-\overset{|}{\underset{|}{C}}-H$$

$$M = B，Al，Si，Ge，Sn，Pb，Zr$$

$$（C_2H_5）_2AlH + C_2H_4 \longrightarrow （C_2H_5）_3Al \quad （氫鋁化）$$

加成傾向： $Si-H < Ge-H < Sn-H < Pb-H$

(9)碳金屬化（金屬有機化合物＋烯、炔烴）

$$M-R + \underset{}{\overset{}{C=C}} \longrightarrow M-\overset{|}{\underset{|}{C}}-\overset{|}{\underset{|}{C}}-R$$

$$n-BuLi + Ph-C \equiv C-Ph \xrightarrow[\text{② H}^+]{\text{① Et}_2\text{O}} \underset{\text{順式加成}}{\overset{}{\underset{n-Bu}{\overset{Ph}{C}}=\underset{H}{\overset{Ph}{C}}}}$$

與 $M-H$ 對比，如果 M 是十分正電性的（M＝鹼金屬，鋁），對 $M-C$ 鍵插入反應才能進行。

(10)碳烯插入（金屬有機化合物＋碳烯物）

$$PhSiH_3 + CH_2N_2 \xrightarrow{h\nu} PhSi（CH_3）H_2 + N_2$$

$$Me_2SnCl_2 + CH_2N_2 \longrightarrow Me_2Sn（CH_2Cl）Cl + N_2$$

$$Ph_3GeH + PhHgCBr_3 \longrightarrow Ph_3GeCBr_2H + PhHgBr$$

$$RHgCl + R'_2CN_2 \longrightarrow RHgCR'_2Cl + N_2$$

碳烯物沒有插入 $M-C$，而是插入到 $M-H$ 或 $M-X$ 鍵是更有利的。

(11)脫羧（羧酸鹽熱裂解）

$$HgCl_2 + 2NaOOCR \longrightarrow Hg（OOCR）_2 \xrightarrow{\Delta T} R_2Hg + 2CO_2$$

R 為吸電子取代基（$R = C_6F_5$，CF_3，CCl_3 等）。

甲酸鹽脫羧生成氫化物：

$$n-Bu_3SnOOCH \xrightarrow[\text{減壓}]{170℃} （n-Bu）_3SnH + CO_2$$

⑫金屬氯化物（氫氧化物）+芳香重氮鹽

$$ArN_2^+Cl^- + HgCl_2 \longrightarrow ArN_2^+HgCl^- \xrightarrow[-N_2]{} ArHgCl \text{或} Ar_2Hg（取決於催化劑）$$
$$ArN_2^+Cl^- + As（OH）_3 \longrightarrow ArAsO（OH）_2 + N_2 + HX$$

13.1.3　鹼金屬有機化合物的合成

⑴鋰金屬有機化合物

$$CH_3Br + 2Li \xrightarrow[20℃]{Et_2O} CH_3Li^{[1]} + LiBr$$
$$n-C_4H_9Br + 2Li \xrightarrow{Et_2O} n-C_4H_9Li^{[2]} + LiBr$$
$$（CH_3）_3CCl + 2Li \xrightarrow{戊烷} （CH_3）_3CLi^{[3]} + LiCl$$
$$C_5Me_5H + n-BuLi \xrightarrow[-78℃]{THF} C_5Me_5Li^{[4]} + n-BuH$$
$$4C_6H_5C \equiv CC_6H_5 + 2Li \xrightarrow{THF} C_6H_5C（Li）＝C（C_6H_5）C（C_6H_5）＝C（Li）C_6H_5^{[5]}$$

碳氫氯化物與鋰蒸氣反應可生成過鋰碳氫化物，如 CCl_4 與 Li 反應能生成 CLi_4，鹼金屬有機化合物對空氣敏感，需要在惰性氣體（N_2，Ar）保護下操作。由於溶解性，格氏試劑必須在乙醚中製備，而有機鋰化合物的製備可以在烷烴溶劑己烷中進行。

甲基鋰不溶於烷烴中，而叔丁基鋰溶於己烷中，在 70℃、10^2 Pa 可昇華。

在合成中，由於溶劑的不同所生成的產物也不相同，如苯並碲吩在鋰化的過程中由於使用溶劑不同，得到兩種鋰化物[6]：

將 $t-$BuONa 加入到 $LiCH_3$ 乙醚／己烷溶劑中則生成 $NaCH_3（LiCH_3）_x$ 配合物[7]，其組成也取決於兩種溶劑的組成。

$$LiCH_3 + t-BuONa \xrightarrow{乙醚／己烷} NaCH_3（LiCH_3）_x + t-BuOLi$$

$（NaCH_3）_4$ 是四聚體[8]，同 $（LiCH_3）_4$。

有機鋰化合物的締合度強烈地依賴於溶劑性質。$(LiR)_n$ 的齊聚物在溶劑中的存在，已被滲透壓法測定，LiNMR 和 ESR 分析所證實。MS 觀測碎片離子 $[Li_4（t-Bu）_3]^+$ 表明，在氣相中叔丁基鋰仍可保持締合態。

表 13-5　有機鋰化合物締合度和溶劑性質

LiR	溶劑	締合態
LiCH$_3$	THF，Et$_2$O Me$_2$NCH$_2$CH$_2$NMe$_2$	四聚體（Li$_4$四面體） 單分子，二聚體
LiC$_4$H$_9$−n	環己烷	六聚體
LiC$_4$H$_9$−n	Et$_2$O	四聚體
LiC$_4$H$_9$−t	烷烴 THF	四聚體 單分子
LiC$_6$H$_5$	THF，Et$_2$O	二聚體
LiCH$_2$C$_6$H$_5$（卡基）	THF，Et$_2$O	單分子
LiC$_3$H$_5$（烯丙基）	Et$_2$O THF	針狀結合 二聚體

甲基鋰為立方烷立體結構（見圖 13-2）。烯丙基鋰乙醚配合物單晶是一種多層面夾心結構，如 1，3−二苯基烯丙基鋰單晶結構[10]（見圖 13-3）。

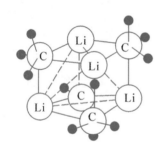

d（Li—C）＝231 pm（LiCH$_3$）$_4$
d（Li⋯C）＝236 pm（LiCH$_3$）$_4$
d（Li—Li）＝268 pm（LiCH$_3$）$_4$
比較：d（Li—Li）＝267 pm Li$_2$（g）
　　　d（Li—Li）＝304 pm Li（m）

圖 13-2　甲基鋰立體結構

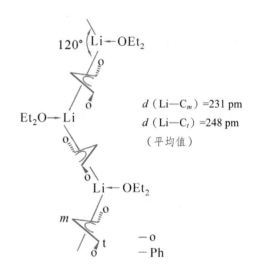

d（Li—C$_m$）＝231 pm
d（Li—C$_t$）＝248 pm
（平均值）

圖 13-3　1，3−二苯基烯丙基鋰
分子結構

鋰化物（η^6−C$_6$H$_6$）Li（η^1−C$_6$H$_3$−2，6−（2，4，6−i−Pr$_3$C$_6$H$_2$）$_2$分子中含兩個苯環，一個為 π（η^6）配位，一個為 σ（η^1）配位，表明後一苯環由於取代基團大，阻礙了 π 配位所致[11]。

$$CpLi + Ph_4PCl \xrightarrow{THF} [Ph_4P]^+[Cp_2Li]^-$$

$[Cp_2Li]^-$為茂鋰負離子，其結構：⬡—Li—⬡ 為最簡單的茂鋰夾心物[12]。

(2)鈉和鉀金屬有機化合物

$$2Na + (C_6H_5)_3CCl \longrightarrow (C_6H_5)_3CNa^{[1]} + NaCl$$

$$2Na + (C_2H_5)_2Hg \longrightarrow 2C_2H_5Na^{[2]} + Hg$$

$$2Na + 2\ \square \xrightarrow{THF} 2\ \ominus Na^{+[3]} + H_2$$

$$2K + 2(C_6H_5)_3CH \longrightarrow 2(C_6H_5)_3CK^{[4]} + H_2$$

$$2K + \text{⬡} \xrightarrow{THF} \text{⬡}^- K_2 (THF)_3^{[5]}$$

$$2K + 2CH_3-\overset{\overset{\displaystyle CH_3}{|}}{C}=CH-\overset{\overset{\displaystyle CH_3}{|}}{C}=CH_2 \xrightarrow[TMEDA,\ -78^\circ C]{THF} 2(CH_2=\overset{\overset{\displaystyle CH_3}{|}}{C}-\overset{-}{C}H-\overset{\overset{\displaystyle CH_3}{|}}{C}=CH_2)K^+(TMEDA)^{[6]} + H_2\uparrow$$

TMEDA＝四甲基乙二胺

$$\text{⬡}-\text{⬡} + n-C_4H_9Na \xrightarrow[-n-C_4H_{10}]{PMDTA} \overset{Na(PMDTA)^{[7]}}{\text{⬡}}-\text{⬡}$$

PMDTA＝五甲基二乙烯基三胺

有機鈉、鉀化合物由於其碳陰離子特性非常活潑，乙醚可慢慢被丁基鋰分解並消除乙氧基鉀。

$$CH_3CH_2OCH_2CH_3 + KC_4H_9 \longrightarrow C_4H_{10} + K^+[\overset{\overset{\displaystyle |}{\underset{\displaystyle CH_3}{}}}{C^-}HOC_2H_5] \longrightarrow$$

$$KOC_2H_5 + CH_2=CH_2$$

乙基鈉容易分解生成 NaH 和乙烯；如果負電荷有效分散則有機鈉、鉀化合物、C_5H_5Na 或 Ph_3CK 可穩定。C_5H_5Na（TMEDA）的單體結構[8]：Na 原子骨架形成折褶鏈狀，環戊二烯中的五個碳原子處於 Na–Na 之間，橋聯兩個 Na 原子，四甲基乙二胺中的兩個氮原子與 Na 原子配位，類似於上述的 1,3-二苯基烯丙基鋰的單晶結構。$C_8H_8K_2$（OC_4H_8）$_3^{[5]}$ 和 2,4–C_7H_{11}K（TMEDA）[6]（2,4–C_7H_{11}＝2,4–二甲基環戊二烯）的單晶結構：K 原子骨架呈折褶鏈狀，環辛四烯或 2,4–二甲基戊二烯位於兩個 K 原子之間，並與兩個 K 原子配位，THF 和 TMEDA 分別與 K 原子配位。

13.1.4　2 族和 12 族金屬有機化合物的合成

在 2 族（Be，Mg，Ca，Sr，Ba）和 12 族（Zn，Cd，Hg）中鎂金屬有機化合物在有機合成中是非常重要的。鈣和汞金屬有機試劑在程度上次於鎂化物，也用於製備有機化合物。這些化合物的反應性能隨著 M-C 鍵電負度的降低而下降。

$$\begin{array}{ccc} 2\ \text{族} & & 12\ \text{族} \\ \text{Ba} \quad \text{Sr} \quad \text{Ca} \quad \boxed{\text{Mg}} \quad \text{Be} \quad \text{Zn} \quad \boxed{\text{Cd} \quad \text{Hg}} \end{array}$$

金屬正電性和在異裂反應中 R_2M 和 RMX 的反應性能降低

金屬鎂化合物具有獨特的高反應性，易製備。R_2Hg 在金屬轉移反應中的高反應性歸因於 Hg-C 鍵易龜裂。

(1)鈹金屬有機化合物

$$BeCl_2 + 2(CH_3)_3CMgCl \longrightarrow [(CH_3)_3C]_2Be^{[1]} + 2MgCl_2$$
$$BeCl_2 + 2C_5H_5Na \longrightarrow (C_5H_5)_2Be^{[2]} + 2NaCl$$

BeR_2 作為 Lewis 酸生成穩定的溶劑加成物 $(Et_2O)_2BeR_2$，要得到沒溶劑合的烷基鈹是困難的。

$Be(CH_3)_2$ 是多聚體[3]：

$$d(Be-Be) = 210\ pm$$
$$\text{角 Be} \quad \overset{C}{\diagdown} \quad Be = 60°$$

(2)鎂金屬有機化合物

$$Mg + (CH_3)_2Hg \xrightarrow{\triangle} (CH_3)_2Mg^{[1]} + Hg$$
$$Mg + CH_2{=}CHCH_2Cl \xrightarrow{Et_2O/I_2} CH_2{=}CHCH_2MgCl^{[2]}$$
$$C_2H_5MgBr + C_5H_6 \xrightarrow{Et_2O} C_5H_5MgBr^{[3]} + C_2H_6$$

$Mg(C_2H_5)_2$ 像 $Be(C_2H_5)_2$ 具有多聚鏈狀結構，以 $\underset{Mg\quad Mg}{\overset{Et}{\diagdown}}$ 橋鍵連接而成。

從乙醚中結晶格氏試劑帶有溶劑分子 $RMgX(Et_2O)_2$，如果 R 為大基團致使 MgR_2 結晶或不帶溶劑的單分子，如 $Mg[C(SiMe_3)_3]_2$ 是兩配位鎂化合物固體[4]。容易合成的 $Mg(C_5H_5)_2$[5]是一種有用試劑，可以用來製備其它金屬的二茂化合物：

$$C_2H_5MgBr \xrightarrow[-C_2H_6]{C_5H_6,\ Et_2O} C_5H_5MgBr \xrightarrow[-MgBr_2]{220℃,\ 10^{-2}Pa} Mg(C_5H_5)_2 \xrightarrow[-MgCl_2]{MCl_2} M(C_5H_5)_2$$

Mg（C_5H_5）$_2$ 能形成白色易燃單晶，在 50℃、10^{-1}Pa 下昇華，可溶於非極性溶劑中。X 射線結構分析表明為夾心結構，Mg 位於兩個環戊烯之間[6]。

格氏試劑在溶液中呈現 Schlenk 平衡：

$$\begin{array}{c} L\diagdown \quad X\diagup\diagdown \quad L \\ Mg \quad Mg \\ R\diagup \diagup\diagdown X \diagdown R \end{array} \rightleftharpoons RMgX \xrightleftharpoons{K} R_2Mg + MgX_2 \rightleftharpoons \begin{array}{c} R\diagdown \quad X\diagup\diagdown \quad L \\ Mg \quad Mg \\ R\diagup \diagup\diagdown X \diagdown L \end{array}$$

L=溶劑分子
K=0.2（EtMgBr）

（3）Zn、Cd、Hg 金屬有機化合物　此族元素具有全充滿低能 d 殼層，沒有給電子和受電子性質，因此在討論 Zn、Cd、Hg 金屬有機化合物時要與鹼土金屬相聯繫。

鋅金屬有機化合物：

$$2C_2H_5I + 2C_2H_5Br + 4Zn（Cu）\xrightarrow{\triangle} 2（C_2H_5）_2Zn^{[1]} + ZnI_2 + ZnBr_2$$

$$（C_6H_5）_2Hg + Zn \xrightarrow{\triangle}（C_6H_5）_2Zn^{[2]} + Hg$$

$$ZnCl_2 + 2CH_2=CHMgBr \longrightarrow（CH_2=CH）_2Zn^{[3]} + 2MgBrCl$$

與 BeR_2 和 MgR_2 相比，ZnR_2（R＝烷基或芳基）是線狀單分子結構。其熔、沸點低，mp 為−28℃，bp 為 118℃，易發火。自身結合成二電子三中心橋鍵 $Zn\diagup^{R}\diagdown Zn$ 是明顯不利，而 $Zn\diagup^{H}\diagdown Zn$ 二電子三中心橋鍵是易形成的。

Hg 金屬有機化合物：由於 Hg−C 鍵的惰性，所以汞金屬有機化合物對於空氣和水是穩定的。汞有機化合物在有機合成中廣泛應用。

$$Hg + CH_2I_2 \xrightarrow{h\nu} ICH_2HgI^{[1]}$$

$$HgCl_2 + 2CH_3MgI \xrightarrow{乙醚}（CH_3）_2Hg^{[2]} + 2MgClI$$

$$HgBr_2 +（C_6H_5）_2Hg \xrightarrow{乙醚} 2C_6H_5HgBr^{[3]}$$

$$HgO + 2C_5H_6 \xrightarrow{胺}（C_5H_5）_2Hg^{[4]} + H_2O$$

$$HgCl_2 + 2C_6H_5MgBr \xrightarrow{乙醚}（C_6H_5）_2Hg^{[5]} + 2MgBrCl$$

$$Hg（OCOCH_3）_2 + CH_2=CH_2 \longrightarrow CH_3COOCH_2CH_2HgOCOCH_3^{[6]}$$

$$K_2HgI_4 + 2C_6H_5C\equiv CH + 2KOH \longrightarrow（C_6H_5C\equiv C）_2Hg^{[7]} + 4KI + 2H_2O$$

依據 Hg 和 C 原子電負度相似，Hg−C 鍵是共價的。Hg 的價態在汞金屬有機化學中幾乎都是二價的，一價汞的不穩定性，在熱化學上反映在（CH_3）$_2$Hg 中第一個和第二個甲基的離解能 D（MeHg−Me）=214kJ/mol 和 D（Hg−Me）=29kJ/mol 差異很大，

因此 RHg$^+$ $\xrightarrow{e^-}$ {RHg·} $\longrightarrow$ R·+Hg，如加熱或光照 R$_2$Hg 易發生龜裂形成烷基自由基，可應用於芳香取代反應中：

$$R_2Hg \xrightarrow[-Hg]{} 2R \cdot \xrightarrow{ArH} ArR + RH$$

RHgX 和 R$_2$Hg 分子是線狀結構（Hg 為 sp 或 d$_z^2$s 混成）。企圖合成非線狀 C−Hg−C 連接部，由於齊聚而不成功[8]。

o-苯基汞
d（Hg—C）=210 pm
d（Hg···Hg）=358 pm
對比：d（Hg—Hg）=302 pm（金屬）

13.1.5　13 族金屬有機化合物的合成

(1)鋁金屬有機化合物　雖然鋁金屬有機化合物是一種已知的高反應活性的物質，只有 1950 年 Ziegler K 的開拓性的工作（發現烯烴聚合催化劑 TiCl$_4$／Et$_3$Al）才推動了鋁金屬有機化合物的發展。透過單分子 R$_3$Al 溶劑合，（R$_3$Al·Et$_2$O）可減低其活性。與 1 族和 2 族金屬有機化合物相比，鋁有機物容易與烯、炔烴加成。鋁有機化合物是價廉的，可代替鋰與鎂有機物作為還原劑和烷基化試劑。

製備：

$$2C_2H_5Br + Al + 1/2Mg \longrightarrow (C_2H_5)_2AlBr^{[1]} + 1/2MgBr_2$$

$$3(C_2H_5)_2AlBr + 3Na \longrightarrow 2(C_2H_5)_3Al^{[2]} + 3NaBr + Al$$

$$Al_2Mg_3 + 6C_2H_5Cl \longrightarrow 2(C_2H_5)_3Al^{[3]} + 3MgCl_2$$

$$AlH_3 + CH_2{=\!\!=}\underset{\underset{CH_3}{|}}{C}CH_3 \longrightarrow (i-C_4H_9)_3Al^{[4]}$$

$$2Al + 3H_2 + 6CH_2{=\!\!=}\underset{\underset{CH_3}{|}}{C}CH_3 \longrightarrow 2(i-C_4H_9)_3Al^{[5]}$$

$$3t\text{-}C_4H_9Li + AlCl_3 \xrightarrow{戊烷} (t-C_4H_9)_3Al^{[6]} + 3LiCl$$

$$3(C_6H_5CH_2)_2Hg + Al \longrightarrow 2(C_6H_5CH_2)_3Al^{[7]} + 3Hg$$

$$H_2 + (C_2H_5)_3Al \xrightarrow[10^7 \sim 2 \times 10^7 Pa]{80 \sim 160℃} (C_2H_5)_2AlH^{[8]} + C_2H_6$$

$$（C_2H_5）_3Al + C_2H_5Na \longrightarrow NaAl（C_2H_5）_4^{[9]}$$

$$（C_2H_5）_2AlCl + NaF \longrightarrow （C_2H_5）_2AlF^{[10]} + NaCl$$

$$2（C_6H_5）_3Al + AlCl_3 \longrightarrow 3（C_6H_5）_2AlCl^{[11]}$$

在氫氣中鋁與烯烴反應，控制鋁與烯烴的莫耳比為 1：2，得到二烷基氫化鋁；$\diagdown$ AlH 對烯烴加成活性次序：$CH_2＝CR_2 < CH_2＝CHR < CH_2＝CH_2$，因此可從三異丁基鋁出發製備其它種烷基鋁：

$$Al + H_2 + CH_2＝CMe_2$$

$$\downarrow \quad 100℃$$

$$\downarrow \quad 2\times10^7 Pa$$

$$i-Bu_3Al \xrightarrow[-CH_2=CMe_2]{+CH_2=CHMe} （n-Pr）_3Al \xrightarrow[-CH_2=CHMe]{+CH_2=CH_2} Et_3Al$$

$$140℃ \quad \upharpoonleft\!\!\upharpoonright$$

$$2\times10^3 Pa$$

$$（i-Bu）_2AlH + CH_2＝CMe_2 \qquad （n-Pr）_2AlH + CH_2＝CHMe$$

以三異丁基鋁出發，由氣流凝集高取代烯烴法，也可製備高取代烷基鋁（三正辛烯基鋁）。乙烯對 Et_3Al 中 Al—C 插入反應可以生成 1-烯烴和不帶支鏈的醇：

$$Et_3Al \xrightarrow[110℃／10^7 Pa]{CH_2=CH_2} Al \begin{matrix} \diagup（C_2H_4）_mEt \\ -（C_2H_4）_nEt \\ \diagdown（C_2H_4）_oEt \end{matrix} \xrightarrow{O_2} Al \begin{matrix} \diagup O（C_2H_4）_mEt \\ -O（C_2H_4）_nEt \\ \diagdown O（C_2H_4）_oEt \end{matrix}$$

$$置換 \downarrow \begin{matrix} CH_2＝CH_2 \\ 200\sim300℃ \end{matrix} \qquad\qquad 水解 \downarrow H_2O$$

$$Et_3Al + 3CH_2＝CH（CH_2CH_2）_{m,n,o}^{H} \qquad 3Et（CH_2CH_2）_{m,n,o}^{OH} + Al（OH）_3$$

插入反應可以進行到鏈長至 C_{200}，這取決增長和置換反應。產物非支鏈 $C_{12}\sim C_{16}$ 伯醇可以用來製造銷量很大的表面活性劑（$ROSO_3H$）。

如果用丙烯和其它 α-烯烴取代乙烯，只發生 Al—C 插入反應。丙烯二聚可製造異戊二烯。

烷基鋁具有顯著地形成二聚體 Al_2R_6 的傾向，大的 R 配體不締合。

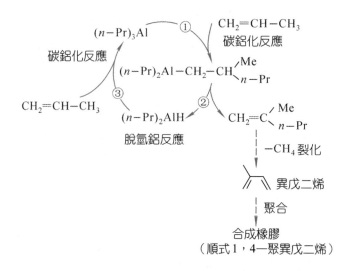

圖 13-4　丙烯在 Al－C 鍵上的插入反應

	固體	溶液	氣態
		（在碳氫溶劑中）	
AlMe$_3$	二聚體	二聚體	二聚體⇌單分子
AlEt$_3$，Al（n-Pr）$_3$	二聚體	二聚體	單分子
Al（i-Bu）$_3$	二聚體	單分子	單分子
AlPh$_3$	二聚體	二聚體⇌單分子	單分子

　　烷基鋁是無色、流動液體，可與空氣和水激烈反應，短鏈的烷基鋁易著火，遇水爆炸，操作時要特別注意，並在惰性氣體（N$_2$ 或 Ar）中進行。除烷烴和芳烴外，烷基鋁能快速進攻他種溶劑。

　　烷基鋁熱裂生成 R$_2$AlH 和烯烴，具有 β－ 支鏈的烷基在 80℃ 分裂明顯，對於三正烷基鋁約在 120℃ 分解。氯化烷基鋁 R$_n$AlX$_{3-n}$ 和烷氧基鋁 R$_n$Al（OR'）$_{3-n}$ 的反應性能明顯減小。

　　在 13 族的 MR$_3$ 金屬有機化合物中只有烷基鋁是二聚體，見圖 13-5。

　　在碳和鋁為 sp^3 混成，四個端 Al－C$_t$ 鍵長為正常長度，橋鍵距離 d(Al－C$_b$) 大於端鍵鍵距。$\overset{\text{C}}{\underset{\text{Al　Al}}{\diagdown\diagup}}$ 為兩電子三中心鍵（如圖 13-5 所示），是由一個 C（sp^3）軌域和兩個 Al（sp^3）軌域形成的。 Al$_2$（C$_6$H$_5$）$_6$ 的結構與 Al$_2$（CH$_3$）$_6$ 相似。但下列反應[12]所形成的 Al－Al 鍵不同於上述二聚體烷基鋁 Al－Al 鍵，屬直接成鍵。

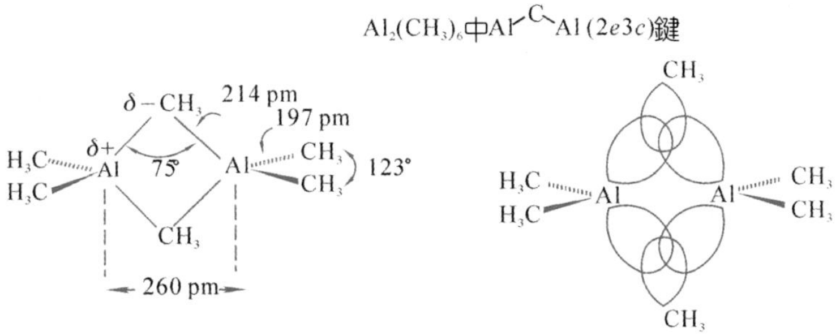

$Al_2(CH_3)_6$ 中 Al $\overset{C}{\frown}$ Al $(2e3c)$ 鍵

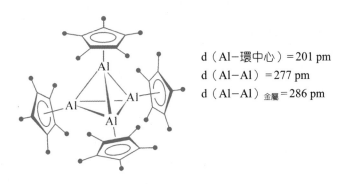

圖 13-5　$Al_2（CH_3）_6$ 的分子和電子結構

$$2[（Me_3Si）_2CH]_2AlCl + 2K \longrightarrow [（Me_3Si）_2CH]_2Al - Al[CH（SiMe_3）]_2$$

非常見的 Al（Ⅰ）化合物 $[（\eta^5 - C_2Me_5）Al]_4$ 被確認是一個四面體簇合物，由 $AlCl（Et_2O）_x$ 和 $（C_5Me_5）_2Mg$ 製備的[13]。

一個茂鋁陽離子 $[Al（\eta^5 - C_5H_5）_2]^+[MeB（C_6F_6）_3]^-$ 是由 $AlCp_2Me$ 與 $B（C_6F_5）_3$ 在 CH_2Cl_2 中，78℃下製備的，對異丁烯陽離子聚合是一個高效引發劑[14]。

d（Al−環中心）= 201 pm
d（Al−Al）= 277 pm
d（Al−Al）_金屬 = 286 pm

圖 13-6　$[（\eta^5 - C_5Me_5）Al]_4$ 的分子結構

(2)鎵、銦和鉈金屬有機化合物　鎵、銦和鉈金屬有機化合物還不如鋁金屬有機化合物重要。鎵和銦有機化合物在製作半導體時作為摻雜試劑。因此，透過三甲基鎵和砷化氫的氣相混合物的熱分解，得到製鎵砷物的沈積層，即金屬有機化學氣相澱積法（MOCVD）：

$$（CH_3）_3Ga（g）+ AsH_3（g）\xrightarrow{700\sim900℃} GaAs（s）+ 3CH_4（g）$$

鎵的金屬有機化學在許多方面與鋁的相似，Ga 的氧化態幾乎都是三價。對於銦，

除 In（Ⅲ）外，還有 In（Ⅰ）有機化合物（C_5H_5In）報導。鉈金屬有機化合物有 Tl（Ⅳ）和 Tl（Ⅰ）的氧化價，儘管其毒性大，但在有機合成中有用處。

製備和性質：

$$2Ga + 3（CH_3）_2Hg \xrightarrow{HgCl_2} 2（CH_3）_3Ga^{[1]} + 3Hg$$

$$GaCl_3 + 2Ga（C_2H_5）_3 \longrightarrow 3（C_2H_5）_2GaCl^{[2]}$$

$$GaCl_3 + 3（C_2H_5）_3Al + 3KCl \xrightarrow{戊烷}（C_2H_5）_3Ga^{[3]} + 3K[Al（C_2H_5）_2Cl_2]$$

$$GaCl + LiC_5H_5 \xrightarrow{PHCH_3／Et_2O} LiCl + GaC_5H_5^{[4]}$$

$$GaCl + Mg（C_5H_5）_2 \xrightarrow{PHCH_3／Et_2O} CpMgCl \cdot Et_2O + GaC_5H_5$$

$$6CH_3Br + Mg_3In_2 \longrightarrow 2（CH_3）_3In + 3MgBr_2^{[5]}$$

$$InBr_3 + 3C_5H_5Na \longrightarrow （C_5H_5）_3In \xrightarrow[-（C_5H_5）_2]{昇華} C_5H_5In^{[6]} + 3NaBr$$

$$2C_5H_6 + Tl_2SO_4 \xrightarrow{2KOH} 2C_5H_5Tl（Ⅰ）^{[7]} + K_2SO_4 + 2H_2O$$

$$n-RMgBr + TlBr \longrightarrow n-R_2Tl（Ⅲ）Br^{[8]} + MgBr_2$$

R_3Ga 和 R_3In 在溶液和氣態中是單分子的，對空氣很敏感。

$Me_2GaC \equiv CPh$ 是以雙分子結合存在[9]，Ga（$\eta-C_5H_5$）的結構[4]：

而環戊二烯銦中銦的氧化價有 In（Ⅲ）（$\sigma-$有機基團）和 In（Ⅰ）（π 配合物）[10]。

$$InCl_3 + 3NaC_5H_5 \xrightarrow{THF} （\eta^1-C_5H_5）_3In$$

$$\Big\downarrow \begin{matrix} 150℃，10^2Pa \\ -C_{10}H_{10} \end{matrix}$$

$$InCl + LiC_5H_5 \xrightarrow[60℃]{苯} （\eta^5-C_5H_5）In$$

採用下列反應合成了第一個鎵雜苯[11]：

$$ICH=CH-CH_2-CH=CHI + t-BuLi$$

$$\xrightarrow{己烷} LiCH=CH-CH_2-CH=CHLi$$

13.1.6　14 族金屬有機化合物的合成

(1)鍺金屬有機化合物　鍺位於週期表的中心位置，具有典型半金屬性質。Winkler 在 1887 年製得四乙基鍺後，長時期內再沒有新的發展。由於有機鍺實際用途不大，所得結果主要有科學意義。Ge−H 和 Ge−C 鍵的極性和反應性主要受取代基的影響。鍺有機化合物的配位數為 4。

製備和性質：

$$GeCl_4 + 4CH_3MgBr \longrightarrow (CH_3)_4Ge^{[1]} + 4MgBrCl$$

$$(CH_3)_4Ge + Br_2 \xrightarrow{AlCl_3} (CH_3)_3GeBr^{[2]} + CH_3Br$$

$$(CH_3)_4Ge + AlCl_3 + CH_3COCl \longrightarrow (CH_3)_3GeCl^{[3]} + CH_3COCH_3 \cdot AlCl_3$$

$$C_5H_6 + C_4H_9Li \longrightarrow C_5H_5Li + C_4H_{10}$$

$$(CH_3)_3GeCl + C_5H_5Li \longrightarrow (CH_3)_3GeC_5H_5^{[4]} + LiCl$$

$$Ge + 2CH_3Cl \xrightarrow{Cu_2Cl_2} (CH_3)_2GeCl_2^{[5]}$$

$$R = (Me_3Si)_2CH$$

R_4Ge 在化學上是惰性的，可被強氧化劑分解（如與 Br_2 反應），需 Friedel−Crafts 催化劑存在。

$$GeBr_2 + 2C_5H_5Tl \xrightarrow{\text{THF} \cdot 20℃} (C_5H_5)_2Ge^{[7]} + TlBr$$

$$GeCl_2 \cdot O\bigcirc O + 2C_5Me_5Li \xrightarrow{\text{THF}} (C_5Me_5)_2Ge + 2LiCl + O\bigcirc O$$

　　單分子茂鍺與茂錫和茂鉛相似，具有傾斜的夾心結構，易形成以環戊二烯為橋的聚合物。十甲基茂鍺（C_5Me_5）$_2$Ge 以及其同族元素 Sn 在HBF_4的作用下釋放一個配體並產生一個陽離子[8]：

$$(Me_5C_5)_2Ge + HBF_4 \xrightarrow{-Me_5C_5H} \left[\begin{array}{c} Ge \\ \bigodot \end{array} \right]^+ BF_4^-$$

　　[（C_5Me_5）Ge]$^+$是與（C_5H_5）In 等電子和異構的相關化合物，配體具有6個π電子，中心原子 E（ns^2）滿足了八隅體的組態。

$$Ar_2GeCl_2 \xrightarrow[\substack{\text{DME}\\(\text{二甲氧基乙烷})}]{LiC_{10}H_8} \begin{array}{c} Ar_2 \\ Ge \\ \diagdown \\ Ar_2Ge-GeAr_2 \end{array} \xrightarrow[\text{三甲基戊烷}]{hv} \begin{array}{c} Ar \qquad Ar^{[9]} \\ \diagdown \qquad \diagup \\ Ge=Ge \\ \diagup \qquad \diagdown \\ Ar \qquad Ar \end{array}$$

Ar = $\bigvee\bigcirc\bigvee$，由於大基團屏蔽作用，Ge—Ge 得到了保護。

　　(2)錫金屬有機化合物　Sn 和 Ge 相比，錫金屬有機化合物的結構有很大的不同，Sn 的配位數很大，可達到 4，5 和 6 配位。

　　製備和性質：

$$Sn + 2CH_3Cl \longrightarrow (CH_3)_2SnCl_2^{[1]}$$

$$SnCl_4 + C_4H_9MgCl \xrightarrow{\text{乙醚}} C_4H_9SnCl_3^{[2]} + MgCl_2$$

$$SnCl_4 + 4CH_3MgI \xrightarrow{\text{丁醚}} (CH_3)_4Sn^{[3]} + 4MgClI$$

$$(C_2H_5)_3SnCl \xrightarrow{LiAlH_4} (C_2H_5)_3SnH^{[4]} + LiCl + AlH_3$$

$$2(CH_3)_3SnBr + 2Na \longrightarrow (CH_3)_3SnSn(CH_3)_3^{[5]} + 2NaBr$$

$$SnCl_4 + 4CH_2=CHMgCl \xrightarrow{\text{THF}} (CH_2=CH)_4Sn^{[6]} + 4MgCl_2$$

$$(CH_3)_3SnN(CH_3)_2 + HC\equiv C_6H_5 \longrightarrow (CH_3)_3SnC\equiv CC_6H_5^{[7]} + (CH_3)_2NH$$

$$(C_4H_9)_3SnCl + NaBH_4 \xrightarrow{\text{乙二醇二甲醚}} (C_4H_9)_3SnH^{[8]} + 1/2B_2H_6 + NaCl$$

$$SnCl_2 + 2C_6H_5Li \xrightarrow{\text{乙醚}} (C_6H_5)_2Sn^{[9]} + 2LiCl$$

$$(C_6H_5)_2Sn + C_6H_5Li \xrightarrow{\text{乙醚}} (C_6H_5)_3SnLi$$

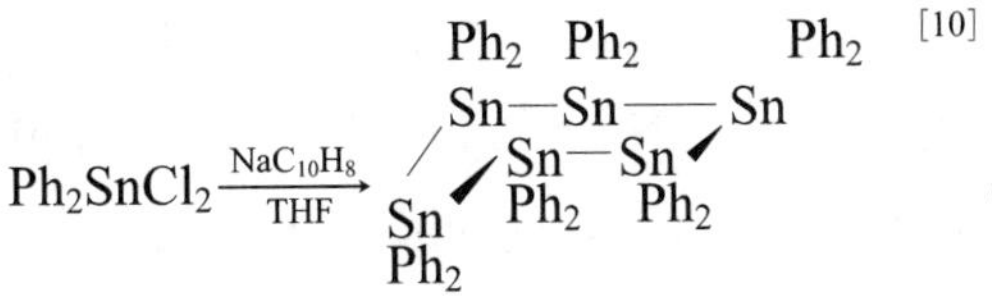

Ph₂SnCl₂
NaC₁₀H₈
THF
Sn
Ph₂
[10]

d（Sn—Sn）= 277 pm

$$SnCl_2 + 2NaC_5H_5 \xrightarrow[-2NaCl]{THF} (\eta^5-C_5H_5)_2Sn$$
mp105℃

$(\eta^5-C_5H_5)_2$Sn 對水和空氣敏感，其結構為傾斜夾心[11]：

120°
Sn

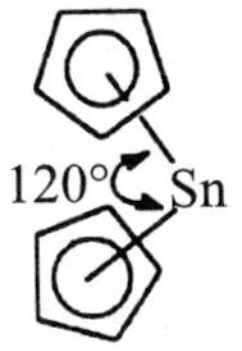

d（Sn—C）= 271 pm

$(\eta^5-C_5H_5)_2$Sn再與 NaC_5H_5 反應生成紅黃色 $(\eta^5-C_5H_5)_2Sn(\mu-\eta^5-C_5H_5)$ Na · PMDETA 三角平面槳輪狀三茂錫：

Cp₂Sn + NaCp
THF
PMDETA
20℃
Sn
Na
N
[12]

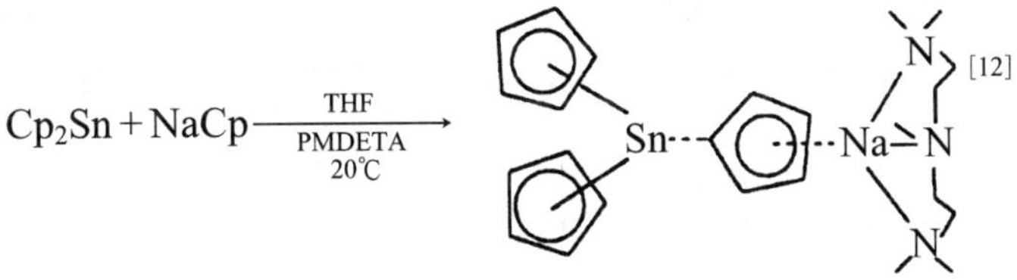

DMDETA =（$Me_2NCH_2CH_2$）$_2$NMe

在下列反應中 Sn 上的基團可以交換[13]

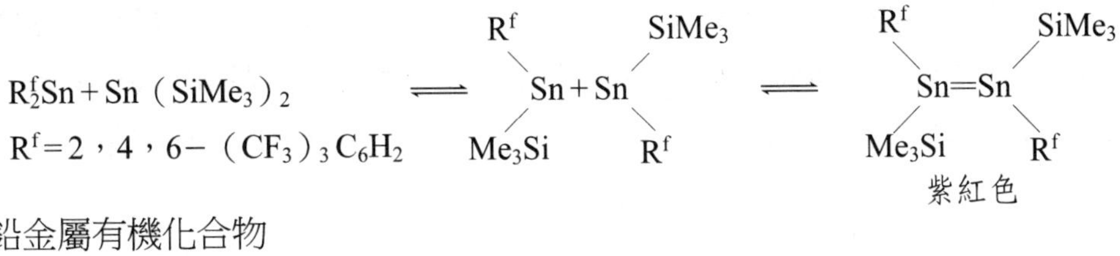

R^f_2Sn + Sn（SiMe₃）₂
R^f = 2，4，6－（CF₃）₃C₆H₂
R^f
SiMe₃
Sn + Sn
Me₃Si
Sn=Sn
紫紅色

(3)鉛金屬有機化合物

實驗室製法：

$$PbCl_2 + 2CH_3MgI \xrightarrow[-2MgClI]{Et_2O} 6Pb(CH_3)_2 \longrightarrow 3(CH_3)_4Pb^{[1]} + 3Pb$$

$$Pb(OAc)_4 + 4RMgCl \xrightarrow[5℃]{THF} R_4Pb + 4MgCl(OAc)$$

加碘甲烷可使反應完全：

$$4CH_3Li + 2PbCl_2 \xrightarrow{Et_2O} (CH_3)_4Pb^{[2]} + 4LiCl + Pb$$

$$2CH_3I + Pb \longrightarrow (CH_3)_2PbI_2$$

$$2CH_3Li + (CH_3)_2PbI_2 \longrightarrow Pb(CH_3)_4^{[3]} + 2LiI$$

$$2PbCl_2 + 4CH_2{=}CHMgBr \longrightarrow (CH_2{=}CH)_4Pb^{[4]} + Pb + 4MgBrCl$$

$$(C_6H_5)_4Pb + HCl \longrightarrow (C_6H_5)_3PbCl^{[5]} + C_6H_6$$

$$4(CH_3)_3PbCl + KBH_4 \longrightarrow 4(CH_3)_3PbH^{[6]} + KCl + BCl_3$$

$$R{-}\langle\bigcirc\rangle{-}R + 2n{-}BuLi + PbCl_2 \longrightarrow (\eta^5 - C_4H_2R_2N)_2Pb^{[7]} + 2LiCl + 2n{-}BuH$$

$$R = t{-}Bu$$

工業製法：

$$4C_2H_5Cl + 4NaPb \xrightarrow[反應釜]{110^\circ C} (C_2H_5)_4Pb^{[8]} + 3Pb + 4NaCl$$

直接法的缺點是鉛沒有完全消耗盡，所形成的單質鉛需循環反應，在催化劑Et_2Cd存在下應用三乙基鋁作烷基化試劑：

$$6Pb(OAc)_2 + 4(C_2H_5)_3Al \xrightarrow{HMPA \atop [(CH_3)_2N]_3PO} 3Pb + 4Al(OAc)_3 + 3(C_2H_5)_4Pb$$

$$3Pb + 6C_2H_5I + 3(C_2H_5)_2Cd \longrightarrow 3(C_2H_5)_4Pb + 3CdI_2$$

$$3CdI_2 + 2(C_2H_5)_3Al \longrightarrow 3(C_2H_5)_2Cd + 2AlI_3$$

$$6Pb(OAc)_2 + 6(C_2H_5)_3Al + 6C_2H_5I \longrightarrow 6(C_2H_5)_4Pb + 4Al(OAc)_3 + 2AlI_3$$

簡單的烷基鉛$(CH_3)_4Pb$（bp110℃／$76×10^3Pa$）和$(C_2H_5)_4Pb$（bp78℃／10^3Pa）是無色的、高折射、有毒的液體；$(C_6H_5)_4Pb$（mp223℃）是白色晶體。在通常條件下這些化合物不受空氣和水的破壞，也不受光的影響。在高溫下，烷基鉛分解成鉛、烯烴和H_2。R_4Pb的熱穩定性依下列順序降低：R=Ph＞Me＞Et＞i−Pr。Me_4Pb熱解產生Pb和·CH_3，由於自由基在氣流中的存在使鉛鏡轉移是經典實驗課題。將四乙基鉛加入到汽油中，其濃度約0.1%作為防爆劑。Et_4Pb的作用是使ROOH失去活性。

13.2　過渡金屬有機化合物

對主族元素很少用nd軌域成鍵，而過渡金屬除用ns和np軌域外，還要用$(n-1)$d軌域成鍵。由於這些軌域部分被電子占有，使過渡金屬具有給電子和受電子的性質。這些性質與給電子和受電子配體（如CO、異氰、碳烯、烯烴和π配體）結合使得金屬配體的鍵級（M═L）變化很大。

例如，最早1827年製得的配合物 Zeise 鹽[1]，$K[PtCl_3(CH_2{=}CH_2)]\cdot H_2O$的結構是以$Pt^{2+}$為中心的正方形單面排列，四個配體位於正方形頂點，其中三個配體是Cl，一

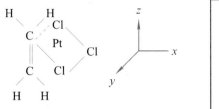
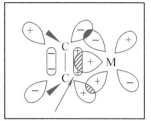

圖 13-7　Zeise 鹽的結構

個配體是乙烯分子，乙烯的碳碳鍵與 $PtCl_3^-$ 平面垂直，兩個碳原子和金屬原子 Pt 保持等距離。

Pt^{2+} 為 d^8 電子組態，$5d_{x^2-y^2}$，$6s$，$6p$ 形成平面正方形的 dsp^2 的四個混成流域，其中三個與 Cl 形成 σ 鍵，還有一個軌域接受乙烯 π 軌域上的電子對形成 σ 鍵。Pt^{2+} 已充填電子的 d_{xz} 軌域與乙烯的 $π^*$ 反鍵空軌域形成反饋 π 鍵。這說明了金屬和配體都具有給電子和受電子的性質。

有無橋聯配體的金屬鍵的各種形式導致各種簇合物的生成，從結構和理論角度來說是很有意義的。改變配位數的能力與金屬—碳 σ 鍵的不安定性提供了金屬有機催化的可能性。

13.2.1　18 價電子規則

18 價電子規則和 $σ^-$ 給電子／$π^-$ 電子的協同作用（成鍵和反饋鍵）概念是討論過渡金屬化合物的結構和價鍵的最基本的知識。18 價電子規則是基於定域化的金屬配體鍵的價鍵的形成，說明當金屬 d 電子數加配體供給的電子數總和等於 18 時，所形成的過渡金屬有機物穩定。這樣金屬達到了惰性氣體的電子組態，18 價電子規則，也意譯為惰性氣體規則或有效原子數規則。當使用 18 價電子規則時，要考慮下面慣例：

(1)環戊二烯鐵 $Fe(C_5H_5)_2$

$$\begin{array}{ll} 2(C_5H_5^-) & 12e^- \\ Fe^{2+} & 6e^- \end{array} \Big\rangle 18e^-$$

$$或\ \begin{array}{ll} 2(C_5H_5 \cdot) & 10e^- \\ Fe^0 & 8e^- \end{array} \Big\rangle 18e^-$$

兩種計算法都是 18 個價電子。

(2)十羰基二錳 $Mn_2(CO)_{10}$

$5(CO)$	$10e^-$	
Mn^0	$7e^-$	$18e^-$
$Mn—Mn$	$1e^-$	

Mn—Mn 中的一個電子算進每一個金屬滿足 18 價電子規則。

(3)九羰基二鐵 $Fe_2(CO)_9$

$3(CO)$	$6e^-$	
$3(\mu-CO)$	$3e^-$	$18e^-$
Fe^0	$8e^-$	
$Fe—Fe$	$1e^-$	

1. d 電子數與氧化價的關係[2]

現將過渡金屬的 d 電子數和氧化價的關係列入下表。

表 13-6　過渡金屬的 d 電子數和氧化價關係

	族數	4	5	6	7	8	9	10	11	
第一行	3d	Ti	V	Cr	Mn	Fe	Co	Ni	Cu	
第二行	4d	Zr	Nb	Mo	Tc	Ru	Rh	Pd	Ag	
第三行	5d	Hf	Ta	W	Re	Os	Ir	Pt	Au	
氧	0	4	5	6	7	8	9	10	11	
化	I	3	4	5	6	7	8	9	10	
態	II	2	3	4	5	6	7	8	9	d^n
	III	1	2	3	4	5	6	7	8	
	IV	0	1	2	3	4	5	6	7	

利用配位數和配體電荷可計算氧化價和 d^n。$M(d^8)$ 和 $M(d^{10})$ 配合物一般滿足 16 或 14 價電子組態，如 $[Ni(CN)_4]^{2-}$、$[Rh(CO)_2Cl_2]^-$、$[AuCl_4]^-$ 中 M 為 d^8，四方平面，四配位均為 16 價電子；$[Au(CN)^2]^-$、R_3PAuCl，M 為 d^{10} 線形，二配位均為 14 價電子；對某些金屬分子來說，16 電子比 18 電子同一金屬分子更穩定，如 Rh，Pd，Ir 和 Pt。鑭系和錒系元素不符合 18 價電子規則。

2. 配體的電荷與配位數

　　根據配體來分類過渡金屬有機化合物是方便可行的。表 13-7 列出典型配體的電荷和配位數[2]。

　　從表中可以看到給電子數是兩倍於配體配位數。總配位數和 d^n 可以用來預測配合物的理想幾何組態。

表 13-7　典型配體的電荷和配位數

配　　　體	電　荷	配位數	配　　　體	電　荷	配位數
X（Cl，Br，I）	−1	1（2）	$R_2C{=}CR_2$	0（−2）	1（2）
H	−1	1（2，3）	$RC{\equiv}CR$	0（−2）	1（2）
CH_3	−1	1	CN	−1	1
Ar	−1	1（2）	$\eta^2{-}C_4H_4$	0	2
RCO	−1	1	$CH_2{=}CHCH_2^-$	−1	1
Cl_3Sn	−1	1	$\eta^3-C_3H_5$	−1	2
R_3Z（Z=N，P，As，Sb）	0	1	$\eta^6-C_6H_6$	0	3（2，1）
R_2E（E=S，Se，Te）	0	1	$\eta^5-C_5H_5$	−1	3（2，1）
CO	0	1（2，3）	$\eta^7-C_7H_7$	+1	3
RNC：	0	1（2）	NO	+1（−1）	1（2）
RN：	0（−2）	1（2）	ArN_2	+1（−1）	1
R_2C：	0（−2）	1（2）	O	−2	2
N_2	0	1（2）	O_2	−2（−1）	2（1）

3. 配合物幾何組態

表 13-8　d^n，配位數，配位幾何組態和金屬氧化態[2]

d^n-	配位數	幾何組態	配合物	氧化態
10	4	四面體	$Ni（PF_3）_4$	Ni（0）
10	3	三角平面	$Pt（PPh_3）_3$	Pt（0）
10	2	線狀	$Au（PPh_3）Cl$	Au（Ⅰ）
8	5	三角雙錐	$[Co（CNAr）_5]^+$	Co（Ⅰ）
8	4	正方平面	$[Ir（CO）_2Cl_2]^-$	Ir（Ⅰ）
8	3	T 形體	$[Rh（PPh_3）_3]^+$	Rh（Ⅰ）
6	6	八面體	$[Fe（CN）_6]^{4-}$	Fe（Ⅱ）
6	5	正方錐體	$Ru（PPh_3）_3Cl_2$	Ru（Ⅱ）
4	7	蓋帽八面體	$[Mo（CO）_4Cl_3]^-$	Mo（Ⅱ）
4	6	八面體	$W（CO）_2（PPh_3）_2Cl_2$	W（Ⅱ）
2	8	正方反稜柱體	$ReH_5（PPh_3）_3$	Re（Ⅴ）
0	9	D_{3h}	$[ReH_9]^{2-}$	Re（Ⅶ）

有 d^6 電子組態的金屬原子和六配位配合物的結構預期為八面體。

有 d^8 電子組態的金屬原子和五配位的配合物的結構可以預期為三角雙錐體或正方錐體。

有d^{10}電子組態的金屬原子和四配位配合物結構可預期為四面體或正方平面結構。

4. Hepto 數（以η表示）

Hepto 來自於希臘語。具有結合（fasten）的意思。被借用來表示與金屬直接結合的原子數。例如H或CH_3作為配體稱η^1配體，$\pi-$烯丙基配體就稱為$\eta^3-C_3H_5$配體。餘可類推以η^n表示之。

13.2.2 過渡金屬有機化合物的合成

1.烷基和芳基（σ給電子配體）過渡金屬有機化合物（M−C σ鍵）

主族金屬有機化合物的幾種合成方法同樣適用於過渡金屬有機化合物的製備。

(1)複分解反應　金屬氯化物＋有機鋰（Mg，Al）試劑：

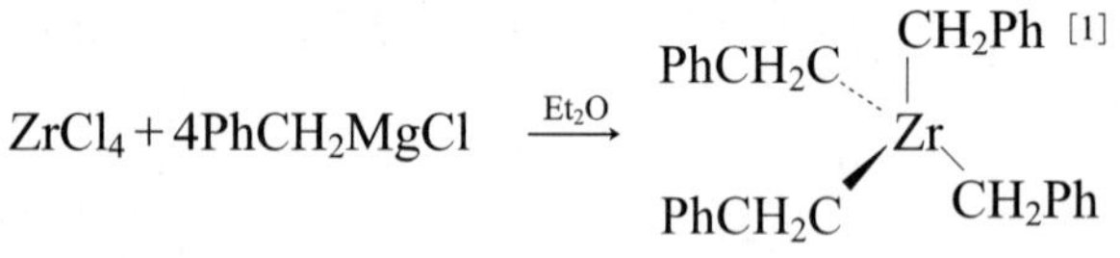

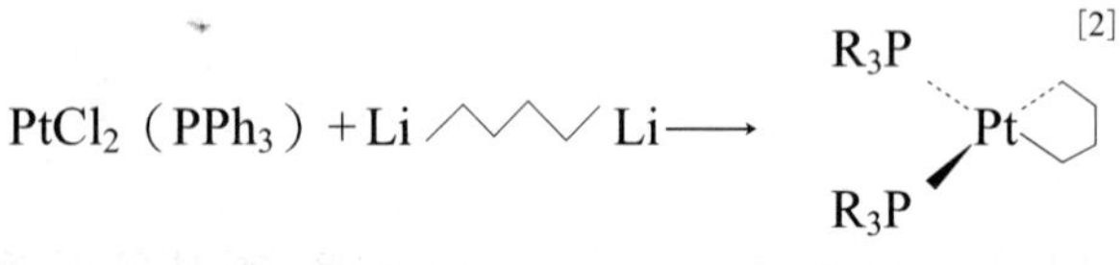

ZrCl4+4PhCH2MgCl
Et2O
PhCH2C
CH2Ph [1]
Zr
PhCH2C
CH2Ph

PtCl2（PPh3）+Li
Li
R3P
[2]
Pt
R3P

金屬環狀物

除強的碳負離子烷基鋰和格氏試劑外，其它主族金屬有機化合物Al、Zn、Hg和Sn也可以使用，由於其烷基化能力弱，只部分交換。

鹵素配體：

$$TiCl_4 + Al_2Me_6 \longrightarrow MeTiCl_3$$ [3]

$$NbCl_5 + ZnMe_2 \longrightarrow Me_2NbCl_3$$ [4]

(2)烯烴插入反應（金屬氫化物＋烯烴）

$$trans-(Et_3P)_2PtClH + CH_2{=}CH(CH_2)_5CH_3 \longrightarrow trans-(Et_3P)_2PtCl[CH_2(CH_2)_6CH_3]$$ [5]

$$HMn(CO)_5 + \wedge\!\!\!\!\wedge \xrightarrow{(C_2H_4)} (CO)_5MnCH_2CH\!\!=\!\!CHCH_3^{[6]}$$

$$[trans-(Et_3P)_2PtCl(C_2H_5)]$$

順，反-1，4-加成

在某些均相催化過程中烯烴插入 M-H 鍵是決定性步驟。

(3)碳烯插入（金屬氫化物＋碳烯）

$$CpMo(CO)_3H \xrightarrow{CH_2N_2} CpMo(CO)_3CH_3^{[7]}$$

(4)金屬烷基化（金屬羰基陰離子＋烷基鹵化物）

$$Mn_2(CO)_{10} \xrightarrow{Na/Hg} Na[Mn(CO)_5] \xrightarrow{CH_3I} CH_3Mn(CO)_5^{[8]} + NaI$$

$$W(CO)_6 \xrightarrow[-3CO]{NaCp} Na[CpW(CO)_3] \xrightarrow{CH_3I} CpW(CO)_3CH_3^{[9]} + NaI$$

副反應是 RX 消除 HX，這是由親核的羰基陰離子所致。

(5)金屬乙醯化（羰基金屬陰離子＋乙醯鹵）

$$NaMn(CO)_5 + CF_3COCl \longrightarrow CF_3COMn(CO)_5 \xrightarrow[-CO]{90\sim110^\circ\!C}$$

$$CF_3Mn(CO)_5^{[10]}$$

許多金屬乙醯化配合物加熱或在光化輻射後消除一個分子CO，這個反應通常是可逆的。

(6)氧化加成（16 價電子金屬錯合物＋鹵代烷）　許多具有 d^8 或 d^{10} 金屬 16 價電子配合物與鹵代烷反應，提高了氧化態和配位數，這個過程稱氧化加成。

$$\bigcirc\!\!\!\!-Co(CO)_2 + CF_3I \longrightarrow \bigcirc\!\!\!\!-Co\!\!<\!\!{}^{CF_3^{[11]}}_{I}\!\!\!/\!\!{CO}$$

這種類型反應在 18 價電子配合物中也存在：

$$CpCo^{I}(CO)(PPh_3) \xrightarrow{CH_3I} [CpCo^{III}CH_3(CO)(PPh_3)]^+I^- \longrightarrow$$

$$[CpCo^{III}(OCCH_3)(PPh_3)I]^{[12]} \quad 18VE（價電子）$$

早期合成二元過渡金屬烷基或芳基化合物（二乙基鐵或二甲基鎳）的結果表明，在正常實驗條件下是不能合成這種配合物。

已知的過渡金屬碳 σ 鍵化合物總含有附加配體，$\eta^5-C_5H_5$、CO、PR_3 或鹵離子：

$$PtCl_4 + 4CH_3MgI \longrightarrow 1/4\,[\,(CH_3)_3PtI]_4^{[13]}\,(六面體)$$

$$CrCl_3 + 3C_6H_5MgBr \xrightarrow{THF} (C_6H_5)_3Cr\,(THF)_3^{[14]}$$

又如配合物：$CpFe\,(CO)_2CH_3\,(Cp=\eta^5-C_5H_5)$，$CH_3Mn\,(CO)_5$ 過渡金屬 $TM\overset{\sigma}{-}C$ 一般比主族元素 $MGE\overset{\sigma}{-}C$ 鍵弱。金屬碳鍵伸縮頻率的力常數比較說明，$MGE\overset{\sigma}{-}C$ 和 $TM\overset{\sigma}{-}C$ 鍵具有可比鍵強度。

表 13-9　金屬碳鍵伸縮頻率的力常數

$M\,(CH_3)_4$	Si	Ge	Sn	Pb	Ti
力常數 $K\,(M-C)\,(N\cdot cm^{-1})$	2.93	2.72	2.25	1.90	2.28

在相同方向上過渡金屬的熱力學數據表明，$TM\underline{\sigma}C$ 鍵能在 $120\sim350$ kJ/mol，下面數據是平均值 $\overline{E}\,(M-C)$：

表 13-10　$\sigma-$給電子配體化合物平均 $M\overset{\sigma}{-}C$ 鍵能

化合物	$\overline{E}\,(M\underline{\sigma}C)\,(kJ\cdot mol^{-1})$	化合物	$\overline{E}\,(M\underline{\sigma}C)\,(kJ\cdot mol^{-1})$
Cp_2TiPh_2	330	WMe_6	160
$Ti\,(CH_2Ph)_4$	260	$(CO)_5MnMe$	150
$Zr\,(CH_2Ph)_4$	310	$(CO)_5ReMe$	220
$TaMe_5$	260	$CpPtMe_3$	160

處理二元過渡金屬烷基化合物的困難不是由於其低的熱力學穩定性，而是其高動力學不安定性[15]。

製備這類化合物最有效的方法是阻止化合物分解的可能性。一個一般的分解機構是 $\beta-$消除，導致金屬氫化物和烯烴產生：

$$CN=n+2$$

分解

機構的實驗證據是由於下列熱分解中形成銅氘化合物：

$$（Bu_3P）CuCH_2CD_2C_2H_5 \longrightarrow （Bu_3P）CuD + CH_2＝CDC_2H_5$$

β- 消除反應是可逆的：

$$Cp_2Nb（C_2H_4）C_2H_5 \overset{-C_2H_4}{\underset{+C_2H_4}{\rightleftharpoons}} Cp_2Nb（C_2H_4）H$$

β-消除反應可被抑制即 TM-烷基是惰性的。

(a)烯烴的生成在空阻上有利和能量上不利：

R= ⟨圖⟩ 在二元配合物 MR_4 中，降冰片烯基穩定了 Cr^{III}、Mn^{IV}、Fe^{IV} 和 Co^{IV} 的稀有氧化態，是因橋頭碳原子不能生成雙鍵。

(b)有機配體在 β- 位置上無氫原子：

$$單牙配體：-CH_3，-CH_2-\underset{CH_3}{\overset{CH_3}{\underset{|}{\overset{|}{C}}}}-CH_3，-CH_2-\underset{CH_3}{\overset{CH_3}{\underset{|}{\overset{|}{Si}}}}-CH_3，$$

$$-CH_2-C_6H_5，-CH_2\underset{CH_3}{\overset{CH_3}{\underset{|}{\overset{|}{C}}}}-C_6H_5$$

雙牙配體：

$$\begin{matrix} H_3C & CH_2- \\ & Si \\ H_3C & CH_2- \end{matrix}，\begin{matrix} H_3C & CH_2- \\ & P \\ H_3C & CH_2- \end{matrix}，\begin{matrix} PR_2 & -CH_2- \\ H_2C & \\ PR_2 & -CH_2- \end{matrix}$$

而矽新戊基（$R=CH_2SiMe_3$）形成相當惰性的 $TM\overset{\sigma}{—}C$ 鍵（VOR_3，mp 75℃；CrR_4，mp 40℃）。

又如新戊基配合物 $Ti[CH_2C(CH_3)_3]_4$ 的熱穩定性（mp 90℃）比相似的烷基配合物 $Ti(CH_3)_4$（-40℃分解）和 $Ti(C_2H_5)_4$（-80℃分解）穩定。這也適用於相應的鋯配合物。而 $Zr(Ph)_4$ 不能被分離和 $Zr(CH_3)_4$ 在-15℃以上分解，四苄基鋯是穩定的（mp 132℃）。

(c)沒有配位位置：$Ti(CH_3)_4$ 和 $Pb(CH_3)_4$ 不同性質可以說明此點：

$$\begin{matrix} Ti（CH_3）_4 & Pb（CH_3）_4 \\ -40℃分解 & 在 110℃／10^5\,Pa\ 蒸餾 \\ & （儘管 Pb\cdots C\ 鍵力常數小） \end{matrix}$$

$Ti(CH_3)_4$ 分解可能通過雙分子機構。雙分子的形成：

$$
\begin{array}{c}
\mathrm{CH_3} \\
(\mathrm{CH_3})_3\mathrm{Ti} \quad\cdots\quad \mathrm{Ti}(\mathrm{CH_3})_3 \\
\mathrm{CH_3}
\end{array}
$$

削弱了 Ti–C（二電子二中心）鍵變成了 $\begin{array}{c}\mathrm{C}\\ \diagup\ \diagdown \\ \mathrm{Ti}\quad\mathrm{Ti}\end{array}$（二電子三中心）鍵。

$\mathrm{W}(\mathrm{CH_3})_6$ 是空阻屏蔽的分子[16]，氣相六甲基鎢的結構是三角稜柱而不是正八面體[17]。

$$
\mathrm{WCl_6} \xrightarrow[\mathrm{DME}]{\mathrm{CH_3Li}} \mathrm{W}(\mathrm{CH_3})_6 \quad(\text{紅色，mp 30℃})
$$

$$
\mathrm{IR}：\nu_{\mathrm{W-C}}=482\ \mathrm{cm^{-1}}
$$

$$
\mathrm{H\ NMR}：\delta=1.62
$$

2.烯烴和芳基（σ給電子／π受電子配體）過渡金屬有機化合物

含有下列結構配合物：

$$
\begin{array}{c}\diagup\\ \mathrm{C}=\mathrm{C}\\ \diagup\quad\\ \mathrm{M}\end{array}\text{（烯基）}\qquad \mathrm{M}-\bigcirc\text{（苯基）}\qquad \mathrm{M-C\equiv C-}\text{（炔基）}
$$

乙烯基配合物　　　　芳基配合物　　　乙炔基配合物

占據著具有純 σ 給電子配體（烷基過渡金屬）和一大類 σ 給電子／π 受電子配合物（L＝CO、膦等）間的一定位置。雖然烯烴基、炔烴基和芳基配體具有 π^* 空軌域適用與占有 d 軌域相互作用，結構數據表明 M–C 相互作用具有小的雙鍵性質。如果 M–C 距離比單鍵的共價半徑和短，將顯示某些 π 鍵性質。

鉑配合物結構數據示例如下：

	Pt—C（pm）	$r_\mathrm{c}\mathrm{Pt^{II}}$（pm）	$r_\mathrm{c}\mathrm{C}$（pm）
trans$-[\mathrm{PtCl}(\mathrm{CH_2SiMe_3})(\mathrm{PPhMe_2})_2]$	208	131	77（$\mathrm{sp^3}$）
trans$-[\mathrm{PtCl}(\mathrm{CH=CH_2})(\mathrm{PPhMe_2})_2]$	203	131	67（$\mathrm{sp^2}$）
trans$-[\mathrm{PtCl}(\mathrm{C\equiv CPh})(\mathrm{PPhMe_2})_2]$	198	131	60（sp）

$$
\begin{array}{c}
\mathrm{PPhMe_2}\\
|\quad ^{203\mathrm{pm}}\\
\mathrm{Cl-Pt\!-\!\!-\!CH}\ \diagdown\ 135\ \mathrm{pm}\\
|\quad _{127°}\ \mathrm{CH_2}\\
\mathrm{PPhMe_2}
\end{array}
$$

在這三個配合物中 Pt–C 距沒有短於 $\mathrm{Pt^{II}}$ 和 C（在各自的混成態中）的共價半徑和，

沒有給出鉑碳間 π 鍵指示。如果有相當的反饋鍵 $Pt(d\pi) \xrightarrow{\pi} C(P_\pi^*)$ 發生，C-C 鍵變長，但沒觀察到。這說明金屬烯烴基、苯基和炔烴基鍵主要屬於 $M-C\sigma$ 鍵性質。例如：

$$Fe_2(CO)_9 + \begin{array}{c} H \\ C \\ Br \end{array}\!\!=\!\!\begin{array}{c} Br \\ C \\ H \end{array} \longrightarrow (CO)_3Fe \overset{\overset{\displaystyle H\diagup Br\,\diagdown H}{}}{\underset{Br}{-\!-}} Fe(CO)_3 \quad [1]$$

正方平面鎳、鈀和鉑配合物（2，4，6-三甲苯基）$M(PR_3)_2$ 具有特殊的穩定性，不同於相應的烷基和苯基的不穩定性。這是由於鄰位取代基阻礙了芳基的旋轉，迫使芳基（π^*）與 $Pt(d_{xy})$ 軌域重疊，阻止了 β-消除反應。取代炔烴與取代環戊二烯碘化鈷反應得到雙烯烴基鈷配合物：

$$[(\eta^5:\eta^2-C_5Me_4CH_2CH_2CH\!=\!CH_2)CoI_2]_2 \xrightarrow{Na/Hg} \overset{\text{Co}}{\square} \xrightarrow{(CH_2)_4(C\equiv CH)_2} \overset{\text{Co}}{\square}$$

多聚炔基 Cu^I、Ag^I、Au^I，例如：

$$AuCl_3(aq) \xrightarrow[KBr]{SO_2} [AuBr_2]^- \xrightarrow[NaOAc]{RC\equiv CH} [AuC\equiv CR]_n^{[3]} + H^+$$
$$(R=t-Bu) \downarrow PPh_3$$

$$\begin{array}{c} Bu-t \\ \| \\ C \\ \| \\ C \\ \| \\ Au \\ \uparrow \\ t-Bu-C\equiv C-Au \end{array}\!\!\leftarrow\!\! \begin{array}{c} C\rightarrow Au-C\equiv C-Bu-t \\ \| \\ Au \\ \| \\ C \\ \| \\ C \\ \| \\ Bu-t \end{array} \xrightarrow{PPh_3} Ph_3PAuC\equiv CR$$

$$[CuBr(dms)_n + LiC\equiv CBu-t \xrightarrow[\text{②正己烷}]{\text{①Et}_2O} [CuC\equiv CBu-t]_{24} \cdot 2C_6H_{14} + LiBr$$
$$dms = (CH_3)_2S$$

3.過渡金屬碳烯和碳炔配合物

含有金屬碳雙鍵的化合物一般叫金屬碳烯（carbene）錯合物；含有金屬碳三鍵配合物叫碳炔（carbyne）配合物。

第一個碳烯配合物在 1964 年得到；第一個碳炔配合物在 1973 年得到。從那以後這類化合物發展成金屬有機化學的重要分支。

製法：

(1)烷基鋰對 M−CO 鍵的加成[1]

$$\text{W(CO)}_6 \xrightarrow[\text{Et}_2\text{O}]{\text{LiR}} \text{(CO)}_5\text{W=C(R)O}^-\text{Li}^+ \xrightarrow{[(\text{CH}_3)_3\text{O}]\text{BF}_4} \text{(CO)}_5\text{W=C(R)OCH}_3$$

(2)中性乙醯基配合物質子化[2]

$$\xrightarrow{\text{CF}_3\text{SO}_3\text{H}}$$

(3) ROH 對異氰配合物的加成[3]

$$\xrightarrow{\text{ROH}}$$

(4)羰基鐵與富電子烯烴反應[4,5]

$$\xrightarrow[-\text{CO}]{\text{Fe(CO)}_5} \text{(OC)}_4\text{Fe=C}$$

$$[\text{L}_3\text{W(CO)}] \xrightarrow[\text{Wittig 反應}]{\text{RHNCH}_2\text{CH}_2\text{N}=\text{PPh}_3} \quad =\text{WL}_3$$

$$\text{L}：\text{PhC}\equiv\text{CPh}，\text{R}=\text{H}$$

(5)金屬膦氯化物與重氮甲烷反應[6]

$$(\text{PPh}_3)_3\text{OsCl(NO)} \xrightarrow[\substack{-\text{PPh}_3 \\ -\text{N}_2}]{\text{CH}_2\text{N}_2} \text{(ON)(Cl)(PPh}_3)_2\text{Os=CH}_2$$

(6)金屬羰基化合物與二氯二苯基取代環丙烯反應[7]

$$Na_2Cr(CO)_5 + \overset{Ph}{\underset{Ph}{\rhd}}Cl_2 \xrightarrow[\substack{THF \\ -2NaCl}]{-20℃} (CO)_5Cr=\overset{Ph}{\underset{Ph}{\rhd}}$$

(7)金屬烷基化合物脫質子反應[8]

$$\left[Cp_2Ta \overset{CH_3}{\underset{CH_3}{\big\langle}} \right]^+ \xrightarrow[-CH_3OH]{NaOCH_3} Cp_2Ta \overset{C\overset{H}{\underset{H}{\diagup}}}{\underset{CH_3}{\big\langle}}$$

(8)從金屬烷基化合物奪取氫原子[9]

$$\underset{ON\ L\ CH_3}{Re} \xrightarrow[CH_2Cl_2]{Ph_3C^+PF_6^-} \left[\underset{ON\ L\ CH_2}{Re} \right]^+ + Ph_3CH$$

(9)氯化釕配合物與炔烴反應[10]

$$RuHCl(H_2)L_2 \xrightarrow{HC≡CR} \underset{\substack{H \\ L}}{\overset{\substack{Cl \\ L}}{Ru}}=C=CHR \xrightarrow{HCl} \underset{\substack{Cl \\ L}}{\overset{\substack{L \\ Cl}}{Ru}}=CHCH_2R$$

R＝H，Ph；L＝PCy₃（Cy＝環己烷基）或 L＝P（*i*-Pr）₃（*i*-Pr＝異丙基）

　　烯烴複分解催化劑配位的碳烯具有三角平面幾何形狀，碳原子混成為 sp^2；MC＝C 鍵長明顯短於 M—C 單鍵，但長於金屬羰基中 M—C（CO），共振形式 b［M（d_π）→ C（P_π）］貢獻；C—X（X＝雜原子）鍵長短於單鍵共振形式 c［C（P_π）←X（P_π）］相互作用貢獻。上列現象可用下面共振現象說明。

$$\left\{ \begin{array}{ccc} \overset{\overline{X}}{Ln\overline{M}-\overset{+}{C}\diagdown R} & \longleftrightarrow & \overset{\overline{X}}{LnM=\underset{R}{C}} & \longleftrightarrow & \overset{\overset{+}{X}}{Ln\underline{M}-\underset{R}{\underset{-}{C}}} \\ a & & b & & c \end{array} \right\}$$

⑽碳烯化合物與鹵化硼反應[11]

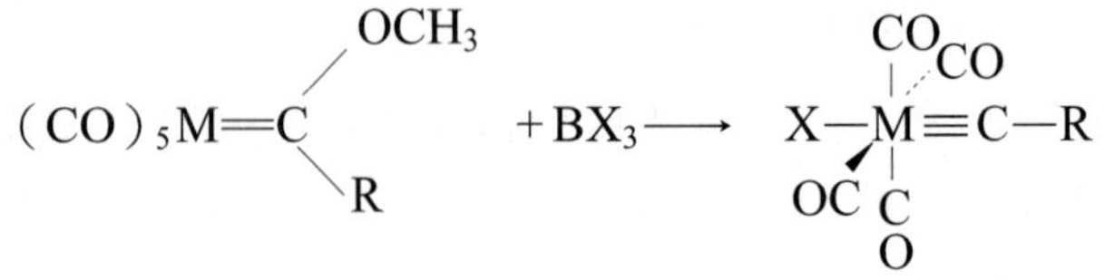

$$(CO)_5M=C\begin{matrix}OCH_3\\ \\R\end{matrix} \quad +BX_3 \longrightarrow \quad X-M\equiv C-R$$

M＝Cr，Mo，W；X＝Cl，Br，I；R＝Me，Et，Ph

⑾碳烯配體脫氫[12]

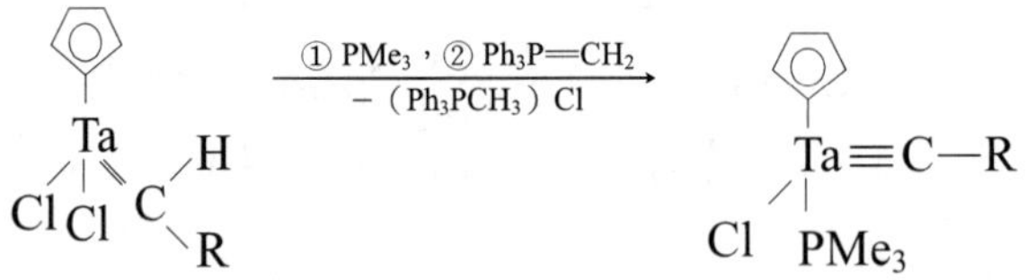

$$\xrightarrow[-(Ph_3PCH_3)\,Cl]{① PMe_3，② Ph_3P=CH_2}$$

⑿α–H 消除反應[13]

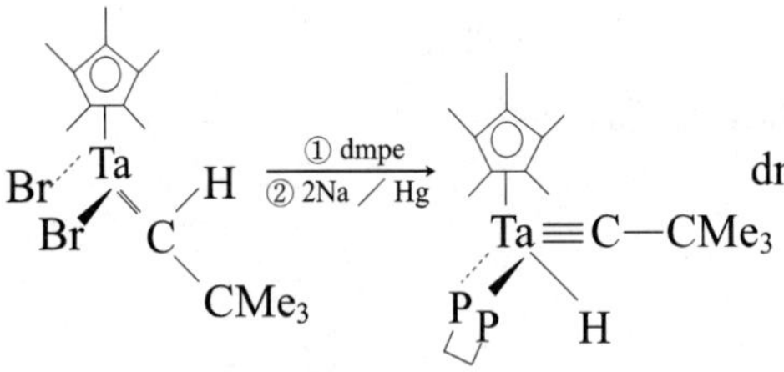

$$\xrightarrow[② 2Na／Hg]{① dmpe}$$ dmpe＝$(CH_3)_2 PCH_2CH_2P (CH_3)_2$

⒀複分解反應　Schrock R R 等 1982 年報導下列反應：

$$(t-BuO)_3W\equiv W (t-BuO)_3+RC\equiv CR\rightarrow 2 (t-BuO)_3W\equiv CR-R$$

R＝烷基

⒁二氯碳烯與有機鋰反應[14]

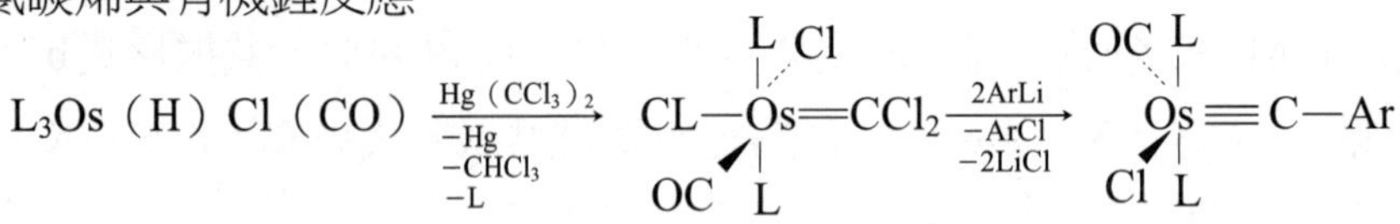

$$L_3Os (H) Cl (CO) \xrightarrow[\substack{-Hg\\-CHCl_3\\-L}]{Hg (CCl_3)_2} CL-Os=CCl_2 \xrightarrow[\substack{-ArCl\\-2LiCl}]{2ArLi} Os\equiv C-Ar$$

L＝PPh$_3$

Ar＝*o*－ 甲苯基

M≡C（碳炔）鍵長通常短於相應的 M—C（羰基）距離。鍵軸 M≡C—R 是線狀的或近似於線狀的，如：

$$
\begin{array}{c}
\text{Me} \\
\mid \\
\text{C} \quad 169\text{pm} \\
\text{OC} \cdots \text{CO} \\
\text{Cr} \\
195\text{pm} \\
\text{OC} \quad \text{CO} \\
\text{I}
\end{array}
\qquad \text{Cr—C—Me} \sim 180°
$$

與碳烯配合物情況相似，富電子雜原子取代基也能對碳炔配合物的穩定性有貢獻：

$$
X\text{—W}\equiv C\text{—NR} \quad\longleftrightarrow\quad X\text{—W}=C=\overset{+}{N}R_2
$$

4.過渡金屬羰基化合物

(1)過渡金屬與 CO 直接反應

$$
\text{Ni (s)} + \text{CO (g)} \xrightarrow[105\text{Pa}]{30℃} \text{Ni (CO)}_4^{[1]}
$$

無色液體，bp 43℃，mp -25 ℃，收率 90%以上

$$
\text{Fe (s)} + \text{CO (g)} \xrightarrow[20\text{MPa}]{200℃，15\text{h}} \text{Fe (CO)}_5^{[2]}
$$

黃色液體，bp 103℃，mp -20 ℃，產率 26%

$$
\text{Mo (s)} + \text{CO} \xrightarrow[25\text{MPa}]{200℃} \text{Mo (CO)}_6^{[3]} \quad \text{白色固體，mp 150 ℃}
$$

(2)過渡金屬鹽被還原與 CO 反應

$$
\text{CrCl}_3 + \text{Al} + \text{CO} \xrightarrow[\text{C}_6\text{H}_6]{\text{AlCl}_3} \text{Cr (CO)}_6^{[4]} + \text{AlCl}_3
$$

白色固體，mp 154 ℃，收率 88%

$$
\text{WCl}_3 + 3\text{Et}_3\text{Al} + \text{CO} \xrightarrow[\text{C}_6\text{H}_6]{50℃，1\text{MPa}} \text{W (CO)}_6^{[5]} + \text{AlCl}_3
$$

白色固體，mp 169 ℃，收率 92%

$$
\text{MnCl}_2 + [\text{Ph}_2\text{CO}]^-\text{Na}^+ + \text{CO} \xrightarrow[\text{THF}]{200℃，20\text{MPa}} \text{Mn}_2\text{(CO)}_{10}^{[6]} + \text{NaCl} + \text{Ph}_2\text{CO}
$$

黃色固體，mp152 ℃，收率 35%

$$
\text{Ru (acac)}_3 + \text{H}_2 + \text{CO} \xrightarrow[\text{CH}_3\text{OH}]{150℃，20\text{MPa}} \text{Ru}_3\text{(CO)}_{12}^{[7]}
$$

橘黃色固體，mp150 ℃，收率 82%

下列反應可在常壓進行：

$$
\text{IrF}_6 + 12\text{SbF}_5 + 15\text{CO} \xrightarrow[60℃，12\text{h}]{\text{SbF}_5} 2[\text{Ir}^{(\text{III})}\text{(CO)}_6][\text{Sb}_2\text{F}_{11}]_3^{[8]} + 3\text{COF}_2
$$

$$
\text{AuF}_3 + 3\text{CO} + 2\text{SbF}_5 \xrightarrow[\text{SbF}_5]{25℃} [\text{Au (CO)}_2] + [\text{Sb}_2\text{F}_{11}]^{-[9]} + \text{COF}_2
$$

羰基橋聯形式基本上有三種：

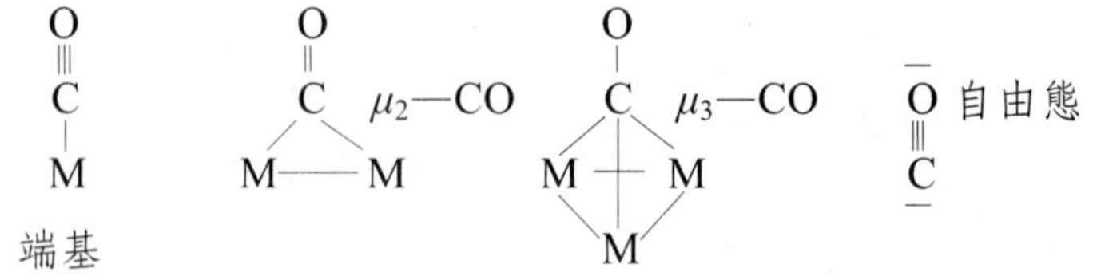

$$IRv_{CO}\,(cm^{-1})\quad 1850\sim2120\quad 1750\sim1850\quad\quad 1620\sim1730\quad\quad\quad 2143$$

μ_2 和 μ_3 表示羰基上的碳原子與金屬連接的個數。雙橋聯的羰基是很常見的，尤其是在多核簇合物中出現。羰基常與 M—M 鍵共同出現：

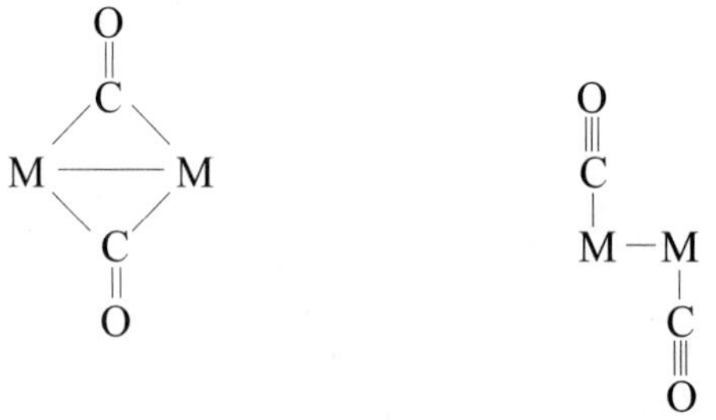

羰基橋鍵通常成對出現，在溶液中與非橋聯形式的羰基呈動力學平衡；如八羰基二鈷在溶液中至少是由兩種結構的異構體組成。

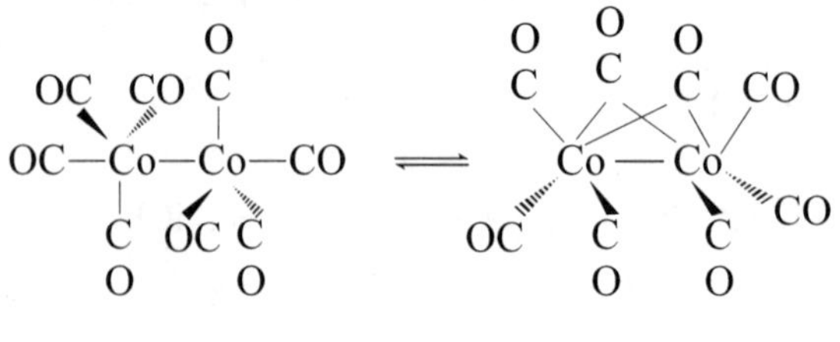

過渡金屬—CO 鍵電子結構為共振混成體[10]：

$$\left\{\ \overline{M}-C\equiv\overset{+}{O}\longleftrightarrow M=C=\overline{\overline{O}}\ \right\}$$

導致 M—C 鍵級在 1 和 2 之間；C—O 鍵級在 2 和 3 之間，致使電荷分散滿足電中性原則。例如：

$$Cr\,(CO)_6：v_{CO}=2000\ cm^{-1}，K=17.8\ N\cdot cm^{-1}，鍵級\ C-O=2.7$$

說明分子中存在 Cr—C≡O 基團，並成共振混成體。

5.烯、炔烴和芳烴過渡金屬 π 配合物（σ，π 給電子／π 受電子配體）

在 π 配合物中配體（L）金屬（M）鍵總是含有 L←M π 受電子體成分，L→M 給電子體的作用有 σ－對稱性或 σ 和 π－ 對稱性（齊聚烯烴、多烯烴配體、芳烴和雜原子芳烴）。

烯烴配合物：過渡金屬烯烴配合物是很多的，在過渡金屬化合物催化氫化、齊聚、聚合、環化、氫甲醯化、異構化和氧化反應中有很重要的作用。

共軛齊聚烯烴能形成穩定 π 配合物，在空間上有利於雙鍵排佈的非共軛的二烯烴也能生成穩定配合物。

(1)取代反應

$$K_2[PtCl_4]+C_2H_4 \xrightarrow[6MPa]{稀鹽酸} K[C_2H_4PtCl_3] \cdot H_2O+KCl$$

1827 年 Zeise 在乙醇中煮 PtCl 首次合成了這一配合物[1]；1868 年，Birbaum 首次從烯烴出發，用 $SnCl_2$ 作催化劑，乙烯壓力 0.1 MPa，數小時合成 $K[C_2H_4PtCl_3] \cdot H_2O$。

1960 年，Fischer E O 得到錸金屬烯烴配合物：

$$Re(CO)_5Cl+C_2H_4 \xrightarrow{AlCl_3} [Re(CO)_5C_2H_4]AlCl_4$$

分離異構烯烴的簡單方法是再結晶硝酸銀的加合物：

$$AgNO_3 + 烯烴 \rightleftharpoons Ag(烯烴)_2NO_3$$

$$[(C_6H_5)_3P]_2Pt(\eta^2-C_2H_4)+C_{60} \xrightarrow[2h]{C_6H_5CH_3} [(C_6H_5)_3P]_2Pt(\eta^2-C_{60})^{[5]}$$

C_{60} 是一種新的足球形狀碳的同素異形體。C_{60} 的碳—碳雙鍵像缺電子烯烴的雙鍵一樣進行反應。

(2)金屬鹽＋烯烴＋還原劑

$$NiCl_2 + AlR_3 + \text{（烯烴）} \xrightarrow{Ni^{II} \rightarrow Ni^0} \text{（反，反，反－環十二碳三烯）}Ni^0 \xrightarrow{C_2H_4} \text{（Ni 乙烯配合物）} \quad [6]$$

第一個二元金屬
乙烯配合物無色，
在 0℃穩定

（反，反，反－環十二碳三烯）Ni⁰

由於反，反，反－環十二碳三烯具有高活性的錯合物，故得名「裸鎳」。

$$Cp_2Co \xrightarrow[-20℃]{K / C_2H_4} CpCo(C_2H_4)_2 + KC_5H_5 \quad [7]$$

金屬還原劈裂生成 CpCo（C₂H₄）₂。CpCo（C₂H₄）₂是一個轉移 CpCo 半夾心單元的有用試劑。

(3)丁二烯鎂轉移丁二烯

$$MnCl_2 + (C_4H_6)Mg \cdot 2THF + PMe_3 \xrightarrow[THF, 0℃ \atop -MgCl_2]{C_4H_6} \text{（Mn 配合物）} \quad [8]$$

（17 VE）

這一反應也適用其它過渡金屬氯化物。

(4)金屬原子配體蒸氣共縮合集（CC） 金屬蒸氣和氣體配體共縮合集在一個容器冷表面上或進入低蒸氣壓配體溶液中。熱至室溫生成配合物。

$$Mo(g) + 3C_4H_6(g) \xrightarrow[② 25℃]{① CC, -196℃} \text{（Mo 配合物）} \quad [9]$$

三角稜柱配位

$$Fe(g) + \text{（環辛四烯）}(g) \xrightarrow{CC} \text{（Fe 配合物）} \quad [10]$$

該化合物－20℃以上分解，其它 Fe⁰ 配合物可作起始原料。

炔烴同樣可以生成過渡金屬 π 配合物，炔烴對金屬配位有下列五種：

−C≡C−	C=C 與 M	−C≡C− 與 M−M	C=C 與 M M	C 與 M、C、M
單牙配位	雙牙配位	雙牙配位	三牙配位	四牙配位

(5)炔烴 π 配合物合成

$$Na_2[PtCl_4] \xrightarrow[\text{② RNH}_2]{\text{① }t-Bu_2C_2 \text{ , EtOH}} Rh_2N-Pt-|||$$

[11]

$$\begin{array}{c} Cl \quad t-Bu \\ \overset{|}{C} \quad 165° \\ \overset{\|}{C} \longleftarrow 124 \text{ pm} \\ | \\ Cl \quad t-Bu \end{array}$$

$R=4-MeC_6H_4$　　　　　$\nu_{CC}=2028 \text{ cm}^{-1}$

$$Cp_2Ti（CO）_2 + PhC \equiv CPh \xrightarrow[\substack{25℃ \cdot 3h \\ -CO}]{\substack{\text{真空} \\ \text{庚烷}}}$$

[12]

CO, Ti, C — $\longleftarrow 128$ pm, $146°$

$\nu_{CC}=1780 \text{ cm}^{-1}$

$$（Ph_3P）_2Pt- \underset{\underset{R \quad R}{C}}{\overset{\overset{R \quad R}{C}}{||}} + C_2Ph_2 \longrightarrow$$

[13]

Ph$_3$P, Pt, C — $140°$, $\longleftarrow 132$ pm, Ph

$\nu_{CC}=1750 \text{ cm}^{-1}$

過渡金屬配位炔烴的 C—C 鍵長含在 d（C≡C）$_{自由}$=120 pm 和 d（C=C）$_{自由}$=134 pm 範圍之間。D（C≡C）$_{配位}$，C—C—R 鍵角和伸縮頻率ν_{CC}（$\nu_{C≡C_{自由}}$=2190～2260 cm^{-1}，取決於取代基）間的關係在此是明顯的。（PPh$_3$）$_2$Pt（Ph$_2$C$_2$）作為金屬雜環丙烷，因而炔烴占據兩個配位點，屬雙牙配位。

(6)芳烴金屬 $\pi-$ 配合物　Fischer-Hafner 合成：

$$3CrCl_3 + 2Al + 6ArH \xrightarrow[\text{② H}_2O]{\text{① AlCl}_3} 3[ArH]_2Cr^+ + [AlCl_4]^{-[14]}$$

$$\downarrow {\scriptstyle Na_2S_2O_4}$$

$$\downarrow {\scriptstyle KOH}$$

$$（\eta^6-ArH）_2Cr$$

X 射線繞射分析 Cr（C$_6$H$_6$）$_2$ 具有夾心結構：

$\longleftarrow 142$pm

213pm　　　　　　　C—C 鍵長相等均為 142pm

Cr　322pm

芳烴對 AlCl$_3$ 必須是惰性的。烷基化芳烴可被 AlCl$_3$ 異構化。取代芳香配體孤電子

對，如鹵代苯，二甲苯胺或苯酚是不能用，因能與 $AlCl_3$ 生成 Lewis 加成物。金屬蒸氣和配體氣體共縮合集法能製備多種二芳烴金屬配合物[15]：

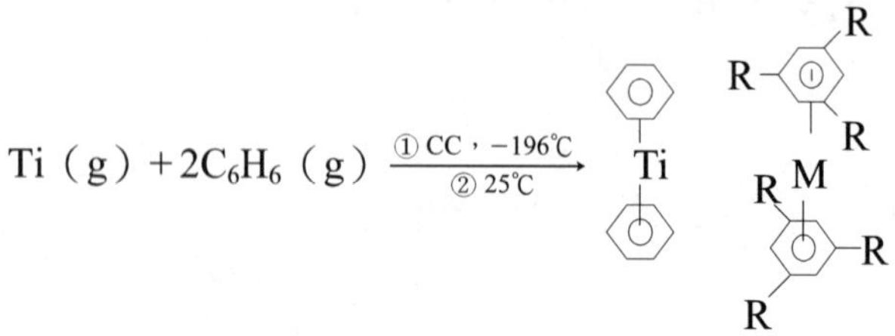

$$Ti\,(g) + 2C_6H_6\,(g) \xrightarrow[\text{② 25℃}]{\text{① CC，} -196℃}$$

R=H；M=Ti，Nb（a，b）

R=*t*−Bu；

M=Ti，Zr，Hf，Y，Gd（c）

用此法也可以合成三環夾心二金屬配合物[16]：

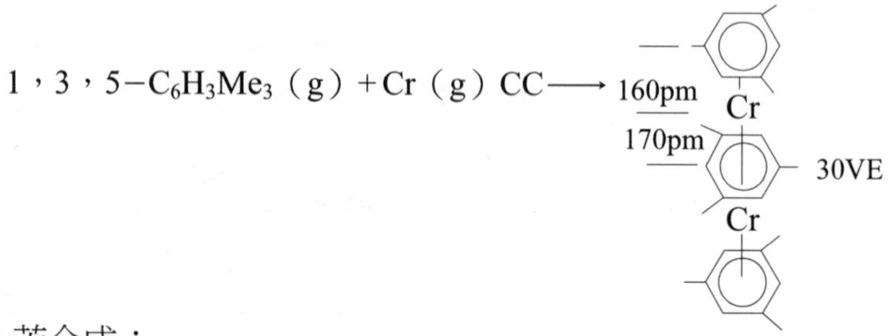

$$1，3，5-C_6H_3Me_3\,(g) + Cr\,(g)\ CC \longrightarrow$$

160pm
170pm
Cr
Cr
30VE

從 $CpRh\,(C_2H_4)_2 +$ 苯合成：

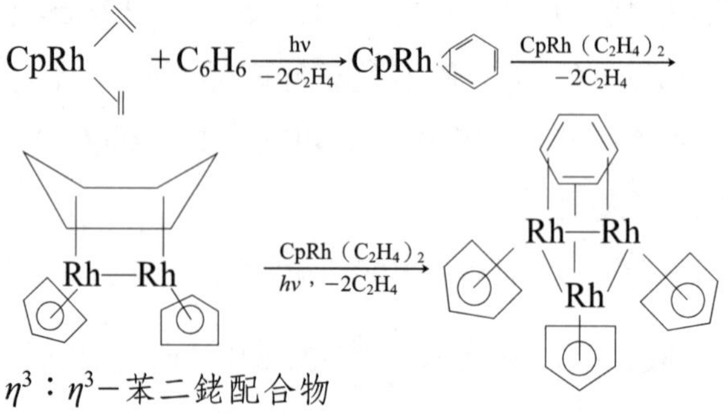

$$CpRh + C_6H_6 \xrightarrow[-2C_2H_4]{hv} CpRh \xrightarrow[-2C_2H_4]{CpRh\,(C_2H_4)_2}$$

Rh—Rh $\xrightarrow[hv，-2C_2H_4]{CpRh\,(C_2H_4)_2}$ Rh—Rh / Rh

$\eta^3 : \eta^3-$苯二銠配合物

$\eta^2 : \eta^2 : \eta^2-$芳烴三銠配合物

[1]

單核三芳烴金屬 $\pi-$ 配合物：

$$ZrCl_4 \cdot 2THF + 6KC_{10}H_8 + 2nL \xrightarrow[-60\sim0℃]{DME} [KL_n]_2Zr\,(C_{10}H_8)_3 + 3C_{10}H_8 + 4KCl + 2THF$$

DME=二甲氧基乙烷，THF=四氫呋喃，L=15−冠−5

$[Zr\,(C_{10}H_8)_3]^{2-}$ 結構：

[18]

6.環戊二烯（σ，π-給電子／受電子配體）過渡金屬配合物

歷史背景：1901 年 Thiele 用金屬鉀和環戊二烯在苯中合成環戊二烯鉀；1951 年 Miller、Tebboth、Tremaine 用環戊二烯蒸氣與新鮮的還原鐵在 300 ℃ 反應合成二（環戊二烯）亞鐵：

$$2C_5H_6 + Fe \xrightarrow{300℃} Fe(C_5H_5)_2 + H_2$$

1951 年 Kealy、Pauson 應用下列反應合成二（環戊二烯）亞鐵：

$$3C_5H_5MgBr + FeCl_3 \longrightarrow Fe(C_5H_5)_2 + 1/2C_{10}H_{10} + 3MgBrCl$$

並建議結構：$[C_5H_5^-Fe^{2+}C_5H_5^-]$，

1952 年 Fischer E O 基於 X 射線結構分析（比較電子強度等高線）、反磁性和化學性質，建議為雙錐體結構：

1952 年 Wilkinson G 和 Woodward R B 建議為夾心結構，其依據是紅外光譜，反磁性和偶極矩等於零。Fe（C_5H_5）$_2$ 的環易被親電子取代基取代，與苯的芳香性相似，故稱二（環戊二烯）亞鐵（ferrocene），後延伸至二（環戊二烯）金屬 M（C_5H_5）$_2$（metallocene）化合物。

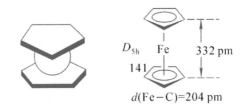

圖 13-8　二（環戊二烯）亞鐵分子結構

製法和性質

(1)金屬鹽＋環戊二烯試劑　二環戊二烯裂解得到單環戊二烯 C_5H_6，環戊二烯為弱酸 $pK_a = 15$。鹼金屬可使環戊二烯脫氫生成鹼金屬環戊二烯。環戊二烯鈉（NaCp）是引入環戊二烯基配體的最常用的試劑。

$$\xrightarrow{180\,^\circ\text{C}}\ 2\ \xrightarrow[\text{THF}]{\text{Na}} 2NaC_5H_5 + H_2$$

$$VCl_3 + 3NaC_5H_5 \xrightarrow{\text{THF}} V(C_5H_5)_2 + 3NaCl + 1/2C_{10}H_{10}{}^{[2]}$$

$$CrCl_3 + 3NaC_5H_5 \xrightarrow{\text{THF}} Cr(C_5H_5)_2 + 3NaCl + 1/2C_{10}H_{10}{}^{[3]}$$

$$FeCl_2 + 2C_5H_6 + 2(C_2H_5)_2NH \longrightarrow Fe(C_5H_5)_2{}^{[4]} + 2(C_2H_5)_2NH \cdot HCl$$

$$CoCl_2 + 2NaC_5H_5 \xrightarrow{\text{THF}} Co(C_5H_5)_2{}^{[5]} + 2NaCl$$

$$Ni(NH_3)_6Cl_2 + 2NaC_5H_5 \xrightarrow{\text{THF}} Ni(C_5H_5)_2{}^{[6]} + 2NaCl + 6NH_3$$

$$2RuCl_3 + Ru + 6NaC_5H_5 \xrightarrow{\text{DME}} 3Ru(C_5H_5)_2{}^{[7]} + 6NaCl$$

$$WCl_6 + NaC_5H_5 \xrightarrow[\text{THF}]{\text{NaBH}_4} WH_2(C_5H_5)_2{}^{[8]}$$

$$ZrCl_4 + (C_5H_5)_2Mg \xrightarrow{\text{THF}} (C_5H_5)_2ZrCl_2{}^{[9]} + MgCl_2$$

$$VCl_4 + 2C_5H_5MgCl \xrightarrow{\text{Et}_2\text{O}} (C_5H_5)_2VCl_2{}^{[10]} + 2MgCl_2$$

$$VCl_4 + 3NaC_5H_5 \xrightarrow{C_6H_5CH_3} (C_5H_5)_2VCl{}^{[11]} + 3NaCl + 1/2C_{10}H_{10}$$

$$LnCl_3 + 3NaC_5H_5 \xrightarrow{\text{THF}} Ln(C_5H_5)_3{}^{[12]} + 3NaCl$$

（Ln＝Sc，Y，La，Ce，Pr，Nd，Sm，Gd，Dy，Er，Yb）

表 13-11　環戊二烯金屬配合物（C_5H_5）$_n$M 的價鍵和性質

鍵性質	價鍵	化合物性質	示例
離子型	離子點陣 $M^{n+}[C_5H_5^-]_n$	對空氣、水和帶活潑氫化合物具有高反應性，不昇華	n=1：鹼金屬 n=2：重鹼土金屬 n=2，3：稀土
中間型		部分對水解敏感（除TiCp），昇華	n=1：In，Tl n=2：Be，Mg，Sn，Pb，Mn，Zn，Cd，Hg
共價型	分子點陣 $\pi-MO$（C_5H_5） ↓ M（s，p，d） 和π^*-MO（C_5H_5） ↑ M（d）	僅部分對空氣敏感不水解，昇華	n=2：（Ti），V，Cr，（Re），Fe，Co，Ni，Ru，Os，（Rh），（Ir） n=3：Ti n=4：Ti，Zr，Nb，Ta，Mo，U，Th

環戊二烯金屬的物理性質

配合物	顏色	熔點（℃）	其它
（C_5H_5）$_2$Ti	綠	200（分解）	二聚體其結構：
（C_5H_5）$_2$V	紫	167	對空氣很敏感
（C_5H_5）$_2$Nb	黃		二聚體其結構：
（C_5H_5）$_2$Cr	深紅	173	對空氣很敏感
（C_5H_5）$_2$Mo	黑		結構：
（C_5H_5）$_2$W	黃綠		
（C_5H_5）$_2$Mn	棕	173	對空氣敏感，易水解
（C_5H_5）$_2$Fe	橙黃	173	對空氣穩定，能氧化成藍綠色Cp₂Fe⁺溶於有機溶劑中
（C_5H_5）$_2$Co	紫黑	174	對空氣敏感，氧化後得到對空氣穩定、黃色Cp₂Co⁺
（C_5H_5）$_2$Ni	綠	173	空氣中慢慢氧化成不穩定橙色Cp₂Ni⁺

[13]　（TiCl$_2$+NaC$_5$H$_5$）

[14]

（w）Mo —— Mo（w）

(2)其它環戊二烯基金屬配合物合成　金屬蒸氣法合成具有 **33VE**（價電子）順磁性鈷三夾層結構[15]：

$Cp^*Co\!=\!CoCp^*$生成具有新意義。

並聯環戊二烯釩配合物[16]：

羰基釕環戊二烯配合物[17]：

$C_5H_4N_2$：偶氮環戊二烯

參考文獻

Ⅰ.引言

1. Christoph Elschenbroich and Albercht Salzer, Organometallics (A Concise Introduction), Second Revised Edition,VCH, 1992, Weinheim (FRG).

2. Mehrotra R C and Anirudh Singh. Organometallic Chemistry (A Unified Approach). Wiley Eastern limited, 1991, New Delhi (India).

3.梁述堯。元素有機化合物。北京：科學出版社，1989。

4.錢延龍，陳新滋。金屬有機化學與催化。北京：化學工業出版社，1997。

5. Sinn H and Kamisky. Ad Organomet Chem, 1980 (18): 99.

6.高超。化工新型材料，1998，26(9)：9。

鋰

1. Wittig G et al. Organic Syntheses, 1970(50): 67.

2. Jones R G et al. Organic Reactions Vol 6. Wiley and Son, 1951. 352.

3. Smith W N et al. J Organomet Chem, 1974 (82): 1.

4. King R B et al. J Organomet Chem, 1967(8): 287.

5. Smith L I et al. J Am Chem Soc, 1941(63): 1184.

6. Maercker A, Bodensted H, Brandsma L. Angew Chem Int Ed Engl, 1992(31): 1339.

7. Weiss E, Sauerman G, Thirase G. Chem Ber, 1983(116): 74.

8. Weiss E. Chem Ber, 1964(97): 3241.

9. Weiss E. Angew Chem Int Ed Engl, 1993(32): 1506.

10. Boche G et al. Angew Chem Int Ed Engl, 1986(25): 104.

11. Schiemenz B,Power P P. Angew Chem Int Ed Engl, 1996(35): 2150.

12. Harder S, Prosenc M H. Angew Chem Int Ed Engl, 1994(33): 1744.

Na，K

1. Renfrow W B et al. Organic SynthesesColl Vol 2. Willy and Sons, 1943.607.

2. Carothers W H et al. J Am Chem Soc, 1929 (51): 588.

3. Stone F G A et al. Adv in Organomet Chem, Vol 2. 1964.365.

4. Levine R et al. J Am Chem Soc, 1944(66): 1230.

5. Hu N H, Gong L X, Jin Z S and Chen W Q. J Organomet Chem, 1988 (352): 61.

6. Gong L X, Hu N H, Jin Z S and Chen W Q. J Oranomet Chem, 1988(352): 67.

7. Corbelin S, Kopf J, Lorenzen N P, Weiss E. Angew Chem Int Ed Engl, 1991(30): 825.

8. Aograqi T, Shearer H M M, Wade K and Whitehead G. J Organomet Chem, 1979(75): 21.

2 族：

Be

1. Coates G E et al. J Chem Soc, 1954: 2526.

2. Fischer E O et al. Ber, 1959(92): 482.

3. Rundle R E et al. J Chem Phys, 1950(18): 1125.

Mg:

1. Ashby E C et al. J Am Chem Soc, 1973(95): 5186.

2. O'Brien S et al. Inorg Synth, 1971(13): 73.

3. Wilkinson G et al. J Inorg Nucl Chem, 1956(2): 95.

4. Eaborn C et al. J Chem Soc Chem Comm, 1989, 273.

5. Fischer E O et al. Z Naturforsch, 1954(96): 619.

6. Weiss E et al. J Organomet Chem, 1975(92): 1.

Zn:

1. Noller C R. Organic Syntheses Coll Vol II. John Wiley and Sons, 1943.184.

2. Kozeschkow K A et al. Ber, 1934(67): 1138.

3. Bartocha B et al. Z Naturforsch, 1959(146): 352.

Hg:

1. Blanchard E P et al. J Organomet Chem, 1965(3): 97.

2. Marvel C S et al. J Am Chem Soc, 1922(44): 153.

3. Brogestrom P et al. J Am Chem Soc, 1929(51): 3387.

4. Lenzer H. Aust J Chem, 1969(22): 1303.

5. Brogestrom P et al. J Am Chem Soc, 1929(51): 3387.

6. I chikawa K et al. J Am Chem Soc, 1959(81): 5316.

7. Johnson J R et al. J Am Chem Soc, 1926(48): 471.

8. Brown D S et al. Acta Cryst B, 1978(34): 1695.

Al:

1. Grosse A V et al. J Org Chem, 1940(5): 106.

2. ibid.

3. Ziegler K, Gellert H G. Angew Chem, 1952(64): 323.

4. Ziegler K et al. Ann Chem, 1954(589): 91.

5. Ziegler K, Gellert H G, Lehkuhl H, Pfohl W, Zosel K. Justus Liebigs Ann Chem, 1960(629): 1.

6. Lehmkuhl H et al. Ann Chem, 1968(719): 40.

7. Eisch J J et al. J Organomet Chem, 1971(30): 167.

8. Ziegler K et al. Ann Chem, 1960(629): 1.

9. Baker E B et al. J Am Chem Soc, 1953(75): 5193.

10. Laubengayer A W et al. Inorg Chem, 1966(5): 503.

11. Eisch J J et al. J Am Chem Soc, 1966(88): 2976.

12. W Uhl Angew Chem Int Ed Engl, 1993(32): 1386; W Uhl Z Naturforsch, 1988, B43: 113.

13. Schnöckel H et al. Angew Chem Int Ed Engl, 1991(30): 564.

14. Bochman M, Dawson D M. Angew Chem Int Ed Engl, 1996(35): 2226.

Ga, In, Tl:

1. Coates G E. J Chem Soc, 1951: 2003.

2. Eisch J J. J Am Chem Soc, 1962(84): 3830.

3. Eisch J J. J Am Chem Soc, 1962(84): 3605.

4. Loos D, Schöckel H, Gaus J, Schneider U. Angew Chem Int Ed Engl, 1992(31): 1362.

5. Todt E et al. Z Anorg Allg Chem, 1963(321): 120.

6. Lalancette J M et al. Can J Chem, 1971(49): 2996.

7. ibid.

8. Mckillop A et al. J Organomet Chem, 1968(15): 500.

9. Oliver J P et al. Inorg Chem, 1981(20): 2335.

10. Fischer E O et al. Angew Chem, 1957(69): 639.

11. Ashe III A J, Al-Ahmad S,Kampf J W. Angew Chem Int Ed Engl, 1995(34): 357.

Ge：

1. van de, Vondel D F. J Organomet Chem, 1965(3): 400.

2. Abel E W et al. J Organomet Chem, 1966(5): 130.

3. Sakurai H et al. Tetrahedron Lett, 1966: 5493.

4. Devidson A et al. Inorg Chem, 1970(9): 289.

5. Schmidt M et al. Allg Chem, 1961(311): 341.

6. Sakurai H et al. Angew Chem Int Ed Engl, 1989(28): 55.

7. Curtis M E et al. J Am Chem. Soc, 1973(95): 924.

8. Jutzi P et al. Chem Ber, 1980(113): 757.

9. Masamune S et al. Tetrahedron Lett, 1984: 4191.

Sn：

1. 松田治和。工化，1961(64)：541。

2. van der Kerk G J M et al. J Appl Chem, 1975(7): 366.

3. Edgell W F et al. J Am Chem Soc, 1954(76): 1169.

4. van der Kerk G J M et al. J Appl Chem, 1957(17): 366.

5. Clark H C et al. J Am Chem Soc, 1960(82): 1888.

6. Rosenberg S D et al. J Am Chem Soc, 1957(79): 2137.

7. Jones K et al. J Organomet Chem, 1965(3): 295.

8. Akhtar M et al. Inorg Synth, 1970(12): 47.

9. Gilman H et al. J Am Chem Soc, 1952(74): 531.

10. Dräger K Z. Allg Anorg Chem, 1983(506): 99.

11. Ficher E O. Z Naturforsch, 1956(286): 273.

12. Davidson M G, Stalke D, Wright D S. Angew Chem Int Ed Engl, 1992(31): 1226.

13. Klinkhammer K W, Fassler T F, Grutzmacher H. Angew Chem Int Ed Engl, 1998(37): 124.

Pb：

1. Gilman H, Jones R G. J Am Chem Soc, 1950(72): 1760.

2. ibid.

3. ibid.

4. Juenge E C et al. J Am Chem Soc, 1959(81): 3578.

5. Gilman H et al. J Am Chem Soc, 1929(51): 3112.

6. Duffy R et al. J Chem Soc, 1962: 1144.

7. Kuhn N, Henkel G, Stubenrauch S. Angew Chem Int Ed Engl, 1992(31): 778.

8. Saunders B C et al. J Chem Soc, 1949: 919.

‖ 引言

1. Zeise W C. Ann Phys(Leipzig), 1827(9): 632.

2. Hoffman R, Jamers A Ibers et al. Structural and Theoretical Organometallic and Inorganic Chemistry. Beijing, 1982.

M—C σ bond：

1. Zucchini U, Albizzati E, Giannini. J Organomet Chem, 1971(26): 357.

2. Mcdermott J X, White J F, Whitesides G M. J Am Chem Soc, 1976, 98(21): 6521.

3. Karapinka G L, Smith J J. Carrick W L. J Polym Sci, 1961(50): 143.

4. Fowles G W A, Fice D A, Wilkins J D. J Chem Soc Dalton Trans, 1972(20): 2313.

5. Chatt J, Coffey R S, Gough A, Thompson D T. J Chem Soc A P, 1968(1): 190; Bittler K, Kutepow N V, Neubauer D, Reis H. Angew Chem Int Ed Engl, 1968(7): 329; Chatt J, Shaw B L. J Chem Soc, 1962: 5075.

6. Mclellan W R, Hoehn H H, Cripps H N, Muertterties E L, Howk B W. J Am Chem Soc, 1961(83): 1601.

7. Piper T S, Wilkinson G. Inorg Nucl Chem, 1956(3): 104.

8. Closson R D, Kozikowsk J, Coffield T H. J Org Chem, 1957(22): 598.

9. Dessy R E, Pohl R L, King R B. J Am Chem Soc, 1966(88): 5121.

10. King R B. Accounts Chem Res, 1970(3): 417; Mclellan W R. J Am Chem Soc, 1961(83): 1598.

11. King R B, Treichel P M, Stone F G A. J Am Chem Soc, 1961(83): 3592.

12. Hart-Davis A J, Graham W A G. Inorg Chem, 1970, 9(12)：2658.

13. Pope W J et al. J Chem Soc, 1909(95): 371.

14. Zeiss H H et al. J Am Chem Soc, 1957(79): 6561.

15. Wilkinson, G et al. Science, 1974(185): 109.

16. Wilkinson G et al. J Chem Soc (Dalton), 1973: 873.

17. Haaland A et al. J Am Chem Soc, 1990(112): 4547.

烯烴基、苯基和炔烴基：

1. Krüger C, Israel. J Chem, 1972(10): 201.

2. Okuda J, Zimmermann K H, Herdtweck E. Angew Chem Int Ed Engl, 1991(30): 430.

3. Coates G E et al. J Chem Soc, 1962: 3220.

4. Olbrich F, Kopf J, Weiss E. Angew Chem Int Ed Engl, 1993(32): 1077.

過渡金屬碳烯和碳炔配合物：

1. Fischer E O et al. Angew Chem Int Ed Engl, 1964(3): 580.

2. Gladysz J A et al. Organometallics, 1983(2): 1852.

3. Chatt J et al. J Chem Soc (Dalton), 1969: 1322.

4. Lappert M F et al. J Chem Soc (Dalton), 1977: 2172.

5. Ku R Z, Chem D Y, Lee G H, Peng S M, Liu S T. Angew Chem Int Ed Engl, 1997(36): 2631.

6. Roper W D et al. J Am Soc, 1983(105): 5939.

7. Öfele K. Angew Chem Int Ed Engl, 1968(7): 950.

8. Schrock R R et al. J Am Chem Soc, 1975(97): 6577.

9. Gladysz J A et al. J Am Chem Soc, 1983(105): 4958.

10. Wolf J, Stuer W, Grunwald C, Werner H, Schwab P, Schulz M. Angew Chem Int Ed Engl, 1998(37): 1124.

11. Fischer E O et al. Angew Chem Int Ed Engl, 1973(12): 564.

12. Schrock R R et al. 1978. 引言參考文獻[1]p. 219.

13. Schrock R R et al. J Am Chem Soc, 1980(102): 6608.

14. Roper W D et al. J Am Chem Soc, 1980(102): 1206.

羰基化合物：

1. Manchot W et al. Ber, 1929(62): 678; Inorg Synth, 1946(2): 234; Fischer M et al. Reagents for Org Syn Wiley, 1967—1983(7): 250.

2. Grobe J et al. Z Naturforsch B, 1973(28): 691; Hagen A P et al.Inorg Chem, 1978(17): 1369.

3. Hagen A P et al. Inorg Chem, 1978(17): 1369; Michels G D et al. Inorg Hem, 1980(19): 479.

4. Abel E W et al. Quart Rev, 1970(24): 498; ibid, 1969(23): 325.

5. Calderazzo F et al. Inorg Synth via Metal CarbonylVol 1, 1. New York: Interscience, 1968.

6. Chini P. Inorg Chem Acta Rev, 1968(2): 31; King R B. Organomet. SynthVol 1. Academic Press, 1965.90.

7. Churchill M R et al. Inorg Chem, 1977(16): 878; ibid 1977(16): 2655; ibid 1978(17): 3528; Johnson B F Getal. ibid, 1972(13): 92.

8. Bach C. Willner H, Wang C, Rettig S J, Trotter J, Aubke F. Angew Chem Int Ed Engl, 1996(35): 1974.

9. Jones R, Trotter J, Aubke F. J Am Chem Soc, 1992(114): 8972.

10. Brockway L O et al. Angew Chem, 1964(76): 553; Pauling L. J Chem Phys, 1935(3): 828.

烯、炔烴和芳烴 π 配合物：

1. Zeise W C et al. Ann Phys, 1827(9): 932; Birnbaum K. Ann Chem, 1868(145): 67.

2. Reihlen H et al. Ann Chem, 1930(482): 161

3. Fischer E O et al.1960 引言參考文獻[1]，p.253.

4. Birch A J et al. J Chem Soc, 1968(A): 332.

5. Fagan P J, Calabrese J C, Malone B. Science, 1991(252): 1160.

6. Wilke G et al. Angew Chem Int Ed Engl, 1963(2): 105; ibid 1973(12): 565.

7. Jonas K et al. Angew Chem Int Ed Engl, 1980(19): 520.

8. Wreford S S et al. Organometallics, 1982(1): 1506.

9. Skell P S et al. J Am Chem Soc, 1974(96): 626.

10. Timms P L et al. J Chem Soc Chem Comm, 1974: 650.

11. Chatt J et al. J Chem Soc, 1961: 827.

12. Floriani C et al. J Chem Soc (Dalton), 1978: 1398.

13. Grim S O et al. J Organomet Chem, 1967(7): 9.

14. Fischer E O. Inorg Synth, 1960(6): 123.

15. Green M L H et al. J Chem Soc Chem Comm, 1973: 866; ibid, 1978: 431; Cloke G et al. J Chem Soc Chem Comm, 1987: 1667.

16. Lamanna W M et al. Organometallics, 1987(6): 158.

17. Müller J. Gaede P E, Qiao K. Angew Chem Int Ed Engl, 1993(32): 1697.

18. Zenneck U. Angew Chem Int Ed Engl, 1995(34): 53; Jang M, Ellis J E. Angew Chem, 1994(33): 1965.

環戊二烯過渡金屬有機配合物：

1. Dunitz J et al. Acc Chem Res, 1979(B35): 1068.

2. King R B. Organometallic Syntheses. Vol 1. Academic Press, 1965.64.

3. King R B. Organometallic Syntheses Vol 1. Academic Press, 1965.67.

4. Wilkinson G. Organic Sytheses. Col Vol 1V. Johnwiley, 1963.476.

5. Wilkinson G et al. J Inorg Nucl Chem, 1956(2): 96.

6. Cordes J F. Chem Ber, 1962(95): 3084.

7. Bublitz D E et al. Org Synth, 1961(41): 96.

8. King R B. Organometallic SynthesesVol 1. Academic Press, 1965.79.

9. Reid A F et al. Aust J Chem, 1966(19): 309.

10. Wilkinson G et al. J Am Chem Soc, 1954(76): 4281.

11. de liefde Meijer H J et al. Rec Trav Chim, 1961(80): 831.

12. Birminghair J M et al. J Am Chem Soc, 1956(78): 42.

13. Troyanov S. J Organomet Chem, 1992.

14. Green M H et al. J Chem Soc (Dalton), 1982: 2485, 2495.

15. Scheider J J, Goddard R, Werner S, Krüger C. Angew Chem Int Ed Engl, 1991(30): 1124.

16. Jonas K, Gabor B, Mynott R, Angermund K, Heinemann O, Krüger C. Angew Chem Int Ed Engl, 1997 (36): 1712.

17. Arce A J, De Sanctis Y, Manzur J, Cappareli M V. Angew Chem Int Ed Engl, 1994(33): 2193.

14

非化學計量比化
合物的合成化學

14.1　引　　言

　　道耳吞（Dalton D）的定組成或整數比（stoichiometry）的概念是肯定化合物的判據和準則，化合物的許多性質都可以用定組成定律來解釋。這個理論可以圓滿地解釋有機化合物中分子晶體的許多問題，但是發現用來說明原子或離子晶體化合物時，就不一定正確。根據實驗結果，貝托萊（Berthollet C L）曾指出，在原子或離子晶體化合物中，並不一定總是遵守定組成定律。同一種物質，其組成可以在一定範圍內變動。可惜他的觀點在當時未受到應有的重視。

　　1912 年庫爾納可夫（KypHaKOB H C）學派在研究二元和多元金屬體系的狀態圖及其它性質－組成圖時，發現金屬體系中普遍存在著兩類化合物。一類是所謂道耳吞體（Daltonide）；一類是貝托萊體（Berthollide）。道耳吞體是一類具有特定組成的化合物，相應於在狀態圖的液相線和固液相線上有一個符合整比性的極大值〔見圖 14-1(a)〕，而且在其它性質－組成的恆溫圖上，都有一個奇異點（singular point）。貝托萊體是一類具有可變組成的固相，反映在狀態圖上是在液相線和固液相線上沒有一個符合整比性的極大點〔見圖 14-1(b)〕，而且在其它性質－組成的等溫線圖上，也沒有一個奇異點。直到 1930 年申克（Schench R）和丁曼（Dingmann T）關於 FeO 體系的研究，以及比爾茲（Biltz W）和朱薩（Juza R）關於二元化合物分解平衡壓的研究，都指出了在許多離子化合物或分子化合物中，組成在一定的範圍內可變的情況是廣泛地存在著的。例如，對方鐵礦（wustite）的物相的研究表明，它的組成是 FeO_{1+x}，$0.09 < x < 0.19$（在 900℃）。又如，黃鐵礦 FeS 的組成也是 FeS_{1+x}。同時瓦格納（Wagner C）和肖特基（Schottky W）對實在晶體和晶格缺陷的統計熱力學研究指出，在任何高於 0 K 的溫度時，任何一種固體化合物均存在著組成在一定範圍變動的單一物相，而嚴格地按照理想化學整比組成的或由單純的價鍵規則導出的化合物，並無熱力學地位。

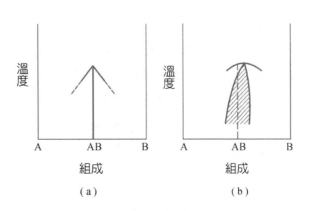

圖 14-1　道耳吞體（a）和貝托萊體（b）的典型的溫度－組成圖

從近代的晶體結構的理論和實驗研究結果表明，具有化學計量比和非化學計量比的化合物都是普遍存在的。更確切地說，非化學計量比化合物的存在是更為普遍的現象。

隨著科學技術的發展，非化學計量比化合物（或稱為非整比化合物）越來越顯示出它的重要的理論意義和實用價值。由於各種缺陷的存在，往往給材料帶來了許多特殊的光、電、聲、磁、力和熱性質，使它們成為很好的功能材料。氧化物陶瓷高溫超導體的出現就是一個極好的例證。為此，人們認為非化學計量比是結構敏感性能的根源。

對於偏離整比或非化學計量比（non-stoichiometry）的化合物，可以從兩個方面加以規定：

(1)純粹化學的定義所規定的非化學計量比化合物，是指用化學分析、X 射線繞射分析和平衡蒸氣壓測定等手段能夠確定其組成偏離整比的均一的物相，如 FeO_{1+x}、FeS_{1+x}、PdH_x 等過渡元素的化合物。這一類化合物組成偏離整比較大。

(2)從點陣結構上來看，點陣缺陷也能引起偏離整比性的化合物，其組成的偏離是如此之小，以至於不能用化學分析或 X 射線繞射分析觀察出來，但是，可以由測量其光學、電學和磁學的性質來研究它們。這類偏離整比化合物具有重要的技術性能，正引起人們的極大關注。

14.2　非化學計量比化合物和點缺陷[1~5]

從點陣結構來看，點陣缺陷屬於一類偏離極小的非化學計量比化合物。對這類化合物的研究無論在理論上、還是在實際應用上都具有極其重要的意義。因此，在研究非化學計量比化合物時應該對點陣缺陷及它與非化學計量比化合物的關係有個基本了解。

14.2.1　點陣缺陷及其表示符號

主要的點陣缺陷列表 14-1。其中與非化學計量比化合物關係最密切的是點缺陷。點缺陷是指那些對晶體結構的干擾僅僅波及到幾個原子間距範圍的缺陷。這一類缺陷包括晶體點陣結構位置上可能存在的空位、間隙原子和外來雜質原子，也包括在固體化合物中部分原子互相錯位，即對化合物 MX 而言，M 原子占據了 X 原子的位置或 X 原子占據了 M 原子的位置〔如圖 14-2(c)〕。對於那些不含有外來雜質原子的缺陷稱為本徵缺陷。

表 14-1　主要的點陣缺陷[4]

種　　類	名　　稱
1. 瞬變缺陷（transient defect） *2.* 電子缺陷	聲子（phonon） 電子（electron） 空穴（hole）
3. 點缺陷（point defects，atomic defects）	空位（vacancy） 間隙原子（interstitial atom） 雜質（impurity） 替代原子（substitutional atom） 締合中心（associated center）
4. 複合缺陷（extended defects）	簇（cluster） 切變結構（crystallographically sheared structure） 塊結構（block structure）
5. 線缺陷（line defects） *6.* 面缺陷（surface defects）	位錯（dislocation） 晶體表面（surface） 晶粒間界（grain boundary）

　　當一個完整晶體，在溫度高於 0 K 時，晶體中的原子在其平衡位置附近作熱運動。當溫度繼續升高時，原子的平均動能隨之增加，振動幅度增大。原子間的能量分佈是遵循麥克斯韋（Maxwell J C）分佈規律，當某些具有較大平均動能的原子，其能量足夠大時，可能離開平衡位置而擠入晶格的間隙中，成為間隙原子，而原來的晶格位置變成空位。如圖 14-2(a)所示。這種在晶體中同時產生的一對間隙原子和空位的缺陷，稱為 Frenkel（Frenkel Ya I）缺陷。這一對間隙原子和空位也藉由複合或者運動而到其它位置上去。

　　晶體中 Frenkel 缺陷的濃度 C_F 可表示為：

$$C_F = \frac{n_F}{(N \cdot N_i)^{\frac{1}{2}}} = \exp\left(\frac{-\varepsilon_F}{2kT}\right) \tag{14-1}$$

　　式中：n_F 是 Frenkel 缺陷的數目，N 是格位數，N_i 是間隙數，ε_F 為形成一對空位和間隙原子所需要的能量。

　　如果晶體表面上的原子受熱激發，部分能量較大的原子蒸發到表面以外稍遠的地方，在原來的位置上就產生了空位，而晶體內部的原子又運動到表面接替了這個空位，並在內部產生了空位。總的來看，就像空位從晶體表面向晶體內部移動一樣。這種空位缺陷叫做 Schottky 缺陷。Schottky 缺陷是由相等數量的正離子空位和負離子空位所構成，如圖 14-2(b)所示。空位的存在可用場離子顯微鏡直接觀察到。

(a) Frenkel 缺陷　　　(b) Schottky 缺陷　　　(c) 置換缺陷[5]

圖 14-2　在二元化學計量比中本徵缺陷的類型

　　Schottky 缺陷的濃度可以由金屬膨脹的實驗來測定，即分別測定整個晶體的熱膨脹係數和晶格參數的熱膨脹係數。整個晶體的熱膨脹係數既包括晶格本身的熱膨脹，又包括有 Schottky 空位的生成在內，所以兩項測定值之差就反映了 Schottky 空位的存在和濃度。例如，在接近熔點時，鋁的 Schottky 空位濃度約為 1×10^{-3}，空位的生成能約為 0.6 eV，在接近於熔點溫度下，NaCl 中 Schottky 空位缺陷濃度為 $10^{-3} \sim 10^{-4}$，空位生成能約為 2 eV。

　　Schottky 空位缺陷的濃度 C_S 隨溫度的變化是呈指數關係，可以表示為下式：

$$C_S = \frac{n_S}{N} = \exp\left(\frac{-\varepsilon_S}{2kT}\right) \tag{14-2}$$

式中 ε_S 代表空位的生成能。晶格中空位生成能和固體的氣化潛熱值很相近。因此，可以估計出固體中空位的濃度跟同一溫度下固體周圍空間中飽和蒸氣濃度相近。

　　因為在金屬或金屬間化合物中原子是以各種密堆積的方式排列的，從其中跑出一些原子，形成空位缺陷要比插入一些原子形成間隙容易一些，也就是說，空位缺陷生成能要比間隙缺陷生成能小。例如，在銅中二者分別為 1eV 和 4eV。在同一溫度下，固體中空位的濃度也要比間隙缺陷的濃度大一些。例如，在 1350 K 時，銅中的空位濃度為 $10c^{-4}$ 而間隙缺陷的濃度為 10^{-15}。

　　Frenkel 缺陷和 Schotky 缺陷是離子晶體的主要的缺陷。

　　為了表示固體中各類點缺陷，通常採用的是克羅格（Kroger F A）所提出的符號，其符號表示如下：

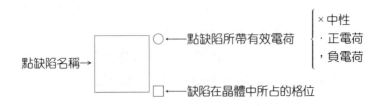

　　缺陷的名稱分別用各自的元素符號代表；空位缺陷用 V（Vacancy），雜質缺陷則用雜質的元素符號表示，電子缺陷用 e（electron 的字首）表示，空穴缺陷用 h（hole 的字首）表示。缺陷符號的右下角的符號標識缺陷在晶體中所占的位置，用被取代的原子的元素符號表示缺陷是處於該原子所在的點陣格位。用字母 i（interstitial）表示缺陷處於晶格點陣的間隙位置。這樣在 MX 化合物中，如果它的組成偏離化學整比性，那麼就意味著固體中存在有空的 M 格位或 X 格位，即 M 空位 V_M 或 X 空位 V_X，也可能存在有間隙的 M 原子 M_i 或間隙的 X 原子 X_i。如果在 MX 化合物的晶體中，部分的原子互相占錯了格位的位置，則分別用符號 M_X 和 X_M 來表示，當 MX 晶體中摻雜了少量的外來雜質原子 N 時，N 可以占據 M 的格位，表示為 N_M，或占據 X 的格位，表示為 N_X；或者處於間隙的位置，表示為 N_i。缺陷符號的右上角則標明缺陷所帶有的有效電荷的符號，×缺陷是中性的，‧表示缺陷帶有正電荷，而，表示缺陷帶有負電荷。一個缺陷總共帶有幾個單位的電荷，則用幾個這樣的符號標出。

　　有效電荷不同於實際電荷，有效電荷相當於缺陷及其四周的總電荷減去理想晶體中同一區域處的電荷之差。對於電子和空穴而言，它們的有效電荷與實際電荷相等。在原子晶體中，如矽、鍺的晶體，因為正常晶體格位上的原子不帶電荷，所以帶電的取代雜質缺陷的有效電荷就等於該雜質離子的實際電荷。在化合物晶體中，缺陷的有效電荷一般是不等於其實際電荷的。例如，從含有少量 $CaCl_2$ 的 NaCl 熔體中生長出來的 NaCl 晶體中，可以發現有少量的 Ca^{2+} 離子取代了晶體格位上 Na^+ 離子，同時也有少量的 Na^+ 離子空位。這兩種點缺陷可以分別用符號 $Ca_{Na}^{\cdot}$ 和 V'_{Na} 來表示。

　　固體中各類點缺陷以及電子和空穴的濃度，在多數情況下是以體積濃度來表示的，即每立方釐米中所含有的該缺陷的個數來表示。濃度符號用方括號[　]表示。$[D]_V =$ 缺陷 D 的個數／ cm^3。此外也可用格位濃度 $[D]_G$ 來表示，即

$$[D]_G = \frac{缺陷\ D\ 的數目}{1mol\ 固體中所含的分子數} = \frac{M}{\rho \cdot N_A}[D]_V \qquad (14\text{-}3)$$

式中：ρ 是該固體的密度（g/cm³），M 是固體的莫耳質量（g/mol），N_A 是亞佛加厥常數（$6.02 \times 10^{23} mol^{-1}$）。對於一種二元化合物 AB 而言，缺陷的濃度 $[D]_G$ 也可以表示為：

$$[D]_G = \frac{缺陷\ D\ 的個數}{1molAB\ 中\ A\ 或\ B\ 的亞晶格格位數} \qquad (14\text{-}4)$$

　　表示電子和空穴濃度時，分別用 n（negative）和 p（positive）表示，而不用[e']和[h‧]來表示。

14.2.2 點缺陷與化學整比性

對於一個純的二元化合物，其化學成分為 A 原子和 B 原子，按 $B:A=b:a$ 的比例組成，可以用化學式 A_aB_b 表示。這種化合物具有一定的晶體結構，根據晶體結構的原胞中的格位數和原胞的體積，可以計算出晶體單位體積（cm^3）中所應包含的兩種原子的格位數的比值，即格位的濃度的比值：

$$r_L = [L_B]/[L_A] = b/a \tag{14-5}$$

但在實際晶體中，B 與 A 的比值是或多或少地偏離 $b:a$ 的，即 $B:A \neq b:a$，這就是非化學計量比化合物（nonstoichiometric compound）或偏離整比的化合物（compound deviated from stoichiometry），它的組成可以用化學式 $A_aB_{b(1+\delta)}$ 來表示，δ 是一個很小的正值或負值。在這個化合物中，B 原子和 A 原子的濃度之比為

$$r_c = [B]/[A] = \frac{b(1+\delta)}{a} \tag{14-6}$$

那麼偏離整比的值可由式（14-6）和式（14-5）兩式之差求出：

$$\Delta = r_c - r_L = \frac{b(1+\delta)}{a} - \frac{b}{a} = \frac{b}{a}\delta \tag{14-7}$$

下面將偏離值 Δ 與幾種原生的本徵缺陷（primary native defects）的濃度聯繫起來討論。

(1)當兩種主要的原生本徵缺陷是 Schottky 缺陷時，即在晶體中 A 和 B 的格位上，主要被 A 和 B 原子所占據之外，也還存在有少量的空位 V_B 和 V_A。則格位的濃度

$$[L_B] = [B] + [V_B]$$
$$[L_A] = [A] + [V_A] \tag{14-8}$$

則

$$\Delta = r_c - r_L = \frac{[L_B]-[V_B]}{[L_A]-[V_A]} - \frac{b}{a} \tag{14-9}$$

當組成符合整比性時，$\Delta = 0$，$\frac{[L_B]-[V_B]}{[L_A]-[V_A]} = \frac{b}{a}$，即

$$a[V_B] = b[V_A]$$

這表明，晶體雖然存在有空位缺陷，但其組成仍符合化學計量比。

晶體中 Schottky 缺陷可帶有各種不同的有效電荷，如 $[V_A^\times]$、$[V_A']$、$[V_A'']$ 和 $[V_B^\times]$ 及

$[V_{\dot{B}}]$等。晶體中還存在有電子和空穴。這些帶電組元必須符合電中性原理，而且各組元濃度要保持化學整數的關係，才能符合化學整比性。

(2)當主要缺陷是 Frenkel 缺陷，即晶體中存在著 V_A 和 A_i 缺陷對或 V_B 和 B_i 缺陷對，例如，在鹵化銀中 V_{Ag} 和 Ag_i，CaF_2 中的 F_i 和 V_F，$CdTe$ 中的 V_{Cd} 和 Cd_i 等。

用上述的處理辦法，可以列出下列等式，以表示這類缺陷的偏離整比關係和電中性關係等。

$$\Delta = \frac{[L_B]}{[L_A]-[V_A]+[A_i]} - \frac{b}{a} \qquad (14\text{-}10)$$
$$[V_A] = [A_i]$$

(3)缺陷是錯位的原子（misplaced atom）A_B 和 B_A，這類缺陷又叫做反結構缺陷（antistructure disorder）。

$$\Delta = \frac{[L_B]-[A_B]+[B_A]}{[L_A]-[B_A]+[A_B]} - \frac{b}{a} \qquad (14\text{-}11)$$

可以預期，只有在組成原子的電負度差別不大的化合物中才會出現這種反結構缺陷。因此，這種缺陷主要存在於金屬間化合物中，例如 Bi_2Te_3、Mg_2Sn 和 $CdTe$。

(4)兩種主要缺陷都是間隙原子 A_i 和 B_i，以及缺陷是間隙原子和取代原子，如 A_i 和 B_A 或 B_i 和 A_B，均未發現有實例。

(5)缺陷是空位和取代原子 V_A 或 A_B 和 B_A，例如在 NiAl 中就存在這種情況。

綜上所述，在化合物中如果只存在有任何一種缺陷，均導致一種組分過量或另一種組分短缺。因此，要保持化學上整比的組成，必然要有兩種或兩種以上缺陷同時存在，它們對化學整比產生恰恰相反的影響，它們並具有相同的濃度，這成對出現的缺陷叫做缺陷對或共軛缺陷。

14.2.3　缺陷締合和簇結構

如果各種孤立的缺陷在整個晶體中雜亂無章地分佈著，那麼就存在一定的機會，使得兩個或更多的缺陷可能會占據著相鄰的格位，這樣它們就可能互相締合（association），形成缺陷的締合體，可以生成二重、三重締合體。缺陷濃度低時，這種相鄰缺陷的締合數就少。

缺陷的締合主要是透過單一缺陷之間的庫侖引力來實現的，但也可以由於偶極矩的作用力、共價鍵的作用力以及晶格的彈性作用力而形成缺陷的締合。另一方面由於熱運

動，締合起來的缺陷也可以以一定的概率分解為單一的缺陷。因此，在低溫下以及在沒有動力位能障的情況下，容易產生締合缺陷；反應溫度越高，則締合缺陷的濃度也愈小。

締合缺陷的物理性質不同於組成它的各種單一缺陷性質的加和，因此，把缺陷締合體看作是一種新的缺陷成分，有時也稱為締合中心。

簇結構與締合中心之間並沒有本質的區別。不同的是，從近代的觀點看，締合中心認為是由忽略了大小和結構的新的缺陷成分。而作為簇結構處理時，則從結晶學的知識出發，要把缺陷在點陣中的具體排列作為問題。

$Fe_{1-\delta}O$ 是很早已研究的非化學計量比的化合物，δ 的變化幅度很寬，而其等溫線是不能由單純的點缺陷來說明。對這種 NaCl 結構為基本結構的化合物做中子繞射分析，根據所得結果 Roth 認為，鐵離子也部分地存在於四配位的間隙位置上，當 V_{Fe} 生成時，$Fe_i^{\cdot\cdot\cdot}$，V''_{Fe} 的 Frenkel 缺陷對也同時生成，它們進行締合，就形成了以（$V_{Fe}Fe_iV_{Fe}$）為締合中心的簇結構。這是 Fe_3O_4 結構的一部分，它意味著 $Fe_{1-\delta}O$ 是在 NaCl 結構中分散著反尖晶石微區。

另一方面，根據驟冷的試樣和在高溫下平衡組成試樣的 X 射線繞射的結果，Koch F 和 Cohen J B 提出，如圖 14-3 所示，由在 V_{Fe} 周圍成四面體配位的 4 個 Fe_i 和在其周圍配位的 12 個 V_{Fe} 所形成的簇結構，這種簇雖具有 NaCl 結構的晶胞大小，但在其周圍也包含著以 $2\times2\times2$ 的微區為單位的局部規則排列，並分散在晶體中。由中子繞射的測定結果也支持 Koch 的簇結構的存在。

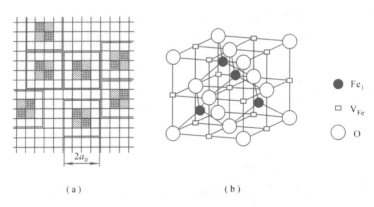

（a） （b）

圖 14-3 在 $Fe_{1-\delta}O$ 的 Koch 簇

(a)由 12 個 V_{Fe}（□）和 4 個 Fe_i（●）組成的 Koch 簇；

(b)在 FeO 的 NaCl 結構上 Koch 簇的部分地規則排列[4]

14.3　非化學計量比化合物的合成

14.3.1　非化學計量比化合物的穩定區域[4]

為了精確制定組成準確的非化學計量比化合物合成條件，需研究其化合物存在的穩定區域。在此以二元體系晶體 MX 為例，把 X 視為像 O_2 和 S_2 那樣容易蒸發的雙原子分子，將此晶體與 X_2 蒸氣放在一起共同進行加熱，而形成非化學計量比化合物來討論。

1.化學計量比的「偏離」的表現及其幅度

在不含有雜質的二元體系化合物 MX 晶體中，當陽離子 M 過量或不足時，表示為 $M_{1\pm n}X$，當陰離子 X 過量或不足時，表示為 $MX_{1\pm n}$，其中 n 一般為遠小於 1 的值。

由於離子的過量和不足所引起的化學計量組成的「偏離」，可透過晶體中添加 X_2 或除去 X_2 分子來得到。這可能存在下述 6 種點缺陷：① M 空位，② X 空位，③ M 間隙，④ X 間隙，⑤ X 點陣位置的 M，⑥ M 點陣位置的 X。其中，M 原子過量 $M_{1+n}X$ 為②、③、⑤型，X 原子過量 MX_{1+n} 為①、④、⑥型。此 $1+n$ 值是能保持化合物穩定結構，並具有某種均勻組成的範圍。容易生成非化學計量比化合物有下述三個條件。

(1)生成點陣缺陷所需要的能量不大，即由 $1+n$ 的變化所引起晶體的自由能變化小。

(2) M 的各種氧化狀態之間的能量差小，化合價易於變化。

(3)不同化合價的每一種離子的半徑差別不大。

當 M 為過渡金屬元素時，符合上述條件的居多。除了 X＝O，S，Se，Te 等的過渡金屬氧化物、硫族化合物以外，X＝H，B，C，N，Si，P 等相應的氫化物、硼化物、碳化物、氮化物、矽化物、磷化物等也易於生成非化學計量比化合物。

2.化學計量比的「偏離」幅度的界限

在上述的 MX 晶體中，在不使 M 原子總數發生變化的情況下，可以將過量的 X 原子以 M 空位表示，而把不足的 X 原子以間隙 M 原子表示。此時將把來自化學計量組成的「偏離」稱為 δ，則可以 $\delta=(N_V-N_i)/N_t$ 來定義，其中，N_t 為 M 點陣位置的總數，N_V 為 M 的空位數，N_i 為間隙的 M 原子數，$\delta>0$ 時，X 原子過量，$\delta<0$ 時，X 原子不足。

當缺陷濃度非常小時，則缺陷互相獨立，**Wagner-Schottky** 理論可以適用。在「偏離」δ 與 X_2 蒸氣的分壓之間，可以得出下列關係式

$$px_2/px_2^0 = 1 + \{\delta^2 + \delta\sqrt{\delta^2+4c^2}/2c^2\}$$

（14-12）

在此，px_2^0 為化學計量組成晶體時平衡的 X_2 蒸氣的分壓，px_2 為「偏離」為 δ 的非化學計量組成晶體時平衡的 X_2 蒸氣的分壓。c 為 $MX_{1.000}$ 晶體中固有無序分數，可以用

$$c = N^0 \big/ N_t = \sqrt{N \cdot N_t} \exp\left\{ - \left(E_V + E_i \right) \big/ 2kT \right\} \tag{14-13}$$

表示。其中 N^0 為固有缺陷數，N 為間隙點的總數，E_V 和 E_i 為在化學計量比晶體中，分別形成 M 空位和間隙所需要的能量。二者之和為形成 Frenkel 缺陷所必需的能量。

把 $c = 10^{-4}$，10^{-3}，10^{-2} 等位數不同的值代入式（14-12），可得到相對壓強－「偏離」的理論曲線，示於圖 14-4。由圖 14-4 可知，當 c 值小時，即使平衡蒸氣壓變化四個數量級，但「偏離」仍產生微小的改變，而當 c 值大時，「偏離」與平衡壓呈 S 型曲線。也就是說，當化學計量比晶體的固有缺陷少時，即使平衡壓有大幅度的變化，「偏離」幅度也非常小。

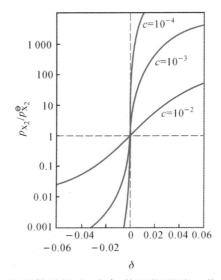

圖 14-4　對各種固有無序分數易蒸發組分（X）的平衡壓強－化學計量組成中的「偏離」的理論曲線[4]

Anderson J S 對「偏離」幅度相當大的且幅度有限度的相，例如黃鐵礦（pyrrhotite）的存在範圍大約為 $FeS \sim FeS_{1.2}$ 的存在條件，進行了理論推導。在此考慮了鄰近的同種空位對的相互作用能，即在化學計量組成中的「偏離」幅度大，點陣缺陷濃度增加的情況下，缺陷的分佈已經不能說成是完全無序。而在由 M 空位之間的相互引力能 $E_{V \cdot V}$ 所決定的臨界溫度（$T_c = E_{V \cdot V} \big/ 2k$）以下時，點陣缺陷濃度只能在某一界限以下時，其相是穩定的。超過某界限時，此缺陷晶體便分裂為空位飽和的相和新相。因此，

存在著與某種相所允許的最大缺陷數相對應的臨界組成。

　　總之，非化合計量比化合物的組成範圍將由 ①缺陷之間的相互作用能，②溫度，③固有無序分數所支配。

3.非化學計量比化合物的穩定區的實驗確定

　　確定非化學計量比氧化物穩定區域的實驗原理如下，將接近所要求的組成化合物和容易得到的化學計量比的粗試樣，長時間保持在合成管中，保持一定的溫度（T）和精密調節流通體系中的氧分壓（p_{O_2}），使其達到平衡。接著驟冷至 $0°C$ 左右取出，以精密的化學分析和熱重分析決定組成，以 X 射線分析法進行相分析，或直接根據熱天平的質量變化確定平衡達到和決定組成。根據多次重複實驗，便可求出 T、p_{O_2}、X 之間的關係，並可弄清穩定區域和合成條件。實驗中要求選擇 O^{2-} 離子移動速度大的溫度，以便熱平衡容易達到。另外，此實驗在達到平衡的準確程度、試樣溫度、氧分壓、組成分析、相分析和驟冷效應方面容易引進誤差，必須細心地加以注意。

14.3.2　非化學計量比化合物的合成

　　非化學計量比化合物的合成，目前散見於文獻之中，尚未作歸納，許多用於製備固體化合物的實驗技術均可用於製備非化學計量比化合物。現將一些常見的、主要的合成方法作簡要地介紹。

1.高溫固相反應合成非化學計量比化合物

　　用高溫固相反應製備非化學計量比化合物是最普遍和實用的方法。在製備時，也視各種化合物的穩定性和技術要求採用的具體方法而異。合成時應以相圖作參考。根據相圖確定配料比例、溫度、氣體的壓強、製備方法等等。常用驟冷的方法來固定高溫缺陷狀態。

　　(1)在空氣中或真空中直接加熱或進行固相反應，可以獲得那些穩定的非化學計量比化合物。

　　在真空或惰性氣體氣氛中，高溫條件下，在石英坩堝中放置 Si 單晶，通常其中將含有 10^{18} 的氧原子，這些氧原子是滲入晶格間隙之中。含氧的 Si 單晶，經 $450°C$ 左右的長時間的熱處理，會使晶體中分散分佈的氧逐漸地集聚起來，成為一個締合體，使 Si 單晶的電學性質發生明顯的變化。

　　(2)用熱分解法能容易地製得許多非化學計量比化合物。熱分解的原料可以是無機

物，也可以是金屬有機化合物。熱分解的溫度對所形成的反應產物十分重要。例如，製備非化學計量比稀土氧化物 Pr_6O_{11} 或 Tb_4O_7，可以用它們的碳酸鹽在空氣中加熱到 800℃以上。高溫熱分解製得，也可以用它們的草酸鹽、檸檬酸鹽或酒石酸鹽，經 >800℃ 溫度下，分解製得。鐠的氧化物體系雖然常常寫成 Pr_6O_{11}，但實際上是很複雜的，它具有五種穩定相，每一相含有在 Pr_2O_3 與 $PrOc_2$ 間的 Pr^{3+} 和 Pr^{4+}。Tb$-$O 體系也是很複雜的，屬於非化學計量比化合物，Tb_4O_7 最接近於所得穩定固相的真實化學式 $TbO_{1.75}$，其中 Tb^{3+} 和 Tb^{4+} 以等量存在。隨著製備細節（包括溫度、灼燒時間）的不同，從 $TbO_{1.71}$ 到 $TbO_{1.81}$。

在隔絕空氣的情況下，將草酸亞鐵加熱，可以製得 $FeOc_{1+\delta}$（δ 是一個數值不大的數）。

(3)在不同的氣氛下，特別是在一定的氧分壓下，經高溫固相反應，合成非化學計量比化合物是最重要的方法。此法既可以直接合成，即在固相反應的同時合成非化學計量比化合物，也可先製成化學計量比化合物試樣，然後在一定的氣氛中平衡製得所需要的非化學計量比化合物。

最引人注目的例子是合成零電阻、溫度大於 90 K 的 $YBa_2Cu_3O_{7-\delta}$ 的氧化物超導體。對於高溫氧化物超導體的製備方法已有許多報導，可採用固相反應合成法、化學共沈積法、溶膠—凝膠法、熱分解法、水熱法、熔化法、熱壓燒結法等。儘管方法各有所不同，但對高溫 $YBa_2Cu_3O_{7-\delta}$ 超導相生成的機構進行研究後認為，超導相的生成可分為高溫燒結、脫氧、冷卻吸氧和相變氧遷移有序化四個步驟[11]。無論用何種方法得到的均勻的釔鋇銅氧化合物，在較低溫度燒結時在（1/2，0，0）和（0，1/2，0）位置上氧有較大的占有率。隨燒結溫度升高，晶格中（1/2，0，0）和（0，1/2，0）位置的氧脫去，當升溫至 930℃ 時，（1/2，0，0）和（0，1/2，0）位置的氧被趕盡，生成含有 1 價銅的缺氧的四方相（$YBa_2Cu_3O_6$），在脫氧過程中伴有吸熱效應。

緩慢冷卻時發生吸氧過程，氧的吸入量與溫度有關。在 650℃ 以上所吸入的氧，相等概率地分佈在（1/2，0，0）和（0，1/2，0）位置上。在 650℃ 時發生四方相向正交相的轉變，此時，吸入的氧易於從（0，1/2，0）位置遷移到（1/2，0，0）位置上，造成這兩個位置上氧的占有率有較大的差異，從而引起晶胞參數 a 和 b 不等，a 與 b 的差值越大，即超導相的正交性越高，意味著 Cu$-$O 一維鏈的有序度越高，超導性能越好。

大量研究表明，$YBa_2Cu_3O_{7-\delta}$ 超導體中的氧或者說氧空位的含量，以及不同條件下缺陷濃度的變化對超導體的晶形轉變和超導特性都有非常重要的影響。這顯然涉及到不同溫度和氧分壓條件下，超導體中的非化學計量比和氧的缺陷平衡[12]。有關氧的非化學計量的測定已有一些報導，不同作者測出的 δ 值波動在 0～0.23 之間。

不同作者所測的 δ 值出現較大差別的原因，除測定方法的誤差外，與不同氣氛下合成的試樣有關。因為在 $YBa_2Cu_3O_{7-\delta}$ 中的氧空位是屬於化學缺陷，其缺陷濃度不僅與溫度有關，而且也與氧分壓有關。只有形成單一的 $YBa_2Cu_3O_{7-\delta}$ 化合物的正交相時，才能得到正確的氧缺陷值。室溫下測得，在空氣中合成 $YBa_2Cu_3O_{7-\delta}$ 的 δ 值為 0.237 ±0.008。

$YBa_2Cu_3O_{7-\delta}$ 中的 δ 值代表該化合物晶體中的氧空位含量，其與溫度和氧分壓有關，當氧分壓一定時，氧空位濃度與溫度之間有如下關係。

$$[V_O] = n \, / \, N = \exp\left(\Delta S_f \, / \, R\right) \cdot \exp\left(^-\Delta H_f \, / \, RT\right) \tag{14-14}$$

式中：$[V_O]$ 為氧空位濃度，n 為 1mol 化合物晶體中氧空位數，N 為 1 mol 化合物晶體中總的格位數，ΔS_f 和 ΔH_f 分別為生成 1 mol 空位的振動熵和生成焓。

若將室溫下 $YBa_2Cu_3O_{7-\delta}$ 超導體的氧空位視為零，則相對的氧空位濃度 $[V_O]$ 可由下式表示：

$$[V_O]' = A\exp\left(-\Delta H_f \, / \, RT\right) \tag{14-15}$$

式中 A 為包括振動熵在內的常數。

在空氣氣氛下（$p_{O_2} = 0.021$ MPa），用本實驗中合成的試樣進行不同溫度下平衡氧空位濃度的測定，在每一實驗溫度下恆溫，視其質量在 1 h 內不變時認為達到平衡。所得結果中選用 $7-\delta$ 對溫度作圖和 $\log[V_O]'$ 對 $1 \, / \, T$ 作圖，所得結果示於圖 14-5 和圖 14-6。

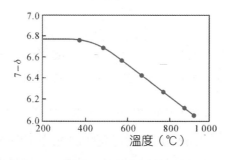

圖 14-5　氧非化學計量與溫度關係[12]

由圖 14-5 可見，試樣在小於 300℃ 時就開始失氧，在晶格中形成新的氧空位。這一過程可理解為在空氣中當溫度升高時，晶體表面上的氧離子丟下兩個電子，以分子形式進入氣相，可由如下反應表示：

$$O_O^{''} = V_O^{\times\times} + 2e^- + \frac{1}{2}O_2$$

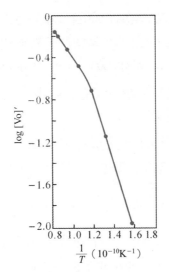

圖 14-6　相對氧空位濃度與溫度關係[12]

$O_O^{\times}$ 為晶體格位上的氧離子，$V_O^{\times\times}$ 為氧空位。晶體表面上的氧空位向晶體內部擴散，然後在表面再進行上述反應，直至平衡。由圖 14-5 可見，這一過程隨著溫度升高而變得更易進行。

　　圖 14-6 中給出了氧空位濃度與溫度的關係，在圖中出現了兩條斜率不同的直線，這被認為是反映出正交和四方兩種不同晶系。從兩條線的交點可以得知晶形轉變溫度約 600℃，與文獻測得的結果基本一致。從圖 14-5 中可以看出，晶形轉變所對應的超導體的氧含量約為 6.53。根據圖 14-6 中兩條直線的斜率，按式（14-15）還可以求出氧空位的生成焓 ΔH_f。

$$正交晶系　\Delta H_{f(o)} = 0.662 \text{ eV} \quad （63745 \text{ J} \cdot \text{mol}^{-1}）$$
$$四方晶系　\Delta H_{f(t)} = 0.284 \text{ eV} \quad （27320 \text{ J} \cdot \text{mol}^{-1}）$$

　　由 ΔH_f 值可見，在高溫下四方相中形成空位要比正交相中容易得多。另外從圖 14-6 可以看出兩個晶系的振動熵均為正值，這也說明該晶體中的氧缺陷為空位缺陷。

　　又如鹼金屬鹵化物色心雷射晶體的附加著色過程，就是把晶體放入相應的鹼金屬蒸氣中去建立平衡，即如果要在 KCl 晶體中產生 F 心，就把 KCl 晶體放在 K 蒸氣中，使晶體中陽離子多於陰離子，造成陰離子空位。在製備過程中，需控制著色的溫度、金屬蒸氣的氣壓、溫度和著色時間，同時為了防止已拋光的晶體表面受到損傷，還需要用惰性氣體來保護。經過 K 蒸氣處理後的 KCl 晶體則呈紫紅色（或黃褐色）。這是由於晶體中原有的 Schottky 缺陷的陰離子空位 $V_{Cl}^{\cdot}$ 與附著在晶體表面上的原子游離所釋放出來的電子締合，生成 $V_{Cl}^{\cdot} + e'$ 的缺陷締合體。這個與 $V_{Cl}^{\cdot}$ 締合的電子像原子中的 1s 電子，

可以吸收光而激發到 2p 狀態，即成為一種色心——F 心。

我們[6]用摻 Pr 的穩定立方氧化鋯晶體片，放入剛玉坩堝內，加碳保護，在 1200℃ 下退火，7 h 後取出。可以觀察到晶片由黃變紫，甚至變成紫黑色。其原因是在高溫和還原的條件下退火，給予晶體內部的氧離子提供足夠的能量，也使部分氧離子失去電子變成氧原子從表面逸出，氧與碳迅速反應，保持著一定的還原氣氛。遺留在晶格中的電子被晶格中的氧空位「俘獲」，形成色心。該色心的吸收帶位於 580 nm 附近。

2. 摻雜以加速非化學計量比化合物的生成[5]

採用摻雜的方法，促使形成穩定的和具有特殊性質的非化學計量比化合物，已在許多功能材料上獲得應用。合成這類化合物可根據需要採用固相、液相或氣相等多種方法進行。

$BaTiO_3$ 的禁帶寬度為 2.9 eV，對純淨無缺陷的 $BaTiO_3$ 而言，室溫下它應是一絕緣體。但是，由於各種原子缺陷的存在，可以在禁帶中的不同位置生成與各原子缺陷相對應的雜質能階，從而使 $BaTiO_3$ 具有半導體性質。然而，原子缺陷種類很多，有本徵缺陷，也有外來原子缺陷，而且這些原子缺陷的濃度又隨各種因素如氧分壓、燒結溫度、冷卻速率和摻雜濃度等而變化。所以，原子缺陷與材料的電導率之間有極其複雜的相應關係。

在未摻雜的 $BaTiO_3$ 中，所考慮的原子缺陷是氧空位和鋇空位。實驗表明，在高溫和低氧分壓下，$BaTiO_3$ 是一種含氧空位的 n 型半導體，氧空位的形成以下式表示：

$$O_O^x \Longrightarrow V_O^x + \frac{1}{2} O_2 \text{ (g)}$$

上式說明，當氧分壓降低時，氧亞晶格中的氧在高溫下透過擴散以氣體形式逸出，與此相反，當氧分壓增高時，上式將向左進行。

實驗表明，在高氧分壓和降低溫度的情況下，$BaTiO_3$ 是一個金屬離子不足的 p 型半導體。鋇空位的形成可以下式表示：

$$\frac{1}{2} O_2 \Longrightarrow O_O^x + V_{Ba}^x$$

上式表明，當氧分壓上升時，氧可以結合在格點上，產生鋇空位 V_{Ba}^x，若氧分壓下降，則反應將向左進行，V_{Ba}^x 將減少。

圖 14-7 給出了溫度為 900℃、1070℃ 和 1200℃ 時，$BaTiO_3$ 的電導率與氧分壓之間的關係。圖中虛線為計算值、實線為實測值。由圖可見，兩者能符合較好。

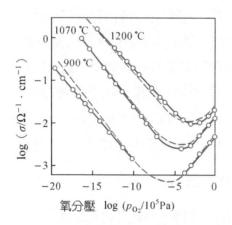

圖 14-7　未摻雜 BaTiO₃ 陶瓷的高溫電導率與氧分壓之間的關係[5]

從圖 14-7 可見，與空氣或純氧處於平衡狀態中的 BaTiO₃ 是 p 型半導體，當氧分壓下降時，則轉變成 n 型半導體。同時，最小的本徵電導率（即從 p 型到 n 型電導率的轉變區）隨溫度的提高而向較高氧分壓方向移動。這是由於當溫度較高時，相對說來氧空位較多，n 型電導要加強的緣故。

將 La³⁺ 引進 BaTiO₃ 中，可使 BaTiO₃ 變成具有相當高的室溫電導率的 n 型半導體。這類半導體已獲得廣泛的應用。引進 La³⁺ 離子以後，由於 Ba²⁺ 離子半徑（1.34 Å）和 La³⁺ 離子半徑（1.14 Å）相近，La³⁺ 離子進入 Ba²⁺ 的位置，並帶有過量的正電荷。為了維持電中性，可透過兩種方式進行電荷補償，一是透過導電電子進行補償，此時，導電電子的濃度將等於進入 Ba²⁺ 位置的 La³⁺ 離子的濃度，這叫做電子補償；另一是透過金屬離子缺位來補償過剩的電子，這叫做缺位補償。實驗結果表明，低氧分壓和高溫有助於形成過量電荷的電子補償，而在高氧分壓和較低溫度下，則空位補償將占優勢。

實驗表明，BaTiO₃ 半導體的電性能與高溫缺陷狀態、燒結氣氛、淬火溫度和速度密切有關。在低氧分壓時，形成 $Ba_{1-x}^{2+}La_x^{3+}Ti_{1-x}^{4+}Ti_x^{3+}O_3$，呈現低的電導率，而在高氧分壓下形成 $Ba_{1-0.5x}^{2+}La_x^{3+}\square_{0.5x}Ti^{4+}O_3$，式中 $\square$ 為鋇的空位。

在許多發光和雷射材料中，往往摻雜少量的雜質元素，這種摻雜不僅給材料賦予新的性質，而且形成了一些新的非化學計量比化合物。用蒸發溶液法從磷酸溶液中生長出摻錳的五磷酸鈰晶體 CeP₅O₁₄：Mn，就是一種非化學計量比化合物[7]。從 EPR 譜可知，晶體中錳離子呈 2 價。並根據 Mn²⁺ 發出綠光的特徵，表明 Mn²⁺ 離子位於四面體的結構中，而 Ce³⁺ 在五磷酸鹽晶體中則處於八位配、十二面體中。由此推斷，Mn²⁺ 離子位於 CeP₅O₁₄ 晶體的層狀結構的間隙之中。

CeP₅O₁₄：Mn（Ⅱ）晶體生長過程是，將一定量的磷酸放入黃金坩堝中，按一定的

配比加入 $MnCO_3$ 和 CeO_2，加蓋後，將坩堝放入不銹鋼爐管內，接上水封瓶，緩慢升溫，先在～150℃維持數小時，以脫去磷酸中的水分，然後在 250℃ 保持 24 h 使 CeO_2 全部溶解，最後在～560℃下，生長晶體約一週以上，關閉電源，用熱水使殘餘母液浸出，則得到 CeP_5O_{14}：Mn（Ⅱ）晶體。

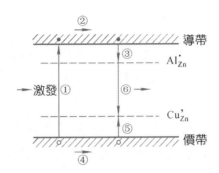

圖 14-8 （Zn，Cd）S：Cu、Al 的能帶模型

（Zn，Cd）S：Cu、Al 是目前最好的彩色電視用的綠色螢光粉[10]，通常是將 ZnS 和 CdS 混合，加入一定量的 $CuSO_4$ 和 Al_2（SO_4）$_3$ 溶液調勻後，120℃烘乾、再加 3%～5%的高純硫混合，研磨均勻，然後置於石英管中封口，封口端先放入硫和碳（S：C=4：1）的混合粉，並在室溫下抽空管內的空氣，並充入 H_2S，將封口的石英管於 1120℃下灼燒 30～60 min，出爐後自然冷卻，在紫外光激發下選粉，則得（Zn，Cd）S：Cu、Al 螢光粉。也可以用固相反應法合成，即加入所需量的 ZnS、CdS、$CuSO_4$ 和 Al_2（SO_4）$_3$，用去離子水調成漿狀，烘乾後再加 5%的硫磺、1%NaCl、2%$MgCl_2$，球磨 10 h，裝入氧化鋁（或石英）坩堝中、壓緊，再逐層覆蓋適量的硫磺、次品料和活性碳粉，加蓋蓋嚴，於 900℃下恆溫 1～2 h，高溫下進出爐，冷卻後，在 365 nm 紫外光激發下選粉，然後用 10%的 $Na_2S_2O_3$ 溶液浸泡 1～2 h，再用去離子水洗滌至中性、抽濾、烘乾即成產物。

在（Zn，Cd）S：Cu、Al 中，Cu 是以 Cu^+ 進入晶格中取代 Zn^{2+}（或 Cd^{2+}）形成 Cu'_{Zn}（或 Cu'_{Cd}），為保持電荷平衡，引入 Al^{3+} 作電荷補償，在晶格中 Al^{3+} 也取代 Zn^{2+}（或 Cd^{2+}）形成 Al_{Zn}（或 Al_{Cd}）。Cu'_{Zn} 上所帶的局域態電子可以激發到導帶中成為 Cu^x_{Zn}，若在價帶中產生一個空穴，則也可能產生該空穴與 Cu^x_{Zn} 的局域態電子的複合過程。同樣，Al_{Zn} 既可能從價帶中得到電子成為 Al^x_{Zn}，也可以與導帶中的電子複合。實際上，在（Zn，Cd）S：Cu、Al 的能帶中，Cu_{Zn} 能階位於價帶的上部，而 Al_{Zn} 則位於導帶下部（見圖 14-8）。其發光的過程為：S^{2-} 中的一個電子從價帶中激發到 Zn^{2+}的導帶

①，這個電子在導帶中自由移動②，並很快被 Al_{Zn} 所俘獲③，另一方面，由於價帶中的電子被激發到導帶後，在價帶中留下一個空穴，該空穴可以移動④，並與 Cu_{Zn} 上的局域態電子複合⑤，此時相當於 Cu'_{Zn} 束縛一個空穴，這樣 Al_{Zn} 所俘獲的電子與 Cu'_{Zn} 所束縛的空穴複合產生發光。

3. 用輻照的方法製備非化學計量比化合物

用輻照的方法製備非化學計量比化合物是一個簡單易行的方法。最明顯的例子是製備LiF的色心晶體[8]。它是一種在室溫下有較高量子效率、不易潮解、導熱率高（0.103 W/cm·℃）的可調諧雷射晶體。

為獲得大塊晶體的均勻著色，採用穿透力很強的γ射線。當高能射線打到光學品質好的LiF晶體上時，會在晶體內引起游離，生成空穴、空位和自由電子等產物。電子被鹵素空位所「俘獲」時，則生成 F 心。它的吸收峰在 2500 Å 處。F 心螢光量子產額很低，不能實現雷射振盪，但它是構成其它聚集心的基石，隨著輻照劑量的增加，F 心的密度增加，在 10^7 Rad 時，晶體中除有大量的 F 心外，還產生出 F_2 和 F_2^+ 心。$F_2 \propto [F]^2$，只有一定密度的 F 心存在時，才會出現 F_2 心，它是由二個 F 心沿[110]方向結合而成的。F_2 心吸收峰在 4500 Å 處。螢光峰在 6980 Å，F_2^+ 心吸收峰在 6500 Å 處，螢光發射峰在 9100 Å。這種輻照劑量下的試樣剛取出時為果綠色，室溫下放置一天後變為淡黃色，即 F_2^+ 吸收峰消失。這種劑量下的試樣用來產生 F_2 和 F_2^- 心振盪是較理想的，色心比較單純。當增加輻照劑量達到 3×10^7 Rad 時，又出現一種新的 F_2^- 心，它的吸收峰在 9600 Å，螢光發射峰在 11200 Å。它是 F_2 心多「俘獲」一個電子，結構上類似 F_2 心。F_2^- 心的吸收和 F_2^+ 心的發射重疊，所以用高劑量試樣實現 F_2^+ 心振盪時，必須除去 F_2^- 心。當劑量再增加到 10^8 Rad 時，在 7900 Å 又出現一個新的吸收峰，這相應 R^- 心，它的螢光發射峰在 9000 Å 處。其結構是三個 F 心在[111]面結合而成，並多「俘獲」一個電子。由於 R^- 心不是中心對稱，除 7900 Å 吸收外，還有一個吸收峰在 6800 Å，埋沒在 F_2 等心的吸收帶內。用這種高輻照劑量的試樣對 F_2 心雷射振盪不利，因為 R^- 心在 6800 Å 有吸收，但在 5300 Å 強光作用下 R^- 心會離解。但此時 F_2 心密度高，可使振盪次數增加到 7000 次，大大超過 10^7 Rad 下幾十次的使用壽命。再增加輻照劑量時，F_2^- 心和 R^- 心密度繼續增加，到 5×10^8 Rad 時 R^- 心增加要快於 F_2^- 心，這表明 R^- 心的生成要消耗 F_2^- 心，同時 F_2^- 心已趨於飽和。

用電子束對LiF晶體進行著色，也可得到高密度的色心，著色速度也快。色心生成種類主要是和電子密度有關。在 $10^{13}/cm^2$ 時（電流密度為 $1.6 \times 10^{-8}A/cm^2$），主要生成

F 心，試樣呈淡紫色。電子密度達到 $10^{14}/cm^2$ 時，晶體呈果綠色，包含有 F、F_2 和 F_2^+ 心，放置二天變成淡黃色，此時對應於 γ 射線輻照 10^7 Rad 劑量的結果。在 $10^{15}/cm^2$ 時，試樣呈紅褐色，增加 F_2^- 心，相應於 10^8 Rad 的 γ 射線劑量。對於 $5 \times 10^{15}/cm^2$ 電子束，則相應於 5×10^8 Rad 的 γ 射線結果。當電子密度達到 $5 \times 10^{16}/cm^2$ 時，晶體變成黑色，吸收曲線平滑，飽和吸收效應消失。表明晶體溫升已超過 F_2^- 心的熱分解溫度。

採用輻照製造缺陷，製備非化學計量比化合物，還可以用 β 射線、X 射線等。經過輻照後產生色心，但存在著色心的熱、光穩定性等問題，有待解決。

4. 高壓下合成非化學計量比化合物

近年來在高壓和超高壓條件下，合成非化學計量比化合物日趨活躍，並具有一定特點。由此，將能發現一些新的化合物和新的性質。

$BaFeO_{3-\delta}$ 屬於 $ABO_{3-\delta}$ 型鈣鈦礦型化合物[9]，在空氣中加熱合成的 $BaFeO_{3-\delta}$ 有二個穩定的結晶相，一個在 915℃ 以上的高溫相（HiBF），$\delta = 0.5$ 的化學組成為 $BaFeO_{2.5}$ 的相，另一個是具有六方晶系、$BaTiO_3$ 型構造的低溫穩定相（LowBF）$BaFeO_{3-\delta}$（$\delta \leq$ 0.26）。圖 14-9 示出 $p_{O_2} - T - \delta$ 之間的狀態圖，隨著氧壓的增加，$BaFeO_{3-\delta}$ 的低溫相向著高溫相移動，在 5 MPa、1412℃ 時六方晶系的 $BaFeO_{3-\delta}$ 變為高溫相 $BaFeO_{2.5}$ 並被熔融。由於氧缺位，即 δ 的變化明顯地影響晶體結構和物性。MacChesney[9] 在 240 MPa 的氧壓下處理 $BaFeO_3$，求得 $BaFeO_{3-\delta}$ 中 δ 值與物性的關係。表 14-2 中列出 $BAFeO_{3-\delta}$ 的晶格常數與合成條件的關係。可見隨著離子半徑小的 Fe^{3+} 離子的增加，氧缺位量減少。氧缺位最小的 $BaFeO_{2.95}$ 在 164℃ 有一個磁性轉變點，見圖 14-10。隨著 δ 值的增加，磁性轉變點的溫度向低溫方向移動。

表 14-2　$BaFeO_{3-\delta}$ 的晶格常數與合成條件的關係[9]

	晶格常數		反應溫度（℃）	合成條件	
	a（±0.003 Å）	c（±0.01 Å）		氧壓（10^5Pa）	反應時間（h）
$BaFeO_{2.95}$	5.674	13.74	325	750	184
$BaFeO_{2.93}$	5.672	13.75	400	830	88
$BaFeO_{2.92}$			510	600	259
$BaFeO_{2.92}$			700	600	120
$BaFeO_{2.82}$			410	300	288
$BaFeO_{2.85}$	5.690	13.89	740	空氣中	160
$BaFeO_{2.83}$			834	空氣中	88

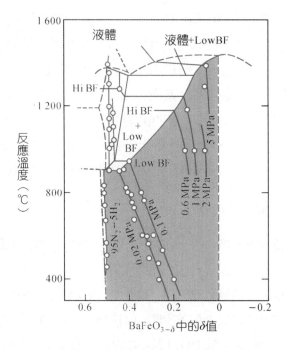

圖 14-9　BeFeO₃₋δ 體系的狀態圖[10]

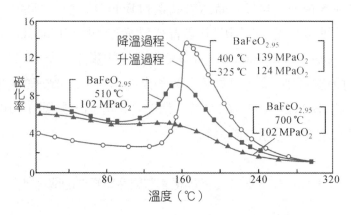

圖 14-10　BaFeO₃₋δ 的氧缺位與磁化率的關係

14.4　非化學計量比化合物的表徵與測定[1]

　　對於「偏離」較大的非化學計量比化合物的測定，是可以進行的。但對於晶體中點缺陷的濃度和種類的測定是比較困難的，需要在多方面知識的基礎上作綜合判斷。常用的「偏離」測定方法如下。

1.化學分析

用化學分析直接確定非化學計量比化合物的組成通常是不容易的。因為一般的定量分析方法的誤差為 $\pm 10^{-3}$，而帶有本徵缺陷的晶體偏離整比的組成一般都是 $\leq 10^{-3}$。但是用化學分析法測定非化學計量比化合物中金屬的過量或欠量則是可能的，因為非化學計量比化合物往往是一種多組分的固溶體，其中的各組分具有不同的價態。例如，$ZnO_{1-\delta}$ 中含有過量的鋅，可看作是 $Zn^{2+}O$ 和 Zn^0 的固溶體；$FeO_{1-\delta}$ 可以看作是 $Fe^{2+}O$ 和 $Fe_2^{3+}O_3$ 的固溶體或 Fe_2O_3 和 Fe^0 的固溶體。這種類型化合物的偏離值可以從直接測定其中非正常價態的原子的濃度來求得。例如，在隔絕空氣和氧的條件下，將 $FeO_{1-\delta}$ 溶解，生成含有大量 Fe^{3+} 和少量 Fe^{2+} 離子的溶液，其中 Fe^{2+} 的含量可以用 $Ce(SO_4)_2$ 來滴定。$Cu_{2-\delta}O$ 中銅的欠量可以將試樣溶解於鹽酸溶液中，測定 Cu^{2+} 的濃度來確定，也可以將試樣溶解在 $HCl + KI$ 溶液中，測定產生的碘量來確定。除了測定試樣中金屬的濃度外，也可以用化學分析法測定氧或硫的含量。如 BaO 中過量的氧，可由其和水反應時的氧來確定。

2.微重量法

微重量法廣泛地應用於測定晶體中缺陷的種類和濃度。晶體中主要缺陷的濃度直接與偏離化學計量比的程度有關。在 $M_{1-y}X$ 晶體中，M 偏離整比的量就等於陽離子空位的莫耳分數。在 $M_{1+y}X$ 中，M 的超過化學計量比的量等於間隙陽離子的莫耳分數。而在真正的 MX_{1-y} 晶體中，y 就等於陰離子空位的莫耳分數。因此，用實驗方法測定晶體組成偏離整比的程度，就可以確定主要缺陷的種類及其濃度，並且可以計算出缺陷生成的焓、熵變以及游離度等。

微重量法是測量試樣隨反應條件的改變所發生的質量變化。當把試樣 MX 在適當的高溫下和給定的 X_2 分壓下加熱，經過一段時間，$MX-X_2$ 體系達到了熱力學平衡，試樣的質量趨於恆定，由此表明，在給定的反應條件下，試樣的化學組成穩定了，這時試樣的偏離整比值 y 也一定。如果反應體系的參數之一改變了，試樣就會再吸收一些或放出一些 X 組分，直到建立新的平衡為止。在新的平衡下，試樣的質量和試樣偏離整比的程度具有不同於前一平衡態新的特徵值。例如，當把 $M_{1-y}X$ 試樣周圍的 p_{X_2} 降低時，下列反應向左移動。

$$\frac{1}{2}X_2\,(g) = V_M + X_X$$
$$V_M = V'_M + h^\cdot$$

這樣就使得 MX 部分地分解出 X_2，進入氣相，試樣質量減少，被游離出的金屬離子和電子就分別填充在空位 V'_M 和空穴處，這相當於陽離子空位 V'_M 濃度降低，即偏離整比的程度也降低。同理，當把 MX_{1+y} 試樣周圍的 p_{X_2} 降低時，由於相應地減少了間隙陰離子 X_i 的濃度，也會導致偏離整比性的降低。

對於 $M_{1+y}X$ 晶體而言，如果降低試樣周圍 p_{X_2} 的分壓，試樣的質量減少，下列平衡向右移動：

$$MX = M_i + \frac{1}{2} X_2 \text{（g）}$$
$$M_i = M_i^{\cdot} + e'$$

這樣便增大了間隙陽離子濃度，從而使偏離整比程度增加。同理，當把 MX_{1-y} 試樣上的 p_{X_2} 降低時，也會導致同樣的結果。

因此，當我們已知在給定溫度和一定 p_{X_2} 值下的晶體 MX 中的 y 值時，用微重量法測定試樣質量的變化，就可以直接得到 MX 中主要缺陷的種類和濃度的資訊。為此可以先從純金屬 M 試樣開始，在一個可以在恆溫恆壓下，測定試樣質量變化的裝置中進行實驗，如圖 14-11 所示。這種裝置中的石英彈簧秤，當試樣總質量為 1g 時，可以稱準至 10^{-8} g，一個光滑的金屬表面包含有 10^{15} 個原子／cm^2，如果每個原子和一個氧原子結合，形成一氧化物單層，則由於氧化而增加質量為 3×10^{-8} g/cm^2，如果試樣表面積為 10 cm^2，則質量增為 3×10^{-7} g，這樣就可以利用石英彈簧秤測出伴隨氧化物晶面的生成或分解時所發生的質量變化。首先使 M 完全氧化成 MX，並達到恆重，從試樣 M 的質量增加可以計算出化合物 MX 中 M 和 X 的莫耳分數，從而求出偏離整比值 y。在不同的實驗平衡條件下，可以求出一系列的 y 值，進而得到各溫度下的 y 值和 $p_{X_2}^{1/n}$ 之間的關係。對於 $M_{1-y}X$ 或 MX_{1+y} 類型的化合物，這種關係的函數式可以表示為：

$$y = C \cdot p_{X_2}^{1/n} \tag{14-16}$$

而對 $M_{1+y}X$ 或 MX_{1-y} 類型的化合物，這種關係的函數式為：

$$y = C \cdot p_{X_2}^{-1/n} \tag{14-17}$$

式中的 C 為常數。取上述函數式的雙對數作圖，可以得到一套 y 值隨 p_{X_2} 變化的等溫直線，直線的斜率就給出了指數 $1/n$ 的值。利用 $1/n$ 值可以確定缺陷的濃度。實驗也可以在等壓變溫的條件下進行，測得一套 $\log y \propto f\left(\dfrac{1}{T}\right)$ 函數的等壓直線。由這些直線的斜率，可以求出缺陷的生成焓；由直線在縱座標上的截距，可以求出缺陷生成過程的熵變，因為：

$$y = N_\mathrm{d} = C \cdot \exp\left(\frac{-E_\mathrm{f}}{RT}\right) \tag{14-18}$$

而　　　　　　　　$$E_\mathrm{f} = \frac{2}{n}\Delta H_\mathrm{f} \qquad C = \exp\left(\frac{2}{n}\frac{\Delta S_\mathrm{f}}{R}\right)$$

　　以氧化亞銅為例來說明，Cu_2O 中主要缺陷是陽離子亞晶格中的銅離子空位，其組成應表示為 $Cu_{2-\delta}O$，因此，偏離整比值便是缺陷濃度的直接量度。可以用微重量法在高溫下測定 Cu_2O 試樣質量隨平衡氧分壓的變化。實驗條件應安排在溫度範圍 $900\sim1100{}^\circ\!C$，氧分壓為 $10^{-4}\sim0.1\,MPa$。$p_{O_2}^{1/n}$ 太低時，Cu_2O 分解過快；$p_{O_2}^{1/n}$ 過高時則會生成 CuO。溫度 $<900{}^\circ\!C$ 時，CuO 的吸氧或脫氧反應難以進行，試樣質量變化太小；溫度 $>1100{}^\circ\!C$ 時，Cu_2O 顯著地蒸發。實驗起始是取一塊純銅作試樣，在一定溫度下加熱，同時通入 O_2，當試樣達到恆重時，再改變 $p_{O_2}^{1/n}$，觀察試樣質量隨 $p_{O_2}^{1/n}$ 變化的關係值，再在恆定 $p_{O_2}^{1/n}$ 中測定試樣質量隨溫度的變化關係值。

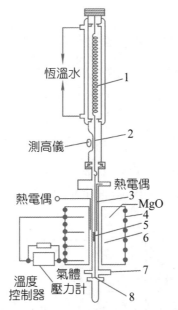

圖 14-11　石英彈簧微量熱天平[1]

1－石英彈簧；　2，3－鉑絲；　4－恆溫水套；　5－試樣；
6－剛玉爐管；　7－氣體導入管；　8－阻尼

　　圖 14-12 舉例示出，由微重量法所測定的 BaO 中過量氧濃度的結果。此時，過量氧濃度原點是用化學分析方法來確定的。由圖 14-12 可知，$\delta \propto p_{O_2}^{1/n}$，可以推知，缺陷種類是 $V_{Ba}^{\times}$ 或 $O_i^{\times}$。

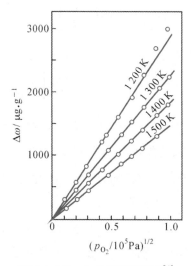

圖 14-12　BaO 的過剩氧[4]

3.密度測定法

　　用密度測定法可以更直接地測定缺陷濃度。如果將晶體的真相對密度與根據晶格常數計算所得的 X 射線密度進行對比，不僅可以確定缺陷的濃度，而且可以確定缺陷的種類。圖 14-13(a)為在 Y_2O_3 中摻雜 ZrO_2 時的真相對密度與根據 O_i 模型或 V_Y 模型，用晶格常數計算出來的 X 射線密度進行對比，可以推論出 Y_2O_3 中的點缺陷主要是 O_i。

　　將 TiO、VO 等的真相對密度和 X 射線密度相比較時，得到的真相對密度比 X 射線密度法的值要低 15%。根據這個事實，可認為 TiO、VO 具有包含 15%空位的 Schottky 型缺陷結構。圖 14-13(b)表示了在 $TiO_{0.8}-TiO_{1.3}$ 的非化學計量組成中所得的空位濃度。

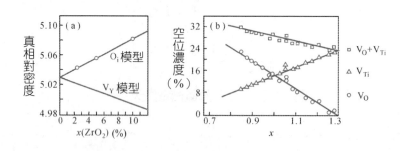

圖 14-13　由真相對密度確定缺陷濃度

(a)在 Y_2O_3 中摻雜 ZrO_2 的情況。〔根據 O_i 和 V_Y 兩種模型的點陣常數得出的計算值和真相對密度（o）〕；
(b)TiO_x 的空位濃度[4]

密度測定法雖然是一種古老的方法，但由於它能夠確定缺陷濃度和缺陷類型，因此，隨著測定精度的提高，其實用性也增加。

一般情況下，缺陷對晶體密度的影響不大，因此要求測量精確度要高。如果晶體中缺陷濃度隨溫度的變化明顯地改變，那麼將缺陷所引起的效果與晶體本身所產生的效應加以區別就比較容易。例如，AgBr、AgCl 和 AgI 在較高溫度下，晶格尺寸明顯地增大，可以認為是由於生成 Frenkel 缺陷所引起的。

4. 示踪原子法和標記物法

缺陷類型的確定可以利用放射性或穩定同位素示踪原子的方法，測定組分原子 M 或 X 在晶體 MX 中的擴散係數。如果 $D_M \gg D_X$，則表明擴散主要是沿著 M 離子的亞晶格進行，因此，缺陷是存在於 M 晶格中，是 M 離子的空位缺陷 V_M 或間隙缺陷 M_i。如果 $D_M \ll D_X$，則表明缺陷主要是存在於 X 亞晶格中的 X 離子的空位 V_X。也可以利用標記物法來測定晶體中缺陷的種類，標記物法還廣泛地應用於研究氧化機構、擴散機構、固相反應和燒結過程。

標記物法的原理是，選擇一種惰性金屬作為標記物，這種標記物在實驗條件下，不和被測金屬及其化合物發生反應，也不會被它們溶解。標記法可以極細的絲或多孔薄膜的形式緊密地放置在被測金屬的表面上。例如，將一段細金屬絲壓入試樣表面，然後用蒸鍍法或電解法在試樣表面沈積一薄層（10^3 nm）的貴金屬（可用放射性同位素），便於以後測量標記物在晶體中的位置。如圖 14-14(a)所示，將試樣放置在反應容器內，容器保持一定的反應物蒸氣分壓（如 O_2、S_2 等）；在給定的溫度下，使金屬 M 與氧化劑 X_2（如 O_2 或 S_2 等）之間發生銹蝕反應，直到生成物 MX 層厚度至少大於標記物的厚度 10 倍，然後取出試樣，測量標記物與反應界面之間的距離。如果反應的結果是標記物位於反應生成物 MX 層的裡面，如圖 14-14(b)所示，這表明反應在 X_2／MX 界面間進行，M 向外擴散，MX 晶體中含有陽離子空位或陽離子間隙缺陷，MX 的組成應該寫作 $M_{1-y}X$ 或 MX_{1+y}。如果標記物位於氧化物層的外面，像圖 14-14(c)那樣，則表明反應在 MX／M 界面上進行，X_2 向內擴散，MX 晶體中主要是存在陰離子空位缺陷，其組成可表示為 MX_{1-y} 或 $M_{1+y}X$。例如，鐵的氧化和銅的硫化反應屬於圖 14-14(b)的情況，分別生成 $Fe_{1-y}O$ 和 $Cu_{2-y}S$，而鈦的氧化則屬於圖 14-14(c)的情況，生成 TiO_{2-y}。

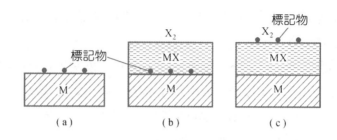

圖 14-14　標記物法測定 M－MX－X_2 體系中的缺陷運動[1]

5.電導率

晶體中原子與離子的遷移總是跟點缺陷的運動有關。例如，由於濃度梯度而引起的原子或離子的遷移（即擴散作用）和由於電位梯度而引起的離子在電場內的遷移（即離子電導）都可以看作是中性的或帶電的缺陷運動。透過濃度的變化測得擴散係數，透過電介損耗測得由於帶電缺陷運動所產生的電導率。

電導率的測定對於氧化物、硫化物等半導體的點缺陷的鑑定是有用的。在 M_mX_n 型化合物中，若金屬離子不足時，X_i、V_M 提供受主能階。由於這種缺陷的濃度依賴於氣氛，在金屬過剩的條件下，電子濃度和電導率與 $p_{X_2}^{-1/2}$ 成正比，在金屬量不足的條件下，空穴濃度和電導率與 $p_{X_2}^{1/n}$ 成正比。因此，隨著 p_{X_2} 的增大，電導率的變化是在 n 型區域減少，在 p 型區域增加，取電導率最小值的組成就成為真半導體，基本上是化學計量比組成，其餘情況則為非化學計量比。

CoO 雖具有 NaCl 型結構，但在高溫的氧化氣氛中，則是以金屬離子空位為主的缺陷結構。由於 CoO 的電導率與電子或空穴的濃度成正比，測定電導率與氧壓的依賴關係就可以知道 p 或 n 與 p_{O_2} 的關係，如圖 14-15。從其中可得到這樣的結論，在氧分壓低的區域內，電導率 σ 與 $p_{O_2}^{1/6}$ 成正比；V"$_{Co}$ 和 h· 是主要的缺陷；而當氧分壓升高時，σ 與 $p_{O_2}^{1/4}$ 成正比，就可認為 V'$_{Co}$ 和 h· 是主要缺陷。V"$_{Co}$ 和 V'$_{Co}$ 的存在，它們的濃度依賴於氣氛氧的壓強，這就意味著，存在於 CoO 晶體中 Co 和 O 的比並不是嚴格的 1：1 的關係，而其組成應該以 $Co_{1-\delta}O$ 來表示，δ 值則依賴氣氛氧的壓強而定，是一種非化學計量比化合物。

6.X 射線繞射和中子繞射

由定量的 X 射線繞射數據進行結構分析就會得到有關缺陷結構的更直接的知識。前面提過的簇結構就是以這種知識為基礎的。

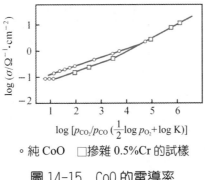

。純 CoO　□摻雜 0.5%Cr 的試樣

圖 14-15　CoO 的電導率

根據 Givishi，Tannhauser 的研究，1073℃時的電導率與氧壓的依賴關係。K 是 $CO_2 \Longleftrightarrow CO + 1/2O_2$ 的平衡常數[4]

　　根據晶格常數與組成的依賴關係的結果，能夠了解到，在非化學計量比化合物中，過去認為是由均勻的非化學計量比化合物物相所構成的，原來是由一系列組成範圍很窄的化合物所構成。表 14-3 所示的一系列化合物就是這樣發現的。由非化學計量比的、均勻相的點陣常數的變化雖然可以推論缺陷結構，但是空位的產生不一定會使點陣常數減少，間隙離子的生成也不一定會使點陣常數增大，故只按照這樣的方法作推論是危險的。

表 14-3　具超點陣結構的中間組成硫族化合物[4]

組　　成	舉　　　例
M_7X_8	Cr_7Se_8，Cr_7Te_8，Cr_7S_8，Fe_7S_8，Fe_7Se_8
M_5X_6	Cr_5S_6
M_3X_4	V_3S_4，Cr_3S_4，Ti_3Se_4，V_3Se_4，Cr_3Se_4，Fe_3Se_4
M_2X_3	Cr_2S_3，Cr_2Se_3，Cr_2Te_3
M_5X_8	V_5S_8，Cr_5S_8，Ti_5Se_8

　　用中子繞射法能獲得有關缺陷存在狀態更為精密的認識。除了簇結構以外，還能檢驗出來自離子之點陣常數的微小位移。例如 Catter 等發現，在由 CaO 所穩定的具有 CaF_2 型結構的 ZrO_2 中，氧離子在[111]方向上有 0.2 Å 的位移。

　　非化學計量比化合物還可以用許多現代的物理方法加以綜合研究確定。根據元素的本徵性質和缺陷能階，用吸收光譜可獲得在晶體中缺陷存在的更詳細情況，對鹼金屬鹵化物的色心而言，由吸收光譜強度可以推論出過剩的金屬量。順磁共振能提供更強有力的手段，如鹼金屬鹵化物的 F 心，只能用順磁共振方法才能得到證實。電子–核雙共振（ENDOR）可作為研究順磁性缺陷的有力手段。目前利用超高倍電子顯微鏡和原子力顯微鏡已經能直接觀察到缺陷的存在及其部位。

參考文獻

1. 蘇勉曾。固體化學導論。北京：北京大學出版社，1987。99～171。

2. Libowitz G G. Progress in Solid-State Chemistry Vol 2, H Reiss (ed), New Yrok: Peranon Press, 1965. 216～264.

3. West A R.固體化學及其應用。蘇勉曾，謝高陽，申泮文等譯。上海：復旦大學出版社，1989。243～271。

4. 日本化學會編。無機固態反應。董萬堂，董紹俊譯。北京：科學出版社，1985。7～27，140～150。

5. 莫以豪，李標榮，周國良。半導體陶瓷及其敏感元件。上海：上海科學技術出版社，1983。1～10。

6. 洪廣言，李紅軍，李健，付林堂。穩定立方氧化鋯晶體的色心研究，見：人工晶體 Vol 16, No 4, 1987. 300。

7. Guangyan Hmg, Youmo Li, Shuing Yue. Study of CeP_5O_{14}: Mn Crystal, Inorganic Chimica Acta, 1986, 118: 81～83.

8. 張貴芬，舒海珍。LiF 晶體中 F_2, F_2^+ 心雷射器，見：雷射與紅外，No 8, 1981, 24。

9. MacChesney J B, Potter J F, Sherwood R C, Williams H J. Oxygen Stoichiometryin the Barium Ferrates; Its Effect on Magnetization. J Chem Phys, 1965, 43: 3317.

10. 中國科學院科學技術大學，吉林物理所編。固體發光。1976。63。

11. 唐有棋，張玉芬，鄭香苗，韋承謙，林炳雄。高 $T_c YBa_2Cu_3O_{7-\delta}$ 超導相生成的機構。物理化學報 Vol 4，No 3, 1988, 234。

12. 李國勛，黃愛玲，李國斌等。$YBa_2Cu_3O_{7-\delta}$ 超導體中氧的非化學計量和氧的缺陷平衡。見：x 高溫超導體。（1988 年全國超導學術會議論文集）寶鷄稀有金屬加工研究所出版，1988。215

多孔材料的合成化學

15.1　多孔材料（porous material）與它的分類

多孔無機固體材料可以是晶體的或是無定形的，它們被廣泛地應用在吸附劑、非均相催化劑、各類載體和離子交換劑等領域，空曠結構和巨大的表面積（內表面和外表面）加強了它們的催化和吸附等能力。

按照國際純粹和應用化學協會（IUPAC）的定義，多孔材料可以按它們的孔直徑分為三類：小於 2nm 為微孔（micropore）；2～50nm 為介孔（mesopore）；大於 50nm 為大孔（macropore），有時也將小於 0.7nm 的微孔稱為超微孔。而根據結構特徵，多孔材料可以分成三類：無定形、次晶和晶體。最簡單的鑑定是應用繞射方法，尤其是 X 射線繞射，無定形固體沒有繞射峰，而次晶沒有繞射峰或只有很少幾個寬繞射峰，結晶固體能給出一套特徵的繞射峰。無定形和次晶材料在工業上已經被使用多年，例如，無定形氧化矽凝膠和氧化鋁凝膠，它們缺少長程有序（可能是局部有序的），孔道不規則，因此孔徑大小不是均一的且分佈很寬。次晶材料雖含有許多小的有序區域，但孔徑分佈也較寬。結晶材料的孔道是由它們的晶體結構決定的，因此孔徑大小均一且分佈很窄，孔道形狀和孔徑尺寸能透過選擇不同的結構來很好地得到控制。由於晶體多孔材料有許多優勢，許多應用領域的多孔無定形材料逐漸被多孔晶體材料所取代，如許多反應的無定形氧化矽凝膠催化劑載體已經被微孔材料沸石分子篩所取代。

常見的無定形材料（無序孔結構材料）有矽膠、氧化鋁膠、交聯黏土、層柱狀結構材料、活性碳分子篩等。主要的晶體材料（有序孔結構材料）有沸石、分子篩、類沸石材料、氧化矽等介孔材料、氧化矽等大孔材料。

常用的多孔無機材料製備方法有：①沈澱法，固體顆粒從溶液中沈澱出來，生成有孔材料；②水熱晶化法，如沸石的製備；③熱分解方法，透過加熱除去可揮發組分，生成多孔材料；④有選擇性的溶解掉部分組分；⑤在製造形體（薄膜、片、球塊等）過程中生成多孔（二次孔）。

本章將只討論結晶的多孔材料。主要討論微孔材料沸石和分子篩，也包括 M41S 家族（MCM-41 等）為代表的介孔材料，以及大孔材料。從原子水準看介孔和大孔材料是無序的、無定形的，但是它們的孔道是有序的且孔徑大小分佈很窄，是長程有序，是更高層次上的有序，因此它們也具有一般晶體的某些特徵，某些結構資訊能由繞射方法得到。

如欲對沸石或其它多孔材料想有更深入詳細的了解，請參考有關專著[1~14]、綜述文章[15~24]、期刊[25]。有關沸石分子篩的基本知識和最新資訊可以在國際沸石學會（IZA）網站上獲得[26]。

15.2　沸石類材料及其結構特徵

15.2.1　沸石與分子篩

沸石是最為人知的微孔材料家族。天然沸石很早以前（1756年）就被發現。自20世紀40年代第一個人造沸石出現之後，沸石在石油工業催化劑的應用激勵和促進著合成方面的研究。在許多活躍的研究領域中，新材料的合成和它們的生成機構研究一直是崇高而重要的課題。沸石及有關材料的合成進展很快，每年都有新的結構和新的材料被發現。這方面的研究不但是出於學術興趣，而且也是由於不斷發現新應用的促進作用。

分子篩是以選擇性吸附為特徵的。分子篩一詞是為描述一類具有選擇性吸附性質的材料（可以是結晶的也可以是無定形），McBain於1932年提出，當時，只有兩類分子篩材料是已知的：天然沸石和活性碳。後來，又有多種分子篩材料被發現，包括矽酸鹽、磷酸鹽、氧化物等。

文獻中沸石一詞常常被用來描述各種多孔化合物，其實沸石的嚴格定義應該是一類結晶的矽鋁酸鹽微孔結晶體，包括天然的和人工合成的。而那些具有類似結構的磷酸鹽和純矽酸鹽等應該稱為類沸石材料。不論其具有已知的沸石結構，還是新結構（沒有矽鋁沸石對應物），有吸附能力（客體分子水或模板劑能被除去）的材料才能被稱之為微孔材料或分子篩。

隨著科學發展和時間的推移，定義也在變化，現在某些化合物不能除去有機模板劑，它不應該稱為分子篩，但是將來如果發現一種新的除去有機模板劑方法，這些化合物就能稱為分子篩，因此有時太在意命名與定義是沒有意義的。在這裡，我們遵循一般性規則與習慣，儘管某些並不大合適。

天然沸石的礦物名稱多與發現地和發現者有關，而人工合成的沸石常以發現者的工作單位來命名，如 ZSM 代表 Zeolite Socony Mobil。沸石類化合物包括天然和人工合成的已超過600種，而且還在增加。但是它們並不都是完全不同的，如ZSM-5等二十幾個材料雖然具有不同的名字，但具有相同的結構，只是在不同的體系或被不同的研究者合成的。所有類沸石材料可以分為一百餘種骨架結構類型。國際沸石學會（IZA）根據IUPAC 的命名原則，給每個確定的骨架結構賦予一個代碼（由三個英文字母組成），例如 FAU 代表八面沸石，MFI 代表 ZSM-5。相同的結構可以有不同的化學組成，例如 X 型沸石（低矽八面沸石）、Y 型沸石（高矽八面沸石）和SAPO-37（磷酸矽鋁分子篩）具有完全不同的組成，但它們具有相同的 FAU 結構。

15.2.2　沸石和分子篩的性質

沸石和類沸石分子篩是應用最廣泛的催化劑和吸附劑，由於其規則有序的結構，沸石的各種性質在很大程度上是可預測的。沸石不同於其它無機氧化物是因為沸石具有以下特殊性質：①骨架組成的可調變性；②非常高的表面積和吸附容量；③吸附性質能被控制，可從親水性到疏水性；④酸性或其它活性中心的強度和濃度能被調整；⑤孔道規則且孔徑大小正好在多數分子的尺寸（5−12Å）範圍之內；⑥孔腔內可以有較強的電場存在；⑦複雜的孔道結構允許沸石和分子篩對產物、反應物或中間物有形狀選擇性，避免副反應；⑧陽離子的可交換性；⑨分子篩性質，沸石分離混合物可以基於它們的分子大小、形狀、極性、不飽和度等；⑩良好的熱穩定性和水熱穩定性，多數沸石的熱穩定性可超過500℃；⑪較好的化學穩定性，富鋁沸石在鹼性環境中有較高的穩定性，而富矽沸石在酸性介質中有較高的穩定性；⑫沸石很容易再生，如加熱或減壓除去吸附的分子，離子交換除去陽離子。

15.2.3　沸石與分子篩的骨架結構

沸石具有三維空曠骨架結構，骨架是由矽氧四面體 $[SiO_4]^{4-}$ 和鋁氧四面體 $[AlO_4]^{5-}$ 透過共用氧原子連接而成，它們被統稱為 TO_4 四面體（基本結構單元）。所有 TO_4 四面體透過共享氧原子連接成多元環和籠，被稱之為次級結構單元（SBU）。這些次級結構單元組成沸石的三維骨架結構，骨架中由環組成的孔道是沸石的最主要結構特徵。在骨架中矽氧四面體是中性的，而鋁氧四面體則帶有負電荷，骨架的負電荷由陽離子來平衡。骨架中空部分（就是分子篩的孔道和籠）可由陽離子、水或其它客體分子占據，這些陽離子和客體分子是可以移動的，陽離子可以被其它陽離子所交換。分子篩骨架的矽原子與鋁原子的莫耳比例常常被簡稱為矽鋁比（Si ／ Al，有時也用 SiO_2／ Al_2O_3 表示）。如在 A 型沸石分子篩結構中含有四元和六元環（四和六意思是環中矽和鋁原子的數目），Si ／ Al＝1，平衡電荷的 Na^+ 位於 A 沸石的籠中。

在典型的沸石結構中，每個 T 原子都被四個氧原子所包圍，每個氧原子都與二個 T 原子相連接，因此這種類型的結構能夠用（4：2）來表示。然而，在一些結構中氧原子與一個或三個 T 原子相連接，或 T 原子連接到五或六個氧原子[22]。多數沸石和分子篩子具有（4：2）結構，或省略某些原子後可以描述為（4：2）結構，如在某些磷酸鋁（$AlPO_4$−21 等）結構中，省略掉五配位鋁中來自水或有機客體的那個氧原子，則骨架具有（4：2）結構。為簡單起見，在描述分子篩骨架的拓撲結構圖中經常只描繪出 T 原子（由一個點或線段的交叉點來表示）的連接方式，T—T 之間的線段則代表氧原子。

　　一個骨架結構能夠看成是由一個或多個 SBU 連接而成。圖 15-1 給出了常見的 SBU。籠可以看成是更大的建築塊。透過這些 SBU 不同的連接可以產生許多甚至無限的結構類型。例如，從 β 籠（方鈉石籠）出發，可以產生方鈉石（SOD）（一個 β 籠直接連接到另外一個 β 籠），A 型沸石（LTA）（二個 β 籠透過雙四元環相連），八面沸石（FAU）（二個 β 籠透過雙六元環相連）和六方結構的八面沸石（EMT）（另一種二個 β 籠透過雙六元環的連接方式）（見圖 15-2）。在 A 型沸石中，β 籠圍成一個直徑為 11.4Å 的大籠，其最大窗口只有八元環（約 4.1Å），而在八面沸石（FAU）中，β 籠圍成一個直徑為 11.8Å 的大籠（稱為超籠），其最大窗口為十二元環（約 7.4Å）。高矽沸石結構的顯著特徵是含有五元環，ZSM－5 是典型的代表，圖 15-3 描繪了組成 ZSM－5 結構的基本單元、鏈、片、三維結構及獨特的二維孔道走向。多數骨架結構也可以看成是鏈的連接，例如各種四元環的鏈[16,27]。

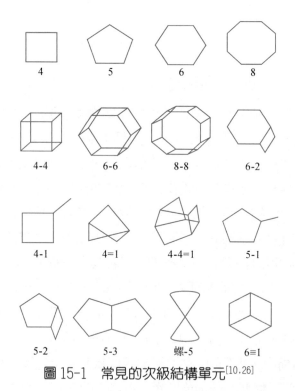

圖 15-1　常見的次級結構單元[10,26]

　　磷酸鋁（AlPO－n）是另一大類分子篩材料。它們的骨架是由 AlO_4 四面體和 PO_4 四面體連接而成。從概念上講，認為中性的磷酸鋁骨架是作為中性的純矽分子篩中兩個 Si 被一個 Al 和一個 P 所取代。而且磷酸鋁骨架 Al 或 P 能被其它元素取代生成 MeAPO－n 或 SAPO－n 分子篩。

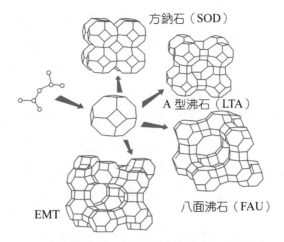

圖 15-2　由方鈉石籠組成的沸石結構[29]

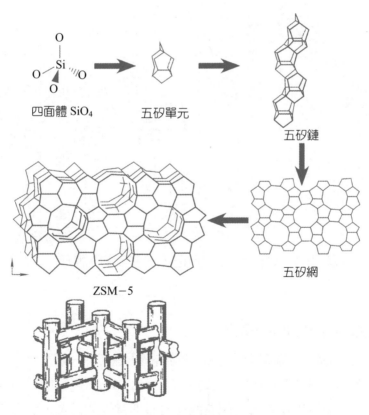

圖 15-3　ZSM－5 結構與孔道走向圖

對於典型的沸石結構（四面體為基本結構單元），骨架原子應滿足以下條件：R_T / R_O（骨架原子與氧原子半徑之比）在 0.225～0.414 之間（Pauling 規則），其電負度允許與氧生成離子一共價鍵，氧化態在+2 與+5 之間。儘管骨架結構的類型不同，但

是 T 原子的局部環境是很相似的，在矽鋁沸石中，T—O 之間的距離在 1.58～1.78Å 範圍內（因此 T—T距離接近 3.1Å），T—O—T 鍵角為 130°～180°。四面體骨架內的Si、Al 排列是難於由常規的結構測定方法加以確定的，但規則之一是四面體位置上的兩個Al 原子不能相鄰（勞因斯坦規則 Lowenstein's rule）。與此類似的是在磷酸鹽及取代的磷酸鹽（4：2）骨架結構中鋁不能與二價或三價金屬原子相鄰，磷不能與矽或磷相鄰。

　　不同結構的沸石和分子篩具有不同的孔徑和孔道形狀，圖 15-4 給出了典型沸石和近期合成的大孔分子篩孔徑大小以及一些常見的探針分子尺寸的參考值[28]。詳細的沸石結構資料能夠從有關參考文獻[16,4,7,10,29]和 IZA 結構委員會的官方網頁[26]上獲得。

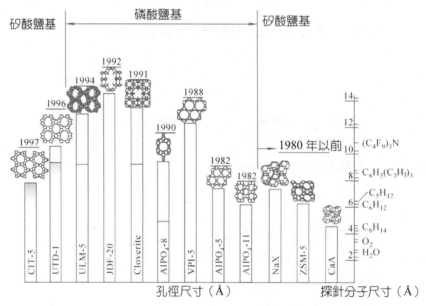

圖 15-4　具有代表性的沸石和分子篩的孔徑尺寸[28]

15.2.4　晶體結構的非完美性

　　實際上的沸石晶體不可能具有十分完美的結構，除了在一般晶體中常見的各種缺陷外，在沸石中發生斷層錯位（fault）和共生（intergrowth）也是很普遍的。斷層錯位的出現（如在鈉菱沸石GME 中）會對沸石的性質有非常大的影響，尤其是吸附性質，會大大地減少吸附量和減小平均孔徑。共生則是兩種相似的結構有規則地或無規則地混合生長在同一晶體裡面，最為典型的是 FAU−EMT 共生，X 和 Y 型沸石具有 FAU 結構，EMC−2 具有EMT結構，而 ZSM−2，ZSM−3，ZSM−20，VPI−6，CSZ−1，ECR−30 等材料是具有不同比例和不同組合方式的 FAU−EMT 共生物。斷層錯位和共生可以在合成中得到控制。

15.2.5　分類

對沸石分類有許多方法，較常用的是按結構類型分類和按組成（合成方法）分類。

沸石可按其所含的次級結構單元來分類，如常見的結構可劃分為以下幾組：①雙四元環（D4R）組：LTA 等；②雙六元環（D6R）組：CHA，GME，FAU，LTL，KFI 等；③單四元環（S4R）組：ERI，OFF，LEV，MAZ，LOS 等；④五元環（5-1）組：MOR，MFI，FER 等。有時也可按孔徑大小分類，分成大孔（≥十二元環）、中孔（十元環）、小孔結構（八和六元環）。

在合成和應用領域廣泛使用組成分類法，將沸石和微孔材料分成以下幾類：①低矽沸石（Si/Al≤2）；②中矽沸石（2<Si/Al≤5）；③高矽沸石（Si/Al>5）；④全矽分子篩（Si/Al接近∞）；⑤全矽籠合物；⑥磷酸鋁分子篩（AlPO-n）；⑦取代的磷酸鋁分子篩（MeAPO-n、SAPO-n等）；⑧其它磷酸鹽分子篩（GaPO-n，ZnPO，MoPO，CoPO等）；⑨微孔二氧化鍺及鍺酸鹽；⑩微孔硫化物；⑪八面體氧化物微孔材料（氧化錳、鈦酸鹽等）；⑫微孔硼鋁酸鹽；⑬其它微孔材料。

15.3　沸石類型材料的合成

15.3.1　沸石分子篩的合成

沸石的合成可以追溯到 19 世紀中期。最早的合成條件是模仿天然沸石的地質生成條件，使用高壓和高溫（大於 200℃和高於 10MPa），但結果並不理想。真正成功地合成是在大約 50 年前，在 20 世紀 30 年代，BarrerR 和 Sameshima J 就開始了沸石的合成工作，Barrer 在 1948 年首次合成出了天然不存在的沸石，之後，美國聯合碳化物公司（UCC）的 Milton 和 Breck 等發展了沸石合成方法：在溫和的水熱條件下（大約 100℃和自生壓力）進行，並成功地合成出了沒有天然對應物的沸石：A 型沸石。另一個大的飛躍是 1961 年 Barrer 和 Denny 首次將有機季銨鹽陽離子引入合成體系，有機陽離子的引入允許合成高矽鋁比沸石甚至全矽分子篩，此後在有機物存在的合成體系中得到了許多新沸石和分子篩。

通常沸石合成的起始物是非均相的矽鋁酸鹽凝膠，最典型的凝膠是由活性矽源、鋁源、鹼和水混合而成。這種高鹼性的矽鋁凝膠主要用於合成富鋁沸石，如 A 沸石和 X 或 Y 沸石。如果要合成富矽沸石（如 ZSM-5），需要加入有機模板劑。傳統的沸石合

成反應物組成用氧化物來表示，即使氧化物不是所使用的原料或某些氧化物是根本不存在的。例如 wM_2O：Al_2O_3：$xSiO_2$：yorganic：zH_2O。要特別注意，有時不重要的反應物沒有寫出來，如四甲基氯化銨作為反應物寫成 TMA_2O，氯離子被忽略了。

下面是三個在溫和水熱條件下合成沸石的實際例子。由此，讀者可以對沸石合成有初步的了解。

1. A 型沸石（LTA）$Na_{12}[(AlO_2)_{12}(SiO_2)_{12}] \cdot 27H_2O$ 的合成

13.5g 鋁酸鈉固體（約含 40%Al_2O_3、33%Na_2O 和 27%H_2O）和 25g 氫氧化鈉在電磁攪拌下被溶解在 300ml 水中，適當加熱可以加速溶解。在激烈攪拌下，將鋁酸鈉溶液加入到熱的矽酸鈉溶液（14.2g$Na_2SiO_3 \cdot 9H_2O$ 溶在 200ml 水中）中，將整個溶液加熱至約 90℃，並在此溫度下繼續攪拌至反應完成（約需攪拌 2 至 5h），如停止攪拌固體立即沈降下來則表明反應完成。然後過濾、水洗、乾燥，得到 A 型沸石原粉。純度由 X 射線繞射來測定。由此方法得到的沸石為白色粉末，晶體尺寸 1～2μm。

2. Y 型沸石（FAU）$Na_{56}[(AlO_2)_{56}(SiO_2)_{136}] \cdot 250H_2O$ 的合成

13.5g 鋁酸鈉固體（約含 40%Al_2O_3、33%Na_2O 和 27%H_2O）和 10g 氫氧化鈉在電磁攪拌下被溶解在 70ml 水中，適當加熱可以加速溶解。在激烈攪拌下，將鋁酸鈉溶液加入到盛有 100g 矽溶膠（含 30%SiO_2）的聚丙烯塑料瓶中，至此，反應混合物具有如下莫耳比：SiO／$Al_2O_3 = 10$，H_2O／$SiO_2 = 16$，Na^+／$SiO_2 = 0.8$。在室溫下陳化 1 至 2d，然後在 95℃晶化 2 至 3d。經過濾、水洗、乾燥，得到 Y 型沸石原粉。純度由 X 射線繞射來測定。

3. ZSM-5（MFI）的合成

將鋁酸鈉溶液（0.9g 鋁酸鈉固體和 5.9g$NaOH$ 溶在 50g 水中）和模板劑溶液（8.0g 四丙基溴化銨 TPABr 和 6.2g96%硫酸溶在 100g 水中）同時加入到盛有 60g 矽溶膠（含 30%SiO_2）聚丙烯塑料瓶中，之後立即蓋上瓶蓋，激烈搖動使得凝膠均勻。至此，反應混合物具有如下莫耳比：SiO_2／$Al_2O_3 = 85$，H_2O／$SiO_2 = 45$，Na^+／$SiO_2 = 0.5$，TPA^+／$SiO_2 = 0.1$。在 95℃晶化 10 至 14d。經過濾、水洗、乾燥，得到 ZSM-5 沸石原粉。如果反應混合物被放入不銹鋼反應釜中高溫（140 至 180℃）晶化，反應時間將縮短為 1d 左右。產物中的有機模板劑能藉由高溫（如 500℃）焙燒除去。

以上三個例子並不是合成這些沸石的唯一混合物組成和反應條件，只是希望讀者對沸石合成有最基本的了解，下一節在生成機構討論之後，將對沸石合成的主要影響因素

逐一進行介紹，包括那些在上面例子裡並沒有涉及到的合成影響因素。

　　總的來說，沸石合成實驗是既不複雜也不危險，但和任何一個化學實驗室一樣，要考慮到實驗人員和設備的安全。實驗人員應該對他們所使用的化學試劑的性質和設備的性能有一定的了解。反應釜的聚四氟乙烯襯裡和密封墊圈在高溫下會變軟，高於 200℃ 則不能使用。沸石晶化通常在自生壓力下進行（溫度在 200℃ 以下），水所產生的自生壓力可高達到 $15 \times 10^5 Pa$，如使用有機胺模板劑，壓力可能是非常高的。為避免產生過高的壓力，反應釜的填充度應該低於 75%。反應之後一定要在反應釜徹底冷下來之後再打開，以免壓力突然釋放，熱液體濺出，發生危險。

　　如果反應釜或它們的襯裡需要重複使用，則必須將它們仔細地處理乾淨，避免給下次合成實驗提供晶種。

　　多數沸石產物是微米級的晶體，很容易透過過濾與母液分開，母液中含有過量的鹼、矽酸鹽、模板劑等等。非常細小的沸石產物需要離心分離。儘管多數沸石產物對水是穩定的，但長時間的洗滌能夠改變它們的組成。水解可以使 H_3O^+ 替換陽離子，沸石中鹽或模板劑的量也會降低。因此有人使用稀鹼（如極稀的NaOH）溶液而不是用純水洗滌沸石產物。總的來說，必須把洗滌條件考慮到是合成的一部分。

　　產物純度可以使用 X 射線繞射測量，但是要注意較小的雜質的譜峰和無定形的存在。化學分析不能用來測量純度，應該綜合運用多種技術手段（參見第 8 節）。

　　典型材料：實際應用的微孔材料主要是沸石，通常合成的沸石分子篩是粉末，可以根據具體需要，加入黏合劑和合適的水，混合均勻製成條狀或球塊。最早的人工合成沸石是低矽（或富鋁）沸石，A 型沸石和 X 型沸石是最典型的代表，它們的生產工藝簡單，原料便宜（母液可以繼續使用），因此被廣泛用於乾燥劑和離子交換劑，A 型沸石被廣泛用於洗滌劑的添加劑，替代對環境有害的磷酸鈉。合成的 A 型沸石是鈉型，一價離子占據八元環的一部分使得孔徑接近 4Å，因此俗稱為 4A 分子篩，鉀交換的 A 型沸石孔徑接近 3Å（鉀離子比鈉離子大），稱為 3A 分子篩，鈣交換的 A 型沸石（5A 分子篩）孔徑最大，因為二價離子占據六元環空出八元環主孔道。不同陽離子引起的孔徑變化看起來很小，但從分子水準來看是非常重要的。X 型沸石的表面積可達 $800m^2/g$（氮氣吸附法測得），水吸附量高達 30%（質量分率）。

　　典型的中等矽鋁比沸石（Si／Al＝2.5 左右）有 Y 型沸石、絲光沸石（MOR）、Ω沸石（MAZ）。

　　高矽沸石的主要代表有 ZSM-5（MFI），ZSM-11（MEL），β沸石（BEA），ZSM-12（MTW），ZSM-35（FER）。其中 ZSM-5（MFI）最為著名，應用最廣，對其研究也最多。

15.3.2 非矽鋁酸鹽分子篩的合成

1.分子篩與元素週期表—雜原子取代

原則上，分子篩骨架的矽可以被其它元素所取代。如果將某些非矽鋁元素引入合成體系沸石骨架可以得到含有這種元素的雜原子沸石。雜原子會改變沸石的性質，具有特殊的催化功能。已有許多雜原子分子篩被合成出來，如含鎵、鍺、硼、鐵、鈦、鈹、鋅、錫、鉛、鉬等矽鋁沸石和矽酸鹽分子篩[4]。研究和應用最多的是含鈦分子篩，如T-1（具有 ZSM-5 結構 MFI 的矽鈦分子篩），ETS-10 是另一個含鈦的大孔分子篩，其結構含有 SiO_4 四面體和 TiO_6 八面體。

2.全矽分子篩與籠合物

有些沸石的矽鋁比可以很高，當接近無窮大時，它們就是全矽分子篩。典型材料有全矽沸石-1（silicalite-1，ZSM-5 的全矽形式）。純矽分子篩的優勢是它們沒有陽離子，因此與含有陽離子的矽鋁酸鹽沸石相比較有較大的有效孔徑尺寸。

籠合物（clathrasil）的結構可以看成是由小環（四、五、六或八元環）組成的籠堆積而成，儘管骨架較為空曠，但由於其窗口太小，幾乎沒有吸附能力。典型的結構有方鈉石（SOD）、ZSM-39（MTN）等等。

15.3.3 磷酸鹽分子篩的合成

1.磷酸鋁分子篩及取代的磷酸鋁分子篩

微孔材料合成的另一重大進展是 Wilson 和 Flanigen 等合成了磷酸鋁系列分子篩（包括 AlPO-n，SAPO-n，MeAPO-n 和 MeAPSO-n）[30]。磷酸鋁分子篩的骨架是由 AlO_4 四面體和 PO_4 四面體連接而成。從概念上講，中性的磷酸鋁骨架可以被認為是作為中性的純矽分子篩中兩個 Si 被一個 Al 和一個 P 所取代。骨架 Al 或 P 能被其它元素取代，生成 MeAPO-n 或 SAPO-n 分子篩。

因為磷酸鋁骨架可塑性很大，引入各種元素進入磷酸鋁結構並不太困難。不同的金屬引入骨架將改變磷酸鋁的酸性和催化劑性質。兩個或多金屬同時引入進入骨架也是可能的，如 MgVCoMnZnAlPO-ATS。與傳統的沸石合成在較強鹼性條件不同的是這些材料是在酸性或接近中性的條件下合成的。它們可以作為吸附劑和催化劑材料。典型材料有 AlPO-5（AFI）、AlPO-11（AEL）、MeAPO-5（AFI）、MeAlPO-11（AEL）、

SAPO-34（CHA）、SAPO-37（FAU）等等。

2.磷酸鎵及其它磷酸鹽

在磷酸鋁分子篩發現之後，其它磷酸鹽沸石類結構也被陸續發現[23]例如磷酸鎵[31]、含氟磷酸鎵[23]、磷酸鋅[32]、磷酸鈹[33]、磷酸鐵[23]、磷酸鉬[23]、磷酸錫（II）[23]、磷酸銦[34]和磷酸鈷[35,36]。這些磷酸鹽中，只有少數幾個具有已知的沸石結構，其它均為新結構，某些磷酸鹽也含有非四面體單元，例如 V，Co，Mo，Sn，Fe，Ga 和 In 的磷酸鹽。最新報導的微孔磷（砷）酸銅（錳）CU-2，是採用高溫固相法合成的，其結構（含有三元環，平面四邊形配位的銅或錳，兩個磷氧四面體相鄰）與典型的沸石結構有很大差別，合成所用的模板劑為無機鹽[37]。

15.3.4　其它類型分子篩的合成

1.金屬氧化物分子篩

氧化鍺可以生成多孔材料[21,38]，Ge—O 鍵長大於 Si—O 鍵長，這使得結構中允許的最小鍵角（120°～135°）小於矽酸鹽分子篩的 130°～145°。因此鍺酸鹽在結構上有更大的自由度，例如可以生成在矽酸鹽中少見的三元環。

多孔 MnO_2 是由八面體結構單元構成[39]，合適的 Mn^{4+} 化合物很少，因此常常是透過過錳酸鹽和 Mn^{2+} 鹽反應生成 MnO_2 沈澱，典型的沈澱生成的材料有層狀相的錳氧化物（birnessites）和其它緻密相。水熱處理的 birnessite 能生成各種多孔材料結構，包括 1X1（pyrolusite）、2X4（RUB-7）、3X3（todorokite）等。

另一類微孔材料是硼鋁酸鹽[40]，其最大的特點是骨架元素均為三價，而缺少其它分子篩骨架中必不可少的四價或高價元素。

2.硫化物分子篩

金屬硫化物微孔固體材料首次報導是在 1989 年。可以看成是分子篩骨架的氧被硫所取代，是一類新的類沸石材料。然而與氧化物不同的是，在這些硫化物中由複雜的結構單元 Sb_3S_6、Sn_3S_4、Ge_4S_{10} 等多面體作為結構基本單元[41]。

金屬有機化合物

最近，分子篩的組成被擴展到金屬有機化合物，某些這類化合物具有較高的熱穩定性，透過加熱除去溶劑分子後得到具有三維孔道結構的分子篩[42]。

小結

　　現在，微孔材料的組成涉及到元素週期表中大部分元素包括主族元素和過渡金屬。各種各樣的微孔材料和介孔材料被陸續合成出來，表 15-1 列出了一些主要的沸石結構和典型材料合成所需的無機或有機陽離子。至 1998 年 7 月，國際沸石學會（IZA）的結構委員會已審定了 119 種沸石結構[26]，相信這個數目還會很快地增加。在約 50 年的卓越成就研究之後，沸石分子篩在現代材料科學中占有了一個極其重要的位置。現在主要商業化的沸石有 A 型沸石、β 沸石、絲光沸石、X 和 Y 型沸石、ZSM-5 等。

表 15-1　常見分子篩結構和合成所需陽離子或模板劑

結構	典型材料	陽離子或模板劑	結構	典型材料	陽離子或模板劑
ABW	Li-A（BW）	Li^+	EUO	EU-1	$Me_3N（CH_2）_6NMe_3$
ACO	ACP-1	$H_2NCH_2CH_2NH_2$	FAU	Faujasite	Na^+，八面沸石
AEI	$AlPO_4$-18	Et_4N^+	FAU	SAPO-37	$Me_4N^++Pr_4N^+$
AEL	$AlPO_4$-11	Pr_2NH，i-Pr_2NH，Bu_2NH	FER	ZSM-35	$H_2NCH_2CH_2NH_2$，吡咯烷
AET	$AlPO_4$-8	Bu_4N^+，Bu_2NH，Pr_2NH	GME	鈉菱沸石	DABCO和1,4-二溴丁烷的聚合物
AFI	$AlPO_4$-5	Et_4N^+，Pr_4N^+，Pr_3N，Et_3N，etc	IFR	ITQ-4	N-苯甲基奎寧環
AFN	AlPO-14	t-$BuNH_2$，i-$PrNH_2$	KFI	ZK-5	三乙烯二胺
AFR	SAPO-40	Pr_4N^+	LTA	Linde Type A	Na^+
AFT	$AlPO_4$-52	$Et_4N^++Pr_3N$		SAPO-42	$Me_4N^++Na^+$，Et_4N^+
APD	AlAsO-1	$HOCH_2CH_2NH_2$	LTL	Linde Type L	K^+
AST	$AlPO_4$-16	奎寧環	MAZ	Ω	$Me_4N^++Na^+$
ATS	MAPO-36	Pr_3N，Pr_4N^+	MEI	ZSM-18	（$Me_3N^+CH_2CH_2$）$_3CH$
ATT	$AlPO_4$-33	Me_4N^+	MEL	ZSM-11	Bu_4N^+
AWO	AlPO-21	Me_3N，$PrNH_2$	MFI	ZSM-5	Pr_4N^+，$H_2N（CH_2）_6NH_2$，etc
BEA	β-沸石	Et_4N^+	MTN	ZSM-39	吡咯烷，吡啶
BPH	BePO-H	$Na^++K^++Et_4N^+$	MTT	ZSM-23	吡咯烷
BPH	Linde Q	K^+	MTW	ZSM-12	Et_4N^+
CFI	CIT-5	N-methyl-（-）-sparteinium	MWW	MCM-22	六亞甲基四胺
CHA	SAPO-34	Et_4N^+，$PrNH_2$	OFF	Offretite	$K^++Me_4N^+$
-CLO	Cloverite	奎寧環	RHO	Rho	Na^++Cs^+
DFO	DAF-1	十烷雙胺	RUT	RUB-10	Me_4N^+
DFT	DAF-2	雙乙二胺	SBE	UCSB-8Co	$H_2N（CH_2）_9NH_2$
DOH	Dodecasil-1H	吡咯烷，$MeNH_2$	SBS	UCSB-6GaCo	$H_2N（CH_2）_6NH_2$

表 15-1　常見分子篩結構和合成所需陽離子或模板劑（續）

結構	典型材料	陽離子或模板劑	結構	典型材料	陽離子或模板劑
EMT	EMC−2	18−冠−6	VFI	VPI−5	無，Pr_2NH
ERI	毛沸石	$Na^+ + K^+ + Me_4N^+$	ZON	ZAPO−M1	Me_4N^+
ERI	$AlPO_4$−17	環己胺，哌啶			

15.4　生成機構與基本合成規律

15.4.1　生成機構

1.基本過程

　　水熱方法是沸石和分子篩的最好的合成途徑，水熱合成條件提高了水的有效溶劑合能力，使得反應物或最初生成的非均勻的凝膠混合均勻和溶解。水熱條件也使得成核速度和晶化速度提高許多倍。水熱合成沸石有三個基本過程：矽鋁酸鹽（或其它組成）水合凝膠的產生，水合凝膠溶解生成過飽和溶液，最後是矽鋁酸鹽產物的晶化。晶化過程包括以下幾個基本步驟：①新的沸石晶體的成核，②已存在的核的生長，③已存在沸石晶體的生長及引起的二次成核。理解沸石生成機構和詳細過程是很困難的，因為整個晶化涉及到太多的化學反應和平衡，成核和晶體生長又多在非均相混合物中進行，整個過程又隨時間而變化。

2.液相機構和固相機構

　　生成機構有兩個極端[4]，一個是在溶液中成核和晶化，所有反應物溶解進入溶液，稱為溶液傳輸機構（液相機構），典型的液相機構例子是沒有發生固相傳輸過程的從清溶液中生成低矽沸石（如 Y、P、ZSM−5）。另一個是無定形凝膠的結構重排（再結晶）成為沸石結構，液相組分不參加晶化過程，稱為固相傳輸機構（固相機構），典型的固相機構例子是 550℃脫水的無定形矽鋁酸鹽凝膠透過與三乙胺和乙二胺反應[43]，在160℃生成 ZSM−5 和 ZSM−35，矽酸鹽物種在這些有機胺中是不可溶的。而某些沸石的生成依賴於合成條件，透過這兩個機構中的一個或二者都有，如 Y 型沸石（FAU）的合成[44]。多數情況下真正的機構可能是在溶液機構和固體機構之間或二者的組合。磷酸鋁分子篩合成也有固相和液相機構的例子。

(1)凝膠　最典型的沸石合成是將較強鹼性的鋁酸鹽和矽酸鹽混合在一起，保持在一定溫度（一般為60～180℃）和自生壓力下幾小時到幾天。在混合之後原始反應混合物變得有些黏稠是很普遍的，這是因為生成了無定形矽鋁酸鹽凝膠。在多數情況下，溫度提高後凝膠黏稠度降低。

沸石合成是在過飽和條件下，因此矽酸鹽不能是簡單的$Si(OH)_4$，它們將生成高聚合態的複雜離子。各種實驗技術手段的檢測結果表明凝膠中含有哪些骨架結構中存在的結構單元，例如四元環、六元環、雙四元環、雙六元環等，而哪些在骨架結構中不存在的物種（結構單元）在合成體系中也存在。高氧化矽濃度有利於高聚合態離子，矽酸鹽和鋁酸鹽混合後的情況更為複雜。因為通常是沸石合成體系含有液相和凝膠組分，凝膠的生成和溶解使溶液中各種物種的濃度可能發生變化，但是在沸石生成過程中，某些物種能維持基本上不變（動態平衡），目前還沒有特別好的實驗手段來詳細地研究凝膠相的結構和變化。

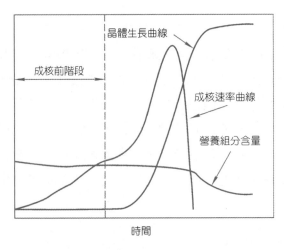

圖 15-5　成核速率和晶化曲線[45]

(2)成核　多數機構研究都集中在成核過程，因為這時體系中的無機物種較簡單（聚合度不高）且尺寸較小，容易利用各種實驗技術手段來進行檢測。成核分初次成核（均相成核和非均相成核）和二次成核（初始增殖、微摩擦和流體切變–誘導成核）。初次成核發生在無晶體的體系中，也就是液相機構，均相成核是純粹的液相機構，而非均相成核需要外部界面來減小生成能。二次成核需要晶體的存在來催化成核步驟，初始增殖是從晶種的表面掉下來的細微粉末作為晶化的核。在無晶種體系，攪拌等能碰碎晶體生成碎片，微摩擦促進成核。流體經過晶體表面時，能吹掃下極小的準晶體的實體，這些極小的實體可以變成晶化的核。二次成核不同於晶種，晶種的加入提供了生長面提高晶

化速度，而二次成核是促進成核。成核可以發生在晶體（或晶種）的表面，新生成的核可能與原來的晶體具有相同的結構，也可能具有不同的結構。陳化和有選擇性的晶化等也能影響成核。凝膠溶解和成核常常發生在無定形凝膠固體和溶液的邊界。最容易成核的地方是凝膠內部的小孔，因為那裡的過飽和度最大。經常觀察到的現象是在凝膠轉化成沸石的最初階段成核速率達到一個峰值。改變動力學參數（也就是成核速率）會影響整個晶化動力學、產物的結構和最終產物的晶粒大小。

（3）晶體生長　沸石遵循一般晶體生長規律。研究結果表明多數合成中，不是只有最簡單的無機物種參加晶體生長，那些中等有序的比較大的物種也可能參與成核和晶體生長，而這些較大的無機物種不能由常用的技術手段來檢測。

至少，某些情況下分子篩骨架可能是透過層狀的片堆積而成，尤其是那些易發生共生的結構，例如 ZSM-5 ／ ZSM-11、FAU ／ EMT。

（4）晶化曲線　晶體生成的第一步是非常小的有新晶體特徵的實體的出現，也就是晶體的成核，然後這些沸石核從溶液得到營養開始生長，同時無定形凝膠溶解。在合成條件下，無定形凝膠的溶解度大於沸石的溶解度。可以想像在合成體系中，溶液中矽鋁酸鹽的濃度比凝膠的溶解度低，但是比沸石的溶解度要高，因此從熱力學角度來看，凝膠傾向於溶解，生成沸石晶體。在凝膠耗盡時，溶液中矽鋁酸鹽的濃度低於一定的限度，沸石晶體的生長停止。沸石在固體產品中的百分比（可由 X 射線繞射 XRD 方法測得），通常在開始增加較慢，然後較快，最後又慢下來，如果對時間作圖，得到了一個 S 形狀的晶化曲線[45]。從曲線的形狀常常可以看出成核速率在晶化過程前期也會增加。在誘導期沒有明顯的成核發生，最後，沸石晶體開始生長，成核速率經過一最大值，之後減小至很低。即使凝膠微細結構小的改變也會對整個晶化動力學有巨大的影響。

15.4.2　合成添加劑

1.礦化劑

礦化劑是指在從一介穩定相藉由沈澱溶解和晶化過程生成一個新相所需的化合物（離子）。沸石合成所用的礦化劑主要有 OH^- 和 F^-。它們的主要作用是增加矽酸鹽、鋁酸鹽等的溶解度。它們的作用機構不同，應用範圍和產物也有差別。它們的特點將在後面詳加討論。

2.陽離子

微孔材料合成經常涉及到金屬離子或有機陽離子添加劑的使用，與球形的無機陽離子的相比，有機陽離子的形狀和大小是可以選擇的。因此高矽沸石的合成比低矽沸石合成有更多自由空間。控制有機陽離子的空間效應和電子性質為沸石合成提供了一個新的自由度。事實上，有機陽離子不只是簡單地起著平衡電荷作用，在沸石生成過程中起著決定最終產物結構的重要作用，因此這些有機陽離子通常被稱作為結構導向劑或模板劑。這些作用早已經成為沸石分子篩研究的一個熱點。有機添加劑從以下幾方面影響合成：①孔道填充作用；②無機結構單元的有序化：結構導向作用和模板作用；③平衡骨架電荷，影響產物的骨架電荷密度（矽鋁比）；④改變凝膠化學性質，在溶液中生成典型的先質單元；⑤穩定化生成的骨架結構。

3.有機模板劑和結構導向劑

有機陽離子在合成中起著一定的模板作用，這主要是因為在許多情況下模板劑分子的大小和形狀與生成結構的孔道或籠的大小和形狀有一定的關係。例如使用四甲基銨（TMA）合成方鈉石，結果發現TMA位於在方鈉石籠中，方鈉石籠的窗口很小（六元環），TMA 不能進入或離開方鈉石籠，因此 TMA 一定是在方鈉石籠生成時被包在裡面的。TMA 的尺寸大小正好適合於方鈉石籠，因此普遍認為 TMA 在方鈉石籠生成過程起著模板作用。另一個例子是 ZSM−5 合成，模板劑四丙基銨（TPA）被發現位於ZSM−5 的兩個走向不同孔道的交叉處，四個丙基鏈伸向四個不同的孔道。許多研究結果表明這些沸石生成是透過矽酸鹽物種圍繞有機陽離子聚合並生成三維結構。

然而，事實並不是這樣簡單，例如，在 ZSM−5 生成過程中 TPA 可能是真正的起著模板作用，但是使用其它的有機化合物（至少幾十種）也可以合成ZSM−5，甚至在純無機體系中也可以合成ZSM−5。相反，透過改變條件和反應組成一種有機物能導致幾種骨架結構的生成。並且，模板劑的尺寸和形狀與孔道或籠的尺寸和形狀的關係有時並不密切。例如，在磷酸鋁分子篩合成中，AlPO−20（SOD）需要的有機胺只有TMA，TMA 在這裡仍然起著較好的模板劑作用。但是可以合成 AlPO−5（AFI）的有機胺至少有 30 種，它們的分子大小和形狀各有不同。一種有機胺又能生成多種結構，例如，二丙胺（Pr_2NH）可以生成 AlPO−8（AET），AlPO−11（AEL），AlPO−31（ATO），AlPO−39（ATN），AlPO−41（AFO），MgAlPO−46（AFS），CoAl-PO−50（AFY）等結構。而那些大孔磷酸鹽結構（VPI−5，JDF−20，AlPO−8，clover-ite，ULM−5 和 ULM−16）所含的客體分子都是些小的有機胺或水，並不是用大尺寸模板劑來填充大孔道或籠。在這些情況下，有機胺不是起著真正的模板作用，因此它們

應該被稱為結構導向劑更為合適。分子篩合成中的模板作用不像生物過程和高分子聚合過程的模板作用那樣明顯，模板作用只有在沸石結構與模板劑的幾何和電子組態完美匹配時才會發生。可是，有機客體和最終沸石主體的非專一性表明合成中的模板作用不是很強。現在還沒有太多的純粹模板作用的例子。從另一方面看，一種有機物給出一種特殊的沸石的結構導向作用確有許多例子。

在多數沸石和分子篩中，客體分子模板劑是特別無序的，不能使用繞射技術手段對它們定位。而真正的模板作用應該是在骨架孔道中模板劑分子只是有一種取向。在分子篩合成中這樣的模板劑例子是非常少的，一個著名的例子就是 ZSM−18 合成，它需要一個三角形狀的模板劑（例如三季銨鹽 $C_{18}H_{30}N_3^{3+}$），模板劑的形狀與 ZSM−18 的孔道體系很匹配，甚至模板劑分子在籠中不能旋轉，這種客體—主體強的相互作用是真正的模板作用，而不應該是結構導向作用。

儘管在有機添加劑和骨架之間只有凡得瓦（van der Waals）相互作用時發生模板作用是可能的，但最可能的還是在有氫鍵發生時，像與溶劑分子生成氫鍵一樣，有生成氫鍵能力的含氮模板劑與骨架氧之間的較強的氫鍵作用可以使模板劑固定在某一特定位置。在這種情況下，無機結構是透過溶劑來有序化，如果減小溶劑對模板劑分子的溶劑合能力，會提高模板劑−骨架的相互作用。另一個方法是改變在溶液的無機物種，如加入礦化劑 HF。據此，許多磷酸鎵（ULM−n 等）[23] 被合成出來了，有機胺不只是簡單的孔道填充物。

對磷酸鹽分子篩的結構導向機構研究不是很多，然而由於磷酸鋁骨架是中性的，因此主體骨架與有機客體的凡得瓦相互作用一定是決定生成骨架的主導因素。

從上述討論可以看到，有機客體在合成中起著很重要的作用，在不同的情況下發揮著不同的作用（模板劑、結構導向劑等），實際上，多數情況下區分有機胺的作用是很困難的，只有在理解和研究有機胺在沸石或分子篩結構生成中的作用時才會仔細分析它們的作用。因此我們仍然遵循傳統習慣將它們稱為模板劑或結構導向劑，這只是為了表達方便，事實上它們可能起著與它們的名稱不相符的作用或同時起著多種作用。

(1)低矽沸石（以及其它高電荷骨架結構）中的模板劑　多數情況下，有機添加劑在低矽沸石合成中的結構導向作用不是很明顯，但是它們的加入會使得某些結構的合成變得容易，如 TMA 有利於 β 籠和 GME 籠生成，加入少量的 TMA 就可以很容易合成含有 GME 籠的 OFF 和 MAZ 結構。有機胺在合成過程中進入沸石籠中會提高骨架的矽鋁比，這是由於它們具有較低的電荷密度，需要較低的骨架電荷密度與之相平衡，如 TMA 加入到 A 型沸石合成體系中，產物 ZK−4（LTA）的矽鋁比（Si／Al）為 1.4～3.0。在矽鋁酸鹽沸石及其它高電荷骨架結構中，無機或有機離子傾向於留在較小的籠中而不是

位於在大籠中（例如磷酸鹽 RHO 結構[46]）。

(2)高矽沸石的模板劑　尋找新的高矽沸石仍吸引著一些研究者的興趣。高矽沸石合成的焦點是尋找新的有機模板劑（儘管模板這一概念在多數場合並不確切）。商品有機胺已經滿足不了合成研究的需要，許多研究者們都在試圖合成新的有機胺作為模板劑。新近發現的一些高矽沸石和全矽分子篩在合成中都使用了特殊的模板劑。

如果一種結構只能用一種特殊的有機分子作為模板劑，那麼有機分子將主要起著特殊的結構導向作用。例如 CIT-1（CON）的合成需要特殊的模板劑。透過對全矽分子篩和籠合物的研究，發現模板劑的分子大小和形狀與結構的孔道或籠的關係很密切。因為全矽骨架是中性的，沒有電荷平衡問題，骨架主體與有機客體之間主要是凡得瓦作用，這種非鍵的較弱作用決定哪種骨架生成。但是這種結構導向作用在低矽沸石和其它分子篩合成中並不明顯。

模板劑分子越大，得到晶體產物的可能性越小。但並不是完全不可能的，如果能夠成功地成核，有相當的機會得到新結構。

高矽沸石合成中的模板劑（或結構導向劑）通常是中等疏水的。模板劑分子的尺寸和形狀決定生成的骨架中孔道的尺寸和形狀，球形分子有利於籠類孔隙，而鏈形分子有利於一維孔道。帶支鏈的結構導向劑能導致交叉孔道體系。一維孔道體系的高矽沸石的主孔道不可能是小孔，多為十或十二元環。

事實上，模板劑的用量並不是越多越好，如在 SSZ-25 合成體系中。同時應該注意到在多數沸石合成體系中模板劑是需要量的 3～10 倍。

4.孔道填充劑

在幾乎所有使用有機添加劑的合成體系，都能觀察到孔道填充作用。孔道填充物可以提高有機-無機骨架的熱力學穩定性。有機客體作為孔道填充物取代水位於孔道中，降低水與生長中的分子篩的相互作用。在這種情況下，只要求有機物的化學性質有足夠的能力與無機骨架發生作用，而分子形狀不很重要，例如許多能合成ZSM-5的有機物主要起著孔道填充物的作用。

5.緩衝劑及修飾劑

有機胺對凝膠的化學性質的影響也不能忽略，在磷酸鋁合成的低pH值條件下四面體AlO_4物種與八面體物種相比是不穩定的，有機胺在這裡對四面體AlO_4物種起著一定的穩定作用，可能是透過生成疏水的殼層來抵抗溶劑水的親核進攻。如VPI-5（VFI）合成中，有機胺（Pr_2NH等）沒有進入固體產物，其主要作用可能是控制反應混合物的

pH 值在一定範圍內。

6. 抑制劑

　　某些有機分子能阻止特定骨架結構的生成[47]。加入極少量的六甲基季銨（Me_3N（CH_2）$_6NMe_3$）（每 kg 反應物 0.6g）到 ZSM−5 無機合成體系中，產物是絲光沸石和石英而無 ZSM−5 生成。而在相似的合成條件下，十烴季銨（Me_3N（CH_2）$_{10}NMe_3$）是生成 ZSM−5 的模板劑。電腦分子模型模擬結果[48]表明，六甲基季銨的作用是因為—（CH_2）$_6$—鏈太短，不能允許兩個端的三甲基銨基團同時處於孔道的交叉處，而它們在 ZSM−5 快生長面的鍵合作用更有效地阻止 ZSM−5 生成。

7. 有機胺的輔助作用

　　某些短鏈有機胺在沸石合成中起著多種作用：①作為鹼，提高體系的 pH 值到 10～12，此範圍有利於沸石的迅速成核和生長；②一定程度的模板作用，尤其是與強模板劑一起使用，如與四丙基銨（TPA）一起合成 ZSM−5；③避免引進無機陽離子；④絡和作用，增大某些金屬離子的溶解度，使其易於進入骨架，如各種雜原子分子篩的合成。

8. 具體實例：ZSM−5 生成機構

　　四丙基銨（TPA）在 ZSM−5 或 silicalite−1（全矽 ZSM−5）生成的作用一直被認為是結構導向作用的典型例子，最新的研究結果[49]表明 ZSM−5 合成中有預先有序排列的有機−無機複合結構存在，結構導向貫穿整個過程：從先質到 ZSM−5 的孔道交叉處的形成。圍繞著 TPA 的水合層與水合的溶解度大的矽酸鹽物種重疊生成最初的有機−無機複合物，水合層的水分子將重新取向為繼續維持氫鍵網絡，並允許建立 TPA 的烷基鏈和疏水性的氧化矽物種之間的凡得瓦接觸，同時允許水分子從 TPA 和氧化矽物種周圍有序水合層中放出。參見圖 15-6。這個過程提供熵和焓驅動力生成有機−無機複合物種，這個複合物種將提供生成最終晶體產物需要的先質單元。晶體的生長過程可能透過這些物種擴散到晶體的表面藉由一層疊一層的生長模式。

9. 晶種

　　晶種對某些分子篩的生成有決定性作用，尤其是在輕微過飽和度下，直接成核不能發生，晶種提供全部生長面。晶種也可能誘導成核。晶種的加入會縮短晶化時間和抑制雜晶的生長。

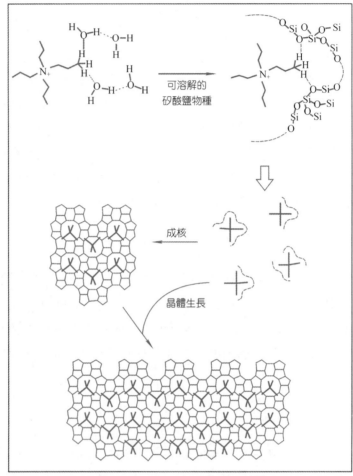

圖 15-6　ZSM-5 生成機構[49]

10. 電腦機應用

　　另一個研究微孔材料生成的方式是使用電腦模擬模板劑和與骨架之間的關係。這個方法能幫助理解有機客體和無機主體的相互作用。對特定的結構，電腦模型能幫助選擇模板劑。ZEBEDDE 就是一個電腦機程序，運用從頭計算（De Novo）方法為微孔材料設計模板劑，儘管還是處於起步階段，已有成功的合成例子[50]。由於現在模擬過程過於簡單和缺少實驗數據及結構的理解，因此它的應用還很有限，但隨著電腦科學的高速發展，相信不遠的將來，電腦模擬將能給合成帶來更多的幫助。

15.4.3　合成規律

　　研究沸石水熱合成的主要困難是影響反應的因素太多，以及它們的影響方式不是十分清楚。典型的因素包括：溫度、時間、反應物源和類型、pH 值、使用的無機或有機陽離子、陳化條件、反應釜等。常常是一個因素能影響其它因素，因此單獨地研究一個因素對合成的影響通常是很困難的。儘管如此，人們還是從實驗中得到了一些合成規律。下面列出的是一些最一般性規律，具體情況是很複雜的，其它因素可能起著更主要的作用，因此有許多例外。

　　在沸石合成中雜晶的生成是很常見的，每一相的合成條件都要單獨的優化。新結構的合成不但要考慮合成體系和使用複雜的新模板劑，而且要系統地考察合成條件和各種合成參數。

1.反應物

　　合成沸石的基本起始原料有：矽源、鋁源、金屬離子、鹼和水。有時某些添加劑（如有機模板劑）是必需的。矽酸鈉固體或溶液、無定形氧化矽是最常見的矽源。鋁源有鋁酸鈉、氫氧化鋁、硫酸鋁、硝酸鋁、異丙醇鋁等。鹼金屬鹼土金屬常以氫氧化物形式加入。黏土可以作為矽源或鋁源，它們可以被直接使用或經過處理後使用。

　　最初反應組成能影響最終的生成相，但是，不幸的是通常不能簡單地使用起始原料的比例來控制產物的組成，因為沸石合成體系含有液相和凝膠組分，任何一個反應物量的變化都可以影響溶液和固相的化學的組成，固體產物的組成不能反映出整個混合物的組成。圖 15-7 為最簡單也是最典型的晶化區域圖[51]，從中可以看出不同的反應物組成在相同的晶化條件下得到不同的產物，而特定的結構能夠在一定的區域內得到。由於影響因素太多，不可能在同一個圖中描述所有的變量，因此常常只選擇一兩個變量而固定其它所有變量，例如在圖 15-8 中只考察鋁和鹼量對晶化產物的影響[52]。注意反應溫度和時間的不同，甚至所使用的原料不同都會改變晶化相區。如果沒有特殊強調，加入反應物的順序也因人而異，因此有時很難重複別人的合成工作。

　　影響矽酸鹽或矽鋁酸鹽溶解度的主要因素有：pH 值、離子強度、水量和溫度。不同的矽源或鋁源具有不同的溶解度，會影響反應動力學，影響晶體尺寸大小，甚至得到不同的晶相。有時使用特定的矽源或鋁源能容易避免出現雜晶。因為矽酸鹽或矽鋁酸鹽在溶液中達到平衡需要很長時間，早在達到平衡之前成核和生長過程就開始了。溶解度大的矽源或鋁源（導致大的過飽和度）有利於生成較小的晶體，而低溶解度的矽源或鋁源有利於生成大晶體。

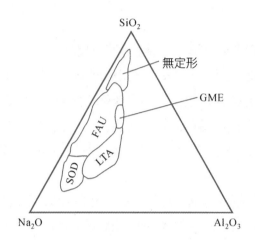

圖 15-7　晶化區域

（H₂O 的莫耳分數 95%，室溫陳化 1d，100℃ 晶體化 1d）[51]

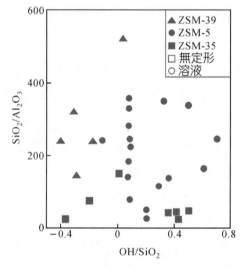

圖 15-8　鹼量及鋁含量對產物的影響

（H₂O ／ SiO₂，模板劑／ SiO₂＝0.68，150℃，40h）[52]

2.矽鋁比

　　凝膠的矽鋁比對最終產物的結構和組成起著決定性作用，通常產物的矽鋁比不同於反應混合物的矽鋁比，多數情況下是多餘的氧化矽留在溶液中。並不是所有沸石的低矽和高矽形式都能被合成出來。事實上，到目前為止，只有方鈉石的矽鋁比範圍可以從 1 到無窮大，並且方鈉石算不上一個真正的沸石，應該是一個類長石。能夠在較寬的 Si／Al 比範圍內合成的沸石有鎂鹼沸石（FER）（Si／Al 從 5 至無窮大）和 β 沸石

（Si／Al從 3 至無窮大，低矽組成的骨架只存在於天然礦物，實驗室合成的 β 沸石矽鋁比一般高於 10，合成後鋁化能夠降低矽鋁比至 4 左右）。

晶體的成核和生長常常需要不同矽鋁比的無機結構單元，因此即使在同一晶體中不同的區域可能有不同的矽鋁比。

對於高矽沸石合成，晶化速度隨凝膠的鋁含量增加而減小。

3.陳化與晶化溫度及升溫速度

溫度是沸石合成中重要影響因素之一。高水含量的沸石一般要求低溫合成，而低水含量的沸石一般要求高溫合成。水的自生壓力下隨溫度升高而升高。高溫高壓傾向於生成較低孔隙度和較低水含量的沸石甚至緻密相。例如，A 型沸石和 X 型沸石有很高的孔隙度（可達50%），通常是在較低的溫度（100℃左右）下合成，而高溫（如350℃）常常生成緻密相。

低溫（如室溫）陳化能提高成核速度，這相當於低溫反應，而室溫下生長速度可以被忽略。陳化不但可以應用於低矽沸石（如 A 與 X），也可以用於高矽分子篩（如 TS－1）。

通常溫度升高引起的晶體生長速度變化要比成核速度的變化大得多，因此高溫下易得到大晶體（如 Na－X，silicalite）。溫度不但影響晶體的尺寸也影響晶體的形貌，因為不同的生長面有不同的活化能，溫度對其影響不一樣。

通常是測量烘箱或其它加熱器的溫度，而不是反應混合物的溫度。不同的研究單位所使用的加熱器和控制器也不盡相同，反應釜也不一樣，因此反應混合物的升溫速度和恆溫範圍也不盡相同，並且在多數情況下是不能控制的。

4.陳化與晶化時間

由於分子篩材料是介穩相，與那些熱力學穩定的緻密氧化物相比是不穩定的，可以轉化成其它晶相，因此時間在沸石合成中是一很重要的影響因素。通常是由較空曠的結構轉化成較緻密的結構，因此不能單獨地只根據於熱力學數據，動力學起著很大的作用，決定哪一相能生成。沸石合成遵循遞次反應的Ostwald法則。這個法則是說初始介穩的相遞次轉化到一個熱力學更穩定的相直到最穩定相生成。例如，增長反應時間使A型沸石轉化成更穩定的方鈉石。

5.酸鹼度

鹼度升高會縮短成核時間，加快晶化速度，降低產率。鹼度強烈地影響矽鋁酸鹽的

溶解度，二氧化矽在 pH 值小於 10 時溶解度很低，但其隨鹼度升高而提高很快。鹼度（OH⁻／ Si）的升高會增加溶液的過飽和度，並改變各種無機物種（如矽鋁酸根陰離子）在溶液中的聚合態分佈，矽酸根的聚合能力隨著鹼度升高而減弱，而鋁酸根的聚合能力則基本上不隨 pH 值改變，因此 pH 值影響成核和晶化過程以及產物結構，並且能改變晶體的尺寸，同時也影響形貌。

富鋁沸石合成需要高鹼度。由於矽酸聚合時釋放出一些 OH⁻，提高體系的鹼度，使晶體從內向外矽鋁比降低。高鹼度造成矽酸根的低過飽和度，易生成穩定的較緻密的物相。強鹼下矽酸鹽難於完全聚合，產物晶體含有 SiO⁻M⁺ 缺陷。

注意，在反應物組成中 OH⁻／Si 比例不代表溶液中的 OH⁻ 濃度，有機胺所產生的鹼沒有被計算在內，OH⁻／ Si 只是代表反應物的比例。

6.無機陽離子

沸石合成中陽離子決定產物的結構和組成。有時只是一點點差異就得到不同的產物。鹼金屬陽離子通常是導致富鋁沸石的生成。鹼金屬在沸石合成中的作用有：①作為鹼源，通常是鹼金屬的氫氧化物；②有限的結構導向作用。不同的陽離子體系傾向於得到不同的晶相，例如 Na₂O－Al₂O₃－SiO₂－H₂O 體系容易得到 LTA，FAU，SOD，ANA，MOR 和 GIS 結構，K₂O－Al₂O₃－SiO₂－H₂O 體系容易得到 ANA，EDI，CHA，LTL 和 BPH 結構，不能得到 FAU 和 LTA 結構，Li₂O－Al₂O₃－SiO₂－H₂O 體系容易得到 ABW 結構。

陽離子的空間效應和電荷效應都很重要。如在 Na 為陽離子的合成體系中，高 Si／Al 的 Y 型沸石不如低 Si／Al 的 X 型沸石容易合成，原因是 Y 型沸石不需要太多的鈉離子來平衡骨架電荷，而沸石的內部空間（孔和籠）又需要無機陽或有機陽離子（模板劑）來填充。同樣的原因高矽沸石和全矽分子篩只能在有機陽離子的存在下才能被合成出來，這是由於有機陽離子有較大的尺寸和較低的電荷密度，單位體積內電荷數較少，因此需要較低的骨架電荷來平衡。但是鹼金屬陽離子能夠提高它們的晶化速度。如果很小心地控制反應組成配比和合成條件，從純無機體系中也能合成出富矽沸石，例如在鈉體系合成 ZSM－5。這類在純無機體系合成高矽沸石（Si／Al>20）的反應組成範圍和條件很難控制，成功的例子也很少。與此相對應的是只有極少數的矽鋁沸石（高骨架電荷）可以在純有機模板劑（沒有無機陽離子存在）體系中合成。

某些離子會抑制特殊的晶體結構，例如鉀離子不利於 A 型沸石，因此在低矽 X 型沸石（LSX）合成中需要加入鉀離子以避免生成 A 型沸石雜晶。

7.水量與稀釋

　　與其它影響因素相比，通常水量的變化對合成影響不大，稀釋降低晶化速度，生長快於成核，有利於大晶體生成。但 H_2O ／ Si 變化過大時（幾十倍甚至幾百倍）會影響各種物種在溶液中的聚合態和濃度，因此影響反應速度和產物結構，甚至影響晶化機構（參見乾凝膠合成法）。

8.陰離子與鹽

　　通常陰離子對矽鋁沸石的合成影響不大，它們的影響常被忽略。但有些非常有意義的實驗現象被觀察到，少量的某些鹵素和氮族元素的含氧酸陰離子能夠促進沸石的成核和加速晶化，如過氯酸鹽、氯酸鹽、磷酸鹽、砷酸鹽等能大大縮短 ZSM−5 和 TS−1 等 MFI 材料的晶化時間[54]。鹵素離子（Cl^-、Br^-、I^-）加速 X 型沸石和方鈉石的晶化[55]。對鋁有錯合能力的陰離子能提高凝膠活性物種的矽鋁比，從而提高低矽沸石產物的矽鋁比。電解質影響離子活度，加入鹽會降低溶液的過飽和度，容易得到大晶體。

　　鹽有時也可以作為模板劑，尤其是方鈉石（SOD）和鈣霞石（CAN）的生成，陽離子和陰離子同時進入 SOD 或 CAN 籠中。A 型沸石合成體系中，過量的鹽（來自鋁源等）容易導致方鈉石的生成。

9.攪拌與靜止

　　攪拌能有效的改變擴散過程和改變晶化動力學。攪拌體系合成的沸石晶體通常較小（如 β 沸石和 TS−1）。攪拌有時可有選擇性地晶化，例如有這樣一個反應體系，在攪拌下得到 A 型沸石而不攪拌則得到 X 型沸石。

10.富鋁沸石和富矽沸石

　　富鋁沸石，例如 A（LTA），X（FAU），P（GIS），方鈉石（SOD），菱沸石（CHA），鎇沸石（EDI）的孔體積在大約 $0.4 \sim 0.5 cm^3/cm^3$。通常合成溫度為 100℃ 左右。它們可以在純無機體系中合成。合成富鋁沸石需要：①高 pH 值和高濃度的鹼金屬（鹼土金屬）陽離子；②骨架的 Si／Al<1，即使凝膠的 Si／Al<1；③骨架的 Si／Al 常常低於凝膠的 Si／Al，因此留下富矽的溶液；④如需要加入模板劑，則模板劑應該是強親水的。

　　在高矽區域（SiO_2／Al_2O_3 大於 50）兩類結構較容易得到：籠合物（clathrate）和一維平行孔道結構。反過來，隨著低價（2 或 3 價）元素對矽的取代，沸石結構趨向於：(a)孔隙度增大，(b)結構中包含較高比例的四元環和(c)多維孔道體系。

　　一些較大的模板劑分子只能生成一種晶體結構，但不能在整個同晶取代範圍（如所有矽鋁比範圍）內起作用。兩個最新的例子是 propellane 分子能夠產生 SSZ-26，但是這個多維孔道沸石的全矽形式不能被合成。一維十四元環孔道 UTD-1 是全矽形式〔模板劑是（Cp*）$_2$Co 配合物〕，合成它的低矽形式尤其是 SiO_2／Al_2O_3 範圍在 10～20 幾乎是不可能的。

15.5　微孔材料合成新進展和特殊合成方法

15.5.1　合成新方法：新材料與新結構

　　有些最新合成是在原有體系的基礎上進行改進，透過使用不同的原料、添加劑、合成條件等合成新材料和新結構，並發現一些新的實驗現象，下面是一些實例。

　　穩定的金屬有機化合物可以被用作模板劑。環戊二烯鈷（III）離子被用作模板劑來合成 $AlPO_4$-5。合成十四元環高矽沸石 UTD-1 的模板劑是甲基環戊二烯鈷[56]。反應混合物含有 18%的（$CpMe_5$）$_2$Co（OH）、水、NaOH 和 SiO_2，其莫耳比是 0.125：1：0.1：60，陳化 1h，175℃晶化 2d。

　　MCM-22（十元環，MWW）合成使用的模板劑是六亞甲基亞胺（$C_6H_{12}NH$）。無定形氧化矽和鋁酸鈉可以作為矽源和鋁源。典型的合成條件是 $32.2SiO_2$：Al_2O_3：$2.7Na_2O$：$10.6C_6H_{12}NH$：$1333H_2O$：$0.22H_2SO_4$，在 423K 連續攪拌 12d，得到了 SiO_2／Al_2O_3＝22 的 MCM-22 的先質（具有層狀結構），如果直接焙燒，生成 MCM-22 沸石，而如果使用一長鏈有機胺嵌入這個層狀相，再加入正矽酸甲酯（TMOS）然後水解生成氧化矽柱子，焙燒後得到了一大孔道材料 MCM-36[57]。從 X 射線粉末繞射程序升溫脫附和 $^{29}SiMAS$ NMR 研究結果表明，先質表面存在的矽羥基在加熱過程中聚合生成三維有序結構 MCM-22。如果降低反應混合物中模板劑與無機陽離子的比例，得到一個新材料，在焙燒之前就有類似於 MCM-22 的 XRD 圖譜，這個材料被稱為 MCM-49。

　　ZSM-10 的合成有些特殊[58]，使用的有機陽離子的是 1，4-dimethyldiazonia [2.2.2] bicyclooctane，新的研究發現有機陽離子只是在成核和陳化步驟起作用，如果不在室溫下陳化，直接將反應混合物加熱到晶化溫度（373K 或 413K），不能得到 ZSM-10，這可能是因為模板劑在很溫和的條件下就已經開始分解。而只有在室溫陳化（3d）或緩慢加熱到晶化溫度（2d），才能得到 ZSM-10。一旦成核，模板劑不再起作用，生長過程不需要模板劑，在最終產物中也不含有模板劑。

　　多數大孔（大於十元環）高矽沸石結構都不是真正的三維大孔體系，它們都是一維孔道或是十二元環孔道與小孔道（如八元環）交叉的多維孔道體系。UCSB-6、8 和 10 是繼 FAU 之後具有三維十二元環結構的例子[36]。它們是二價元素和三價元素混合物的磷酸鹽。二價元素可以是 Co、Mg、Mn 或 Zn，三價元素可以是 Al 或 Ga。模板劑為二胺類化合物。溶液中特殊的模板劑與無機物種之間的作用是有機胺陽離子與 TO 四面體氧陰離子的相互作用，這種作用演變成在固體產物骨架中的主體－客體之間的 N—H…O 相互作用。這些結構的合成表明仍然還有許多沸石結構能被合成，甚至那些傳統具有大籠和大孔的三維結構。

　　通常鹼金屬離子對磷酸鋁分子篩合成有不利影響，但透過選擇合適的體系和條件，無機陽離子可以與有機陽離子一起作為結構導向劑，如在 Na（或 K）與 TEAOH（四乙基氫氧化銨）混合體系中合成具有十二元環的 UiO-6（OSI）[59]。

15.5.2　大孔分子篩的合成

　　尋找大孔（大於十二元環）沸石和分子篩一直是沸石合成領域的一個大目標。努力的結果是發現一些大孔道沸石或分子篩，有代表性的材料被列入表 15-2。

表 15-2　典型的大孔骨架結構材料

典型材料	TO 環數	發現年代	模板劑和合成體系	無機骨架組成	孔道尺寸
黃磷鐵礦 cacoxenite			天然礦物	Al，Fe，P	孔直徑 14.2Å
X 和 Y 型沸石（FAU）	12	20 世紀 50 年代	純無機合成體系	Al，Si	孔直徑 7Å，超籠直徑 12Å，3 維孔道
AlPO$_4$-8（AET）	14	1982	二正丙胺	Al，P	1 維孔道
VPI-5（VFI）	18	1988	有機胺不是必需的	Al，P	孔直徑 13Å，1 維孔道
Cloverite（CLO）	20	1991	環胺，氟離子合成體系	Ga，P	葉片形窗口最大為 13Å，籠最遠對角距離 30Å，3 維孔道
JDF-20	20	1992	三乙胺，非水溶劑體系	Al，P	橢圓形孔道 14.5×6.2Å
ULM-5	16	1994	1，3-丙二胺，氟離子合成體系	Ga，P	
UTD-1（DON）	14	1996	模板劑：〔(Cp*)$_2$Co〕OH	Si，Al	10Å，1 維孔道
ULM-16	16	1996	環己胺，氟離子體系	Ga，P	
CIT-5（CFT）	14	1997	N-methyl-(-)-sparteinium	Si	
UCSB-6（SBS）	12	1997	二胺（>7 碳原子）	Al（或 Ga），Co（或 Mn，Mg），P	3 維孔道
UCSB-8（SBE）	12	1997	二胺（>7 碳原子）	Al（或 Ga），Co（或 Mn，Mg），P	3 維孔道

表 15-2　典型的大孔骨架結構材料（續）

典型材料	TO 環數	發現年代	模板劑和合成體系	無機骨架組成	孔道尺寸
UCSB−10（SBT）	12	1997	二胺（>7 碳原子）	Al（或　Ga），Co（或 Mn，Mg），P	3 維孔道
磷酸銦	14	1998	1，3−丙二胺，氟離子合成體系	In，P	

　　直到現在，許多工業應用仍然受限制於沸石或分子篩的孔徑，而某些超大孔磷酸鹽分子篩卻因為低熱穩定性和水熱穩定性以及較低的酸性，而很難得到應用。新的矽酸鹽分子篩仍然是所需要的。十四元環的 UTD−1[56] 和 CIT−5[60] 是兩個典型的例子。但是 UTD−1 需要金屬有機化合物作為模板劑，而新的價廉的有機模板劑還沒有發現，因此 CIT−5 可能是發展方向之一，CIT−5 需要 N−methyl−（−）−sparteinium 作為結構導向劑，使用攪拌的反應釜在 150℃ 下有利於 CIT−5 生成，Li⁺ 能加速晶化但不是必需的。CIT−5 是第一個使用有機模板劑合成十四元環沸石的例子，但是因為結構扭曲其實際孔徑與十二元環相差不大。

15.5.3　模板機構新概念

　　無機骨架主體與有機客體之間的電荷匹配也是模板作用的重要組成部分，有機模板劑可以調整無機骨架結構來達到電荷匹配，在無機骨架結構中產生擴展的或中斷的籠來改變模板劑周圍的局部骨架曲率和電荷密度去迎合模板劑的需求，如果在合成過程中 TO_4 四面體原子有不同的電荷（例如 Al^{3+} 和 Co^{2+}）可選擇，那麼透過骨架組成的調整（局部骨架電荷密度的改變）也能達到與模板劑電荷匹配的目的。

　　根據大量實驗經驗，大的多環有機胺適於合成二維或三維孔道高矽沸石分子篩。這些有機胺可以最大限度地穩定高矽沸石的疏水的內表面，SSZ−n 是典型的例子。為匹配高矽沸石低骨架電荷密度，傾向於選擇低電荷的有機胺，這樣一來，有機胺是孔道填充物而不是模板劑，結果通常是一維孔道結構。與此相反，UCSB−n 使用主體和客體之間的電荷匹配來合成三維孔道結構，二胺 $H_2N（CH_2）_n NH_2$（$n \geq 7$）作為模板劑，得到了 UCSB−n（n=6，8，10）三個新的十二元環多維孔道結構的磷酸鹽[36]。

15.5.4　晶化機構研究的繼續

　　從現有的結果來看，只用一個晶化機構來描述所有合成是不可能的。

　　現場（in situ）研究能真正地描述實際過程。現場實驗已經開始顯示它們在機構研

究方面的威力。實驗包括研究短程的 NMR 和 EXAFS、中程的 SAXS ╱ SANS 和長程的 X 射線和中子繞射。實驗手段的進步，尤其是它們的綜合運用以及電腦的輔助，將會使我們更深入地了解合成機構。

　　磷酸鹽分子篩的合成基本上遵循沸石的生成機構。磷酸鹽分子篩合成只能在弱酸性、中性和弱鹼性條件下進行，不能在強鹼條件下進行。與高矽沸石合成一樣，磷酸鹽分子篩合成通常需要有機模板劑。磷酸鋁分子篩的生成機構研究不多，但多數情況下可能先生成空曠結構的中間物，這些中間物（多為層狀相的）通常是結構未知的並且不能被分離出來。六亞甲基亞胺（Hexamethyleneimine）是合成 MCM-22，PSH-3，Nonasil，dodecasil 等分子篩的模板劑，在不同的磷酸鋁分子篩合成條件下，它能被用來合成 AlPO-5、16、22 和 SAPO-35，中間物是一層狀相[61]。

15.5.5　結構新觀點

　　從已知的具有沸石結構的材料來看，高電荷密度骨架是以四元和六元環為主生成籠（窗口可大可小）和多維孔道。具有較大的籠和三維孔道結構材料多具有較低的 Si ╱ Al（例如 A 型和 X 型沸石），而高矽沸石通常由大量的五元環組成，沒有較大的籠，多為一維孔道。在磷酸鹽中也是如此，較低的電荷骨架 VPI-5，AlPO-5 和 AlPO-31 具有一維孔道，而高電荷骨架（例如 CoAPO-50，MAPO-46 和 DAF-1）具有較小或中等尺寸的孔道與主孔道相交叉。

　　在典型的磷酸鋁骨架中，二價的離子（例如 Co，Mn，Mg）取代鋁的量都很少（一般少於25%，某些可達40%），在最近發現的磷酸鈷（或鎂、錳）UCSB-n 中多於50% 的鋁被取代。如果沒有鋁或鎵，很難得到這些二價的四面體骨架結構，鋁或鎵能幫助它們進入四面體骨架。這些二價離子能改變局部的電荷密度，使其與有機模板劑的電荷相平衡。

15.5.6　氟離子合成體系

　　通常，沸石合成是在高 pH 值條件下，OH$^-$ 作為礦化劑增大矽酸鹽和鋁酸鹽物種的溶解度。Flanigen 等首次使用氟離子作為礦化劑，Guth 等人發展了這一個方法，氟離子取代 OH$^-$ 允許合成在近中性或酸性條件下完成。在氟離子合成體系可以得到了許多結構，特別是那些高矽或全矽分子篩，例如 MFI，FER，MTT，MTN，AST，UTD-1，ITQ-3，ITQ-4 和 TON。氟離子體系也適於合成雜原子（B，Al，Fe，Ga，Ti）取代

的高矽沸石，通常過渡金屬在高 pH 值下不穩定，生成氫氧化物或氧化物沈澱，氟離子體系中這些過渡金屬可以生成氟的配合物，有利於進入分子篩骨架。

在氟離子體系可以得到幾乎完美或很少缺陷的全矽分子篩[70]，高品質的晶體有益於結構等研究，而在強鹼體系得到的全矽分子篩缺陷較多，這是因為氟離子可以平衡模板劑的正電荷，而無氟離子時，模板劑的正電荷多由骨架缺陷造成的負電荷來平衡。

氟離子的引入會改變凝膠的化學性質，晶化出不同的產物，例如，在磷酸鋁合成中，模板劑 TMAOH（四甲基氫氧化銨）給出產物 AlPO−20（SOD），加入 HF 後產物則為 UiO−7[63]。

藉由水熱方法得到了許多空曠骨架結構磷酸鎵。多數是從氟離子體系中合成的，氟離子可以起著穩定結構基本單元（雙四元環）的作用，氟離子位於雙四元環的裡邊，許多結構含有這樣的基本單元，例如，二十元環的 cloverite[64]、LTA 磷酸鎵、MU−1、MU−7 和 MU−2。

15.5.7　非水體系合成

在水熱合成沸石過程中，水作為溶劑的同時也常常作為孔道填充物來穩定多孔結構，水分子也參與 T—O—T 鍵的水解和生成，並且水使得整個反應混合物的黏度降低從而增大反應物的活性。因此從某種意義上說，水不僅是溶劑而且也是反應物和催化劑。非水溶劑[21,22,65,66]合成體系是用有機溶劑代替溶劑水，只允許少量的水作為反應物存在，整個體系具有非水溶液的性質。

在水熱合成體系觀察到的模板作用原理和生成機構也適於非水溶劑體系。與分子篩在水熱體系的廣泛研究相比，涉及到非水溶劑合成的研究仍然很少，但是非水體系合成的優勢已不能再被忽略，如新材料製備、已知材料的製備方法改進和合成機構的研究。

溶劑的性質是合成成功的關鍵，而溶劑和反應物之間的相互作用又是分子篩晶化的關鍵。模板劑與溶劑之間的相互作用不應該太強，不應該妨礙模板劑與無機物種的相互作用。一般來說，中等氫鍵的有機溶劑對分子篩合成較合適。

首次非水合成的例子是 1985 年 Bibby 和 Dale 從乙二醇體系合成全矽方鈉石[4,65]。徐如人等將此方法擴展到多種有機溶劑，合成了各種形貌的方鈉石，生成方鈉石需要尺寸合適的模板劑，它可以是有機溶劑本身，也可以是額外加入的另一種有機物，首次引入季銨鹽模板劑合成了 silicalite−1、ZSM−39 和 ZSM−48[67]。之後又將這一合成體系擴展到低矽沸石合成，在丁二醇中得到了鈣霞石（CAN）[68]。徐文暘等使用有機胺作為溶劑成功地合成了 ZSM−48 等沸石[43]。Ozin 將氟離子引入非水合成體系，在吡啶和

烷基胺溶劑中得到了 ZSM-35 等特大晶體[69]。在多數情況下，少量的水是必要的，水有助於矽酸鹽的溶解，尤其是在有機胺溶劑體系。在這裡，少量水作為反應物幫助無機物種的溶解、水解、擴散和聚合，而沒有改變溶劑的非水性質。

　　直到現在還沒有在非水體系中得到新的沸石或全矽分子篩。目前非水合成的最大優勢是能容易地得到大單晶，因為高矽沸石在非水體系中的成核速度很慢，而生長速度與水體系相似。

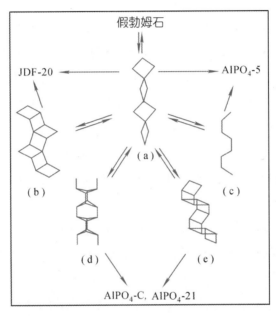

圖 15-9　磷酸鋁在乙二醇溶液中的主要物種[70]

　　徐如人等首次將非水合成方法引入磷酸鹽體系，獲得了很大的成功。使用的溶劑主要有二醇和醇類化合物[21，22]，最初的結果是合成不同孔徑的磷酸鋁分子篩 AlPO4-5、11 和 21，後來在非水體系得到了一系列新結構，包括一維鏈、二維層和三維骨架結構，並且它們多數都能得到大單晶。在這些新結構中 JDF-20 是最為引人注目的。JDF-20 含有二十元環的磷酸鋁骨架，其 P／Al 是 6：5，而不是通常的 1：1，這是因為骨架中含有P—OH，JDF-20骨架是一阻斷結構（有些磷連有OH，因此只與3個鋁相連）。JDF-20 合成使用了一個很簡單的模板劑：三乙胺。但是JDF-20 合成需要較小極性的溶劑，如二乙二醇、三乙二醇、四乙二醇或 1，4-丁二醇，而高極性的溶劑（如乙二醇或乙醇）在相同的合成條件下，使用同樣的反應組成得到 AlPO4-5。另一個值得注意的是 JDF-20 在焙燒過程中發生固相轉晶生成 AlPO4-5。

　　Ozin 認為多數磷酸鋁分子篩結構是從四元環的鏈轉化而來[27,70]。使用四乙二醇作

為溶劑，研究水對產物的影響，隨著水量的增加，下列產物依次被得到：一個鏈狀磷酸鋁、JDF—20、一個片狀磷酸鋁和AlPO$_4$—5。這些結構互相有著密切的關係。水的加入影響了鋁源的溶解度和無機物種的水解。鋁源和磷源在溶液中的主要物種是鏈狀結構的$[AlP_2O_8H_2]^-$，這個鏈與質子化的有機胺 Et_3NH^+ 生成固體。隨著水量的增多，$[AlP_2O_8H_2]^-$ 發生水解，生成各種新的結構。例如，水不多時，生成一個梯形的鏈，它與原始的$[AlP_2O_8H_2]^-$鏈一起生成 JDF—20 結構。水很多時，曲軸狀的鏈狀結構是主要的，它是生成 AlPO$_4$—5 所需要的先質。

徐如人等研究了二甲胺作為模板劑時 AlPO$_4$—21 在有機溶劑中的晶化機構[71]，為有系統地研究有機溶劑的極性對晶化速率的影響，使用了一系列有機溶劑：乙二醇、二乙二醇、1，4—丁二醇和乙二醇單甲醚。AlPO$_4$—n 合成涉及的一個反應是生成 Al—O—P 的脫水反應，有機溶劑的極性影響晶化速率，AlPO$_4$—21 在純水中的晶化速率明顯地要比在任何有機溶劑中快得多。按照溶劑合效應的規則，如果反應速率隨溶劑的極性增加而增加，則反應將是親電過程而不是親核過程，而 AlPO$_4$—21 的晶化速率隨溶劑的介電常數增加而降低（水例外），表明AlPO$_4$—21 的生成是一個親核過程，在此過程中需要有機胺模板劑來擴散電子。

在合成磷酸鋁的同時，徐如人等也將這一合成方法應用於磷酸鎵分子篩的合成，得到 cloverite 和 LTA 等結構[21]。其它研究小組發展了這一方法，包括 ULM—n 和取代的磷酸鎵 CoGaPO—n 的合成[23]。

非水體系為多孔材料合成提供了另一個自由度：改變溶劑，人們可以更有效地控制合成。不論新材料合成還是生成機構的研究，都還有待於進一步開發和探索。

15.5.8 大單晶體合成

結構分析，研究晶體生長機構、吸附和擴散的研究、各種光電性質的測定、作為功能材料的應用等都需要沸石大晶體。由於沸石是介穩相，在水熱體系得到的通常是微細粉末和小晶體的聚集體。由於沸石晶化結構相當複雜，現在還不是完全清楚，影響晶化動力學的因素又很多，所以沒有一個萬能的合成方法來獲得沸石大單晶。但是我們已經從實踐中學到一些策略來控制合成傾向於大單晶的生成。吉林大學的化學家們在這方面取得了很大成就[18,72]，下面的討論主要依據於他們的研究成果。

沸石大單晶的合成需要嚴格控制影響晶化過程的各種因素。一般說來，水熱或溶劑熱沸石生成經由以下幾個步驟：①原料混合後，反應活性物種達到過飽和；②成核；③晶體生長。為獲得沸石大單晶，注意力應集中在控制晶化過程。首先，過飽和度對成核

和晶體生長（包括生長速率和最終晶體大小）有很大的影響，但是在多數沸石合成中，過飽和度不是一個獨立變量。無定形凝膠先質的溶解度控制溶液的過飽和度，由反應混合物的組成和條件來決定。其次，成核是整個晶化過程的關鍵，不論是均相成核還是非均相成核，少量的成核將使反應體系有足夠的反應活性物種供給晶體生長直到晶體長到最大尺度。

(1)透過加入成核抑制劑和優化合成條件可以合成均勻的 A 型沸石（LTA）和 X 型沸石（FAU）大單晶。加入三乙醇胺到反應混合再到增大 LTA 和 FAU（X）的晶體尺寸[80]。在這樣的體系中，晶體能夠較穩定地懸在含有豐富營養的凝膠當中，各個可能的生長面都有機會得到生長。另外，三乙醇胺對鋁有一定的錯合作用，鋁的活性成分在整個晶化過程得以緩慢釋放，因此成核受到抑制。使用高純度的反應物能夠抑制非均相成核和避免雜質引起的晶面缺陷，有利於獲得尺寸均一、外形完美的大晶體。

(2)使用多矽源技術可以得到 MOR 和 MFI 等結構。多矽源技術是指使用一種以上的含矽化合物作為矽源，如矽酸鈉溶液和乾 SiO_2 粉末聯合用作矽源。活性較高的矽酸鈉先被耗盡（控制成核數量），而活性較低的 SiO_2 會慢慢地釋放出活性物種供給晶體生長。

(3)在氟離子體系中，得到一系列大單晶體，包含 silicalite-1，B-MFI，Ti-MFI，$AlPO_4$-5、-11、-34，磷酸鎵和磷酸銦。氟離子作為礦化劑量可以使沸石在接近中性的體系中晶化，而不是傳統的強鹼性介質。由於較低的過飽和度，氟離子體系中的成核和晶化都很慢，因此較容易得到大晶體。氟離子對矽、硼、鈦、鋁、磷等有一定的配合作用，這種作用使得這些活性物種得以緩慢釋放，逐漸地補給營養從而生成大晶體。

(4)從清溶液中可以直接合成 FAU 和 LTA 等矽鋁沸石，在均勻溶液中容易晶化出 AFI 大單晶。裴試綸等人將此方法應用到磷酸鋁分子篩合成，從清澈溶液中獲得 $AlPO_4$-5 大單晶。利用此方法，B，Fe，Ni，Co 及其它元素能夠容易地引入磷酸鋁骨架。與傳統的凝膠法相比，清液法較容易控制溶液的過飽和度。

(5)醇體系是一個非常有效的獲得一些沸石和金屬磷酸鹽大單晶的方法。吉林大學徐如人等發展了這一方法[21，66]，在廣泛的體系中合成出一系列沸石和磷酸鋁分子篩，其中多數是大單晶。

15.5.9 超微分子篩晶體的合成

位於晶體表面的原子的性質與晶體內部的原子會有所不同，隨著晶體尺寸的縮小，更多的原子曝露在晶體的表面，尤其是奈米級晶體材料，晶體外表面的原子數量已不能

被忽略。為合成較小的沸石晶體，控制晶化過程是很重要的，成核速度和生長速度決定晶體的大小，這兩個速度都隨過飽和度提高而提高，但是成核速度增加比生長速度快得多，因此高過飽和度合成條件能很快得到了較小的晶體。

沸石的奈米級晶體很早就被合成出來了，Breck 在他的書中[2]就描述了 25～30nm 的立方形狀的 A 型沸石。現在，能得到的微晶沸石有羥基方鈉石、A 型沸石、Y 型沸石、ZSM-2、ZSM-5、TS-1、β沸石和 L 型沸石等[73]。

穩定的沸石晶體（<100nm）膠體能夠得到，例如TS-1（含鈦的silicalite-1）膠體懸浮液[74]合成是透過加熱反應混合物的清溶液在較低的溫度（100℃）下需 2d。類似的合成條件也可以合成沸石 A、Y 和 silicalite-1 的膠體懸浮液。

15.5.10　二次合成與骨架修飾

幾乎所有的沸石合成，反應組成和條件都有一定的限制，許多材料（如高矽 Y 型沸石，低矽 ZSM-5）都不能直接合成，需要二次合成對骨架進行修飾。對於某些難於直接合成的矽鋁沸石，可以先合成矽硼結構，然後用鋁取代硼得到矽鋁沸石，如 Al-SSZ-24（AFI）和 Al-CIT-1（CON）的合成。沸石骨架修飾通常是不可逆的，這不同於離子交換和吸附。沸石骨架修飾的方法也包括直接合成，將某些非矽鋁元素引入合成體系得到含有這種元素的雜原子沸石。

二次合成最成功的例子是能夠改變骨架矽鋁比的沸石鋁化和脫鋁過程。低矽沸石的脫鋁及之後的熱處理所涉及的方法和機構已經得到了深入的研究，目的是為了得到提高穩定性和酸性。常用的脫鋁方法有：①酸處理，有選擇地將鋁從骨架上移走；② NH_4^+ 交換沸石的熱處理；③高溫水蒸氣處理；④錯合劑萃取骨架鋁；⑤採用矽化合物處理，如 $SiCl_4$。NH_4^+ 交換 Y 型沸石經高溫水熱處理後得到的超穩 Y 具有較好的耐酸性和水熱及熱穩定性。沸石鋁化的研究比較少，成功的例子有藉由 $AlCl_3$ 蒸氣處理 ZSM-5，使用 KOH 或 NaOH 溶液處理的脫鋁 Y 型沸石使其沸石再鋁化（非骨架鋁回到骨架上去），使用 $NaAlO_2$ 或 $KAlO_2$ 溶液處理能得到更好的鋁化結果[75]。使用 $NaAlO_2$ 溶液鋁化β沸石，其 Si／Al 比從 19 下降至 3～4[53]。

15.5.11　轉晶

沸石的轉晶可以發生在液相也可在固相，這也認為是一種特殊的合成方法。一種沸石作為另一種沸石的合成原料，如含硼β沸石作為原料合成含硼的 SSZ-24。

　　Li-Losod（LOS）在 353K0.1mol/L NaOH 中轉化到 Li-鈣霞石（CAN）。Na-EAB（EAB）在高溫下能轉化成方鈉石（SOD），而 K 型 EAB 是穩定的，即使在高溫下也不能轉化成方鈉石（位於八元環的 K 穩定了 EAB 結構）。這個轉化只需要 1/12 的 T—O—T 鍵斷開，然後生成新的鍵。水對這個反應有催化作用。更多的固相轉晶在磷酸鋁體系中被發現，例如，AlPO-21 到 AlPO-25，VPI-5 到 AlPO-8，JDF-20 到 AlPO-5。

　　一些非沸石結構可以轉晶為沸石結構。下面是一些例子：

　　① Kanemite（$NaH[Si_2O_5] \cdot 3H_2O$）是一個層狀的水合矽酸鈉，其結構含有船式組態的六元環 Q^3 矽酸鹽層，相鄰的層由共享角和邊的八面體 [NaO] 分開。Kanemite 可以透過固相轉化製得 ZSM-5[76]，Kanemite 預先嵌入四丙基氫氧化銨並乾燥，然後與一乾燥過的矽酸鹽凝膠混合、研細、壓成片狀（厚度 1.0～1.5mm），然後在封閉體系中加熱（573K）69h，之後敞開體系繼續加熱 2h 再提高溫度到 773K 灼燒除去有機物。②一個含水層狀的矽酸鹽（層之間是有機模板劑）在 550℃ 能轉化成純矽鎂鹼沸石（FER），X 射線結構分析表明這個層狀相已經含有 FER 的二維結構片[77]。與此類似的有 MCM-22 的合成[57]。③磷酸鋁體系也有類似的例子，如在高溫下從二維結構轉晶生成三維結構 AlPO-5[88]。

15.5.12　高溫快速晶化合成

　　這種合成的例子極少，其中之一為三乙二醇溶劑中三乙胺為模板劑的磷酸鋁凝膠直接加熱到高溫（如 600℃），有機物分解掉之後留下的固體產物是 AlPO-5[79]，整個過程只需要幾分鐘，這種方法直接得到不含模板劑的分子篩，省去了一般合成所需要的焙燒除去有機模板劑的步驟。其晶化過程還不清楚。

15.5.13　乾凝膠合成法

　　乾凝膠法可用於合成高矽沸石或全矽分子篩。首先把氧化矽凝膠和結構導向劑很好地混合，混合物含有少量水（足夠於活化聚合過程）。在反應釜中進行反應，溫度 150～200℃，這個方法是利用矽羥基的高反應活性（氧化矽凝膠含有的大量矽羥基）。這個方法可以應用於鹼性體系，也可以應用於酸性氟離子體系。如果使用高濃度的結構導向劑，能得到高孔隙度材料（因為含有一些介孔）。乾凝膠合成法可以減少結構導向劑（模板劑）的用量，並且便於沸石的形體合成，如薄膜、片、管、球等。成功的實例

有 BEA 等。乾凝膠方法合成沸石的條件與一般的會有些不同。

15.5.14 分子篩膜及各種型體的合成[80]

沸石附在載體上會產生較好的機械強度、傳熱性和催化活性。常用的沸石有：Y、鎂鹼沸石（FER）、絲光沸石（MOR）、ZSM-5（MFI）和 β 沸石（BEA）。沸石附著在載體上能夠一步完成合成。最常用的方法是將惰性的載體插入沸石合成混合物中。第二種方法是在兩個營養源的界面生長晶體，一般由載體提供全部或部分矽源，合適的載體有石英、玻璃、矽片。例如將多孔氧化鋁載體放在合成混合物的清液表面，水熱條件（448K）下，生長ZSM-5 薄膜，得到的是連續在一起的多晶薄膜，多數晶體的c方向垂直於薄膜表面。

沸石薄膜通常是將沸石相生長在多孔載體上，最主要的難題是沸石薄膜沒有針眼和控制沸石薄膜的厚度。依賴於沸石結構，有時需要特殊的晶體取向（即孔道取向）。最新沸石薄膜合成進展包括：①在載體表面上生長連續的沸石相，降低沸石相的厚度；②使用各種方法來合成沸石薄膜；③使用新的載體，例如碳纖維；④用來研究生成機構。

應用時要將分子篩成型，通常需要加入黏結劑，這會降低分子篩含量影響效率。一步合成法是將無定形原料預先成型，然後進行水熱處理或熱處理，可以製得無黏結劑的沸石。另一種合成「無黏結劑」的沸石形體的方法是用黏土作為黏結劑使沸石粉末成型，然後用鹼液處理（二次合成）將黏土轉化成沸石。

15.5.15 微波加熱合成分子篩

一般烘箱或水浴加熱是透過反應器將熱量傳給反應混合物，而應用微波加熱可以直接加熱反應物，升溫迅速而均勻，能夠使成核更均勻，大大地縮短晶化時間。由於加熱機制不同，可能會改變晶化過程，因此需要重新優化反應組成和條件。成功的合成例子包括：CoAPO-5，CoAPO-44，AlPO-5，A 型沸石，Y 型沸石，ZSM-5 等[81]。微波加熱也可以用來對分子篩的修飾改性，如將鹽分散到分子篩的孔道中[82]。微波加熱也被應用於分子篩膜的合成[83]，如在 α-Al_2O_3 生長 Na-A 沸石，只需 15～20min，此法易於控制膜的厚度。

15.5.16 太空中合成分子篩

為尋找更大更純淨更完美的晶體，人們試驗在太空中晶化沸石和分子篩[83]。在微重力條件下最大的差異是：①在太空中因為減小對流而減小傳質速率，因此在太空中沸石晶化很慢，如果時間不夠長，產量較低，晶化不完全；②在太空中能避免晶體黏結在一起，沈積在反應器底部。

15.6 介孔材料（mesoporous material）

沸石在脫鋁過程中能夠產生一些介孔，但其孔徑大小和數量很難控制。某些黏土和層狀磷酸鹽的層能夠用大的無機物種（聚合陽離子或矽酯等）撐開，生成介孔分子篩，儘管黏土和磷酸鹽是結晶的，但是柱子不是非常有規則排列的，因此生成的介孔的尺寸不是均一的，而是無序的。藉由嚴格控制製備條件，具有介孔的矽鋁凝膠的孔分佈可以比較窄，但是這些介孔還是無序的。

本節所討論的介孔材料與以上幾種為代表的無序介孔（無定形）材料不同，是以 M41S 為代表的有序（結晶的）介孔材料[24, 85, 86]。

15.6.1 全矽及矽鋁介孔材料

事實上有序介孔材料合成早在 1971 年就已開始[87]，日本的科學家們在 1990 年之前也已開始介孔材料合成[88]，只是 1992 年 Mobil 的報導[89, 90]才引起人們的廣泛注意，並被認為是介孔材料合成的真正開始。Mobil 使用表面活性劑作為模板劑，合成了 M41S 系列介孔材料，M41S 系列介孔材料包括 MCM–41（六方相）、MCM–48（立方相）和 MCM–50 層狀結構。圖 15-10 為它們的結構簡圖。這個成功可以和 Mobil 在 20 世紀 70 年代的另一偉大成果 ZSM–5 合成相提並論。這兩個例子都是透過控制孔道尺寸和形狀來得到有分子篩性質的多孔材料。沸石的微孔將反應物的尺寸大小限制在約 12Å 以下，各種孔道修飾改性等工作也受到孔徑尺寸的限制而無法實現。孔徑大小在 15～300Å 範圍內的介孔材料為這些努力提供了新的機會。

合成 M41S 系列介孔材料所使用的表面活性劑是帶正電荷的季銨鹽，有一帶正電荷的親水的頭和一疏水的長鏈。與沸石有機模板劑相反，這些表面活性劑在水溶液生成複雜的超分子結構，在較低濃度時是膠束而高濃度時為液晶。季銨鹽表面活性劑與矽酸鹽物種一起可自組裝成有序結構。自組裝過程與液致液晶生成過程非常相似。表面活性劑可以藉由焙燒或萃取除去，從而得到介孔材料。

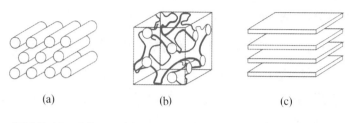

圖 15-10　MCM-41(a)、MCM-48(b)和 MCM-50(c)結構簡圖

15.6.2　生成機構

　　介孔材料合成在許多方面都與傳統的液晶學和生命科學相類似，介孔材料合成使用的表面活性劑通常有一個或多個極性頭和一個長尾巴，而生命科學通常涉及到的磷脂類化合物（lipid）有兩個長尾巴，液晶材料在長尾巴上需要一特殊的基團（一般含有苯環）。

　　孔道按六方排列的 MCM-41 是 M41S 介孔家族中最重要的一個成員，最早的合成 MCM-41 方法是將表面活性劑 $C_{16}H_{33}$（CH_3）$_3$OH ／ Cl 溶液加入到矽酸鈉溶液中，得到的水合凝膠在 100℃ 下加熱 6d。當然，如要合成含鋁的 MCM-41，需要在反應混合物中加入鋁源。M41S 介孔材料能夠使用各種各樣的矽源和鋁源，表面活性劑與矽的比可以在很寬的範圍內變化，可應用的時間和溫度範圍也非常廣。

　　為了解釋 MCM-41 的合成機構，Mobil 最早提出了液晶模板（LCT）機構。他們的根據是 MCM-41 的高分辨電子顯微鏡成像和 X 射線繞射結果與表面活性劑在水中生成的液致液晶的相應實驗結果非常相似。這個機構認為表面活性劑生成的液晶作為形成 MCM-41 結構的模板劑。表面活性劑的液晶相是①在加入無機反應物之前，或是②在加入無機反應物之後形成的。

　　在加入無機反應物之前生成表面活性劑的液晶相很快就被否定了，因為在水中生成液晶相需要較高的表面活性劑濃度（例如，CTAB 在 28%以上可以生成六方相，立方相則需要約 80%以上），而在很低的表面活性劑濃度下就能得到 MCM-41（如 2%的 CTAB），即使合成立方相 MCM-48 也用不著很高的活性劑濃度（如低於 10%的 CTAB）。

　　對於加入無機反應物之後形成液晶相過程的具體描述，則有一些不同的機構。具有代表性的是 Davis[91] 和 Stucky[92，93] 所提出的兩個機構。Davis 認為首先無序的棒狀膠束與矽酸鹽物種發生相互作用，在棒狀膠束周圍生成二、三原子層的 SiO_2，然後，它們自發地聚集在一起生成長程有序的六方結構，經過一定長的時間之後，矽酸鹽物種聚合達

到一定的程度生成 MCM-41 相。

　　Stucky　認為是無機和有機分子級的物種之間的協同合作共組生成三維有序排列結構。多聚的矽酸鹽陰離子與表面活性劑陽離子發生相互作用，在界面區域的矽酸根聚合改變了無機層的電荷密度，這使得表面活性劑的長鏈相互接近，無機物種和有機物種之間的電荷匹配控制表面活性劑的排列方式。預先有序的有機表面活性劑的排列（如棒狀膠束）不是必需的。反應的進行將改變無機層的電荷密度，整個無機和有機組成的固相也隨之而改變。最終的物相則由反應進行的程度（無機部分的聚合程度）而定（參見圖 15-11）。

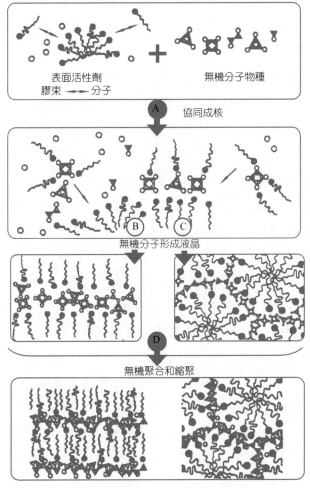

圖 15-11　介孔材料生成機構[92]

　　Davis 的機構不能解釋 MCM-41 具有很長的孔道，因為在溶液中不存在那麼長的

棒狀膠束。事實上，在合成條件下的表面活性劑溶液中，除了棒狀膠束以外，還有球狀等膠束，如果周圍有 SiO_2 的膠束自發地聚集在一起生成長程有序的相，除六方相 MCM−41 外，應該還有其它物相。再者，這個機構也不能很好地解釋立方相MCM−48和層狀相MCM−50的生成。MCM−48 可以看成是一些具有相等長度的短棒交叉而成，在表面活性劑溶液中，棒狀膠束的長短是不一樣的。低濃度的表面活性劑溶液中也不存在生成 MCM−50 所需的板狀膠束。

Stucky 機構具有一定的普遍性，尤其經過不斷的改善[94]，能夠解釋不同合成體系及其實驗結果，並且在一定程度上能夠指導實驗。

從kanemite出發合成介孔材料FSM−16的機構和產物結構是否與MCM−41 相同，結論不很一致[95]。

15.6.3 有機和無機之間的相互作用方式

在介孔材料合成中，有機和無機之間的相互作用（如電荷匹配）是關鍵[96]，是整個形成過程的主導，因而任何形式的無機和有機的組合都是可行的。據此，Stucky 探索了不同的無機−有機組合，提出了具有普遍性的合成原理[97,93]。運用這個合成原理，許多新的介孔材料被合成出來，也不斷地有新的組合途徑被發現[85,96]。

為了生成介孔材料，調整表面活性劑頭的化學性質以適合無機組分是很重要的。在水溶液中，特定的pH範圍內，低寡聚的無機陽離子或陰離子能進一步聚合，在鹼溶液中合成矽酸鹽介孔材料過程中，氧化矽物種是低寡聚的矽酸根陰離子，故使用表面活性劑陽離子S^+來使帶負電荷的無機物種I^-有序化，這種有機−無機的介孔結構被稱為S^+I^-結構（藉由S^+I^-作用）。S^-I^+結構的例子是陽離子的高聚的鋁 Keggin 離子與陰離子表面活性劑如烷基磺酸鹽相互作用。相同的種類電荷有機−無機組合也是可能的，但是需要一相反電荷離子存在，例如，$S^+X^-I^+$介孔材料結構，這裡S^+是季銨鹽表面活性劑，X^-是Cl^-等鹵素離子，I^+是在強酸性溶液中的帶正電荷的氧化矽物種。更確切地說酸性介質中合成全矽介孔材料，開始是$S^+X^-I^+$（如$CTMA^+Cl^-SiO^+$ 和 $CTMA^+NO_3^-SiO^+$）[98]，然後逐漸變成結構為IX^-S^+的產物。與此相對應的是$S^-M^+I^-$結構。在基本上沒有電荷參與的介孔結構也能生成，S^0T^0組合是使用中性的有機胺表面活性劑 S^0 或非離子的聚乙二醇氧化物表面活性劑 N^0 作為模板劑，此法能用來合成氧化矽、氧化鋁、氧化鈦等介孔材料。在這種情況下，S／I界面可能存在氫鍵作用，它們之間的作用力很弱，這允許使用有機溶劑從產物中直接萃取中性的模板劑（代替高溫焙燒法）。有機物和無機物也可以是共價鍵連接S—I，例如，乙氧基鈮（V）與長鏈烷基胺在無水條件下反應生

成過渡金屬氧化物介孔結構。另一個 S—I 方法是使用含矽的表面活性劑作為模板劑與來自其它矽源的氧化矽物種反應生成介孔材料。

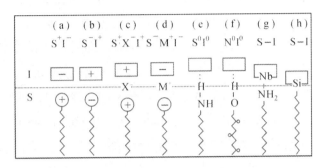

圖 15-12　幾種主要的有機和無機作用方式[96]

15.6.4　合成規律

決定介孔產物晶相的因素有：濃度、溫度、表面活性劑的分子堆積參數等。最初認為只有表面活性劑濃度能控制產物的結構，根據是在表面活性劑濃度足夠大時生成六方液晶相，再大時則轉變成立方液晶相。後來發現表面活性劑的分子堆積參數 g 能夠作為一個指標來預測和解釋產物的結構。$g = V / a_0 l$，V 等於表面活性劑分子的整個體積，a_0 等於表面活性劑的頭的有效面積，而 l 等於表面活性劑長鏈的長度。這雖是一個簡單的幾何計算，但是它能較好地描述在特定條件下哪一種液晶相生成，在介孔材料合成中，它能告訴我們如何控制合成條件和參數來得到想要的物相，它也能很好地解釋觀察到的實驗現象。當 g 小於 1/3 時生成籠的堆積 SBA−1（Pm3n 立方相）和 SBA−2（P6$_3$／mmc 三維六方相），1/3 至 1/2 之間生成 MCM−41（p6m 二維六方相），1/2 到 2/3 之間生成 MCM−48（Ia3d 立方相），接近 1 時生成 MCM−50（層狀相）。在相似的合成條件下，整個反應體系和無機物種對表面活性劑的排列方式的影響也會差不多，因此在這種情況下，表面活性劑的性質（形狀、電荷和結構）上的差異將會表現出來，得到的物相可能是不一樣的，從另外一個角度來說，可以透過選擇表面活性劑或對表面活性劑施加影響來控制特定的物相生成。下面是一些實例[99]：①以表面活性劑烷基三甲基銨 $C_nH_{2n+1}(CH_3)_3N^+$，$n = 10 \sim 18$ 在典型的合成條件下給出 MCM−41 為基準，大頭表面活性劑（烷基三乙基銨 $C_nH_{2n+1}(C_2H_5)_3N^+$，$n = 12 \sim 18$）則給出 SBA−1，這是因為表面活性劑大頭減小了 g 值，生成具有最大曲率的球形結構。雙尾表面活性劑給出層狀相是因為它們巨大的疏水部分，V 的增大導致 g 值的上升，生成具有最小曲率的層形結

構。②表面活性劑碳氫鏈的長度對產生的物相影響很小，那是因為比例 $V／l$ 幾乎不隨碳氫鏈的長度改變而改變，也就是 g 值幾乎不變，但是當碳氫鏈長到一定程度時（多於 20 個碳原子），鏈容易發生捲曲現象，V 稍變大而 l 變小，導致 g 值變大，因此 $C_nH_{2n+1}（CH_3）_3N^+$，$n＝20、22$ 表面活性劑容易給出層狀結構。③雙頭雙尾表面活性劑 Cm-s-m 是一類特殊表面活性劑，相當於每兩個表面活性劑的頭被一個碳氫鏈連接在一起，因此表面活性劑頭的面積能夠藉由改變這個碳氫鏈的長度來控制，例如 $C_{16}H_{33}N^+（CH_3）_2（CH_2）sN^+（CH_3）_2C_{16}H_{33}$，當 s 從 2 變到 12 時，鹼性介質中的合成產物從層狀變成六方相（MCM-41），最後變成立方相（MCM-48）。④其它很多實驗事實都可用 g 值的變化來解釋，包括有機添加劑對合成的影響、各種相之間的轉化等。

15.6.5 MCM-48

自 1992 年 Mobil 公司報導介孔材料之後，不斷有新的研究成果問世，到 2000 年底就有近三千篇論文發表，但其中討論 MCM-48 的論文不多，不足 10%，主要原因是 MCM-48 合成的困難性。MCM-48 具有特殊的結構，為三維孔道體系。最初 Monnier 根據液晶結構提出 MCM-48 結構模型[100]，與 XRD 和 TEM 等實驗結果符合較好。

MCM-48 被認為很難合成，但是如果掌握好實驗條件，藉由控制合適的 g 值（1/2 至 2/3），更確切地說是增大表面活性劑靠近頭的疏水部分的體積，得到高質量的 MCM-48 並不困難[99]。以下是幾個成功的實例：①使用正矽酸乙酯作為矽源，因為水解產生的乙醇傾向進入表面活性劑膠束的疏水區域，但由於乙醇的極性較大，不可能進入到膠束核心部分，而只停留在膠束的疏水區域的外圍。②加入中等極性的分子到合成體系中，如三乙醇胺，這些分子容易停留在膠束的疏水區域的外圍，即使使用矽酸鈉作為矽源也可以得到 MCM-48。③使用特殊的表面活性劑，如雙頭雙尾表面活性劑 Cm-12-m 或 十 六 烷 基 二 甲 基 苯 甲 基 銨（$C_{16}H_{33}（CH_3）_2N（CH_2）（C_6H_5）$，CDBA），連在表面活性劑頭上的（$CH_2）_{12}$ 長鏈或苯環大並且是疏水的，傾向進入表面活性劑膠束的疏水區域，由於它們連接在表面活性劑頭上，使得它們停留在膠束的疏水區域的外圍。C22-12-22 對合成 MCM-48 非常有效，即使在室溫下很低的 C22-12-22 濃度（質量分數 0.4%）也能合成出高質量的 MCM-48。④加入少量帶負電荷的表面活性劑[101]，作為模板劑的帶正電的表面活性劑的一小部分與帶負電荷的表面活性劑生成離子對，這些表面活性劑離子對的親水性較小，縮進膠束的疏水區域，從而達到擴大 g 值的效果，合成出 MCM-48。⑤小心地控制 MCM-41 到 MCM-48 的轉晶也可以用來製備 MCM-48。

15.6.6　二次合成

作為催化劑，穩定性是很重要的。增加孔壁厚度或局部的有序，可提高穩定性。這些都可以藉由移植或再結晶方法來實現。例如透過 MCM−41 和三氯化鋁的反應來穩定 MCM−41，和其母體材料相比，處理後的材料有較好的機械穩定性和水熱穩定性，可能是因為增加孔壁厚度和彌補缺陷。高溫水蒸氣處理之後，有較強的 Bronsted 酸性。

重結晶能使介孔材料相完美。多數合成產物經過水熱處理（固體樣品加水，接近中性介質中 100℃ 左右加熱數天）後其品質（有序程度、熱穩定性等）有明顯的改善，有時還會伴隨著孔徑的變大。

在介孔材料內外表面上可裝載功能基團，方法有：①和表面羥基反應的移植；②先表面鹵化之後再用其它基團取代；③共聚直接合成法（作為部分反應物）；④與活性有機基團反應修飾改性。

15.6.7　其它組成

雜原子取代的 MCM−41 備受關注，因為它們具有潛在的作為載體、吸附劑和催化劑的應用前景。人們合成出了取代的 MCM−41 和 SBA−n。TiO_2，ZrO_2，Al_2O_3，Ga_2O_3 和其它許多非矽介孔材料也已經被合成出來。例如 Ga_2O_3 介孔材料的合成[110]是將 $GaCl_3$ 與十二烷基磺酸鈉（SDS）混合，使用尿素來緩慢改變溶液的 pH 值，因為 60℃ 以上時能緩慢釋放出 NH_3。如果直接使用 NH_3 產物不是介孔材料而是 GaOOH。Keggin 陽離子（如 Al、Ga）是合成此類介孔材料所需要的，此法不能用於合成銦的介孔材料，因為銦不能生成 Keggin 陽離子，可能只有 Keggin 陽離子才能與表面活性劑達到電荷匹配。另一個例子是改變釩的氧化物態，從而改變無機陰離子的電荷密度來達到與帶正電的表面活性劑電荷匹配，成功地合成六方相的磷酸釩[103]。

新的錳氧化物家族介孔材料合成是透過部分氧化物 Mn（OH）₂ 和表面活性劑膠束相結合，在焙燒過程中，除去表面活性劑並且 Mn（II）被氧化到 Mn（IV）和 Mn（III）。這些介孔壁可能是含有 MnO_6 八面體基本構造單元。這種介孔材料有很好的熱穩定性，孔徑尺寸約為 3.0nm，孔壁厚度約 1.7nm，也有半導體性質和催化活化性。

基於全矽分子篩和磷酸鋁分子篩的密切關係，在 MCM−41 問世不久就開始合成磷酸鋁介孔材料的嘗試，在前人的長時間努力和多次失敗之後，幾乎同時趙東源和馮萍薈各自獨立地成功合成了磷酸鋁介孔材料[104，105]。

15.6.8 形體合成

介孔材料的許多應用都需要薄膜等形體製備，現有一些方法製備特殊形體的介孔材料[106]：Ozin在溶液表面和載體雲母的表面合成出了介孔分子篩膜。Askay在水—雲母、水—石墨、水—石英界面得到了介孔材料薄膜。Ogawa使用溶膠—凝膠法將表面活性劑直接溶入部分水解的正木矽酸甲酯中，然後將溶膠鋪在光滑載體的表面上，溶劑揮發後得到介孔分子篩膜。Brinker 使用泡浸—包覆方法製備介孔分子篩膜。以上幾種方法製備的MCM-41薄膜的介孔平行於薄膜表面，而不能控制介孔穿過薄膜。趙東源等人成功地製備了立方相（Pm3n）和三維六方相（P6$_3$／ mmc）介孔材料薄膜[107]，這些三維結構的介孔可以穿過薄膜，因此增加了應用的可能性。

介孔SiO$_2$纖維能夠藉由一步法製備，使用正矽酸丁酯（TBOS）作為矽源在油水雙相靜止體系下合成[108]。介孔 SiO$_2$ 小球也能夠藉由一步製備法得到[109]。主要是利用正矽酸丁酯（TBOS）和丁醇（BuOH）的疏水性質來實現控制產物的形貌。詳細步驟如下：表面活性劑（如十四烷基三甲基溴化銨）作為介孔結構導向劑，鹼源可以是下列任意一種：NaOH、KOH或四甲基氫氧化銨（TMAOH），它們與TBOS和水混合，在室溫下攪拌（約300轉／分）1d，過濾得到透明的 SiO$_2$ 小球（幾毫米大小），室溫乾燥後，焙燒除去表面活性劑得到介孔 SiO$_2$ 小球。

15.6.9 新進展

介孔材料合成在以下幾方面進展較快[85，86]：①對生成機構的理解；②新的合成路線；③取代的矽酸鹽材料和非矽材料合成，尤其是含各種過渡金屬的材料；④各種形體的直接合成（包括薄膜、纖維、微球、球塊等）；⑤潛在的應用研究，特別是催化方面的研究。

氧化矽介孔材料合成的突破性進展是在酸性合成體系使用共聚物（非離子的triblockcopolymer，polyethyleneoxide-polypropyleneoxide-polyethyleneoxide）作 為 模 板 劑 [110]，得到了有序程度非常好的六方相（稱為 SBA-15），500℃焙燒之後得到多孔材料，孔徑尺寸可以從 4.6～30nm，孔體積能達到 0.85cm^3/g，氧化矽孔壁厚度3.1～6.0nm。也可以透過溶劑萃取除去聚合物模板劑。這種大孔材料在除去模板劑之後對高溫和熱水是穩定的。如在合成體系中加入大量的非極性有機物（如三甲苯），則產物為介孔矽酸鹽泡沫，這種材料具有良好的熱穩定性[111]。這種聚合物模板劑被應用於更廣範圍的介孔氧化物（Al$_2$O$_3$、SiO$_2$、ZrO$_2$、TiO$_2$、WO$_3$等等，以及它們的複合氧化物）合成[112]，合成原料是無機鹽，介質為非水溶液。由於產物的壁較厚，因此可以是

無定型，也可以是次晶（半晶）狀態。

在類似的合成體系中，使用不同的模板劑得到不同的物相，其中有些是第一次得到。例如 SBA－11（Pm3m，$C_{16}H_{33}$（OCH_2CH_2）$_{10}OH$，$C_{16}EO_{10}$ 作為模板劑）[113]，SBA－12（$P6_3$／mmc，$C_{18}EO_{10}$ 作為模板劑），SBA－16（Im3m，具有較大的 PEO 比例的 triblockcopolymer）。共聚物模板劑的 EO／PO 比例控制生成的物相；合成被相信是透過（S^0H^+）（X^-I^+）方式。

儘管一般合成的 MCM－41 和 MCM－48 具有很高的熱穩定性，但它們具有較低的水穩定性，除去表面活性劑後（焙燒過）的材料與水（尤其是熱水）接觸很快分解成無定形，改善介孔材料穩定性的方法之一是在合成過程加入一定量的鹽，結果產物的熱穩定性和對水的穩定性大大提高[114]。

具有六角形外貌高有序純矽 MCM－41 能夠在極稀的表面活性劑溶液中室溫下合成出來，結果表明此條件下生成機構是沈積機構[115]。

M－AlMCM－41（M=Cu，Zn，Cd，Ni 等等）可以直接合成[116]，省去了離子交換步驟。

利用超臨界液體萃取可以除去表面活性劑，並且表面活性劑可以重新使用。如甲醇－乾冰混合物在 85℃ 和 35MPa 下 3h 就會取得較好的效果[117]。

15. 6. 10　介孔和大孔材料的孔徑控制：主要合成方法[118]

現在有許多合成方法可被用來合成介孔和大孔材料，如按產物的孔直徑分類，主要有以下幾種：

2～5nm，使用不同鏈長的表面活性劑（長鏈季銨鹽以及中性有機胺）作為模板劑[90，119]；

2～7nm，高溫合成[120]；

4～7nm，二次合成（合成後水熱處理）[99]；

4～10nm，使用帶電的表面活性劑和中性有機物（三甲苯，中長鏈胺等）[90]；

4～11nm，二次合成（水—胺合成後處理）[118]；

2～30nm，聚合物作為模板劑[110，112]；

>50nm，乳濁液作為模板劑[121]；（大孔材料的合成將在下節討論）

>150nm，膠體顆粒（模板劑）晶化[122，123]；（大孔材料的合成將在下節討論）

15.6.11　結構特徵與應用

　　介孔分子篩材料能夠達到很大的比表面和孔道體積，這個是介孔材料的一大優勢。無定形孔壁有它的劣勢，同時也有它特殊的優勢，就是它的骨架原子的限制比沸石小得多，從理論上說，任何氧化物或氧化物混合物，其它無機化合物甚至金屬都可以生成介孔材料化合物，事實上已經有許多例子。

　　發現具有高有序程度結構的典型材料有：MCM−41（二維六方，P6m）、MCM−48（立方 Ia3d）、MCM−50（層狀結構）、SBA−1（立方 Pm3n）、SBA−2（三維六方 P6$_3$／mmc）、SBA−11（立方 Pm3m）和 SBA−16（立方 Im3m）。

　　由於窄的孔道分佈和組成的靈活性等特點，介孔材料是良好的催化劑載體，可以載金屬、氧化物、配合物、有機基團等。含有鋁的材料可以作為固體酸性催化劑。介孔材料的催化劑應用[122]包括①氧化；②氫化；③酸性催化；④鹼催化；⑤鹵化；⑥生物催化；⑦聚合；⑧光催化。

　　介孔材料也是研究介孔吸附的模型化合物，介孔材料又可以用來分離生物大分子，在微電子和光學應用方面，介孔材料也可能是良好的主體。介孔材料的應用前景現在還很難預測。

15.7　大孔材料簡介

　　孔徑在光波長範圍內的有序大孔材料會有獨特的光學性質和其它性質。現在合成有序大孔材料剛剛開始，還沒有一般的合成方法。這裡介紹幾個合成大孔材料的例子。

　　使用修飾的膠體晶體作為模板劑合成氧化矽大孔材料[123]，生成的材料有大小均一的孔，孔尺寸在次微米級。修飾的聚苯乙烯乳液微球（大小在 200～1000nm 範圍內）帶有負電荷（硫酸鹽）或帶有正電荷（䮒）。這些微球有序緊密堆積之後，與表面活性劑和氧化矽溶液作用生成大孔材料固體。高溫焙燒除去模板劑後得到大孔材料，孔徑尺寸可控制在 150nm 到 1000nm，其大孔為球形（大籠）。利用這一方法也成功地合成了大孔 TiO$_2$ 材料[122]，利用化學反應將固體材料帶進入模板劑孔隙中，然後除去模板劑得到了大孔（240～2000nm）材料。

　　在細菌細絲上礦化生成定向的大孔[124]。將這個方法用於介孔材料合成體系，得到的結果是介孔和大孔的複合材料，材料的大孔為平行長通道，孔尺寸為微米級，孔壁厚度 50～200nm。

　　使用乳濁液作為模板劑[126]，利用溶膠−凝膠過程在乳濁液滴外表面沈積無機氧化物，可以得到孔徑尺寸從 50nm 到幾個微米的大孔材料，油在甲醯胺中形成的乳濁液有

相同液滴大小，適於作為模板劑，高分子化合物（聚乙二醇和聚丙二醇的三段共聚物 triblockcopolymer）能夠穩定這種乳濁液，使用這個方法已經成功地得到了氧化鈦、氧化矽、氧化鋯大孔材料，材料的孔為球形（大籠）。

15.8　現代技術在多孔材料合成、結構鑑定和性質研究方面的應用

　　多孔材料的化學和物理性質是與材料的結構緊密相關的。多孔材料合成、修飾改性、應用領域的科學家們需要詳細的結構知識去達到他們的目的。許多技術手段可用於測定材料的結構性質。然而，所得到的結構資訊都受到特殊探針與材料之間的相互作用的限制。繞射方法是研究晶體材料的長程週期性結構的最有效方法，光譜技術則對晶體和無定形材料中原子的局部環境更為敏感。使用探針分子的吸附和擴散實驗、熱分析、催化反應測試等能夠間接地得到一些結構資訊。

　　因為方便實用，X 射線繞射實驗是最重要的晶體結構分析手段，電子和中子繞射實驗仍然只用於特殊目的和場合。由於合成的結晶多孔材料多為粉末，必須使用 X 射線粉末繞射實驗，得到的資訊有限。因此，要從別的技術，如化學分析、電子繞射、紅外和核磁共振（NMR）光譜學及吸附研究得以補充。表 15-3 列出的只是在合成和鑑定研究中常用的技術手段，挖掘它們的潛力，尤其是它們的綜合運用以及電腦的輔助應用，將更有成效。

表 15-3　常用的現代分析技術手段

X 射線繞射方法	單晶	最有力的晶體結構分析手段：測定原子空間座標位置和電子雲分佈
	粉末多晶	1. 晶相的指認（通過與已知物相的譜圖相比較） 2. 晶體屬性，晶系，晶胞參數，空間群 3. 結構精化（已知結構的原子坐標和準確的晶胞參數等） 4. 新結構測定（需要高質量的粉末繞射譜圖，如同步輻射 XRD） 5. 組成分析（同晶取代，鋁含量等，通過晶胞參數的測量） 6. 結晶度，純度（無定形和雜晶相的含量） 7. 研究生長，轉晶和分解機構（通過檢測特徵譜峰的出現和變化） 8. 晶體尺寸大小（通過峰寬度的測量）
中子繞射	粉末多晶 （優勢是能確定輕原子的位置）	1. 區分矽和鋁原子（X 射線繞射不能夠區分它們） 2. 水分子在孔腔中的具體位置 3. 客體分子的分析
電子繞射	粉末多晶或單晶	微區結構分析，結晶特徵（孿晶，斷層，共生）
顯微鏡	光學顯微鏡 掃描電鏡 SEM	1. 晶體形貌，尺寸，純度，晶系的初步確定 2. 晶體生長過程

表 15-3 常用的現代分析技術手段（續）

（高分辨）電子顯微鏡	SEM 與電子探針	微區化學組成分析（不同晶體或一個晶體的不同區域）
	透射電鏡 TEM	1. 結構的投影象，好的 TEM 分辨率可達幾個 Å，能得到詳細的結構資訊 2. 超結構和晶體特徵（微晶，缺陷，共生，斷層等）
	原子力顯微鏡 AFM	晶體表面結構
核磁共振（NMR）技術的應用	^{29}Si NMR	1. 確認 Si 的微環境：第二配位層對化學位移有很大影響，相對於 TMS，Si（4Al0Si）δ在-83 至-87、Si（3Al1Si）δ在-88 至-94、Si（2Al2Si）δ在-93 至-99、Si（1Al3Si）δ在-97 至-107、Si（0Al4Si）δ在-103 至-114 2. 區分 Si 的結晶學不等價位置 3. 測定骨架矽鋁比，通過計算各種 Si 的峰面積，非骨架鋁對此無影響 4. 研究生成機構（通過檢測特徵譜峰的變化）
	^{27}Al NMR	1. 研究鋁的配位情況（4、5 或 6，沸石中骨架鋁為四配位，而非骨架鋁一般為六配位）； 2. 研究生成機構（通過檢測特徵譜峰的變化）
	^{1}H，^{2}H，^{13}C，^{14}N，^{17}O	1. 酸基團及其與吸附分子之間的作用 2. 客體分子（有機物，水，或氣體）在孔腔中的移動機構
	^{23}Na，^{6}Li，^{7}Li，^{19}F，^{71}Ga，^{205}Tl	1. 陽離子在孔腔中的具體位置 2. 晶化機構（通過檢測特徵譜峰的變化）
	^{129}Xe	孔結構和表面積
紅外（Infrared）與拉曼（Raman）光譜技術		1. 中紅外區（400～1300cm^{-1}）骨架振動 1a. 內部振動（指 TO$_4$四面體，與骨架結構關係不大）反對稱伸縮振動 1250～950 cm^{-1}，對稱伸縮振動 720～650cm^{-1}，彎曲振動 420～500cm^{-1} 1b. 外部振動（指結構單元環，雙環等的振動，與骨架結構有關）反對稱伸縮振動 1050～1150cm^{-1}（肩峰），對稱伸縮振動 750～820cm^{-1}，雙環振動 650～500 cm^{-1}，窗口振動 300～420cm^{-1} 2. 骨架矽鋁比的測定（譜帶位置與鋁含量有關，尤其是反對稱伸縮振動） 3. 研究成核及生長機構（通過檢測骨架特徵譜帶的出現和變化） 4. 酸性（結構羥基的性質），指認兩種不同羥基（端羥基約 3740cm^{-1}和橋羥基約 3650cm^{-1}和約 3550cm^{-1}） 5. 利用吸附的有機鹼分子來研究 Lewis 酸 6. 測定取代的雜原子對酸強度（橋羥基譜帶位置）的影響 7. 溫度、水合、吸附分子等對結構單元和骨架的影響 8. 孔腔中的過渡金屬配合物
吸附方法	低溫小分子吸附（氮，氧等）	1. 有關孔（微孔和介孔）的資訊：孔徑分佈，孔體積，比表面等 2. 根據吸附等溫線形狀來判斷孔的類型：微孔、介孔、大孔、柱狀孔、狹窄孔、瓶形孔等
	汞吸附	有關孔的資訊（主要應用於介孔和大孔）
	探針分子吸附（水，醇，正己烷，環己烷等）	1. 孔徑大小（通過考查對不同大小的分子的吸附量和速度） 2. 確定是否有共生相存在（與已知的材料比較吸附量） 3. 骨架的親水性與疏水性（考查不同分子的吸附量和速度）
熱分析	差熱 DTA，熱重 TG，微分掃描量熱 DSC	1. 客體（或吸附）分子的量以及它們在骨架或孔腔中的位置 2. 熱分解機構，中間態研究 3. 骨架結構的熱穩定性（塌陷或轉晶）
電腦模擬方法	結構，性質與應用	1. 其它技術手段的必要工具和組成部分，各種光譜的模擬 2. 各種過程的模擬：吸附、擴散、催化 3. 結構分析：已知結構的精細化，預測新結構，客體分子或離子在孔道中的位置和能量 4. 性能預測：結構與性質的關係 5. 合成機構的模擬，模板劑的選擇

表 15-3　常用的現代分析技術手段（續）

色譜法	（三甲基矽烷化之後）	研究成核與晶體生長過程中溶液中各矽酸鹽物種的變化
散射方法	光散射方法	研究溶膠和凝膠的結構
其它光譜方法	紫外一可見光譜、順磁共振 ESR、穆莫士包爾譜、電子能譜	1. 特定元素的局部環境 2. 骨架或孔腔中的過渡金屬的氧化態，結構和微環境 3. 晶體表面

15.9　多孔材料的應用

　　沸石作為吸附材料，用途包括乾燥、純化和分離氣體或液體。低矽沸石有極強的吸附水能力，是非常好的乾燥劑。

　　沸石是很好的擇形催化劑，透過分子的形狀和大小對過渡態或反應物進行選擇。沸石又是很好的酸催化劑和活性金屬或反應基團的載體。沸石也常作為氧化催化劑。合成沸石是石油煉製和石油化工中最重要的催化劑。

　　沸石是很好的離子交換劑。現在大量的沸石被用來替代磷酸鹽作為洗滌劑的添加劑來軟化水（沸石中的鈉離子交換水中的鈣和鎂離子），減少磷酸鹽引起的環境污染。

　　現在主要商業化的材料有 A 型沸石、β 沸石、絲光沸石、X 和 Y 型沸石、ZSM－5。不斷有新的應用被發現，多孔材料的前景十分美好。表 15-4 列出了沸石及其它多孔材料的主要應用領域。

表 15-4　多孔材料的應用

分子篩與吸附劑	乾燥	天然氣，裂化氣，化學溶劑
	分離	微孔材料：常溫下分離氣體混合物（如分離空氣製備氧氣），烷烴分離，二甲苯異構體分離，烯烴分離，糖分離 介孔材料：色譜柱填料
	純化	除去天然氣中的 CO_2，在低溫空氣分離過程中除去 CO_2，除去天然氣和石油液化氣中的硫化物
	吸附	清除 Hg、NO_x、SO_x 等有害物質，氣體儲存
催化劑或催化劑載體	石油，化工	烷基化，裂化，加氫裂化，異構化，氫化與脫氫，甲醇轉化汽油，精細化工製備
	無機反應	H_2S 氧化，CO 氧化，NO 的還原，分解水成氧氣和氫氣
離子交換劑	日化，環保，農業	純淨水製備，洗滌劑的添加劑，吸附放射性離子（核廢料處理），廢水處理，緩釋化肥
多孔結構	高科技	微電極，新電化學電池，太陽能轉化（如儲熱，製冷），量子點和量子線器件，光電材料，敏感元件
其它		造紙填料，水泥，動物飼料添加劑

15. 10　多孔材料合成的展望

　　從事合成研究的科學家們最常被問到的問題是：現在還需要新的沸石或分子篩嗎？答案是：需要，無機鹽成孔規律的研究工作還要繼續下去。下面是一些多孔材料合成領域存在的問題和實際應用對合成的要求，雖然並不全面，但是在一定程度上代表著合成研究的發展方向。

15. 10. 1　生成機構與定向設計合成

　　微孔材料生成過程是很複雜的，儘管取得了一些研究成果，但是對沸石合成機構的全面理解還很不夠。理解分子篩晶化過程已經成為當今化學領域最有挑戰性的難題之一。由於不同的分子篩能藉由不同的機構晶化，而相同的分子篩在不同的條件能藉由不同的機構或它們的組合晶化。還不能對多數合成提供生成機構。這也就是說，缺乏機構理解和理論指導，合成新材料需要很多的試探，需要系統地試驗各種合成組成和條件，會走許多彎路。

　　下面問題對理解沸石晶體的生長機構是很重要的：什麼能控制特殊的分子篩骨架結構生成？各種反應物有哪些相互作用？在反應過程中，溶液和固相中有哪些物種生成？結構導向劑是如何起作用的？有機客體如何將結構資訊轉移到無機物種，然後它們遵循特定的結構規律排列成骨架結構？胺對矽酸鹽過飽和度的作用會影響它們的穩定性嗎？為什麼含硼β沸石會再結晶成更加空曠的沸石而不是籠合物？沸石和分子篩如何成核？成核之後又如何生長？擴散和表面動力學哪一個是沸石生長的控制步驟？還是二者都是？哪一個無機物種控制沸石生長？哪些無機物種是沸石生長真正需要的？模板劑促成特殊的結構生成，但在某些固體產物中只是很少量甚至沒有模板劑在主孔道中？

　　在多數情況下我們不知道在晶化過程中存在的問題。因此藉由控制反應條件和改變各種參數來合成具有特定結構和組成的材料，目前還不能夠完全達到。能夠實現的只能是從已知的結構當中選擇一個或幾個合適的或接近的結構，然後根據已知的合成條件和方法來進行合成。

　　儘管人們付出很多努力試圖理解沸石生成過程，但是定向設計合成沸石仍然還有很長的路要走。

15. 10. 2　大孔沸石、手性孔道和多維孔道分子篩

　　大孔沸石（大於十二元環）仍然是合成新的多孔材料的主要努力方向。大孔沸石應

該具有較好的穩定性、結構的可調變性（多種孔道結構）、骨架組成的可塑性（允許各種元素取代）、原料易得、製備簡單等特點。現在只有少數幾個結構具有大孔（大於十元環）的多維孔道系統，多維孔道系統會增大分子的擴散速率（這是許多應用所必需的），在合成過程中多維孔道系統不易發生因結構位錯或缺陷造成的孔道堵塞。現有的材料包括八面沸石、β沸石、UCSB$-n$（$n=6$，8，10）、BOG、TSC（特大籠，最大窗口為八元環）、CIT-1（CON）（SSZ-33 和 SSZ-26 具有相似的結構），遠遠滿足不了需要，其中 UCSB$-n$ 還不能合成矽鋁形式（矽鋁酸鹽被認為具有更好的穩定性），BOG 和 TSC 為稀有的天然礦物，還不能人工合成，CIT-1 等還不能合成低矽鋁比材料。

具有手性的孔道結構的材料一直是合成化學家們的追求目標，目前少數幾個分子篩結構具有手性（來自於晶體結構的對稱性），但它們的孔道沒有手性。能夠用來分離手性分子的具有手性孔道的材料還有待於研究。

15.10.3　骨架的穩定化及除模板劑新方法

除去模板劑最常用方法是焙燒，在空氣或氫氣中加熱（例如 500℃）。其它方法在特定的情況下也是可能的：使用電漿、超臨界流體萃取、臭氧處理等。但仍然有許多穩定性較低的材料、有機客體或水還不能用這些方法來除去而保證骨架結構不受到破壞。

15.10.4　介孔材料和大孔材料

像其它課題一樣，在發展的初期，遇到的問題很多，例如低有序的介孔材料 HMS、KIT、MSU 和高有序的 FSM、MCM、SBA 之間的差異現在還不很清楚，還不能說它們的孔壁是相同的。在改變表面活性劑種類和表面活性劑與無機物種之間的作用（S$^+$I$^-$，S$^-$I$^+$，S$^+$X$^-$I$^+$，S^{0}I^0 等）時孔壁受到什麼影響？表面羥基受到多大影響？熱穩定性和水熱穩定性又如何？這方面研究困難很大，因為無機物種表面活性劑之間的作用涉及到的參數太多。靜電作用力和分散力與下列因素有關：pH 值、溫度、先質、表面活性劑、溶劑、有機添加劑、濃度、離子強度等。合成體系又是複雜多變的，如將表面活性劑 C$_{16}$TMA 改變為 C16$-$12$-$16 或加入乙醇產物則從 MCM-41 變成 MCM-48，相似的效果也可以透過改變反應時間和溫度來達到。在現有的文獻中可以看到許多合成配方和條件，但是多數工作是關於鹼性體系中六方相（MCM-41）的合成，還是缺少系統的理解和研究。

　　各種研究領域的科學家們對介孔材料都有很大興趣，這使得這個新的課題發展很快。涉及到的領域有沸石、分子篩、液晶、表面活性劑、溶膠－凝膠、無定形氧化物、固體、吸附、催化、生物、微電子等，使它成為真正的交叉學科。但仍有許多工作要做，合成方面的工作包括：①微孔材料和介孔材料的複合材料；②從已知的表面活性劑相圖來看，還有一些相沒有被合成；③有實用價值的高級的各種介孔材料形體合成；④介孔材料形體（如薄膜）中的孔道取向的控制；⑤材料的改性與穩定化；⑥合成具有各種孔徑（跨越整個介孔範圍並包括某些微孔和大孔範圍，如從 $1\mu m$ 到 $10\mu m$）的不同結構和組成的介孔和大孔材料；⑦高有序程度的大孔材料合成方法；⑧介孔和大孔材料的孔壁結構控制。

15. 10. 5　組合法合成

　　由於完全的定向合成還不能實現，人們已開始採用組合法合成多孔材料。組合法是同時進行大量的平行微量合成。此法的特點是節省人力，在短時間內完成大批量實驗，覆蓋所有可能的反應物組成和反應條件。雖然已被應用於矽酸鹽[51]和磷酸鹽[125]分子篩的合成，但還未發現新晶相。相信下列問題解決之後，會有新成果出現：①反應器的設計；②固相反應物加料，多相反應物混合；③合成及產物分離過程的合理簡單化；④微量檢測手段的提高；⑤自動化的合理介入（合成以及鑑定過程）。

15. 10. 6　拓寬多孔材料研究範圍

　　多孔材料的合成與應用研究正在努力或已經發展到現代水準，涉及到多個研究領域，正成為新的交叉學科。從以下一些現行的研究課題就可見一斑：特種無機和有機微孔與介孔晶體功能化合物的基本結構設計、定向合成與分子工程學研究；新型有孔晶體的合成、晶體生長、反應規律、形成機制以及結構與性能關係的研究；利用無機多孔晶體或層狀晶體作主體，對功能客體分子或團簇進行組裝與裁剪，形成新的具有特殊結構和性能的複合材料；無機模板合成化學，以有機分子為模板劑，透過水熱、微波、高壓、溶劑熱等手段合成新型一維鏈、二維層、三維骨架及離子簇合物；複合多孔催化材料設計與合成及催化性能；電腦輔助合成化學開展合成反應數據庫、合成過程模擬及電腦輔助設計研究，依據合成反應數據庫和結構模擬數據庫，總結微觀參數與巨觀性質的關聯，進行無機多孔功能材料的設計與性能預測；綠色合成反應與仿生合成及合成中生物技術的應用：發展節能、潔淨、經濟、高效與環境友好的合成化學。

參考文獻

由於篇幅限制，並考慮到多數讀者的興趣，這裡只列出主要參考文獻，不一定包括所有最原始的研究論文。多數為新近發表的綜述文章和有詳細論述的論文，從它們當中讀者能發現早期的研究論文和更多的參考文獻。

1. Barrer R M. Hydrothermal chemistry of zeolites. Academic Press, London, 1982（經典著作）。

2. Breck D W. Zeolite molecular sieves: structure, chemistry, and use New York: Wiley, 1973（經典著作）。

3. Bekkum H V, Flanigen E M & Jansen J C. Introduction to zeolite science and practice. Elsevier, Amsterdam, 1991.

4. 徐如人，龐文琴，屠昆崗。沸石分子篩結構與合成。長春：吉林大學出版社，1987。

5. Karge H G & Weitkamp J. Molecular sieves: science and technology, Vol 1, Synthesis. Berlin: Springer-Verlag, 1998.

6. Szostak R. Molecular sieves: principles of synthesis and identification. London: Blackie Academic & Professional, 1998.

7. Szostak R. Handbook of molecular sieves. New York: Van Nostrand Reinhold, 1992.

8. Jacobs P A & Martens J A. Synnthesis of high-silica aluminosilicate zeolites (Stud Sur Sci Catal 33, Elsevier, Amsterdam, 1987).

9. Xu R R, Gao Z & Xu Y. Progress in zeolite science: a China perspective. World Scientific, Singapore, 1995.

10. Atlas of Zeolite Structure Types. 4th edition. by W M Meier, D H Olson & Ch Baerlocher （IZA 已審批的結構的全集，也作為 Zeolites 的特刊發表）。

11. Collection of Simulated XRD Powder Patterns for Zeolites. 3rd edition. by M M J Treacy, J B Higgins & R von Ballmoos （IZA 已審批的結構的 XRD 模擬圖集，也作為 Zeolites 的特刊發表）。

12. Verified Syntheses of Zeolitic Materials by H Robson and K P Lillerud （IZA 已核准的合成的全集，也作為 Microporous & Mesoporous Materials 的特刊發表）。

13. Brinker C J & Scherer G W. Sol-Gel Science. New York: Academic Press, 1990（有關溶膠—凝膠的專著）。

14. 徐如人。無機合成化學。北京：高等教育出版社，1991。

15. Davis M E & Lobo R F. Zeolite and Molecular Sieve Synthesis. Chem Mater, 1992(4): 756～768.

16. Smith J V. Topochemistry of Zeolites and Related Materials. 1. Topology and Geometry. Chem Rev,

1988(88): 149~182.

17. Xu R, Chen J & Feng S. Stud Sur Sci Catal, 1991(60): 63（側重於磷酸鎵、砷酸鋁、砷酸鎵微孔材料的綜述文章）。

18. Qiu S L, Pang W Q & Xu R R. Synthesis of Large Crystals of Molecular-Sieves-A Review. Stud Sur Sci Catal，1997(105): 301~308.

19. Francis R J & Ohare D. The kinetics and mechanisms of the crystallisation of microporous materials. J Chem Soc, Dalton Trans, 1998: 3133~3148.

20. Barton T J, Bull L M, Klemperer W G, Loy D A, McEnaney B Misono M Monson P A, Pez G, Scherer G W, Vartuli J C, Yaghi O M. Tailored porous materials. Chem Mater, 1999, 11: 2633~2656.

21. Xiao F S, Qiu S L, Pang W Q, Xu R R. New developments in microporous materials. Advanced Materials, 1999, 11: 1091（近二十年中國的成就）。

22. Chen J S, Pang W Q, Xu R R. Mixed-bonded open-framework aluminophosphates and related layered materials. Topics in Catalysis, 1999, 9: 93~103.

23. Cheetham A K, Ferey G, Loiseau T. Open-framework inorganic materials. Angew Chem. Int Ed. 1999, pp. 3269~3292（及其參考文獻）。

24. Raimondi M E, Seddon J M. Liquid crystal templating of porous materials. Liquid Crystalts, 1999, 26: 305~339.

25. Zeolites（專門刊登沸石和分子篩的期刊，是國際沸石學會的機關刊物），Microporous Materials（專門刊登沸石、分子篩和其它微孔和介孔材料的期刊），Microporous and Mesoporous Materials （自1998 年起，Zeolites 和 Microporous Materials 合併成此新期刊）。

26. IZA 網址 http://www. kristall. ethz. ch/IZA/, IZA 結構委員會網址 http://www. iza-sc. ethz. ch/IZA-SC/或 http://www-iza-sc. csb. yale. edu/IZA-SC/。

27. Oliver S, Kuperman A & Ozin G A. A new model for aluminophosphate formation: Transformation of a linear chain aluminophosphate to chain, layer, and framework structures. Angew Chem Int Ed, 1998(37): 47~62.

28. Davis M E. Zeolite-based catalysts for chemicals synthesis. Micropor Mesopor Mater, 1998(21): 173~182.

29. Newsam J M. The zeolite cage atructure. Science, 1986 (231): 1093~1099.

30. Flanigen E M, Lok B M, Patton R L & Wilson S T. Aluminophosphate Molecular-Sieves and the Periodic Table. Pure and Applied Chemistry, 1986(58): 1351~1358.

31. Feng S, Xu R. Chem J Chin Univ, 1987(3): 867.

32. Gier T E & Stucky G D. Low-Temperature Synthesis of Hydrated Zinco (Beryllo)-Phosphate and Arsenate Molecular Sieves. Nature, 1991(349): 508~510.

33. Yu L & Pang W Q. Synthesis and Characterization of a Novel Beryllophosphate Zeolite. J Chem Soc, Chem Commun, 1990: 787.

34. Williams I D, Yu J H, Du H B, Chen J S & Pang W Q. A metal-rich fluorinatedindium phosphate, $4[NH_3(CH_2)_3NH_3] \cdot 3[H_3O] \cdot [In_9(PO_4)_6(HPO_4)_2F_16] \cdot 3H_2O$, with 14-membered ring channels. Chem Mater, 1998(10): 773~776.

35. Chen J S, Jones R H, Natarajan S, Hursthouse M B & Thomas J M. A Novel Open-Framework Cobalt Phosphate Containing a Tetrahedrally Coordinated Cobalt (II)-$CoPO_4 \cdot 0.5 C_2H_{10}N_2$. Angewandte Chemie-International Edition in English, 1994(33): 639~640.

36. Bu X H, Feng P Y & Stucky G D. Large-cage zeolite structures with multidimensional 12-ring channels. Science, 1997(278): 2080~2085.

37. Huang Q, Ulutagay M, Michener P A, Hwu S J. Salt-templated open frameworks (CU-2): Novel phosphates and arsenates containing M-3(X2O7)(2)(2-)(M=Mn, Cu; X=P, As) micropores5. 3 angstrom and 12. 7 angstrom in diameter, J. Am. Chem. Soc., 1999, 121: 10323~10326.

38. Bu X H, Feng P Y & Stucky G D. Novel germanate zeolite structures with 3-rings. J Am Chem Soc, 1998(120): 11204~11205.

39. Brock S L et al. A review of porous manganese oxide materials. Chemistry of Materials, 1998(10): 2619~2628.

40. Yu J H, Xu R R, Xu Y H & Yue Y. Synthesis and Characterization of a Boron-Aluminum Oxochloride. J Solid State Chem, 1996(122): 200~205.

41. Jiang T, Lough A, Ozin G A & Bedard R L. Intermediates in the formation of microporous layered tin (IV) sulfide materials. J Mater Chem, 1998(8): 733~741.

42. Li H, Eddaoudi M, O'Keeffe M, Yaghi O M. Design and synthesis of an exceptionally stable and highlv porous metal-organic framework. Nature, 1999, 402: 276~279.

43. Li R F, Xu W Y & Wang J Z. Nonaqueous Synthesis-Iron Aluminosilicates With the ZSM-48 Structure. Zeolites, 1992(12): 716~719.

44. Liu C H, Gao X H, Ma Y Q, Pan Z L & Tang R R. Study on the mechanism of zeolite Y formation in the process of liquor recycling. Micropor Mesopor Mater, 1998, 25: 1~6.

45. Nikolakis V, Vlacho D G & Tsapatsis M. Modeling of zeolite crystallization: the role of gel microstructure. Microporous and Mesoporous Materials, 1998(21): 337~346.

46. Feng P Y, Bu X H & Stucky G D. Amine-templated syntheses and crystal structures of zeolite rho analogs. Micropor Mesopor Mater, 1998(23): 315~322.

47. Lcasci J. in Zeolites and Microporous Materials: State of the Art 1994(10th IZC), ed. Weitkamp. J, Karge H G and Holderich W, Elsevier, Amsterdam, 1994. 133.

48. Cox P A, Casci J L & Stevens A P. Molecular modelling of templated zeolite synthesis. Faraday Discussions, 1997(106): 473~487.

49. Burkett S L & Davis M E. Mechanism of Structure Direction in the Synthesis of Si-ZSM-5-an Investigation By Intermolecular H-1-Si-29 Cp MAS NMR. Journal of Physical Chemistry, 1994(98): 4647~4653.

50. Lewis D W, Willock D J, Catlow C R A, Thomas J M & Hutchings G J. De Novo Design of Structure-Directing Agents For the Synthesis of Microporous Solids. Nature, 1996(382): 604~606.

51. Akporiaye D E, Dahl I M, Karlsson A & Wendelbo R. Combinatorial approach to the hydrothermal synthesis of zeolites. Angewandte Chemie-International Editionin English, 1998(37): 609~611.

52. Suzuki K et al. Zeolite Synthesis in the System Pyrrolidine$-$Na$_2$O$-$Al$_2$O$_3$$-SiO_2$$-H_2$O. Zeolites, 1986 (6): 290~298.

53. Yang C & Xu Q H. Aluminated Zeolites-Beta and Their Properties 1. Alumination of Zeolites-Beta. J Chem Soc, Faraday Trans, 1997(93): 1675~1680.

54. Kumar R, Mukherjee P, Pandey R, Rajmohanan P & Bhaumik A. Role of oxyanions as promoter for en-han-cing nucleation and crystallization in the synthesis of MFI-type microporous materials, Micropor Mesopor Mater, 1998(22): 23~31.

55. Cocks P A & Pope C G. Salt Effects On the Synthesis of Some Aluminous Zeolites. Zeolites, 1995(15): 701~707.

56. Freyhardt C C, Tsapatsis M, Lobo R F, Balkus K J & Davis M E. A High-Silica Zeolite With a 14-Tetrahedral-Atom Pore Opening. Nature, 1996(381): 295~298.

57. He Y J, Nivarthy G S, Eder F, et al. Synthesis, characterization and catalytic activity of the pillared molecular sieve MCM-36. Micropor Mesopor Mater, 1998, 25: 207~224.

58. Higgins J B & Schmitt K D. ZSM-10 Synthesis and Tetrahedral Framework Structure. Zeolites, 1996 (16): 236~244.

59. Akporiaye D E et al. Uio-6-a Novel 12-Ring AlPO$_4$, Made in an Inorganic-Organic Cation System. Chem Commun, 1996, 1553~1554.

60. Barrett P A, DiazCabanas M J, Camblor M A & Jones R H. Synthesis in fluoride and hydroxide media and structure of the extralarge pore pure silica zeolite CIT-5. J Chem Soc, Faraday Trans, 1998 (94): 2475~2481.

61. Venkatathri N, Hegde S G, Ramaswamy V & Sivasanker S. Isolation and characterization of a novel lamellar-type aluminophosphate, AlPO$_4$-L, a common precursor for AlPO$_4$ molecular sieves. Micropor Mesopor

Mater, 1998(23): 277~285.

62. Blasco T et al. Direct synthesis and characterization of hydrophobic aluminum-free Ti-beta zeolite. J Phys Chem B, 1998(102): 75~88.

63. Akporiaye D E et al. Uio-7-a New Aluminophosphate Phase Solved By Simulated Annealing and High-Resolution Powder Diffraction. Journal of Physical Chemistry, 1996(100): 16641~16646.

64. Estermann M, McCusker L B, Baerlocher C, Merrouche A & Kessler H. A Synthetic Gallophosphate Molecular Sieve With a 20- Tetrahedral- Atom Pore Opening. Nature, 1991(352): 320~323.

65. Morris R E & Weigel S J. The synthesis of molecular sieves from non-aqueous solvents. Chem Soc Rev, 1997(26): 309~317.

66. Xu R, Huo Q, Pang W. Proceedings from the 9th International Zeolite Conference I and II. Butterworth-Heinemann Boston, MA, 1993, R von Ballmoos, J B Higgins and M M J Treacy eds. 271.

67. Huo Q S, Xu R R & Feng S H. lst Syntheses of Pentasil-Type Silica Zeolites from Non-Aqueous Systems. J Chem Soc, Chem Commun, 1988: 1486~1487.

68. Liu C H, Li S G, Tu K G & Xu R R. Synthesis of Cancrinite in a Butane-1, 3-Diol Systems. J Chem Soc, Chem Commun, 1993: 1645~1646.

69. Kuperman A et al. Non-Aqueous Synthesis of Giant Crystals of Zeolites and Molecular Sieves. Nature, 1993(365): 239~242.

70. Oliver S, Kuperman A, Lough A, Ozin G A. Stud Sur Sci Catal, 1994(84): 219.

71. Liu Z, Xu W, Yang G & Xu R. New insights into the crystallization mechanism of microporous AlPO. 4~21. Micropor Mesopor Mater, 1998(22): 33~42.

72. Qiu S et al. Strategies for the synthesis of large zeolite single crystals. Micropor Mesopor Mater, 1998 (21): 245~252.

73. Meng X, Zhang Y, Meng C, Pang W. Proceedings from the 9th International Zeolite Conference. 297.

74. Zhang G Y, Sterte J & Schoeman B. Discrete Colloidal Crystals of Titanium Silicalite-1. J Chem Soc, Chem Commun, 1995: 2259~2260.

75. Zhang Z, Liu X, Xu Y & Xu R. Realumination of Dealuminated Zeolites-Y. Zeolites, 1991(11): 232~238.

76. Kiricsi I et al. Catalytic activity of a zeolite disc synthesized through solid- state reactions. Micropor Mesopor Mater 1998(21): 453~459.

77. Schreyeck L, Caullet P, Mougenel J C, Guth, J L & Marler B. A Layered Microporous Aluminosilicate Precursor of FER- Type Zeolite. J Chem Soc, Chem Commun, 1995, 2187~2188.

78. Prakash A M, Hartmann M & Kevan L. A novel aluminophosphate precursor that transforms to AlPO

4-5 molecular sieve at high temperature. Chem Commun, 1997, 2221～2222.

79. Huo Q S & Xu R R. A New Route For the Synthesis of Molecular Sieves-Crystallization of AlPO-5 At High Temperature. J Chem Soc, Chem Commun, 1992: 168～169.

80. Tavolaro A & Drioli E. Zeolite membranes. Advanced Materials, 1999, 11: 975～996（極好的有關分子篩膜的綜述文章）。

81. Meng X, Xu W, Tang S, Pang W. Chin Chem Lett, 1992(3): 69.

82. Xiao F S et al. Dispersion of Inorganic Salts into Zeolites and Their Pore Modification. J Catal, 1998 (176): 474～487.

83. Han Y, Ma H, Qiu S L & Xiao F S. Preparation of zeolite A membranes by microwave heating. Micropor Mesopor Mater, 1999, 30: 321～326.

84. Coker E N et al. The synthesis of zeolites under micro-gravity conditions: A review. Microporous and Mesoporous Materials, 1998 (23): 119～136.

85. Ying J Y, Mehnert C P, Wong M S. Synthesis and applications of supramolecular-templated mesoporous materials. Angew. Chem. Int. Ed. , 1999, 38: 56～77（有關介孔材料的綜述文章）。

86. Ciesla U & Schuth F. Ordered mesoporous materials. Microporous and Mesoporous Materials, 1999, 27: 131～149（有關介孔材料的綜述文章）。

87. DiRenzo F, Cambon H & Dutartre R. A 28-year-old synthesis of micelle-templated mesoporous silica. Micropor Mater, 1997(10): 283～286.

88. Yanagisawa T, Shimizu T, Kuroda K & Kato D. Bull Chem Soc Jpn, 1990(63): 988.

89. Kresge C T, Leonowicz M E, Roth W J, Vartuli J C & Beck J S. Ordered Mesoporous Molecular Sieves Synthesized By a Liquid-Crystal Template Mechanism. Nature, 1992(359): 710～712.

90. Beck J S et al. A New Family of Mesoporous Molecular Sieves Prepared With Liquid Crystal Templates. J Am Chem Soc, 1992(114): 10834～10843.

91. Chen C Y, Burkett S L, Li H X & Davis M E. Micropor, Mater, 1993(2): 27.

92. Huo Q S et al. Organization of Organic Molecules With Inorganic MolecularSpecies Into Nanocomposite Biphase Arrays. Chemistry of Materials, 1994(6): 1176～1191.

93. Stucky G D et al. Directed Synthesis of Organic/Inorganic Composite Structures. Stud Sur Sci Catal, 1997(105): 3～28.

94. Firouzi A et al. Cooperative Organization of Inorganic-Surfactant and Biomimetic Assemblies. Science, 1995(267): 1138～1143.

95. Chen C Y, Xiao S Q & Davis M E. Studies On Ordered Mesoporous Materials. 3. Comparison of MCM-41 to Mesoporous Materials Derived From Kanemite. Micropor Mater, 1995(4): 1～20.

96. Behrens P. Voids in Variable Chemical Surroundings- Mesoporous Metal Oxides. Angewandte Chemie- International Edition in English, 1996(35): 515～518.

97. Huo Q S et al. Generalized Synthesis of Periodic Surfactant Inorganic Composite Materials. Nature, 1994(368): 317～321.

98. Corma A. From microporous to mesoporous molecular sieve materials and their use in catalysis. Chem Rev, 1997(97): 2373～2419.

99. Huo Q S, Margolese D I & Stucky G D. Surfactant Control of Phases in the Synthesis of Mesoporous Silica- Based Materials. Chem Mater, 1996(8): 1147～1160.

100. Monnier A et al. Cooperative Formation of Inorganic- Organic Interfaces in the Synthesis of Silicate Mesostructures. Science, 1993(261): 1299～1303.

101. Chen F X, Huang L M & Li Q Z. Synthesis of MCM- 48 using mixed cationic-anionic surfactants as templates. Chem Mater, 1997 (9): 2685+.

102. Yada M, Takenaka H, Machida M & Kijima T. Mesostructured gallium oxides templated by dodecyl sulfate assemblies. J Chem Soc, Dalton Trans, 1998: 1547～1550.

103. Roca M et al. Supramolecular self- assembling in mesostructured materials through charge tuning in the inorganic phase. Chemical Communications, 1998: 1883～1884.

104. Zhao D Y, Luan Z H & Kevan L. Synthesis of thermally stable mesoporous hexagonal aluminophos- phate molecular sieves. Chem Commun, 1997: 1009～1010.

105. Feng P Y, Xia Y, Feng J L, Bu X H & Stucky G D. Synthesis and characterization of mesostructured aluminophosphates using the fluoride route. Chem Commun, 1997: 949～950.

106. Zhao D Y, Yang P D, Huo Q S, Chmelka B F & Stucky G D. Topological construction of mesoporous materials. Current Opinion in Solid State & Materials Science, 1998(3): 111～121.

107. Zhao D Y, Yang P D, Margolese D I, Chmelka B F & Stucky G D. Synthesis of continuous mesoporous silica thin films with three-dimensional accessible pore structures. Chemical Communications, 1998: 2499～2500.

108. Huo Q S et al. Room temperature growth of mesoporous silica fibers: A new high- surface- area optical waveguide. Advanced Materials, 1997(9): 974.

109. Huo Q S, Feng J L, Schuth F & Stucky G D. Preparation of hard mesoporous silica spheres. Chem Mater, 1997(9): 14.

110. Zhao D Y et al. Triblock copolymer syntheses of mesoporous silica with periodic 50 to 300 angstrom pores. Science, 1998(279): 548-552.

111. Schmidt-Winkel P, Lukens W W, Zhao D Y, Yang P D, Chmelka B F, Stucky, G D. Mesocellular Siliceous Foams with Uniformly Sized Cells and Windows. J Am Chem Soc, 1999, 121: 254~255.

112. Yang P D, Zhao D Y, Margolese D I, et al. Generalized syntheses of large-pore mesoporous metal oxides with semicrystalline frameworks. NATURE, 1998, 396: 152~155.

113. Zhao D Y, Huo Q S, Feng J L, Chmelka B F & Stucky G D. Nonionic triblock and star diblock copolymer and oligomeric surfactant syntheses of highly ordered, hydrothermally stable, mesoporous silica structures. J Am Chem Soc, 1998(120): 6024~6036.

114. Kim J M, Jun S, Ryoo R. Improvement of hydrothermal stability of mesoporous silica using salts: reinvestigation for time-dependent effects. J Phys Chem B, 1999, 103: 6200~6205.

115. Cai Q, Lin W Y, Xiao F S, Pang W Q, Chen X H & Zou B S. The preparation of highly ordered MCM-41 with extremely low surfactant concentration. Microporous and Mesoporous Materials, 1999, 32: 1~15.

116. Lin W Y, Cai Q, Pang W Q & Yue Y. Preparation of aluminosilicate MCM-41 in desirable forms via a novel co-assemble route. Chemical Communications, 1998: 2473~2474.

117. Kawi S, Lai W W. More economical synthesis of mesoporous MCM-41. CHEMTECH, 1998, 28: 26~30.

118. Sayari A, Yang Y Kruk M et al. Expanding the pore size of MCM-41 silicas: Use of amines as expanders in direct synthesis and postsynthesis procedures. J Phys Chem B, 1999, 103: 3651~3658.

119. Tanev P T, Pinnavaia T J. A Neutral Templating Route To Mesoporous Molecular-Sieves. Science, 1995, 267: 865~867.

120. Corma A Kan Q B, Navarro M T. et al. Synthesis of MCM-41 with different pore diameters without addition of auxiliary organics. Chem Mater, 1997, 9: 2123~2126.

121. Imhof A & Pine D J. Ordered macroporous materials by emulsion templating. Nature, 1997(389): 948~951.

122. Wijnhoven J & Vos W L. Preparation of photonic crystals made of air spheres in titania. Science, 1998 (281): 802~804.

123. Velev O D, Jede T A, Lobo R F & Lenhoff A M. Microstructured porous silica obtained via colloidal crystal templates, Chemistry of Materials, 1998(10): 3597~3602.

124. Davis S A, Burkett S L, Mendelson N H & Mann S. Bacterial templating of ordered macrostructures in silica and silica-surfactant mesophases. Nature, 1997(385): 420~423.

125. Choi K, Gardner D, Hilbrandt N, Bein T. Combinatorial methods for the synthesis of aluminophosphate molecular sieves. Angew Chem Int Ed, 1999, 38: 2891~2894.

先進陶瓷材料的製備化學

16

先進陶瓷材料（或稱無機非金屬材料）作為材料科學的組成部分之一，是一個年輕的學科，加之研究物件的複雜性，因此有許多問題、許多新內容有待於人們去解決、去研究、去探索。早在 20 世紀 60 年代，美國材料顧問委員會在美國國防部支援下先後組織了兩個委員會對材料製備領域進行了調研，獲得了這樣重要結論：「為了實現具有均勻性和重複性的無缺陷顯微結構以便提高可靠性，陶瓷製備科學是必需的」[1]。先進陶瓷材料是凝聚態物理、固態化學、結晶化學、膠體化學以及各有關工程科學等多學科的邊緣學科，其主要內涵包括材料的合成與製備、組成與結構、材料的性能與使用效能四方面，它們之間存在著強烈的相互依賴關係（圖 16-1）。其中合成與製備主要研究促使原子、分子結合而構成有用材料的一系列化學、物理連續過程。對合成與製備過程中每個階段所發生的化學、物理過程認真加以研究，可以揭示其過程的本質，為改進製備方法、建立新的製備技術提供科學基礎，在更為巨觀的尺度上或以更大的規模控制材料的結構，使之具備所需的性能和使用效能，從而使材料的性能具有重複性、可靠性，並在成本與價格上有競爭力[2]。

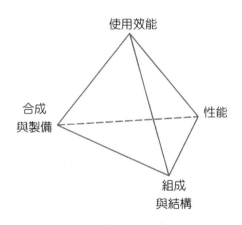

圖 16-1　構成先進陶瓷材料科學與工程四面體的四個組元

眾所周知，化學是研究並藉由製備工藝控制物質的組成、結構和性質的科學。從事先進陶瓷材料的研究人員和技術人員已開始將化學原理創造性地用於陶瓷材料的製備過程，並已發展成運用多學科進行材料研究，無機化學、固態化學、化學工程、材料科學與工程相互滲透、相互結合而製造出在我們生活中愈來愈起重要作用的先進陶瓷材料。先進陶瓷材料近一、二十年的迅猛發展，促進了化學的滲透。最為明顯的是奈米化學的提出[3]。人們早已認識，在物質顆粒尺寸小到一定尺度時，它的性質有可能發生突變。物質在奈米尺度的時候，在化學上將有哪些變異行為，過去雖有發現，但未能深究。基

於奈米陶瓷材料已確定為 21 世紀先進陶瓷材料的三大發展方向之一，提出奈米尺度下研究化學問題，既是化學家自身開拓的新天地，也是先進陶瓷材料合成與製備的需要。

　　本章著重對先進陶瓷材料製備過程（通常包括粉末製備、成型和高溫燒結三個過程）中每個過程所具有共性的和最新的製備過程化學問題加以闡明並結合實例說明之，以引起廣大讀者對先進陶瓷材料的製備化學的重視。

16.1　超微粉體的製備化學

　　先進陶瓷材料是由晶粒和晶界組成的多晶燒結體，超微粉體的合成是製備高性能先進陶瓷材料乃至奈米陶瓷首先所面臨的問題。表 16-1 列出了有關涉及到的合成方法，其中絕大多數均涉及化學問題。現在看來，要想合成超微的粉料從表中是可以找到合適的方法的，但要做到少團聚或無團聚的粉料就不是易事了，規模化生產的難度更大。下面詳細介紹其中幾種合成方法。

16.1.1　粉體的固相法合成

　　這是一類從固體原料經化學反應而獲得超微粉體的方法。其中主要有熱分解法、固相化學反應法以及自蔓燃法。

1.熱分解法

　　它是加熱分解氫氧化物、草酸鹽、硫酸鹽而獲得氧化物固體粉料的方法。通常按方程式（16-1）進行：

$$A\,(s) \rightleftharpoons B\,(s) + C\,(g) \tag{16-1}$$

　　熱分解分兩步進行，先在固相 A 中生成新相 B 的核，然後接著新相 B 核的成長。通常，熱分解率與時間的關係呈現 S 形曲線。原料 A 非常細小時，每個顆粒中的 B 核生成的速度受控，分解速率為一次方。

　　例如，$Mg\,(OH)_2$ 的脫水反應，按反應方程式（16-2）生成 MgO 粉體，是吸熱型的分解反應：

$$Mg\,(OH)_2 \longrightarrow MgO + H_2O \tag{16-2}$$

　　熱分解的溫度和時間，對粉體的晶粒生長和燒結性有很大影響，氣氛和雜質的影響

也是很大的。為獲得超微粉體（比表面積大），希望在低溫和短時間內進行熱分解。方法之一是採用金屬化合物的溶液或懸浮液噴霧熱分解方法。為防止熱分解過程中核生成和成長時晶粒的固結，需使用各種方法予以克服。例如，在針狀 $\gamma-Fe_2O_3$ 超微粉體製備時，為防止針狀粉體間的固結而添加 SiO_2。

表 16-1　超微粉體合成的有關方法

- **固相法**
  - 固相化學反應法
  - 低溫粉碎法，超聲波粉碎法
  - 熱分解法（有機鹽類熱分解）
  - 爆炸法（利用瞬間的高溫高壓）
  - 高能球磨法
  - 超聲空穴法
  - 自蔓燃法
  - 固態置換方法（SSM）
- **液相法**
  - 沈積法
    - 直接沈積法
    - 共沈積法
    - 均相沈積法
    - 絡合沈積法
    - 化學還原法
      - 非水溶劑洗滌
      - 共沸蒸餾
      - 冷凍乾燥
      - 乳濁液
  - 溶液中還原法
    - BH_4^- 還原
    - $BE_{13}H^-$ 還原
    - 鹼金屬還原
      - 水介質中
      - 非水介質中
  - 水解法
    - 醇鹽水解法
    - 金屬鹽水解法
    - 鹵化物氣相水解法
  - 溶劑蒸發法
    - 噴霧熱分解
    - 火焰乾燥法
    - 冷凍乾燥法
    - 熱煤油法
  - 反膠團技術
    - 溶劑萃取法
  - 液熱法
    - 水熱沈積法
    - 水熱析晶法
    - 水熱反應法
    - 非水溶劑熱反應法
    - 微波水熱法

表 16-1　超微粉體合成的有關方法（續）

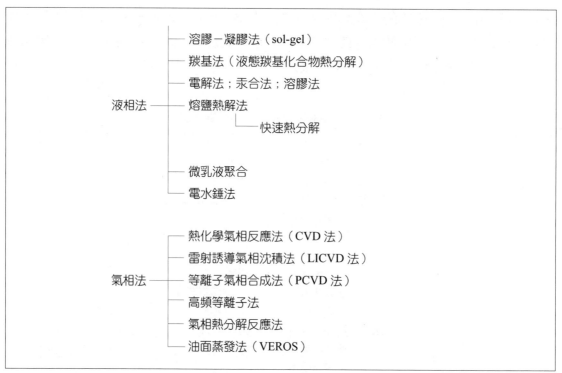

用硫酸鋁銨製備高純度 Al_2O_3 粉體，其分解過程為：

$$2(NH_4)\cdot Al(SO_4)_2\cdot 18H_2O \xrightarrow{1000℃} Al_2O_3 + 4SO_3\uparrow + 19H_2O\uparrow + 2NH_3\uparrow \qquad (16\text{-}3)$$

其不足之處是分解過程中產生大量 SO_3 有害氣體，造成環境污染，而且硫酸鋁銨加熱時發生的自溶解現象，會影響粉體的性能和生產效率。為此，近來提出了用碳酸鋁銨（$NH_4AlO(OH)HCO_3$）熱分解製備 $\alpha - Al_2O_3$[4]，其分解過程為：

$$2(NH_4)AlO(OH)HCO_3 \xrightarrow{1100℃} Al_2O_3 + 2CO_2\uparrow + 3H_2O\uparrow + 2NH_3\uparrow \qquad (16\text{-}4)$$

調節工藝參數，使獲得的 $\alpha - Al_2O_3$ 粉具有良好的燒結活性。碳酸鋁銨是將硫酸鋁銨溶液在室溫下以一定的速度（$<1.2\ L\cdot h^{-1}$）滴入劇烈攪拌的碳酸氫銨溶液生成的，化學反應過程為：

$$4NH_4HCO_3 + NH_4Al(SO_4)_2\cdot 24H_2O \longrightarrow NH_4AlO(OH)HCO_3$$
$$+ 3CO_2 + 2(NH_4)_2SO_4 + 25H_2O \qquad (16\text{-}5)$$

生成的碳酸鋁銨升溫過程中的相變過程為：碳酸鋁銨→無定形 Al_2O_3→$\theta-Al_2O_3$→$\alpha-Al_2O_3$（圖 16-2）。$\theta-Al_2O_3$ 的生成溫度為 800℃，$\alpha-Al_2O_3$ 開始形成溫度為

1050℃，經 1100℃，1 h 煅燒，碳酸鋁銨可完全轉化為 $\alpha-Al_2O_3$。

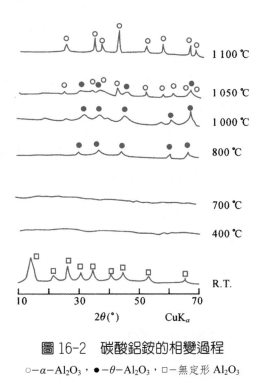

圖 16-2　碳酸鋁銨的相變過程

○－$\alpha-Al_2O_3$，●－$\theta-Al_2O_3$，□－無定形 Al_2O_3

　　還有一些金屬有機鹽，如草酸鹽、醋酸鹽及檸檬酸鹽等，也可用熱分解的方法製備相應的氧化物陶瓷粉料[5,6]。

　　鹽類的熱分解方法對製備一些高純度的單組分氧化物粉體比較適用。在熱分解過程中最重要的是分解溫度的選擇，在熱分解進行完全的基礎上溫度應盡量低。且應注意一些有機鹽熱分解時常伴有氧化，故尚需控制氧分壓。

2.固相化學反應法

　　高溫下使兩種以上的金屬氧化物或鹽類的混合物發生反應而製備粉體的方法，可以分為兩種類型：

$$A（s）+B（s）== C（s） \tag{16-6}$$
$$A（s）+B（s）== C（s）+D（g） \tag{16-7}$$

　　固相化學反應時，在 A（s）和 B（s）的接觸面開始反應，反應靠生成物 C（s）中的離子擴散進行。通常，固相中的離子擴散速率慢，所以在高溫下長時間的加熱是必要

的，起始粉料的超微粒度以及它們之間均勻混合是十分重要的。

固相化學反應法製備陶瓷粉體早在 19 世紀末已用於 SiC 粉的製備；$SiO_2 + 2C \rightarrow SiC + CO_2$（g），而近來也有不少研究者用於製備單相 $Ba_2Ti_9O_{20}$ 粉體[7,8]。

他們認為，選用純度高、顆粒細（$<1\mu m$）的 $BaTiO_3$ 及 TiO_2 為起始原料，應用固相化學反應法，在 1000～1150℃，保溫 4～32 h 時可製備出單相 $Ba_2Ti_9O_{20}$ 粉體，除了 $Ba_2Ti_9O_{20}$ 本身高的表面能及結構應力引起的位能障影響生成外，製備工藝中，Ba、Ti 組成均勻性亦是影響 $Ba_2Ti_9O_{20}$ 生成的另一重要因素。

⑴碳熱還原法　這是製備非氧化物超微粉體的一種廉價工藝過程，20 世紀 80 年代曾用 SiO_2、Al_2O_3 在 N_2 或 Ar 下與碳直接反應製備了高純超細 Si_3N_4、AlN 和 SiC 粉末[9]。以 Si_3N_4 的碳熱還原為例[10]，它以反應方程式（16-8）進行：

$$3SiO_2 \text{（s）} + 2N_2 \text{（g）} + 6C \text{（s）} = Si_3N_4 \text{（s）} + 6CO \text{（g）} \tag{16-8}$$

此反應方程式實際上是分四步完成的：

(i) 首先生成一氧化矽：

$$SiO_2 \text{（s）} + C \text{（g）} = SiO \text{（g）} + CO \text{（g）} \tag{16-9}$$

(ii) 生成的 CO（g）與 SiO_2（s）反應，亦生成 SiO：

$$SiO_2 \text{（s）} + CO \text{（g）} = SiO \text{（g）} + CO_2 \text{（g）} \tag{16-10}$$

(iii) 生成的 CO_2 又與 C（s）反應生成一氧化碳，進一步促進反應進行：

$$CO_2 \text{（g）} + C \text{（s）} = 2CO \text{（g）} \tag{16-11}$$

(iv) 生成的 CO（g）和 SiO（g）生成 Si_3N_4：

$$3SiO \text{（g）} + 2N_2 \text{（g）} + 3C \text{（s）} = Si_3N_4 \text{（s）} + 3CO \text{（g）} \tag{16-12}$$

$$3SiO \text{（g）} + 2N_2 \text{（g）} + 3CO \text{（g）} = Si_3N_4 \text{（s）} + 3CO_2 \text{（g）} \tag{16-13}$$

文獻[11]報導了美國 Dow 化學公司，在 DOE 資助下開展了用碳熱還原氮化工藝生產熱機部件用的高品質、低價位的 Si_3N_4 粉末。以 SiO_2 為起始原料進行碳熱還原作為規模生產的途徑，並與二醯亞胺分解和直接氮化途徑進行比較，碳熱還原方法原料價格便宜，且顆粒尺寸、尺寸分佈、α/β 比例以及比表面積均可控制，表 16-2 為 Dow 化學公司生產的 Si_3N_4 粉末的主要物性，$\alpha - Si_3N_4$ 含量大於 95%，表 16-3 為 Allied Signal GS-44 燒結的主要物性。

表 16-2　Dow 化學公司生產的 Si_3N_4 粉物性

	Oak Ridge 使用指標	Allied Singal 使用指標	Contract 契約 Goals 目標
O_2的質量分數（%）	1.80	1.68	<2.5
C 的質量分數（%）	0.48	0.46	<0.6
Ca（$\mu g \cdot g^{-1}$）	67	65	<1000
Fe（$\mu g \cdot g^{-1}$）	33	26	<2000
Al（$\mu g \cdot g^{-1}$）	112	nd（50）	<1300
Mg（$\mu g \cdot g^{-1}$）	nd（100）	nd（100）	<50
K（$\mu g \cdot g^{-1}$）	nd（5）	nd（5）	<10
Cl（$\mu g \cdot g^{-1}$）	nd（10）	nd（10）	<100
F（$\mu g \cdot g^{-1}$）	nd（10）	nd（10）	<100
比表面積（$m^2 \cdot g^{-1}$）	10.0	10.4	5−20
中位粒徑（μm）	0.78	0.82	<0.80

表 16-3　Allied Signal GS−44 的物性

性　能　強　度	GS−44（Dow 粉料）	GS−44（標準）*
RT	1008	1050
900℃	917	715
1000℃	684	655
Weibull 模數	20.5	20−35
斷裂韌性（$MPa\sqrt{m}$）	7.25	8.25

*文獻數值。

　　此外，還有用此法生產 β'−Sialon 粉體的報導，以天然高嶺土為原料製備 β'−Sialon 粉體的反應設備簡單，成本低，過程易控制，其本質是利用強還原劑在高溫下將高嶺土還原，打開 Si−O 鍵，並在氮氣氛中進行氮化[12]。

$$3（Al_2O_3 \cdot 2SiO_2 \cdot 2H_2O）（s）+15C（s）+5N_2（g）$$
$$\xrightarrow{1400℃} 2Si_3Al_3O_3N_5（s）+15CO（g）+6H_2O（g） \qquad （16-14）$$

　　(2) 粉體塗碳法　粉體塗碳法首先是由 Glatmaier and Koc 提出的[13]。由塗碳 SiO_2 透過碳熱還原和氮化方法製備 Si_3N_4 粉，如用 Si_3N_4 粉作為種子添加到塗碳先驅體中將大大加速氮化反應。丙烯（C_3H_6）作為塗層氣體，所得顆粒尺寸 0.3～0.7μm，比表面積 4.5$m^2 \cdot g^{-1}$，氧的質量分數為 1.2%。

3.自蔓延高溫燃燒合成法[14,15]

又稱為 SHS 法。它是利用物質反應熱的自傳導作用，使不同的物質之間發生化學反應，在極短的瞬間形成化合物的一種高溫合成方法。反應物一旦引燃，反應則以燃燒波的方式向尚未反應的區域迅速推進，放出大量熱，可達到 1500～4000 ℃的高溫，直至反應物耗盡。根據燃燒波蔓延方式，可分為穩態和不穩態燃燒兩種。一般認為反應絕熱溫度低於 1527℃的反應不能自行維持。1967 年，前蘇聯科學院物理化學研究所 Borovinskaya、Skhio 和 Merzhanov 等人開始用過渡金屬與 B、C、N_2 等反應，至今已合成了幾百種化合物，其中包括各種氮化物、碳化物、硼化物、矽化物、金屬間化合物等；不僅可利用改進的 SHS 技術合成超微粉體乃至奈米粉末，而且可使傳統陶瓷製備過程簡化，可以說是對傳統工藝的突破與挑戰，精簡工藝，縮短過程，成為製備先進陶瓷材料，尤其是多相複合材料如梯度功能材料的一個嶄新的方法。

自蔓延高溫合成方法的主要優點有：①節省時間，能源利用充分；②設備、工藝簡單，便於從實驗室到工廠的擴大生產；③產品純度高、產量高等。張寶林[16]等人詳細研究了矽粉在高壓氮氣中自蔓延燃燒合成 Si_3N_4 粉。認為：①在適當條件下，矽粉在 100～200 s 內的自蔓延燃燒過程中可以完全氮化，產物含氮量達 39%（質量分數）以上，氧含量為 0.33%（質量分數），生成 $\beta - Si_3N_4$ 相；②在矽粉的自蔓延燃燒反應中，必須加入適量的 Si_3N_4 晶種；③矽粉的SHS燃燒波的傳佈速度隨氮氣壓力升高、反應物填裝密度減小而增大，但與反應物組成無關。文獻[17]提出採用預熱方法可解決

$$SiO_2 \ (s) \ + C \ (s) \ \xrightarrow{\triangle} SiC \ (s) \ + O_2 \ (g)$$

弱放熱反應熱量不足，當預熱溫度 T_0 >750℃時，預熱 SHS 可直接合成出 SiC 粉末；且在反應過程中 Si 以液相形式參加反應。在 P_{N_2} = 0.1MPa 條件下，燃燒波陣面前的熱影響區有 $\beta - Si_3N_4$ 生成。當燃燒波陣面通過時，因燃燒溫度高於 Si_3N_4 的分解溫度，使 $\beta - Si_3N_4$ 很快分解，最終產物中氮含量很少。

近十多年，隨 AlN 陶瓷日益受到重視，尤其是高熱導率，使之成為超大規模的積體電路基板的新候選材料，從而對 AlN 粉末的SHS合成技術日感興趣，並探討了反應機制是 Al 蒸發後，以 Al 蒸氣形式與氮反應的氣固反應（VC），不同的氮氣滲透條件將生成不同特徵的 AlN 粉末。並用自蔓燃生成的 AlN 粉末進行了低溫燒結和高熱導陶瓷開發[18~23]。

4.固態置換方法（Solid-State Metathetic Route, SSM）

這是由美國加尼弗尼亞大學化學和生物化學系及固態化學中心 Lin Rao 和 Richard B Kammer[24] 於 1994 年提出的製備先進陶瓷粉體的一種方法，它透過控制固態先質反應因素，按下式反應進行：

$$MX + AY \longrightarrow MY + AX \tag{16-15}$$

通常，MX 是金屬（M）的鹵化物（X），AY 是鹼性金屬元素（A）的氮化物（Y）。反應通常在氨氣氛下進行，反應生成物透過洗滌方法而與鹼的鹵化物副產品分離，反應是藉由添加像鹽一類的惰性添加物來控制產物結晶。如反應的活化能低的話，則可局部加熱使開始反應然後按自燃燒方式進行直至生成產物，文獻[24,25]指出，透過選擇合適先驅體，可以在幾秒內很容易生成結晶的 BN、AlN 以及 TiB_2–TiN–BN 超微粉體，從而證實這是一條合成非氧化物的有效途徑，其反應的方程式分別為：

$$LiBF_4 + 0.8Li_3N + 0.6NaN_3 \longrightarrow BN + 3.4LiF + 0.6NaF + 0.8N_2$$
$$\tag{16-16}$$

$$AlCl_3 + 3NaN_3 \longrightarrow AlN + 3NaCl + 4N_2 \tag{16-17}$$

以及
$$TiCl_3 + MgB_2 + NaN_3 \longrightarrow x\,TiN + (1-x)\,TiB_2 +$$
$$2xBN + 0.5\,(3-2x)\,N_2 + 鹽 \tag{16-18}$$

16.1.2　粉體的液相法合成

表 16-1 所列的粉體合成方法中，液相法的粉體合成方法最多，應用也最廣。故重點詳細介紹。

1.溶膠–凝膠（sol-gel）法

sol-gel 法是 20 世紀 60 年代中期發展起來的製備玻璃、陶瓷材料的一種工藝。近年來，用於作為製備超微粉體的工藝得到進一步發展。其基本工藝過程包括：醇鹽或無機鹽水解→sol→gel→乾燥、煅燒→超微粉體。

(1)基本概念　溶膠（sol）亦稱膠體溶液（colloidal solution）是指大小在 10～1000 Å 之間固體質點分散於介質中所形成的多相體系。陶瓷粉料製備中的溶膠介質為液體。

當溶膠顆粒由於以某種方式使它們之間不能相互位移，整個膠體溶液體系失去流動性，變成半剛性（semi-rigid）的固相體系，稱作凝膠體（gel），這種由溶膠轉變為凝膠

的過程稱為膠凝作用（gelation）。

(2)溶膠的動力學特性和熱力學的不穩定性　組成溶膠的固體質點具有布朗運動特性，即熱運動特性。顆粒具有自發的向低濃度（化學位）的區域運動，形成擴散。在重力作用下，膠體顆粒會發生沈積，但由於顆粒尺寸小，擴散作用足以抵抗重力作用而形成具有一定濃度的沈積平衡，這稱之謂溶膠的動力學特性。

另外，根據DLVO理論，膠體顆粒之間存在引力 f_A 及雙電層的靜電斥力 f_R ，因而總的作用力 $f_{總} = f_A + f_R$ ，當膠體顆粒間有一定距離時， $f_{總} > 0$，膠體穩定；當 $f_{總} < 0$，引力大於斥力，則膠體顆粒間容易聚合，體系發生聚沈。因而控制膠體顆粒的運動功能（溫度）和電性（電解質種類和濃度）即可控制膠體顆粒間的距離。

由上所述，膠體溶液既是一個具有一定分散度、動力穩定的多相分散系統，又是一個熱力學不穩定的系統，這兩個基本特徵為陶瓷粉體製備提供了條件。

(3)溶膠的起始原料　作為溶膠的起始原料，如表 16-4、16-5 所示，可以是金屬無機鹽類、金屬有機鹽類、金屬有機錯合物以及金屬醇鹽等。

表 16-4　溶膠的起始原料種類[26]

（金屬無機鹽）		（金屬有機鹽）	
硝酸鹽	$M(NO_3)_n$	金屬醇鹽	$M(OR)_n$
氯化物	MCl_n		$M(C_3H_7O_2)_n$
氧氯化物	$MOCl_{n-2}$	醋酸鹽	$M(C_2H_3O_2)_n$
		草酸鹽	$M(C_2O_4)_{n-2}$

M：金屬，n：原子價，R：烴基

表 16-5　作為 sol-gel 原料的金屬醇鹽

族	金　屬	醇　鹽　實　例
〔單金屬醇鹽〕		
ⅠA	Li，Na	$LiOCH_3$（固體），$NaOCH_3$（固體）
ⅠB	Cu	$Cu(OCH_3)_2$（固體）
ⅡA	Ca，Sr，Ba	$Ca(OCH_3)_2$（固體），$Sr(OC_2H_3)_2$，$Ba(OC_2H_5)_2$（固體）
ⅡB	Zn	$Zn(OC_2H_5)_2$（固體）
ⅢA	B，Al，Ga	$B(OCH_3)_3$（液體），$Al(i-OC_3H_7)_3$（固體），$Ga(OC_2H_5)_3$（固體）
ⅢB	Y	$Y(OC_4H_9)_3$

表 16-5　作為 sol-gel 原料的金屬醇鹽（續）

族	金　屬	醇　鹽　實　例
ⅣA	Si，Ge	Si（OC_2H_5）$_4$（液體），Ge（OC_2H_5）$_4$（液體）
ⅣB	Pb	Pb（OC_4H_9）$_4$（固體）
ⅤA	P，Sb	P（OCH_3）（液體），Sb（OC_2H_5）$_3$（液體）
ⅤB	V，Ta	VO（OC_2H_5）$_3$（液體），Ta（OC_2H_7）$_3$（液體）
ⅥB	W	W（OC_2H_5）$_4$（固體）
稀土	La，Nd	La（OC_3H_7）$_3$（固體），Nd（OC_2H_5）$_3$（固體）
〔多種醇鹽基〕		
	Si	Si（OCH_3）$_4$（液體），Si（OC_2H_5）$_4$（液體）， Si（$i-OC_3H_7$）$_4$（液體），Si（$i-OC_4H_9$）$_4$
	Ti	Ti（OCH_3）$_4$（固體），Ti（OC_2H_5）$_4$（液體）， Ti（$i-OC_3H_7$）$_4$（液體），Ti（OC_4H_9）$_4$（液體）
	Zr	Zr（OCH_3）$_4$（固體），Zr（OC_2H_5）$_4$（固體）， Zr（OC_3H_7）$_4$（固體），Zr（OC_4H_9）$_4$（固體）
	Al	Al（OCH_3）$_3$（固體），Al（OC_2H_5）$_3$（固體）， Al（$i-OC_3H_7$）$_3$（固體），Al（OC_4H_9）$_3$（固體）
〔雙金屬醇鹽〕		
	La–Al	La[Al（$iso-OC_3H_7$）$_4$]$_3$
	Mg–Al	Mg[Al（$iso-OC_3H_7$）$_4$]$_2$，Mg[Al（$sec-OC_4H_9$）$_4$]$_2$，
	Ni–Al	Ni[Al（$iso-OC_3H_7$）$_4$]$_2$，
	Zr–Al	（C_3H_7O）$_2$Zr[Al（OC_3H_7）$_4$]$_2$，
	Ba–Zr	Ba[Zr$_2$（OC_2H_5）$_9$]$_2$

　　(4) 溶膠－凝膠的轉化　由於溶膠的濃度小於 10%，故體系中含有大量水，膠凝化過程只是體系失去流動性而體積並未減小或只略為減小，往往可以藉由化學的方法，控制溶膠中電解質濃度迫使顆粒間相互靠近，克服斥力從而實現膠凝作用。

　　(5) sol-gel 法製備陶瓷粉體特點　從 20 世紀 60 年代中期開始，溶膠－凝膠法用於製備氧化物陶瓷粉體。其中有 Y_2O_3（或 CaO）穩定的 ZrO_2，TiO_2，CeO_2，PLZT 以及 Al_2O_3 等氧化物陶瓷粉體[27~29]。

　　由於金屬醇鹽一般均含有 M–O 鍵。在製備氧化物時，起始材料通常均是金屬醇鹽。近十年的工作表明，利用金屬有機化合物取代金屬醇鹽作為起始原料，可以製備出非氧化物如 Si_3N_4、SiC 等超微粉體，例如，Hatakegama[30] 等人利用 PTES[C_6H_5Si（OC_2H_5）$_3$] 和 TEOS[Si（OC_2H_5）$_4$] 混合作為起始原料，透過改進工藝，製備出超微 β–SiC

粉體，先是將莫耳分數分別為 67%PTES 和 33%TEOS 混合水解，經一系列縮聚反應處理而得到顆粒尺寸在 $0.9 \sim 5 \ \mu m$ 的凝膠粉體，然後在 $1500 \sim 1800°C$ Ar 氣氛下熱處理而獲得了 40 nm 左右 $\beta - SiC$ 多晶球形體，$\beta-SiC$ 純度達 99.12%；又如向軍輝[31]等人，以 TiO（OH）$_2$ 溶膠和碳黑為主原料，採用加入少量 OP 乳化劑，使碳黑分散均勻，再加入去離子水，使溶膠充分水解而凝膠化，在空氣中 $120 \sim 150°C$ 乾燥，再在石墨坩堝中於 N$_2$ 氣氛下經 $1400 \sim 1600°C$ 反應合成 Ti（C，N），透過工藝條件控制可獲得粒徑 <100 nm 的超微粉末。

溶膠－凝膠法的特點有：

(i) 高度的化學均勻性。這是因為溶膠是由溶液製得，膠體顆粒間以及膠體顆粒內部化學成分完全一致；

(ii) 高純度。同其它化學法一樣，用 sol-gel 法過程無任何機械步驟；

(iii) 超微尺寸顆粒。膠體顆粒尺寸小於 $0.1\mu m$（1000Å）；

(iv) 不僅可製得複雜組分的氧化物陶瓷粉體，而且可以製備多組分的非氧化物陶瓷粉體，發展前景良好。

2.沈澱法

這是一類使易溶性金屬化合物與沈澱劑反應，利用加水分解、氧化還原等化學反應，使難溶性的物質呈過飽和狀態，然後以粉體形式析出的方法總稱。

(1)共沈澱法[26]　作為電子材料，大多是多組分的複合氧化物，既要求高純度而又要求良好的燒結性。用共沈澱法，將沈澱劑加入到混合金屬鹽溶液，各組分均勻混合後沈澱，然後再熱分解而得到粉體。例如，將 Mg（NO$_3$）$_2$ 和 Al（NO$_3$）$_3$ 的水溶液均勻混合，加入氨水，以氫氧化物形式沈澱，加熱混合物，經脫水處理而得到均一的尖晶石粉體。又如在 BaCl$_2$ 和 TiCl$_4$ 的混合水溶液中加入草酸，而獲得 Ba／Ti 莫耳比為 1：1 的 BaTiO（C$_2$O$_4$）$_2$·4H$_2$O 的沈澱物，當加熱此沈澱物時，可獲得化學計量組成的燒結性能優異的 BaTiO$_3$ 粉體。

(2)均相沈澱法　在共沈澱法中，從外部加入沈澱劑，容易引進雜質。如控制溶液中 pH 值緩慢均勻地變化，則可使整個溶液均勻地產生沈澱，而且沈澱過程基本上處於準平衡狀態，沈澱過程易於控制。可以用均相沈澱法製備出單一尺寸的球形氫氧化鋁顆粒 [32]，其關鍵是透過尿素 [CO（H$_2$N）$_2$]，在水溶液中緩慢分解釋放出 OH$^-$，使溶液中鹼性均勻地、緩慢地上升，從而使氫氧化物沈澱在整個溶液中同時生成，即所謂均相沈澱。體系始終處於準平衡狀態。

(3)加水分解法　一個很普遍的陶瓷粉體製備的例子是 ZrOCl$_2$ 和 YCl$_3$ 的混合水溶

液，在 100℃ 加水分解，而獲得含水的氧化鋯，然後再熱分解而得到粒徑小於 0.1 μm 的 Y_2O_3 穩定 ZrO_2 粉體。

(4)共沸蒸餾法　屬於共沈澱法中的一種方法，人們已認識到，超微粉體的硬團聚體的強度取決於相鄰顆粒上吸附的水分子，而非均相的共沸蒸餾法可有效地對水合膠體進行脫水處理，從而可有效地防止硬團聚的形成。圖 16-3 是共沸蒸餾裝置示意圖[33]。現以製備奈米氧化鋯粉體為例說明之。其先質氫氧化鋯是由混合均勻的 $ZrOCl_2 \cdot 8H_2O$ 和 $Y(NO_3)_2 \cdot 6H_2O$（按 Y_2O_3 的莫耳分數為 3% 配比）溶液以 25 ml/min 的速率噴霧至濃氨水溶液中共沈澱而得到的。沈澱完全後，用蒸餾水洗滌除去 Cl^- 並經真空抽濾盡量除去水分，然後將膠體在強力機械攪拌下與正丁醇混合，移入圖 16-3 燒瓶共沸處理，在水與正丁醇 93℃ 共沸溫度，使膠體內的水分子以共沸形式脫除。當膠體內水分全部排除後，在正丁醇本身的沸點 117℃ 保溫 30 min。蒸餾後的膠體在烘箱內乾燥後，在 650℃ 煅燒，即得疏鬆粉體。常規燒結時能在 1250℃ 達 99.5% 的緻密化，晶粒尺寸約 200 nm。

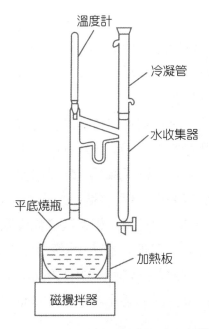

圖 16-3　共沸蒸餾裝置示意圖[33]

3. 金屬醇鹽水解法

金屬醇鹽是指金屬與醇類化合物進行反應時，金屬取代醇分子中羥基上的氫而得到的金屬有機化合物。其分子式可表示為：

$$M（OR^1）（OR^2）\cdots（OR^n）$$

n 為金屬 M 的價數，R 為烴基，通常情況下，$OR^1 = OR^2 = \cdots = OR^n$。早在 20 世紀 60 年代 Mazdiyasni[34] 等人首先用金屬醇鹽的水解法製備高純 $Y_2O_3 - ZrO_2$ 粉體，其水解過程為：

$$M（OR）_n + nH_2O \longrightarrow M（OH）_n + nR（OH） \tag{16-19}$$

$$M（OH）_n \longrightarrow MO_{n/2} + n/2H_2O \tag{16-20}$$

控制金屬醇鹽水解過程及 pH 值，可得到具有一定形狀、尺寸和組成單一的不發生團聚的氧化物顆粒粉料。Feley B 等人研究了用金屬醇鹽的水解法製備 ZrO_2，TiO_2，SiO_2 等粉體[35]。例如：

ZrO_2：　　　$Zr（n - OC_3H_7）_4 + 2H_2O \longrightarrow ZrO_2 + 4C_3H_7OH$ 　　　(16-21)

$Y_2O_3 - ZrO_2$：　　$Zr（n - OC_3H_7）_4 + Y（i - OC_3H_7）_3 + 3.5H_2O \longrightarrow ZrO_2 \cdot 1/2Y_2O_3 + 7C_3H_7OH$

$$\tag{16-22}$$

透過對水解過程的嚴格控制（pH = 10），得到顆粒大小為 $0.2\mu m$ 的穩定分散體，沈降得到的緊密堆積密度達 65%，結構非常均勻，於 1160℃ 燒結 1.5 h，密度高達 98% 以上，且燒結後晶粒尺寸未見長大。

又如，TiO_2 奈米粉體作為一種重要的無機功能材料而受到重視，晶形結構的熱穩定性是影響材料應用性能的關鍵因素之一。一般由硫酸氧鈦、硫酸鈦或四氯化鈦透過沈澱（或水解）法製得，然而，原料鈦鹽的陰離子殘留在生成物中影響產物的性能。採用鈦的醇鹽在有機溶劑中高溫熱水解與結晶同時進行的方法，成功地製得粒徑小、比表面積大，在 200～700℃ 寬溫度範圍內保持單一相銳鈦礦型晶體結構的 TiO_2 粉體[36]。所用的先驅體是甲苯稀釋的鈦酸四丁酯（TNB）溶液，水解溫度為 200～300℃，並保溫 2～4 h 結晶，反應完成後經丙酮洗滌、乾燥。醇鹽水解所需的水是以氣相溶入有機溶劑，反應產物經 550℃，1 h 高溫煅燒得到的奈米粉體平均粒徑為 14nm，比表面積為 $105\, m^2 \cdot g^{-1}$。晶形為銳鈦礦型。

由上述實例可見金屬醇鹽水解法特點是：

①可獲得單一尺寸粉料；

②透過選擇反應條件，可控制生成物的晶粒尺寸和比表面積等重要指標；

③可藉顆粒－介質界面電荷的調節，即 pH 值控制，獲得穩定的分散體且具有良好的燒結性粉體。

4.液熱法

指在密封的壓力容器中製備材料的一種方法。通常以水為溶劑，所以常稱之為水熱法，近十多年，國內外已採用水熱法製備超微陶瓷粉體，如 PLZT，$BaTiO_3$，$KNbO_3$，ZrO_2，$\alpha-A_2O_3$ 等。水熱法為各種先質的反應和結晶提供了一個在常壓條件下無法得到的特殊的物理、化學環境。粉體的形成經歷了一個溶解－析晶過程，相對於其它粉體製備方法，水熱法製備的粉體具有晶粒發育完整、粒度小且分佈均勻、顆粒團聚輕、易得到合適的化學計量和晶形的優點，尤其是水熱法製備陶瓷粉體毋需高溫煅燒處理，因而可避免煅燒過程造成的晶粒長大、雜質引入和缺陷的形成，因此所得到的陶瓷粉料具有較高的活性。Somiya S[37]最近總結了超微氧化物粉末的水熱合成。他將水熱法分為 11 種，其中包括水熱析晶法、水熱金屬氧化法、水熱分解法、水熱電化學法以及水熱微波法等，下面擇其介紹三種。

(1)水熱析晶法　製備工藝如圖 16-4 所示方框圖，以製備 ZrO_2 粉體為例[38]，採用 $ZrOCl_2$ 水溶液，先質是採用在 $ZrOCl_2$ 水溶液中加入略過量的氨水所得到 $Zr（OH）_4$ 膠體，在生長介質中加質量分數 10%KBr，NaCl，LiF 等強電解質之一作為礦化劑，反應在 250～350℃ 高壓釜內進行。水熱處理，溫度、壓力愈高則晶粒長得越大，250℃ 下進行水熱處理，晶粒線度約為 15 nm，在 350℃ 水熱處理，晶粒線度約為 27 nm；且礦化劑對 ZrO_2 晶粒相態起十分重要的作用。以 NaCl 為礦化劑經 250℃ 4h 水熱反應，則 65% 的 ZrO_2 晶粒為四方相，而以 LiF 為礦化劑，同樣條件下粉體中 ZrO_2 晶粒幾乎完全是單斜相。施爾畏[39]等人還詳細研究了採用四種不同先質製備 $BaTiO_3$，並進行微晶粒特性研究。又如，李廣社[40]等人，以 $Sr（OH）_2 \cdot 8H_2O$ 和 $Cr（NO_3）_2 \cdot 9H_2O$ 為起始原料製備奈米晶 Sr–Cr 水合石榴石——$Sr_3Cr_2（OH）_{12}$，以 NaOH 為礦化劑，實驗表明，當初始莫耳比 Sr／Cr 約為 1.5 時，高濃度的 OH^- 單相水合石榴石晶格形成和降低合成過程的晶化溫度的條件，且初始原料的活性及其溶解性，直接決定產物的純度和晶化溫度。

圖 16-4　水熱析晶法工藝過程

(2)水熱反應法[41]　以製備 $\gamma-Al_2O_3$ 為例。基本工藝過程與上述的水熱析晶法相同。以粒徑為 $50\mu m$ 的 $\alpha-Al(OH)_3$ 或 $\alpha-Al_2O_3 \cdot 3H_2O$ 為起始原料。用 HNO_3 和 NaOH 調節漿料的 pH 值，水熱反應溫度為 $200°C$，保溫 2 h，$\alpha-Al(OH)_3$ 轉變為結晶型 $\gamma-AlOOH$。當漿料 pH 值為 $3\sim9$ 時，$\gamma-AlOOH$ 為 $0.3\mu m$ 球形顆粒，pH 值低於 3 時，$\gamma-AlOOH$ 為細針狀，長寬之比為 $2:1$ 到 $10:1$，pH 值>9 則所得 $\gamma-AlOOH$ 為類板狀。$\gamma-AlOOH$ 在 $600°C$、2 h 則轉化為 $\gamma-Al_2O_3$。

(3)微波水熱法　是將微波和水熱結合製備粉體的方法[42]。使用的微波頻率為 2.45 GHz，用該方法製備了單元氧化物如 TiO_2，ZrO_2，Fe_2O_3 和雙元氧化物如 $KNbO_3$、$BaTiO_3$。微波水熱法合成超微粉體最大特點是各種氧化物陶瓷的結晶速率提高 $1\sim2$ 數量級。不同氧化物的結晶大小、形貌和團聚程度可透過起始原料、pH 值、時間和溫度加以控制。微波水熱法是一種低溫下製備超微氧化物陶瓷粉體的有效方法。

5.溶劑蒸發法

屬於溶劑法的一類。按溶劑蒸發不同分為冷凍乾燥法、噴霧乾燥法、噴霧熱分解法以及熱煤油法（圖16-5）。

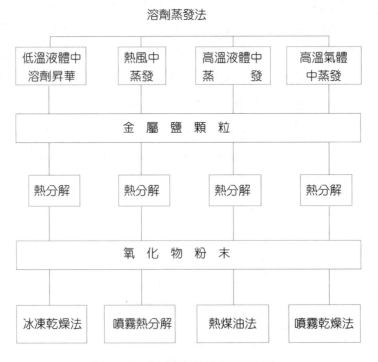

圖 16-5　溶劑蒸發法類型圖示

噴霧熱分解法：以製備 Y_2O_3 穩定 ZrO_2 超微粉體為例[43]。將 $ZrOCl_2 \cdot 8H_2O$ 和 YCl_3 的水溶液噴霧，然後在空氣或氧氣的石英腔內加熱到鹽類熱分解溫度，使之分解，生成的 ZrO_2 顆粒為球形，顆粒平均尺寸 $d = 0.5 \sim 1.0\,\mu m$，粉料化學組分非常均勻，1500℃、2 h 燒結後密度達 5.90 g/cm³，抗彎強度達 1000 MPa，K_{1c} 為 11.9 MPa · m$^{1/2}$，四方相氧化鋯為 70%，顯示出非常好的燒結性。

此外還用此方法成功地製備了 ZnO 超細微粒[44]和 CuO ／ Al_2O_3 粉體[45]。

16. 1. 3　化學氣相法合成

該法是指在氣相條件下，首先形成離子或原子，然後逐步長大生成所需的粉體，容易獲得粒度小、純度高的超微粉體，已成為製備奈米級氧化物、碳化物、氮化物粉體的主要手段之一。

1.化學氣相法 (chemical vapor deposition, CVD)

又稱為熱化學氣相反應法，已成為製備奈米粉體和薄膜的重要方法。

CVD 法製備超微陶瓷粉體工藝是一個熱化學氣相反應和成核生長的過程。使蒸氣壓高的金屬鹽的蒸氣與各種氣體在高溫下反應而獲得氮化物、碳化物和氧化物等微粒。其生成過程通常是經過均一成核和核生長兩個過程，在第一階段均勻成核時，若過飽和度過小，結晶生長速度大於核生長則不能獲得超微粒子，而只是大的微粒和單晶體；只有過飽和度大時，反應生成的固體蒸氣壓高才能取得分散性好的 $1\mu m$ 以下的超微粒子。

採用 CVD 方法製備超微粉體，可調的工藝參數很多，如濃度、流速、溫度和配比等，因此，可有利於獲得最佳工藝條件，並達到粉體組分、形貌、尺寸和晶粒的可控。現在不僅成為製備碳化物、氮化物、氧化物單－粉體和薄膜的主要技術，而且已成為製備複合粉體的重要方法之一。例如：

$$SiCl_4 + O_2 \longrightarrow SiO_2 + 2Cl_2 \tag{16-23}$$

$$AlCl_3 + \frac{3}{4}O_2 \longrightarrow \frac{1}{2}Al_2O_3 + \frac{3}{2}Cl_2 \tag{16-24}$$

$$TiCl_4 + CH_4 \longrightarrow TiC + 4HCl \tag{16-25}$$

$$TiCl_4 + 2H_2O \longrightarrow TiO_2 + 4HCl \tag{16-26}$$

又如，Izaki 等人[46]，用 $[Si(CH_3)_3]_2 NH - NH_3 + N_2$ 體系合成了高性能 Si－C－N 複合粉體。所得粉體為 $50 \sim 70$ nm 的無定形 SiC ／ Si_3N_4 複合粉體；黃政仁等人[47]，用圖 16-6 所示的裝置，在 $1100 \sim 1400$℃ 條件下，分別用 $Si(CH_3)_2 Cl_2$，NH_3，H_2 作為矽、

碳、氮源和載氣製得平均粒徑為 $30 \sim 50\,nm$ 的 $\beta - SiC$ 奈米粉體和尺寸小於 $35\,nm$ 的無定形 $SiC \diagup Si_3N_4$ 奈米粉體，並可做到 $SiC \diagup Si_3N_4$ 比例可調，此系統有兩個主要反應：

$$Si\,(CH_3)_2Cl_2 + \frac{4}{3}NH_3 \longrightarrow \frac{1}{3}Si_3N_4 + 2CH_4 + 2HCl \tag{16-27}$$

$$Si\,(CH_3)_2Cl_2 \longrightarrow SiC + CH_4 + 2HCl \tag{16-28}$$

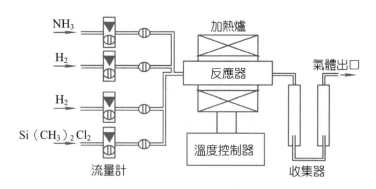

圖 16-6　CVD 法製備 $SiC \diagup Si_3N_4$ 奈米複合粉體裝置示意圖

2. 雷射誘導氣相沈積法 (laser induced chemical vapor deposition，LICVD 法)

這是一種利用反應氣體分子對特定波長雷射光束的吸收而產生熱解或化學反應，經成核生長形成超微粉料的方法。整個過程基本上是一個熱化學反應和成核生長的過程。目前已成為最常用的超微粉體制備方法之一。LICVD 方法因加熱速率快（$10^6 \sim 10^8\,℃/s$），高溫駐留時間短（$10^{-4}\,s$），冷卻迅速，因而獲得超微粉最低尺寸可小於 $10\,nm$。其關鍵是選用對雷射光束波長產生強烈吸收的反應氣體作為反應源。一般是用 CO_2 雷射器誘導氣相反應，反應源為矽烷類氣體。

李亞利等人[48]，用 $[Si\,(CH_3)_3]_2NH-NH_3$ 體系透過 CO_2 雷射誘導氣相合成了 Si_3N_4，$Si-C-N$，SiC 等奈米粉體，平均粒徑 $5 \sim 50\,nm$，產率為 $40 \sim 120\,g/h$。又如 Cauchetion 等人[49]，採用 $SiH_4-CH_3NH_2-NH_3$ 系統製備 $Si-C-N$ 複合粉體，平均粒徑 $30 \sim 72\,nm$。表 16-6 是 Lihrmann 等人用 $SH_4 \diagup C_2H_2$ 系統在不同工藝參數條件下製備 SiC 奈米粉體並可透過工藝條件的控制，可使 SiC 顆粒尺寸在 $15 \sim 50\,nm$ 範圍內調整。

表 16-6　SiC 顆粒粒徑與駐留時間、流速之關係

No	流速（cm³·min⁻¹）		C／Si 比	駐留時間（10⁻³·s）	粒徑尺寸（nm）
	SiH₄	C₃H₂			
1	120	61.4	1.12	8～10	51.8
2	200	110	1.10	2～4	30.6
3	540	300	1.11	1	15.9

3. 電漿氣相合成法（PCVD 法）

這是製備奈米陶瓷粉體的主要手段之一，也是熱電漿工藝的新前瞻方向之一[50]。熱電漿工藝生成超微粉的工藝是反應氣體電漿化後迅速冷卻、凝聚的過程，生成常溫、常壓下的非平衡相。它又可分為直流電弧電漿法（DC plasma）、高頻電漿法（RF plasma）以及複合電漿法（hybrid plasma）。

至今，採用 PCVD 法可以製備 SiC，Si₃N₄，TiN，ZrN 等非氧化物奈米陶瓷粉體，隨反應源的不同而製備不同產物。例如：

$$SiH_4 + CH_4 \longrightarrow SiC + 4H_2 \qquad\qquad (16\text{-}29)$$

$$SiCl_4 + CH_4 \longrightarrow SiC + HCl \qquad\qquad (16\text{-}30)$$

$$3SiCl_4 + 4NH_3 \longrightarrow Si_3N_4 + 12HCl \qquad\qquad (16\text{-}31)$$

最近，已有利用高頻電漿法無電極的優點，商業化規模製備超微高純度 SiC 超微粒子的報導[50]，它以高純度 SiH₄ 和 C₂H₄ 為原料，合成的平均粒徑為 30 nm 的 β–SiC 超微粒子，雜質總含量在 $1\mu g/g$ 以下，而用其它方法不可能達到如此高的純度（表 16-7）。

表 16-7　高純度 SiC 超微粉的金屬雜質（ppb）

Na	K	Cu	Cr	Fe	Zn	Ni
22	15	39	8	56	35	<100

當前，許多研究者的興趣是用一級電漿氣相反應合成奈米複合材料的超微粉體，儘管在組成控制及純度方面存在問題，尚未跨越出實驗室階段，但均認為電漿法是合成非氧化物複合奈米粉體唯一的有效手段，是今後值得注意的方向之一。

又如，通常 SiO₂ 合成是用 SiCl₄ 為原料，經氫氧焰合成，SiCl₄ 的毒性及腐蝕性以及生成的副產品 HCl 對環境污染均存在問題，而採用直流電弧電漿法，一方面可使用

廉價的石英為原料，另一方面氧化生成的 SiO_2 蒸氣並急冷製備高純超微 SiO_2 顆粒。

16.2 陶瓷成型和燒結過程的製備化學

16.2.1 陶瓷成型

　　成型在整個陶瓷材料的製備科學中起著承上啟下的作用，是製備高性能陶瓷及其部件的關鍵。成型過程所造成的缺陷往往是陶瓷材料的主要缺陷，而且很難在燒結過程中消除。因此控制和消除成型過程的缺陷的產生，促使人們深入研究成型新工藝。在乾法成型、注漿成型等傳統工藝不能滿足現代技術要求的情況下，適合於製備高密度和複雜形狀素坯的各種新的濕法成型工藝應運而生，也使陶瓷成型過程中的製備化學研究愈來愈顯現其重要性。

1.注凝成型（gel casting，又稱凝膠鑄成型）[51~53]

　　這是 20 世紀 90 年代初，由美國橡樹嶺國家實驗室 Omatete O O 等提出的一種新的陶瓷成型技術。它是傳統的注漿成型工藝與有機化學理論的結合。具體地說，將陶瓷粉料分散於含有有機單體的溶液中，製備成高固相體積分數的懸浮體（體積分數＞50%）。然後注入一定形狀的模具中，藉由大分子的原位網狀聚合，粉體顆粒聚集在一起，以使單體溶液成為負載陶瓷粉體的低黏度載體，藉由交聯作用使漿料形成聚合物的凝膠。因採用水系而適合於大多數粉體，便於操作，成本較低。

　　由此可見，影響注凝成型的主要因素有催化劑、引發劑用量以及泥漿製備時的分散劑和 pH 值，製備低黏度、流變性良好的高固相體積分數的漿料是注凝成型工藝的關鍵。圖 16-7 是注凝成型的工藝流程圖。表 16-8 是 Al_2O_3 注凝成型的典型工藝條件。

　　注凝成型是一種接近淨尺寸的原位成型方法，已成功地用於 Al_2O_3、Si_3N_4 和 Sialon 等陶瓷。其注凝成型的膠凝時間由加入到漿料中的引發劑和催化劑量以及製備過程的溫度所控制，在乾燥過程中 Al_2O_3 漿料的匯流排收縮僅為 0.5% 左右，其缺點是脫模工藝複雜，一般需 3～4d，並造成收縮變形，所以不適用於大尺寸部件的成型。

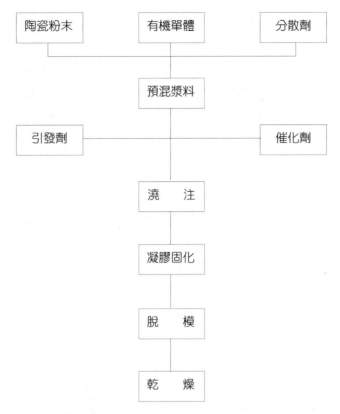

圖 16-7　注凝成型的工藝流程

表 16-8　Al_2O_3 注凝成型的工藝條件

	工　藝　條　件
有機單體（AM）	$C_2H_3CONH_2$，預混中含量 14%（質量分數）
交聯劑	$C_7H_{10}N_2O_2$，預混中含量 0.1～1%（質量分數）
催化劑	$C_6H_{16}N_2$，1.9～5.6 ml/L（泥漿）
引發劑	$(NH_4)_2S_2O_8$，0.17～0.4 ml/L（泥漿）
固相含量	55%（體積分數）

2. 直接凝固注模成型（Direct Coagulation Casting, DDC）[54~57]

這是由瑞士蘇黎世聯邦高等工業學院 Gauckler L J 教授小組發明的一種具有創造性的陶瓷異形部件的成型技術；在陶瓷工藝中採用生物酶催化陶瓷漿料的化學反應，使澆注到模具中的高固相含量、低黏度的漿料靠凡得瓦引力產生原位凝固，凝固的陶瓷坯體有足夠的強度可以脫模。

(1) DCC 的基本原理　按照膠體化學理論，陶瓷微粒在漿料中存在兩種相互作用力。一是顆粒之間的凡得瓦吸引力，由於它的作用，微粒之間有相互團聚的傾向；二是固體與液體相接觸時，兩者之間即有電位產生，固體表面帶一種電荷，與固體相接觸的液體帶符號相反的電荷，產生雙電層，所存在的動電位也稱為 ζ 電位。當雙電層排斥能很小時，凡氏吸引力將起主導作用；顆粒之間相互吸引靠近產生團聚；雙電層排斥能增大時，排斥能形成位能障，顆粒無法越過而不能靠近，從而呈分散狀態。

顆粒間的凡得瓦吸引力受外界影響較小，而顆粒間相互作用雙電層排斥能（即 ζ 電位）則與陶瓷漿料的 pH 值以及所含電解質的濃度和種類有關。DCC 工藝的基本原理就是以受控的酶催化反應來調節陶瓷漿料的 pH 值以及增加電解質濃度，使雙電層的 ζ 電位接近於零，從而使高固含量的陶瓷漿料注模前反應緩慢進行，漿料保持低黏度，注模後反應加快進行，漿料凝固，使流態的漿料轉變成固態的坯體。

司文捷、高濂等人[54,57]，對 Si_3N_4，SiC，Al_2O_3 陶瓷的 DCC 成型的基本原理作了詳盡討論。圖 16-8 是氮化矽陶瓷 DCC 成型原理示意圖。

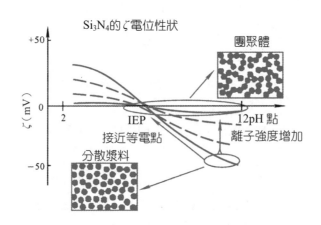

圖 16-8　Si_3N_4陶瓷 DCC 成型原理示意圖

Si_3N_4 陶瓷，一般可在鹼性範圍（pH 值＝10～12）製備低黏度漿料，注模後可使漿料的 pH 值變至等電點或增加漿料的電解質濃度方法，使漿料凝固，因 Si_3N_4 陶瓷的等電點僅為 4～9，所以藉由漿料內部的反應，使漿料 pH 值降至等電點是困難的，只能採用增加漿料電解質濃度的方法來凝固，具體地說，利用尿素酶（urease）催化尿素水解增加漿料中 NH_4^+ 和 HCO_3^- 濃度：

$$NH_2-CO-NH_2 + H_2O + urease \longrightarrow NH_4^+ + HCO_3^- \qquad (16\text{-}32)$$

　　上述反應式的反應速率是由溫度及尿素酶的加入量決定。在低於 5℃時，尿素酶的活性很小，反應速率很慢，在 10～60℃下，反應速率隨溫度的升高而加快。在室溫的反應速率可用於 DCC 成型。因此可在低溫下（低於 5℃）製備漿料，而漿料注模後使漿料溫度回升到室溫，凝固反應加快進行，使漿料凝固。

　　⑵ DCC 的工藝流程　在高固含量、低黏度漿料混合後加入催化作用的酶。在注模後漿料凝固而生成濕而堅硬的素坯。由此可見，DCC 工藝過程關鍵有二：一是高固相含量漿料的製備；二是酶催化凝固反應的選擇和控制。

　　高固含量、低黏度的漿料有利於漿料中的氣泡排除和複雜形狀的澆注。漿料的固相含量影響成型坯體的強度和密度，研究表明，只有當固含量大於 55%（體積分數），凝固後的坯體才具有足夠的強度脫模，而相應的黏度應小於 1 Pa·s。現已可做到固含量的體積分數可大於 60%，甚至可大於 70%。

　　Graule T J 等人[55]，按照陶瓷漿料雙電層 ζ 電位與 pH 值的關係及等電點的位置選擇相應的酶催化反應，表 16-9 列出了一些可供選擇的酶催化反應和自催化反應及其所能改變 pH 值的範圍，較多選用的是尿素酶對尿素水解的催化反應。

表 16-9　陶瓷漿料內部反應可改變的 pH 範圍

酶　催　化　反　應	pH 值　變　化
尿素酶引起的尿素水解反應	4＝＝＝＞9 或 12＝＝＝＞9
醯胺酶引起的醯胺水解反應	3＝＝＝＞7 或 ＝＝＝＞7
酯酶引起的酯水解反應	10＝＝＝＞5
葡萄糖氧化酶引起葡萄糖氧化	10＝＝＝＞4
自　催　化　反　應	pH 值　變　化
尿素水解反應（ $T>80℃$ ）	3＝＝＝＞7
甲醯胺水解反應（ $T>60℃$ ）	3＝＝＝＞7 或 12＝＝＝＞7
酯水解反應	11＝＝＝＞7
內酯水解反應	9＝＝＝＞4

　　酶催化反應的進行與酶催化劑的加入量、反應溫度和時間有關。酶催化反應不僅改變漿料的 pH 值，而且隨反應的不斷進行，漿料的離子強度亦不斷增加（表 16-10）。

　　正如表 16-10 所示，水基陶瓷漿料由於內部鹽的生成而凝固亦可透過尿素和醯胺基（amide）的酶催化分解，所有這些系統的鹽濃度超過 1 mol/L。同樣，水基陶瓷漿料內部凝固可以透過氫氧化物分解實現。

表 16-10　內部反應導致離子強度增加

酶 催 化 反 應	pH 值 範 圍
尿素酶引起的尿素水解反應	8…9
醯胺酶引起的醯胺水解反應	7…8
自催化反應	
葡萄糖酸引起的氫氧化鋅的分解	6…7

　　如上所述，近十年發展的注凝成型和直接凝固注模成型為製備化學在膠態成型中的應用提供了良好的思路，但這二種方法的固有缺點也使它們受到許多限制。例如，DCC工藝雖可以獲得顯微結構均勻的素坯，但其素坯強度很低，而注凝成型工藝雖然素坯強度較高，但黏結劑排除過程很複雜，且在這個過程會產生有毒氣體。最近有人提出反應誘導凝膠化澆注新概念[58]，基於氧化矽組分不僅廣泛存在於陶瓷原料中，而且 SiO_2的溶膠又極易形成凝膠。因此控制原料中氧化矽組分的膠凝可以實現漿料的固化。

16.2.2　燒結過程的製備化學

　　塊體陶瓷材料的燒結過程是一個十分複雜的高溫過程，涉及許多物理、化學問題。限於篇幅，本處僅介紹近一、二十年新發展的燒結過程，以其揭示製備化學在燒結過程的重要性。

1. 從聚合物熱解直接製備陶瓷

　　傳統的先進陶瓷材料，如碳化矽（SiC）、氮化矽（Si_3N_4）等矽基陶瓷材料，採用無壓（PS）、熱壓（HP）或熱等靜壓（HIP）等方法燒結。由於 Si-C 和 Si-N 的共價特性和 SiC 及 Si_3N_4 低的擴散係數，從而導致高的燒結溫度和必須添加燒結助劑才能緻密化。在緻密化過程，燒結助劑生成的第二相往往殘留在晶界處，從而使材料的力學性能和物理性能，尤其是高溫下的性能大為降低。1992 年 Riedel R 等人[59,a]首先提出金屬有機先驅體低溫直接製備緻密的矽基非氧化物陶瓷（相對密度大於 93%）工藝。它不需添加任何燒結助劑而且在 1000℃低溫下製成陶瓷部件或基體複合材料。圖 16-9 為無裂紋單一的 Si_xN_yC 材料由聚亞甲基直接製備的工藝流程，其室溫機械強度為 375 MPa，而維氏硬度高於反應燒結 Si_3N_4，達 9.5 MPa，且在氬氣中可穩定到 1400℃，而在氮氣氛中可穩定到 1600℃。

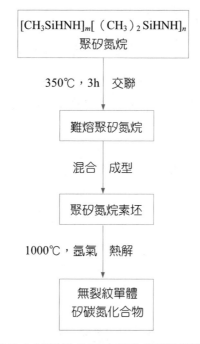

圖 16-9　Si_xN_yC 材料從金屬有機先驅體低溫直接製備

　　Creil P[59，b]提出了活性填充物控制的聚合物熱解工藝的基本原理（圖 16-10）。在低黏度聚合物中，填充物顆粒生成一個穩定的剛性網路，為聚合物分解時轉換成陶瓷提供一個大的交界區域，並認為反應生成碳化物、氮化物和氧化物的元素或化合物是 Al，B，Si，Ti，$CrSi_2$，$MoSi_2$ 等，圖 16-11 是由聚合物／填充物製備陶瓷的工藝流程圖。

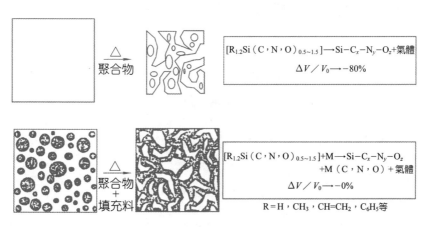

圖 16-10　聚合物熱解工藝基本原理

2. Si₃N₄／SiC 奈米複合陶瓷原位生成[60]

首先將 Si_3N_4 奈米粉料分散於可生成奈米 SiC 相的有機先驅體的溶液中，經乾燥、濃縮、預成型，最後在熱處理或燒結過程生成奈米相複合材料（圖 16-12），這種奈米複合陶瓷密度可達 96.7% 理論密度。該方法生成的奈米顆粒不存在分散和團聚問題，這

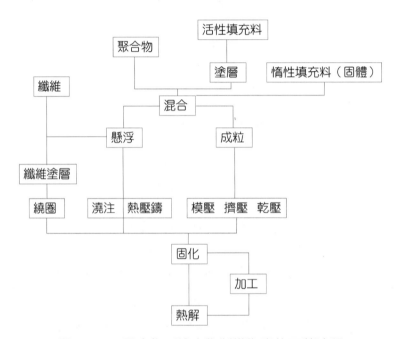

圖 16-11　聚合物／填充物製備陶瓷的工藝流程

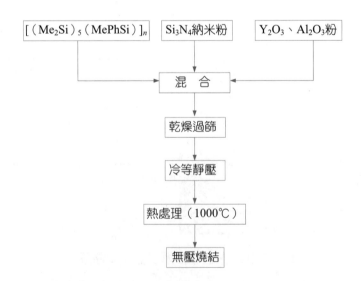

圖 16-12　有機先驅體原位生成法製備 Si₃N₄／SiC 奈米複合陶瓷工藝流程

是因為生成的 SiC 奈米顆粒是靠有機先驅體高溫熱解而生成的，所以是一種工藝過程不複雜、可望得到緻密而性能優良材料的方法，關鍵是選擇適當先驅體。在本實施例中有機先驅體製取按式（16-33）進行。

$$Me_2SiCl_2 + MePhSiCl_2 \xrightarrow[-NaCl/KCl]{Na/K:(THF)} 1/n[(Me_2Si)_5(MePhSi)]_n \qquad (16-33)$$

式中 Me 代表 CH_3，Ph 代表 C_6H_5，THF 代表四氫呋喃。

3.氧化燒結技術

(1)熔融金屬直接氧化（DMO）[61~63]　這是美國蘭克賽德（Lanxide）公司於 20 世紀 80 年代中期發明的一種製備陶瓷基複合材料的方法，又稱 Lanxide 工藝。用這方法製得的一大類材料稱之為 Lanxide 材料。它基於金屬熔體在高溫下與氣、液或固態氧化劑，在特定條件下發生氧化反應，生成以反應固體產物（氧化物、氮化物和硼化物）為骨架體，並含有質量分數為 5%～30% 三維連通金屬的複合材料。例如，Claar T D 等人用熔融金屬 Zr 與碳化硼顆粒無壓直接反應方法，可以燒結成 $ZrB_2/ZrC_x/Zr$ 緻密陶瓷複合材料。金屬 Zr 的體積分數變化在 1%～30% 範圍。複合材料的室溫斷裂強度達 800～1030 MPa，斷裂韌性為 11～23 MPa·$m^{1/2}$，熱導率達 50～70 W/m·K。其增韌是因生成的 ZrB_2 板狀和殘餘的 Zr 金屬相的隨機分佈疊加而成。這種複合材料可用於火箭發動機部件、耐磨部件以及生物材料。

(2)氧化物的反應燒結[64~67]　非氧化物陶瓷材料的反應燒結，如 Si_3N_4，SiC 早在 20 世紀 70 年代前後均已成為成熟工藝。與其它燒結方法相比，反應燒結的最大特點是燒成收縮幾乎接近於零、使用原料價格低廉以及晶界處無玻璃相存在。然而氧化物反應燒結，如氧化鋁的反應燒結（Reaction Bonding of Alumium Oxide-RBAO）幾乎與熔融金屬直接氧化（DMO）法發明同時，它是由德意志聯邦 Classen N 等人（Technische Universitat Hambung-Harburg）首先提出的。

圖 16-13 為 RBAO 工藝的示意圖。起始的粉末為金屬 Al 粉（通常體積分數為 30%～60%）和 Al_2O_3 粉末組成的混合物，Al 粉粒徑為 20～200 μm 經球磨而成 1 μm 的細小顆粒，為改善顯微結構和力學性能往往加入體積分數為 5%～20% 的 ZrO_2 微粉，並用 3Y－TZP 磨球混和。由於金屬 Al 的塑性，所以素坯強度比普通陶瓷材料的素坯高一個數量級。

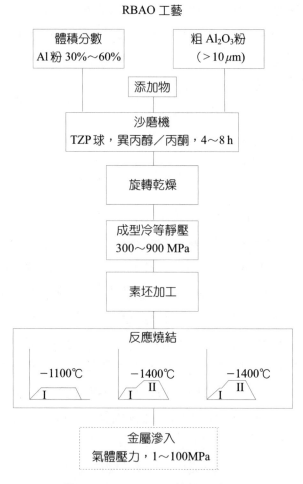

圖 16-13　RBAO 工藝的示意圖

　　在第二個反應階段，金屬 Al 轉變為奈米尺寸的 $\alpha-Al_2O_3$ 顆粒並伴隨有 28% 的體積膨脹。在 1200℃ 以上的燒結階段，坯體收縮抵消膨脹。原始混合物中的「老」Al_2O_3 顆粒為新的 Al_2O_3 顆粒所結合並使晶粒生長，而最終反應燒結的製品中，「新」和「老」顆粒不再能區分。

　　事實上，RBAO 工藝是透過固／氣和液／氣反應進行的。反應速率是由氧擴散控制的，服從拋物線反應規律並與金屬 Al 顆粒尺寸有很強的關係。應該指出，氧化物的反應燒結工藝、產物以及反應機構與上述的 DMO 完全不同，ZrO_2 添加對 Al／Al_2O_3 混合物的反應燒結體顯微結構改善和力學性能有很大影響。ZrO_2 的添加可抑制晶粒生長並使顯微結構更趨均質，因此顯示出高的強度。如圖 16-14 所示，RBAO 陶瓷的強度大於普通 Al_2O_3 和 ZrO_2 增韌的 Al_2O_3，ZrO_2 的體積分數為 20%（3−TZP）的 RBAO 在 1550℃ 達到理論密度 97%，四點彎曲強度大於 700 MPa，然而，再在 1500℃ 氫氣氛下

高溫等靜壓（壓力為 200 MPa，保溫 20 min）可使密度 > 99%TD（理論密度）而四點彎曲強度達 1100 MPa，RBAO 生成的是多孔 Al_2O_3，可應用在許多工業中，例如催化劑篩檢程式、電解膜以及氣體分離，在這方面 RBAO 技術與 HIP（高溫等靜壓）結合提供了一條製備高強多孔陶瓷的有希望途徑。

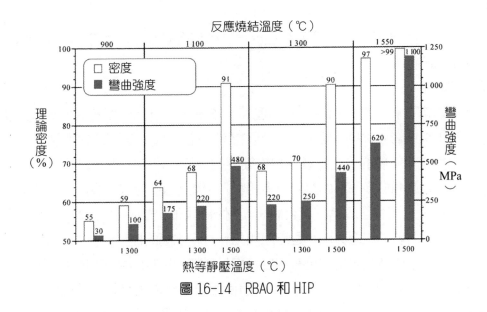

圖 16-14　RBAO 和 HIP

　　與 RBAO 相似，氧化物反應燒結另一個成功例子是反應燒結莫來石複合材料（RBM）[68]。

4.原位（in-situ）合成技術[69~71]

　　原位合成技術已成為材料製備的重要方法之一，並越來越受到國內外學者的重視。其主要優點是工藝簡單、原材料成本低，不僅可實現特殊顯微結構設計，亦可獲得近終形產品。而且採用原位技術可以用簡單工藝實現材料的多層次複合。

　　張國軍等人[14]，用原位合成技術製備了一系列複相陶瓷而且又透過原位技術製備板晶複合材料。現以板晶增強複相陶瓷的原位反應設計為例介紹之。研究的材料系統為 $TiB_2-TiC_xN_{1-x}-SiC$ 三元系統，其中包括 3 個二元系統，即 $TiB_2-TiC_xN_{1-x}$，TiB_2-SiC 和 $TiC_xN_{1-x}-SiC$，原始化學反應通式為：

$$(2a+3x+3) \text{Ti} + a\text{Si} + 2(1-x)\text{BN} + (a+2x)\text{B}_4\text{C}$$
$$\longrightarrow (2a+3x+1)\text{TiB}_2 + 2\text{TiC}_x\text{N}_{1-x} + a\text{SiC} \qquad (16\text{-}34)$$

式中：$x = 0 \sim 1$，a 為任意正整數，反應式（16-34）包含的子反應有：

$$3Ti + 2BN \longrightarrow TiB_2 + 2TiN \qquad\qquad (16\text{-}35)$$

$$3Ti + B_4C \longrightarrow 2TiB_2 + TiC \qquad\qquad (16\text{-}36)$$

$$2Ti + Si + B_4C \longrightarrow 2TiB_2 + SiC \qquad\qquad (16\text{-}37)$$

依材料原位合成技術中所使用的工藝不同,又有原位化學反應熱壓、原位燃燒合成等之分。

此外, 還有反應熱壓技術[72]原位反應燒結製備陶瓷基複合材料、自蔓延緻密技術等[73],限於篇幅不再一一介紹。

簡短結語:

陶瓷的製備工藝,是一個綜合的物理與化學過程,但其中更多的是牽涉到化學問題。近十餘年來,陶瓷材料的製備工藝進展特別迅速,新的工藝方法不斷湧現,本章只是挑選其中與化學有關的一些工藝過程作簡要的介紹,以開拓讀者的思路。21 世紀的材料研究更多地趨向於多學科的跨越、多相材料諸如陶瓷/金屬、陶瓷/聚合物、金屬/聚合物,以及它們各自的精細複合將是新材料開拓的方向。以陶瓷的製備工藝為基礎,再結合其它材料的工藝方法,是適應開拓新材料工藝的捷徑和有效途徑。化學合成的可變性和適應性的特徵,使它更有利於多相材料初始原料的合成和更容易滿足結構設計上的要求。材料發展的另一個趨向是按照使用上的要求對材料的性能進行剪裁或設計,這就要求對材料的組成、顯微結構和相應的製備工藝進行設計。在這個過程中,化學合成和化學過程的運用顯然是不可避免的,製備化學作為材料的工藝基礎也是不言而喻的了。製備化學的發展為材料工藝的發展開拓思路並提供應用基礎,材料工藝的發展對製備化學提供更多的研究命題,兩者相輔相成的關係更趨明顯。

參考文獻

1. Materials Science and Engineering for the 1990s, Committee on Mats Sci. And Eng.,NRC, USA, National Academy Press, Washington D C, 1987: 27

2. 嚴東生，譚浩然，潘振甦等。無機非金屬材料科學。北京：科學出版社，1997：22～27

3. 郭景坤，奈米化學研究及其展望。化學世界，1998 年增刊：9～14

*4.*李繼光，孫旭東等。碳酸鋁銨熱分解製備 $\alpha-Al_2O_3$ 超細粉．無機材料學報，1998，13 (6)：803～807

5. Gardner T J and Messing G L. Preparation of MgO Powder by Evaporative Decomposition of Solutions. Amer. Ceram Soc Bull,1984,63 ⑿: 1498～1501

6. Johnson D W and Schnettler F J. Characterization of Freeze-Dried Al_2O_3 and Fe_2O_3 J Amer Ceram Soc, 1970, 53 (8): 440～444

7. O'bryan H M,Thomson J JR. Phase Equilibria in the TiO_2-Rich Region of the System $Bao-TiO_2$. J Am Ceram Soc, 1974, 57 ⑿: 522～526

*8.*姚堯，趙梅瑜等。固相法合成單相 $Ba_2Ti_9O_{20}$ 粉體，無機材料學報，1998，13 (6)：808～812

9. 嚴東生，高純超細非氧化物粉體製備，見：嚴東生文選。北京：科學出版社，1998.406

10. Weimer A W, Eisman G A et al. Mechanism and Kinetics of Carbothermal Nitridation Synthesis of $\alpha-$Silicon Nitride.J Am Ceram Soc, 1997, 80: 2853～2863

11. Carrall D F, Cochram G A et al. Evaluation of A High Quality, Low Cost Carbothermal Silicon Nitride Powder for Use in Making Cost-Effective Engine Components, 5th International Symposium on Ceramic Materials and Components for Engines, Edition D S Yan et al, Sorld Scientific Pub Co, 1995. 561～566

12. 都興紅，惰智通等，碳熱還原氮化法製備 $\beta'-$Sialon 粉體的熱力學過程，無機材料學報，1998，13 (4)：463～468

13. Koc R and Kaza S. Synthesis of $\alpha-Si_3N_4$ from Carbon Coated Silica by Carbothermal Reduction and Nitridation J Eur Cer Soc, 1998, 18 (8): 1471～1477

*14.*江國健，莊漢銳等。自蔓延高溫合成——材料製備新方法16化學進展，1998，10 (3): 327～332

*15.*師昌緒主編。材料大辭典。北京：化學工業出版社，1994.1187

16. 張寶林，莊漢銳。矽粉在高壓氮氣中自蔓延燃燒合成氮化矽。矽酸鹽學報，1992，20 (3): 241～247

*17.*王鐵軍，王聲宏．預熱自蔓延合成 SiC 粉末機構的研究。矽酸鹽學報，1998，28 (2)：237～242

18. Crider J F. Self-Propagating High Temperature Synthesis-A Soviet Method for Producing Ceramic Materials. Ceram Eng Sci Proc, 1982, 3 (9～10): 519～528

*19.*江國健，莊漢銳等。鋁粉在高壓氮氣中自蔓延燃燒合成氮化鋁。無機材料學報，1998，13 (4)：568～574

20. 陳克新，葛昌純等。自蔓延高溫合成（SHS）氮化鋁反應機制的研究。無機材料學報，1998，13 (3)：339～344

21. Muniz Z A. Synthesis of High Temperature Materials by Self-Propagating Combustion Methods.Am Cer Soc Bull, 1988, 67 (2): 342～349

*22.*王岱峰，周豔平等。氮化鋁陶瓷的低溫燒結。申請號：98110938.1，申請日：980708，公開號：CN 1203898A

23. 王岱峰，周豔平等。高熱導氮化鋁陶瓷的製備方法。申請號：98110939.x，申請日：980708，公開號：CN 1203899A

24. Lin R and Richard B K.Rapid Solid-State Precursor Synthesis of Non-Oxide Ceramics. Mat Res Soc Symp, Vol 327, 1994: 227～232

25. Wiley J B and Kaner R B. Rapid Solid-State Precursor Synthesis of Materials. Science, 1992, 255(5048): 1093～1097

*26.*柳田博明，永井正幸。セラミックスの科學。第二版。技報堂出版，1993.125～127

27. Lawrence H E et al.Role of Particle Substructure in the Sintering of Monosized Titania. J Am Ceram Soc, 1988, 71 (4): 225～235

28. Woodhead J L.Slabilized Zirconia Particles by Sol-Gel Process.Science of Ceramics, 4, 1968: 105～111

*29.*唐新桂，周岐發等。（Pb，Ca，La）TiO_3 奈米晶的製備及其表徵。無機材料學報，1998，13 (5)：655～659

30. Hatakegama F et al.Synthesis of Monodispersed Spherical $\beta-SiC$ Powder by a Sol-Gel Process. J Am Ceram Soc, 1990, 73 (7): 207～211

*31.*向軍輝，肖漢寧等。溶膠－凝膠工藝合成 Ti（C，N）超細粉末·無機材料學報，1998，13 (5)：739～743

32. Shi J L, Gao J H and Lin Z X. Formation of Monosized Spherical Aluminum Hydroxide Particles by UREA Method.Solid State Ionic, 1989, 32～33 (part I): 537

*33.*仇海波，高濂等。奈米氧化鋯粉體的共沸蒸餾法製備及研究，1994，9 (3)：365～370

34. Mazdiyasni K S et al. Cubic Phase Stabilization of Translucent Yttria-Zirconia at Very Low Temperature. J Am Ceram Soc, 1967, 50 (10): 532～537

35. Fegley B et al. Processing and Characterization of ZrO_2 and Y－Doped ZrO_2 Powders.Amer Ceram Soc Bull, 1985, 64 (8): 1115～1120

36. 趙文寬，方佑全等。高熱穩定性銳鈦礦型 TiO_2 奈米粉體的製備．無機材料學報，1998，13 (4)：608～612

37. Somiya S.Hydrothermal Synthesis of Fine Oxide Powders，私人通信

38. 施爾畏，郭景坤等。水熱法製備超細 ZrO_2 粉體的物理－化學條件16人工晶體學報，1993，22 (4)：79～86

39. 施爾畏，夏長泰等。水熱法製備的 $BaTiO_3$ 微晶粒的特性．無機材料學報，1995，10 (4): 385～390

40. 李廣社等．奈米晶 Sr–Cr 水合石榴石的水熱合成與磁性研究。無機材料學報，1998，13 (5)：660～666

41. Kuang X M et al.Preparation of Special-Shaper α－AlooH, α－Al_2O_3 Ultrafine Powders by Hydrothermal Reaction Method. 5th International Symposium on Ceramic Materials and Components for Engines,Edition D S Yan et al.Sorld Scientific Pub Co, 1995. 594～598

42. Komorneni S, Roy R and Li Q H. Microwave-hydrothermal Synthesis of Ceramic Powders. Mat Res Bull, 1992, 27 (12): 1395～1405

43. Daix M Tian J M et al. Preparation and Charaterization of Fine Y-ZrO_2 Powders by Spray Pyrolysis. ibid 41, p. 611～616

44. 趙新宇，鄭柏存等。噴霧熱解合成 ZnO 超細粒子工藝及機構研究。無機材料學報，1996，11 (4)：611～616

45. 唐振方，鍾紅海等。高頻電漿超聲噴霧熱解法製備 CuO ／ Al_2O_3 粉體。無機材料學報，1997，12 (4): 505～510

46. Izaki K.Hakkei K. et al. Ultrastructure Processing of Advanced Ceramics, 1988, 891

47. Jiang D L et al. Non-oxide Nano-meter Powders Synthesised by CVD Method. Engineering Ceramics'96: Higher Reliability Through Processing, Edition Babini G N et al.Kluwer Academic Publishers, 1997. 23～44

48. Li Yali et al.Laser Synthesis of Ultrafine Si_3N_4－SiC Powers from Hexamethyldisilasane.Mater Sci & Eng, 1994 A174 (2) L23

49. Lihrmann J-M. A Model for the formation of nanosized SiC powders by lasser induced gas phase reaction.J Eur Ceram Soc, 1994, 13 (1): 41～46

50. 黃政仁，江東亮。SiC 和 Si_3N_4 奈米陶瓷粉體制備技術。矽酸鹽學報，1996，24 (5): 570～577

51. Young A C, Omatete O O et al. Gelcasting Alumina. J Am Ceram Soc, 1991, 74 (3): 612～618

52. Omatete O O, Janney M A et al. Gelcasting-A New Ceramic Forming Process. Ceram Bull, 1991, 70 (10): 1642～1649

53. 孫靜，高濂等。奈米 Y-TZP 凝膠注模成型的研究。無機材料學報，1998，13 (5)：733～738

*54.*高濂。直接凝固注模成型技術。無機材料學報，1998，13(3)：269～274

55. Graule T J, Baader F H et al. Shaping of Ceramic Green Compacts Direct from Suspensions by Enzyme Catalyzed Reactions, Cfi/Ber, DKG* 1994, 71 (6): 317～323

56. Hidber P C et al. Influence of the Dispersant Structure on Properties of Electrostatically Stabilized Aqueous Alumina. J Eur Ceram Soc, 1997, 17(2～3): 239～249

*57.*司文捷，Graule T J et al.直接凝固注模成型 Si_3N_4 及 SiC 陶瓷－基本原理及工藝過程。矽酸鹽學報，1996，24(1)：32～37

*58.*張兆泉。私人通信

59. a. Riedel R, Passing G et al. Synthesis of dense silicon-based ceramics at low temperature. Nature, 355: 714～717: b. Greil P. Near Net Shape Manufacturing of Polymer Derived Ceramics. J Eur Ceram Soc, 1998, 18 (): 1905～1914

60. Riedel R, Strecker K, Petzow F. In Situ Polysilane-Derived Silicon Carbide Partialates Dispersed in Silicon Nitride Composite.J Am Ceram Soc, 1989, 72 (11): 2071～2077

61. Clear T D et al. Microstructure and Properties of Platelet-Reinforced Ceramics Formed by the Directed Reaction of Zirconium with Boron Carbide.Ceram Eng Sci Proc, 1989, 10(7～8): 599～609

62. Newkirk M S,Urquhart A W et al. Formation of Lanxide TM Ceramic Composite Materials. J Mater Res, 1986 (1): 81～89

63. Sindel M, Travitzky N A & Claussen N.Influence of Mg-Al Spinel on the Directed Oxidation of Molten Aluminum Alloys. J Am Ceram Soc,1990, 73 (9): 2615～2618

64. Claussen N, Le T & Wu S. Low-Shrinkage Reaction-Bonded Alumina,J Eur Ceram Soc, 1989, 8 (5): 29～35

65. Claussen N et al. Tailoring of Reaction-Bonded Al_2O_3 (RBAO) Ceramics, Ceram. Eng Sci Proc, 1990, 11(7～8): 806～820

66. Wu S & Claussen N.Fabrication and Properties of Low-Shrinkage Reaction. Bonded Mulite. J Am Ceram Soc, 1991, 74 (10): 2460～2463

67. Classen N, Janssen R et al.Reaction Bonding of Aluminum Oxide (RBAO) Science and Technology. J Ceram Soc Japan, 1995, 103 (8): 749～758

68. Scheppokat S, Janssen R and Claussen N. In-Situ Synthesis of Mullite-A Route to Zero Shrinkage. Amer Ceram Soc Bull, 1998, 77 (11): 67～69

*69.*張國軍等。原位合成複相陶瓷概述。材料導報，1996，10(2)：62～68

*70.*張國軍，金宗哲等。材料的原位合成技術。材料導報，1996，11(1)：1～10

71. Zhang G J et al. In-Situ Synthesised TiB_2 Toughened SiC. J Eup Ceram Soc, 1996, 16(4): 409～412

72.張國軍等。原位合成板晶增強複相陶瓷。矽酸鹽學報，1998，26 (1)：27～32

73.江國建等。自蔓延高溫合成──材料製備新方法。化學進展，1998，10 (3)：327～332

非晶態材料及其製備化學

17

　　非晶材料是亞穩材料中的一個重要分支。傳統的固體物理實際上是指晶體物理，而往往又是平衡態，原子的排列是長程序的週期性排列。近年來遠離平衡態的亞穩材料已成為最活躍的領域之一，一是不少新的製備技術的出現，大大擴展獲得各種亞穩材料的手段，二是世界高科技的發展，要求各種各樣具有特異性能的新材料來滿足其需要，三是理論領域的深入，使科技人員對非晶的認識和對非平衡態的理解，指導和推動了非晶材料的研究。

　　本章將簡單扼要地把非晶的結構、形成規律、製備技術和某些應用作一概述。

17.1　非晶的結構

　　晶體和非晶體都是真實的固體，它們都具有固態的基本屬性。基本的區別在於它們微觀的原子尺度結構上的不同。在晶體中原子的平衡位置為一個平移的週期陣列，具有長期有序。相反在非晶態固體中沒有長程序，原子的排列是極其無序的，見圖 17-1。因此非晶態固體這個術語適用於原子排列沒有週期性的任何固體。另一個術語「金屬玻璃」實際上是非晶態固體的同義詞。

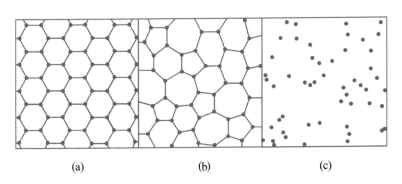

(a)　　　　　　　(b)　　　　　　　(c)

圖 17-1　在(a)晶體、(b)非晶體和(c)氣體中原子排列的示意圖

17.1.1　非晶的形態學

　　圖 17-2 表示氣態金屬最後成為固態的途徑。在降溫過程中，氣態原子在沸騰溫度 T_b 凝結為液態，在冷卻過程中液體的體積以連續的方式減小，光滑的 $V(T)$ 曲線的斜率為液體的熱膨脹係數。當溫度低到熔點 T_f 時，發生液體到固體的轉變（液態氦除外），固體的特徵之一為斜率較小的 $V(T)$ 曲線，液體到晶體的轉變可由晶體體積的突然收縮和 $V(T)$ 曲線上的不連續性來標明。但是如果冷卻速率足夠快，使液體一直保持到較

低的玻璃轉變溫度 T_g，出現了第二種固化現象，由液體直接轉變成非晶體，這裏不存在體積變化的不連續性。大量實驗證明玻璃化轉變溫度與冷卻速率有關，這就是玻璃化轉變的動力學性質，一般情況下冷卻速率改變一個數量級大小能引起玻璃化轉變溫度幾度的變化。當冷卻過程較長時，玻璃化轉變溫度移向較低溫度，這是由於原子弛豫時間 τ 與溫度有關。要使原子凍結成保持非晶固體的位形，必須滿足 $\tau(T)$ 大於實驗冷卻時間。

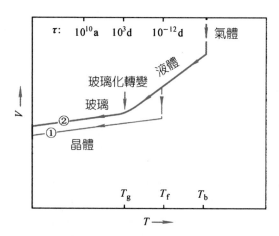

圖 17-2　原子的集合體凝聚成固態的兩種普通的冷卻途徑

路徑①是到達晶態的途徑；路徑②是到達非晶態的快淬途徑

　　長久以來，一直認為只有少量的材料能夠製備成非晶態固體，有時某些氧化物玻璃和有機高分子化合物亦稱為玻璃態固體。現在正確的觀點應該是：玻璃形成的能力幾乎是凝聚態物體的普遍性質，只要冷卻速率足夠快和冷卻溫度足夠低，幾乎所有的材料都能夠製備成非晶態固體。表 17-1 為某些非晶態固體的成鍵形式和玻璃化轉變溫度，表中有金屬、合金、氧化物和有機化合物[1]。

　　相對於處於能量最低的熱力學平衡態的晶體相來說，非晶態固體是處於亞穩態，這是正確的，但是注意，要回復到晶體相，在一般動力學是達不到的，如玻璃一旦形成就能夠保持實際上無限長的時間。在標準溫度和壓強下，石墨是穩定的熱力學相，可是亞穩的金剛石仍然可永久保存。

17.1.2　非晶的長程無序

　　徑向分佈函數是用來表徵非晶態金屬結構的。在非晶態金屬中存在短程序，有一定的最近鄰和次近鄰配位層，在徑向分佈函數中有明顯的第一峰和第二峰。由於非晶態金

屬中不存在長程序，所以在徑向分佈函數中第三近鄰以後沒有可分辨出的峰。由於空間無規分佈，單位體積平均粒子數密度為 $\bar{n}$ 的點粒子系統，徑向分佈函數可以從體積為 $4\pi r^2\mathrm{d}r$ 殼層中粒子數求得。圖 17-3 中示出晶體、非晶和氣體的典型徑向分佈函數曲線，在徑向分佈函數中，半徑 r 值大時的漸近線給出平均密度的資訊，在圖中以細虛線表示。有時以約化的徑向分佈函數 $g(r)$ 表示，r 值大時，$g(r)$ 漸近值為零。徑向分佈函數可從繞射實驗的結果經傅立葉變換求得，因此繞射實驗就成為研究非晶合金結構的重要手段。

表 17-1　某些非晶材料的成鍵形式和非晶轉變溫度[1]

玻　　璃	成　　鍵	T_g（K）
SiO_2	共價鍵	1430
GeO_2	共價鍵	820
Si，Ge	共價鍵	－
$Pd_{0.4}Ni_{0.4}P_{0.2}$	金屬鍵	580
BeF_2	離子鍵	570
As_2S_3	共價鍵	470
聚苯乙烯	聚合鍵	370
Se	聚合鍵	310
$Au_{0.8}Si_{0.2}$	金屬鍵	290
H_2O	氫　鍵	140
C_2H_5OH	氫　鍵	90
異戊烷	凡得瓦力	65
Fe，Co，Ni	金屬鍵	－

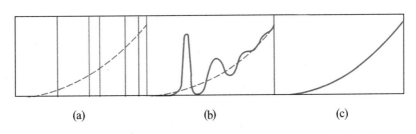

(a) (b) (c)

圖 17-3　(a)晶體；(b)非晶；(c)氣體徑向分佈函數的示意圖

　　透過 X 射線、電子或電子散射實驗的繞射資料，可算出非晶合金的原子尺度結構的一維描述。最近發展的擴展 X 射線吸收譜精細結構（EXAFS）進一步解決了散射技術的不足，後者僅描述固體中一個平均原子的周圍環境，這對元素固體是可以的，但對不同原子組成的固體，這種平均的圖像忽略了原子間的鍵合影響。圖 17-4 是 $Fe_{80}P_{13}C_7$ 非

晶的 X 射線的繞射強度，圖中還與同成分晶態合金進行對比[2]，這是典型的非晶 X 射線繞射強度曲線。圖 17-5 是非晶 Si 和晶體 Si 的電子散射強度曲線[3]。

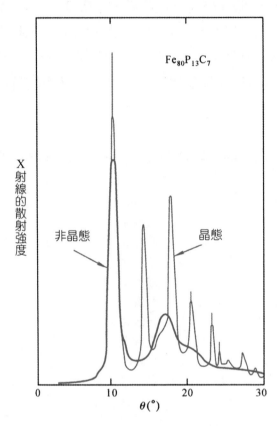

圖 17-4　金屬玻璃（粗線）和同一樣品晶化後（細線）的 X 射線散射結果[2]

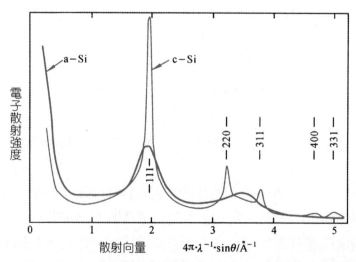

圖 17-5　非晶矽（粗線）和同一薄膜部分晶化後（細線）的電子繞射圖[3]

　　由於這種長程無序，非晶材料在光學和電學性質上都會有很大的差異，圖 17-6 是晶態、非晶態和液態 Ge 在電子激發區間的基本反射率譜[4]。液態 Ge 的低頻行為與晶態Ge和非晶Ge的行為不相同，對液態Ge，在電子能量接近零時，反射率接近 100%，而對非晶Ge和晶態Ge，反射率只有約 36%。這一點說明非晶是長程無序，短程有序。圖 17-7 為非晶 Si 和晶態 Si 介電常數的虛部，可以看出，晶態 Si 的帶是充滿結構的特徵，而非晶 Si 的帶是光滑的[5]，又證明了非晶的長程無序性，長程無序必然提高電阻率，見圖 17-8[6]。

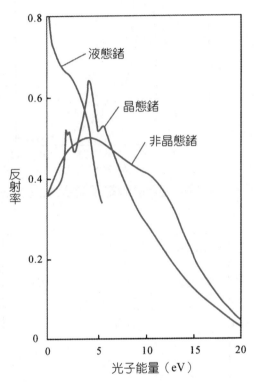

圖 17-6　晶態、非晶態和液態鍺在電子激發區間的基本反射率譜[4]

17.1.3　分子動力學電腦模擬

　　目前在電子、原子層次上的電腦模擬已經發展到一個關鍵時期。先進理論計算方法和超級電腦結合，以前所未有的細節和精度在電子、原子層次上理解材料的行為導致了一個新的交叉學科的誕生：計算材料科學。利用計算技術不僅能模擬實驗，而且可以在實際製備材料前設計新材料和預測其性質。

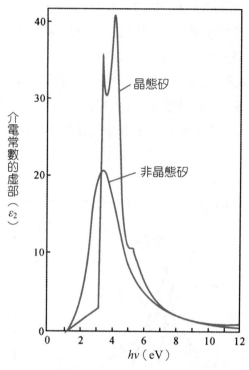

圖 17-7　晶體矽和非晶矽電子躍遷光譜的比較[5]

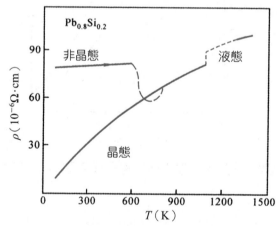

圖 17-8　金屬玻璃 $Pb_{0.8}Si_{0.2}$ 的電阻率[6]

　　分子動力學計算在材料科學中的應用，特別是在快速凝固和快速升溫過程中的相變領域取得很大發展。例如 Ni_3Al 是當代研究較多的一種金屬間化合物，目前，常規的快冷技術能達到的冷卻速率一般 $<10^7K/s$，無法使 Ni_3Al 非晶化。用計算方法就能知道在什麼情況下可非晶化，彌補實驗的不足。圖 17-9 是冷卻速率為 $4×10^{13}K/s$ 時的全雙體分

佈函數。可以看出，隨著溫度的下降，前三個峰變高，而峰谷變低，說明原子排列趨向
短程有序。模擬終態為 300 K 時，第二峰劈裂十分明顯，表明非晶形成。從圖 17-10 可
見在 R_{C1}（$4×10^{13}$K/s）和 R_{C2}（$1×10^{13}$K/s）兩種冷卻條件下，代表非晶的 1551 鍵對量佔
優勢，相反在 R_{C3}（$2.5×10^{12}$K/s）和 R_{C4}（$4×10^{11}$K/s）冷卻條件下，沒有 1551 鍵對，說
明不能形成非晶[7]。

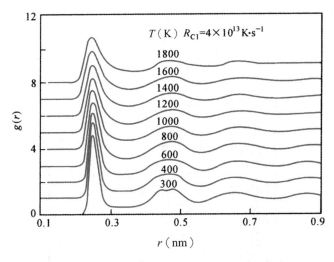

圖 17-9　快速凝固過程中 Ni_3Al 在不同溫度下全雙體分佈函數 $g(r)$ [7]

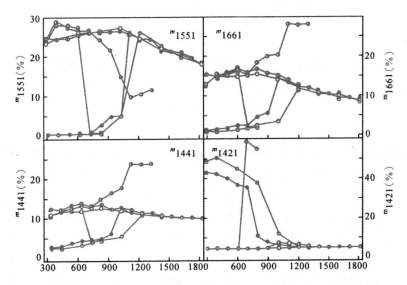

圖 17-10　Ni_3Al 中各種鍵對相對數目 m 隨溫度 T 的變化[7]

冷卻速率（$K·s^{-1}$）：○－R_{c1}－$4×10^{13}$，◐－R_{c2}－$1×10^{13}$，●－R_{c3}－$2.5×10^{12}$，◓－R_{c4}－$4×10^{11}$
加熱速率（$K·s^{-1}$）：◑－R_{h1}－$2.5×10^{12}$，☉－R_{h2}－$4×10^{11}$

又例如高壓試驗比較困難，但在近自由電子近似下，用贗勢理論可以預測高壓相穩定性，金朝暉研究了高壓時 Mg 的相變[8]。圖 17-11(a)表示常壓 Mg 以 1×10^{12} K/s 和 6×10^{12} K/s 的速率冷卻時獲得 hcp 結構，冷卻速率為 1.2×10^{13} K/s，可得到非晶結構。圖中虛線為常壓下液態 Mg 的 $g(r)$ 實驗值。在高壓（45 GPa）下，Mg 在 8×10^{12} K/s 和 5×10^{13} K/s 的冷卻速率下為 bcc 結構，冷卻速率加大至 1×10^{14} K/s 也可得到非晶結構〔圖 17-11(b)〕。表 17-2 中列出了不同狀態下的鍵對數[8]。常壓及高壓下液態和非晶結構中 1551 鍵對和 1541 鍵對較多，增加壓力導致 1551 鍵對進一步增多，1551 鍵對增多導致 $g(r)$ 第二峰的分裂。

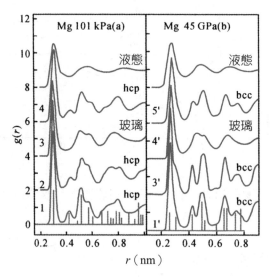

圖 17-11 (a)常壓 (b)45GPa 高壓下 Mg 的全雙體分佈函數 $g(r)$ [8]

冷卻速率（$K \cdot s^{-1}$）：1. 1×10^{12}；2. 6×10^{12}；3. 1.2×10^{13}；4. 以 1.2×10^{13} 速率冷卻後再以 1×10^{12} 速率加熱；1′. 8×10^{12}；3′. 5×10^{13}；4′. 1×10^{14}；5′. 2.5×10^{12}

表 17-2 常壓和高壓下 Mg 金屬的液態、非晶態及晶態中的典型局域原子鍵對的相對數目[8]

p（MPa）	狀 態	1551	1541	1421	1422	1431	1661	1441
	液 態	0.115	0.135	0.039	0.078	0.211	0.04	0.044
0.101	非晶態	0.178	0.224	0.095	0.116	0.216	0.044	0.026
	晶態（hcp）	0	0.052	0.459	0.330	0.04	0.002	0.008
	液 態	0.2133	0.143	0.018	0.036	0.154	0.094	0.080
45×10^3	非晶態	0.332	0.205	0.032	0.056	0.156	0.109	0.071
	晶態（bcc）	0.039	0.072	0.011	0.005	0.04	0.458	0.350

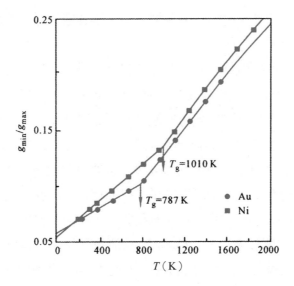

圖 17-12　Abraham 係數 g_{min}／g_{max} 與溫度的關係[9]

　　王魯紅[9]計算了 Au 和 Ni 的液態、過冷液態和固態的雙體分佈函數。雙體分佈函數與實驗結果十分接近。雙體分佈函數的第二峰劈裂是逐漸發生的，在較低的溫度下完全劈裂為兩個峰，通常認為這是非晶態的固有特徵。按照 Abraham 提出的方法確定非晶態轉變溫度 T_g（圖 17-12）。用分子動力學方法，也對 Au 和 Ni 進行計算，求得 Au 和 Ni 的冷卻速率必須分別大於 3.8×10^{13} K/s、4.0×10^{13} K/s 才能獲得非晶態，玻璃化轉變溫度分別為 787 K 和 1010 K。快速凝固過程結構變化的主要特點是二十面體序增加，動力學因素控制結構的衍化規律。過冷液態與非晶態結構的主要差別是非晶態中二十面體序更強，而過冷液態中的局域序分佈範圍廣，表現出更大的無規性。

17.1.4　非晶合金中的原子擴散

　　擴散是一種由熱運動所引起的溶質原子或基質原子的輸運過程，非晶合金中的許多重要性能與擴散有著直接的聯繫，如自擴散影響著非晶合金的黏度、應力蠕變、順磁性隨時間的變化以及電阻、內耗、晶化速度等；化學擴散（即外來物質的遷移）決定著氧化動力學、化合物的形成以及非晶擴散阻擋層的失效等，它還可被用來研究晶化動力學。非晶合金中的原子擴散除存在間隙機制和空位機制外，更多的情況下則屬於相鄰原子簇的協同運動，非晶合金中氫幾乎肯定是透過間隙機制擴散。對某些略大一些的原子，它在非晶合金中的擴散可看成是空位擴散。由於非晶合金中沒有嚴格意義上的空位，所以擴散進行過程中所涉及到的空位只是一種假定意義上的類空位，鄰近原子的協

作式運動是較大原子在非晶合金中的擴散機制，它是透過大量小的間隙的再分佈從而產生少量大的間隙來進行的。

原子在非晶合金中的擴散會受到擴散基體自身結構、化學成分、擴散原子種類等諸多因素的影響。弛豫對非晶合金擴散的影響取決樣品的製備方法，即與它的熱歷史有關。一般來說，弛豫所產生的結構變化對擴散的影響是微小的，所以測量難度很大。對那些製備過程中已經產生自弛豫的非晶合金來說，弛豫對其擴散沒有明顯影響。

塑性變形對非晶合金中原子擴散的影響可以根據自由體積的變化進行很好的解釋。塑性形變增加了非晶合金中的自由體積分數，從而促進了非晶合金中的原子擴散。在每個溫度下，擴散係數的大小按下列順序：形變態 > 淬態 > 弛豫態。輻照對非晶合金中原子擴散的影響是減小其擴散係數值。Cahn 等[10] 測量了快中子輻照前後非晶 $Ni_{64}Zr_{36}$ 中金的擴散係數。他們發現輻照減小擴散係數，儘管輻照通常增加平均原子體積。認為輻照增強的化學短程序引起的體積縮小和金擴散係數的相應減小。影響非晶合金中擴散的因素除了以上提到的之外，溶質原子濃度[11] 和環境壓力[12] 等都會不同程度的影響非晶合金中的原子擴散。

到目前已使用過的測量非晶合金中原子擴散的方法中，大多數都與離子束有關。如在最早的測定銀在非晶 $Pd_{81}Si_{19}$ 合金中原子擴散的研究中，^{110}Ag 被注入到非晶合金的淺表層下，緊接著進行擴散退火，最後用氫離子逐漸剝蝕樣品表面。銀的濃度深度曲線透過計量濺射掉物質的放射性得到。用二次離子質譜 SIMS 法仍離不開離子剝蝕，但它拋開了放射性同位素示蹤，而選用穩定同位素。用此法測定了 Al 在 $Fe_{78}Si_9B_{13}$ 非晶合金中的擴散係數，見圖 17-13[13]。不採用離子剝蝕，也可利用無損的盧瑟福背散射（RBS）方法。另一個特殊複雜的、精確的無損測試擴散係數的手段為核反應法，它是利用擴散原子與探測離子之間的核反應來進行的。

非晶合金中的原子擴散還可以藉由一系列間接方法測得，即透過測量受擴散控制或與擴散有關的物理、化學量的變化達到測量擴散係數的目的。它們共同的特徵就是不需要直接測量濃度深度分佈曲線。間接方法測量擴散係數必須具備以下條件：首先，有與原子擴散相關聯的物理或化學過程；其次，此過程可用明確的數學關係式表達出來；最後，相應的物理量和化學量可以精確測定，如透過研究非晶合金的晶化動力學、溶質遷移控制的內耗（測量氫擴散）、核磁共振線的移動窄化、多層膜的 X 射線繞射、黏滯流變以及表面偏析動力學方法等求得。如圖 17-14 為用表面偏析動力學方法測得 Si 在（Fe、Ni）$_{78}Si_{12}B_{10}$ 非晶合金中的擴散係數 [14,15]。

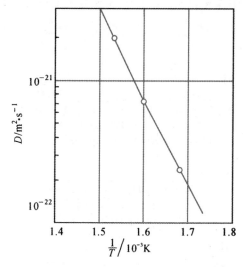

圖 17-13　Al 在 $Fe_{78}Si_9B_{13}$ 非晶合金中的擴散係數[13]

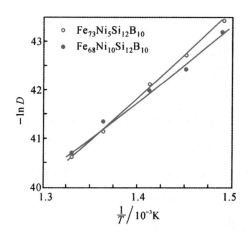

圖 17-14　Si 在 $(Fe、Ni)_{78}Si_{12}B_{10}$ 非晶合金中的擴散係數[14]

17.2　非晶合金的形成規律

17.2.1　形成非晶合金的合金化原則

　　不同金屬或合金形成非晶的能力相差甚遠，如 S 和 Se 在一定的冷卻速率下可形成非晶，一些典型的純金屬則需要大於 10^{10}K/s 的冷卻速率下才能抑制成核，形成非晶。合適的合金化能在冷卻速率小於 10^6K/s 就能形成非晶；對 $Pd_{77.5}Cu_6Si_{16.5}$、$Pd_{60}Cu_{20}P_{20}$ 和

$Pd_{56}Ni_{24}P_{20}$ 三個合金，冷卻速率低到 10^2 K/s 就能形成毫米級的大塊非晶。

目前已知對二元系合金形成非晶的幾項原則，見圖 17-15[16]。

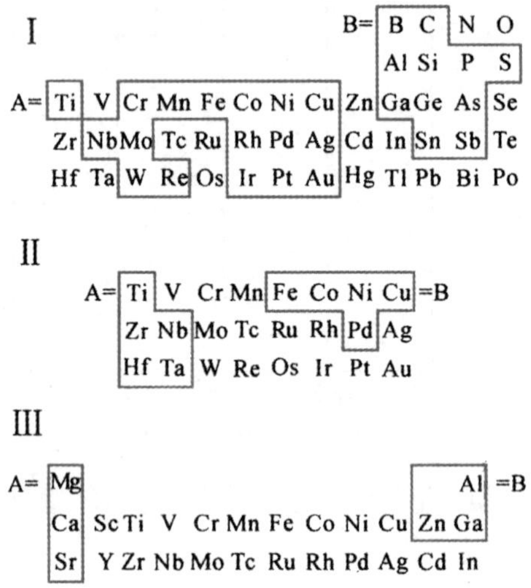

圖 17-15　三類形成 A_xB_y 非晶合金的基本組成部分[16]

(1)後過渡族金屬和貴金屬為基的合金，並含有原子分數約 20% 的半金屬（如 B，C，Si，P 等），易形成非晶合金，如 $Fe_{80}B_{20}$，$Au_{75}Si_{25}$，$Pd_{80}Si_{20}$ 等。

(2)由週期表右側的 Fe，Co，Ni，Pd 等後過渡族金屬以及 Cu 和週期表左側的 Ti，Zr，Nb，Ta 等前過渡族金屬組成的合金易非晶化，如 $Ni_{50}Nb_{50}$，$Cu_{60}Zr_{40}$ 等。

(3)由週期表ⅡA族鹼土金屬（Mg，Ca，Sr）和B副族溶質原子（Al，Zn，Ga）等組成的合金容易形成非晶合金，如 $Mg_{70}Zn_{30}$，$Ca_{35}Al_{65}$ 等。

(4)在共晶附近成分範圍內的合金易形成非晶，圖 17-16 中，6 個相圖下的長方形框中灰階部分表示易形成非晶的成分範圍，可以看出往往在共晶成分附近。

17.2.2　形成金屬玻璃半經驗判據

最初簡單的表示玻璃金屬形成能力有幾種方法：一為 $T_g／T_m$ 比值，其中 T_g 為玻璃化轉變溫度，T_m 為合金熔點，比值愈大，愈易形成非晶。處在溫度－時間轉變曲線「鼻子」處的黏度愈大，$T_g／T_m$ 愈高。二為（T_x-T_g）值，其中 T_x 為結晶溫度。（T_x-T_g）比值愈大，愈易形成非晶。從（T_x-T_g）參數值又衍生出 $K_{gl}=\dfrac{T_x-T_g}{T_m-T_x}$ 和 $S=\dfrac{(T_p-T_x)(T_x-T_g)}{T_g}$，其中 T_p 為結晶峰值溫度。K_{gl} 或 S 愈大，愈易形成非晶。三為 ΔH

和 ΔS 熱力學值，一般增加 ΔS 和減小 ΔH 能減少均質成核速率和結晶生長速率，有利於非晶的形成。同樣增加固液界面能也有同樣效果。

Marcus 和 Turnbull[17]提出一個歸一化參量 $\dfrac{\Delta T}{T_l^0}$，ΔT 為 T_l 偏離理想液相線溫度 T_l^0 的偏離量，T_l^0 值為：

$$T_l^0 = \frac{\Delta H_f^A T_m^A}{\Delta H_f^A - R\ln\left(1-x\right)T_m^A} \tag{17-1}$$

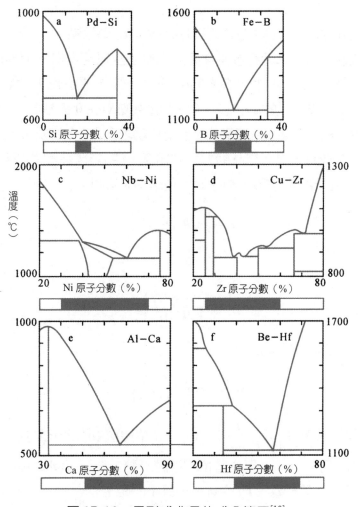

圖 17-16　易形成非晶的成分範圍[16]

（在長方框中以灰階部分表示）

其中：ΔH_f^A——溶劑金屬的熔化熱；T_m^A——溶劑金屬的熔點；x——溶質的莫耳分數。

$\dfrac{\Delta T}{T_l^0}$ 為大的正數時，表示玻璃形成能力（GFA）大。這個判據適合於預測後過渡族金屬－類金屬合金系，但對某些後過渡族金屬－前過渡族金屬合金系是不適用的，因為 $\Delta T / T_l^0$ 為負值。

Donald 和 Davies[18] 對金屬－金屬型和金屬－類金屬型的共晶合金可用下式來描述合金的 GFA：

$$\Delta T^* = (T_l^{混合} - T_l) / T_l^{混合} \tag{17-2}$$

$$T_l^{混合} = \sum_{}^{n} x_i T_m^l \tag{17-3}$$

其中 x_i 為幾個組分的合金的第 i 組分的莫耳分數；T_m 為熔點。

另外一個經驗判據是二元合金兩個組分的原子直徑至少相差 15% 以上，在週期表中族數的差至少為 5。但是有些合金系的 Δn 並不一定，要小於 5 才能容易形成金屬玻璃，例如 Be－（Ti，Zr）系的 Δn 為 2，Ca－Mg 系的 $\Delta n = 0$ 都易形成非晶態。

對非晶形成的模型或準則最關鍵的是要能成功地預言什麼成分和需要多大冷卻速率才能抑止成核。為此首先要有結晶動力學的知識。結晶分數 x 是和成核頻率 I（在單位時間 t 和單位體積中出現晶核數）和晶面生長速率 R 有關：

$$x = \frac{1}{3}\pi I R^3 t^4 \tag{17-4}$$

對均質成核：

$$I \approx N_v \exp\left(\frac{-16\pi\gamma^3 T_f^2}{3L^2 kT\Delta T^2}\right) \tag{17-5}$$

對典型的具有低熔融熵的金屬：

$$R \approx a_o v\left[1 - \exp\left(-\frac{L\Delta T}{kTT_f}\right)\right] \tag{17-6}$$

其中：v——原子跳躍頻率$\left(約為 \dfrac{D}{a_o^2}\right)$；$N$——單位體積中的原子數；$\gamma$——固液界面能；$T_f$——凝固的平衡溫度；$L$——單位體積的熔融潛熱；$k$——Boltzmann 常數；$T$——溫度；$\Delta T$——過冷度（等於 $T_f - T$）；a_o——原子間距。

利用上面 3 個方程式，可以得到圖 17-17。從該圖可以預測冷卻速率要多大才能形成非晶。

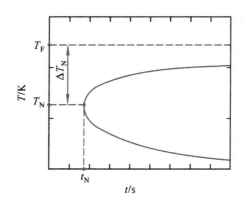

圖 17-17　預測開始結晶的溫度－時間圖

(T_F 為凝固溫度，T_N 為成核溫度)

　　柳百新作了系統的離子束混合實驗來考察元素的晶體結構、原子尺寸和電負度對非晶形成能力的影響。建議用特徵參數最大可能非晶化範圍（MPAR）作為非晶形成能力的度量，MPAR 等於 100%（合金全成分）減去平衡相圖兩端最大固溶度。MPAR 越大，非晶態合金可能在更寬的成分範圍內獲得[19]。柳百新又提出用兩個特徵參數 ΔH_F － MPAR 的定量配合來預言非晶形成能力。圖 17-18 是 ΔH_F － MPAR 圖，歸納了共 54 個二元金屬系統中的實驗結果。發現(a)MPAR＜20% 的系統中是很難獲得非晶態合金的；(b) MPAR＞20% 的系統是可能獲得非晶態合金的；(c)當 MPAR＞65%，同時 ΔH_F＜0 的系統中，非晶態合金能在較寬的成分範圍內獲得，亦即非晶化是容易的。並由此建議根據非晶形成能力的不同，把二元合金系統劃分為三類：很難、可能和容易形成非晶的系統[20]。

　　柳百新等人首先指出了多層膜中界面的重要作用並估算了界面自由能。計算結果表明：對於 ΔH_F＞0 的系統，界面能隨界面原子份額的增加而增加，使多層膜的初始能態升高而與非晶態呈凸形的自由能曲線相交割，因此使靠近組元兩側的成分範圍內非晶化成為可能。進一步提高界面份額可以使多層膜初始能態完全超過非晶態，因此在自由能最高的中心成分附近也可能獲得非晶合金。這些都已用實驗作了證實。而對於 ΔH_F＜0 的系統，界面能對合金化的影響是很小的，因此建立了同時適用於 ΔH_F＜0 和 ΔH_F＞0 的二元金屬系統中多層膜離子束混合形成非晶合金的熱力學模型[21]。

　　范國江等[22,23]提出一個辯證的觀點，在機械合金化製備非晶中，機械球磨非晶條帶可以產生兩種作用，一是破壞短程序可減少成核數，一是產生自由體積可加速晶體生長。二種機制的競爭決定了非晶 $Fe_{80}B_{20}$ 合金的熱穩定性。證明低能球磨可提高其熱穩定性，低能球磨時間的延長增加 $Fe_{80}B_{20}$ 非晶合金的結晶溫度 T_p、結晶潛熱 ΔH 和結晶

啟動能，見表 17-3。把 Al 粉（200 目，99.9%）和 Ti 粉（360 目，99.9%）用機械合金化方法合成 $Ti_{100-x}Al_x$ 合金，發現 $x \geq 64\%$ 生成 Ti（Al）過飽和固溶體；$x \leq 28\%$ 生成 Al（Ti）過飽和固溶體；只有在 $29\% < x < 63\%$ 時生成非晶合金，見圖 17-19[24]。

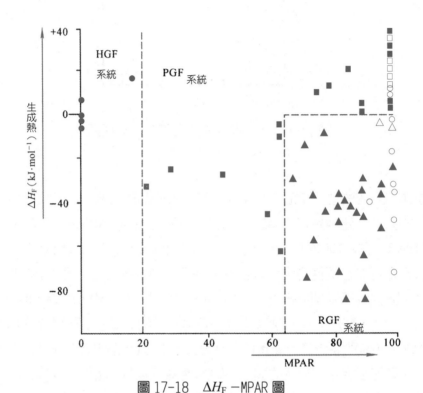

圖 17-18　ΔH_F —MPAR 圖

表示二元金屬系統按照非晶形成能力而劃分為三類：▲ 容易（RGF），■ 可能（PGF），● 很難（HGF）形成非晶的系統[20]

表 17-3　低能球磨時間對 $Fe_{80}B_{20}$ 非晶合金結晶溫度、潛熱和啓動能的影響[23]

球磨時間（h）	T_p（K）	ΔH（4·142J·g^{-1}）	E_x（eV）
0	751.8	128.3	2.78
5	752.4	128.0	2.81
10	754.3	135.7	2.95
20	755.4	140.9	3.01
40	755.6	143.7	3.06

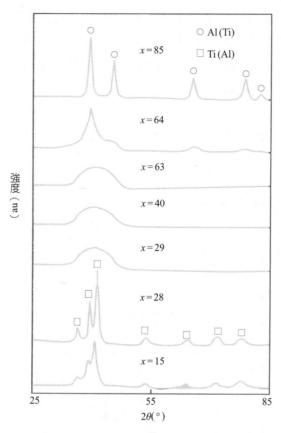

圖 17-19　機械合金化法製成的不同 Ti_xAl_{100-x} 合金的 X 射線繞射圖[24]

17.2.3　熱力學 T_0 線判據

Baker 和 Cahn[25] 對熱力學 T_0 線曾作過精闢的分析，對分析非晶合金的形成有重要意義，在二元相圖上 T_0 線是液相莫耳自由能（G_L）和固相莫耳自由能（G_S）相等時的軌跡線，即 $\Delta G = 0$。在相圖上 T_0 線一定是在液相線和固相線之間。這條 T_0 線標誌著無擴散凝固時液相組成和溫度的最高極限。T_0 線可以透過合金熱力學的運算求得。

快速凝固時，T_0 線也像固相線和液相線一樣延伸，如圖 17-20 所示[26, 27]。(a)圖中的 T_0 線是(b)圖中 G_L 和 G_S 線相交點的軌跡。不同的 G_S 線會得到不同的 T_0 線，如圖中的 T_{0I} 和 T_{0II} 線，對 T_{0I} 可得到連續的亞穩相固溶體；相反地，對 T_{0II} 不可能獲得連續的亞穩相固溶體。

現在再來舉幾個實例進行討論。圖 17-21(a)為 Ag−Cu 系，其 T_0 是一個連續曲線，因此它能在快速凝固下生成連續固溶體 α[27]。圖 17-21(b)中兩條 T_0 線相切，如 Al−Al_6Fe 系，此時不能形成連續固溶體，圖 17-21(c)中兩條 T_0 線不連續又不相切，如 $Pd_{73}Si_{12}$

$Cu_{15}-Pd_9Si_2$ 系，這標誌著在一個很大成分範圍內，不能無擴散凝固。從圖 17-22 可看出[28]，如合金成分不能和 T_0 線相切就不可能進行無擴散凝固或無分配凝固。由於液相向固相轉變延伸到很低溫度，無法結晶，在這種情況，很容易生成非晶合金。在圖 17-21(c)上標出凝固速率大到一定值後，生成非晶。

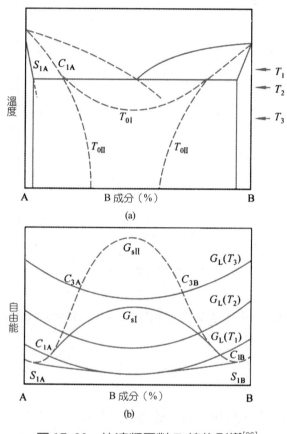

(a)

(b)

圖 17-20　快速凝固對 T_0 線的影響[26]

(a) T_0 線在相圖上的延伸；(b) 不同 G_s 得到不同 T_0

17.2.4　高壓下非晶合金的形成

　　自從非晶發現以來，人們一直嘗試去製備大塊狀的非晶，以使非晶的優良性能得到更好的應用。一類方法是使晶體的能量升高，在較低的溫度（低於其相應的非晶晶化溫度）向非晶自發轉變。高壓下固態反應非晶化便是典型一例，高壓導致了高能亞穩新晶相的形成，其能量比非晶相還高，在室溫下便會自動轉變或分解而成為非晶；另一類方法便是設法把無序狀態過程（如液態）凍下來，像氣相沈積、熔體急冷等。前人的工作

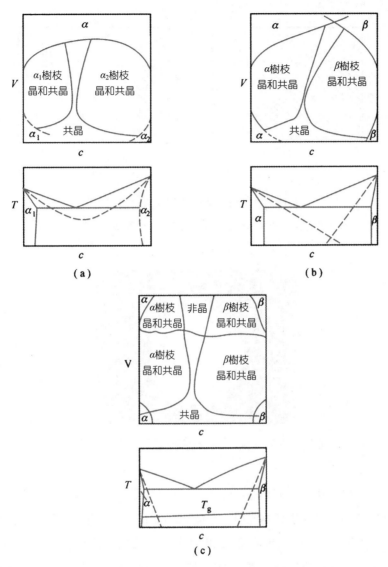

圖 17-21　三種不同形狀的 T_0 線圖[28]

出發點是使原子來不及移動從而不能長程擴散，達到了保持熔體狀態結構形成非晶的目的。但是要使原子來不及移動，必須有很高的冷卻速率，這便決定了熔體急冷、氣相沈積不能得到大塊非晶。高壓正是實現這種目的的一種十分有效的手段，由於壓力的引入，原子間隙減小，原子難以擴散，更不用說長程擴散，這就使得整個無序狀態更易保留下來成為可能，從而形成一大塊的非晶合金。

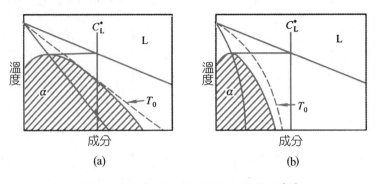

圖 17-22　無分配凝固的必要條件[28]

(a)成分切過 T_0 線，能無分配凝固；(b)成分未切過 T_0 線，不能無分配凝固

圖 17-23　$Cu_{60}Ti_{40}$ 非晶的電子繞射照片[29]

　　李冬劍研究了 Cu-Ti 非晶合金的形成。$Cu_{60}Ti_{40}$ 從 5.5 GPa、1573 K，以 300 K/s 冷卻後，對試樣的 X 射線分析結果表明 $Cu_{60}Ti_{40}$ 合金已基本上轉變為非晶。圖 17-23 為 $Cu_{60}Ti_{40}$ 非晶的電子繞射照片，明顯為一非晶環[29]。當 $Cu_{60}Ti_{40}$ 從 5.5 GPa、1573 K，以 50 K/s 速率冷卻時，還能看到有微量的非晶峰存在。說明，在同樣的壓力下，冷卻速率越快，高溫無序態（熔態）就越容易保存下來。當 $Cu_{60}Ti_{40}$ 從 5.5 GPa、1373 K，保溫保壓 5 min 後，以 300 K/s 冷卻時，亦得到部分的 $Cu_{60}Ti_{40}$ 非晶，其非晶漫散峰也特別明顯，在 3GPa 下從 1473 K 以 300 K/s 壓淬下來後的 X 射線繞射圖譜，已全為晶相，說明高壓下熔態淬火是存在臨界壓力的，當低於此臨界壓力時，便不可能得到非晶相。對於$Cu_{60}Ti_{40}$合金來說，以 300 K/s 冷卻時，其臨界壓力介於 3～4 GPa 之間。在 Cd-Sb 系我們證實在高壓下熔態淬火也能獲得非晶合金，見圖 17-24[30，31]。在 9 GPa 下將試樣加熱至 670 ℃，保持 5 min，用液氮以 10^2 K/s 快冷至室溫。圖 17-24a 為原始 $Cd_{43}Sb_{57}$ 晶體的 X 射線繞射曲線。圖 17-24 b 至 f 分別在室溫保持 12 h，24 h，36 h，48 h 和 60 h 後的高壓亞穩相。高壓快冷後形成 γ 亞穩相，為一簡單六方結構，a 為 0.3182 nm，c

為 0.2939 nm。隨著時間的延長，γ 亞穩相逐漸消失，見圖 17-24 b 至 e。到 60 h 後全部變為非晶相（圖 17-24 f）。

壓力對熔體黏度和密度有作用[32]。如熔體在常壓下的黏度為 η_0，則在壓力 p 下的黏度為：

$$\eta(p) = \eta_0 \exp[(E + pVN_A) / kT] \tag{17-7}$$

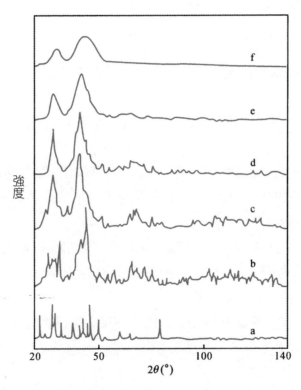

圖 17-24　$Cu_{43}Sb_{57}$ 合金高壓亞穩相的 X 射線繞射圖（CuK_{α}）[30,31]

a：原始晶體；b～f：高壓亞穩相在室溫分別保持 12 h，24 h，36 h，48 h 和 60 h

其中 E 為黏滯流變啟動能；V 為體積；N_A 為亞佛加厥常數；k 為 Boltzmann 常數，T 為熱力學溫度。熔體的黏度隨著壓力的增加而增加。固體的黏度也是隨著壓力的增加而增加，但是，固體的體積隨壓力的變化不如熔體的大。因此，雖然常壓下固體黏度要遠大於熔體，但熔體黏度隨壓力的增加卻比固體要快得多。所以熔體和固體的黏度隨壓力的變化曲線存在一交點，此處壓力即為臨界壓力 p_c。同樣，熔體和固體的密度亦存在類似的關係。在常壓下，熔體的密度比固體的要小，此時熔體體積是膨脹的；當壓力上升時，熔體的密度與固體的一樣要上升，但是，熔體密度上升的速度比固體的要快得多。

　　當熔化溫度隨壓力的上升而下降，即 $T-p$ 相圖上的熔化曲線斜率為負值時，凝固過程為體積膨脹過程，壓力將抑制原先的從熔態恢復到初始晶態的轉變，而促使液體無序狀態在室溫保存下來。高壓下熔態淬火形成非晶的條件同樣為那些具有斜率為負的熔化曲線的體系。必須高於臨界壓力，熔化溫度方能隨壓力的上升而下降，因此非晶的形成能力取決於臨界壓力的大小。壓縮率大的體系臨界壓力小，非晶容易形成；而壓縮率小的體系臨界壓力大，非晶相難以形成。

　　高壓下玻璃化溫度 T_g 與壓力也有很大關係[33]：

$$T_g = T_g^* [E + W + pVN_A] / [E^* + W^*] \tag{17-8}$$

其中：T_g^*——常壓下的玻璃化溫度；W^*——常壓下形核位能障；W——壓力 p 下形核位能障。

　　由式（17-8）可見，由於 $W^* \ll E^*$，可以粗略地看出 T_g 是隨著壓力的升高而升高的。

　　⑴對於 $\Delta V_f = V_L - V_S > 0$ 的體系，$dT_m / dp > 0$，其熔點 T_m 是隨 p 的上升而升高的，因而，雖然 T_g 是隨壓力的上升而升高，但是 T_g / T_m，作為非晶形成能力的判據，基本上隨壓力的變化而只發生很小的變化。

　　⑵對於 $\Delta V_f = V_L - V_S < 0$ 的體系，$dT_m / dp < 0$，其熔點是隨壓力的增加而下降的，而此時，T_g 依然隨壓力的增加而升高，兩個原因的結合導致了 T_g / T_m 的升高，結果非晶形成能力增強，促使了非晶的形成。

　　由此可見，$\Delta V_f = V_L - V_S < 0$ 的體系，能夠在壓力下從熔態淬火形成非晶，有利於非晶的形成，而且 $|\Delta V_f|$ 越大，所需要的壓力越小，也越易形成非晶。

17.3　非晶材料製備技術

　　製備非晶材料的方法有下列幾類：

　　1. 液態快冷

　　　　⑴熔液急冷法　　　　　　　　⑵霧化法

　　　　⑶雷射熔凝法

　　2. 純熔液大過冷

　　　　⑴乳化液滴法　　　　　　　　⑵熔劑法

　　　　⑶落管法

3.物理和化學氣相沈積

　(1)蒸發法　　　　　　　　　(2)濺射法

　(3)雷射化學氣相沈積法　　　(4)電漿激發化學氣相沈積法

4.輻照

　(1)離子轟擊法　　　　　　　(2)電子轟擊法

　(3)中子輻照法　　　　　　　(4)離子注入法

　(5)離子混合法

5.化學

　(1)氫化法　　　　　　　　　(2)電沈積法

　(3)化學鍍法

6.機械

　(1)高能球磨法　　　　　　　(2)機械合金法

7.反應

　(1)固態反應法　　　　　　　(2)固溶體分解法

8.高壓

下面我們選幾種製備非晶材料的主要方法加以描述。

17.3.1　熔液急冷法

　　熔液急冷法的示意圖見圖 17-25，其中(a)，(b)，(c)，(d)分別為錘砧法、單輥法、懸滴紡絲法和雙輥法，都是屬於熔液碰到金屬冷表面而快速凝固。用這種方法，液流可以噴到輥輪的內表面或外表面。單輥法又可分為兩種：一種是液流自由噴射到轉動的輥輪上，一種是平面流鑄造法。後者把金屬液容器放得十分靠近輥輪面上，熔池同時直接接觸噴口中的液流和轉動的輥輪，這種方法可阻尼液流的擾動，改善條帶的幾何尺寸精度，反過來又保證在條帶的不同部位處於相同的冷卻速率，從而獲得均勻的組織。

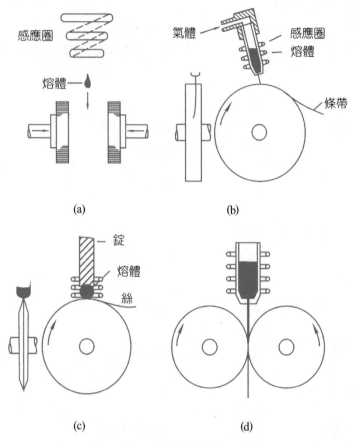

圖 17-25 熔液急冷法示意圖

(a)錘砧法；(b)單輥法；(c)懸滴紡絲法；(d)雙輥法

根據傳熱機制，單輥法的界面傳熱係數是一個重要參數，可達到 10^6 N ／（m^2·K），可估算單輥法的固液界面前進速度約 1 m/s。冷卻速率主要依賴於條帶的厚度，見式（17-9）。一般情況下冷卻速率可達 $10^5 \sim 10^6$K/s。

$$\dot{T} = \frac{h\,(T - T_0)}{l\rho C} \tag{17-9}$$

其中：$\dot{T}$——冷卻速率；h——界面傳熱係數；T——熔液溫度；T_0——輥輪溫度；l——條帶厚度；ρ——金屬密度；C——金屬熱容量。

17.3.2 霧化法

圖 17-26 為霧化法的示意圖。在亞音速範圍內，克服液流低的切阻，變成霧化粉

末，對高性能易氧化材料往往用氬氣霧化法，但氣體含量仍高，一般高溫合金的含氧量在一、二百個 $\mu g/g$。冷卻速率也不高，在 $10^2 \sim 10^3 K/s$。粉末品質不高主要因為有較高的氣孔率，密度較低，粉末顆粒有衛星組織，即大粉末顆粒上黏了小顆粒，使組織不一致，篩分困難，增加氣體玷污。後來又發展氦氣下強制對流離心霧化法，使冷卻速率提高至 10^5 K/s。在氦氣下可比在氬氣下獲得大一個數量級的冷卻速率。目前又發展到超音霧化法，它是採用速度為 $2 \sim 2.5$ 馬赫和頻率為 $20,000 \sim 100,000$ Hz 的脈衝超音氬氣或氦氣流直接衝擊金屬液流，從而獲得超細的霧化粉末。其原理是利用一個帶錐體噴嘴的 Hartmann 激波管，超音波在液體中的傳播是以駐波形式進行的，在傳播的同時，形成週期交替的壓縮與稀疏，當稀疏時在液體中形成近乎真空的空腔，在壓縮時空腔受壓又急劇閉合，同時產生幾百個 MPa 的衝擊波，把熔液打碎。一般是頻率愈大，液滴愈小，冷卻速率可達 10^5 K/s。表 17-4 為不同霧化工藝的冷卻速率和粉末品質。冷卻速率的計算式為：

$$\dot{T} = \frac{3k\,(T-T_0)}{l\rho r} \tag{17-10}$$

其中 r 為液滴半徑。

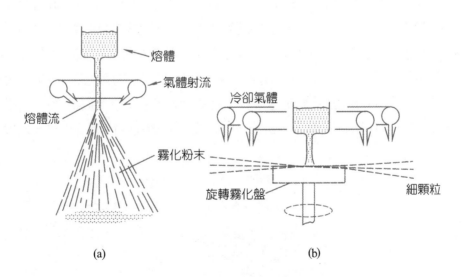

圖 17-26　霧化法示意圖

(a)氣體霧化法；(b)旋轉盤霧化法

表 17-4　不同霧化工藝的冷卻速率和粉末品質

工　藝	粉末粒度（μm）	平均粒度（μm）	冷卻速率（$K \cdot s^{-1}$）	包裹氣體	粉末品質
亞音速霧化	<1 至 >500	50～70	$10^0 \sim 10^2$	有	球形，有衛星
超音速霧化	1～250	20	$10^4 \sim 10^5$	無	球形，衛星很少
旋轉電極霧化	100～600	200	10	無	球形，無衛星
離心霧化	1 至 >500	70～80	10^5	無	球形，衛星很少
氣體溶解霧化	1 至 >500	40～70	10^2	無	不規則，有衛星
電流體動力學霧化	$10^{-3} \sim 40$	$10^{-1} \sim 10^{-2}$	$10^7 \sim 10^8$	無	球形，無衛星
電火花剝蝕霧化	$10^{-3} \sim 75$	$10^{-1} \sim 10^{-2}$	$10^7 \sim 10^8$	無	球形，無衛星

17.3.3　雷射熔凝法

圖 17-27 為雷射熔凝法的示意圖。這種技術是以很高能量密度的雷射光束（約 10^7 W/cm²）在很短的時間內（$10^{-3} \sim 10^{-12}$s）與金屬交互作用，這樣高的能量足以使金屬表面局部區域很快加熱到幾千度以上，使之熔化甚至氣化，隨後藉尚處於冷態的金屬的吸熱和傳熱作用，使很薄的表面熔化層又很快凝固，冷卻速率可達 $10^5 \sim 10^9$K/s。以用脈衝固體雷射器為例，當脈衝能量為 100 J，脈衝寬度為 2～8 ms 時，峰值功率密度可達 400～1700 kW/cm²。若是 2 kW 輸出的連續雷射器，功率密度可達 70 kW/cm²。新的方向是進一步縮短脈衝寬度至皮秒級。另外已有雷射轉鏡掃描，使寬度達到 20 mm 左右。

提高雷射快速熔凝冷卻速率的最重要兩個因素是增大被吸收熱流密度和縮短交互作用時間，用 10^{-12} s 的雷射脈衝快速熔凝，就能獲得非晶矽，粗略地說，被吸收熱流密度增加十倍或交互作用時間減小一百倍，都相當於使熔池深度減小十倍，凝固速率增加

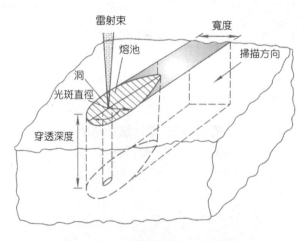

圖 17-27　雷射熔凝法示意圖

十倍，液相中溫度梯度提高十倍和冷卻速率提高一百倍。

如果雷射吸收長度小於熱擴散距離，則熱源成為表面熱源，冷卻速率近似為：

$$\dot{T} = \frac{(1-R^*)\ I_0}{\rho C\ (2\alpha_s t_\rho)^{\frac{1}{2}}} \tag{17-11}$$

其中：R^*——雷射到金屬表面的反射率；I_0——雷射功率輸出；α_s——熱擴散率；t_ρ——脈寬。

如果雷射吸收長度大於熱擴散距離，此時可忽略熱擴散的作用，冷卻速率近似為：

$$\dot{T} = \frac{2\alpha_s\ (1-R^*)\ I_0 a^3 t_\rho}{\rho C} \tag{17-12}$$

其中：a——吸收係數。

圖 17-28 為雷射快速熔凝時，冷卻速率、熔化表層厚度和被吸收功率密度之間的關係[34]。規律是一樣的，熔化表層愈薄，冷卻速率愈大；被吸收功率密度愈高，冷卻速率也愈大。

注意不同雷射光束對同一材料不同狀態的吸收係數是不一樣的，見圖 17-29，紅寶

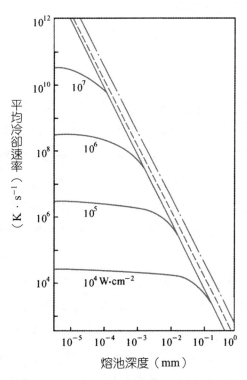

圖 17-28　雷射速熔表層急冷時，冷卻速率、熔化表層厚度和被吸收功率密度之間的關係[34]

——表面開始氣化；————Fe 濺射至 Cu 上；—·—Ni 的理論最大值

石雷射和釹玻璃雷射在非晶矽、晶體矽和液態矽中的吸收係數有很大差別[35]。

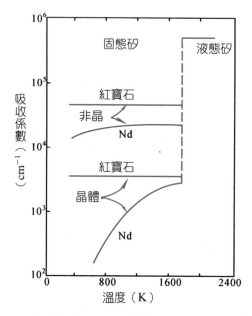

圖 17-29　紅寶石雷射（λ＝0.69μm）和釹玻璃雷射（λ＝1.06μm）在非晶矽、晶體矽和液態矽中的吸收係數與溫度的關係[35]

17.3.4　乳化液滴法

　　加大冷卻速率的途徑之一是加大過冷度。均質成核比非均質成核需要更大的過冷度，傳統認為最大過冷度為金屬熔點絕對溫度的 20%左右，利用乳化液滴法可以大幅度提高至 30%～40%，並希望今後最大過冷度能達到金屬熔點熱力學溫度的三分之二。圖 17-30 為該方法的示意圖[36]。使液滴瀰散分佈在一種溶液中，對高純金屬只是極少液滴中含有成核劑，因此可以造成很大的過冷度，決定過冷度的主要因素之一是顆粒大小。如 Sn 的平均液滴直徑為 275μm，過冷度為 48 ℃；如平均液滴直徑降至 4μm，過冷度升高至 187 ℃。

　　Flemings 等[36] 把 Sn－Pb 合金放在聚苯醚乳化劑中，這種乳化劑的沸點很高，可達 520 ℃。另外在乳化載體中加入幾滴氧化劑，使液滴不致黏合，常用的是苯二甲酸或有機過氧化物，加入量大約為 1 g 金屬配比 0.05 g 苯二甲酸，把合金加熱至高於熔點 25 ℃，在氬氣下攪拌 40 min，攪拌器轉速為 4000 r/min，把熔化了的合金在載體中打碎成 2～30 μm 的液滴，一般 1 g 金屬和 5 ml 乳化載體配比，可把金屬打成 10^8 個直徑為 5～30 μm 的液滴。

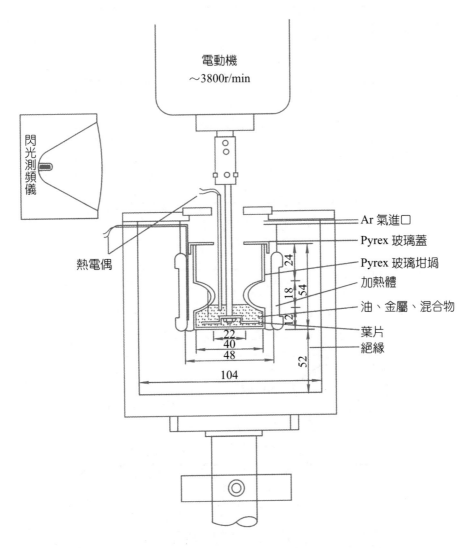

圖 17-30　用液滴乳化法研究低熔點合金過冷度的裝置圖[36]

17.3.5　機械法

　　用高能球磨機進行研製非晶的研究，可使 Se 非晶化，用五個 9 純度的晶體 Se，在氫氣下（0.8ml/s），球與金屬質量比在 10 的條件下球磨 5h 就轉變成非晶 Se。如果球磨罐在乾冰、乙醇和液氮的混合物中，溫度控制在−100±5℃，Se 只要經過 2h 球磨就能轉變成非晶態，見圖 17-31[37]。

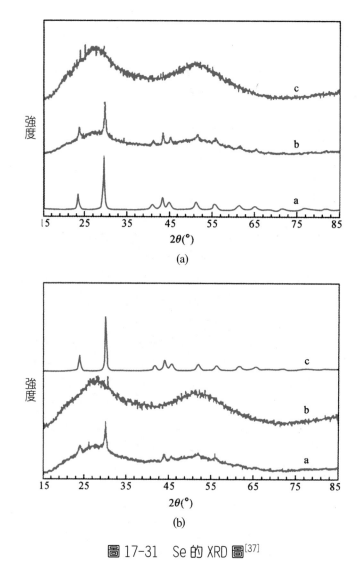

圖 17-31　Se 的 XRD 圖[37]

(a)在室溫球磨，其中 a－0 h，b－2 h，c－5 h 球磨；(b)在－100 ℃球磨，其中 a－1 h，b－2 h，c－2 h 球磨試樣再經 DSC 試驗

　　沈同德[38]等把 Ge 和 S 粉末機械球磨，也能生成 $Ge_{1-x}S_x$（$x = 0.61$，0.67 和 0.72）的半導體非晶合金。以 Ni－Nb 系合金為例，在 1000 ℃時，在 Nb 中可固溶原子分數為 3.5% 的 Ni，在 Ni 中可固溶 4.2% 的 Nb，機械合金化後，都可擴展至 10%。對 Ni_xNb_{1-x} 合金，在 $0.20 < x < 0.79$ 成分範圍內，都可透過機械合金化形成非晶[39,40]。另一個合金系為 Ni_xZr_{1-x}，在 $0.24 < x < 0.85$ 範圍內，都可透過用機械合金化方法製得非晶[41]。

　　形成非晶的驅動力可以認為有兩個，一是當成分移向非計量時自由能的急劇升高，一是提高缺陷濃度。另有一種適合薄膜擴散偶法的判據，即兩種純金屬要形成非晶，必須要有一個很大的負混合熱以及彼此間擴散有大的差別，在機械合金化法中也適用。有

些合金在非晶形成前，先形成一種金屬間化合物，然後再轉化為非晶，如 $Nb_{75}Ge_{25}$ 合金和 $Nb_{75}Sn_{25}$ 合金，是透過形成 A15 結構的 Nb_3Ge 或 Nb_3Sn，最後形成非晶。對用 Cu、Ni 和 P 粉機械合金化製 $Cu_{71}Ni_{11}P_{18}$ 三元系非晶合金，球磨第一階段是粉末顆粒的進一步細化和發生互擴散，在中間階段生成 Cu_3P 金屬間化合物，但不生成 Ni_3P，由於反應啟動能較 Cu_3P 高，第三階段 Cu_3P 和 Ni 進一步合成 $Cu_{71}Ni_{11}P_{18}$ 非晶合金。

　　許多負混合焓較大的二元系像 Fe–Nb、Cu–Ti 和 Ti–Fe 系，都可以用球磨法製備成非晶，而較小的體系如 Cu–Fe、Ti–Nb 和 Cu–Nb 系則難以用球磨法製備成非晶。二元金屬混合粉透過機械合金化形成非晶合金必須滿足兩個條件：①二者具有大的負混合焓，②其中一種在另一種金屬中是快的擴散元，前者為非晶化反應提供了驅動力，而後者保證了非晶相的形成速率。婁太平等[42]做了一個有趣的試驗，他們把 $Cu_{60}Ti_{40}$ 和 $Fe_{50}Nb_{50}$ 兩種非晶合金的混合體球磨時很快晶化為奈米結構的固溶體，但是按 38.4 Cu–25.6Ti–18Fe–18Nb 原子配比混合，在球磨初期就形成非晶，因為前者兩個非晶合金都已釋放出其能量，因此混合焓負值很小，不利於非晶的形成，後者不同，整個 4 種金屬的混合體系的混合焓的負值較大，因而具有較大的驅動力，有利於非晶的形成。

　　與機械合金化方法類似的反覆多道次粉末軋製法對有些合金系也能製成非晶合金，見圖 17-32[43]。如 Ag–70%Cu（原子分數）合金經 7 次反覆軋製後已開始形成非晶，如反覆軋製 30 道次後，X 繞射曲線上的非晶包更明顯。沈同德等反覆冷軋 Ni／Ti 包覆粉末再加上恒速升溫退火，能形成非晶相[44]。

17.3.6　固態反應法

　　除了熔體快速凝固方法製備非晶合金外，透過不同金屬的固態互擴散反應（低於熔點）也有可能形成非晶材料。如 Au 和 La 的多層膜在 125 ℃以下退火，其產物為非晶合金，透過固態反應生成非晶合金的基本條件是非晶態比相應的亞穩晶態相的自由能要低，這是非晶化的熱力學驅動力。

　　固態反應非晶化與熔體快速凝固相比有以下特點：

(1)形成非晶合金的成分範圍更寬；

(2)不受體系組元熔點和互溶性的限制。

　　固相反應方法越來越多地被用來製備非晶合金，由於它不受冷卻速率的限制，因而為製備大塊非晶合金提供了可能性。形成非晶的機制是由原子擴散控制的。形成非晶合金的動力學前提是：組成元素在形成非晶合金的過程中，彼此之間存在較大差值的擴散係數，即其中一組元在另一組元中有異常快的擴散係數，而另一組元在此組元中的擴散

則相當的慢。

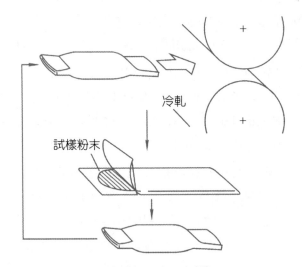

(a)反覆粉末軋製法[43]

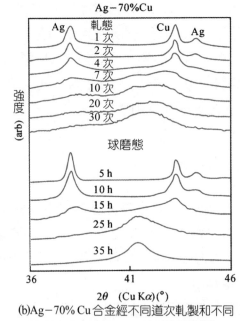

(b)Ag−70% Cu合金經不同道次軋製和不同
時間球磨後試樣的 X 射線繞射圖[43]

圖 17-32

　　固相多晶薄膜互擴散反應的主要研究最初集中在半導體積體電路的金屬化上。為了
使半導體積體電路具有良好的穩定性和使用壽命，必須弄清使用過程中金屬化薄膜之間
的化學反應和互擴散。和一般體相材料不同，固相多晶薄膜內部具有高密度的晶界和位

錯，因而它們之間的互擴散和化學反應也比較特殊，通常在低溫情況下就可以發生。近些年來，隨著亞穩材料研究熱的興起，利用固相多晶薄膜互擴散反應製備非晶等亞穩材料的研究方興未艾，大量的研究正在不斷地展開。Schwarz 和 Johnson[45] 最先發現 Au－La 多晶薄膜經真空退火處理後，可以進行固相反應從而形成亞穩非晶合金。固相反應方法（這裏主要指薄膜互擴散）除了可被用來製備非晶合金外，還可以被用來在理論上模擬其它固相反應（如機械球磨）的熱力學條件和動力學過程。

17.3.7　輻照法

以電子束代替雷射輻照時，有時也能形成非晶合金。電子束流與基材的原子核及電子發生交互作用，與核的碰撞基本上屬於彈性碰撞，因為兩者質量差別太大，同時運動方向也發生了很大變化，因此能量傳送主要是透過與基材的電子碰撞實現的。與雷射輻照情況相似，傳給電子的能量很快以熱能的形式傳給了點陣原子。假定加熱過程可近似地認為是準絕熱的，因此熱導效應已忽略不予考慮。溫度分佈曲線遵從基材內部的電子能量損失曲線。

能量的最大值出現在某一深度處，其深度隨電子能量增加而增加，分佈寬度也隨電子能量增加而增加。用雷射輻照時，對於均勻介質，最大能量沈積發生在表面，而且表層結構對吸收和反射非常敏感。用電子束輻照時，能量沈積只依賴於入射能量，還與基材原子序數有關。

圖 17-33 示出了金屬脈衝加熱時電子與雷射光束之間的三點最主要的差別[46，47]。對於 Al 來說，紅寶石雷射（$\lambda = 0.69\,\mu m$）與 10～50 keV 電子束輻照之間的主要差別在於所得到的冷卻速率不同〔圖 17-33(c)〕。這個差別直接來自於能量吸收深度的不同〔圖 17-33(b)〕。對於具有 50ns 典型脈衝寬度及約 $1\,\mu m$ 能量吸收深度的電子束來說，即用 20 keV 電子束輻照 Al，其淬火冷卻速率主要是由能量吸收深度控制的。這一深度確定了固體中的熱梯度和熱離開此區所需的時間。在凝固剛結束時固相的冷卻速率也是類似的。對於給定的材料來講，較短的脈衝寬度實際上並未導致較快的冷卻速率，除非使能量吸收深度淺。能量吸收深度也控制著脈衝電子束所形成的最小熔化深度。熱流計算表明，對於 50 ns 和 1.5 J/cm² 的脈衝，可得約 $2.6\,\mu m$ 的熔化深度和約 500 ns 的熔化時間，再凝固界面速率約為 8 m/s。

總結電子束輻照和雷射輻照的主要區別是：

(1)電子束輻照的熔化層較厚；

(2)電子束能量沈積範圍較雷射能量沈積範圍大；

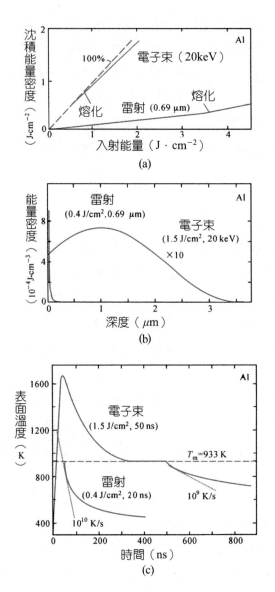

圖 17-33　用電子束（20 keV）或紅寶石雷射器對 Al 脈衝加熱的比較[46~48]

(a)入射能量吸收的百分率；(b)吸收能量密度與深度的分佈曲線；(c)計算的表面溫度

(3)電子束輻照時的液相溫度較雷射輻照的低，因而溫度梯度也小；

(4)電子束輻照的冷卻速率較慢；

(5)電子束輻照的再生長速度較低，一般較雷射輻照的至少低一個數量級。

　　離子束輻照已用在金屬的脈衝加熱。離子束的能量吸收分佈曲線在定性上和電子束的類似。典型的情況是，在最初的幾微秒內能量的吸收近似呈高斯分佈。再者電子束和離子束均將其能量存於電子激發和晶格激發之中，而離子束進入晶格激發的能量百分率

比較大。與之相反,雷射光束起初將其能量儲存於電子中,在表面處具有最大的強度,並隨著深度成指數降低。

離子束輻照時,離子將能量傳給原子核和電子,哪一個傳送佔優勢,取決於離子速度、轟擊粒子及基材原子的原子序數和原子質量。離子束輻照也可在短時間內在基材表面層內沈積能量,可使表層熔化[48]。

用三十萬電子伏的質子束轟擊矽所沈積的能量分佈曲線如圖 17-34 所示。從試樣表面到粒子達到的深度約 2.5 μm 範圍內,沈積能量分佈得相當均勻[35]。

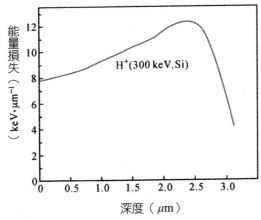

圖 17-34　用 300 keV 質子束轟擊 Si 時的能量分佈曲線[35]

17.4　非晶合金的應用

科技人員對非晶合金的重視在很大程度上是因為這類材料在很多方面具有優異的各種性能和重要的應用前景。最早的推動力起源於某些非晶合金有很高的強度,引起關注,可是後來發現其疲勞性能不夠理想,其次作為結構材料要解決大規模生產,困難重重。後來陸續發現非晶合金具有很好的磁性和其它奇異性能,使得非晶合金的研究更是方興未艾。本節將總結報導一些非晶合金的性能並選擇幾個典型例子。表 17-5 為非晶材料的一些應用例子。

17.4.1　非晶軟磁合金

一般是以鈷基和鐵基為主再加入其它合金元素,鈷基合金軟磁性能較好,但成本價格較高。由於非晶合金不存在磁晶各向異性,故需尋求應力和磁致伸縮耦合能量的零值

表 17-5　非晶材料應用的一些例子[1]

非晶態固體的類型	代表性的材料	應　　用	所用的特性
氧化物玻璃	$(SiO_2)_{0.8}(Na_2O)_{0.2}$	窗玻璃等等	透明性，固體性，形成大張的能力
氧化物玻璃	$(SiO_2)_{0.9}(Ge_2O)_{0.1}$	用於通訊網絡的纖維光波導	超透明性，純度，形成均勻纖維的能力
有機聚合物	聚苯乙烯	結構材料，「塑膠」	強度，質量輕，容易加工
硫系玻璃	Se，As_2Se_3	靜電複印技術	光導電性，形成大面積薄膜的能力
非晶半導體	$Te_{0.8}Ge_{0.2}$	電腦記憶元件	電場引起非晶↔晶化的轉換
非晶半導體	$Si_{0.9}H_{0.1}$	太陽能電池	光電性質，大面積薄膜
金屬玻璃	$Fe_{0.8}B_{0.2}$	變壓器鐵芯	鐵磁性，低損耗，形成長帶的能力

點，以便獲得好的軟磁性能，非晶鈷基合金往往需經過熱處理才能充分發揮合金的軟磁性能，加熱到高於居里溫度後水淬，以避免熱磁各向異性。非晶鈷基軟磁合金主要為 CoFeMSiB 系，不同性能要求加入不同的 M 元素。高矩形比（0.95～0.98）非晶鈷基合金可用作磁放大器、互感器、電抗器等；低剩磁非晶鈷基合金可用作脈衝變壓器、單端高頻電源等；具有一般回線特點的非晶鈷基合金（較高初始磁導率和較低矯頑力）可用作磁頭、感測器等。典型非晶鐵基軟磁合金有 $Fe_{80}B_{20}$（2605），$Fe_{78}Si_9B_{13}$（2605S－2），$Fe_{81}Si_{3.5}B_{13.5}C_2$（2605S－3），$Fe_{67}Co_{18}Si_1B_{14}$（2605Co），$Fe_{84}Ni_5Mo_6B_4Si_1$（2605SC）等，可用作配電變壓器、電抗器等。如用非晶鐵基軟磁合金代替矽鋼製作 3kVA 變壓器，可使體積減小約五分之一，質量減輕約一半，鐵損降低一半以上以及溫升降低一半左右。

　　非晶鐵鎳基軟磁合金〔Fe＋Ni＞65%（原子分數）〕的飽和磁感應強度高於非晶鈷基但低於非晶鐵基合金，矯頑力和最大磁導率低於非晶鈷基但高於非晶鐵基合金。典型的合金為 $Fe_{40}Ni_{40}P_{14}B_6$（METGLAS 2826），其矯頑力為 0.48 A/m，磁感應強度為 0.78T，最大磁導率為 1.1×10^8，可用作電源變壓器、磁遮罩等。表 17-6 比較了用 M－4 取向矽鋼和 2605S－2 非晶合金作為鐵心材料分別製成 25 kVA 變壓器的損耗對比，表上對比資料充分證明非晶合金作為變壓器鐵心材料的優越性。

　　非晶態合金的居里溫度較晶態合金低[49]。在晶態合金中已發現相變對居里溫度有影響，但在非晶態合金中不存在這種影響，見圖 17-35[50]。

表 17-6　兩台 25 KVA 配電變壓器的損耗對比[50]

	高效商品變壓器	捲繞型變壓器樣機
鐵心材料	取向矽鋼（M−4）	金屬玻璃（2605S−2）
鐵損（W）	85	16
銅損（W）	240	235
損耗折價：		
鐵心（$7.462／W）	$634.27	$119.39
繞組（$1.538／W）	$369.12	$361.43
	$1003.39	$480.82
鐵心質量（kg）	65	77
總質量（kg）	182	164

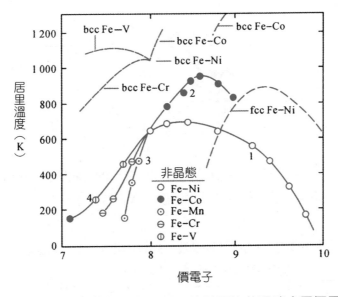

圖 17-35　不同的 $T_{80}P_{10}B_{10}$ 非晶態薄膜的居里溫度隨平均的過渡金屬價電子濃度的變化

（虛線代表晶態合金的資料[50]）

已經知道過渡族元素／類金屬非晶合金的局域磁矩行為是和同成分的晶態合金的行為相似。對 $Co_{80-x}M_x$（M＝P，B）非晶合金，當類金屬含量減小時，磁矩增加到靠近晶態 Co 的磁矩，對 $Fe_{100-x}M_x$ 非晶合金的影響也是如此，在類金屬存在時，磁矩增加到接近 $\alpha-Fe$ 的磁矩[51]。富 Co 非晶合金磁致彈性有優異的特性，如 $Co_{80}B_{20}$ 非晶合金在高溫下或添加 Fe 時，其磁致伸縮變為正值，圖 17-36 為 $Co_{80-x}T_xB_{20}$ 非晶合金的室溫磁伸縮性能[52]。表 17-7 為一些非晶合金的磁致伸縮值。

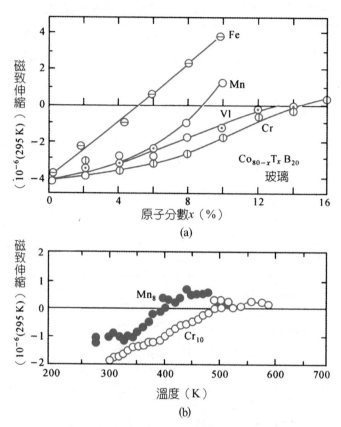

圖 17-36　(a)$Co_{80-x}T_xB_{20}$金屬玻璃的室溫磁致伸縮對成分的依賴關係；(b)在高溫下磁致伸縮趨近於零的兩種成分的磁致伸縮對溫度的依賴關係[52]

表 17-7　一些非晶和晶態材料的居里溫度 T_c、高場磁化率 χ_{hf}、受迫體積磁致伸縮 $\partial\omega/\partial H$、壓縮係數 k 和居里溫度的壓力係數 $\partial T_c/\partial p$

材料	T_c(K)	$\dfrac{10^3\chi_{hf}}{(4\pi)^2\times10^{-1}H\cdot mmol^{-1}}$	$\dfrac{10^9\partial\omega/\partial H}{\left(\dfrac{1000}{4\pi}A\cdot m^{-1}\right)^{-1}}$	$\dfrac{10^4\kappa}{0.1GPa}$	$\dfrac{\partial T_c/\partial p}{K\cdot(0.1GPa)^{-1}}$
非晶態 $Fe_{83}B_{17}$	600	0.9	4.5	14.3	−2.6
非晶態 $Fe_{80}B_{20}$	650	0.7	2.1	7.1	−
非晶態 $Fe_{90}Zr_{10}$	238	−	28.5	−	−5.6
晶態 Fe	1043	0.34	0.45	5.9	−0
晶態 Ni	630	0.13	0.12	4.6	+0.4
晶態 Fe−35%／Ni	495	1.1	5.5	9.3	−3.5
晶態 Fe−28%／Pt	448	0.8	1.8	7.7	−4.0

17.4.2　非晶催化材料

　　張海峰等[53]首先用單輥法製成 50Ni–41.2 Pd–8.8 Si（質量分數），然後用行星式球磨機在氫氣下磨成幾百奈米大小的粉體。一部分粉料再在 873K 真空下處理 1 h，使非晶 Ni–Pd–Si 轉變成晶體。比較非晶和晶體 Ni–Pd–Si 材料對苯乙烯的加氫反應，見圖 17-37，證明非晶 Ni–Pd–Si 的加氫活性比晶體 Ni–Pd–Si 高 6 倍。

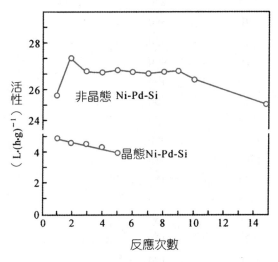

圖 17-37　Ni–Pd–Si 非晶合金和晶體合金的加氫活性比較[53]

　　非晶態鈀合金（$Pd_{80}Si_{20}$，$Pd_{77.5}Ag_6Si_{16.5}$，$Pd_{60}Ni_{20}P_{20}$，$Pd_{77.5}Ca_6Si_{16.5}$ 等）形成非晶所需的冷卻速率較低，很容易形成非晶態。它具有較高的電阻率、高的強度和硬度、較低的彈性模量、優異的抗蝕能力和催化特性。

17.4.3　非晶結構材料

　　非晶結構材料具有十分高的室溫拉伸強度，一些典型非晶合金的室溫強度、硬度和彈性模量值見表 17-8。

17.4.4　非晶耐蝕合金

　　除了常規的大塊耐蝕合金之外，用離子注入等技術使表面非晶化形成非晶態表面合金，也是一個重要途徑。假若在快速急冷形成的表面合金中像 Cr 這類強鈍化劑元素的

表 17-8　屈服強度、彈性模量、硬度和屈服強度與彈性模量之比[50]

合金成分	硬度 HV／DPN	斷裂強度 σ_F／9.8×10^2Pa	彈性模量 E／9.8×10^2Pa	σ_F/E	HV/σ_F
$Fe_{80}P_{20}$	700	—	—	—	—
$Fe_{80}B_{20}$	1080	350	17×10^3	0.020	3.1
$Fe_{90}Zr_{10}$	640	220			2.9
$Fe_{80}P_{13}C_7$	760	310	12.4×10^3	0.025	2.5
$Fe_{78}B_{10}Si_{12}$	910	240	12×10^3	0.028	2.7
$Fe_{62}Mo_{20}C_{18}$	970	390	—	—	2.9
$Fe_{62}Cr_{12}Mo_8C_{18}$	900	330	—	—	2.7
$Fe_{46}Cr_{16}Mo_{20}C_{18}$	1130	400	—	—	2.8
$Co_{90}Zr_{10}$	600	190	—	—	3.2
$Co_{78}Si_{15}B_{12}$	910	306	9×10^3	0.034	3.0
$Co_{56}Cr_{26}C_{18}$	890	330	—	—	2.7
$Co_{44}Mo_{36}C_{20}$	1190	390	—	—	3.1
$Co_{34}Cr_{28}Mo_{20}C_{18}$	1400	410	—	—	3.4
$Ni_{90}Zr_{10}$	550	180	—	—	3.1
$Ni_{78}Si_{10}B_{12}$	860	250	8×10^3	0.034	3.4
$Ni_{34}Cr_{24}Mo_{24}C_{18}$	1060	350	—	—	3.0
$Pd_{80}Si_{20}$	325	136	6.8×10^3	0.020	2.4
$Cu_{80}Zr_{20}$	410	190	—	—	2.7
$Nb_{50}Ni_{50}$	893	—	13.2×10^3	—	—
$Ti_{50}Cu_{50}$	610	—	10.0×10^3	—	—

濃度是足夠高的話，此合金通常會有較高的耐腐蝕性。這種合金的優點之一是由於不存在晶界，可以形成在晶界處連續的鈍化膜。此外，濺射急冷合金也具有很高的成分均勻性。

　　在 40 keV，10^{17}離子／cm^{2}下，將 P$^+$離子注入 304 和 316SS 鋼中，可產生非晶態表面合金。在去氣 1mol/L H_2SO_4 和 2% NaCl 的 1 mol/L H_2SO_4 溶液中形成鈍化膜。可看到注入 P 的鋼的耐蝕性能得到顯著的改善。在所用的這兩種溶液中較易得到鈍化，這可由鈍化電位、臨界電流密度和鈍化電流密度的降低顯示出來。作者使用反射高能電子繞射（RHEED）比較了 304SS 鋼注入 P 前後在 1 mol/L H_2SO_4 溶液、250 mV 和 500 mV（相對於標準 Calomel 電極）下經 1 h 鈍化後所形成的鈍化膜結構。結果發現，在 304SS 鋼中形成的鈍化膜結構是晶態，而在注入 P 後鋼中形成的鈍化膜似乎基本上是非晶態。鈍化膜的穩定性是由以下兩個原因引起的：(a)非晶態鈍化膜有效地起到了擴散障礙的作用；(b)在非晶態鈍化膜內含有的磷酸鹽具有抑制腐蝕的作用。

圖 17-38 指出 $Fe_{70}Cr_{10}P_{13}C_7$ 非晶合金比 18-8 不銹鋼具有更低的腐蝕速率，幾乎低了二個數量級。腐蝕試驗是在 1 mol/L $H_2SO_4$4＋0.5 mol/L NaCl 溶液中進行，特別是非晶合金的抗點蝕能力十分優越。原因是非晶合金表面生成的鈍化膜微觀均勻[54]。

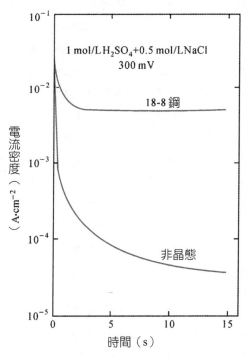

圖 17-38　$Fe_{70}Cr_{10}P_{13}C_7$ 非晶合金和 18-8 不銹鋼的電流密度比較[54]

Ni－P 是典型的研究非晶的合金系，可用化學鍍等方法製得非晶膜。鍍液以鎳鹽為主，亞磷酸鹽為還原劑，羥基羧酸鹽為緩衝劑，調整鍍液至中度酸性，維持在 80～90 ℃間，鍍速控制在 10～15 μm/h。非晶鍍膜中 P 含量（質量分數）控制在 8%～12%。在各種酸溶液和鹼溶液中都具有良好的抗腐蝕能力，和在 2 mol/L HCl 溶液中或在 40% NaOH 溶液中，Ni－10P 非晶鍍膜的抗蝕能力要比 Cr18Ni9 不銹鋼的約大 70 倍，見表 17-9[55]。鍍膜表面硬度可達 5400 MPa，耐腐性大大提高，和鍍硬 Cr 的抗腐水準一致。

17.4.5　大塊非晶合金

傳統上實現液態金屬快速凝固有兩條途徑：一是施加一個很大的冷卻速度，二是施加一個很大的過冷度。當冷速足夠快或過冷度足夠大，晶體的形核與長大受到抑制，為形成非晶創造必要的客觀條件。但為了達到很大冷卻速率，材料不能製成大塊，只能製

表 17-9　Ni-10P 非晶鍍膜在不同介質中的腐蝕速率[55]

介質	溫度(℃)	非晶態膜腐蝕率(mm·年⁻¹)	Cr18Ni9 不銹鋼腐蝕率(mm·年⁻¹)	介質	溫度(℃)	非晶態膜腐蝕率(mm·年⁻¹)	Cr18Ni9 不銹鋼腐蝕率(mm·年⁻¹)
2mol/L 鹽酸	30	0.022	>1.5	濃硝酸	30	1.029	<0.5
2 mol/L 鹽酸	50	0.312	>1.5	10%氫氧化鈉	沸	0.0001	>1.5
2 mol/L 鹽酸	75	2.331	>1.5	20%氫氧化鈉	沸	0.001	>1.5
20%鹽酸	30	0.020	>1.5	40%氫氧化鈉	沸	0.021	>1.5
37%鹽酸	30	0.042	>1.5	96%氫氧化鈉	沸	0.096	>1.5
37%鹽酸	50	1.085	>1.5	20%重鉻酸鈉	沸	0.001	0.05～0.5
10%硫酸	30	0.030	>1.5	3.5%氯化鈉	沸	0.003	0.05～0.5
10%硫酸	60	0.185	>1.5	10%氯化鉀	沸	0.006	0.05～1.5
10%硫酸	75	0.400	>1.5	20%氯化鎂	沸	<0.001	>1.5
40%硫酸	30	0.012	>1.5	45%氯化鎂	沸	0.005	>1.5
40%硫酸	75	0.677	>1.5	10%氯化鋇	沸	0.002	>1.5
40%氫氟酸	30	0.012	>1.5	5%氯化鐵	30	0.321	>1.5
40%氫氟酸	50	0.187	>1.5	10%氯化鐵	30	1.516	>1.5
40%氫氟酸	60	0.266	>1.5	10%氯化銨銅	沸	0.092	>1.5
40%乳酸	沸	0.189	>1.5	10%硫酸銅	30	0.072	0.05
50%磷酸	50	0.043	>1.5	10%硫酸銅	50	0.212	0.05～0.5
85%磷酸	50	0.102	>1.5	10%硫酸亞鐵	30	0.002	—
50%檸檬酸	50	0.041	0.5	30%次氯酸鈉	30	0.0001	>1.5
50%檸檬酸	沸	1.113	>1.5	30%次氯酸鈉	50	0.0014	>1.5
85%甲酸	沸	0.012	>1.5	20%過氯酸鈉	沸	<0.001	0.05～0.5
30%醋酸	沸	0.078	0.5～1.5	20%硫氰酸鈉	沸	<0.001	<0.05
99%醋酸	沸	<0.081	0.5～1.5	7%氟化鈉	沸	<0.001	>1.5
100%草酸	沸	0.0363	>1.5				

成很薄的膜（如條帶法）或很細的粉末（霧化法），都為幾十微米級，以保證快速的排熱，但很難製成三維大尺寸的非晶材料。

　　施加一個大過冷度是製備大塊非晶材料的重要途徑之一。快速凝固的熱史反映向外排熱速率和再輝速率（釋放潛熱）之間的競爭，後者又和凝固速率成正比，凝固結晶時放出潛熱，使金屬溫度回升，稱為再輝。如果溫度回升超過固相線，又要發生重熔現象，進入固液共存的兩相區，如果這個時候再冷下來，凝固就會產生偏析。進一步加大過冷度，雖然有再輝，使回升的溫度不超過固相線，這個極限過冷度稱為超冷。超冷的

條件是成核前已有足夠大的過冷度。如再輝溫度等於或小於固相線溫度為超冷。超冷中的一個特例是結晶潛熱等於零，此時生成非晶態。

　　對製備大塊非晶合金，合金成分選擇有三個原則，一是要多組元，二是原子尺寸比要大，三是要有大的負混合焓。例如 $Co_{67}Cr_3Fe_3Al_5Ga_2P_{15}B_4C_1$ 非晶合金有 8 個組元[56]。目前只要以 1 K/s 如此小的冷卻速率，就能製備出幾個釐米厚的 Zr–Ni–Cu–Al，Zr–Ti–Ni–Cu–Be，Zr–Ti（Nb）–Cu–Ni–Al等非晶合金。Nishiyama等[57]研製成功直徑達 72 mm 的 $Pd_{40}Cu_{30}Ni_{10}P_{20}$ 非晶合金，臨界冷卻速率進一步低到 0.1 K/s 就可以，見圖 17-39 和圖 17-40。

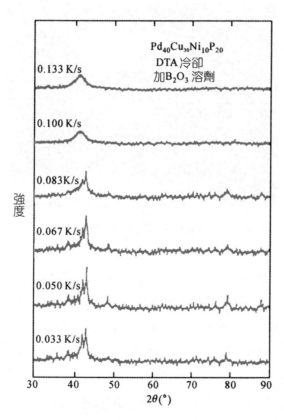

圖 17-39　不同冷卻速率下獲得 $Pd_{40}Cu_{30}Ni_{10}P_{20}$ 合金的 X 射線繞射圖[57]

　　在研製大塊非晶合金中，還採用下列輔助辦法：

　　(1)為了增大過冷度，用合適的熔劑處理，如 B_2O_3 等來抑制非均質成核，否則就要較大的冷卻速率才能形成非晶[57]。

　　(2)降低雜質含量，Lin 和 Johnson[58] 證明降低氧含量，如從 $5250\,\mu g/g$ 降低至 250 $\mu g/g$，可大大提高 $Zr_{52.5}Ti_5Cu_{17.9}Ni_{14.6}Al_{10}$ 的非晶形成能力。

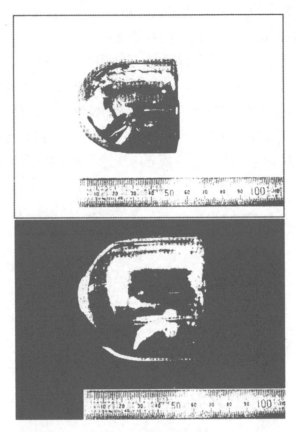

圖 17-40　　大塊 $Pd_{40}Cu_{30}Ni_{10}P_{20}$ 非晶合金[57]（直徑 72 mm，長 75 mm）

　　由於優化了非晶合金的成分，有很多方法很容易獲得非晶，如吸鑄法[59,60]、鑄銅模法[61]、鑄石英管法[62]、霧化擠壓法[62]和定向電弧熔化法[63]等。

　　非晶合金的強度很高，見表 17-10。$Zr_{55}Al_{10}Cu_{30}Ni_5$ 非晶合金的拉伸斷裂強度達 1570 MPa，衝擊斷裂功達 63 kJ/m^2[64]。非晶合金往往塑性較差，但已有報導 $Fe_{74-x}Al_5P_{11}C_6B_4Ge_x$ 的非晶條帶可彎至 180 度而不裂[65]。

　　液態金屬的深過冷快速凝固是直接製備三維塊體非晶合金的重要手段之一。深過冷快速凝固是透過對大體積液態金屬的微觀淨化，最大限度地去除、分解或鈍化液態金屬中可在低過冷度下發生形核的異質形核質點，在液態金屬中創造一個可能是均質形核的客觀條件，使其獲得熱力學深過冷。這是一種固液界面前瞻溫度梯度為負的特定條件的快速凝固。由於液態金屬所能獲得的過冷度原則上不受熔體體積限制，而只與淨化效果有關，因此熔體的凝固過程只取決於過冷度，所以可實現大體積液態金屬的快速凝固，甚至在外界較慢的冷卻速率條件下實現形成大塊非晶合金。到目前為止，幾乎國內外所有的深過冷研究都是藉由無容器懸浮熔煉或在石英坩堝中進行。往往在坩堝內壁加一惰

性塗層，保持其過冷態。這種塗層要有非常好的熱穩定性，在凝固溫度範圍內不具有異質形核能力。目前有人正在研究用這一種非晶塗層，例如用溶膠、凝膠法，進行矽酸乙酯的水解和縮聚，可製備出 SiO_2 非晶塗層。

表 17-10　一些非晶合金的拉伸強度和硬度值[16]

合金	硬度（H）（$kg \cdot mm^{-2}$）	彈性模量（E）（GPa）	屈服強度（σ_y）（GPa）	斷裂強度（σ_f）（GPa）	密度（ρ）（$mg \cdot mm^{-3}$）	溫度（K）	H/σ_y	E/σ_y	$H/3E$
$Pt_{60}Ni_{15}P_{25}$	408	96.1	1.18*	1.86*	15.71	536	3.4	81	0.014
$Pd_{64}Ni_{16}P_{20}$	452	93.5	1.22	1.57	10.1	638	3.6	76	0.016
$Pd_{77.5}Cu_6Si_{17}$	473	90.7	1.47	1.52	10.4	682	3.2	62	0.017
$Pd_{80}Si_{20}$	490	88	0.86	1.34	10.3	667	5.6	102	0.018
$Ni_{64}Pd_{16}P_{20}$	541	106	1.47*	1.77*	8.75	641	3.6	72	0.017
$Cu_{57}Zr_{43}$	540	75	1.35	1.96	—	—	3.9	56	0.024
$Cu_{50}Zr_{50}$	580	83.5	—	—	7.33	756	—	—	0.023
$Ni_{80}P_{20}$	590	109	—	—	8.0	618+	—	—	0.018
$Ti_{50}Cu_{50}$	610	96.7	—	—	6.25	—	—	—	0.021
$Fe_{60}Ni_{15}P_{16}B_6Al_3$	660	125	1.86	2.45	7.22	610	3.5	67	0.017
$Fe_{60}Ni_{20}P_{13}C_7$	660	—	1.86	2.45	—	663	3.5	—	—
$Ti_{50}Be_{40}Zr_{10}$	730	106	2.27	—	4.13	713	3.2	47	0.023
$Fe_{40}Ni_{40}P_{14}B_6$	750	125	—	1.62	7.51	673	—	—	0.020
$Fe_{38}Ni_{39}P_{14}B_6Al_3$	750	127	2.10	—	7.52	—	3.5	60	0.019
$Fe_{80}P_{20}$	755	130	—	—	7.10	—	—	—	0.019
$Fe_{80}P_{13}C_7$	760	122	2.30	3.04	—	693	3.2	53	—
$Ni_{49}Fe_{29}P_{14}B_6Si_2$	792	132	2.35	2.38	7.65	—	3.3	56	—
$Fe_{80}P_{16}C_3B_1$	835	135	2.44	—	7.30	—	3.4	55	0.020
$Fe_{72}Cr_8P_{13}C_7$	850	—	3.35	3.78	—	713	2.5	—	—
$Ni_{75}B_{17}Si_8$	858	78	2.16	2.65	—	713	3.9	36	0.036
$Ni_{36}Fe_{32}Cr_{14}P_{12}B_6$	880	141	2.73	—	7.46	—	3.2	52	0.020
$Ni_{50}Nb_{50}$	893	132	—	—	—	—	—	—	0.022
$Fe_{78}B_{12}Si_{10}$	910	85	2.16	3.3	—	773	4.1	39	0.034
$Co_{75}B_{10}Si_{15}$	943	160	—	—	—	—	—	—	0.019
$Fe_{80}B_{20}$	1100	166	3.63	7.4	—	721	3.0	46	0.022
$Fe_{75}B_{25}$	1314	178	—	7.27	—	—	—	—	0.024

註：* 表示壓應力，+ 表示玻璃化轉變溫度。

17.4.6　其它應用

非晶半導體是當代一類重要的新材料，基本上可以分成共價鍵非晶半導體和離子鍵非晶半導體，前者如 Si，Ge，InSb，GaSb 等，後者主要是氧化物玻璃如 $V_2O_5-P_2O_5$，$V_2O_5-GeO_2-BaO$ 等。非晶半導體已應用於很多重要的器件上，如非晶矽作為太陽能電

池，在太陽光譜最強的範圍內要比晶體矽的光吸收係數強，大面積的非晶太陽能電池的轉換效率已達 10%。從圖 17-7 可以看出 1～3 eV 光譜範圍內，晶體 Si 的光吸收低於非晶 Si，大約低一個數量級，特別是這個範圍正好是太陽光譜中含能量最多。由於這一差別，太陽能電池中只要厚度小於 1 μm 的非晶 Si 膜就足夠，相反地，如果用晶體 Si 在同樣吸收太陽光子的情況下需要厚達 50 μm 的膜。此外用非晶硫系化合物製成的光資訊儲存光碟，要比磁片有更大的儲存密度。

一些鐵基和鈷基非晶合金在晶化溫度下，所有試樣都顯示出反常的熱膨脹，但是鐵基非晶合金在低於居里溫度時，則顯示出由於自發體積磁致伸縮引起的大的反常。自發體積磁致伸縮是由於熱能、彈性能和磁能之和變為最小值所致。熱膨脹反常易受合金化元素的影響。通常為了使非晶相穩定，非晶合金要含有兩種或三種類金屬。Fe–Si–B 非晶合金的熱膨脹反常隨著矽或硼含量的減少而變得更為明顯。低於居里溫度時，這些曲線顯示出明顯的反常。尤其是 $Fe_{83}B_{17}$ 合金，自發體積磁致伸縮與通常的非簡諧性所引起的熱膨脹相當，這便導致在室溫附近的幾乎為零的熱膨脹。為此可以利用其零熱膨脹的特性。

參考文獻

1. Zallen R.The Physics of Amorphous Solids.Wiley-Interscience Publication, 1983

2. Waseda Y, Masumoto T.Structure of the amorphous iron-phosphorus-carbon ($Fe_{80}P_{13}C_7$) alloy by X-ray diffraction.Z Physik B, 1975 ⑫: 121～126

3. Moss S C, Graczyk J F.Evidence of voids within the as-deposited structure of glassy silicon.Phys Rev Lett, 1969 ㉓: 1167～1171

4. Tauc J. Amorphous and Liquid Semiconductors. Plenum, 1974

5. Pierce D T, Spicer W E.Electronic structure of amorphous Si from photoemission and optical studies. Phys Rev B, 1972 ⑸: 3017～3029

6. Duwez P. Phase Stability in Metals and Alloys, eds. Rudman P S.McGraw-Hill, 1967

*7.*胡壯麒，王魯紅，劉軼。電子和原子層次材料行為的電腦模擬。材料研究學報，1998 ⑫: 1～19

*8.*金朝暉博士論文。液態金屬及合金的理論計算研究。中國科學院金屬研究所，1996

9. Wang L H, Liu H Z, Chen K Y, Hu Z Q. The local orientational orders and structures of liquid and amorphous metals Au and Ni during rapid solidification. Physica B, 1997(239): 267～273

10. Cahn R W, Toloui B, Akhtar D, Thomas M.Radiation damage in a nickel-zirconium ($Ni_{64}Zr_{36}$) glass, in "Proc. 4th Intern. Conf. on Rapidly Quenched Metals", eds. Masumoto T, Suzuki K.Japan Inst of Metals, Sendai, 1982 ⑴ : 749～754

11. Yamada K, Iijima Y, Fukamichi K.Diffusion of cobalt-57 in amorphous iron-RE (RE=Dy, Tb and Ce) and iron-silicon-boron alloys. J Mater Res, 1993 ⑻: 2231～2238

12. Limoge Y. Activation volume for diffusion in a metallic glass. Acta Metall Mater, 1990 ㊳: 1733～1742

13. Jiang H G, Ding B Z, Wang J T. Diffusivity of Al in amorphous alloy $Fe_{78}Si_9B_{13}$. Acta Metall Sin (English Ed.), Ser B, 1992 ⑸: 255～258

14. Jiang H G, Ding B Z, Tong H Y, Wang J T, Hu Z Q. Diffusivity of Si in two amorphous alloys of (Fe-Ni)$_{78}$Si$_{12}$B$_{10}$. Mater Lett, 1993 ⑰: 69～73

*15.*姜洪剛，丁炳哲，王景唐，胡壯麒。Fe－Ni－Si－B非晶合金中的原子擴散。科學通報，1993 ㊳ : 1276～1279

16. Jones H. Rapid Solidification of Metals and Alloys. Inst of Metallurgists, Monograph Series, 1982

17. Marcus M, Turnbull D. On the correlation between glass-forming tendency and liquidus temperature in metallic alloys.Mater Sci Eng, 1976 ㉓: 211～214

18. Donald I W, Davies H A.Prediction of glass-forming ability for metallic systems. J Noncryst Solids,

1978 ⑩: 77～89

19. Liu B X, Ma E, Li J, Huang L J. Different behaviours of amorphization induced by ion mixing. Nucl Instr Meth in Phys Res, 1987, B19/20: 682～690

20.柳百新。離子束與固體作用的研究：非晶化與分形。私人通訊，1993

21. Liu B X, Jin O. Formation and theoretical modeling of nonequilibrium alloy phases by ion mixing. Phys Stat Sol A, 1997(161): 3～33

22. Fan G J, Quan M X, Hu Z Q. Deformation-enhanced thermal stability of an amorphous $Fe_{80}B_{20}$ alloy. J Appl Phys, 1996 ⑩: 1～3

23. Fan G J, Quan M X, Hu Z Q. Mechanically induced structural relaxation in an amorphous metallic $Fe_{80}B_{20}$ alloy. Appl Phys Lett, 1996 ⑱: 319～321

24. Fan G J, Quan M X, Hu Z Q. Mechanically driven phase transformation from crystal to glass in Ti-Al binary system. Scr Metall Mater, 1995 ⑫: 247～252

25. Baker J C, Cahn J W. in "Solidification", ASM, Metals Park, Ohio, 1971 ㉓

26. Giessen B C, Willem R H.Phase Diagrams.Materials Science and Technology vol Ⅲ.1990(104)

27. Mehrabian R.Rapid Solidification.Intern Metals Rev, 1982 ㉗: 186～208

28. Boettinger W J.Growth kinetic limitations during rapid solidification. in Rapidly Solidified Amorphous and Crystalline Alloys ed. Kear B H, Giessen B C, Cohen M. Proc Materials Research Society, North-Holland, vol 8.1982 ⑮

29.李冬劍，王景唐，丁炳哲，李淑苓。壓力誘致非晶合金形成。高壓物理學報，1994 ⑻：74～79

30.胡壯麒，郭文全，李冬劍，姜洪剛，劉學東。亞穩材料的非平衡凝固過程與亞穩相的形成。94秋季中國材料研討會低維材料分冊。北京：化學工業出版社，1995 ⑵.1～16

31. Li D J, Wang J T, Ding B Z.The amorphization of the Cd-Sb system by high pressure. Scr Metall Mater, 1992 ㉖: 621～626

32.李冬劍博士論文，高壓下亞穩相相變機制。中國科學院金屬研究所，1993

33. Glazov V M, Koltsov V B. Change of short range structure in melt near melting temperature.J Phys Chem, 1981 ㊶: 2759～2764 (in Russian)

34. Breinan E M, Kear B H. Rapid solidification laser processing of materials for control of microstructure and properties, in Rapid Solidification Processing, Principles and Technologies, ed. Mehrabian R, Kear B H, Cohen M. Proc of Intern Conf on Rapid Solidification Processing, 1978. 87～103

35. Poate J M, Foi C, Jacobson D C. Surface Modification and Alloying by Laser. Ion and Electron Beams. Plenum Press, 1983

36. Flemings M C.Experimental Program on Nucleation and Structure in Undercooled Melts. Materials Pro-

cessing Center, Annual Report 1981, School of Engineering, MIT, 1981

37. Fan G J, Guo F Q, Hu Z Q, Quan M X, Lu K.Amorphization of selenium induced by high-energy ball milling. Phys Rev B, 1997 ⑤: 11010~11013

38. Shen T D, Wang K Y, Quan M X, Hu Z Q. Formation of amorphous Ge-S semiconductor alloys by mechanical alloying. Appl Phys Lett, 1993 ⑥: 1637~1639

39. Koch C C. Research on metastable structures using high energy ball milling at North Carolina State University. Mater Trans JIM, 1995 ㊱: 85~95

40. Lee P Y, Koch C C. The Formation and thermal stability of amorphous Ni-Nb alloy powder synthesized by mechanical alloying. J Non-Cryst Solids, 1987 ㊾: 88~100

41. Lee P Y, Koch C C. Formation of amorphous Ni-Zr alloy powder by mechanical alloying of intermetallic powder mixtures and mixtures of nickel or zirconium with intermetallics. J Mater Sci, 1988 ㉓: 2845~2937

*42.*婁太平，李福山，洪軍，陳萬全，丁炳哲，胡壯麒。混合焓對 Cu-Ti-Fe-Nb 系非晶形成和晶化的影響。材料研究學報，1998 ⑫：320~322

43. Shingu P H, Ishihara K N. Nonequilibrium materials by mechanical alloying. Mater Trans JIM, 1995 ㊱: 96~101

*44.*沈同德，全明秀，王景唐，胡壯麒。冷軋 Ni/Ti 多層中的固態非晶化反應－Ⅱ。恒速升溫退火處理。材料科學進展，199 ⑺: 189~193

45. Schwarz R B, Johnson W L. Formation of an amorphous alloy by solid-state reaction of the pure polycrystalline metals. Phys Rev Lett, 1983 ㉛: 415~418

46. Knapp J A, Follstaedt D M. Pulsed electron beam melting of iron, in Laser and Electron Beam Interactions with Solids. ed Appleton B R, Celler C K. Proc of Materials Research Societyvol 4.1982. 407~412

47. Peercy P S, Follstaedt D M, Picraux S T, Wampler W R.Defects and aluminium antimonide precipitate nucleation in laser irradiated aluminium.in Laser and Electron Beam Interactions with Solids. ed Appleton B R, Celler C K. Proc Materials Research Societyvol 4. 1982. 401~406

48. Hodgson R T, Baglin J E, Pal R, Neri J H, Hammer D A. Ion beam annealing of semiconductors. Appl Phys Lett, 1980 ㊲: 187~189

49. O'Handley R C, Boudreaux D S. Magnetic properties of transition metal_metalloid glasses.Phy Stat Sol A, 1978 ㊺: 607~615

50. Luborsky F E. Amorphous Metallic Alloys, Butterworth, 1983

51. Graham C D, Egami T.Magnetic properties of amorphous alloys. J Mag Mag Mater, 1980(15~18): 1325~1330

52. O'Handley R C, Hasegawa R, Ray R, Chou C P.Magnetic properties to $TM_{80}P_{20}$ glasses. J Appl Phys,

1977 ⑻: 2095

53. Zhang H F, Li J, Song Q H, Hu Z Q, Wen L. Preparation and catalytic activity of amorphous Ni-Pd-Si alloy powder by ball milling.Acta Metall Sin (English Ed.), 1994 ⑺: 129～132

54. Hashimoto K, Masumoto T. Extremely high corrosion resistance of chromium-containing amorphous iron alloys. Mater Sci & Eng, 1976 ⑳: 285～288

*55.*李淑苓，丁炳哲，李穀松。中國科學院金屬研究所內部資料。1992

56. Inoue A, Katsuya A. Multicomponent Co-base amorphous alloys with wide supercooled liquid region. Mater Trans JIM, 1996 ⒄: 1332～1336

57. Nishiyama N, Inoue A. Flux treated Pd-Cu-Ni-P amorphous alloy having low critical cooling rate. Mater Trans JIM, 1997 ⒅: 464～472

58. Lin X H, Johnson W L, Rhim W K.Effect of oxygen impurity on crystallization of an undercooled bulk glass forming Zr-Ti-Cu-Ni-Al alloys.Mater Trans JIM, 1997 ⒅: 473～477

59. Inoue A, Zhang T. Fabrication of bulky glassy $Zr_{55}Al_{10}Ni_5Cu_{30}$ alloy of 30 mm in diameter by a suction casting method.Mater Trans JIM, 1996 ⒄: 185～187

60. Inoue A, Zhang T, Takeuchi A, Zhang W. Hard magnetic bulk amorphous Nd-Fe-Al alloys of 12 mm in diameter made by suction casting. Mater Trans JIM, 1996 ⒄: 636～640

61. Inoue A, Shinohara Y, Yokoyama Y, Masumoto T.Solidification analysis of bulky $Zr_{60}Al_{10}Ni_{10}Cu_{15}Pd_5$ glass produced by casting into wedge-shape copper mold.Mater Trans JIM, 1995 ⒅: 1276～1281

62. Kato H, Kawamura Y, Inoue A. High tensile strength bulk glassy alloy $Zr_{65}Al_{10}Ni_{10}Cu_{15}$ prepared by extrusion of atomized glassy powder.Mater Trans JIM, 1996 ⒄: 70～77

63. Yokoyama Y, Inoue A.Solidification condition of bulk glassy $Zr_{60}Al_{10}Ni_{10}Cu_{15}Pd_5$ alloy. Mater Trans JIM, 1995 ⒅: 1398～1402

64. Inoue A, Zhang T. Impact fracture energy of bulk amorphous $Zr_{55}Al_{10}Cu_{30}Ni_5$ alloy. Mater Trans JIM, 1996 ⒄: 1726～1729

65. Inoue A, Gook J S. Multicomponent Fe-based glassy alloys with wide supercooled liquid region before crystalligation.Mater Trans JIM, 1995 ⒅: 1282～1285

奈米粒子與材料的製備化學

18

18.1　引言[1, 3]

　　奈米科學技術是 20 世紀 80 年代末期興起，並正在迅速發展的交叉科學的前瞻領域，將會引起一場新的技術革命。奈米技術目前主要包括奈米材料學、奈米機械和工程學、奈米電子學以及奈米生物學，其中奈米材料學是基礎，而其關鍵在於奈米材料的製備。

　　奈米材料可分為兩個層次，奈米微粒和奈米固體，前者指單個奈米尺寸的超微粒子，奈米微粒的集合體稱謂超微粉末或奈米粉。奈米固體是由奈米微粒聚集而成，它包括三維的奈米塊體、二維奈米薄膜和一維奈米線。

　　微粒子按其粒徑大小分類，在工程上把粒徑 $< 0.5\,\mu m$ 的粒子稱為超微粒子，有些物理學家將粒徑 $< 10\,nm$ 的粒子稱為奈米粒子，但大多數科學家根據粒徑對性質的影響，將 $1 \sim 100\,nm$（即 $0.1 \sim 0.001\,\mu m$）的微細粒子稱為奈米粒子或超微粒子。由於奈米粒子是由數目較少的原子或分子形成保持原有物質化學性質而處於介穩態的原子或分子群組成，在熱力學上是不穩定的，所以被視為一種新的物理狀態。這種狀態是介於巨觀物質和微觀原子、分子之間的介觀領域。最小的奈米粒子與原子或分子的大小只差一個數量級，對它的深入研究將開拓人們認識物質世界的新層次，並有助於人們直接探索原子或分子的奧秘。

　　大多數奈米粒子呈現為單晶，較大的奈米粒子中能觀察到孿晶界、層錯、位錯及介穩相存在，也有呈現非晶態或各種介穩相的奈米粒子，因此，奈米粒子有時也稱為奈米晶。

　　奈米粒子的許多特性正在探索，但已經發現許多奇異的特性，主要有：

　　①比表面特別大。平均粒徑為 $10 \sim 100\,nm$ 的奈米粒子的比表面積為 $10 \sim 70\,m^2/g$。

　　②表面張力大。對奈米粒子內部會產生很高的壓力，可與地球內部的壓力相比擬，造成在奈米粒子內部原子間距比塊材小。

　　③熔點降低。可以在較低溫度時就發生燒結和熔融。例如塊狀金的熔點為 $1063^\circ C$，但粒徑為 $2\,nm$ 的奈米金則熔點降低到 $300^\circ C$ 左右。

　　④磁性的變化。當粒徑為 $10 \sim 100\,nm$ 的奈米粒子一般處於單磁疇結構，矯頑力 Hc 增大，即使不磁化也是永久性磁體。鐵系合金奈米粒子的磁性比塊狀強得多。晶粒的奈米化可使一些抗磁性物質變為順磁性，如金屬 Sb 通常為抗磁性，其 $x = -1 \times 10^{-6}\,em\mu/(Oe \cdot g)$，而奈米 Sb 的 $x = 20 \times 10^{-6}\,em\mu/(Oe \cdot g)$，表現出順磁性。奈米化後還會出現各種顯著的磁效應、巨磁阻效應等。

　　⑤光學性質變化。半導體的奈米粒子的尺寸小於激子態（電子－空穴對）的波耳

（Bohr）半徑（5～50 nm）時，它的光吸收就發生各種各樣的「藍移」，改變奈米顆粒的尺寸可以改變吸收光譜的波長。金屬奈米粉末一般呈黑色，而且粒徑越小，顏色越深，即奈米粒子的吸收光能力越強。

⑥隨著粒子的奈米化，超導臨界溫度 T_c 逐漸提高。

⑦離子導電性增加。研究表明，奈米 CaF_2 的離子電導率比多晶粉末 CaF_2 高 1～0.8 個數量級，比單晶 CaF_2 高約兩個數量級。

⑧低溫下熱導性能好。某些奈米粒子在低溫或超低溫條件下幾乎沒有熱阻，導熱性能極好，已成為新型低溫熱交換材料，如採用 70 nm 銀粉作為熱交換材料，可使工作溫度達到 $10^{-2}～3×10^{-3}$K。

⑨比熱容增加。發現當溫度不變時，比熱容隨晶粒減小而線性增大，13 nm 的 Ru 比塊體的比熱容增加 15%～20%。奈米金屬銅比熱容是傳統純銅的 2 倍。

⑩化學反應性能提高。奈米粒子隨著粒徑減小，反應性能顯著增加，可以進行多種化學反應。剛剛製備的金屬奈米粉接觸空氣時，能產生劇烈的氧化反應，甚至在空氣中會燃燒，即使像耐熱耐腐蝕的氮化物奈米粒子也會變得不穩定。例如粒子為 45 nm 的 TiN，在空氣中加熱，即燃燒成為白色的 TiO_2 奈米粒子。

⑪奈米粒子比表面積大，表面活化中心多，催化效率高。用奈米鉑、銀、氧化鉛、氧化鐵等作催化劑在高分子聚合物的有關催化反應中，可大大提高反應效率。利用奈米鎳粉作為火箭固體燃料反應催化劑，燃燒效率可提高 100 倍。

⑫力學性能變化。常規情況下的軟金屬、當其顆粒尺寸＜50 nm 時，位錯源在通常應力下難以起作用，使得金屬強度增大。粒徑約為 5～7 nm 的奈米粒子製得的銅和鈀奈米固體的硬度和彈性強度比常規金屬樣品高出 5 倍。奈米陶瓷具有塑性和韌性，其隨著晶粒尺寸的減小而顯著增大。例如氧化鈦奈米陶瓷在 810℃（遠低於 TiO_2 陶瓷熔點溫度 1830℃）下經過 15 h 加壓，從最初高度為 3.5 mm 圓筒變成小於 2 mm 高度的小圓環，且不產生裂紋或破碎。奈米陶瓷的這種塑性源自於奈米固體高濃度的界面和短擴散距離，原子在奈米陶瓷中可迅速擴散，原子遷移比通常的多晶樣品快好幾個數量級。

奈米粒子呈現出許多奇異的特性，目前歸結於四方面效應：

(1)表面與界面效應　奈米粒子尺寸小、表面大、界面多。奈米粒子的粒徑與表面結合能之間的關係列於表 18-1 中。從表 18-1 中可見，隨著粒徑的減小，奈米粒子的表面原子數迅速增加，表面積增大，表面能及表面結合能也迅速增大。由於表面原子所處的環境和結合能與內部原子不同，表面原子周圍缺少相鄰的原子，有許多懸空鍵，表面能及表面結合能很大，易與其它原子相結合而穩定下來，故具有很大的化學活性，這種表面狀態，不但會引起奈米粒子表面原子輸運和組態的變化，同時也引起表面電子自旋構

象和電子能譜的變化。

表 18-1　銅粒子粒徑、表面積、表面能和結合能

粒子直徑 （Å）	表面積 （$cm^3 \cdot mol^{-1}$）	表面能 （4.142 J）	表面結合能 （4.142 J）	表面能／體積能 （%）
1×10	4.3×10^8	1.6×10^4	2.0×10^{-1}	27.5%
1×10^2	4.3×10^7	1.6×10^3	2.0×10^{-2}	2.75%
1×10^3	4.3×10^6	1.6×10^2	2.0×10^{-3}	0.275%
1×10^4	4.3×10^5	1.6×10^1	2.0×10^{-4}	0.027 5%
1×10^5	4.3×10^4	1.6×10^0	2.0×10^{-5}	0.002 75%

(2)小尺寸效應　當粒子的尺寸與光波波長、德布羅意波長以及超導態的相干長度或透射深度等物理特徵尺寸相當或更小時，晶體週期性的邊界條件將被破壞，非晶態奈米微粒的顆粒表面層附近原子密度減小，導致聲、光、電、磁、熱、力學等特性均隨尺寸減小而發生顯著變化。例如，光吸收顯著增加並產生吸收峰的等離子共振頻移；磁有序態變為磁無序態；超導相向正常轉變；聲子發生改變等。

(3)量子尺寸效應　當粒子尺寸降到某一值時，費米能階附近的電子能階由準連續能階變為離散能階的現象，和奈米半導體微粒存在不連續的最高佔據分子軌域和最低未被佔據分子軌域能階，能階變寬的現象均稱為量子尺寸效應。奈米粒子的量子尺寸效應表現在光學吸收光譜上，則是其吸收特性從沒有結構的寬譜帶過渡到具有結構的分立譜帶。當能階間距大於熱能、磁能、靜磁能、靜電能、光子能量或超導態的凝聚能時，必然導致奈米粒子磁、光、聲、熱、電以及超導電性與巨觀特性有顯著不同，引起顆粒的磁化率、比熱容、介電常數和光譜線的位移。

(4)巨觀量子隧道效應　微觀粒子具有貫穿位能障的能力稱為隧道效應。人們發現奈米粒子的一些巨觀性質，例如磁化強度、量子相干器件中的磁通量及電荷等亦具有隧道效應，它們可以穿越巨觀系統的位能障而產生變化，故稱為巨觀量子隧道效應。用此概念可以定性地解釋奈米鎳粒子在低溫繼續保持超順磁性等現象。巨觀量子隧道效應與量子尺寸效應一起，確定了微電子器件進一步微型化的極限，也限定了採用磁帶、磁片進行資訊儲存的最短時間。

奈米粒子的一系列特性對人們認識自然和發展新材料提供了新的機遇，目前奈米材料的研究與應用正向縱深發展，而其關鍵在於製備出符合要求的奈米材料，新的製備方法和工藝也將促進奈米材料以及奈米科學技術的發展。

有關奈米粒子的製備方法甚多，許多方法作為研究奈米粒子是可行的，但若進行大量製備尚不成熟。奈米粒子的製備方法分類也各不相同，如分為乾法和濕法、粉碎法和造粒法、物理方法和化學方法等等。製備奈米粒子中最基本的原理，應分成兩種類型，一是將大塊的固體如何分裂成奈米粒子，二是在形成顆粒時如何控制粒子的生長，使其維持在奈米尺寸。

由於方法既有化學過程，也有物理過程，互相交叉，我們按原始物質的狀態進行分類介紹各種製備方法。

18.2 由固態製備奈米粒子

由塊狀固體物質製成粉末往往是將固體粉碎的過程，常用的粉碎方法所得到的平均粒徑難以小於 $0.1\,\mu m$，而只有採用強化或某些化學、物理手段，才能獲得奈米粒子。固相法操作比較簡單、安全，但容易引入雜質，純度低，容易使金屬氧化，顆粒不均勻和形狀難以控制。

18.2.1 低溫粉碎法

對於某些脆性材料如 TiC、SiC、ZrB_2 等在液氮溫度下（$-196℃$），進行粉碎製備奈米粒子。此法的缺點是粉碎時雜質易於混入和難以控制粒子的形狀，粒子也容易團聚，往往需要預先製成粗粉作為原料。這將不能適應大多數應用的要求。

18.2.2 超音波粉碎法

將 $40\,\mu m$ 的細粉裝入盛有酒精的不銹鋼容器內，使容器內壓保持 45×10^5 Pa 左右（氣氛為氮氣），以頻率為 $19.4 \sim 20\,kHz$、25kW 的超音波進行粉碎。該法操作簡單安全，對脆性金屬化合物比較有效，可以製取粒度為 $0.5\,\mu m$ 的 W，$MoSi_2$，SiC，TiC，ZrC，（Ti，Zr）B_4 等超微粉末。

18.2.3 機械合金化法（高能球磨法）[4]

機械合金化法於 1988 年由日本京都大學的 Shingn 等人首先報導，並用此法製備出奈米 Al−Fe 合金。由於該法不需要昂貴設備，工藝簡單，被認為有較好的工業前景，

近年來發展較快，並已用這種方法製得多種奈米金屬和合金。

　　該法的基本操作，以製備高熔點金屬碳化物 TaC，NbC，WC 為例。用純度優於 99%的粉狀石墨和粉狀金屬鉭、鈮或鎢等，配成原子比為$M_{50}C_{50}$（M＝Ta，Nb，W）的混合粉末，在氬氣保護下置於容積為 120 ml 的鋼罐中，選用 WC 球（ϕ 12 mm），球與粉的質量比為 18：1，然後在行星或球磨機上高能球磨，經過 110 h 後得到粒徑約為 10 nm 的 TaC、NbC 或 WC。

　　近年來人們用高能球磨法已成功地製備了各類結構的奈米材料，並獲得一些經驗與結果。

　　(1)對純金屬奈米粒子的製備中觀察到在單組分的系統中，奈米粒子的形成僅僅是機械驅動下的結構演變。研究結果表明，高能球磨可以容易使具有bcc結構（如Fe，Cr，Nb，W 等）和 hcp 結構（如 Zr，Hf，Ru）的金屬形成奈米晶結構，而對於具有 fcc 結構的金屬（如 Cu）則不易形成奈米晶。純金屬在球磨過程中，晶粒的細化是由於樣品的反覆形變，局域應變的增加引起缺陷密度的增加，當局域切變帶中缺陷密度達到某臨界值時，晶粒破碎，這個過程不斷重複，晶粒不斷細化直至形成奈米晶結構。對於具有 fcc 結構的金屬，由於存在較多的滑移面，應力藉由大量滑移帶的形成而釋放，晶粒不易破碎，則較難形成奈米晶。

　　(2)奈米金屬間化合物，特別是一些高熔點的金屬間化合物通常製備比較困難，而應用高能球磨法已能製備出 Fe-B，Ti-Si，Ti-B，Ni-Si，V-C，W-C，Si-C，Pb-Si，Ni-Mo，Nb-Al，Ni-Zr 等多種合金的奈米晶。研究結果表明，在一些合金體系中或一定成分範圍內，奈米金屬間化合物往往作為球磨過程的中間相出現。如 Oehring 等人在球磨 Nb-25%Al 時發現，球磨初期首先形成 35 nm 左右的 Nb_3Al 和 Nb_2Al 迅速轉變為具有奈米（10 nm）結構的 bcc 固溶體。對於具有負混合熱的二元或三元以上的體系，球磨過程中介穩相的轉變取決於球磨體系以及合金成分，如Ti-Si合金體系，在 Si 含量為 25%～60%（原子分數）的成分內，金屬間化合物的自由能大大低於非晶以及 bcc 和 hcp 固溶體的自由能，在此成分範圍內球磨容易形成奈米結構的金屬間化合物，而在上述成分範圍之外，由於非晶的自由能較低，球磨易形成非晶相。

　　(3)高能球磨在製備介穩材料方面一個突出的優點是可以較容易地得到一些高熔點和不互溶體系的介穩相。如二元體系 Ag-Cu 在室溫下幾乎不互溶，但當 Ag、Cu 混合粉末經 25 h 高能球磨後，開始出現具有 bcc 結構的固溶體；球磨 400 h 後，bcc 固溶體的粒徑減小到 10 nm。

　　(4)高能球磨法已用於製備金屬－氧化物複合材料。如用此法製備出加入 1%～5%幾十奈米直徑顆粒 Y_2O_3 複合 Co-Ni-Zr 合金，由於奈米級 Y_2O_3 的瀰散分佈，使合金的

矯頑力提高約兩個數量級。

18.2.4 爆炸法

將金屬或化合物與火藥混在一起，放入容器內，經過高壓電點火使之爆炸，在瞬間的高溫高壓下形成微粒。已報導製備出 $0.05 \sim 0.5 \mu m$ 的 Cu，Mo，Ti，W，Fe−Ni 超微粉末。

爆炸法合成金剛石是利用爆炸產生的高溫、高壓，使游離碳在該熱力學條件下以穩定的金剛石相存在，然後驟冷至室溫，使得金剛石以介穩態保存下來。游離碳的來源有兩種，一種是外加石墨到炸藥中，在此條件下產生的金剛石粉絕大部分是聚晶，粒徑分佈在 $0.01 \sim 10 \mu m$ 之間，聚晶由奈米尺寸的單晶聚集而成；另一種是使用負氧平衡炸藥，利用炸藥爆炸剩餘碳作為游離碳，此時得到的金剛石是單晶和聚晶的混合物，平均粒徑在 $4 \sim 10$ nm 範圍內。爆炸法合成金剛石的設備較為簡單，將炸藥裝好的雷管置於密閉鋼質容器中心，容器內充以惰性氣體如 N_2 或 CO_2，點火爆炸後，收集爆炸後固體產物，除去雷管、導線等雜質，用硝酸、過氯酸等強酸除去石墨等非金剛石碳及金屬雜質，再用蒸餾水沖洗至中性，即得到超微金剛石[5]。

18.2.5 固相熱分解法

常用的高溫固相反應法合成奈米粒子（如氧化物和氧化物之間的固相反應）是相當困難，因為完成固相反應需要較長時間的煅燒或採用提高溫度來加快反應速率，但在高溫下煅燒易使顆粒長大，同時使顆粒與顆粒之間牢固地連接，為了獲得粉末又需要進行粉碎。

採用熱分解法製備奈米粒子，通常是將鹽類或氫氧化物加熱使之分解，能得到各種氧化物超微粉末。如將 Si（NH）$_2$ 在 $900 \sim 1200$ ℃ 之間熱分解生成無定形 Si_3N_4，在 $1200 \sim 1500$ ℃晶化處理，製備高純超微 Si_3N_4 粉末，平均粒徑為 $0.1 \mu m$。又如用稀土草酸鹽，在水蒸氣存在下，熱分解製得 14 種稀土氧化物超微粉末，其粒徑在 $10 \sim 50$ nm 之間，比表面積為 $150 \sim 50$ m²/g 之間。

用熱分解稀土檸檬酸或酒石酸配合物，可獲得一系列稀土氧化物奈米粒子[6]。製備工藝如下：稱取一定量的稀土氧化物，用鹽酸溶解，調節溶液的酸度後，加入計算量的檸檬酸或酒石酸，加熱溶解、過濾、蒸乾，取出研細後放入瓷坩堝內，於一定溫度下灼燒一段時間，即可得到所需的稀土奈米粒子。其反應為：

$$2Ln(O_2C)_3C_3H_4OH + 9O_2 \xrightarrow{\Delta} Ln_2O_3 + 5H_2O + 12CO_2$$

　　實驗中觀察到配比對產物有一定影響。在 Y_2O_3 與檸檬酸（HA）的莫耳比分別為 1：1、1：2 或 1：3 時，均能製備出 Y_2O_3 的奈米粒子，其粒徑能達到 0.1 μm 以下，而 Y：HA 為 1：3 時產物的分散性好、粒徑較小，測得該樣品的比表面為 26 m^2/g，粒徑 ＜0.04 μm。用酒石酸代替檸檬酸，在 Y：HA 為 1：3 時製備的 Y_2O_3 奈米粒子所得結果相同。

　　用檸檬酸鹽熱分解製得的稀土氧化物奈米粒子均為多晶，對比實驗觀察到，重稀土氧化物的奈米粒子的粒徑較輕稀土氧化物小。

18.3　由溶液製備的奈米粒子

　　由溶液製備奈米粒子的方法已經被廣泛的應用，其特點是容易控制成核、添加的微量成分和組成均勻，並可得到高純度的奈米複合氧化物。

18.3.1　沈澱法[7, 8]

　　沈澱法合成的奈米粒子包括直接沈澱法、共沈澱法和均勻沈澱法等。直接沈澱法是僅用沈澱操作從溶液中製備氫氧化物或氧化物奈米粒子的方法。共沈澱法是把沈澱劑加入混合後的金屬鹽溶液中，促使各組分均勻混合沈澱，然後加熱分解以獲得奈米粒子。在應用上述二種方法時，沈澱劑加入可能會使局部濃度過高，產生團聚或組成不夠均勻的現象。

　　值得推薦的是均勻沈澱法，如採用尿素作沈澱劑的均勻沈澱。因為尿素水溶液在 70 ℃左右發生水解，生成了沈澱劑 NH_4OH，用生成 NH_4OH 的速率，即控制溫度、濃度來控制粒子的生長速度，這樣生成的超微粒子團聚現象大大減少。尿素分解反應如下

$$(NH_2)_2CO + 3H_2O \longrightarrow 2NH_4OH + CO_2$$

採用該法製備奈米粒子時，溶液的pH值、濃度、沈澱速度、沈澱的過濾、洗滌、乾燥方式、熱處理等均影響粒子的尺寸。

18.3.2 錯合沈澱法[9, 10]

所謂錯合沈澱法是，在有錯合劑存在下控制晶核生長製備超微粉末的方法。我們用錯合沈澱法製備出不同形狀的超微 $CaCO_3$（見圖 18-2），其工藝過程列於圖 18-1。加入螯合劑如乙二胺四乙酸、氨三乙酸等使 $CaCO_3$ 粒子只能沿著某些方向生長，再加入鹽類則起到部分除去螯合劑的作用。

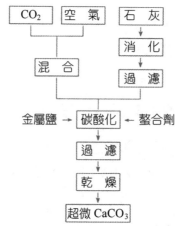

圖 18-1　製備超微 $CaCO_3$ 的工藝流程

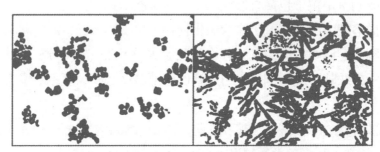

照片 1.　方解石形超微 $CaCO_3$ 　　照片 2.　鏈狀超微 $CaCO_3$
　　　　（X 25000）～0.04 μm 　　　　　　（X 25000）0.02～0.1 μm

圖 18-2　超微 $CaCO_3$ 的電鏡照片

18.3.3 水解法[11]

水解法是利用金屬鹽在酸性溶液中強迫水解產生均勻分散的奈米粒子。該法要求實驗條件控制必須嚴格，條件的微小變化會導致粒子的形態和大小有很大的改變。這些條件主要包括：金屬離子及酸的濃度、溫度、陳化時間、陰離子的影響等。

用水解法製備 Y_2O_3 穩定的 ZrO_2 超微粉末的工藝（見圖 18-3），只需水解 $ZrCl_4$ 和 YCl_3 溶液，並控制 pH 值，能得到粒度小、均勻、易分散的超微粒子，且產量高。該法較方便易行，利於工業生產。

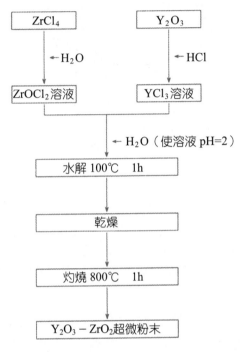

圖 18-3　水解法製備 Y_2O_3-ZrO_2 超微粉末流程圖

實驗結果表明，Y_2O_3 的含量（莫耳分數 3%～30%）對 ZrO_2 超微粉末的粒度影響不大。灼燒溫度如超過 1000 ℃時會使晶體生長速度加快，形成大顆粒。

18.3.4　水熱法[11]

水熱法的原理是在水熱條件下加速離子反應和促進水解反應，使一些在常溫常壓下反應速率很慢的熱力學反應，在水熱條件下可實現反應快速化。依據水熱反應的類型不同，可分為：水熱氧化、還原、沈澱、合成、分解和結晶等。由於水熱法合成的產物具有較好的結晶形態，這有利於奈米材料的穩定性；並可透過實驗條件調控奈米顆粒的形狀，也可用高純原粉合成高純度的奈米材料，為此引起人們的重視。在水熱合成方面，吉林大學徐如人、龐文琴教授等做了大量具卓越成效的研究。

採用水熱法製備了 Y_2O_3-ZrO_2 超微粉末，其工藝流程如圖 18-4：

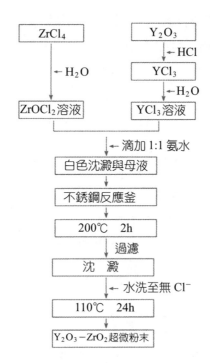

圖 18-4　水熱法製備 $Y_2O_3-ZrO_2$ 超微粉末流程圖

　　利用金屬 Ti 粉能溶解於 H_2O_2 的鹼性溶液中生成 Ti 的過氧化物（TiO_4^{2-}）的性質，在不同的介質中進行水熱處理，可製備出不同晶型、九種形狀的 TiO_2 奈米粉末[12]。在蒸餾水、硫酸溶液中水熱處理能得到單一相的銳鈦礦 TiO_2 奈米粉末，其中 SO_4^{2-} 能促進銳鈦礦相的生成。在硝酸溶液中水熱處理能得到單一的金紅石相 TiO_2，NO_3^- 有穩定金紅石相的作用。

　　利用金屬 Sn 粉能溶於 HNO_3 形成 $\alpha-H_2SnO_3$ 溶膠，而 SnO_2 則不溶於 HNO_3 的性質，對該溶膠進行水熱處理，製得分散均勻的 5 nm 四方相 SnO_2[13]。文獻[14] 還以廉價的 $FeCl_3$ 為原料，加入適量的金屬粉，分別利用尿素和氨水作沈澱劑製備出 80 nm 板狀 Fe_3O_4，用化學法測定其 Fe（Ⅲ）／Fe（Ⅱ）比為 2.13：1。類似的反應製備出 30 nm 球狀 $NiFe_2O_4$ 及 30 nm ZnF_2O_4 的超微粉末，其 Fe（Ⅲ）／M（Ⅱ）比值均接近化學計量比。

　　利用水熱晶化反應製備出 6 nm 的 ZnS[15]，紅外光譜得到奈米 ZnS 在 400～5000 cm^{-1}範圍內基本上無吸收，尤其在 420～460 cm^{-1}處無 Zn－O 振動吸收，表明其無明顯氧化，將是製作紅外窗口的理想材料。在相同溫度和時間下比較 ZnS 凝膠的水熱晶化和普通熱處理的結果，發現在 150 ℃水熱晶化已使硫化鋅結晶良好，但採用普通熱處理並未見明顯的結晶。

18.3.5　溶劑熱合成技術

　　將有機溶劑代替水作溶媒，採用類似水熱合成的原理製備奈米材料作為一種新的合成途徑已經受到人們的重視。非水溶劑在其過程中，既是傳遞壓力的介質，也起到礦化劑的作用。以非水溶劑代替水，不僅大大擴大了水熱技術的應用範圍，而且由於溶劑處於近臨界狀態下，因此能夠實現通常條件下無法實現的反應，並能生成具有介穩態結構的材料。

　　從 Ti 和 H_2O_2 生成的 $TiO_2 \cdot xH_2O$ 乾凝膠，以 CCl_4 作溶劑，在溫度 90℃ 下製備的超微銳鈦礦型的 TiO_2 結果證明[16]，使用非水溶劑熱合成技術能減少或消除硬團聚。

　　採用在非水溶劑中實現直接反應的溶劑熱合成技術，能使某些在水溶液中無法形成的易氧化或易水解的奈米非氧化物得以製備。在聚醚體系中於 160℃ 製備出奈米 InP 材料，透過改變反應物的組分實現了奈米 $In_{1-x}Al_xP$ 固溶體的製備，研究其固溶體的形成規律，發現其固溶度 $x \leq 0.55$ 時，固溶體的結構更偏向於 AlP[17]。

　　在乙二醇二甲醚體系中用溶劑加壓熱合成法製備 InP，透過紫外－可見吸收光譜觀察溶液中存在 InP 團簇，該團簇在 285 nm 處出現吸收。從不同反應時間取出溶液的吸收光譜可見，隨著反應時間延長，吸收邊從 330 nm 向 375 nm 紅移，這表明 InP 團簇隨著熱處理時間的增長而尺寸增大。根據 Brus 有效質量模型的基礎，最低激發態的能量為：

$$E = E_g + \left(\frac{h}{2\pi}\right)^2 \frac{\pi}{2R^2}\left(\frac{1}{m_e} + \frac{1}{m_h}\right) - \frac{1.8e^2}{4\pi\varepsilon_0\,\varepsilon R}$$

由此可估算出團簇或微晶的尺寸。式中 E_g 為塊材料的帶隙，m_e 和 m_h 是電子和空穴的有效質量，ε 為體相材料的介電常數，對 InP 團簇，$m_e = 0.077m_o$，$m_h = 0.8\,m_o$，$\varepsilon = 12.35$[18]，對於吸收邊為 330 nm～375 nm 的 InP 團簇，其粒徑分別為 3.0 nm 至 3.6 nm。

　　InP 團簇的光致發光峰隨著團簇顆粒長大而出現峰位紅移及強度降低的現象，作者提出在該非水體系中、最初生成的 InP 團簇隨著熱處理時間增長而長大，相互結合成非晶顆粒，最後晶化為奈米 InP 的機構。

　　藉由研究不同溶劑體系中奈米 InP 的成相、粒徑和純度的影響，表明聚醚類溶劑是製備奈米 InP 的優選溶劑。ⅢA 族鹵化物由於ⅢA 族金屬離子的 Lweis 酸性，一般是以二聚體形式存在，而聚醚類試劑能夠打開這些鹵化物的二聚體結構，形成離子配合物。乙二醇二甲醚是一種開鏈多醚，當 $InCl_3$ 溶於它時，乙二醇二甲醚破壞 $InCl_3$ 的二聚體結構形成離子配合物。正是這種打開二聚結構和形成配合物的過程有效地抑制 InP 顆粒的生長，使其尺寸控制在奈米數量級。實驗證明如用其它配位子如 1，4－二氧六環作溶劑時，也能得到 InP，但粒徑非常大，這是因為 1，4－二氧六環只能與 $InCl_3$ 形成配合

物，但不具備打開二聚體結構的能力。

10 nm InP 的 PL 光譜在 450 nm 處有一弱的寬發光帶，與塊材相比發生很大藍移。根據激子波耳半徑的定義：

$$a_B = \frac{h^2 \varepsilon}{e^2} \left(\frac{1}{m_e} + \frac{1}{m_h} \right)$$

可以得到體相 InP 材料的激子波耳半徑 a_B 為 29 nm，所得到的 InP 奈米粒子的尺寸小於激子波耳半徑，呈現出量子尺寸效應。

在用溶劑熱合成技術製備氮化鎵時[89,20]，採用反應：

$$GaCl_3 + Li_3N \xrightarrow{\text{苯}} GaN + 3LiCl$$

由於聚醚類溶劑和原料 $GaCl_3$ 的加合物容易反應，而發現苯是製備 GaN 的最優選溶劑，因為苯具有穩定的共軛結構和對 $GaCl_3$ 的溶解能力較強，苯類中的其它溶劑如甲苯等雖可行，但因為它們會分解發生碳化而污染產物，故不如苯。

苯熱合成技術在 280 ℃下成功地製備 30 nm GaN 的原因在於，密封加熱體系能夠有效地防止 $GaCl_3$ 的揮發和分解，而保持一定的溫度，能夠活化 Li_3N，具有特殊物理性質的溶劑在超臨界狀態下進行反應有利於形成分散性好的微粉。

XRD 顯示出在 280 ℃下製得的奈米 GaN 除大部分的六方相外，還含有少量的岩鹽型 GaN，這是在低於 5 MPa 的壓力下首次報導岩鹽型 GaN 的存在，測得岩鹽型 GaN 的晶胞參數為 $a = 4.100$Å。用高分辨電鏡直接觀察到了它的存在，並進一步研究樣品的物相和微結構，發現樣品中實際上除了含有 XRD 能顯示出的 GaN 的六方相和岩鹽型相以外，還含有閃鋅礦型 GaN，在閃鋅礦和岩鹽型 GaN 的晶粒中間的晶界區是相對有序的，其晶格常數逐漸變化，這種晶界結構未見報導。提高苯熱合成的溫度，在 300 ℃左右製備出 GaN 的 XRD 顯示出六方纖鋅礦、閃鋅礦和岩鹽型三種結構共存，給出閃鋅礦型 GaN 的晶胞參數為 $a = 4.420$Å。由此可見，溶劑熱合成技術可以在相對低的溫度和壓力下製備出通常在極端條件下才能製得的、在超高壓下才能存在的亞穩相。

18.3.6 醇鹽法[21]

利用金屬醇鹽水解製備超微粉末（簡稱醇鹽法）是一種重要的方法，已經開始應用。金屬醇鹽是金屬與醇反應而生成含 M–O–C 鍵的金屬有機化合物，其通式為 M（OR）$_n$，其中 M 是金屬，R 是烷基或丙烯基等。金屬醇鹽的合成與金屬的電負度有關，鹼金屬、鹼土金屬或稀土元素等可以與乙醇直接反應，生成金屬醇鹽。

$$M + n\,ROH \longrightarrow M\,(RO)_n + \frac{n}{2}\,H_2$$

　　金屬醇鹽容易進行水解，產生構成醇鹽的金屬氧化物、氫氧化物或水合物沈澱，沈澱經過濾，氧化物可透過乾燥、氫氧化物或水合物脫水則成超微粉末。

　　醇鹽法的特點是可以獲得高純度、組成精確、均勻、粒度細而分佈範圍窄的超微粉末。用此法合成了 5～10 nm $SrTiO_3$ 奈米粒子。

　　稀土醇鹽是一種活潑的有機化合物，當有水存在時不易得到，因此需要用無水氯化物作為原料。用無水稀土氯化物與醇鈉發生反應，可得到 $RE\,(OC_2-H_5)_3$，反應如下：

$$RECl_3 + 3NaOC_2H_5 \longrightarrow RE\,(OC_2H_5)_3 + 3NaOH$$

稀土醇鹽經水解析出氫氧化物，再經過濾、洗滌、烘乾，即成 $RE\,(OH)_3$ 的超微粉末。進一步灼燒脫水，即得到 RE_2O_3 超微粉末。

$$RE\,(OC_2H_5)_3 + 3H_2O \longrightarrow RE\,(OH)_3 \downarrow + 3NaOH$$

$$2R\,(OH)_3 \xrightarrow{\text{乾燥脫水}} RE_2O_3 + 3H_2O$$

表 18-2 中列出稀土醇鹽水解後沈澱的形態。

表 18-2　稀土醇鹽水解後沈澱形態

$RE\,(OH)_2$	La	Ce	Pr	Nd	Sm	Eu	Gd	Tb	Dy	Ho	Er	Yb	Y
形　態	c	c	c	c	c	a	c	a	c	a	c	c	a

c：結晶形　　a：無定形

由表 18-2 可知，經水解後各稀土的氫氧化物形態不同。經灼燒後的 X 射線繞射分析表明，除 La_2O_3 為六方結構外，其餘均為立方結構。

　　從電鏡照片（圖 18-5）得知，輕稀土氫氧化物的粒度較小，分散性好，$La\,(OH)_3$、$Pr\,(OH)_3$、$Nd\,(OH)_3$ 為棒狀，其它均呈顆粒狀。重稀土的氫氧化物中某些呈堆聚現象，當在 850℃燃燒兩小時生成氧化物後，粒度和形狀均發生變化，結晶形與無定形的氫氧化物均轉變為結晶形的氧化物。$La\,(OH)_3$ 灼燒後由棒狀變為粒狀，粒度變化不大。Pr_6O_{11} 仍為棒狀，但形狀變得不太規則，Nd、Sm、Eu 等的氫氧化物變為氧化物後形狀、粒徑無顯著改變。重稀土的氫氧化物灼燒後，超微粒子的分散程度發生很大變化，其氧化物微晶呈球形，所有稀土氫氧化物、氧化物奈米粒子的粒徑都在 0.01～0.05 μm 之間。

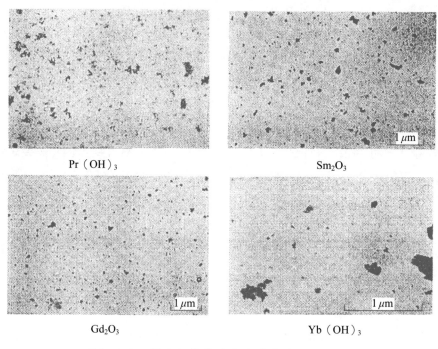

Pr（OH）₃   Sm₂O₃

Gd₂O₃   Yb（OH）₃

圖 18-5　稀土氧化物和氫氧化物的電鏡照片

18.3.7　溶膠－凝膠法[22, 23]

　　溶膠－凝膠法為低溫或溫和條件下合成無機化合物或無機材料的重要方法，在軟化學合成中也佔有重要地位。該法已在製備玻璃、陶瓷、薄膜、纖維、複合材料等方面獲得應用，也廣泛用於製備奈米粒子。

　　溶膠－凝膠法的化學過程是首先將原料分散在溶劑中，然後經過水解反應生成活性單體，活性單體進行聚合，開始成為溶膠，進而生成具有一定空間結構的凝膠，最後經過乾燥和熱處理製備出奈米粒子和所需材料。其最基本的反應是：

(1)水解反應：

$$M（OR）_n + H_2O \longrightarrow M（OH）_x（OR）_{n-x} + xROH$$

(2)縮合反應：

$$-M-OH + HO-M- \longrightarrow -M-O-M- + H_2O$$

$$-M-OR + HO-M- \longrightarrow -M-O-M- + ROH$$

上述反應可能同時進行，從而可能存在多種中間產物，因此，其過程非常複雜。控

制反應條件可以改變凝膠結構。

　　採用溶膠－凝膠法製備 CeO_2 奈米粒子的過程為：稱取 10.6 g 草酸鈰，用蒸餾水調成糊狀並滴加濃 HNO_3 和 H_2O_2 溶液，加熱至完全溶解，加入 18.6 g 檸檬酸，加水溶解成透明溶液，於 50～70 ℃下緩慢蒸發形成溶膠，繼續乾燥，有大量氣泡產生，並形成白色凝膠，將凝膠於 120 ℃下乾燥 12 h，得到淡黃色的乾凝膠。將乾凝膠在不同溫度下處理，可得到不同粒徑的 CeO_2 粉末（詳見圖 18-6）。

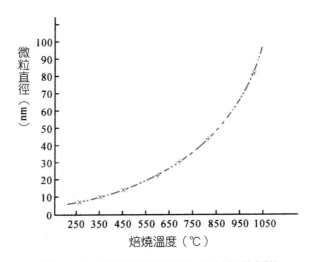

圖 18-6　不同焙燒溫度 CeO_2 粒徑的變化

　　乾燥膠在不同溫度下焙燒的 X 射線繞射資料表明，熱處理溫度低於 230 ℃時為無定形，焙燒溫度在 250～1000 ℃範圍內均生成單相面心立方的 CeO_2，屬於螢石型結構。觀察到隨著焙燒溫度的降低，繞射峰逐漸變寬，根據繞射峰的特徵可計算出平均粒徑和平均晶格畸變率，發現隨著焙燒溫度的降低，晶粒減小，晶格畸變率明顯增大。

　　熱重分析表明，在 250 ℃以前，隨著焙燒溫度的增加，燒失量增加，而 250～800 ℃之間的燒失量只略有增加。比較焙燒溫度與時間對粒度的影響表明，隨著焙燒溫度的升高，晶粒明顯地增大，而焙燒時間的增加，晶粒僅稍有增大。電鏡分析表明，CeO_2 奈米粒子基本上是球形。250 ℃時生成的奈米粒子平均粒徑可達 8 nm。

　　注意到，當焙燒溫度高於 250 ℃時，隨著 CeO_2 粒徑逐漸增大，粉體顏色由深黃逐漸過渡到黃白色。這可能是因為粒徑越小時，對光吸收能力越強所致。

　　採用光電子能譜研究了在溶膠－凝膠法合成 CeO_2 奈米粒子過程中 Ce 價態的變化。觀察到在乾凝膠中 Ce^{3+} 和 Ce^{4+} 共存，當在空氣中焙燒，溫度低於 230℃時，隨著溫度的升高，Ce^{3+} 的含量逐漸減少，而 Ce^{4+} 的含量逐漸增加；當焙燒溫度高於 230℃時，Ce^{3+}

快速氧化為 Ce^{4+}，至 250℃時全部氧化成 Ce^{4+}。順磁共振波譜也表明，250℃以上均為 Ce^{4+}。

目前採用溶膠－凝膠法的具體工藝或技術相當多，但按其產生溶膠－凝膠過程分類不外乎三種類型：傳統膠體型、無機聚合物型和錯合物型。

溶膠－凝膠法與其它化學合成法相比具有許多獨特的優點：

(1)由於溶膠－凝膠法中所用的原料首先被分散在溶劑中而形成低黏度的溶液，因此，就可以在很短的時間內獲得分子水準上的均勻性，在形成凝膠時，反應物之間很可能是在分子水準上被均勻地混合。

(2)由於經過溶液反應步驟，因此就很容易均勻定量地摻入一些微量元素，實現分子水準上的均勻摻雜。

(3)與固相反應相比，化學反應較容易進行，而且僅需要較低的合成溫度。一般認為，溶膠－凝膠體系中組分的擴散是在奈米範圍內，而固相反應時組分擴散是在微米範圍內，因此反應容易進行，溫度較低。

(4)選擇合適的條件可以製備各種新型材料。

溶膠－凝膠法也存在某些問題：首先是目前所使用的原料價格比較昂貴，有些原料為有機物，對健康有害；其次是通常整個溶膠－凝膠過程所需時間較長，常需要幾天或幾週；第三是凝膠中存在大量微孔，在乾燥過程中又將會逸出許多氣體及有機物，並產生收縮。

18.3.8 微乳液法

微乳液是由油（通常為碳氫化合物）、水、表面活性劑（有時存在助表面活性劑）組成的透明、各向同性、低黏度的熱力學穩定體系。微乳液法是利用在微乳液的液滴中的化學反應生成固體以製得所需的奈米粒子。可以控制微乳液的液滴中水體積及各種反應物濃度來控制成核、生長，以獲得各種粒徑的單分散奈米粒子。如不除去表面活性劑，可均勻分散到許多種有機溶劑中形成分散體系，以利於研究其光學特性及表面活性劑等介質的影響。

製備過程是取一定量的金屬鹽溶液（如 Fe^{3+} 溶液），在表面活性劑（如十二烷基苯磺酸鈉或硬脂酸鈉）的存在下，加入有機溶劑，形成微乳液，再透過加入沈澱劑或其它反應試劑，生成微粒相，分散於有機相中，除去其中的水分，即得化合物微粒的有機溶膠，再加熱 400℃以除去表面活性劑，則可製得奈米粒子[24]。Fe_2O_3 奈米粉末的製備流程如下：

$$Fe^{3+}鹽溶液 \xrightarrow[\text{有機溶劑}]{\text{表面活性劑}} 水／油微乳液 \xrightarrow[\text{NaOH}]{\text{沈澱劑}} 水／油微乳液及過量水的混合液 \xrightarrow{\text{除去水相}}$$

$$有機相 \xrightarrow{\text{回流}} Fe_2O_3 有機溶膠 \xrightarrow{\text{蒸乾}} Fe_2O_3 奈米粉末$$

$$\xrightarrow[\text{除去表面活性劑}]{400℃} 純的 Fe_2O_3 的奈米粉末$$

在製備工藝流程中可控制反應物與表面活性劑量之比、沈澱劑用量、pH 值等，以控制粒子的尺寸。

18.3.9　溶劑蒸發法

沈澱法一般情況下其沈澱要水洗、過濾，對於製備奈米粒子會帶來許多困難，為此開發了溶劑蒸發法。典型的例子是熱煤油法，此法起始原料一般為金屬硫酸鹽，也可利用可溶於水的其它鹽類，其操作大致如下：將按所需製備的材料組成配製的鹽溶液與等體積的煤油（其沸點在 180～210 ℃之間）和適量的乳化劑如 Span85，在強烈的攪拌下形成油包水的乳化液，然後將此乳化液逐滴加入到不斷攪拌的熱煤油（>170 ℃）的蒸餾裝置中，使之快速脫水和乾燥，所得無水鹽與油相分離，並進行熱分解，可得到超微粉末。

此法可以製備出一系列尖晶石型、鈣鈦礦型和橄欖石型的複合氧化物超微粉末。

18.3.10　噴霧熱分解法[25]

噴霧熱分解法先以水－乙醇或其它溶劑將原料配製成溶液，透過噴霧裝置將反應液霧化並導入反應器內，在其中溶液迅速揮發，反應物發生熱分解，或者同時發生燃燒和其它化學反應，生成與初始反應物完全不同的具有新化學組成的無機奈米粒子。此法起源於噴霧乾燥法，也衍生出火焰噴霧法，即把金屬硝酸鹽的乙醇溶液透過壓縮空氣進行噴霧的同時，點火使霧化液燃燒並發生分解，製得超微粉末如 NiO 和 $CoFeO_3$，這樣可以省去加溫區。

當先驅體溶液透過超音霧化器霧化，由載氣送入反應管中，則稱為超聲噴霧法。而藉由電漿引發反應發展成電漿噴霧熱解工藝，霧狀反應物送入電漿尾焰中，使其發生熱分解反應而生成奈米粉末。由於熱電漿的超高溫、高游離度，大大促進了反應室中的各種物理化學反應。電漿噴霧熱解法製得的粉末粒徑可分為兩級：其一是平均粒徑為 20～50 nm 的顆粒；其二是平均尺寸為 1 μm 的顆粒。粒子形狀一般為球狀顆粒。

噴霧熱分解法製備奈米粒子時，溶液濃度、反應溫度、噴霧液流量、霧化條件、霧

滴的粒徑等都影響到粉末的性能。文獻以 $Al(NO_3)_3 \cdot 9H_2O$ 為原料配成硝酸鹽水溶液，反應溫度在 $700 \sim 1000\,°C$ 得到活性大的非晶氧化鋁超微粉末。經 $1250\,°C$、$1.5\,h$ 即可全部轉化為 $\alpha-Al_2O_3$、粒徑 $< 70\,nm$。

噴霧熱分解法的優點在於：

(1)乾燥所需的時間極短，因此每一顆多組分細微液滴在反應過程中來不及發生偏析，從而可以獲得組分均勻的奈米粒子。

(2)由於出發原料是在溶液狀態下均勻混合的，所以可以精確地控制所合成化合物的組成。

(3)易於透過控制不同的工藝條件來製得各種具有不同形態和性能的超微粉末。此法製得的奈米粒子表觀密度小，比表面積大，粉體燒結性能好。

(4)操作過程簡單，反應一次完成，並且可以連續進行，有利於生產。

18.3.11 冷凍乾燥法

冷凍乾燥法是先使欲乾燥的溶液噴霧冷凍，然後在低溫、低壓下真空乾燥，將溶劑直接昇華除去後得到奈米粒子。採用冷凍乾燥法時首先選擇好起始金屬鹽溶液，其原則是 ①所需組分能溶於水或其它適當的溶劑，除了真溶液，也可使用膠體。②不易在過冷狀態下形成玻璃態；一旦出現玻璃態就無法實現冰的昇華。③有利於噴霧。④熱分解溫度適當。在噴霧冷凍時為防止組分偏析和增加冷凍樣品表面以加快真空乾燥速率，最好的辦法是用氮氣噴槍把初始溶液高度分散在致冷劑中，容易得到粒徑一致的固態球狀粒子，使用液氮作致冷劑，能達到深度低溫，冷卻效果好，組分偏析程度小。在真空昇華乾燥時把液氮冷凍的凍結物放在用冷浴冷卻的乾燥器中進行真空乾燥，冰將直接昇華。最後將冷凍乾燥的金屬鹽球在適當氣氛下進行熱分解，可以分別獲得氧化物、複合氧化物和金屬超微粉末。

冷凍乾燥法的優點在於：

(1)能在溶液狀態下獲得組分均勻的混合液，適合於微量組分的添加，能有效地合成複雜的功能陶瓷材料奈米粒子；

(2)製得的奈米粒子一般在 $10 \sim 50\,nm$ 範圍內；

(3)操作簡單，特別有利於高純陶瓷材料的製備。

該法的缺點是：設備效率比較低，分解後氣體往往具有腐蝕性，直接影響所使用設備的壽命。

18.3.12　還原法

在溶液中的還原法包括化學還原法和電解還原法。

化學還原法早期用於製備從貴金屬的鹽溶液中利用還原反應製備超微 Ag，Au，Pt。最近報導用此法製備 Fe-Ni-B 非晶超微粉末，直徑為 3～4 nm。其具體操作如下：將 $FeSO_4$ 和 $NiCl_2$ 按不同比例配製成總濃度為 0.1 mol/L 的溶液，然後將 0.5～1 mol/L KBH_4 或 $NaBH_4$ 滴入上述溶液中，同時激烈攪拌，製備過程中要注意控制溶液的 pH 值和溫度。反應結束後立即將溶液過濾，並迅速將濾紙中的黑色粉末清洗並乾燥後保存。

電解還原法可將 Fe，Co，Ni 等金屬鹽溶液電解後析出超微粉末。也可用汞齊法，即將水銀作陰極，目的金屬作陽極，電解該金屬鹽，使所得微粉沈澱在水銀中，該法可獲得 0.01 μm 的奈米粉末，但生產效率低，製取範圍有限。

18.3.13　γ 射線輻照法[36]

錢逸泰等首次將 γ 射線輻照法應用於奈米金屬、合金和氧化物粉末製備[26]。其基本原理為，水接受輻射後發生分解和激發：

$$H_2O \xrightarrow{\gamma 射線} H_2，H_2O_2，H，OH，e_{aq}^-，H_3O^+，H_2O^*，HO_2$$

其中的 H 和 e_{aq}^- 活性粒子具有還原性。e_{aq}^- 的還原電位為 -2.77 eV，具有很強的還原能力，可以還原除第一主族和第二主族以外的所有金屬離子，加入異丙醇或異丁醇清除氧化性自由基 OH，水溶液中的 e_{aq}^- 即可以逐步把溶液中的金屬離子還原為金屬原子（或低價金屬離子），然後新生成的金屬原子聚集成核，形成膠體，從膠體再生長成奈米顆粒（如果膠體比較穩定可用水熱結晶），從溶液中沈澱出來。

在用 γ 射線製得金屬膠體溶液的基礎上，運用水熱合成法使膠體晶化，在適當的表面活性劑和 OH 自由基清除劑存在下，成功地製備出貴金屬 Ag（8 nm）、Cu（16 nm），Pt（5 nm），Pd（10 nm）、Au（10 nm）及合金 Ag-Cu、Au-Cu 等奈米粉末。對於較活潑金屬來說，由於其原子及原子簇狀態的高化學活性而使製備較困難。採用加入適當金屬離子錯合劑並控制溶液的 pH 值，在常溫常壓下成功地製備出 Ni（10 nm），Co（22 nm），Cd（20 nm），Sn（25 nm），Pb（45 nm），Sb（8 nm），In（12 nm）和 Bi（10 nm）等金屬奈米粉末。還製備出其它多種非金屬奈米粉末如 Se、As 和 Te 等。

用 γ 射線輻照法成功地製備出 14 nm 氧化亞銅。其原理為調節化學配方使 Cu^{2+} 離子在輻照過程中的還原控制在 Cu^+ 階段，Cu^+ 迅速與 OH^- 反應生成 CuOH，因其不穩定

而隨即分解為 Cu_2O。以 $KMnO_4$ 為原料製備出單相的 8 nm MnO_2 和 12 nm Mn_2O_3，研究其熱分解性能，發現製得的 MnO_2 微粉在大約 200℃的溫度下即可分散為穩定的 Mn_3O_4，而常規的 MnO_2 粉則在 >900 ℃的溫度下分解成 Mn_3O_4，可見其分解反應的過程不同。$γ$ 射線輻照下硫代硫酸根的歧化反應產物 S^{2-}，即

$$S_2O_3^{2-} + \frac{1}{2}O_2 \xrightarrow{γ射線輻照} SO_4^{2-} + S^{2-}$$

利用此輻照反應成功地製成奈米硫化物。含有較大濃度（大於 0.1 mol/L）的鎘鹽或鋅鹽和硫代硫酸鈉的水溶液用 $γ$ 射線輻照，在室溫下制出 6 nm CdS 和 5 nm ZnS，產率可達 90%。

　　將 $γ$ 射線輻照與溶膠－凝膠過程相結合，成功地製備出非晶 TiO_2－Ag，SiO－Ag複合奈米粉末。此法的主要優點是製備可以在室溫下進行。SiO_2－Ag 複合奈米粉末中的金屬 Ag 的含量和粒徑可以透過改變實驗條件，如 Ag^+ 離子濃度、表面活性劑和輻照劑量等來加以控制。

18. 3. 14　模板合成法[27]

　　隨著對奈米粒子的深入研究，其合成技術也從單純地控制微粒自發成核與生長，發展到利用特定結構的基質為模板進行合成。特定結構的基質包括多孔玻璃、沸石分子篩、大孔離子交換樹脂、Nafion 膜等。如 Herron 等將 Na－Y 型沸石與 Cd（NO）溶液混合，離子交換後形成 Cd－Y 型沸石，經乾燥後與 H_2S 氣體反應，在分子篩八面體沸石籠中生成了 CdS 奈米粒子。模板合成是一種很有吸引力的方法，透過合成適宜尺寸和結構的模板作為主體，在其中生長作為客體的奈米粒子，可獲得所期望的窄粒徑分佈、粒徑可控、易摻雜和反應易控制的超分子奈米粒子。

18. 4　由氣體製備奈米粒子

　　由氣相製備奈米粒子主要有不伴隨化學反應的蒸發－凝結法（PVD）和氣相化學反應法（CVD）二大類。蒸發－凝結法是用電弧、高頻或電漿將原料加熱，使之氣化或形成電漿，然後驟冷，使之凝結成超微粉末，可採取通入惰性氣體、改變壓力的辦法來控制微粒大小。

18.4.1　真空蒸發法

真空蒸發法用電弧、高頻、雷射或電漿等手段加熱原料，使之氣化或形成電漿，然後驟冷，使之凝結成奈米粒子，其粒徑可透過改變惰性氣體、壓力、蒸發速率等加以控制，粒徑可達 $1 \sim 100$ nm。

真空蒸發法是目前進行理論研究和製備超微粉末最有效方法，其產率視設備大小而異，目前已投入生產。其裝置與普通的真空鍍膜相同。具體過程是將待蒸發的材料放入容器的加熱架或坩堝中，先抽到 10^{-4} Pa 或更高的真空度，然後注入少量的惰性氣體或 N_2、NH_3、CH_4 等載氣，使之形成 10 Pa 至數萬帕斯卡的真空條件，此時加熱，使原料蒸發成蒸氣而凝聚在溫度較低的鐘罩壁上，形成超微粉末。此法與蒸發鍍膜的區別在於，不總需注入保護性載氣和不需要將被蒸發材料的蒸氣均勻地沈澱在基板上。真空蒸發法製備超微粉末時，存在著最佳工藝條件選擇的問題，其結晶形狀還難以控制。

真空蒸發法所得超微粉末凝聚在鐘罩壁上收集較為困難，為改善其操作，提出油面蒸發法。該法是將金屬放在坩堝中加熱蒸發，形成蒸氣，然後沈積在旋轉的油面上，隨油的流動收集到容器中，用蒸餾或離心的方法從油中獲得奈米粒子。有粒徑小、粒度分佈窄，不易團聚的特點。

18.4.2　電漿法

電漿法是將物質注入到約 10000 K 的超高溫中，此時多數反應物質和生成物成為離子或原子狀態，然後使其急劇冷卻，獲得很高的過飽和度，這樣就有可能製得與通常條件下形狀完全不同的奈米粒子。

以電漿作為連續反應器（Flow Reactor）製備奈米粒子時，大致分為三種方法：

(1)電漿蒸發法，即把一種或多種固體顆粒注入惰性氣體的電漿中，使之在通過電漿之間時完全蒸發，通過火焰邊界或驟冷裝置使蒸氣凝聚製得超微粉末，常用於製備含有高熔點金屬合金的超微粉末，如 Fe-Al，Nb-Si，V-Si，W-C 等。

(2)反應性電漿蒸發法，即在電漿蒸發法時所得到的超高溫蒸氣的冷卻過程中，引入化學反應的方法。通常在火焰尾部導入反應性氣體，如製造氮化物超微粉末時引入 NH_3。常用於製造 ZrC，TaC，WC，SiC，TiN，ZrN，W_2N 等。

(3)電漿 CVD 法。通常是將引入的氣體在電漿中完全分解，所得分解產物之一與另一氣體反應製得超微粉末。例如，將 $SiCl_4$ 注入電漿中，在還原氣體中進行熱分解，在通過反應器尾部時與 NH_3 反應並同時冷卻製得超微粉末。為了不使副產品 NH_4Cl 混入，故在 $250 \sim 300$ ℃時捕集，這樣可得到高純度的 Si_3N_4。常用於製備 TiC，SiC，TiN，

AlN，$Al_2O_3-SiO_2$，TiB_xN_y 等。

18.4.3 化學氣相沈積法

化學氣相沈積法也叫氣相化學反應法，該法是利用揮發性金屬化合物蒸氣的化學反應來合成所需物質的方法。在氣相化學反應中有單一化合物的熱分解反應：

$$A（g）\longrightarrow B（s）+C（g）$$

或兩種以上的單質或化合物的反應：

$$A（g）+B（g）\longrightarrow C（s）+D（g）$$

氣相化學沈積法的特點是 ①原料金屬化合物因具有揮發性、容易精製，而且生成物不需要粉碎、純化，因此所得超微粉末純度高。②生成的微粒子的分散性好。③控制反應條件易獲得粒徑分佈狹窄的奈米粒子。④有利於合成高熔點無機化合物超微粉末。⑤除製備氧化物外，只要改變介質氣體，還可以適用於直接合成有困難的金屬、氮化物、碳化物和硼化物等非氧化物。

氣相化學反應法常用的原料有金屬氯化物、氯氧化物（MO_nCl_m）、烷氧化物（$M(OR)_n$）和烷基化合物（MR_n）等。

氣相中顆粒的形成是在氣相條件下的均勻成核及其生長的結果。為了獲得奈米粒子，就需要產生更多的核；而成核速度與過飽和度有關，故必須有較高的過飽和度。例如，在 261K 的水蒸氣凝結時，當過飽和比（實際的蒸氣壓／平衡蒸氣壓）從 4 增到 5 時，成核速度增加 10^9 倍。氣相化學反應析出固體時的過飽和比與析出反應的平衡常數 K 成正比。因此，欲透過氣相化學反應獲得奈米粒子，必須採用平衡常數大的體系。平衡常數是選擇反應體系的較好標準，但不是充分條件，因為還有反應速率的問題。用氣相化學反應法合成超微粉末時，若平衡常數較大，反應率可達到 100%。此時單位體積中反應氣體平均的粒子均勻成核數 N（cm^{-3}）和生成粒子的直徑 D、氣相金屬的濃度 c_O（單位為 mol/cm^3）之間，有如下關係：

$$D=\left(\frac{6}{\pi}\times\frac{c_O M}{N\rho}\right)^{\frac{1}{3}}$$

式中 M 是生成物的相對分子質量，ρ 是生成物的密度。因此，粒子的大小由成核數和金屬濃度之比來決定。成核速度是反應溫度及反應氣體組分的函數。在氣相化學反應合成時，透過這些反應條件可以控制粒徑。

　　用氣相化學反應生成的粒子，有單晶和多晶，即使在同一反應體系中，由於反應條件不同，可能形成單晶粒子，也可能形成多晶粒子，多晶粒子的外形通常呈球狀。在許多體系中生成的單晶粒子雖有稜角，但整體上近似球狀。由於各晶面的生長速度不同，奈米粒子具有各相異性，但是，在合成時過飽和度很大，則難以生長成各向異性的較大晶體。

　　由揮發性金屬化合物（如氯化物）與氧或水蒸氣，在數百至一千幾百度條件下的氣相反應，可合成氧化物超微粉末。

$$MX_n \ (\text{g}) + \frac{n}{4}O_2 \ (\text{g}) \longrightarrow MO_{n/2} \ (\text{s}) + \frac{n}{2}X_2 \ (\text{g})$$

$$MX_n \ (\text{g}) + \frac{n}{4}H_2O \ (\text{g}) \longrightarrow MO_{n/2} \ (\text{s}) + n\,HX \ (\text{g})$$

式中的水可以直接引入，也可利用 $CO_2 + H_2 \longrightarrow CO + H_2O$，$H_2 + O_2 \longrightarrow H_2O$ 或 $C_xH_y + O \longrightarrow H_2O$ 等反應產生 H_2O 間接引入。例如，在氫氧焰中通入 $SiCl_4$ 可以得到平均粒徑為 15～20 nm 的 SiO_2 奈米粒子。反應器的結構、反應氣體的混合方法、溫度分佈等反應條件均對微粒的性質有明顯的影響。

　　氮化物和碳化物等微粒的合成方法已有相當多的專利。由金屬氯化物和 NH_3 生成氮化物的反應，有較大的平衡常數，故在較低溫度下可以合成 BN，AlN，ZrN，TiN，VN 等超微粉末。

　　而用金屬化合物蒸氣和碳氫化合物（如 CH_4 等）合成碳化物超微粉末時，對平衡常數較大的體系，在 1500 ℃以下便能合成，但因它們往往在低溫下平衡常數較小，需要高溫合成，因此，採用電漿法和電弧法較多。

18.4.4　雷射氣相合成法

　　雷射氣相合成法是利用定向高能雷射器光束製備奈米粒子，其包括雷射蒸發法、雷射濺射法和雷射誘導化學氣相沈積（LICVD）。前二種方法主要是物理過程，而 LICVD 的基本原理是利用反應氣體分子（或光敏劑分子）對特定波長雷射的吸收，引起反應氣體分子雷射光解（紫外光解或紅外多光子光解）、雷射熱解、雷射光敏化和雷射誘導化學合成反應，在一定的工藝條件下（雷射功率密度、反應池壓力、反應氣體配比、反應氣體流速、反應溫度等），獲得奈米粒子。例如，CO_2 雷射最大的增益波長為 $10.6\,\mu m$，而矽烷 SiH_4 對此波長正好呈強吸收。因此，利用 CO_2 雷射使矽烷分子熱解製備 <10 nm 奈米矽粒子，反應為

$$SiH_4 \xrightarrow{hv\ (10.6\,\mu m)} Si + 2H_2$$

還可以合成 SiC 或 Si_3N_4 奈米粒子，反應為

$$3SiH_4\,(g) + 4NH_3\,(g) \xrightarrow{hv} Si_3N_4\,(s) + 12H_2\,(g)$$

透過工藝參數的調整，可控制奈米粒子的尺寸。

$$SiH_4\,(g) + CH_4\,(g) \xrightarrow{hv} SiC\,(s) + 4H_2\,(g)$$

雷射氣相合成法有如下特點：

(1)反應器壁為冷壁，為製粉過程帶來一系列好處。

(2)反應區體積小而形狀規則、可控。

(3)反應區流場和溫場可在同一平面，比較均勻，梯度小，可控，使得幾乎所有的反應物氣體分子經歷相似的時間－溫度的加熱過程。

(4)粒子從成核、長大到終止能同步進行，且反應時間短，在 $1\sim3\,s$ 內，易於控制。

(5)氣相反應是一個快凝過程，冷卻速率可達 $10^5\sim10^6\,℃/s$，有可能獲得新結構的奈米粒子。

(6)能方便地一步獲得最後產品。

由於 LICVD 具有粒子大小可控、粒度分佈窄、無硬團聚、分散性好、產物純度高等優點，儘管 20 世紀 80 年代才興起，但已建成年產幾十噸的生產裝置。

18.5　奈米粒子與材料製備

奈米粒子的製備方法很多，許多方法製備的奈米粒子用於研究其性質是可行的，但進行大量製備尚不成熟。奈米粒子的應用目前正在開拓，也期待著能提出具有工業化規模的生產技術，以促進其應用。奈米粒子既然是一種新材料，可直接使用，又是作為製備新材料的原料。由於材料的品種繁多，奈米粒子的應用也各不相同，故本文只能作簡要地介紹。

18.5.1　奈米催化劑

奈米金屬粒子具有大的比表面積、高活性等特點，可以作為催化劑的活性組分加到載體上使用，也可以單獨作催化劑使用。例如，在硝基苯加氫反應時利用奈米鎳及帶鈰

殼的鎳催化劑[29]，該催化劑是用 Ar + H₂ 電弧電漿法在高真空設備中製備的。在實驗中使用的催化劑 10～60 nm 的占 78%。

　　加氫反應在帶有振盪式攪拌的高壓釜中進行，反應前先對催化劑進行活化，將一定量催化劑加入反應釜中、抽空，用氫氣將釜中的氣體置換幾次，然後通入一定量的氫氣，加熱進行活化，活化過程中使釜內的氫氣處於緩慢流動狀態。活化完畢後，降溫抽空加入 20 ml 硝基苯與 200 ml 無水乙醇的混合物，在一定的條件下進行反應。實驗結果表明，具有稀土鈰薄殼的奈米鎳催化劑，不僅具有鎳系催化劑的高選擇性和不受溫度的影響，而且能顯著提高其加氫活性、有效地催化硝基苯加氫反應。

　　將輕稀土氧化物的奈米粒子浸漬在載體（如蜂窩陶瓷）上，作為汽車尾氣淨化催化劑的添加劑[3]。該稀土氧化物的奈米粒子採用沈澱法製備。比較奈米塗層和非奈米塗層，在浸漬相同活性組分時的溫度－轉化率曲線資料表明，用奈米稀土氧化物的一次塗層量比非奈米的一次塗層量高近一倍，從而使催化活性大為提高，CO 50% 轉化時的溫度從 230 ℃ 降到 190 ℃，降低了 40℃。

18.5.2　奈米陶瓷

　　所謂奈米陶瓷，是指顯微結構中的物相具有奈米級尺度的陶瓷材料，它包括晶粒尺寸、晶界寬度、第二相分佈、氣孔尺寸、缺陷尺寸等都是在奈米量級（10^0～10^2nm）的範圍。

　　製備奈米結構陶瓷[20]，首先要製備出性能優異的奈米粉體，透過對奈米粉體加壓成型，結合各種緻密化手段而獲得奈米陶瓷材料。在奈米陶瓷成型過程中，經常碰到的問題是①尺寸過小；②易於在壓製和燒結過程中裂開。採用連續加壓的方法可以避免上述問題。如第一次加壓導致團聚的破碎，第二次加壓使晶粒重排導致顆粒間能更好地接觸，這樣素坯可達到更高的緻密度。奈米陶瓷的緻密化手段眾多，除常用的無壓燒結外，還可用真空燒結、熱壓燒結、高溫等靜壓燒結、微波燒結和放電電漿燒結等。如採用真空燒結，可使 ZrO₂ 在 975 ℃ 下燒結得到晶粒尺寸 < 100 nm 的緻密塊體，施加外力後，可進一步降低燒結溫度和晶粒尺寸。採用快速微波燒結的方法（200 ℃/min），950 ℃ 能使氧化鈦達到 98% 以上的緻密度。

　　採用原位石墨加熱法在 1.0～5.0 GPa 的超高壓和 25～1600 ℃ 溫度範圍內，對雷射氣相合成法製得的奈米非晶 Si₃N₄ 的緻密行為進行了研究，結果表明，在室溫下 4 GPa 的壓力可使密度達到 92% 理論密度，在 1200 ℃ 以上可以達到 98% 以上的理論密度，硬度可達 1600 kg/mm²。

添加少量的奈米粒子有助於改善電子陶瓷的性能[31]。例如在製備 Zn−Bi−Ti 系列的 ZnO 壓敏電阻時，用 1%的奈米 TiO_2 替代原配方中的普通 TiO_2，不僅燒結溫度降低了 30～40 ℃，而且瓷片組織均勻性提高，電性能也得到明顯改善，其洩漏電流減小 40%左右，電壓梯度下降 20%左右，大電流性能也有所改善。

18.5.3 奈米磁性材料[32]

磁性顆粒的尺寸與形狀是影響磁性材料性能極為重要的因素，一些磁性材料的單疇臨界尺寸大致上處於 10～100 nm 範圍內，例如 Fe（14 nm）、Co（70 nm）、Ni（55 nm），當進一步降低顆粒尺寸時，又將呈現矯頑力為零的超順磁性。

磁流體是指具有超順磁性的奈米顆粒，表面包覆一層長鏈分子、高度瀰散於基液中構成膠體溶液，例如 10 nm 的 Fe_3O_4 微粒包覆一層 C_{12} 的表面活性劑，在鹼性水溶液中可生成水基磁性液體。它在外磁場作用下將不分離而整體運動，因此其既具有磁性又有流動性。它已成功地用於動態密封、揚聲器等眾多方面，磁流體作為新型的功能材料將能開拓固體磁性材料無法勝任的新應用。

磁記錄在當今資訊時代得到極其廣泛的應用，如用於錄音、錄影等資訊的記錄、儲存和運算。作為磁記錄的粒子要求單疇微粒，其體積要儘量小，但不得小於臨界尺寸。針狀 $\gamma - Fe_2O_3$ 和 Co 包覆的 $\gamma - Fe_2O_3$ 已經廣泛地應用於磁記錄的磁帶，其粒子的大小為 100～300 nm（長）、10～20 nm（寬）。20 世紀 80 年代磁性金屬或合金奈米粉作為磁記錄介質已進入實用化階段，成為微型、高密度磁帶的主流。

18.5.4 奈米光學材料

奈米粒子在光吸收材料方面已有應用，特別是金屬的奈米粒子的粒度越細，顏色越黑，作為實用光吸收材料，早有報導。也有利用奈米粒子的量子尺寸效應和表面效應調製發光波段的研究。也有對發光材料如奈米 Y_2O_3：Eu 進行表面包膜處理以提高材料的發光強度。

作者則利用 Y_2O_3：Eu 奈米粉製備細顆粒的 Y_2O_3：Eu 紅色螢光粉[3]。Y_2O_3：Eu 紅色螢光粉是彩電和燈用三基色螢光粉的主要成分，年產量達數百噸。目前生產的 Y_2O_3：Eu 螢光粉的顆粒度較粗（一般 7～10 μm）與綠粉和藍粉的粒度不匹配，影響著產品品質。為此，降低 Y_2O_3：Eu 的粒度，一直是人們關注和期待解決的問題。我們首先採用沈澱法製備出 Y_2O_3：Eu 的奈米粉（其粒徑為 0.01～0.5 μm），然後在此奈米粉中加入

少量助熔劑，進行高溫灼燒，製得細顆粒的 Y_2O_3：Eu 螢光粉。所得產品用粒度儀測定，$6\,\mu$m 以下顆粒占 90%，其發光亮度稍優於中國行業的標準樣品，發射主峰仍位於 611 nm。用所製備的細顆粒 Y_2O_3：Eu 進行塗管和二次特性試驗表明，該螢光粉達到實用水準。其優點是：①細顆粒 Y_2O_3：Eu 紅粉與綠粉、藍粉粒度接近，能很好地均勻混合；②塗覆性能好；③由於 Y_2O_3：Eu 紅粉的粒度變小，比表面增大、發光顆粒增加，從而減少紅粉的用量，致使成本降低。

18.5.5　無機－有機奈米複合材料[33]

無機－有機奈米複合材料綜合無機、有機和奈米材料的優良特性，將會成為重要的新型多功能材料，具有廣闊的應用前景。無機－有機奈米複合材料並非無機物與有機物的簡單加合，而是由無機相和有機相在奈米範圍內結合而形成，兩相界面間存在著較強或較弱的化學鍵。近年來有關無機－有機奈米複合材料的製備已有一些報導，在此僅介紹微粒原位合成法。

E－MMA（乙烯－15%甲基丙烯酸共聚物）／PbS 體系的製備方法包括金屬離子在單體或含聚合物的溶劑中的分散、與 H_2S 反應生成相應金屬硫化物、單體的聚合和溶劑揮發等幾個步驟。即首先將 E－MMA 共聚物與 Pb 的醋酸鹽或乙醯丙酮化合物共混，在 160 ℃下蒸去乙酸或乙醯丙酮，Pb 與部分 E－MMA 反應，得到含有 Pb 的 E－MMA，然後將含有 Pb 的 E－MMA 與 H_2S 反應，在常壓下，25 ℃至少 2 h，得到 E－MMA 奈米複合膜。E－MMA 是一個很好的基質，具有良好的機械和光學特性，且賦予奈米半導體微粒以很高的動力學穩定性，觀察到在 E－MMA 奈米 PbS 複合膜中，隨著 PbS 粒徑減小，帶隙藍移，最終接近 PbS 分子的第一允許激發態（X→A）的轉變能量。

無機－有機奈米複合材料是一個新興的多學科交叉的研究領域，涉及無機、有機化學以及材料、物理、生物等許多學科，如何能製備出適合需要的高性能、多功能的複合材料是研究的關鍵所在。目前已開發出奈米微粒直接分散、原位合成、先驅體法、層間嵌插、LB 膜技術等多種較為溫和而實用的合成方法，它們各具特色。隨著研究的深入、技術的突破、應用的開發，人們將能設計並合成出更多性能優異的無機－有機奈米複合材料。

參考文獻

1. 洪廣言，李紅軍，越淑英，肖良質。超微粉末的合成及其應用。無機材料學報，1987，2 ⑵: 97～104

2. 張立德，牟季美。奈米材料科學。瀋陽：遼寧科技出版社，1994

3. 倪嘉纘，洪廣言。稀土新材料及新流程進展。北京：科學出版社，1998.103～133

4. Kuyama J, Inui H, Imaoka S, et al. Nanometer-Sized Crystals Formed by The Mechanical Alloying in the Ag-Fe System. Jpn J Appl Phys, 1991, 30(5A): L864

5. 惲壽榕，黃鳳雷，馬峰等。爆炸生成超微金剛石的機構、性質及應用。首屆全國奈米材料應用技術交流會資料彙編。中國材料學會，1997. 217 頁

6. 洪廣言，李紅雲。熱分解法製備稀土氧化物超微粉末。無機化學學報，1991，7 ⑵：241

7. 於德才，洪廣言，董相廷等。中國發明專利。1996，ZL93103702. 6

8. 於德才，洪廣言。共沈澱法製備鋁酸鑭超微粉末的研究。中國稀土學報，1992，10 ⑴: 44

9. 肖良質，王德軍，洪廣言等。鏈狀超微碳酸鈣的合成機構與熱穩定性研究。精細化工，1989，6 ⑸: 6

10. 董相廷，於德才，肖軍，洪廣言。用錯合－沈澱法製備超微氧化釔及其表徵。稀土，1993，14 ⑵: 9

11. 景曉燕，洪廣言，李有漠。Y_2O_3 穩定的 ZrO_2 超微粉末的合成與結構研究。稀土，1989，10 ⑷: 4

12. Qian Y T, Chen Q W, Chen Z Y, et al. Preparation of ultrafine powders of TiO_2 by hydrothermal H_2O_2 oxidation strarting from metallic. J Mater Chem, 1993, 3 ⑵: 203～205

13. Wang C Y, Hu Y, Qian Y T, et al. A nevel method to prepare nanocrystallize SnO_2. Nanostructured Materials, 1996, 7 ⑷: 421～427

14. Qian Y T, Xie Y, He C, et al. Hydrothermal preparations and characterization of Fe_3O_4. Mater Res Bull，1994, 29 ⑼: 953～956

15. Qian Y T, Su Y, Xie Y, et al. Hydrothermal perparation and characterization of nanocrystalline powders of sphalerite. Mater Res Bull, 1995, 30 ⑸: 601～605

16. Chen Q, Qian Y, Zhang Y. Deagglomeration and crystallisation of amorphous titiania by CCl_4-thermal treatment. Mater Sci Technol, 1996, 12: 211

17. 謝毅，王文中，錢逸泰等。非水體系水熱法製備奈米磷化銦。科學通報，1996 ⑷1: 997～1000

18. Xie Y, Qian Y T, Wang W Z, et al. Study of InP clusters in a nonagueous thermal process 化學物理學報，1997，10 ⑴: 39～42

19. Xie Y, Qian Y T, Wang W Z, et al.A Banzene-Thermal synthetic route to nanocrystalline GaN.Science, 1996(272): 1926～1927

20. Xie Y, Qian Y T, Wang W Z.et al.Coexistance of Wurtzite GaN with Zine-blende and rocksalt studied by X-ray powder diffactionand HRTEM. Appl Phys Lett, 1996, 69 (3): 334～336

21.景曉燕，洪廣言。醇鹽法製備稀土化合物超微粉末。應用化學，1990，7 (2)：542～545

22. Dong Xiang ting, Hong Guangyan, et al.Synthesis and Properties of Cerium Oxide Nanometer Powders by Pyrolysis of Amorphous Citrate.J Mater Sci Technol, 1997，13: 113～116

23.董相廷，洪廣言，於得財。CeO_2 奈米粒子形成過程中 Ce 的價態變化。矽酸鹽學報，1997，25 (3): 323

24.張岩，鄒炳鎖，肖良質。微乳膠法製備單分散 Fe_2O_3 超微粒子及其表徵。吉林大學自然科學學報，1990 (4): 115～119

25. Gary L Messing, Shi-Chang Zhang and Jayanthi G V. Ceramic Powder Synthesis by Spray Pyralsis.J Am Ceram Soc, 1993, 76 (11): 2707～2726

26.韓萬書。中國固體無機化學十年進展。北京：高等教育出版社，1998. 267～290

27. Geoffrey A.Ozin, Nanochemistry: Synthesis in Diminisheng Dimensions.Adv Mater, 1992, 4 (10): 612

28.加藤昭夫。超微粒子的製備技術。日本的科學技術，1985 (1): 1

29.崔作林，張志琨，陳克亞等。奈米材料在石油化工中的應用——環境友好奈米金屬催化劑。首屆全國奈米材料應用技術交流會資料彙編，1997. 223

30.高濂，郭景坤。奈米結構陶瓷材料的進展，技術關鍵和應用前景。首屆全國奈米材料應用技術交流會資料彙編，1997.48

31.程黎放。奈米材料在電子陶瓷中的應用。首屆全國奈米材料應用技術交流會資料彙編，1997.71

32.都有為。奈米磁性材料的應用前景及展望。首屆全國奈米材料應用技術交流會資料彙編，1997.25

33.王麗萍，洪廣言。無機－有機奈米複合材料。功能材料，1998，29 (4)：343～347

無機膜的製備化學

19

19.1　概論

19.1.1　無機膜及其發展概況

　　膜（membranes）更為確切些稱為隔膜，它是把兩個物相空間隔開而又使之互相關聯、發生質量和能量傳輸過程的一個中間介入相。也就是說，膜可以看成是分隔兩相的半透位壘，這種位壘可以是固態、液態或氣態，結構上既可以是多孔的，也可以是緻密的。膜兩邊的物質粒子由於尺寸大小的差異、擴散係數的差異或溶解度的差異等等，在一定的壓力差、濃度差、電位差或電化學位差的驅動下發生傳質過程，由於傳質速率的不同因而造成選擇性透過，導致混合物的分離。這種膜分離過程跟人們熟知的傳統分離方法如蒸發、分餾相比，其突出的優點是效率高、能耗低、操作條件溫和簡易，加之還有若干其它特點，因而應用廣泛，發展迅速。分離膜與相應的膜分離技術主要包括微濾、超濾、電滲析、反滲透等等，已廣泛地應用於食品飲料、醫藥衛生、生物技術、化工冶金、環境工程等領域，發揮著愈來愈重要的作用。世界各國都把膜技術放在極其重要的地位進行開發，美國官方文件曾說：「18 世紀電器改變了整個工業過程，而 20 世紀膜技術將改變整個面貌」，「目前沒有一項技術能像膜技術那麼廣泛地應用」，日本把膜技術作為 21 世紀基礎技術進行研究與開發，早在 1987 年東京國際膜會議上，明確指出，「在 21 世紀的多數工業中，膜分離技術扮演著戰略的角色」，世界著名的化學與膜專家、美國工程院院士、北美洲膜學會會長黎念之博士，在訪問中國化工部及其所屬院校時說：「要想發展化工，就必須發展膜技術」，他十分贊同國際上一種流行的說法，即「誰掌握了膜技術，誰就掌握了化工的未來」。還有更多的專家把膜技術的發展稱為「第三次工業革命」。

　　在膜和膜技術發展歷史上，開發較早而得到廣泛應用的是各種有機高分子膜材料，但由於其不耐高溫、易受酸鹼腐蝕、細菌侵蝕、強度低、易泡漲、出現皺摺等缺點而無法完全滿足膜分離過程的需要。無機膜，特別是陶瓷膜和陶瓷基複合膜作為一類新型的膜材料，在近十年來發展迅速，與高聚物膜相比，它們有一系列獨特的優點。由於耐高溫、化學穩定、耐腐蝕、力學強度高、結構穩定和易於清洗再生等優點，尤其適應膜分離過程在高溫、苛刻環境下實際應用的需要，因而在食品、飲料、醫藥衛生、石油化工、生物技術、環境工程以及新型能源方面有著廣泛的技術應用，是一個方興未艾的高新技術領域[1~4]。

　　膜的種類大體上可按膜材料的化學組成、膜的物理形態、結構及膜的應用範圍來劃

分。無機膜分離元件在外形上有管狀（包括單管和多通道管）和板狀，材質上包括金屬、陶瓷、玻璃等。按照膜孔徑的大小及其應用範圍常分為過濾膜（孔徑常用範圍為 $1\sim15\,\mu m$）、微濾（MF）膜（孔徑 $0.1\sim1.5\,\mu m$）、超濾（UF）膜（$2\sim100$ nm）和奈濾膜（2 nm 以下）。根據膜層的結構形式則有對稱膜（單層膜）和不對稱複合膜兩種。膜的斷面為均一結構的稱為對稱膜，對稱膜的厚度影響其透過量，厚度大，透過量小，但若厚度太薄，強度又太差，難以滿足實際應用的要求。為此，實用型的無機膜均是在大孔徑的多孔支撐體（陶瓷或金屬）表面上製備一層或多層孔徑更小的起分離作用的薄層，從斷面看是不對稱的，所以稱為非對稱型的複合膜，也稱支撐體膜。這樣既增加了膜的機械強度，又提高了膜的分離性能。非對稱複合膜有管式和板式兩種。為提高單位體積膜的可用表面積，又發展了多通道式的管狀膜。不同材質膜又可分為多孔膜與緻密膜兩類。多孔膜主要用於微濾和超濾或奈濾，已經廣泛商品化、實用化。而緻密膜尚處於研究階段，主要集中於氧離子導電膜（如 Y_2O_3 穩定的 ZrO_2）和離子／電子混合導電膜（如鈣鈦礦型的複合氧化物），以及透氫性的金屬膜（如 Pd 或 Pd 合金膜）和質子導體膜（如 $BaCeO_3$ 基複合氧化物，Li_2SO_4 基材料）等。

19.1.2　無機膜的技術應用

　　無機膜在許多領域中具有顯著優勢，為若干重大工程問題提供了有希望的技術路線。任何化學化工和冶金反應過程總是包含原料的純化和產品的提取、濃縮、淨化以及廢物的管理和循環應用等，這一切都要用到分離工藝，而且往往涉及高溫和其它惡劣環境，而這些步驟總是耗用很大比例數的設備投資和高額操作費用。採用無機膜分離過程在大幅減少上述兩個方面的資金消耗上具有潛力和希望。許多工業過程可以用無機膜來簡化操作，減輕勞動強度，節約能源，因而無機膜過程及其相應技術在化工、冶金、食品、醫藥、生物技術和環境治理等許多部門都得到了愈來愈廣泛的應用。

1.食品、飲料和生物技術領域

　　圖 19-1 所示是一種市售的多道陶瓷膜組件，它是在粗孔（孔徑 $1\sim10\,\mu m$）陶瓷支撐體上，製作一層具有分離功能的細孔陶瓷膜，孔徑為 $0.05\sim1\,\mu m$ 的稱為微濾膜，孔徑 $50\sim2$ nm 的稱超濾膜，應用時一般採用交叉流動模式，欲進行分離的流體混合物在孔道中以一定速度流動，較小的流體分子即通過基體的微孔膜側向滲透出去而達到分離、純化或濃縮的目的。

　　據報導，無機膜在食品、奶品業中擁有大約 10%的市場。亞微米孔徑的無機膜很

適於果汁的澄清、過濾。在蛋清、蛋類蛋白質及豆奶的濃縮工藝中已實現了工業化。此外，在發酵過的含酒精飲料生產過程的許多階段都可以用到無機膜。無機膜在生物技術方面的應用包括細胞與發酵培養基分離及回收有價值的發酵產物（如蛋白質和抗生素）。同樣也可用作生物反應器以承載酶和微生物，也可使反應與分離同時進行。生物技術中產物的無菌十分重要，無機膜因熱穩定性、化學穩定性和高的力學強度而允許承受蒸汽消毒或用化學活性的含氯基化合物消毒。

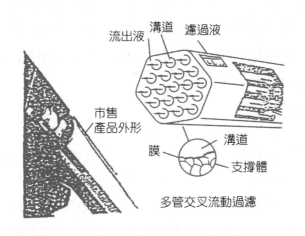

圖 19-1　陶瓷微濾結構示意圖和應用組件外形[3]

2.無機膜在石油、化工、冶金領域中有著巨大前景

化工、冶金過程涉及眾多的分離操作，包括原料提純、氣體淨化、產品精煉、副產物回收再利用等等，而這些分離步驟往往大量耗資又繁瑣，而且要求最好是在與反應環境相近條件下進行，目前工業應用的分離技術大都不令人滿意，通常是有待技術改革的主要目標。無機膜技術的上述特點為解決此類工藝問題帶來福音，特別是高溫陶瓷膜反應器可以加速反應，提高平衡轉換率，實現產物分離，限制副作用發生，緩和操作條件，對於石油化工中的脫氧、加氫等反應工程具有巨大的吸引力。石油化工、煤化工有關的氣體分離和膜催化反應器，是研究工作最活躍、對工業界企業家最具誘惑力的無機膜應用領域，任何一個成功都意味著巨大的經濟和社會效益。

3.無機膜技術在環境治理方面頗有應用潛力

無機膜由於其優異特性，尤其是不怕惡劣環境，可長期保持高效的分離性能，使得它為解決若干重大環境治理問題提供了最令人振奮的希望。許多實驗工程和初步試用都

成功地證明了無機膜用於環境治理工程技術上的可行性、經濟上的可接受性、操作上的簡易性。以下是一些具有重大應用潛力的方面：

(1)無機膜用於過濾水，進行廢水處理能大幅滿足要求，特別是用於除去水不溶物，消除微生物，除去有機懸浮物，達到直接飲用水準。

(2)無機膜處理含油和油脂廢水，也獲得多方面成功。如車床切削冷卻液的回收再生，近海及陸地油田應用陶瓷膜回收開採水中的石油、油脂及懸浮物。

(3)燃煤過程煙氣除塵，煙塵是一個重要的環境污染來源，但長期以來沒有好的解決辦法，無機陶瓷膜技術出現後則不同了，在所有的除塵方法中（包括旋風除塵、布袋收塵、纖維過濾器、靜電除塵等等），只有多孔陶瓷膜過濾器可以超過美國的 N S P S（New Source Performance Standard）要求（1993）。

4.高溫陶瓷膜燃料電池

燃料電池是把燃料與氧氣反應釋放的化學能，溫和地轉化為電能的裝置，是一類高能效、安全、潔淨的化學電源。事實上，燃料電池無論其結構和材料有何不同，無例外地都是採用電解質隔膜的膜反應器。以氧離子導體（如 Y 穩定的氧化鋯，YSZ）作為固體電解質膜，以 La（Sr）MnO_3 多孔膜為陰極，以 Ni–YSZ 金屬陶瓷膜為陽極，以 LaCr（Mg）O_3 陶瓷膜為連接材料構成電池，稱為固體氧化物燃料電池（SOFC）。它在高溫（約 1000 ℃）實現 H_2 或其它燃料與 O_2 的化合反應，其發電效率超過 60%，熱電聯供燃料轉化效率可達 85%，而且規模可大可小，使用方便，是國際上公認的 21 世紀的綠色能源。

19.1.3 無機膜製備技術

如前所述，膜可以看成是在兩個相之間的半透位壘，使物質選擇透過以達到分離目的，而選擇透過性可以藉由不同的機制獲得，諸如分子篩分離擴散係數（體擴散、表面擴散）的差異、電荷及電泳性能的差異、溶解度的差異以及吸附性或與膜表面的反應性的差異等等。這些傳質分離機制可以是一種或是幾種共同發生作用，既依賴於被分離體系的物理、化學性質，更取決於膜的結構與性能。表 19-1 彙列了無機膜結構與性能及其主要表徵方法。膜的傳質分離性能取決於膜材料的物理、化學和結構參數，這要透過適當製備工藝及其參數調整，達到優化性能的目的。

表 19-1　無機膜結構與性能表徵方法

表徵內容	測試方法與技術
孔結構	
最大孔徑	泡壓法
平均孔徑	泡壓法，等溫氮吸附，壓汞法，
（孔徑分佈）	毛細凝膠法
曲折因數	純水滲透法
孔　隙　率	阿基米德法，BET，壓汞法
微結構	
表面形貌	SEM，TEM，AFM，STM
斷面形貌	SEM，STM
膜　厚　度	SEM
晶粒結構	TEM，SEM
物　　　相	XRD
應用評價	
傳質速率	單質氣體滲透速率，純淨液體流通量
分離性能	氣體分離係數，截流分子量曲線
膜反應器評價	以模型反應的產率、轉化率和選擇性進行表徵

　　膜材料與元件的製備方法及技術，因膜的組態、微結構和性能要求而異，從而是多種多樣的，並在不斷地發展和創新。目前已經廣泛應用和開發的技術可以簡要歸納於表 19-2。綜觀表中所列的無機膜合成和製造技術，可以看出它們絕大多數涉及到化學過程，其中三大類技術最為突出：

表 19-2　無機膜材料製備方法一覽表

名　　稱	技術或方法簡要說明	特點和應用範圍
粉體乾壓成型燒結法	陶瓷粉與造孔劑、黏結劑混合在模具中加壓（單軸加壓或等靜壓），成型後熱處理	簡單易行，實驗室普遍用來製備多孔陶瓷基片（$0.1\mu m \sim$ 數 μm 孔徑）
流延法（刮刀法）	陶瓷粉與黏結劑、分散劑、塑化劑、溶劑按比例調製成穩定漿料在流延機上製成帶狀素坯，經乾燥灼燒形成板材	是製備大面積薄板、帶材的重要工藝，用於製造陶瓷基板和多層膜帶材
軋輥法	陶瓷粉與黏結劑、塑化劑混合以及雙面輥對壓成薄帶後熱處理得陶瓷板	適於製備大面積、大孔徑多孔陶瓷板
注漿成型法	類似於流延法製成均一穩定陶瓷漿料澆注入多孔材料製得的模具中，由於模具吸去溶劑而形成膜層，乾燥後脫膜燒結	用於製造多孔陶瓷管複雜形狀部件，孔徑 $0.1\mu m \sim$ 數 μm

表 19-2　無機膜材料製備方法一覽表（續）

名　稱	技術或方法簡要說明	特點和應用範圍
擠壓成型法	陶瓷粉料與各種有機添加劑等均勻混合、真空練泥形成塑性坯料，擠壓成型，經乾燥後熱處理	用於製造單管、多道管材，可獲得所需孔率、孔徑的多孔支撐膜材
泡沫塑膠浸漬漿料法	以泡沫塑膠浸漬陶瓷漿料後熱處理除去有機高分子物質，燒成多孔體材料	適於製作大孔徑（數 $10\,\mu m$）、高孔隙率（70%～80%）的多孔體材料
懸浮粒子法	與注漿成型法類似，將均一漿料澆注入多孔陶瓷管中，形成一層粒子堆積層，乾燥、熱處理後形成頂層膜	這是由大孔支撐體（$>1\,\mu m$ 孔徑）製備過渡層和微濾膜層的常用方法
溶膠－凝膠法	以金屬有機化合物或無機鹽水解後膠溶形成膠粒溶膠或部分水解形成聚合物溶膠，塗製或浸漬在多孔基材上，形成溶膠膜，再經乾燥和適當熱處理形成細孔頂層膜	廣泛用於製備超濾或奈濾孔徑（100～2 nm）頂層膜，厚度數 μm
相分離／離析法	用於製造微孔玻璃膜，如 $Na_2O-B_2O_3-SiO_2$ 體系，先經加熱分相後以酸溶除去富 $NaO-B_2O_3$ 相，獲得富 SiO_2 相的微孔玻璃	也可類似製作多孔金屬膜
陽極氧化法	高純鋁在酸性電解質中陽極氧化形成 Al_2O_3，然後以強酸溶去未作用的鋁而得到多孔膜	孔徑為數十奈米，呈圓柱狀垂直於膜表面，特別適於做傳質基礎研究
有機高聚物熱解法	將高聚物溶液塗置在多孔膜基底上進行熱解處理，得到孔徑更小的頂層膜	可以製備孔徑<1 nm 的碳分子篩膜
化學氣相沈積法	以適當的揮發性源化合物在適當氣體載帶下進入反應器，在加熱的多孔基體表面上反應形成沈積層，根據源化合物種類和操作參數設計又發展成多種技術如鹵化物法、MOCVD、低壓 CVD、電漿輔助的 CVD、雷射輔助的 CVD、CVD／EVD、對擴散 CVD 等	用於大面積、大批量、複雜形狀部件，可用於縮孔或是對多孔材料進行化學修飾，特別是用於製備超薄緻密的透氫、透氧膜
物理氣相沈積法	真空蒸發，磁控濺射等	膜的化學組成取決於靶材，在已有設備情況下進行膜探索比較容易，但不適於複雜形狀表面的塗層
無電極電鍍法	將基體材料浸入適當的鍍液中，透過氧化還原反應形成塗層	用於在多孔基體上諸如 Pd，Pd 基合金等金屬膜

(1) 有機／高分子化合物輔助的陶瓷製備工藝，包括擠壓成型法製備多孔陶瓷膜和懸浮粒子法合成微濾頂層膜等。

(2) sol－gel 過程製備各種孔徑尺寸的超濾和奈濾膜。

(3)各種類型化學氣相澱積（CVD）工藝合成介孔複合緻密膜和對多孔頂層膜進行

縮孔和化學修飾。

　　無機陶瓷膜近十年來的蓬勃發展，除其自身的特點外，還由於無機材料製備工藝發展出現的新技術、新方法的推動。這類新型製備技術的共同特徵是透過新穎的先質和介質環境，採用特殊的能量提供方式，克服材料形成的高能壘，在相當溫和的條件下合成膜材料。它們與傳統習用的機械研磨，高溫、高壓、高能量粒子轟擊等等製備技術形成鮮明的對照，而被稱為軟化學合成。近些年來所出現的，已為若干國際性學術會議作為論題的提法，如 Better Ceramics through Chemistry，Advanced Materials by Chemistry 等等，其中所謂的「化學」就是指軟化學路線而言。無機膜，特別是在特定設計的複合結構陶瓷膜製備方面，軟化學製備路線起著重要作用；反過來，無機膜材料、組態和性能的多樣性和高品質要求也對軟化學合成路線提出了一系列新課題，促進了這一類新型技術和學科的發展。本章隨後將較詳細地介紹這些新型製備技術的原理和在無機膜製備中的應用。可以說，在無機膜研製和應用開發領域，不論是已經商品化的微濾膜和超濾膜，還是正在研製的用於氣體分離與高溫膜反應器的緻密膜、分子篩膜，這些軟化學合成方法都在起一種主導作用。對這些軟化學過程進行系統深入地研究、探明過程機構及其與膜材料微結構形成的內在聯繫，優化工藝參數或是發展更新技術路線等等，將始終是無機膜材料研製和應用開發的核心課題。

19.2　有機和高聚物輔助的新型陶瓷工藝製備多孔陶瓷支撐膜和微濾膜

　　目前，已商品化並獲得廣泛應用的無機膜是管狀（單管或多通道管）非對稱多孔陶瓷微濾膜，為適應不同應用要求，平板狀微濾膜元件也開始投放市場。這種非對稱膜是在厚度 15～2 mm、孔徑 1～15 μm 的所謂支撐體上再製備一層或多層數十微米厚、孔徑 0.1～1 μm 的微濾膜。支撐體主要是提供足夠的力學強度，而微濾膜層主要施行分離功能。多孔陶瓷支撐體製作工藝主要有擠壓成型法、流延法、軋輥法、注漿成型法以及實驗室常用的粉體乾壓成型法或等靜壓法等。陶瓷微濾膜通常採用懸浮粒子法，也可以由溶膠－凝膠過程製作。

19.2.1　陶瓷工藝過程用的添加劑[6]

　　在陶瓷工藝過程中，無論是擠壓成型的坯料、流延法用的泥漿，還是製備懸浮液，都必須加進各種不同的有機或高分子添加劑。這些添加劑用量少，作用大。它們主要作

用是為形成分散性和流動性能良好的坯料和穩定的漿料；提高素坯成型時的可塑性和灼燒時的強度，但它們必須在後續過程中能灼燒殆盡，不留灰分和焦油。這些有機／高分子添加劑的化學作用取決於它們的組分和結構。一般，按添加劑的功能大致可分為：溶劑、表面活性劑、黏結劑、潤濕劑、去絮凝劑與絮凝劑、凝聚劑、增塑劑、泡沫劑、消泡劑、潤滑劑等等。對添加劑明智的選擇和控制則是陶瓷加工、改善工藝過程與提高產品品質成功的關鍵，而這又依賴於對有機添加劑的性質與結構的認識。下面簡單介紹幾類重要的添加劑及其與陶瓷粒子的作用。

1.表面活性劑

原則上，吸附在界面上並改變界面性質的任何化合物都可稱為表面活性劑。在陶瓷工藝中，所用的表面活性劑是一種特別設計的有機分子，其一端為極性基（親水基）；另一端為非極性基（疏水基）。按其在水中游離的特性分類，最重要的一些表面活性劑如表 19-3 所列。

非離子型的表面活性劑溶於水但不解離，不受 pH 值的影響。陽離子型的表面活性劑具有正電荷的親水基，它們一般有毒，陶瓷工業中應用較少。陰離子型表面活性劑帶有較大的疏水基，一般是長鏈碳氫基團，而帶負電荷的親水基是其表面活性部分，常用的如鹼金屬的磺酸鹽、磺化油、羧酸鹽和磷酸鹽等。疏水基一般為脂肪烴或芳香烴，它們疏水性的大小順序為：烷烴基 > 烯烴基 > 帶烷烴鏈的芳香烴 > 芳香烴基 > $CH_2CH_2CH_2O$。親水基的親水性大小順序為：$-SO_4^{2-} ->-COO->- SO_3^-> -N^+>-COO^->-COOH>- OH>- O-$。

由於表面活性劑這種兩親的化學結構特點，它會在水面上或界面上發生定向吸附，顯著降低水（界面）的表面張力，以及改變表面的潤濕能力，從而提高陶瓷粒子在液體中的分散和潤濕狀態。在製備漿料或懸浮液時，能改變／液、固／氣和液／氣的界面能，使液體潤濕或加速潤濕固體的表面活性劑稱為潤濕劑。

有一類具有多個可解離功能團的高聚物分子，如聚甲基丙烯酸鹽、丁二酸鈉等稱為聚電解質，加到懸浮體系中並不一定減小表面或界面張力，而是吸附在陶瓷粒子上，用以調整陶瓷體系內粒子之間的作用力、團聚結構和黏稠性質，起到穩定分散目的。這種作用也稱為去絮凝作用（deflocculant）。去絮凝劑和凝聚劑都是基本的添加劑，在極性液體中，通過陶瓷粒子的表面電荷以及空間位阻而產生去絮凝作用；在非極性液體中則依靠空間位阻達到去絮凝效果。水體系中常用的去絮凝劑列於表 19-4。

表 19-3　若干表面活性劑分類[7]

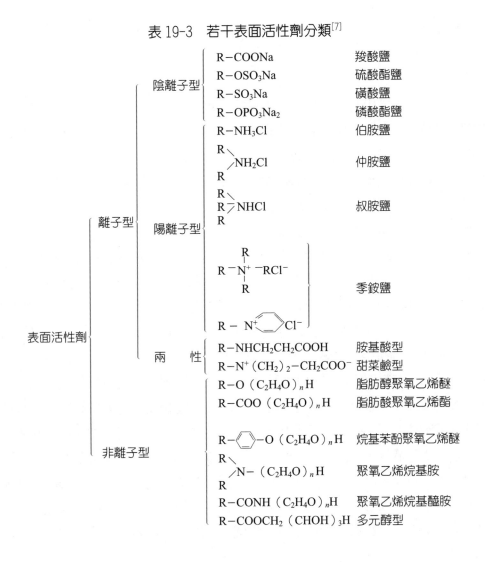

表面活性劑	離子型	陰離子型	R–COONa	羧酸鹽
			R–OSO₃Na	硫酸酯鹽
			R–SO₃Na	磺酸鹽
			R–OPO₃Na₂	磷酸酯鹽

表 19-4　水體系中常用的反絮凝劑

無　機　物	有　機　物
碳酸鈉	聚甲基丙烯酸鈉
矽酸鈉	聚丙烯酸銨
硼酸鈉	檸檬酸鈉或檸檬酸銨
焦磷酸鈉	丁二酸鈉
	酒石酸鈉
	多磺酸鈉

含有磺酸根的聚電解質對水有特別好的親和力，鹼金屬的多磺酸鹽是有效的表面活

性劑和去絮凝劑。

2.黏結劑

黏結劑是陶瓷工藝中常使用的另一大類添加劑。黏結劑最主要的功能是藉由在陶瓷粒子之間吸附與架橋，引起粒子的絮凝和黏結，以提高素坯在成型和灼燒時的強度。當黏結劑還有其它作用時，按它們功能可分為以下各類：

潤濕劑（wetting agent）：吸附在顆粒表面，改善顆粒的潤濕行為；

增稠劑（thickener）：提高體系的表觀黏度；

流變助劑（rheological aid）：控制漿料或泥漿的流動性質；

增塑劑（plasticizer）：提供在壓製、擠出成型或塗膜成型過程中體系的可塑性；

潤滑劑（lubricater）：減小相對滑移界面的黏附力，提高坯體表面光潔度。

值得一提的其它類型的添加劑尚有消泡劑、造孔劑，成型時防止水分流失的水分保持劑、抗靜電劑、螯合劑以及殺菌劑等。有機添加劑用量也是影響多孔陶瓷體品質的重要參數，一般為混合粉料總質量的 15%～20%。

常用的黏結劑有凝聚的膠體粒子型和聚合物分子型兩類，前者如黏土（高嶺土、蒙脫石）或微晶纖維素；聚合物分子型的黏結劑組成多種多樣，可選擇範圍寬，包括天然物質和人工合成物，如纖維素衍生物、澱粉衍生物、聚乙烯醇（PVA）和聚乙二醇（PEG）等。廣泛用於陶瓷工藝中的聚乙烯醇、纖維素和聚乙二醇類型的同系物是具有特定骨幹的鏈狀結構，但帶有不同的側基，溶解度取決於側基的類型和濃度。在泥漿製備過程中，黏結劑可以預先溶解作為溶液或作為原料加入。這些黏結劑溶液的性質也因側基的類型和相對分子質量的變化而多種多樣。黏度則是各系列有機黏結劑相對分子質量的標誌。

聚乙烯醇是最為通用的黏結劑，其分子結構為 $-H_2C-OH \left[-CH_2-CH_2\right]_n-CH_2-$，括弧中的部分稱為單體，是其基本重複單元，由 n 所代表的 PVA 分子中單體的數目稱為聚合度，聚合物的相對分子質量隨聚合度的增加而增加。具有 $-C-C-$ 主鏈的聚乙烯醇是極為柔韌的黏結劑，極性親水的 $-OH$ 側基既促進 PVA 在極性溶劑（水）中的溶解和潤濕，又因氫鍵而黏附在陶瓷粒子表面。$-OH$ 側基的這種雙極吸引作用導致分子之間的鍵合，因而，PVA 對水基氧化物顆粒分散系具有極強的吸附親和性。乙烯醇類黏結劑除 $-OH$ 側基外，還可以含有其它的側基如 $-CONH_2$（聚丙烯酸胺），$-COOH$（羧基聚合物）及可溶於非極性液體中的 $-CH_3$，$-COOCH_3$（例如聚甲基丙烯酸酯），以及仍保留 $-OH$ 基的 PVA 衍生物——聚乙烯醇縮丁醛。

纖維素是含有縮水葡萄酐作為基本重複單元結構的天然碳水化合物。纖維素酯也是

一類重要的黏結劑，它有纖維素聚合的主鏈，但側基 −OH 為 −R 所取代。纖維素主鏈的柔韌性比 PVA 的要差得多，不同的側基類型和取代 −OH 的程度影響它們在水中的溶解度和對陶瓷粒子的吸附行為。有些含可離解側基的黏結劑，如羧甲基纖維素，是流延法泥漿和釉料常用的一種陰離子型黏結劑，它們也有提高黏度和控制陶瓷過濾性質的作用。

聚乙二醇是乙氧基聚合物 $HO-[CH_2-CH_2-O]_n-H$，羥基中的 H 可為其它基團所取代，形成通式為 $RO-[CH_2-CH_2-O]_n$ 的聚合物，商售品莫耳質量範圍為 $200\sim8000$ g/mol。低相對分子質量級別的 PEG 是熱穩定性較好的液體，黏度隨相對分子質量而增加。PEG 黏結劑溶於水，並在許多溶劑中具有一定的溶解度。

19.2.2　擠壓成型法[5]

無機膜在液體過濾和氣−固過濾應用中，為提高單位面積的分離表面積，常採用多道式的管狀結構。擠壓成型法是將具有黏性和塑性的坯料擠壓通過剛性模具，形成管形陶瓷的一種成型工藝。既適於大規模生產，也可以僅幾克的投料進行擠壓。該工藝正是國際上生產商品化管式和多道式多孔陶瓷支撐體的主要方法。一般流程如圖 19-2 所示。

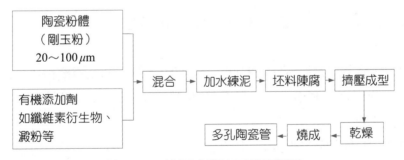

圖 19-2　擠壓成型法工藝流程圖

將陶瓷粉料與有機添加劑和溶劑等按一定的比例均勻混合，經真空練泥形成塑性坯料，陳腐後在擠壓機中擠壓成型，再經過適當乾燥、熱處理工序而得到多孔陶瓷管材。擠壓成型工藝需要控制和優化的因素一般需要根據材料體系、膜的組態和所要求的性能透過實驗選擇決定，主要包括以下幾個方面：

(1)陶瓷粉料的粒度、形態和粒徑分佈；

(2)各種有機添加劑的類型和選擇及用量；

(3)混合、真空練泥及其流變學性質研究；

(4)模具的設計，成型過程中擠出速率的調控；

(5)乾燥、灼燒和熱處理制度的確立。

取決於模具的幾何形狀，透過擠壓裝置可以獲得截面為圓形或多邊形的單管或多通道陶瓷支撐體。圖 19-3 為擠壓成型機示意圖。透過調節擠出壓力、擠出速率和真空度等工藝參數，以獲得表面光滑、形狀規整的坯體。濕坯體管置於圓滾帶上以保證均勻乾燥，避免扭曲和彎折。乾燥的第一階段隨著充塞於粒子之間的水分蒸發，坯體發生收縮；乾燥第二階段則失去吸附水，不發生收縮但形成孔隙。為防止造成缺陷，需控制溫度和乾燥氣氛的濕度。

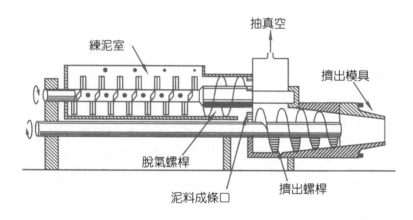

圖 19-3　擠壓成型機示意圖[6]

灼燒溫度與時間是影響多孔陶瓷強度、密度與孔隙率、孔體積和孔徑分佈的重要參數[8]。灼燒過程也包括兩個階段，首先是有機物的燃燒去除，然後是陶瓷體透過燒結過程緻密化同時晶粒長大。

支撐體的作用是提供機械強度，其流動阻力要小，即孔隙率高但力學強度好，孔徑分佈窄且尺寸可控。其質量嚴重影響以其為支撐體的頂層分離膜的性能。國際上支撐體的生產製作雖常用傳統的陶瓷工藝，但列為商業機密，難窺其技術要旨。孟廣耀、王煥庭等[9,10]發展了聚合過程輔助的擠壓成型－燒成工藝，製備出單管和七通道的管狀 α － Al_2O_3 多孔陶瓷支撐體。其孔隙率高（>42%），強度大，隨機抽樣檢測樣品管的抗折強度 >70MPa，爆破壓力 > 45 MPa，已達國際商品化產品要求的指標。這一研製工作的成功，一方面是探索了一種高聚物輔助的擠壓成型技術（已申報中國專利）替代傳統的擠壓成型工藝；另一方面是透過工藝過程基礎和成孔過程研究，較合理地制定了工藝處理條件。進而採用先進的階梯等溫熱膨脹測量法（Stepwise Isothermal Dilatometry，SID）研究多孔陶瓷體燒結過程和孔形成的動力學，得到孔形成過程的表觀活化能為4155

kJ/mol。這與純氧化鋁燒結的界面擴散活化能（440±40 kJ/mol）符合得很好，揭示了以表面擴散為主導的燒結成孔機構。

19.2.3 流延法[5]

流延法（doctor-blade 法，也稱刮刀法）是一種製備大面積、薄平陶瓷板材的重要成型方法。該工藝主要包括漿料的製備、澆鑄流延成型和乾燥灼燒等三個步驟。即先把陶瓷粉料與適當的溶劑、分散劑、黏合劑與塑化劑等混合調成均勻穩定的漿料，在流延機上製成一定厚度的素坯膜，後者經乾燥、灼燒、燒結製成符合所需特性要求的板材或帶材。圖 19-4 是流延法製備陶瓷帶材設備的示意圖，其核心部分是刮刀裝置。在流延技術操作中，最關鍵的是漿料的組成和調製，為形成最佳流變特性的漿料以利於成膜，溶劑、分散劑、黏結劑和塑化劑的選擇、用量和添加順序成為關鍵因素。一般有機添加劑量盡可能地少，其與陶瓷粉體的質量比範圍約在 0.05～0.15 之間，漿料的黏度約在 1000～5000 mPa.s 範圍內。溶劑常用水或有機液體，當水作為溶劑時需較高的乾燥溫度或較長的乾燥時間。為加速乾燥，一般採用醇、酮及鹵化烴等高極性有機液體，或者應用混合溶劑來控制帶坯的乾燥速度。高揮發性的溶劑適宜製備薄膜，而揮發性低的溶劑用來製備厚膜。

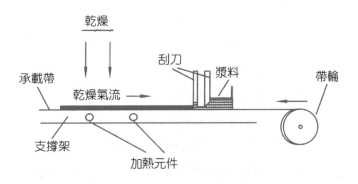

圖 19-4 流延法製備陶瓷帶材設備的示意圖

在流延法成型過程中，漿料是藉由基帶與刮刀的相對運動，而被均勻平整的塗敷在基帶上。素坯的厚度取決於漿料的黏度、流延速度、刮刀高度及儲料桶中漿料的深度。流延速度一般控制在 1 cm/s 左右，它也與漿料黏度、成膜厚度及環境溫度和濕度有關。素坯帶的乾燥也是一道關鍵工序，該過程包括三步：①溶劑通過漿料擴散至表面；②溶劑在表面蒸發；③溶劑透過與空氣對流從表面去除。溶劑蒸發很慢時需要加熱，但又需

避免在泥漿的表面溶劑濃度過高；如乾燥溫度過高，溶劑揮發過快，引起黏結劑向表面遷移，造成素坯上下密度不一致而導致坯帶龜裂。

利用流延法可以獲得寬數十釐米、長數百釐米、厚度 0.5～2 mm 的陶瓷帶，而工業規模的流延機刮刀是固定的，基帶（不銹鋼或高聚物膜）連續移動可製作寬 1m、長度達到數十米的帶材。

19. 2. 4　支撐體膜的其它製作方法

傳統的注漿成型工藝可以用於製作多孔陶瓷管。該法是把陶瓷粉、黏結劑、表面活性劑、塑化劑和溶劑（水或有機溶劑）調製成陶粒懸浮膠體，澆注到多孔材料（通常為石膏）製成的模具中，由於多孔材料對溶劑的吸收而使陶瓷粒子在模具表面上堆積成層，傾出多餘的漿料並乾燥脫模，再透過適當的熱處理而得到多孔陶瓷材料。該工藝不太適合製造大孔徑支撐體膜，孔隙率較低（＜30%），若為提高孔隙率而採用較低燒結溫度則機械強度又會降低。黃肖容[8]等報導了一種熔模離心法製備高純氧化鋁基厚膜管的工藝，可以一次獲得孔徑由大到小逐漸過渡的梯度管，據稱既可以作為支撐體管，也可以直接用作微濾膜管。

粉體乾壓成型法是將陶瓷粉、黏結劑、成孔劑混合均勻後，在硬質合金模具中壓製或等靜壓成型，然後經適當的熱處理，揮發或燃燒除去黏結劑、成孔劑，並使陶瓷粉體部分燒結，從而形成多孔陶瓷體。這種乾壓成型法只適於一些小型部件的製作，通常用於製備實驗室研究用的片狀多孔支撐體材料，透過調整粉體組成和加入成孔劑可以獲得具有一定孔隙率和孔徑的多孔陶瓷體[9～11]。

凝膠澆注（gelcasting）工藝是 20 世紀 90 年代發展起來的一種新型陶瓷成型方法。它將高分子合成和傳統的陶瓷漿料成型工藝結合起來，利用有機單體、聚合引發劑、有機分散劑製備出高固含量的陶瓷漿料，注入模具中並加溫聚合成型，乾燥後灼燒除去有機物，再在一定溫度下燒結。這種工藝可以用來成型複雜形狀的緻密陶瓷零部件，但至今未見報導用於多孔陶瓷體的製備。王煥庭、孟廣耀等[12]率先將此新工藝引入製備大孔氧化鋁陶瓷膜，拓展了多孔陶瓷的製備工藝，成功地獲得坯體堆積密度較高和燒結收縮率較低〔例如 d_{50}=16～21 μm 大粒徑的 $\alpha-Al_2O_3$ 粉體在 1550 ℃/5h 燒結後的收縮率僅為 531%（體積分數）〕的 $\alpha-Al_2O_3$ 多孔陶瓷體，其孔隙率 >38%，孔徑分佈窄，強度高。這表明凝膠澆注法可以製備「近淨尺寸」的多孔陶瓷體而具有實際應用價值。該工藝業已用來製多孔氧化鋯陶瓷膜[12]。

19.2.5　不對稱結構微濾膜的製備[1,5]

微濾陶瓷膜的流體滲透率主要取決於其孔徑、孔隙率、厚度和曲折因數等特徵量，當厚度相同時，孔徑 0.1 μm 的微濾膜，其滲透率要比孔徑 1 μm 的小 100 倍。為了提高滲透率，常在孔徑為 1～10 μm 的厚約 2 mm 大孔支撐體上，製備一層厚度約 20～50 μm、孔徑為 0.1～1 μm 的微濾層，構成一種非對稱形式，這種陶瓷微濾膜除具有分離功能外，也可作為超濾或奈濾膜的中間層。陶瓷微濾膜常用懸浮粒子法製備，該工藝主要包括穩定的懸浮液（或粒子溶膠）的製備、多孔支撐體上浸漿成膜、濕膜的乾燥和熱處理四個階段。圖 19-5 為懸浮粒子法製膜工藝流程圖。

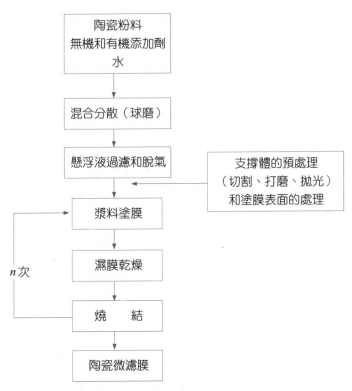

圖 19-5　懸浮粒子法製膜工藝流程圖

1.對支撐體的要求

最簡單的微濾管式膜是在擠壓成型大孔陶瓷支撐體的內壁或外壁塗敷一層微濾膜層。取決於支撐體孔徑的大小，有時為製備孔徑較小的微濾膜層還需要製作一層或多層中間層。中間層的主要作用是降低支撐體的平均孔徑和粗糙度以及減小缺陷密度。因此，微濾膜的質量強烈地依賴於支撐體的性質。在浸漬塗敷和乾燥階段，支撐體最為重

要的性質是其體內與表面的孔徑與孔徑分佈、孔隙率、表面粗糙度（平均值與最大粗糙度）、表面均勻性、潤濕行為和表面化學。

在灼燒和燒結階段，如果支撐體與膜層的材質不一樣，尚需考慮塗層與支撐體的熱膨脹行為，支撐體的熱膨脹係數應當與膜層密配，以免灼燒時出現裂紋，另外還需考慮膜層與支撐體的相互作用和化學相容性，如果發生化學作用則需要製作緩衝層。

2. 穩定懸浮液的製備

陶瓷懸浮液是一種分散體系，對微濾膜製備而言，分散粒子的平均粒徑在 $0.2 \sim 10$ μm 之間，分散介質則是溶劑、有機添加劑，它包括一種以上的高聚物如表面活性劑、潤滑劑、增稠劑和增塑劑等。這些化合物之間的相互作用決定了懸浮液的行為和隨後密集、乾燥和灼燒過程中微結構的發育等。陶瓷粉料的形狀、粒度及其分佈，有機添加劑的選擇和用量以及懸浮液的黏度與用量，均影響微濾膜的表觀均一性和孔結構、孔隙率、孔形狀、孔徑大小及其分佈。

製備穩定的陶瓷粒子懸浮液（或粒子膠體）的方法多種多樣，其穩定作用方式如圖 19-6 所彙列。主要的穩定機制則為以下三種：

(1)靜電穩定（electrostatic stabilization）作用　鑒於懸浮粒子表面帶電荷的特性，根據膠體穩定性的經典理論（DLVO 理論），調節電解質濃度，主要調節 pH 值和介質性

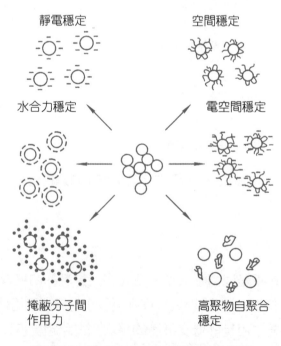

圖 19-6　陶瓷粒子懸浮液穩定方法[5]

質，使粒子表面形成穩定的雙電層，利用雙電層之間的靜電排斥，防止粒子的聚沈而形成穩定的懸浮體系，如由平均粒徑為 $0.5\mu m$ 的 $\alpha-Al_2O_3$ 粉製備的懸浮液，在 pH 值＝55～90、固相質量分數在 5%～20%範圍內，可形成穩定懸浮液[12]。

(2)空間穩定作用（steric stabilization）　在懸浮體系中加入一定量的不帶電的高分子化合物，使其吸附在粒子表面形成高分子保護層，這層黏稠的高分子膜降低陶瓷粒子之間的引力，增加相互間斥力，從而提高懸浮液的穩定性。

(3)電空間穩定作用（electrosteric stabilization）　在懸浮體系中加入適量的聚電解質，其吸附在粒子表面上，由於在不同 pH 值下其吸附量和離解程度不同，通過調節 pH 值，使粒子表面的聚電解質達到飽和值而有最大的解離度，此時空間位阻和靜電排斥的共同作用使體系具有高分散性和高穩定性。

懸浮液的分散性和穩定性對膜層的孔結構和燒結性能均有影響，實驗證明[5]，$\alpha-Al_2O_3$ 粉分散在水中，加入 HNO_3 電解質透過靜電穩定作用形成的懸浮體系，由穩定的懸浮液製成的膜表面結構均勻緻密平整；而同樣的粉料在接近 $\alpha-Al_2O_3$ 等電點（pH 值＝8）時，由於粒子強烈的團聚作用，分散性差，所製得的膜層表面粗糙，結構鬆散，有可能出現針孔甚至裂紋，孔徑較大，且孔徑結構較寬，膜層品質差。為提高懸浮液的分散性和穩定性，常加入分散劑、黏結劑和增塑劑等有機物。黏結劑最重要的功能是提高懸浮液的流平性和濕膜乾燥強度。常用的有聚乙烯醇、聚丙烯酸銨鹽等水基黏結劑，以及聚丙烯酸甲酯和乙基纖維素非水基黏結劑。增塑劑改善陶瓷粒子上聚集的黏結劑膜的黏彈性和吸濕性，並對粉料粒子起著潤濕和交聯作用，有利於懸浮液的穩定，常用的增塑劑有聚乙二酸和乙二醇類有機物。

添加劑的量取決於粉料的種類、粒子尺寸分佈和濃度以及懸浮液的流變性能。在製備平均粒徑為 $0.5\mu m$ 和 $2.5\mu m$ 的 $\alpha-Al_2O_3$ 粉料在水中的懸浮液的結果表明[12]，pH 值≤6 時，電解質的靜電作用足以令懸浮液穩定，而在中性（pH 值＝7）到鹼性（pH 值＝8.5）條件下，則必須加入有機添加劑才能獲得穩定的懸浮體系。

3.浸漬塗敷成膜過程

陶瓷微濾膜的性能取決於膜厚、膜的微結構等結構參數，因此膜的浸漬是製膜過程的重要的環節，其影響膜的厚度及其均勻性和膜的完整性。當將清洗、打磨和烘乾的多孔陶瓷支撐體（管狀或平板）浸入懸浮液並向上拉引時，存在著兩種形成膜層（濕餅）的機制，即毛細管過濾（capillary colloidal filtration）模式和薄膜塗敷（film coating）模式[5]。當乾燥的多孔支撐體與懸浮液接觸並為分散液體所潤濕時，在毛細管力驅動下，粒子被截留在支撐體與懸浮液的界面上，形成膜層。濕膜層的厚度隨時間的平方根而增

長，直到支撐體毛細管中充滿液體，達到毛細管飽和，此時，若支撐體仍浸漬在液體中，則由於反擴散，膜層反而會減薄，這就是毛細過濾機制[13]。薄膜塗敷機制是當以一定速率提拉浸漬在懸浮液中的支撐體時，在黏性力的作用下，形成一黏滯層。其厚度與提拉速率和懸浮液黏度有關。

多孔支撐體上形成的濕膜堆積層（濕餅）的孔結構對分散系中粒子間的相互作用極其敏感，因而沒有團聚作用和團聚體的穩定分散系是製備無缺陷、均勻膜層的先決條件。膜層的厚度對膜的性質和應用都有重要的意義，如膜太薄，則強度低，局部易形成缺陷，使用壽命短。膜太厚，阻力大，操作壓力高，能耗大。因此，對膜分離體系來說，適中的膜厚是必要的。實際上毛細過濾與薄膜塗敷這兩種機制是同時存在的，因此，決定膜厚的浸取時間和提拉速率都必須控制。在穩定拉速和浸取時間下，膜厚隨固含量（液體黏度）的增加而增加。乾燥後的膜層厚度則與濕膜厚度、分散系中固含量、粒子在乾塗層中的堆積有關[14]。控制膜厚度的均勻性同樣十分重要，由於懸浮液黏度、固含量和提拉速率容易控制，因此對多孔支撐體進行表面處理或預浸潤，以消除毛細吸力，利用薄膜塗敷機制有可能獲得厚度均勻的膜層。

4. 濕膜乾燥和灼燒

濕膜在一定的濕度和溫度下，經過溶劑從表面蒸發，內孔液體的流動和溶劑在孔內的擴散等過程逐漸形成均勻的多孔結構乾燥膜。濕膜的乾燥是膜層避免產生裂紋缺陷的關鍵步驟。非對稱微濾膜的燒結由於受到支撐體的約束，其過程有別於體材料，當膜厚度較大時，膜厚度方向的粒子燒結起主要作用，提高燒結溫度時，與體材料結果類似，即孔徑變小；而膜厚度較小時，支撐體的影響起主導作用，粒子只能在襯底表面生長，燒結溫度對膜的孔徑分佈有很大影響，如圖 19-7 所示，隨溫度升高，平均孔徑增大，

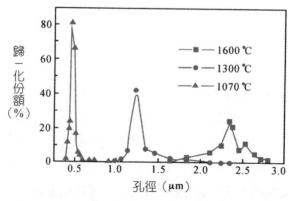

圖 19-7　燒結溫度對 $\alpha-Al_2O_3$ 微濾膜孔徑及其分佈的影響

孔徑分佈變寬。採用反覆浸取—乾燥—燒結的方式，不僅可以在大孔支撐體上製備孔徑逐層減小的微濾層，而且可以消除表面的裂紋、針孔等缺陷，獲得高品質的膜層。

19.3　溶膠－凝膠法製備多孔陶瓷膜

　　溶膠－凝膠法是一種典型的軟化學合成路線，它的歷史可以追溯到 19 世紀，但自 20 世紀 80 年代以來，由於溶膠－凝膠法在製備性能優良的陶瓷粉體、塗層、玻璃及複合材料方面的成功應用，特別是如圖 19-8 溶膠－凝膠過程應用方框圖所示，它將過去各自獨立的陶瓷、玻璃、纖維和薄膜技術納入統一的一種工藝過程之中。因而，越來越受到重視，成為製備功能氧化物膜層最合宜的方法之一，同樣也是非對稱結構超濾和奈濾陶瓷膜的主要製備工藝的基礎。

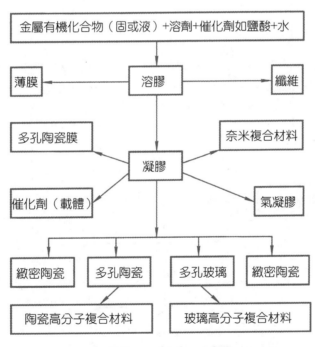

圖 19-8　溶膠－凝膠過程的應用方框圖

19.3.1　溶膠－凝膠基本原理[15]

　　溶膠－凝膠法採用無機鹽或金屬有機化合物，如醇鹽（即金屬烷氧基化合物）為先質。首先將先質溶於溶劑（水或有機液體）中，透過在溶劑內發生水解或醇解作用，反

應生成物縮合聚集形成溶膠，然後經蒸發乾燥從溶膠轉變為凝膠。一般，按照溶膠－凝膠合成的途徑，常可以將溶膠分為兩類：一是基於水溶液中的膠化路線，透過無機鹽或醇鹽的完全水解，形成沈澱，再加電解質進行膠溶分散而形成粒子溶膠的路線，所得到的溶膠也稱物理膠；另一類則是採用金屬有機物先驅體，如醇鹽，在有機溶劑中控制水解，透過分子簇的縮聚形成無機聚合物溶膠的方式，這種溶膠又叫化學膠。如圖 19-9 所示的以上兩種路線都可以用來製備非對稱結構支撐體陶瓷膜，但膜層的塗敷必須在溶膠階段完成，然後藉由溶膠向凝膠的轉變而獲得凝膠膜層，再經乾燥和灼燒得到無機陶瓷膜。

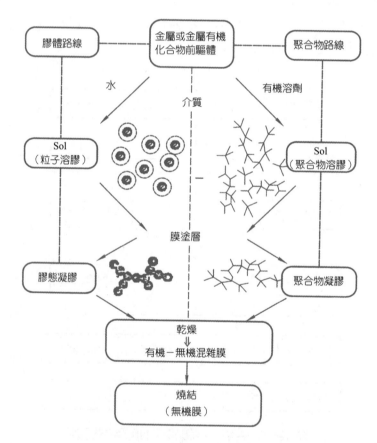

圖 19-9　無機膜製備的兩種溶膠－凝膠路線工藝流程示意圖[5]

1. 水溶液中粒子溶膠的形成

採用金屬鹽（或者醇鹽）為先驅體，溶於水後，在水介質中的基本反應有以下三類：

(1)溶劑合　金屬陽離子 M^{z+} 溶於水中，常為極性的水分子所包圍，形成水（溶劑）合離子：

$$M^{z+} + :OH_2 \longrightarrow [M \leftarrow :OH_2]^{z+}$$

(2)水解反應　水合離子發生水解反應，相應發生電荷的轉移，給出質子 H^+，其水解平衡式可寫作：

$$[MOH_2]^{z+} \Longleftrightarrow [MOH]^{z-1} + H^+ \Longleftrightarrow [M=O]^{z-2} + 2H^+$$

從上式看，水解平衡存在著三種類型的配位基：水合基（aquo）$M(OH_2)$；羥基（hydroxo）MOH 和氧化基（oxo）$M=O$。

因此，任何無機物先驅體的水解產物都可以通式 $[MO_NH_{2N-h}]^{(z-h)+}$ 來表示。其中，N 是金屬 M 的配位數，z 是 M 的價態，h 是水解莫耳比。當 $h=0$ 時，先驅體金屬離子為水合離子 $[MO_NH_{2N}]^{z+}$；當 $h=2N$ 時，則先驅體水解為 $M=O$ 配合物，當 $h<2N$ 時，則可能有三種情況：

$h>N$ 時，形成 $[MO_x(OH)_{N-x}]^{(N+x-Z)-}$　　（例 $AlOOH$）

$h=N$ 時，形成 $[M(OH)_N]^{(N-Z)-}$　　（例 $[Al(OH)_6]^{3-}$）

$h<N$ 時，形成 $M[OH_x(OH_2)_{N-x}]^{(Z-x)+}$　　（例 $[AlOH(H_2O)_5]^{2+}$）

水解程度和水解產物形式取決於金屬離子電荷 Z，配位數 N 及其電負度 X_m^0 以及水溶液的 pH 值。過渡金屬還需考慮配位場穩定性的影響。

pH 值和離子電荷對以上三種配位基形成的影響，可用圖 19-10 所示的電荷-pH 值關係進行定性描述。由圖 19-10 可見，低價陽離子（$Z<+4$）水解時，在整個 pH 值範圍內形成水合離子和／或水合氫氧基配離子；而高價陽離子（$Z>+5$）在同樣 pH 值範圍內則形成氧化和／或氧化-氫氧基配離子。

如果先驅體採用醇鹽，在水介質中與水發生如下的水解反應：

$$M(OR)_n + xH_2O \longrightarrow M(OH)_x(OR)_{n-x} + xROH$$

反應可以連續進行直至生成 $M(OH)_n$。

(3)縮合反應　只要是在如圖 19-10 所示的電荷-pH 值圖中「氫氧基」區域內發生水解反應，同時就會進行縮合反應。取決於金屬離子的配位數，可發生兩類縮合過程：

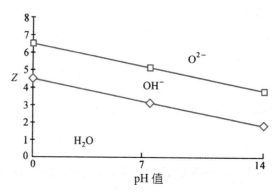

圖 19-10　離子電荷和 pH 值對水介質中離子物種存在形態的影響

(i) Olation 縮合過程，它是在金屬離子配位數飽和情況下透過親核取代（S_N）方式，在兩個金屬原子中間搭上氫氧橋，縮合形成 M–O–M 鍵。

$$M-OH+M-OH_2 \longrightarrow M-\overset{\overset{\displaystyle H}{|}}{O}-M+H_2O$$

透過 S_N 方式，可獲得不同形式的 –OH 橋。

(ii) Oxalation 縮合過程，它是透過親核加成（A_N）方式，在兩個金屬原子間形成「–O–」橋，具有極快的動力學因素，易導致形成共稜和共面的多面體。該反應可以分兩步進行，即先進行 A_N，再失水，如：

$$M-OH+M-OH \overset{①}{\longrightarrow} M-\overset{\overset{\displaystyle H}{|}}{O}-M-OH \overset{②}{\longrightarrow} M-O-M+H_2O$$

第①階段易為鹼所催化；第②階段易為酸所催化，因此氫氧配縮合過程比氧配縮合反應的 pH 值範圍較寬。因而，採用粒子溶膠路線，正常情況下分為兩步：首先是先驅體藉由以上水解縮合反應，生成氧化物或者氫氧化物沈澱；第二步則是透過加酸或鹼電解質使沈澱膠溶解而形成穩定膠態粒子溶膠。如果必要的話，再添加合適的有機黏合劑，形成的溶膠就可以直接用來進行支撐體膜的製備。

2.無機聚合物溶膠的形成

應用聚合物溶膠製備溶膠–凝膠膜，其方式與粒子溶膠頗為不同，在這類溶膠中，分散相是由有機金屬先驅體在有機介質中水解縮合得到的，大多數情況下，該過程涉及到金屬烷氧基化合物在醇中的聚合作用，反應如下：

水解反應：　　　$M(OR)_n+xH_2O \longrightarrow M(OR)_{n-x}(OH)_x+xROH$

這裏同樣存在溶劑合效應，且水解反應是可逆的，如果溶劑的烷基與醇鹽的烷基不同時則會發生如下的酯化反應：

$$M(OR)_n + R'OH \longrightarrow M(OR)_{n-1}(OR') + ROH$$

縮合反應：

脫醇縮合：$(OR)_{n-1}M-\underline{OR} + \underline{HO}-M(OR)_{n-1}(OH)_{x-1} \longrightarrow$
$$(OR)_{n-1}\underline{M-O-M}(OR)_{n-x}(OH)_{x-1} + ROH$$

脫水縮合：$(OH)_{x-1}(OR)_{n-1}M-\underline{OH} + \underline{HO}-M(OR)_{n-1}(OH)_{x-1}$
$$\longrightarrow (OH)_{x-1}(OR)_{n-1}M-O-M(OR)_{n-x}(OH)_{x-1} + H_2O$$

矽的烷氧基化合物的水解與縮合反應速率比較慢，因此，需要用鹼或酸催化劑；而通常用作無機膜製備的 Al，Ti 和 Zr 的烷氧基化合物則極易發生水解，所以，對過渡金屬烷氧化合物來說則需採取適當控制水解速率的方法。

19.3.2　無機陶瓷膜中孔形成機制[5]

先驅體因縮聚反應形成的聚合物或粒子聚集體長大成為小粒子簇，這些簇在互相碰撞之下連接成大粒子簇，並逐漸形成三維網絡，從黏性的溶膠轉變成黏彈性的凝膠而固化的過程稱為膠凝過程。通常把體系流變性質突然改變的那一點稱為膠凝點，即從 sol 到 gel 的轉變點。不同體系的膠凝時間差別很大，從幾秒到幾個小時不等。

在無機膜的 sol-gel 過程中，取決於應用的先驅體種類，溶膠和凝膠的演變是以不同的方式進行的，這種演變結果對形成的膜材料具有很大的影響。上述兩條途徑所製得的凝膠層的主要結構是不同的。粒子凝膠類型的特徵是單個粒子的排列；在聚合物凝膠中，水解和縮聚化學反應的速率和程度對 gel 形成起著關鍵作用。因此，採用這兩種路線製備的陶瓷膜中孔的形成機制也不同，它分別表現為膠體粒子的堆積和分子團簇的聚集。

1.膠粒的堆積

在粒子凝膠層情況下，相應溶膠中的粒子周圍因雙電層作用或因空間位阻效應，使它們互相排斥而形成穩定的溶膠。因此，溶膠中金屬氧化物粒子的聚集程度是由雙電層產生的位能障高度（ζ 電位）決定的。雙電層是透過在粒子與水界面上發生酸鹼反應而形成的，因而，粒子之間排斥力的大小基本上取決於 pH 值以及電解質的性質與濃度。如圖 19-11 所示，粒子之間相互作用力的強度對凝膠層的孔隙率具有直接的影響。當溶膠中粒子之間排斥位能障高，或空間效應強時，在 gel 形成過程中，就會得到緻密的粒

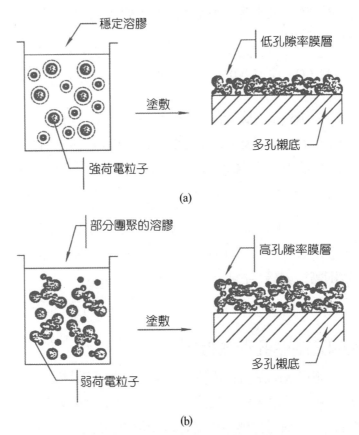

圖 19-11　膠態粒子溶膠穩定性對凝膠層孔結構的影響[5]

(a)穩定溶膠，不含團聚粒子；(b)含部分團聚物的溶膠

子堆積層，接近於完善的球形排列（毛坯密度 $d = 0.76\, d_{th}$），該情況下，膜材料具有頗低的孔隙率（≤30%）並且在高溫下易於緻密化。而在相互作用較弱情況下，溶膠中粒子會發生部分聚集，因此，膜材料的孔體積大，此時燒結溫度對陶瓷膜孔結構的影響倒反而退居其次[17~19]。

2.分子團簇的形成與聚集

聚合物凝膠的形成是透過 sol 中聚合物的逐漸長大，在凝膠階段形成三維的網絡結構。隨著溶劑的蒸發去除和凝膠層中未反應的羥基（－OH）和烷氧基（－OR）的接觸而發生交聯反應，使得凝膠網絡逐漸塌縮。如果不發生相分離的話，可以預期，聚合物凝膠將繼續塌縮和發生交聯，直到其網絡骨架強度能抵抗住表面張力的壓縮作用，孔隙也因此產生。在這種固化過程中，膜層的孔尺寸與孔結構則與因團聚作用得到的各個分子團簇結構有關。據報導[20,21]，取決於溶膠階段所用的分子先驅體水解和縮合的條件，

如先驅體濃度、酸或鹼催化劑等，或是得到低支鏈的或是得到高支鏈的聚合物。如圖 19-12 所示，低支鏈簇在凝膠塌縮過程中能夠相互貫穿，導致高度密集而形成微孔膜材料。另一方面，高支鏈簇〔圖 19-12(b)〕由於空間阻礙不能夠互相貫穿，孔隙將保留在塌縮了的團簇之間，導致形成微孔或介孔膜材料。

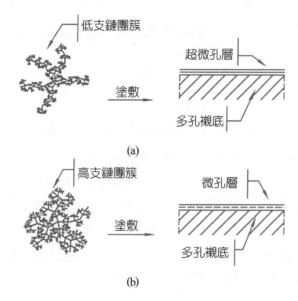

圖 19-12　聚合物溶膠中團簇結構對膜層孔隙率的影響[5]

(a)互相貫穿的低支鏈團簇的堆積；(b)非互相貫穿的高支鏈團簇的堆積

3.模板劑的應用

　　在無機膜的研究中，為進行孔結構的剪裁設計可採用有機模板劑法[22,23]。這些模板劑既可以是在從溶膠向凝膠轉變過程中併入凝膠結構中的有機基團，也可以是有機分子。它們可以經由溶解或在熱處理過程中分解或燃燒掉而留下孔隙。顯然，模板劑的性質和尺寸影響到膜材料的孔體積和孔尺寸。如圖 19-13 所示，模板劑造孔法既可以用在聚合物溶膠路線，也可用於膠態粒子。如 Raman[24] 透過四乙基氧矽烷（TEO）與甲基四乙基氧矽烷共聚形成一種無機－有機聚合物，澱積在多孔 $\alpha-Al_2O_3$ 支撐體上，然後進行熱處理，使無機的基體緻密化而將甲基配位基熱解除去，造成連續的微孔 SiO_2 網絡骨架。

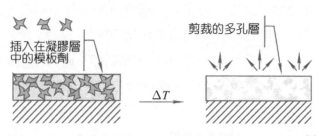

圖 19-13　應用模板劑對凝膠膜孔結構剪裁示意圖[5]

19.3.3　浸漬提拉法

　　膜的塗敷常用的方法有旋轉法（甩膜法，spin coating）、浸漬提拉法（dip coating）、注射噴塗法和噴霧法等等，在 sol-gel 過程中常用的是旋轉塗敷法和提拉法。浸漬提拉法是常用的、具有實用價值的無機介孔和微孔膜製備方法，一般包括：①溶膠中浸漬成膜，②膜厚度增加，③膜乾燥成為乾凝膠，④灼燒和燒結形成最終膜產物等幾個步驟。如圖 19-14 所示，先將基體浸入溶膠中，然後向上提拉，當襯底上附著的液膜層厚度過大時，重力導致液膜層流失而變薄，最終重力與黏性阻力達到平衡，而形成一個厚度穩定的液膜。提拉速度與黏度越大則膜越厚。

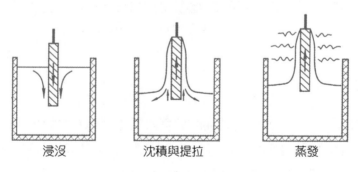

浸沒　　　　　　沈積與提拉　　　　　　蒸發

圖 19-14　浸漬提拉法過程示意圖[5]

19.3.4　濕凝膠膜的乾燥與燒結[25]

　　陶瓷膜的性質與品質基本上取決於支撐體的質量、溶膠的濃度與結構以及乾燥和燒結過程。為避免膜出現裂紋以及為形成最後的微結構，乾燥是特別關鍵的一步。凝膠的乾燥過程本身就是一個脫水過程，涉及到液體的流動與輸運[12]。大體上經歷三個階段：在乾燥的第一個階段即恒速期（CRD）時，單位面積上的蒸發速率與時間無關，近似

等於敞開容器中純水的蒸發速率，隨著凝膠表面一層自由水膜的蒸發，固體骨架顯露出來，產生毛細管張力，柔韌的骨架在表面張力作用下發生塌縮，同時在凝膠外表面形成彎月面。隨著乾燥過程的進行，骨架強度逐漸增加，彎月面進入骨架之中，形成空孔，彎月面的曲率半徑也越來越小，直至等於孔的半徑。此時，相應毛細管壓力也最高，達到了恒速期的終點，即所謂的臨界點或硬固點。在恒速期階段凝膠層存在著體積上、重量上、密度上以至結構上的顯著變化。乾燥過程進入第二階段，蒸發速率開始下降，即第一速率下降期（FRP1），恒速期臨界點時還殘存的 25%～35% 的水分，在該階段進一步脫去，只留下 3%～5%，孔內液體開始排空，開孔率提高。但凝膠層的表面開裂現象幾乎總是發生在第二階段的早期，硬固點附近。乾燥的最後階段，即第二速率下降期（FRP2），蒸發速率不受局部的溫度、氣氛、蒸氣壓和流速的影響。空孔之間殘留的液體透過蒸發擴散到表面而蒸發除去。此時，凝膠接近完全乾燥。

乾燥過程中膜層的收縮與膜厚度有關，膜層較薄時，凝膠層的收縮僅發生在垂直於表面的方向上；而厚度大時也發生水平方向收縮，很容易出現裂紋，事實上存在著一臨界厚度，當膜層越厚，乾燥速率越快，開裂現象就越容易發生。因此，表面蒸發產生的乾燥應力（應力分佈）和孔徑分佈不均勻形成的毛細管壓力是導致膜層出現裂紋的主要原因。為提高膜層的完善性，減少凝膠膜的開裂，主要應當從增強骨架強度和減少毛細管力兩方面入手，調變水解條件，獲得高交聯度和高聚合度的縮聚物，適當條件下的老化或進行水熱處理及化學處理以增加凝膠膜孔的連通性與骨架強度，以及提高凝膠孔徑，加入表面活性劑等措施都是有效的。

在醇鹽溶膠中添加一種稱做控制乾燥的化學添加劑（Drying Control Chemical Additives，簡稱 DCCA）[26] 的低蒸氣壓有機液體，如圖 19-15 所示，它可以控制水解與縮合速率、孔徑分佈、孔中液體蒸氣壓及乾燥應力，使得膜層的顆粒與孔徑大小分佈均窄，導致乾燥應力分佈均勻並減小毛細管壓力，由結構上的均勻性而提高凝膠的強度並縮短乾燥時間。

乾凝膠必須在足夠高的溫度下熱處理以獲得具有穩定的孔結構和力學、化學穩定的陶瓷膜。在整個熱處理過程中，包括兩個相互重疊的階段，在相對低的溫度下，一般在 300～400 ℃，強烈水合的無定形凝膠膠粒向晶體轉變，伴隨脫水反應，有機添加物也必須在此階段全部燃燒除盡，粒子之間以點接觸方式聚集，並在頸部黏結，處於燒結的起始狀態；隨著溫度的升高（>300～400 ℃），頸部變寬，膜的孔徑增大，孔徑分佈變寬，強度也提高。

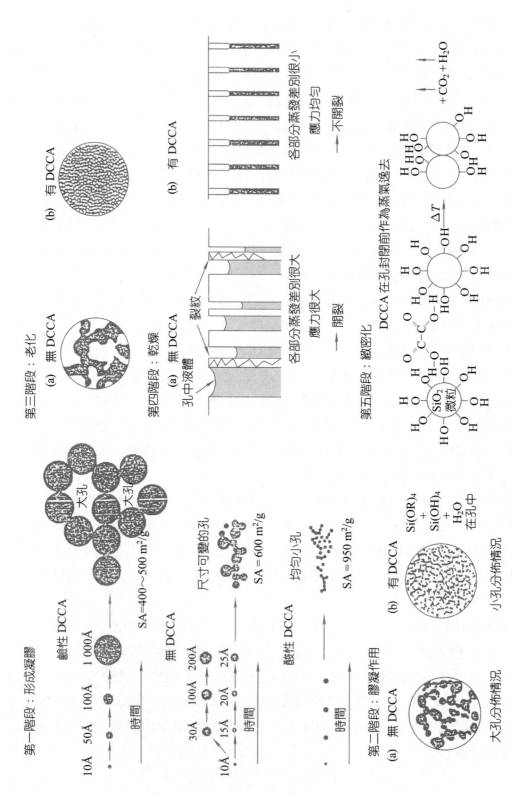

圖 19-15　乾燥控制化學添加劑（DCCA）在 SiO_2 的 sol－gel 過程中的作用[26]

19.3.5 溶膠－凝膠法製備微孔陶瓷膜例[27~33]

1.水溶膠法製備 $\gamma-Al_2O_3$ 陶瓷膜

　　採用鋁鹽或醇鋁為先驅體，水解得到勃姆石沈澱，用酸膠溶沈澱形成勃姆石溶膠，在多孔 $\alpha-Al_2O_3$ 陶瓷膜支撐體上以浸取提拉方式製備一層濕膜，乾燥灼燒後可得到孔徑分佈窄的 $\gamma-Al_2O_3$ 超濾或奈濾陶瓷膜。其工藝過程如圖 19-16 所示。

　　在製備勃姆石膠體時，水解溫度、醇鋁與水的比例、水解方式、膠溶劑等製備參數的控制非常重要。應用二級丁醇鋁情況下，水解與膠溶的溫度要在 80 ℃以上，以保證形成勃姆石（AlOOH）沈澱而不是三水鋁石結構。HNO_3 和 HCl 均可用作膠溶劑，在 pH值 ≈ 4 形成穩定的溶膠。膜的晶粒尺寸與加水量、膠溶劑／醇鋁莫耳比、pH值和溶膠中 AlOOH 濃度有關。浸漬過程中，浸漬時間、溶膠濃度和黏度均影響膜厚，在一定的相對濕度和溫度下乾燥即獲得乾凝膠膜，典型的乾燥曲線如圖 19-17 所示，圖中 AB 段為恒速期，含水量隨乾燥時間增加而減少，基本上呈直線關係，樣品仍處於溶膠狀態；BC 段反映溶膠向凝膠轉變階段，乾燥速率變慢，而CD 段含水量不再隨時間變化，完成向凝膠的轉變，稱為乾凝膠。乾凝膠一般在 450 ℃左右灼燒即可由勃姆石轉變成 $\gamma-Al_2O_3$ 陶瓷膜，孔徑隨灼燒溫度升高而增大[33]。

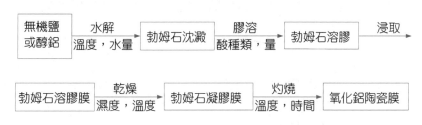

圖 19-16　$\gamma-$氧化鋁多孔膜的溶膠－凝膠製備流程

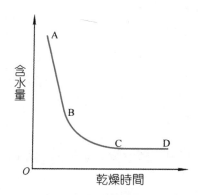

圖 19-17　$\gamma-$AlOOH 凝膠膜的乾燥曲線

2.醇鹽控制水解的溶膠－凝膠法製備 YSZ 膜

掺釔的鋯醇鹽控制水解的溶膠－凝膠法製備釔穩定的氧化鋯（YSZ）膜的實驗流程如圖 19-18 所示。它與 $\gamma-Al_2O_3$ 膜合成路線的區別在於溶膠的製備過程，此處採取控制水解法製備聚合物溶膠。以正丙醇鋯、四水硝酸釔為先質，正丙醇為溶劑，加冰醋酸或其它螯合劑調製水解與縮合反應，可能發生的反應有：

水解：

$$\equiv Zr-OR+H_2O \longrightarrow \equiv Zr-OH+ROH$$

縮合：

(1) $\equiv Zr-OH+HO-Zr\equiv \longrightarrow \equiv Zr-O-Zr\equiv +H_2O$

(2) $\equiv Zr-OH+RO-Zr\equiv \longrightarrow \equiv Zr-O-Zr\equiv +ROH$

(3) $=Zr=(OH)_2 \longrightarrow =ZrO+H_2O$

不難看出，醇鹽水解縮合過程是一個比較複雜的過程。

在醇鹽控制水解的 sol-gel 過程中，為獲得穩定的溶膠，醇鹽與水的莫耳比、溶劑種類與用量、酸鹼催化劑量和各種組分的加入順序以及溫度都是關鍵因素。研究表明[34]，為形成透明的穩定溶膠，水濃度有一定的範圍；而在一定水濃度情況下，形成溶膠也有一定的酸度範圍，冰醋酸雖具有抑制膠體形成的作用，但其酸性也促使膠凝作用。

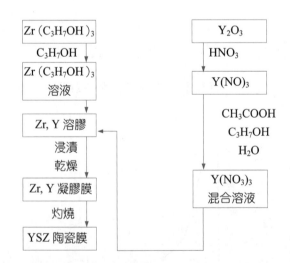

圖 19-18　控制水解溶膠－凝膠法製備 YSZ 膜流程圖

　　由於過渡金屬的烷氧基化合物的反應活性極高，潮濕空氣中就可能水解。為控制它們的水解速率，除採用乙酸和強酸如 HNO_3 控制水解外，乙醯丙酮（AcAc）也是有效的水解抑制劑，同時也是一種乾燥控制化學添加劑。AcAc 與金屬烷氧基化合物發生放熱反應，生成比烷氧基（−OR）難以水解的混配鉗合物[35]：

$$M（OR）_4 + AcAcH \longrightarrow M（OR）_3（AcAc）+ ROH \quad M = Ti，Zr$$

利用乙醯丙酮修飾的溶膠－凝膠法[36~38]，在 $\gamma - Al_2O_3$ 介孔襯底上成膜，經乾燥和灼燒獲得複合氧化物，諸如 ZrO_2、TiO_2 和 YSZ 微孔膜，孔徑最低可小於 1 nm。

19.4　化學氣相沈積技術製備無機膜

　　化學氣相沈積法是一種氣相生長技術，也是一類典型的軟化學合成路線，已卓有成效地廣泛用於高純物質製備，合成新晶體，沈積各種單晶態、多晶態和非晶態無機功能薄膜材料。該方法是利用氣態（蒸氣）物質在一熱固態表面（稱為襯底或基體）上進行化學反應，形成一層固態沈積物的過程。由於它是透過一個個分子的成核和生長，特別適宜在形狀複雜的基體上形成高度緻密和厚度均勻的薄膜，且沈積溫度遠低於薄膜組分物的熔點，不僅用於製備單質、合金和氧化物，也用以製備氮化物、硼化物和金剛石薄膜等，而且廣為用來探索生長傳統方法不能合成的全新結構與組成的新型材料，從而成為高技術領域不可或缺的薄膜製備技術。本節討論和無機膜應用有關的問題。

19.4.1　化學氣相沈積法基本原理[39]

1. 反應體系與源物質

　　最早採用和最簡單的 CVD 化學反應是氫化物或羰基化合物的熱分解反應，如 SiH_4 熱解製矽外延薄膜；但應用廣泛的還是化學合成反應。因為實現這類反應的方式多種多樣，常用的有氫還原反應、氧化反應、加水分解和與氨反應等。因此，為成功地利用 CVD 過程，首先需要選擇合宜的化學反應體系，以及能在一定溫度下，以氣態（蒸氣）形式實現該反應的反應劑。這些氣態反應物種如 SiH_4 或金屬鹵化物稱為源物質或先質。

　　在源物質方面，一般應選擇常溫下是氣態的物質，因為氣態源的壓力、流量和溫度均易精確控制；其次是選用高蒸氣壓的液態源，在恒溫加熱情況下，以惰性氣體或另一種反應氣將液態源的蒸氣載帶至反應室內。沒有合適的氣態和液態源時，只好採用固態

源，比如以金屬鹵化物為 CVD 源物質時，因其蒸氣壓低，需要高的源溫和沈積溫度。因而，鹵化物體系已逐漸為非鹵化物，特別是由有機金屬化合物為源物質的化學氣相沈積（MOCVD）法所取代。MOCVD 過程有許多優點，金屬有機化合物來源廣泛，可以是氣態源、液態源，甚至可採用固態先質，如金屬 β-二酮類鉗合物就是製備許多過渡金屬氧化物功能薄膜材料所廣泛採用的一類固態源物質。另外，MOCVD 過程沈積溫度低，沒有腐蝕性，尤其低壓 MOCVD 或以電漿、雷射等能量啟動方式輔助的 MOCVD 過程更是能顯著降低沈積溫度和提高膜層品質及均勻性。因此，MOCVD 技術發展極為迅速。

2. CVD 過程熱力學和沈積過程動力學

在確定了 CVD 反應體系、先質和反應方式後，為探討 CVD 過程的物理化學實質，只要有可能查到所涉及體系的熱力學資料，就有必要進行沈積過程的熱力學分析。這就是運用化學平衡的計算，估算沈積體系中與某特定組分固相處於平衡的氣態物種的分壓值，用以預期沈積的程度和各種反應參數對沈積過程的影響。具體來說，即列出體系所包含的各物種和它們之間的化學反應與相應的化學平衡式，並找出體系本身特有的質量守恒式和物料的絕對量守恒式，以電腦數值解法求解所列出的方程組，將計算結果與已有的實驗資料比較，推斷過程機制，進而為所需組成的沈積層選擇最佳工藝參數。因此，對於非動力學控制的過程熱力學分析可以定量描述沈積速率和沈積層組成，有助於暸解沈積機制和優化工藝條件。

化學氣相沈積本質上是一種氣-固多相化學反應，一般該過程主要可以分為下面幾個步驟：

(1)參加反應的氣體混合物向沈積區輸運；

(2)反應物分子由沈積區主氣流向生長表面轉移；

(3)反應物分子被表面吸附；

(4)吸附物之間或吸附物與氣態物種之間在表面發生反應，形成成晶粒子和副產物，成晶粒子經表面擴散排入晶格點陣；

(5)副產物分子從表面上解吸；

(6)副產物氣體分子由表面區向主氣流空間擴散；

(7)副產物和未發生反應的分子離開沈積區，從系統中排出。

這些步驟是依次接連發生的，最慢的一步決定總的沈積過程速率，稱為「速率控制步驟」。由步驟(2)、(6)、(7)透過擴散、對流等物質輸運這些步驟控制過程速率時，稱為「質量輸運」控制；與固體表面上發生反應有關的步驟控制過程速率時，就稱為「動力

學控制」或表面控制；如果質量轉移和表面過程進行都很快，反應劑氣流在襯底表面附近有充分停留時間，足以跟生長表面達到平衡，可認為是「進氣控制」，也稱「熱力學控制」。

CVD 過程動力學即是研究沈積層的生長速率、質量與沈積參數的關係，以確立過程速率的控制機制，並根據實驗規律，從原子和分子尺度推斷材料沈積的表面過程，深化對過程機制的認識，以便優化生長參數和進一步改善工藝條件。

在 CVD 過程中，對生長過程和材料質量有影響的主要工藝參數和條件有源物質形態與源溫，沈積溫度，反應混合物輸運方式，氣體流速與體系總壓力，襯底材料結構、晶向與表面狀態以及系統裝置等等。這些影響是互相制約和多個方面的，並都透過一定的機構發生作用，因而直接關係到過程的控制。

19.4.2　CVD 過程在無機膜製備中的應用

近些年來 CVD 法被迅速引進到無機膜研究領域，遍及所有具有實際應用前景的無機膜材料，特別是用於高溫氣體分離和膜催化反應的透氫和透氧緻密膜的合成。如上所述，由於 CVD 過程是藉由氣態物種的輸運反應，當以多孔支撐體為襯底時，沈積反應既可在陶瓷支撐體的孔內發生，也可以在其表面上進行而生長同質或其它物相的粒子和新的膜層，形成所謂的「介孔複合膜」[3]。在該過程中，氣體反應物既可從多孔襯底的一側（單向）導入，也可從多孔基體的兩側（雙向）導入。單向導入方式看起來與緻密襯底上生長薄膜一樣，但仍存在著顯著差別，由於多孔襯底內的孔可降低成核自由能，氣體分子向孔中擴散，從而可能在近表面的孔中成核生長，不僅可以生長十分薄的頂層膜，而且膜層與基底有較好的結合強度。雙向導入方式近幾年來已發展成所謂「對擴散 CVD」的概念。採用前幾節敘述過的懸浮粒子法、sol－gel 法等可以方便地製備孔徑為亞微米乃至奈米級的多孔膜，若以它們為基底，採用 CVD 技術就可以製備膜厚度小至所希望程度的微孔膜或緻密膜。

鑒於 CVD 過程是分子水準上的氣－固複相反應及可實現不同導入方式的特點，導致這類技術在膜製備中可以有多種應用，主要有：

(1)製備緻密膜和作為一種膜修補技術，不論是對擴散法還是單側進氣法都可用於多組分複合氧化物材料緻密膜的製備。此外，當製備或使用過程中形成了微裂紋或針孔時，還可以用對擴散 CVD 原理將這些裂紋、孔洞進行選區沈積修補，因為只有在這些裂紋處才會發生 CVD 過程。

(2) CVD ／ EVD 過程製備離子導電膜，此處，EVD 代表電化學氣相沈積。

(3)對多孔膜進行化學修飾，特別是在孔內壁沈積上具有催化活性的成分。例如在多孔陶瓷膜孔中沈積 Pd 及其合金膜，改善對 H_2 的表面催化特性和提高輸運速率。

(4)多孔頂層膜的縮孔，借助於 CVD 過程可將作為襯底的用溶膠－凝膠法製備的膜層孔徑進一步縮小，以提高氣體分子的分離係數和選擇性。

1. CVD ／ EVD 法製備氧化釔穩定的氧化鋯離子導電薄膜

以對擴散 CVD 過程製備氧化釔穩定的氧化鋯（簡稱 YSZ）這樣的離子導體材料膜時，發展了一種稱為 CVD／EVD 相連接的新穎技術。如圖 19-19 所示，以氯化物 $ZrCl_4$ 和 YCl_3 為源物質從多孔基底的一側導入，空氣和水從另一側進入，二者在多孔基底的孔中相向擴散，只有透過兩種反應劑的對擴散混合後才能發生 YSZ 膜的成核生長和沈積反應。當孔道塞滿之後（稱為封孔，如圖 19-19 過程 3）CVD 過程中止，然而，由於 YSZ 具有相當大量的氧空位：$Zr_{1-x}Y_xO_{2-x}V_{x/2}$，當反應劑中的 O_2 在膜表面上吸附、解離形成的氧離子 O^{2-} 通過 YSZ 中的氧空位擴散到對側時，仍然會與 $ZrCl_4$ 和 YCl_3 蒸氣反應形成氧化物膜層，而同時生成的電子再回到空氣和水的一側，使氧形成 O^{2-} 的反應得以繼續，此時，進入 EVD（過程 4）機制控制階段。由於膜層較薄的地方，O^{2-} 的傳輸較快，增厚速率也較大，使膜層厚度趨向均勻化。Lin 等[40]以 CVD ／ EVD 過程在不同類型的多孔襯底上生長了氣密性的透氧 YSZ 膜（$3\sim5\,\mu m$），以改善表面和微孔中的擴散，提高氣體分離性能，並成功推廣到製備 $Y_2O_3-CeO_2-ZrO_2$ 混合導體膜[41]。

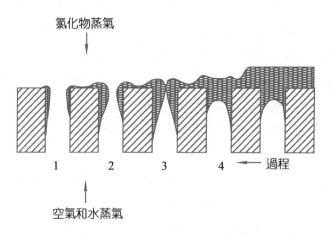

圖 19-19　CVD ／ EVD 過程中不同階段示意圖

2. CVD 法製備透氫無機膜

目前，CVD 在無機膜製備中的應用集中在兩類透 H_2 膜材料上：一類是透 H_2 性氧化物膜，如 SiO_2，TiO_2 等；另一類是金屬透 H_2 膜，主要是 Pd 及其合金膜。

SiO_2 膜的 CVD 製備開展得較早，主要是由於其揮發性源容易得到，目前的工作報導也較多。其目的是進一步縮孔和修飾或是製成緻密膜以改善對 H_2 與其它氣體的選擇分離係數[42]。

Pd 及其合金有很高的透 H_2 性和優良的催化活性，所以是 H_2 分離膜和脫氫、加氫膜反應器的最佳膜材料之一。應用 CVD 製備 Pd 和 Pd 合金膜的工作越來越多，涉及的反應體系包括 $PdCl_2 + H_2$，$Pd(C_2H_3O_2)$，$Pd(AcAc)$，$Pd(AcAc)_2 + Ni(AcAc)_2$ 等。

採用 $PdCl_2$ 的 H_2 還原反應可以實現對擴散 CVD，獲得的 Pd 膜為數微米厚的多孔或緻密膜，即使採取單側 CVD 生長，Pd 也可以進入到孔中而形成牢固的結合，然而 $PdCl_2$ 揮發性差，在高達 450 ℃ 的源溫下，$PdCl_2$ 熱解已十分顯著，因而不是一種合適的源化合物。

Yan 等[43]以乙酸鈀為揮發性源，在低壓（100～170 Pa）於 300 ℃ 下，在多孔 α－Al_2O_3 上製得 Pd 膜，其 H_2 的流通量在 300～500 ℃ 高於 1×10^{-6} mol／$(m^2 \cdot s \cdot Pa)$，$H_2／N_2$ 分離係數超過 1000，結果十分令人鼓舞。但由於 $Pd(Ac)_2$ 的揮發性較差，源和襯底幾乎放置在一起，難以製備大面積樣品。β－二酮鉗合物具有良好的揮發性和熱穩定性，採用乙醯丙酮鈀 $Pd(AcAc)_2$ 作為 Pd 源[44]，在孔徑為 0.2 μm 的 Al_2O_3 基體上製得厚度為 2～3 μm 的鈀膜，其透 H_2 流通量已能滿足工業氣體分離的要求，充分證明 MOCVD 技術在無機膜製備中的重要價值。

另一方面，為了克服純鈀膜的高溫相變和氫脆現象，一般採用 Pd 基合金膜，孟廣耀等[45]採用單一混合源 MOCVD 技術在多孔陶瓷和多孔金屬襯底上成功地製備了 Pd－Ni 和 Pd－Y 合金膜，結果表明，在多孔 γ－Al_2O_3（孔徑 4～5 nm）和 α－Al_2O_3（孔徑 0.15 μm）基體上都可以獲得緻密 Pd－Ni 和 Pd－Y 膜，厚度 2～4 μm，H_2 在金屬膜傳輸時，體擴散是速率控制步驟，合金相有助於改善 H_2 的滲透性能。其中，MOCVD 法製備的 Pd－Y 合金膜[46]具有最大 H_2 滲透率〔500℃時約為 10^{-6} mol／$(m^2 \cdot s \cdot Pa)$〕和最小的 H_2 滲透表觀活化能（225 kJ/mol），預示它們在氣體分離領域有很好的工業應用前景。

3. 頂層膜 CVD 縮孔和修飾

孔徑是多孔陶瓷膜分離性能的主要影響因素。孔徑小於 1 nm 的多孔膜須經特殊方法修飾才能獲得。CVD 技術是陶瓷頂層分離膜縮孔和修飾的最有效途徑之一，如採用

熱 CVD 或電漿 CVD 法，以 TiCl$_4$ 或 Ti（OC$_4$H$_9$）$_4$ 為先驅體，對孔徑為 0.2 μm α – Al$_2$O$_3$ 陶瓷膜進行修飾，發現縮孔後的 TiO$_2$ 陶瓷頂層膜孔徑低至奈米量級，在電漿 CVD 作用下甚至緻密化[47]。

潘銘等[48]採用一種原子層化學氣相沈積技術可以有效而精確地控制修飾膜的最後孔徑。該技術是交替的向反應管中導入 Al（CH$_3$）$_3$（TMA）和水蒸氣，以原子層生長方式在 sol–gel 法製備的 γ – Al$_2$O$_3$ 頂層膜（厚度約為 5 μm，孔徑約 4 nm）的孔中沈積 Al$_2$O$_3$。經過 MOCVD 修飾後的 γ – Al$_2$O$_3$／α – Al$_2$O$_3$ 複合陶瓷膜的 He 滲透率比修飾前減小了兩個數量級，孔徑大大縮小，且 Al$_2$O$_3$ 的沈積主要發生在 γ – Al$_2$O$_3$ 薄膜表層大約 5～10 nm 範圍內。雖然修飾膜對非凝結性氣體的滲透率大為減小，但對可凝結性氣體的滲透率則影響不大。該膜用於除去氧中水分獲得極好的效果。相對濕度為 12%～92% 範圍內，水分與氧氣的分離係數為 71/22，而未經 CVD 修飾的 γ – Al$_2$O$_3$ 超濾膜分離係數僅為 2/11。

19.4.3　單一混合源 MOCVD 法製備多組分氧化物功能薄膜

氧離子傳輸的透氧膜材料由於在固態氧化物燃料電池（SOFC）、氣體分離和透氧膜反應器等方面的重要應用而受到人們廣泛的重視。當前人們致力研究的材料主要是具有鈣鈦礦型結構和螢石型結構的複合氧化物，一些混合導體材料的實驗透氧流量已經可以與多孔膜相比，而這都是膜厚 1 mm 左右的實驗資料，若以 CVD 技術合成介孔複合膜，使膜厚減薄到數十微米乃至幾微米左右，在氧離子的體擴散為速率控制步驟的情況下，則其氧流通量將數十倍增長。

以 CVD 技術製備多元複合氧化物薄膜時，首先遇到的是揮發性源物質的問題。人們最先採用的是鹵化物體系，但是許多金屬的氯化物的揮發性小，如 YCl$_3$，在 600 ℃ 才顯著昇華，因而源溫高，沈積溫度也高達 1000 ℃，給實際應用帶來困難，特別是對於許多含第 Ⅱ 主族元素（Ba，Sr）和稀土元素的複合氧化物材料，其鹵化物揮發性極差，很難建立起滿意的 CVD 工藝。以 β – 二酮類鉗合物為源的金屬有機化學氣相沈積[49]，不僅可以顯著地降低沈積溫度，而且鑒於大多數金屬的 β – 二酮類鉗合物都有顯著的揮發性，因而以此為先質的 MOCVD 法具有廣泛的適應性，已成功地製備了 Y$_2$O$_3$、ZrO$_2$ 和 YSZ 薄膜[50~52]和高 T_c 超導氧化物 YBa$_2$Cu$_3$O$_{7-\delta}$ 薄膜[53~55]，但金屬 β – 二酮鉗合物揮發性（蒸氣壓）隨溫度呈指數變化，且不同金屬之間差異甚大[56]，當各個源物質單獨揮發時，精確控制混合後氣相中各源物質的含量，進而控制沈積物的化學成分往往很困難。近幾年來發展的行之有效的所謂單一混合源 MOCVD 技術[54，55]則可以藉由

直接控制混合源的化學配比實現膜組分的調控。

　　單一混合源 MOCVD 就是將兩種以上的固態金屬有機化合物按要求的比例混合，再以一定方式送入揮發室使之瞬間共同揮發，其特點是氣相混合物的組成決定於混合源的組成，且沈積速率決定於源被機械地送入揮發室的速度。圖 19-20 和圖 19-21 分別是該技術的裝置和固態混合源揮發室的示意圖。利用步進電動機驅動源舟穿過水冷保護區後進入揮發區，固態混合源在鹵鎢燈的照射下揮發並被氬氣載帶至反應室。孟廣耀[55]等在研究製備 YBCO 薄膜所用單一混合源的揮發行為時提出其揮發模型。假設各揮發

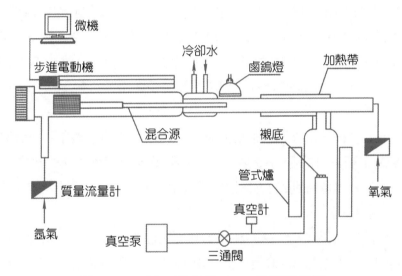

圖 19-20　單一混合源 MOCVD 裝置示意圖

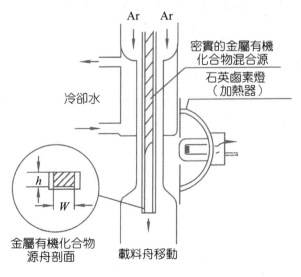

圖 19-21　固態混合源揮發裝置示意圖[54]

源的表面揮發速率僅是溫度的函數，互相沒有影響，則混合源中每一物種的總揮發速率 R_i 可寫為：$R_i = whvq_i$，氣相中每一固態源的濃度 C_i 可表示為：

$$C_i = R_i p \Big/ fp_0 = (whv) pq_i \Big/ fp_0$$

式中，w 和 h 分別為源舟寬度和高度；v 是源舟推進速度，q_i 是混合源中 i 物種的體積濃度，f 為氣體總流量；p_0 和 p 分別代表大氣壓力和系統壓力。由上面簡單的運算式說明，氣相中每一固態源的濃度僅僅由進源速率、氣體流速和系統壓力所決定。這意味著薄膜沈積速率和組成能夠透過 MOCVD 操作參數來控制，而不是由源物質揮發性來控制。

潘銘等[57,58]採用如圖 19-20 所示改進的單一固態混合源 MOCVD 技術，以鍶、鈰和釔的 $\beta-$二酮鉗合物 Sr（DPM）$_2$、Ce（DPM）$_4$ 和 Y（DPM）$_3$ 為源物質（DPM 代表 2，2，6，6$-$四甲基-3，5$-$庚二酮配位基），成功地製備了 Y_2O_3 摻雜的 $BaCeO_3$（SCYO）質子導體透氫膜和 Y_2O_3 摻雜的 CeO_2（YCO）氧離子導體膜材料，研究了它們的結構和性能。

雖然化學氣相沈積技術被引入無機膜材料的製備只有短短幾年，但發展勢力很強，這是由於 CVD 工藝本身的獨特優點，除適於製備各種複雜形狀的無機膜和超薄無機膜，提高傳質通量外，還特別適於介孔複合膜的合成，並可有望發展成先進的批量製造無機膜部件的工藝技術。

目前的工作基本上仍在初步探索和證實其可能性的階段，離達到實用化階段尚有若干距離。關鍵問題是要加強 CVD 過程的基礎研究。如探索新型 CVD 體系，包括新型的高揮發性、高穩定性源化合物的合成和性能研究；多孔材料表面孔洞內與空隙中的 CVD 成核和生長以及反應劑分子在多孔材料中的輸運與作用等，這些都是 CVD 領域的嶄新課題。

參考文獻

1. Bhave R R.Inorganic membranes, synthesis, characterization and application.van Nostrand Reinhold, New York, 1991

2. 孟廣耀，周明，彭定坤。多孔陶瓷膜製備、表徵及其應用薄膜科學與技術，1991，4 (3)：52

3. 孟廣耀，無機膜研製和應用的現狀和發展趨向自然雜誌，1996，18 (3)：151～156

4. 周明，孟廣耀，彭定坤，趙貴文。無機膜──新的工業革命膜科學與技術，1992 (12): 1

5. Burggraaf A J and Cot L.Fundamentals of inorganic membrane science and technologyElsevier Science B V.Amsterdam, 1996.11.9～324

6. Reed James S.Principles of ceramics processing.2nd.N Y: J Wiley & Sons Inc, 1995.141～186

7. 周祖康，顧惕人，馬季銘。膠體化學基礎第二版北京：北京大學出版社，1991.60

8. 黃肖容，黃仲濤。熔模離心法製備高純氧化鋁基質膜管膜科學與技術，1996，16 (2): 31～37

9. 王煥庭，劉杏芹，周勇，彭定坤，孟廣耀。多孔陶瓷支撐體膜材料的製備與性能表徵膜科學與技術，1997，17 (1): 47～52

10. Wang H T, Liu X Q, Chen F L, Meng G Y and Sorensen O TKinetics and Mechanism of sintering process for macroporous alumina ceramics by extrusion.J Am Ceram Soc, 1998, 81 (3): 81～84

11. 周勇，劉杏芹，楊萍華，彭定坤。多孔 $\alpha - Al_2O_3$ 陶瓷的製備及其研究中國科學技術大學學報，1997，27 (2)：181～185

12. Guangyao Meng, Yunfeng Gu, Huanting Wang, Xingqin Liu, and Dingkun Peng. Preparation of ceramic membrane by polymer-adid processings. in Proceedings of the first China International Conference on High-performance Ceramics, Beijing, Oct. 31-Nov.3, 1998

13. Gu Yunfeng and Meng GuangyaoA model for ceramic membrane formation by dip-coating. J Eur Ceram Soc, 1998 (in press)

14. 顧雲峰，孟廣耀，彭定坤。多孔剛性支撐體上陶瓷濕膜形成機構及其增厚動力學材料研究學報，1999，19：1961～1966

15. Brinker C Jeffrey and Scherer George Wsol-gel Science, The Physics and Chemistry of sol-gel Processing. N Y: Academic Press Inc, 2000, 14: 127～131

16. Hench L L and West J K. The sol-gel Process. Chem.Rev, 1990, ⑨⓪: 33～72

17. Larbot A, Fabre J P, Guizard C and Cot L. Inorganic membranes obtained by sol-gel techniques. J Membrane Science, 1988 ㉟: 203～213

18. Anderson M A, Gieselmann M J and Xu Q. Titania and alumina membranes. J Membrane Science, 1988 ㉟: 243

19. Burggraaf A J, Keizer K and Van Hassel B A. Ceramic nanostructure materials, membranes and composite layers. Solid State Ionics, 1989, 32/33: 771

20. Brinker C J, Ward T L, Sehgal R, Raman N K, Hietala S L, Smith D M, Hua DW and Headley T J. Ultramicroporous silica-based supported inorganic membranes. J Membrane Science, 1993 ㊆: 165

21. de Large R S A, Kumar K-N P, Hekkink J H A, Van de Vlde G M H, Keizer K, Burggraaf A J, Dokter W H, Van Garderen H F and Beelen T P M.Microporous SiO_2 and SiO_2/MO_x (M = Ti, Zr, Al) for ceramic membrane applications: a microstructural study of the sol stage and the consolidated state. J. sol-gel Sci Tech, 1994 ②: 489

22. Ayral A, Balzer C, Dabadie T, Guizard C and Julbe A. sol-gel derived silica membranes with tailored microporous structures. Catal Today, 1995 ㉕: 219

23. Roger C, Schaefer D W, Beaucage G B and Hampden-Smith M J. General routes to porous metal oxide via inorganic templates. J sol-gel Sci Techno, 1994 ②: 67

24. Raman N K and Brinker C J. Organic 'template approach' to molecular sieving silica membranes. J Membrance Science, 1995 (105): 273

25. Scherer G W. Sintering of sol-gel Film. J of sol-gel Science and Technology, 1997 (8): 353

26. Hench L L. Use of drying control chemical additives (DCCAs) in controlling sol-gel processing, in Hench L L and Uhlrich P (Eds). Science of ceramic chemical processing.New York: Wiley, 1986.27～65

27. Leenaars A F M, Keizer K and Burggraaf A J. The preparation and characterization of alumina membranes with ultrafine pores-1. Microstructural investigations on non-supported membranes. J Materials Science, 1984 ⑲: 1077

28. Leenaars A F M, Keizer K and Burggraaf A J. The preparation and characterization of alumina membranes with ultrafine pores-2. The formation of supported membranes. J Colloid Interface Science, 1985 (105): 27

29. Larbot A, Alay J A, Guizard C Cot L and Gillot G. New inorganic ultrafiltration membranes: preparation and characterization. High Tech Ceramics, 1987 (3): 143

30. Xia Changrong, Wu Feng, Meng Zhaojing, Li Fangqing, Peng Dingkun and Meng Guangyao. Boehmite sol properties and preparation of two-layer alumina membrane by sol-gel process. J Membrane Science, 1996 (116): 9～16

31. 夏長榮 γ－氧化鋁納濾膜的製備、表徵和膜反應器的研究中國科學技術大學博士論文，1996

32. Peng Dingkun, Liu Tao, Yang Pinghua, Xia Changrong and Meng Guangyao. Preparation of YSZ microporous membranes on porous α－alumina with metal chlorides as precursor. Chemical Research in Chinese Universities, 1997, 13 (3): 268～275

33. 夏長榮，孟廣耀，楊萍華，彭定坤。γ－Al_2O_3 納濾膜的結構和透過性能材料研究學報，1998，12 (2)：133

34. 彭定坤，宛傳浩，楊萍華，夏長榮，孟廣耀。摻釔鋯醇鹽水解 sol－gel 物化過程及其機構物理化學學報，1996 (6)：547

35. Yamamoto A and KambaraStructures of the reaction products of tetraalkoxytitanium with acetylacetonate and acetoacetate. J Am Chem Soc, 1957 (79): 4344

36. Sanchez C Livage J Henry M and Babonneau. Chemical modifications of alkoxide precursors. J Non-Cryst. Solids, 1998 (100): 65

37. Larbot A, Fabre J P, Guizard C and Cot L. New inorganic ultrafiltration membranes: titania and zirconia membranes. J Am Ceram Soc, 1989 (72): 257

38. Xia Changrong, Cao Huaqiang, Wang Hong, Yang Pinghua, Meng Guangyao and Peng Dingkun. sol-gel synthesis of yttria stabilized zirconia membranes though controlled hydrolysis of zirconium alkoxide. J Membrane Science, 1996, 162: 181～188

39. 孟廣耀。化學氣相澱積與無機新材料北京：科學出版社，1984。

40. Lin Y S, Meijerink J, Brinkman H W, de Vries K J and Burggraaf A J. Microporous and dense ceramic membranes prepared by CVD and EVD. Key Eng Mater, 1991, 61/62: 465

41. Han J and Lin Y S. Oxygen semi-permeable thin ceria-yttria zirconia membrane composites fabricated by electrochemical vapor deposition, Proceeding of 4th Inter. Conf. On Inorgnic Membranes, 7-B, Gatinburg, Tennessee, USA, July 1418, 1996

42. Yon S, Maeda H, Kasakabe K, Morooka S. Hydrogen permselection SiO_2 membrane formed in porous of alumina support by chemical vapor deposition with tetraorthosilicate. Ind Eng Chem Res, 1992 (30): 2125

43. Yan S, Meeda H, Kusakabe K and Morooka. Thin palladium membrane formed in support poros by metal-organic chemical vapor deposition method and application to hydrogen separation.Ind Eng Chem Res, 1994 (33): 616

44. Huang L, Chen C S, He Z D, Peng D K and Meng G Y. Palladium membranes supported on poros ceramics prepared by chemical vapor deposition. Thin Solid Films, 1997 (302): 98～101

45. Meng G Y, Huang L, Pan M, Chen C S and Peng D K. Preparation and Characterization of Pa and Pa-Ni alloy Membranes on Poros substrates by MOCVD with mixed metal beta-diketonate precusors. Materials Research Bulletin, 1997, 32 (4): 385～395

46.夏長榮，郭曉霞，王學軍，陳初升，彭定坤，孟廣耀。Pd－Y 金屬膜的MOCl'D研製，高校化學學報，2000 (21)：14～17

47.彭定坤，楊萍華，劉子濤，孟廣耀。TiO_2 陶瓷頂層膜的化學氣相澱積生長研究，高等學校化學學報，1997 (18)：499

48.潘銘。MOCVD 法製備和修飾無機功能薄膜，J of Mem Sci，1998

49.孟廣耀，彭定坤。CVD 發展現狀和新功能薄膜材料薄膜科學與技術，1988， 1 (1)：88～94

50.彭定坤，於暉，孟廣耀。電漿化學氣相澱積法生長 Y_2O_3 薄膜無機化學，1987 (3)：87

51.喻維傑，張裕恒，曹傳寶，孟廣耀，彭定坤。PCVD 法制 ZrO_2 和 YSZ 薄膜化學學報，1993 (51)：1164

52. Meng G Y, Cao C B, Yu W J, Peng D K. Formation of ZrO_2 and Y_2O_3 layers by microwave plasma assisted MOCVD.Key Eng Mater, 1991, 61/62: 11

53. Peng D K, Meng G Y, Cao C B, Wang C L, Fang Q, Wu Y H and Zhang Y H.Study of the preparation of high T_c superconducting YBCO thin films by a plasma assisted MOCVD process, J de Physique, Colloque C5, 1989, 149～153

54. Meng G Y, Zhou G, Schneider R, Sarma B K, Levy M. Formation and characterization of $Y_2Ba_2Cu_3O_{7-\delta}$ high T_c thin films by MOCVD with single mixed precursor.Physica C superconductivity, 1993 (214): 297

55. Meng G Y, Zhou G, Schneider, Sarma B K, Levy M.Model for the vaporzation of mixed organometallic compounds in the MOCVD of high T_c superconduction film. Appl Phys Lett, 1993, 63 (14): 1981

56. Meng G Y, Yuan Z H, Yang P H and Peng D K.Mass transport of diketonate precursors

for MOCVD of high T_c superconduct thin films.Chem Res in Chinese Universities, 1996, 12 (1): 92～101

57. Pan M, Meng G Y, Chen C S, Peng D K, Lin Y S. MOCVD synthesis of yttria doped perovskite type $SrCeO_3$ thin films.Materials Letters, 1998 (36): 44～47

58. Pan M, Meng G Y, Xin H W, Chen C s, Peng D K and Lin Y S. Pure and doped CeO_2 thin films prepared by MOCVD process. Thin Solid Films, 324

合成晶體

20

20.1　從天然晶體到人工晶體

20.1.1　晶體的應用和人工晶體的發展

　　自然界的晶體（礦物）以其美麗、規則的外形，早就引起了人們的注意。人類與晶體打交道始於史前時期。我們的祖先藍田猿人和北京猿人在十五萬年前所用的工具就是石英。中國周代就有「他山之石，可以攻玉」之記載（《詩、小雅、鶴鳴》）。此「他山之石」，實際指的是一些硬度高於玉，可以用來琢玉的礦物晶體，其中也包括金剛石。人類很早就利用有些天然礦物晶體具有瑰麗多彩的顏色等特性來製作飾物。天然寶石實際上就是符合工藝美術要求的稀少的礦物單晶體，而寶石和首飾的出現，很難從文字記載去考證，它遠早於人類的文明史。

　　國外最早有文字記載的人工合成晶體工作是 1540 年勃林古西歐（Birringuccio）首先詳細記錄了硝石的濾取及其再結晶提純的過程。中國晶體生長工作可追溯到一千多年以前，宋代程大昌所著的《演繁露》記載道：「鹽已成鹵水，曝烈日，即成方印，潔白可愛，初小漸大，或數千印累累相連。」這就是用蒸發法從過飽和溶液中生長食鹽晶體的方法，這種晶體生長方法的出現，比記載的還要早得多。早期製鹽鹵水的「鹵」字廣義泛指鹽類，這個象形文字，實際上是一個蒸發鹹水的鳥瞰圖〔見圖 20-1(a)〕，方印一般的食鹽晶體在排列整齊的鹽田中結晶而出。

　　銀朱（丹砂或人造辰砂）的製造，是中國古代合成晶體的又一實例。在氣相沈積的輸運過程中，因沈積位置不同（因而溫度也不同）而形成的晶體顆粒大小也不同。小的叫銀朱，大的叫丹砂。「丹」是紅色丹藥的意思，它在中國煉丹術時代曾是個神秘的字眼。長期以來，曾作為一種長生不老藥來製造。這從「丹」的象形文字中也可看出，其含義是將礦物擱在爐子裏來煉丹〔圖 20-1(b)〕。

　　從單晶角度來看，長期以來，天然礦物晶體是大塊單晶的唯一來源。由於形成條件的限制，大而完整的單晶礦物相當稀少。某些特別罕見的寶石單晶（如鑽石、紅寶石、藍寶石等）多數成了稀奇的收藏品、名貴的裝飾品和博物館中的展覽品。發現一些單晶體具有寶貴的物理性質及其在技術上的應用價值是最近一世紀的事。隨著生產和科學技術的發展，人們對單晶的需要日益增加。例如加工（表 20-1）工業需要大量的金剛石，精密儀錶和鐘錶工業需要大量紅寶石作軸承，光學工業需要大塊冰洲石製造偏光鏡，超音和壓電技術需要大量的壓電水晶等等。但天然單晶礦物無論在品種、數量和品質上都不能滿足日益增長的需要。於是人們就想方設法利用人工的辦法合成單晶，這樣就促進

了合成晶體工作的迅速發展。

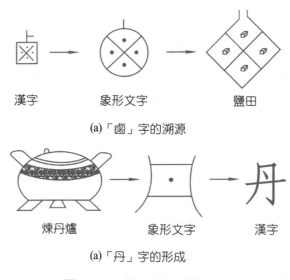

(a)「鹵」字的溯源

(a)「丹」字的形成

圖 20-1　漢字中的晶體生長

　　在國外，人工合成晶體發展的初期是 19 世紀中葉到 20 世紀初。地質學家們在探索礦物在自然界中成因時，認為有許多的礦物是在水相中、在高溫高壓的條件下形成的。他們就設法在實驗室條件下合成這些晶體以證實他們的理論。這些研究雖不是以獲得大而完整的單晶為目的，但卻因此積累了大量有價值的資料，為水熱法合成水晶打下了基礎。後來由於壓電晶體的技術應用和經濟價值，這個方法得到了廣泛的發展，成為常盛不衰的生產水晶的主要方法。20 世紀初，維爾納葉（Verneuil）發明了焰熔法來生長紅寶石，並很快投入工業生產，為以人工合成單晶代替天然晶體並實現產業化開創了先例。直到今天，在世界上 20 多個工廠中仍有上千台類似於維爾納葉焰熔法的設備在運轉。自此後到 20 世紀 30 年代對晶體的各種生長方式進行了許多研究，許多重要的生長方法，特別是熔體生長方法，大都是在這一時期研究成功的。如查克拉斯基（Czochralski）的熔體提拉法（1918）、布里奇曼（Bridgman）的坩堝下降法（1923）、斯托勃（Stober）的溫梯法（1925）、凱羅泡洛斯（Kyropoulos）的泡生法（1926）等。1936 年斯托克巴格（Stockbarger）用坩堝下降法成功地生長出大尺寸的鹵鹵化物光學單晶。現代晶體生長方法和技術在第二次世界大戰期間有很大的發展，由於電子學、光學和科學儀器對各種單晶的需求，使晶體生長技術發展到很高的水準，以滿足對單晶的尺寸、品質和數量不斷增長的要求。例如壓電水晶大批量的水熱合成、水溶性壓電晶體的生長、絕緣材料雲母的合成都是在這期間發展起來的。20 世紀 50 年代最突出的進展

是 1950 年梯爾（Teal）和里脫（Little）將查克拉斯基法用於生長半導體鍺單晶。隨後法恩（Pfamn，1952）發明的區熔法和凱克（Keck）、高萊（Golay）在 1953 年發明浮區法用來製備和提純鍺和矽獲得成功，為半導體單晶的研究和應用以及微電子學的發展開闢了廣闊的前景。目前半導體單晶已成了繼人造寶石和人工水晶之後生產規模最大的商品晶體。50 年代人工晶體另一個突破是 1955 年高壓合成金剛石獲得成功，實現了幾代晶體生長工作者長期的夢想。目前工業上用的金剛石差不多一半是人工合成的。1960 年在紅寶石晶體上，首次實現了光的受激發射。雷射的出現和雷射應用的發展對人工晶體工作又是一個很大的推動。此後，許多自然界所沒有的雷射晶體和非線性光學晶體以及裝飾寶石晶體先後被人工合成出來，其中有些已廣泛應用並投入批量生產，如釔鋁石榴石（Nd：YAG）、鈦寶石（Ti：Al_2O_3）、鈮酸鋰（$LiNbO_3$）、磷酸鈦氧鉀（KTP）、立方氧化鋯（CZ）等。

　　總之，人工晶體是一種重要的功能材料，它能實現光、電、聲、磁、熱、力等不同能量形式的交互作用和轉換，在現代科學技術中應用十分廣泛。人工晶體在品種、品質、數量方面已遠遠超過了天然晶體。目前功能材料正向著小型化、低維化、集成化和多功能化方向發展。與之相應，人工晶體也由體塊趨向薄膜，由單一功能到複合功能，由仿製到按預定性能設計和合成材料。從 20 世紀 70 年代開始，超薄層材料及其相應製備技術——分子束外延（MBE）和金屬有機化學氣相沈積，以及探索新晶體材料工作的發展，又將人工晶體推向一個新的發展階段。

　　人工晶體的合成（生長）既是一門技藝，也是一門科學。由於晶體需要從不同狀態和不同條件下生成，加上應用對人工晶體的要求十分苛刻，因而造成了人工合成晶體方法和技術的多樣性以及生長條件和設備的複雜性。如果說生長設備是晶體生長的「硬體」，那麼晶體生長技藝就是它的「軟體」，沒有熟練的技藝，即使有好的設備也是長不出好晶體來的。人工晶體作為一門科學，它包括材料製備科學、晶體生長機構、新晶體材料的探索和晶體的表徵等方面，充分體現了材料科學、凝聚態物理和固體化學等多學科交叉的特點。

　　中國現代晶體生長工作起步較晚，50 年代初期僅有水溶性單晶和金屬單晶的生長，1958 年以後有較大的發展。目前，主要依靠自己發展的技術，幾乎所有重要的人工晶體都已成功地生長出來，許多晶體的尺寸和品質達到了較高水準，享譽國際市場，如鍺酸鉍（BGO）、磷酸鈦氧鉀（KTP）、偏硼酸鋇（BBO）、三硼酸鋰（LBO）等，其中 BBO 和 LBO 都是首先由中國研製出來的。經過 40 年的發展，中國人工晶體由一個基本上是空白的領域發展到今天在國際上佔有一席之地，不能不令人刮目相看。

　　晶體是美麗的，也是有用的。如果說一顆寶石（天然）晶體就足以表現天地萬物之

優美[①]，那麼人工晶體則是名副其實的人類智慧和辛勤勞動的結晶。

20.1.2　人工晶體的分類

　　人工晶體中按不同方法進行分類，按化學分類可分為無機晶體和有機晶體（包括有機－無機複合晶體）等；按生長方法分類可分為水溶性晶體和高溫晶體等；按形態（或維度）分類可分為體塊晶體、薄膜晶體、超薄層晶體和纖維晶體等；按其物理性質（功能）分類可分為半導體晶體、雷射晶體、非線性光學晶體、光折變晶體、電光晶體、磁光晶體、聲光晶體、閃爍晶體等。由於人工晶體主要作為一類重要的功能材料應用，因此通常採用後一種分類方法；有些晶體具有多種功能和應用，因此，同一種晶體可以有不同的歸類（如鈮酸鋰）。表 20-1 列出了一些重要的人工晶體，其中大多數是無機晶體。

表 20-1　一些重要的人工晶體

半導體晶體	Si，Ge，III－V 和 II－VI 化合物
雷射晶體	Nd：YAG，Ti：Al$_2$O$_3$，Cr：BeAl$_2$O$_4$，Cr：LiCaAlF$_6$，Nd：LiYF$_4$，Nd：YVO$_3$，NYAB
非線性光學晶體（頻率變換）	KTP，BBO，LBO，MgO：LiNbO$_3$，KDP 系列 LAP，AgGaSe$_2$，Tl$_3$AsSe，
光折變晶體	BaTiO$_3$，LiNbO$_3$，KNbO$_3$，SBN，KTN，BSO
壓電晶體	水晶，LiNbO$_3$，LiTaO$_3$，Li$_2$B$_4$O$_7$
光調製晶體（電光、聲光、磁光）	LiNbO$_3$，LiTaO$_3$，PbMoO$_4$，TeO$_2$，YIG
光學晶體	NaCl，KCl，KBr，LiF，CaF$_2$
閃爍晶體	NaI（Tl），BGO，BaF$_2$，CsI，ZnWO$_4$
寶石	紅寶石，藍寶石，立方 ZrO$_2$
金剛石	金剛石顆粒，金剛石薄膜

　　晶體寶貴的物理性能是各類功能晶體應用的基礎，它是由晶體和物質各層次結構以及組成決定的。由於長程有序的週期性重複的構造，晶體有其共性，如均勻性、各向異性、對稱性和固定的熔點等。但由於晶體結構的多樣性和晶體組成的千變萬化，又決定了晶體的各種各樣的具體特性，例如金剛石中碳（C）原子以共價鍵結合成四面體結

[①] 古羅馬哲學家普林尼（Pliny）說過：「在寶石微小的空間，它包含了整個的大自然，僅一顆寶石，就足以表現天地萬物之優美。」

構，決定了它具有極高的硬度；在水晶構造中，矽氧四面體沿 Z 軸呈三方螺旋對稱的排列方式造成了晶體的壓電和旋光特性；摻釹釔鋁石榴石（Nd：YAG）晶體中啟動的釹離子和石榴石優良的基質晶體的良好匹配，使得 Nd：YAG 成為雷射晶體中的佼佼者等等。因此，結構、組分和性能關係的研究在功能晶體材料中佔有極重要的地位，也是不斷改進和提高各類功能晶體性能和探索新功能晶體材料的基礎。

20.2　晶體形成的科學

人們合成晶體有兩個目的：在技術上是為了應用；在科學上是要研究晶體是怎樣生長的。

晶體的形成是在一定熱力學條件下發生的物質相變過程，它可分為成核和晶體生長兩個階段。晶體生長又包含兩個基本過程，即界面過程和輸運過程。

20.2.1　相變過程和結晶的驅動力

從化學平衡的觀點出發，晶體形成可以看成下列類型的複相化學反應：

固體→晶體；液體→晶體；氣體→晶體。

所以晶體的形成過程是物質由其它聚集態即氣態、液態和固態（包括非晶態和其它晶相）向特定晶態轉變的過程，形成晶體的過程實質上是控制相變的過程。如果這一過程發生在單組分體系中則稱為單組分結晶過程；如果在體系中除了要形成的晶體的組分外，還有一個或幾個其它組分，則把該相變的過程稱為多組分結晶。顯然，形成晶體（成核和生長）這個動態過程實際上不可能在平衡狀態下進行，但是有關平衡狀態下的熱力學知識，對於瞭解結晶相的形成和穩定存在的條件，預測相變在什麼條件下（溫度、壓力等）能夠進行，預測生長量以及成分隨溫度、壓力和實驗中其它變數變化的情況是十分有用的。所有這些資訊都可從表示相平衡的關係的相圖中給出。相圖是合成晶體的重要依據，它可以幫助我們選擇合成方法、確定配料成分以及合成的溫度和工藝等。其重要性相當於軍事指揮員的作戰地圖。

結晶過程是在熱力驅動下的非平衡相變過程，但考慮相變驅動力時，還必須從平衡狀態出發。下面考察幾種不同的情況。

1.氣相生長

單元系的固－氣平衡曲線如圖 20-2 所示，曲線上的 b 點代表固－氣平衡時的壓力

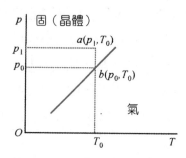

圖 20-2　相變驅動力示意圖

和溫度。若將壓力由 p_0 變成 p_1（$p_1 > p_0$），則其狀態移至 a 點，如 a 點體系仍為氣相，則該氣相處於亞穩態，其壓力大於 T_0 時晶體與蒸氣的平衡蒸氣壓，因而該蒸氣有轉變為晶體的趨勢，力圖回復到平衡狀態。由

$$dG = -sdT + vdp \tag{20-1}$$

恒溫轉變時，$dT = 0$ 故

$$\int_b^a dG = G_s - G_v = -\Delta G = \int_{p_1}^{p_0} vdp \tag{20-2}$$

設氣體為理想氣體，對 1 mol 氣體，則有

$$G = -\int_{p_1}^{p_0} \frac{RT}{p} dp = RT\ln\frac{p_1}{p_0} \tag{20-3}$$

定義 $\alpha = p / p_0$ 為過飽和比，則 $\frac{p_1 - p_0}{p_0} = \alpha - 1 = \sigma$ 為過飽和度，則

$$\Delta G = RT\ln\alpha = RT\ln(1+\sigma) \approx RT\sigma \tag{20-4}$$

如用一個原子（或分子）的自由能表示，則式（20-4）可寫成

$$\Delta g = kT\ln(p_1 / p_0) = kT\ln\alpha \approx kT\sigma \tag{20-5}$$

式中 k 為波茲曼常數。

由此可見，當蒸氣壓到達過飽和狀態時，體系才能由氣相轉變為晶相。衡量相變驅動力大小的量是體系蒸氣壓的過飽和度。

2.熔體生長

對任何過程，

$$\Delta G = \Delta H - T\Delta S \tag{20-6}$$

在固液平衡（即熔點 T_e）時，

$$\Delta G = \Delta H - T_e\Delta S = 0, \qquad \Delta H = T_e\Delta S \tag{20-7}$$

其中 ΔS 是熔化熵，ΔH 是熔化潛熱。當溫度為非平衡溫度時（$T \neq T_e$），由式（20-6）和式（20-7）可得

$$\Delta G = \Delta H\,(T_e - T)\,\big/\,T_e \tag{20-8}$$

對於結晶（凝固）過程，ΔH 為負值，因此只有 $T_e - T > 0$ 時，才能使 $\Delta G < 0$，所以 $T < T_e$ 是從熔體中結晶的必要條件，即熔體生長過程的驅動力是其過冷度 ΔT 即 $T_e - T$。

3.溶液生長

設在一二組分體系中〔圖 20-3(a)〕，當固體物質 A 在溶劑 B 中溶解並達到飽和時，其溶解度曲線〔見圖 20-3(b)〕相當於二元系液相線的一部分〔見圖 20-3(a)中的 α，β 段〕，在線上可用以下化學平衡方程式描述：

$$A_c \Longleftrightarrow A_s \tag{20-9}$$

下標 c 代表晶體，s 表示溶液。

$$K = [a]_e \big/ [a_e]_{(s)} \tag{20-10}$$

式中 K 為平衡常數，$[a]_e$ 和 $[a_e]_{(s)}$ 分別為飽和溶液中和晶相中 A 的平衡活度。對理想溶液可用平衡濃度 $[c]_e$ 來代替 $[a]_e$。選取標準狀態 $[a_e]_{(s)} = 1$，則 $K = [c]_e$ 在溶液中生長晶體的過程中，自由能變化為：

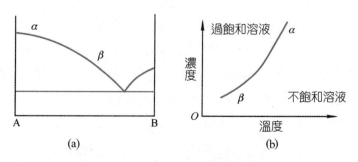

圖 20-3　二元系相圖和溶解度曲線

(a)形成共晶體系的簡單二元系相圖；(b)溶解度曲線

$$\Delta G = - RT \ln (K / Q) \qquad (20\text{-}11)$$

對結晶過程 $K = [c_e]^{-1}$，$Q = [c]^{-1}$；其中 $[c]$ 為溶液的實際濃度。

則
$$\Delta G = RT \ln \frac{[c_e]}{[c]}$$

但 $\dfrac{[c]}{[c_e]} = \alpha$（過飽和比），$\dfrac{[c - c_e]}{c_e} = \sigma$（過飽和度）$= \alpha - 1$

因此
$$\Delta G = - RT \ln \alpha = - RT \ln (1 + \sigma) \approx - RT \sigma \qquad (20\text{-}12)$$

同樣，對於一個原子的自由能變化：

$$\Delta g = - kT\sigma \qquad (20\text{-}13)$$

因此，只要 $d > 0$，即 $[c] > [c_e]$，也就是當溶液處於過飽和狀態時，才能使 $\Delta g < 0$，這說明過飽和度是從溶液中結晶的驅動力。

綜上所述，要使在不同體系中的結晶過程能自發進行，必須使體系處於過飽和（或過冷），以便獲得一定程度的相變驅動力。

20.2.2　成核

要使一結晶過程發生，除了要求體系處於過飽和或過冷狀態，以獲得結晶驅動力外，還要求體系中某些局部區域內首先形成新相（晶相）的核。這樣體系中將出現兩相界面。然後依靠相界面逐步向舊相區域內推移而使新相不斷長大。這種新相核的發生和長大稱為成核過程，成核過程有均勻成核和非均勻成核之分。

1.均勻成核

所謂均勻成核，是指不考慮外來質點或表面存在的影響，在一個體系中各個地方成核的概率均相等，這當然是統計平均的巨觀看法。在平衡的條件下，任一瞬間，由於熱漲落，體系某些局部區域總有偏離平衡的密度起伏，這時質點（原子或分子）可能一時聚集起來成為新相的原子團簇（晶核），另一瞬間，這些團簇又拆散恢復原來的狀況。如果體系是處於過飽和或過冷的亞穩態，則這種起伏過程的總趨勢是促使舊相向新相過渡，形成的核有可能穩定存在而成為核心。所以在均勻成核的過程中，體系總是首先在某些局部區域出現不均勻性，發展成為新相的核，只是這種晶核出現的概率到處一樣而已。

晶核形成過程原則上近似於在過冷氣體中液滴形成的過程。當半徑為 R 的球形核在過冷的氣相或液相體系中形成時，體系自由能變化為：

$$\Delta G = -\Delta G_V + \Delta G_s$$
$$= -4/3\,(\pi R^3 \Delta G_V) + 4\Delta \pi R^2 \sigma$$
$$= -4/3\,(\Delta R^3 \Delta g / \Omega) + 4\pi R^2 \sigma \qquad (20\text{-}14)$$

式中：ΔG_V 表示出現晶核引起體系自由能的變化（負值），ΔG_V 為單位體積自由能的變化，Ω 為質點體積（比容），ΔG_s 表示由於新相出現形成界面而造成的附加表面自由能（正值），σ 為比表面能。ΔG_V 和晶核尺寸 R 的關係如圖 20-4 所示。

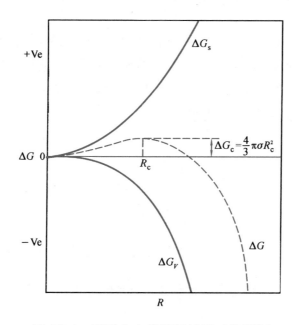

圖 20-4　體系自由能和晶核尺寸的關係

當 R 較小時，ΔG_s 佔優勢，體系自由能升高；當 R 較大時，ΔG_V 起主要作用，體系自由能降低。當滿足 $\dfrac{\partial \Delta G}{\partial R} = 0$ 的條件時，ΔG 到達極大值。此時半徑 R_c 稱為晶核的臨界半徑。

$$R_c = \frac{2\sigma\Omega}{\Delta g} = \frac{2\sigma\Omega}{kT\ln\alpha} \qquad (20\text{-}15)$$

將式（20-15）代入式（20-14）可得

$$\Delta G_{\mathrm{c}} = \frac{16\pi\sigma^3\Omega^2}{3\ (\Delta g)^2} = \frac{16\pi R\sigma^3\Omega}{3\ (k\,T\ln\alpha)^2} = \frac{4}{3}\,\pi\sigma R_{\mathrm{c}}^2 \qquad\qquad(20\text{-}16)$$

ΔG_{c} 表示體系中形成臨界晶核所需克服的位能障高度，也稱為形成能。當 $R < R_{\mathrm{c}}$，ΔG 隨 R 增大而增大，晶核消溶可能性比生長大；當 $R > R_{\mathrm{c}}$ 時，ΔG 隨 R 增大而急劇減小，晶核生長的可能性比消溶大，有可能發展成為新相的核。據式（20-14）和式（20-15），體系過飽和度越大，臨界晶核就越小，臨界晶核的形成能也就越低。

單位體積、單位時間內，晶核形成的數目稱為成核速率 J，可用阿瑞尼士（Arrhenius）反應速率方程表示：

$$J = A\exp\ (-\Delta G_{\mathrm{c}}\diagup kT) = A\exp\!\left(-\frac{16\pi\sigma^3\Omega^2}{3k^3T^3\ (\ln\alpha)^2}\right) \qquad(20\text{-}17)$$

式中 A 為指數前因數。由該式可見，影響成核速率的主要變數有 T、α 和 σ。成核速率對過飽和度的變化非常敏感，J 和 α 的關係如圖 20-5 所示。當過飽和度較小時，成核速率幾乎為零；當過飽和度達到某一臨界值 α_{c} 時，成核速率突然升高到一個很大的數值，此時晶核大量形成，體系亞穩態遭到破壞。

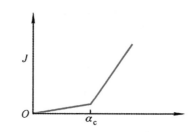

圖 20-5　成核速率與過飽和度關係

2. 非均勻成核

真正均勻成核很少遇到。在實際的晶體生長系統中，經常有不均勻部位（相界）存在，因而影響成核過程。這種在相界表面（外來質點、容器壁及原有晶體表面等）上形成晶核稱為非均勻成核。它與均勻成核的差別在於，均勻成核時，各處成核的概率是相同的，而且需要克服相當大的位能障，即需要相當大的飽和度或過冷度才能成核。非均勻成核則由於母相內已存在某種不均勻性，它有效地降低成核時的表面能位能障，因此，成核時的過飽和度（過冷度）要小得多。

考慮到晶核大小不超過 10^{-6}cm，因此具有曲率半徑為 $\geq 10^{-5}$cm 的表面，對在其上

形成晶核來說可看作平面，因此在相界面上的成核相當於平面上的非均勻成核。如果近似地認為晶體的形狀為球冠形，其表面與襯底平面的接觸角（浸潤角）為 θ，則由圖 20-6 可看出在 α（原始的）、β（晶相）和 S（表面）張力必須符合靜力學平衡條件，即

$$\sigma^{as} = \sigma^{\beta s} + \sigma^{\alpha\beta}\cos\theta \tag{20-18}$$

$$\cos\theta = (\sigma^{as} - \sigma^{\beta s}) / \sigma^{\alpha\beta} \ (0 \le \theta \le \pi) \tag{20-19}$$

式中 $\sigma^{\alpha\beta}$、$\sigma^{\beta s}$ 和 $\sigma^{\alpha\beta}$ 分別代表原始相和襯底界面、晶相與襯底界面、晶相與 α 相界面上的表面張力。

根據圖 20-6，利用均勻成核所討論的內容和三角函數關係，可以得出，一個球冠形晶核在襯底表面上形成時，體系自由能變化為：

$$\Delta G^s = \Delta G_v + \Delta G_s = \frac{\pi R^3}{3\Omega} (2 - 3\cos\theta + \cos^3\theta) \ (g^\beta - g^\alpha) + $$
$$\pi (R\sin\theta^2) \ (\sigma^{\beta s} - \sigma^{as}) + 2\pi R^2 (1 - \cos\theta) \sigma^{\alpha\beta} \tag{20-20}$$

式中 R 為晶核的球面曲率半徑，g^β 和 g^α 為一個原子的自由能，Ω 為 β 相一個原子所占的體積。式（20-20）第一項表示晶核出現引起體系自由能的變化；第二項表示由於襯底－晶體界面取代襯底－原始相界面而產生的界面能的變化；第三項給出了晶體和原始相的球界面能。將式（20-18）代入式（20-20）可得：

$$\Delta G^s = \frac{\pi R^3}{3\Omega} (2 - 3\cos\theta + \cos^3\theta) \ (g^\beta - g^\alpha) + \pi R^2 \sigma^{\alpha\beta} (2 - 3\cos\theta + \cos^3\theta)$$
$$= \left(\frac{4}{3}\pi R^3 (g^\beta - g^\alpha) / \Omega + 4\pi R^2 \sigma^{\alpha\beta}\right)\left(\frac{2 - 3\cos\theta + \cos^3\theta}{4}\right) \tag{20-21}$$
$$= \Delta G f(\theta)$$

式中 ΔG 表示均勻成核時，半徑為 R 的晶核的自由能改變量。

當 $R_c = \dfrac{2\sigma^{\alpha\beta}\Omega}{\Delta g}$ 時，晶核形成能達到最大值，此時：

$$\Delta G_c^s = \Delta G_c f(\theta) \tag{20-22}$$

由式（20-20）、式（20-21）可見，非均勻成核時自由能的改變量與均勻成核時並

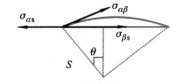

圖 20-6　非均勻成核條件示意圖

不相同，要乘上一個與接觸角 θ 有關的因數 $f(\theta)$。當 $\theta=0$，$f(\theta)=0$，β 核幾乎完全展佈在 S 平面上。這種情況稱為完全「浸潤」。這就是說，在 S 平面上形成 β 核不會引起自由能的增減。這相當於在物質本身的籽晶上生長。

當 $\theta=\pi/2$，$f(\theta)=1/2$，故在 S 平面上形成 β 核所需要自由能改變量只是均勻成核時所需量的一半。當 $\theta \to \pi$ 時，$f(\theta) \to 1$，β 核只與 S 相交於一點，這與不存在平面 S 時情況相似，稱為 β 對 S 平面的完全不「浸潤」。在這種情況下自由能增量趨近於均勻成核的自由能量（形成能）。由此可見，只要外來表面 S 的表面張力能滿足式（20-19），即 $0 \le \theta \le \pi$，則非均勻成核的形成能總是比均勻成核時小。即在外來表面上成核遠比在體積中均勻成核有利。$f(\theta)$ 和 θ 的關係見圖 20-7。

非均勻成核在工業結晶、鑄件凝固過程、人工降雨操作、外延生長等方面起著很大的作用。在晶體生長中也必須給予足夠的重視。在單晶生長過程中要保證單晶正常生長，就需防止成核（包括均勻成核和非均勻成核）。其中容器材料的選擇也是很重要的。如為獲得大的過冷度，盛過冷溶液、熔體或蒸氣的容器材料應盡可能與結晶物質不浸潤，石墨坩堝常可滿足這一條件。

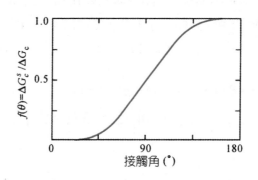

圖 20-7　$f(\theta)$ 和 θ 的關係

20.2.3　晶體生長的界面過程

晶體生長都是在晶體和環境相的界面上進行的，界面過程是晶體生長最重要的基本過程，也是晶體生長理論的核心，它是指生長基元在生長界面上透過一定機制進入晶體的過程。通常把生長速度和驅動力間的函數關係稱為生長動力學規律，而生長動力學規律取決於生長機制（生長模型），而後者又是與界面結構密切相關的。

人工晶體通常在籽晶上生長，為了獲得大單晶，必須在不形成新的核的條件下（即體系處於過飽和或過冷的亞穩區），使質點在已形成的晶體表面上不斷堆砌而使晶體逐

漸生長。晶體生長的機制還和生長環境有關。當晶體生長的母相介質是氣相或溶液相時，環境相和晶相的質點密度有很大差別，我們稱為稀薄環境相。如果晶體生長的母相介質是該物質的熔體時，因質點密度相差不明顯，則把它叫做濃厚環境相。在濃厚環境相生長的晶體界面是（原子級）粗糙（擴散）的界面，表面能較高。質點在其上的堆砌，巨觀地看，可以在表面的任何地方發生，結果表面在生長過程中在每個點都沿著法線方向推移，這樣的生長稱為法向生長。在稀薄環境相中生長的界面則是（原子級）光滑的低能面，這種面是靠層的依次沈積，即臺階的切向移動而生長的，這樣的生長稱為切向生長或層向生長。稀薄環境相晶體生長動力學發展較早也較為成熟。這理論最早由科色耳（Kossel）提出，之後由斯特蘭斯基（Stranski）、貝克（Beker）、杜林（Doring）和沃爾默（Volmer）等人發展為理想完整晶體的生長理論，隨後巴頓－卡佈雷拉－夫然克（Burton-Cabrera-Frank）又詳細進行充實和修正，發展到理想不完整晶體生長理論，即 BCF 理論。BCF 理論把理想完整和理想不完整理論綜合起來，是迄今為止推導嚴格、引用最多的理論。下面只對 BCF 理論作一簡單介紹。

1. 理想完整晶體生長模型和科色耳機制

圖 20-8(a)代表具有簡單立方結構的理想晶體的一個正在生長過程中的原子級光滑表面。立方體代表原子，原子是相同的並且緊密排列。原子間靠共價鍵或凡得瓦力結合在一起。在該模型中，能量上最有利的位置應該是成鍵數目最多的位置。在圖 20-8(a)中，S 是一個臺階，它是在部分完成一個原子級光滑面時形成的，k 是臺階上的一個扭折（kink），它是部分完成一行新的原子列時形成的。考慮最近鄰的關係，臺階扭折處是附加新原子的有利位置，因為這裏可和 3 個最近鄰成鍵，它的結合能恰好是一個內部原子總結合能的一半，故又稱「半晶」位置，原子在半晶位置結合或離開都會產生另一個半晶位置，而不改變懸掛鍵的數目，即不改變晶體的表面能。這就意味著，扭折處原子的化學勢等於晶體的化學勢。在扭折處結合原子或是原子由扭折處進入母相介質能量的變化等於原子與晶體的化學勢之差。因此原子吸附到晶體表面上不能叫晶體生長，而只是新的原子結合到扭折上去才能稱為晶體生長。在原子級光滑面的臺階上由於熱漲落而存在著足夠大的扭折密度。晶體生長機制大致可分為以下幾個階段：

原子由母相介質（稀薄環境相）吸附在生長晶面上；

二維擴散至臺階處並附著在臺階上；

一維擴散至扭折處並穩定地堆砌到晶相上。

由於這種擴散原子流而使扭折 k 沿臺階延伸，促使臺階 $S-T$ 不斷擴展直至如圖 20-8(b)所示那樣完成整個原子層的堆砌，然後透過二維成核在光滑面上產生新的臺階

〔圖 20-8(c)〕，重新開始上述過程。這樣晶體經由層的生長逐層地增加晶體厚度，使晶體沿著法線方向推移。這就是理想完整晶體生長的科色耳機制。

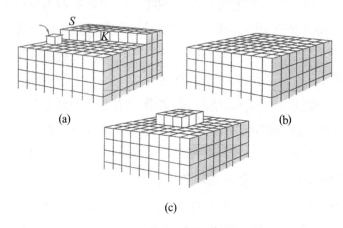

(a)

(b)

(c)

圖 20-8　理想完整晶體生長模型

(a)原子向扭折（K）移動；(b)完成一層堆砌；(c)二維成核

下面對上述過程作簡要分析。

考慮到上述界面過程都有逆過程（蒸發或溶解），要實現生長，凝聚速率必須大於蒸發速率，設吸附原子在重新蒸發前在晶面上的平均擴散距離為 x_s，x_s 約為幾百個原子直徑的距離，所以扭折主要是靠吸附原子的表面擴散而不是靠直接從蒸氣中來的原子充填的。對吸附原子來說，臺階上的扭折起著吸引源的作用。由於沿臺階每隔 3～4 個原子便出現一個扭折，扭折間距要比 x_s 小得多，所以實際上可把整個臺階看作是一條吸附原子的線狀吸附源。經過數學推導，可得出一條直線臺階在晶面上的擴展速率為

$$v = 2\sigma x_s v \exp\left(-W \,/\, kT\right) \tag{20-23}$$

式中 σ 為過飽和度，v 是原子垂直於晶面的振動頻率，W 為一個原子的蒸發能。式（20-23）表明臺階的擴展速率（橫向生長）與過飽和度成正比。

在有臺階源存在的情況下，晶體生長的界面過程主要取決於原子的吸附和向臺階運動（二維擴散）。當臺階推移到晶體邊緣完成一層晶面時，需要透過二維成核形成新的臺階以開始新層的生長。二維成核和三維成核相似。對於圓盤狀的晶核（二維小島），形成時自由能的變化：

$$\Delta G_c = -\pi r^2 a \Delta G_V + 2\pi r a \sigma \tag{20-24}$$

式中 r 為圓盤半徑，a 為圓盤高度（一個原子的線度），σ 比表面能，臨界晶核的半徑為

$$r_c = \frac{\sigma}{\Delta G_V} = \frac{\sigma\Omega}{\Delta g} = \frac{\sigma\Omega}{kT\ln\alpha} \tag{20-25}$$

對比式（20-25）和式（20-15）可見，在同樣條件下形成的二維核的臨界半徑為三維核臨界半徑的一半。將式（20-25）代入式（20-24）可得臨界晶核的形成能（活化能）：

$$\Delta G_c = \pi a\sigma^2\Omega \diagup kT\ln\alpha \tag{20-26}$$

臨界晶核的形成速率可由下式給出

$$J = B\exp\left(-\Delta G_c \diagup kT\right) = B\exp'\left(-\pi a\sigma\Omega \diagup k^2T^2\ln\alpha\right) \tag{20-27}$$

式中 B 為指數前因數，考慮到吸附原子在晶面上二維擴散的活化能要比二維成核的活化能 ΔG_c 小得多。因此，在完成晶體界面過程的各個階段中，二維成核是控制整個過程速度的階段。即二維成核速率式（20-27）決定晶體的生長速度。

2. 理想不完整晶體的生長機制——螺形位錯生長

由式（20-26）和式（20-27）可大致估計獲得每月數微米的生長速度需要多大的 α。式（20-27）中指數前因數為 $10^{27}\sim10^{22}$，要獲得每月 $1\,\mu m$ 的生長速度，α 不得小於 $1.25\sim1.5$（即過飽和度 σ 約為 $25\%\sim50\%$）。在低過飽和度下，理想完整晶體幾乎不可能生長。沃爾默等人用實驗來檢驗二維成核理論，發現碘的 α 降到 1.01（σ 為 1%），其生長速度仍與過飽和度（$\sigma=\alpha-1$）成比例，生長以每小時十分之幾毫米的速度進行。在其它材料（如磷、萘等）的生長中都觀察到類似的現象，即低過飽和度下的高生長速度以及生長速度與過飽和度的線性依賴關係。夫然克（Frank）對此作出了解釋，提出了螺形位錯的生長機制。

夫然克指出，如果在原子級光滑面（低指數面上）有露頭的螺形位錯，它提供了臺階 OA〔圖 20-9(a)〕，由於臺階各部分在生長過程中線速度相同，而角速度不同，使得臺階在運動過程中繞 O 點旋轉，形狀不斷變化〔圖 20-9(b)〕，直至形成角速度保持恒定的螺線為止。此後生長過程就由此穩定的螺形臺階繞位錯露頭點不斷旋轉（實質上是螺形臺階層向推進的結果）使晶面沿其法線方向不斷增長〔圖 20-9(c)〕，所以螺形位錯為晶面生長提供了永不消失的生長臺階，毋需二維成核。設處於穩定狀態的螺形臺階的間距為 λ，則遠離中心處的臺階可以近似地按等間距的一系列平均直線臺階來處理。其移動速度 $v(\lambda)$ 可用式（20-28）來表示：

$$v_0(\lambda) = v\tan h\left(\lambda \diagup 2x_s\right) \tag{20-28}$$

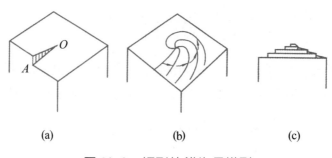

圖 20-9 螺形位錯生長模型

其中 v 為一個直線臺階的移動速度〔見式（20-23）〕。由上述關係可求得晶面法向生長速度 R 和過飽和度 σ 的關係：

$$R = av\exp(-W/kT)\,\sigma\,(2x_s/\lambda)\,\tan h\,(\lambda/2x_s) \tag{20-29}$$

式中 a 為一個原子層的厚度，式（20-29）可簡寫成：

$$R = A\sigma^2\tan h\,(B/\sigma) \tag{20-30}$$

顯然，A、B 都是和溫度有關的複雜的常數，B 還與 λ 有關。式（20-30）是 BCF 理論關於生長速度和過飽和度關係的基本關係式。在低過飽和度下 R 比例於 σ^2，它們的關係是拋物線形的；在高過飽和度下，則是線性的，即 R 大致與 σ 成正比（見圖 20-10）。$R-\sigma$ 關係之所以隨過飽和度大小而改變，主要是由吸附分子的表面擴散距離 x_s 和生長螺線的平均間距 λ 大小決定的。當過飽和度變大，λ 變小，螺線圈靠得比 $2x_s$ 近，以致可從蒸氣中爭奪分子時，就發生了從拋線形關係向線性關係的轉變。對於碘的生長，根據計算，該轉變將在過飽和度大約為 10% 時發生。該計算和沃爾默等人實驗結果相符。

　　BCF 理論成功地解釋了晶體在低過飽和度下生長的事實，而且的確在大量實驗中觀察到晶面上的生長螺旋。但必須指出螺形位錯生長機制並不否定前面所述的科色耳機

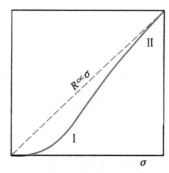

圖 20-10 BCF R 和 σ 關係圖 I $R\propto\sigma^2$，II $R\propto\sigma$

制的本質。這就是說，從環境相到生長晶面的原子只有在臺階扭折處才能進入晶相，依然保持著層向生長的特性、吸附原子的擴散。臺階的擴展的模式，絲毫也沒有改變，只是不受二維成核的制約。在這方面科色耳機制用於描述稀薄環境相晶體生長應該說基本上是正確的。

由於晶體從不同的環境相中生長，界面過程差別很大，各種條件影響極其複雜，因此，目前已有的許多晶體生長理論只能在限定的條件下，在一定範圍內使用，迄今尚缺少統一的晶體生長理論。

20.2.4 晶體生長的輸運過程

輸運過程是晶體生長的重要階段。當晶體從濃厚環境相中生長時，結晶潛熱必須從生長界面輸運出去，凝固才能發生，這叫做熱量輸運。晶體從稀薄環境相中生長時，質點（生長基元）需要首先輸運到生長界面，然後才能進行界面過程，這稱為質量輸運。在實際的生長系統中，環境相流體的巨觀運動，必然引起熱和質的對流傳輸，因此，熱量輸運和質量輸運常常是同時進行的，這就稱為混合傳輸。混合傳輸涉及流體動力學，要確定晶體生長系統中的溫度場、濃度場和速度場，比較複雜。在混合傳輸問題中，迄今只有少數問題能用數學方法求得解析解，大多需要用不同的近似方法。

下面只討論若干質量輸運問題。

1.稀薄環境相中的擴散生長理論

從溶液中生長晶體大致可分為兩個主要階段，即體擴散和界面反應。設溶液的整體濃度為 C，由於攪拌，可以認為各處濃度是相同的，但在靠近晶體表面往往有一層不動的薄層溶液，稱之為滯膜或擴散層。溶質質點（生長基元）只有藉由體擴散才能通過擴散層到達晶體界面。擴散的濃差驅動力為（$C - C_i$），C_i 為滯膜處的濃度。實驗還發現直接與生長晶面相接觸的液體也不是飽和的而是過飽和的，所以認為緊貼生長晶面還有一層很薄的吸附層（吸附層要比滯膜薄得多）。在該處主要進行界面反應，質點進入晶格（也有體擴散），溶液濃度由 C_i 降至平衡飽和濃度 C_e，界面反應的濃差驅動力為（$C_i - C_e$）。上述各階段的驅動力情況示於圖 20-11 中。

對於擴散過程，速率方程可表達為：

$$\frac{\mathrm{d}m}{\mathrm{d}t} = (D / \delta) A (C - C_i) = K_d A (C - C_i) \tag{20-31}$$

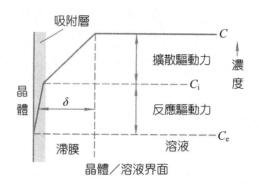

圖 20-11　濃度驅動力示意圖

式中 D 為溶液擴散係數，δ 為擴散層厚度，A 為生長表面的面積，K_d 為擴散速率常數（質量輸運係數）。

對於界面反應（設為一級複相反應）過程：

$$\frac{\mathrm{d}m}{\mathrm{d}t} = K_i A \,(C_i - C_e) \qquad\qquad (20\text{-}32)$$

式中 K_i 為界面速率常數。

將從溶液中生長晶體看作擴散和界面反應的連續過程，則可消去式（20-31）和（20-32）中的 C_i 導出結晶作用的速率方程。

$$\frac{\mathrm{d}m}{\mathrm{d}t} = \frac{A\,(C - C_e)}{1 \,/\, K_d + 1 \,/\, K_i} = K_g A \,(C - C_e) \qquad\qquad (20\text{-}33)$$

$$K_g = K_d K_i \,/\, (K_d + K_i) \qquad\qquad (20\text{-}34)$$

K_g 為整個結晶過程的速率常數。

如果界面反應特別快，即 K_i 很大，則 $K_g \approx K_d$，式（20-33）簡化成式（20-31）。整個結晶過程主要由擴散程序控制。同樣，如 K_d 很大，即擴散阻力很小，則 $K_g \approx K_d$。整個結晶過程主要由界面反應程序控制，式（20-33）簡化為式（20-32）。應該指出，不論 K_d 和 K_i 的相對大小如何，它們都是對 K_g 有貢獻的。

上述結果是在簡化的前提下得到的，實際情況要複雜得多。如整個結晶過程不一定是一級反應；對同一晶體 K_d 和 K_i 常因晶面而異，甚至對同一晶面的不同部位，K_d 也不同，到稜邊的體擴散要比到晶面中心更容易等等。

總的說來，擴散理論與 BCF 理論相比，還有許多嚴重不足之處，如它不能解釋晶體的層向生長等，但該理論推導簡單，容易入門，應用起來也比較方便（工業結晶中常用質量澱積率來表示晶體生長速率）。

2.在濃厚環境相生長過程中的溶質分佈

設有一含有少量溶質的二元系圓柱狀熔體，從一端開始結晶，生長速度十分緩慢，平面狀的固液界面，以等速向前推進，直到全部結晶完畢（見圖 20-12）。如液柱截面積為 A，長度為 L，當固液界面移至 Z 處。此時凝固的固溶體中溶質平衡濃度為 $C_s(Z)$，k_o 為平衡分凝係數，

$$k_o = C_s \diagup C_e \tag{20-35}$$

與之相平衡的溶液 $C_L(Z)$ 必為 $C_s(Z) \diagup k_o$。

若此時有薄層 $\mathrm{d}Z$ 凝固，由於溶質守恒，則有

$$(1 - k_o)\, C_L(Z)\, \mathrm{d}ZA = (L - Z)\, A\mathrm{d}C_L(Z)$$
$$D_L(Z) \diagup \mathrm{d}Z = (1 - k_o) \diagup (L - Z)\, C_L Z$$
$$C_L(Z) = \alpha\, (1 - Z \diagup L)^{k_o - 1}$$

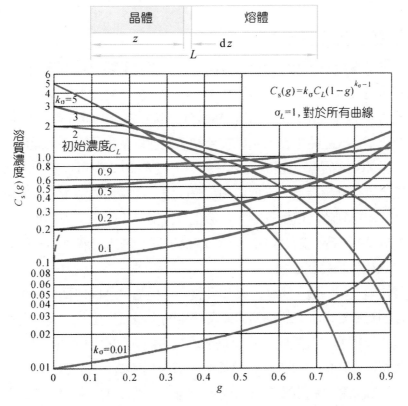

圖 20-12　溶質分凝的等效模型和由此得到的 $C_s(g)$ 曲線

其中 α 為待定常數，由於 $C_s(Z)=k_o C_L(Z)$ ，故

$$C_s(Z)=k_o \alpha (1-Z/L)^{k_o-1}$$

代入邊值條件，即當 $Z=0$ 時，$C_s(0)=k_o C_L$，於是

$$C_s(Z)=k_o C_L (1-Z/L)^{k_o-1} \tag{20-36}$$

令 $g=Z/L$，則 g 可理解為已凝固部分的長度（體積）百分率，則式（20-36）可改寫為

$$C_s(g)=k_o C_L (1-g)^{k_o-1} \tag{20-37}$$

式（20-37）適用於任何溶質保守系統，由式（20-37）計算出來的，對不同平衡分凝係數 k_o 的 $C_s(g)$ 曲線如圖 20-12 所示。

20.3　合成晶體的方法和技術

20.3.1　單晶生長方法分類

晶體生長技術在合成晶體中有極重要的地位。由於晶體可以從氣相、液相和固相中生長，不同的晶體又有不同的生長方法和生長條件，加上應用對人工晶體的要求有時十分苛刻，如尺寸從直徑在毫米以下的單晶纖維到直徑為 50 cm，重達數百千克的大單晶，這樣就造成了合成晶體生長方法和技術的多樣性以及生長條件和設備的複雜性。表 20-2 列出了一些重要的晶體生長方法及其分類。從表 20-2 中可以看出晶體生長涉及多方面技術，從高真空到超高溫、從低溫到電漿高溫、從精密檢測生長參數到自動監控生長過程、從高純原料到超淨環境等等，晶體生長技術幾乎動用了現代實驗技術中一切重要的手段。在表 20-2 所列生長技術中，以液相生長（包括溶液生長和熔體生長）應用最為廣泛，以氣相生長發展最快。

晶體生長技術互相滲透，不斷改進和發展，一種晶體選擇何種技術生長，取決於晶體的物化性質和應用要求。有的晶體只能用特定的生長技術生長；有的晶體則可採用不同的方法生長，選擇的一般原則（這也是晶體生長技術的發展方向）為：

(1)有利於提高晶體的完整性，嚴格控制晶體中的雜質和缺陷；

(2)有利於提高晶體的利用率，降低成本，因此，大尺寸的晶體始終是晶體生長工作者追求的重要目標；

表 20-2　重要晶體生長方法和技術

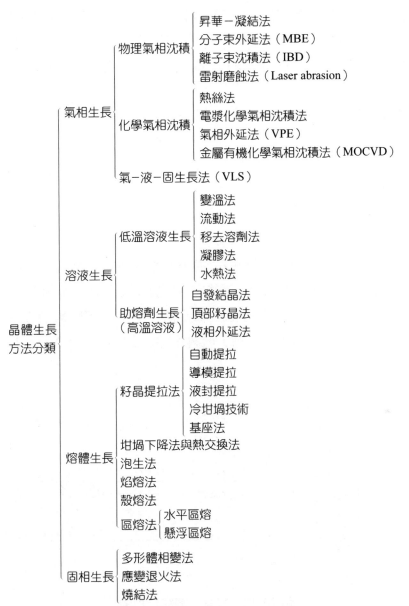

（3）有利於晶體的加工（如導模法生長異形寶石）和器件化（如 MBE 技術生長超晶格、量子阱材料）；

（4）有利於晶體生長的重複性和產業化，例如電腦控制晶體生長過程等。

綜合考慮上述因素，每一種晶體都有一種相應的、較適用的生長方法。如 Nd：YAG 宜用提拉法生長，KTP、BBO、LBO 一般均採用助熔劑生長技術等。

必須指出，除生長設備外，晶體生長的技藝在晶體生長技術中也起著舉足輕重的作

用。技藝即晶體生長工作者對生長設備和生長工藝的熟練掌握程度。在某種意義上說，技藝更顯出其重要性，因為晶體生長是一項曠日持久的工作，加上晶體生長過程的複雜性，需要工作人員專注的投入和經驗的積累，並不都是靠電腦控制所能代替的。只有先進設備加上技術熟練、經驗豐富的、耐心的晶體生長工作者，才有希望獲得完美的合成晶體。

下面將有重點地介紹有關晶體生長的技術。

20.3.2　氣相生長

1.昇華−凝結法

這是最簡單的物理氣相澱積，即將多晶原料經氣相轉化為單晶。在圖 20-13 中，(a) 為閉管體系，原料在熱區被加熱昇華，然後在冷區凝結為晶體；(b)為開管體系，熱區昇華的分子被惰性氣體（載氣）帶到冷區凝結成晶體。凡在常溫下蒸氣壓較高（三相點壓力通常在 10^5Pa 以上）的單質和化合物，均適於用此法生長，如 As，Cd，Zn，CdS，ZnS，SiC 等。

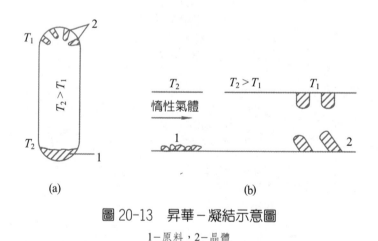

圖 20-13　昇華−凝結示意圖

1−原料，2−晶體

2.氣相外延（VPE）技術

氣相外延生長是最早應用於半導體器件製備的一種比較成熟的外延生長技術。氣相外延按生長設備也可分成閉管和開管兩種。閉管外延是將源材料、襯底、輸運劑一起放在一密封的被抽空或充氣的容器內。源和襯底分別置於兩溫區加熱爐不同溫區內。在源

區，輸運劑與源材料作用，生成揮發性中間產物，由於襯底和源區溫度不同，氣相中物質的分壓也不相同，並透過對流和擴散輸運到襯底區，在襯底區發生源區反應的逆反應，從而在襯底上進行外延生長。輸運劑再返回到源區與源作用，如此不斷進行迴圈使外延層長厚。閉管系統外延設備簡單，生長可在接近化學平衡條件下進行，但生長速度慢，裝片少，現已不常使用。目前應用較多的是開管法。圖 20-14 是氫化物生長 GaAs 的設備和沈積過程示意圖。

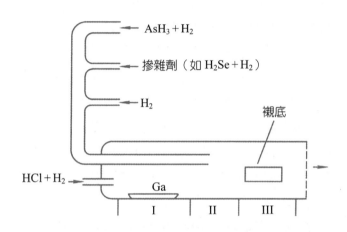

圖 20-14　氫化物生長 GaAs 設備示意圖

Ga 的沈積過程為：第 I 溫區是 Ga 源輸運區；第 II 溫區是 AsH_3 熱分解區；第 III 溫區是沈積反應區。外延時 Ga 源與 HCl 接觸，生成 GaCl，輸入反應室，AsH_3 和摻雜劑（如 H_2S，H_2Se 或 Zn）也同時被引入反應室，透過下述反應，在 GaAs 襯底上澱積 GaAs 外延薄膜。

$$Ga\ (1) + HCl\ (g) \longrightarrow GaCl\ (g) + (1-x)\ HCl\ (g) + (x/2)\ H_2\ (g) \qquad (20\text{-}38)$$

$$4AsH_3\ (g) \longrightarrow As_4\ (g) + 6H_2\ (g) \qquad (20\text{-}39)$$

$$GaCl\ (g) + (1/4)\ As_4\ (g) + (1/2)\ H_2 \longrightarrow GaAs\ (s) + HCl\ (g) \qquad (20\text{-}40)$$

上述氫化物法可以製備許多 III ～ V 族化合物半導體薄膜材料，如 GaAs，GaP，InP，GaAsP，InGaAsP 等。對系統加以適當改進，也可用於製備含 Al 的 III ～ V 族化合物半導體材料。

3.分子束外延（MBE）技術

MBE 技術本質上是在超真空條件下，對蒸發束源和外延襯底溫度加以精確控制的

外延生長技術。MBE 設備主要由超高真空生長系統、生長過程的控制系統和監測、分析儀器等三部分組成（圖 20-15）。真空生長系統包括進樣室、樣品預處理室和外延生長室。三個室彼此用真空閥門隔離，樣品可用真空密封傳遞機構在這三個室間往返傳遞。MBE 生長室除分子束源爐和機械手外，還常配置反射高能電子繞射儀（RHE-ED），用以提供表面結構、顯微結構資訊以及實現單原子層控制生長等；四極質譜儀（QMS）對生長室殘留氣體成分檢測和真空進行；俄歇電子能譜儀（AES）和離子計則分別用來對襯底表面化學成分（潔淨度）和對原子（或分子）束流量進行校準等。

MBE 生長過程實際上是一個具有熱力學和動力學同時並存、相互關聯的系統；只有在由分子束源產生的分子（原子）束不受碰撞地直接噴射到受熱的潔淨襯底表面，透過在表面上遷移吸附或透過反射或脫附離開表面，在襯底表面與氣態分子之間建立一個準平衡區，使晶體生長過程接近於熱力學平衡條件（即使每一個結合到晶格中的原子都能選擇到一個自由能最低格點位置），才能生長出高品質的 MBE 材料。以 III～V 族材料生長為例，在通常的生長溫度下，III 族原子（如 Ga）在表面的黏附係數為 1，而 V 族原子（分子）在表面無 III 族原子時，黏附係數為零。因此 MBE 的生長速度取決於 III 族元素到達襯底表面的速率。

由於 MBE 生長是在超高真空條件下進行的，故與其它傳統生長技術（VPE 等）相比有許多優點，如在系統中配置必要的儀器便可對外延生長的表面、生長機構、外延層結晶質量以及電學性質進行原位檢測和評估；低的生長速度可將諸如雜質擴散這類不希望出現的熱啟動過程減少到最低；它的生長速度慢和噴射源束流的精確控制有利於獲得超薄層和界面突變的異質結構；逐層生長機構排除了任何三維成核過程，從而可生長原子級平滑的外延表面；透過對合金組分和雜質濃度的控制，實現對其能帶結構和光電性質的「人工剪裁」，從而製備出各種複雜勢能輪廓和雜質分佈的超薄層微結構材料。

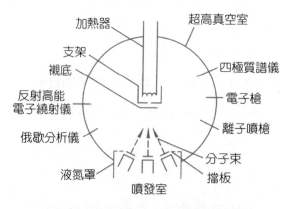

圖 20-15 典型的 MBE 裝置示意圖

4. 金屬有機化合物化學氣相沈積（MOCVD）技術

　　MOCVD或MOVPE是和MBE同時發展起來的另一種先進的外延生長技術。MOC-VD是用氫氣將金屬有機化合物蒸氣和氣態非金屬氫化物經過開關網路送入反應室加熱的襯底上，透過熱分解反應在襯底上生長出外延層的技術。例如MOCVD生長GaAs的反應過程為：

$$(CH_3)_3Ga + AsH_3 \xrightarrow{650\sim750℃} GaAs + 3CH_4 \uparrow \qquad (20\text{-}41)$$

MOCVD 生長設備和流程示意圖如圖 20-16 所示。

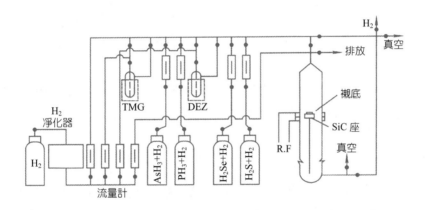

圖 20-16　MOCVD 生長設備示意圖

　　MOCVD的生長過程涉及氣相和固體表面反應動力學、流體動力學和質量輸運及其二者相互耦合的複雜過程。MOCVD是在常壓或低壓下生長的，氫氣攜帶的金屬有機物源（如Ⅲ族）在擴散通過襯底表面的停滯氣體層時會部分或全部分解成Ⅲ族原子，在襯底表面運動遷移到合適的晶格位置，並捕獲在襯底表面已熱解了的Ⅴ族原子，從而形成Ⅲ～Ⅴ族化合物或合金。在通常溫度下，MOCVD生長速率主要是由Ⅲ族金屬有機分子通過停滯層（邊界層）的擴散速率來決定的。一般來說，為了得到較好質量的外延層，生長要選擇在生長速度的擴散控制區進行，也就是說外延生長是在準熱力學平衡條件下進行的。

　　MOCVD設備是由源供給系統（Ⅲ或Ⅴ族金屬有機化合物，Ⅴ或Ⅵ族氫化物和摻雜源）、氣體輸運和流量控制系統、反應及襯底轉動加熱控制系統、尾氣處理及安全防護報警系統等組成。它的主要優點是適合於生長各種單質和化合物薄膜材料，特別是蒸氣壓高的磷化物、高 T_c 超導氧化物及金屬薄膜等；另外，MOCVD 用於生長化合物的各

組分和摻雜劑都是氣態源，便於精確控制及換源，毋需將系統曝露大氣；加之生長速度遠較MBE大，以及單溫區外延生長、需要控制的參數少等特點，使MOCVD技術有利於大面積、多片的工業規模生產。MOCVD 技術的弱點除 MO 源和氫化物毒性大、化學污染須倍加防範外，較高的生長溫度會使材料純度和界面質量變差，再者外延層的精確控制、表面平整度以及重複性有待進一步改善。目前 MOCVD 技術正處於從實驗室走向工業批量生產的時期。

當前 MOCVD 技術研究的重點是：

(1)探索合成低分解溫度、低化學污染和低毒性的新金屬有機化合物源。

(2)用巨型電腦模擬計算並結合原位檢測技術研究反應室內流場、物質傳輸、氣體成分及化學反應等，從而研製更合理的反應容器，改進生長工藝以進一步提高薄膜厚度和組分的摻雜均勻性，改善對異質結界面的控制，提高片與片、批與批間的重複性及其成品率，為工業化生產打下基礎。

(3)發展新的外延生長工藝，如UV增強MOCVD、微波電漿誘導MOCVD、雷射誘導 MOCVD、ECR−MOCVD 及圖形外延生長等。

5.化學束外延（CBE）

CBE 是集 MBE 和 MOCVD 二者優點而發展起來的另一種新一代外延生長技術。由於外延只是在較高真空條件下進行，故分子的平均自由程長（襯底表面也沒有停滯層），金屬有機化合物的分子和非金屬氫化物經高溫裂解爐熱解，形成的原子束等氣體反應劑通過幾個噴口形成的分子、原子束流可以無碰撞地直接射向受熱的襯底表面（見圖20-17），經過吸附、表面遷移、分解和脫附等一系列物理化學過程，組成外延膜的原子便在襯底上有序地排列起來形成單晶薄膜。通常情況下，CBE 生長速度主要是由金屬有機化合物的供給速度或襯底表面熱分解速率決定的；若襯底溫度足夠高，到達表面的金屬有機分子全部分解，則生長率由金屬有機分子的到達率決定。另外，襯底溫度和V族源供給情況對生長速度也有一定影響。在CBE中，使用氣態源可精密控制束流，也可將幾種MO源先混合再形成分子束，以利於獲得組分準確而又均勻的外延層；CBE使用擋板來開關束流，易於獲得超薄層和界面突變的異質結構材料；CBE 的高真空生長環境，不但易於獲得清潔襯底表面，提高外延層純度，而且還可與晶體生長過程的原位測量技術（如RHEED等）和其它高真空薄膜加工工藝（如離子注入、電子束曝光和刻蝕等）相結合，從而有可能實現對材料生長動力學的深入研究，並對其形貌和異質結界面結構進行監控，為低維（一維、零維）半導體材料生長打下基礎。

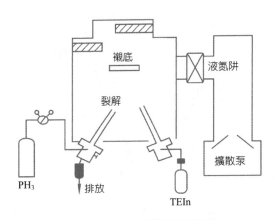

圖 20-17　CBE 裝置示意圖

6.離子束沈積（IBD）技術

　　在薄膜的真空澱積過程中，引入一定數量的荷游離子會有效地影響薄膜的澱積和化合物材料的合成過程，從而在更廣的範圍內製備性能更好的薄膜材料。IBD 就是基於這種原理而發展起來的一種對荷電原子種類、能量、束流以及襯底加以精密控制的高真空澱積新技術。它與通常的電漿技術不同，在該技術中，離子產生的區域和薄膜澱積區域是分開的。離子在離子源中產生後，被數千伏的加速電壓拉出離子源，形成束流，經磁分析器進行質量分離以選出需要的離子種類，然後將其引入裝有可精密監控薄膜表面性能儀器的超高真空室，在其中離子束被減速透鏡將能量降到十幾到幾百電子伏特，最後在襯底上生出薄膜。圖 20-18 是中國自行研製的雙束離子沈積裝置示意圖。低能離子束沈積具有促進薄膜生長的作用，可在較低的襯底溫度下生長單晶薄膜，所以又稱為離子束外延（IBE）。用該技術可以得到在通常熱力學平衡條件下難以生長的亞穩態結構的新材料，如 $CoSi_2 /$ Si，$\beta - FeSi_2 /$ Si，$CaF_2 /$ Si、金剛石薄膜、GaN 和 BN 等。此外，IBE 還具有使原材料提純與薄膜澱積在同一過程中完成的獨特優點，可以使用較低純度的原材料直接生長出高純度的薄膜，從而擴大了可探索的新材料範圍。

　　目前 IBD 技術仍處於實驗室研製階段，無論在設備的完善，還是對薄膜材料生長機構的研究都有待進一步開展。

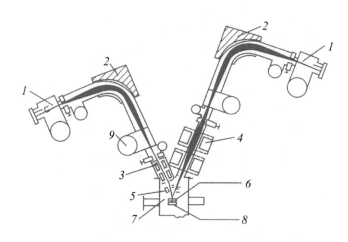

圖 20-18　IBD 沈積裝置示意圖

1-離子源；2-磁分析器；3-電四極透鏡；4-磁四極透鏡；5-偏轉板；6-減速透鏡；7-超高真空外延生長室；8-襯底；9-真空泵系統

7.製備金剛石薄膜的 CVD 技術

　　由於金剛石薄膜的重要性，20 世紀 80 年代以來用 CVD 方法製備金剛石薄膜技術發展很快，主要包括熱絲法、微波電漿法和直流電漿噴射法等。

　　熱絲 CVD 技術原理如圖 20-19(a)所示。將甲烷與氫氣混合送到被加熱的反應室內，用於沈積的襯底置於石英座上，在襯底的上方平行地置有一根或多根加熱到 2000 ℃高溫的鎢絲。甲烷輸送到熱鎢絲附近被分解，在溫度適當控制的襯底表面上沈積金剛石薄膜，沈積速率可達 $8 \sim 10 \, \mu m/h$。熱鎢絲的作用，一方面導致了甲烷分解，另一方面也加熱了襯底。甲烷分解產生了原子氫，正是原子氫的作用除去了薄膜的石墨相。

　　微波電漿 CVD 法原理如圖 20-19(b)所示。以石英管為反應室，甲烷與氫氣由反應室頂部輸入，用於沈積的襯底置於襯底座上，微波在反應室的中部由波導饋入，形成輝光放電區，甲烷分解在襯底上沈積金剛石薄膜。微波電漿 CVD 法的特點是用微波功率饋入激勵輝光放電，能夠在很寬的氣壓範圍內產生穩定的電漿，其內的電子密度高，啟動的原子氫的密度大，因而所沈積的金剛石薄膜品質好。

　　直流電漿噴射（D C Plasma Jet）是一種放電區內隱的直流電漿 CVD 方法〔圖20-19(c)〕，一般噴頭由柱狀陽極和下部收縮為一噴口的環狀陰極構成，兩者在噴嘴內陽極端處構成弧光放電，甲烷和氫氣混合，反應氣體（也可以 He 為載氣）穿越放電區形成熱電漿以極高的流速（超音速）自噴嘴射向襯底表面，在其上形成的金剛石薄膜沈積速率可達 $1\,000 \, \mu m/h$，適於製備毫米級厚度的熱沈片和超硬材料的塗層，但膜的均勻

性有待提高。

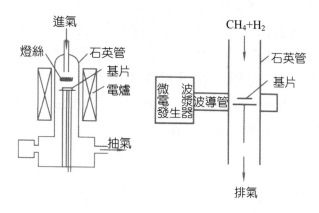

(a)熱絲 CVD 裝置圖　　　(b)微波電漿 CVD 裝置圖

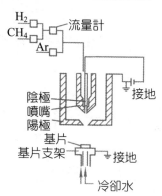

(c)直流電漿噴射 CVD 裝置圖

圖 20-19　CVD 技術製備金剛石薄膜裝置示意圖

8.氣─液─固（VLS）生長法

　　VLS 法是瓦格納（Wagner）和伊利斯（Ellis）在 1964 年發明的晶鬚生長技術。普通的氣相生長是從氣相直接析出固相，VLS 法與之有一點不同之處，即在從氣相析出固相的過程中，是通過溶液作媒介的。

　　VLS 法基本原理如圖 20-20 所示：將一顆金粒放在單晶矽襯底上，加熱時，金與矽在 370 ℃ 以上即可形成低共熔合金，在矽面上產生一個 Si 在 Au 中的溶液滴。將 H_2 與 $SiCl_4$ 混合氣體引入液滴，在其表面發生還原反應。被還原出的 Si 使液滴中的 Si 濃度變大以致過飽和，過量的 Si 將沈積在襯底上。隨著上述過程的進行，沈積的 Si 逐漸加厚，形成一個 Si 的稜柱將液滴托在上面，利用該法可生長細絲狀晶鬚。

利用 VLS 生長機制也可以生長金剛石晶鬚，其方法是在金剛石襯底上放置易濕潤並能溶解金剛石的 Ni、Fe、Mn 等金屬微粒子，然後在真空中加熱，金屬粒子與金剛石發生反應，在低於這些金屬的熔點相當多的溫度下形成熔體（見圖 20-2）。若向其表面供給 CH_4，則半球狀熔體優先吸附 CH_4，並在此處發生熱分解而溶解碳，這樣在其表面上形成了碳的過飽和狀態，過剩的碳原子擴散到熔體中，在固－液界面析出金剛石。依此生成的晶鬚其頂端像旗桿一樣，帶有小球狀體。用此方法可以 $50\sim250\,\mu m/h$ 的生長速度，長出直徑 $50\,\mu m$、長 $400\,\mu m$ 的金剛石晶鬚。

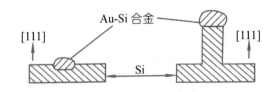

圖 20-20　VLS 生長機制示意圖

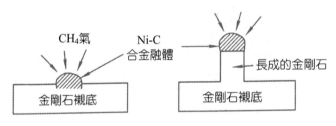

圖 20-21　VLS 法生長金剛晶鬚

20.3.3　溶液生長

從溶液中生長晶體的方法歷史最久，應用也很廣泛。這種方法的基本原理是將原料（溶質）溶解在溶劑中，採取適當措施造成溶液的過飽和，使晶體在過飽和溶液的亞穩區（見圖 20-22）中生長，並且要求在整個生長過程中使溶液都保持在亞穩區。這樣，就可以使析出的溶質都在籽晶上長成單晶，而盡可能避免出現自發晶體。溶液生長具有生長溫度低、黏度小、容易生長大塊的均勻性良好的晶體等優點。從溶液中生長晶體的最關鍵因素是控制溶液的過飽和度，其手段有改變溫度、移去溶劑、控制化學反應等方式。

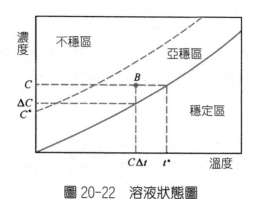

圖 20-22 溶液狀態圖

1.變溫法

變溫法分降溫法和升溫法兩種。具有較大正溶解度溫度係數的材料用前者，負係數的則用後者。在晶體生長過程中逐漸改變溫度，使析出的溶質不斷在籽晶體上生長。圖20-23 是變溫法裝置示意圖。該法的技術關鍵是：溶液要充分過熱（冷），以消除微晶；找準飽和點；育晶器在生長過程中嚴格密封以及高精度控溫等。

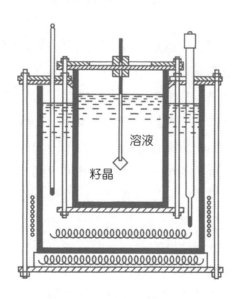

圖 20-23 變溫法示意圖

降溫法是從溶液中生長晶體最常用的方法。一些應用廣泛的晶體，如 ADP、KDP、DKDP 晶體都是應用該法生長的。為了提高晶體完整性，降溫速度就不能太快，用該法生長一塊光學品質較高的大晶體常需要數月的時間。

2.流動法

在變溫法生長晶體過程中，不再補充溶液或溶質，故生長晶體的尺寸受到限制，要生長更大的晶體，可用流動法。該法裝置如圖 20-24 所示。

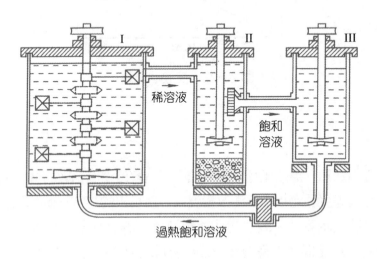

圖 20-24　流動法示意圖

流動法的特點是將溶液配製、過熱處理、單晶生長等操作過程分別在整個裝置的不同部位進行，構成一個連續的流程。Ⅰ是生長槽（育晶器），Ⅱ是配製溶液的飽和槽，其溫度高於Ⅰ槽，Ⅲ是過濾槽。Ⅱ槽原料在不斷攪拌下溶解，使溶液在較高的溫度下飽和，然後經過濾器進入過濾槽，經過熱後的溶液泵浦回Ⅰ槽，溶液在Ⅰ槽所控制的溫度下，進入過飽和狀態，使析出的溶質在籽晶上生長。因消耗而變稀的溶液流回Ⅱ槽重新溶解原料，並再在較高的溫度下飽和。溶液如此循環流動，使Ⅱ槽原料不斷溶解，而Ⅰ槽中的晶體不斷生長。晶體生長速度靠溶液流動速度和Ⅱ和Ⅰ槽的溫差來控制，使晶體始終在最有利的生長溫度和最合適的過飽和度下恒溫生長。該法的另一優點是晶體尺寸和生長量不受晶體溶解度和溶液體積的限制，而只受容器大小的限制。故該法適於生長均勻性較好的大晶體。實驗室中常利用該法的特點設計了各種小型流動裝置來進行晶體生長動力學的研究，測量晶體在不同溫度和不同過飽和度下的生長速度等。

流動法的缺點是設備比較複雜，調節三槽之間的溫度梯度和溶液流速之間的關係需要有一定的經驗。

3.蒸發法

　　蒸發法生長晶體的基本原理是將溶劑不斷蒸發移去，而使溶液保持過飽和狀態，從而使晶體不斷生長。這種方法比較適合於溶解度較大而溶解度溫度係數很小或是具有負溫度係數的物質。蒸發法生長晶體的裝置和降溫法十分類似，所不同的是降溫法中，育晶器中蒸發的冷凝水全部回流，而蒸發法則是部分回流；降溫法透過控制降溫速度來控制過飽和度，而蒸發法則是在恒溫下透過控制回流比（蒸發量）來控制過飽和度的。蒸發法生長晶體的裝置有許多種類型。圖 20-25 是比較簡單的一種，在嚴格密封的育晶器上方設置冷凝器（可通水冷卻），溶劑自溶液表面不斷蒸發，一部分在蓋子上冷凝，沿器壁回流到溶液中，一部分在冷凝器上凝結並積聚在其下方的小杯內再用虹吸管引出育晶器外。在晶體生長過程中，透過自動取水器不斷取出一定量的冷凝水來控制蒸發量。

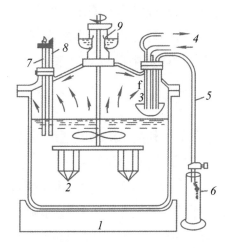

圖 20-25　蒸發法育晶裝置

1－底部加熱器；2－晶體；3－冷凝器；4－冷卻水；5－虹吸管；6－量筒；7－接觸控制器；8－溫度計；9－水封

4.凝膠法

　　凝膠生長法就是以凝膠作為擴散和支援介質，使一些在溶液中進行的化學反應透過凝膠擴散緩慢進行，溶解度較小的反應產物在凝膠中逐漸形成晶體，所以凝膠法也是通過擴散進行的溶液反應法。該法適於生長溶解度十分小的難溶物質的晶體。由於凝膠生長是在室溫條件下進行的，因此也適於生長對熱很敏感的物質的晶體。

　　現以生長酒石酸鈣晶體為例說明凝膠生長法的基本原理。在圖 20-26 所示的 U 形管中，$CaCl_2$ 和 $H_2C_4H_4O_6$ 溶液分別擴散進含酒石酸的凝膠。發生化學反應：

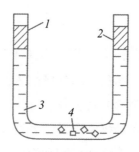

圖 20-26　凝膠法生長酒石酸鈣晶體

1－CaCl₂濃溶液；2－H₂C₄H₄O₆濃溶液；3－凝膠；4－CaC₄H₄O₆·4H₂O 晶體

$$CaCl_2 + H_2C_4H_4O_6 + H_2O \longrightarrow CaC_4H_4O_6 \cdot 4H_2O \downarrow + 2HCl \qquad (20\text{-}42)$$

酒石酸鈣晶體逐漸在底部形成。

　　與其它生長方法相比，凝膠法的設備十分簡單，環境條件相對地說比較穩定。因此凝膠法雖然有生長速度慢，難以獲得有用的大塊晶體等不足之處，但在控制化學反應，進行人體中結石形成的病理等基礎研究中仍有一定價值。

5.水熱法

　　水熱法就是在高溫高壓條件下，利用水溶液的溫度梯度去溶解和結晶在通常條件下不溶於水的物質，因此，水熱法可以稱為高溫高壓下的水溶液溫差法。水熱法生長晶體在特製的高壓釜內進行，其裝置見圖 20-27。培養晶體的原料（培養料）放在高壓釜溫度較高的底部，籽晶懸掛在溫度較低的上部。高壓釜內填裝一定程度的溶劑（填裝程度常稱為充滿度）。容器內的溶液由於上下部溶液之間的溫差而產生對流，將高溫下的飽和溶液帶至生長區成為過飽和溶液而在籽晶上結晶。過飽和度的大小取決於溶解區和生長區之間的溫差以及結晶物質溶解度的溫度係數。經由冷卻析出部分溶質的溶液又流向下部，溶解培養料。如此循環往復，使籽晶不斷地長大。

　　水熱法主要用來合成水晶。因為水晶常壓下不溶於水，而在高溫下存在著多種多形體轉變。熔體冷卻凝固又形成石英玻璃，因此無法用其它方法合成，只能用水熱法生長。由於電子工業發展需要大量壓電水晶，水熱生長技術也隨之發展起來。除水晶外，水熱法還可以用來合成磷酸鋁（AlPO₄）、磷酸鎵（GaPO₄）、方解石、紅鋅礦、藍石棉以及許多寶石（如紅寶石、藍寶石、祖母綠等）以及磷酸鈦氧鉀（KTP）等近百種晶體。

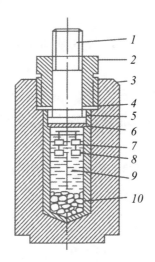

圖 20-27　水熱法生長裝置

1-塞子；2-閉鎖螺母；3-釜體；4-鋼環；5-銅環；6-鈦密封墊；7-鈦內襯；8-籽晶；9-水熱溶液；10-培養料

20.3.4　助熔劑（高溫溶液）生長

助熔劑法的基本原理是結晶物質在高溫下溶解於低熔點的助熔劑溶液內，形成均勻的飽和溶液，然後透過緩慢降溫或其它辦法，進入過飽和狀態使晶體析出。這個過程類似於自然界中礦物晶體在岩漿中的結晶。所以助熔劑法在原理上和溶液生長相似。但按其狀態來說又像熔體（濃度很大的溶液和很不純的熔體實質上是難以區分的），既可歸入溶液生長一類，也可歸入熔體生長一類。這裏我們將它作為液-固生長中的一個獨立生長方法來敘述。

助熔劑法生長晶體有許多突出的優點，首先是適用性很強，幾乎對所有材料，都能找到一些適當的助熔劑，從中將其單晶生長出來，其次是降低了生長溫度，特別是對於生長高熔點和非同成分熔化的化合物晶體，更顯出其優越性，此外該法生長設備簡單，是一種很方便的生長技術。缺點是生長週期較長，晶體一般較小，比較適合研究用。但經過 20 世紀 80 年代的發展，助熔劑法不僅是一種晶體材料研究中十分重要的實驗室生長方法，而且已成為一種能批量生產大尺寸晶體的實用技術，令人刮目相看。

1.助熔劑的選擇

選擇合適的助熔劑是助熔劑生長的關鍵，也是一項困難的工作。理想的助熔劑應該具有下列性質：

(1)對晶體材料應有足夠的溶解能力，在生長溫度範圍內，溶解度要有足夠大的變

化，以便獲得足夠高的晶體產額；

(2)在盡可能寬的溫度範圍內，所要的晶體是唯一的穩定相，助熔劑在晶體中的固溶度應盡可能小；

(3)具有盡可能小的黏度，以使溶質晶體有較快的生長速度；

(4)具有盡可能低的熔點和盡可能高的沸點，以便選擇方便的和較寬的生長溫度範圍；

(5)具有盡量小的揮發性、腐蝕性和毒性，並不與坩堝起反應；

(6)易溶於對晶體無腐蝕作用的溶劑中，如水、酸、鹼等，以便容易將晶體從助熔劑中分離出來；

(7)價格便宜。

實際上使用的助熔劑很難同時滿足上述要求，但對大多數晶體總可以找到一些適當的助熔劑。近年來傾向採用複合助熔劑，使各種成分取長補短，少量助熔劑添加物常會顯著地改善助熔劑的性質。對於複合助熔劑，成分比例一般選擇在低共熔點附近。在大多數情況下，使用時應使一種組分過量和選用包含共同離子的助熔劑，以便減少對晶體的污染。由於助熔劑中存在著複雜的化學反應，複合助熔劑組分過多，會使溶液中相關係複雜化。因此，搞清楚其中的相關係（相圖）是十分重要的。表 20-3 是某些晶體已被成功採用的一些助熔劑實例。

表 20-3　一些重要晶體的可用助熔劑

晶　　體	助　熔　劑	晶　　體	助　熔　劑
Al_2O_3	$PbF_2 + B_2O_3$	LiB_3O_5（LBO）	Li_2O
BaB_2O_4（BBO）	Na_2O，$Na_2B_2O_4$，Li_2O，BaF_2，$BaCl_2$	$LiGaO_2$	$PbO + PbF_2$
$BaTiO_3$	KF，NaF，$BaCl_2$，BaF_2	$MgFe_2O_4$	PbP_2O_7
$BeAl_2O_4$	PbO，Li_2MoO_4	$Pb_3MgNb_2O_7$	$PbO + B_2O_3$
$Bi_4Ti_3O_{12}$	$Bi_2O_3 + B_2O_3$	$PbZrO_3$	PbF_2
CeO_2	$Li_2Mo_2O_7$，$Li_2W_2O_7$	SiC	Si，Cr
Fe_2O_3	$Na_2B_4O_7$	TiO_2	$Na_2B_4O_7 + B_2O_3$，$PbF_2 + B_2O_3$
$GaAs$	Sn，Ga	$Y_3Al_{15}O_{12}$（YAG）	$PbO + PbF_2 + B_2O_3$，$PbO + B_2O_3$
GaP	Ga	$Y_3Fe_5O_{12}$（YIG）	BaB_2O_4，$PbO + PbF_2$，$PbO + B_2O_3$
In_2O_3	$PbO + B_2O_2$	ZnO	PbF_2，$Na_2B_4O_7 + B_2O_3$
$KNbO_3$	KF，KCL	ZnS	ZnF_2，$Kl + ZnCl_2$
$KTa_xNb_{1-x}O_3$（KTN）	K_2CO_3	$ZrSiO_4$	$Li_2O + MoO_3$
$KTiOPO_4$（KTP）	$K_6P_4O_{13}$（K_6）		

2. 無籽晶緩冷法（自發結晶法）

　　這是助熔劑生長的最簡單的方法。將盛料的坩堝（通常使用白金坩堝），置於高溫爐內加熱到飽和溫度以上並保持一定的時間，接著緩慢降低溫度，直到晶體在坩堝壁上成核，再行冷卻使晶體逐漸長大。該法的缺點是溶液攪拌差和成核難以控制。為此採用了加速旋轉坩堝和底部加冷阱的技術，如圖 20-28 是經過改進的無籽晶緩冷裝置。

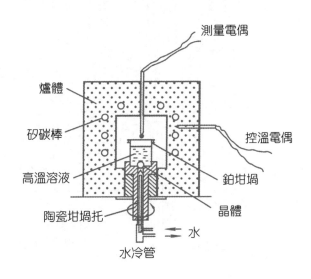

圖 20-28　加速坩堝旋轉和底部冷卻裝置

3. 頂部籽晶法（TSSG）

　　該法實際上是助熔劑法和其它生長方法的結合，以克服助熔劑法自發成核，晶核數目過多的缺點，其裝置如圖 20-29 所示。籽晶可提拉生長，也可泡生生長。由於籽晶旋轉的攪拌作用，晶體生長較快，包裹缺陷少，可以生長出大尺寸高品質的單晶。一些重要的非線性光學晶體，如 KTP、BBO、LBO、$BaTiO_3$、$KNbO_3$ 等都是用該法生長的。需要指出的是將助熔劑頂部籽晶法由實驗室推向穩定的批量生產，是由中國首先在 KTP 晶體上取得突破，並擴展到其它非線性光學晶體的。這些晶體研究和開發的成功，在國際上形成了中國在無機非線性光學晶體方面的公認優勢。

4. 液相外延（LPE）法

　　液相外延（LPE）方法是利用單晶襯底（如 GaAs 等）與過飽和溶液相接觸，再以一定速率降溫而在其上生長單晶薄膜的技術。此方法是由 Nelson H 在 1963 年提出的。

早期曾用傾斜法、浸漬生長GaAs薄膜，但由於外延層厚度不均勻和不便於多層外延生長等，後被滑動舟法生長所取代。

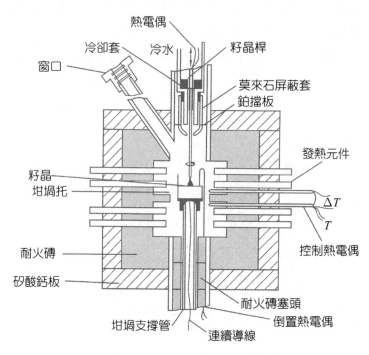

圖 20-29　頂部籽晶法示意圖

　　滑動舟法 LPE 生長系統主要是由高純石墨或石英製的滑動舟、石英反應管、精密溫控電阻加熱爐、高純氫純化器、充氫保護手套箱以及真空機組等組成（圖 20-30）。外延生長的典型工藝是：在滑動舟中裝上襯底和生長溶液（包括助熔劑和溶質）後，在 N_2 氣體保護下放入生長管內，並用 N_2 沖洗生長系統，然後通過抽空檢查系統確定不漏氣時，再用高純 H_2 沖洗反應管道，經抽空，再充 H_2，反覆多次後，調好所需的 H_2 流速並將已調好的加熱爐移動到滑動舟位置。外延生長時，用石英推桿透過滑動將襯底推入溶液池進行生長，或將襯底推出溶液池而中止生長。

　　LPE 生長的基礎是溶質在液態溶劑內的溶解度隨溫度降低而減少，因而一個飽和溶液在它與單晶襯底接觸後被冷卻時，就會有溶質析出；如果條件合適，析出的溶質就外延生長在襯底上。顯然，LPE 是受熱力學平衡相圖控制的。

　　液相外延技術與 MBE、MOCVD 等相比有著設備投資小、無劇毒和強腐蝕氣體，便於操作以及低溫平衡生長可獲得高純、高完整性的外延片等優點。目前，市售的紅外和可見光發光二極管、異質結雷射器、光電探測器和太陽電池等大都採用改進了的多片

（幾十至一百片）LPE 系統製備。LPE 方法的缺點是表面形貌較差，不易獲得大面積均勻的外延片以及不利於生長晶格失配大於 4% 的異質外延材料。

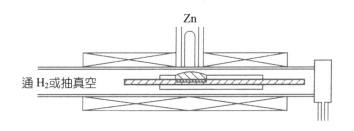

通 H_2 或抽真空

圖 20-30　液相外延生長示意圖

20.3.5　熔體生長

從熔體中生長晶體的方法，是目前所有晶體生長方法中用得最多也是最重要的一種。現代電子和光電子技術應用中所需要的單晶材料，如 Si，GaAs，$LiNbO_3$，BGO，Nd：YAG，Ti：Al_2O_3 及某些鹼鹵化物等，大部分是用該法製備的。熔體生長法的原理是將結晶物質加熱到熔點以上熔化（當然該物質必須是同成分熔化，即熔化時不分解的），然後在一定溫度梯度下進行冷卻。用各種方式緩慢移動固液界面，使熔體逐漸凝固成晶體。熔體生長與溶液生長和助熔劑生長不同之處在於晶體生長過程中起主要作用的不是質量輸運而是熱量輸運。結晶驅動力是過冷度而不是過飽和度。在熔體生長中過冷區集中在界面附近狹小的範圍，而熔體的其餘部分則處於過熱狀態。結晶過程釋放出的潛熱只能藉由生長著的晶體輸運出去。由於透過固體的熱量傳輸過程遠較透過擴散進行的質量傳輸過程為快，所以熔體生長速度要比溶液生長和助熔劑生長快得多。

從熔體中生長晶體有許多具體方法，名目繁多。這裏只介紹其中比較重要的方法和裝置。

1.晶體提拉法

該法又稱恰克拉斯基（Gzochralski）法或 Cz 法，也叫直拉法或引上法，這是熔體生長最常用的一種方法，其裝置如圖 20-31 所示。將原料在坩堝中加熱熔化後，引入籽晶（籽晶裝在一根可以旋轉和升降並通水冷卻的提拉桿上），然後緩慢向上提拉和轉動晶桿，同時緩慢降低加熱功率，籽晶就逐漸長粗，小心調節加熱功率就能得到所需直徑的晶體。整個生長裝置在一個外罩裏，以便使生長環境具有所需要的氣氛和壓強。透過外罩視窗還可以觀察晶體生長情況。該法還可以方便地使用定向籽晶和「縮頸」工藝來

提高生長晶體的完整性。提拉法最突出的優點就是能以較快的速度生長品質較高的晶體，用這種方法已成功地生長了許多半導體和氧化物等單晶。

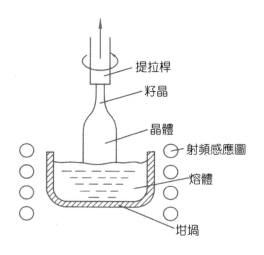

圖 20-31　提拉法裝置示意圖

提拉法在其發展過程中，得到不斷完善和改進，技術多樣。以下是幾種在不同場合應用的重要技術：

(1)晶體直徑的自動控制（ADC）技術　在 ADC 技術中最常用的是稱重法，即在晶體生長過程中，用稱量元件、稱量晶體的質量（上稱重）或坩堝的質量（下稱重），將稱重元件的輸出電壓與一個線性驅動的電位計信號進行比較，差值作為誤差信號，如果差值不為零，則有一個適當的信號變更遞交給加熱系統，從而不斷調整溫度（直徑），以維持晶體的等徑生長。ADC 技術不僅使生長程序控制實現了自動化，而且提高了晶體質量和成品率。

(2)液封提拉（LEC）技術　液封提拉法實際上是一種改進了的直拉法，它是專為生長具有揮發性的Ⅲ～Ⅴ族化合半導體材料而發展起來的。目前常用高壓 LEC 法生長 GaAs、InP 單晶等，以未摻半絕緣 GaAs 為例，在高壓單晶爐內，將高純的 Ga、As 和 B_2O_3 覆蓋劑同時置於熱解氮化硼（PBN）坩堝中，在透明的 B_2O_3 包封下，在 6 MPa 條件下原位合成 GaAs，並隨即生長單晶。只要控制合適的 GaAs 化學配比（如適當的富 As）便可獲得不摻雜半絕緣 GaAs（SI－GaAs）單晶。

(3)導模技術　導模法實質上是控制晶體形狀的提拉法，用這種技術可以按照所需的形狀和尺寸來生長晶體。該法將一個高熔點的惰性模具置於熔體之中（圖 20-32），模具下部帶有細的管道，熔體由於毛細作用被吸到模具的上表面，與籽晶接觸後即隨籽晶

的提拉而不斷凝固，而模具上部的邊沿則限制著晶體的形狀，用這種技術可成功地生長片狀、帶狀、管狀、纖維狀以及其它形狀的異形晶體。晶體品種有 Ge，Si，Al_2O_3 以及幾種鈮酸鹽晶體等。

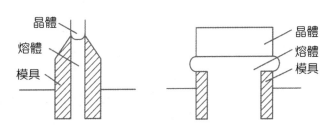

圖 20-32　導模法示意圖

(4)冷坩堝技術　利用磁力將熔料懸浮於坩堝之上進行提拉生長，熔料不與通水冷卻的坩堝接觸，避免其對熔體的污染（圖 20-33）。冷坩堝技術主要用於生長合金單晶，如永磁 $Nd_2Fe_{14}B$ 單晶、超磁致伸縮 $Tb_xDy_{1-x}Fe_2$ 單晶等。

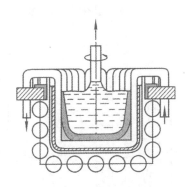

圖 20-33　冷坩堝技術示意圖

(5)基座法　亦稱差徑提拉法，它把大直徑的晶體原料局部熔化，用籽晶從熔化區引晶生長，這實際上就是無坩堝引上法（圖 20-34）。基座法也不存在坩堝污染，生長溫度也不受坩堝熔點的限制。由於加熱的範圍小，可以用高功率的弧光燈聚焦加熱，也可以用雷射加熱，它是目前拉製晶體纖維和試製新型晶體的重要手段。

2.坩堝下降法與熱交換法

(1)坩堝下降法　該法又稱布里奇曼－斯托克巴杰（Bridgman-Stockbarger）法或B－

S法，也叫定向凝固法。這也是一種應用廣泛的重要生長技術，其基本原理是使盛料容器從高溫區進入低溫區，熔體逐漸得到冷卻而凝固結晶，結晶過程由坩堝一端（可放籽晶）開始而逐漸擴展到整個熔體，圖20-35是該法示意圖。當然，固－液界面的移動一般採取移動坩堝（垂直或水平均可）的方式，該法適於生長大直徑（可達450 mm）鹼鹵化物晶體。

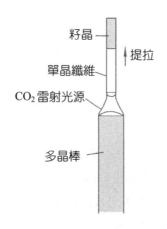

圖 20-34　基座法示意圖

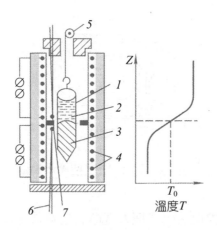

圖 20-35　坩堝下降法示意圖

1－容器；2－熔體；3－晶體；4－加熱器；5－下降裝置；6－熱電偶；7－熱屏

中國曾創造性地將坩堝下降法用於生長閃爍晶體，在國際上首次用下降法實現了BGO 大晶體（35 mm×35 mm×270 mm）的工業化生產，並成十噸地應用於歐洲核子研究中心（CERN）正負電子對撞機電磁量能器。

(2)水平布里奇曼（HB）　以 GaAs、InP 等為代表的Ⅲ～Ⅴ族化合物半導體材料，

由於 V 族元素具有較高的蒸氣壓且隨溫度變化大，故晶體的生長需在密閉的容器中進行。HB 法就是在封閉的石英管內（GaAs 為例），用二溫區或多溫區來維持熔點下固、氣、液三相平衡時恒定的平衡 GaAs 氣壓（936×10^2 Pa），來實現 GaAs 晶體生長的。將 GaAs 料和籽晶放在經打毛或其它方法處理的水平石英舟內，以防止熔體 GaAs 與舟浸潤。利用預先在高溫區內建立的溫度梯度，按一定的程式降溫的梯度凝固法生長單晶。或者首先在籽晶或多晶料界面附近建立熔區，透過移動熔區的辦法生長單晶。生長優質低位錯（或無位錯）單晶的關鍵措施是選擇一定取向的無位錯籽晶；精確控制砷源溫度以保證其正確化學配比；盡可能小的溫度梯度和平坦或微凸的固－液生長界面和避免熔體組分過冷等。目前用電腦控制的商用 HB 單晶爐已可用於生長直徑 3～4 英寸的低位錯摻雜 GaAs 單晶。

　　(3)垂直梯度凝固法（VGF）　若將容器固定於溫度梯度均勻的爐子內，熔料後緩慢降溫，使一端先結晶。然後擴展到整個熔體，該法稱為溫梯法。近年為了滿足生長高品質化合物半導體單晶需要，將液封法和溫度梯度法結合起來，發展了 VGF 法。VGF 法工藝的特點是既有低的垂直溫度梯度，但又不影響等徑生長。已發展的生長爐有兩種形式：一種是用多達幾十個獨立加熱元件來建立預定的溫度梯度，另一種是在常用的單晶爐內增加兩個獨立加熱區來調節所需的溫度梯度（如圖 20-36）。

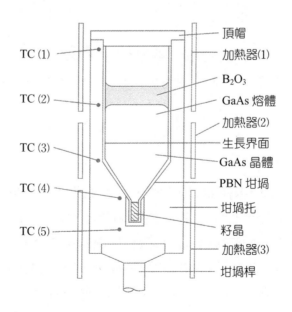

圖 20-36　垂直梯度凝固法生長 GaAs 示意圖

　　用 B_2O_3 覆蓋，毋需封管維持 As 壓。透過控制 PBN 坩堝旋轉和升降，可使晶體生

長熱場均勻。若將降溫和坩堝下降相結合，也可稱之為垂直布里奇曼法（VB）。VGF 法已成功地生長出直徑為 9 英寸，平均位錯密度小於 25×10^3 cm^{-2} 的高品質不摻的 SI–GaAs 單晶，而且性能價格比優於常規的 LEC 單晶。目前，更大直徑的（6 英寸） VGF SI–GaAs 單晶已在試製中。

(4)熱交換法（HM）　在溫度梯度法的基礎上，將用氣冷或水冷裝置製成所謂熱交 換器置於坩堝底部，控制籽晶生長，這種技術稱為熱交換法。該法在商業上主要用來生 產大尺寸的白寶石和藍寶石，圖 20-37 是生長白寶石的熱交換爐。籽晶置於熱交換器之 上的坩堝底部，熔體的溫度梯度靠爐溫控制；晶體中溫度梯度則靠熱交換器的溫度來控 制，而後者則靠氦氣流量控制，用該法生長的白寶石直徑可達 25 cm，重達 50 kg。

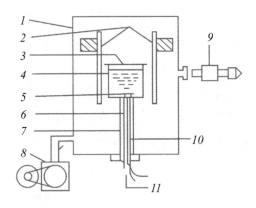

圖 20-37　熱交換法生長裝置

1–真空爐殼；2–加熱元件；3–耐熔金屬蓋；4–坩堝和熔體；5–籽晶；6–熱交換器；7–鎢管；8–真空泵；9–高 溫計；10–熱電偶；11–氦氣

3.泡生法

該法又稱凱羅泡洛斯（Kyropoulos）法，其生長原理如圖 20-38 所示，將受冷的籽 晶與熔體接觸，如果界面溫度低於熔點，則籽晶開始生長。為了使晶體不斷長大，就需 要逐漸降低熔體的溫度，同時旋轉晶體以改善熔體的溫度分佈，也可以緩慢（或分階 段）地上提晶體，以擴大散熱面。晶體在生長過程中或生長結束時均不與坩堝壁接觸， 從而大大減少了晶體的應力。用此法可生長出直徑達 500 mm 的鹼鹵化物光學晶體。

4.區熔法

區域熔融技術最早是根據溶質分凝原理（圖 20-12）用於材料提純的。其裝置如圖

20-39 所示。熔區被限制在一段狹窄範圍內。隨著熔區由始端（經常加籽晶）沿料錠向另一端緩慢移動，晶體生長過程也逐漸完成。該法的優點是減少了坩堝對熔體的污染（減少了接觸面積），降低了加熱功率，而且可反覆進行，提高了晶體純度或使摻雜均勻。垂直區熔法又稱懸浮區熔法，在該法中，浮區是垂直向上通過晶錠的。由於表面張力足以支撐熔區而不需要坩堝，因而它是一種生長高純而完整的矽單晶較理想的方法（圖 20-40），在半導體工業中有廣泛應用。積體電路用的高純而完整的矽單晶就是用這個方法生產出來的。

　　該法是利用矽密度小，熔矽表面張力大（720 dyn/cm）和高頻電磁場的托浮力的原理而發展起來的。實驗上採用單匝高頻感應線圈，與矽棒緊密耦合可熔直徑為 5 英寸的矽棒，單晶長度可大到 1 m，生長速度為 2.5 mm/min。區熔生長無位錯單晶也採用縮頸技術。

　　懸浮區熔不用坩堝，避免了與坩堝作用帶來的雜質污染；加之在高真空下可除去揮發性雜質以及可去除分凝係數 $K < 1$ 的雜質等特點，可製高達 $104\,\Omega \cdot cm$ 的高純單晶。廣泛用於高能粒子探測器、大功率整流器、可控制矽和巨型電晶體的製備。

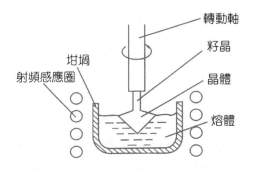

圖 20-38　晶體泡生法示意圖

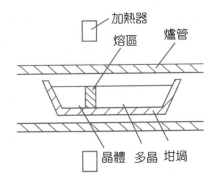

圖 20-39　水平區熔示意圖

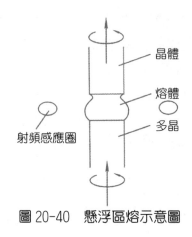

圖 20-40　懸浮區熔示意圖

5.焰熔法

　　該法又稱維涅爾（Verneull）法，也叫火焰法，這是一種簡便的無坩堝生長方法。主要用於寶石的工業生產。其裝置如圖 20-41 所示。振動器使粉料以一定的速率自上而下通過氫氧焰產生的高溫區，剛玉熔化後落在籽晶上部，形成液層，籽晶向下移動而使液層結晶。其凝固速率與供料速率保持平衡。用該法主要生產工業用寶石梨晶，經過改動也可生產桿狀、管狀(b)、盤狀(c)和片狀(d)寶石。

6.殼熔法（內熱法）

　　這是一種以原料自身為坩堝（嚴格地說為殼層）的合成晶體的方法。將晶料裝入熔製爐中。藉由插入料內的電極通電加熱（或用難熔金屬片感應加熱），使料熔化。而外層由於爐殼水冷仍為不熔化的粉料殼，達預定熔化量後，斷電自冷，晶體即逐步形成，此法常用來生長雲母和 MgO 晶體。

　　殼熔法和冷坩堝法還可以結合起來。將原料裝在水冷的柵狀坩堝中，外加感應線圈（圖 20-42）利用材料本身在高溫下的導電性能，用超高頻電場直接使材料中心部位受感應加熱而熔化，然後使其冷卻結晶。這種方法適於生長熔點很高，而沒有容器可選用的晶體，如立方氧化鋯（ZrO_2）。目前這項技術已用來大量生產這種寶石代用品，以滿足人們對人造裝飾寶石的需求。

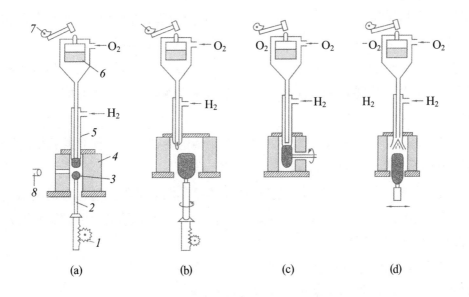

圖 20-41　生產不同形狀寶石的焰熔法裝置

1−下降機構；2−籽晶桿；3−晶體；4−爐體；5−燃燒室；6−料斗；7−振動裝置；8−測高計

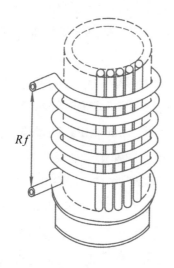

圖 20-42　殼熔法設備圖

20.3.6　固相生長

1.再結晶法

這是一種在冶金中常用的固−固生長法。它包括以下幾種類型：

(1)燒結　如果將某種（主要是非金屬）多晶棒或壓實的粉料在低於其熔點的溫度下，保溫數小時，材料中一些晶粒逐漸長大而另一些晶粒則消失。

(2)應變退火法　材料（多為金屬）在製造加工過程中引進應變，貯存著大量的應變能，退火能消除應變使晶粒長大（非應變單晶區併吞應變區）。應變能就是這種再結晶的驅動力。

(3)形變生長　可用形變（如滾壓或錘結）來促進晶粒長大，如繞製冷拔鎢絲時，促進鎢絲中單晶的生長，這些單晶能把燈絲鬆垂減至最小。

(4)退玻璃化法　很多玻璃在加熱時，發生再結晶而使玻璃失透稱為退玻璃化。這通常是不希望發生的。這種再結晶形成晶粒一般很小，但用籽晶從玻璃體的單組分熔體中提拉晶體也並不是不可實現的。

(5)脫溶生長　這種再結晶是透過脫溶析出晶體。

再結晶法的缺點是難以控制成核和難以形成大單晶。

2.多形體相變

(1)一般多形體相轉變　如同素異形元素（如鐵）或多形化合物（如 CuCl），具有由一種相轉變為另一種相的轉變溫度。則讓溫度梯度依次經過這種材料棒，便可進行晶體生長。

(2)高壓多形體相轉變　對於大多數高壓下的多形體轉變，相變進行很快，難以控制。由石墨合成金剛石可稱為高壓下多形體轉變的一個實例。根據石墨－金剛石相圖，如果溫度接近室溫，金剛石在低達 1000 MPa 即是穩定的。但低溫下的轉變速率非常慢，以致沒有什麼實際意義。為了加速轉變必須升高溫度（2000～2500 ℃），此時為保持在金剛石穩定區，還必須提高壓力（6～7 GPa）。

目前合成金剛石的具體方法很多，按技術特點可分為靜態超高壓高溫法（簡稱靜壓法）、動態超高壓高溫法（簡稱動壓法）和常壓高溫法（低壓法）等。按金剛石形成機制特點，又可歸納為超高壓高溫直接轉變法（簡稱直接法）、靜壓溶劑觸媒法（簡稱溶媒法）、低壓外延生長法等。目前工業上有生產價值的，主要是靜壓溶劑觸媒法，該法的基本問題是選擇靜態超高壓高溫容器和選用靜態超高壓高溫介質，常用的容器有對頂壓砧－壓缸式（兩面頂）和多壓砧式（多面頂，如四面體和六面體等），如圖 20-43 所示，容器中所用的介質是固體材料，它起著傳壓、密封、耐高溫、電絕緣、支承試樣和壓砧的作用。目前比較常用的介質是葉蠟石。靜壓法所用的催化劑實際上是碳的溶劑。常用的催化劑有鉻、錳、鈷、鎳和鈀等，由於考慮到金剛石的生長實際上是在溶液中進行，也有人把這種方法歸入助熔劑法一類。目前合成金剛石因顆粒較小，多數用作磨料。

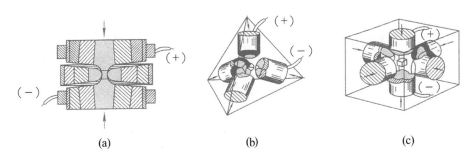

圖 20-43　幾種典型的超高壓容器圖

20.4　材料設計和新晶體材料的探索

20.4.1　從試錯法到材料設計

　　合成晶體作為新材料領域一個頗具特色的方面，在高技術發展中的作用十分明顯。矽單晶已成為資訊產業的主要「糧食」，現今的電腦和消費類電子產業可以說是架構在矽單晶圓片之上；合成水晶隨著石英鐘表和通信產業（按鈕電話、移動通信等）的發展也是高潮迭起，常盛不衰。新晶體材料的探索是合成晶體的先導和前瞻領域，它體現了應用的驅動和材料科學在人工晶體領域中的發展。和一般的新材料探索相似，新晶體材料的探索也經歷了從「試錯法」（Trial and Error Method）到材料設計的發展過程。

　　探索新晶體材料的通常做法是：根據應用的要求和物理性質分類，運用固體物理、固體化學和晶體學的基本知識，在總結已有晶體材料的結構、性質和應用有關資料和規律的基礎上，有選擇地進行大量合成和性能試驗（粉末或小晶體），選擇有苗頭的材料進行晶體生長和表徵，不斷反覆和反饋（圖 20-44）直至找到能滿足應用要求的新晶體。可見用試錯法篩選有用的新晶體確是一項艱巨的「百裏挑一」的工作。以壓電晶體為例，自 1880 年發現水晶壓電效應以來，人們就開始從沒有對稱中心的晶體中尋找新的壓電晶體，發現並進行測量的壓電晶體已不下五百餘種。多數晶體的壓電效應很弱；效應較強而進行過仔細測量的壓電晶體只有幾十種；而在技術中真正用上的卻只有屈指可數的幾種。

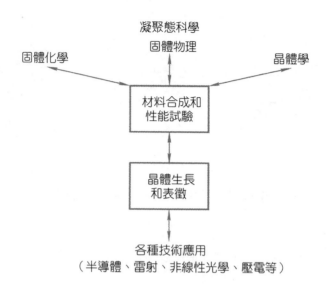

圖 20-44　探索新晶體材料的試錯法

　　鑒於常用的試錯法費力費時，難以滿足對新材料日益增長的需要，人們希望盡可能提高理論預見性，減少篩選的工作量。隨著固體物理和微結構、量子化學、原子分子物理、應用數學和統計物理等相關學科以及電腦資訊處理技術的迅速發展，使得旨在預報與合成具有預期性能的新材料的「材料設計」工作取得長足進展。材料設計方法主要是在經驗規律基礎上進行歸納或從第一原理出發進行計算，更多的是兩者相互結合和補充。在材料設計中，電腦模擬和電腦專家系統起著重要作用。結構和性能的關係是材料設計的基礎，對人工晶體更是如此。根據設計物件所涉及的空間尺度，結構還可劃分為若干層次，如微結構層次（$1\,\mu m$）、原子分子層次（$1\sim10\,nm$）以及電子層次（$0.1\sim1$ nm）等。後兩個層次的設計，涉及材料中原子排列及電子結構，稱為材料的微觀結構設計，它是材料設計的重點。也就是說，以原子、分子為起始物進行分子設計和材料合成，並在原子尺度上控制其微觀結構，以達到預期性能。合成晶體的結構還應包括理想晶體結構和實際晶體結構。理想晶體微觀結構主要是指構造基元（包括原子、分子或離子基團）按點陣規律在空間的排列，也包括電子態和能帶結構；而在實際晶體結構中，還應包括源激發雜質原子、色心、疇界和各種缺陷等。所以合成晶體的結構與性能關係有著十分豐富的內容，相應的材料設計也是多種多樣的。

　　下面將著重探討三類不同晶體的材料設計和新晶體材料探索的進展。

20.4.2　帶隙工程和半導體發光材料的發展

帶隙或稱禁帶寬度（E_g），是半導體材料的一個重要參數，E_g的大小大體上和光吸收的閾值能量及光發射的長波限相對應。化合物半導體能帶結構相似，其導帶底和價帶頂之間的光躍遷可以垂直進行，因此有發光的特性，是最重要的光電子材料。

1. Ⅲ～Ⅴ化合物發光材料

Ⅲ～Ⅴ化合物一大特點是可以相互合金化、形成多種固溶體。簡單的Ⅲ～Ⅴ化合物是二元系化合物 $A^{Ⅲ}B^{Ⅴ}$，如 GaAs，InP 和 GaP 等；三元系化合物有 $A_x^{Ⅲ}B_{1-x}^{Ⅲ}C^{Ⅴ}$ 和 $A^{Ⅲ}B_y^{Ⅴ}C_{1-y}^{Ⅴ}$ 二類，如 AlGaAs，GaAsP 等，四元系化合物有 $A_x^{Ⅲ}B_{1-x}^{Ⅲ}C_y^{Ⅴ}D_{1-y}^{Ⅴ}$，$A_x^{Ⅲ}B_y^{Ⅲ}C_{1-x-y}^{Ⅲ}D^{Ⅴ}$，$A^{Ⅲ}B_x^{Ⅴ}C_y^{Ⅴ}D_{1-x-y}^{Ⅴ}$ 三類，如 GaInAsP，AlGaInP，InPAsSb 等，圖 20-45 表示從二元系形成三元系和四元系化合物的可能途徑。圖中左側標出了 15 種二元系化合物，還用連線和數字標出了 15 種三元系和四元系化合物。圖 20-46 表示Ⅲ～Ⅴ化合物半導體的帶隙 E_g 和發射波 λ 及其晶格常數之間的關係。圖中不但標出部分二元系化合物，還示出各種連續可變的組分和帶隙。這些Ⅲ～Ⅴ化合物及其固溶體的帶隙構成了一個可供選擇的連續譜，為發光材料和器件的設計提供了寬廣的可能性。在圖 20-46，窄帶隙 InSb（0.2 eV）是重要的紅外材料；帶隙較寬的 GaP（2.26 eV）是重要的可見光發光材料，居中的 GaAs（1.43 eV）和 InP（1.35 eV）則是近紅外半導體雷射器最重要材料。藉由調節組分，如利用其三元系或四元系固溶體可將其能隙擴展至可見光區，如 AlGaAs（1.9 eV），GaAsP（1.99 eV），GaInP（2.18 eV）和 AlInP（2.33 eV）等，這就是所謂「帶隙工程」。此外超晶格結構的引入也可對能帶結構起一定調節作用。

紅、綠、藍發光器件（LED 和 LD）具有體積小、耗電少、壽命長及可靠性高等特點，應用廣泛，市場容量巨大。發光管（LED）經過 20 多年的發展，在紅色（AlGaAs，AlGaInP）和黃綠色（GaP）方面已相當成熟，發光效率不斷提高（圖 20-47）。由於 E_g 的限制，圖 20-46 中的Ⅲ～Ⅴ化合物半導體不可能做成全部可見光波段的發光器件（可見光對應的 E_g 為 1.6～3.18 eV），特別是藍光器件。目前發光材料主要研究方向是向藍紫光擴展。只要藍光 LED 和 LD 實現了產業化，則紅綠藍全色顯示就可以實現，以高效、節能、長壽命的固體發光器件照明技術取代傳統的白熾燈也成為可能，藍光在高密度儲存、診斷醫療方面也有重要應用，總之，藍光已經成為當前光電子技術的熱點。

2. 寬禁帶半導體藍光材料

要獲得藍光就要求光躍遷是在較寬的能階間發生，因此要從化合物半導體中選取寬

禁帶的材料。直到 1990 年以後，這方面的努力才取得了突破，先後找到了 ZnSe（$E_g = 27\,eV$）和 GaN（$E_g = 3.4\,eV$）這兩種最有希望的藍光材料。ZnSe 和 GaN 在產生藍光方面所遇到的共同問題是難以獲得 P 型材料，以及缺陷和襯底問題。當然它們都還有各自獨特的問題。

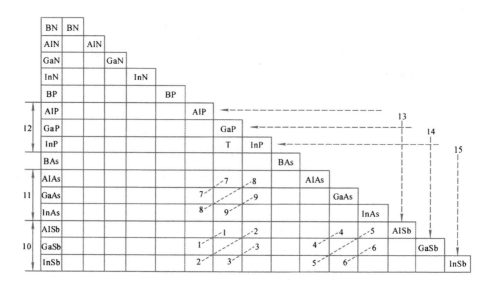

圖 20-45　Ⅲ～Ⅴ化合物半導體材料

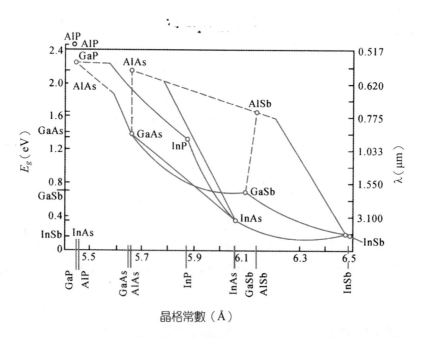

圖 20-46　Ⅲ～Ⅴ化合物半導體的晶格常數、帶隙和發射波長

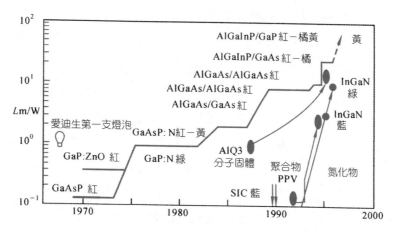

圖 20-47　以發光效率為標誌的 LED 發展

　　ZnSe 是 II～VI 化合物半導體，它和其它 8 種二元系 II～VI 化合物的晶格常數和帶隙如圖 20-48 所示，為便於比較，圖中還標出了部分 III～V 化合物和元素半導體。由圖可見，ZnSe 帶隙（27 eV）處於藍綠波段，其晶格常數和 GaAs 十分接近，因此通常選擇 GaAs 作為襯底生長 ZnSe ／ GaAs。與 III～V 化合物相似，ZnSe 同樣可以與其它 II～VI 族元素形成三元或四元系固溶體，如 CdZnSSe 和 MgZnSSe 等。運用帶隙工程也可方便地選擇和調整所需材料的晶格常數和帶隙。以 InP 為襯底的 ZnCdMgSe 四元系甚至可得到全部紅、綠、藍（R–G–B）的激射。

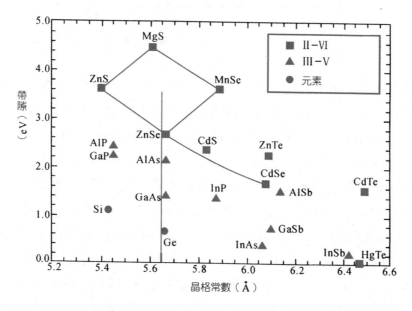

圖 20-48　II～VI 化合常數和帶隙

　　ZnSe 的主要問題是如何降低其缺陷密度以及針對空穴濃度低解決歐姆接觸問題。利用帶隙工程可改變禁帶寬度或帶邊位置，如引入 ZnSe－ZnCdMgSe 超晶格可以獲得更高的 P 型摻雜；ZnSe 中缺陷引起猝滅，對其藍光壽命影響很大。在降低缺陷的各種方法中，利用鈹的硫屬化物（也是 II～VI 化合物）作為 GaAs 襯底的緩衝層和形成 BeTe－ZnSe 超晶格來提高器件壽命頗有新意。其基本想法是：BeS，BeSe，BeTe 等 II～VI 化合物在其成鍵中具有較大的共價性，從而使材料對晶格缺陷形成變得不敏感。圖 20-49 表示二元系化合物半導體的鍵強和共價程度的關係，圖中處於一條直線上的是等電子的化合物，其共價性越好，鍵也越強。由圖可見，BeS，BeSe 和 BeTe 的鍵強顯著大於 CdTe 和 ZnSe，也高於 GaAs，因此 BeS 有利於降低 ZnSe 中的缺陷。

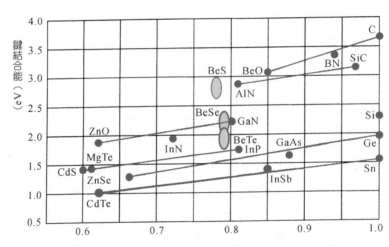

圖 20-49　化合物半導體鍵強度

　　GaN 是寬禁帶的 III～V 化合物，它和其它 III 族氮化物 InN、AlN 及其合金均為直接躍遷型半導體材料。以 GaN 為代表的 III 族氮化物可以形成帶隙由 InN 的 1.9 eV 到 GaN 的 3.4 eV，直到 AlN 的 6.2 eV 連續可變的三元（如 AlGaN，InGaN）或四元（AlGaIn-N）固溶體合金體系，其對應的發射波長覆蓋了從紅光到紫外光的範圍，透過對 III 族氮化物的研究和開發，也可使其發光波長擴展到全部可見光範圍（圖 20-50），並深入到紫外。作為優秀的藍光材料，GaN 開發比 ZnSe 晚，但後來居上，發展很快。由於 GaN 單晶製備十分困難，目前發現的適合於 GaN 外延的襯底材料有藍寶石（Al_2O_3），SiC，Si，GaAs，GaP，MgO，$LiAlO_2$，$LiGaO_2$ 等。藍寶石與 GaN 晶格失配達 13.5%，並非理想的襯底材料，但 GaN 藍光器件卻是以藍寶石為襯底取得突破的，GaN 中的缺陷比 ZnSe 要高出幾個數量級，可是量子效率卻很高，所以 GaN 中缺陷對發光的關係還需要深入研究。

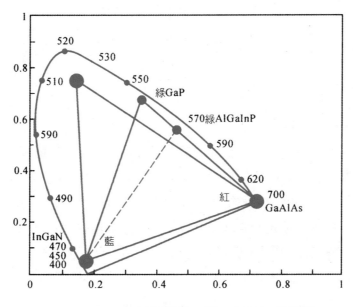

圖 20-50　不同材料的藍、綠、紅 LED 色度圖

　　GaN 用作寬禁帶藍光材料還有很大的發展餘地和潛力，提高其發光效率的研究仍在繼續。襯底材料對 GaN 發光性能的影響很大，從發展前景看，Sic 是藍寶石的有力競爭者。

20.4.3　新型雷射晶體的探索

　　雷射晶體全都是人工合成的晶體。自 1960 年雷射問世以來，探索新雷射晶體工作都是基於為各種啟動離子提供一個合適的晶格場，使它有可能產生所需的受激輻射，同時還要符合對基質晶體的許多基本要求。為此，需要進行大量的材料篩選和光譜試驗工作。自世界上第一台紅寶石固體雷射器問世以來，合成出的雷射晶體已達二百多種。

1. 啟動離子和基質晶體

　　探索新的雷射晶體，首先必須考慮啟動離子和基質晶體。

　　(1)啟動離子　已有的啟動離子主要是稀土和過渡金屬啟動離子。

　　三價稀土啟動離子（表 20-4）的特點是：

表 20-4　三價稀土啓動離子

離　　子	Pr^{3+}	Nd^{3+}	Sm^{3+}	Eu^{3+}	Dy^{3+}	Ho^{3+}	Er^{3+}	Tm^{3+}	Yb^{3+}
4f 殼層電子數	2	3	5	6	9	10	11	12	13
離子半徑（Å）	1.14	1.12	1.09	1.07	1.03	1.02	1.00	0.99	0.98

由於 5s 和 5p 外層電子對 4f 層電子的良好遮罩作用，使之在不同介質中的稀土離子光譜與自由電子光譜較為近似；由於它們的發光譜線數目較多，使能量分散，有用螢光分支比較小；一般觀察到的銳線對應於這一殼層中的 4f–4f 禁戒躍遷（由於配位場微擾而允許），它對外界光泵的能量吸收很弱。在使用這類啟動離子時，摻入濃度要高，以增加對光泵的吸收，但由於螢光的濃度猝滅效應，致使摻雜濃度不能過高。同時由於吸收光譜很窄，故要求選用光譜匹配良好的光源。在三價稀土啟動離子中，Nd^{3+} 使用最普遍，已在 100 多種不同的晶體和玻璃中產生雷射，是固體雷射器中最重要的啟動離子。近年來為擴展新波段，也開始使用其它稀土離子如 Er^{3+}，Ho^{3+}，Tm^{3+} 等。

現有三價離子的雷射器都是四能階機構，大部摻三價稀土離子的晶體雷射器是脈衝式，也有不少是連續的。

二價稀土離子（如 Sm^{2+}，Dy^{2+}，Er^{2+}，Tm^{2+} 等）不大穩定，易變價或產生色心，致使雷射輸出特性變差。

已實現雷射振盪的過渡金屬啟動離子列於表 20-5 中。在這類金屬離子中，3d 殼層的電子由於沒有外層電子的遮罩，受基質晶格場和外界場（溫度等）影響很大，所以它們在不同介質中的特性有顯著的差別。如 Cr^{3+} 在 Al_2O_3 基質中，其螢光壽命為 $\sim 10^{-3}$ s，而在 $LaAlO_3$ 基質中卻為 $10^{-1} \sim 10^{-2}$ s。

表 20-5　過渡金屬啓動離子

離　　子	Ti^{3+}	V^{2+}	Cr^{3+}	Co^{2+}	Ni^{3+}	Cu^{+}
3d 殼層電子數	1	3	3	7	8	10
離子半徑（Å）	0.67	0.79	0.62	0.65	0.69	0.96

(2)基質晶體　基質晶體大致可分為以下三類。

(i)氟化物晶體：簡單氟化物基質晶體有 CaF_2，BaF_2，SrF_2，LaF_3，CeF_3，MgF_2 等，複合氟化物基質晶體有 $KMgF_3$，$KMnF_2$ 和 $LiYF_4$（YLF）等，其中以 Nd^{3+}：$LiYF_4$ 雷射晶體較為重要，該晶體螢光譜線寬，螢光壽命長，熱效應小，適於在單模、高穩定態工作，是超短脈衝雷射器的優選品種，也有望成為雷射二極體泵浦的大功率雷射器候選

品種之一。

氟化物類晶體熔點較低，一般都易於生長單晶，但這類晶體的大多數要在低溫下才有雷射輸出，故實用較少。

(ii) 氧化物晶體：這類基質晶體通常熔點高，硬度大，物理化學性能穩定，摻入三價啟動離子時不需要電荷補償，能在室溫下實現雷射振盪，因此是使用最早、數量最多、應用最廣的一類基質晶體。但生長優質單晶比較困難。簡單氧化物有 Al_2O_3，Y_2O_3，La_2O_3，Gd_2O_3，Er_2O_3 等晶體；複合氧化物有 $Y_3Al_5O_{12}$（YAG），$Gd_3Al_5O_{12}$（GAG），$Ho_3Al_5O_{12}$（HAG），$Er_3Al_5O_{12}$（EAG），$Lu_3Al_5O_{12}$（LAG），$Y_3Ga_5O_{12}$（YGG），$Gd_3Ga_5O_{12}$（GGG），$Lu_3Gd_5O_{12}$（LGG），$Gd_3Sc_2Ga_3O_{12}$（GSGG），$Y_3Sc_2Gd_3O_{12}$（YSGG），$YAlO_3$（YAP），$LaAlO_3$，$GdAlO_3$，$GdScO_3$，$YScO_3$ 等晶體。上述氧化物晶體中最有實用價值的是紅寶石（Cr^{3+}：Al_2O_3）和摻釹釔鋁石榴石（Nd：YAG）。前者是第一個獲得雷射的晶體；後者是雷射晶體中應用最廣的晶體，常用作連續雷射器和高重複頻率雷射器的工作物質，需要量也最大，已實現產業化。

(iii) 含氧酸化合物晶體：在這類晶體中，除了白鎢礦型的 $CaWO_4$，$SrWO_4$，$CaMoO_4$，$SrMoO_4$，$PbMoO_4$，$Na_{0.5}Gd_{0.5}WO_4$ 晶體外，還有 $LiNbO_3$，$Ca(NbO_3)_2$，$LaNbO_4$，YVO_3，$Ca(VO_4)_2$，$Ca_5(PO_4)_3F$（FAP），$Ca_5(VO_4)_3F$（VAP），$Sr_5(VO_4)_3F$（SVAP）等晶體。其中 Nd^{3+}：$LiNbO_3$ 是一種自倍頻雷射晶體；Nd^{3+}：YVO_4 具有較寬的吸收線寬，發射截面大，泵浦閾值低，特別適合用半導體雷射器泵浦，是小型雷射器的優選品種；Nd^{3+}：FAP 是 20 世紀 60 年代就已出現的雷射晶體，但由於熱性能和光學質量差，難以適應閃光燈泵浦而被放棄。隨著半導體雷射器的發展，Nd^{3+}：FAP 晶體以其發射截面大，泵浦波長上吸收強再次受到重視。Nd^{3+}：SVAP 是 Nd^{3+}：FAP 經離子置換發展出來的一種新晶體，它保留了 Nd^{3+}：FAP 晶體增益截面大，泵浦閾值低等優點外，機械性能也有較大改進。

研究啟動離子和基質晶體的相互影響是獲得優良雷射晶體的關鍵。啟動離子的摻入使基質晶體成為雷射晶體，晶體的發光光譜是晶體雷射性質的基礎；啟動離子受基質晶格場作用，其能階可發生如下變化：①分裂和加寬；②位置移動；③解除某些能階間的禁戒躍遷。具體例子可見一些典型雷射晶體的能階圖。

2.雷射器對雷射晶體的要求

探索新的雷射晶體，還必須考慮雷射器對雷射工作物質的要求，即應用對雷射晶體的要求。

(1)良好的螢光和雷射性能　光泵閾值能量和振盪能量的運算式如下：

$$E_p^0 = 4\pi n^2 \left(\sigma + \ln\frac{1}{R}\right) \hbar v_p \frac{\Delta v_l \tau}{\eta_F \lambda^2 k_p \Delta v_p} \tag{20-43}$$

$$E = \frac{1-R}{\left(\sigma + \ln\frac{1}{R}\right)} \frac{\lambda_p}{\lambda} \eta_1 k_p \Delta v_p \left(E_p - E_p^0\right) \tag{20-44}$$

式中 E_p^0 為光泵閾值能量（J）；E_p 為光泵輻射能量（J）；E 為雷射輸出能量（J）；λ_p、λ 分別為激發帶的中心波長和雷射波長；Δv_p、Δv_l 分別是激發帶和螢光帶的寬度；k_p 為雷射材料對 λ_p 的吸收係數；τ 為螢光壽命；η_F 為螢光量子效率（%）；η_1 為雷射能量轉移到工作能階（亞穩態）的轉換效率（%）；σ 是光在工作物質中來回一次的損耗；R 為輸出腔片的反射率（%）。為了獲得較小的閾值和盡可能大的雷射輸出能量，要求材料在光泵輻射區應具有較強的有效吸收，而在雷射發射波段上應無光吸收，要有強的螢光輻射，高的量子效率，適當的螢光壽命和受雷射發射截面等。具體要求為：

①據式（20-43）若材料的螢光線寬（Δv_l）窄，則光泵閾值（E_p^0）小，這對連續器件有利；但對大功率、大能量輸出的器件反而希望 Δv_l 要寬，以便減少自振，增加儲能。

②對螢光壽命 τ 的要求較複雜，由式（20-43）可見較小的 τ 可以使光泵閾值降低，可是卻限制了振盪能量的提高，所以不同工作狀態的雷射器，對 τ 的要求也就不同。如對一個光泵水準較低（接近閾值）的雷射器，我們希望 τ 值小一些，以便獲得較低的光泵閾值能量和較大的振盪輸出能量；但對於一個光泵水準很高（比閾值高許多）的雷射器，則要求 τ 大一些，以利於獲得較多的粒子數反轉，從而取得較大的振盪能量。

③要求盡量大的螢光量子效率（η），多而寬的雷射吸收帶 Δv_p 和高吸收係數 k_p。要使吸收光譜帶與光源的輻射譜帶盡可能重疊，以充分利用泵浦光的能量。

④要求有大的能量轉換效率 $\left(\eta_1 = \dfrac{輻射光子數}{吸收光子數}\right)$，也要求雷射譜線的螢光分支比要大，使吸收的激發能量盡可能多地轉化為雷射能量。

⑤要求非輻射弛豫快（無輻射躍遷概率大），非輻射過程實質上是發射聲子的過程，基質聲子截止能量高，則發射聲子數少，無輻射躍遷的概率就大。

⑥要求基質的內部損耗 σ 小。首先要求基質在光泵光譜區內的透明度要高，其次要求在雷射發射的波段上無光吸收。目前使用光泵的輻射譜帶大部分位於可見區，近紫外及紅外區域，因此必須選擇在該區域透明的材料。過渡金屬元素化合物，在近紫外到紅外都有強的吸收而使基質的透明度下降。基質對雷射波段的吸收的主要影響因素也是雜質。Sm^{2+}，Dy^{3+}，Fe^{2+}，Cr^{2+} 在 $106\,\mu m$ 附近也有吸收，在 Nd^{3+}：YAG 中，Dy^{3+} 特別有害。

(2)優良的光學均勻性　晶體內的光學不均勻性不僅使光通過介質後波面變形和產生光程差，而且還會使其振盪閾值升高，雷射效率下降，光束發散度增加。晶體的靜態光

學均勻性要好，即要求內部很少有雜質顆粒、包裹物、氣泡、生長條紋和應力等缺陷，折射率不均勻性盡量小。晶體的動態的光學均勻性要好就要求該材料在雷射作用下，不因熱和電磁場強度的影響而破壞晶體的靜態光學均勻性。

雷射晶體還必須具有良好的熱光穩定性。雷射器在工作時，由於啟動離子的無輻射躍遷和基質吸收光泵的一部分光能而轉化為熱能，同時由於吸熱和冷卻條件不同，在雷射棒的徑向就會出現溫度梯度，從而導致晶體光學均勻性降低。

(3)良好的物理化學性能　即要求熱膨脹係數小，彈性模量大，導熱率高，化學價態和結構組分要穩定，還要有良好的光照穩定性等。

(4)容易製得大尺寸，光學均勻性良好的單晶，易於加工。

當然，要挑選符合以上所有要求的雷射晶體是困難的，只能按照雷射器件的實際運轉要求，選擇與主要條件相符的晶體材料。此外，在探索新雷射晶體時，應多與晶體結構聯繫起來考慮。

3.探索新型雷射晶體的若干方向

(1)離子置換　在探索雷射晶體的初期，人們把注意力集中在離子置換上，通常是以某一物化性能較好的基質晶體的結構類型為基礎，對晶體本身或啟動離子進行離子置換，從而產生一系列的雷射晶體，如石榴石型中的 Nd^{3+}：$Y_3Al_5O_{12}$，Nd^{3+}：$Gd_3Ga_5O_{12}$，Ho^{3+}：$Y_3Al_5O_{12}$ 等；剛玉型中的 Cr^{3+}：Al_2O_3 和 Ti^{3+}：Al_2O_3 等；螢石型中的 Sm^{2+}：GaF_2，Sm^{2+}：BaF_2，Tm^{2+}：CaF_2 等；磷灰石型中的 Nd^{3+}：$Ca_5（PO_4）_3F$ 和 Nd^{3+}：$Sr_5（PO_4）_3F$ 等。置換的原則是：置換陽離子之間、陽離子與啟動離子的半徑（見表 20-4，20-5），電負度要接近，價態也盡可能相同。早期一大批雷射晶體都是在這些原則指導下找到的。

(2)敏化和雙摻　根據雷射器對雷射晶體的要求，不斷改進雷射晶體的性能也是探索新型雷射晶體的重要內容之一。敏化就要透過敏化劑更多地吸收泵浦光的能量並將其轉移給活性離子，從而提高光泵效率。

以 Nd^{3+} 為代表的稀土離子具有四能階結構，是很好的啟動中心，但由於外層電子屏蔽，大多數基質的晶場對它的作用甚弱，因而儘管有尖銳的螢光譜，能獲得較長壽命和大的發射截面，但無法產生寬的吸收帶。過渡金屬 3d 電子很容易受基質晶場作用形成寬而有效的吸收帶，但其終態能階受熱激發影響大，室溫時效率較低。基於上述原因，將合適的 3d 過渡金屬離子與 Nd^{3+} 同時摻入基質晶體，作為泵浦的敏化離子，能起到取長補短的作用（圖 20-51）。Nd^{3+} 和 Cr^{3+} 雙摻的雷射晶體明顯提高雷射效率，成為一種重要的雷射器。但雙摻的基質要仔細選擇，以便能摻入多種離子而不致引起晶體光學質量的變壞。若從離子半徑和電價考慮，基質中的 Al 和 Ga 成分比較適宜於 Cr^{3+} 的

摻入，因此石榴石是首選的雙摻基質，如 Cr：Nd：YAG，Cr：Tm：Ho：YAG，Cr：Nd：GGG，Cr：Nd：YSGG，Cr：Nd：GSGG 等。

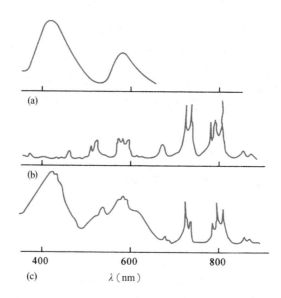

圖 20-51　Nd，Cr：YAG 晶體中 Nd^{3+}離子$^4F_{3/2}-^4I_{12/2}$螢光的激發光譜

(a)摻 1%Cr^{3+}的 YAG 晶體的吸收光譜

(b)摻 1%Nd^{3+}的 YAG 晶體螢光的激發光譜

(c)摻 1.3%Nd^{3+}和 1%Cr^{3+}的 YAG 晶體螢光的激發光譜

　　敏化離子可將吸收的泵浦光能量藉由不同方式轉移給啟動離子。能量轉移可透過輻射的方式，即敏化離子發出螢光並為啟動離子所吸收；也可透過無輻射的方式，即敏化離子與活性離子具有一對大致相等的能階，實現共振能量轉移。常用敏化離子除 Cr^{3+}外，還有其它離子，表 20-6 列出了光泵稀土雷射器的一些敏化離子。

　　(3)自啟動和自倍頻雷射晶體　增加雷射晶體中啟動離子濃度，可有效地增加對泵浦光的吸收，從而提高晶體的貯能能力和效率。但在通常的摻稀土啟動離子的雷射晶體中，過高的濃度會引起上能階的濃度猝滅，一般 3%原子的摻入，濃度猝滅就很嚴重，從晶體結構考慮啟動離子周圍最好有遮罩離子，為此希望啟動離子能作為晶體組成之一，形成化學計量比化合物，而不是作為摻入離子。1973 年發現了 NdP$_5$O$_{14}$（NPP）自啟動晶體，在這種晶體中釹離子是基質的一種組分，含釹量比 1%原子 Nd^{3+}的 YAG 晶體高 30 倍，釹離子的螢光壽命仍達 120μs。由於濃度高，很薄的晶體就能得到足夠大的增益，為了改善光泵條件，加入適當離子形成混晶來適當降低啟動離子濃度是有益的，此後在 NPP 基礎上發展了一批自啟動雷射晶體，如 Nd$_x$La$_{1-x}$P$_5$O$_{14}$（NLPP），LiNd$_x$La$_{1-x}$P$_4$O$_{12}$（LNP），NdAl$_3$（BO$_3$）$_4$（NAB），Nd$_x$Y$_{1-x}$Al$_3$（BO$_3$）$_4$（NYAB），Nd$_x$Gd$_{1-x}$

表 20-6　光泵稀土雷射器敏化離子

啟動離子	雷 射 躍 遷	敏 化 離 子
Nd^{3+}	$^4F_{3/2} \rightarrow {}^4I_{11/2}$	Ce^{3+}，Cr^{3+}，Mn^{2+}，UO_2^{2+}
Tb^{3+}	$^5D_4 \rightarrow {}^7F_5$	Gd^{3+}
Dy^{3+}	$^6H_{13/2} \rightarrow {}^6H_{15/2}$	Er^{3+}
Ho^{3+}	$^5I_7 \rightarrow {}^5I_8$	Er^{3+}，Tm^{3+}，Yb^{3+}，Cr^{3+}，Fe^{3+}，Ni^{2+}
	$^5S_2 \rightarrow {}^5S_8$	Yb^{3+}
Er^{3+}	$^4I_{13/2} \rightarrow {}^4I_{15/2}$	Yb^{3+}，Cr^{3+}，Nd^{3+}
	$^4F_{9/2} \rightarrow {}^4F_{15/2}$	Yb^{3+}
Tm^{3+}	$^3H_4 \rightarrow {}^3H_6$	Er^{3+}，Yb^{3+}，Cr^{3+}
	$^3F_4 \rightarrow {}^3H_5$	Cr^{3+}
Yb^{3+}	$^2F_{5/2} \rightarrow {}^2F_{7/2}$	Nd^{3+}

$Al_3（BO_3）_4$（NGAB）等。在這類晶體中釹離子濃度高達 $10^{21}cm^{-3}$，但螢光壽命並未因此明顯下降，所以是高效小型雷射器的合適材料。這類晶體的缺點是光學均勻性達不到要求，影響了其實用化。

　　在自啟動晶體中，尋找沒有對稱中心的晶體是探索具有複合功能的自倍頻晶體的重要途徑。自啟動晶體特別是混晶，由於組分多往往降低晶體的對稱性，可能使基質晶體具有非中心對稱，從而獲得倍頻、電光等性能，由此產生了雷射－倍頻複合的自倍頻雷射晶體，如 NYAB、NGAB 等。探索自倍頻晶體的另一條途徑是在適當非線性光學晶體中摻入啟動離子，如 Nd^{3+}：$LiNbO_3$，Nd^{3+}：$YCa_4O（BO_3）_3$（YCOB），Nd^{3+}：$GdCa_4O（BO_3）_3$（GdCOB）等。

　　(4)可調諧雷射晶體　有實用價值的可調諧雷射晶體，必須具有適於產生寬帶雷射的光譜特性。過渡金屬啟動離子的 3d 離子處在最外層，周圍晶格場和溫度等外界場對其影響很大，在中場和弱場晶體中，d–d 發光躍遷終止在電子的一個振動能階（電子－聲子能階）上，這樣發光光譜的寬度與晶格振動能量分佈的寬度有關，因此利用終端聲子的溫度效應，可增加螢光線寬，從而實現可調諧雷射運轉。稱為終端聲子可調諧雷射晶體。處於晶體中的過渡金屬離子大都存在寬帶輻射機制，但已實現寬帶雷射的離子只有 Cr^{3+}，Ti^{3+}，V^{2+}，Co^{2+}，Ni^{2+} 和 Cr^{4+} 等少數幾種。稀土離子產生的寬帶雷射與過渡金屬離子不同，主要靠Stark 譜線交疊，它的雷射波段主要取決於晶體中該元素離子的Stark能階躍遷，其中心波長接近自由離子躍遷波長。目前 Tm^{3+} 已實現了寬帶雷射。不同價態的過渡金屬離子和稀土離子有數十種，可以作為基質的晶體也有數十種，兩者互相組合，存在上萬種可調諧雷射晶體的可能性，探索新晶體雖有難度，但成功的機會還是很多的。

　　尋找新的可調諧雷射晶體的工作可歸於為上述啟動離子提供一個合適的晶格場。晶體內過渡金屬離子的光譜特性主要由離子的價態、基質格位多面體類型（八面體、四面體等）和晶場強度決定。晶場強度受到基質成分和結構的強烈影響，如氟化物和氧化物差別就相當大。目前氧化物和氟化物可調諧雷射晶體在平行發展。過渡金屬啟動離子的晶體格位已不限於八面體位，也實現了四面體位離子的寬帶雷射。

　　迄今研究最多的是摻 Cr^{3+} 晶體，1978 年發現了室溫工作的、性能優良的金綠寶石（Cr^{3+}：$BeAl_2O_4$，710～820 nm），帶來了探索終端聲子雷射晶體的高潮，特別是終端聲子晶體物理的研究為探索這類雷射晶體指明了方向，根據八面體配位場中 Cr^{3+} 離子的能階圖研究的晶場參數和螢光光譜的關係，將摻 Cr^{3+} 晶體分為強場、中場和弱場三類，根據這種分類，已找到十多種摻 Cr^{3+} 離子的可調諧雷射晶體。Cr^{3+} 的發射光譜受晶格影響變化很大。在強晶場中，只產生銳線單色雷射，如紅寶石（Cr^{3+}：Al_2O_3，694.3 nm）；而在弱晶場中則可能產生寬帶可調諧雷射，如 Cr^{3+}：$KZnF_3$（758～875 nm）。近幾年來，又找到了適合於Cr^{3+}的優質氟化物；Cr^{3+}：$LiCaAlF_6$（720～840 nm）和Cr^{3+}：$LiSrAlF_6$（760～1070 nm），堪稱目前最好的Cr^{3+}可調諧雷射晶體。四價鉻離子（Cr^{4+}）以往研究很少，目前已有兩種晶體實現了近紅外可調諧雷射，即 Cr^{4+}：$MgSiO_4$（1167～1345 nm）和 Cr^{4+}：YAG（1350～1450 nm）。

　　研究摻 Ti^{3+}晶體的突出成果是發現鈦寶石（Ti^{3+}：Al_2O_3，660～1200 nm），鈦寶石具有調諧範圍寬及其它優點，已實現多種光源泵浦，多種方式運轉，做成了多種形式的實用雷射器並迅速實現了商品化。Ti^{3+} 的突出優點是只有一個 3d 電子，沒有激發態吸收，但鈦寶石易變價，晶體中存在 Ti^{4+}或 Ti^{3+}–Ti^{4+} 離子對，會造成雷射波段吸收，成為提高晶體品質的障礙。此外，Ti^{3+} 在Al_2O_3基質中，由於離子半徑失配達 26%，並不很匹配，希望能從八面體格位的 Ga^{3+}，V^{3+}，Mo^{3+}，Ta^{3+} 等基質中尋找更適於 Ti^{3+} 的新晶體。在摻Co^{2+}，Ni^{2+}，V^{2+}等離子的晶體中，有若干種可以產生可調諧雷射。其中Co^{2+}：MgF_2（1.5～2.5μm）已成為實用的重要晶體。摻稀土離子的可調諧雷射晶體還比較少，已實現 Tm^{3+}：YAG（1.87～2.16μm）和 Tm^{3+}：YSGG（1.85～2.14μm）相當寬的可調諧雷射。摻Ce^3的晶體也引人注意，希望從中實現難得的紅光以下至紫外短波長可調諧雷射。

　　⑸探索新型雷射晶體的程式　總結長期實踐的結果，探索新型雷射晶體的工作大體可按以下程式進行（圖 20-52）：

　　①根據所需雷射波段和雷射應用的要求，確定摻雜離子並提出基質材料化合物的候選者。透過粉末合成、燒結反應和對樣品螢光測試實驗進行篩選，從中淘汰掉螢光性能差的樣品。將螢光性能好的樣品進行差熱分析和相圖研究。

　　②根據相圖，確定晶體生長方案，進行晶體生長，力求生長出光學品質高又有一定

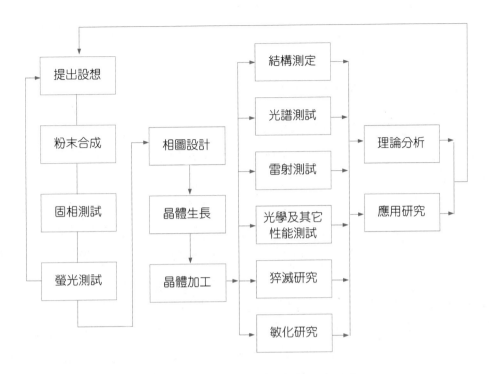

圖 20-52　探索新型雷射晶體程序圖

尺寸的晶體；

　　③對長出的晶體進行加工，光譜測試、結構測定，各種性能的測試以及淬滅和敏化研究等；

　　④對實驗結果進行必要的理論分析，根據雷射振盪情況和該晶體的物化性能，對新雷射晶體進行評估，為應用和進一步探索性能更好的雷射晶體材料提供依據。

20.4.4　無機非線性光學晶體的分子工程學

　　利用雷射與晶體的非線性相互作用進行光的頻率轉換，擴展雷射有限的光譜範圍，是非線性光學晶體最重要和成熟的應用。自從 1960 年雷射問世以來，探索各種新的非線性光學晶體一直是一個熱門的課題。在 20 世紀 80 年代初期以前的一段時間內，人們用傳統的試錯法，曾對上千種化合物進行過液態和固態粉末倍頻效應的測量，但真正實用化的非線性光學晶體僅有 $LiNbO_3$，$KNbO_3$，KTP，KDP 等少數幾種。中國的晶體材料工作者基於對結構和性能關係的深入研究來探索新的非線性光學晶體。他們把實驗探索和對基團的理論計算、分子設計密切結合起來，取得了矚目的成就，推出了一批諸如 BBO、LBO、LAP 等有國際影響的新晶體，使中國的人工晶體特別是無機非線性光學

晶體，在國際上佔有一席之地。本節將結合中國的實際著重介紹探索新型無機非線性光學晶體的分子工程學。

1.雷射技術對非線性光學晶體的基本要求

雷射技術的發展使得非線性光學晶體大量湧現。目前已研究過的具有非線性光學性質的晶體就有數百種之多，但得到實際應用的晶體卻屈指可數，這主要是應用對優秀的非線光學晶體有一系列全面而嚴格的要求：

(1)大的非線性光學係數（d_{in}） 它是衡量晶體非線性光學效應大小的主要參數，目前一般以KDP晶體的d_{36}係數作為非線性光學係數測量的相對標準。對於在不同波段使用的非線性光學晶體，對其d係數大小要求是不一樣的：在深紫外區（$\lambda < 200nm$），當$d_{in} \geq d_{36}$（KDP）時，就可以認為是一個具有大的非線性光學效應的晶體；在$200 \sim 350nm$ 範圍內，要求$d_{in} = （3 \sim 5）d_{36}$（KDP）；在可見光區域，一般要求$d_{in} > 10 d_{36}$（KDP）；至於在 $1 \sim 10 \mu m$ 的紅外區，則要求$d_{in} \geq （30 \sim 50）d_{36}$（KDP）時，才算是一個優秀的非線性光學晶體。在實用上常把晶體在位相匹配方向上的d係數稱為有效非線性光學係數（d_{eff}），通常還把d_{eff}^2 / n^3定義為晶體的非線性優值，優值越高，頻率轉換能力越強。優值還與波長有關，因此優值有時也表達為$d_{eff}^2 / n^3 \lambda$，λ為轉換後的波長。

(2)適宜的雙折射率（Δn） 在非線性光學晶體的各種應用中，晶體的雙折射率是一個很重要的參量，它的大小直接決定晶體的使用性能和應用範圍。例如，在光參量振盪和光參量放大器中，為了得到寬的可調諧範圍，要求晶體具有較大的雙折射率（$\Delta n \approx 0.1$）。但對某些特定的頻率轉換（例如從 $1.06 \rightarrow 0.53 \mu m$），在滿足位相匹配的前提下，則要求晶體的雙折射率越小越好。這是因為晶體的Δn值越小，晶體將具有越大的可允許角（acceptance angle）及越小的離散角（Walk-off angle），與此同時，該晶體還可能具有小的群速失配（group velocity mismatching），這些都對提高晶體諧波轉換效率有很重要的作用。

(3)相適應的透光範圍 非線性光學晶體在其應用波段的透光性要好，光吸收要盡可能小。對於紫外非線性光學晶體，一般要求其截止波長在 $150 \sim 160$ nm 附近；對於應用於紅外區的非線性光學晶體，要求其紅外截止波長能在 $11 \sim 12 \mu m$。

(4)高的光損傷閾值 隨著雷射技術的發展，雷射器的輸出能量已越來越高，由於諧波轉換效率與基波光的功率密度成正比，因此為了提高諧波轉換效率，也要求非線性光學晶體能承受高的光功率密度，所以晶體的光損傷閾值的大小已成為評價非線性光學晶體品質的重要判據。影響晶體光損傷閾值的因素很多，上面提到的光吸收係數大也會使

晶體的光損傷閾值大為降低。

(5)容易生長出大尺寸高品質的單晶　雷射技術的發展，特別是各種大能量、高功率、多波長雷射器的應用，對非線性光學晶體的尺寸和光學品質提出了越來越高的要求。如慣性約束核聚變（ICF）需要通光口徑達 400 mm 以上的電光晶體和倍頻晶體。如果一新材料其它性能都很理想，就是無法生長出高品質的大單晶，那就不可能有好的應用前景，也不能算是優秀的非線性光學材料。

(6)物化性能好，易加工。

以上六項要求也是一個理想優秀的非線性光學晶體所應具備的條件。尋找和選擇全面滿足上述要求的非線性光學晶體是困難的，但這是應用要求材料達到的目標，是材料發展的驅動力，也是我們進行分子設計，探索新的非線性光學晶體時，所需要考慮的基本點。

2. 無機非線性光學晶體結構和性能的關係

要進行非線性光學晶體的材料設計，首先必須搞清晶體產生非線性光學效應的本質及其與晶體結構的關係。

當一束頻率為 ω 的雷射入射到一個沒有對稱中心的晶體上時，此時晶體的感應極化（包括線性極化與非線性極化）可表示為：

$$P_i = \chi_{ij}^{(1)} E_j(\omega) + \chi_{ijk}^{(2)} E_j(\omega) E_k(\omega) + \chi_{ijkl}^{(3)} E_j(\omega) E_k(\omega) E_l(\omega) + \cdots \qquad (20\text{-}45)$$

式中，$\chi_{ijk}^{(2)}$，$\chi_{ijkl}^{(3)}\cdots$稱為晶體的非線性極化率。

本節所涉及的晶體的非線性光學效應主要是指和 $\chi_{ijk}^{(2)}$ 有關的非線性項的效應，如倍頻、和頻、差頻和光參量振盪等。$\chi_{ijk}^{(2)}$ 稱為二階非線性極化率或簡稱為倍頻係數，經常以簡化下標 χ_{in} 或 d_{in}（n＝1，2，…，6）表示。

晶體倍頻效應的本質是入射光與晶格中原子外層價電子相互作用的過程。在一級近似下，可以認為非線性光學效應是入射光與束縛於各個原子實周圍的價電子的相互微擾作用的過程，對此可以採用電子局域態的方法進行處理。那麼在晶體中電子局域化範圍應該多大才比較合理？在剖析結構的基礎上不難發現無機非線性光學晶體大都是含氧酸鹽，是由以共價鍵結合形成陰離子基團（負離子多面體）和陽離子在空間形成的有序的排列。例如鈣鈦礦和鎢青銅型晶體中（MO_6）$^{n-}$基團，磷酸鹽晶體中的（PO_4）$^{3-}$基團（圖 20-53），碘酸鹽晶體中（IO_3）$^-$基團等，也就是說，一般無機非線性光學晶體 AMO_x 的基本結構可以看成是由表示陰離子基團的負離子多面體（MO_x）$^{n-}$和陽離子 A 有序堆砌而成。陰離子基團即是無機非線性光學晶體中所考慮的電子局域化的範圍。基於上述

分析，中國學者在多年研究和實踐的基礎上，總結出了晶體非線性光學效應的離子-基團理論，並在發展過程中不斷改善。其基本內容可概括為：①晶體的巨觀倍頻係數是晶格中的基本結構單元，即陰離子基團（MO_x）$^{n-}$ 的微觀二階極化率的線性疊加，在一級近似下，與A位陽離子關係不大[1]；②基團的微觀二階極化率可以透過基團的局域化電子運動軌域（分子軌域），並應用二階微擾理論進行計算；同時還可估算晶體的雙折射率和吸收邊。下面是這些計算的框架：

(1)晶體巨觀倍頻係數的計算式為：

$$\chi_{ijk}^{(2)} = \frac{1}{V} \sum_p N_p \sum_{i'j'k'} \alpha_{ii'}(p)\ \alpha_{jj'}(p)\ \alpha_{kk'}(p)\ \cdot \chi_{i'j'k'}^{(2)}(p) \tag{20-46}$$

上式中，V為晶胞體積，p代表單胞中不等價基團的個數，而N_p則是單胞中第p類基團不等價基團的數目。$\alpha_{ii'}(p)$，$\alpha_{jj'}(p)$，$\alpha_{kk'}(p)$ 代表第p類基團在巨觀座標系中的方向餘弦，$\chi_{i'j'k'}^{(2)}$ 代表第p類基團的二階極化率。

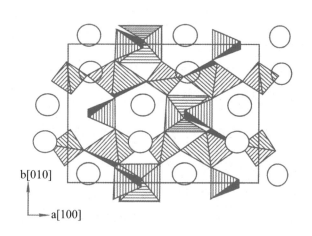

b[010]

a[100]

圖 20-53　KTP 的晶體結構

八面體代表（TiO_6），四面體代表（PO_4），圓圈代表 K^+

　　據此，編制了一套晶體倍頻係數的計算程式。該程式不但能方便地計算基團的二階極化率$\chi_{ijk}^{(2)}(p)$，同時在晶體的空間群已經測定的條件下，可迅速地計算出晶體的巨觀倍頻係數。

　　(2)晶體的雙折射率是指晶體折射率各向異性的大小，即晶體的折射率在不同座標方向上的差值。在無機非線性光學晶體中，由於 A 位陽離子與陰離子基團之間僅有微弱

---

[1] 對於離子半徑大，電荷分佈易於變形的陽離子對晶體非線性極化的貢獻往往不能忽略。

的相互作用，因而在一級近似下，A 位陽離子的波函數被認為是球形對稱的，其線性極化率的各向異性為零。這樣只要計算出陰離子基團線性極化率的各向異性大小，透過幾何疊加，就可以計算出晶體雙折射率的理論值。

　　非線性光學晶體線性極化率的各向異性主要來自陰離子基團的價電子軌域。在此假設下，可推導出非線性光學晶體雙折射率的計算式為：

$$\Delta n = n_i - n_j = 4\pi \cdot \frac{fc}{2\bar{n}} [\chi_{ii}^{(1)} - \chi_{jj}^{(1)}]$$

$$= 4\pi \cdot \frac{fc}{2\pi} \cdot n \sum_p N(p) \{ [A_i(p) \, r_{ii}(p) - A_j(p) \, r_{jj}(p) \,] +$$

$$[B_i(p) \, r_{ii}(p) - B_j(p) \, r_{jj}(p) \,] \}$$

$$(20\text{-}47)$$

上式中 $\bar{n} = (n_i + n_j) / 2$；$A_i(p)$ 代表價電子軌域對晶體雙折射率的貢獻；$B_i(p)$ 則代表高激發態對晶體雙折射率的貢獻。計算結果表明，晶體的雙折射率主要來自 $[A_i(p) \, r_{ii}(p) - A_j(p) \, r_{jj}(p)]$ 項的貢獻。這就是說一個非線性光學晶體雙折射率的大小主要決定於該晶體陰離子基團線性極化率各向異性因數 $[A_i(p) - A_j(p)]$（即基團價電子軌域的貢獻）和基團的方向餘弦 $r_{ii}(p)$ 和 $r_{jj}(p)$。因此，當我們從晶體雙折射率大小的角度出發來選擇陰離基團的組態時，就必須首先考慮基團 $[A_i(p) - A_j(p)]$ 因數的大小。表 20-7 列出了幾種常用陰離子基團 $[A_i(p) - A_j(p)]$ 因數的數值。

表 20-7　幾種典型的陰離子基團的線性極化率各向異性因數

陰離子基團	$[A_i(G) - A_j(G)]$ $(\times 10^{-24} \text{cm}^3)$
$(B_3O_6)^{3-}$	3.436
$(B_3O_7)^{5-}$	1.187
$(BO_3)^{3-}$	0.953
$(BO_4)^{5-}$	0.0001
$(IO_3)^-$	3.420
$(AsS_3)^{3-}$	5.960
$NO(NH_2)_2$	1.000

　　(3)晶體的透光範圍也可按基團理論進行估算。由於晶體的光譜行為主要由晶體的電子運動所決定，因此對晶體吸收邊的估算可以採用電子結構計算方法。從一級近似的觀點來看，多數非線性光學晶體的電子結構可分為陰離子基團的電子結構和陽離子電子結構兩部分。在一級近似下，由於馬得隆（Madelung）位能的存在，它一方面使陽離子能階上移，另一方面又使陰離子基團的能階下移。所以，在分別計算出這兩類體系的電

子結構並比較它們的絕對能量位置時，還必須知道馬得隆位能的數值。為了準確確定某化合物在短波區吸收區，除了必須精確估算出所研究晶格的馬得隆位能數值外；還必須找到一種能把馬得隆位能加到所計算基團能階中去的局域化軌域計算方法。實驗表明，$D_v - X_\alpha$ 能夠較為精確地計算出晶體光電子譜，可以估算晶體在短波方向的截止波長。

非線性光學晶體在紅外區的吸收特徵比較複雜，需要進行更詳細的研究。

綜上所述，根據離子基團理論，不但可以計算晶體的巨觀倍頻係數，而且還可以估算晶體的雙折射和吸收邊，也就是說可以大致預測一個優秀的非線性光學晶體所必須達到的六項標準中權重較大的前三項。根據部分計算值與實驗值的對照結果，兩者符合的程度是令人滿意的。這表明該理論可以作為探索新材料的無機非線性光學晶體分子工程學的基礎。

3. 無機非線性光學晶體的分子工程學及新型硼酸鹽非線性光學晶體的探索

(1) 探索新型非線性光學材料的工作流程　無機非線性光學晶體分子工程學的內容就是如何用基團理論來探索新的倍頻晶體。其第一步就是尋找具有大的二階非線性極化率的基團。如果基團屬於最普遍的（MO_6）八面體類型，則要求該基團的畸變越大越好。目前具有最大畸變的（MO_6）基團是 $KTiOPO_4$（KTP）晶體中的（TiO_6）基團（圖 20-54），因此儘管 KTP 晶體單位體積內有效的非線性光學基團（TiO_6）的密度僅是 $LiNbO_3$ 晶體的 48.7%，但它的倍頻係數仍然和 $LiNbO_3$ 晶體相當。

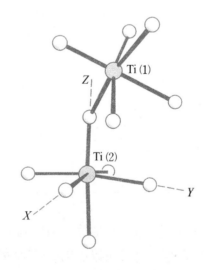

圖 20-54　KTP 晶體中的畸變（TiO_6）基團

　　基團具有大的二階極化率僅是探索具有大的巨觀二階極化率晶體的一個必要條件，但還不是充分條件。由式（20-46）可知，在探索具有大的巨觀倍頻係數的晶體時，還必須滿足以下兩個條件：

　　(i)在單位體積內能產生大的微觀二階極化率的有效非線性光學陰離子基團的數目要盡可能的多，也就是說要盡可能排除其它無用的基團。例如AB型半導體非線性光學晶體（GaAs 等）產生微觀二階極化率的結構單元是 A–B 鍵，這些鍵以四配位的方式互相聯結。這種四面體的基團組態並不利於產生大的倍頻係數，但由於這類晶體單位體積內能產生有效的二階極化率的A–B鍵數目要比其它氧化物型晶體的基團數目大幾倍以上，加上它們的帶隙很窄，從而使這類半導體材料具有很大的倍頻係數。

　　(ii)基團在空間的排列要有利於微觀二階極化率的疊加而不是互相抵消。儘管從理論上可以推導出各種不同對稱性的基團所應具備的最佳空間排列方式，但從實驗上還無法控制基團在空間的排列方式（即自組裝）。也就是說，在新型非線性光學材料探索中，可以設計出具有大的二階極化率的某種基團，但無法設計出一個晶格，因此，目前還必須求助於實驗測量的配合。在這方面，現有兩種有效的實驗測試方法——固態粉末倍頻效應的測量和電場感應下分子二階極化率 $\chi^2(M)$ 值的測量，為推進非線性光學晶體分子工程學起了重要的作用。

　　在雙折射率方面，儘管可以從基團的組態中估算出晶體雙折射率的大小，但由於還缺乏一種從粉末樣品中測出晶體雙折射率的大小的有效的實驗方法，因此在估算已知化合物的雙折射率大小方面，目前尚不能達到估算已知化合物倍頻效應的精度。

　　目前探索新型無機非線光學材料的工作主要還是採取實驗與理論、結構與性能密切結合的方式，按圖 20-55 所示的工作流程進行。隨著理論模型的改進，電腦運算能力的提高及測試設備的改進，這一工作流程將會越來越完善，逐步向分子工程學方向邁進。

　　(2)新型硼酸鹽無機非線性光學晶體系列的發現　按照圖 20-55 所示的工作流程，探索新型無機非線性光學晶體的工作，在硼酸鹽體系中取得了很大的成功，先後發現了偏硼酸鋇（β–BaB_2O_4，BBO）、三硼酸鋰（LiB_3O_5，LBO）、三硼酸銫（CsB_3O_5，CBO）、氟硼鈹酸鉀（KBe_2BO_3F，KBBF）和重硼酸鍶鈹（$Sr_2Be_2B_2O_7$，SBBO）等新的紫外倍頻晶體。

　　(i)硼酸鹽體系中幾類主要的陰離子基團及其性質　選擇硼酸鹽體系作為探索物件有以下優點：首先是根據探索紫外非線性光學晶體的目標，B–O 鍵由於原子電負度值相差很大，一般均能透過紫外，因而在硼酸鹽中，只要A位陽離子是鹼金屬或鹼土金屬，則其短波區的截止波長有可能短於 200 nm；其次是硼原子可以三配位（以△表示），也可以四配位（以 T 表示），因而品種繁多，可供選擇的結構類型極其廣泛；再者硼

　　酸鹽晶體的價帶與導帶之間的帶隙較大，從而使它們具有較高的光損傷閾值。下面將從基團的結構和性能關係出發，對硼酸鹽中基團的主要組態（圖 20-56）進行分類和比較。

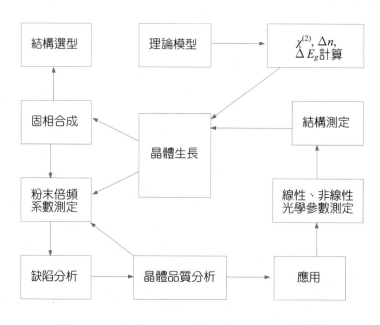

圖 20-55　探索非線性光學材料的工作流程圖

　　(a)平面三方對稱的 $(BO_3)^{3-}$ 基團（$\triangle_1$）：其組態如圖 20-56(a)所示，基團對稱性為 D_{3h}。代表性的非線性光學晶體為 $YAl_3(BO_3)_4$（YAB）和 $\alpha-LiCdBO_3$。$(BO_3)^{3-}$ 的二階極化率的數值見表 20-8。基團帶隙約為 173 nm（孤立）和 150 nm（非孤立）。由表 20-7 可見，$(BO_3)^{3-}$ 基團的微觀線性極化率各向異性數值較大。

　　(b)四配位的 $(BO_4)^{5-}$ 基團（T_1）：其組態如圖 20-56(b)所示，基團的對稱性為 T_d。與它類似另外兩種基團組態是 $[B(OH)_4]^-$ 與 $[BO_2(OH)_2]^{3-}$。代表性的硼酸鹽化合物為 $MgAlBO_4$，$Ca[B(OH)_4]_2$ 和 SrB_4O_7 等。由表 20-8 可見，$(BO_4)^{3-}$ 基團的二階極化率比平面（B−O）基團要小一個數量級左右。因此，從非線性光學效應角度分析，$(BO_4)^{3-}$ 基團並不理想。但其能隙高達 935×0.1 nm，因此 $(BO_4)^{3-}$ 基團對於硼酸鹽化合物吸收邊的紫移是有利的。從表 20-7 可見，$(BO_4)^{5-}$ 對於產生大的雙折射率卻很不利。

　　(c)平面六元環 $(B_3O_6)^{3-}$ 基團（$\triangle_3$）：其組態如圖 20-56(c)所示。$(B_3O_6)^{3-}$ 基團是由 3 個 (BO_3) 基團透過 3 個共用氧相互結合而成的類苯環結構，優秀的非線性光學晶體 BBO 是其代表。由表 20-8 可知，在所有的硼氧基團中，$(B_3O_6)^{3-}$ 具有最大的二階極化率，所以有利於產生大的巨觀倍頻係數。由於大多數 $(B_3O_6)^{3-}$ 基團都是孤立的，因此以該基團為基本結構單元的晶體在紫外區的截止波長只能達到 190nm 左右。

但具有較大的雙折射率（表 20-7）。

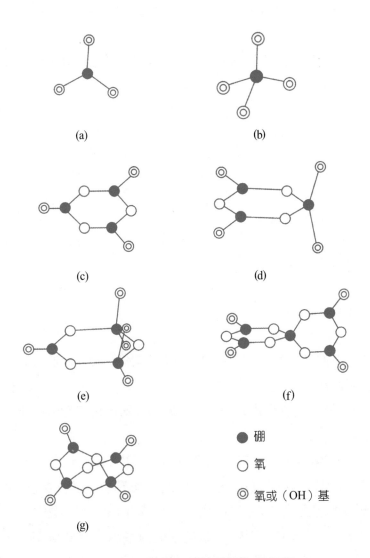

圖 20-56 硼酸鹽中基團的主要組態

(a)（BO_4）$^{3-}$；(b)（BO_4）$^{5-}$；(c)（B_3O_6）$^{3-}$；(d)（B_3O_7）$^{5-}$；(e)（B_3O_8）$^{7-}$；(f)含有 H 原子的（B_5O_{10}）$^{5-}$；(g)（B_4O_9）$^{6-}$

　　(d)非平面六元環（B_3O_7）$^{5-}$ 基團（$\triangle_2T_1$）：其組態如圖 20-56(d)所示。（B_3O_7）$^{5-}$ 基團可以看成是由（B_3O_6）$^{3-}$ 平面環中一個 B 原子由三配位變為四配位而形成，LBO 和 CBO 這兩種新的非線性光學晶體是其代表。在這兩種晶體中（B_3O_7）$^{5-}$ 不是孤立的。由表 20-8 可見，（B_3O_7）$^{5-}$ 具有大的二階極化率，因此將有利於產生大的巨觀倍頻係數。（B_3O_7）$^{5-}$ 基團帶隙可達 158 nm 左右，因此以該基團為結構基元如化合物在紫外區的截止波長可能達到 160 nm 左右。由表 20-7 可知，（B_3O_7）$^{5-}$ 基團線性極化率多向

異性因數的數值正好處於（B_3O_6）$^{3-}$ 平面基團與四配位（BO_4）$^{5-}$ 數值之間，但以該基團為結構基元的晶體，其雙折射率的大小與該基團在空間排列方式密切相關。

表 20-8　若干種典型的（B—O）基團的二階極化率

（單位：10^{-31}esu）

	$\chi_{111}^{(2)}$	$\chi_{122}^{(2)}$	$\chi_{123}^{(2)}$	$\chi_{222}^{(2)}$	$\chi_{223}^{(2)}$	$\chi_{123}^{(2)}$	$\chi_{133}^{(2)}$	$\chi_{333}^{(2)}$
（BO_3）$^{3-}$	0.641	−0.641					0.0	
（B_2O_5）$^{4-}$				0.3308	−1.0238			1.0441
（BO_4）$^{5-}$			−0.1578					
[$B(OH)_4$]$^-$			−0.2068			−0.1598		
（B_3O_6）$^{3-}$	1.5921	−1.5921						
（B_3O_7）$^{5-}$	−2.9308	0.8212					−0.6288	
（B_3O_8）$^{7-}$	0.2906	1.2628					0.4671	
[$B_5O_6(OH)_4$]$^-$			−1.1402			0.6178		0.6311
（B_4O_9）$^{6-}$	0.5540	−0.5633		0.8219			0.6918	−0.6555

(e)非平面的（B_3O_8）$^{7-}$ 基團（$\triangle_1T_2$）：其組態如圖 20-56(e)所示。（B_3O_8）$^{7-}$ 基團是由（B_3O_6）$^{3-}$ 平面環中的兩個三配位 B 原子被四配位（BO_4）所取代的結果。由表 20-8 可見，由於四配位的基團數增加，該基團的二階極化率數值已比（B_3O_7）$^{5-}$ 基團有所下降。

(f)雙六元環（B_5O_{10}）$^{5-}$ 基團（$\triangle_4T_1$）：圖 20-56(f) 示出了含有 H 原子的（B_5O_{10}）$^{5-}$ 基團，即[$B_5O_6(OH)_4$]$^-$ 基團的組態。該基團可以看成是兩個（B_3O_7）$^{5-}$ 基團共用一個四配位的基團（BO_4）$^{5-}$ 所構成，兩個（B_3O_7）$^{5-}$ 環幾乎互相正交。五硼酸鉀 $KB_5O_6(OH)_4 \cdot 2H_2O$（$KB_5$）即是以這種基團作為結構基元。由表 20-8 可見，雖然該基團的 $\chi_{123}^{(2)}$ 較大，但由於這種基團的體積很大，從而使單位體積內的基團 [$B_5O_6(OH)_4$]$^-$ 數目只有（B_3O_6）$^{3-}$ 基團平均數的 60%，所以該基團組態是不利於產生大的巨觀倍頻係數的。這也是 KB_5 晶體倍頻係數小的原因之一。

(g)雙六元環（B_4O_9）$^{6-}$ 基團（$\triangle_2T_2$）：該基團組態如圖 20-56(g)所示，這種基團的另一種形態是 [$B_4O_7(OH)_4$]$^{2-}$，它可以看成是由兩個（B_3O_8）基團共用兩個四配位（BO_4）基團而形成的「吊床式」結構。壓電晶體 $Li_2B_4O_7$ 就是以這種基團為結構基元構成的。由表 20-8 可知，（B_4O_9）$^{6-}$ 基團的二階極化率均比（B_3O_6）$^{3-}$、（B_3O_7）$^{5-}$ 基團要小一個數量級，而其體積又大，所以從探索新的非線性光學晶體材料的角度看，（B_4O_9）$^{6-}$ 和（B_4O_7）$^{2-}$ 基團不是很合適的物件。

(ii) 從 BBO 到 SBBO：BBO 是從硼酸鹽體系中發現的第一個優秀的非線性光學晶體，是能產生有效五倍頻（212 nm）的紫外非線性光學晶體。由於該晶體有較大的雙折射率，從而能實現從 204.8 nm 到 2.6 μm 範圍內的直接倍頻。BBO 晶體已廣泛用於光參量振盪器和各種諧波發生器。但 BBO 也有一些不足之處，如紫外截止波長只能達到 189 nm、Δn 偏大等。BBO 的這些優點和缺點都和其平面環狀結構（B_3O_6）$^{3-}$ 基團密切相關。如果採用（B_3O_7）$^{5-}$ 基團作為結構基元，則可破壞（B_3O_6）$^{3-}$ 基團的平面結構，而使紫外區截止波長達到 169nm 附近，同時仍保持較大的二階極化率，且有利於減小晶體的雙折射率（表 20-7）。另一個優秀的非線性光學晶體 LBO 就這樣在 BBO 的基礎上發現的。

LBO 晶體具有較大的倍頻係數和小的雙折射率，特別是能在室溫下實現較大範圍（2.6 μm～0.9 μm）的非臨界位相匹配以及具有較高的光損傷閾值，使得 LBO 在雷射技術領域得到了廣泛的應用。在使用過程中發現，LBO 不足之處是其雙折射率降得過低（Δn 僅為 0.045），使得 LBO 晶體的最短倍頻輸出波長只能達到 276 nm，因而該晶體能透過深紫外（160 nm）這一優點並沒有得到充分發揮。因此在繼續探索新的紫外非線性晶體時，在保持原有優點的基礎上，應設法提高其雙折射率。計算表明以（BO_3）$^{3-}$ 基團為結構基元的晶體的雙折射率比 BBO 小，但比 LBO 要大；另外（BO_3）$^{3-}$ 基團的二階極化率雖然比（B_3O_6）$^{3-}$ 和（B_3O_7）$^{5-}$ 基團小，但（BO_3）$^{3-}$ 基團在空間所占的體積又比（B_3O_6）$^{3-}$ 和（B_3O_7）$^{5-}$ 小一倍左右（表 20-9）。因此只要（BO_3）$^{3-}$ 基團在空間排列一致，該化合物仍可具有較大的巨觀倍頻效應。因此選擇以（BO_3）$^{3-}$ 為結構基元的化合物是可以考慮的，一個重要之點就是（BO_3）$^{3-}$ 基團不應是孤立的，也就是其 3 個終端氧必須和其它原子（例如 B，Be 等）相連，這樣其截止波長就有可能達到 160 nm 左右。在這一思想指導下，又發現了另一個新的紫外非線性光學晶體 KBBF。

表 20-9　幾個典型的硼酸鹽化合物中單位體積內有效陰離子基團的個數

〔個／（×0.1 nm）^{3}〕

基　團 晶　體	（B_3O_6）$^{3-}$	（B_3O_7）$^{5-}$	（BO_3）$^{3-}$
BBO	0.694×10^{-2}		
LBO		0.624×10^{-2}	
CBO		0.412×10^{-2}	
KBBF			0.943×10^{-2}
SBBO			1.39×10^{-2}

　　測試表明，KBBF 晶體的吸收邊、雙折射率和倍頻係數均已達到了預期的設計要求，它的位相匹配範圍可擴展到 185 nm，獲得了目前最短波長的倍頻光輸出。但該晶體為層狀結構（$Be_2BO_3F_3$）$_\infty$，其層狀習性給晶體生長和後加工帶來極大的困難。另外，對 KBBF 的巨觀倍頻係數的貢獻主要來自（BO_3）$^{3-}$ 基團，而不是（BeO_3F）基團。為了改善 KBBF 的層狀習性，提出了用 O 原子取代 F 原子的設想，由此導致了 SBBO 晶體的誕生。在 SBBO 的結構中，單位體積內（BO_3）$^{3-}$ 基團的數目比 KBBF 大得多（見表 20-9）。可以預期其巨觀倍頻係數也比 KBBF 大；在 SBBO 的晶格中，（BeB_3O_6）$_\infty$ 層與層之間是藉由四配位（BeO_4）基團中不在層面中的氧橋互相連結，使其不顯強的層狀習性。對 SBBO 晶體的測試表明，這一分子設計達到了預期目標。SBBO 晶體在紫外區的非線性光學性能可能優於 BBO 晶體。全面來看，晶體生長和環保問題仍是 SBBO 能否成為優秀的紫外非線性光學晶體的制約因素。

　　新晶體材料探索是一項理論性和實踐性都很強的工作，需要不同領域的學者進行跨學科的合作。它既要求不斷加強材料設計以增強理論的預見性；也要求不斷地用試錯法反覆進行檢驗；更需要與晶體合成與表徵工作密切結合。以一種新晶體代替沿用已久的老材料是很不容易的，所以探索新晶體材料是一項長期而艱苦的工作，但也是一項創新性強、推動合成晶體持續發展的工作。

參考文獻

1. 張克從，張樂惠。晶體生長科學與技術北京：科學出版社，1997

2. Laudise R AThe Growth of Single CrystalsPrentice Hall Inc, 1970

3. Mullin J WCrystallisationButterworth, 1972

4. 高技術新材料要覽。北京：中國科學技術出版社，1993

5. 材料科學百科全書。北京：中國大百科全書出版社，1995

6. 功能材料及其應用手冊。北京：機械工業出版社，1991

7. Proceeding of 2nd International Symposium on Blue Laser and Light Emitting DiodesChiba, Japan, 1998

8. Chen C TDevelopment of New Nonlinear Optical Crystals in the Borate SeriesHarwood Academic Publishers, 1993

在知識的殿堂裡，學術的傳播不分國界，
每個靈感、每道聲音、每個思想、每個研究，
在「五南」都會妥善的被尊重、被珍視
進而
激盪出更多的火花，
交融出更多的經典！

五南文化廣場

橫跨各種領域的專業性、學術性書籍，在這裡必能滿足您的絕佳選擇！

台中總店
台中市中山路6號【台中火車站對面】
電話：(04)2226-0330 傳真：(04)2225-8234

海洋書坊
基隆市北寧路二號【國立海洋大學內】
電話：(02)2463-6590 傳真：(02)2463-6591

台北師大店
臺北市師大路129號B1
電話：(02)2368-4985 傳真：(02)2368-4973

逢甲店
台中市逢甲路218號【近逢甲大學】
電話：(04)2705-5800 傳真：(04)2705-5801

嶺東書坊
台中市嶺東路1號【嶺東學院內】
電話：(04)2385-3672 傳真：(04)2385-3719

高雄店
高雄市中山一路290號【近高雄火車站】
電話：(07)235-1960 傳真：(07)235-1963

屏東店
屏東市民族路104號2樓【近火車站】
電話：(08)732-4020 傳真：(08)732-7357

＊凡出示教師識別卡，皆可享9折優惠。(特價品除外)

＊本文化廣場將在台北、基隆、桃園、中壢、新竹、
彰化、嘉義、台南、屏東、花蓮等大都市，陸續佈
點開店，為知識份子，盡一份心力。

五南文化事業機構
WU-NAN CULTURE ENTERPRISE
台北市106 和平東路二段339號4樓 TEL：(02)2705-5066 FAX：(02)2706-6100
網址：http//www.wunan.com.tw E-mell：wunan@wunan.com.tw

國家圖書館出版品預行編目資料

無機合成與製備化學／徐如人、龐文琴著.
一二版.一臺北市：五南， 2014.04
　面；　公分.
ISBN: 978-957-11-7581-2（平裝）

1.無機合成

345.01　　　　　　　　　　103005357

5B79

無機合成與製備化學

主　　編 — 徐如人　龐文琴

校　　訂 — 魏明通

發 行 人 — 楊榮川

總 編 輯 — 王翠華

主　　編 — 王正華

責任編輯 — 金明芬

封面設計 — 簡愷立

出 版 者 — 五南圖書出版股份有限公司

地　　址：106 台北市大安區和平東路二段 339 號 4 樓

電　　話：(02)2705-5066　傳　　真：(02)2706-6100

網　　址：http://www.wunan.com.tw

電子郵件：wunan@wunan.com.tw

劃撥帳號：01068953

戶　　名：五南圖書出版股份有限公司

台中市駐區辦公室 / 台中市中區中山路 6 號

電　　話：(04)2223-0891　傳　　真：(04)2223-3549

高雄市駐區辦公室 / 高雄市新興區中山一路 290 號

電　　話：(07)2358-702　傳　　真：(07)2350-236

法律顧問　林勝安律師事務所　林勝安律師

出版日期　2004 年 11 月初版一刷
　　　　　2014 年 4 月二版一刷

定　　價　新臺幣 970 元

本書經高等教育出版社授權,僅限在台灣地區銷售